수질환경기사 필기

손기수 편저

일진사

머리말

우리나라는 1970년 이후 개발도상국에서 선진국으로 급속한 경제 성장을 함에 따라 산업이 발달되고 국민의 생활이 향상되고 있다. 그러나 이에 따른 환경오염의 문제가 심각하게 대두되고 있음을 아주 많은 수질오염의 실태를 비추어 볼 때 분명하게 알 수 있다. 문화가 발달한 나라일수록 환경, 특히 수질오염에 대한 국민의 관심과 이해가 높아져 가는 것은 지극히 당연한 일이다. 이제 우리나라도 선진국으로 나아가는 과정에서 수질오염에 대한 심각성을 알고 정부는 물론 각 산업체나 모든 국민들이 관심을 가져야 한다. 앞으로 많은 수질환경기술인이 양성되고, 수질환경기술인들은 우리나라의 수질보전에 관한 기술적인 면들을 지원하고 미래 세대에 좋은 환경을 계승시킬 수 있도록 해야 한다.

이에 따라 본 저자는 수질환경기사 필기시험에서의 합격으로 실기시험에 응시하고 최종합격으로 수질환경기술인 자격자가 많이 배출되기를 바라며 이 책을 펴게 되었다. 학원과 기술학교에서의 오랜 강의 경험을 바탕으로 최근 출제 경향에 맞게 다음과 같은 특징으로 책을 구성하였다.

첫째, 출제 경향에 맞게 본문의 내용과 과거 기출문제로 예상문제를 구성하였다.

둘째, 기출문제를 단원마다 체계적으로 배열하여 문제를 풀이하는 동안에 자연스럽게 실력이 향상되도록 하였다.

셋째, 최근 과년도 문제를 통하여 실력을 점검하고 필기시험에 대비하도록 하였다.

넷째, 수질오염공정시험기준과 환경관련법규는 최근 내용으로 구성했으며 차후에 개정되는 내용과 법규 관련 예상문제, 2013년 이전에 출제된 기출문제는 Daum에 있는 손기수 수질환경카페에서 확인하길 바란다.

이 책으로 열심히 공부에 임한다면 수험자 여러분들에게 합격의 영광이 반드시 있을 것이다. 여러분의 많은 관심과 사랑 아래 앞으로 계속 수정과 보완을 하여 최고의 수험서가 될 수 있도록 최선을 다할 것을 약속드리며, 수험자 여러분의 자격 취득과 더불어 앞날에 영광과 행운이 가득하길 기원한다. 끝으로 본 책자의 집필을 위해 많은 도움을 주신 선후배 제현과 발행되기까지 수고하신 도서출판 **일진사** 직원 여러분들께 감사드린다.

저자 손기수

※ 본 책자에 관한 문의는 www.kstech.co.kr로 하시면 됩니다.

출제기준(필기)

직무분야	환경 · 에너지	중직무분야	환경	자격종목	수질환경기사	적용기간	2015.1.1~2019.12.31

○ 직무내용 : 수질분야에 측정망을 설치하고 그 지역의 수질오염상태를 측정하여 다각적인 실험분석을 통해 수질오염에 대한 대책을 강구하며 수질오염물질을 제거하기 위한 오염방지시설을 설계, 시공, 운영하는 업무 등의 직무 수행

필기검정방법	객관식	문제 수	100	시험시간	2시간 30분

필기과목명	문제 수	주요항목	세부항목
수질오염개론	20	1. 물의 특성 및 오염원	1. 물의 특성 2. 수질오염 및 오염물질 배출원
		2. 수자원의 특성	1. 물의 부존량과 순환 2. 수자원의 용도 및 특성 3. 중수도의 용도 및 특성
		3. 수질화학	1. 화학 양론 2. 화학 평형 3. 화학 반응 4. 계면화학 현상 5. 반응속도 6. 수질오염의 지표
		4. 수중 생물학	1. 수중 미생물의 종류 및 기능 2. 수중의 물질순환 및 광합성 3. 유기물의 생물학적 변화 4. 독성시험과 생물농축
		5. 수자원 관리	1. 하천의 수질 관리 2. 호 · 저수지의 수질 관리 3. 연안의 수질 관리 4. 지하수 관리 5. 수질 모델링 6. 환경영향평가
		6. 분뇨 및 축산폐수에 관한 사항	1. 분뇨 및 축산폐수의 특징 2. 분뇨, 축산폐수 수집 및 운반처리
상하수도계획	20	1. 상.하수도 기본계획	1. 기본계획의 수립
		2. 집수와 취수설비	1. 수원 및 집수, 저수시설
		3. 상수도 시설	1. 도수 및 송수시설 2. 배수 및 급수시설 3. 정수시설 4. 기타 상수관리시설 및 설비
		4. 하수도 시설	1. 관거 시설 2. 하수처리 시설 3. 기타 하수관리 시설 및 설비
		5. 펌프 및 펌프장	1. 펌프 2. 펌프장

필기과목명	문제 수	주요항목	세부항목
수질오염방지기술	20	1. 하수 및 폐수의 성상	1. 하수의 발생원 및 특성 2. 폐수의 발생원 및 특성 3. 비점오염원의 발생 및 특성
		2. 하폐수 및 정수 처리	1. 물리학적 처리 2. 화학적 처리 3. 생물학적 처리 4. 고도처리 5. 슬러지처리 및 기타 처리
		3. 하폐수·정수처리 시설의 설계	1. 하폐수·정수처리의 설계 및 관리 2. 시공 및 설계내역서 작성
		4. 분뇨 및 축산 폐수 방지 시설의 설계	1. 분뇨처리시설의 설계 및 시공 2. 축산폐수처리시설의 설계 및 시공
수질오염공정시험기준	20	1. 총칙	1. 일반사항
		2. 일반시험방법	1. 유량 측정 2. 시료채취 및 보존 3. 시료의 전처리
		3. 기기분석방법	1. 자외선/가시선분광법 2. 원자흡수분광광도법 3. 유도결합 플라스마 원자발광 분광법 4. 기체크로마토그래피법 5. 이온크로마토그래피법 6. 이온전극법 등
		4. 항목별 시험방법	1. 일반항목 2. 금속류 3. 유기물류 4. 기타
		5. 하폐수 및 정수 처리 공정에 관한 시험	1. 침강성, SVI, JAR TEST 시험 등
		6. 분석 관련 용액 제조	1. 시약 및 용액 2. 완충액 3. 배지 4. 표준액 5. 규정액
수질환경관계법규	20	1. 물환경보전법	1. 총칙 2. 공공수역의 물환경 보전 3. 점오염원의 관리 4. 비점오염원의 관리 5. 기타 수질오염원의 관리 6. 폐수처리업 7. 보칙 및 벌칙
		2. 물환경보전법 시행령	1. 시행령(별표 포함)
		3 물환경보전법 시행규칙	1. 시행규칙(별표 포함)
		4. 물환경보전법 관련법	1. 환경정책기본법, 하수도법, 가축분뇨의 관리 및 이용에 관한 법률 등 수질환경과 관련된 기타 법규 내용

차 례

PART 1 수질오염 개론

PART 2 상 · 하수도 계획

PART 4 수질오염 공정시험기준

제3장 중금속

제4장 유기물질 및 휘발성 유기 화합물

제5장 생물

PART 5 수질환경 관계법규

제 1 장 물환경 보전에 관한 법률

부록 과년도 출제문제

Engineer Water Pollution Environmental
수질환경기사

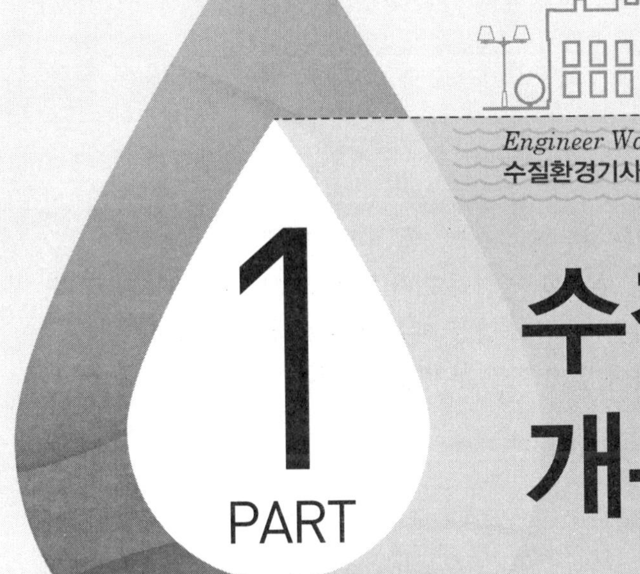

수질오염 개론

1 Chapter 물의 특성 및 오염원

1-1 물의 물리적 성질

(1) 물의 밀도(density)

① 물의 밀도는 온도에 따라서 변하는데 4℃일 때 가장 크다.
② 일정한 온도에서 물은 2개의 수소와 결합하고 있는 H_2S보다 더 밀도가 크다.
③ 물의 여러 가지 특성은 물 분자의 수소결합 때문에 나타나는 것이다.
④ 압력은 물의 밀도에 큰 영향이 없으므로 무시할 수 있다.

$$\text{밀도} = \frac{\text{질량}}{\text{부피}} \ (\text{단위} : g/cm^3 \text{ 또는 } kg/m^3)$$

(2) 비중(specific gravity)

어떤 물질이 가지는 질량과 그 물질의 질량과 같은 부피의 물이 4℃일 때 가지는 질량과의 비를 말한다.

(3) 비중량(gravity)

① 단위체적당 중량을 비중량이라 한다.
② 비중량(γ) $= \frac{W}{V}$로서 단위는 [kgf/m^3]이다. 중량과 질량의 관계는 $W = mg$이다.

$$\therefore \ \text{비중량}(\gamma) = \frac{W}{V} = \frac{mg}{V} = \rho \cdot g$$

(4) 물의 점성(viscosity)과 표면장력(surface tension)

① 물의 점성

㈎ 물 분자가 상대적인 운동을 할 때, 분자 간의 마찰력 혹은 물 분자와 고체 경계면 사이에 마찰력을 유발시키는 물의 성질을 말한다.
㈏ 전단응력에 대한 유체의 거리에 대한 속도변화율에 대한 비를 말한다.

$$\tau = \mu \frac{du}{dy}$$

여기서, τ : 전단응력(shear stress), $\frac{du}{dy}$: 속도구배
μ : 점성계수라 하며, $g/cm \cdot s$를 단위로 사용

(다) 물의 점성은 온도에 따라 그 크기가 변하게 된다. 즉 온도가 0℃일 때 점성이 가장 크며, 온도가 높아질수록 점성은 작아진다.

(라) 점성의 크기를 나타내는 고유의 상수를 점성계수 또는 동점성계수(점성계수를 밀도로 나눈 값)로 표시한다.

$$\nu = \frac{\mu}{\rho}$$

여기서, ν : 동점성계수 (kinematic viscosity)라 하며, 단위는 cm^2/s이다.

② 물의 표면장력 : 72.75dyn/cm(20℃)

(가) 물의 경우는 물 분자 사이의 수소 결합에 의해 액체 사이에 작용하는 분자 간의 힘 (표면장력)이 매우 크다.

(나) 표면장력은 수온이 증가하고 불순물 농도가 높을수록 감소한다.

(다) 모관현상 : 가는 관(모세관)을 물속에 세우면 물의 표면장력(surface tension)에 의해 관 속의 물은 상승하며 어느 높이(모관상승고)에 다다르면 정지하게 되는 현상을 말한다.

$$h = \frac{4\sigma\cos\theta}{\gamma \cdot d}$$

여기서, γ : 비중량, σ : 표면장력, d : 모관의 지름, θ : 접촉각

(5) 물의 비열(specific heat)과 잠열(latent heat)

① 물의 비열 : 1.0cal/g · ℃(15℃)

(가) 비열은 1g의 물을 14.5～15.5℃까지 1℃ 올리는 데 필요한 열량이다.

(나) 비열이 크다는 것은 비열이 작은 물질에 비해 어떤 일정한 온도에 도달하는 데 더 많은 열에너지가 필요하다는 뜻이다. 물의 비열은 1.0, 금속은 0.1 이하 정도이다.

(다) 유사한 분자량의 화합물보다 비열이 매우 커 수온의 급격한 변화를 방지해 준다.

② 물의 잠열(숨은 열)

(가) 흡수된 열이 온도 변화에 관여하지 않고 상태 변화에만 관여하여 사용되는 열에너지를 말한다.

(나) 융해열 : (얼음 → 물) : 79.40cal/g(0℃)

생물체의 결빙이 쉽게 일어나지 않음은 물의 융해열이 크기 때문이다.

(다) 기화열 : (물 → 수증기) : 539.032cal/g(100℃)

기화열이 크기 때문에 생물의 효과적인 체온 조절이 가능하다.

1-2 물의 생물 및 화학적 특성

(1) 물의 용해(dissolution)성

① 수용액은 용매(물)에 용질이 용해된 것을 말한다. 물은 지구상에 존재하는 가장 좋은 용매이며 극성 물질(polar substance)로 이온 결합 물질을 잘 녹인다.

② 분자 간의 강한 수소 결합 때문에 물은 다음과 같은 특징을 갖는다.

(가) 끓는점(boiling point)이 높다.

(나) 녹는점(melting point)이 높다.

(다) 표면장력이 강하다.

(라) 얼음의 밀도가 물보다 작다.

(마) 정상의 조건에서 액체로 존재한다.

(2) 고체의 용해도(solubility)

① 온도가 높을수록 용해도가 증가한다.

② Ca 화합물은 물의 온도가 높을수록 용해도가 감소한다.

(3) 기체의 용해도(Henry의 법칙은 기체 용해도가 낮은 기체일수록 잘 적용된다.)

① 용해도와 온도 : 온도가 높을수록 용해도가 작아진다.

② 용해도와 압력 : 온도가 일정할 때 압력이 클수록 용해도가 커진다.

③ 용해도와 물

(가) 물에 잘 녹는 기체 : 암모니아, 염화수소, 이산화황, 불화수소

(나) 물에 잘 녹지 않는 기체 : 산소, 이산화탄소

(다) 물에 거의 녹지 않는 기체 : 질소, 수소, 일산화탄소

1-3 수질오염원의 종류

(1) 수질오염(water pollution)의 정의

지표수, 지하수 및 해수로 부패성 물질, 유독물질 등이 유입되어 물의 물리·화학적 변화가 일어남으로써 각종 용수로 사용할 수 없거나 수서 생물에 악영향을 초래하는 경우를 말한다.

① 물속의 산소가 없어지는 현상

② 중금속(heavy metal)에 의한 오염

(가) 중금속의 특성 및 인체에 미치는 영향

㉮ 수은(Hg) : 미나마타병, 헌터-루셀 증후군

㉠ 신경마비, 뇌·신장질환, 위장질환, 구토, 복통을 유발한다.

㉡ 수은은 상온에서 액체 상태로 존재한다.

㉢ 알킬수은 화합물의 독성은 무기수은 화합물의 독성보다 매우 강하다.

㉣ 수은(Hg)은 백금, 망간, 크롬, 철, 니켈과 화합하여 아말감을 만들지 못한다.

㈏ 6가 크롬 : 피부궤양, 폐암, 피부염, 미각장애

㉠ 피부염, 피부궤양을 일으키며 흡입으로 코, 폐, 위장에 점막을 생성하고 폐암을 유발하는 중금속으로 쓰레기 연소, 피혁 재료 등이 발생원이다.

㉡ 크롬에 의한 급성 중독의 특징은 심한 신장장애를 일으키는 것이다.

㉢ 3가 크롬은 피부 흡수가 어려우나 6가 크롬은 쉽게 피부를 통과한다.

㉣ 토양에서는 대부분 3가 크롬으로 존재하고, 자연수에서는 3가와 6가의 비율이 매우 다양하다.

㉤ 만성 크롬 중독인 경우에는 황산나트륨용액으로 위를 세척하고 이를 내복 또는 주사로도 사용한다.

㉥ 생체 내에 필수적인 금속으로 결핍 시에는 인슐린의 저하로 인한 것과 같은 탄수 화물의 대사장애를 일으키는 유해물질이다(인체에 존재하는 크롬의 양은 6g).

㈐ 카드뮴 : 칼슘 대사기능장애, 골연화증(itai-itai병), Fanconi씨 증후군

㉠ 칼슘 대사에 장애를 주어 신결석(renal calculus)을 동반한 카드뮴 신증후군이 나타나고 다량의 칼슘 배설이 일어난다.

㉡ 카드뮴의 증기를 흡입한 경우는 주로 코, 목구멍, 폐, 위장, 신장의 장애가 나타난다.

㉢ 카드뮴은 물에는 녹지 않으나 산성 용액에는 녹고 공기 중에 수분이 존재하면 산화카드뮴을 형성한다.

㈑ 아연 : 부족하면 소인증의 질환이 생긴다. 그러나 과잉의 아연을 섭취하면 기관지를 자극하고 폐렴을 일으키는 원인이 되기도 한다.

㈒ 기타 금속

㉠ 구리 : 윌슨씨병, 만성 중독 시 간경변

㉡ 망간 : 파킨슨병(Parkinson's disease)과 유사 증상

(나) 기타 유해물질의 영향

㉮ 페놀류 : 음료수 중에 존재하면 염소 소독 시 분해되지 않고 클로로페놀(chlorophenol)이 형성되어 냄새가 더욱 난다.

㈏ 시안 : 호흡효소(respiratory enzyme) 작용의 저해

㈐ 유기인 화합물 : 콜린에스테라제 저해물질(cholinesterase inhibitor)

㈑ 비소 : 흑피증(melanosis), 각화증(keratosis), 식욕부진

㈒ 질산성 질소(NO_3^-) : 유아 피부 청변증(blue babies ; metahemoglobinemia) 유발

㉥ 불소(fluor) : 1ppm 이하 충치(dental caries) 유발, 1.5ppm 이상 반상치(mottled teeth) 유발

㉦ PCB(polychlorinated biphenyl) : 만성 중독 증상으로 카네미유증이 대표적이며, 간장장애, 피부장애, 전신권태, 수족저림, 발암 등이 알려져 있는 수질오염물질이다.

㉠ 폴리염화비페닐이라고도 하며 DDT나 BHC와 같이 염소를 포함하는 화합물이다.

㉡ 전기 절연성이 높아 콘덴서 등에 이용되고 있다.

㉢ 물리적, 화학적, 생물학적으로 안정하여 자연계에서 잘 분해되지 않고 각종 유기용제에 잘 용해(지용성)되므로 지방조직에 축적된다.

㉣ 열 가소제, 열 매체(heating medium)로도 사용한다.

(다) 기타 수질오염

㉮ 탄광 폐수 : 황산염(SO_4^{2-})이 많이 함유되어 부식성과 비탄산경도가 증가하며, pH는 감소된다.

㉯ 열오염(thermal pollution)의 영향 : 주로 발전소의 냉각수로 인해 발생된다.

㉠ 수중의 용존산소(dissolved oxygen)를 감소시킨다.

㉡ 일반적으로 pH가 낮아지기 때문에 어류의 서식에 부적합하게 된다.

㉢ 물고기 회유(migration)에 영향을 미친다.

㉣ 플랑크톤이 이상 증식, 수중 미생물이나 물고기의 번식률을 증가시킨다.

㉤ 수중 생물의 독성물질에 대한 예민도를 증가시킨다.

③ 질소나 인과 같은 무기물이 물속으로 다량 들어왔을 경우

④ 전염성 세균에 의한 오염현상

(2) 생물 농축(bioaccumulation, bioconcentration) 현상

① 생물 농축 : 수은(Hg), 카드뮴(Cd), 납(Pb) 등의 중금속이나 DDT(dichloro diphenyl trichloroethane), BHC(benzene hexachloride) 등의 농약 성분 또는 합성수지의 성분인 PCB 등은 생물의 체내에 들어오면 분해되거나 배설되지 않고 먹이연쇄를 따라 이동하여 생물체 내에 농축된다.

② 생물 농축 물질 : 먹이연쇄(food chain)를 따라 이동하며 상위 영양 단계로 갈수록 농도가 높아진다.

③ 생물 농축의 피해 : 생물 농축이 일어나면 생물 농축 물질이 최종 소비자에게 가장 높은 농도로 축적되므로 먹이연쇄의 상위 단계에 있는 생물일수록 생물 농축에 의한 피해가 심하다.

④ 생물농축계수(BCF) $= \dfrac{\text{평형상태에서의 어체 내 실험물질 평균농도}(C_f)}{\text{평형상태에서의 물에서의 실험물질 평균농도}(C_w)}$

예상문제

Engineer Water Pollution Environmental
수질환경기사

1. 아래에 나열한 물의 물리적 특성 중 맞지 않는 것은?

① 물의 밀도는 4℃에서 가장 크다.
② 물이 얼게 되면 액체 상태보다 밀도가 커진다.
③ 일정한 온도에서 물은 2개의 수소와 결합하고 있는 H_2S보다 더 밀도가 크다.
④ 물의 여러 가지 특성은 물 분자의 수소 결합 때문에 나타나는 것이다.

해설 물이 얼게 되면 액체 상태보다 밀도가 작아진다. 물의 밀도는 4℃에서 가장 크다.

2. 다음은 물의 물리적 특성에 관한 설명이다. 이 중 잘못된 것은?

① 압력은 물의 밀도에 큰 영향이 없으므로 무시할 수 있다.
② 점성계수란 전단응력에 대한 유체의 거리에 대한 속도변화율에 대한 비를 말한다.
③ 표면장력은 액체 표면의 분자가 액체 내부로 끌리는 힘에 기인된다.
④ 동점성계수는 밀도를 점성계수로 나눈 것을 말한다.

해설 동점성계수는 점성계수를 밀도로 나눈 것을 말한다.

3. 물의 동점성계수란?

① 전단력 τ를 점성계수 μ로 나눈 값이다.
② 전단력 τ를 밀도 ρ로 나눈 값이다.
③ 점성계수 μ를 전단력 τ로 나눈 값이다.
④ 점성계수 μ를 밀도 ρ로 나눈 값이다.

4. 4℃에서 물의 밀도를 공학단위로 표시한 것은?

① 1000kg/m^3 ② $1000\text{kg}\cdot\text{s}^2/\text{m}^4$
③ $102\text{kg}\cdot\text{s}^2/\text{m}^4$ ④ $1\text{kg}\cdot\text{s}^2/\text{m}^4$

5. '기체의 포화용존 농도는 공기 중에서 그 기체의 분압에 비례한다.'는 법칙은 어떤 법칙을 설명한 것인가?

① Dalton의 분압법칙
② Henry의 법칙
③ Avogadro의 법칙
④ Arrhenius의 법칙

해설 ㉠ Arrhenius의 법칙 : 같은 온도와 압력하에서 모든 기체는 같은 부피 속에 같은 수의 분자가 있다는 법칙으로 아보가드로(Amedeo Avogadro)가 기체 반응의 법칙을 설명하기 위해 주장하였다.
㉡ 라울의 법칙 : $P = X \times P^\circ$
P : 용액에 있는 용매의 증기압
X : 용액에 있는 용매의 몰분율
P° : 순수한 용매의 증기압
Raoult은 실험을 통하여 용액의 증기 압력 내림은 용액 속에 녹아 있는 용질의 몰분율에 비례함을 밝혀냈다. 이것이 라울의 법칙(Raoult's law)이다.

6. 다음은 물에 대한 설명이다. 틀린 것은?

① 고체 상태에서는 수소결합에 의해 육각형의 결정구조로 되어 있다.
② 기화열이 크기 때문에 생물의 효과적인 체온조절이 가능하다.
③ 융해열이 크기 때문에 생물체의 결빙이 쉽게 일어나지 않는다.

정답 1. ② 2. ④ 3. ④ 4. ③ 5. ② 6. ④

④ 광합성의 수소 수용체로서 호흡의 최종산물이다.

해설 물은 광합성의 수소 공여체이며 호흡의 최종산물로서 생체의 중요한 대사물이 된다.

7. **다음은 물의 물리적 특성을 나타내는 용어들이다. 이 중 단위가 잘못된 것은?**

① 밀도 : g/cm^3
② 동점성계수 : cm^2/s
③ 표면장력 : dyn/cm^2
④ 점성계수 : $g/cm \cdot s$

해설 표면장력의 단위는 dyn/cm이다.

8. **벤젠, 톨루엔, 에틸벤젠, 자일렌이 같은 몰수로 혼합된 용액이 라울 법칙에 따른다고 가정하면 이 혼합액의 총 증기압(25℃기준)은? (단, 벤젠, 톨루엔, 에틸벤젠, 자일렌의 25℃에서 순수한 액체의 증기압은 각각 0.126, 0.038, 0.0126, 0.01177atm이며, 기타 조건은 고려하지 않는다.)**

① 0.037atm　② 0.047atm
③ 0.057atm　④ 0.067atm

해설 혼합액의 총 증기압

$$=\frac{(0.126+0.038+0.0126+0.01177)}{4}$$

$=0.047\text{atm}$

9. **수은(Hg)에 관한 설명으로 틀린 것은?**

① 수은은 상온에서 액체 상태로 존재한다.
② 대표적 만성질환으로는 미나마타병, 헌터-루셀 증후군이 있다.
③ 철, 니켈, 알루미늄, 백금과 주로 화합하여 아말감을 만든다.
④ 알킬수은 화합물의 독성은 무기수은 화합물의 독성보다 매우 강하다.

해설 수은(Hg)은 백금, 망간, 크롬, 철, 니켈과 화합하여 아말감을 만들지 못한다.

10. **크롬 중독에 관한 설명으로 틀린 것은?**

① 만성크롬중독인 경우에는 BAL 등의 금속 배설촉진제의 효과가 크다.
② 크롬에 의한 급성중독의 특징은 심한 신장장애를 일으키는 것이다.
③ 3가 크롬은 피부흡수가 어려우나 6가 크롬은 쉽게 피부를 통과한다.
④ 토양에서는 대부분 3가 크롬으로 존재한다.

해설 만성크롬중독인 경우에는 황산나트륨 용액으로 위를 세척하고 이를 내복 또는 주사로도 사용한다. 또 10% 수산화마그네슘 용액을 먹인다. 계란 흰자위, 우유, 석회 등도 사용된다.

참고 BAL은 제2차 세계대전 중 영국에서 독가스인 루이사이트(lewisite)의 해독을 목적으로 발명된 디티올 유도체이며, 정식 명칭은 British Anti-Lewisite이다.

11. **카드뮴이 인체에 미치는 영향과 가장 거리가 먼 것은?**

① 칼슘 대사기능장애
② Hunter-Russel 장애
③ 골연화증
④ Fanconi씨 증후군

해설 Hunter-Russel 장애는 수은이 인체에 미치는 영향이다.

12. **인체의 아연 성분이 부족한 경우 발생되는 질환으로 가장 알맞은 것은?**

① 소인증　② 빈혈
③ 윌슨씨병　④ 치아부식

정답　7. ③　8. ②　9. ③　10. ①　11. ②　12. ①

해설 아연(Zinc, Zn)은 철재의 녹 방지용으로 사용되며 비타민과 같이 생물의 필수 미량원소이며 몸 안 효소기능과 피부, 골격의 정상발육을 도우며 청년기의 성장발육을 신장시키는 역할을 한다. 그러나 과잉의 아연을 섭취하면 기관지를 자극하고 폐렴을 일으키는 원인이 되기도 한다.

13. PCB에 관한 설명으로 틀린 것은?

① 산, 알칼리, 물과 반응하지 않는다.
② 고온에서 염소이온의 해리로 대부분의 금속과 합금을 부식시킨다.
③ 만성 중독증상으로 카네미유증이 대표적이며, 간장장애, 피부장애, 전신권태, 수족저림, 발암 등이 널리 알려져 있다.
④ 화학적으로 불활성이고 내열성과 절연성이 좋다.

해설 산과 알칼리에 안정하고 열에도 안정한 불연성 화합물로 구리 이외의 보통의 금속을 침해하지 않는다.

14. 수질오염물질별 인체영향(질환)을 틀리게 짝지어진 것은?

① 불소 : 법랑 반점
② 망간 : 파킨슨씨 증후군과 유사 증상
③ 납 : 카네미유증
④ 비소 : 피부염

해설 PCB : 카네미유증

참고 납은 인체에 신경장애, 위장장애, 빈혈, 손발의 신근마비, 중추신경장애, 기억력장애 등을 일으킨다.

15. 다음의 유해물질과 그로 인하여 발생하는 대표적 만성질환을 알맞게 짝지은 것은?

① PCB : 파킨슨씨 증후군과 유사한 증상
② 수은 : 헌터-루셀 증후군
③ 아연 : 윌슨씨병
④ 구리 : 카네미유증

해설 PCB : 카네미유증, 구리 : 윌슨씨병, 아연 : 소인증

16. 미량의 phenol을 함유한 물을 염소처리하면 음료수에 불쾌한 맛과 냄새가 유발되는 이유는?

① 염소와 작용하여 trihalomethanes을 생성시키기 때문이다.
② 염소와 작용하여 chlorophenol을 생성시키기 때문이다.
③ 염소와 작용하여 H_2S를 생성시키기 때문이다.
④ 염소와 작용하여 polyolefines를 생성시키기 때문이다.

17. 생물 농축에 관한 설명 중 옳지 않은 것은?

① 수생 생물의 체내의 각종 중금속 농도는 환경수중의 농도보다도 높은 경우가 많다.
② 생물 체중의 농도와 환경수중의 농도비를 농축비 또는 농축계수라고 말한다.
③ 수생 생물의 종류에 따라서 중금속의 농도비가 다르게 되어 있는 것이 많다.
④ 농축비는 식물연쇄 과정에서의 높은 단계의 소비자에 상당하는 생물일수록 항상 낮게 된다.

해설 농축비는 식물연쇄 과정에서의 높은 단계의 소비자에 상당하는 생물일수록 항상 높게 된다.

정답 13. ② 14. ③ 15. ② 16. ② 17. ④

2 Chapter

수자원의 특성

2-1 물의 부존량과 순환

(1) 물의 분포

지구상에 존재하는 물의 총량은 약 $1.36\times10^9 km^3$이고, 이 중 97.2% 이상이 해수이며, 담수는 나머지 2.8%에 불과하다. 담수 중의 약 77%는 극지방의 빙산과 빙하로 존재하고 약 22%는 지하수이며 약 1%는 지표수이다.

① 물의 분포

구분	지구상의 분포	
	부피($10^{12}m^3$)	비율(%)
육지	37800	2.8
담수호	125	0.009
염수호와 내해	104	0.008
하천수	1.25	0.0001
토양수분	67	0.005
지하수	8350	0.61
빙하	29200	2.15
대기(수증기)	13	0.001
바다	1320000	97.2
합계	1360000	100

② 우리가 수자원으로 이용하는 지표수는 전체 물량의 약 0.01%에 지나지 않는다.

③ 전체 담수 중에서 실제 생활에 바로 이용 가능한 수량의 비율은 약 11%에 해당한다.

(2) 물의 순환

① 증발과 증산

㈎ 증발 : 수표면 또는 습한 토양 표면의 물 분자가 태양에너지를 얻어 액체 상태에서 기체 상태로 변환하는 과정

(나) 증산 : 탄소동화작용에 의해 식물의 엽면을 통해 지중의 물이 수증기의 상태로 대기 중에 방출되는 과정

(다) 증발산 = 증발 + 증산

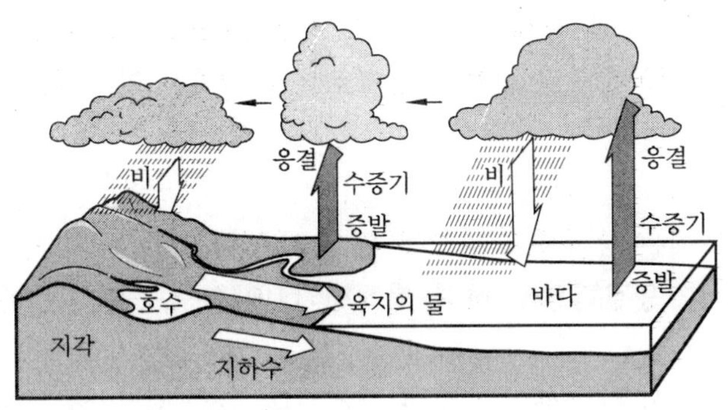

지표의 물 →(증발) 수증기 →(응결) 구름 →(강수) 지표의 물

물의 순환

② 강수

(가) 우리나라의 연평균 강수량 : 1274mm

(나) 세계의 연평균 강수량 : 973mm

(다) 수자원 부존량 중 총 이용량 : 301억m^3/년(24%)

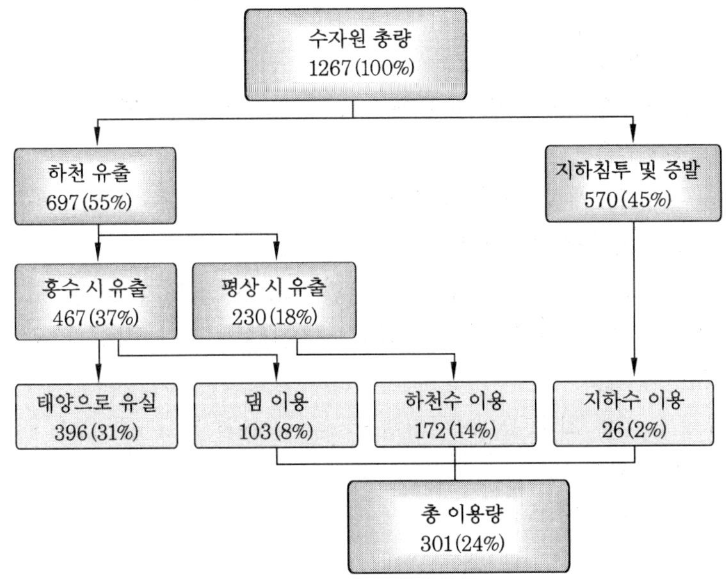

㉮ 농업용수 : 149억m^3(50%)　　㉯ 생활용수 : 62억m^3(21%)

㉰ 공업용수 : 26억m^3(8%)　　㉱ 유지용수 : 64억m^3(21%)

2-2 수자원의 종류

(1) 빗물(rain water, 우수 = 기상수 = 천수)

① 빗물, 눈 등 강수를 총칭해서 천수라고 하는데 천수의 대부분이 빗물이다.

② 원래 자연수는 화학적으로 순수한 상태로는 존재하지 않으며, 자연수 중에서 가장 깨끗한 것이 천수이다.

③ 형성 및 성상

(가) 빗물은 최초에는 증류수 모양으로 매우 깨끗하지만, 공기 중의 먼지와 같은 미세 부유물질을 응결핵으로 하여 형성되기 때문에 응축되는 순간부터 불순물을 함유하게 된다.

(나) 빗물의 주성분은 바닷물의 성분과 유사하여 Na^+, K^+, Ca^{2+}, Mg^{2+}, Cl^- 등이 주성분인데 지표수나 지하수에 비해 적게 함유하고 있어 연수로 구분된다. 또한 완충작용이 작기 때문에 대기 중의 가스, 특히 탄산가스의 영향을 많이 받아 약산성을 띤다.

㉮ 통상 25℃, 1기압의 대기와 평형 상태인 증류수의 이론적인 pH는 5.7 정도이다.

㉯ 천수의 pH는 이보다 더 낮은 경우가 많다.

㉰ 산성비 : 특히 대도시에 떨어지는 천수는 NO_x, SO_x 등의 대기오염 물질에 의해 pH 3～4 정도의 산성비가 되는 경우가 종종 있다. 또한 산성비는 심계항진증(palpitation)을 유발시킨다.

(2) 지표수(surface water)

① 지표수는 하천, 강, 호수 및 저수지로서 존재하는 물을 말한다.

② 지표수의 특성

(가) 수량 및 수온의 계절 변화가 크다.

(나) 탁도, pH 등의 변화가 심하다.

(다) 지하수에 비해 Mg, Ca 등이 적어 알칼리도 및 경도가 낮다.

(라) 철, 망간 성분이 비교적 적게 포함되어 있으며, 대량 취수가 용이하다.

③ 우리나라 하천의 특성

(가) 최소 유량에 대한 최대 유량의 비(하상계수, coefficient of river regime)가 크다.

(나) 유출 시간이 짧다.

(다) 하천 유량이 불안정하다.

참고 하천의 갈수량

연중 355일 보유수량

(3) 지하수(ground water)

① 지하수는 빗물이나 지표수가 지층을 통과하여 대수층에 저장된 물이다.

② 종류 : 천층수, 심층수(deep water), 용천수, 복류수

③ 복류수(underground flow) : 하천이나 호수의 바닥 또는 측부의 모래층에 포함된 지하수

④ 지하수의 특성

(가) 수온의 계절적 변화가 적다(25℃ 이상의 온수로, 인체에 해가 없으면 온천으로 인정).

(나) 탁도는 낮지만 경도나 무기염류의 농도가 높다.

(다) 분해성 유기물질이 풍부한 토양을 통과하게 되면 지하수 내에 대량의 이산화탄소가 용해된다.

참고

자연수의 pH는 일반적으로 CO_2와 CO_3^{2-}의 비율로서 결정된다.

㉮ 유기물이 분해되면 pH는 감소한다.

㉯ 식물이 탄소동화작용을 하면 pH는 증가한다.

㉰ 탄산가스를 축출하면 pH는 증가한다.

㉱ 물에 포기를 행하면 pH는 증가한다.

㉲ 저수지에 조류(algae)가 번식하면 pH는 증가한다(약알칼리성).

(라) 유속이 느리고 국지적인 환경 조건의 영향을 크게 받는다.

(마) 광화학 반응이 없고 세균에 의한 유기물의 분해가 주된 생물작용이다.

(바) 토양은 대량의 오염을 방지해 주며 불순물과 세균이 없는 지하수를 만드는 역할을 한다.

(사) 지하수 수질의 수직분포(동일 수층에서의 상·하의 수질 차)

㉮ 산화-환원 전위 : 상층부-고(高), 하층부-저(低)

㉯ 유리탄소 : 상층부-대(大), 하층부-소(小)

㉰ 알칼리도 : 상층부-소(小), 하층부-대(大)

㉱ 염도 : 상층부-소(小), 하층부-대(大)

㉲ 질소 : 상층부-소(小), 하층부-대(大)

(아) 비교적 깊은 곳의 지하수일수록 지층과의 접촉 시간이 길어 경도가 높다.

(4) 해수(sea water)

① 해수의 특성

(가) 염류를 다량 함유하고 있어 사용 목적이 극히 제한적이다.

(나) pH 범위는 8.0～8.3이며, bicarbonate(HCO_3^-)의 완충용액이다.
(다) 염분분포의 범위는 3.3~3.8%이며, 평균 3.5% 정도이다.
(라) 용존 상태 유기물질의 평균농도는 0.5mg/L 정도이다.
(마) 대기 중의 질소는 해양미생물에 의해 합성되어 NH_3-N와 유기질소로 된다.
(바) 해수 중의 질소 존재 형태는 NO_2^- 와 NO_3^-가 65%, NH_3와 유기질소가 35%이다.
(사) 해수의 밀도는 염분농도, 수온, 수압의 함수로 염분과 수압에 비례하고 수온에 반비례한다.
(아) 해수의 밀도(1.022～1.030g/cm³, 평균 1.025g/cm³ 정도)는 수심이 깊을수록 염 농도가 증가함에 따라 커진다.
(자) 해수의 pH는 8.2 정도이며 강전해질로 1리터당 35g의 염분을 함유한다.

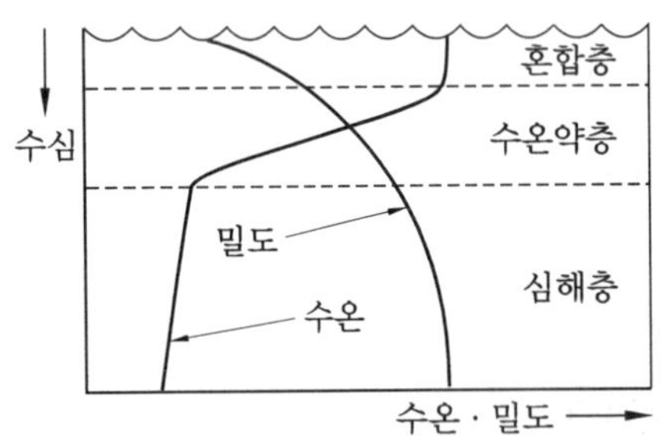

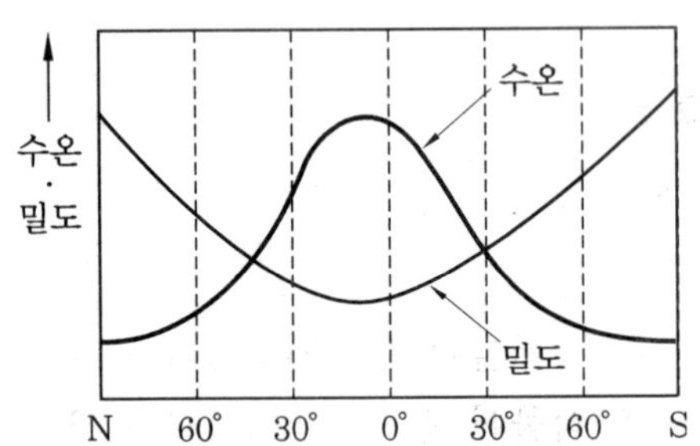

② holy seven : 해수 중에 존재하는 7가지의 주요 화학성분

성분	Cl^-	Na^+	SO_4^{2-}	Mg^{2+}	Ca^{2+}	K^+	HCO_3^-
농도(mg/L)	18980	10500	2560	1270	400	380	142

③ 해수의 upwelling(상류수) 현상은 해역의 수직혼합작용의 영향으로 해수의 저부에 있는 물이 상류로 이동하는 현상이다.
④ PO_4^{3-}가 많은 해수는 upwelling 현상이 일어나는 해수라 할 수 있다.
⑤ 위도에 따른 염분 분포는 증발량이 강우량보다 많은 무역풍대 지역에서 가장 높고, 극지방에 비하여 적도 부근에서 다소 높다.

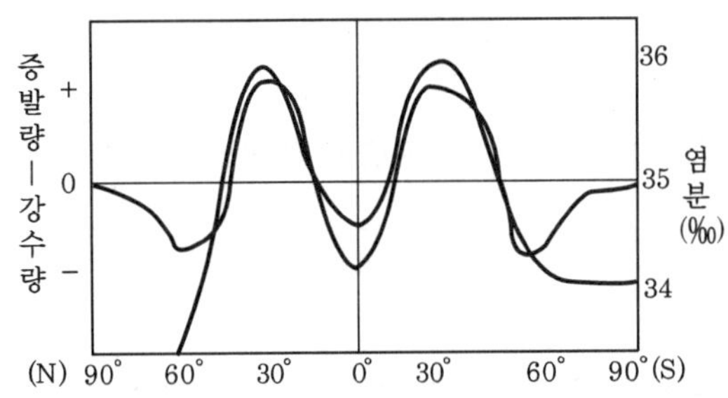

⑥ 해수의 영양염류 농도의 특성은 표층수에서는 낮고, 광합성이 이루어지지 않는 심층수에서는 높다.

⑦ 해수에서 영양염류가 수온이 낮은 곳에 많고 수온이 높은 지역에서 적은 이유

㈎ 수온이 낮은 바다의 표층수

㉮ 원래 영양염류가 풍부한 극지방의 심층수로부터 기원하기 때문이다.

㉯ 겨울에 표층수가 냉각되어 밀도가 커지므로 침강작용이 일어나기 때문이다.

㈏ 수온이 높은 바다의 표층수

㉮ 적도부근의 표층수로부터 기원하므로 영양염류가 결핍되어 있다.

㉯ 수계의 안정으로 수직혼합이 일어나지 않아 표층수의 영양염류가 플랑크톤에 의해 소비되기 때문이다.

예상문제

Engineer Water Pollution Environmental
수질환경기사

1. 물의 순환과 이용에 관한 설명으로 틀린 것은?

① 지구 전체의 강수량은 $4 \times 10^{14} m^3$/년으로서 그 중 약 $\frac{1}{4}$이 육지에 떨어진다.
② 지구상 물의 약 97%가 해수이다.
③ 담수 중 50%가 바로 이용이 불가능하다.
④ 담수 중 하천수가 차지하는 비율은 약 0.03% 정도이다.

해설 담수 중 바로 이용 가능한 수량의 비율은 11%이다.

2. 지구상의 물은 전체량의 약 97%가 바닷물이고 담수는 3%에 불과하다. 이 담수 중 가장 많이 차지하는 물의 형태는?

① 지하수
② 빙하와 극지의 얼음
③ 하천수
④ 토양수

3. 우리나라의 수자원 이용 현황 중 가장 많이 사용되는 용도는?

① 생활용수 ② 공업용수
③ 농업용수 ④ 유지용수

4. 자연수의 pH에 대한 다음의 설명 중에서 틀린 것은?

① 유기물질이 분해된 물은 산성이다.
② 자연수의 pH는 일반적으로 CO_2, CO_3^{2-}의 구성 비율로 정해진다.
③ 지하수는 유리탄소를 많이 함유하므로 산성이다.
④ 호수 등에 조류(algae)가 번식하면 일차 생산에 의해 pH가 낮아진다.

해설 호수 등에 조류(algae)가 번식하면 광합성 작용에 의해 pH가 높아진다.

5. 다음은 강우의 pH에 대한 설명이다. 틀린 것은?

① 보통 대기 중의 이산화탄소와 평형 상태에 있는 물의 pH는 약 5.7의 산성을 나타낸다.
② 산성강우의 주요 원인 물질은 유황산화물, 질소산화물, 염산 등이다.
③ 산성강우는 대기오염현상이 심한 지역에 국한하여 나타난다.
④ 강우는 비산재에 의하여 때때로 알칼리성을 나타낼 수 있다.

해설 산성 mist 또는 aerosol이 기류를 타고 이동하기 때문에 대기오염현상이 심한 지역에 국한되는 것이 아니고 멀리 떨어진 지역까지도 발생하게 된다.

6. 우리나라의 하천에 대한 설명 중 옳은 것은?

① 최소유량에 대한 최대유량의 비가 작다.
② 유출시간이 길다.
③ 하천유량이 안정되어 있다.
④ 하상계수가 크다.

7. 지하수 수질의 수직분포 내용이 잘못된 것은? (단, 수직분포라 함은 동일 수층에서의 상, 하의 수질 차를 말한다.)

정답 1. ③ 2. ② 3. ③ 4. ④ 5. ③ 6. ④ 7. ③

① 산화－환원 전위 : 상층부－고, 하층부－저
② 유리탄소 : 상층부－대, 하층부－소
③ 알칼리도 : 상층부－대, 하층부－소
④ 염도 : 상층부－소, 하층부－대

8. **지하수의 특징이라 할 수 없는 것은?**

① 세균에 의한 유기물 분해가 주된 생물작용이다.
② 자연 및 인위의 국지적 조건의 영향을 크게 받는다.
③ 분해성 유기물질이 풍부한 토양을 통과하게 되면 물은 유기물의 분해 산물인 탄산가스를 용해하여 산성이 된다.
④ 비교적 얕은 곳의 지하수일수록 지층과의 접촉시간이 길어 경도가 높다.

해설 비교적 깊은 곳의 지하수일수록 지층과의 접촉시간이 길어 경도가 높다.

9. **해수의 특징에 관한 설명으로 틀린 것은?**

① 해수의 $\frac{Mg}{Ca}$ 농도비는 3~4 정도로, 담수에 비해 매우 크다.
② 해수는 강전해질로서, 1L당 35000ppm의 염분이 함유되어 있다.
③ 해수 내 전체 질소 중 70% 정도는 암모니아성 질소·유기질소 형태이다.
④ 해수의 pH는 약 8.2로서, 약알칼리성을 가진다.

해설 해수 내에서는 아질산성 질소와 질산성 질소가 전체 질소의 약 65%이다.

10. **해수의 특성에 관한 설명으로 가장 알맞은 것은?**

① 염분은 적도해역이나 극해역에서 차이 없이 일정하다.
② 해수의 주요 성분 농도비는 수온, 염분의 함수로 수심이 깊어질수록 증가한다.
③ 해수의 $\frac{Mg}{Ca}$비는 3~4 정도로 담수보다 매우 높다.
④ 80% 이상의 질소는 유기질소 형태를 갖는다.

해설 ㉠ 위도에 따른 염분(salinity) 분포도는 증발량이 강우량보다 많은 북위 25°나 남위 25°의 무역풍대에서 염분이 가장 높고 다음으로 강우량이 많은 적도지역이며 극지방에서는 얼음이 녹고 증발량 이 적어 가장 낮은 염분을 나타낸다.
㉡ 해수에 녹아있는 염류의 농도는 해역이나 깊이에 따라 다소 차이가 있으나 그 주요 성분의 조성비는 일정한 특성을 갖고 있다.
㉢ 해수 중의 질소 존재 형태는 NO_2^-와 NO_3^-가 65%, NH_3와 유기질소가 35%이다.

11. **해수에서 영양염류가 수온이 낮은 곳에 많고 수온이 높은 지역에서 적은 이유로 가장 거리가 먼 것은?**

① 수온이 낮은 바다의 표층수는 원래 영양염류가 풍부한 극지방의 심층수로부터 기원하기 때문이다.
② 수온이 높은 바다의 표층수는 적도부근의 표층수로부터 기원하므로 영양염류가 결핍되어 있다.
③ 수온이 낮은 바다는 겨울에 표층수가 냉각되어 밀도가 커지므로 침강작용이 일어나지 않기 때문이다.
④ 수온이 높은 바다는 수계의 안정으로 수직 혼합이 일어나지 않아 표층수의 영양염류가 플랑크톤에 의해 소비되기 때문이다.

해설 수온이 낮은 바다에서는 침강작용이 일어난다.

정답 8. ④ 9. ③ 10. ③ 11. ③

3 Chapter

수질화학

3-1 미량 성분의 농도

(1) % (parts per hundred : 백분율 ⇒ 10^{-2})

$$\%\text{농도} = \frac{\text{용질}}{\text{용액}} \times 100 = \frac{\text{용액}}{\text{용질} + \text{용매}} \times 100$$

(2) ‰ (parts per thousand : 천분율 ⇒ 10^{-3}) ⇒ 퍼밀(permillage)

$I = \dfrac{h}{L}$에서 I(기울기)의 단위로 주로 사용한다.

(3) ppm (parts per million : 백만분율 ⇒ 10^{-6})

단위 : mg/kg, μg/g, ng/mg 등

$\text{ppm} \times \rho = \text{mg/L}$

(4) pphm (parts per hundred million : 1억분율)

$$\text{pphm} = \text{ppm} \times \frac{1}{100}$$

(5) ppb (parts per billion : 10억분율)

$$\text{ppb} = \text{ppm} \times \frac{1}{1000}$$

(6) epm (equivalent per million : 당량백만분)

$\text{epm} = \text{ppm} \times \text{당량}$

3-2 화학 농도

화학 농도란 몰 농도, 노르말 농도(규정 농도), 몰랄 농도(molality) 등을 말한다.

(1) 주요 물질의 분자량 및 1몰

물질명	분자식	분자량	1몰
수 소	H_2	2	2g
암모니아	NH_3	17	17g
염산	HCl	36.5	36.5g
산소	O_2	32	32g
소석회	$Ca(OH)_2$	74	74g
염화나트륨	NaCl	58.5	58.5g
황산	H_2SO_4	98	98g
가성소다	NaOH	40	40g

(2) 몰 농도(molar concentration)

① 용액 1L 속에 포함된 용질의 mol 수로 나타낸 농도를 몰 농도라고 하며, 기호 M으로 표시한다.

② 용질 1mol은 그 용질의 분자량에 g을 붙인 값을 말한다.

③ $M = \dfrac{\text{비중} \times 10 \times \%}{\text{분자량}}$

(3) 노르말 농도(normal concentration)

① 용액 1L 속에 녹아 있는 용질의 g 당량 수를 표시한 농도를 노르말 농도(규정 농도)라 하고 기호 N으로 표시한다.

② 산, 염기, 염, 산화제, 한원제 등의 농도를 표시한다.

(가) 수소이온(H^+) 1mol을 낼 수 있는 산의 양이 산 1g 당량이고, 수산이온(OH^-) 1mol을 낼 수 있는 염기의 양이 염기 1g 당량이다.

(나) 산화제, 환원제의 경우는 전자를 받아들이거나 방출하는 양을 각각 산화제, 환원제의 1g 당량이라 한다.

(다) 당량(equivalent weight) : 반응물질이 화학반응에 의하여 정량적으로 반응하였을 때 각 반응물질의 양적비는 항상 일정하다. 이것을 당량 또는 대등이라 한다.

㉮ 산의 경우 ⇒ 당량 $= \dfrac{\text{분자량}}{H^+ \text{수}}$

㉯ 알칼리의 경우 ⇒ 당량 $= \dfrac{\text{분자량}}{OH^- \text{수}}$

㉰ 화합물의 경우 ⇒ 당량 $= \dfrac{\text{분자량}}{\text{원자가 수}}$

㉱ 이온의 경우 ⇒ 당량 $= \dfrac{\text{분자량}}{\text{원자가 수}}$

㉮ 산화제와 환원제의 경우 ⇒ 당량 = $\frac{\text{분자량}}{\text{전자 수}}$

예 $KMnO_4 = \frac{158}{5}$(산성용액에 작용시키는 경우)

$$2KMnO_4 + 3H_2SO_4 \rightarrow K_2SO_4 + 2MnSO_4 + 3H_2O + 5O$$

$$K_2Cr_2O_7 = \frac{294}{6},\ KIO_3 = \frac{214}{6},\ Na_2S_2O_3 = \frac{158}{1},\ Na_2SO_3 = \frac{126}{2}$$

③ $N = \frac{\text{비중} \times 10 \times \%}{\text{당량}}$

(4) 몰랄 농도(molality)

기호는 m으로 표시하며, 1000g의 용매에 1mol의 용질을 포함하는 용액은 1몰랄 농도이다.

3-3 용액과 용해도

(1) 용액(solution)

일반적으로 용액은 액체 안에 기체·액체·고체 등을 녹여 만들어진 액체를 말한다. 이때 녹은 기체, 액체, 고체 등을 용질, 이것을 녹인 액체를 용매라고 한다.

① 용해도(solubility) : 용질을 용매에 용해할 때, 일정 온도에 다다르면 그 양에 한도가 나타나며, 이를 용질의 용매에 대한 용해도라 한다. 보통 용매 100g 속에 용해하는 용질의 g수를 용해도라 한다.

② 용해도적(solubility product)

㈎ 포화용액에서 염(난용성염인 경우가 많다)을 구성하는 양이온과 음이온 농도의 곱을 말한다.

㈏ 침전적정에서 특히 중요한 값이다. 예를 들면, 염화은의 포화수용액에서는, $AgCl \rightleftarrows Ag^+ + Cl^-$과 같은 평형이 성립되어 있다.

따라서, 이때의 평형 상수 K는

$$K = \frac{[Ag^+][Cl^-]}{[AgCl]}$$

으로 표시되는데, 포화용액이므로 [AgCl]은 온도가 일정하면 일정한 값을 가지며,

$$[Ag^+] \cdot [Cl^-] = K[AgCl] = K_{sp}$$

가 된다. 여기서, 각 이온의 농도는 mol/L로 나타낸다.

㈐ K_{sp}는 난용성염 포화용액에서의 이온 농도의 곱이고, 온도가 일정하면 항상 일정하다. 그리고 이것을 용해도적(solubility product) 또는 용해도곱이라 한다.

$[Ag^+]\cdot[Cl^-] > K_{sp}$ ⇒ 과포화(supersaturation)이므로 침전이 생성된다.
$[Ag^+]\cdot[Cl^-] = K_{sp}$ ⇒ 포화(saturation)이므로 침전생성의 한계이다.
$[Ag^+]\cdot[Cl^-] < K_{sp}$ ⇒ 불포화(undersaturation)이므로 침전하지 않는다.

(라) K_{sp}가 작을수록 물속에 적게 용존되고 불용성인 침전물이 많이 생성됨을 의미한다.

(2) 평형 상수(K) : 산의 이온화 상수(K_a), 염기의 이온화 상수(K_b)

① 반응에서 평형 상수는 반응물질의 농도 곱과 생성물질의 농도 곱의 비로 나타내며, 이것을 화학 평형의 법칙이라 한다.

② 정해진 반응의 평형 상수는 오로지 온도에 의해서만 달라진다. 촉매, 압력, 농도를 변화시켜도 온도가 변하지 않는 한 평형 상수는 변하지 않는다.

$$K = \frac{[C]^c[D]^d}{[A]^a[B]^b}$$

③ 평형 상태에서 정반응 속도와 역반응 속도는 같다.

3-4 pH

(1) 개요

① 수용액에서 $[H^+]$나 $[OH^-]$는 그 값이 매우 작아 서로 비교하기도 힘들고 사용하기에 불편하므로 $[H^+]$의 크기를 간단히 비교하기 위하여 pH를 사용한다. 여기서 p는 지수의 power를 뜻하고 H는 수소 이온을 나타낸다. 즉, pH(potential of hydrogen, 수소이온농도지수)란 수소이온지수를 뜻한다.

② 순수한 물에서의 pH는 7이며 이때를 중성이라고 하고, pH가 7보다 작으면 산성, 7보다 크면 알칼리성이 된다.

③ pH의 범위는 보통 0~14까지이다.

④ pH는 용액 중에 유리 상태로 있는 수소이온농도의 역수 대수치이다.

$$pH = \log\frac{1}{[H^+]} = -\log[H^+]$$

(2) 물의 이온화(ionization)

① 물의 자동 이온화 : 물은 양쪽성 물질이므로 H^+을 서로 주고 받아 소량의 이온화가 이루어지며, 다음과 같은 평형을 이룬다.

$$H_2O + H_2O \rightleftarrows \underset{\text{산}}{H_3O^+} + \underset{\text{염기}}{OH^-}$$

② 물의 이온곱 상수 (K_W) : 물의 자동 이온화는 가역 반응이므로 평형 상수를 나타내면 다음의 식이 성립된다.

$$K=\frac{[H_3O^+]\cdot[OH^-]}{[H_2O]^2}$$

이때 물의 농도는 항상 일정하므로 $K\times[H_2O]^2$을 K_W라 하면,

$K_W=[H^+]\cdot[OH^-]=1.0\times10^{-14}(mol/L)^2$(at 25℃)이 되며,

여기서 양변에 $-\log$를 취하면

$$-\log K_W=-\log([H^+]\cdot[OH^-])=(-\log[H^+])+(-\log[OH^-])$$
$$=-\log(1.0\times10^{-14})$$

$\therefore\ pK_W=pH+pOH=14$(at 25℃)

$pH=14-pOH=14-(-\log[OH^-])=14+\log[OH^-]$가 성립된다.

③ 지수－log 간 상호 변환을 하면

$[H^+]=10^{-pH}M,\ [OH^-]=10^{-pOH}M$

3-5 화학 반응

(1) 산(acid)과 염기(base)의 정의

① 아레니우스(Arrhenius, S. A.)

㈎ 산(acid) : 수용액에서 이온화하여 H^+를 내는 물질

예 염산 HCl(*aq*), 황산 H_2SO_4(*aq*) 등

㈏ 염기(base) : 수용액에서 이온화하여 OH^-를 내는 물질

예 수산화나트륨 NaOH(*aq*), 수산화칼슘 $Ca(OH)_2$ 등

② 브뢴스테드(Bronsted)－로리(Lowry)

㈎ 산(acid) : 양성자(H^+)를 내놓는 물질(분자 또는 이온)

㈏ 염기(base) : 양성자(H^+)를 받아들일 수 있는 물질(분자 또는 이온)

③ 루이스(Lewis)

㈎ 산(acid) : 전자쌍을 받는 화학종

㈏ 염기(base) : 전자쌍을 주는 화학종

(2) 산(acid)과 염기(base)의 세기

① 전해질(electrolyte)과 비전해질(nonelectrolyte)

㈎ 전해질 : 물에 녹아 이온화되어 전기가 통하는 물질

예 염화나트륨(NaCl), 염산(HCl) 등

㈏ 비전해질 : 물에 녹아도 이온화되지 않아 전기가 통하지 않는 물질

예 설탕, 포도당, 에탄올 등

② 이온화도(degree of electrolytic dissociation)와 산·염기의 세기

(가) 이온화 평형 상태 : 물에 용해된 전해질 분자 AB(aq)가 A^+(aq)과 B^-(aq)로 해리되는 속도와 용액 속의 이온들이 결합하여 다시 전해질 분자로 되는 속도가 같은 상태를 말한다.

$AB(aq) \rightleftarrows A^+(aq) + B^-(aq)$

(나) 이온화도(degree of ionization, α)

㉮ 이온화 평형 상태에 있는 수용액에서 용해된 용질의 mol 수에 대한 이온화된 용질의 mol 수의 비를 말한다.

㉯ 같은 물질인 경우 온도가 높을수록, 농도가 묽을수록 이온화도가 커진다.

(다) 이온화 평형의 이동 : 약한 전해질의 이온화 평형도 외부 조건에 따라 그 평형의 수치가 달라진다.

㉮ 공통이온효과(common ion effect) : 어떤 약전해질의 수용액에 그 약전해질의 이온과 같은 종류의 이온을 가하면 용액의 이온화 평형은 가해진 이온의 농도가 감소하는 방향으로 이동하여 새로운 평형 상태로 되는 현상(르샤틀리에의 원리 적용)을 의미한다.

㉯ 완충용액(buffer solution) : 약한 산에 그 약한 산의 강알칼리염을 넣은 용액이나, 약한 염기에 그 약한 염기의 강산염을 넣은 용액은 산이나 염기를 가해도 용액의 pH가 공통이온효과 때문에 크게 변하지 않는다.

㉰ 완충 방정식

$$pH = pK_a + \log \frac{[A^-]}{[HA]}$$

(3) 산화-환원 반응(oxidation-reduction reaction)

① 산화와 환원

(가) 산화(oxidation) : 반응물이 전자를 잃는 반응 예 $Na \rightarrow Na^+ + e^-$

(나) 환원(reduction) : 반응물이 전자를 얻는 반응 예 $Cl_2 + 2e^- \rightarrow 2Cl^-$

② 산화제와 환원제

(가) 산화제(oxidizing agent) : 자신은 환원되면서 다른 물질을 산화시키는 물질

(나) 환원제(reducing agent) : 자신은 산화되면서 다른 물질을 환원시키는 물질

③ 산화환원전위(oxidation-reduction potential : redox potential) : 어떤 물질이 전자를 잃고 산화되거나 또는 전자를 받고 환원되려는 경향의 강도를 나타내는 것으로, 그 용량의 측정치를 의미하는 것은 아니다.

(4) 중화 반응(neutralization reaction)

① 중화 공식

$N_a \cdot V_a = N_b \cdot V_b$

여기서, N_a : 산의 규정 농도(N 농도 : g 당량/L), V_a : 산의 부피(L)
N_b : 염기의 규정 농도(N 농도 : g 당량/L), V_b : 염기의 부피(L)

② 혼합 공식

(가) 액성이 같은 경우(산+산, 알칼리+알칼리) $NV + N'V' = N''(V+V')$

(나) 액성이 다른 경우(산+알칼리) $NV - N'V' = N''(V+V')$

(5) 반응과 반응속도론(reaction kinetics)

① 반응조(reactor : 화학적 또는 생물학적 반응이 일어나는 그릇, 용기 또는 tank)의 종류

(가) 회분식(batch reacter) 반응조

㉮ 유체의 입·출이 없다.

㉯ 반응조는 완전 혼합이다. 즉, 반응기의 모든 지점의 농도는 같다. 단지 시간에 따라서 전체의 농도가 변화할 뿐이다.

(나) 연속식(continuous reacter) 반응조

㉮ 압출 흐름(plug flow) 반응조

㉠ tank 속을 통과하는 유체의 입자들은 같은 양으로 유입 또는 유출한다.

㉡ 이런 형태의 tank는 옆으로 길고, 상하의 혼합은 있으나 좌우 혼합은 없다.

㉢ 제거효율이 높아 동일한 제거효율을 얻기 위해 필요한 반응조 용량이 적다.

㉣ 유입수량 및 수질 등의 변화, 즉 부하변동에 약하다.

㉯ 완전 혼합 흐름(completely mixed flow) 반응조

㉠ 입자가 반응조 속에 들어가자마자 즉시 완전 혼합된다.

㉡ 반응조를 빠져 나가는 입자는 통계학적인 농도로 유출된다.

㉢ 동일 용량 PFR에 비해 제거효율이 낮다.

㉣ 충격부하 및 부하변동에 강하다.

㉤ 유독물질이 유입되면 순간적으로 분산되어 미생물에 대한 영향이 적다.

㉥ 완전 혼합을 위한 동력소요가 크다.

㉦ 단회로 흐름(short-circuiting)을 일으켜 dead space를 동반할 수 있다.

㉰ 불완전 혼합 흐름(arbitrary flow) 반응조 : 이것은 plug flow와 완전 혼합 흐름의 중간 형태이다.

(다) Morrill 지수$=\dfrac{t_{90}}{t_{10}}$(t_{10}, t_{90}은 각각 반응조에 유입된 물질의 10%와 90%가 유출되기까지의 시간)

구 분	이상적 완전 혼합	이상적 plug flow
분산(variance)	1	0
Morrill 지수	값이 클수록	1
분산 수(dispersion number)	∞ (무한대)	0
지체시간	0	이론적 체류시간과 동일

② 반응의 종류 : 폐수처리에서 일어나는 두 가지 기본 반응 형식

(가) 균일 반응(homogeneous reaction) : 반응물이 유체 중에 전반적으로 균일하게 분포되어 있어서, 이 유체 중의 모든 부분에서의 반응 속도가 동일하다. 균일 반응의 속도는 반응물의 농도들의 곱에 비례한다.

$$A+B \rightarrow \text{생성물, 속도} \propto [A]^m[B]^n$$

(나) 불균일 반응(heterogeneous reaction) : 특정 위치에서만 반응이 일어난다.

③ 반응 속도(reaction rate)

(가) 임의의 양론적 반응에서 물질이 소비되거나 생성되는 속도를 의미한다.

(나) 단위시간, 단위부피당(균일 반응의 경우) 또는 단위표면적이나 단위질량당(불균일 반응의 경우) 반응물질의 몰수 변화(감소 또는 증가)를 나타낸다.

④ 화학 반응이 평형에 있을 때 평형의 이동에 영향을 주는 조건 : 온도, 압력, 농도

⑤ 속도식과 반응조의 체류시간을 구하는 식은 다음과 같다.

(가) 0차 반응 속도식 : $-K$

예 표면반응에서의 회전속도, 암모니아의 아질산이온의 산화, 광화학에서의 빛의 흡수

(나) 1차 반응 속도식 : $\dfrac{dC}{dt} = -KC \qquad \therefore \ \ln\dfrac{C_t}{C_0} = -Kt$

예 방사성 원소의 붕괴 반응

(다) 2차 반응 속도식 : $\dfrac{dC}{dt} - KC^2 \qquad \therefore \ \dfrac{1}{C_0} - \dfrac{1}{C_t} = -Kt$

(라) 압출 흐름(plug flow) 반응조의 체류시간(1차 반응)

$$\ln\left(\frac{C_t}{C_0}\right) = -K\cdot t \qquad \therefore \ t = \frac{\ln\left(\dfrac{C_t}{C_0}\right)}{-K}$$

(마) 완전 혼합 흐름(completely mixed flow) 반응조의 체류시간(1차 반응) : 물질 수지식 이용

$$QC_0 = QC + V\frac{dC}{dt} + VKC \text{(1차 반응의 경우)}$$

정상 상태에서, $\dfrac{dC}{dt} = 0 \qquad \therefore \ t = \dfrac{V}{Q} = \dfrac{C_0 - C}{KC}$

예상문제

Engineer Water Pollution Environmental
수질환경기사

1. 화학 당량(N : normal)에 대한 설명이다. 틀린 것은?

① 원자 및 이온의 당량 $=\frac{\text{원자량}}{\text{원자가}}$

② 화합물의 당량 $=\frac{\text{분자량}}{\text{양이온의 원자가 수}}$

③ 산의 당량 $=\frac{\text{분자량}}{\text{H}^{+}\text{의 수}}$

④ 산화제 및 환원제의 당량 $=\frac{\text{분자량}}{\text{금속원소의 원자가 수}}$

해설 산화제와 환원제의 경우 당량은 $\frac{\text{분자량}}{\text{전자수}}$로 나타낸다.

2. 2.2meq(milli-equivalent weight)/L의 HCO_3^- 농도를 ppm으로 환산하면 얼마인가?

① 28 ② 68
③ 134 ④ 156

해설 $2.2\text{meq/L}\times\frac{61}{\text{당량}}=134.2\text{mg/L(ppm)}$

참고 비중이 1인 경우 ppm=mg/L이다.

3. 0.0001M의 NaCl 용액의 농도(ppm)는?

① 5.85 ② 58.5
③ 585 ④ 5,850

해설 $0.0001\text{mol/L}\times58.5\text{g/mol}\times10^3\text{mg/g}=5.85\text{mg/L}$

4. 50℃에서 순수한 물 1L의 몰 농도(mol/L)는? (단, 50℃의 물의 밀도는 0.9881kg/L이다.)

① 33.6 ② 54.9
③ 98.8 ④ 109.8

해설 $0.9881\text{kg/L}\times10^3\text{g/kg}\times\text{mol/18g}=54.88\text{mol/L}$

5. 시중에 판매되는 농황산의 비중은 1.84, 농도는 95% (wt)이다. 이 농황산의 몰 농도는 얼마인가?

① 42 ② 36
③ 26 ④ 18

해설 $M=\frac{1.84\times10\times95}{98}=17.8$

6. 25% NaOH 용액은 몇 N 용액인가?

① 12.36N ② 10.32N
③ 8.56N ④ 6.25N

해설 $N=\frac{1\times10\times25}{40}=6.25$

7. $KMnO_4$의 그램 당량은 얼마인가? (단, $KMnO_4$의 분자량=158)

① 31.6 ② 39.5
③ 52.6 ④ 79.0

해설 $\frac{158}{5}=31.6$

8. 500mL 수용액에 125mg의 염이 녹아 있을 때 이 수용액의 농도를 ppm과 %로 나타낸 값은?

① 125ppm-2.5%
② 125ppm-25%
③ 250ppm-0.25%

정답 1. ④ 2. ③ 3. ① 4. ② 5. ④ 6. ④ 7. ① 8. ④

④ 250ppm－0.025%

해설 농도$=\frac{양}{부피}=\frac{125mg}{0.5L}=250mg/L$

$\therefore$ 0.025%

참고 $\%=ppm\times10^4$

9. 0.025N $KMnO_4$ 용액을 제조하기 위해서는 물 1L당 몇 g의 $KMnO_4$가 필요한가? (단, K＝39, Mn＝55)

① 0.69　② 0.79
③ 0.89　④ 0.99

해설 $0.025g당량/L\times1L\times\frac{31.6}{당량}=0.79g$

10. 다음은 산과 염기에 관한 설명이다. 옳은 것은?

① Lewis는 전자쌍을 받는 화학종을 산이라고 정의
② Arrhenius는 양성자를 받는 분자나 이온을 산이라고 정의
③ Bronsted－Lowry는 수용액에서 수산화 이온(OH^-)을 내어놓는 것을 산이라고 정의
④ Arrhenius는 양이온을 내놓는 물질을 염기라고 정의

해설 산이란 양성자(H^+)를 내놓는 물질(분자 또는 이온)로서, 전자쌍을 받는 화학종을 말한다.

11. $PbSO_4$가 25℃의 수용액에서 0.035g/L이면 용해도적은? (단, $PbSO_4$의 분자량 : 303)

① 약 0.9×10^{-8}　② 약 1.1×10^{-8}
③ 약 1.3×10^{-8}　④ 약 1.5×10^{-8}

해설 $PbSO_4$의 용해도

$=0.035g/L\times mol/303g=1.15\times10^{-4}$

$K_{sp}=[Pb^{2+}]\cdot[SO^{2-}]=(1.15\times10^{-4})^2$

$=1.3\times10^{-8}$

12. 폐수 속에 $[Cl^-]$가 6×10^{-3}mol/L인 용액에서 염화은으로 침전시키고자 할 때$[Ag^+]$은 얼마(mol/L) 이상을 투입하면 되겠는가? (단, 염화은의 용해도곱은 1.7×10^{-10}이다.)

① 1.83×10^{-8}　② 2.83×10^{-8}
③ 3.52×10^{-7}　④ 4.52×10^{-7}

해설 $K_{sp}=[Ag^+]\cdot[Cl^-]$

$\therefore [Ag^+]=\frac{K_{sp}}{[Cl^-]}=\frac{1.7\times10^{-10}}{6\times10^{-3}}$

$=2.83\times10^{-8}$

13. $Mg(OH)_2$의 용해도적이 1.1×10^{-11}이면 $Mg(OH)_2$의 용해도(g/L)는 얼마인가? (단, $Mg(OH)_2$의 분자량은 58.3이다.)

① 8.16×10^{-3}　② 4.3×10^{-4}
③ 2.4×10^{-4}　④ 1.4×10^{-11}

해설 $K_{sp}=[Mg^{2+}]\cdot[OH^-]^2=4x^3=1.1\times10^{-11}$

$\therefore x=1.4\times10^{-4}M$

$\therefore$ $Mg(OH)_2$의 용해도

$=1.4\times10^{-4}mol/L\times58.3g/mol$

$=8.167\times10^{-3}g/L$

14. Ca^{2+}의 농도가 5.24×10^{-4}mol/L인 용액 내에서 존재할 수 있는 불소이온(F^-)의 농도(mol/L)는? (단, CaF_2의 용해도적은 3.95×10^{-11}이다.)

① 약 5.50×10^{-4}　② 약 5.50×10^{-8}
③ 약 2.75×10^{-4}　④ 약 2.75×10^{-8}

해설 $K_{sp}=[Ca^{2+}]\cdot[F^-]^2$

$\therefore [F^-]=\sqrt{\frac{3.95\times10^{-11}}{5.24\times10^{-4}}}=2.75\times10^{-4}$

15. 25℃, pH 7, 염소이온 농도가 71ppm인 수용액 내의 자유염소와 차아염소산의 비율은? (단, 차아염소산은 해리되지 않으며, $Cl_2+H_2O \rightleftarrows HOCl+H^++Cl^-$, $K=4.5\times10^{-4}$이다.)

정답 9. ② 10. ① 11. ③ 12. ② 13. ① 14. ③ 15. ④

① 2.3×10^{-3} ② 4.5×10^{-4}
③ 2.3×10^{-6} ④ 4.5×10^{-7}

해설 $K=\frac{[H^+][Cl^-][HOCl]}{[Cl_2][H_2O]}$에서

$[H_2O]$는 1로 간주하여 정리하면,

$\frac{[Cl_2]}{[HOCl]}=\frac{10^{-7}\times0.002}{4.5\times10^{-4}}=4.44\times10^{-7}$이다.

여기서, $[Cl^{-1}]=71\text{mg/L}\times10^{-3}\text{g/mg}\times\frac{\text{mol}}{35.5\text{g}}$

$=0.002\text{mol/L}$이 된다.

16. 어떤 용액의 pH가 2.0일 때 $[H^+]$는 몇 mol/L 인가?

① 1.0 ② 0.1
③ 0.01 ④ 0.05

해설 $[H^+]=10^{-pH}=10^{-2}=0.01\text{mol/L}$

17. 수중에 H^+의 농도가 2.0×10^{-5}mol/L일 때 OH^-의 농도(mol/L)는 얼마인가?

① 2.0×10^{-9}mol/L
② 4.0×10^{-3}mol/L
③ 5.0×10^{-10}mol/L
④ 7.0×10^{-2}mol/L

해설 $K_w=[H^+]\cdot[OH^-]=1.0\times10^{-14}$

$\therefore [OH^-]=\frac{1.0\times10^{-14}}{2.0\times10^{-5}}=5.0\times10^{-10}\text{mol/L}$

18. NaOH 4g이 물 1L에 함유되어 있을 때의 pH는 얼마인가?

① 13 ② 12
③ 11 ④ 4

해설 NaOH의 M농도는 $4\text{g/L}\times\text{mol/40g}=0.1\text{mol/L}$이다.

$\therefore \text{pH}=14+\log 0.1=13$

19. $Ca(OH)_2$ 200mg/L 용액의 pH는? (단, $Ca(OH)_2$는 완전 해리하는 것으로 한다.)

① 9.7 ② 10.7
③ 11.7 ④ 1.27

해설 $Ca(OH)_2$의 N농도

$=200\text{mg/L}\times10^{-3}\text{g/mg}\times\frac{\text{당량}}{37}$

$=0.0054\text{g당량/L}$

$\therefore \text{pH}=14+\log0.0054=11.73$

20. pH=6.02인 용액에서 산도의 2배를 가진 용액의 pH는?

① 4.5 ② 4.9
③ 5.3 ④ 5.7

해설 산도가 2배라는 것은$[H^+]$가 2배라는 것이다.

즉, $\text{pH}=-\log[H^+]=-\log(2\times10^{-6.02})$

$=5.7$이다.

21. 0.02N의 약산이 2% 해리되어 있다면 이 수용액의 pH는?

① 2.8 ② 3.4
③ 4.6 ④ 5.2

해설 $\text{pH}=-\log[H^+]$

$=-\log(0.02\times0.02)=3.39$

22. 프로피온산(C_2H_5COOH) 0.1M 용액이 5% 이온화한다면 이온화 정수는?

① 1.16×10^{-4} ② 2.63×10^{-4}
③ 3.84×10^{-4} ④ 4.37×10^{-4}

해설 $K=\frac{(0.1\times0.05)^2}{(0.1-0.1\times0.05)}=2.63\times10^{-4}$

23. 아세트산 150mg/L를 포함하고 있는 용액의 pH는? (단, 아세트산 $K_a=1.8\times10^{-5}$)

① 2.4 ② 3.7
③ 4.6 ④ 5.3

정답 16. ③ 17. ③ 18. ① 19. ③ 20. ④ 21. ② 22. ② 23. ②

해설 평형상수 K를 이용하여 전리 후 $[H^+]$를 구한다.

$$K=\frac{[CH_3COO^-]\cdot[H^+]}{[CH_3COOH]}=\frac{x^2}{0.0025-x}=1.8\times10^{-5}$$

여기서, CH_3COOH

$$=150mg/L\times10^{-3}g/mg\times\frac{mol}{60g}=0.0025mol/L$$

$$\therefore\ x=\sqrt{0.0025\times1.8\times10^{-5}}=2.121\times10^{-4}$$

(여기서, $0.0025-x=0.0025$로 함)

$$\therefore\ pH=-\log[H^+]=-\log(2.121\times10^{-4})=3.67$$

24. 증류수 1L에 3g의 아세트산(CH_3COOH)을 용해시켰다. 이 용액의 아세트산 이온 농도(mol/L)는? (단, 아세트산의 이온화 상수 값은 1.75×10^{-5}이다.)

① 9.26×10^{-4}　② 3.26×10^{-4}
③ 9.26×10^{-3}　④ 3.26×10^{-3}

해설 $K=\frac{[CH_3COO^-]\cdot[H^+]}{[CH_3COOH]}=\frac{x^2}{0.05-x}=1.75\times10^{-5}$

$$\therefore\ x=\sqrt{0.05\times1.75\times10^{-5}}=9.35\times10^{-4}$$

(여기서, $0.05-x=0.05$)

25. pH 4가 되는 CH_3COOH와 CH_3COOK의 완충액을 만들려고 할 때, CH_3COOH와 CH_3COOK의 혼합비율은? (단, $K_{HAC}=1.8\times10^{-5}$)

① $CH_3COOH : CH_3COOK=1 : 2.8$
② $CH_3COOH : CH_3COOK=1 : 5.6$
③ $CH_3COOH : CH_3COOK=2.8 : 1$
④ $CH_3COOH : CH_3COOK=5.6 : 1$

해설 초산의 평형상수를 이용하여 $[CH_3COO^-]$와 $[CH_3COOK]$는 거의 같다고 보고 푼다.

$$K=\frac{[CH_3COOK]\cdot[H^+]}{[CH_3COOH]}$$

여기서, $\frac{[CH_3COOH]}{[CH_3COOK]}=\frac{[H^+]}{K}=\frac{10^{-4}}{1.8\times10^{-5}}=5.55$

26. 수소이온 농도가 10^{-5}mol/L인 산업폐수를 KOH(순도 80%)를 사용하여 중성으로 만들려고 한다. 이때 필요한 KOH는 1L에 몇 mg 정도인가? (단, KOH 분자량=56)

① 0.7mg　② 4.48mg
③ 0.448mg　④ 0.007mg

해설 KOH 소요량

$$=\frac{10^{-5}g당량/L\times1L\times56/당량\times10^3mg/g}{0.8}=0.7mg$$

27. 0.1N－HCl 100mL에 0.1N－NaOH 102mL를 가한 용액의 pH는 얼마인가? (단, NaOH 전리도=1)

① 10　② 11
③ 12　④ 13

해설 ㉠ 혼합 공식을 이용한다.

$$NV-N'V'=N''(V+V')$$

㉡ $N''=\frac{0.1\times102-0.1\times100}{102+100}=9.9\times10^{-4}(as\ OH^-)$

㉢ $pH=14+\log(9.9\times10^{-4})=10.996$

28. 염산 130mg이 녹아있는 용액 1L에 1N의 가성소다 3mL를 넣으면 pH는? (단, 염산 및 가성소다의 분자량은 각각 36.5와 40이다.)

① 3.25　② 6.3
③ 8.8　④ 7.5

해설 ㉠ 염산의 N농도$=130mg/L\times10^{-3}g/mg$

정답　24. ①　25. ④　26. ①　27. ②　28. ①

$\times\frac{\text{당량}}{36.5}=3.56\times10^{-3}\text{g당량/L}$

㉡ $3.56\times10^{-3}\times1000-1\times3=x\times(1000+3)$

$\therefore x=5.58\times10^{-4}$

㉢ $\text{pH}=-\log(5.58\times10^{-4})=3.25$

29. 다음은 이상적인 마개 흐름(plug flow) 상태에서 혼합의 정도를 표시하는 용어에 대한 설명이다. 옳은 것은?

① 분산(variance)=1
② 분산수(dispersion number)=∞
③ 지체시간(lag time)=0
④ Morrill 지수=1

해설 분산이 0, 분산수가 0, 지체시간이 체류시간과 같으면 이상적인 마개 흐름 상태이다.

30. 1000m^{3}의 탱크에 염소이온 농도가 100mg/L 이다. 탱크 내에는 완전 혼합의 상태이고, 계속적으로 염소이온이 없는 물 480m^3/d가 유입된다면, 탱크 내 염소이온 농도가 1.0mg/L로 낮아질 때까지의 소요시간(h)은? (단, $\frac{C_t}{C_0}=e^{-k\cdot t}$, $K=\frac{Q}{V}$)

① 64　　② 128
③ 230　　④ 342

해설 $\ln\left(\frac{C_t}{C_0}\right)=-\left(\frac{Q}{V}\right)\cdot t$

$$\therefore t=\frac{\ln\left(\frac{1}{100}\right)}{-\left(\frac{480}{1000}\right)/\text{d}\times\text{d}/24\text{h}}=230.26\text{h}$$

31. 공중 위생상 중요한 물질인 스트론튬(Sr_{90})은 29년의 반감기를 가지고 있다. 주어진 양의 스트론튬을 80% 감소시키기 위해서는 얼마나 저장해야 하는가? (단, K는 반응의 속도상수, $\ln\left(\frac{C_0}{C}\right)=Kt$)

① 약 37년
② 약 67년
③ 약 98년
④ 약 113년

해설 ㉠ 주어진 반감기를 이용해서 속도상수 K를 구한다.

$$K=\frac{\ln\left(\frac{50}{100}\right)}{-29\text{y}}=0.0239\text{y}^{-1}$$

㉡ $t=\frac{\ln\left(\frac{20}{100}\right)}{-0.0239}=67.34\text{년}$

32. 1차 반응식이 적용된다고 할 때 완전 혼합 반응기(CFSTR)의 체류시간은 PFR 체류시간의 몇 배가 되는가? (단, 1차 반응에 의해 초기 농도의 80%가 감소되었고, 자연지수로 계산하며 속도상수는 같다고 가정한다.)

① 0.92　　② 1.30
③ 2.49　　④ 3.85

해설 ㉠ PFR은 1차 반응에 대한 적분식을 이용하여 구한다

$$t=\frac{\ln\left(\frac{20}{100}\right)}{-K}=\frac{1.609}{K}$$

㉡ 완전 혼합 반응기는 물질수지식을 이용하여 구한다.

(가) 물질수지식 : $QC_0=QC+V\frac{dC}{dt}+VKC$

(나) 정상 상태에서 $\frac{dC}{dt}=0$

$$\therefore t=\frac{C_0-C}{KC}=\frac{(100-20)}{K\times20}=\frac{4}{K}$$

㉢ $\frac{t_c}{t_p}=\frac{\frac{4}{K}}{\frac{1.609}{K}}=2.49$

정답 29. ④ 30. ③ 31. ② 32. ③

4 Chapter 수질오염의 지표

4-1 용존산소

용존산소(dissolved oxygen)란 물 또는 용액 속에 녹아 있는 분자 상태의 산소를 말한다.

(1) 수중 DO에 영향을 미치는 환경인자

① 수온이 낮을수록 용존산소의 포화도가 크다.

② 물에 유기물이 유입되면 일부가 세균에 의해 분해되고 이때 세균은 호흡을 위해 수중 용존 산소를 소비시키고 수중 DO 농도를 감소시킨다.

(가) 순수한 물의 경우 1기압에서의 포화 용존산소량은 다음과 같다.

0℃일 때 : 14.62ppm, 20℃일 때 : 9.17ppm, 30℃일 때 : 7.63ppm

(나) 수중의 산소 전달에 미치는 환경요인

㉮ 물의 흐름 : 난류(turbulent flow)일수록 높아짐

㉯ 현존의 수중 DO 농도 : 낮을수록 높아짐

(다) 수중의 DO에 미치는 환경요인

㉮ 온도 : 높을수록 낮아짐

㉯ 기압 : 높을수록 높아짐

㉰ 염류 : 높을수록 낮아짐(담수의 DO가 해수의 DO보다 높다.)

(2) 산소전달속도 구하는 식

$$\frac{dC}{dt} = \alpha K_{La}(\beta C_s - C_t) \times 1.024^{T-20}$$

여기서, $\frac{dC}{dt}$: 산소전달속도(mg/L · d), K_{La} : 산소전달계수(d^{-1})

C_s : 어떤 온도에서의 포화 DO 농도(mg/L), C_t : 현재의 DO 농도(mg/L)

T : 수온(℃), α : 어떤 물과 증류수의 K_{La} 비율(보통 0.8~0.85)

β : 어떤 물과 증류수의 C_s 비율(보통 0.8~0.85), 1.024 : 온도보정계수

4-2 생물화학적 산소요구량

(1) 정의

생물화학적 산소요구량(biochemical oxygen demand)이란, 일반적으로 세균이 호기성 상태에서 분해 가능한 유기물질을 20℃에서 5일간 안정화(유기물 분해)시키는 데 소비한 산소량을 말한다.

(2) BOD의 반응특성

① BOD 소비 반응식 : $BOD_t = BOD_u \times (1 - 10^{-K_1 t})$

여기서, t : 경과시간(d), BOD_u : 최종 BOD(mg/L), K_1 : 탈산소계수(곡선의 기울기)(d^{-1})

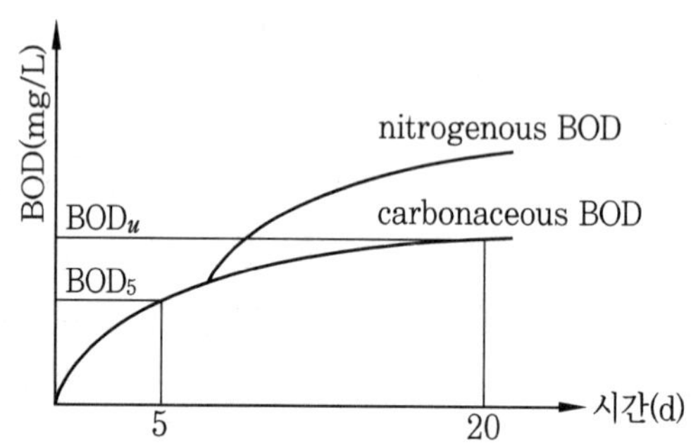

② 탈산소 반응식 : $BOD_t = BOD_u \times 10^{-K_1 t}$

여기서, BOD_t : t 시간 후 남아 있는 BOD양(유기물량)

③ K_1의 온도 보정식 : $K_1(T℃) = K_1(20℃) \times \theta^{T-20}$

여기서, θ : 온도보정계수(보통 1.047)

④ 질산화 반응(2단계 BOD : N-BOD)

$$NH_4^+ + 1.5O_2 \xrightarrow{\text{nitrosomonas}} NO_2^- + H_2O + 2H^+$$

$$NO_2^- + 0.5O_2 \xrightarrow{\text{nitrobacter}} NO_3^-$$

참고

질산화 미생물의 특성

- 대부분 화학독립 영양성(chemoautotrophy) 미생물이다.
- 절대 호기성 미생물이다.
- 성장속도가 느리고 독성에 강하다.

4-3 화학적 산소요구량

(1) 정의

화학적 산소요구량(chemical oxygen demand)이란, 유기물질(분해 가능+분해불가능)을 강력한 화학적 산화제로 산화시킬 때 소모된 산화제의 양에 상당하는 산소량을 말한다.

(2) 산화제(oxidizing agent)

산화반응을 촉진하기 위해 사용되는 산화성 물질이며, 크롬법, 망간법이 있다.

구 분	$K_2Cr_2O_7$ 법	$KMnO_4$ 법
시험 시간	2~3시간	30분~1시간
산화율	80~100%	약 60%

(3) BOD와 COD의 상관관계(correlation)

BOD = IBOD + SBOD

COD = ICOD + SCOD

COD = NBDCOD + BDCOD

NBDCOD = COD − BDCOD 또는 COD − BOD_u

BDCOD = BOD_u = K×BOD_5

ICOD = NBDICOD + BDICOD

BDICOD = $IBOD_u$ = K×$IBOD_5$

여기서, NBDCOD : 생물학적 분해 불가능한 COD
BDCOD : 생물학적 분해 가능한 COD
IBOD : 불용성 BOD
SBOD : 용해성(solubility) BOD
ICOD : 불용성 COD
SCOD : 용해성 COD
K : 비례상수(proportional factor)

① TOC (total organic carbon, 총 유기탄소) : 수중의 유기물을 함유한 시료를 고온에서 탄소를 이산화탄소로 산화시켜 그 발생량을 분석장치로 측정한다.

② TOD : 수중에 유기물을 함유한 시료를 백금 등의 촉매하에 900℃로 완전 산화할 경우 소비되는 산소량으로 측정한다.

③ THOD : theoritical(이론적인) oxygen demand

④ TOC와 COD, BOD의 관계는 아래와 같으며, 대략의 값을 숫자로 나타낸다.

THOD > TOD > COD > TOC > BOD_5
(99) (92) (85) (48) (44)

여기서, 유기물 종류에 따라 BOD_5 > TOC가 된다.

4-4 SS

(1) 정의

SS(suspendeed solids)란, 무기와 유기의 물질을 함유한 0.1μm 이상부터 2mm 이하의 고형물질로서 물에 용해되지 않는 물질을 말하며, 수중에 부유하는 불용성 물질은 탁도의 원인이 되기도 한다.

(2) 증발고형물질과 잔류고형물질 관계식

$$\begin{array}{ccccc} TS & = & VS & + & FS \\ \| & & \| & & \| \\ TSS & = & VSS & + & FSS \\ + & & + & & + \\ TDS & = & VDS & + & FDS \end{array}$$

여기서, TS : total solids, 총 고형물
VS : volatile solids, 휘발성 고형물
FS : fixed solids, 강열 잔류 고형물
TSS : total suspended solids, 총 부유물질
VSS : volatile suspended solids, 휘발성 부유물
FSS : fixed suspended solids, 강열 잔류 부유물
TDS : total dissolved solids, 총 용존 고형물
VDS : volatile dissolved solids, 휘발성 용존 고형물
FDS : fixed dissolved solids, 강열 잔류 용존 고형물

4-5 탁도

(1) 정의

물의 흐림 정도를 나타내는 것으로 투시도와 같은 목적으로 사용되는 지표이다.

(2) 탁도(turbidity)가 급수에서 중요한 고려대상인 이유

① 심미감 : 공공 급수를 받은 물 소비자들은 탁도가 없는 맑은 물을 기대한다.
② 여과성 : 탁도가 높아지면 물의 여과는 더욱 어렵고 경제적인 부담이 늘게 된다.

③ 소독 : 탁도가 하수의 고형질에 기인되는 경우 많은 병원성 미생물들이 입자에 둘러싸여 소독제로부터 보호될 수 있다.

4-6 경도

(1) 개요

① 물의 세기의 정도를 나타내는 용어로서 수중의 2가 양이온 함량을 여기에 대응하는 mg-$CaCO_3$/L로 환산한 값이다.

② 천연수의 경도를 유발하는 주요 양이온과 그와 염을 이루는 음이온은 다음과 같다.

(가) 2가 양이온 : Ca^{2+}, Mg^{2+}, Sr^{2+}, Fe^{2+}, Mn^{2+}

(나) 음이온 : HCO_3^-, SO_4^{2-}, Cl^-, NO_3^-, SiO_3^{2-}

③ 경도(hardness)가 높은 물은 비누의 효과가 나쁘기 때문에 가정용수, 공업용수로 좋지 않다. 특히 boiler 용수로서는 물때(scale)의 원인이 되므로 적당하지 못하다.

$Ca^{2+} + 2HCO_3^- \rightarrow CaCO_3\downarrow + CO_2 + H_2O$

(2) 경도의 근원과 원인

① 물의 경도는 접촉하고 있는 토양과 암석(rock)층으로부터 생긴다.

② 빗방울이 공기 중을 통하여 떨어질 때 탄산가스가 용해되고 빗물이 지하를 침투할 때에도 미생물의 작용에 의해 생긴 탄산가스가 용해되어 탄산이 된다. 그 후 이 물이 지하의 석회층을 통과할 때 Ca^{2+}, Mg^{2+} 등 각종 광물질이 녹게 되므로 결국 센물이 된다.

③ 센물(hard water)은 표토층(topsoil)이 두텁고 석회암층이 존재하는 곳에서 생긴다.

④ 단물(soft water)은 표토층이 얇고 석회암층이 없거나 드문 지역에서 나온다.

(3) 경도의 형태

① 분류

(가) 금속 이온

㉮ Ca 경도 : 수중 Ca^{2+} 총량에 의해 표시되는 경도

㉯ Mg 경도 : 수중 Mg^{2+} 총량에 의해 표시되는 경도

∴ 총 경도 = Ca 경도 + Mg 경도

(나) 이 금속 이온들과 회합(association)하고 있는 음이온들

㉮ 일시 경도(탄산염 경도) : 탄산염이나 중탄산염처럼 끓이면 석출하는 Ca 및 Mg염에 의한 경도로서 중탄산염과 탄산염 알칼리도를 합친 부분에 해당하는

총 경도의 부분

$Ca(HCO_3)_2 \rightarrow CaCO_3\downarrow + CO_2 + H_2O$

$Mg(HCO_3)_2 \rightarrow MgCO_3\downarrow + CO_2 + H_2O$

$MgCO_3 + H_2O \rightarrow Mg(OH)_2\downarrow + CO_2$

알칼리도와 경도는 모두 $CaCO_3$로 환산하여 나타내므로

㉠ 알칼리도 < 총 경도 → 탄산염 경도(mg/L) = 알칼리도(mg/L)

㉡ 알칼리도 ≥ 총 경도 → 탄산염 경도(mg/L) = 총 경도(mg/L)가 된다.

㈏ 영구 경도(비탄산 경도) : 황산염, 질산염, 염화염 등의 끓여도 석출되지 않는 Ca 및 Mg염에 의한 경도를 말한다.

∴ 비탄산염 경도 = 총 경도 − 탄산염 경도

② 일시 경도와 영구 경도의 구분

(가) 일시 경도(temporary hardness) : 탄산 경도와 같이 끓임에 의해 제거되는 경도

(나) 영구 경도(permanent hardness) : 끓여도 제거되지 않는 경도

(4) 경도 계산 공식

$$경도(mg/L) = Ca^{2+}\ mg/L \times \frac{50}{20} + Mg^{2+}\ mg/L \times \frac{50}{12}$$

$$= Ca^{2+}\ mN \times 50 + Mg^{2+}\ mN \times 50$$

$$= Ca^{2+}\ mM \times 원자가 \times 50 + Mg^{2+}\ mM \times 원자가 \times 50$$

4-7 알칼리도

알칼리도(alkalinity)란 물의 알칼리성의 정도를 나타내는 척도를 말한다.

(1) 정의

① 수중에 함유되어 있는 알칼리분을 탄산칼슘($CaCO_3$)으로 환산하여 1L 중의 mg량으로 표시한 것이다.

② 알칼리분이란 용존하는 탄산염류(CO_3^{-2}), 탄산수소염류(HCO_3^-), 수산화물류(OH^-) 등이다.

③ 산을 중화시키는 데 필요한 능력을 말한다.

(2) 알칼리도 자료의 용도

① 용수 및 폐수의 응집을 효과적으로 하기 위해서는 응집제를 완전히 가수분해시키고 금속 수산화물의 floc을 생성하는 데 충분한 알칼리도가 필요하다.

② 알칼리도는 침전법에 의해서 물이 단물화되어 소요되는 석회 또는 석회-소다회의 양을 계산하는 데 반드시 고려되어야 하는 중요한 항목이다.

③ 수산화물 알칼리도를 나타내는 대부분의 산업폐수는 하천이나 하수관 또는 어떤 종류의 처리장으로든 방류하기 전에 반드시 중화시켜야 한다.

④ 부식 억제(corrosion control)

㈎ 알칼리도가 낮은 물은 부식성이 크다.

㈏ langelier index(LI : 랑글리어 지수)는 일명 포화지수(saturation index)라고도 한다.

㈐ 탄산칼슘($CaCO_3$)이 용해될 것인지 침전될 것인지 여부를 나타내는 지수로서 $SI(LI) > 0$이면 과포화로서 $CaCO_3$ 침전이 생김을 의미하며, $SI(LI) < 0$이면 용해성으로써 부식성이 있다는 뜻이다.

(3) 알칼리도 측정 원리

① pH가 11~13 정도인 용액에 산을 가하면 pH가 점차 감소하는데, phenolphthalein 지시약을 이용하면 처음의 분홍빛에서 점차 무색으로 변한다. 이때 pH가 약 8.3이다.

② 다시 methyl orange 지시약을 넣고 산을 계속 가하면 최초에 보여지는 주황색에서 분홍빛이 나는 주황색으로 변한다. 이때의 pH가 약 4.5 정도이다.

③ 알칼리도의 경우 최초의 pH에서 약 8.3까지 가한 산의 양을 $CaCO_3$로 환산한 것을 phenolphthalein 알칼리도라 한다.

④ 최초의 pH에서 pH 4.5까지 가한 산의 양을 $CaCO_3$로 환산한 것을 총 알칼리도 또는 methyl orange 알칼리도라고 한다.

⑤ 한 가지 주의할 것은 pH 7 이하인 용액이라도 알칼리도를 가질 수 있다는 것이다.

⑥ $\text{alkalinity(mg/L as CaCO}_3) = a \times N \times f \times \dfrac{1000}{V} \times 50$

여기서, a : 소비된 산의 부피(mL), N : 산의 규정농도
f : 농도보정계수, V : 시료의 부피(mL)

(4) 알칼리도 구하는 식

$$\begin{aligned}
\text{알칼리도(mg/L)} &= OH^{-}\ \text{mg/L} \times \frac{50}{17} + CO_3^{2-}\ \text{mg/L} \times \frac{50}{30} + HCO_3^{-}\ \text{mg/L} \times \frac{50}{61} \\
&= OH^{-}\ \text{mN} \times 50 + CO_3^{2-}\ \text{mN} \times 50 + HCO_3^{-}\ \text{mN} \times 50 \\
&= OH^{-}\ \text{mM} \times \text{원자가} \times 50 + CO_3^{2-}\ \text{mM} \times \text{원자가} \times 50 \\
&\quad + HCO_3^{-}\ \text{mM} \times \text{원자가} \times 50
\end{aligned}$$

4-8 산도

(1) 정의

① 수중의 탄산, 광산(황산, 염산, 질산), 유기산(초산, 낙산 등) 등의 산분을 중화하는 데 필요한 알칼리분을 탄산칼슘($CaCO_3$)으로 환산하여 1L 중의 mg량으로 표시한 것이다.

② 알칼리를 중화시킬 수 있는 능력의 척도로 사용된다.

(2) 종류

① M-산도 : 산성 상태에 있는 물에 알칼리(주로 NaOH)를 가하고 methyl orange 지시약을 사용하여 pH 4.5까지 높이는 데 사용한 알칼리의 양을 탄산칼슘($CaCO_3$) ppm으로 환산한 값을 광산 산도라고도 한다.

② P-산도 : 계속하여 phenolphthalein 지시약을 사용하여 pH 8.3까지 높이는 데 사용한 알칼리의 양을 탄산칼슘($CaCO_3$) ppm으로 환산한 값으로 총 산도라고 한다.

(3) 산도(acidity) 구하는 공식

$$\text{산도}(\text{mg/L as } CaCO_3) = a \times N \times f \times \frac{1000}{V} \times 50$$

여기서, a : 소비된 알칼리의 부피(mL), N : 알칼리의 규정농도
f : 농도보정계수, V : 시료의 부피(mL)

4-9 기타 오염 지표

(1) 이·화학적 지표

① 외관 : 자연수-무색, 투명하다.

② 관능법 : 주로 탁도와 색도의 오염지표의 외관 시험법이다.

③ 염소이온(Cl^-) : 폐수처리 시 희석 배율을 산출해 처리효율을 계산하는 간접지표이다.

(2) 생물학적 지표

① 총 대장균군(coliform group)

(가) 사람과 동물의 장내에서 기생하는 대장균 및 대장균과 유사한 성질을 가진 균의 총칭을 뜻한다.

(나) 그램 음성의 무아포성의 간균으로 젖당을 분해하여 산과 가스를 만드는 모든 호기성 또는 통성 혐기성균을 말한다. 이는 오수 100mL 중 대장균군의 오염량을

MPN으로 표시한다.

② BIP(biological index of pollution)와 BI(biotic index)

(가) BIP(biological index of pollution)

㉮ 미생물을 대상으로 수질오염의 정도를 수량적으로 표시하는 지표의 하나로서 수질 판정에 사용된다.

㉯ 조류(유색생물)는 청정한 수역에 많고 단세포의 원생동물(무색생물)은 오탁수역에 많다는 사실을 통해 전 생물수에 대한 무색 생물수의 비율을 계산하면 오탁의 정도를 알 수 있다.

㉰ 저수지나 청정한 하천에서는 0～2, 오염된 수역에서는 10～20, 하수 등의 오탁수에서는 70～100을 나타낸다. 즉, BIP는 수치가 클수록 오염이 심하다.

(나) BI(biotic index)

㉮ 생물을 대상으로 수질오염의 정도를 수량적으로 표시하는 지표의 하나로서 수질 판정에 사용된다.

㉯ 수치가 클수록 맑은 물임을 나타낸다. BIP와는 역관계이다.

㉰ BI 20 이상이면 청정수역, 11～19는 조금 오염된 하천, 6～10은 매우 오염되어 있으며, 5 이하는 극히 오염된 것을 나타낸다.

㉱ BI 산정식은 $\frac{2A+B}{A+B+C} \times 100$이다.

여기서, A : 청수성 생물, B : 광범출현종 생물, C : 오수성 생물

예상문제

Engineer Water Pollution Environmental
수질환경기사

1. 다음 대기 조건 중에서 공기가 물에 용해될 때 DO가 가장 빨리 포화될 수 있는 조건은?

① 수온과 염소이온의 농도가 낮고 압력이 높을 때
② 수온과 염소이온의 농도가 높고 압력이 낮을 때
③ 수온과 염소이온 농도 및 압력이 모두 낮을 때
④ 수온과 염소이온 농도 및 압력이 모두 높을 때

2. 어느 하천수의 단위 시간당 산소전달률(K_{La})을 알고자 용존산소 농도를 측정하였더니 10mg/L이었다. 이때 용존산소 농도를 0으로 만들기 위해 필요한 Na_2SO_3의 이론량은? (단, 원자량 Na=23, S=32)

① 38.8mg/L ② 58.8mg/L
③ 78.8mg/L ④ 98.8mg/L

해설 ㉠ Na_2SO_3의 산화식을 만들어 구한다.

㉡ $Na_2SO_3 + \frac{1}{2}O_2 \rightarrow Na_2SO_4$

$\therefore$ 126g : 16g = x : 10mg/L

$\therefore$ x = 78.75mg/L

3. 대기로부터의 DO 공급량 0.015mg−O_2/L·d인 수온 20℃의 어느 하천이 있다. 이 하천의 현재 DO 농도가 4mg/L로 유지되고 있다면 이 하천의 산소전달계수(K_{La})는 얼마인가? (단, α와 β값은 무시하고 20℃의 포화 산소량은 8.6mg/L이다.)

① 3×10^{-4}/h ② 3.2×10^{-4}/h
③ 3.4×10^{-3}/h ④ 1.36×10^{-4}/h

해설 ㉠ $\frac{dC}{dt} = \alpha K_{La}(\beta C_s - C_t) \times 1.024^{T-20}$

㉡ $K_{La} = \frac{0.015\text{mg/L}\cdot\text{d} \times \text{d}/24\text{h}}{(8.6-4)\text{mg/L}}$

$= 1.36 \times 10^{-4}$/h

4. 20℃인 물에서 용존산소의 포화 농도는 9.07mg/L이며, 용존산소 농도를 5mg/L로 유지하기 위하여 활성오니 산소섭취 속도가 40mg/L−h인 포기기를 설치하였다. 이때 K_{La}값(총괄 산소 전달계수)은? (단, $\alpha=\beta$ =1, 정상 포기, 온도 보정 생략)

① 9.0/h ② 9.8/h
③ 10.5/h ④ 12.3/h

해설 ㉠ 정상법으로 K_{La}를 구한다.

$\frac{dC}{dt} = K_{La} \times (C_s - C_t) - R_r$

㉡ 정상 상태에서 $\frac{dC}{dt} = 0$이므로

$K_{La} = \frac{R_r}{C_s - C_t} = \frac{40\text{mg/L}\cdot\text{h}}{(9.07-5)\text{mg/L}}$

$= 9.83\text{h}^{-1}$

5. 어떤 물의 수중 용존산소 농도를 10mg/L에서 4mg/L로 낮출 경우 액상으로의 산소 이전속도는 몇 배 증감하는가? (단, 어떤 물의 포화 용존 산소 농도는 12mg/L이다.)

① 2.5배 감소 ② 2.5배 증가
③ 4.0배 감소 ④ 4.0배 증가

해설 ㉠ 산소 이전 속도는 DO 부족 농도에 비례한다.

㉡ $\frac{12-4}{12-10} = 4$

정답 1. ① 2. ③ 3. ④ 4. ② 5. ④

6. 10℃에서 DO 5mg/L인 물의 DO 포화도는 몇 %인가? (단, 대기의 화학적 조성 중 O_2는 21%, 10℃에서 순수한 공기의 용해도는 38.46mL/L이라 가정한다.)

① 30.4　　② 43.3
③ 47.9　　④ 53.4

해설 ㉠ 10℃에서 포화 DO 농도를 구한다.
㉡ 포화 DO 농도

$=38.46\text{mL/L}\times0.21\times\dfrac{32\text{mg}}{22.4\text{mL}}$

$=11.538\text{mg/L}$

㉢ DO 포화도(%) $=\dfrac{5}{11.538}\times100=43.34\%$

7. 대기에 노출된 20℃의 순수한 물 중 산소의 체적농도는 얼마인가?(단, 대기압 760mmHg, 20℃에서의 흡수계수 $K_s=31.4$mL/L, 20℃에서의 물의 증기압 17.5mmHg)

① 43.9mL/L　　② 30.7mL/L
③ 6.4mL/L　　④ 2.9mL/L

해설 ㉠ Henry의 법칙 : $C_s=K_s\times P$
㉡ 우선 산소의 분압을 구한다.
$P=0.21\times(760-17.5)=155.925\text{mmHg}$
㉢ $C_s=31.4\text{mL/L}\times\dfrac{155.925\text{Hg}}{760\text{mmHg}}$
$=6.44\text{mL/L}$

8. 최종 BOD가 50mg/L, 탈산소계수(자연대수 Base)가 0.2/d인 물의 5일 BOD는 몇 mg/L인가?

① 31.6　　② 18.4
③ 45.0　　④ 5.0

해설 ㉠ $BOD_t=BOD_u\times(1-e^{-k_1t})$
㉡ $BOD_5=50\times(1-e^{-0.2\times5})=31.6\text{mg/L}$

9. BOD_u가 300mg/L일 때 5일 후 잔존 BOD는? (단, 1차 반응 기준, 탈산소계수 K(자연대수 기준)=0.1/d)

① 121mg/L　　② 149mg/L
③ 182mg/L　　④ 196mg/L

해설 $BOD_5=300\times e^{-0.1\times5}=181.96\text{mg/L}$

10. 수온 20℃, 유량 20m^3/s, BOD_u 5mg/L인 하천에 점오염원으로부터 유량 3m^3/s, 수온 20℃, 부하량 50gBOD_u/s의 오염물질이 유입될 때 0.5일 유하 후의 잔류 BOD는? (단, 하천의 20℃의 탈산소계수는 0.2/d(자연대수)이고 BOD 분해에 필요한 만큼의 충분한 DO가 하천 내에 존재한다.)

① 4.3mg/L　　② 4.8mg/L
③ 5.9mg/L　　④ 6.2mg/L

해설 ㉠ $C_m=\dfrac{20\text{m}^3/\text{s}\times5\text{mg/L}+50\text{g/s}}{(20+3)\text{m}^3/\text{s}}$
$=6.52\text{mg/L}$
㉡ 0.5일 유하 후의 잔류 BOD
$=6.52\text{mg/L}\times e^{-0.2\times0.5}=5.9\text{mg/L}$

11. 시료의 5일 BOD가 200mg/L이고 탈산소계수 값은 0.15/d이면 이 시료의 최종 BOD는 얼마인가?

① 265mg/L　　② 243mg/L
③ 224mg/L　　④ 216mg/L

해설 $BOD_u=\dfrac{200\text{mg/L}}{(1-10^{-0.15\times5})}=243.2\text{mg/L}$

12. 20℃의 물에서 8일간 실험한 어떤 폐수시료의 BOD가 200mg/L이었다면, 이 시료의 5일 BOD는 얼마인가? (단, K_1(밑이 10)=0.15/d)

① 145.5mg/L　　② 155.5mg/L
③ 165.5mg/L　　④ 175.5mg/L

해설 ㉠ 주어진 8일 BOD를 이용하여 BOD_u

정답　6. ②　7. ③　8. ①　9. ③　10. ③　11. ②　12. ④

를 구한다.

㉡ $BOD_u = \dfrac{200\text{mg/L}}{(1-10^{-0.15\times 8})} = 213.46\,\text{mg/L}$

㉢ $BOD_5 = 213.46\times(1-10^{-0.15\times 5})$
$= 175.5\text{mg/L}$

13. 어떤 도시에서 BOD 200mg/L, 유량 1.0m³/s의 하수를 유량 6m³/s인 하천에 방류하고자 한다. 방류된 하수가 하천수와 혼합한 직후 하천의 BOD_u는 몇 mg/L가 되겠는가? (단, 하천의 BOD = 1mg/L, 혼합수의 K_1 = 0.1/d이고 자연대수를 기준한다.)

① 약 30 ② 약 49
③ 약 56 ④ 약 75

해설 ㉠ 산술평균을 이용하여 혼합된 직후의 하천의 BOD_5를 구한다.

㉡ $C_m = \dfrac{200\times 1+6\times 1}{(6+1)} = 29.42\text{mg/L}$

㉢ $BOD_u = \dfrac{29.42}{1-e^{-0.1\times 5}} = 74.79\text{mg/L}$

14. 하천의 유기물 분해 상태를 조사하기 위해 20℃에서 BOD를 측정했을 때, K_1 = 0.1/d이었다. 실제 하천온도가 16℃일 때 탈산소계수(/d)는 얼마인가? (단, θ = 1.047)

① 0.083/d ② 0.83/d
③ 0.12/d ④ 0.012/d

해설 ㉠ $K_1(T℃) = K_1(20℃)\times 1.047^{(T-20)}$

㉡ $0.1/\text{d}\times 1.047^{(16-20)} = 0.0832/\text{d}$

15. 20℃에서 어떤 하천수의 최종 BOD 농도는 50mg/L이고 BOD_5 농도는 30mg/L이다. 하천수의 수온이 10℃일 때 하천수의 반응속도상수 K는 얼마인가? (단, 4~20℃ 범위에서 arrehnius 상수는 1.135이다. 또 속도식에서 밑은 10으로 한다.)

① 0.0125/d ② 0.0225/d
③ 0.0235/d ④ 0.0245/d

해설 ㉠ 20℃에서의 K를 구한다.

$K = \dfrac{\log\left(1-\dfrac{30}{50}\right)}{-5} = 0.0796\text{d}^{-1}$

㉡ 10℃일 때 하천수의 반응속도상수 K를 구한다.

$K(10℃) = 0.0796\times 1.135^{(10-20)}$
$= 0.0224\text{d}^{-1}$

16. 어떤 하천수의 수온은 10℃이다. 20℃의 탈산소계수 K(상용대수)가 0.15/d일 때 $\left[\dfrac{BOD_6}{\text{최종 BOD}}\right]$는? (단, $K_T = K_{20}\times 1.047^{(T-20)}$)

① 0.53 ② 0.63
③ 0.73 ④ 0.83

해설 ㉠ 10℃일 때 탈산소계수 K를 구한다.

$K(10℃) = 0.15\times 1.047^{(10-20)} = 0.094\text{d}^{-1}$

㉡ $\dfrac{BOD_6}{\text{최종BOD}} = 1-10^{-0.094\times 6} = 0.727$

17. 평균유속이 5m/min인 하천의 상류지점 A의 BOD가 6mg/L이고 상류지점 A로부터 600m의 하류지점에서 채취한 시료의 BOD가 5mg/L이라면 이 하천의 탈산소계수(K_1 : 밑수 10, BOD 제거속도계수)는? (단, 일차 반응 기준)

① 약 0.85/d^{-1}
② 약 0.95/d^{-1}
③ 약 1.05/d^{-1}
④ 약 1.15/d^{-1}

해설 ㉠ 유하시간을 구한다.

$t = \dfrac{600\text{m}}{5\text{m/min}\times 1440\text{min/d}} = 0.0833\text{d}$

㉡ $K_1 = \dfrac{\log\left(\dfrac{5}{6}\right)}{-0.083} = 0.954\text{d}^{-1}$

정답 13. ④ 14. ① 15. ② 16. ③ 17. ②

18. BOD가 230mg/L, 배수량이 2500m^3/d인 생활오수를 BOD 오탁부하량이 115kg/d이 되게 줄이려면 몇 %의 BOD를 제거해서 하천수로 방류시켜야 하는가?

① 20% ② 50%
③ 60% ④ 80%

해설 BOD 제거율(%)

$$=\frac{230\times2500\times10^{-3}-115}{230\times2500\times10^{-3}}\times100=80\%$$

19. 분뇨 정화조의 희석배율은 통상유입 Cl$^-$ 농도와 방류수의 희석된 Cl$^-$ 농도로써 산출될 수 있다. 정화조로 유입된 생분뇨의 BOD가 21500ppm, 염소이온 농도가 5500ppm, 방류수의 염소이온 농도가 200ppm이라면, 방류수의 BOD 농도가 80ppm일 때 정화조의 BOD 제거율(%)은?

① 99.6 ② 96.9
③ 94.4 ④ 89.8

해설 ㉠ 희석배수를 먼저 구한다.

$$희석배수=\frac{유입수\ 염소농도}{유출수\ 염소농도}=\frac{5500}{200}$$
$$=27.5$$

㉡ $$BOD\ 제거율(\%)=\frac{21500-80\times27.5}{21500}\times100$$
$$=89.76\%$$

20. 어떤 하천의 수질환경기준이 상수원수로 BOD 5mg/L 이하이다. 이 하천 주변에 최대 몇 마리까지의 돼지를 키울 수 있는가? (단, 이 하천 유량은 50000m^3/d, 하천수의 BOD는 2mg/L, 돼지 한 마리의 BOD 배출량은 0.2kg/d이다.)

① 약 150마리 ② 약 350마리
③ 약 750마리 ④ 약 950마리

해설 돼지 마리 수

$$=\frac{(5-2)\text{mg/L}\times50000\text{m}^3/\text{d}\times10^{-6}\text{kg/mg}\times10^3\text{L/m}^3}{0.2\text{kg/마리}\cdot\text{d}}$$
$$=750마리$$

21. 유량 30000m^3/d, BOD 1mg/L인 하천에 유량 100m^3/h BOD 220mg/L의 생활오수가 처리되지 않고 유입되고 있다. 하천수와 처리수가 합류 직후 완전 혼합된다고 가정할 때, 하천의 BOD를 2mg/L 이하로 유지하기 위해서 필요한 오수의 BOD 제거율은 몇 %인가?

① 90.4% ② 80.4%
③ 83.4% ④ 93.4%

해설 ㉠ 처리장의 유출수 농도를 합류지점의 BOD 농도를 이용해서 구한다.

㉡ $$2=\frac{30000\times1+x\times100\times24}{30000+2400}$$

$$\therefore x=\frac{2\times(30000+2400)-1\times30000}{2400}$$
$$=14.5$$

㉢ $$BOD\ 제거율(\%)=\frac{220-14.5}{220}\times100=93.4\%$$

22. 암모니아성 질소 21mg/L와 아질산성 질소 14mg/L가 포함된 폐수를 완전 질산화시키기 위한 산소요구량은 얼마인가?

① 35mg−O$_2$/L ② 74mg−O$_2$/L
③ 88mg−O$_2$/L ④ 112mg−O$_2$/L

해설 ㉠ NH$_3$의 질산화 반응식을 만든다.

$NH_3+2O_2 \rightarrow HNO_3+H_2O$

㉡ 14g : 64g=21mg/L : x

$\therefore x=96$mg/L

㉢ NO$^-$의 질산화 반응식을 만든다.

$$NO_2^-+\frac{1}{2}O_2\rightarrow NO_3^-$$

㉣ 14g : 16g=14mg/L : x

$\therefore x=16$mg/L

㉤ 산소요구량=96+16=112mg/L

정답 18. ④ 19. ④ 20. ③ 21. ④ 22. ④

23. 폭이 60m, 수심이 1.5m로 거의 일정한 하천에서 유량을 측정하였더니 $18m^3/s$이었다. 하류의 어떤 지점에서 측정한 BOD 농도가 20mg/L이었다면 이로부터 상류 40km 지점의 BOD_u 농도는? (단, $K_1=0.1/d$(자연대수인 경우) 중간에는 지천이 없으며 기타 조건은 고려하지 않는다.)

① 28.9mg/L ② 25.2mg/L
③ 23.8mg/L ④ 21.6mg/L

해설 ㉠ 하천의 유속을 구하고 유하시간을 구한다.

$$V=\frac{18m^3/s\times86400s/d}{(60\times1.5)m^2}=17280m/d$$

$$\therefore \text{유하시간}=\frac{40000m}{17280m/d}=2.31d$$

㉡ 상류 40km 지점의 BOD_u 농도

$$=\frac{20mg/L}{e^{-0.1/d\times2.31d}}=25.197mg/L$$

24. BOD 120mg/L, 유량 $5000m^3/d$의 폐수를 BOD 3mg/L, 유량 $7000000m^3/d$의 하천수에 통상적으로 방류할 때 방류지점에서 폐수와 하천수가 완전히 혼합하여 유하한다고 가정하면 폐수가 방류되어 완전히 혼합된 직후 유하하는 하천수 중의 BOD의 1일당 총 부하량 (ton)은? (단, 분해 등 기타 사항은 고려하지 않는다.)

① 15.6 ② 18.6
③ 21.6 ④ 25.6

해설 ㉠ $C_m=\dfrac{Q_1C_1+Q_2C_2}{Q_1+Q_2}$에서 1일당 총 부하량$=Q_m\times(Q_1+Q_2)=Q_1C_1+Q_2C_2$

㉡ 1일당 총 부하량(ton/d)$=(120\times5000+3\times7000000)\times10^{-6}=21.6ton/d$

25. BOD 300mg/L이고 COD 450mg/L인 경우 생물학적 분해 불가능한 COD는 얼마인가? (단, $K_1=0.2/d$)

① 200mg/L ② 116.7mg/L
③ 300mg/L ④ 333.3mg/L

해설 ㉠ 최종 BOD를 구한다.

$$BOD_u=\frac{300mg/L}{(1-10^{-0.2\times5})}=333.33mg/L$$

㉡ $NBDCOD=COD-BOD_u=450-333.33=116.67mg/L$

26. formaldehyde(CH_2O)의 $\dfrac{COD}{TOC}$는?

① 1.37 ② 1.67
③ 2.37 ④ 2.67

해설 ㉠ formaldehyde(CH_2O)의 산화반응식을 이용한다.

$CH_2O+O_2 \rightarrow CO_2+H_2O$

㉡ $\dfrac{COD}{TOC}=\dfrac{32g}{12g}=2.67$

27. HCHO(formaldehyde) 500mg/L의 이론적 COD 값은?

① 435mg/L ② 533mg/L
③ 718mg/L ④ 1067mg/L

해설 ㉠ $CH_2O+O_2 \rightarrow CO_2+H_2O$

㉡ 30g : 32g=500mg/L : x[mg/L]

$\therefore x=533.33mg/L$

28. glucose($C_6H_{12}O_6$) 100mg/L인 용액의 $\dfrac{ThOD}{TOC}$는?

① 2.33 ② 2.67
③ 2.75 ④ 2.98

해설 $\dfrac{ThOD}{TOC}=\dfrac{6\times32}{6\times12}=2.67$

여기서, glucose($C_6H_{12}O_6$) 100mg/L은 사용하지 않아도 된다.

참고 $C_6H_{12}O_6+6O_2 \rightarrow 6CO_2+6H_2O$

정답 23. ② 24. ③ 25. ② 26. ④ 27. ② 28. ②

29. glucose($C_6H_{12}O_6$)를 100mg/L 함유하고 있는 시료용액의 총 유기탄소의 이론값은?

① 20mg/L ② 30mg/L
③ 40mg/L ④ 50mg/L

해설 180g : 6×12g=100mg/L : x[mg/L]
∴ x=40mg/L

30. glucose($C_6H_{12}O_6$) 100mg/L인 용액을 호기성 처리할 때 이론적으로 필요한 질소량(mg/L)은? (단, K_1(밑이 10)=0.1/d, BOD_5 : N=100 : 5, BOD_u=ThOD로 가정한다.)

① 약 3.1 ② 약 3.4
③ 약 3.7 ④ 약 3.9

해설 ㉠ BOD_u를 구해서 BOD_5로 환산한다.
180g : 6×32g=100mg/L : x[mg/L]
∴ x=106.67mg/L
∴ $BOD_5=106.67\times(1-10^{-0.1\times5})$
=72.94mg/L

㉡ 필요한 질소량(mg/L)=72.94mg/L×$\frac{5}{100}$
=3.65mg/L

31. 최종 BOD 농도가 200mg/L인 glucose ($C_6H_{12}O_6$) 용액을 호기성 처리할 때 필요한 이론적 인(P)의 농도(mg/L)는? (단, BOD_5 : N : P=100 : 5 : 1, 탈산소계수(K=0.01h^{-1}), 상용대수기준)

① 1.87mg/L ② 2.81mg/L
③ 3.63mg/L ④ 4.41mg/L

해설 ㉠ BOD_u를 BOD_5로 환산한다.
∴ $BOD_5=200\times(1-10^{-0.24\times5})$
=187.38mg/L

㉡ 이론적 인(P)의 농도=187.38×$\frac{1}{100}$
=1.87mg/L

32. glycine[$CH_2(NH_2)COOH$]의 이론적 산소요구량은 몇 g−O_2/mol인가?

① 16 ② 48
③ 96 ④ 112

해설 ㉠ glycine[$CH_2(NH_2)COOH$]의 산화반응을 이용한다.

$$C_2H_5O_2N+\frac{7}{2}O_2 \rightarrow 2CO_2+2H_2O+HNO_3$$

㉡ 이론적 산소요구량=$\frac{7}{2}$×32g=112g

33. glycine($CH_2(NH_2)COOH$)의 이론적 $\frac{COD}{TOC}$는? (단, 글리신 최종 분해물은 CO_2, HNO_3, H_2O이다.)

① 6.67 ② 5.67
③ 4.67 ④ 3.67

해설 $\frac{COD}{TOC}$의 비=$\frac{112g}{2\times12g}$=4.67

34. glycine($C_2H_5O_2N$)이 호기성 조건에서 CO_2, H_2O, NH_3로 변하고 다시 NH_3가 HNO_3로 변화된다. 10g의 glycine에 함유하고 있는 질소가 HNO_3로 변화될 때 산소 소요량(g)은 얼마인가?

① 5.27 ② 4.27
③ 8.53 ④ 7.53

해설 ㉠ $C_2H_5O_2N+\frac{3}{2}O_2 \rightarrow$
$2CO_2+H_2O+NH_3$
㉡ $NH_3+2O_2 \rightarrow HNO_3+H_2O$
㉢ 75g : 64g=10g : x[g]
∴ x=8.53g
여기서, 질산화에 소요되는 산소량을 구하기 때문에 2차 BOD만 고려한다.

35. glycine($C_2H_5O_2N$)이 호기성 조건에서 CO_2, H_2O, NH_3로 변하고, 다시 NH_3가 HNO_3로 변

정답 29. ③ 30. ③ 31. ① 32. ④ 33. ③ 34. ③ 35. ④

화된다. 10g의 glycine이 CO_2, H_2O, HNO_3로 변화될 때 이론적으로 소요되는 산소량(g)은 얼마인가?

① 5.2 ② 6.3
③ 8.8 ④ 14.9

해설 75g : 112g=10g : x[g]
∴ x=14.9g

36. 박테리아의 경험식은 $C_5H_7O_2N$이다. 1kg의 박테리아를 완전히 산화시키려면 몇 kg의 산소가 필요한가?

① 4.32 ② 3.47
③ 2.14 ④ 1.42

해설 ㉠ 박테리아($C_5H_7O_2N$) 내호흡 반응식을 이용한다.
$C_5H_7O_2N+5O_2 \rightarrow 5CO_2+2H_2O+NH_3$
㉡ 113kg : 5×32kg=1kg : x[kg]
∴ x=1.42kg

37. 박테리아의 경험적인 화학적 분자식은 $C_5H_7O_2N$로 알려져 있다. 10g의 박테리아가 산화될 때 소모되는 산소량은 얼마인가? (단, 이때 질소는 암모니아로 분해된다.)

① 1.42g ② 14.2g
③ 2.84g ④ 28.4g

해설 113g : 5×32g=10g : x[g]
∴ x=14.2g

38. 개미산(HCOOH)의 $\frac{ThOD}{TOC}$의 비는?

① 2.67 ② 2.14
③ 1.89 ④ 1.33

해설 ㉠ $HCOOH+\frac{1}{2}O_2 \rightarrow CO_2+H_2O$

㉡ $\frac{COD}{TOC}=\frac{\frac{1}{2}\times 32}{12}=1.33$

39. 페놀(C_6H_5OH) 150mg/L의 이론적인 COD(mg/L)는?

① 약 440 ② 약 360
③ 약 270 ④ 약 190

해설 $C_6H_5OH+7O_2 \rightarrow 6CO_2+3H_2O$
94g : 7×32g=150mg/L : x[mg/L]
∴ x=357.45mg/L

40. 다음 중 가경도(pseudo hardness) 유발 물질로 가장 대표적인 것은?

① 칼륨 ② 염소
③ 나트륨 ④ 철

해설 가경도(pseudo hardness) : 나트륨을 상당히 많이 함유하고 있는 해수, 염수 및 기타 물은 공통 이온 영향(common ion effect) 때문에 비누의 정상 기능을 방해한다. 그래서 높은 농도로 존재할 때 Na^+가 보여주는 작용을 가경도라 한다.

41. 경도에 관련된 기술 중 옳지 않은 것은?

① 경도에는 영구 경도인 비탄산 경도와 일시 경도인 탄산 경도가 있다.
② Ca^{2+}와 Mg^{2+} 외에도 Fe, Mn, Sr 등도 관련된다.
③ 영구 경도는 끓여서 제거 가능한 경도며 일시 경도는 Ca 및 Mg의 염산염, 황산염 등이다.
④ 경도는 주로 수중의 Ca^{2+}, Mg^{2+}이온이 원인이 되며 이온들의 양을 탄산칼슘으로 환산하여 나타낸다.

해설 일시 경도는 끓여서 제거 가능한 경도이며 영구 경도는 Ca 및 Mg의 염산염, 황산염 등이다.

42. 35g의 $Mg(HCO_3)_2$와 화학적으로 같은 당량이 되기 위해서 필요한 CaO의 양은 얼마

정답 36. ④ 37. ② 38. ④ 39. ② 40. ③ 41. ③ 42. ②

인가? (단, M,W : Mg=24.3, Ca=40)

① 33.5g ② 13.4g
③ 6.74g ④ 26.8g

해설 $Mg(HCO_3)_2$의 당량
=35g×당량/73.15=0.478g 당량
∴ CaO(g)의 양=0.478g 당량×28/당량
=13.38g

43. 1g의 $Ca(OH)_2$를 충분한 양의 $Ca(HCO_3)_2$와 반응시키면 $CaCO_3$는 얼마나 생성되는가?

① 1.3g ② 1.8g
③ 2.7g ④ 3.4g

해설 ㉠ $Ca(HCO_3)_2+Ca(OH)_2 \rightarrow 2CaCO_3\downarrow+2H_2O$
㉡ 74g : 2×100g=1g : x
∴ x=2.7g

44. Ca^{2+}가 20mg/L, Mg^{2+}가 24mg/L를 포함한 물의 경도는 얼마인가?

① 50mg/L as $CaCO_3$
② 100mg/L as $CaCO_3$
③ 150mg/L as $CaCO_3$
④ 200mg/L as $CaCO_3$

해설 경도(mg/L)$=20\text{mg/L}\times\frac{50}{20}+24\text{mg/L}\times\frac{50}{12}$
=150mg/L

45. 석회수용액($Ca(OH)_2$) 100mL를 중화시키는데 0.03N HCl 32mL이 소요되었다면 이 석회수용액의 경도는? (단, 단위 : $CaCO_3$mg/L)

① 420 ② 440
③ 460 ④ 480

해설 ㉠ 중화공식을 이용해서 석회수용액의 N농도를 구한다.
x[N]×100mL=0.03N×32mL
$\therefore x=\frac{0.03\times32}{100}=0.0096\text{N}$
㉡ 석회수용액의 경도
$=0.0096\text{N}\times\frac{10^3\text{mN}}{\text{N}}\times50=480\text{mg/L}$

46. pH 8인 물에서 가장 많이 존재하는 알칼리도 유발물질은?

① CO_2 ② HCO_3^-
③ CO_3^{2-} ④ OH^-

해설 탄산수소염류(HCO_3^- : bicarbonate)만 있는 경우는 pH가 8.3이거나 그 이하이며, 총 알칼리도는 중탄산 알칼리도와 같다.

47. 알칼리도에 관한 다음 반응 중 가장 부적절한 것은?

① $CO_2+H_2O \rightleftarrows H_2CO_3 \rightleftarrows HCO_3^-+H^+$
② $HCO_3^- \rightleftarrows CO_3^{2-}+H^+$
③ $CO_3^{2-}+H_2O \rightleftarrows HCO_3^-+OH^-$
④ $HCO_3^-+H_2O \rightleftarrows H_2CO_3+OH^-$

해설 중탄산염은 수중에 OH^-를 거의 내놓지 않으므로 pH가 증가되지 않으며 용해된 CO_2가 많을수록 이러한 현상이 뚜렷하다. 그러나 중탄산염을 많이 포함한 물을 가열하면 CO_2가 나오면서 대기 중으로 방출되어 중탄산염은 탄산염으로 되어 물속에 OH 를 내어 pH가 증가한다.

48. 시료 100mL를 0.05N H_2SO_4로 적정하였더니 4.2mL 소비되었다. 이 시료의 총 알칼리도는? (단, f=1.0)

① 2.1mg$CaCO_3$/L
② 70.5mg$CaCO_3$/L
③ 96.0mg$CaCO_3$/L
④ 105mg$CaCO_3$/L

해설 alkalinity(mg/L as $CaCO_3$)
$=4.2\times0.05\times1\times\frac{1000}{10}\times50=105\text{mg/L}$

정답 43. ③ 44. ③ 45. ④ 46. ② 47. ④ 48. ④

5 Chapter

수질오염과 생태계

5-1 생태계

(1) 정의

어떤 지역의 생물 공동체와 이것을 유지하고 있는 무기적 환경이 종합된 물질계 또는 기능계라고 한다.

(2) 생태계(ecosystem)의 구성과 기능

생태계 중에서 생물체는 기능적으로 생산자(녹색식물)·소비자(동물)·분해자(세균 또는 미생물)로 구분된다.

(3) 물질순환(cycle of material)

① 탄소의 순환(carbon cycle)

(가) 공기 중의 탄소 : 식물이 광합성을 통해 이용된다.

(나) 식물체 내의 탄소 : 동물이 식물체를 섭취(단백질, 탄수화물, 지방)하면서 이용된다.

(다) 이산화탄소 방출 : 동물과 식물의 호흡 시 방출된다.

(라) 이산화탄소 생성 : 미생물이 동식물의 사체를 분해시킬 때와 이 사체가 퇴적되어 석유, 석탄이 된 후 인간이 이를 사용하였을 때 이산화탄소를 생성한다.

② 질소의 순환

(가) 토양 속의 유리 질소 : 질소 동화 세균류의 작용으로 식물체에 공급(단백질 형태로)된다.

대 뿌리 혹 박테리아, 아조토박터

(나) 식물체 내의 질소 : 동물이 먹이로 이용된다.

(다) $NH_3(NH_4^+)$: 토양 속의 아질산균이 $NH_3(NH_4^+)$를 NO_2^-(아질산이온)로 바꾸고 질산균은 NO_2^-(아질산이온)를 NO_3^- (질산이온)으로 변화시킨다.

(라) 탈질화작용 : 탈질소균이 토양 속에서 질산이온을 환원시켜 질소가스(N_2)로 만들어 대기중으로 돌려보낸다. $2NO_3^- + 5H_2 \rightarrow N_2 + 2OH^- + 4H_2O$

(4) 에너지 흐름(flow of energy)

① 생태계에서 에너지의 근원은 빛에너지이다.

② 상위 영양단계로 갈수록 이용되는 에너지량은 감소한다.

5-2 수질오염과 미생물

(1) 미생물(microorganisms, microbes)의 성장과 특성

① 성장 곡선(growth curve) : 유도기-대수기-정지기-사멸기

(가) 지체기 또는 유도기(lag phase) : 증식 준비기-세포 증식이 거의 없음

(나) 대수성장단계 또는 대수기(exponential or log phase) : 세포증식이 활발히 일어나는 시기

(다) 감소성장단계 또는 정상기(stationary phase) : 세포수의 증가나 감소도 없는 시기

(라) 내생성장단계 또는 사멸기(death phase) : 세포의 사멸이 서서히 진행되는 시기

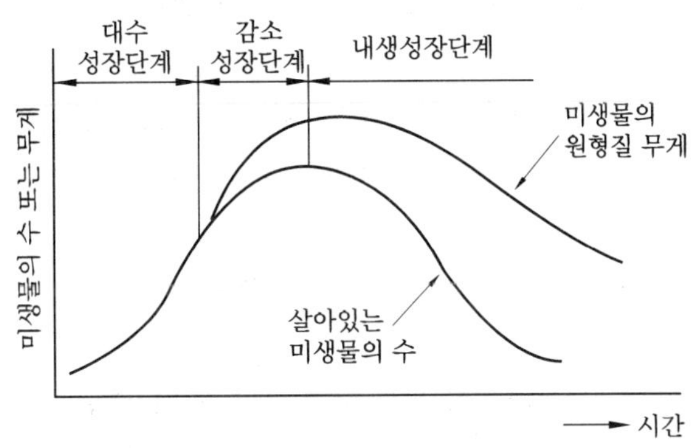

② 성장 특성

(가) 성장의 첫 단계인 지체기(lag phase) : 세포가 새로운 환경에 적응하는 기간이다.

(나) 대수기(exponential phase : log 성장 상태)

㉮ 개체군의 폭발적인 증식이 시작된다.

㉯ 세포 증식률은 사멸률(death rate)을 훨씬 초과한다.

㉰ 물질 대사율은 최대가 되지만 미생물이 분산되어 침전효율이 나쁘다.

(다) 정상성장기(stationary phase)

㉮ 사멸률과 성장률은 동일하게 된다.

㉯ 미생물이 서로 엉키는 floc이 형성되기 시작한다.

㈑ 사멸기(death phase)

㉮ 세포가 증가하는 것보다 더 빨리 죽어가므로 개체군은 감소한다.

㉯ 그들 스스로 원형질을 분해시켜 에너지를 얻는 자산화가 진행되어 전체 원형질의 무게가 감소한다.

참고

내호흡(internal respiration) : 영양소가 없거나 불충분해서 합성된 세포가 소모되는 과정

③ 세포의 증식 속도식(monod 식)

$$\mu = \frac{\mu_m \times S}{K_s + S}$$

여기서, μ : 비증식속도(1/d), μ_m : 최대비증식속도(1/d), S : 성장제한 기질농도(mg/L)
K_s : 용해성기질에 대한 미생물의 반포화상수(mg/L)

(2) 미생물의 형태 및 구조

① 원핵세포와 진핵세포의 형태

㈎ 원핵 미생물 : 원핵세포(남조류나 세균처럼 핵막이 둘러 싸여 있지 않고 핵물질이 퍼져 있는 세포)로 구성 예 남조류, 원시세균(archaebacteria)

㈏ 진핵 미생물 : 진핵세포(균류, 남조류 외의 조류와 원생동물처럼 뚜렷한 핵의 막과 세포소 기관을 갖고 있는 종류의 세포)로 구성
예 균류, 미세 조류, 원생동물

㈐ 비생물체 : 바이러스(생물과 무생물의 중간적 존재)

② 생물 분류

㈎ 원생동물 : 동물계 → 비광합성에 유동성이 있기 때문

㈏ 조류(algae) : 식물계 → 엽록소가 있어서 광합성을 하기 때문

㈐ 진균 : 식물계 → 운동성이 없기 때문

③ 미생물의 영양소

㈎ 탄소원(carbon source) : 대부분 glucose 등의 단당류, sucrose 등의 2당류인 탄수화물, 유기산류, 알코올류 등으로 포함되어 있다.

㈏ 질소원(nitrogen source)

㈐ 무기염류(minerals) : 주로 P, K, S, Mg 외에도 Ca, Fe, Mn, Zn, Cu, Co, Mo 등이 있다.

㈑ 발육인자(growth factor) : 일반적으로 아미노산, 비타민, pyrimidine염, purine염 등이 있다.

(3) 미생물의 환경조건에 따른 분류

① 용존산소와의 관계에 따른 분류

㈎ 호기성균(aerobic microbes) : 용존산소를 섭취하는 미생물

㈏ 혐기성균(anaerobic microbes) : 결합산소를 섭취하는 미생물 ㉹ 메탄 박테리아

㈐ 임의성균(facultative microbes) : 호기성, 혐기성 환경에서 성장할 수 있는 미생물

② 산소 요구성에 따른 분류

㈎ 편성 호기성균(obligate or strict aerobes) : 발육을 위해 산소가 절대적으로 필요한 미생물을 말한다.

㈏ 통성 혐기성균(facultative anaerobes) : 산소가 있어도 없어도 발육하는 미생물, 즉 산소가 있으면 호흡하고 없으면 발효에 의해 에너지를 얻는데 특히 산소가 있을 때 증식이 빠른 많은 병원성 균이 여기에 속한다.

㈐ 편성 혐기성균(obligate anaerobes) : 산소 존재 시 사멸하는 미생물, 즉 산소가 유해성분으로 작용(H_2O_2의 축적)하고 유리산소가 존재하는 상태에서는 발육하기 어렵다.

㈑ 미호기성균(microaerobes) : 미량의 산소(5% 전후)가 있을 때 발육하고 산소가 많을 때 발육하지 않는다.

㈒ 산소 내성 혐기성균(aerotolerants) : 산소에 의해 영향을 받지 않는 균을 말한다.

③ 먹이(food)와의 관계에 따른 분류

㈎ 독립 영양균(autotrophic microbe, autotroph) : 무기물 영양균, 자가 영양균

㉮ 광합성 무기 영양균(photosynthetic microbes)

㉠ chlorophyⅡ과 비슷한 광합성 색소로, 빛으로부터 에너지를 획득한다.

㉡ 대부분 편성 혐기성균, H_2S 등이 수소 공여체가 되므로 O_2는 발생하지 않는다(세균적 광합성).

$$CO_2 + 2H_2S \rightarrow (CH_2O)_n + H_2O + 2S$$

㉯ 화학합성 무기 영양균(chemosynthetic microbes)

㉠ 수소, 황, 암모니아 등의 무기물 산화에 의해서 에너지를 획득한다.

㉡ 질화세균(절대 호기성) : 토양 중의 질소화합물의 변화에 관여하며, 농업에 있어서 중요한 역할을 한다.

- nitrosomonas(pH 6.0 이하이면 생장이 억제) : NH_3를 아질산으로 산화하여 에너지를 획득한다.

$$2NH_3 + 3O_2 \rightarrow 2HNO_2 + 2H_2O + 79cal$$

- nitrobacter(암모늄 이온의 존재하에 pH 9.5 이상이면 생장이 억제) : 아질산을 질산으로 산화시킨다.

$$2HNO_2 + O_2 \rightarrow 2HNO_3 + 21.6cal$$

$$NH_3 \xrightarrow{\text{Nitrosomonas}} NO_2^- \xrightarrow{\text{Nitrobacter}} NO_3^-$$

㉢ 유황세균(thiobacillus, beggiatoa) : 유황을 황산으로 산화하여 에너지를 획득한다.

$$S + 1.5O_2 + H_2O \rightarrow H_2SO_4 + 141.8cal$$

참고

관정부식(crown corrosion) : 하수 내 유기물, 단백질 및 기타 황화물이 혐기성 상태에서 분해되어 생성되는 황화수소(H_2S)가 하수관 내의 공기 중으로 솟아오르면 호기성 미생물에 의해서 SO_2나 SO_3가 되며, 이들이 관정부의 물방울에 녹아서 황산(H_2SO_4)이 된다. 이 황산이 콘크리트관에 함유된 철(Fe), 칼슘(Ca), 알루미늄(Al) 등과 반응하여 황산염이 되어 콘크리트관을 부식 파괴하는 현상을 관정부식이라 한다.

㉣ 황산 환원균(desulfovibrio) : $S^{2-} + 2H^+ \rightarrow H_2S$

㉤ 철산화세균(gallionella, leptothrix, crenothrix, sphaerotilus) : 제1철이온(Fe^{2+}) 산화로 유리되는 에너지를 이용한다.

참고

sphaerotilus : 하수구나 오염된 하천 등의 수면에 솜처럼 떠 있는 사상체로 낮은 온도에서도 잘 번식하며 폐수처리에 fungi와 더불어 슬러지 벌킹의 원인이 된다.

㉥ 호염균(halophile) : 바닷물처럼 높은 염도에서도 생육하는 미생물을 말한다.

참고

광합성과 화학합성

① 광합성 : 빛을 필요로 함, 광인산화 반응에 의해 ATP 생산

② 화학합성 : 빛을 필요로 하지 않음(반응열), 무기물의 산화발열반응에 의해서 ATP 생산

$$6CO_2 + 12H_2O + \text{화학에너지} \Rightarrow C_6H_{12}O_6 + 6H_2O + 6O_2$$

(나) 종속 영양균(heterotrophic microbes) : 탄소동화작용을 할 때 유기물을 필요로 하는 유기영양균으로 유기물을 탄소원으로 하고 유기 및 무기의 질소 화합물을 질소원으로 이용하며, 탄수화물 등의 유기 화합물을 분해, 즉 호흡 및 발효에 의해서 에너지가 얻어진다.

대 탈질화균 : pseudomonas, achromobacter, micrococcus

(다) 무력 영양균(기생 영양균) : 세균에 기생하는 바이러스(virus)

구분	energy	carbon	종류
photo autotroph (광독립영양미생물)	light	CO_2	남조류, 식물, 광합성 bacteria
photo heterotroph (광종속영양미생물)	light	organic	–
chemo autotroph (화학독립영양미생물)	무기 화합물	CO_2	수소, 황, 철 bacteria
chemo heterotroph (화학종속영양미생물)	유기 화합물	organic	대부분의 미생물 및 동물

④ 온도(temperature)와의 관계에 따른 분류

㈎ 친랭성 미생물(psychrophiles) : 0℃ 부근에서 잘 성장하는 미생물

㈏ 친온성 미생물(mesophilic microbes) : 5~35℃에서 잘 성장하는 미생물

㈐ 친열성 미생물(thermophiles) : 65~70℃에서 잘 성장하는 미생물

(4) 미생물의 대사작용(metabolism) : 생물체 내부에서의 물질 교환

① 이화작용(catabolism)

㈎ 생물체 내에서 화학적 분해작용을 의미하며, 복잡한 물질이 보다 간단한 물질로 분해된다.

㈏ 호흡(respiration) 작용(산화, 발열, 산소 분해과정, 자유에너지 방출)

$$C_6H_{12}O_6 + 6O_2 \rightarrow 6CO_2 + 6H_2O + 686\text{kcal}$$

㈐ 발효(fermentation) : 무산소 상태에서 이루어지는 무기 호흡 또는 분해의 알코올 발효에 의해 에너지를 얻는다.

$$C_6H_{12}O_6 \rightarrow 2C_2H_5OH + 2CO_2 + 22\text{kcal} \rightarrow 3CO_2 + 3CH_4$$

② 동화작용(anabolism)

㈎ 생체 내의 간단한 분자로부터 보다 복잡한 분자가 합성되는 화학변화를 의미한다.

㉟ 광합성 작용, 화학합성 작용

㈏ 잔여영양분 + ATP → 세포물질 + ADP + 무기인 + 배설물

㈐ 이 과정은 흡열반응(에너지 소비반응)이다.

(5) 수질오염에 관계되는 미생물의 분류

① 세균(bacteria) : 몸이 하나의 세포로 이루어진 가장 작고 하등한 미생물이다.

㈎ 세균의 특징

㉮ 크기는 0.8~5μm, 무게는 10^{-12}g 정도로 아주 작다.

㉯ 단세포 생물로서 무성생식을 행한다.

㉰ 증식 : 세포분열(cell fission)

㉱ 핵 : 원시 핵 → 핵막이 없다(원핵세포).
㉲ 엽록소(chlorophyll)가 없어 탄소동화작용을 못한다.
㉳ 생존을 위해 수중에 용해된 유기물(organic compounds)을 섭취한다.
㉴ 질소 함유율이 균류(mycota)에 비하여 높다.

㈏ 세균의 구성

㉮ 분자식
㉠ 호기성 박테리아 : $C_5H_7O_2N$
㉡ 혐기성 박테리아 : $C_5H_9O_3N$

㉯ 구성 : 물 80%, 고형물질 20%(유기물 18% + 무기물 2%)

㉰ 세균의 형태
㉠ 구균(coccus) : 구형 및 타원형의 완두콩 같은 모양
㉡ 간균(bacillus) : 원통형 및 막대기 모양으로 길죽한 형태
㉢ 나선균 : 나선형의 형태

㉱ 세균의 구조
㉠ 세포막(cell membrane = plasma membrane) : 영양분을 통과시키고 배설물을 배출하는 반투과성 성질을 갖고 있다.
㉡ 세포벽(cell wall) : 단단한 구조로써 세포를 지지, 내부물질을 보호한다.
㉢ 리보솜(ribosome) : 단백질을 합성하는 장소이다.
㉣ 메소솜(mesosome) : 호흡계 기관으로 DNA 합성과 단백질을 분비한다.
㉤ 액포(vacuole) : 물질을 직접 흡수하거나 배출한다.
㉥ 핵 : 세포의 생명활동의 중심을 이루는 곳이다.
㉦ 편모(flagella) : 운동성을 가진다.
㉧ 섬모(cilium) : DNA의 이동 통로이다.
㉨ 점질층(slime layer) : 건조와 기타 유해요인에 대해 세포를 보호한다.

원핵세포와 진핵세포의 차이점

구분	원핵세포	진핵세포
세포 크기	0.2~2μm(직경)	10~100μm(직경)
핵	없음	있음
막성 세포 내 소기관	없음	있음
세포벽	화학적 복합체	있는 경우 단순
리보솜	70S	80S(세포소기관에는 70S)
DNA	한 개의 원형 염색체	여러 개의 선형 염색체(히스톤과 결합)
세포분열	이분법(binary fission)	유사분열(mitosis)

(다) 세균의 성장조건(먹이, 온도, pH, 용존산소량 등이 성장에 영향을 미친다.)

㉮ pH : 최적 pH 범위(6.5~7.5), 최소와 최대 pH(4.0과 9.5)

㉯ 최적온도 : 친랭성 세균 : 10~20℃, 친온성 세균 : 20~40℃, 친열성 세균 : 45~65℃

㉰ BOD : N : P = 100 : 5 : 1

② 균류(fungi) : 화학분자식은 $C_{10}H_{17}O_6N$를 사용하며 곰팡이, 효모(yeast) 등이 있다.

(가) 균류의 형태

㉮ fungi의 크기는 일반적으로 5~10μm이고, 구성물질의 75~80%가 물이며 현미경으로 대부분 식별 가능하다.

㉯ 폐수 처리 시 다량으로 증식하면 슬러지 팽화현상(sludge bulking)의 원인이 된다.

(나) 균류의 구성요소

㉮ 대부분 호기성균으로 엽록소를 함유하지 않아 탄소동화작용을 못하는 식물로서 유기물을 섭취한다.

㉯ 포자(spore)를 내어 번식한다.

(다) 균류의 생장조건

㉮ 유리산소의 존재하에 생장한다.

㉯ 최적온도는 20~30℃이고, 최적 pH는 4.5~6.0이다.

㉰ 호기성이며 저온에서도 잘 자라므로 유기물의 퇴비화나 공업폐수 처리 시 중요한 역할을 한다.

③ 조류(algae) : 수서생활을 하며 색소체를 가지고 광합성을 하는 독립영양체인 하등식물군으로 일명 플랑크톤이라 한다.

(가) 경험적 분자식 : $C_5H_8O_2N$(호기성 세균보다 더 호기성 상태에서 조류들의 번식이 이루어짐)

(나) 특성 및 작용

㉮ 무기물(탄산가스)을 섭취할 수 있다. ⇒ 탄소동화작용(광독립 영양균)으로 pH가 증가(10~11 정도)된다.

㉯ 광합성작용을 하며 1차 생산자에 해당한다.

$CO_2 + H_2O \rightarrow CH_2O + O_2$

㉰ 조류는 광합성 반응 시 수중의 CO_2를 흡수하고 O_2를 방출함으로써 용존산소를 증가시킨다.

㉱ 호흡작용 : 산소분자에 의하여 조류가 유기물을 산화시켜 에너지를 얻는 과정으로 유기물은 완전히 산화되어 CO_2와 H_2O가 된다.

참고

- **보상수심(compensation depth)** : 수심이 깊어짐에 따라 광도(light intensity)가 점차 감소하여 어느 수심에 이르면 광합성량(산소 생산)과 호흡량(산소 소비)이 일치하고 순일차 생산량(net primary production)은 0이 되는데, 이때의 수심을 보상수심이라 한다.
- **방사 조도 구하는 식**

$$I_d = I_0 \times e^{-Kd}$$

여기서, I_d : 수심 d[m]에서의 방사조도(cal/cm^2 · min)
I_0 : 수표면 아래부분의 방사조도(cal/cm^2 · min)
K : 조도 소산계수(m^{-1})
d : 수심(m)

㈐ 색소에 의한 조류의 분류

㉮ 녹조류 : 종류는 단세포와 다세포가 있다. 이 중 비운동성이 있는가 하면 swimming flagella를 갖춘 것도 있으며, 여름철에 가장 풍부하다.

㉯ 청록조류(남조류 : blue-green algae)

㉠ 편모와 독립된 세포핵(nucleus)이 없다.

㉡ 원핵 생물군이며 내부기관이 발달되어 있지 않고 bacteria에 가까우며 광합성 작용을 한다.

㉢ 표면수가 더운 늦여름에 특히 많이 증식하여 수화(water blooms)의 원인이 되며 돼지우리 냄새를 유발한다.

㉰ 규조류(diatom)

㉠ 황·녹 유기체는 보통 단세포이며 드물게 군락을 이루며 봄, 가을에 순간적인 급성장을 보인다.

㉡ 세포벽이 silica로 구성되어 있다.

㉢ 세포에는 1개 또는 다수의 색소체가 있고 클로로필 －a와 b 외에 규조소(디아트민), 크산토필 등의 색소를 포함하고 황갈색, 황록색을 띤다.

㈑ 조류의 번식생장을 억제시키는 방법

㉮ 빛에너지 공급을 차단한다.

㉯ 황산동의 화학약품 살포는 0.1~0.5mg/L가 적당하다.

㉰ 질소, 인 등의 영양원 공급을 차단한다.

㈒ AGP(algae growth potential)

㉮ 자연수·처리수 등이 가지고 있는 조류의 생산력을 말한다.

㉯ 조류증식 잠재능력의 약칭이며 최대조류증식량(mg/L)으로 나타낸다.

㈓ 물속에서 조류가 번식할 때 필요한 물질 : 햇빛, 질소, 인

㈔ 조류가 상수도에 미치는 영향

㉮ 곰팡이 냄새나 흙냄새와 같은 불쾌한 냄새가 생기고 불쾌한 맛이 생긴다.

㉯ 어떤 종류의 조류는 유독성분을 방출하기도 한다.

㉰ 여과지의 폐색이 나타난다.

㉱ 응집지에서 pH, 경도, 알칼리도를 변화시켜 floc의 형성을 방해한다.

(아) 일반적으로 호수에서 조류의 성장을 제한하는 인자 : 인(P)

④ 원생동물(protozoa) : vorticella, paramesium 등이 있다.

(가) 원생동물은 단핵, 대부분이 운동성, 비광합성의 진핵구조를 가지며 진정한 의미의 세포벽이 없다. 많은 원생동물은 녹조류가 진화과정에서 단지 엽록소를 상실함으로써 생긴 것으로 추측할 수 있다.

(나) 대개 호기성으로 크기가 100μm 이내의 것이 많으며 용해성 유기물 또는 세균 등을 섭취한다.

(다) 원생동물은 위족류, 편모충류, 섬모충류 등으로 나눌 수 있다.

(라) 번식 : 2분법, 출아법, 무성생식과 유성생식

(마) 원생동물은 박테리아와 같은 미생물을 잡아먹으며 성장하기 때문에 폐수 처리할 때 처리수에 원생물질이 출현하면 폐수 처리가 잘 되었음을 의미한다.

(바) 분자식 : $C_7H_{14}O_3N$

⑤ 고등동물(후생동물, metazoa) : 원생동물을 제외한 다른 모든 동물의 총칭이다.

(가) 윤충류(rotifer) : 하천에서 로티퍼가 발견되면 다른 화학성분을 조사하지 않더라도 하천의 상태가 비교적 깨끗하며 용존산소가 어느 정도 풍부하다고 판단할 수 있다.

(나) 갑각류(crustaceans) : 거미 모양으로 생겼으며 bacteria 및 원생동물로 구성되어 있는 sludge를 먹고 생존한다.

5-3 독성물질에 대한 생물분석

(1) TLm(medium tolerance limit) : 반수생존 한계농도

① 수중의 유독성분에 의해 대상어류의 반수(50%)가 생존될 때 유독성분의 농도를 파악하는 방법이다.

② 급성 중독 효과를 추정하는 실험값이다.

③ 시험조 내 물고기 수는 10마리 정도로 한다.

④ 시험조 용량은 어류 체중 2g당 1L 이상 되도록 한다.

⑤ 실험시간은 보통 24h, 48h, 96h으로 한다.

⑥ 침전이나 물고기의 흡수로 쉽게 감소되는 독성물질은 continuous flow로 시험한다.

⑦ 시험하기 전 실험에 사용된 물고기들을 대상 폐수 안에 10~30일 동안 적응시킨다.

(2) LC_{50}(lethal concentration 50%) : 반수 치사농도

물고기나 수생생물을 시험종으로 사용할 때 치사율이 50%인 독성물질의 양을 말하며, 중간 치사농도(median lethal cocentration)를 의미한다.

(3) LD_{50}(lethal dose 50%) : 반수 치사량

실험생물에게 독성물질을 경구 투여 시 50%의 치사율을 목적으로 하는 독성물질의 중간 치사량(median lethal dose)을 의미한다.

(4) 독성단위(toxic units)

$$\text{toxic units} = \frac{\text{독성물질 농도}}{\text{96h TLm}}$$

5-4 수인성 전염병

(1) 수인성 전염병(waterborne infection)의 특징

① 오염수를 사용하는 지역에 국한하여 발생한다.
② 2~3일 내에 환자가 폭발적으로 증가하였다가 점차 감소한다.
③ 잠복기가 길고 치사율은 낮다.

(2) 수인성 전염병의 종류

① 장티푸스(salmonella typhus)
② 이질(shigella)
③ 콜레라(vibrio cholera)

예상문제

Engineer Water Pollution Environmental
수질환경기사

1. 생태계의 질소순환에 관한 내용과 가장 거리가 먼 것은?

① 대기의 질소는 방전작용과 질소고정세균, 조류(특히 남조류)에 의해 끊임없이 제거된다.
② 아질산균속은 호기성 하에서 암모니아를 아질산염으로 변화시키고 그 산화로부터 필요한 에너지를 얻는다.
③ 동물이나 인간은 대기나 무기물 중의 질소를 이용하여 단백질을 만들어낼 수 없다.
④ 소변 속 질소는 주로 요소로서 효소 urease에 의하여 질산성 질소로 신속히 변환된다.

해설 소변 속 질소는 주로 요소로서 효소 urease에 의하여 암모니아성 질소로 신속히 변환된다.

2. 다음 그림은 미생물의 성장과 유기물과의 관계 곡선이다(F : 먹이인 유기물량, M : 미생물량). 이 그림에서 변곡점까지의 미생물의 성장을 어떤 상태라 하는가?

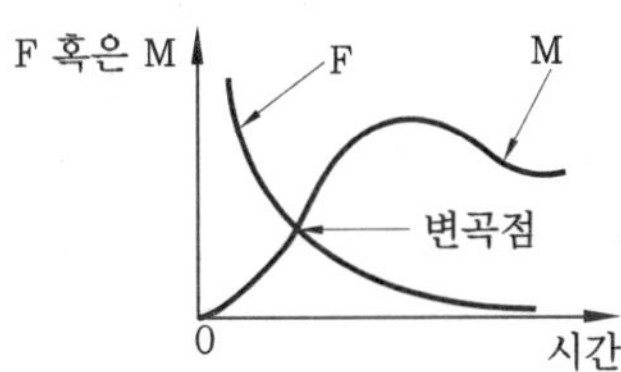

① 내생성장상태 ② 감소성장상태
③ Floc 형성상태 ④ log 성장상태

해설 대수성장단계는 영양분이 충분한 가운데 미생물이 최대로 번식하는 단계이다.

3. 다음 미생물의 증식곡선의 단계를 올바른 순서로 연결한 것은?

① 대수기 - 유도기 - 정지기 - 사멸기
② 유도기 - 대수기 - 사멸기 - 정지기
③ 대수기 - 유도기 - 사멸기 - 정지기
④ 유도기 - 대수기 - 정지기 - 사멸기

해설 미생물의 증식곡선의 단계 : 유도기 - 대수기 - 정지기 - 사멸기

4. 물질대사 방법에 의해 미생물을 분류할 경우, 화학유기 영양계 미생물의 특징을 잘 설명한 것은?

① 섭취대상이 탄소원인 경우 유기물로 분류되고 에너지원은 광반응에 의해 물질대사를 한다.
② 섭취대상이 탄소원인 경우 무기물로 분류되고 에너지원은 광반응에 의해 물질대사를 한다.
③ 섭취대상이 탄소원인 경우 유기물로 분류되고 에너지원은 산화환원 반응에 의해 물질대사를 한다.
④ 섭취대상이 탄소원인 경우 무기물로 분류되고 에너지원은 산화환원 반응에 의해 물질대사를 한다.

해설 화학유기 영양계(chemo heterotroph) 미생물 : 섭취대상이 탄소원인 경우 유기물로 분류되고 에너지원은 산화환원 반응에 의해 물질대사를 한다. 유기 화합물은 대체로 이온반응보다는 분자반응을 하므로 반응속도가 느리다.

5. 수질오염에 관계되는 미생물에 관한 설명으로 알맞지 않은 것은?

① 박테리아는 용해된 유기물을 섭취한다.
② fungi가 하수처리 과정에서 많이 발생

정답 1. ④ 2. ④ 3. ④ 4. ③ 5. ④

되면 유출수로부터 분리가 안 되는데 이를 슬러지 팽화라 한다.

③ protozoa는 호기성이며, 탄소동화작용을 하지 않고 박테리아 같은 미생물을 잡아먹는다.

④ 균류는 탄소동화작용을 하는 생물로 무기물을 섭취하는 호기성 종속 미생물이다.

해설 균류는 대부분 호기성균이며, 엽록소를 함유하지 않아 탄소동화작용을 못하는 식물로서 유기물을 섭취하는 종속미생물이다.

6. 박테리아를 분류함에 있어 성장을 위한 환경적인 조건에 따라 분류하기도 하는데, 다음 중 바닷물과 비슷한 염 조건에서 가장 잘 자라는 박테리아(호염균)는?

① hyperthermophiles
② microaerophiles
③ halophiles
④ chemotrophs

해설 호염균(halophiles)은 바닷물과 비슷한 염 조건에서 가장 잘 자라는 박테리아이다.

7. 미생물 중 세균(bacteria)에 관한 특징과 가장 거리가 먼 것은?

① 원시적 엽록소를 이용하여 부분적인 탄소동화작용을 한다.

② 용해된 유기물을 섭취하며 주로 세포분열로 번식한다.

③ 수분 80%, 고형물 20% 정도로 세포가 구성되며 고형물 중 유기물이 90%를 차지한다.

④ 환경인자(pH, 온도)에 대하여 민감하며 열보다 낮은 온도에서 저항성이 높다.

해설 일반적으로 세균은 엽록소가 없기 때문에 광합성을 할 수 없다. 따라서 땅속, 물속, 공기 속, 사람의 몸속 등 어느 곳에서나 양분이 있으면 기생한다.

참고 광합성을 하는 세균은 홍색황세균, 녹색황세균, 홍색세균 이렇게 3종류가 있는데, 이들은 녹색 식물의 엽록소와 유사한 세균 엽록소로 빛에너지를 흡수하고 물 대신 황화수소(H_2S)나 수소분자(H_2)를 이용해 부산물로 산소가 발생하지 않는다. 광합성 세균은 엽록체를 가지고 있지는 않지만 세포막의 연결된 주름진 막구조 속에 세균 엽록소와 전자 전달계 효소 등을 함유하고 있어 광합성을 한다.

8. 호기성 미생물(bacteria)의 질소 함량은?

① 약 4% ② 약 8%
③ 약 12% ④ 약 18%

9. 세균(bacteria)은 물 80%, 고형물질 20%로 구성되어 있다. 이 중에서 고형물질 속에 유기물질의 구성 비율은?

① 10% ② 30% ③ 50% ④ 90%

10. 다음은 박테리아의 기능을 세포구조별로 설명한 것이다. 가장 알맞은 것은?

① 액포 : 영양원의 저장, 축적
② 점질층 : DNA 이동경로
③ 메소솜(mesosome) : 세포의 유전
④ 세포막 : 세포의 기계적 보호

해설 세포막(cell membrane=plasma membrane) : 영양분을 통과시키고 배설물을 배출하는 반투과적 성질을 가지고 있다.

참고 박테리아의 세포구조별 기능

㉠ 세포벽(cell wall) : 단단한 구조로써 세포를 지지, 내부물질을 보호한다.
㉡ 리보솜(ribosome) : 단백질을 합성하는 장소이다.
㉢ 메소좀(mesosome) : 호흡계 기관, DNA 합성과 단백질을 분비한다.
㉣ 액포(vacuole) : 물질을 직접 흡수하거

정답 6. ③ 7. ① 8. ③ 9. ④ 10. ①

나 배출한다.

㉤ 핵 : 세포의 생명활동의 중심을 이루는 곳이다.

㉥ 편모(flagella) : 운동성을 가진다.

㉦ 섬모(cilium) : DNA의 이동 통로이다.

㉧ 점질층(slime layer) : 건조와 기타 유해 요인에 대해 세포를 보호한다.

11. 다음 중 박테리아 세포에서만 발견되는 기관으로 호흡에 관여하는 효소가 존재하는 것은?

① 메소좀(mesosome)
② 볼루틴 과립(volutin granules)
③ 협막(capsule)
④ 리보솜(ribosome)

12. 영양소가 없거나 불충분해서 합성된 세포가 소모되는 과정을 무엇이라고 하는가?

① 동화작용(anabolism)
② 이화작용(catabolism)
③ 합성(synthesis)
④ 내호흡(endogenous respiration)

해설 내호흡 : 영양소가 없거나 불충분해서 합성된 세포가 소모되는 과정

13. 물질대사 중 '동화작용'을 가장 알맞게 나타낸 것은?

① 잔여영양분+ATP → 세포물질+ADP+무기인+배설물
② 잔여영양분+ADP+무기인 → 세포물질+ATP+배설물
③ 세포 내 영양분의 일부+ATP → ADP+무기인+배설물
④ 세포 내 영양분의 일부+ADP+무기인 → ATP+배설물

해설 동화작용 : 잔여영양분+ATP → 세포물질+ADP+무기인+배설물

14. 이화작용에 관한 설명 중 틀린 것은?

① 새로운 세포물질 합성을 위하여 세포에 의해 수행되는 화학반응이다.
② 산화 발열, 산소 분해 과정이다.
③ 자유에너지를 방출한다.
④ 호기성 상태의 세균이 유기물질을 산화하는 반응단계이다.

해설 새로운 세포물질 합성을 위하여 세포에 의해 수행되는 화학반응은 동화과정이다.

15. fungi에 대한 설명이 잘못된 것은?

① sludge bulking을 초래한다.
② 분자식은 $C_5H_7O_2N$이다.
③ 탄소동화작용을 하지 않고 유기물질을 섭취, 분해한다.
④ pH가 낮고 DO가 부족해도 잘 성장한다.

해설 화학적 경험식은 $C_{10}H_{17}O_6N$이다.

16. 비료, 가축분뇨 등이 유입된 하천에서 pH가 증가되는 경향을 볼 수 있는데, 여기에 주로 관여하는 미생물은 무엇이며, 어떤 작용에 의한 것인가?

① fungi, 광합성
② bacteria, 호흡작용
③ algae, 광합성
④ bacteria, 내호흡

17. algae의 경험적인 분자식으로 가장 알맞은 것은?

① $C_5H_7O_2N$　② $C_5H_8O_2N$
③ $C_6H_{12}O_5N$　④ $C_6H_{14}O_6N$

해설 algae의 경험적인 분자식은 $C_5H_8O_2N$이다.

정답 11. ① 12. ④ 13. ① 14. ① 15. ② 16. ③ 17. ②

18. 다음 중 원생동물의 경험적 화학조성식으로 알맞은 것은?

① $C_7H_{14}O_3N$ ② $C_5H_7O_2N$
③ $C_{10}H_{17}O_6N$ ④ $C_2H_6O_2N$

해설 원생동물의 경험적 화학조성식은 $C_7H_{14}O_3N$이다.

19. 내부기관이 발달되어 있지 않고 bacteria에 가까우며 광합성을 하는 미생물로, 엽록소가 엽록체 내부에 있지 않으며, 세포 전체에 퍼져 있는 것은? (단, 섬유상 혹은 군락상의 단세포로 편모가 없다.)

① 규조류 ② 남조류
③ 녹조류 ④ 진균류

20. 미생물의 활동에 의해 폐수 내의 암모니아는 아질산 이온으로 변하고 아질산 이온은 질산 이온으로 변하여 질산화 반응이 일어나게 된다. 이때 관여하는 미생물의 종류를 각각 바르게 나타낸 것은?

① nitrosomoas, nitrosococcus
② nitrobacter, nitrocystis
③ nitrobacter, nitrosomonas
④ nitrosomonas, nitrobacter

해설 $NH_3 \xrightarrow{\text{Nitrosomonas}} NO_2^- \xrightarrow{\text{Nitrobacter}} NO_3^-$

참고 생물학적 질산화 반응 시 산소소모량, 세포생성량, 알칼리도 소모량

인자	표현식	상수
산소 소모량	g O_2 required/g NH_4^+−N	4.6
세포 합성량	g VSS produced(as nitrifiers)/g NH_4^+−N	0.1
알칼리도 소모량	g alkalinity(as $CaCO_3$)/g NH_4^+−N	7.1

21. 다음과 같은 반응에 관여하는 미생물은?

$$2NO_3^- + 5H_2 \rightarrow 2OH^- + 4H_2O$$

① achromobacter
② azotobacter
③ nitrosomonas
④ nitrobacter

22. 산소가 적은 곳에서 번식하여 H_2S를 산화하고 그 에너지를 이용하여 생장하는 세균은?

① sphaerotilus ② zoogloea
③ beggiatoa ④ 철−bacteria

해설 유황세균(thiobacillus, beggiatoa) : 유황을 황산으로 산화하여 에너지를 획득하는 세균

23. 미생물 세포의 비증식 속도를 나타내는 식의 설명이 잘못된 것은?

$$\mu = \frac{\mu_m \times S}{K_s + S}$$

① μ_m는 최대 비증식 속도로 h^{-1}단위이다.
② K_s는 $\frac{1}{2}\mu_{\max}$ 때의 기질 포화 농도이다.
③ 비증식속도와 기질농도 관계는 지수함수 관계이다.
④ [S]는 제한기질 농도이고 단위는 mg/L이다.

해설 비증식속도와 기질농도 관계는 1차 함수 또는 0차 함수 관계이다.

24. Monod의 식을 사용하여 세포의 비증식속도를 구하면 얼마인가? (단, 제한기질농도=150mg/L, 최대 비증식속도=0.18/h, $\frac{1}{2}$최대

정답 18. ① 19. ② 20. ④ 21. ① 22. ③ 23. ③ 24. ③

비증식속도에서의 기질포화농도=34mg/L이다.)

① 0.02/h ② 0.08/h
③ 0.15/h ④ 0.24/h

해설 $\mu = \dfrac{\mu_m \times S}{K_S + S} = \dfrac{0.18 \times 150}{34 + 150} = 0.15\text{h}^{-1}$

25. 글루코스($C_6H_{12}O_6$) 90g을 35℃ 소화조에서 분해시킬 때 얼마의 메탄가스가 발생되는가? (단, 메탄가스는 이상기체 법칙을 따른다.)

① 33.6L ② 37.9L
③ 44.8L ④ 50.5L

해설 ㉠ 글루코스($C_6H_{12}O_6$)의 혐기성 분해식을 만든다. $C_6H_{12}O_6 \rightarrow 3CO_2 + 3CH_4$
㉡ 180g : 3×22.4L=90g : x[L]
∴ x=33.6L
㉢ 35℃에 대한 온도 보정을 한다.
$33.6\text{L} \times \dfrac{273+35}{273} = 37.9\text{L}$

26. 글루코스($C_6H_{12}O_6$) 100mg/L를 혐기성 분해시킬 때 생산되는 이론적인 메탄은 몇 mg/L인가?

① 26.7 ② 29.8
③ 34.5 ④ 37.9

해설 ㉠ $C_6H_{12}O_6 \rightarrow 3CO_2 + 3CH_4$
㉡ 180g : 3×16g=100mg/L : x[mg/L]
∴ x=26.67mg/L

27. 96h TLm은 Cu^{2+}=1.0mg/L, CN^-=0.1mg/L, NH_3=2.0mg/L이고, 실제 실험수의 농도는 Cu^{2+}=1.2mg/L, CN^-=0.04mg/L, NH_3=0.6mg/L이었다면, 이때의 toxic unit는?

① 1.1 ② 1.3
③ 1.6 ④ 1.9

해설 $\text{toxic unit} = \dfrac{1.2}{1.0} + \dfrac{0.04}{0.1} + \dfrac{0.6}{2.0} = 1.9$

28. μ(세포비증가율)가 μ_{max}(세포최대증가율)의 60%일 때 기질농도(S_{60})와 μ_{max}의 20%일 때 기질농도(S_{20})와의 비$\left(\dfrac{S_{60}}{S_{20}}\right)$은?

① 4 ② 6
③ 8 ④ 16

해설 ㉠ $0.6\mu_{max} = \dfrac{\mu_{max} \cdot S_{60}}{K_S + S_{60}}$
$\therefore S_{60} = \dfrac{0.6K_S}{0.4} = 1.5K_S$
㉡ $0.2\mu_{max} = \dfrac{\mu_{max} \cdot S_{20}}{K_S + S_{20}}$
$\therefore S_{60} = \dfrac{0.2K_S}{0.8} = \dfrac{K_S}{4}$
㉢ $\dfrac{S_{60}}{S_{20}} = \dfrac{1.5K_S}{\dfrac{K_S}{4}} = 6$

정답 25. ② 26. ① 27. ④ 28. ②

6 Chapter 수자원 관리

6-1 하천의 수질오염 관리

(1) 하천의 자정작용(self-purification)

① 자정작용의 정의 : 가정하수, 공장폐수 등으로 오염된 하천이 인위적이거나 자연적인 물리, 화학, 생물학적 작용에 의해 오염물질의 농도가 저하되어 본래대로의 깨끗한 물이 유지되는 현상이다.

② 자정작용의 구분

㈎ 물리적 작용

㉮ 희석 : 유량이 풍부한 하천이나 호소에 오염물질이 유입되어 많은 양의 물과 섞이게 되어 오염물질의 농도가 상대적으로 낮아지는 현상을 말한다.
오염된 폐수가 깨끗한 강물에 섞인 경우의 혼합공식은 다음과 같다.

$$C_m = \frac{C_1 Q_1 + C_2 Q_2}{Q_1 + Q_2}$$

여기서, C_m : 혼합 후 오염물의 농도
C_1 : 강물 중 오염물의 농도
C_2 : 폐수 중 오염물의 농도
Q_1 : 강물의 유량, Q_2 : 폐수의 유량

㉯ 침전(sedimentation)

㉠ 홍수와 같은 와류 현상이 크게 일어날 경우, 침전물질이 재부유되어 수질을 악화시킬 수 있다.

㉡ 하천의 침전율은 수면적부하에 반비례한다.

㉰ 확산(diffusion) : 유체 중에서 어떤 물질의 농도구배에 따른 물질이동 현상

㉠ 분자확산 : 오염물질의 brown 운동에 의해 확산된다.

㉡ 난류확산(수평확산) : 난류에 의한 와류현상, 수직방향보다 수평방향의 확산이 더 크다.

㉢ 확산 계수(dispersion coefficient)의 차원 : L^2T^{-1}

㉣ 난류확산 방정식 : 난류확산에 의한 하천수의 오염물질 농도 분포

$$\frac{\partial c}{\partial t}+\frac{\partial (uc)}{\partial x}+\frac{\partial (\nu c)}{\partial y}+\frac{\partial (\omega c)}{\partial z}$$

$$=\underbrace{\frac{\partial}{\partial x}\left(D_x\frac{\partial c}{\partial x}\right)+\frac{\partial}{\partial y}\left(D_y\frac{\partial c}{\partial y}\right)+\frac{\partial}{\partial z}\left(D_z\frac{\partial c}{\partial z}\right)}_{\text{난류 확산}}+\underbrace{\omega_0\frac{\partial c}{\partial z}}_{\text{침전}}-\underbrace{K_c}_{\text{감쇠}}$$

여기서, c : 흐르는 물의 오염물질 농도(mg/L)

u, ν, ω : x, y, z 방향의 유속(m/s)

x, y, z : 유하, 단면, 수심의 방향

D_x, D_y, D_z : x, y, z 방향의 와류확산계수

ω_0 : 오염물질의 침강속도(m/s)

K_c : 오염물질의 자기감쇠계수

(나) 화학적 작용 : 햇빛에 의한 오염물질이 분해나 산소와 결합에 의한 산화작용 등이 있다.

(다) 생물학적 작용

㉮ 자연계의 자정작용 중에서 오염농도를 낮추는 데 가장 큰 역할을 하는 것은 생물학적 작용이다.

㉯ 물 속에 녹아 있는 산소의 양에 큰 영향을 받는다.

㉠ 일반적으로 용존산소량이 많을수록 생물학적 작용이 활발해진다.

㉡ 자정작용의 진행을 좌우하는 외적 환경조건으로 온도, pH, 용존산소(DO), 햇빛 등이 중요하다.

㉢ 미량의 중금속 물질에 대한 자정능력은 작다.

㉣ 하천의 자정작용은 수온이 높고, 수심이 얕고, 급류이며, 하상이 모래 혹은 자갈 등인 경우에 활발히 이루어진다.

㉤ 자정작용의 강함을 나타내는 '자정계수'를 크게 해 주는 인자는 다음과 같다.

- 수온이 낮을 것
- 하천의 유속이 급류일 것
- 하천의 수심이 얕을 것
- 하상이 자갈, 모래 등으로 이루어져 있으며 바닥경사가 클 것

$$f=\frac{K_2}{K_1}$$

여기서, f : 자정계수(무차원 상수), K_1 : 탈산소계수(1/d), K_2 : 재포기계수(1/d)

참고 Issac 공식

재포기계수 $K_2=2.2\left(\frac{V}{H^{1.33}}\right)$ 여기서, V : 물의 유속(m/s), H : 수심(m)

영향인자 \ 항목		탈산소계수 K_1	재포기계수 K_2	자정계수 f	비 고
수온	높아지면	커진다	커진다	작아진다	
	낮아지면	작아진다	작아진다	커진다	
수심	깊을수록	–	작아진다	작아진다	
	얕을수록	–	커진다	커진다	
유속(난류) 경사	클수록	–	커진다	커진다	경사가 커지면 유속과 난류 또한 커진다.
	작을수록	–	작아진다	작아진다	

참고 수역별 자정상수값 (온도 20℃ 기준)

수역	f	수역	f
조그만 연못	0.5 ~ 1.0	보통 유속의 큰 하천	2.0 ~ 3.0
완만한 하천, 큰 저수지	1.0 ~ 1.5	급유속의 하천	3.0 ~ 5.0
유속이 낮은 큰 하천	1.5 ~ 2.0	급류 또는 폭포	5.0 이상

(2) 자정작용의 단계

수원이 하수나 기타 오염물질에 의하여 오염되었을 때 물은 일련의 변화가 일어나는데, 변화가 일어나는 지역으로부터 유하거리 및 유하시간에 따라 Whipple은 다음의 4지대로 구분하였다.

① 분해 단계(zone of degradation)

(가) 오염에 강한 미생물의 수가 증가한다.

(나) 미생물에 의해 오염물질이 분해됨에 따라 DO는 감소(포화치의 45%로 감소)하고, CO_2의 농도는 증가한다.

(다) 오염에 강한 곰팡이류가 번식한다.

② 부패 단계(zone of active decomposition)

(가) 용존산소의 감소로 호기성 미생물이 사멸하고 혐기성 미생물은 증가하며, 곰팡이는 감소하다 결국 모두 사멸된다.

(나) 미생물의 색깔이 점차 회색이나 흑색이 되고 H_2S, NH_3의 발생으로 인해 악취가 발생한다.

(다) CO_2, NH_3-N, CH_4, H_2S의 농도가 증가한다.

③ 회복 단계(zone of recovery)

(가) 용존산소량이 증가하고 가스 발생량이 줄어들게 되고, 질소는 NO_2-N, NO_3-N 형태로 존재하게 된다.

㈏ 혐기성 세균이 호기성 세균으로 교체되고, 곰팡이도 조금씩 발생하게 된다.

㈐ 광합성 조류와 원생동물, 윤충, 갑각류가 번식하고 큰 수중 식물이 재출현하게 된다.

㈑ 강바닥에는 조개나 벌레의 유충이 번식하고, 오염에 강한 어류가 번식하게 된다.

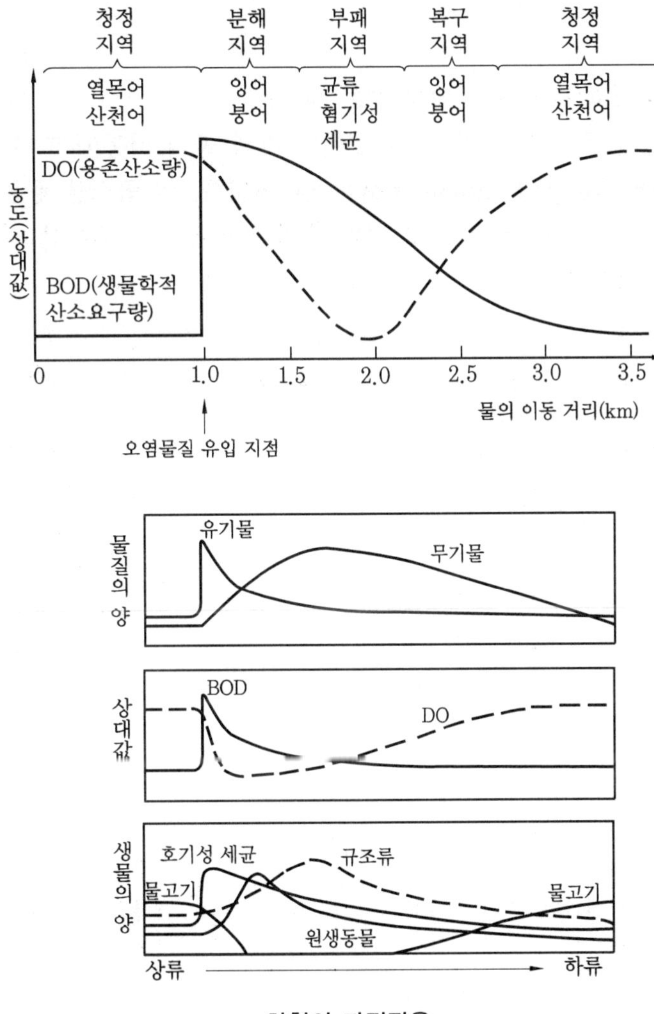

하천의 자정작용

④ 정수 단계(zone of clear water)

㈎ 용존산소량이 풍부해지고, 여러 종류의 생물이 크게 번식한다.

㈏ 남아 있는 대장균과 세균 등은 포식되거나 점차 사멸되어 그 수가 점점 줄어든다.

(3) 재포기(reaeration)

① 수중에는 대기 중으로부터 전달된 산소, 조류의 광합성에 의한 산소, 미생물 또는 유기물 등에 구성되어 있는 결합 상태의 산소가 있다.

② 용존산소(DO)는 수중에 용해되어 있는 산소를 말하며, 수중에 염류의 농도가 증가하거나 온도가 높을수록 DO 포화도는 감소한다.

참고 기체가 액체 속에 흡수되는 과정에서의 영향 인자

액막의 두께, 교반속도, 압력의 크기, 계면의 면적

(4) 용존산소부족곡선(dissolved oxygen sag curve)

하천에 유기물질이 유입되고 재포기가 일어난 후의 물의 이동에 따른 용존산소 부족량의 단면도를 보면 스푼 모양(spoon shaped)을 이룬다. 이 곡선을 용존산소 부족곡선이라 하며, 산소부족량(oxygen deficit)이란 주어진 수온에서 포화산소량과 현재 용존산소량과의 차이를 말한다.

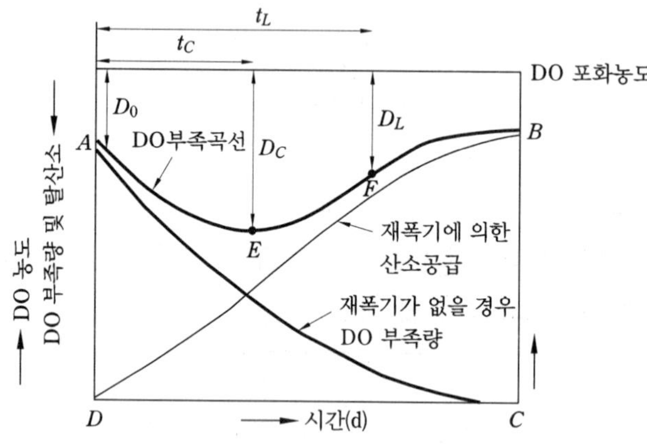

여기서, E_c : 임계점
F : 변곡점
D_0 : 초기($t=0$일 때) DO 부족량
D_c : 임계부족량
D_L : 변곡점에서의 DO 부족량
t_c : 임계 시간
t_L : 변곡점까지의 시간
$A-C$: 탈산소 곡선
$D-B$: 재포기 곡선

① Streeter-Phelps 공식

(가) $D_t = \frac{K_1 L_0}{K_2 - K_1}(10^{-K_1 t} - 10^{-K_2 t}) + D_0 10^{-K_2 t}$

여기서, D_t : t 시간(d) 경과 후 DO 부족농도(ppm), K_1 : 탈산소계수, K_2 : 재포기계수
L_0 : BODu, t : 경과시간(d), D_0 : 초기 DO 부족농도(ppm)

〈가정조건〉
- 오염원은 점오염원이다.
- 유기물의 분해는 1차 반응에 따른다(정상 상태).
- 하상퇴적층의 유기물의 분해는 고려하지 않는다.
- 수생식물의 광합성은 고려하지 않는다.
- plug flow(1차원 흐름)이다.
- 확산계수는 무시한다(유속에 의한 물질의 이동이 크다).

(나) $t_c = \frac{1}{K_1(f-1)}\log\left[f\left\{1-(f-1)\frac{D_0}{L_0}\right\}\right]$

여기서, t_c : 임계점에 도달하기까지의 시간(d), $f = \frac{K_2}{K_1}$

(다) 온도보정식(K_1, K_2)

$$K_1(T℃) = K_1(20℃) \times \theta^{T-20}(\theta = 1.047)$$

$$K_2(T℃) = K_2(20℃) \times \theta^{T-20}(\theta = 1.018)$$

② 수질 모델링 절차

모형의 개발, 선정 → 보정 → 검증 → 감응도 분석 → 수질예측과 평가

③ 하천 수질 모델링 : 최초 모델링은 Streeter－Phelps model이다.

(가) 하천의 수질관리를 위하여 1920년대 초에 개발된 수질 예측 모델이다.

(나) 유기물 분해로 인한 DO 소비와 대기로부터 수면을 통해 산소가 다시 공급되는 재포기를 고려한 것이다.

(다) 점오염원으로부터 오염부하량을 고려한 것이다.

(라) 유속, 수심, 조도계수 등에 의한 기체 확산계수를 무시한 것이다.

④ 하천 모델링의 종류

(가) DO SAG Ⅰ·Ⅱ 모형

㉮ 점 및 비점오염원이 하천의 DO에 미치는 영향을 나타낸다.

㉯ 저질의 영향이나 광합성 작용에 의한 DO 반응을 무시한 1차원, 정상 상태의 모델이다.

(나) DO SAG Ⅲ 모형 : DO SAG Ⅰ 모형을 변형 보강한 모델이다.

(다) QUAL－Ⅰ 모형 : 유속, 수심, 조도계수 등에 의한 기체 확산계수를 고려한 모델이다.

(라) QUAL－Ⅱ 모형 : QUAL－Ⅰ 모형을 변형 보강한 모델이다.

(마) WQRRS 모형

㉮ 하천 및 호수의 부영양화를 고려한 생태계 모델이다.

㉯ 정적 및 동적인 하천의 수질, 수문학적 특성을 광범위하게 고려하였다.

(바) RMA-4 모형 : 보존성 물질이나 비보존성 물질에 관계없이 예측 가능한 2차원 모델이다.

(사) HSPF 모형 : 보존성 물질, 수온, DO, BOD, pH, 유기질소, 유기인, 유기탄소 등에 대해 예측 가능한 1차원 모델로서 유역 모델 기능을 포함한다.

(아) WASP5 : 모형 하천의 수리학적 모델, 수질 모델, 독성물질의 거동 모델 등을 고려할 수 있으며, 1차원, 2차원, 3차원까지 고려한 모델이다.

참고

하천 수질 예측 모델에서는 갈수기 유량을 기준으로 수질을 시뮬레이션한다. 이때 갈수기 유량 기준은 10년 동안 연속 7일간의 최소 평균유량으로 정한다.

6-2 호수의 수질오염 관리

(1) 성층(stratification) 현상과 전도(turn over) 현상

① 성층 현상(열성층(thermal stratification))

㈎ 저수지나 호수에서 물이 수심에 따른 온도 변화로 인해 발생되는 밀도 차에 의해서 여러 개의 층으로 분리되는 현상을 성층현상(stratification)이라 한다.

㈏ 성층 현상의 결과로 생긴 층을 수면으로부터 순환대, 변천대, 정체대라고 한다.

㉮ 순환대(표수층, epilimnion) : 수면 가까운 곳에 위치하며 공기 중의 산소의 전달과 조류의 광합성에 의한 재포기로 인해 용존산소가 높아서 호기성 상태가 된다. 바람 때문에 생기는 흐름에 의하여 수평혼합이 진행된다.

㉯ 변천대(변수층, thermocline) : 온도나 수질의 변화가 심한 얇은 층(5~10m)을 말하며 수온약층이라고 부른다(통상 수심이 1m 내려감에 따라 약 1℃의 수온차가 생긴다).

㉰ 정체대(심수층, hypolimnion) : 용존산소가 부족하여 결국 혐기성 상태가 되며 수질이 크게 악화된다.

㈐ 성층 현상은 호소나 저수지의 오염을 가중시킨다(호수의 자정작용을 억제시킴).

㈑ 물의 수직운동이 없는 겨울이나 여름에 성층 현상이 일어나며 겨울보다는 여름에 정체가 심하다.

㈒ 수직 혼합이 없기 때문에 수질은 양호한 편이다.

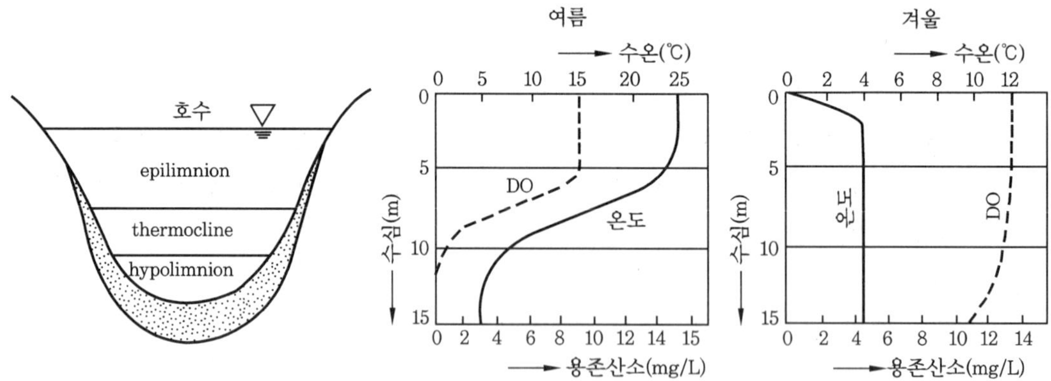

② 전도 현상(overturning)

㈎ 봄과 가을에는 호수 전체가 거의 같은 온도가 됨으로써 물의 상하 혼합이 일어난다. 이 현상을 전도(turn over)라고 하며, 이로 인해 심수층에 쌓여 있던 다량의 영양분이 표수층으로 공급되어 식물 플랑크톤이 왕성하게 자랄 수 있다.

㈏ 수직적인 정체 현상이 파괴되어 다시 수직적인 혼합을 이루게 됨으로써 수질은 나빠진다.

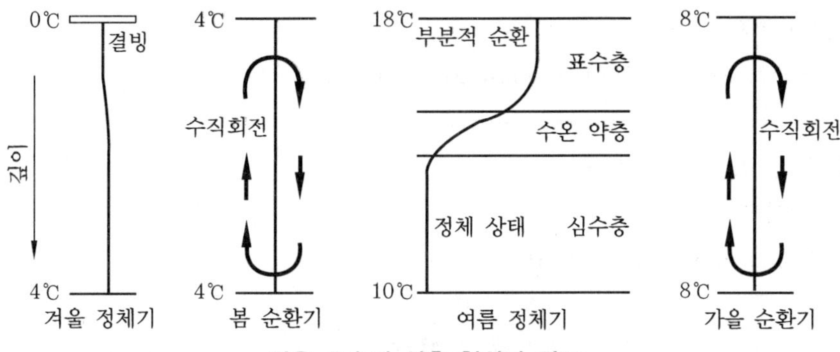

깊은 호수의 성층 현상과 전도

(2) 부영양화(eutrophication)

① 부영양화의 정의와 영향

(가) 하천이나 호수에 하수나 공장폐수 등의 유출수가 유입되었을 때 인위적 처리를 하지 않고 그대로 상당기간 방치해 두면 질소(N), 인(P)과 같은 영양염류의 농도가 증가된다. 이때 증 가된 영양염류에 의해 성장하여 침전된 조류(algae) 및 동·식물성 플랑크톤의 분해로 인해 생긴 영양염류에 의해서 부영양화(eutrophication)가 발생한다.

(나) 부영양화가 호소에서 일어나는 것은 호소가 정체수역이라는 특징 때문이다. 물은 증발과 침투를 통해서 순환되나, 영양염류는 호소 내에 잔류하기 때문이다.

(다) 부영양화는 탄산(H_2CO_3), 질소, 인, 염류 등과 같은 조류 번식의 영양분이 될 물질들이 유입·축적될 때 일어난다. 대다수의 호수에서 인이 부영양화의 한계인자로 작용한다.

(라) 부영양화가 일어나면 산소가 결핍되어 어류의 생활환경이 악화된다. 이러한 현상은 광합성에 의하여 다량으로 증식된 조류가 죽으면 세균이 이를 분해하기 위하여 다량의 용존산소를 소비하기 때문이다.

② 부영양화의 특징

(가) 사멸된 조류의 분해 작용에 의해 심수층으로부터 용존산소(DO)가 줄어든다.

(나) 조류 합성에 의한 유기물의 증가로 COD가 증가된다.

(다) 수심이 낮은 곳에서 나타나며, 한번 부영양화가 되면 회복되기가 어렵다.

(라) 상수원으로 사용하기가 어렵다.

(마) 투명도가 저하된다.

③ 부영양화 현상의 방지대책

(가) 인이나 질소의 유입을 방지한다.

(나) 인이 함유된 합성세제의 사용을 금지한다.

(다) 조류의 이상 번식은 황산동($CuSO_4$)이나 활성탄의 투입으로 제거할 수 있다.

(라) 하수 내의 인, 질소를 제거하기 위한 폐수의 고도처리(3차 처리)를 한다.

④ 부영양화 통제 방법

㈎ 생태학적 관리(ecological management)

㈏ 고도 처리(advanced treatment)

㈐ 살조제(algicides) 사용

⑤ 부영양화 평가 지표

㈎ 단일 parameter에 의한 평가

㉮ 영양염 농도 : N=0.2mg/L, P=0.02mg/L

㉯ 1차 생산력 : 호수 내 유기물 생산량

㈏ 복수 parameter에 의한 평가

㉮ parameter 간의 상관관계를 고려한 평가

㉯ TSI(trophic state index)-부영양화도 지수

㉠ Carlson 지수

- 부영양화는 수중의 영양염류가 증가하여 식물성 플랑크톤을 중심으로 한 1차 생산량이 증대하는 현상이라고 보고 플랑크톤 농도를 부영양화도 판정 인자로 하며 이를 대표하는 parameter로서 투명도(SD)를 선정하였다.
- 투명도와 식물성 플랑크톤 농도는 역비례 관계이다.
- TSI를 이용하여 투명도, chlorophyll-a 농도, T-P 농도의 어느 것이든지 구할 수 있다.

㉡ 수정 Carlson 지수 : Carlson 지수는 수중 현탁 물질의 대부분이 식물성 플랑크톤이며, 또 호수의 착색도 무시한 것이라고 가정하고 투명도를 기준으로 한 TSI(TSIM)이다.

⑥ Vollenweider model

㈎ 호수의 부영양화에 관한 지표를 연평균 또는 연간 최댓값과 같은 연단위 시간 scale로 예측 평가하는 모형이다.

㈏ 오염물질의 농도는 단지 시간의 함수로만 표시된다.

㈐ 호수의 수리 특성을 고려하여 부영양화도와 인부하량의 관계를 경험적으로 예측·평가하는 모델이다.

⑦ 부영양화 처리방안

㈎ 수생식물 식재 정화법 : 수생식물 식재 정화법은 수생식물의 자연정화 기능을 활용한 정화법으로 부레옥잠, 부평초 등의 수생식물을 이용하거나 습지의 갈대밭을 이용하여 오염부하량을 감소시키는 방법이다.

㈏ 심수층 포기법 : 산소는 심수층에서 유기물질의 분해를 통하여 고갈되어지므로 호소수의 산소농도는 호소 전체 생물에 있어 직접적으로 중요한 요소가 된다.

6-3 해수의 수질오염 관리

(1) 해양오염의 특성

① 해양 유류오염(oil pollutions on the seas) : 해양오염의 대부분을 차지한다.

(가) 유류오염의 영향

㉮ 해양 용존산소량 감소

㉯ 광선 투과율 감소

㉰ 플랑크톤의 1차 생산성 감소

㉱ 생물에 기름 냄새 발생

(나) 해안에 유출된 유류의 제거방법

㉮ 침강 처리의 방법이 있으나, 해저에서 2차 오염을 일으킨다.

㉯ 대량의 유처리제로 처리된다.

㉰ 유처리제는 약재의 독성 때문에 문제가 발생하기도 한다.

㉱ 유흡착제는 흡인처리 후의 잔존 유류를 처리하는 데 효과적이다.

㉲ 항구 내에서 기름 유출에 의한 해양오염이 발생되었을 때 이를 연소시키는 것은 부적당하다.

② 적조(red tide) 현상

(가) 정의와 특징

㉮ 최근에 우리나라의 연안에서 발생하고 있는 적조 현상은 해양에 서식하는 식물성 플랑크톤이나 그 외 박테리아나 미생물의 번식에 알맞은 환경 조건이 되었을 때 일시에 많은 양이 번식되거나 생물·물리적 현상으로 집적되어 바닷물의 색깔을 변색시키는 현상이다.

㉯ 해역의 생물생산력이 높아져서 생긴다.

(나) 적조 현상의 환경 요인

㉮ 지형적으로 내만성이고 외양과의 해수교환이 적은 폐쇄성 해역(정체 수역)일 경우 발생된다.

㉯ 적조생물의 광합성 활동에 필요한 일조량이 풍부해야 하며, 안정된 수괴가 형성되어 있어야 한다.

㉰ 육지로부터의 강우 등에 의하여 적조생물의 성장과 번식에 필요한 비료성분인 영양염류가 유입되어 바닷물 속에 풍부하게 녹아 있어야 한다(해수의 염분농도 저하, 영양염류가 풍부한 수역).

참고 **상승류(upwelling)**

비교적 장기간 일정 방향의 바람이 부는 경우에 풍향에 대해서 지구의 자전 방향과 같은 (북반구에 한함) 방향으로 wind stress가 형성되고 이에 따라 해면은 외양쪽으로 이동되며 하부의 물이 상승하는 현상이다.

(다) 적조발생과 수산피해

㉮ 적조가 발생하면 수중의 용존산소가 결핍되어 질식사하거나, 적조생물이 생산하는 독소 또는 2차적으로 생긴 황화수소, 메탄가스, 암모니아 등의 유독성 물질에 의해 중독사한다.

㉯ 생산성이 감소되어 어장 가치가 떨어진다.

㉰ 특히 편모조류와 녹색편모조류 중의 몇몇 종은 어패류를 치사시키는 독성을 갖고 있다.

(라) 적조생물의 구제방법

방법	이용 원리	응용 물질
화학약품살포법	치사, 파괴황산동	유기 화합물
초음파처리법	파괴	초음파(160~4000kHz)
오존처리법	독성중화	오존
해면회수, 침강법	응집, 여과, 원심분리	무기응집제, 계면활성제
점토살포법	흡착, 치사(Al의 구제효과)	활성점토
bio-control법	해양식물 추출물질, 포식압 발생 환경제어	생리활성물질, 섬모충류, 갑각류, 규조류

(2) 해역에서 확산, 혼합의 현상

① 오염물질의 분산

(가) 자연 수역에서는 난류확산이 물질확산의 가장 큰 요인으로 작용한다.

(나) 난류확산은 수평 방향으로 격렬하고, 수직 방향으로는 비교적 완만하다.

(다) 일반적으로 해역의 표면에는 난류확산이 격렬한 표층이 있는데, 그 표층의 두께는 겨울에는 두껍고 여름에는 얇다.

(라) 오염물질은 해수 중의 난류와 조류의 영향을 받아 희석·확산되고 유기물은 세균 등의 작용에 의해서 분해된다.

㉮ 이류 : 해수(바닷물)의 이동에 따른 물질의 운반

㉯ 해류 : 조류, 쓰나미, 심해류, 상승류(upwelling) 등

㉠ 조류(tidal current) : 태양과 달의 영향으로 발생하며 오염물질의 확산을 가장 크게 해 주는 해수의 이동으로 물입자의 수평운동은 연직운동에 비해 훨씬 크다.

㉡ 쓰나미(tsunami) : 해저의 화산활동에 의해 발생한다.
㉢ 심해류(밀도류) : 해수의 온도와 염분에 따른 밀도 차에 의해 발생한다.
㉣ 상승류(upwelling) : 바람과 해양 및 육지의 상호작용에 의해 해수가 밑에서 위로 상승하는 현상을 말한다.

(3) 해수 담수화

지구상에 있는 물의 97%인 해수 중에서 용해되어 있는 염분을 제거하여 담수를 얻는 공정을 말한다.

① 해수 담수화 기술의 종류

(가) 증발법

㉮ 액체에서 기체로 증류(distillation process)하는 방법으로 담수화 기술 중 가장 오래되고 현재까지 가장 많이 사용되고 있다.
㉯ 에너지 소비량이 많아 에너지 자원이 풍부한 중동지역에서 많이 사용한다.

(나) 냉동법 : 액체에서 고체로 변화(freezing process)시키는 방법이다.

(다) 역삼투법(reverse osmosis process)

㉮ 고농도의 해수 측과 저농도의 담수 측에 발생하는 압력차(삼투압) 이상의 기계적 압력을 가해 해수를 탈염시켜 담수를 얻는 기술이다.
㉯ 에너지 소비량이 적고 효율이 뛰어나 최근 사용이 급증하고 있다.

② 적용 특징

(가) 증발법 : 해수 등 고농도의 염수에 적용한다.
(나) 전기투석법 : 비교적 저농도의 염수에 적용한다.
(다) 역삼투법 : 저농도에서 고농도까지의 넓은 범위의 염수에 주로 적용한다.

(4) 하구(estuary)

① 정의

(가) 하구는 부분적으로 둘러싸인 물로서, 들어오는 바닷물이 육지에서 내려 온 민물(fresh water)과 섞이는 곳이다.
(나) 하구에서 담수가 염수(salt water)로 변한다.
(다) 이곳에서 작은 교란이 생기면 심각한 결과를 초래할 수 있다. 담수와 해수의 밀도 차이 때문에 층이 생기게 된다.

㉮ 강혼합형 : 수직 방향의 혼합이 완전히 일어난다.
㉯ 완혼합형
㉰ 약혼합형 : 하상구배와 조차가 적어서 염수와 담수의 층이 발생한다.

② 일반 하천(stream)과 다른 하구(estuary)의 특성

(가) heterotrophic 미생물의 생물학적 활성이 줄어든다.

(나) 탈산소계수가 일반 하천보다 낮다.
(다) 일반 하천에서보다 확산(dispersion)에 의한 물질 수송의 중요성이 크다.
(라) 담수보다 용존산소 포화농도가 낮다.

6-4 토양오염 관리

(1) SAR(sodium adsorpotion rario)

① 농업용수에 Na^+성분이 Mg^{2+}과 Ca^{2+}성분보다 훨씬 많으면 산성토양과 배수불량토양이 된다.

② 공식

$$SAR = \frac{Na^+}{\sqrt{\frac{Ca^{2+} + Mg^{2+}}{2}}}$$

여기서, Na^+, Mg^{2+}과 Ca^{2+}의 단위는 me/L이다.

(가) 농업용수의 허용기준 : SAR(나트륨 흡착비) 10 이하
(나) 토양의 허용기준 : SAR 26 이하
(다) SAR 값이 0~10 정도이면 Na^+가 토양에 미치는 영향이 적은 편이며, 10~18은 중간 정도, 18~26은 비교적 높은 정도, 26~30 이상이면 매우 큰 영향을 준다.

(2) 전기전도도(electric conductivity)

① 전도도란 전기가 흐르기 쉬운 정도를 나타내는 값으로서 단위는 μS/cm를 사용한다.
② 0℃에서 단면 $1cm^2$, 길이 1cm의 용액의 대면 간 비저항치의 역수로 표시된다.
③ 수중에 존재하는 이온의 성질을 알기 위해 전도도를 측정하며, 농도에 의존하여 수중 총 용존염의 약 10%의 정확도까지 신속히 측정할 수 있다.

(3) 이온 강도

① 이온 세기(ionic strength)라고도 하며 이온의 종류에 관계없이 용액 전체의 이온 농도를 나타내는 척도이다.

② 공식

$$\text{이온 강도} = \frac{1}{2} \times \Sigma C \cdot N^2$$

여기서, C : 이온농도(mol/L), N : 원자가 수

예상문제

Engineer Water Pollution Environmental
수질환경기사

1. 하천의 자정능력은 통상 겨울보다 여름이 더 크다. 그 주된 이유는?

① 여름의 높은 온도는 박테리아의 성장을 촉진시키기 때문이다.
② 여름에는 겨울보다 일광이 강해서 살균작용이 크기 때문이다.
③ 여름에는 겨울보다 대기 중에서 전달되는 산소농도가 크기 때문이다.
④ 여름에는 유량이 많아서 공기량이 증가하기 때문이다.

해설 여름의 높은 온도는 박테리아의 성장을 촉진시키기 때문에 하천의 자정능력은 통상 겨울보다 여름이 더 크게 된다.

2. 하천수의 난류확산 방정식과 상관성이 적은 인자는?

① 하수량 ② 침강속도
③ 난류확산계수 ④ 유속

해설 난류확산 방정식은 하천수에서 난류확산에 의한 오염물질의 농도분포를 나타내는 식으로, 오염물질농도, 유속, 확산계수, 오염물질의 침강속도, 오염물질의 자기감쇠계수 등이 고려된다.

3. 다음 자정계수에 대한 설명으로 잘못된 것은?

① 자정계수란 재포기계수를 탈산소계수로 나눈 값을 말한다.
② 온도가 높아지면 자정계수는 낮아진다.
③ 유속이 큰 하천일수록 자정계수는 높다.
④ 자정계수의 단위는 /d이다.

해설 자정계수는 무차원 상수이다.

4. 하천의 자정작용에 관한 기술이다. 옳지 않은 것은?

① 하천의 자정작용은 일반적으로 겨울보다 여름이 더 활발하다. 그러므로 수온이 상승하면 자정계수(f)는 커진다.
② 하천의 자정작용 중에는 물리적 작용과 더불어 미생물에 의한 분해 및 화학적 작용도 포함된다.
③ 하천에서 활발한 분해가 일어나는 지대에서는 혐기성 세균이 호기성 세균을 교체하며 fungi는 사라진다.
④ 하천이 회복되고 있는 지대는 질산염의 농도가 증가한다(Whipple의 4지대 기준).

해설 하천의 자정작용은 일반적으로 겨울보다 여름이 더 활발하다. 그러나 수온이 상승하면 자정계수(f)는 작아진다.

5. 여름철 온도의 어떤 오염된 하천에서 DO 포화치의 45%에 해당하는 용존산소를 가지는 하천의 지점은 다음 어느 지대에 해당하는가?

① 분해지대
② 활발한 분해지대
③ 회복지대
④ 정수지대

해설 분해지대에서는 미생물에 의해 오염 물질이 분해됨에 따라 DO는 감소(포화치의 45%로 감소)하고 CO_2의 농도는 증가하며 오염지역에 강한 곰팡이류가 번식한다.

6. 혐기성 분해가 진행되어 수중의 탄산가스 농도나 암모니아성 질소 농도가 증가하는 하천의 지점은 다음 중 어느 지대에 해당하는가?

정답 1. ① 2. ① 3. ④ 4. ① 5. ① 6. ②

① 분해지대
② 활발한 분해지대
③ 회복지대
④ 정수지대

해설 활발한 분해지대에서 CO_2, NH_3-N, CH_4, H_2S의 농도가 증가한다.

7. 수온이 22℃이고 재포기계수 K_2는 0.01/h이고 온도보정계수 θ가 1.033인 물에서 18℃에서의 재포기계수는 얼마인가?

① 0.120/d ② 0.211/d
③ 0.268/d ④ 0.290/d

해설 $K_2=0.01/h \times 24h/d \times 1.033^{(18-22)}$
$=0.21/d$

8. 어느 하천의 단면적이 350m², 유량이 428400 m³/h, 평균수심이 1.7m일 때 탈산소계수가 0.12/d인 어느 지점의 자정계수는 얼마인가? (단, $K_2=2.2\times\dfrac{V}{H^{1.33}}$ 식에서 단위는 V[m/s], V[m]이다.)

① 0.3 ② 1.6
③ 2.4 ④ 3.1

해설 ㉠ 우선 V를 구한다.

$$V=\frac{428400\text{m}^3/\text{h}\times 1\text{h}/3600\text{s}}{350\text{m}^2}=0.34\text{m/s}$$

㉡ $K_2=2.2\times\dfrac{0.34}{1.7^{1.33}}=0.369/\text{d}$

㉢ $f=\dfrac{0.369}{0.12}=3.077$

9. DO 포화농도가 8mg/L인 하천에서 $t=0$일 때 DO가 5mg/L이라면 6일 유하했을 때의 하류지점의 DO는? (단, $BOD_u=10$mg/L, $K_1=0.1$/d, $K_2=0.2$/d, 밑수는 10을 기준한다.)

① 약 5.9mg/L ② 약 6.3mg/L
③ 약 6.9mg/L ④ 약 7.3mg/L

해설 ㉠ $D_t=\dfrac{0.1\times 10}{0.2-0.1}\times(10^{-0.1\times 6}-10^{-0.2\times 6})+3\times 10^{-0.2\times 6}=2.07\text{mg/L}$

㉡ 하류지점의 DO농도=8−2.07=5.93mg/L

10. 유량이 1.6m³/s이고 5일 BOD가 5mg/L, DO가 9.2mg/L인 하천으로 유량이 0.8m³/s이고 5일 BOD가 50mg/L, DO가 5.0mg/L인 지류가 흘러들어 가고 있다. 이 하천의 유속이 900m/h이면 하류 54km 지점에서의 DO 부족량(mg/L)은 얼마인가? (단, 온도 20℃, 혼합수의 탈산소계수는 0.1/d이고 재포기계수는 0.2/d, 혼합수의 포화산소 농도는 9.17mg/L이며 식은 상용대수를 적용한다.)

① 6.36 ② 7.63
③ 8.87 ④ 9.01

해설 ㉠ 혼합지점의 BOD$=\dfrac{1.6\times 5+0.8\times 50}{1.6+0.8}=20\text{mg/L}$

㉡ 혼합지점의 DO$=\dfrac{1.6\times 9.2+0.8\times 5}{1.6+0.8}=7.8\text{mg/L}$

㉢ $BOD_u=\dfrac{20\text{mg/L}}{(1-10^{-0.1\times 5})}=29.249\text{mg/L}$

㉣ 최초의 DO 부족 농도=9.17−7.8=1.37mg/L

㉤ 유하시간 $t=\dfrac{54000\text{m}}{900\text{m/h}}=\dfrac{\text{d}}{24\text{h}}=2.5\text{d}$

㉥ $D_t=\dfrac{0.1\times 29.249}{0.2-0.1}\times(10^{-0.1\times 2.5}-10^{-0.2\times 2.5})+1.37\times 10^{-0.2\times 2.5}=7.63\text{mg/L}$

11. 용존산소 부족곡선에서 용존산소가 가장 낮은 점을 임계점이라고 한다. 다음 조건에서 임계시간(d)은? (단, 탈산소계수=0.1/d, 재포기계수=0.3/d, $t=0$일 때 초기 DO부족량

정답 7. ② 8. ④ 9. ① 10. ② 11. ①

=2mg/L, BOD_u=17mg/L이다.)

$$t_c = \frac{1}{K_1(f-1)}\log\left[f\left\{1-(f-1)\frac{D_0}{L_0}\right\}\right]$$

① 1.8 ② 2.1
③ 2.6 ④ 3.2

해설 $t_c = \frac{1}{K_1(f-1)}\log\left[f\left\{1-(f-1)\frac{D_0}{L_0}\right\}\right]$

에서

$t_c = \frac{1}{0.1(3-1)}\log\left[3\times\left\{1-(3-1)\frac{2}{17}\right\}\right]$

=1.8d

12. 다음 중 하천의 수질관리를 위하여 1920년대 초에 개발된 수질 예측 모델로 BOD의 DO 반응, 즉 유기물 분해로 인한 DO 소비와 대기로부터 수면을 통해 산소가 재공급되는 재포기를 고려한 것은?

① DO SAG Ⅰ 모형
② QUAL-Ⅰ 모형
③ WQRRS 모형
④ Streeter-Phelps 모형

해설 하천 수질모델링 중에서 최초 모델링은 Streeter-Phelps model이다.
㉠ 하천의 수질관리를 위하여 1920년대 초에 개발된 수질 예측 모델이다.
㉡ 유기물 분해로 인한 DO 소비와 대기로부터 수면을 통해 산소가 다시 공급되는 재포기를 고려한 것이다.
㉢ 점오염원으로부터 오염부하량을 고려한 것이다.
㉣ 유속, 수심, 조도계수 등에 의한 기체 확산계수를 무시한 것이다.

13. 다음 사항 중 하천수의 수질관리 모델 종류와 관계가 없는 것은?

① DO SAG-Ⅰ ② QUAL-Ⅱ
③ WQRRS ④ AGGHI

14. 다음 중 하천 및 호수의 부영양화를 고려한 생태계 모델로 정적 및 동적인 하천의 수질, 수문학적 특성이 광범위하게 고려된 것은?

① Streeter-Phelps model
② HSPF model
③ QUAL model
④ WQRRS model

해설 생태계 모형에는 WQRRS, WASP5, LARM 등이 있다.

15. 하천모델의 종류 중 'DO SAG-Ⅰ,Ⅱ,Ⅲ'에 관한 설명으로 틀린 것은?

① 1차원 정상 상태 모델이다.
② 점오염원 및 비점오염원이 하천의 용존산소에 미치는 영향을 나타낼 수 있다.
③ Streeter-Phelps식을 기본으로 한다.
④ 저질의 영향과 광합성 작용에 의한 용존산소반응을 나타낸다.

해설 DO SAG-Ⅰ,Ⅱ,Ⅲ 모델은 저질의 영향이나 광합성 작용에 의한 DO 반응을 무시한 1차원, 정상 상태 model이다.

16. 일반적인 하천에 유기물질이 배출되었을 때 하천의 수질을 나타낸 그림이다. 가장 적절한 것은?

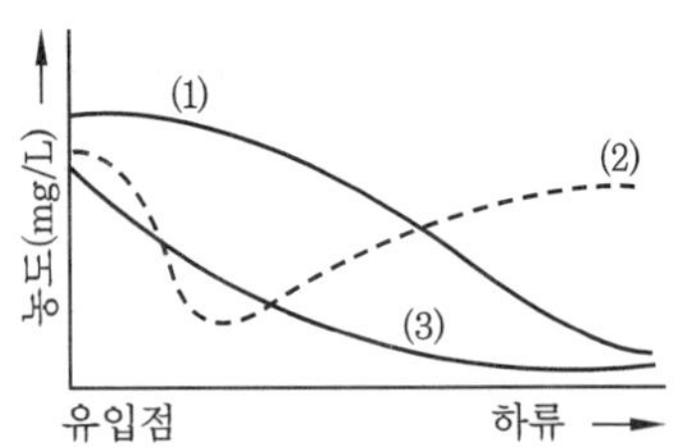

① (1) BOD (2) DO (3) SS
② (1) DO (2) BOD (3) SS
③ (1) BOD (2) SS (3) DO
④ (1) SS (2) DO (3) BOD

해설 (1) BOD (2) DO (3) SS

정답 12. ④ 13. ④ 14. ④ 15. ④ 16. ①

17. **다음 설명 중 수질 모델링을 위한 절차와 거리가 먼 것은?**

① 변수 추정
② 수질예측 및 평가
③ 보정
④ 감응도 분석

해설 수질 모델링 절차 : 모형의 개발, 선정 → 보정 → 검증 → 감응도 분석 → 수질예측과 평가

18. **유기성 오수가 하천에 유입된 후 유하하면서 자정작용이 진행되어가는 여러 상태를 그림으로 나타내었다. (1)~(6)까지 내용으로 바르게 짝지어진 것은?**

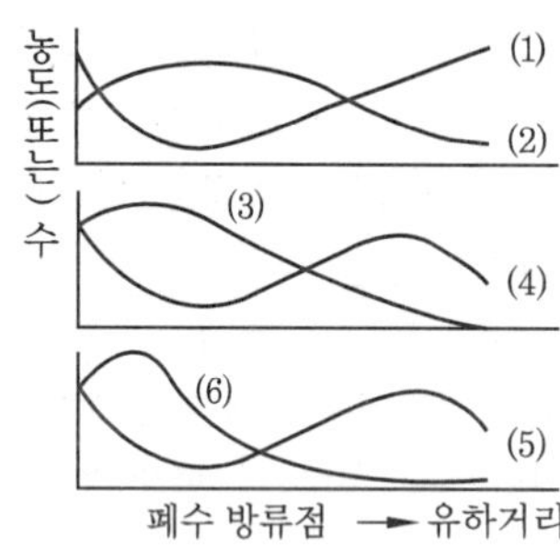

① BOD, DO, NO_3−N, NH_3−N, 조류, 박테리아
② BOD, DO, NH_3−N, NO_3−N, 박테리아, 조류
③ DO, BOD, NH_3−N, NO_3−N, 조류, 박테리아
④ DO, BOD, NO_3−N, NH_3−N, 박테리아, 조류

해설 (1) DO (2) BOD (3) NH_3-N (4) NO_3-N (5) 조류 (6) 박테리아

19. **Kolkwitz와 Marson의 4지대에서 초록색으로 나타내는 수역은?**

① 강부수성수역 ② α−중부수성수역
③ β−중부수성수역 ④ 빈부수성수역

해설 초록색으로 나타내는 수역은 β−중부수성수역이다.

참고 Kolkwitz−Marson의 분류

㉠ 강부수성 수역 : 단백질 등의 분해물 등이 많고 BOD가 높고 H_2S 냄새가 나고 DO는 거의 없다. 수질도에 빨간색으로 표시한다.
㉡ α−중부수성 수역 : BOD가 상당히 높고 수생곤충의 유충은 보이지 않는다. H_2S의 냄새는 느낄 수 없다. 수질도에 노란색으로 표시한다.
㉢ β−중부수성 수역 : BOD가 약간 높아 산화분해가 왕성하게 진행되고 생물의 종류가 다양하다. 세균은 1mL당 10만 이하이고 조류의 종류도 많고 그 밖에 어류, 양서류, 패류와 잠자리 유충, 가재 등이 관찰된다. 수질도에 초록색으로 표시한다.
㉣ 빈부수성 수역 : 하천의 경우 착생조류가 많고 호소의 경우에는 부유조류가 적지 않으며 세균은 1mL당 100 이하이다. 하루살이 등의 수생곤충이 육안으로 관찰된다. 수질도에 파란색으로 표시한다.

20. **확산을 지배하는 기본법칙인 Fick의 제1법칙을 가장 알맞게 설명한 것은? (단, 확산에 의해 어떤 면적요소를 통과하는 물질의 이동속도 기준이다.)**

① 이동속도는 확산물질의 조성비에 비례한다.
② 이동속도는 확산물질의 농도경사에 비례한다.
③ 이동속도는 확산물질의 분자확산계수와 반비례한다.
④ 이동속도는 확산물질의 유입과 유출의 차이만큼 축적된다.

해설 Fick의 확산 제1법칙 : $\frac{dM}{dt} = -D \cdot A \cdot \frac{dC}{dL}$

여기서, $\frac{dM}{dt}$: 산소전달속도(g/s)

정답 17. ① 18. ③ 19. ③ 20. ②

D : 확산계수(m^2/s)
A : 기상과 액상 사이의 접촉면적(m^2)
$\frac{dC}{dL}$: 액막 거리에 따른 산소농도 구배(g/m^4)

21. **호소에서 나타나는 현상에 대해 바르게 기술된 것은?**

① 심수층은 혐기성 미생물의 증식으로 인해 유기물이 분해되어 수질이 양호하게 된다.
② 봄, 가을에는 일정한 방향을 가진 흐름은 없으나 밀도 변화에 의한 수직운동은 일어난다.
③ 표수층에서 일어나는 용존산소의 과포화는 주로 수면의 교란을 통한 재포기로 인하여 발생된다.
④ 여름철에는 표수층과 심수층 사이에 수온의 변화가 거의 없는 수온약층이 존재한다.

해설 ㉠ 심수층은 혐기성 미생물의 증식으로 인해 유기물이 분해되어 수질이 악화된다.
㉡ 표수층에서 일어나는 용존산소의 과포화는 주로 조류의 광합성을 통한 재포기로 인하여 발생된다.
㉢ 여름철에는 표수층과 심수층 사이에 수온의 변화가 아주 심한 수온약층이 존재한다.

22. **호수의 성층 중에서 부영양화(eutrophication)가 주로 발생하는 곳은?**

① epilimnion ② thermocline
③ hypolimnion ④ mesolimnion

23. **다음 수온약층(thermocline)에 관한 설명 중 알맞은 것은?**

① 호수에서 수온이 깊이에 따라 급격히 감소하는 중간 부분이다.
② 호수에서 바람에 따라 혼합이 일어나는 표층 순환대이다.
③ 호수에서 수온이 낮은 바닥 부근의 정체대이다.
④ 호수에 조류가 대량 번식하여 투명도가 지극히 감소되는 수층이다.

해설 수온약층(thermocline)은 호수의 수온이 깊이에 따라 급격히 감소하는 중간 부분이다.

24. **여름철 부영양화된 호수나 저수지에서 다음과 같은 조건을 나타내는 수층은?**

- pH는 약산성이다.
- 용존산소는 거의 없다.
- CO_2는 매우 많다.
- H_2S가 검출된다.

① 표수층 ② 수온약층
③ 심수층 ④ 혼합층

25. **호수의 깊이에 따른 CO_2와 DO 농도의 변화를 설명한 것 중 옳은 것은?**

① 표수층에서는 CO_2 농도가 DO 농도보다 높다.
② 심수층에서는 CO_2 농도가 DO 농도보다 낮다.
③ 깊이가 깊어질수록 CO_2 농도보다 DO 농도가 높다.
④ CO_2 농도와 DO 농도가 같은 지점이 존재한다.

해설 표수층에서는 DO 농도가 CO_2 농도보다 높고 심수층에서는 CO_2 농도가 DO 농도보다 높다.

26. **다음 중 부영양화 현상을 억제하는 방법과 가장 거리가 먼 것은?**

정답 21. ② 22. ① 23. ① 24. ③ 25. ④ 26. ③

① 비료나 합성세제의 사용을 줄인다.
② 축산폐수의 유입을 막는다.
③ 과잉 번식된 조류(algae)는 황산망간($MnSO_4$)을 살포하여 제거 또는 억제할 수 있다.
④ 하수처리장에서 질소와 인를 제거하기 위해 고도처리 공정을 도입하여 질소, 인의 호소유입을 막는다.

해설 과잉 번식된 조류(algae)는 황산구리($CuSO_4$)를 살포하여 제거 또는 억제할 수 있다.

27. 호수의 영양상태를 평가하기 위한 TSI (Carlson 지수)에 적용되는 수질변수와 가장 거리가 먼 것은?

① 투명도 ② 클로로필-a
③ 총인 ④ 총질소

해설 TSI를 이용하여 투명도, chlorophyll-a 농도, T-P 농도 등 어느 것이든지 구할 수 있다.

28. 호수의 수리 특성을 고려하여 부영양화도와 인부하량과의 관계를 경험적으로 예측·평가하는 모델은?

① Streeter-Phelphs 모델
② Box 모델
③ Vollonweider 모델
④ Qualz 모델

해설 Vollenweider model
㉠ 호수의 부영양화에 관한 지표를 연평균 또는 연간 최댓값과 같은 연단위 시간 scale로 예측·평가하는 모형이다.
㉡ 오염물질의 농도가 단지 시간의 함수로만 표시 된다.
㉢ 호수의 수리 특성을 고려하여 부영양화도와 인부하량의 관계를 경험적으로 예측·평가하는 모델이다.

29. 대상오염물질이 공간적으로 균일하게 분포하고 있다고 가정된 시스템으로써 가장 일반적인 적용은 호수를 연속 교반반응조로 가정하고 호수에 매년 축적되는 인산과 같은 무기물질의 수지를 평가하는 데 적용하는 모델형태로 가장 알맞은 것은? (단, 모델링의 공간성 기준)

① 무차원 모델 ② 일차원 모델
③ 이차원 모델 ④ 삼차원 모델

해설 모형의 공간성은 대상수체의 이동속도, 확산 이동 및 물리, 화학, 생물학적 변수가 균일한 일련의 소구역으로 나누는데 이 소구역들의 집합들이 어떠한 공간적 형태를 갖느냐가 모형의 공간적 차원을 의미한다.

참고 일차원 모델(one-dimensional model) : 하천의 흐름(X) 방향으로 구획하거나, 호수를 연직(Z) 방향으로 나누어 각 구획안의 수질이 균일하다고 보는 모델이다.

30. 평균수온이 5℃인 저수지의 수심이 10m이고 수면적이 $0.1km^2$이었다. 이 저수지의 수온차가 10℃라 할 때 정상 상태에서의 열전달속도는? (단, 5℃에서의 열전도도 K_r = 5.8kcal/[(h·m^2)(℃/m)])

① 2.9×10^5kcal/h ② 5.8×10^5kcal/h
③ 2.9×10^6kcal/h ④ 5.8×10^6kcal/h

해설 열전달속도

$$=\frac{5.8\text{kcal}\cdot\text{m/h}\cdot\text{m}^2\text{℃}\times0.1\text{km}^2\times\frac{10^6\text{m}^2}{\text{km}^2}\times10\text{℃}}{10\text{m}}$$

$=5.8\times10^5$kcal/h

31. 해양에서 기름이 유출될 경우 그 영향이라고 볼 수 없는 것은?

① 해양 용존산소량 감소
② 광선 투과율 감소
③ 플랑크톤의 1차 생산성 증가

정답 27. ④ 28. ③ 29. ① 30. ② 31. ③

④ 생물에 기름 냄새 발생

해설 광선 투과율 감소로 인해 플랑크톤의 1차 생산성이 감소된다.

32. 항구 내에서 기름유출에 의한 해양오염이 발생되었을 때 적용하기에 가장 적당하지 않은 방법은 무엇인가?

① skimmer나 진공펌프를 이용한다.
② 연소시킨다.
③ 합성수지를 이용하여 기름을 흡착시킨다.
④ 유화제나 침전제를 사용한다.

해설 항구 내에서 기름유출에 의한 해양오염 발생 시 연소시키면 정박 중인 선박들의 화재위험이 있어 적당하지 않다.

33. 적조(red tide)에 관한 설명으로 알맞지 않은 것은?

① 여름철, 갈수기로 인한 염도가 증가되고 정체된 해역에서 주로 발생된다.
② 고밀도로 존재하는 적조생물의 호흡에 의해 수중 용존산소를 소비하여 수중의 다른 생물의 생존이 어렵게 된다.
③ upwelling 현상이 원인이 되는 경우가 있다.
④ 적조 생물 중 독성을 갖는 편모조류가 치사성의 독소를 분비, 어패류를 폐사시킨다.

해설 여름철, 강수로 인한 염도가 감소되고 정체된 해역에서 주로 발생된다.

34. 해류에 관한 설명으로 알맞지 않는 것은?

① tidal current : 태양과 달의 영향으로 발생된다.
② tsunamis : 해저 지반의 이동 및 지형에 따라 발생된다.
③ upwelling : 바람과 해양 및 육지의 상호 작용에 의해 형성되는 상승류이다.
④ 심해류 : 해수의 온도와 염분으로 인한 밀도 차에 의해 발생된다.

해설 쓰나미(tsunami) : 해저의 화산활동에 의해 발생된다.

35. 농업용수의 수질 평가 시 사용되는 SAR (sodium adsorption ratio)에 관련된 이온으로만 짝지어진 것은?

① Na, Ca, Mg　　② Mg, Ca, Fe
③ K, Ca, Mg　　④ Na, Al, Mg

36. 지하수를 개발하여 농업용수로 사용하고자 수질분석을 한 결과가 다음과 같다면 이 농업용수의 SAR 값은? (단, 원자량 Na=23, Cl=35.5, Mg=24, Fe=26, Ca=40, S=32)

• Na^{+}=1150mg/L	• Cl^{-}=71mg/L
• Mg^{2+}=480mg/L	• Fe^{2+}=130mg/L
• Ca^{2+}=300mg/L	

① 6.8　　② 7.5
③ 8.8　　④ 9.5

해설 $SAR = \dfrac{\dfrac{1150}{23}}{\sqrt{\dfrac{\dfrac{300}{20}+\dfrac{480}{12}}{2}}} = 9.534$

37. 0.02M-KBr과 0.03M-$ZnSO_4$를 함유하고 있는 용액의 이온강도는? (단, 완전히 해리 기준)

① 0.06　　② 0.11
③ 0.14　　④ 0.18

해설 이온 강도$=\dfrac{1}{2}\times(0.02\times1^2+0.02\times1^2+0.03\times2^2+0.03\times2^2)=0.14$

정답 32. ② 33. ① 34. ② 35. ① 36. ④ 37. ③

7 Chapter 분뇨와 콜로이드성 입자

7-1 분뇨의 특성 및 처리방법

(1) 분뇨(excrements)의 성상

① 분뇨의 성질

㈎ 분뇨는 인체의 신진대사의 결과로부터 생성되는 최종 노폐물이다.

㈏ 분뇨는 불쾌한 악취를 발산하고 소화기계통 전염병균, 기생충 등을 함유하고 있어 질환을 발생시키는 근원이 된다.

② 분뇨의 특성

㈎ 분뇨는 다량의 유기물을 함유하고 고액분리가 어려우며 질소 화합물을 다량 함유하고 있다. 즉 분뇨 중의 분은 VS의 12~20%, 요는 80~90%의 질소 화합물을 가지며, 이들은 NH_4HCO_3, $(NH_4)_2CO_3$ 형태로 존재하고 소화조 내의 알칼리도를 높게 유지시켜 주므로 pH의 강하를 막아주는 완충작용을 한다.

㈏ 분뇨의 특성은 시간에 따라서 크게 변한다.

㈐ 분뇨 중의 분과 요의 혼합비는 양적으로는 대략 1 : 9 정도이고, 고형물비는 약 7 : 1 정도이며, 비중은 약 1.02이다.

㈑ 분뇨 내의 BOD와 SS는 COD의 $\frac{1}{3} \sim \frac{1}{2}$ 정도가 된다.

(BOD : 20000~30000mg/L, SS : 25000~35000mg/L, COD : 50000~75000mg/L)

(2) 분뇨의 처리방법

① 습식 산화방식(zimmerman process) 처리

㈎ 액상 슬러지에 고온, 고압을 작용시켜 용존산소에 의해 화학적으로 슬러지의 유기물을 산화시키는 방법이다.

㈏ 악취가 발생하고 운전비, 건설비가 많이 든다.

② 혐기성 소화방식 : 분뇨를 정상 상태로 소화 처리할 때, 분뇨 $1m^3$당 발생하는 가스량은 $8 \sim 10m^3$ 정도이다.

③ 호기성 소화방식 : 전처리 과정을 거친 분뇨를 희석하지 않고 장기 포기하고, 호기성 분해시켜 탈리액을 2차 처리로 보내는 공법으로, 분뇨를 생물학적 산화반응에 의해 장기간(10~15일) 분해한 후 안정화된 유기물의 부산물로 산화시키고 슬러지

양의 감소를 기대할 수 있는 방법이다.

④ 탈취시설

㈎ 분뇨처리에서는 악취를 발산하지 않고 처리하기가 곤란하므로 탈취시설을 설치한다.

㈏ 탈취방식

㉮ 물리적 방법 : 수세법, 흡착법

㉯ 화학적 방법 : 약액세정법, 기체산화법, 마스킹법(다른 향기로 악취를 감추거나 화학적으로 냄새를 없애는 방법)

㉰ 생물학적 방법 : 토양 탈취법(넓은 면적이 필요), 활성슬러지법

7-2 콜로이드성 입자

(1) 콜로이드(colloid)의 특성

① 콜로이드 용액 : 빛을 산란시킬 수 있을 정도의 크기를 가진 입자들이 분산되어 있는 용액이다.

② 콜로이드 입자의 크기 : 지름이 0.1~0.001μ 정도로 참용액의 용질보다 크다.

③ 서스펜션과 에멀션

㈎ 서스펜션(suspension) : 흙탕물 속의 흙가루의 형태와 같이 보통의 콜로이드 입자보다 큰 입자가 분산되어 있는 혼합물

㈏ 에멀션(emulsion) : 우유와 같이 액체에 액체가 분산되어 있는 것

(2) 콜로이드의 종류와 특성

① 콜로이드의 종류

㈎ 친수성 colloid(hydrophilic colloid)

㉮ 쉽게 엉기지 않는 안정한 콜로이드(물속에서 안정됨)이다.

㉯ 물과 친화력이 강하다.

㉰ 틴들(Tyndall) 효과는 작거나 전혀 없다.

㉱ 전해질에 대한 반응이 약하므로 전해질이 더 많이 요구된다.

㉲ 물리적 상태는 에멀션 상태이다.

㉳ −OH, −COOH 등의 원자단이 있다.

㉴ 다량의 전해질을 가하면 콜로이드 입자에 붙어 있던 물분자들이 이온으로 떨어져 나가기 때문에 염석이 일어난다. 예 비누, 녹말, 단백질, 합성세제

㉵ 표면장력은 분산매보다 훨씬 작고 점성도는 분산매보다 훨씬 크다.

㉳ 쉽게 재생 가능하다.

㈏ 소수성 colloid(hydrophobic colloid)

㉮ 소량의 전해질에 의해 쉽게 침전되는 불안정한 콜로이드를 의미하며 엉김이 쉽게 일어난다.

㉯ 물과의 친화력이 약하다(이중층 물질설이 적용).

㉰ 표면장력과 점성도는 분산매와 큰 차이가 없다.

㉱ 금속의 단체 및 수산화물 등이 이에 속한다. 대 금, 은, 황, 점토, 먹물, $Al(OH)_3$, $Fe(OH)_3$ 등

㉲ 염에 아주 민감하다.

㉳ 냉동이나 건조시킨 후 다시 재생시키기가 어렵다.

㈐ 보호 colloid (protective colloid) : 소수 콜로이드 + 친수 콜로이드(안전한 콜로이드)

② 콜로이드의 특성

㈎ 입자의 크기 때문에 갖는 성질

㉮ 틴들(Tyndall) 현상 : 콜로이드 입자의 크기가 빛의 파장과 비슷하여 빛이 산란하게 되는데 이 콜로이드 용액에 센 빛을 비추면 빛의 진로를 볼 수 있는 현상을 말한다.

㉯ 브라운(Brown) 운동 : 콜로이드 입자가 분산매 입자와 충돌하기 때문에 생기는 콜로이드 입자들의 불규칙한 움직임을 말한다.

㉰ 투석(dialysis) : 콜로이드 입자와 더 작은 입자가 함께 있는 용액을 반투막에 통과시켜 콜로이드 입자를 분리하는 방법이다.

㉱ 흡착 : 콜로이드 입자 표면에 다른 액체 혹은 기체 분자나 이온 등이 달라붙어 이들의 농도가 증가되는 현상을 의미한다. 콜로이드 입자는 그 질량에 비하여 표면적이 매우 크므로 다른 물질을 흡착하는 힘 또한 크다. 대 활성탄가루(콜로이드 입자)를 착색된 용액에 넣으면 색소의 흡착, 탈색이 일어난다.

㈏ 전하를 띠고 있기 때문에 갖는 성질

㉮ 전기 이동 : 콜로이드 입자가 한 종류의 전하만을 띠고 있기 때문에 전하가 반대인 전극으로 이동하는 현상을 말한다. 대 공장 굴뚝의 매연제거용 집진기

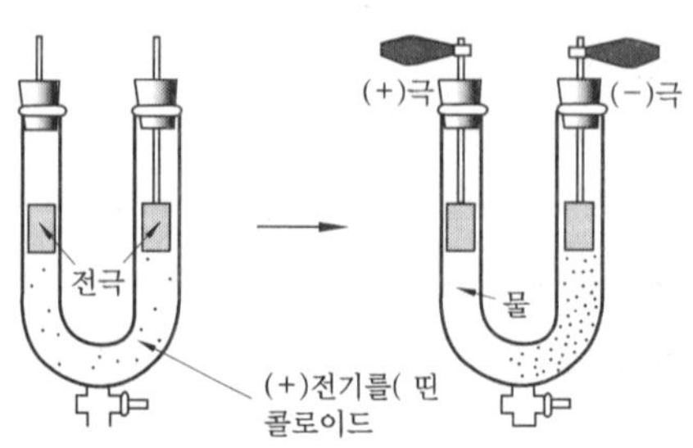

㉯ 만약 콜로이드 물질이 고정되어 갇혀 있을 경우에는 직류 전위를 응용하면 입자가 보통 움직이는 방향과는 반대 방향으로 액체를 흐르게 하는데, 이 현상을 전기삼투현상이라 한다. 이는 슬러지의 탈수에 응용되고 있다.

㉰ 엉김과 염석 : 콜로이드는 한 종류의 전하만을 띠고 있어 서로 반발하기 때문에 뭉칠 수 없으나, 전해질을 가하면 전하가 중화되어 서로 엉켜 가라앉게 된다.

(다) 콜로이드의 기타 특성

㉮ 콜로이드 입자 간의 반발력의 지표로는 제타전위(zeta potential)가 있다.

참고 제타전위

콜로이드 입자가 수중을 이동할 때 입자 표면에 고착한 수중의 미끄러운 면에서의 전위를 의미하며, 이를 구하는 식은 zeta 전위(ζ) = $\dfrac{4\pi\delta q}{D}$ 이다.

여기서, δ : 전하층 두께, q : 입자의 전하량, D : 유전상수

㉯ 제타전위가 작을수록(5~10mV 이하) 입자는 응집하기 쉽다.

㉰ 콜로이드 입자의 확산속도는 입자가 클수록 느리다.

㉱ 소수성 콜로이드는 전해질의 첨가에 따라 응집한다. 응결시킬 때 필요한 이온에 응결하는 이온가가 높은 쪽이 응집효과가 크다.

($Na^+ < Ca^{2+} < Al^{3+}$) : schulze hardy rule

㉲ 친수성 콜로이드는 물에 대한 친화력이 매우 크므로 소량의 전해질 첨가에는 영향을 받지 않지만 다량의 전해질을 가하면 염석에 따라 침전한다.

㉳ 부유 상태와 용존 상태의 중간 상태로 여과에 의해 제거되지 않는다.

㉴ 인력(Van der Waals force), 척력, 중력에 의해서 전기역학적으로 평형이 되어 있다.

㉵ 콜로이드 입자 표면이 대전되어 있어 콜로이드 입자 안정에 큰 역할을 한다.

㉶ 콜로이드의 안정도는 zeta potential의 크기에 따라 결정된다.

㉷ 응집제를 가해주는 것은 콜로이드의 반발력을 감소시키기 위함이다.

(3) 콜로이드의 안정성을 파괴하는 방법

① 확산층의 압축

② 이온의 흡착에 의한 전하의 변환

③ 유기중합체(重合體)에 의한 입자 간의 가교

④ 제타 포텐셜(zeta potential)의 감소

(4) 응집의 화학적 반응 기작(mechanism)

① 전기적 중화(charge neutrialization)
② 가교작용(interparticle bridging)
③ 이중층의 압축(double layer compression)
④ 체거름(enmeshment)

7-3 기타 공식

(1) 동수반경(hydroulic radius)

① 경심, 수리평균심이라고도 한다.
② 수로의 한 단면에서 유수단면적을 윤변으로 나눈 값이다.
③ 관 주변의 단위길이당 단위 유체 단면적을 나타내며 주로 마찰특성을 표시한다.
④ 만수로 흐르는 원형관의 동수반경은 관지름의 $\frac{1}{4}$과 같다.

(2) 레이놀즈수(Reynolds number)

① 유체가 유동을 함에 있어서 층류 유동과 난류 유동이 발생하게 된다.
　㈎ 층류 유동 : 유체의 각 부분이 질서를 유지하면서 층 모양으로 흐르는 상태
　㈏ 난류 유동 : 유체가 불규칙적으로 혼합하여 소용돌이를 일으키면서 흐르는 상태
② 관성력과 점성력의 상대적인 크기를 나타낸다.

$$Re = \frac{관성력}{점성력} = \frac{\rho Vd}{\mu} = \frac{Vd}{\nu}$$

(3) 프루드수(Froude number)

① 수문학과 유체역학에서 중력이 유체의 운동에 미치는 영향을 나타내기 위해 사용하는 수이다.
② 이 값이 1보다 작을 때를 상류, 1보다 클 때를 사류, 1일 때를 한계류라 한다.

$$F_r = \frac{V^2}{gR}$$

여기서, R : 동수반경(m), V : 유속(m/s), g : 중력가속도(9.8m/s^2)

7-4 기체의 법칙

기체 법칙은 기체의 열역학적 온도(T)·압력(P)·부피(V) 사이의 관계를 설명하기 위한 법칙이다.

① 확산의 법칙(Graham의 법칙) : 같은 온도와 압력에서 두 기체의 분출 또는 확산 속도(∝거리)는 그 기체의 분자량(∝밀도)의 제곱근에 반비례한다.

② 돌턴의 부분 압력 법칙 : 혼합 기체의 부분 압력은 그 성분 기체의 존재 비율에 비례하게 된다.

③ 샤를의 법칙(Charles'law) : 일정한 압력하에서의 기체의 체적은 절대온도에 비례한다.

④ Gay-Lussac의 법칙 : 기체가 관련된 화학반응에서는 반응하는 기체와 생성되는 기체의 부피 사이에 정수 관계가 있다.

⑤ 보일의 법칙(Boyle's law) : 일정한 온도에서 기체의 부피는 압력에 반비례한다.

⑥ 아보가드로의 법칙(Avogadro's law) : 모든 기체는 그 종류에 관계없이 같은 온도, 같은 압력에서 같은 부피 속에 같은 수의 분자를 포함한다.

⑦ 이상기체 상태방정식 : 압력, 부피, 온도를 각각 P, V, T라고 할 때 $PV=nRT$로 나타나며 이때 n은 기체의 몰수이고, R은 기체 상수를 의미하며 0.082L·atm/mol·K의 값을 가진다.

예상문제

Engineer Water Pollution Environmental
수질환경기사

1. 다음 중 분뇨의 특성에 관한 설명으로 틀린 것은?

① 분의 경우 질소 화합물의 함유량은 전체 VS의 12~20% 정도이다.
② 요의 경우 질소 화합물의 함유량은 전체 VS의 40~50% 정도이다.
③ 질소 화합물은 주로 $(NH_4)_2CO_3$, NH_4HCO_3 형태로 존재한다.
④ 질소 화합물은 알칼리도를 높게 유지시켜 주므로 pH의 강하를 막아주는 완충작용을 한다.

해설 분뇨 중의 분은 VS의 12~20%, 요는 80~90%의 질소 화합물을 가진다.

2. 분뇨정화조의 희석배율은 다음 중 어느 것으로 측정하는 것이 가장 정확하겠는가?

① SS ② BOD
③ COD ④ Cl^-

해설 Cl^-는 생물학적인 분해가 불가능하므로 유입수와 유출수 농도를 이용하여 희석배수를 구할 수 있다.

3. 다음은 콜로이드의 성질과 그 특성을 나타낸 것이다. 이 중 옳지 않은 것은?

① 콜로이드 입자 간의 반발력의 지표에 제타전위가 있다.
② 제타전위가 클수록 입자는 응집하기 쉽다.
③ 콜로이드 입자의 확산속도는 입자가 크게 될 경우 느리게 된다.
④ 친수성 콜로이드는 물에 대한 친화성이 크기 때문에 전해질을 다량으로 첨가해도 영향을 미치지 않는다.

해설 제타전위가 작을수록 입자는 응집하기 쉽다.

4. 콜로이드 입자는 분산매 분자들과 충돌하여 불규칙하게 움직이는데 이것을 무슨 현상이라 하는가?

① 투석(dialysis) 현상
② 틴들(Tyndall) 현상
③ 브라운(Brown)운동
④ 반발력(zeta potential)

해설 브라운(Brown) 운동 : 콜로이드 입자가 분산매 입자와 충돌하기 때문에 생기는 콜로이드 입자들의 불규칙한 움직임을 뜻한다.

5. 다음 콜로이드 중에서 소량의 전해질에서도 쉽게 응집이 일어나는 것으로서 주로 무기물질의 콜로이드인 것은?

① 서스펜션 콜로이드
② 에멀션 콜로이드
③ 친수성 콜로이드
④ 소수성 콜로이드

해설 소량의 전해질에 의해 쉽게 침전되는 불안정한 콜로이드, 즉 엉김이 일어나는 콜로이드를 소수성 콜로이드라고 한다.

6. 친수성 콜로이드(colloid)의 특성에 관한 설명으로 틀린 것은?

① 표면장력과 점도는 분산매와 큰 차이가 없다.
② Tyndall 효과는 작거나 전혀 없다.
③ 전해질에 대한 반응은 활발하지 못하

정답 1. ② 2. ④ 3. ② 4. ③ 5. ④ 6. ①

기 때문에 많은 응집제를 필요로 한다.
④ 물리적 상태는 에멀션 상태이다.

해설 소수성 콜로이드는 표면장력과 점도가 분산매와 비슷하다.

7. **소수성 콜로이드 입자의 전기성을 조사하고자 한다. 다음 실험 방법 중 어떤 것이 적합한가?**

① 콜로이드 입자에 강한 빛을 조사하여 Tyndall 현상을 관찰한다.
② 콜로이드용액의 삼투압을 조사한다.
③ 한외현미경으로 입자의 brown 운동을 관찰한다.
④ 전해질을 소량 넣고 응집을 조사한다.

해설 콜로이드 입자는 큰 비표면적을 가지기 때문에 주위의 이온을 흡착하여 일반적으로 정전기를 띠게 되고, 콜로이드 입자가 전기를 띠고 있는지 여부를 조사하고자 할 때 전해질을 소량 넣고 응집을 조사해 보면 알 수 있다.

8. **콜로이드의 안정성을 파괴하는 방법이 아닌 것은?**

① 확산층의 감축
② 이온의 흡착에 의한 전하의 변환
③ 유기중합체에 의한 입자 간의 가교
④ 제타전위의 강화

해설 응집의 화학적 반응 기작(mechanism)
㉠ 전기적 중화(charge neutrialization)
㉡ 가교작용(interparticle bridging)
㉢ 이중층의 압축(double layer compression)
㉣ 체거름(enmeshment)

9. **25℃, 2atm의 압력에 있는 메탄가스 10kg을 저장하는 데 필요한 탱크의 부피는? (단, 이상기체의 법칙 적용, R=0.082L · atm/ mol · K(표준상태기준))**

① 4.64m^3 ② 5.64m^3
③ 6.64m^3 ④ 7.64m^3

해설 이상기체의 법칙 : $PV=nRT$

$$\therefore V=\frac{10000\text{g}\times\text{mol}/16\text{g}\times0.082(\text{L}\cdot\text{atm}/\text{mol}\cdot\text{K})\times298\text{K}\times10^{-3}\text{m}^3/\text{L}}{2\text{atm}}$$

$$=7.636\text{m}^3$$

10. **'기체의 확산속도(조그마한 구멍을 통한 기체의 탈출)는 기체 분자량의 제곱근에 반비례한다.'라고 표현되는 기체 확산에 관한 법칙은?**

① Dalton의 법칙
② Graham의 법칙
③ Gay-Lussac의 법칙
④ Charles의 법칙

해설 확산의 법칙(Graham의 법칙) : 같은 온도와 압력에서 두 기체의 분출 또는 확산속도(∝ 거리)는 그 기체의 분자량(∝ 밀도)의 제곱근에 반비례한다.

11. **다음의 기체 법칙중 맞는 것은?**

① Boyle의 법칙 : 일정한 압력에서 기체의 부피는 절대온도에 정비례한다.
② Henry의 법칙 : 기체가 관련된 화학반응에서는 반응하는 기체와 생성되는 기체의 부피 사이에 정수관계가 있다.
③ Graham의 법칙 : 기체의 확산속도(조그마한 구멍을 통한 기체의 탈출)는 기체 분자량의 제곱근에 반비례한다.
④ Gay-Lussac의 결합 부피 법칙 : 혼합기체 내의 각 기체의 부분 압력은 혼합물 속의 기체의 양에 비례한다.

해설 ㉠ Charles의 법칙 : 일정한 압력에서 기체의 부피는 절대온도에 정비례한다.
㉡ Gay-Lussac의 법칙 : 기체가 관련된 화학반응에서는 반응하는 기체와 생성되는 기체의 부피 사이에 정수 관계가 있다.

정답 7. ④ 8. ④ 9. ④ 10. ② 11. ③

Engineer Water Pollution Environmental
수질환경기사

2 PART 상·하수도 계획

Chapter 1 상·하수도의 기본계획

1-1 개요

(1) 상수도

수도시설이라 함은 원수 또는 정수를 공급하기 위한 취수, 저수, 도수, 정수, 송수, 배수시설, 급수장치, 기타 수도에 관련된 시설을 말한다.

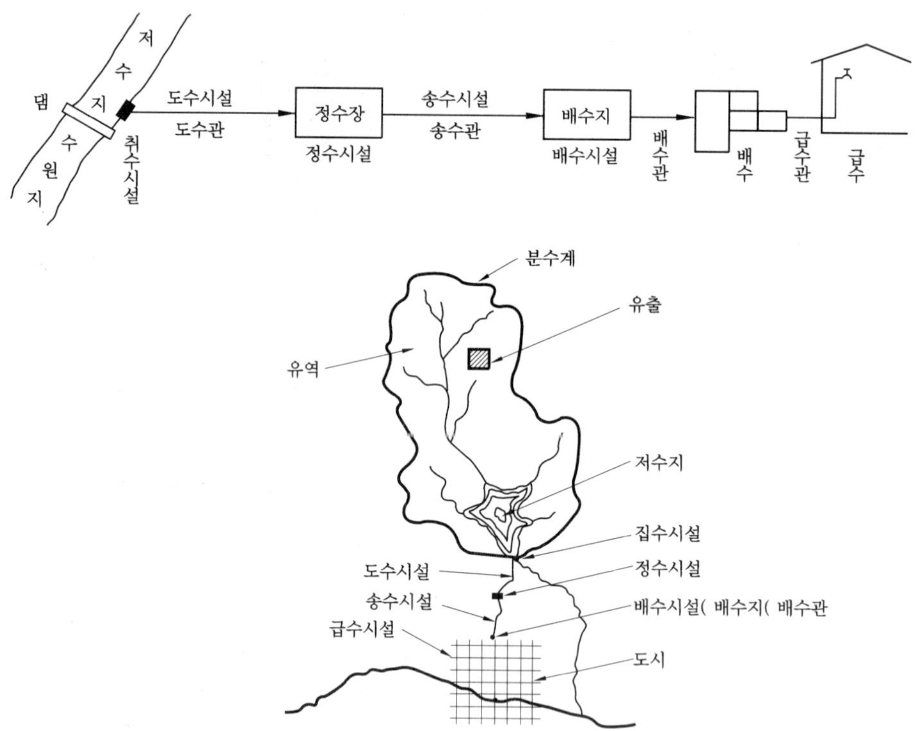

지표수의 집수, 정수, 급배수의 계통도

(2) 하수도

상수도에 대응하는 용어로서 오수 또는 우수를 배제 또는 처리하기 위하여 설치되는 도관, 기타 공작물과 시설의 총체를 말한다.

1-2 상수도와 하수도의 계통

(1) 급수 계통(상수도의 구성 요소)

① 집수 및 취수시설 : 수원에서 수요량에 대해 충분한 양만큼 집수하고 취수하는 시설
② 도수시설 : 수원에서 취수한 물을 정수장까지 공급하는 시설
③ 정수시설 : 수질을 요구되는 정도로 정화시키는 시설
④ 송수시설 : 정수된 물을 배수지까지 보내는 시설
⑤ 배수시설 : 배수지로부터 배수관까지의 시설
⑥ 급수시설 : 배수관에서 분지하여 각 소비자의 급수전 사이에 존재하는 시설

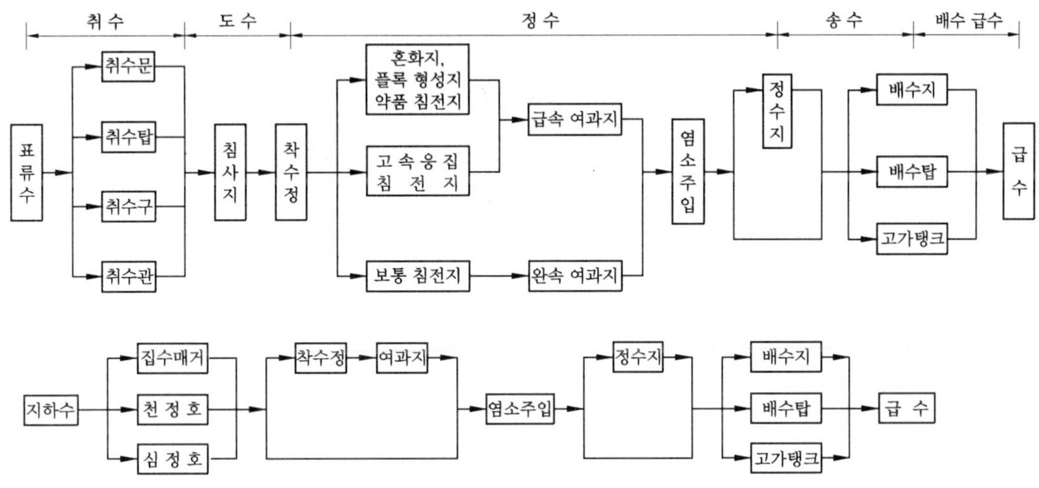

수도시설의 일반적 계통도

(2) 하수도의 계통

① 하수관거의 배제 방식 : 하수와 우수는 하수관거에 의해 수집되어 처리 또는 처분되는 장소까지 유송되는데 하수와 우수를 동일한 관에서 배제하는 합류식과 오수와 우수를 각각 분리하여 배제하는 분류식이 있다.

② 배수 계통 방식

㈎ 직각식 또는 수직식 : 하천이 도시 중심에 있는 경우 혹은 해안에 길게 발달된 도시에 적용된다. 하수의 배제속도는 빠르나 토구가 많고 시내 하천의 오염이 생기기 쉽다.

㈏ 차집식 : 직각식에서 각 토구에 차집관을 설치하여 오수를 수집, 방류하거나 펌프장 또는 하수처리장으로 보낸다.

㈐ 선형식 : 지형이 한쪽으로 경사져 있어 하수관이 수지상으로 배치되기 때문에 모든 하수가 한 지점으로 모여 처리하는 비용이 비교적 경제적이다.

㈑ 방사식 : 도시의 주변에 방류수면이 있거나 시가지 중심이 높고 주위를 향해서 경사져 있는 경우에 적용된다.

㈒ 평행 또는 고저단식 : 지형상 고지대와 저지대가 공존할 때 적용된다.

㈓ 집중식 : 사방에서 1개소로 향해 집중 유하시켜 다음 유역의 간선으로 유송하는 방식이다.

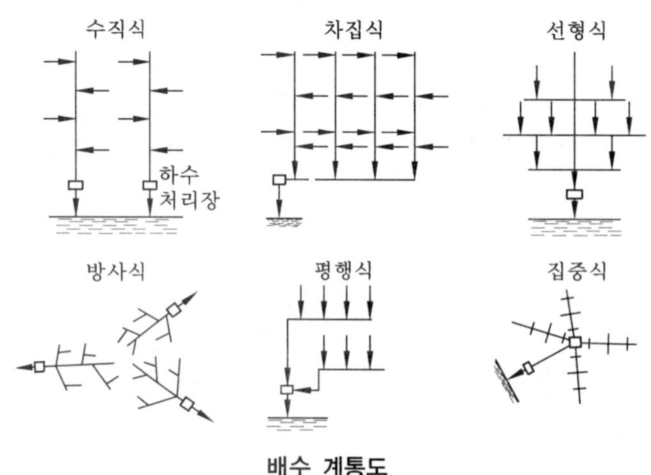

배수 계통도

1-3 상·하수도 계획 수립

(1) 기본계획의 목표

기본계획은 장래에 상·하수도가 충분히 그 기능을 발휘하고 정상적 발전을 이루기 위한 목표를 결정하여야 하며 다음과 같은 기본 방침을 정해야 한다.

① 상수도

㈎ 위생적으로 안전한 물을 계획 목표 연도까지 필요 지역에 안정되게 공급할 수 있어야 한다.

㈏ 전반적인 시설이 합리적이고 안전성을 가지고 있어야 하며 지역에 안정되게 공급할 수 있어야 한다.

② 하수도

㈎ 오수의 배제와 처리 및 누수 배제의 두 기능을 함께 갖도록 해야 한다.

㈏ 오수 처분 계획에 있어 방류 수역의 수질오염을 초래하지 않아야 한다.

㈐ 하수도 시설의 목적

㉮ 하수의 배제와 이에 따른 생활 환경의 개선

㉯ 침수 방지

㉰ 공공 수역의 수질 보전과 건전한 물 순환의 회복
㉱ 지속 발전 가능한 도시 구축에 기여

(2) 계획수립의 요령

① 상수도 기본 계획을 수립할 때에는 계획 목표 연도를 계획 수립이 이루어진 후부터 15~20년간을 표준으로 하며, 가능한 한 장기간으로 설정하는 것이 기본이다.

② 하수도 계획의 기본적 사항

㈎ 하수도 계획의 목표 연도는 원칙적으로 20년 정도로 한다.
㈏ 하수의 배제방식은 분류식과 합류식이 있으며 지역의 특성, 방류 수역의 여건 등을 고려하여 정한다.
㈐ 토구의 위치 및 구조는 방류 수역의 수질 및 수량에 미치는 영향을 종합적으로 고려하여 결정한다.
㈑ 하수처리구역 내에서 발생하는 수세분뇨는 관거정비 상황 등을 고려하여 하수관거에 투입하는 것을 원칙으로 한다.

(3) 설계기간(= 계획기간, period of design)

새로운 수도 시설 혹은 기존 시설에 대한 확장 시설을 하려는 경우에는 장래 5~15년간을 고려하여 계획해야 한다. 목표 연도를 너무 길게 잡으면 초기 축조비가 커서 비경제적이고 너무 짧게 잡으면 자주 확장공사를 해야 하기 때문에 도시 발전의 추세를 감안하여 결정해야 한다.

상·하수도 시설의 설계기간

구분	시설	특성	설계기간(년)
상수도	큰 댐, 큰 암거	확장이 어렵고 비싸다.	25~50
	배수시설, 여과지, 정호	확장이 쉬우나	15~20(평균)
		도시 성장률 및 금리가 낮을 때	20~25
		도시 성장률 및 금리가 높을 때	10~15
	ϕ300mm 이상의 관	소구경관으로의 대체는 비경제적	20~25
	ϕ300mm 이하의 관 (부 간선)	요구도가 빨리 변함	완전 이용에 해당하는 연수
하수도	ϕ300mm 이하의 관 (부 간선)	요구도가 빨리 변함	완전 이용에 해당하는 연수
	간선, 토구	확장이 난이하고 고가임	40~50
	차집거	도시 성장률 및 금리가 낮을 때	20~25
	처리장	도시 성장률 및 금리가 높을 때	10~15

(4) 계획구역의 결정

도시의 전반적 발전을 충분히 고려하고 계획 목표 연도까지 시가지화가 예상되는 지역을 포함하여 광의적, 종합적으로 정한다.

(5) 계획인구수

① 상수도의 계획 급수 인구 : 계획인구는 계획기간 이내에 추정된 인구수에 보급률을 곱하여 결정한다. 이때 계획연한은 경제성을 고려하여 15~20년을 표준으로 사용하고 있다.

$$\text{급수 보급률}(P : \%) = \frac{\text{급수대상 인구수}}{\text{급수구역 내 총 인구수}} \times 100$$

② 하수도의 계획 배수 인구 : 하수도에 있어서 오수의 배수 인구는 계획 연차의 배수구역 내의 인구를 말한다.

1-4 인구추정

상하수도 계획을 위한 인구추정(population forecast) 시 신빙도는 추정 연도가 커질수록, 인구가 감소되는 경우가 흔할수록 그리고 인구 증가율이 증가될수록 적어진다.

① 등차 증가법 : 연평균 인구 증가수를 기준으로 하는 방법이다.

$$P_n = P_o + na$$

여기서, P_n : 과거 또는 미래의 인구수, P_o : 현재의 인구수
n : 연수(과거이면 −, 미래이면 +), a : 연평균 인구 증가수

이 방법은 추정이 과소해지는 경향이 있으며 따라서 발전이 거의 끝난 큰 도시나 발전할 가능성이 없는 도시에서 적용이 일반적이다. 단기간 예측에 적합하다.

② 등비 증가법 : 연평균 인구 증가율을 기준으로 하는 방법이다.

$$P_n = P_o(1+r)^n$$

여기서, r : 연평균 증가율

이 방법은 매년 인구증가율을 일정하다고 보는 것으로 인구수가 과대해지는 경향이 있으며, 장래에 크게 발전할 가능성이 있는 도시에 적용시킨다. 단기간에 걸친 예측에 적합하다.

③ 최소자승법

④ 감소증가율법 : 인구가 매년 감소하는 비율로 증가한다는 가정하에 기초를 두는 방법으로, 포화인구를 먼저 추정하고 구하고자 하는 장래인구를 예측하는 방법이다.

⑤ 지수 함수식에 의한 방법

⑥ 논리법(logistic method) : 논리 곡선(S곡선)법, 포화인구 추정법, 수리법이라고도 불리우며 '인구의 증가에 대한 저항은 인구의 증가 속도에 비례한다.'고 한 통계학자 Gedol의 생각을 정식화한 것이다.

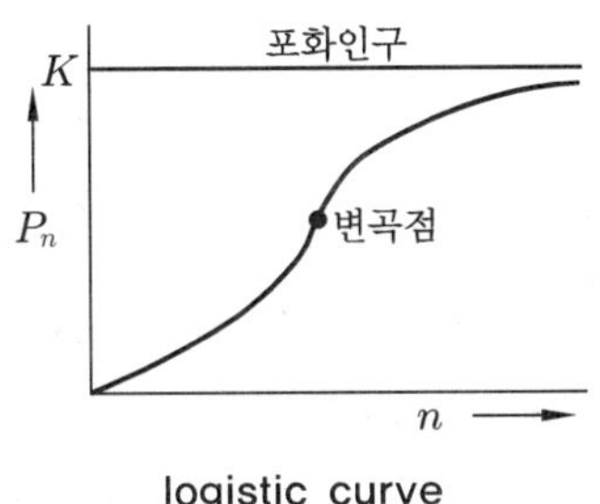

logistic curve

여기서, P_n : 추정인구수, K : 포화인구수, n : 기초년부터 경과년수
e : 자연대수의 밑, a, b : 상수

이 방법에 의하여 인구는 무한년 전에 0이었다가 연월이 경과함에 따라 점차 증가하며 중간의 증가율이 가장 높게 되고, 다음에는 증가율이 감소하여 무한년 후에는 일정한 포화수준에 도달된다는 결과가 나온다.

1-5 급수량

(1) 사용 목적과 수량

급수량은 상수 소비량(water comsumption) 또는 상수 요구량(water demend)이라고 하며 사용 목적에 따라서 가정 용수, 상업 용수, 공업 용수, 공공 용수, 그리고 불명수로 분류되고 누수와 도수 등을 의미한다.

① 급수량은 일반적으로 lpcd 단위로 표시된다.

② 상수도의 소비는 일정한 것이 아니고 여러 가지 요소들에 의해서 크게 변한다. 따라서 급수율은 과거의 통계 수치를 이용하거나 아니면 Goodrich 공식을 사용하여 추측할 수 있다.

$$P = 180t^{-0.1}$$

여기서, P : 연평균 소비율에 대한 백분율(%), t : 시간(d)

③ 소화전용 상수량 : 수량은 얼마되지 않지만 화재 발생 시에는 단시간에 걸쳐 높은 급수량이 요구되기 때문에 특히 소도시의 급수시설 규모는 소화 용수에 의해서 좌우된다.

- NBFU(the national board of fire underwriter) 공식(미국화재보험협회 추천 공식)

$$Q=3.86\sqrt{P}(1-0.01\sqrt{P})$$

여기서, Q : 소화용수량(m^3/min), P : 인구수를 1000으로 나눈 값
(이 공식은 인구 200000 이하의 도시 중심지에 적용한다.)

(2) 급수량의 변화

① 1인 1일 급수량 중 1일 평균 배수량은 1년간의 급수량을 평균한 것으로서, 1인 1일 평균 급수량$\left(\frac{\text{연간 총 급수량}}{\text{급수 인구}}\times 365\text{일}\right)$이라 하고 1년간의 1일 최대 배수량을 평균한 것을 1인 1일 최대급수량이라고 한다.

② 계획 1일 최대 급수량은 취수, 도수, 정수, 송수, 배수 설비의 설계 기준이 된다.

③ 시간 최대 급수량은 계획 연차의 계획 1일 최대 급수량이 일어나는 날의 최대 급수량을 계획 시간 최대 급수량이라 하며 배수관 설계의 기준이 된다.

④ 시간 최대 급수량과 일평균 급수량과의 비율의 표준적인 예를 들면 아래와 같다.

구 분	계 산 식
계획 1일 최대 급수량	계획 1인 1일당 최대 급수량×계획 급수 인구
계획 1일 평균 급수량	계획 1일 최대 급수량×0.7(중소도시)
	계획 1일 최대 급수량×0.8(대도시, 공업도시)
계획 1일 최대 급수량	계획 1일 평균 급수량×1.5(중소도시)
	계획 1일 평균 급수량×1.3(대도시, 공업도시)
계획 시간 최대 급수량	$\frac{\text{계획 1일 최대 급수량}}{24}\times 1.5$(중소도시)
	$\frac{\text{계획 1일 최대 급수량}}{24}\times 1.3$(대도시, 공업도시)

(3) 사용 수량의 종류

① 1시간 평균 급수량$=\frac{\text{1일 평균 급수량}}{24}$

② 1일 최대 급수량=1일 평균 급수량×1.5

③ 시간 최대 급수량(hourly maximum consumption)$=\frac{\text{1일 최대 급수량}}{24}\times 1.5$

$$=\frac{\text{1일 평균 급수량}}{24}\times 1.5\times 1.5=\frac{\text{1일 평균 급수량}}{24}\times 2.25$$

④ 1일 최소 급수량=1일 평균 급수량×0.6

⑤ 월 최대 급수량(monthly maximum consumption)=1인 1일당 평균 급수량×30×1.25

수도 사용량 비율 변화표

구분 급수량의 종류	연평균 1일 사용 수량에 대한 100분비	수도구조물 명칭
1일 평균 급수량	100	수원지, 저수지, 유역면적의 결정
1일 최대 평균 급수량	125	보조 저수지, 보조 용수 펌프의 용량 결정
1일 최대 급수량	150	취수, 정수, 배수시설(여과지 면적, 송수관 구경, 배수지)의 결정
시간 최대 급수량	225	배수본관의 구경 결정

(4) 계획 급수량의 산정식

① 계획 1일 최대 급수량 $= \dfrac{\text{계획 1일 평균 급수량}}{\text{계획 부하율}}$

② 계획 1일 평균 급수량 $= \dfrac{\text{계획 1일 평균 사용 수량}}{\text{계획 유효율}}$

1-6 하수량

(1) 하수

① 일반적으로 하수 방출량은 상수 소비량과 같다고 본다.

② 하수의 유량도 급수량과 같이 항상 일정한 것이 아니고 다음 그림과 같이 시간에 따라 변하는데, 그 양상이 상수 소비율과 비슷하나 몇 시간 위상이 더딘 경향이 있다.

(2) 첨두율(peaking factor)

하수의 평균유량에 대한 비를 첨두율이라 하며 대구경 하수거의 경우는 1.3보다 작으나 지선에서는 2.0을 넘을 수도 있다. 통상 지관은 4.0의 첨두율, 토구 하수거는 2.5의 첨두율을 사용하여 설계한다.

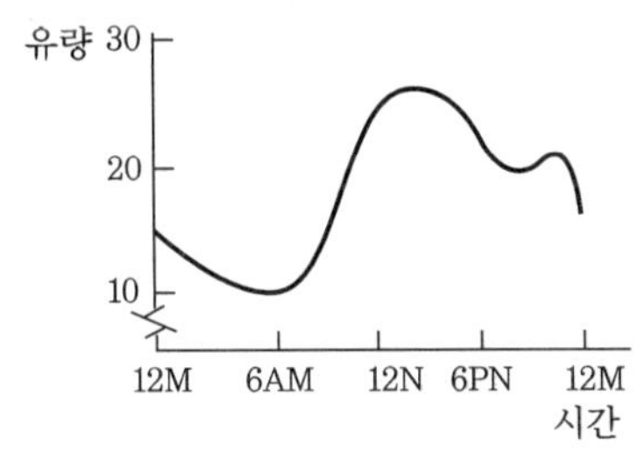

하수 유량 변화 곡선

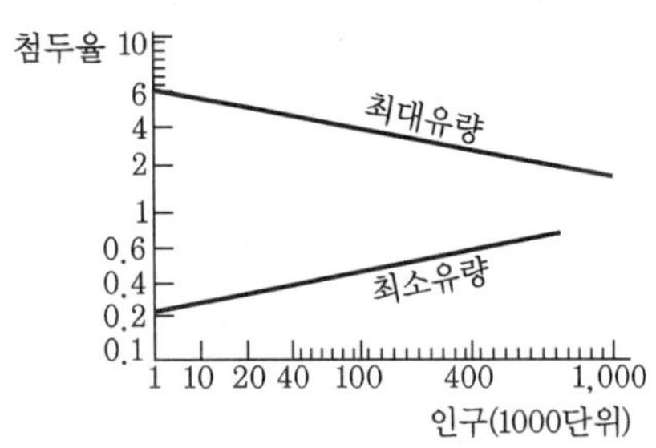

인구와 첨두율 간의 관계

1-7 우수량

(1) 강우강도

단위시간에 내린 비의 깊이로 단위는 mm/hr로 나타낸다.

① Talbot형 : $I=\dfrac{C}{t+b}$ (광주, 전주 등)

② Sherman형 : $I=\dfrac{a}{t^n}$ (서울, 부산, 목포, 울산 등)

③ Japanese형 : $I=\dfrac{e}{\sqrt{t}+d}$ (대구, 인천, 여수, 포항, 강릉, 추풍령 등)

④ Feir형 : $I=\dfrac{CT^m}{(d+t)^n}$

여기서, I : 강우강도(mm/hr), t : 강우지속시간(min), T : 확률년수
a, b, c, d, e, n : 지역에 따른 상수

(2) 강우의 빈도

① 확률 강우 강도를 과거의 최고 강도로 취할 때는 시설이 과대해지기 때문에 비경제적이다.

② 중요 지역에는 확률 연수를 10~30년에 1회 정도 일어날 가능성의 비를 표준으로 한다.

③ 중요하지 않은 지역이나 큰 비가 많은 지역에는 1~3년에 1회 정도 일어날 가능성의 비를 표준으로 사용하는 것이 좋다.

(3) 강우지속시간

① 우수가 배수구역의 최원격 지점에서 하수거에 유입할 때까지의 시간을 유입 시간이라 하며, 대체로 5~10분 정도이다.

② 하수거에 유입한 우수가 관 길이 L을 흘러가는 데 소요되는 시간을 유하 시간이라 하며, 관거 내의 유속이 V라면 유하 시간은 $\dfrac{L}{V}$가 된다.

③ 유입 시간과 유하 시간의 합을 유달 시간이라 하며, 강우강도식을 사용할 때 강우지속시간으로 유달 시간을 사용한다.

$$T=t_1+\frac{L}{V}$$

여기서, T: 유달 시간(min), t_1: 유입 시간(min)
V: 관거 내의 평균 유속(m/min), L : 관거의 길이(m)

④ 유입 시간은 최소단위 배수구의 지표면 특성을 고려하여 구하고, 유하 시간은 최상류 관거의 끝으로부터 하류 관거의 어떤 지점까지의 거리를 계획 유량에 대응한 유속으로 나누어 구하는 것을 원칙으로 한다.

(4) 지체 현상(retardation)

전 배수구역의 빗물이 동시에 하수거의 시점에 모이는 일은 일어나지 않으며 최원격 지점의 우수가 최후로 그 점을 통과할 때 이보다 가까운 지역에서의 우수는 벌써 그 점을 통과한 후인데, 이러한 현상을 지체 현상이라 한다.

(5) 합리식

우수 유출량을 계산하기 위한 공식에는 합리식과 경험식이 있다. 그러나 합리식이 일반적으로 사용된다.

$$Q = \frac{1}{360} CIA$$

여기서, Q : 우수량($\mathrm{m^3/s}$), C : 유출계수(run off coefficient)
A : 유역면적(ha), I : 강우강도(mm/h)

(6) 유출계수

배수구역 내의 강우는 일부는 증발하고 일부는 지하로 침투하며 나머지는 하수관거에 유입되는데, 이때 우수 유출량과 전강우량의 비를 유출계수라 한다.

(7) 경험식

① Burkli-Ziegler식

$$Q = CRA\sqrt[4]{\frac{S}{A}} \ [\mathrm{L/s}]$$

여기서, C : 유출계수(시내 : 0.6, 시외 : 0.25), R : 강우강도(45~72mm/h)
A : 배수면적(ha), S : 지표 경사(천분율로 표시)

② Brix식

$$Q = 0.5RA\sqrt[6]{\frac{S}{A}} \ [\mathrm{L/s}]$$

식 중의 $\sqrt[n]{\frac{S}{A}}$ 는 지체계수라 한다.

예상문제

Engineer Water Pollution Environmental
수질환경기사

1. 다음은 집수정에서 가정까지의 급수 계통을 순서적으로 나열한 것이다. 적절한 것은?

① 취수 → 도수 → 정수 → 송수 → 배수 → 급수
② 취수 → 도수 → 정수 → 배수 → 송수 → 급수
③ 취수 → 송수 → 도수 → 정수 → 배수 → 급수
④ 취수 → 송수 → 배수 → 정수 → 도수 → 급수

해설 급수 계통 : 수원 → 취수 → 도수 → 정수 → 송수 → 배수 → 급수

2. 상수도시설의 기본계획 중 기본사항인 계획(목표) 연도는?

① 계획수립 시부터 10~15년간을 표준으로 한다.
② 계획수립 시부터 15~20년간을 표준으로 한다.
③ 계획수립 시부터 20~25년간을 표준으로 한다.
④ 계획수립 시부터 25~30년간을 표준으로 한다.

해설 상수도 기본계획 중 계획 목표 연도는 계획 수립 시부터 15~20년간을 표준으로 하며, 가능한 한 장기간으로 설정하는 것이 기본이다.

3. 하수도계획은 몇 년을 목표로 하는가?

① 원칙적으로 10년 정도로 한다.
② 원칙적으로 20년 정도로 한다.
③ 원칙적으로 30년 정도로 한다.
④ 원칙적으로 50년 정도로 한다.

해설 원칙적으로 20년 정도로 한다.

4. 하수도의 기본계획에 관한 설명으로 틀린 것은 어느 것인가?

① 하수도 계획의 목표 연도는 원칙적으로 20년 정도로 한다.
② 하수의 배제방식은 지역의 특성, 방류수역의 여건 등을 고려하여 정한다.
③ 토구의 위치 및 구조는 방류 수역의 수질 및 수량에 미치는 영향을 종합적으로 고려하여 결정한다.
④ 하수처리 구역 내에서 발생하는 수세분뇨는 하수관거에 투입하지 않는 것을 원칙으로 한다.

해설 하수처리구역 내에서 발생하는 수세분뇨는 관거 정비 상황 등을 고려하여 하수관거에 투입하는 것을 원칙으로 한다.

5. 다음은 로지스틱(logistic) 인구 추정 공식이다. 기호 설명 중에서 틀린 것은?

$$y = \frac{K}{1 + e^{(a - bx)}}$$

① y : 기준년으로부터 경과 연수 후의 인구
② K : 연평균 인구증가율
③ x : 기준년으로부터 경과 연수
④ a, b : 상수

해설 K : 포화인구수

6. 계획우수량 산정에 관한 다음 내용 중 틀린 것은?

정답 1. ① 2. ② 3. ② 4. ④ 5. ② 6. ②

① 확률 연수는 원칙적으로 10~30년으로 한다.
② 유입 시간은 유달 시간과 유하 시간을 합한 것이다.
③ 유출계수는 토지 이용도별 기초 유출계수로부터 총괄 유출계수를 구하는 것을 원칙으로 한다.
④ 최대 계획 우수 유출량의 산정은 합리식에 의하는 것으로 한다.

해설 유달 시간은 유입 시간과 유하 시간을 합한 것이다.

7. 유하 시간의 계산방법으로 가장 알맞은 것은 어느 것인가?

① 최상류 관거의 끝으로부터 하류 관거의 어떤 지점까지의 거리를 계획유량에 대응한 유속으로 나누어 구한다.
② 관거의 중앙으로부터 하류 관거의 어떤 지점까지의 거리를 계획유량에 대응한 유속으로 나누어 구한다.
③ 최상류 관거의 끝으로부터 하류 관거의 어떤 지점까지의 거리를 최대유량에 대응한 유속으로 나누어 구한다.
④ 관거의 총거리를 계획유량에 대응한 유속으로 나누어 구한다.

해설 유달 시간은 유입 시간과 유하 시간을 합한 것으로 전자는 최소 단위 배수구의 지표면 특성을 고려하여 구하고 후자는 최상류 관거의 끝으로부터 하류 관거의 어떤 지점까지의 거리를 계획유량에 대응한 유속으로 나누어 구하는 것을 원칙으로 한다.

8. 다음 표는 어느 배수 지역의 우수량을 산출하기 위해 조사한 지역 분포와 유출계수의 결과이다. 이 지역의 전체 평균 유출계수는 얼마인가?

지역	분포	유출계수
상업지역	20%	0.6
주거지역	30%	0.4
공원지역	10%	0.2
공업지역	40%	0.5

① 0.46　② 0.41
③ 0.36　④ 0.30

해설 평균 유출계수

$$=\frac{20\times0.6+30\times0.4+10\times0.2+40\times0.5}{20+30+10+40}$$

$=0.46$

9. 어느 도시의 장래 하수량 추정을 위해 인구 증가 현황을 조사한 결과 매년 증가율이 5%로 나타났다. 이 도시의 20년 후의 추정 인구는? (단, 현재의 인구는 73000명이다.)

① 약 132000명　② 약 162000명
③ 약 183000명　④ 약 194000명

해설 ㉠ $P_n=P_0(1+r)^n$
㉡ $P_n=73000\times(1+0.05)^{20}=193690$명

10. 강우강도 $I=\dfrac{3970}{t+31}$ mm/h, 유역면적 4km², 유입시간 5분, 유출계수 0.45, 길이 1km, 하수관 내 유속 40m/min일 경우 하수관 하단의 최대 우수량은? (단, 합리식 적용)

① 83m³/s　② 65m³/s
③ 48m³/s　④ 33m³/s

해설 ㉠ 유달시간 $=5+\dfrac{1000\text{m}}{40\text{m/min}}=30\text{min}$

㉡ $I=\dfrac{3970}{30+31}=65.082\text{mm/h}$

㉢ $A=4\text{km}^2\times\dfrac{10^6\text{m}^2}{\text{km}^2}=\dfrac{\text{ha}}{10^4\text{m}^2}=400\text{ha}$

㉣ $Q=\dfrac{1}{360}\times0.45\times65.082\times400=32.54\text{m}^3/\text{s}$

정답 7. ① 8. ① 9. ④ 10. ④

11. **강우강도 $I=\dfrac{3970}{t+31}$ mm/h, 유역면적 1.5km², 유입시간 180s, 관거길이 1km, 유출계수 1.1, 하수관의 유속 33m/min일 경우 우수 유출량은 얼마인가? (단, 합리식 적용)**

① 약 18m³/s ② 약 28m³/s
③ 약 38m³/s ④ 약 48m³/s

해설 ㉠ $t=180\text{s}\times\text{min}/60\text{s}+\dfrac{1000\text{m}}{33\text{m/min}}=33.3\text{min}$

㉡ $I=\dfrac{3970}{33.1+31}=61.74\text{mm/h}$

㉢ $A=1.5\text{km}^2\times\dfrac{10^6\text{m}^2}{\text{km}^2}=\dfrac{\text{ha}}{10^4\text{m}^2}=150\text{ha}$

㉣ $Q=\dfrac{1}{360}\times1.1\times61.74\times150=28.297\text{m}^3/\text{s}$

12. **상수도시설 일반 구조의 설계하중 및 외력에 대한 고려사항으로 틀린 것은?**

① 풍압은 풍량에 풍력계수를 곱하여 산정한다.
② 얼음 두께에 비하여 결빙면이 작은 구조물의 설계에는 빙압을 고려한다.
③ 지하 수위가 높은 곳에 설치하는 지상 구조물은 비웠을 경우의 부력을 고려한다.
④ 양압력은 구조물의 전후에 수위 차가 생기는 경우에 고려한다.

해설 풍압은 속도압에 풍력계수를 곱하여 산정한다.

참고 ① 빙압은 특별한 경우를 제외하고는 1.5MPa 정도로 하면 된다.
② 적설하중은 눈의 단위 중량에 그 지방에서의 수직최심 적설량을 곱하여 산정한다.

13. **하수도시설의 목적과 가장 거리가 먼 것은?**

① 하수의 배제와 이에 따른 생활환경의 개선
② 침수 방지
③ 공공 수역의 수질 보전
④ 지속 발전 가능한 물 순환 구조 구축

해설 하수도시설의 목적
① 하수의 배제와 이에 따른 생활 환경의 개선
② 침수 방지
③ 공공 수역의 수질 보전
④ 지속 발전 가능한 도시 구축에 기여
⑤ 건전한 물 순환의 회복

14. **하수도를 계획할 때에 조사지역에서의 발생부하량에 대하여 조사할 사항과 가장 거리가 먼 것은?**

① 상수급수량의 현황 및 계획
② 관광오수에 관한 조사
③ 방류수역의 수질환경기준
④ 지하수에 관한 조사

해설 방류수역의 수질환경기준은 방류수역의 허용부하량조사에 관한 내용이다.

15. **하수도계획의 자료조사를 위하여 계획대상지역의 자연적 조건 중 하천의 흐름상태를 조사하고자 한다. 조사할 사항과 가장 거리가 먼 것은?**

① 조사지역 내 수역의 유량 및 수위 등의 현황
② 호소, 해역 등 수저의 지형, 이용상황, 유속 및 유량
③ 하천 및 기존배수로의 상황
④ 강수, 침수의 기록

해설 하천 및 수로의 종·횡단면도가 해당하고 강수, 침수의 기록은 기상조건 조사에 해당한다.

정답 11. ② 12. ① 13. ④ 14. ③ 15. ④

2 Chapter 수원 및 취수 설비

2-1 개요

수원은 청정하고 장래 오염의 위험이 없거나 작아야 하며, 계획 급수량을 확보할 수 있는 곳이어야 한다. 수원의 구비 조건은 다음과 같다.

① 수량이 풍부해야 한다.
② 수질이 우수해야 한다.
③ 되도록 상수 소비지에 가까워야 한다.
④ 가능한 한 소비지보다 높은 곳에 위치해서 수리학적으로 자연유하식의 취수 및 배수가 가능한 것일수록 좋다.

수량은 소비지의 수요를 만족할 수 있을 만큼 충분히 존재해야 하며 가능한 한 변화가 적어야 한다. 계획 취수량은 계획 1일 최대 급수량을 기준으로 하며, 취수에서부터 정수처리할 때까지의 손실수량을 고려하여 계획 1일 최대 급수량의 10% 정도 증가된 수량으로 정한다.

2-2 수원의 종류

① 천수(meteoric water)
② 지표수(surface water) : 하천수, 호수, 저수지수
③ 지하수(ground water) : 천층수, 심층수, 복류수, 용천수
④ 기타 : 해수, 하수나 폐수의 재이용수

참고 지하수의 종류

① **천층수** : 제1불투수층 윗면을 흐르는 자유수면 지하수로 수질은 좋지만 심층수보다 경도는 낮다.
② **심층수** : 제1불투수층과 제2불투수층 사이에 흐르는 피압수면 지하수로 수질이 좋고 경도가 높다. 수온은 연중 일정하고 대지의 정화작용으로 무균 또는 거의 무균에 가까운 상태가 된다.
③ **용천수** : 지하수가 자연적으로 지표에 솟아난 물로서 약수터의 물이 대표적이다.
④ **복류수** : 하천이나 호수의 바닥 또는 변두리 자갈 모래층 중에 함유되어 있는 물로서 지표수와 지하수 양쪽의 중간 정도에 해당하는 성질을 갖고 있지만 지하수로 분류한다. 어느 정도

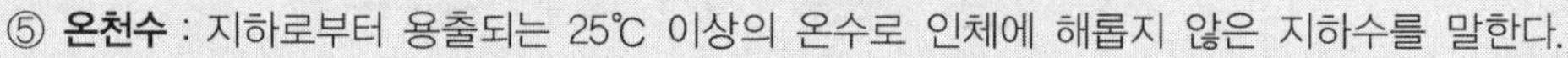

여과된 것이므로 지표수에 비하여 수질이 양호하며 침전지를 생략할 수 있다.

⑤ **온천수** : 지하로부터 용출되는 25℃ 이상의 온수로 인체에 해롭지 않은 지하수를 말한다.

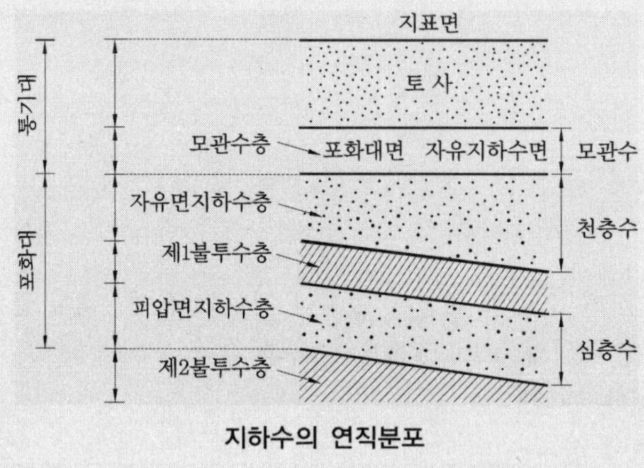

지하수의 연직분포

2-3 취수시설

(1) 하천수의 취수

① 취수관(intake pipe)에 의한 방법

(가) 취수관을 하천 바닥에 설치한다.

(나) 유황이 안정되고 수위변동이 적은 하천에 적합하다.

(다) 하천의 흐름, 선박의 운항에 지장이 없다.

(라) 보통 중규모 이하의 취수에 적용하며, 보와 병용하여 대량 취수도 가능하다.

(마) 보통 안정된 취수가 가능하지만, 하상 변화가 심한 곳에서는 지장을 초래할 경우도 있다.

(바) 관거의 매설깊이는 원칙적으로 2m 이상으로 한다.

(사) 어느 정도의 토사 유입은 피할 수 없다.

(아) 취수구는 아래 사항을 따른다.

㉮ 관거의 연장이 길어지는 경우에는 모래 등의 관거 내 유입을 방지하기 위해서 유사시설(sand pit)을 설치하는 경우가 있다. 유사시설의 깊이는 30~50cm, 길이는 3m 정도를 표준으로 하며 배사작업을 위한 맨홀을 설치한다.

㉯ 원칙적으로 관거의 상류부에 제수문 또는 제수 밸브를 설치한다.

㉰ 전면에 수위조절판이나 스크린을 설치하여야 한다.

㉱ 철근 콘크리트 구조로 한다.

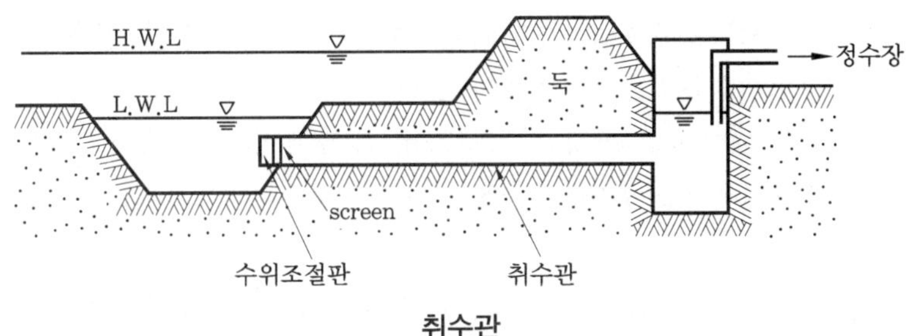

취수관

② 취수문(intake gate)에 의한 방법 : 일반적으로 하천의 중류부로부터 상류부에 걸쳐 하안부나 혹은 제방을 축조한 부분에 직접 수문을 설치하여 취수하는 방법이다. 취수 지점의 표고가 높아서 자연 유하식으로 도수할 수 있는 곳에 많이 사용되며 주로 소량(10000m^3/d 이하) 취수에 많이 이용된다.

㈎ 하안에 설치된 취수구의 수문을 통하여 직접 원수를 취수한다.

㈏ 취수문은 지반이 좋은 하안에 설치하여 파손으로 인한 단수에 대비해야 한다.

㈐ 수문판이나 물막이판이 설치된 문주는 수밀성으로 견고하게 한다.

㈑ 하천 유황의 영향을 직접 받으므로 취수량이 불안정하다. 그러나 하천 유황이 안정되어 있고 관리가 잘 되는 소규모에서는 안정성이 높다.

㈒ 토사 유입의 방지는 거의 불가능하고 쓰레기 대책도 상당히 곤란하다.

㈓ 취수문을 통한 유입 속도는 0.8m/s 이하가 되도록 취수문의 크기를 정한다.

㈔ 파랑에 대하여는 특히 고려할 필요는 없지만 결빙에 대하여는 특별한 대책이 필요하다.

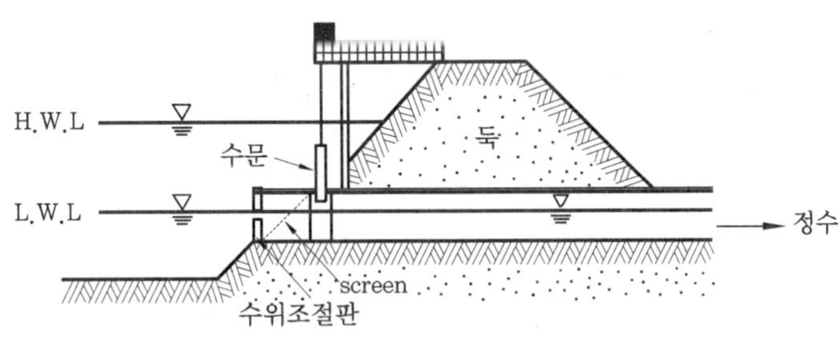

취수문

③ 취수탑(intake tower)에 의한 방법 : 수위의 변화가 크거나 혹은 적당한 깊이에서의 취수가 요구될 때 사용하며, 수위의 변화에 대비하여 여러 개의 취수구로 구성되어 있다. 취수탑은 하천의 중류부, 하류부나 저수지, 호수로부터 대량(100000m^3/d 이상) 취수에 사용하며, 연간 수위 변화의 폭이 크므로 설치 위치는 수심이 최소 2m 이상 되는 곳이 적당하다.

㈎ 안전하고, 영구적이며 대량 취수 시 취수언보다 경제적이다.

㈏ 하천수의 수위 변화에도 불구하고 수면으로부터 청정한 물을 취수할 수 있다.

(다) 제수 밸브 사용으로 자유로이 개폐할 수 있으므로 취수관 청소가 편리하다.
(라) 취수탑 건설비가 많이 드는 단점이 있다.
(마) 취수탑의 취수구 단면의 형상은 직사각형 혹은 원형 단면으로 하고 단면적은 유입 속도가 하천에서 15~30cm/s, 호소 또는 저수지에서 1~2m/s 정도가 되도록 한다.
(바) 취수구에 부유물의 혼입을 방지할 수 있도록 screen을 설치하고 수량 조절을 위한 각종 제수 밸브를 설치한다.
(사) 취수탑의 단면이 원형 혹은 타원형인 경우에는 장폭 방향을 흐름 방향과 일치하도록 설치한다.
(아) 탑의 상단은 계획 최고 수위보다 0.6~2m 정도 높게 한다.
(자) 취수탑의 내경은 필요한 수의 취수구를 적당하게 배치할 수 있는 크기를 가져야 한다.

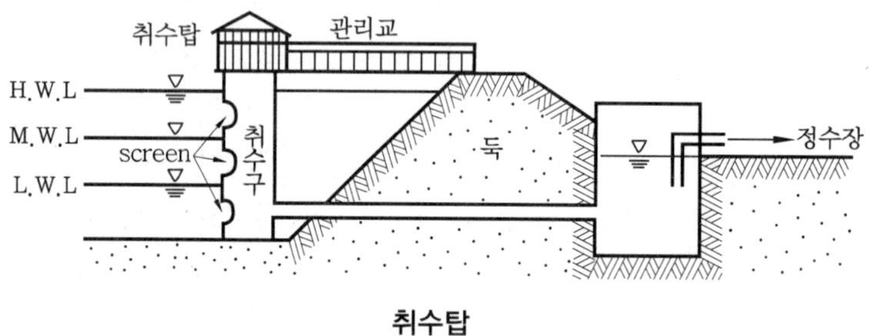

취수탑

④ 취수틀에 의한 방법
(가) 호소, 하천 등의 수중에 설치하는 취수 시설로 하상 변화가 심한 경우는 부적당하다.
(나) 가장 간단한 취수시설로 소량 취수에 사용한다.
(다) 단기간에 만들 수 있고, 안정된 취수가 가능하나 홍수 시 매몰, 유실의 우려가 있다.

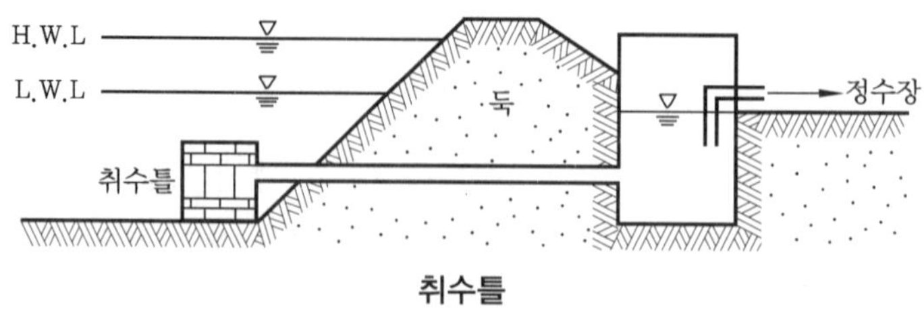

취수틀

⑤ 취수보에 의한 방법
(가) 하천에 보를 축조하여 월류위어를 이용하여 하천의 유량을 취수한다.
(나) 안정된 취수량 확보가 가능하다.
(다) 하천의 유량이 불안정한 경우 적합하다.

(라) 대량 취수 시 유리하다.

(마) 침사지와 병행 시 높은 침사 효과를 나타낸다.

(바) 하천 유속의 감소로 인한 결빙의 우려가 있다.

(사) 취수보의 높이는 계획 취수 위에 여유고(10~15cm)를 더한 높이로 한다.

(아) 취수구의 유입 속도는 0.4~0.8m/s를 표준으로 한다.

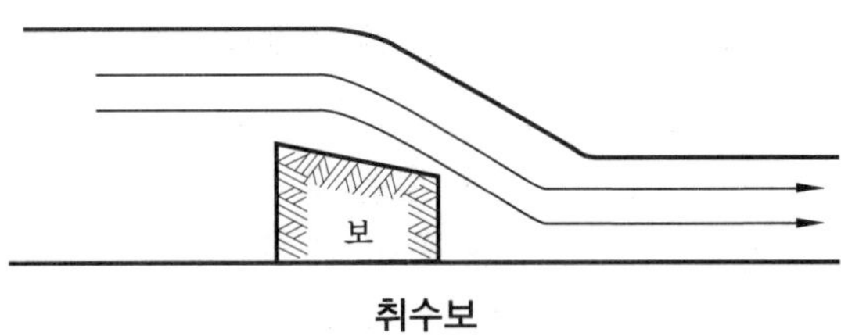

취수보

(2) 호수의 취수

호수로부터 취수하는 방법은 하천수에서 취수하는 방법과 거의 같다.

① 외기의 온도 변화, 파도 및 결빙 장애를 피하기 위하여 수면에서 3~4m 지점에서 취수한다.

② 대호수에서는 10m 이상의 깊은 곳에서 취수한다.

(3) 저수지의 취수

하천을 수원으로 하는 경우 평균 사용 수량, 즉 소요 수량(demand)이 그 하천의 갈수량을 초과할 경우 유출량이 많은 시기의 여수를 저류하였다가 유출량이 적은 시기에 부족한 수량을 보충할 필요가 있기 때문에 저수지가 필요하다.

① 저수지의 위치를 선정할 때 고려사항

(가) 가능한 한 작은 댐으로 필요한 저수량을 얻을 수 있어야 한다.

(나) 댐의 설치 지점과 저수지 바닥의 지질이 좋아야 한다.

(다) 저수지 축조로 인한, 토지 내의 보상 대상이 적어야 한다.

(라) 집수면적이 넓고, 수원 보호가 유리하여야 한다.

② 저수지의 용량 결정 : 저수지의 용량은 대체로 강우가 많은 지방에서는 급수량의 120일분, 우수가 적은 지방에서는 200일분 정도 되도록 결정하고 가정법이나 이론법의 계산법이 있다. 계획 취수량을 확보하기 위하여 필요한 저수 용량의 결정에 사용하는 계획 기준년은 원칙적으로 10개년에 제1위 정도의 갈수를 표준으로 한다.

(가) 경험식 : 저수지의 용량을 그 지역의 강우 상태에 평균 급수량의 배수로 결정하는 방법이다.

㉮ 강우량이 많은 지역 : 1일 평균 급수량의 120일분 저수

㉯ 강우량이 적은 지역 : 1일 평균 급수량의 200일분 저수

㈏ 가정법 : 저수 지역의 연평균 강우량(mm)을 기준으로 저수지 용량을 결정하는 방법이다.

$$C = \frac{5000}{\sqrt{0.8R}}$$

여기서, C : 용량(1일 계획 급수량의 배수), R : 연평균 강우량(mm/년)

실제로는 이론 저수량에 수면 증발, 침투, 누수, 퇴사 등에 의한 저수 용량의 감소 등의 각종 손실수량을 더한 것을 총 저수량으로 한다.

㈐ 이론법 : 하천의 유출량 누가곡선을 그려서 이론적으로 산출하는 방법이며, 일명 Ripple's method라고 한다. 이 방법은 먼저 과거 수년 간에 걸친 매월 유량을 조사한 후 매월의 증발이나 삼투에 의한 손실수량을 조사하여 매월의 유출량을 계산한다. 그 후, 먼저 그림과 같은 누가곡선 OA를 그린다. 그리고 그 다음, 매월의 소요 수량, 즉 소비량의 누가곡선 OB를 그린다. 매월 소유 수량의 변화는 극히 적으므로 대개 직선으로 간주한다. 여기서 OA 곡선과 OB 직선이 서로 근접하려는 구간, 즉 EG, LM과 같은 구간에서는 유출량이 소요 수량보다 적은 시기라 볼 수 있다. 그리고 어떤 가뭄의 기간 EG에 있어서의 부족 수량을 구하려면 E점에서 OB 직선에 평행하게 EF 직선에 긋고 여기서 최대 세로길이 IG를 구할 수 있다. 이 IG의 값이 구하고자 하는 부족 수량에 해당한다. 또 LM 구간에서의 부족 수량도 같은 방법으로 구할 수 있다. 이러한 여러 개의 구간 최대 세로길이 중에서 가장 큰 것이 저수지의 이상적인 소요 저수지 용량이다. IG를 구하고자 하는 용량이라고 한다면, 저수하기 시작한 때를 구하기 위해서 G에서 OB에 평행선을 그어 OA 곡선과 만나는 점 H에 해당하는 지점을 K로 정하고, 이때부터 저수하면 된다.

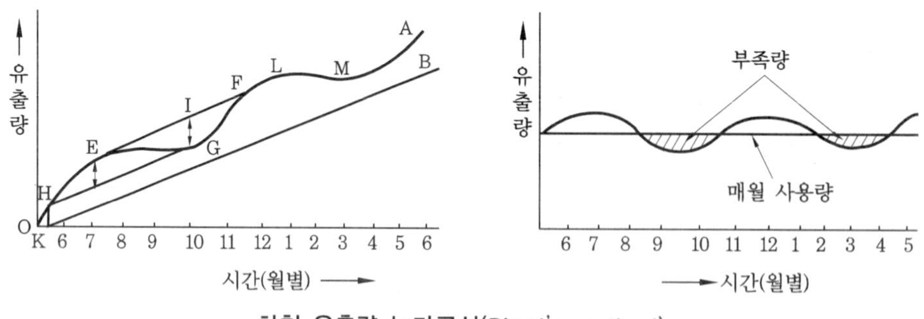

하천 유출량 누가곡선(Rippl's method)

(4) 지하수의 취수

지하수는 지층수(formation water)와 암장수(magnetic water)의 두 가지 형태로 존재한다. 물이 포화되어 있는 틈의 위치에 따라 구분되는데, 그 틈이 흙 입자의 틈인 경우를 지층수, 그 틈이 암석의 균열, 공극, 틈새 등인 경우를 암장수라고 한다. 지층수는 자유 지하수와 피압 지하수로 구분된다.

① 천층수와 심층수의 취수 : 천층수와 심층수의 취수는 우물을 사용해야 하며, 우물은 지하로 깊이 들어간 정도 혹은 불투수층을 통과한 여부에 의하여 천정호와 심정호로 나눌 수 있다. 또한 우물의 구조에 의해서 굴정호와 관정호로 분류한다.

(가) 천층수 : 제1불투수층 위에 고인 물, 즉 자유면 지하수라고 한다.

(나) 심층수 : 제1불투수층과 제2불투수층 사이의 물, 즉 피압면 지하수라고 한다.

(다) 우물을 2개 이상 설치할 경우에는 일반적으로 지하수의 흐름 방향과 직각으로 되게 지그재그의 형태로 배치하고, 우물 간의 간격은 양수량의 상호 간섭이 가능한 한 적도록 정한다.

② 용천수의 취수 : 용천수는 원수를 그대로 사용할 수 있을 만큼 수량이 많다. 이 많은 수량을 취수함에 있어 제일 먼저 고려할 점은 자연 상태에서 용출하는 그대로의 수질을 오염시키지 않고 취수하도록 하는 것이다. 즉, 용천수가 지상으로 용출하기 전에 취수하는 방법을 강구해야 한다.

③ 복류수의 취수 : 집수매거는 하천 부지의 하상 밑이나 구 하천 부지 등의 땅속에 매설하여 집수 기능을 갖는 관거이며 복류수나 자유 수면을 갖는 지하수를 취수하는 시설이다.

(가) 집수매거는 수평 또는 흐름 방향으로 $\frac{1}{500}$ 이하의 완경사로 하고 집수매거의 유출단에서 매거 내의 평균 유속은 1m/s 이하로 한다.

(나) 집수매거의 주위에는 안쪽에서 바깥쪽으로 굵은 자갈, 중 자갈, 잔 자갈의 순서로 각각 그 두께를 50cm 이상 충전하여 필터층을 설치하고 그 위에 토사로 되메운다.

(다) 집수매거의 부설 깊이는 지하 3~5m까지가 가장 적당하다.

(라) 집수 시설로는 예전에는 장방형 단면의 철근 콘크리트 block이 사용되기도 했지만 최근에는 표면에 집수공을 가진 hume관이 많이 사용되고 있다. 집수용 hume관은 지름 10~20mm의 집수공을 표면적 $1m^2$에 20~30개씩 가지며, 지름이 큰 경우에는 20×30mm~20×60mm의 타원형 구멍을 가진 것도 있다.

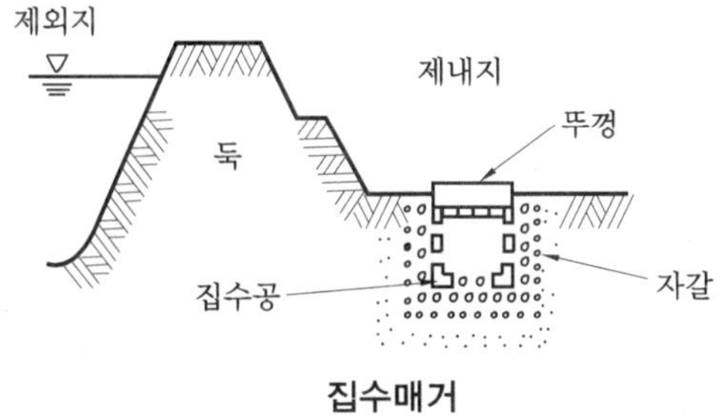

집수매거

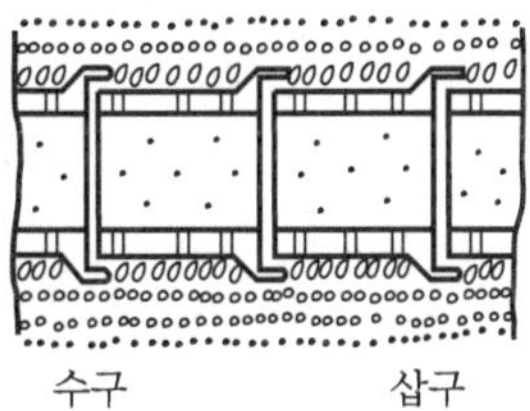

수구 · 삽구식 이음

(마) 집수공으로의 유입 속도는 3cm/s 이하로 하고 설계 시 관의 길이, 관의 단면, 집수공의 수를 고려하여야 한다. 이것은 모래층에 유동이 생기지 않게 하기 위한 한계 유속이다.

참고 Ranney법

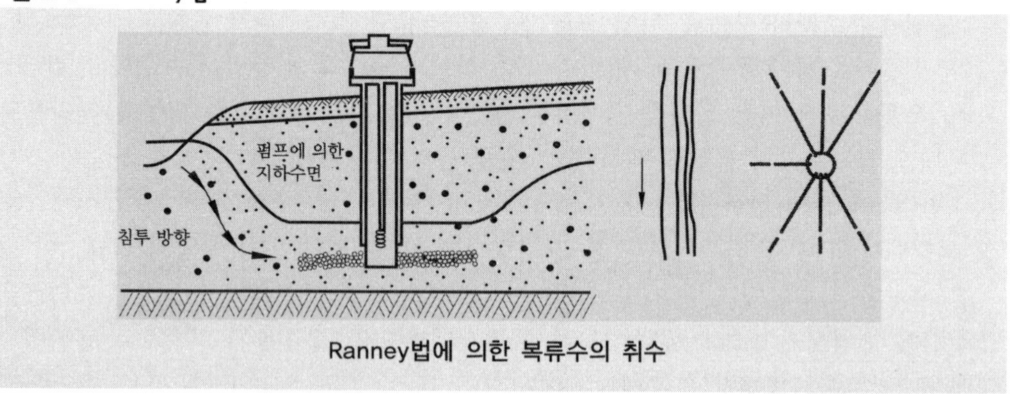

Ranney법에 의한 복류수의 취수

참고 집수매거의 매설 기준

매설 방향	매설 경사	매설 깊이 (m)	거내 속도 (m/s)	집수공		
				유입 속도 (cm/s)	지름(mm)	면적당 수
흐름의 직각	수평, $\frac{1}{500}$	5	1	3	10~20	20~30개/m^2

(5) 우물의 수리

우물의 양수량을 결정하는 공식에는 크게 평형 공식과 비평형 공식이 있다.

① Darcy의 법칙

$$V = K \cdot I$$

여기서, K : 투수계수(coefficent of permeability) 또는 침투계수, I : 기울기

② 평형 공식 : Thiem식

(가) 자유 수면 우물

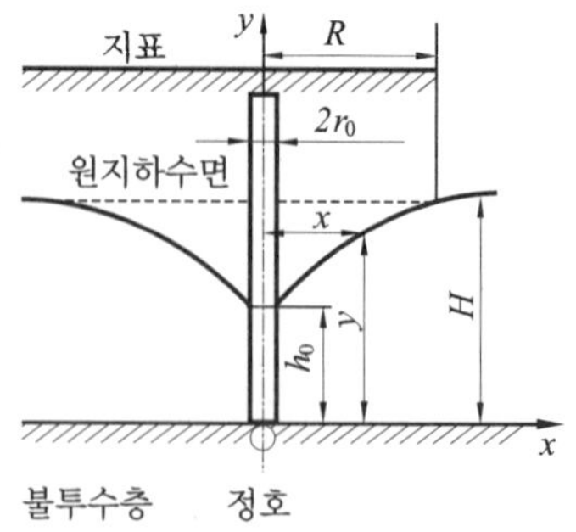

자유 수면 우물

$$Q = \frac{\pi K(H^2 - h_0^{\ 2})}{\log_e\left(\frac{R}{r_0}\right)} = \frac{\pi K(H^2 - h_0^{\ 2})}{2.3\log\left(\frac{R}{r_0}\right)}$$

여기서, Q : 양수량(m^3/min), h_0 : 양수 후의 정호의 수심(m), H : 양수 전의 지하수의 두께(m), r_0 : 정호의 반지름(m), R : 영향원의 반지름(m), K : 투수계수(m/min)

※ R은 영향원(circle of influence)의 반지름으로써, 500~1000m로 가정한다.

㈏ 피압수 우물

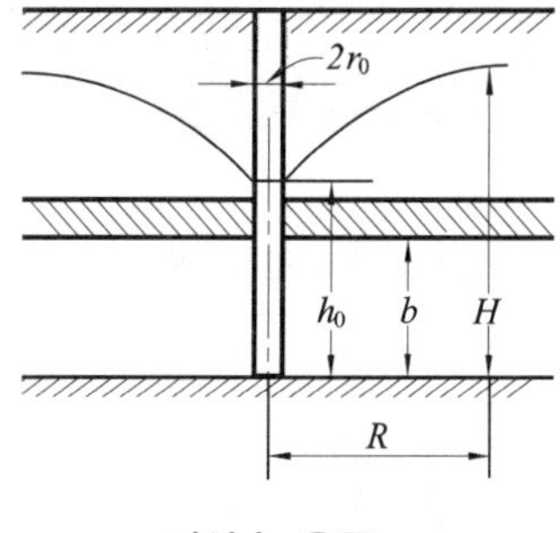

피압수 우물

$$Q=\frac{2\pi Kb(H-h_0)}{\log_e\left(\frac{R}{r_0}\right)}=\frac{2\pi Kb(H-h_0)}{2.3\log\left(\frac{R}{r_0}\right)}$$

여기서, b : 피압 대수층의 두께(m)

③ 비평형 공식 : Theis식, Jacob식

$$S=\frac{Q}{4\pi T}\int_u^{\infty}\frac{e^{-u}}{u}du=\frac{Q}{4\pi T}W(u)$$

여기서, u : $\frac{r^2 s}{4Tt}$, S : t시간 양수한 후의 수위 저하량(m), Q : 양수량(m^3/h)

T : 투수량 계수(m^2/h)로서 대수층의 두께에 투수계수를 곱한 것으로 자유 수면일 때에는 KH로 표시되고, 피압수인 경우에는 Kb로 표시한다.

r : 우물에서의 거리(m), t : 양수시간(h), $W(u)$: Wenzel의 정호함수

④ 각종 양수량의 정의

㈎ 최대 양수량 : 양수시험의 과정에서 얻어진 최대의 양수량

㈏ 한계 양수량 : 단계 양수시험으로써, 더 이상 양수량을 늘리면 급격히 수위가 강하되어 우물에 장애를 일으키는 양

㈐ 적정 양수량 : 한계 양수량의 70% 이하의 양수량

㈑ 안전 양수량 : ㈎~㈐는 우물 한 개마다의 양수량, 안전 양수량은 대수역에서 물수지에 균형을 무너뜨리지 않고 장기적으로 취수할 수 있는 양수량

(6) 침사지(grit chamber)

원수(수원)로부터 취수된 물속의 모래가 도수관거 내에 침전하는 것을 방지하기 위해 취수구 부근의 안전한 제내지에 보통 설치한다.

참고 침사지의 구조

침사지의 내용	침사지의 제원
침사지의 형상	장방형으로 길이는 폭의 3~8배
체류 시간	계획 취수량의 10~20분
표면 부하율	200~500mm/min
침사지내 유속	2~7cm/s
유효수심	3~4m
여유고	0.6~1.0m
퇴사 심도	0.5~1.0m
침사지 바닥 경사	길이 방향 $\frac{1}{100}$, 가로 방향 $\frac{1}{50}$

예상문제

Engineer Water Pollution Environmental
수질환경기사

1. **하천 표류수를 수원으로 할 때 기준이 되는 것은?**

① 갈수량 ② 평수량
③ 홍수량 ④ 최대 홍수량

해설 갈수량은 가뭄 때 흐르는 물의 양(1년을 통하여 355일간 보유되는 수량)이므로, 수원으로 할 때의 기준이 된다.

2. **계획 취수량의 기준이 되는 급수량은?**

① 계획 1일 평균 급수량
② 계획 1일 최대 급수량
③ 계획 시간 평균 급수량
④ 계획 시간 최대 급수량

해설 계획 취수량은 계획 1일 최대 급수량을 기준으로 하며 취수에서부터 정수처리할 때까지의 손실 수량을 고려하여 계획 1일 최대 급수량의 10% 정도 증가된 수량으로 정한다.

3. **상수도 취수 시 계획 취수량 기준으로 가장 적절한 것은?**

① 계획 1일 평균 급수량의 10% 정도 증가된 수량으로 정한다.
② 계획 1일 최대 급수량의 10% 정도 증가된 수량으로 정한다.
③ 계획 1시간 평균 급수량의 10% 정도 증가된 수량으로 정한다.
④ 계획 1시간 최대 급수량의 10% 정도 증가된 수량으로 정한다.

4. **취수탑 설치 위치는 갈수기에도 최소 수심이 얼마 이상이어야 하는가?**

① 1m ② 2m
③ 3m ④ 3.5m

해설 취수탑은 대량(100000m^3/d 이상) 취수에 사용하며 연간 수위 변화의 폭이 크므로 설치 위치는 수심이 최소 2m 이상 되는 곳이 적당하다.

5. **취수탑에 관한 설명으로 알맞지 않은 것은?**

① 취수탑의 단면이 원형 혹은 타원형인 경우, 장폭 방향을 흐름 방향과 일치하도록 설치하여야 한다.
② 취수탑의 상단은 계획 최고 수위보다 0.6~2m 정도 높게 한다.
③ 취수구의 유입 속도는 하천의 경우 1~2m/s 정도 되도록 단면적을 설계한다.
④ 취수탑의 내경은 필요한 수의 취수구를 적당하게 배치할 수 있는 크기를 가져야 한다.

해설 취수탑의 취수구 단면의 형상은 직사각형 혹은 원형 단면으로 해야 하며, 단면적은 유입 속도가 하천에서 15~30cm/s, 호소 또는 저수지에서 1~2m/s 정도가 되도록 한다.

6. **취수탑의 취수구를 만들 때 적합하지 않은 항목은?**

① 취수구의 형태는 장방형 또는 원형으로 한다.
② 취수구의 전면에 스크린을 설치하여야 한다.
③ 취수구에는 탑의 내측이나 외측에 슬루스 게이트, 버터플라이 밸브 또는 제수 밸브 등을 설치하여야 한다.
④ 취수구의 단면적은 하천의 경우 유입 속도가 5~10cm/s 정도가 되도록 한다.

정답 1. ① 2. ② 3. ② 4. ② 5. ③ 6. ④

7. **하천 표류수 취수시설 중 취수문에 관한 설명으로 틀린 것은?**

① 보통 소량 취수에 이용된다. 그러나 취수둑에 비해서는 대량 취수에도 쓰일 수 있다.
② 유황이 안정된 하천에 적합하다.
③ 토사, 부유물의 유입 방지가 용이하다.
④ 갈수 시 일정 수심 확보가 안 되면 취수가 불가능하다.

해설 취수문은 토사 유입의 방지가 거의 불가능하고 쓰레기 대책도 상당히 곤란하다.

8. **호소, 댐을 수원으로 하는 경우 '취수문'에 관한 설명과 가장 거리가 먼 것은?**

① 일반적으로 대량 취수에 쓰인다.
② 비교적 수위 변동이 적은 호소 등에 적합하다.
③ 수심 상황에 따른 취수의 영향이 거의 없다.
④ 갈수기에 호소에 유입되는 수량 이하로 취수할 계획이라면 안정 취수가 가능하다.

해설 취수문은 주로 소량(10000m^3/d 이하) 취수에 많이 이용된다.

9. **하천수를 수원으로 하는 경우에 사용하는 취수시설인 '취수보'에 관한 설명으로 틀린 것은?**

① 일반적으로 대하천에 적당하다.
② 안정된 취수가 가능하다.
③ 침사 효과가 작다.
④ 하천의 흐름이 불안정한 경우에 적합하다.

해설 취수보는 침사지와 병행하면 높은 침사 효과를 나타낸다.

참고 취수보의 위치와 구조 결정 시 고려사항

1. 유심이 취수구에 가까우며 안정되고 홍수에 의한 하상 변화가 적은 지점으로 한다.
2. 원칙적으로 홍수의 유심 방향과 직각의 직선형으로 가능한 한 하천의 직선부에 설치한다.
3. 침수 및 홍수 시의 수면상승으로 인하여 상류에 위치한 하천공작물 등에 미치는 영향이 적은 지점에 설치한다.
4. 고정보의 상단 또는 가동보의 상단 높이는 계획 하상 높이, 현재의 하상 높이 및 장래의 하상변동 등을 고려하여 유수소통에 지장이 없는 높이로 한다.
5. 원칙적으로 철근 콘크리트 구조로 한다.

10. **계획 취수량을 확보하기 위하여 필요한 저수 용량의 결정에 사용하는 계획기준년에 관한 내용으로 가장 적절한 것은?**

① 원칙적으로 20개년에 제1위 정도의 갈수를 표준으로 한다.
② 원칙적으로 15개년에 제1위 정도의 갈수를 표준으로 한다.
③ 원칙적으로 10개년에 제1위 정도의 갈수를 표준으로 한다.
④ 원칙적으로 7개년에 제1위 정도의 갈수를 표준으로 한다.

해설 저수 용량의 결정에 사용하는 계획기준년은 원칙적으로 10개년에 제1위 정도의 갈수를 표준으로 한다.

11. **지하수(복류수 포함)의 취수 시설인 집수매거에 관한 설명 중 옳지 않은 것은?**

① 집수매거의 방향은 일반적으로 복류수의 흐름 방향과 직각이 되도록 한다.
② 집수공의 유입 유속은 3cm/s 이하로 하고 집수매거는 $\frac{1}{500}$ 이하로 하여 완만한 경사를 가져야 한다.
③ 매설 깊이는 5m를 표준으로 하나 지질

정답 7. ③ 8. ① 9. ③ 10. ③ 11. ④

이나 지층의 제약으로 부득이한 경우에 는 그 이하로 할 수도 있다.

④ 집수매거의 집수구멍의 지름은 2~4mm로 하며, 그 수는 관거 표면적 $1m^2$당 50~100개소 이상으로 한다.

해설 표면에 집수공을 가진 hume관이 많이 사용되고 있다. 집수용 hume관은 지름 10~20mm의 집수공을 표면적 $1m^2$에 20~30개씩 가지며, 지름이 큰 경우에는 20×30mm~20×60mm의 타원형 구멍을 가진 것도 있다.

12. 지하수 취수시설(복류수 포함)인 집수매거에 관한 설명 중 틀린 것은?

① 집수매거의 단면은 원형 또는 장방형으로 한다.

② 집수매거의 방향은 복류수의 흐름과 직각 방향으로 한다.

③ 집수매거의 매설 깊이는 5m 기준이다.

④ 집수공에서의 유입 속도가 3m/min 이하가 되어야 한다.

해설 집수공으로의 유입 속도는 3cm/s 이하가 되도록 설계하고, 관의 길이, 관의 단면, 집수공의 수를 고려하여야 한다. 이것은 모래층에 유동이 생기지 않게 하기 위한 한계 유속이다.

13. 지하수(복류수 포함)의 취수시설인 집수매거에 관한 설명 중 옳지 않은 것은?

① 취수량의 대소 : 일반적으로 중량 취수에 이용된다.

② 하천의 유황 : 유황의 영향이 크다.

③ 지질 조건 : 투수성이 큰 하천 바닥에 적합하다.

④ 기상 조건 : 일반적으로 기상 조건의 영향이 작다.

해설 집수매거는 하천의 유황의 영향이 작다.

14. 지하수 양수 시험에 관한 설명으로 틀린 것은?

① 얕은 우물의 경우, 구경 600mm 이상인 시험용 우물을 설치한다.

② 깊은 우물의 경우, 구경 150mm 이상인 시험용 우물을 설치한다.

③ 적정 양수량은 양수 시험으로부터 구해진 최대양수량의 80% 이상이 되어야 한다.

④ 양수 시험은 최대 갈수기 중 최소한 1주일 간 연속하여 실시하여야 한다.

해설 적정 양수량은 양수 시험으로부터 구해진 한계 양수량의 70% 이하가 되어야 한다.

15. 상수처리시설 중 침사지에 관한 설명으로 틀린 것은?

① 장방형으로 하며 길이가 폭의 3~8배가 되게 한다.

② 침사지의 용량은 침사지 내의 고수위까지의 유량으로, 계획 취수량을 10~20분간 저류할 수 있어야 한다.

③ 침사지 내에서의 유속은 2~7cm/s가 되도록 한다.

④ 침사지 바닥 경사는 $\frac{1}{20}$ 이상의 경사를 두어야 한다.

해설 침사지 바닥 경사는 길이 방향 $\frac{1}{100}$, 가로 방향 $\frac{1}{50}$ 경사를 두어야 한다.

16. 상수취수시설 중 침사지 내의 평균 유속의 표준범위로 적절한 것은?

① 2~7cm/s ② 7~15cm/s
③ 15~30cm/s ④ 30~45cm/s

해설 지내 평균 유속은 2~7cm/s를 표준으로 한다.

정답 12. ④ 13. ② 14. ③ 15. ④ 16. ①

17. 피압수 우물에서 영향원의 직경이 1km, 우물의 직경이 1m, 피압대수층의 두께 20m, 투수계수는 20m/d로 추정되었다면 양수정에서의 수위 강하를 5m로 유지하기 위한 양수량은? $\left(\text{단, } Q=\dfrac{2\pi Kb(H-h_0)}{2.3\log\left(\dfrac{R}{r_0}\right)}\right)$

① 약 $26m^3/h$　② 약 $76m^3/h$
③ 약 $126m^3/h$　④ 약 $186m^3/h$

해설 $Q=\dfrac{2\pi Kb(H-h_0)}{2.3\log\left(\dfrac{R}{r_0}\right)}$

$=\dfrac{2\pi\times20\times20\times5}{2.3\times\log\left(\dfrac{500}{0.5}\right)}=1821.21m^3/d$

$\therefore\ Q=1821.21m^3/d\times d/24h=75.88m^3/h$

18. 자유수면 정호를 직경 0.6m로 팠는데 양수정의 지하수위는 불투수층 위로 30m의 곳에 있었다. $150m^3/h$로 양수할 때 양수정으로부터 15m와 25m 떨어진 관측정의 수위저하는 4m와 1m이다. 이때 대수층의 투수계수는 얼마인가? (단, $\log_e 15=2.708$, $\log_e 25=3.219$)

① 0.15m/s　② 0.15m/h
③ 0.27m/s　④ 0.27m/h

해설 ㉠ Epsilon 공식(수위관 측정을 이용하여 투수계수 구하는 법)

$Q=\dfrac{\pi K({h_2}^2-{h_1}^2)}{\ln\left(\dfrac{r_2}{r_1}\right)}$

㉡ $K=\dfrac{150m^3/h\times\ln\left(\dfrac{25}{15}\right)}{\pi\times(29^2-26^2)m^2}=0.148m/h$

19. 수도시설의 내진설계법과 가장 거리가 먼 것은?

① 진도법(수정진도법 포함)
② 다중회귀법
③ 응답변위법
④ 동적해석법

해설 수도시설의 내진설계법으로 진도법(수정진도법을 포함한다), 응답변위법 및 동적해석법이 있다.

정답　17. ②　18. ②　19. ②

3 Chapter

도수와 송수시설

3-1 도수 및 송수 방식

도수시설은 취수시설에서 취수된 원수를 정수 시설까지 끌어들이는 시설이며, 송수시설은 정수장에서 배수지까지 정화된 정수를 송수하는 시설이다. 송수시설에서는 정수의 안전성을 확보하기 위하여 관수로의 설치를 원칙으로 한다.

(1) 개수로식(자연 유하식, 중력식)

수면이 대기와 접하는 경사로 중력의 작용으로 유하하는 것을 말하며 암거, 터널 등도 만수가 되지 않는 상태로 흐른다면 개수로에 해당된다.

(2) 관수로식(가압식, 펌프 압송식)

관이 항상 만수로 되어 압력에 의하여 흐르는 수로를 말한다. 주철관, 강철관 등으로 수압에 잘 견딜 수 있어야 하며, 수도관로에 주로 많이 사용된다.

개수로식	관수로식
1. 자유 수면이 있는 흐름 2. 중력에 의한 흐름 3. 수면 경사(일반적으로 $\frac{1}{1000} \sim \frac{1}{3000}$)에 대등한 경사수로가 필요 4. 수량이 많아 관의 비용이 과대해질 경우에 적합 5. 뚜껑 설치, 하수 유입 방지책이 필요	1. 자유 수면이 없는 흐름 2. 압력에 의한 흐름 3. 동수구배선 이하에 배관되면 경사 이하의 굴곡은 관계없고 가급적 단거리 4. 내압 강도가 큰 재질의 관 사용 5. 오염 방지의 견지에서는 관수로식이 유리

(3) 계획 도수량과 송수량

계획 도수량은 계획 취수량을 기준으로 하고, 계획 송수량은 계획 1일 최대 급수량을 기준으로 한다.

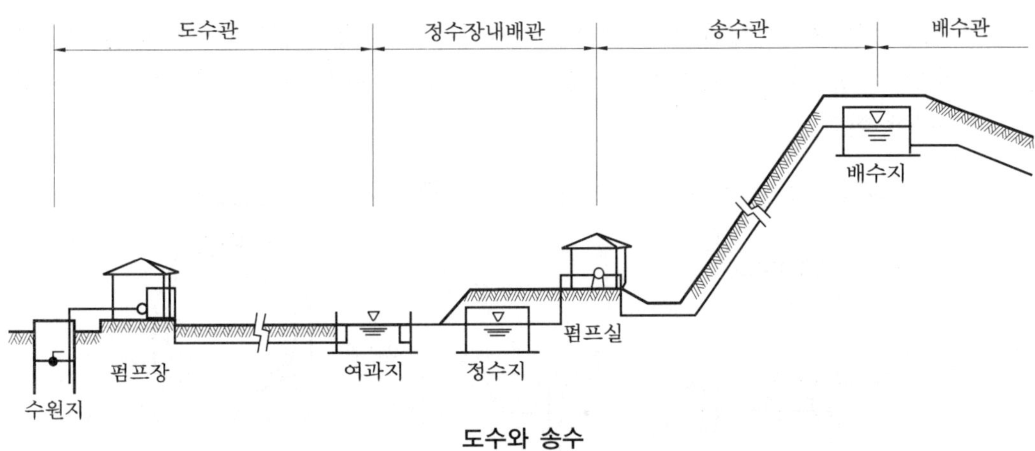

도수와 송수

3-2 도수 및 송수관로의 결정

자연 유하식이나 가압식의 경우 모두 도·송수 관로는 일반적으로 최소의 저항으로 이송하고 경제적으로 최소의 공사비가 소요되는 지점을 선정해야 한다.

① 물이 최소 저항으로 수송되도록 한다.
② 동수경사선 이하가 되도록 하고 가급적 단거리가 되어야 한다.
③ 이상 수압을 받지 않아야 한다.
④ 수평·수직의 급격한 굴곡을 피해야 한다.
⑤ 가능한 공사비를 절약할 수 있는 위치이어야 한다.

3-3 수로의 수리

(1) 수로의 종류

① 개수로 : 유수의 수면이 직접 대기와 접하고 중력의 작용에 의하여 자유 수면을 가진다.

㈎ 개거(open conduit) : 일반적으로 원수를 수송하는 경우에 사용하며 구조상 외부로부터 오염 가능성이 많고 미생물의 번식, 수온의 변화, 증발에 의한 물 손실, 동결 등의 가능성 때문에 상수도로는 잘 사용하지 않는다.

㈏ 암거(closed conduit) : 개거 위에 뚜껑이 있는 장방형 단면, 터널이 이에 속한다. 원수나 정수 수송에 이용되며 단면은 원형, 계란형, 구형 등이 있으나 원형이 가장 많이 사용된다.

(다) 개수로의 구조 : 개거 또는 암거는 콘크리트 또는 철근 콘크리트로 만들어야 하며 30~50m 간격으로 신축 이음을 설치한다. 도·송수관은 될 수 있으면 암거로 하여야 한다.

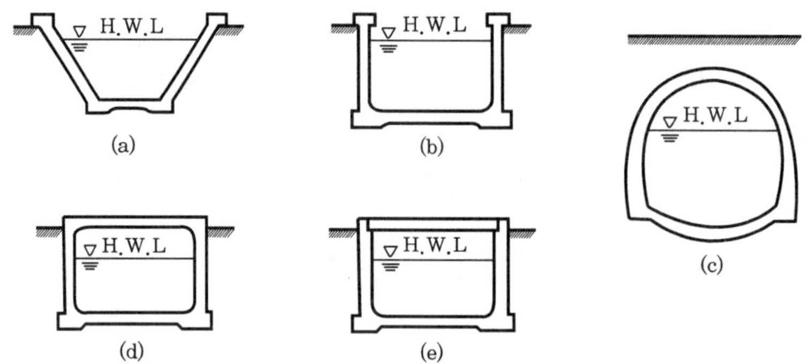

② 터널 : 원형, 구형

(가) 취수문, 취수구로부터 정수장까지 자연 유하 수로에 사용한다.

(나) 유속 : 침전을 일으키지 않을 정도인 0.8~1.0m/s가 적당하다.

③ 관수로 : 관이 항상 만수로 되어 압력에 의하여 흐르는 수로의 형태이다.

관로의 결정 시 관로 부설의 기준은 최소 동수구배선 이하가 되도록 하는 것이 바람직하며 불가능한 경우는 접합정을 설치해서 일단 관로를 끊는 방법이나 이 지점의 관경을 경계로 상류측을 크게 하고 하류측은 작게 해서 동수구배선이 상승되도록 한다.

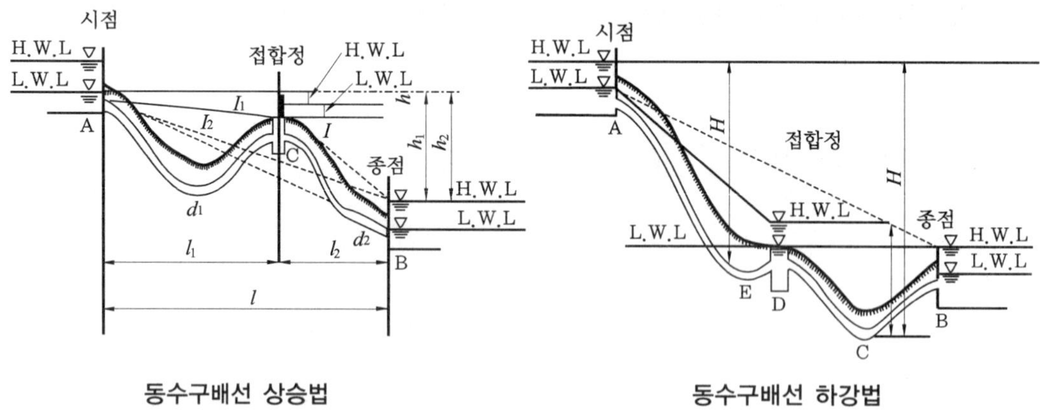

동수구배선 상승법 동수구배선 하강법

④ 도수와 송수관에 있어서 평균 유속의 최대한도

(가) 자연 유하식의 경우에는 허용 최대한도를 3.0m/s로 하고 펌프 가압식의 경우에는 경제적인 관경에 대한 유속으로 한다.

(나) 평균 유속이 위의 값의 이상일 때는 접합정을 설치한다. 최대 유속에 대한 제한을 두는 이유는 관의 마모를 방지하기 위함이다.

⑤ 도수와 송수관에서 평균 최소 유속 : 송수관에서는 부유물이 침전할 우려가 없으므로 최소 유속에 대한 제한이 없으나 도수관에서는 침전 방지를 위하여 최저 0.3m/s로 한다.

⑥ 관의 매설 위치 및 깊이

㈎ 공공 도로에 관을 매설하는 경우에는 도로법 및 관계법령에 따라야 하며 도로 관리자와 협의하여야 한다.

㈏ 도로 관리자와 협의가 없는 경우와 공공 도로 외의 경우에는 관경 900mm 이하는 120cm 이상, 관경 1000mm 이상은 150cm 이상으로 한다.

(2) 유속 및 유량 계산

수로 내에서의 흐름은 개수로나 관수로의 수리를 적용해서 분석할 수 있다. 관수로에서의 흐름은 Hazen-Williams 공식이, 개수로의 흐름은 Manning 공식이 적용된다.

① Chezy 공식

$$V = C\sqrt{RI}$$

여기서, V : 평균 유속(m/s), C : 유속계수
R : 경심, 평균 수리심, 동수반경(m)
I : 수면 경사(동수구배)

② Manning 공식

$$V = \frac{1}{n} R^{\frac{2}{3}} I^{\frac{1}{2}}$$

여기서, n : 조도계수

③ Hazen-Williams 공식

$$V = 0.84935CR^{0.63}I^{0.54} = 0.35464CD^{0.63}I^{0.54}$$

여기서, D : 관의 안지름(m), C : 유속계수(범위 110~130)

$Q = A \cdot V$에서 $Q = 0.27853CD^{2.63}I^{0.54}$

(3) 수로 내 수두 손실

Hazen-Williams 공식이나 Manning 공식으로 구한 동수 경사(I)에 수로 길이(L)를 곱해서 구할 수 있지만 Darcy-Weisbach 공식을 많이 사용하고 있다.

$$h_L = f \cdot \frac{L}{D} \cdot \frac{V^2}{2g}$$

여기서, h_L : 마찰수두손실(m), f : 마찰계수
L : 수로의 길이(m), D : 관의 지름(m)
V : 유속(m/s), g : 중력 가속도(9.8m/s^2)

관의 길이가 짧을 때는 연결관, 밸브, 곡관, 유입부, 유출부 등에서 일어나는 수두 손실도 무시할 수 없게 된다. 이들에 대한 수두 손실은 여러 가지 공식으로 표현될 수 있지만 보통 다음 공식을 적용한다.

$$h = f \cdot \frac{V^2}{2g}$$

여기서, h : 수두 손실(m), f : 부속시설에 의한 손실계수

3-4 관로의 부대시설

(1) 강관의 신축 이음

① 굴곡부, gate valve, T자관, 직선부는 100m마다 신축 이음을 넣는 것이 안전하다.

② 신축 이음의 설치 목적은 온도 변화에 따른 관로의 신축에 대응시키기 위해서이다.

③ 보통 개수로의 경우는 30~50m, 원심력 철근 콘크리트의 관수로의 경우는 20~30m 간격으로 설치한다.

(2) 차단용 밸브와 제어용 밸브

① 도·송·배수관의 시점, 종점, 분기 장소, 연결관, 주요한 이토관, 중요한 역사이펀부 양단, 교량, 철도 횡단 등에는 원칙적으로 제수 밸브를 설치한다.

(가) 차단용 밸브 : 제수 밸브와 버터플라이 밸브

(나) 제어용 밸브 : 버터플라이 밸브와 콘 밸브

② 제수 밸브실은 도로의 종류별, 배관의 구경별 및 현장의 설치 조건에 따라 소형, 중형, 대형으로 구분하며, 밸브실 전후 관로의 안정성을 확보한다.

(3) 공기 밸브(air valve)

관로에 수중의 공기가 유리해서 고이는 것을 방지하고 관 내 공기를 배제하기 위해 관로의 높은 곳에 설치한다.

(4) 수로교

수도 전용교에 가설할 경우 또는 수도관 자체를 교행으로 해서 하천을 횡단하는 것이다.

(5) 관 두께

$$t = \frac{PD}{2\sigma}$$

여기서, P : 수압강도, D : 관 지름, r : 관 허용응력

(6) 사이펀(syphon)

2개의 수조를 연결한 관수로의 일부가 동수경사선보다 위에 있는 관수로를 말하며 관 내 압력은 부압이다.

(7) 역사이펀(inverted syphon)

계곡이나 하천을 횡단하기 위해 설치하며, 수리 계산은 일반 관수로와 같고 최하단점에서는 압력이 상당히 크게 된다.

3-5 관 부식의 종류

(1) 전식(electrolytic corrosion)

직류 전기철도의 누설 전류 및 전기 방식 설비의 방식 전류에 의하여 생기는 부식을 말한다. 여기에는 전철의 미주 전류, 간섭이 해당된다.

(2) 자연 부식

① 미크로셀 부식(microcell corrosion) : 일반 토양 부식, 특수 토양 부식, 박테리아 부식

② 매크로셀 부식(macrocell corrosion) : 콘크리트 · 토양, 산소 농담(통기차), 이종 금속

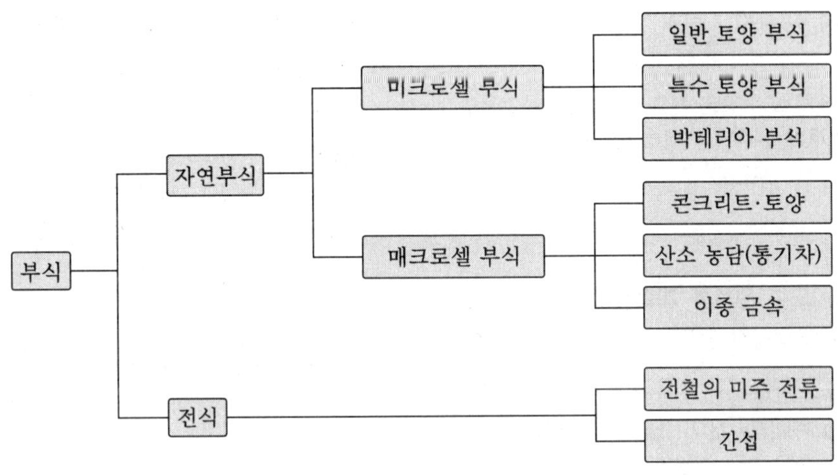

상수도관 부식의 종류

예상문제

Engineer Water Pollution Environmental
수질환경기사

1. 상수도시설 중 원수를 취수 지점으로부터 정수장까지 끌어들이는 시설은 무엇인가?

① 배수시설 ② 급수시설
③ 도수시설 ④ 송수시설

해설 도수시설은 취수시설에서 취수된 원수를 정수시설까지 끌어들이는 시설이며 송수시설은 정수장에서 배수지까지 송수하는 시설이다.

2. 계획 송수량과 계획 도수량의 기준이 되는 수량은?

① 계획 송수량 : 계획 1일 최대 급수량, 계획 도수량 : 계획 시간 최대 급수량
② 계획 송수량 : 계획 시간 최대 급수량, 계획 도수량 : 계획 1일 최대 급수량
③ 계획 송수량 : 계획 취수량, 계획 도수량 : 계획 1일 최대 급수량
④ 계획 송수량 : 계획 1일 최대 급수량, 계획 도수량 : 계획 취수량

해설 계획 도수량은 계획 취수량을 기준으로 하고 계획 송수량은 계획 1일 최대 급수량을 기준으로 한다.

3. 송수 및 도수 관로를 계획함에 있어 고려할 사항 중 부적당한 것은?

① 관로는 가급적 단거리가 되어야 한다.
② 이상 수압을 받지 않도록 해야 한다.
③ 시설비가 많지 않은 곳을 택한다.
④ 굴곡이 많아도 자연 유하식이 되도록 한다.

해설 수평·수직의 급격한 굴곡을 피해야 한다.

4. 다음은 상수시설인 도수관을 설계할 때의 평균 유속에 관한 내용이다. ( ) 안에 알맞은 내용은?

> 자연 유하식의 경우에는 허용 최대 한도를 (㉠)로 하고 도수관의 평균 유속의 최소 한도는 (㉡)로 한다.

① ㉠ 1m/s, ㉡ 0.3m/s
② ㉠ 2m/s, ㉡ 0.5m/s
③ ㉠ 3m/s, ㉡ 0.3m/s
④ ㉠ 5m/s, ㉡ 0.5m/s

해설 자연 유하식의 경우에는 허용 최대 한도를 3.0m/s로 한다.

5. 하수가 지름 1m의 원형 콘크리트관을 흐르고 있다. 동수구배(I)가 0.010이고, 수심이 0.5m일 때 유속은 얼마인가? (단, 조도계수(n)=0.013, Manning 공식 적용)

① 1m/s ② 3m/s
③ 5m/s ④ 7m/s

해설 ㉠ 경심(R)을 구한다.

$$R=\frac{A}{S}=\frac{\frac{1}{2}\cdot\frac{\pi D^2}{4}}{\frac{1}{2}\cdot\pi\cdot D}=\frac{D}{4}=\frac{1}{4}=0.25\text{m}$$

㉡ $V=\frac{1}{n}R^{\frac{2}{3}}I^{\frac{1}{2}}=\frac{1}{0.013}\times0.25^{\frac{2}{3}}\times0.01^{\frac{1}{2}}$
$=3.05\text{m/s}$

6. 콘크리트조의 장방형 수로(폭 2m, 깊이 2.5m)가 있다. 이 수로의 유효수심이 2m인 경우의 평균 유속은? (단, Manning 공식 적용, 동수

정답 1. ③ 2. ④ 3. ④ 4. ③ 5. ② 6. ①

경사$=\frac{1}{1000}$, 조도계수$=0.017$)

① 1.42m/s ② 1.53m/s
③ 1.73m/s ④ 1.92m/s

해설 ㉠ 경심(R)을 구한다.

$$R=\frac{A}{S}=\frac{B\times h}{2h+B}=\frac{2\times 2}{2\times 2+2}=0.667\text{m}$$

㉡ $V=\frac{1}{n}R^{\frac{2}{3}}I^{\frac{1}{2}}$

$$=\frac{1}{0.017}\times 0.667^{\frac{2}{3}}\times\left(\frac{1}{1000}\right)^{\frac{1}{2}}=1.42\text{m/s}$$

7. 폭 4m, 높이 3m인 개수로의 수심이 2m이고 경사가 4‰일 경우 Manning 공식에 의한 물의 유속은 얼마인가? (단, $n=0.014$)

① 1.13m/s ② 2.26m/s
③ 4.52m/s ④ 9.04m/s

해설 ㉠ 경심(R)을 구한다.

$$R=\frac{A}{S}=\frac{B\times h}{2h+B}=\frac{4\times 2}{2\times 2+4}=1\text{m}$$

㉡ $V=\frac{1}{0.014}\times 1^{\frac{2}{3}}\times\left(\frac{4}{1000}\right)^{\frac{1}{2}}=4.518\text{m/s}$

8. 상수관로에서 조도계수가 0.014, 동수경사가 $\frac{1}{100}$이고 관경이 400mm일 때, 이 관로의 유량은 얼마인가? (단, 만관기준, Manning 공식 적용)

① 약 0.08m³/s ② 약 0.12m³/s
③ 약 0.15m³/s ④ 약 0.19m³/s

해설 ㉠ 경심(R)을 구한다.

$$R=\frac{D}{4}=\frac{0.4}{4}=0.1\text{m}$$

㉡ $V=\frac{1}{0.014}\times 0.1^{\frac{2}{3}}\times\left(\frac{1}{100}\right)^{\frac{1}{2}}=1.5389\text{m/s}$

㉢ $Q=\frac{\pi\times 0.4^2}{4}\times 1.5389=0.193\text{m}^3/\text{s}$

9. 폭 2m인 직사각형 상수도 도수로에 수심 1m로 물이 흐르고 있다. 조도계수는 0.015이고, 관로의 경사가 $\frac{1}{1000}$일 때, 도수로에 흐르는 유량은 얼마인가? (단, Manning 공식 적용)

① 2.31m³/s ② 2.66m³/s
③ 3.32m³/s ④ 4.42m³/s

해설 ㉠ 경심(R)을 구한다.

$$R=\frac{A}{S}=\frac{B\times h}{2h+B}=\frac{2\times 1}{2\times 1+2}=0.5\text{m}$$

㉡ $V=\frac{1}{0.015}\times 0.5^{\frac{2}{3}}\times\left(\frac{1}{1000}\right)^{\frac{1}{2}}=1.328\text{m/s}$

㉢ $Q=(2\times 1)\times 1.328=2.656\text{m}^3/\text{s}$

10. 안지름 200mm의 주철관 내를 유량 60L/s의 물이 흐른다면, 관의 길이 50m에 대한 마찰손실 수두는 몇 m인가? (단, Manning 공식 적용, $n=0.012$)

① 4.6 ② 102.3
③ 24.7 ④ 1.43

해설 ㉠ 유속을 구한다.

$$V=\frac{Q}{A}=\frac{0.06\text{m}^3/\text{s}}{\pi\cdot\frac{0.2^2}{4}}=1.91\text{m/s}$$

㉡ $V=\frac{1}{n}R^{\frac{2}{3}}I^{\frac{1}{2}}$에서

$$I=\left(\frac{0.012\times 1.91}{\left(\frac{0.2}{4}\right)^{\frac{2}{3}}}\right)^2=0.0286$$

㉢ $h=I\cdot L=0.0286\times 50\text{m}=1.43\text{m}$

정답 7. ③ 8. ④ 9. ② 10. ④

11. 상수관로의 길이 800m, 안지름 200mm에서 유속 2m/s로 흐를 때 관 마찰 손실 수두는 얼마인가? (단, Darcy−Weisbach 공식 적용, 마찰손실계수=0.02)

① 16.3m ② 18.4m
③ 20.7m ④ 22.6m

해설 $h_L = 0.02 \times \frac{800}{0.2} \times \frac{2^2}{2 \times 9.8} = 16.33\text{m}$

12. 안지름 500mm의 강관에 내압 1.0MPa로 물이 흐르고 있다. 매설 강관의 최소 두께(mm)는 얼마인가? (단, 내압에 의한 원주 방향의 응력도는 110N/mm^{2}이다.)

① 2.27mm ② 4.52mm
③ 6.54mm ④ 9.08mm

해설 $t = \frac{1 \times 500}{2 \times 110} = 2.273\text{mm}$

여기서, MPa=N/mm^{2}이다.

13. 상수관의 부식은 자연 부식과 전식으로 나누어진다. 다음 중 전식에 해당되는 것은?

① 간섭
② 이종 금속
③ 산소 농담(통기차)
④ 특수 토양 부식

해설 전식은 직류 전기 철도의 누설 전류 및 전기 방식 설비의 방식 전류에 의하여 생기는 부식을 말한다. 여기에는 전철의 미주 전류, 간섭이 해당된다.

14. 상수의 도수관로의 자연 부식 중 매크로셀 부식에 해당되지 않는 것은?

① 이종 금속
② 간섭
③ 산소 농담(통기차)
④ 콘크리트, 토양

해설 간섭은 전식(electrolytic corrosion)에 해당한다.

참고 매설 배관에서 관찰되는 매크로셀(macro−cell) 부식의 대표적인 타입

㉠ 콘크리트/토양 매크로셀 부식 : 콘크리트 속의 철은 부동태화하여 귀한 전위를 보이는 음극이 되고, 토양 속의 철은 천한 전위이기 때문에 양극이 되어 부식이 촉진된다.

㉡ 통기차 부식(산소 농도 전지 부식) : 산소 농도가 높은 부위의 배관은 산소 전극(음극)이 되고 농도가 낮은 부위의 배관은 양극이 되어 매크로셀을 형성한다.

㉢ 이종 금속 부식 : 상이한 두 종류의 금속이 전기적으로 접촉되면 전위가 귀한 금속이 음극이 되고, 천한 금속이 양극이 되어 부식된다.

정답 11. ① 12. ① 13. ① 14. ②

정수시설

4-1 총설

(1) 기본사항

정수시설은 수도시설의 중추시설이며 그 정수 처리 방법과 정수시설의 선정 및 유지 관리는 수도 시스템 전반에 직접적으로 영향을 미친다.

(2) 계획 정수량과 시설 능력

① 계획 정수량은 계획 1일 최대 급수량을 기준으로 하며 여기에 작업 용수와 기타 용수를 고려하여 결정한다.

② 정수시설은 계획 정수량을 적정하게 처리할 수 있는 능력을 갖추도록 설치한다.

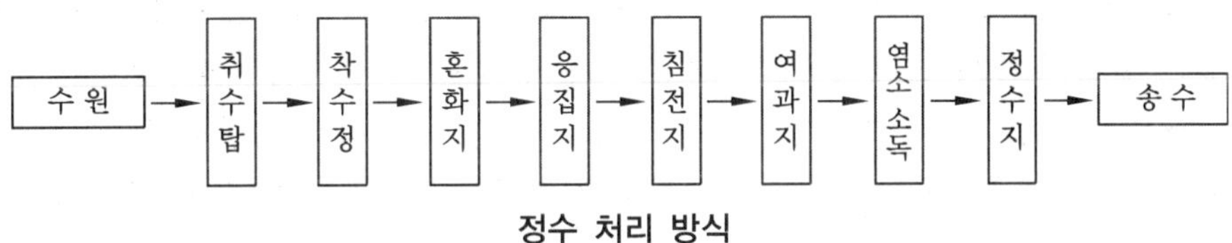

정수 처리 방식

4-2 착수정

착수정은 도수시설에서 도수되는 원수의 수위 동요를 안정시키고 원수량을 조절하여 일련의 정수 작업이 정확하고 용이하게 처리될 수 있도록 하기 위해 설치되는 시설이다.

(1) 구조와 형상

① 착수정은 2지 이상으로 분할하는 것이 원칙이나 분할하지 않는 경우에는 반드시 우회관을 설치하며 배수 설비를 설치한다.

② 형상은 일반적으로 직사각형 또는 원형으로 하고 유입구에는 제수 밸브를 설치한다.

③ 수위가 고수위 이상으로 올라가지 않도록 월류관이나 월류위어를 설치한다.

④ 착수정의 고수위와 주변 벽체의 상단 간에는 60cm 이상의 여유를 두어야 한다.

⑤ 부유물이나 조류 등을 제거할 필요가 있는 장소에는 스크린을 설치한다.

(2) 용량과 설비

① 착수정의 용량은 체류 시간을 1.5분 이상으로 하고 수심은 3~5m 정도로 한다.
② 원수 수량을 정확하게 측정하기 위하여 유량 측정 장치를 설치한다.
③ 필요에 따라 분말 활성탄을 주입할 수 있는 장치를 설치하는 것이 바람직하다.

4-3 응집용 약품 주입 설비

(1) 응집제

원수 중의 현탁 물질을 플록(floc) 형태로 응집시켜 침전되기 쉽고 여과지에서 포착되기 쉽게 하기 위하여 사용한다.

① 황산알루미늄
(가) 황산반토라고도 하며 고형과 액체가 있고 최근에는 취급이 용이하므로 대부분의 경우 액체를 사용한다.
(나) 고탁도 시나 저수온 시에는 응집 보조제를 병용함으로써 처리 효과가 상승한다.

② 폴리염화알루미늄(PAC)
(가) 양의 하전을 갖는 Al의 다핵착 이온을 많이 함유하고 있고, 물속의 부유물질에 대한 전기적 중화 능력과 OH의 가교 작용에 있어서 황산알루미늄보다 우수하다.
(나) 황산알루미늄 주입 시에 일어나는 알칼리도 및 pH 저하 현상이 없고 최적 응집 pH 범위가 넓으며 물의 온도가 낮아도 사용할 수 있어 정수 처리 시설의 유지 관리가 쉽다.

(2) 소독제

물속의 세균은 여과 처리에 의해 99%가 제거되나 안전성을 보증하고 급수 과정에서의 오염을 방지하기 위하여 소독제를 사용하고 있다.

4-4 응집지

급속 여과 방식에서는 콜로이드 입자에 의한 탁질을 효과적으로 제거하기 위한 전처리로서 응집조작으로 콜로이드상 입자를 플록(floc)화하여 약품 침전시키거나 급속 여과에서 포착되도록 탁질의 성상을 변화시키는 조작이 반드시 필요하다.

(1) 급속 혼화 시설

① 급속 혼화 방식은 수직류식이나 기계식 및 펌프 확산에 의한 방법으로 달성할 수 있다.

② 기계식 급속 혼화 시설을 채택하는 경우에는 1분 이내의 체류 시간을 갖는 혼화지에 응집제를 주입한 다음 즉시 급속 교반시킬 수 있는 혼화장치를 설치한다.

③ 혼화지는 수류 전체가 동시에 회전하거나 단락류를 발생하지 않는 구조로 한다.

(2) 플록 형성지

① 플록 형성지는 혼화지와 침전지 사이에 위치하고 침전지에 붙여서 설치한다.

② 플록 형성지는 직사각형이 표준이며 플록큐레이터(flocculator)를 설치하거나 또는 저류판을 설치한 유수로로 하는 등 유지 관리면을 고려하여 효과적인 방법을 선정한다.

③ 플록 형성 시간은 계획 정수량에 대하여 20~40분간을 표준으로 한다.

④ 플록 형성은 응집된 미소 플록을 크게 성장시키기 위하여 적당한 기계식 교반이나 우류식 교반이 필요하다.

㈎ 기계식 교반에서 플록큐레이터의 주변 속도는 15~80cm/s로 하고 우류식 교반에서는 평균 유속을 15~30cm/s를 표준으로 한다.

㈏ 플록 형성지 내의 교반 강도는 하류로 갈수록 점차 감소시키는 것이 바람직하다.

㈐ 교반 설비는 수질 변화에 따라 교반 강도를 조절할 수 있는 구조로 한다.

⑤ 플록 형성지는 단락류나 정체부가 생기지 않으면서 충분하게 교반될 수 있는 구조로 한다.

4-5 침전지

침전지는 현탁물질이나 플록의 대부분을 중력 침강 작용으로 제거함으로써 후속되는 여과지의 부담을 경감시키기 위하여 설치한다.

(1) 횡류식 침전지(약품 침전지, 보통 침전지)의 구성과 구조

① 침전지의 수는 원칙적으로 2지 이상으로 한다.

② 배치는 각 침전지에 균등하게 유·출입될 수 있도록 수리적으로 고려하여 결정한다.

③ 각 지마다 독립하여 사용 가능한 구조로 한다.

④ 침전지의 형상은 직사각형으로 하고 길이는 폭의 3~8배 이상으로 한다.

⑤ 유효 수심은 3~5.5m로 하고 슬러지 퇴적심도는 30cm 이상을 고려하되, 슬러지 제거 설비와 침전지의 구조상 필요한 경우에는 합리적으로 조정할 수 있도록 한다.

⑥ 고수위에서 침전지 벽체 상단까지의 여유고는 30cm 이상으로 한다.

⑦ 침전지 바닥에는 슬러지 배제에 편리하도록 $\frac{1}{200} \sim \frac{1}{300}$ 정도 배수구를 향하여 경사지게 한다.

⑧ 필요에 따라 동절기 결빙 방지, 조류의 성장 억제, 바람의 영향 방지 등을 위해 복개를 한다.

(2) 횡류식 침전지의 용량과 평균 유속

① 보통 침전지

㈎ 표면 부하율은 5~10mm/min를 표준으로 한다.

㈏ 침전지 내의 평균 유속은 0.3m/min 이하를 표준으로 한다.

② 약품 침전지

㈎ 표면 부하율은 15~30mm/min를 표준으로 한다.

㈏ 침전지 내의 평균 유속은 0.4m/min 이하를 표준으로 한다.

(3) 고속 응집 침전지

① 고속 응집 침전지를 선택할 때에는 다음 조건을 고려하여 결정한다.

㈎ 원수 탁도는 10NTU 이상이어야 한다.

㈏ 최고 탁도는 1000NTU 이하가 바람직하다.

㈐ 탁도와 수온의 변동이 적어야 한다.

㈑ 처리 수량의 변동이 적어야 한다.

② 고속 응집 침전지의 지수와 구조

㈎ 표면 부하율은 40~60mm/min를 표준으로 한다.

㈏ 용량은 계획 정수량의 1.5~2시간분으로 한다.

㈐ 경사판 등의 침강장치를 설치하는 경우에는 슬러지 계면의 상부에 설치한다.

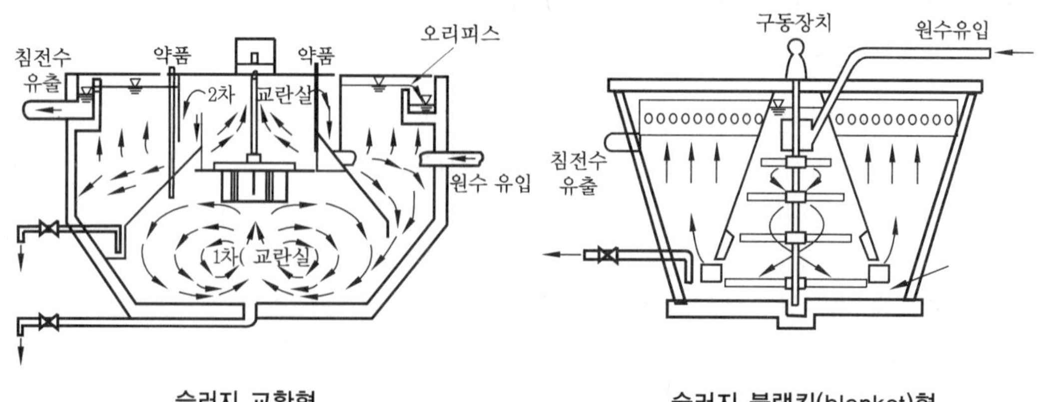

슬러지 교환형 슬러지 블랭킷(blanket)형

4-6 급속 여과지

급속 여과지는 원수 중의 현탁물질을 약품으로 응집시킨 다음 입상층에서 비교적 빠른 속도로 물을 통과시켜 여재에 부착시키거나 여과층에서 체거름 작용으로 탁질을 제거한다. 그러므로 제거 대상이 되는 현탁 물질을 미리 응집시켜 부착 또는 체거름되기 쉬운 상태의 플록으로 형성하는 것이 필요하다.

(1) 구조와 방식

① 여과 및 여과층의 세척이 충분하게 이루어질 수 있어야 한다.

② 급속 여과지는 중력식을 표준으로 한다.

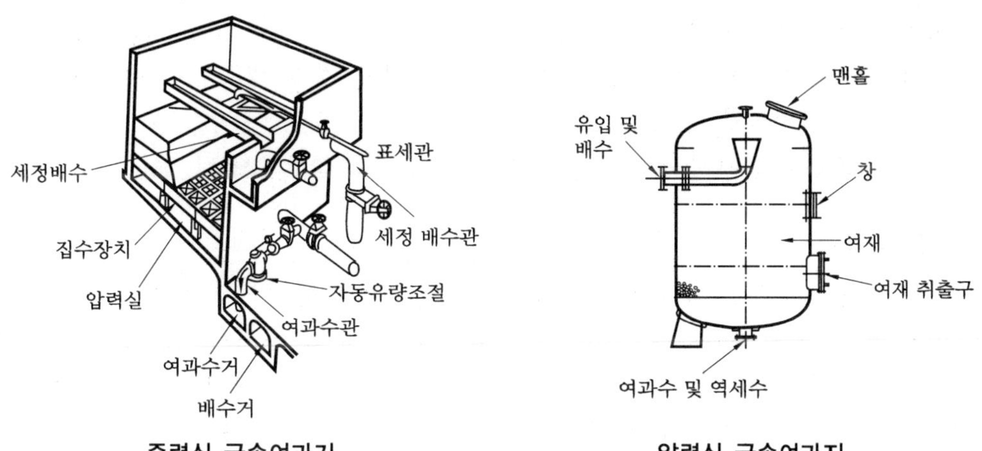

중력식 급속여과기　　　　압력식 급속여과지

(2) 여과면적과 지수 및 형상

① 여과면적은 계획 정수량을 여과 속도로 나누어서 구한다.

② 지수는 예비지를 포함해서 2지 이상으로 하고 10지를 넘을 경우에는 지수의 1할 정도를 예비지로 설치하는 것이 바람직하다.

③ 1지의 여과면적은 150m^2 이하로 한다.

④ 형상은 직사각형을 표준으로 한다.

(3) 여과 속도, 여과층의 두께와 여재

① 여과 속도는 120~150m/d를 표준으로 한다.

② 여과 모래는 입도 분포가 양호하고 협잡물이 적으며, 마모되지 않고 위생상 지장이 없는 것으로 안정적이고 효율적으로 여과하고 세척할 수 있는 것이어야 한다.

㈎ 마모율은 3% 이하이어야 한다.

㈏ 강열감량은 0.75% 이하이어야 한다.

㈐ 세척탁도는 30도 이하이어야 한다.
㈑ 균등계수는 1.7 이하이어야 한다.
㈒ 여과 모래의 최대경은 2mm를 넘지 않아야 하고, 최소경은 0.3mm를 내려가지 않아야 한다.

③ 모래층의 두께는 여과 모래의 유효경이 0.45~0.7mm의 범위인 경우에는 60~70cm를 표준으로 한다. 다만, 유효경이 그 이상으로 크게 되는 경우에는 합리적으로 여과층의 두께를 증가시킬 수 있다. 즉, 유효경이 1.0mm 정도의 조립자를 사용하는 경우 모래층의 두께를 120cm까지 두껍게 할 수 있다.

(4) 수심과 여유고

① 여과지 여재 표면상의 수심은 여과 중에 부압을 발생시키지 않는 수심으로 한다. 여과지 내에 부압이 발생하면 수중의 용존 가스가 발생되어 여과층에 집적되고 통수면적이 줄어들어 여과능력이 감소된다. 이러한 것을 방지하기 위하여 수심을 1~1.5m로 유지한다.
② 고수위로부터 여과지 상단까지의 여유고는 30cm 정도로 한다.

(5) 다층 여과지

밀도와 입경이 다른 여러 종류의 여재를 사용하여 수류 방향에서 큰 입경으로부터 작은 입경으로 구성된 역입도의 여과층을 구성하며, 모래 단층 여과지보다 여과 속도를 크게 할 수 있고 손실 수두가 적어 여과 지속 시간이 길어진다. 내부 여과의 경향이 강하므로 여과층의 단위 체적당 탁질 억류량이 크고 여과 효율이 높다.

4-7 완속 여과지

완속 여과법은 모래층의 내부와 모래층의 표면에 증식하는 미생물군으로 수중의 부유물질이나 용해성 물질 등 불순물을 포착하여 산화하고 분해하는 방법에 의존하는 정수 방법이다.

(1) 구조와 형상

① 여과지의 깊이는 하부 집수 장치의 높이에 자갈층 두께, 모래층 두께, 모래면 위의 수심과 여유고를 더하여 2.5~3.5m를 표준으로 한다.
② 여과지의 형상은 직사각형을 표준으로 한다.
③ 주벽의 상단은 지반보다 15cm 이상 높임으로써 여과지 내로 오염수나 토사 등의 유입을 방지한다.

④ 한랭지에서 여과지의 물이 동결될 우려가 있는 경우나 공중에서 날아드는 오염물질로 물이 오염될 우려가 있는 경우에는 여과지를 복개한다.

(2) 여과 속도, 여과면적, 여과지수

① 완속 여과지의 여과 속도는 4~5m/d를 표준으로 한다.

② 여과면적은 계획 정수량을 여과 속도로 나누어 구한다.

③ 여과지수는 예비지를 포함하여 2지 이상으로 하고 10지마다 1지 비율로 예비지를 둔다.

(3) 모래층 두께와 여과 모래

① 여과 모래의 품질은 입도 분포가 적절하고 협잡물이 적으며 마모되기 어렵고 위생상 지장이 없는 것으로, 안정적이고 효율적으로 여과할 수 있어야 한다.

② 모래층의 두께는 70~90cm를 표준으로 한다.

(가) 유효경은 0.3~0.45mm이어야 한다.

(나) 균등계수는 2.0 이하이어야 한다.

(다) 최대경은 2mm 이내로, 최소경은 0.18mm로 하며 부득이할 경우에도 그 입경을 초과하는 것이 1% 이하이어야 한다.

(라) 마모율은 3% 이하이어야 한다.

(마) 강열감량은 0.75% 이하이어야 한다.

(바) 세척탁도는 30도 이하이어야 한다.

(4) 자갈층의 두께와 여과 자갈

① 여과 자갈의 품질은 자갈의 형상이나 입경 등이 적절하고 협잡물이 적고 위생상 지장이 없는 것으로 모래층을 충분하게 지지할 수 있어야 한다(급속 모래 여과법에서와 동일).

② 여과 자갈의 입경과 자갈층의 두께는 하부 집수 장치에 맞춰 적절하게 정하고 아래층에는 조립자를, 위층에는 세입자의 순서대로 깔아야 한다.

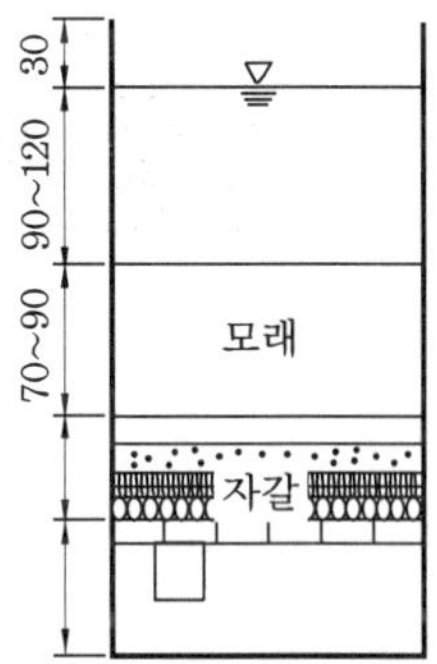

완속 여과지 단면(단위 cm)

(5) 수심과 여유고

① 여과지의 모래면 위의 수심은 90~120cm를 표준으로 한다.

② 고수위에서 여과지 상단까지의 여유고는 30cm 정도로 한다.

4-8 정수지

정수지는 정수 처리 시설의 운전 관리에서 발생하는 여과수량과 송수량 간의 불균형을 조절하고 완화시키며 사고나 고장에 대처한다. 그리고 상수원의 수질 사고나 수질 이상 시의 수질 변동에도 대처하며 시설 점검과 보수 작업 등에 대비하여 정수를 저류하는 탱크로서 정수시설로는 최종 단계의 시설이다.

(1) 구조와 수위

① 지수는 2지 이상으로 하는 것을 원칙으로 한다.

② 유효 수심은 3~6m를 표준으로 한다.

③ 고수위에서 정수지의 상부 슬래브까지는 30cm 이상의 여유고를 둔다.

④ 바닥은 저수위보다 15cm 이상 낮게 해야 한다.

⑤ 바닥은 필요에 따라 배수하기 위하여 적당한 경사$\left(\frac{1}{100} \sim \frac{1}{500}\right.$ 정도$\left.\right)$를 둔다.

(2) 유입관, 유출관 및 우회관

① 지 내의 물이 정체하지 않도록 지의 형상과 구조를 고려하여 유입관과 유출관의 위치와 개수를 정한다.

② 저수위 이하의 물은 어떠한 경우에도 유출관으로 유출되지 않도록 배치한다.

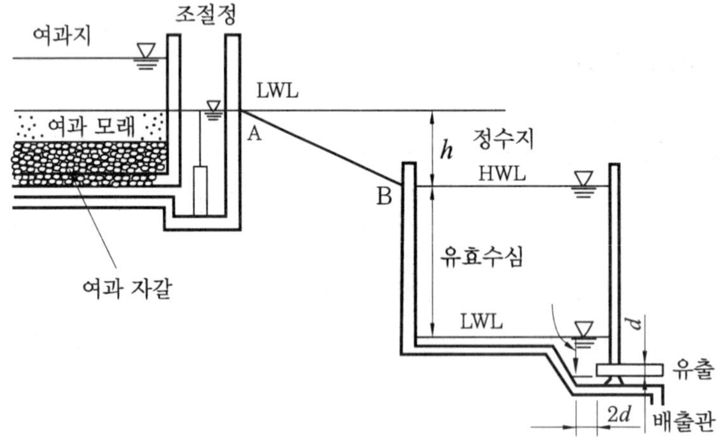

여과지와 정수지와의 수위 관계도

4-9 소독 설비

침전과 여과로는 원수 중의 세균을 완전히 제거하는 것이 불가능하며 배수 계통에서도 위생상의 안전을 유지하기 위하여 수돗물은 항상 확실하게 소독되어야 한다.

(1) 염소제의 종류, 주입량 및 주입 장소

① 주입량은 물의 염소 소비량을 고려하여 잔류염소 농도가 유리잔류염소로 0.2mg/L 이상, 결합잔류염소는 1.5mg/L 이상이 되도록 한다.

② 주입 지점은 착수정, 염소 혼화지, 정수지의 입구 등 혼화되는 장소로 한다.

(2) 이산화염소 주입

① 소독력은 오존과 이산화염소가 양호하지만 오존은 잔류성이 없어서 배수 계통에서 미생물이 재활성화하는 경우가 있는 데 비하여 이산화염소는 잔류 효과도 양호하다.

② 이산화염소는 페놀 화합물을 분해하며 정수의 맛·냄새와 색도 제거에도 효과적이고 클로로페놀까지도 어느 정도 제거할 수 있다.

③ 이산화염소가 존재하면 염소로부터 생성된 황화수소나 R-SH 등 황화합물로 인한 냄새 제거가 가능하다.

④ 이산화염소는 THM의 생성반응을 일으키지 않으나 아염소산 이온이나 염소산 이온 등의 무기 음이온이 생성되며, 이들 부산물은 유해한 것으로 밝혀져 있으므로 주입량이나 부산물 발생량 등에 주의해야 하며 필요량을 초과하여 주입하지 않도록 해야 한다.

⑤ 수중의 암모니아와는 반응하지 않는다.

⑥ 염소와 같은 소독 효과를 얻기 위한 이산화염소 주입량은 염소 주입량의 절반 정도로 보고 있다.

4-10 전염소, 중간 염소 처리

염소는 일반적으로 소독 목적으로 여과 후에 주입하지만, 소독이나 살조 작용과 함께 강력한 산화력을 가지고 있기 때문에 오염된 원수에 대한 정수 처리 대책의 일환으로 응집, 침전 이전의 처리 과정에서 주입하는 경우와 침전지와 여과지의 사이에서 주입하는 경우가 있다. 전자를 전염소 처리, 후자를 중간 염소 처리라고 한다. 완속 여과 방식에서는 염소가 여과막 생물에 나쁜 영향을 미치기 때문에 원칙적으로 전염소, 중간 염소 처리는 하지 않는다. 전염소, 중간 염소 처리의 목적은 다음과 같다.

① 세균 제거 : 여과 전에 세균을 감소시켜 안전성을 높여야 하며 침전지나 여과지의 내부를 위생적으로 유지해야 한다.

② 생물 처리 : 조류, 소형 동물, 철박테리아 등이 다수 증식하고 있는 경우 이들을 사멸시키고 정수 시설 내에서 번식하는 것을 방지한다.

③ 철과 망간의 제거 : 원수 중에 철과 망간이 용존하여 후염소 처리 시 탁도나 색도를 증가시키는 경우 미리 전염소 또는 중간 염소 처리하여 불용해성 산화물로 존재 형태를 바꾼 후 후속 공정에서 제거한다.

④ 암모니아성 질소와 유기물 등의 처리 : 원수 중에 부식질 등의 유기물이 존재하면 유리잔류 염소와 반응하여 트리할로메탄이 생성되기 때문에 이러한 우려가 높은 경우에는 응집과 침전으로 부식질을 어느 정도 제거한 다음 중간 염소 처리하는 것이 바람직하다.

⑤ 맛과 냄새의 제거

4-11 분말 활성탄 흡착 설비

활성탄은 형상에 따라 분말 활성탄과 입상 활성탄으로 나누어진다.

분말 활성탄 처리와 입상 활성탄 처리의 장·단점

항 목	분말 활성탄	입상 활성탄
처리시설	기존 처리시설을 사용하여 처리할 수 있다.	여과지를 만들 필요가 있다.
단기간 처리하는 경우	필요량만 주입하므로 경제적이다.	비경제적이다.
장기간 처리하는 경우	경제성이 없으며 재생되지 않는다.	탄층을 두껍게 할 수 있고 재생하여 사용할 수 있으므로 경제적이다.
미생물의 번식	사용하고 버리므로 번식이 없다.	원생동물이 번식할 우려가 있다.
폐기 시의 문제점	탄분을 포함한 흑색 슬러지는 공해의 원인이다.	재생하여 사용할 수 있어서 문제가 없다.
누출에 의한 흑수 현상	특히 겨울철에 일어나기 쉽다.	거의 염려가 없다.
처리 관리의 난이	주입 작업을 수반한다.	특별한 문제가 없다.

4-12 입상 활성탄 흡착 설비

입상 활성탄 처리 방법에는 흡착 효과를 주체로 하는 입상 활성탄 방식과 생물 활성탄 흡착 방식이 있다. 생물 활성탄 흡착 방식은 활성탄의 흡착 작용과 함께 활성탄층 내의 미생물에 의한 유기물 분해 작용을 이용함으로써 활성탄의 흡착 기능을 보다 오래 지속시키는 방식이다.

4-13 오존 처리 설비

오존 처리는 THMs의 전구물질을 저감시키는 전처리 산화제로는 물론, 염소보다 훨씬 강한 오존의 산화력을 이용한 대체 소독제로 사용되며, 소독과 함께 맛·냄새 물질 및 색도의 제거, 소독 부산물의 저감 등을 목적으로 사용될 수 있다. 오존은 유기물과 반응하여 부산물을 생성하므로 일반적으로 오존 처리와 활성탄 처리는 병행해야 된다. 이론적으로 오존은 모든 유기물을 CO_2와 H_2O로 완전 분해시켜야 하지만 실제로는 대다수의 유기물질(특히, 포화탄화수소 유기물)과 반응이 느리거나 전혀 반응하지 않는다.

(1) 오존 처리법의 우수한 점

① 오존은 자체의 높은 산화력으로 염소에 비하여 높은 살균력을 가지고 있다.
② 맛과 냄새 물질과 색도 제거의 효과가 우수하다.
③ 유기물질의 생분해성을 증가시킨다.
④ 염소 요구량을 감소시킨다.
⑤ 철, 망간의 산화 능력이 크다.
⑥ 소독 부산물의 생성을 유발하는 각종 전구 물질에 대한 처리 효율이 높다.

(2) 오존 처리 공정의 유의사항

① 충분한 산화 반응을 진행시킬 접촉지가 필요하다.
② 배수 내 오존 처리 설비가 필요하다(활성탄 흡착 분해법, 가열 분해법, 촉매 분해법).
③ 전염소 처리를 할 경우에도 염소와 반응하여 잔류염소가 감소된다.
④ 수온이 높아지면 용해도가 감소하고 분해가 빨라진다.
⑤ 설비의 사용 재료는 충분한 내식성이 요구된다.

4-14 생물 처리 설비

생물 처리는 일반적인 정수 처리로서는 충분히 제거되지 않는 암모니아성 질소, 질산성 질소, 조류, 냄새 유발 물질, 철, 망간 등의 처리에 적용된다. 상수도에서는 호기성 처리 방식이 주로 사용된다.

(1) 침수형 여과상 장치(허니콤 방식, honeycomb)

① 폐색을 방지하기 위하여 세척장치를 적절히 설치한다.
② 충전 두께는 2~6m를 표준으로 한다.
③ 충전율은 접촉지 용적의 50% 이상으로 한다.
④ 접촉지 내의 평균 유속은 1~3m/min 정도로 한다.

(2) 회전원판 장치

① 장치는 회전원판, 접촉지 및 구동장치로 구성되며 적절하게 유지 관리할 수 있도록 한다.
② 처리 계열은 2계열 이상으로 하고 각 계열은 2개 이상의 접촉지를 직렬로 배치하며 유입수가 모든 계열에 균등하게 유입되도록 수리적으로 고려한다.
③ 원판의 재질은 경량이면서 내구성이 있는 것으로 한다.
④ 접촉지의 용량은 액량면적비로 결정한다.
⑤ 접촉조의 형상과 크기는 균등한 지 내 유속을 유지할 수 있도록 한다.
⑥ 접촉지의 내벽과 원판 끝부분과의 간격은 원판 지름의 10~12%를 표준으로 한다.
⑦ 회전원판의 주변 속도는 15~20m/min을 표준으로 한다.
⑧ 원수 수질의 급격한 변동에 대비하기 위하여 우회관을 설치한다.
⑨ 회전원판 장치에는 햇빛을 차단할 목적과 함께 비산, 오물 등으로부터 시설을 보호할 수 있도록 지붕을 설치한다.

4-15 해수의 담수화 시설

(1) 해수 담수 방식의 분류

① 상변화 방식 : 증발법, 결정법(냉동법, 가스수화물법)
② 상불변 방식 : 막법(역삼투법, 전기투석법), 용매추출법

(2) 역삼투 설비

① 생산된 물은 pH나 경도가 낮기 때문에 필요에 따라 적절한 약품을 주입하거나 다른 육지의 물을 혼합하여 수질을 조정한다.

② 막 모듈은 플러싱과 약품 세척 등을 조합하여 세척한다.

③ 장기간 운전을 중지하는 경우 중아황산나트륨을 막 보전액으로 사용한다.

④ 공급 수중의 이물질로 고압 펌프와 막 모듈이 손상되지 않도록 하기 위하여 고압 펌프의 흡입측 공급수 배관 계통에 안전 필터를 설치한다.

참고 막 모듈의 열화와 파울링

<table>
<tr><th>분류</th><th>정의</th><th colspan="3">내 용</th></tr>
<tr><td rowspan="8">열화</td><td rowspan="8">막 자체의 변질로 생긴 비가역적인 막 성능의 저하</td><td colspan="3">물리적 열화</td></tr>
<tr><td colspan="2">압밀화</td><td>장기적인 압력부하에 의한 막 구조의 압밀화</td></tr>
<tr><td colspan="2">손상</td><td>원수 중의 고형물이나 진동에 의한 막 면의 상처나 마모, 파단</td></tr>
<tr><td colspan="2">건조</td><td>건조되거나 수축으로 인한 막 구조의 비가역적인 변화</td></tr>
<tr><td colspan="3">화학적 열화</td></tr>
<tr><td colspan="2">가수분해</td><td>막의 pH나 온도 등의 작용에 의한 분해</td></tr>
<tr><td colspan="2">산화</td><td>산화제에 의하여 막 재질의 특성 변화나 분해</td></tr>
<tr><td colspan="2">생물화학적 변화</td><td>미생물과 막 재질의 자화 또는 분배물의 작용에 의한 변화</td></tr>
<tr><td rowspan="6">파울링</td><td rowspan="6">막 자체의 변질이 아닌 외적 인자로 생긴 막 성능의 저하</td><td rowspan="4">부착층</td><td>케이크층</td><td>공급수 중의 현탁물질이 막 면상에 축적되어 형성되는 층</td></tr>
<tr><td>겔층</td><td>농축으로 용해성 고분자 등의 막 표면 농도가 상승하여 막 면에 형성된 겔(gel)상의 비유동성층</td></tr>
<tr><td>스케일층</td><td>농축으로 난용해성 물질이 용해도를 초과하여 막 면에 석출된 층</td></tr>
<tr><td>흡착층</td><td>공급수 중에 함유되어 막에 대하여 흡착성이 큰 물질이 박 면상에 흡착되어 형성된 층</td></tr>
<tr><td colspan="2">막힘</td><td>고체 : 막의 다공질부의 흡착, 석출, 포착 등에 의한 폐색
액체 : 소수성의 막의 다공질부가 기체로 치환</td></tr>
<tr><td colspan="2">유로폐색</td><td>막 모듈의 공급유로 또는 여과수 유로가 고형물로 폐색되어 흐르지 않는 상태</td></tr>
</table>

예상문제

1. 도수시설에서 도수되는 원수의 수위 동요를 안정시키고 원수량을 조절하는 착수정에 관한 설명으로 틀린 것은?

① 착수정의 고수위와 주변 벽체 상단 간에는 60cm 이상의 여유를 두어야 한다.
② 형상은 일반적으로 직사각형 또는 원형으로 하고 유입구에는 제수 밸브를 설치한다.
③ 착수정의 용량은 체류 시간을 30분 이상으로 한다.
④ 착수정의 수심은 3~5m 정도로 한다.

해설 착수정의 용량은 체류 시간을 1.5분 이상으로 하고 수심은 3~5m 정도로 한다.

2. 정수시설인 착수정의 용량 기준으로 적절한 것은?

① 체류 시간 : 0.5분 이상, 수심 : 2~4m 정도
② 체류 시간 : 1.0분 이상, 수심 : 2~4m 정도
③ 체류 시간 : 1.5분 이상, 수심 : 3~5m 정도
④ 체류 시간 : 2.0분 이상, 수심 : 3~5m 정도

3. 최근 정수장에서 응집제로 많이 사용되고 있는 폴리염화알루미늄(PAC)에 대한 설명 중 틀린 것은?

① PAC는 고탁도 시나 저수온 시 사용하는 것이 좋다.
② PAC는 수개월 이상 저장하면 변질될 가능성이 있으므로 주의하여야 한다.
③ PAC는 alum과 혼합 사용 시 응집 효과가 증대된다.
④ PAC는 alum보다 응집성이 우수하고 알칼리도의 저하가 적다.

해설 PAC를 황산알루미늄과 혼합 사용하면 침전물이 발생하여 송액관을 막히게 하므로 혼합하여 사용해서는 안 된다.

4. 다음 정수장의 플록 형성지에 관한 설명으로 틀린 것은?

① 플록 형성지는 혼화지와 침전지 사이에 위치하고 침전지에 접속하여 설치하여야 한다.
② 플록 형성 시간은 계획 정수량에 대하여 20~40분간을 표준으로 한다.
③ 플록큐레이터의 주변 속도는 15~80cm/초로 한다.
④ 플록 형성지에서의 교반 강도는 상류, 하류를 동일하게 유지하여 일정한 강도의 플록을 형성시킨다.

해설 플록 형성지 내의 교반 강도는 하류로 갈수록 점차 감소시키는 것이 바람직하다.

5. 정수시설 응집지의 플록 형성지에 관한 설명으로 틀린 것은?

① 혼화지와 침전지 사이에 위치하고 침전지에 붙여서 설치한다.
② 플록 형성 시간은 계획 정수량에 대하여 20~40분간을 표준으로 한다.
③ 기계식 교반에서 플록큐레이터의 주변 속도는 5~15cm/s을 표준으로 한다.
④ 플록 형성지 내의 교반 강도는 하류로 갈수록 점차 감소시키는 것이 바람직

정답 1. ③ 2. ③ 3. ③ 4. ④ 5. ③

하다.

해설 기계식 교반에서 플록큐레이터의 주변 속도는 15~80cm/s로 하고 우류식 교반에서는 평균 유속을 15~30cm/s를 표준으로 한다.

6. **상수 처리를 위한 약품 침전지의 구성과 구조에 관한 설명 중 맞지 않는 것은?**

① 슬러지의 퇴적 심도로서 30cm 이상을 고려한다.
② 유효 수심은 3~5.5m로 한다.
③ 지저에는 슬러지 배제에 편리하도록 배출수구를 향하여 경사지게 하여야 한다.
④ 고수위에서 침전지 벽체 상단까지의 여유고는 60cm 정도로 하여야 한다.

해설 고수위에서 침전지 벽체 상단까지의 여유고는 30cm 이상으로 한다.

7. **상수 처리를 위한 고속 응집 침전지를 채택할 때는 다음 조건을 고려하여 결정하여야 하는데, 이 중 맞지 않는 것은?**

① 원수 탁도는 10NTU 이상이 바람직하다.
② 최고 탁도는 1000도 이하인 것이 바람직하다.
③ 용량은 계획 정수량의 1.5~2.0시간분으로 한다.
④ 지 내의 평균 상승 유속은 10~20mm/분을 표준으로 한다.

해설 지 내의 표면 부하율은 40~60mm/min를 표준으로 한다.

8. **급속 모래 여과법에서 이용되는 모래의 균등계수로서 가장 적합한 것은?**

① 1.7 이하　　② 2.65
③ 0.45~0.7mm　　④ 2mm 이상

해설 급속 모래 여과법에서 이용되는 모래의 균등 계수는 1.7 이하이다.

9. **정수를 위한 급속여과지에 관한 설명으로 틀린 것은?**

① 여과면적은 계획 정수량을 여과 속도로 나누어 구한다.
② 1지의 여과면적은 150m^2 이하로 한다.
③ 여과사의 유효경은 1.0~2.0mm 범위 이내이어야 한다.
④ 여과 속도는 120~150m/일을 표준으로 한다.

해설 여과사의 유효경은 0.45~0.7mm 범위 이내이어야 한다.

10. **상수도에서 적용되는 급속 여과지의 여과 모래에 관한 설명으로 옳지 않은 것은?**

① 모래층 두께는 60~120cm의 범위로 한다.
② 여과 모래의 유효경은 0.3~0.45mm 이다.
③ 여과 모래의 최대경은 2mm 이내이다.
④ 여과 모래의 균등 계수는 1.7 이하로 한다.

해설 모래층의 두께는 여과 모래의 유효경이 0.45~0.7mm의 범위인 경우에는 60~70cm를 표준으로 한다. 다만, 유효경이 그 이상으로 크게 되는 경우에는 합리적으로 여과층의 두께를 증가시킬 수 있다. 즉, 유효경이 1.0mm 정도의 조립자를 사용하는 경우 모래층의 두께를 120cm까지 두껍게 할 수 있다.

11. **상수도 시설 중 완속 여과지의 여과 속도 표준범위로 적절한 것은?**

① 4~5m/d　　② 5~15m/d

정답　6. ④　7. ④　8. ①　9. ③　10. ②　11. ①

③ 15~25m/d ④ 25~50m/d

12. **상수처리를 위한 완속 여과지의 구조 및 형상은 다음 각 호에 의한다. 잘못된 항은?**

① 여과지 깊이는 하부 집수 장치의 높이에 자갈층 두께, 모래층 두께, 모래면 위의 수심과 여유고를 더하여 2.5~3.5m를 표준으로 한다.
② 여과지의 형상은 직사각형을 표준으로 한다.
③ 주위벽의 상단은 지반보다 5cm 이상 높여서 여과지 내로 오염수나 토사 등의 유입을 방지하여야 한다.
④ 한랭지에서는 여과지 물이 동결할 염려가 있으므로 여과지를 복개한다.

해설 주벽의 상단은 지반보다 15cm 이상 높임으로써 여과지 내로 오염수나 토사 등의 유입을 방지한다.

13. **정수시설 중 완속 여과지에 관한 설명으로 틀린 것은?**

① 여과지의 깊이는 하부 집수 장치의 높이에 자갈층의 두께, 모래층의 두께, 모래면 위의 수심과 여유고를 더하여 2.5~3.5m를 표준으로 한다.
② 완속 여과지의 여과 속도는 4~5m/d를 표준으로 한다.
③ 완속 여과지의 모래층의 두께는 90~120cm를 표준으로 한다.
④ 여과 면적은 계획 정수량을 여과 속도로 나누어 구한다.

해설 완속 여과지의 모래층의 두께는 70~90cm를 표준으로 한다.

14. **모래 단층 여과지와 비교한 다층 여과지의 특징이라 볼 수 없는 것은?**

① 여과 속도를 크게 할 수 있다.
② 여과 수량에 대한 역세척 수량의 비율이 크다.
③ 내부 여과의 경향이 강하므로 여과층의 단위 체적당 탁질 억류량이 커서 여과 효율이 높다.
④ 탁질 억류량에 대한 손실 수두가 적어 여과지속 시간이 길다.

해설 다층 여과지는 모래 단층 여과지보다 여과 속도를 크게 할 수 있고 손실수두가 적어 여과 지속 시간이 길어지므로 여과 수량에 대한 역세척 수량의 비율이 작다.

15. **정수처리 시 랑겔리어 지수의 개선을 위한 방법으로 가장 알맞은 것은? (단, 용해성 성분)**

① 알칼리제 처리 ② 철세균 이용법
③ 전기 분해 ④ 부상 분리

해설 수돗물의 랑겔리어 지수가 낮아서 수도 시설에 대한 부식성이 강한 경우에는 소석회·이산화탄소 병용법 또는 알칼리제 주입으로 랑겔리어 지수를 개선할 수 있다.

16. **다음 중 정수장 처리대상 물질이 트리할로메탄인 경우 주로 사용하는 처리 방법과 가장 거리가 먼 것은?**

① 포기 ② 중간 염소 처리
③ 활성탄 처리 ④ 결합 염소 처리

해설 트리할로메탄 전구물질을 다량 함유하는 경우 활성탄 처리 또는 중간 염소 처리 등을 하고 트리할로메탄 대책으로서 트리할로메탄 전구물질의 제거와 별도로 결합 염소 처리가 있다.

17. **다음 정수 처리 방법 중 트리할로메탄(trihalo-methane)을 감소 및 제거시킬 수 있는 방법과 가장 거리가 먼 것은?**

① 중간 염소 처리 ② 알칼리제 처리

정답 12. ③ 13. ③ 14. ② 15. ① 16. ① 17. ②

③ 활성탄 처리 ④ 결합 염소 처리

18. **정수 시 처리 대상 물질이 침식성 유리탄산(무기물, 용해성 성분)인 경우 처리 방법으로 가장 적절한 것은?**

① 응집침전, 탄산가스 처리
② 정석연화, 응석 침전
③ 응집침전, 활성탄
④ 알칼리제 처리, 포기

해설 침식성 유리탄산을 많이 포함한 경우 침식성 유리탄산을 제거하기 위하여 포기 처리나 알칼리 처리를 한다.

19. **용해성 성분으로 무기물인 불소(처리 대상 물질)를 제거하기 위해 유효한 정수 처리 방법과 가장 거리가 먼 것은?**

① 응집 침전 ② 골탄
③ 이온교환 ④ 전기 분해

해설 원수 중에 불소가 과량으로 포함된 경우에는 불소를 감소시키기 위하여 응집 침전, 활성 알루미나, 골탄, 전해 등의 처리를 한다.

참고 그 밖의 처리

① pH 조정 : pH가 낮은 경우에는 플록 형성 후에 알칼리제를 주입하여 pH를 조정한다.
② 비소 제거 : 응집 처리 또는 활성알루미나, 수산화세륨, 이산화망간 중 하나를 사용하여 흡착 처리한다.
③ 색도 제거 : 응집 침전 처리, 활성탄 처리, 오존 처리를 한다.
④ 트리클로로에틸렌 등의 제거 : 포기 처리나 입상 활성탄 처리를 한다.
⑤ 음이온 계면활성제 제거 : 활성탄 처리나 생물 처리를 한다.
⑥ 맛·냄새 제거 : 포기, 염소 처리, 활성탄 처리, 오존 처리 및 생물 처리 등으로 한다.
⑦ 암모니아성 질소 제거 : 생물 처리 또는 염소 처리를 한다.
⑧ 질산성 질소 제거 : 이온교환 처리, 생물 처리, 막처리 등을 한다.

20. **다음 상수 오존 처리 시 유의할 점이라 볼 수 없는 것은?**

① 충분한 산화반응을 진행시킬 접촉지가 필요하다.
② 배출 오존 처리 설비가 필요하다.
③ 수온이 높아지면 용해도가 감소하여 분해속도가 떨어진다.
④ 전염소 처리를 할 경우 염소와 반응하여 잔류염소가 감소한다.

해설 수온이 높아지면 용해도가 감소하고 분해속도가 빨라진다.

21. **상수처리를 위한 생물 처리 설비 중 회전원판 장치에 관한 설명으로 틀린 것은?**

① 접촉지의 용량은 액량 면적비로 결정한다.
② 처리 계열은 2계열 이상으로 하고 각 계열은 2개 이상의 접촉지를 직렬로 배치한다.
③ 회전 원판의 주변 속도는 15~20m/min을 표준으로 한다.
④ 접촉지의 내벽과 원판 끝부분과의 간격은 원판 지름의 5~10%를 표준으로 한다.

해설 접촉지의 내벽과 원판 끝부분과의 간격은 원판 지름의 10~12%를 표준으로 한다.

22. **정수시설인 침수형 여과상 장치(허니콤 방식)에 관한 설명으로 틀린 것은?**

① 허니콤 튜브의 충전 두께는 2~6m를 표준으로 한다.
② 허니콤 튜브의 충전율은 접촉지 용적

정답 18. ④ 19. ③ 20. ③ 21. ④ 22. ③

의 50% 이상으로 한다.

③ 접촉지 내 평균 유속은 0.1~0.3m/s 정도로 한다.

④ 원수 수질과 발생 슬러지의 성상을 고려하여 슬러지 배출이 가능한 구조로 한다.

해설 접촉지 내의 평균 유속은 1~3m/min 정도로 한다.

23. **해수 담수화 시설 중 역삼투 설비에 관한 설명으로 틀린 것은?**

① 생산된 물은 pH나 경도가 높기 때문에 필요에 따라 적절한 약품을 주입하여 수질을 조정한다.

② 막 모듈은 플러싱과 약품세척 등을 조합하여 세척한다.

③ 장기간 운전을 중지하는 경우에 막 보전액으로는 중아황산나트륨을 사용한다.

④ 공급수 중의 이물질로 고압 펌프와 막 모듈이 손상되지 않도록 하기 위하여 고압 펌프의 흡입 측 공급수 배관 계통에 안전 필터를 설치한다.

해설 생산된 물은 pH나 경도가 낮기 때문에 필요에 따라 적절한 약품을 주입하거나 다른 육지의 물을 혼합하여 수질을 조정한다.

24. **최근 정수장에서 응집제로 많이 사용되고 있는 폴리염화알루미늄(PACl)에 대한 설명으로 맞는 것은?**

① 일반적으로 황산알루미늄보다 응집성이 우수하고 적정주입 pH의 범위가 넓으며 알칼리도의 저하가 적다.

② 일반적으로 황산알루미늄보다 응집성은 약하나 적정주입 pH의 범위가 좁고 알칼리도의 저하가 적다.

③ 일반적으로 황산알루미늄보다 응집성이 우수하고 적정주입 pH의 범위가 좁고 알칼리도의 저하가 크다.

④ 일반적으로 황산알루미늄보다 응집성은 약하나 적정주입 pH의 범위가 넓고 알칼리도의 저하가 크다.

25. **막 여과 시설에서 막 모듈의 '열화'에 대한 내용과 가장 거리가 먼 것은?**

① 미생물과 막 재질의 자화 또는 분비물의 작용에 의한 변화

② 막의 다공질부의 흡착, 석출, 포착 등에 의한 폐색

③ 건조되거나 수축으로 인한 막 구조의 비가 역적인 변화

④ 산화제에 의하여 막 재질의 특성변화나 분해

해설 막의 다공질부의 흡착, 석출, 포착 등에 의한 폐색은 파울링에 해당한다.

26. **정수처리를 위한 막여과 설비에서 적절한 막 여과 유속 설정 시 고려할 사항으로 틀린 것은?**

① 막의 종류

② 막 공급의 수질과 최고 온도

③ 전처리 설비의 유무와 방법

④ 입지조건과 설치 공간

해설 막 공급의 수질과 최저 온도를 고려해야 한다.

정답 23. ① 24. ① 25. ② 26. ②

5
Chapter

배수시설

5-1 총설

(1) 기본 사항

배수시설은 정수를 저류, 수송, 분배, 공급하는 기능을 가지며, 시간적으로 변동하는 수요량에 대하여 적정한 압력으로 연속적이면서 안정적으로 공급하는 것은 물론 유지관리가 용이해야 한다.

① 배수지 등의 적정 배치와 용량의 적정화 : 배수지 등은 배수량의 시간 변동을 조절하는 기능을 가짐과 동시에 단수 등의 비상시에는 그 저류량을 이용하여 수요자에 대한 단수의 영향을 없애거나 경감하는 큰 역할을 지니고 있다.

㈎ 배치에 관해서는 가급적 급수 구역의 근방이나 중앙에 가깝고 배수상 유리한 높은 장소가 있으면 그러한 장소를 선정하여 배치하는 것이 기본이다.

㈏ 용량에 대해서는 시간 변동 조정 용량, 비상시 대처 용량, 소화 용수량 등을 고려하여 계획 1일 최대 급수량의 12시간분 이상을 표준으로 하여야 한다.

㈐ 구조에 대해서는 내구성, 내진성, 수밀성 등을 확보하도록 충분히 고려한다.

② 배수관의 정비 : 배수관은 정수를 수송, 분배, 공급하는 기능을 가지며 평상시에는 적정한 수압으로 안정적으로 공급하고, 비상시에도 물을 가급적 안정적으로 공급할 수 있도록 정비하는 것이 필요하다.

(2) 계획 배수량

계획 배수량은 원칙적으로 해당 배수구역의 계획 시간 최대 배수량으로 한다. 계획 시간 최대 배수량은 배수관의 관경 결정에 기초가 되는 수량이며, 수압 분포를 가능한 한 균등하게 유지할 수 있도록 하고 적정한 관내 유속도 확보할 수 있도록 배수관의 관경을 설정해야 한다.

5-2 배수지

배수지는 정수장에서 송수를 받아 해당 배수 구역의 수요량에 따라 배수하기 위한 저류지로서 배수량의 시간 변동을 조절하는 기능과 함께 배수지로부터 상류측의 사고 발생 등의 비상시에도 일정한 수량과 수압을 유지할 수 있는 기능을 갖는다.

(1) 구조 및 형상

① 구조적 · 위생적으로 안전하고 충분한 내구성과 내진성 및 수밀성을 가져야 한다.
② 한랭지나 혹서 시에도 수온을 유지할 필요가 있는 경우는 적당한 보온 대책을 강구해야 한다.
③ 지하수위가 높은 장소에 축조할 경우 부력에 의한 부상을 방지하기 위하여 적당한 대책을 강구해야 한다.
④ 지수는 2지 이상으로 하는 것을 원칙으로 한다.
⑤ 유효 수심은 3~6m를 표준으로 한다.
⑥ 최고 수위는 시설 전체에 대한 수리적인 조건에 따라 결정한다.
⑦ 고수위에서 정수지의 상부 슬래브까지는 30cm 이상의 여유고를 둔다.
⑧ 바닥은 저수위보다 15cm 이상 낮게 해야 한다.
⑨ 바닥은 필요에 따라 배수하기 위하여 적당한 경사$\left(\frac{1}{100} \sim \frac{1}{500}\right.$ 정도$\left.\right)$를 둔다.

(2) 배수지의 용량

① 유효 용량은 '시간 변동 조정 용량'과 '비상 대처 용량'을 합하여 급수 구역의 계획 1일 최대 급수량의 12시간분 이상을 표준으로 한다.
② 배수지의 유효 용량은 '시간 변동 조정 용량'으로 6~12시간분과 비상시의 대처 용량으로서 배수지보다 상류 측의 비상 대처 수량(갈수, 수질사고, 시설사고 등) 및 배수지보다 하류 측의 비상 대처 수량(재해 시 응급 급수, 시설 사고 등)과 소화 용수량을 감안하여 6~24시간분 정도 확보하는 것이 바람직하다.

(3) 위치와 높이

① 배수지는 부득이한 경우 외에는 급수 지역의 중앙 가까이 설치한다. 배수지가 급수 구역의 중앙에 있으면 관말까지의 배수관 연장이 짧아 수두 손실도 적어서 관경을 작게 할 수 있고 지형의 고저차가 심하지 않으면 대개 균등한 급수가 가능하므로 배수관의 부설이 경제적이다.
② 자연유하식 배수지의 표고는 최소동수압이 확보되는 높이여야 한다.

5-3 배수탑과 고가수조

배수 구역 부근에 배수지를 설치할 고지대가 없을 경우 배수량 조정, 배수 펌프의 수압 조정용으로서 배수탑과 고가수조를 설치하며, 급수 구역이 크고 배수관로의 말단부에서 관망 계산 상 수압의 유지가 곤란한 지역 또한 배수탑이나 고가수조를 계획 설치한다.

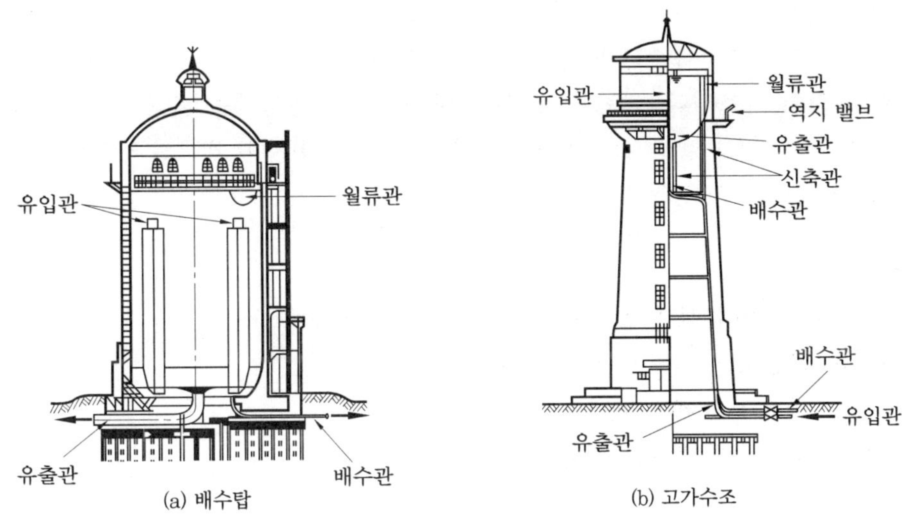

배수탑 고가수조

(1) 구조

① 구조적 혹은 위생적으로 안전하고 충분한 내구성과 수밀성을 가져야 한다.

② 탱크가 비었을 때의 풍압 및 만수 시의 진동이나 지진력에 대하여 안전한 구조로 한다.

(2) 수심

① 배수탑의 수심은 20m 정도가 한도이다. 이유는 탑의 높이가 높아짐에 따라 중심이 높게 되어 역학상 불안정한 상태가 되기 때문에 시공상의 곤란을 줄이고 공사비를 절약하기 위함이다.

② 고가 탱크의 높이는 3~6m를 표준으로 하고 있지만 실질적으로는 4~8m가 대부분이다.

(3) 유입관과 유출관

① 유출관의 유출구 중심고는 저수위보다 관경의 2배 이상 낮게 해야 한다.

② 유입관과 유출관에는 각각 제수 밸브를 설치하고 유출관에는 벨 마우스(bell mouth)를 부착해야 한다.

③ 유입관이나 유출관은 부등침하 혹은 신축에 영향을 받기 쉬우므로 신축 이음을 설치한다.

5-4 배수관

배수지에 연결된 배수관은 시간 최대 급수량을 기준으로 설계하며 송수관은 1일 최대 급수량이 기준이 된다. 배수관의 설계 사용 유속 공식으로는 Hazen-Williams 공식이 일반적으로 많이 사용된다. 배수관의 계획 배수량은 평상시에는 계획 시간 최대 급수량, 화재 시에는 계획 1일 최대 급수량과 소화 용수량을 합계한 것으로 한다. 그리고 배수관의 최대 유속은 1~2.5m/s이다.

(1) 관종

① 관재질에 의하여 물이 오염될 우려가 없어야 한다.
② 내압과 외압에 대하여 안전해야 한다.
③ 매설 조건에 적합해야 한다.
④ 매설 환경에 적합한 시공성을 가져야 한다.

참고 수도관으로 사용되는 관종의 특징

재질별	장 점	단 점
덕타일 주철관	1. 강도가 크고 내구성이 있다. 2. 강인성이 뛰어나고 충격에 강하다. 3. 이음에 신축 휨성이 있고, 관은 지반의 변동에 유연하다. 4. 시공성이 좋다. 5. 이음의 종류가 풍부하다.	1. 중량이 비교적 무겁다. 2. 이음의 종류에 따라서는 이형관 보호공을 필요로 한다. 3. 내외의 방식면이 손상되면 부식되기 쉽다.
강관	1. 강도가 크고 내구성이 있다. 2. 강인성이 뛰어나고 충격에 강하다. 3. 용접 이음에 의해 일체화가 가능, 지반의 변동에는 장대한 관로로서 유연하다. 4. 가공성이 좋다. 5. 라이닝의 종류가 풍부하다.	1. 용접 이음은 숙련공이나 특수한 공구를 필요로 한다. 2. 전식에 대하여 고려해야 한다. 3. 내외의 방식면이 손상되면 부식되기 쉽다.

경질염화 비닐관	1. 내식성이 뛰어나다. 2. 중량이 가볍고 시공성이 좋다. 3. 가공성이 좋다. 4. 내면조도가 변화하지 않는다. 5. 고무윤형은 조인트의 신축성이 있고, 관은 지반 변동에 유연하게 대응할 수 있다.	1. 저온 시에 내충격성이 저하된다. 2. 특정 유기용제 및 열, 자외선에 약하다. 3. 표면에 상처가 생기면 강도가 저하된다. 4. 조인트의 종류에 따라 이형관 보호공을 필요로 한다.
수도용 폴리 에틸렌관	1. 내식성이 우수하다. 2. 중량이 가볍고 시공성이 좋다. 3. 융착 접속으로 일체화할 수 있고 관체에 유연성이 있으므로 관로가 지반 변동에 유연하게 대응할 수 있다. 4. 가공성이 좋다. 5. 내면조도가 변하지 않는다.	1. 열이나 자외선에 약하다. 2. 유기용제에 의한 침투에 조심해야 한다. 3. 융착 접속으로는 용천수 지반에서의 시공이 곤란하며, 우천 시에도 어렵다. 4. 융착 접속은 컨트롤러나 특수공구를 필요로 한다.
스테인리스 강관	1. 강도가 크고 내구성이 있다. 2. 내식성이 우수하다. 3. 강인성이 뛰어나고 충격에 강하다. 4. 라이닝이나 도장이 필요 없다.	1. 용접 접속에 시간이 걸린다. 2. 이종 금속과의 절연 처리를 필요로 한다.

(2) 수압

① 배수관을 분기하는 지점에서 배수관 내의 최소동수압은 150kPa 이상을 확보한다.

② 급수관을 분기하는 지점에서 배수관 내의 최대정수압은 700kPa를 초과하지 않아야 한다.

③ 직결 급수 범위의 확대에 따른 최소동수압의 상승을 고려하여 최대동수압은 600kPa 정도까지 하는 것이 바람직하다.

(3) 배수관의 배치

① 격자식 : 망목식이라고도 하는데 관을 그물 모양처럼 서로 연결하는 것으로서 물이 정체하지 않아 단수 지역이 생기지 않고 수압도 유지하기 쉬우며 화재 시 특히 유리하다. 그러나 공사비가 고가이며 관망의 수리계산이 매우 복잡하다는 단점이 있다.

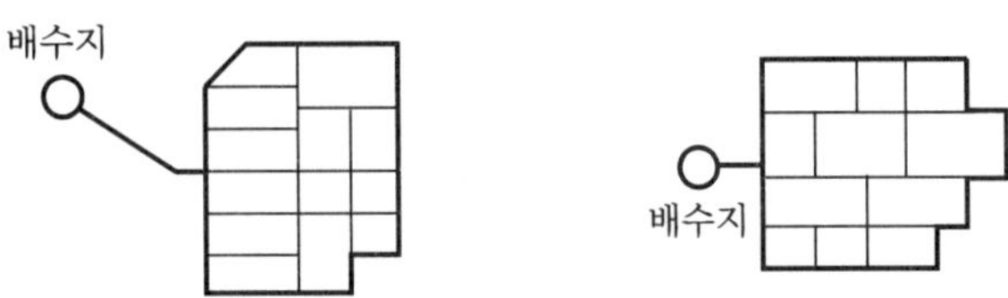

② 수지상식 : 관이 서로 연결되지 않고 간선은 주도로를 따라 매설하며, 지선은 모두 수지상으로 나누어져 말단으로 갈수록 가늘어진다. 또한 수량은 서로 보충할 수 없어 수압의 저하가 현저히 발생한다. 따라서, 관경이 커야 하므로 비경제적이며 단수 지역이 생기기 쉽다. 또한 말단에서부터 물이 정체하여 냄새, 맛, 적수 등의 원인이 되어 가끔 소화전을 열어 방류하여야 한다.

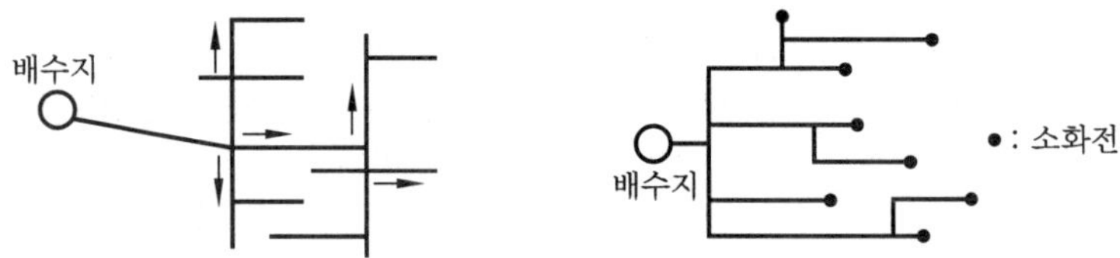

(4) 배수관망 계산 방법

① 등치관법 : 등치관이란 관 내부로 일정한 유량의 물이 흐를 때 생기는 수두 손실이 같은 유량에 대해 동일한 손실 수두를 주도록 한 관로를 말한다. 이때 실제 관에 대해 등치관인 가상관로를 적용하여 관망을 해석하는 방법을 등치관법이라 한다.

$$L_2 = L_1\left(\frac{D_2}{D_1}\right)^{4.87}$$

② hardy cross법 : 관망이 간단한 경우에는 등치관법에 의하여 계산되지만 관망이 매우 복잡한 경우에는 hardy cross법을 사용해야 한다. 이 방법은 가정된 유량을 적용하면 관망에서의 유량과 수두 손실을 정확히 계산할 수 있으며 보정 유량을 정확히 구할 수 있다는 특징이 있다.

예상문제

Engineer Water Pollution Environmental
수질환경기사

1. **배수관의 설계에서 최소동수압은 가능한 한 몇 kPa 이상으로 계획하는 것이 적절한가?**

① 20kPa ② 60kPa
③ 150kPa ④ 400kPa

해설 배수관의 최소동수압은 150~200kPa를 표준으로 한다.

2. **정수된 물을 배수하기 위한 배수관에 최대동수압에 대한 내용으로 가장 적절한 것은?**

① 가능한 한 400kPa 이내로 하는 것이 타당하다.
② 가능한 한 500kPa 이내로 하는 것이 타당하다.
③ 가능한 한 600kPa 이내로 하는 것이 타당하다.
④ 가능한 한 800kPa 이내로 하는 것이 타당하다.

해설 직결 급수 범위의 확대에 따른 최소동수압의 상승을 고려하여 최대동수압은 600kPa 정도까지로 하는 것이 바람직하다.

3. **배수시설인 배수관의 수압에 대한 다음 설명 중 ( ) 안에 알맞은 내용은?**

급수관을 분기하는 지점에서 배수관 내의 최대정수압은 ( )kPa를 초과하지 않아야 한다.

① 1000 ② 900
③ 800 ④ 700

해설 급수관을 분기하는 지점에서 배수관 내의 최대정수압은 700kPa를 초과하지 않아야 한다.

4. **배수지에 관한 설명 중 틀린 것은?**

① 배수지의 위치는 부득이한 경우 외에는 급수 지역 중앙 가까이 설치하지 않으면 안 된다.
② 구조는 콘크리트 또는 철근 콘크리트조로서 수밀 구조로 한다.
③ 유효 수심은 2~3m 이하로 한다.
④ 배수지가 1개일 경우 격벽을 설계 2개로 분리하여 사고에 대처한다.

해설 배수지의 유효 수심은 3~6m를 표준으로 한다.

5. **배수지에 관한 설명 중 맞는 것은?**

① 배수지가 급수 지역의 중앙에 있으면 관말까지의 배수관 연장이 짧아 수두 손실이 적으므로 관경을 크게 하여야 한다.
② 유효 수심은 2m 미만이다.
③ 배수지의 유효 용량은 급수 구역의 계획 1일 최대 급수량의 4~8시간분을 표준으로 한다.
④ 자연유하식 배수지의 높이는 최소동수압이 확보되는 높이여야 한다.

해설 ㉠ 배수지가 급수지역의 중앙에 있으면 관말까지의 배수관 연장이 짧아 수두손실이 적으므로 관경을 작게 할 수 있다.
㉡ 유효 용량은 시간 변동 조정 용량, 비상대처 용량을 합하여 급수 구역의 계획 1일 최대 급수량의 12시간분 이상을 표준으로 한다.

6. **배수관에 사용되는 관종 중 '강관'의 특징에 관한 설명으로 틀린 것은?**

① 내면조도가 변화하지 않는다.

정답 1. ③ 2. ③ 3. ④ 4. ③ 5. ④ 6. ①

② 라이닝의 종류가 풍부하다.
③ 가공성이 좋다.
④ 전식에 대한 배려가 필요하다.

해설 내외의 방식면이 손상되면 내면조도가 증가한다.

7. 수도관의 관종 중 강관의 단점이 아닌 것은?

① 가공성이 나쁘다.
② 전식에 대하여 고려해야 한다.
③ 내외의 방식면이 손상되면 부식되기 쉽다.
④ 용접 이음은 숙련공이나 특수한 공구를 필요로 한다.

해설 강관은 가공성이 좋으며 라이닝의 종류가 풍부하다.

8. 수도관으로 사용되는 관종 중 경질염화비닐관의 장·단점으로 틀린 것은?

① 특정 유기용제에 약하며 내면 조도의 변화가 발생한다.
② 조인트의 종류에 따라 이형관 보호공을 필요로 한다.
③ 저온 시에 내충격성이 저하된다.
④ 고무 윤형은 조인트의 신축성이 있고 관이 지반 변동에 유연하게 대응할 수 있다.

해설 경질염화비닐관은 내면 조도가 변화하지 않는다.

9. 수도관으로 사용되는 관종 중 스테인리스 강관에 관한 내용으로 틀린 것은?

① 이종 금속과 절연 처리가 필요 없다.
② 라이닝이나 도장을 필요로 하지 않는다.
③ 용접 접속에 시간이 걸린다.
④ 강인성이 뛰어나고 충격에 강하다.

해설 이종 금속과의 절연 처리를 필요로 한다.

10. '어떠한 관망에서도 연속성이 보유되어야 하며 관의 교차 지점에서의 수압은 일정한 값을 가진다.'는 원리에 기초를 두는 배수 방식은 무엇인가?

① Hazen－Williams법
② Chezy법
③ hardy cross법
④ 등치관법

해설 관망이 간단한 경우에는 등치관법에 의하여 계산되지만, 관망이 매우 복잡한 경우에는 hardy cross법을 사용해야 한다.

11. 수평으로 부설한 지름 300mm, 길이 1500m의 주철관 수로로 1일 10000톤의 물을 수송할 때 펌프에 의한 송수압이 5.5kg/cm²이면 관수로 끝에서 일어나는 압력은 몇 kg/cm²인가? (단, $f=0.033$)

① 2.26kg/cm² ② 3.24kg/cm²
③ 3.56kg/cm² ④ 4.27kg/cm²

해설 ㉠ 유속을 구한다.

$$V=\frac{1000\text{m}^3/\text{d}\times\text{d}/86400\text{s}}{\left(\frac{\pi\times0.3^2}{4}\right)\text{m}^2}=1.637\text{m/s}$$

㉡ $h_L=0.033\times\frac{1500}{0.3}\times\frac{1.637^2}{2\times9.8}=22.56\text{m}$

㉢ $\Delta P=r\times h$

$$=1000\text{kg/m}^3\times22.56\text{m}\times\frac{10^{-4}\text{m}^2}{\text{cm}^2}$$

$$=2.256\text{kg/cm}^2$$

㉣ 관수로 끝에서 일어나는 압력

$=5.5-2.256=3.244\text{kg/cm}^2$

12. 지름 20cm, 길이가 6m인 관을 지름이 30cm인 등치관으로 바꾸면 길이는 몇 m인가?

① 4.8 ② 5.2 ③ 32.4 ④ 43.2

해설 $L_2=6\text{m}\times\left(\frac{30}{20}\right)^{4.87}=43.223\text{m}$

정답 7. ① 8. ① 9. ① 10. ③ 11. ② 12. ④

6 Chapter

급수시설

6-1 계획 급수량

(1) 계획 1인 1일 최대 급수량

급수 계획을 신설하는 경우 계획 1인 1일 최대 급수량은 도시의 성격, 발전 상황이 흡사한 다른 도시의 실적을 참고로 하며 그 양을 결정할 때에는 과거의 실측 자료를 기초로 하여 결정한다.

(2) 계획 1일 최대 급수량

① 계획 1일 최대 급수량은 수도시설의 규모 결정의 기초가 되는 수량이다.

② 계획 1일 최대 급수량=계획 1인 1일 최대 급수량×계획 급수 인구

(3) 계획 1일 평균 급수량

① 계획 1일 평균 급수량은 약품, 전력 사용량 혹은 유지 관리비나 수도 요금 등의 산정에 사용되므로 재정 계획에 필요한 수량이다.

② 계획 1일 최대 급수량의 70~85%를 표준으로 하여야 한다.

(4) 계획 시간 최대 급수량

① 1일간 시간 변동량이 최대로 될 때의 1시간 급수량을 시간 최대 급수량이라 한다.

② 계획 연차의 계획 1일 최대 급수량이 출현하는 날에 시간 최대 급수량을 산정해서 이것을 계획 시간 최대 급수량이라 하며 이 값은 배수관 설계의 기준이 된다.

6-2 급수 방식

급수 방식은 배수관의 수압과 공급하는 대상의 높이와의 관계에 따라 직결식과 탱크식이 있다.

(1) 직결식 급수 방식

급수 장치의 말단에 있는 급수전까지 배수관의 수압을 이용하여 급수하는 방식이다.

(2) 탱크식 급수 방식

급수 장치의 중간에 저위치 탱크나 고위치 탱크 또는 기압 탱크를 설치하여 물을 일단 저수하여 두었다가 말단에 급수하는 간접적인 방법이다.

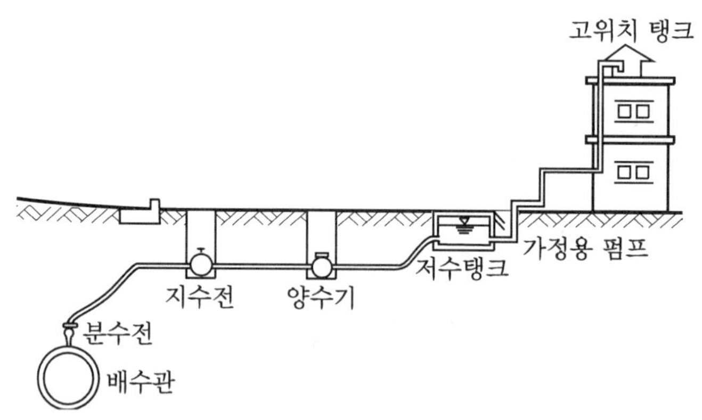

6-3 설계 수량

설계 수량은 1인 1일당 사용 수량, 단위 바닥면적당 사용 수량 또는 각 수도 급수전의 용도별 사용 수량과 이와 동시 사용을 고려한 수량을 표준으로 하며, 수조를 만들어 급수하는 경우에는 사용 수량의 시간적 변화나 탱크 용량을 고려하여 결정한다.

6-4 급수관

급수장치에서 중요한 부분으로 충분한 강도를 가지며 내식성이 크고 수질에 나쁜 영향을 주지 않는 재질이어야 한다.

(1) 급수배관

급수관로는 가능한 한 곡관 배관을 피해서 직선 배관으로 하고 도중에 하수도나 오수조 등 오염원이 있을 때는 교차 연결을 피하고 우회 배관으로 설치해야 한다.

(2) 급수관경

급수관의 관경은 배수관의 계획 최소동수압에서도 설계 수량을 충분히 공급할 수 있는 크기가 되어야 한다.

(3) 급수관의 매설 깊이

① 급수관의 매설 깊이는 일반적으로 60cm 이상으로 한다.

② 공공도로에 관을 매설할 경우에는 「도로법」 및 관계 법령에 따라야 하며 도로 관리자와 협의해야 한다.

③ 공공도로 이외에 관을 매설해야 할 경우에는 매설 깊이를 관경 900mm 이하는 120cm 이상, 관경 1000mm 이상에서는 150cm 이상으로 한다.

④ 한랭지에서는 동결 깊이보다 20cm 이상 깊게 매설해야 하며 관경 500mm 이상의 관에서는 관경의 0.5배 이상 깊게 매설해야 한다.

(4) 급수관의 포설

① 급수관은 매설물과 근접하는 장소에 포설할 때는 타 매설물과 적어도 30cm 이상의 간격을 유지해야 한다.

② 급수관이 노출 배관되는 장소는 외력, 수압 등에 따른 진동과 휨으로 손상받기 쉬우므로 반드시 1~2m 간격으로 고정해야 한다.

6-5 교차 연결

음용수를 공급하는 어떤 수도와 음용에 대한 안전성에 의심이 가는 다른 계통의 수도와의 사이에서 관 등이 물리적으로 연결되는 것을 말한다. 즉, 배수관 내의 수압은 안정된 것이 이상적이지만 압력 저하, 진공 발생으로 오수에 연결된 관이나 용기로부터 공공상수도에 오수의 유입이 가능하게 되는 현상을 교차 연결(cross connection)이라 한다.

(1) 교차 연결의 발생 원인

① 물의 사용량 변화가 심할 때

② 화재 등으로 소화전을 열었을 때

③ 배수관이 파열되거나 절단되는 사고가 일어났을 때

④ 배수관의 수리나 청소를 위하여 니토관을 열었을 때

⑤ 지반의 고저 차이가 심한 급수 구역의 고지대에서 압력 저하가 일어났을 때

⑥ 배수관에 직접 연결된 가압 펌프의 운전에 따라 상류 측에 압력 저하가 일어났을 때

(2) 교차 연결의 방지 대책

① 수도관과 하수관을 같은 위치에 매설하지 않도록 한다.

② 수도 본관에 진공이 발생하는 경우 진공 발생을 제거하는 공기 밸브를 부착시킨다.

③ 화장실의 flush valve에 진공 파괴 장치를 부착시킨다.

④ 연결관에 수압차를 두어서는 안 된다.

예상문제

Engineer Water Pollution Environmental
수질환경기사

1. 다음 급수량 계산에 대한 설명 중 틀린 것은?

① 계획 1일 최대 급수량은 계획 1인 1일 최대 급수량에 계획 급수 인구를 곱하여 결정한다.
② 계획 1일 평균 급수량은 계획 1일 최대 급수량의 60~70%를 표준으로 하여야 한다.
③ 1일 평균 급수량은 연간 총 급수량을 365일로 나눈 값이다.
④ 계획 1일 평균 급수량은 약품, 전력 사용량이나 유지 관리비와 상수도 요금의 산정 등에 사용된다.

해설 계획 1일 평균 급수량은 계획 1일 최대 급수량의 70~85%를 표준으로 하여야 한다.

2. 상수도 급수 배관에 관한 설명으로 틀린 것은?

① 급수관을 공공도로에 부설할 경우에는 도로관리자가 정한 점용 위치와 깊이에 따라 배관해야 하며 다른 매설물과의 간격을 30cm 이상 확보해야 한다.
② 급수관을 부설하고 되메우기를 할 때에는 양질토 또는 모래를 사용하여 적절하게 다짐한 후 관을 보호한다.
③ 급수관이 개거를 횡단하는 경우에는 가능한 한 개거의 위로 부설한다.
④ 동결이나 결로의 우려가 있는 급수장치의 노출 부분에 대해서는 적절한 방한조치나 결로 방지 조치를 강구한다.

해설 급수관이 개거를 횡단하는 경우에는 가능한 한 개거의 아래로 부설한다.

3. 교차 연결(cross connection)에 대한 설명으로 맞는 것은?

① 음용수관과 오염된 오수관이 직접이나 간접적으로 연결된 것을 말한다.
② 2개의 하수관이 ∠90°으로 서로 연결된 것을 말한다.
③ 하수관거가 장애물 밑이나 위로 교차됨을 말한다.
④ 상수도관과 하수도관이 반지름 1m 이내로 서로 교차됨을 말한다.

해설 음용수를 공급하는 어떤 수도와 음용에 대한 안전성에 의심이 있는 다른 계통의 수도 사이에 관 등이 물리적으로 연결되는 것을 말한다.

4. 교차 연결의 방지 조작과 관계없는 것은 어느 것인가?

① 공기변(air vent)을 부착한다.
② 수도와 하수관거의 동일 매설을 회피한다.
③ 연결관에 수압차를 둔다.
④ 진공 브레이커를 설치한다.

해설 연결관에 수압차를 두어서는 안 된다.

5. 급수탑 내의 수위가 지표면에서 20m이면 탑 밑 지면에 위치하는 급수전에서의 수압은 몇 kg/cm^2인가?

① 2 ② 5
③ 18 ④ 20

해설 $\Delta P = r \times h$

$$= 1000\text{kg/m}^3 \times 20\text{m} \times \frac{10^{-4}\text{m}^2}{\text{cm}^2}$$

$$= 2\text{kg/cm}^2$$

정답 1. ② 2. ③ 3. ① 4. ③ 5. ①

7
Chapter

하수도시설 계획

7-1 하수관거 계획

(1) 오수관거 계획

오수관거 계획은 다음 사항을 고려하여 정한다.

① 오수관거 : 계획 시간 최대 오수량을 기준으로 계획한다.
② 차집관거 : 합류식에서 하수의 차집관거는 우천 시 계획 오수량을 기준으로 계획한다.
③ 합류식 관거 : 계획 우수량+계획 시간 최대 오수량을 기준으로 계획한다.
④ 관거는 원칙적으로 암거로 하며 수밀한 구조로 해야 한다.
⑤ 관거의 배치는 지형, 지질, 도로 폭 및 지하 매설물 등을 고려하여 정한다.
⑥ 관거의 단면, 형상 및 경사는 관거 내에 침전물이 퇴적하지 않도록 적당한 유속을 확보할 수 있도록 한다.
⑦ 관거의 역사이펀은 가능한 한 피하도록 한다.
⑧ 오수관거와 우수관거가 교차하여 역사이펀을 피할 수 없는 경우에는 오수관거를 역사이펀으로 하는 것이 바람직하다.

(2) 우수관로 계획

우수관로 계획은 수두 손실을 최소로 하도록 계획하며 동수구배선이 지표면보다 높지 않도록 한다. 관거 내의 단면 형상 및 구배는 관거 내에 침전물이 퇴적되지 않도록 유속 1.0~1.8m/s가 확보되도록 한다. 그리고 관거의 분류점, 합류점, 굴곡부 및 맨홀 등에서의 에너지 손실을 가능한 한 적도록 배치한다.

(3) 하수도 계획

하수도 계획은 오수의 배제, 처리 및 우수 배제의 기능을 기본적으로 하며 환경 기준의 달성을 위하여 계획되어야 한다. 하수도 계획의 목표 연도는 원칙적으로 20년 후로 하며 계획 구역은 행정상의 경계에만 의존하지 말고 배수 지역별로 광역적·종합적으로 계획을 수립해야 한다.

7-2 하수의 배제 방식

오수와 우수를 별개의 하수관거에 의하여 배제하는 방식인 분류식과 오수와 우수를 한 개의 하수관거에 의하여 배제하는 합류식이 있다.

(1) 배제 방식의 비교

검토 사항		분류식	합류식
건설면	관로 계획	오수와 우수를 별개의 관로에 배제하기 때문에 오수의 배제 계획이 합리적으로 된다.	우수를 신속히 배수하기 위해서 지형 조건에 적합한 관로망이 된다.
	시공	오수관거와 우수관거와의 2계통을 동일 도로에 매설하는 것은 매우 곤란하다. 오수관거에서는 소구경 관거를 매설하므로 시공이 용이하지만 관거의 경사가 급하면 매설 깊이가 크게 된다.	대구경 관거가 되면 좁은 도로에서의 매설에 어려움이 있다.
	건설비	오수관거와 우수관거의 2계통을 건설하는 경우는 비싸지만 오수관거만을 건설하는 경우는 가장 저렴하다.	대구경 관거가 되면 1계통으로 건설되어 오수관거와 우수관거의 2계통을 건설하는 것보다 저렴하지만 오수관거만을 건설하는 것보다는 비싸다.
유지관리면	관거오접	철저한 감시가 필요하다.	없음
	관거 내 퇴적	관거 내의 퇴적이 적다. 수세 효과는 기대할 수 없다.	청천 시에 수위가 낮고 유속이 적어 오물이 침전하기 쉽다. 그러나 우천 시에 수세 효과가 있기 때문에 관거 내의 청소 빈도가 적을 수 있다.
	처리장으로의 토사 유입	토사의 유입은 있지만 합류식 정도는 아니다.	우천 시에 처리장으로 다량의 토사가 유입되어 장기간에 걸쳐 수로 바닥, 침전지 및 슬러지 소화조 등에 퇴적한다.
	관거 내의 보수	오수관거에서는 소구경 관거에 의한 폐쇄의 우려가 있으나 청소는 비교적 용이하다. 측구가 있는 경우는 관리에 시간이 걸리고 불충분한 경우가 많다.	폐쇄의 염려가 없다. 검사 및 수리가 비교적 용이하다. 청소에 시간이 걸린다.
	기존 수로의 관거	기존의 측구가 존속할 경우는 관리자를 명확하게 할 필요가 있다. 수로부의 관리 및 미관상의 문제가 많다.	관리자가 불명확한 수로를 통폐합하고 우수 배제 계통을 하수도 관리자가 총괄하여 관리할 수 있다.

<table>
<tr><td rowspan="3">수질보전면</td><td>우천 시의 월류</td><td>없음</td><td>일정량 이상이 되면 우천 시 오수가 월류한다.</td></tr>
<tr><td>청천 시의 월류</td><td>없음</td><td>없음</td></tr>
<tr><td>강우 초기의 노면 세정수</td><td>노면의 오염물이 포함된 세정수가 직접 하천으로 유입된다.</td><td>시설의 일부를 개선 또는 개량하면 강우 초기의 오염된 우수를 수용해서 처리할 수 있다.</td></tr>
<tr><td rowspan="2">환경면</td><td>쓰레기 등의 투기</td><td>측구가 있거나 우수관거에 개거가 있을 경우 쓰레기 등이 불법 투기되는 일이 있다.</td><td>없음</td></tr>
<tr><td>토지 이용</td><td>기존의 측구를 존속할 경우에는 뚜껑의 보수가 필요하다.</td><td>기존의 측구를 폐지할 경우에는 도로 폭을 유효하게 이용할 수 있다.</td></tr>
</table>

(2) 토구의 선정

토구는 하수도 시설로부터 하수를 공공수역에 방류하는 시설을 말하며 다음 3가지로 분류된다.

① 처리장에서 처리수의 토구

② 분류식에서 우수토구 및 펌프장의 토구

③ 합류식에서 우수토구 및 펌프장의 토구

7-3 우수 배제 계획

(1) 계획 우수량

① 최대 계획 우수량의 유출량을 산정할 때는 합리식에 의하는 것으로 한다.

② 유출계수는 토지 이용도별 기초 유출계수로부터 총괄 유출계수를 구하는 것을 원칙으로 한다.

③ 확률 연수는 원칙적으로 10～30년, 빗물 펌프장의 확률 연수는 30～50년을 원칙으로 하되 지역의 중요도 또는 방재상 필요성이 있는 경우는 이보다 크게 또는 작게 정할 수 있다.

④ 유달 시간은 유입 시간과 유하 시간을 합한 것으로서 전자는 최소 단위 배수구의 지표면 특성을 고려하여 구하고, 후자는 최상류 관거의 끝으로부터 하류 관거의 어떤 지점까지의 거리를 계획 유량에 대응한 유속으로 나누어 구하는 것을 원칙으로 한다.

⑤ 배수면적은 지형도를 기초로 도로, 철도 및 기존 하천의 배치 등을 답사에 의해 충분히 조사하고 장래의 개발 계획도 고려하여 정확히 구해야 한다.

(2) 우수관거 계획

① 관거의 능력을 결정하는 경우에는 우수관거에 합류하는 계획 우수량을 기초로 한다. 즉 합류식 관거에 있어서는 계획 우수량과 계획 시간 최대 오수량을 더한 값으로 한다.

② 관거의 배치는 수두 손실을 최소화할 수 있도록 고려하며 지형, 지질, 도로폭원 및 지하 매설 등을 충분히 고려한다.

7-4 오수 처리·이용 계획

(1) 계획 인구

계획 인구는 계획 목표 연도에서의 계획 구역 내 발전 상황을 예측하여 다음 사항을 기초로 하여 정한다.

① 계획 총인구는 국토 계획 및 도시 계획 등에 의해 정해진 인구를 기초로 결정한다.

② 계획 구역 내의 인구분포는 토지이용계획에 의한 인구밀도를 참고로 하고 계획 총인구를 배분하여 정한다.

(2) 계획 오수량

① 생활 오수량 : 생활 오수량의 1인 1일 최대 오수량은 계획 목표 연도에서 계획 지역 내 상수도 계획상의 1인 1일 최대 급수량을 감안하여 결정하며 용도 지역별로 가정 오수량과 영업 오수량의 비율을 고려한다.

② 공장 폐수량 : 공장용수 및 지하수 등을 사용하는 공장 및 사업소 중 폐수량이 많은 업체에 대해서는 개개의 폐수량 조사를 기초로 하여 장래의 확장이나 신설을 고려하며, 그 밖의 업체에 대해서는 출하액당 용수량 또는 부지 면적당 용수량을 기초로 정한다.

③ 지하수량 : 지하수량은 1인 1일 최대 오수량의 10~20%로 한다.

④ 계획 1일 최대 오수량 : 계획 1일 최대 오수량은 1인 1일 최대 오수량에 계획 인구를 곱한 값에 공장 폐수량, 지하수량 및 기타 배수량을 더한 것으로 한다.

⑤ 계획 1일 평균 오수량 : 계획 1일 평균 오수량은 계획 1일 최대 오수량의 70~80%를 표준으로 한다.

⑥ 계획 시간 최대 오수량 : 계획 시간 최대 오수량은 계획 1일 최대 오수량의 1시간당 수량의 1.3~1.8배를 표준으로 한다.

⑦ 합류식에서 우천 시 계획 오수량은 원칙적으로 계획 시간 최대 오수량의 3배 이상으로 한다.

7-5 소규모 하수도의 기본 계획

(1) 소규모 하수도의 정의

소규모 하수도는 하나의 하수도 계획 구역에서 계획 인구가 약 10000명 이하인 하수도를 말한다. 단, 농어촌 마을단위의 하수도사업은 마을하수도로 구분한다. 소규모 하수도 계획은 다음과 같은 소규모 고유의 특성을 충분히 고려하여 계획할 필요가 있다.

① 도시근교 및 관광지 일부의 마을을 제외하고는 급격한 사회적 변동이 생길 가능성이 작다.

② 계획 구역이 작고 처리 구역 내의 생활양식이 유사하며 유입하수의 수량 및 수질의 변동이 크다.

③ 처리수의 방류 지점이 유량이 작은 소하천, 소호소 및 농업용수로 등이므로 처리수의 영향을 받기가 쉽다.

④ 하수도 운영에 있어서 지역 주민과 밀접한 관련을 갖는다.

⑤ 계획 오수량이 작기 때문에 특정한 사업장에서 배출되는 배수에 의한 수량, 수질의 연간 변동 및 일간 변동에 영향을 받기 쉽다.

⑥ 일반적으로 건설비 및 유지 관리비가 비싸지는 경향이 있다.

⑦ 슬러지의 발생량이 적고 녹농지(산림, 목초지, 공원 등)가 많으므로 하수 슬러지의 녹농지 이용이 쉽다.

⑧ 고장 및 유지보수 시 기술자의 확보가 곤란하고 제조업체에 의한 신속한 서비스를 받기 어렵다.

⑨ 소규모 하수도를 계획하는 지자체는 일반적으로 재정 규모가 작고, 재원의 확보에 곤란을 겪는 경향이 있다.

(2) 배제 방식

배제 방식은 분류식을 원칙으로 한다. 단, 우수 배제 계획은 원칙적으로 기존의 배수시설을 최대한 활용하여 계획한다.

7-6 관거시설

관거시설은 관거, 맨홀, 우수토실, 토구, 물받이(오수, 우수 및 집수받이) 및 연결관 등을 포함한 시설의 총칭이며 주택, 상업 및 공업지역 등에서 배출되는 오수나 우수를 모아서 처리장 또는 방류수역까지 유하시키는 역할을 한다.

(1) 계획 하수량

① 오수관거에서는 계획 시간 최대 오수량으로 한다.

② 우수관거에서는 계획 우수량으로 한다.

③ 합류식 관거에서는 계획 시간 최대 오수량에 계획 우수량을 합한 것으로 한다.

④ 차집관거에서는 우천 시 계획 오수량으로 한다.

⑤ 지역의 설정에 따라 계획 하수량에 여유율을 둘 수 있다. 일반적으로 소구경 관거(200~600mm)에서는 약 100%, 중구경 관거(700~1500mm)에서는 약 50~100%, 대구경 관거(1650~3000mm)에서는 약 25~50% 정도의 여유율을 갖도록 하는 것이 좋다.

(2) 유속 및 경사

일반적으로 하류로 갈수록 유량이 증대되고 관경이 커지기 때문에 유속은 하류로 갈수록 흐름에 따라 점차 커지며, 구배는 하류로 갈수록 점차 감소시켜야 한다.

① 관거 내에 토사 등이 침전·정체하지 않는 유속이어야 한다.

② 하류관거의 유속은 상류관거의 유속보다 크게 해야 한다.

③ 구배는 하류로 갈수록 완만하게 해야 한다.

④ 오수관거 : 시간 최대 오수량에 대하여 유속을 최소 0.6m/s, 최대 3.0m/s로 한다.

⑤ 우수관거 및 합류관거 : 계획 우수량에 대하여 유속을 최소 0.8m/s, 최대 3.0m/s로 한다.

⑥ 급경사지 등에서 유속이 크면 관거의 손상뿐만 아니라 유수의 유달 시간이 단축되어 하류 지점에서의 유량이 크게 되므로 단차 및 계단을 두어 경사를 완만하게 하여 유속을 작게 하여야 한다. 합류관거, 우수관거, 오수관거의 이상적인 유속은 1.0~1.8m/s 정도이다.

7-7 관거의 종류와 단면

(1) 관거의 종류

① 철근 콘크리트관 : 현재로는 안지름 1800mm까지로 규격화되어 있고, 비교적 가격이 저렴하며 내산성 및 내알칼리성이 약하다.

② 원심력 철근 콘크리트관 : 발명자의 이름을 따서 흄(hume)관이라고도 한다. 재질은 철근 콘크리트관과 유사하며 원심력에 의해 굳혀졌기 때문에 강도가 뛰어나므로 하수관거용으로 가장 많이 사용되고 있다. 내산성 및 내알칼리성이 약하다.

③ 도관 : 내산성 및 내알칼리성이 뛰어나고 마모에 강하며 이형관을 제조하기 쉽다는

장점이 있으나 충격에 다소 약하기 때문에 취급 및 시공 시 주의해야 한다. 국내에서는 도관의 사용 실적이 많지 않으나 외국의 경우 수질의 변화가 심하여 부식의 염려가 많은 400mm 이하의 소형 오수관거용으로 많이 이용되고 있다.

④ 경질염화비닐관 : PVC관은 관 자체의 중량이 적게 나가는 반면에 중량에 비하여 강도면에서 강하고 내산성 및 내알칼리성도 강하며 안지름은 400mm까지 규격화되어 있다.

⑤ 현장 타설 철근 콘크리트관 : 공장 제품의 사용이 불가능한 경우, 큰 단면 및 특수한 단면을 필요로 하는 경우 및 특히 고강도를 필요로 하는 경우 등에는 현장에서 직접 타설하는 철근 콘크리트관을 사용한다.

⑥ 폴리에틸렌관 : 폴리에틸렌관은 폴리에틸렌 중합체를 주체로 한 고밀도 폴리에틸렌을 사용하여 압출 등의 방법에 의하여 성형하며, 가볍고 취급이 용이하여 시공성이 좋다. 또한 내산·내알칼리성이 우수한 장점이 있지만 특히 부력에 대한 대응과 되메우기 시 다짐 등에 유의해야 한다.

⑦ 덕타일 주철관 : 내압성과 내식성이 우수하여 일반적으로 압력관, 처리장 내의 연결관 및 송풍용관, 차집관거 등 다양한 용도에 쓰이고 있다.

(2) 관거의 단면

구분	장 점	단 점
원형	1. 수리학적으로 유리하다. 2. 일반적으로 안지름 3000mm 정도까지 공장 제품을 사용함으로써 공사 기간을 단축할 수 있다. 3. 역학 계산이 간단하다.	1. 안전하게 지지시키기 위해서 모래 기초 외에 별도로 기초공을 필요로 하는 경우가 있다. 2. 공장 제품이므로 연결부가 많아져 지하수의 침투량이 많아진다.
직사각형	1. 시공 장소의 토피 및 폭원에 제한을 받는 경우 유리하며 공장 제품을 사용할 수 있다. 2. 역학 계산이 간단하다. 3. 만류가 되기까지는 수리학적으로 유리하다.	1. 철근이 해를 받을 경우 상부 하중에 대하여 매우 불안하게 된다. 2. 현장 타설의 경우에 공사 기간이 지연되기 때문에, 공사의 신속을 도모하기 위해 상부를 따로 제작해 나중에 덮는 방법을 사용한다.
마제형	1. 대구경관에 유리하며, 경제적이다. 2. 수리학적으로 유리하다. 3. 상반부의 아치 작용에 의해 역학적으로 유리하다.	1. 단면 형상이 복잡하기 때문에 시공성이 열악하다. 2. 현장 타설의 경우는 공사 기간이 길어진다.
계란형	1. 유량이 적은 경우 원형관에 비하여 수리학적으로 유리하다. 2. 원형관에 비해 관 폭이 작아도 되므로 수직 방향의 토압에 유리하다.	1. 재질에 따라 제조비가 늘어나는 경우가 있다. 2. 수직 방향의 시공에 정확도가 요구되므로 면밀한 시공이 필요하다.

관거의 단면 형상에는 원형 또는 직사각형을 표준으로 하고 소규모 하수도에서는 원형 또는 계란형을 표준으로 한다. 암거의 경우 원형, 직사각형, 말굽형 및 계란형 등이 있는데 일반적으로 원형을 가장 많이 사용한다.

(3) 최소 관경

① 오수관거 200mm를 표준으로 한다. 단, 장래에도 하수량의 증가가 예상되지 않는 경우에는 150mm로 할 수 있다.

② 우수관거 및 합류관거 250mm를 표준으로 한다.

(4) 관거의 보호

① 외압에 대한 관거의 보호 : 철도 횡단, 하천 제방 횡단 또는 하저 횡단 시 바깥둘레 쌓기에는 철근 콘크리트로 종방향의 보강을 충분히 해야 한다.

② 관거의 내면 보호 : 관거의 내면이 마모 및 부식 등에 따른 손상의 위험이 있을 때는 내마모성, 내부식성 등이 우수한 재질의 관거를 사용하거나 관거의 내면을 적당한 방법으로 라이닝(lining) 또는 코팅(coating)을 해야 한다.

③ 마스톤(Marston) 공식 : 토압 계산에 가장 널리 이용되는 공식

$$W = C_1 \cdot \gamma \cdot B^2$$

여기서, W : 관이 받는 하중(kN/m)

γ : 매설토의 단위 중량(kN/m^3)

B : 폭 요소(width factor)로서 관의 상부 90° 부분에서의 관 매설을 위하여 굴토한 도랑의 폭(m)

C_1 : 흙의 종류, 흙 두께, 굴착폭 등에 따라 결정되는 상수

④ 관정 부식(crown corrosion) : 관거 내가 혐기성 상태가 될 때 혐기성균이 하수에 포함된 황을 환원시켜 황화수소를 발생시키고 이 황화수소가 관거의 천장 부근에서 황산 산화균에 의하여 황산이 된다. 이것은 콘크리트관에 함유된 철, 칼슘, 알루미늄 등과 반응하여 황산염이 되면서 부식되는데, 이에 대한 방지 대책은 다음과 같다.

(가) 하수의 유속을 증가시켜 하수관 내 유기물질의 퇴적을 방지한다.

(나) 용존산소 농도를 증가시켜 하수 내 생성된 황화물을 산화시킨다.

(다) 콘크리트관 내부를 PVC나 기타 물질로 피복하고 이음 부분은 합성수지를 사용하여 내산성이 있게 한다.

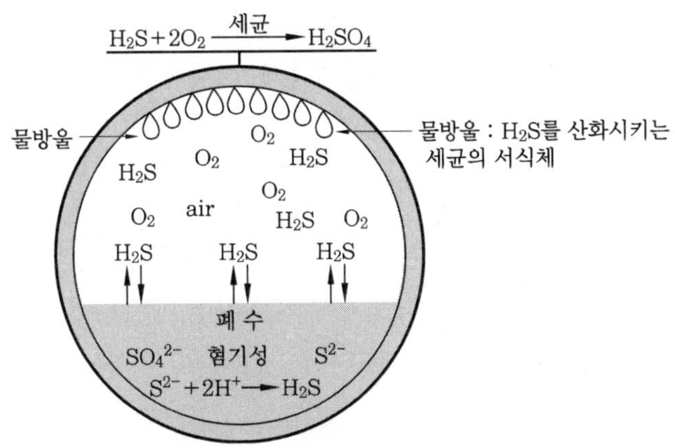

7-8 관거의 접합과 연결

(1) 관거의 접합

① 관거의 관경이 변화하는 경우 또는 2개의 관거가 합류하는 경우의 접합 방법은 원칙적으로 수면 접합 또는 관정 접합으로 한다.

(가) 수면 접합 : 수리학적으로 대개 계획 수위를 일치시켜 접합시키는 것으로서 양호한 방법이다.

(나) 관정 접합 : 관정을 일치시켜 접합하는 방법으로 유수는 원활한 흐름이 되지만 굴착 깊이가 증가됨에 따라 공사비가 증대하고 펌프로 배수하는 지역에서는 양정이 높게 된다.

(다) 관중심 접합 : 중심을 일치시키는 방법으로 수면 접합과 관정 접합의 중간적인 방법이다.

(라) 관저 접합 : 관거의 내면 바닥이 일치되도록 접합하는 방법이다. 이 방법은 굴착 깊이를 얕게함으로써 공사 비용을 줄일 수 있으며 수위 상승을 방지하고 양정고를 줄일 수 있기 때문에 펌프로 배수하는 지역에 적합하다. 그러나 상류부에서는 동수 경사선이 관정보다 높이 올라갈 우려가 있다.

② 지표의 경사가 급한 경우에는 관경 변화의 유무와 관계없이 원칙적으로 지표의 경사에 따라 단차 접합 또는 계단 접합으로 한다.

(가) 단차 접합 : 지표의 경사에 따라 적당한 간격으로 맨홀을 설치한다. 1개소당 단차는 1.5m 이내로 하는 것이 바람직하다.

(나) 계단 접합 : 일반적으로 대구경 관거 또는 현장 타설 관거에 설치한다. 계단의 높이는 1단 당 0.3m 이내 정도로 하는 것이 바람직하다.

③ 2개의 관거가 합류하는 경우의 중심 교각은 되도록 60° 이하로 하고 곡선을 갖고 합류하는 경우의 곡률 반지름은 안지름의 5배 이상으로 한다.

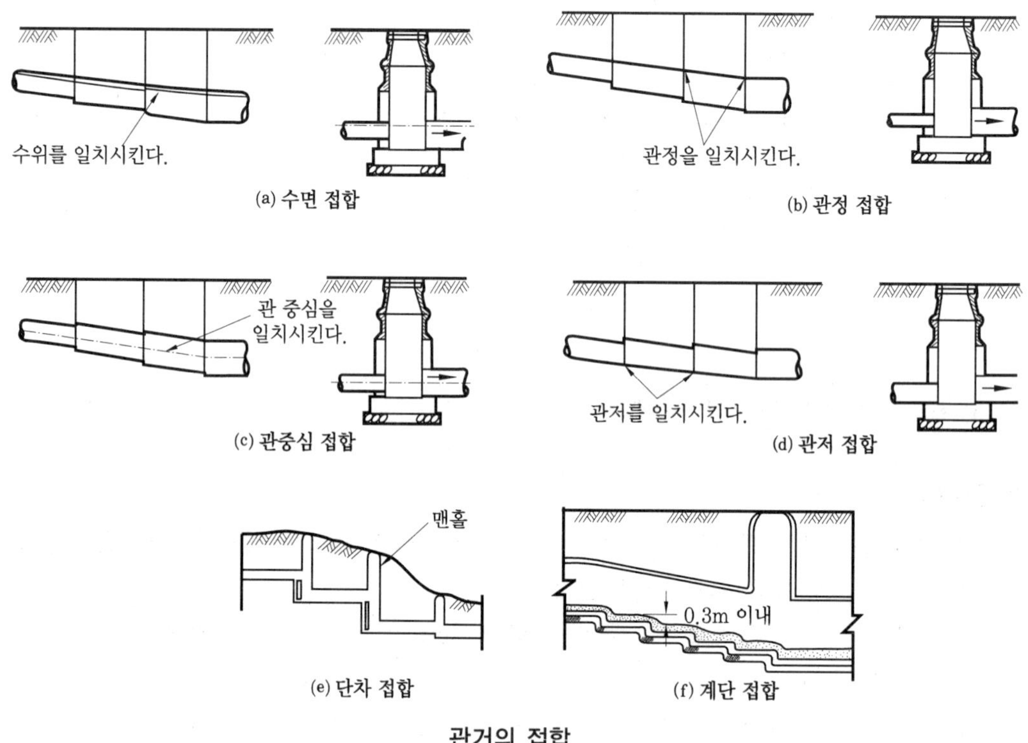

관거의 접합

7-9 역사이펀

하천, 수로, 철도 및 이설이 불가능한 지하 매설물의 아래 하수관을 통과시킬 경우에 역사이펀 압력관으로 시공하는 부분을 역사이펀(inverted syphon)이라고 한다. 역사이펀은 시공이 곤란할 뿐 아니라 유지 관리상에도 문제가 많다. 따라서 지하 매설물 등을 잘 처리하여 가능한 한 피하는 것이 바람직하다.

① 역사이펀 관거는 일반적으로 복수로 하고 호안, 기타 구조물의 하중 및 그들의 부등침하에 대한 영향을 받지 않도록 한다. 또한 설치 위치는 교대, 교각 등의 바로 밑은 피한다.

② 역사이펀 관거의 유입구와 유출구는 손실 수두를 적게 하기 위하여 종 모양(bell mouth)으로 하고 관거 내의 유속은 상류측의 유속보다 20~30% 증가시킨다.

참고 역사이펀에서의 손실 수두

$$H = I \cdot L + 1.5 \cdot \frac{V^2}{2g} + \alpha$$

여기서, H : 역사이펀관에서의 손실 수두(m), I : 동수경사, L : 역사이펀 관거의 길이(m), V : 역사이펀 관거 내의 유속(m/s), g : 중력가속도(9.8m/s^2), α : 여유량 (30~50mm)

③ 역사이펀에는 호안 및 기타 눈에 띄기 쉬운 곳에 표식을 설치하여 역사이펀 관거의 크기 및 매설 깊이 등을 명확히 표시하는 것이 좋다.

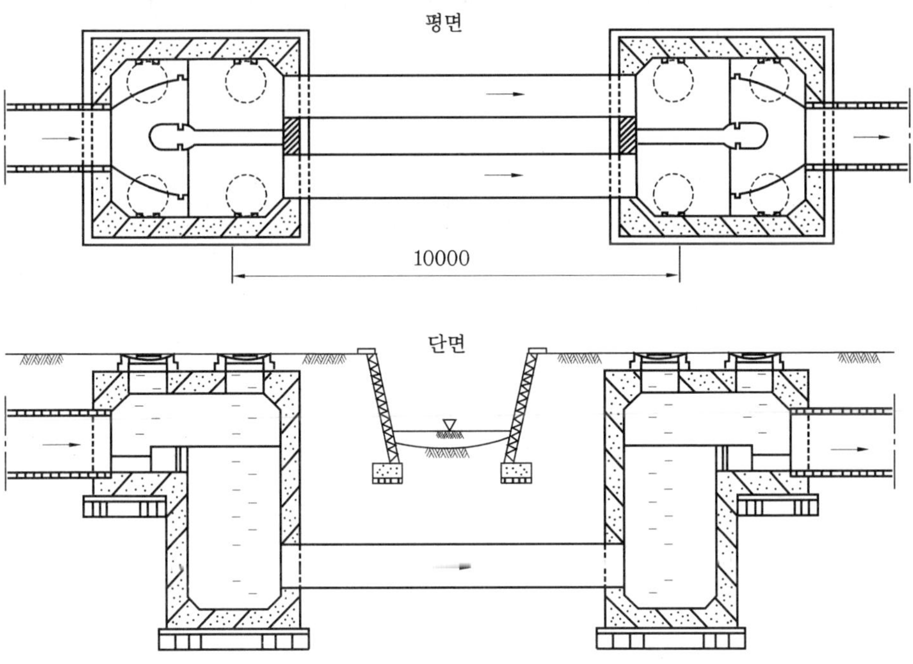

7-10 맨홀

맨홀(manhole)은 하수관거의 청소·점검 및 환기 등을 위하여 필요할 뿐만 아니라 관거의 접합을 위해 반드시 설치해야 하며 맨홀의 설치 장소 및 간격 결정 시 유지 관리의 편리성이 우선적으로 고려되어야 한다.

(1) 배치

① 맨홀은 관거의 기점, 방향, 경사 및 관경 등이 변하는 곳, 단차가 발생하는 곳, 관거가 합류하는 곳, 관거의 유지 관리상 필요한 장소 등에 반드시 설치한다.

② 관거의 직선부에서도 맨홀의 최대 간격은 600mm 이하의 관에서 75m, 600mm 초과 1000mm 이하의 관에서 100m, 1000mm 초과 1500mm 이하의 관에서 150m, 1650mm 이상의 관에서는 200m를 표준으로 한다.

(2) 맨홀 부속물

① 인버트(invert) : 맨홀의 유지 관리를 위하여 작업원이 작업할 때 맨홀 내에 퇴적물이 쌓이게 되면 상당히 불편하고 하수가 원활히 흐르지 못하기 때문에 부패되고 악취가 발생한다. 이를 방지하기 위하여 바닥에 인버트를 설치한다.

② 발디딤부 : 맨홀 내부로 출입하기 위해 만든 시설이다.

③ 맨홀 뚜껑 : 환기 구멍을 두어 하수도에서 발생하는 악취 및 폭발성 기체를 방출할 수 있는 구조가 되도록 한다.

(3) 우수토실

합류식에서 우수 유출량의 전량을 처리장으로 보내 처리하는 것은 관거 및 처리장 시설의 증대를 초래하여 비경제적이기 때문에 우수토실을 설치하여 오수로 취급하는 하수량(우천 시 계획오수량) 이상의 우수는 바로 하천이나 해역 및 호소 등으로 방류하거나 관거를 통하여 방류할 수 있도록 한다.

① 우수토실을 설치하는 위치는 차집관거의 배치, 방류수면 및 방류지역의 주변 환경을 고려하여 선정한다.

② 우수토실에서 우수 월류량은 계획 하수량에서 우천 시 계획 오수량을 뺀 양으로 한다.

③ 우수월류위어의 위어 길이(L)을 계산하는 식

$$L = \left[\frac{Q}{1.8H^{\frac{3}{2}}} \right]$$

여기서, L[m] : 위어 길이, Q[m^3/s] : 우수 월류량

H[m] : 월류수심(위어 길이 간의 평균값)

7-11 물받이 및 연결관

(1) 물받이의 분류

공공하수도로서의 물받이에 오수받이, 빗물받이, 집수받이 등이 있는데 배제 방식에 따라 적당히 선정하여 배치하도록 한다. 물받이는 배수 설비와 연결관의 효율적인 유지 관리를 목적으로 설치하며 물받이는 도로상에 설치하는 것이 원칙이다.

(2) 오수받이

가정 오수 및 공장 배수 등을 받아 하수관거로 유하시키기 위한 시설이다.

① 설치 구조 : 가정 오수만을 수용하도록 하고 우수 유입을 방지할 수 있는 구조로 한다.

② 설치 위치 : 공공도로와 사유지의 경계 부근의 유지 관리상 지장이 없는 장소에 설치한다.

③ 오수받이의 규격은 내경 300~700mm 정도로서 원활한 하수의 흐름과 유지관리 관점에서 계획한다.

④ 오수받이의 저부에는 반드시 인버트를 설치한다.

(3) 빗물받이

도로 내 우수를 모아서 공공하수도로 유입시키는 시설이다. 빗물받이를 설치하면 지면을 통과한 우수가 다량의 모래, 유기물 등과 함께 하수관거에 유입되는 것을 방지할 수 있다.

① 빗물받이는 도로 옆의 물이 모이기 쉬운 장소나 L형 측구의 유하 방향 하단부에 반드시 설치한다. 단, 횡단보도 및 가옥의 출입구 앞에는 가급적 설치하지 않는 것이 좋다.

② 빗물받이의 설치 위치는 보도, 차도 구분이 있는 경우는 그 경계에 설치하고 보도와 차도의 구분이 없는 경우에는 도로와 사유지의 경계에 설치한다.

③ 노면 배수용 빗물받이 간격은 약 10~30m 정도로 하지만 되도록 도로 폭 및 경사별 설치기준을 고려하여 적당한 간격으로 설치하도록 한다.

(4) 집수받이

우수받이의 일종으로 개거와 암거의 접속하는 부분에 설치하는 것이다.

예상문제

Engineer Water Pollution Environmental
수질환경기사

1. 하수도 관거 계획 시 고려할 사항으로 틀린 것은?

① 오수관은 계획 시간 최대 오수량을 기준으로 계획한다.
② 오수관거와 우수관거가 교차하여 역사이펀을 피할 수 없는 경우 우수관을 역사이펀으로 하는 것이 좋다.
③ 분류식과 합류식이 공존하는 경우에는 원칙적으로 양 지역의 관거는 분리하여 계획한다.
④ 관거는 원칙적으로 암거로 하며 수밀한 구조로 하여야 한다.

해설 오수관거와 우수관거가 교차하여 역사이펀을 피할 수 없는 경우 오수관을 역사이펀으로 하는 것이 좋다.

2. 계획 우수량을 정하기 위하여 고려하여야 하는 사항 중 확률 연수는 원칙적으로 몇 년으로 하는가?

① 3~5년 ② 10~30년
③ 10~20년 ④ 20~30년

해설 확률 연수는 원칙적으로 10~30년, 빗물펌프장의 확률 연수는 30~50년을 원칙으로 하되 지역의 중요도 또는 방재상 필요성이 있는 경우는 이보다 크게 정할 수 있다.

3. 하수의 배제 방식 중 합류식에 관한 설명으로 틀린 것은?

① 관거 내의 보수 : 폐쇄의 염려가 없다.
② 토지의 이용 : 기존의 측구를 폐지할 경우는 도로폭을 유효하게 이용할 수 있다.
③ 관거 오접 : 철저한 감시가 필요하다.
④ 시공 : 대구경 관거가 되면 좁은 도로에서의 매설에 어려움이 있다.

해설 합류식은 관거 오접에 대한 철저한 감시가 필요 없다.

4. 하수의 배제 방식인 합류식, 분류식을 비교한 내용으로 틀린 것은?

① 관거 오접 : 분류식의 경우 철저한 감시가 필요하다.
② 관거 내 퇴적 : 분류식의 경우 관거 내의 퇴적이 적으나 수세 효과는 기대할 수 없다.
③ 처리장으로의 토사 유입 : 분류식의 경우 토사의 유입은 있으나 합류식의 정도는 아니다.
④ 관거 내의 보수 : 분류식의 경우 측구가 있는 경우는 관리 시간이 단축되고 충분한 관리가 가능하다.

해설 분류식의 경우 오수관거에서는 소구경 관거에 의한 폐쇄의 우려가 있으나 청소는 비교적 용이하다. 측구가 있는 경우 관리에 시간이 많이 걸리고 불충분한 경우가 많다.

5. 하수 관로의 최소 관경으로 옳은 것은?

① 오수관거에서는 350mm, 합류관거에서는 500mm
② 오수관거에서는 300mm, 합류관거에서는 400mm
③ 오수관거에서는 250mm, 합류관거에서는 300mm
④ 오수관거에서는 200mm, 합류관거에서는 250mm

정답 1. ② 2. ② 3. ③ 4. ④ 5. ④

해설 오수관거 : 200mm, 합류관거 : 250mm, 우수관거 : 250mm

6. 오수관거 계획의 기준이 되는 것은?

① 계획 시간 최대 오수량
② 계획 1일 최대 오수량
③ 계획 1일 평균 오수량
④ 우천 시 계획 오수량

해설 오수관거는 계획 시간 최대 오수량을 기준으로 계획한다.

7. 하수관거에 관한 설명 중 옳지 않은 것은?

① 우수관거에서 계획 하수량은 계획 우수량으로 한다.
② 합류식 관거에서 계획 하수량은 계획 시간 최대 오수량에 계획 우수량을 합한 것으로 한다.
③ 차집관거에서 계획 하수량은 계획 시간 최대 오수량으로 한다.
④ 지역의 실정에 따라 계획 하수량에 여유율을 둘 수 있다.

해설 합류식에서 하수의 차집관거는 우천 시 계획 오수량을 기준으로 계획한다.

8. 계획 오수량을 정할 때 고려해야 할 사항 중 알맞지 않은 것은?

① 합류식에서 우천 시 계획 오수량은 원칙적으로 계획 시간 최대 오수량의 3배 이상으로 한다.
② 계획 1일 평균 오수량은 계획 1일 최대 오수량의 70~80%를 표준으로 한다.
③ 지하수량은 1인 1일 최대 오수량의 10~20%로 한다.
④ 계획 1일 최대 오수량은 1인 1일 최대 오수량에 계획 인구를 곱한 것이다.

해설 계획 1일 최대 오수량은 1인 1일 최대 오수량에 계획 인구를 곱한 후 여기에 공장 폐수량, 지하수량 및 기타 배수량을 더한 것이다.

9. 계획 오수량에 대한 설명으로 틀린 것은?

① 합류식에서 우천 시 계획 오수량은 원칙적으로 계획 시간 최대 오수량의 3배 이상으로 한다.
② 계획 1일 최대 오수량은 1인 1일 최대 오수량에 계획 인구를 곱한 후 여기에 공장 폐수량, 지하수량 및 기타 배수량을 더한 것으로 한다.
③ 계획 1일 평균 오수량은 계획 1일 최대 오수량의 70~80%를 표준으로 한다.
④ 계획 시간 최대 오수량은 계획 1일 최대 오수량의 1.2~1.5배를 표준으로 한다.

해설 계획 시간 최대 오수량은 계획 1일 최대 오수량의 1.3~1.8배를 표준으로 한다.

10. 다음은 관거의 접합에 관련된 사항들이다. 옳지 않은 것은?

① 접합의 종류에는 관정 접합, 관중심 접합, 수면 접합, 관저 접합 등이 있다.
② 관거의 관경이 변화하는 경우의 접합 방법은 원칙적으로 수면 접합 또는 관정 접합으로 한다.
③ 두 개의 관거가 합류하는 경우 중심 교각은 되도록 60° 이상으로 한다.
④ 지표의 경사가 급한 경우에는 관경 변화에 대한 유무에 관계없이 원칙적으로 단차 접합 또는 계단 접합을 한다.

해설 2개의 관거가 합류하는 경우 중심 교각은 되도록 60° 이하로 하고 곡선을 갖고 합류하는 경우의 곡률 반지름은 안지름의 5배 이상으로 한다.

정답 6. ① 7. ③ 8. ④ 9. ④ 10. ③

11. **굴착 깊이가 얕아 공기와 공사비가 절감되며, 펌프로 양수하는 경우, 양정고 감소, 수위 상승 방지 등의 장점이 있어 펌프로 배수하는 지역에 적합한 하수관 접합 방식은?**

① 관저 접합 ② 관정 접합
③ 수면 접합 ④ 관중심 접합

해설 관저 접합 : 관거의 내면 바닥이 일치되도록 접합하는 방법으로, 굴착 깊이를 얕게 함으로써 공사 비용을 줄일 수 있으며, 수위 상승을 방지하고 양정고를 줄일 수 있기 때문에 펌프로 배수하는 지역에 적합하다. 그러나 상류부에서는 동수경사선이 관정보다 높이 올라갈 우려가 있다.

12. **하수관거의 접합 방법 중 유수는 원활한 흐름이 되지만 굴착 깊이가 증가되므로 공사비가 증대되고 펌프로 배수하는 지역에서는 양정이 높게 되는 단점이 있는 것은?**

① 수면 접합 ② 관중심 접합
③ 관저 접합 ④ 관정 접합

해설 관정 접합 : 관정을 일치시켜 접합하는 방법으로 유수는 원활한 흐름이 되지만 굴착 깊이가 증가됨으로써 공사비가 증대하고 펌프로 배수하는 지역에서는 양정이 높게 되는 단점이 있다.

13. **일반적으로 사용되는 하수관거의 형태 중 원형관의 장점이라 볼 수 없는 것은?**

① 공장 제품 사용 시 이음이 적어지므로 지하수 침투를 효과적으로 막을 수 있다.
② 역학 계산이 간단하다.
③ 수리학적으로 유리하다.
④ 내경 3m 정도까지 공장 제품을 사용할 수 있어 공기가 단축된다.

해설 공장 제품이므로 연결부가 많아지기 때문에 지하수의 침투량이 많아진다.

14. **단면 형태가 말굽형인 하수관거의 장·단점이 아닌 것은?**

① 소구경 관거에 유리하며 경제적이다.
② 단면 형상이 복잡하기 때문에 시공성이 열악하다.
③ 상반부의 아치 작용에 의해 역학적으로 유리하다.
④ 현장 타설의 경우는 공사 기간이 길어진다.

해설 대구경 관거에 유리하며 경제적이다.

15. **하수도 관거의 단면 형상이 계란형일 때 장·단점으로 맞는 것은?**

① 유량이 큰 경우 원형거에 비해 수리적으로 유리하다.
② 원형거에 비하여 관 폭이 작아도 되므로 수직 방향의 토압에 유리하다.
③ 재질에 따른 제조비의 변화가 없다.
④ 시공의 정확도가 크게 요구되지 않아 비교적 시공이 용이하다.

해설 ㉠ 유량이 적은 경우 원형관에 비하여 수리학적으로 유리하다.
㉡ 재질에 따라 제조비가 늘어나는 경우가 있다.
㉢ 수직방향의 시공에 정확도가 요구되므로 면밀한 시공이 필요하다.

16. **하수관거의 단면이 직사각형인 경우의 설명으로 틀린 것은?**

① 일반적으로 높이가 폭보다 작다.
② 역학 계산이 간단하다.
③ 시공 장소의 흙 두께 및 폭원에 의해 제한을 받는 경우에 유리하다.
④ 현장 타설의 경우 공사 기간이 단축된다.

해설 현장타설의 경우 공사 기간이 지연되

정답 11. ① 12. ④ 13. ① 14. ① 15. ② 16. ④

며, 공사의 신속을 도모하기 위해 상부를 따로 제작해 나중에 덮는 방법을 사용한다.

17. **역사이펀 설계 시 주의할 점이 아닌 것은?**

① 관 내 유속은 관 내에 토사 침전이 없도록 하기 위해 상층 유속보다 20~30% 증가시킨다.
② 관경은 최소 250mm 이상으로 한다.
③ 수조 깊이가 5m 이상인 경우는 중간에 배수펌프 설치대를 둔다.
④ 역사이펀의 유·출입구에는 손실 수두를 낮추기 위해 wire rope형으로 한다.

해설 역사이펀 관거의 유입구와 유출구는 손실 수두를 적게 하기 위하여 종 모양(bell mouth)으로 하고, 관거 내의 유속은 상류측의 유속보다 20~30% 증가시킨다.

18. **철도, 지하철, 하천 등의 장애물을 피하기 위하여 수두경사선 이하로 매설된 하수거 부분을 말하며 수압, 침전, 유량 등을 고려하여 설계 및 시공하여야 하는 것은?**

① 정류벽 ② 역사이펀
③ 접합정 ④ 토구

해설 하천, 수로, 철도 및 이설이 불가능한 지하매설물의 아래에 하수관을 통과시킬 경우 역사이펀 압력관으로 시공해야 하는데, 이것을 역사이펀이라고 한다.

19. **소규모 하수도의 배제 방식에 관한 설명으로 알맞은 것은?**

① 기존의 배수 방식을 원칙으로 한다.
② 합류식을 원칙으로 한다.
③ 분류식을 원칙으로 한다.
④ 합류식과 분류식의 절충식을 원칙으로 한다.

해설 배제 방식은 분류식을 원칙으로 한다. 단, 우수 배제 계획은 원칙적으로 기존의 배수시설을 최대한 활용하여 계획한다.

20. **다음 ( ) 안에 알맞은 내용은?**

> 소규모 하수도는 하나의 하수도 계획 구역에서 계획 인구가 ( ) 이하인 하수도를 말한다. 단, 농어촌 마을 단위의 하수도사업은 마을 하수도로 구분한다.

① 약 100명 ② 약 1000명
③ 약 10000명 ④ 약 100000명

해설 소규모 하수도는 하나의 하수도 계획 구역에서 계획 인구가 약 10000명 이하인 하수도를 말한다.

21. **소규모 하수도 계획 시 고려해야 하는 소규모 고유의 특성과 가장 거리가 먼 것은?**

① 계획 구역이 작고 처리 구역 내의 생활 양식이 유사하며 유입하수의 수량 및 수질의 변동이 작다.
② 처리 수위 방류 지점이 유량이 작은 소하천, 소호수 및 농업용수로 등이므로 처리수의 영향을 받기가 쉽다.
③ 일반적으로 건설비 및 유지 관리비가 비싸게 되는 경향이 있다.
④ 고장 및 유지보수 시에 기술자의 확보가 곤란하고 제조업체에 의한 신속한 서비스를 받기 어렵다.

해설 계획 구역이 작고 처리 구역 내의 생활 양식이 유사하며 유입하수의 수량 및 수질의 변동이 크다.

22. **관거 내경 600mm 이하의 직선부 관거에 대해 일정 거리마다 설치하는 맨홀의 표준 최대 간격은?**

① 75m ② 100m

정답 17. ④ 18. ② 19. ③ 20. ③ 21. ① 22. ①

③ 150m ④ 200m

해설 관거의 직선부에서 맨홀의 최대 간격은 600mm 이하의 관에서 최대 간격 75m, 600mm 초과 1000mm 이하에서 100m, 1000mm 초과 1500mm 이하에서 150m, 1650mm 이상에서 200m를 표준으로 한다.

23. 우수토실에 대한 다음의 설명 중 적합하지 않는 것은?

① 합류식 하수도에 설치한다.
② 가능한 한 방류 수역 가까이 설치한다.
③ 우수토실에서 우수 월류량은 우천 시 계획 오수량을 말한다.
④ 우수토실의 오수 유출관거에는 소정의 유량 이상 흐르지 않도록 한다.

해설 우수토실에서 우수 월류량은 계획 하수량에서 우천 시 계획 오수량을 뺀 양으로 한다.

24. 우수가 하수거에 유입되기 전에 우수받이를 설치하는 주목적은?

① 하수에서 발생하는 악취를 사전에 제거하기 위해
② 하수거에 용량 이상으로 우수가 유입되는 것을 차단하기 위해
③ 하수관에서 유속을 증가시켜 주는 수두를 조절하기 위해
④ 우수 내 부유물이 하수거에 침전하는 것을 방지하기 위해

해설 우수받이는 도로 내 우수를 모아서 공공하수도로 유입시키는 시설이다. 빗물받이를 설치하면 지면을 통과한 우수가 다량의 모래, 유기물 등과 함께 하수관거에 유입되는 것을 방지할 수 있다.

25. 우수받이의 설치에 관한 설명으로 틀린 것은?

① 협잡물 및 토사의 유입을 저감할 수 있는 방안을 고려하여야 한다.
② 설치 위치는 보도, 차도 구분이 없는 경우에는 도로와 사유지의 경계에 설치한다.
③ 도로 옆의 물이 모이기 쉬운 장소나 L형 측구의 유하 방향 하단부에 반드시 설치한다.
④ 가급적 횡단보도 및 가옥의 출입구 앞에 설치하여 우수 침수를 방지한다.

해설 횡단보도 및 가옥의 출입구 앞에는 가급적 설치하지 않는 것이 좋다.

26. 오수받이에 대한 다음 설명 중 적절하지 않은 것은?

① 오수받이는 공공도로와 사유지 경계 부근에 유지 관리상 지장이 없는 장소에 설치한다.
② 오수받이의 상부에는 인버트를 설치한다.
③ 오수받이의 뚜껑은 내구성 있는 재료로 만들어진 밀폐 뚜껑을 사용한다.
④ 오수받이의 규격은 안지름 30~70cm 정도로서 원활한 하수의 흐름과 유지관리 관점에서 계획한다.

해설 오수받이의 저부에는 반드시 인버트를 설치한다.

27. 다음의 식은 매설된 하수관거가 받는 하중을 계산하는 공식이다. 다음 중 어느 방식에 맞는 공식인가?

$$W = C_1 \cdot \gamma \cdot B^2$$

① Janssen 방법 ② Marston 방법
③ Fruhling 방법 ④ Krauss 방법

해설 마스턴(Marston) 공식 : 토압 계산에 가

정답 23. ③ 24. ④ 25. ④ 26. ② 27. ②

장 널리 이용되는 공식으로, $W=C_1 \cdot \gamma \cdot B^2$이다.

28. 하수관을 매설하려고 한다. 매설지점의 표토는 젖은 진흙으로서 흙의 단위중량은 1.85kN/m^3이고 흙의 종류와 관의 깊이에 따라 결정되는 계수 C_1은 1.86이다. 이때 매설관이 받는 하중은? (단, Marston의 방법 적용, 관의 상부 90° 부분에서의 관 매설을 위하여 토굴한 도랑폭은 1.2m이다.)

① 4.15kN/m ② 4.35kN/m
③ 4.65kN/m ④ 4.95kN/m

해설 $W=C_1 \cdot \gamma \cdot B^2$
$=1.86\times1.85\times1.2^2=4.95\text{kN/m}$

29. 관경 1100mm, 동수경사 2.4‰, 유속 2.15m/s, 연장 L=76m일 때, 역사이펀의 손실수두는 얼마인가? (단, β=1.5, α=0.042m)

① 0.58m ② 0.42m
③ 0.32m ④ 0.16m

해설 $H=I \cdot L+1.5 \cdot \dfrac{V^2}{2g}+\alpha$
$=0.0024\times76+1.5\times\dfrac{2.15^2}{2\times9.8}+0.042$
$=0.578\text{m}$

30. 직경 100cm의 하수관거에 수심 50cm로 하수가 흐를 때 유량을 측정한 결과 $40715\text{m}^3/\text{d}$였다. 이 하수관거의 유속은?

① 약 2.4m/s ② 약 1.2m/s
③ 약 0.6m/s ④ 약 3.0m/s

해설 $V=\dfrac{40715\text{m}^3/\text{d}\times\text{d}/86400\text{s}}{\dfrac{\pi\times1^2}{4}\text{m}^2\times\dfrac{1}{2}}$
$=1.19\text{m/s}$

31. 다음과 같은 조건에서 우수 월류위어의 위어 길이는?

- 우수 월류량 : $100\text{m}^3/\text{s}$
- 월류수심(위어 길이 간의 평균값) : 0.3m

① 118m ② 224m
③ 338m ④ 442m

해설 $L=\dfrac{Q}{1.8H^{\frac{3}{2}}}=\dfrac{100}{1.8\times0.3^{\frac{3}{2}}}=338.1\text{m}$

정답 28. ④ 29. ① 30. ② 31. ③

8 Chapter 하수 처리장 시설

8-1 하수 처리 시설

(1) 계획 하수량과 수질

① 처리 시설의 계획 하수량은 다음과 같다.

구분		계획 하수량	
		분류식 하수도	합류식 하수도
1차 침전지까지	처리 시설(소독 시설 포함)	계획 1일 최대 오수량	계획 1일 최대 오수량
	처리장 내 연결 관거	계획 시간 최대 오수량	우천 시 계획 오수량
2차 처리	처리 시설	계획 1일 최대 오수량	계획 1일 최대 오수량
	처리장 내 연결 관거	계획 시간 최대 오수량	계획 시간 최대 오수량
3차 처리 및 고도 처리	처리 시설	계획 1일 최대 오수량	계획 1일 최대 오수량
	처리장 내 연결 관거	계획 시간 최대 오수량	계획 시간 최대 오수량

② 유입되는 하수의 수량과 수질은 사전에 충분히 조사하여 결정한다.

③ 유입되는 하수의 수량과 수질 변동에 대처하기 위해서 필요에 따라 유량 조정조를 설치한다.

(2) 침사 설비 및 파쇄 장치

침사지는 하수 중의 지름 0.2mm 이상의 비부패성 무기물 및 입자가 큰 부유물을 제거하여 방류수역의 오염 및 토사의 침전을 방지하거나 펌프 및 처리시설의 파손이나 폐쇄를 방지하여 처리작업을 원활히 하도록 펌프 및 처리 시설의 앞에 설치한다.

① 침사지

㈎ 중력식 침사지

㉮ 형상 및 지수 : 직사각형이나 정사각형 등의 형태로 2지 이상으로 하는 것을 원칙으로 한다.

㉯ 구조

㉠ 수밀성이 있는 철근 콘크리트 구조로 한다.

㉡ 유입부는 편류를 방지하도록 한다.

㉢ 저부 경사는 보통 $\frac{1}{100} \sim \frac{2}{100}$로 한다.

㉣ 합류식에서는 청천 시와 강우 시에 따라 오수 전용과 우수 전용으로 구분하여 설치한다.

㉰ 침사지의 평균 유속은 0.3m/s를 표준으로 한다.

㉱ 체류 시간은 30~60초를 표준으로 한다.

㉲ 수심은 유효수심에 모래 퇴적부의 깊이(30cm 이상)를 더한 것으로 한다.

㉳ 표면부하율

㉠ 오수 침사지 : $1800m^3/m^2 \cdot d$

㉡ 우수 침사지 : $3600m^3/m^2 \cdot d$

(나) 포기식 침사지

㉮ 형상, 지수, 구조는 중력식 침사지와 동일하다.

㉯ 체류 시간은 1~2분으로 한다.

② 스크린

(가) 침사지 앞에는 세목 스크린, 침사지 뒤에는 미세목 스크린을 설치하는 것을 원칙으로 하며, 대형 하수 처리장 또는 합류식인 경우와 같이 대형 협잡물이 발생하는 경우에는 조목 스크린을 추가한다.

(나) 스크린 전후의 수위차 1.0m 이상에 대하여 충분한 강도를 가진 것을 사용한다.

(3) 유량 조정조

유입 하수의 유량과 수질의 변동을 흡수해서 균등화함으로써 처리 시설의 처리 효율을 높이고 처리 수질의 향상을 도모할 목적으로 설치하는 시설이다.

① 유량 조정조의 용량은 유입 하수량 및 유입 부하량의 시간 변동을 고려하여 설정 수량을 초과하는 수량을 일시에 저류하도록 정한다.

② 형상은 직사각형 또는 정사각형을 표준으로 한다.

③ 유효수심은 3~5m를 표준으로 한다.

④ 조 내에 침전물의 발생을 방지하기 위해 교반 장치를 설치한다.

(4) 침전지

고형물 입자를 침전, 제거해서 하수를 정화하는 시설로서 대상 고형물에 따라 1차 침전지와 2차 침전지로 나눌 수 있다.

① 1차 침전지

(가) 형상 및 지수

㉮ 형상은 원형, 직사각형 또는 정사각형으로 한다.

㉯ 직사각형의 경우 폭과 길이의 비는 1 : 3 이상으로 하고 폭과 깊이의 비는 1 :

1~2.25 : 1 정도로 하며, 폭은 슬러지 수집기의 폭을 고려하여 정한다. 원형 및 정사각형의 경우 폭과 깊이의 비는 6 : 1~12 : 1 정도로 한다.

㉰ 침전지의 수는 최소한 2지 이상으로 한다.

(나) 침전지의 구조

㉮ 침전지는 수밀한 구조로 하며 부력에 대해서도 안전한 구조로 한다.

㉯ 슬러지를 제거시키기 위해 슬러지 수집기를 설치한다.

㉰ 슬러지 수집기를 설치하는 경우의 침전지 바닥 기울기는 직사각형에서는 $\frac{1}{100} \sim \frac{2}{100}$로 하고, 원형 및 정사각형에서는 $\frac{5}{100} \sim \frac{10}{100}$으로 한다. 그리고 슬러지 호퍼(hopper)를 설치하며 그 측벽의 기울기는 60° 이상으로 한다.

㉱ 악취 대책 및 지역 특성을 고려하여 복개를 검토할 수 있다.

㉲ 초기 운전 대책으로 우회수로(by-pass line)의 설치를 검토할 수 있다.

(다) 표면 부하율은 계획 1일 최대 오수량에 대하여 분류식의 경우 35~70$m^3/m^2 \cdot d$, 합류식의 경우 25~50$m^3/m^2 \cdot d$로 한다.

(라) 유효수심은 2.5~4m를 표준으로 한다.

(마) 침전 시간은 계획 1일 최대 오수량에 대하여 표면 부하율과 유효수심을 고려하여 정하며 일반적으로 2~4시간으로 한다.

(바) 여유고는 40~60cm 정도로 한다.

(사) 월류위어의 부하율은 일반적으로 250$m^3/m \cdot d$ 이하로 한다.

② 2차 침전지

(가) 형상 및 지수 : 1차 침전지와 동일

(나) 침전지의 구조

㉮ 침전지는 수밀한 구조로 하며 부력에 대해서도 안전한 구조로 한다.

㉯ 슬러지를 제거시키기 위해 슬러지 수집기를 설치한다.

㉰ 슬러지 수집기를 설치하는 경우의 침전지 바닥 기울기는 직사각형에서는 $\frac{1}{100} \sim \frac{2}{100}$로 하고, 원형 및 정사각형에서는 $\frac{5}{100} \sim \frac{10}{100}$으로 한다. 그리고 슬러지 호퍼(hopper)를 설치하며 그 측벽의 기울기는 60° 이상으로 한다.

(다) 표면 부하율은 표준 활성슬러지법의 경우 계획 1일 최대 오수량에 대하여 20~30$m^3/m^2 \cdot d$로 한다.

(라) 유효수심은 2.5~4m를 표준으로 한다.

(마) 침전 시간은 계획 1일 최대 오수량에 따라 정하며 일반적으로 3~5시간으로 한다.

(바) 여유고는 40~60cm 정도로 한다.

(사) 고형물 부하율은 일반적으로 40~125$kg/m^2 \cdot d$로 한다.

(아) 월류위어의 부하율은 일반적으로 190$m^3/m \cdot d$ 이하로 한다.

(5) 급속 모래 여과 장치

① 여재의 충전높이는 충전밀도, 여과의 효율, 역세척 주기 및 여과 지속 시간 등 유지 관리 편의성 및 경제성을 고려하여 정한다.

② 여재는 종류, 공극률, 비표면적, 균등계수 등을 고려하여 정한다.

③ 여과속도는 유입수와 여과수의 수질, SS의 포획능력 및 여과 지속 시간을 고려하여 정한다.

④ 여재 및 여층의 구성은 SS 제거율, 유지 관리의 편의성 및 경제성을 고려하여 정한다.

<table>
<tr><th colspan="3">여과의 방식</th><th rowspan="2">여층의 구성</th><th rowspan="2">최대 여과 속도
(m/d)</th></tr>
<tr><th>여과압의
종류</th><th>여과의
방향</th><th>여층의
형태</th></tr>
<tr><td rowspan="2">중력식</td><td rowspan="2">상향류</td><td>이동상형</td><td>1. 여재로서 모래를 사용할 경우 모래의 유효경은 1.0mm 정도를 표준으로 한다.
2. 단층 여과 장치를 표준으로 하되 여사 두께는 1m를 표준으로 한다.
3. 모래의 균등계수는 1.4 이하로 한다.</td><td rowspan="3">300</td></tr>
<tr><td rowspan="2">고정상형</td><td>1. 여재를 모래로 할 경우 단층을 표준으로 하고 여사 두께는 1.0~1.8m를 표준으로 한다.
2. 여사는 유효경 1~2mm 정도, 균등계수 1.4 이하를 표준으로 한다.
3. 여층 표면하 10cm에 grid를 설치한다.</td></tr>
<tr><td>압력식</td><td>하향류</td><td>1. 안트라사이트와 모래로 된 2층 여과지를 표준으로 하고 모래층의 두께는 안트라사이트층의 60% 이하로 한다.
2. 안트라사이트의 유효경은 1.5~2.0mm를 표준으로 한다.
3. 안트라사이트의 유효경은 모래 유효경의 2.7배 이하로 한다.
4. 안트라사이트와 모래의 균등계수는 1.4 이하를 목표로 한다.
5. 안트라사이트와 모래로 된 여층의 두께는 60~100cm로 한다.</td></tr>
</table>

8-2 슬러지 처리 시설

(1) 슬러지의 농축

슬러지 농축의 역할은 수처리 시설에서 발생한 저농도 슬러지를 농축한 다음 슬러지 소화나 슬러지 탈수를 효과적으로 할 수 있게 하는 것이다.

① 중력식 농축조 : 가장 간단한 방법으로 중력에 의한 자연 침강 및 압밀을 이용한 방법으로서 가장 보편적으로 이용되는 농축 방법이다.

(가) 형상과 지수

㉮ 형상은 원칙적으로 원형으로 한다.

㉯ 슬러지 제거기(sludge scraper)를 설치할 경우 탱크 바닥의 기울기는 $\frac{5}{100}$ 이상이 좋다.

㉰ 슬러지 제거기를 설치하지 않을 경우 탱크 바닥의 중앙에 호퍼를 설치하되 호퍼 측벽의 기울기는 수평에 대하여 60° 이상으로 한다.

㉱ 농축조의 수는 원칙적으로 2조 이상으로 한다.

(나) 용량

㉮ 계획 슬러지양의 18시간 분량 이하로 하고 유효수심은 4m 정도로 한다.

㉯ 고형물 부하는 25~70kg/m^2·d를 표준으로 한다.

농축 방법	장 점	단 점
중력식 농축	1. 간단한 구조이며 유지 관리가 용이하다. 2. 유지 관리비가 저렴하다. 3. 1차 슬러지에 적합하다. 4. 저장과 농축이 동시에 가능하다. 5. 약품이 소요되지 않는다. 6. 동력비의 소요량이 적다.	1. 악취 문제가 발생한다. 2. 잉여 슬러지의 농축에 부적합하다.
부상식 농축	1. 잉여 슬러지에 효과적이다. 2. 고형물 회수율이 비교적 높다. 3. 약품 주입 없이도 운전이 가능하다.	1. 동력비가 많이 소요된다. 2. 악취 문제가 발생한다. 3. 다른 기계식 방법보다 소요 부지가 크다. 4. 유지 관리가 어렵다.
원심 농축	1. 소요 부지가 작다. 2. 잉여슬러지에 효과적이며 운전 조작이 용이하다. 3. 악취 문제가 없다. 4. 약품 주입 없이도 운전이 가능하다. 5. 고농도로 농축 가능하다.	1. 시설비와 유지 관리비가 고가이다. 2. 유지 관리가 어렵다. 3. 연속 운전을 해야 한다. 4. 소음이 발생한다.

② 부상식 농축조 : 부상식에서는 적절한 크기의 미세 기포를 발생시키는 것과 슬러지 입자에 미세 기포를 효과적으로 부착시키는 것이 중요하다.

(가) 형상과 지수

㉮ 형상은 원형이나 사각형으로 한다.

㉯ 고형물 부하는 100~120kg/m^2 · d 정도로 한다.

㉰ 깊이는 4.0~5.0m를 표준으로 한다.

㉱ 농축조의 수는 원칙적으로 2조 이상으로 한다.

(나) 가압펌프의 토출 압력은 2~5kgf/cm^{2}의 범위가 되도록 선정한다.

③ 원심 농축기 : 중력만으로 침강 농축하기 어려운 슬러지를 원심력을 이용해 효과적으로 농축하는 것이다.

(2) 혐기성 소화

① 혐기성 소화의 원리 : 혐기성 소화는 하수 슬러지를 감량화, 안정화하는 것으로서 소화 과정, 목적, 영향 인자 및 주의사항은 다음과 같다.

(가) 혐기성 소화는 혐기성균의 활동에 의해 슬러지가 분해되어 안정화되는 것이다.

(나) 소화 목적은 슬러지의 안정화, 부피 및 무게의 감소, 병원균의 사멸 등을 들 수 있다.

(다) 공정 영향 인자에는 체류 시간, 온도, 영양염류, pH, 독성물질, 알칼리도 등이 있다.

(라) 혐기성 소화의 장점

㉮ 유효한 자원인 메탄이 생성된다.

㉯ 처리 후 슬러지 생성량이 적다

㉰ 동력비 및 유지 관리비가 적게 든다.

(마) 혐기성 소화의 단점

㉮ 미생물의 성장 속도가 느리기 때문에 초기에 운전이 까다롭다.

㉯ 암모니아와 H_2S에 의한 악취가 발생한다.

㉰ 비료 가치가 작다.

② 수와 형상

(가) 형상은 원통형, 계란형 등으로 하고 안지름(10~30m)과 측심의 비율은 2 : 1 정도로 한다.

(나) 바닥은 가능한 한 기울기를 크게 하는 것이 좋다.

(다) 조의 수는 원칙적으로 2조 이상으로 하는 것이 좋다.

③ 구조

(가) 소화조는 수밀성, 기밀성 그리고 내식성의 구조로 한다.

(나) 소화조는 열손실을 방지할 수 있는 재료로 축조하거나 열손실을 줄이기 위한 방

법을 강구한다.

(다) 혐기성 소화조에는 소화 가스의 포집 및 저장, 보온 그리고 혐기성 상태의 유지 등의 목적을 위하여 지붕을 설치한다.

(라) 천장과 슬러지면 간의 여유고는 충분히 둔다(0.5~0.6m 정도).

④ 소화 가스의 포집과 저장

(가) 소화 가스의 포집은 슬러지의 소화 상태, 슬러지의 유입, 소화 슬러지 및 상징수의 제거에 따른 소화 가스 발생량과 가스압의 변동 등을 고려한다.

(나) 슬러지 소화조 지붕의 가스돔 및 가스 포집관에 안전장치를 설치한다.

(다) 가스 포집관은 안지름 100~300mm 정도로 한다.

(라) 탈황장치를 설치한다.

(마) 하루에 발생하는 가스 부피의 $\frac{1}{2}$ 정도를 저장할 수 있는 용량의 가스 저장조를 설치한다.

(3) 호기성 소화

① 호기성 소화의 원리 : 미생물의 내생호흡을 이용하여 유기물의 안정화를 도모하며 슬러지 감량뿐만 아니라 차후의 처리 및 처분에 알맞은 슬러지를 만든다.

(가) 장점

㉮ 최초 시공비 절감

㉯ 악취 발생 감소

㉰ 운전 용이

㉱ 상징수의 수질 양호

(나) 단점

㉮ 소화 슬러지의 탈수 불량

㉯ 포기에 드는 동력비 과다

㉰ 저온 시 효율 저하

② 수와 형상

(가) 소화조의 수는 최소한 2조 이상으로 한다.

(나) 직사각형 또는 원형으로 하며 원형인 경우 바닥의 기울기는 10~25% 정도 되게 한다.

(다) 측심은 5m 정도로 하며 0.9~1.2m의 여유고를 둔다.

(4) 슬러지의 개량

① 세정장치

(가) 슬러지의 알칼리도를 400~600mg/L 정도로 낮추기 위해 최종 처리수 등을 이용하여 세정한다.

(나) 세정조의 고형물 부하는 50~90kg/m^2·d 정도로 한다.

(다) 세정조의 형상은 원형 또는 사각형으로 하고 유효수심은 4m 정도로 한다.

② 약품 처리

(가) 응집제로는 유기 응집제(고분자응집제) 및 무기 응집제(염화제1철, 염화제2철 및 황산제1철 등)가 이용되고, 응집 보조제로는 소석회, 과산화수소 등이 이용될 수 있다.

(나) 약품 용해조의 내면은 부식 방지 처리가 되어야 하며 교반기를 설치해야 한다.

(다) 응집 혼합조는 약품 용해조에 준하여 설계한다.

(5) 슬러지의 탈수

슬러지를 최종 처분하기 전에 부피를 감소시키고 취급이 용이하도록 만들기 위해 먼저 탈수를 시킨다. 일반적으로 농축 슬러지 또는 소화 슬러지의 함수율은 96~98%인데, 이 슬러지를 함수율 80%로 탈수하면 케이크 상태가 되고 슬러지의 용량은 $\frac{1}{5} \sim \frac{1}{10}$로 감소하게 되어 취급이 용이하게 된다.

(6) 슬러지의 소각

고온에 의해 슬러지의 수분을 제거시키고 유기물을 산화시켜 가스화하는 방법이다. 슬러지 소각은 위생적으로 안전하며 부패성이 없고 슬러지 용적이 $\frac{1}{50} \sim \frac{1}{100}$로 감소되고 다른 처리법에 비해 소요 부지 면적이 작다. 하지만 비용이 많이 들고 연기에 의한 대기오염과 재, 냄새 등이 발생되는 단점이 있다.

(7) 슬러지의 최종 처분

하수 처리 과정에서 생기는 슬러지를 위생적으로 최종 처분시키는 방법에는 매립, 비료화, 소각재의 이용, 해양 투입 등이 있다.

예상문제

Engineer Water Pollution Environmental
수질환경기사

1. 하수 처리 시설인 우수 침사지의 표면 부하율로 적절한 것은?

① $1800m^3/m^2 \cdot d$ 정도
② $2400m^3/m^2 \cdot d$ 정도
③ $3600m^3/m^2 \cdot d$ 정도
④ $4200m^3/m^2 \cdot d$ 정도

해설 하수 처리 시설인 우수 침사지의 표면 부하율은 $3600m^3/m^2 \cdot d$, 오수 침사지는 $1800m^3/m^2 \cdot d$이다.

2. 다음 중 하수 처리 시설인 침사지에 관한 설명으로 틀린 것은?

① 침사지의 평균 유속은 0.1~0.2m/s를 표준으로 한다.
② 체류 시간은 30~60초를 표준으로 한다.
③ 수심은 유효수심에 모래 퇴적부의 깊이를 더한 것으로 한다.
④ 침사지의 저부 경사는 $\frac{1}{100} \sim \frac{2}{100}$로 한다.

해설 침사지의 평균 유속은 0.3m/s를 표준으로 한다.

3. 하수도시설 중 1차 침전지에 관한 내용으로 틀린 것은?

① 표면 부하율은 계획 1일 최대 오수량에 대하여 분류식의 경우 $35 \sim 70m^3/m^2 \cdot d$로 한다.
② 표면 부하율은 계획 1일 최대 오수량에 대하여 합류식의 경우 $25 \sim 50m^3/m^2 \cdot d$로 한다.
③ 침전 시간은 계획 1일 최대 오수량에 대하여 표면 부하율과 유효수심을 고려하여 정하며 일반적으로 4~8시간으로 한다.
④ 유효수심은 2.5~4m를 표준으로 한다.

해설 침전 시간은 계획 1일 최대 오수량에 대하여 표면 부하율과 유효수심을 고려하여 정하며 일반적으로 2~4시간으로 한다.

4. 하수처리를 위한 1차 침전지에 관한 기준으로 틀린 것은?

① 직사각형인 경우 폭과 길이의 비는 1 : 3 이상으로 한다.
② 슬러지 수집기를 설치하는 경우의 침전지 바닥 기울기는 직사각형에서 $\frac{1}{100} \sim \frac{2}{100}$로 한다.
③ 표면 부하율은 계획 1일 최대 오수량에 대하여 합류식의 경우 $15 \sim 25m^3/m^2 \cdot d$로 한다.
④ 유효수심은 2.5~4m를 표준으로 한다.

해설 표면 부하율은 계획 1일 최대 오수량에 대하여 합류식의 경우 $25 \sim 50m^3/m^2 \cdot d$로 한다.

5. 표준 활성슬러지법에 관한 내용으로 틀린 것은?

① 수리학적 체류 시간은 4~6시간을 표준으로 한다.
② 반응조 내 MLSS 농도는 1500~2500mg/L를 표준으로 한다.
③ 포기조의 유효수심은 심층식의 경우 10m를 표준으로 한다.
④ 포기조의 여유고는 표준식은 80cm

정답 1. ③ 2. ① 3. ③ 4. ③ 5. ①

정도를 표준으로 한다.

해설 표준 활성슬러지법

① 표준 활성슬러지법의 HRT는 6~8시간을 표준으로 한다.

② MLSS 농도는 1500~2500mg/L를 표준으로 한다.

③ 포기 방식에는 전면 포기식, 선회류식, 미세 기포 분사식, 수중 교반식 등이 있다.

④ 포기조의 유효수심은 표준식의 경우 4~6m를, 심층식은 10m를 표준으로 한다.

⑤ 여유고는 표준식은 80cm 정도를, 심층식은 100cm 정도를 표준으로 한다.

⑥ 반송 슬러지 펌프의 계획 용량은 필요한 반송 슬러지양의 50~100%의 여유를 두고 정한다.

6. 하수처리장의 2차 침전지에 관한 설명으로 알맞지 않는 것은?

① 직사각형인 경우 길이와 폭의 비는 3 : 1~5 : 1 정도로 하며 덮개를 설치할 경우는 8 : 1 정도까지 할 수 있다

② 슬러지 제거기를 설치하는 경우 원형 또는 정사각형인 경우에는 바닥 기울기를 $\frac{1}{20}$~$\frac{1}{10}$으로 한다.

③ 표면 부하율은 계획 1일 최대 오수량에 대하여 40~50$m^3/m^2 \cdot d$로 한다.

④ 고형물 부하율은 40~125$kg/m^2 \cdot d$로 한다.

해설 표면 부하율은 표준 활성슬러지법의 경우 계획 1일 최대 오수량에 대하여 20~30$m^3/m^2 \cdot d$로 한다.

7. 하수 처리 시설의 2차 침전지 유출 설비 중 월류위어의 부하율($m^3/m \cdot d$)로 가장 적절한 것은?

① 60 ② 120
③ 190 ④ 250

해설 2차 침전지의 월류위어의 부하율은 일반적으로 190$m^3/m \cdot d$ 이하로 한다.

8. 하수고도처리(잔류 SS 및 잔류 용존 유기물 제거) 방법인 막분리법에 적용되는 분리막 모듈 형식과 가장 거리가 먼 것은?

① 중공사형 ② 투사형
③ 관형 ④ 나선형

해설 막분리법

(1) 분리막 선정 시 고려사항
① 분리막의 성능
② 투과 능력
③ 내구성

(2) 분리막 모듈의 형식
① 판형
② 관형
③ 나선형
④ 중공사형

9. 슬러지 농축 방법 중 중력식 농축에 관한 설명으로 틀린 것은?

① 저장과 농축이 동시에 가능하다.
② 잉여 슬러지 농축에 적합하다.
③ 악취 문제가 발생한다.
④ 약품을 사용하지 않는다.

해설 중력식 농축은 잉여 슬러지 농축에 부적합하며, 잉여 슬러지 농축에 적합한 방법은 부상식 농축이다.

10. 하수도시설인 호기성 소화조의 수와 형상에 관한 설명으로 틀린 것은?

① 소화조의 수는 최소한 2조 이상으로 한다.

② 형상이 원형인 경우 바닥의 기울기는 10~25% 정도 되게 한다.

③ 측심은 2~3m 정도로 한다.

④ 지붕이 필요 없고, 가온시킬 필요성이

정답 6. ③ 7. ③ 8. ② 9. ② 10. ③

없다.

해설 측심은 5m 정도로 하며 0.9~1.2m의 여유고를 둔다.

11. 슬러지 소화 가스의 포집과 저장시설을 정할 때 고려하여야 할 사항으로 알맞지 않은 것은?

① 가스 포집관의 안지름을 100~300mm 정도로 한다.
② 하루에 발생하는 가스 부피의 $\frac{1}{2}$ 정도를 저장할 수 있는 용량의 가스 저장조를 설치한다.
③ 탈질장치를 설치한다.
④ 슬러지 소화조 지붕의 가스돔 및 가스 포집관에 안정장치를 설치한다.

해설 탈황장치를 설치한다.

12. 슬러지 가압 탈수 설비인 송풍용 공기 압축기는 다음의 사항을 고려하여 정한다. 잘못된 항목은?

① 토출 공기량은 탈수실 용량 $1m^3$당 대기압에서의 약 $2m^3$/분으로 한다.
② 토출 압력은 $7kg/cm^2$ 정도로 한다.
③ 송풍 시간은 악취율을 고려하여 5~10분으로 한다.
④ 대수는 예비를 포함해 2대 이상으로 한다.

해설 송풍 시간이 길수록 탈수 케이크의 함수율이 감소되지만 탈수 효율을 고려하여 1~5분 정도로 한다.

13. 다음은 하수 슬러지 소각을 위한 주요 소각로이다. 건설비가 가장 큰 것은?

① 다단 소각로
② 유동층 소각로
③ 기류 건조 소각로
④ 회전 소각로

해설 소각로 중 기류 건조 소각로(소각 온도 700~900℃)의 건설비가 가장 비싸다.

14. 하수고도처리를 위한 급속 여과 장치에 관한 설명 중 알맞지 않는 것은?

① 여과압에 따라서 중력식과 압력식으로 나눌 수 있다.
② 여과 속도는 유입수와 여과수의 수질, SS의 포획능력 및 여과지속시간을 고려하여 정한다.
③ 모래여과기인 경우 여과 속도는 일반적으로 300m/d 이하로 한다.
④ 여재의 충전높이는 여재의 공극률, 비표면적, 균등계수 등을 고려하여 정한다.

해설 여재의 충전높이는 충전밀도, 여과의 효율, 역세척 주기 및 여과 지속 시간 등 유지관리 편의성 및 경제성을 고려하여 정한다.

참고 여재는 종류, 여재의 공극률, 비표면적, 균등계수 등을 고려하여 정한다.

정답 11. ③ 12. ③ 13. ③ 14. ④

9 Chapter 펌프장 시설

9-1 상·하수도 펌프장 계획

(1) 상수도 계획 수량과 대수

취수 펌프, 도수 펌프, 송수 펌프는 각각 계획 1일 최대 취수량 및 계획 1일 최대 급수량을 기준으로 하고 배수 펌프는 계획 시간 최대 급수량을 기준으로 한다. 펌프의 대수는 계획 수량을 기본으로 결정하지만 용도, 용도별 건설비, 유지 관리상의 문제 등을 고려하여 다음의 사항을 고려하여 결정한다.

① 펌프는 되도록 최고 효율점 부근에서 운전하도록 그 용량과 대수를 결정해야 한다.
② 유지 관리에 편리하도록 펌프의 대수를 줄이고 동일 용량의 것을 사용한다.
③ 펌프의 효율은 대용량일수록 크기 때문에 가능한 한 대용량을 사용한다.
④ 건설비를 줄이기 위하여 예비 대수는 되도록 적게 한다.
⑤ 수량의 변화가 심한 경우에는 용량이 서로 다른 펌프를 설치하거나 동일 용량의 펌프 회전수를 제어한다.

(2) 계획하수량과 대수

펌프의 설치 대수는 계획 오수량과 계획 우수량을 기본으로 해서 정하며 오수펌프의 설치 대수는 분류식의 경우 계획 시간 최대 오수량, 합류식의 경우 계획 시간 최대 오수량의 3배 이상을 계획 오수량으로 해서 결정한다.

9-2 펌프의 종류

상·하수도용으로 사용되는 펌프를 비속도에 의하여 분류하면 원심력 펌프, 사류 펌프, 축류 펌프이며, 이 중 원심력 펌프는 터빈 펌프와 벌류트 펌프로 분류된다.

(1) 터보(turbo)형 펌프

① 원심력 펌프(centrifugal pump) : 상·하수도에서 가장 많이 사용하는 펌프로서 임펠러(impeller) 회전에 의해 생기는 물의 회전력(수압과 속도 에너지)을 케이싱(casing)을 통하여 압력으로 변환하여 양수하는 펌프이다.

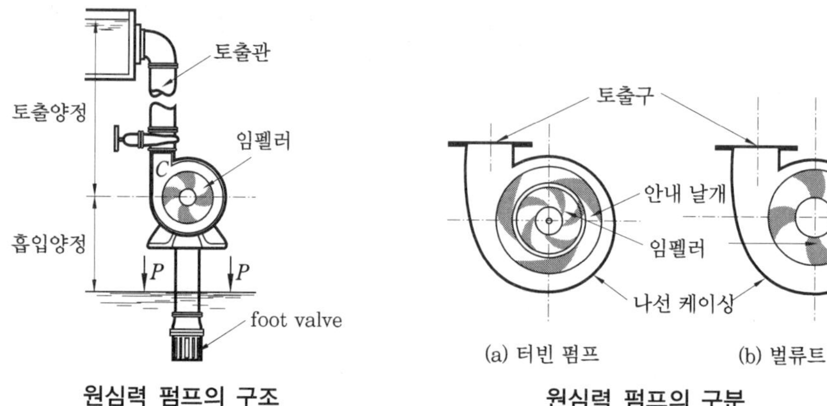

원심력 펌프의 구조

원심력 펌프의 구분

㈎ 운전과 수리가 용이하다.
㈏ 왕복 운동보다 회전 운동을 한다.
㈐ 임펠러의 교환에 따라 특성이 변한다.
㈑ 일반적으로 효율이 높고 적용 범위가 넓다.
㈒ 수중 베어링을 필요로 하지 않으므로 보수가 쉽다.
㈓ 흡입 성능이 우수하고 공동 현상이 잘 발생하지 않는다.

② 축류 펌프(axial flow pump) : 축류 펌프는 임펠러의 원심력에 의한 것이 아니라 양력작용에 의하여 물이 축 방향으로 들어와서 축 방향으로 토출되는 형태로 회전수를 높게 할 수 있기 때문에 사류 펌프보다 소형으로 제작될 수 있으며, 전양정이 4m 이하인 경우에는 축류 펌프가 경제적으로 유리하다.
㈎ 형태가 작고 임펠러의 회전수가 빠르다(원심력 펌프의 1.5배 정도).
㈏ 저양정, 대용량의 취수 또는 도수용 펌프로 적당하다.
㈐ 구조가 간단하고 취급이 용이하며 가격도 저렴하다.

③ 사류 펌프(mixed flow pump) : 사류 펌프는 임펠러의 원심력과 양력 작용에 의해 물이 축방향으로 들어와 방사와 축의 중간 방향인 경사 방향으로 토출되는 것이며, 원심 펌프와 축류 펌프의 중간형으로 양정은 3~15m 정도이다. 양정의 변화에 대한 수량의 변동이 적고 또 수량 변화에 대해 동력의 변화도 적기 때문에 주로 우수용 펌프 등 수위의 변동이 큰 곳에 적합한 펌프이다.
㈎ 원심력 펌프보다 소형이기 때문에 비교적 공간을 작게 차지한다.
㈏ 광범위한 양정에 대해서도 양수가 가능하다.
㈐ 축류 펌프보다 공동현상이 적게 발생하고 흡입 양정을 크게 할 수 있다.

(2) 용적형 펌프

① 왕복식 펌프
㈎ 피스톤(piston) 펌프, 버킷(bucket) 펌프, 플런저(plunger) 펌프 등이 있다.

(나) 토출 유량은 적지만 고압을 요구할 때 사용한다.

② 회전식 펌프

(가) 기어 펌프, 베인 펌프로 구분한다.

(나) 저용량의 고압 양정을 요구하는 데 적합한 펌프이다.

(3) 스크루 펌프(screw pump)

스크루 펌프는 유지 관리가 간단하여 하수도에 많이 사용되는 펌프로 슬러지의 반송용, 저양정에 적합한 펌프이다. 최대 양정은 구조상으로부터 약 8m가 한도이며 효율은 평균 75~80% 정도이고 회전수는 분당 100회 이하로 낮은 편이다.

① 장점

(가) 회전수가 낮기 때문에 마모가 적다.

(나) 수중의 협잡물이 물과 함께 떠올라 폐쇄가 적다.

(다) 구조가 간단하고 개방형이므로 운전 및 보수가 쉽다.

(라) 침사지 또는 펌프 설치대 없이 사용이 가능하다.

(마) 자동 운전이 가능하다.

(바) 균일한 송수가 가능하다.

(사) 동력비나 건설비가 적게 소요되어 경제적이다.

② 단점

(가) 양정에 제한이 있다.

(나) 일반 펌프에 비하여 펌프가 크게 된다.

(다) 토출측의 수로를 압력관으로 할 수 없다.

(라) 오수의 경우 양수 시 개방된 상태이므로 냄새가 발생한다.

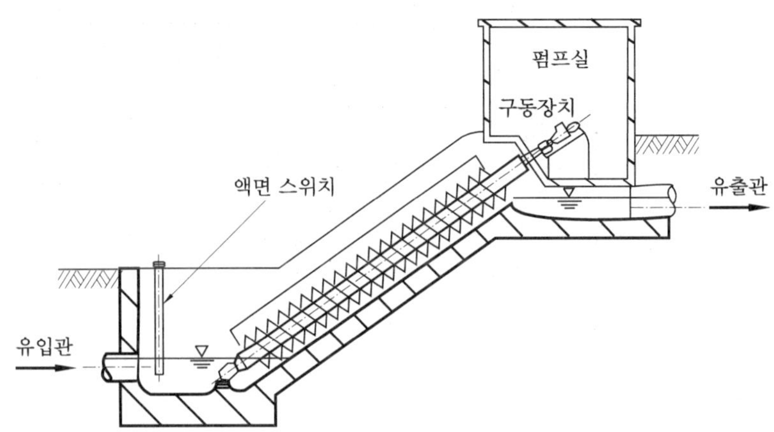

스크루 펌프

9-3 펌프의 계산

(1) 펌프의 구경

① 펌프의 크기는 흡입 구경과 토출 구경의 크기로 표시되며 펌프의 흡입 구경은 토출량과 흡입구의 유속에 의하여 결정된다. 펌프의 토출 구경은 흡입 구경, 전양정, 비교회전도 등을 고려하여 정한다.

$$D = 146\sqrt{\frac{Q}{V}}$$

여기서, D : 펌프의 흡입 구경(mm), Q : 펌프의 토출 유량(m^3/min)
V: 흡입구의 유속(m/s)

② 펌프의 흡입구 유속은 1.5~3m/s를 표준으로 하나 펌프의 회전수가 클 경우에는 유속을 크게 잡고 회전수가 작을 경우에는 유속을 작게 잡는다.

(2) 펌프의 양정

펌프가 물을 올릴 수 있는 높이를 양정(pump head)이라 하며 손실 수두와 관 내의 유속에 의한 각종 손실 수두를 합한 양정을 전양정(total pump head)이라 하고 전양정에서 모든 손실 수두를 뺀 것을 실양정(gross pump head)이라 한다.

$$H = h_a + \sum h_f + h_0$$

여기서, H : 전양정(m), h_a : 실양정(m)(흡입 수위와 토출 수위와의 차이)
$\sum h_f$: 관로 손실 수두의 합(m), h_0 : 관로 말단의 잔류 속도 수두(m)

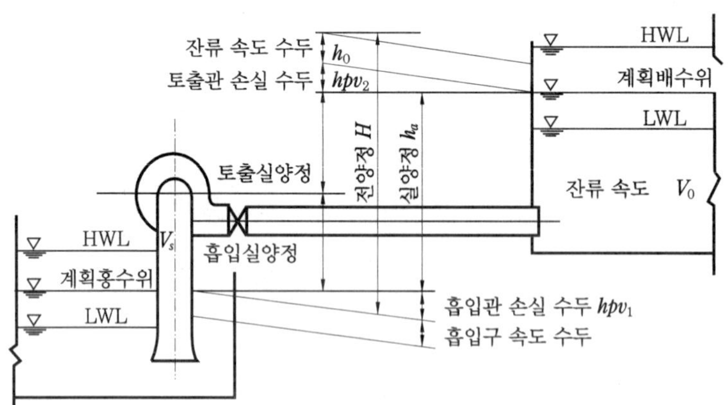

(3) 펌프의 동력

펌프의 운전에 필요한 동력을 축동력이라 하며 펌프의 설치 위치는 가급적 저수조의 수면 가까이에 설치해야 한다. 수면과 펌프와의 차이가 8m 이상이 되면 물을 흡입하지 못한다.

① 축동력(shaft horse power) : 제동 동력이라고도 하며, 이론 동력을 펌프의 전달 효율로 나누어 구한다.

$$\mathrm{kW} = \frac{\gamma \cdot Q \cdot H}{102 \times \eta}$$

$$\mathrm{HP} = \frac{\gamma \cdot Q \cdot H}{75 \times \eta}$$

여기서, γ : 비중량(kg/m^3), Q : 양수량(m^3/s), H : 전양정(m), g : 전달 효율

② 소요 동력 : 구동력이라고도 하며, 실제 소요되는 동력으로서 축동력에서 여유율을 고려한다.

9-4 펌프의 특성

(1) 비교회전도

비교회전도(specific speed)란 펌프의 성능이 최고가 되는 상태를 나타내기 위한 회전수로서 각각 크기가 다른 임펠러(impeller)를 대상으로 동일한 형상과 운전 상태를 유지하며 1m^3/min을 1m 양수하는 데 필요한 회전수를 말한다. 이는 비회전도, 비속도라고도 한다.

$$N_s = N \frac{Q^{\frac{1}{2}}}{H^{\frac{3}{4}}}$$

여기서, N_s : 비교회전도, N : 펌프의 회전수(rpm)
Q : 최고 효율점의 양수량(m^3/min)(양흡입형의 경우 $\frac{1}{2}$로 한다)
H : 최고 효율점의 전양정(m)(다단 펌프의 경우 1단에 해당하는 양정)

① 비회전도가 작을수록 수량이 적고 양정이 높은 펌프이다. 예 와권 펌프, 왕복식 펌프

② 비회전도가 클수록 수량이 많고 양정이 낮은 펌프이다. 예 축류 펌프, 사류 펌프

(2) 펌프의 특성 곡선

펌프의 회전 속도와 흡입 양정을 일정하게 할 때 양정, 효율, 축동력의 변화를 선도로 표시한 것을 특성 곡선 또는 성능 곡선이라 한다. 즉 펌프의 양수량과 양정, 효율, 축동력 등의 관계를 나타낸 곡선으로서 양수장에서 펌프를 선택할 때 시스템 수두 곡선(system head curve)과 함께 사용된다.

참고 시스템 수두 곡선

총동수두와 양수량과의 관계를 나타낸 것으로 정의할 수 있으며, 최대 시스템 수두와 최소 시스템 수두와의 관계는 수위 변화를 나타낸다.

습정의 수위 변화=최대 정수두−최소 정수두

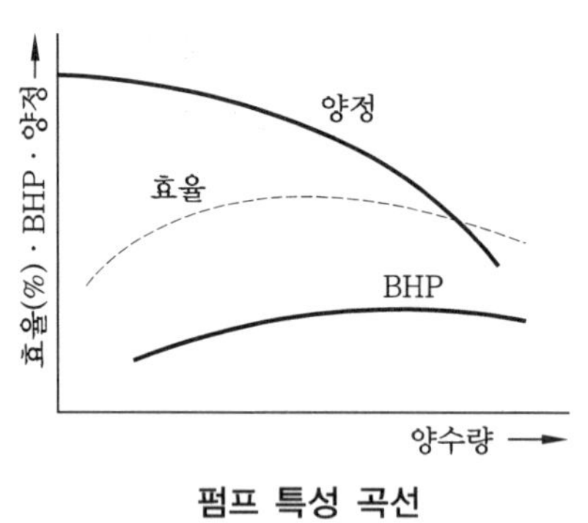

펌프 특성 곡선

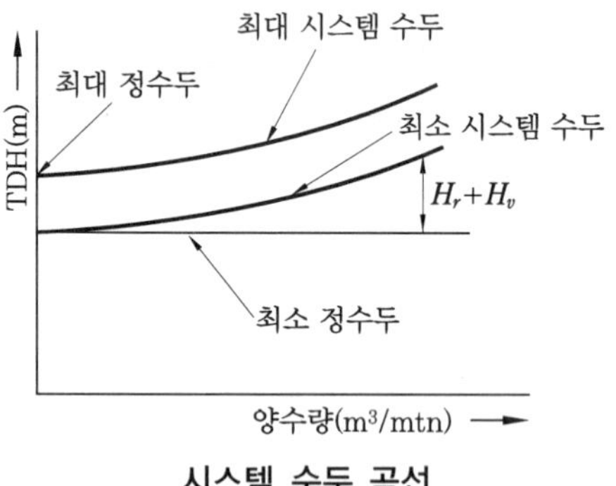

시스템 수두 곡선

9-5 펌프의 운전 장애

(1) 공동 현상

공동 현상(cavitation)은 펌프의 임펠러 입구에서 특정 요인에 의해 물이 증발하거나 흡입관으로부터 공기가 혼입되어 공동이 발생하는 현상이다. 공동 현상은 펌프의 임펠러 부근에서 발생하며 펌프의 흡입 양정이 커질수록 발생하기 쉽기 때문에 흡입 양정은 5m까지를 표준으로 하며, 흡입 양정이 작을수록 펌프 효율을 좋게 하고 공동 현상을 방지하는 데 효과가 있다고 할 수 있다.

① 발생 원인

(가) 임펠러 입구의 압력이 포화증기압 이하로 낮아졌을 때

(나) 이용 가능한 유효 흡입 양정(NPSH)이 펌프의 필요 NPSH(net positive suction head)보다 낮을 때

(다) 관 내 수온이 포화수증기압 이상으로 증가할 때

(라) 펌프와 흡수면 사이의 수직 거리가 너무 길 때

(마) 펌프의 과속으로 인하여 유량이 증가할 때

② 영향

(가) 소음과 진동을 발생시킨다.

(나) 양정 곡선과 효율 곡선이 저하된다.

(다) 급격한 출력 저하와 함께 심할 경우 펌프의 성능이 상실된다.

㈑ 임펠러가 침식된다.

③ 방지 대책

㈎ 펌프의 설치 위치를 가능한 한 낮추어 가용 유효 흡입 양정을 크게 한다.

㈏ 흡입관을 되도록 짧게 하고 관경은 크게 하여 손실 수두를 감소시킨다. 즉, 흡입관의 손실을 가능한 한 작게 하여 가용 유효 흡입 양정을 크게 한다.

㈐ 펌프 임펠러의 회전 속도를 낮게 선정하여 필요 유효 흡입 양정을 작게 한다.

㈑ 두 대 이상의 펌프를 사용하거나 임펠러를 수중에 완전히 잠기게 한다.

㈒ 양흡입형, 입축형, 수중 펌프의 사용을 검토한다.

㈓ 흡입측 밸브를 완전히 개방하고 펌프를 운전한다.

참고

- **가용 유효 흡입 양정(hsv)** : 회전차 입구의 압력이 포화증기압에 대하여 어느 정도 여유를 가지고 있는가를 나타내는 양을 말한다.
- **필요 유효 흡입 양정(Hsv)** : 공동 현상을 일으키지 않고 물을 임펠러에 흡입하는 데 필요한 펌프의 흡입 기준면에 대한 최소한도의 수두를 말한다. 공동 현상을 방지하기 위해서는 가용 유효 흡입 양정을 필요 유효 흡입 양정보다 크게 해야 한다(1m 이상).

(2) 수격작용(water hammer)

관로의 밸브를 급히 제동하거나 펌프의 급제동으로 인해 순간 유속이 0이 되면서 압력파가 발생하게 되고 이 압력파가 일정한 전파 속도로 왕복하면서 충격을 주게 되는데, 이러한 작용을 수격 작용이라 한다.

① 발생 원인

㈎ 관 내의 흐름을 급격하게 변화시킬 때 압력 변화로 인해 발생한다.

㈏ 펌프가 급정지하거나 관 내에 공동이 생긴 경우에 발생한다.

② 수격 작용에 의한 피해

㈎ 소음과 진동이 발생한다.

㈏ 관의 이완 및 접합부의 손상이 발생한다.

㈐ 송수 기능이 저하된다.

③ 수격 작용의 방지 방법

㈎ 부압(수주 분리) 발생의 방지법

㉮ 펌프에 플라이 휠(fly wheel)을 붙여 펌프의 급격한 속도 변화를 막고 급격한 압력 강하를 완화시킨다.

㉯ 토출 관측에 표준형 서지 탱크(surge tank)를 설치한다.

㉰ 토출 측 관로에 일방향 조압 수조(one-way surge tank)를 설치한다. 일방향 조압 수조는 압력이 떨어질 때에 충분한 물을 공급하여 부압을 방지하는 것이

목적이며, 평상시에는 체크 밸브에 의하여 관로에서 분리된다.

㉱ 토출측 관로에 압력 수조(air-chamber)를 설치한다.

(나) 압력 상승 경감 방법 : 역류 개시 후 펌프 토출 측의 체크 밸브가 갑자기 닫히는 경우 압력이 상승된다. 이러한 상승 압력을 경감시키는 주된 방법은 다음과 같다.

㉮ 펌프의 토출 측에 완폐 체크 밸브를 설치한다. 이는 역류 개시 직후에 역지 밸브가 급격히 폐쇄되지 않고 역류하는 물을 서서히 차단하는 방법으로 압력 상승을 완화시킨다.

㉯ 펌프 토출 측에 급폐 역지 밸브를 설치한다. 역류가 커지고 급폐되면 압력 상승이 생기기 때문에 역류가 일어나기 직전인 유속이 느릴 때 스프링의 힘으로 체크 밸브를 급폐시키는 방법으로 역류 개시가 빠른 300mm 이하의 관로에 사용된다.

㉰ 정전과 동시에 콘 밸브 또는 니들 밸브나 볼 밸브의 유압 조작 기구 작동으로 밸브 개도를 제어하여 자동적으로 완폐시키는 방법으로 유속 변화를 작게 한 후 압력 상승을 억제할 수 있다.

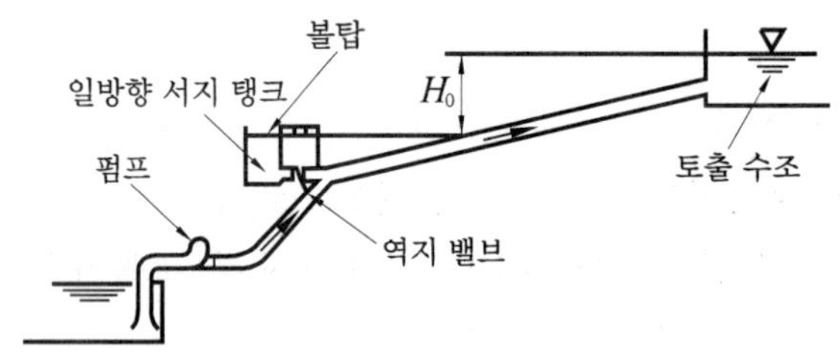

일방향 서지 탱크의 원리도

(3) 맥동 현상

펌프 운전 시 비정상 현상으로 토출량과 토출압이 주기적으로 변동하는 상태를 일으키며 펌프 특성 곡선이 산고형에서 발생하고 큰 진동이 발생된다. 서징(surging) 현상이라고도 한다.

① 발생 원인

(가) 배관 중에 물 탱크나 공기 탱크가 있을 때

(나) 유량 조절 밸브가 탱크 뒤에 있을 때

(다) 펌프의 급정지 또는 관 내 공동이 발생했을 때

② 영향

(가) 소음과 진동이 발생한다.

(나) 압력계, 진공계 등 계기의 손상을 유발한다.

③ 방지 대책 : 펌프의 양정을 조절하여 양정 곡선이 산고 상승부에서 운전되지 않도록 한다.

9-6 펌프의 설치와 부속 설비

① 흡입관의 설치 요령

㈎ 흡입관은 각 펌프마다 설치해야 한다. 흡입관은 가능한 한 길이를 짧게 하고 공기가 고이지 않는 배관으로 한다.

㈏ 흡입관을 수평으로 설치하는 것을 피한다. 부득이하게 설치해야 하는 경우 가능한 한 짧게 하고 펌프를 향하여 $\frac{1}{50}$ 이상의 경사로 한다.

㈐ 흡입관의 접합부는 플랜지 이음으로 하고 접합부에서 공기가 흡입되지 않도록 한다.

㈑ 흡입 배관 내의 유속은 1.5m/s 이하를 표준으로 한다.

② 펌프의 토출관은 마찰손실이 작도록 하고 펌프의 토출관에는 체크 밸브와 제어 밸브를 설치한다. 횡축 펌프의 토출관 끝은 마중물(priming water)을 고려하여 수중에 잠기는 구조로 한다.

③ 펌프 흡수정은 펌프의 설치 위치에 가급적 가까이 만들고 난류나 와류가 일어나지 않는 형상으로 한다. 흡입관과 흡수정 벽체 사이의 간격은 지름의 1.5배 이상으로 해야 한다.

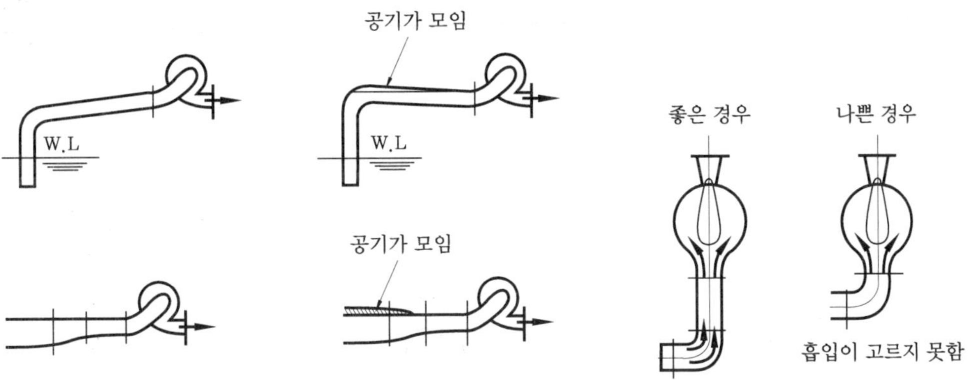

9-7 하수 펌프장 시설

(1) 개요

펌프장은 지형적인 자연 경사에 의하여 하수를 유하시키기가 곤란한 경우 관거의 매설 깊이가 현저히 깊어져 우수를 공공수역으로 자연 방류시키기가 곤란하거나, 처리장에서 자연유하에 의해 처리할 수 없는 경우에 설치하는 양수 시설이며 가능한 한 간이 시설로 한다.

① 계획 하수량

하수 배제 방식	펌프장의 종류	계획 하수량
분류식	중계 펌프장, 처리장 내의 펌프장	계획 시간 최대 오수량
	빗물 펌프장	계획 우수량
합류식	중계 펌프장, 처리장 내의 펌프장	강우 시 계획 오수량
	빗물 펌프장	계획 하수량-강우 시 계획 오수량

② 흡입 수위 : 유입관거 수위에서 펌프 흡수정에 이르기까지의 손실 수두를 빼서 결정한다.

(가) 오수 펌프의 흡입 수위는 원칙적으로 유입관거의 일 평균 오수량이 유입할 때의 수위로 정한다.

(나) 빗물 펌프의 흡입 수위는 유입관거의 계획 하수량이 유입할 때의 수위로 정한다.

(2) 펌프 시설

① 계획 하수량과 대수

(가) 펌프 대수는 계획 오수량 및 계획 우수량의 시간적 변동과 펌프의 성능을 기준으로 정하며, 수량의 변화가 현저한 경우에는 다른 용량의 펌프를 설치한다.

(나) 펌프의 설치 대수는 계획 오수량과 계획 우수량에 대하여 각각 2~6대를 표준으로 한다.

② 전양정에 대한 펌프의 형식

전양정(m)	형식	펌프의 구경(mm)
5 이하	축류 펌프	400 이상
3~12	사류 펌프	400 이상
5~20	원심 사류 펌프	300 이상
4 이상	원심 펌프	80 이상

예상문제

Engineer Water Pollution Environmental
수질환경기사

1. 수도용 펌프 형식에서 동작 원리에 따른 분류로 알맞지 않는 것은?

① 터보형 ② 용적형
③ 특수형 ④ 토출형

해설 수도용 펌프 형식에서 동작 원리에 따라 터보형, 용적형, 특수형으로 분류한다.

2. 하수도에 많이 사용되는 펌프 형식과 그 특징에 대한 설명 중 틀린 것은?

① 원심 펌프는 효율이 높고 적용 범위가 넓으며 적은 유량을 가감하는 경우 소요 동력이 적어도 운전에 지장이 없으며 공동 현상이 잘 발생하지 않는다.
② 스크루 펌프는 구조가 간단하고 개방형이며 양정에 제한이 없으나 수중의 협잡물로 인해 폐쇄가 많다.
③ 사류 펌프는 양정 변화에 대한 수량의 변동이 적고 또 수량 변동에 대한 동력의 변화도 적다.
④ 축류 펌프는 규정 양정의 130% 이상이 되면 소음 및 진동이 발생한다.

해설 스크루 펌프는 유지 관리가 간단하여 하수도에 많이 사용되는 펌프로 슬러지의 반송용, 저양정에 적합한 펌프이다. 최대 양정은 구조상으로부터 약 8m가 한도이고 수중의 협잡물로 인해 폐쇄가 적다.

3. 다음 중 양정이 가장 낮은데 사용되는 것은?

① 원심력 펌프 ② 터빈 펌프
③ 사류 펌프 ④ 축류 펌프

해설 축류 펌프는 저양정, 대용량의 취수 또는 도수용 펌프로 적당하다.

4. 양정 변화에 대한 수량의 변동이 적고 또 수량 변동에 대한 동력의 변화도 적어 우수용 펌프 등 수위 변동이 큰 곳에 적합한 펌프로 가장 알맞은 것은?

① 원심 펌프 ② 사류 펌프
③ 축류 펌프 ④ 수중 펌프

해설 사류 펌프는 양정의 변화에 대한 수량의 변동이 적고 또 수량 변화에 대한 동력의 변화도 적기 때문에 주로 우수용 펌프 등 수위의 변동이 큰 곳에 적합하다.

5. 하수도에 사용되는 펌프 형식 중 전양정이 5m 이하일 때 적용하고 펌프 구경은 400mm 이상을 표준으로 하며 흡입 성능이 낮고 효율폭이 좁은 것은?

① 원심 펌프 ② 스크루 펌프
③ 원심 사류 펌프 ④ 축류 펌프

해설 전양정에 대한 펌프의 형식

전양정(m)	형식	펌프의 구경(mm)
5 이하	축류 펌프	400 이상
3~12	사류 펌프	400 이상
5~20	원심 사류 펌프	300 이상
4 이상	원심 펌프	80 이상

6. 펌프의 비속도(비교회전도)에 대한 다음의 설명 중 적합하지 않은 것은?

① 비속도가 작아지면 공동 현상(cavitation)이 발생하기 쉽다.
② 비속도가 같으면 펌프의 대소에 관계없이 같은 형식으로 되며 특성도 대체로 같다.

정답 1. ④ 2. ② 3. ④ 4. ② 5. ④ 6. ①

③ 비속도가 크면 양수량은 크고 양정은 낮은 펌프가 된다.
④ 비속도는 축류 펌프가 터빈 펌프에 비하여 높다.

해설 비속도가 커지면 공동 현상(cavitation)이 발생하기 쉽다.

7. 다음 펌프 중 가장 큰 비교회전도(N_s)를 나타내는 것은?

① 터빈 펌프 ② 사류 펌프
③ 축류 펌프 ④ 원심 펌프

해설 펌프 형식과 비교회전도 값

펌프 형식	비교회전도(N_s)의 범위
고양정 와권 펌프	100~250
중양정 와권 펌프	250~450
저양정 와권 펌프	450~750
사류 펌프	700~1200
축류 펌프	1200~2000

8. 비속도가 1200~2000인 경우에 사용되는 상수도용 펌프 형식으로 적절한 것은?(단, 일반적인 단위 적용 시)

① 터빈 펌프 ② 벌류트 펌프
③ 축류 펌프 ④ 사류 펌프

9. 펌프의 공동 현상(cavitation)을 방지하기 위한 대책과 가장 거리가먼 것은?

① 펌프의 설치 위치를 가능한 한 낮추어 가용 유효 흡입 수두를 크게 한다.
② 흡입관의 손실을 가능한 한 작게 하여 가용 유효 흡입 수두를 크게 한다.
③ 펌프의 회전 속도를 낮게 선정하여 필요 유효 흡입 수두를 크게 한다.
④ 흡입 측 밸브를 완전히 개방하고 펌프를 운전한다.

해설 펌프의 회전 속도를 낮게 선정하여 필요 유효 흡입 수두를 작게 한다.

10. 펌프의 수격 작용을 방지하기 위한 방법이라 볼 수 없는 것은?

① 펌프에 fly wheel을 붙인다.
② 토출 측 관로에 에어 체임버를 설치한다.
③ 토출관 측에 양방향 수조(two-way tank)를 설치한다.
④ 펌프 토출 측에 완폐 체크 밸브를 설치한다.

해설 토출관 측에 일방향 수조(one-way tank)를 설치한다.

11. 펌프 운전 시 비정상 현상으로 토출량과 토출압이 주기적으로 변동하는 상태를 일으키며 펌프 특성 곡선이 산고형에서 발생하고 동시에 큰 진동이 발생되는 현상은?

① 공동 현상
② 맥놀이 현상
③ 서징 현상
④ 수격 현상

해설 맥동 현상은 펌프 운전 시 비정상 현상으로, 토출량과 토출압이 주기적으로 변동하는 상태를 일으키며 펌프 특성 곡선이 산고형에서 발생하고 동시에 큰 진동이 발생된다. 서징(surging) 현상이라고도 한다.

12. 다음 중 하수용 펌프 흡입구의 표준 유속은 얼마인가?

① 0.5~1.0m/s ② 1.0~1.5m/s
③ 1.5~3.0m/s ④ 3.0~4.0m/s

해설 펌프의 흡입구 유속은 1.5~3m/s를 표준으로 하나 펌프의 회전수가 클 경우에는 유속을 크게 잡고 회전수가 작을 때에는 유속을 작게 잡는다.

정답 7. ③ 8. ③ 9. ③ 10. ③ 11. ③ 12. ③

13. 펌프의 토출량 24m^3/min, 총 양정 400cm, 회전 속도 1200rpm인 펌프의 비교회전도(회/분)는?

① 1078 ② 1521
③ 2078 ④ 2121

해설 $N_s = \dfrac{1200 \times 24^{\frac{1}{2}}}{4^{\frac{3}{4}}} = 2078.46$

14. 펌프의 규정 회전수는 20회/s, 규정 토출량은 0.3m^3/s, 펌프의 규정 양정이 5m일 때 비교회전도는?

① 1223 ② 1323
③ 1423 ④ 1523

해설 ㉠ 단위부터 정리한다.

$Q = 0.3\text{m}^3/\text{s} \times 60\text{s/min} = 18\text{m}^3/\text{min}$

$N = 20\text{회/s} \times 60\text{s/min} = 1200$

㉡ $N_s = \dfrac{1200 \times 18^{\frac{1}{2}}}{5^{\frac{3}{4}}} = 1522.61$

15. 취수장에서 사용되는 펌프의 흡입관 구경은? (단, 흡입구의 유속이 3m/s이고, 계획 양수량은 14400m^3/d이다.)

① 167mm ② 226mm
③ 267mm ④ 326mm

해설 ㉠ $Q = A \cdot V = \dfrac{\pi \cdot D^2}{4} \times V$

㉡ $D = \sqrt{\dfrac{4 \times 14400\text{m}^3/\text{d} \times \text{d}/86400\text{s}}{\pi \times 3\text{m/s}}}$

$= 0.26596\text{m} = 265.96\text{mm}$

16. 아래와 같은 조건일 때 펌프를 운전하는 원동기의 출력은? (단, 하수기준, 전달효율은 1.0으로 한다.)

- 펌프의 흡입구경=600mm
- 흡입구의 유속=2m/s
- 펌프의 전양정=5m
- 펌프의 효율=80%
- 원동기의 여유율=15%

① 약 15kW ② 약 30kW
③ 약 35kW ④ 약 40kW

해설 ㉠ 우선 양수량을 구한다.

$Q = A \cdot V = \dfrac{\pi \cdot 0.6^2}{4} \times 2 = 0.565\text{m}^3/\text{s}$

㉡ $\text{kW} = \dfrac{1000 \times 0.565 \times 5}{102 \times 0.8} \times 1.15 = 39.81\text{kW}$

정답 13. ③ 14. ④ 15. ③ 16. ④

Engineer Water Pollution Environmental
수질환경기사

PART 3 수질오염 방지기술

1 Chapter 폐수의 물리적 처리

1-1 스크린

스크린(screen)은 유입되는 폐·하수 중 큰 부유·고형물질을 제거하여 펌프 등의 손상과 폐쇄를 방지함과 동시에 다음 단계의 처리시설을 보호하여 폐·하수처리를 용이하게 한다.

(1) 스크린의 종류

① 유효 간격

㈎ 세목(fine) 스크린 : 눈의 간격이 50mm 이하

㈏ 조목(coarse) 스크린 : 눈의 간격이 50mm 이상

② 형태 : 망형(fine-mesh) 스크린, 격자형(grating) 스크린, 봉형(bar rack) 스크린

(2) 스크린의 설계

① 설치 각도

㈎ 기계식 스크린 : 수평각 45~90°로 설치하는데 보통 60°로 한다.

㈏ 인력식 스크린 : 수평각 30~75°로 설치하는데 보통 30~45°로 한다.

② 손실 수두 계산 공식(Kirschmer 공식)

$$h_r = \beta \sin\alpha \left(\frac{t}{b}\right)^{\frac{4}{3}} \frac{V^2}{2g}$$

여기서, β : 스크린의 막대 단면 형상계수, α : 스크린 설치 경사각, t : 스크린의 막대 굵기
b : 스크린의 유효간격, V: 폐수의 스크린 통과 유속, g : 중력 가속도

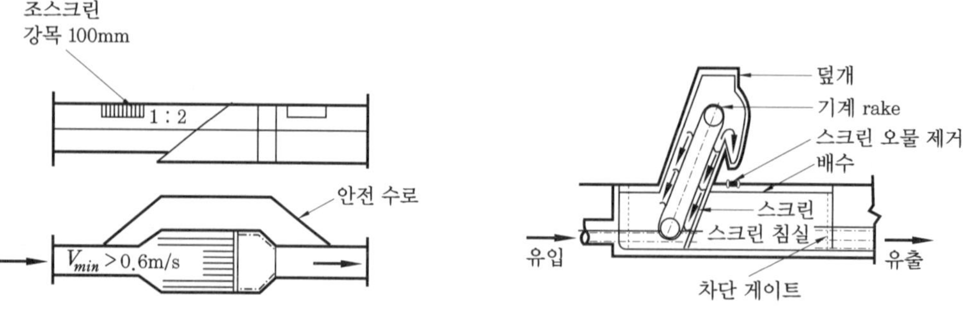

예제 1

수면에 대한 스크린 설치 경사각은 60°, 스크린의 막대 굵기 2cm, 스크린의 유효 간격이 22mm, 폐수의 유속이 0.45m/s, 스크린의 막대 단면 모습에 따른 계수가 2.34일 때, 스크린 설치에 따른 손실 수두(m)는 얼마인가? (단, $h_r = \beta \sin\alpha \left(\frac{t}{b}\right)^{\frac{4}{3}} \frac{V^2}{2g}$)

해설 $h_r = \beta \sin\alpha \left(\frac{t}{b}\right)^{\frac{4}{3}} \frac{V^2}{2g} = 2.34 \times \sin 60° \times \left(\frac{20}{22}\right)^{\frac{4}{3}} \times \frac{0.45^2}{2 \times 9.8} = 0.018\text{m}$

③ 봉 스크린(bar screen)의 손실 수두 구하는 식

$$h_L = \frac{1}{0.7} \times \frac{V_1^2 - V_2^2}{2g}$$

여기서, h_L : 손실 수두(m), 0.7 : 난류와 와류에 의한 손실을 고려한 경험계수,
V_1 : bar rack 사이의 구멍에서의 통과 유속(m/s),
V_2 : 상류로부터의 접근 유속(m/s), g : 중력 가속도(m/s^2)

예제 2

기계적으로 청소가 되는 바(bar) 스크린의 바 두께는 5mm이고, 바 간의 거리는 20mm이다. 바를 통과하는 유속이 0.9m/s라고 한다면 스크린을 통과하는 손실 수두는? (단, $H = \frac{V_b^2 - V_a^2}{2g} \times \frac{1}{0.7}$)

해설 ① 접근 유속을 구한다. $x \times 25 = 0.9 \times 20$ $\therefore x = 0.72\text{m/s}$

② $H = \frac{0.9^2 - 0.72^2}{2 \times 9.8} \times \frac{1}{0.7} = 0.0213\text{m}$

1-2 침사지

(1) 설치 목적

① 지름 0.2mm 정도의 무기성 부유물질, 모래, 자갈 등의 비중이 2.65 이상인 물질을 사석(grit)이라고 하며, 이를 제거하여 처리 기계나 시설, 관의 손상이나 폐쇄를 방지한다.

② 침사물이 침전지나 슬러지 소화조 내에 축적되는 것을 방지하기 위하여 설치한다.

(2) 폐수처리장 침사지의 설계

① 설계 조건

㈎ 평균 유속 : 0.1~0.3m/s(최대 1m/s)

(나) 체류 시간 : 30~60s

(다) 소류 속도 : 0.225m/s로 유지하여 침전물이 씻겨나가지 않도록 한다.

(라) 유효 길이 : 10~20m 정도(전후에 3~6m 정도의 여유를 둠)이다.

② 소류 속도 : 침사지(grit chamber)는 침전지와 달리 모래와 같은 비교적 크고 무거운 입자를 제거시키기 때문에 체류 시간이 짧다. 따라서 수평방향으로의 이동을 통해서 고형물이 씻겨나가지 않도록 소류 속도에 유의해야 한다.

$$V_c = \left(\frac{8\beta g d(s-1)}{f}\right)^{\frac{1}{2}}$$

여기서, V_c : 소류 속도(cm/s), β : 상수(모래인 경우 0.04), g : 중력 가속도(980cm/s^2)
s : 입자의 비중, d : 입자의 지름(cm), f : 마찰계수(콘크리트 재료의 경우 0.03)

③ 수면적 부하$(m^3/m^2 \cdot h) = \dfrac{Q}{A(=L \times B)}$ $\therefore$ A(침사지 수면적) $= \dfrac{Q}{\text{수면적 부하}}$

④ 체류 시간$(t) = \dfrac{V(\text{체적})}{Q(\text{유량})}$

⑤ 침사지의 유효길이$(L) = V_0 \times t = V_0 \times \dfrac{A \cdot H}{A \cdot V_s} = V_0 \times \dfrac{H(\text{높이})}{V_s(\text{입자의 침강 속도})}$

여기서, V_0 : 수평 유속, $V_s = \dfrac{Q}{A}$(수면적 부하)

1-3 침전

(1) 정의

폐수 중에 함유한 침전 가능 고형물의 비중이 물의 비중보다 클 경우, 즉 입자의 침강력이 액체의 마찰 저항력(drag force)보다 클 경우 부유물이 중력에 의하여 가라앉는 현상이 나타나는데, 이를 침전(sedimentation)이라고 한다.

(2) 침전의 종류

① 독립 침전(Ⅰ형 침전)

(가) 비중이 큰 무거운 독립 입자의 침전(보통 침전 및 침사지의 모래 입자의 침전)이 일반적으로 독립 침전에 속한다.

(나) Stokes 법칙이 적용되는 침전의 형태이며 자유 침전이라고도 한다.

② 응결 침전(Ⅱ형 침전)

(가) 현탁 입자가 침전하는 동안 응결과 병합을 일으켜 입자의 질량이 증가하여 독립 입자보다 침전 속도가 빠르다.

(나) 약품 침전지가 여기에 해당된다.

③ 지역 침전(방해 침전, Ⅲ형 침전)

(가) 침전하는 부유물과 상등수 간에 뚜렷한 경계면이 생긴다.

(나) 생물학적 처리의 2차 침전지 중간 정도 깊이에서 침전 형태가 지역 침전에 해당한다.

(다) 방해 침전, 장애 침전, 계면 침전이라고도 한다.

④ 압축 침전(압밀 침전, Ⅳ형 침전)

(가) 침전된 입자들이 그 자체의 무게로 계속 압축을 가하여 입자들이 서로 접촉한 사이로 물이 빠져 나가 계속 농축이 되는 침전의 형태이다.

(나) 2차 침전지 저부 및 농축조에서 침전되는 형태이다.

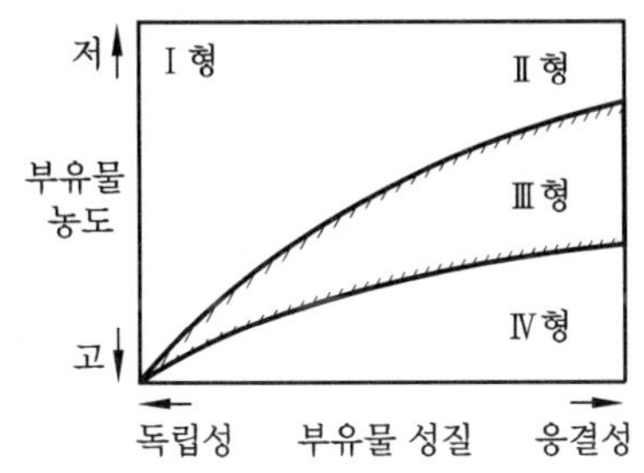

침전 형태의 분류

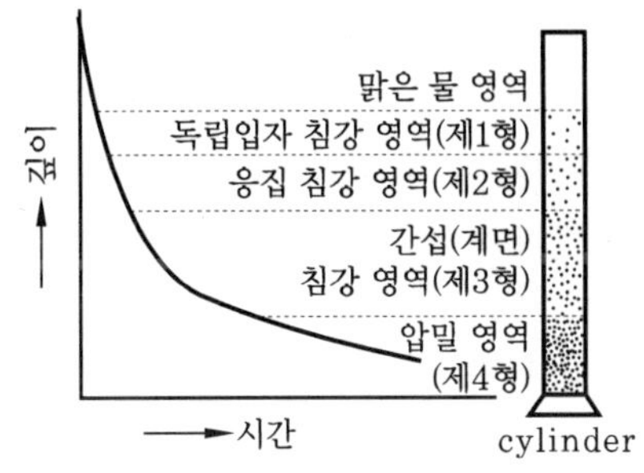

부유물질(SS)의 침강 영역

(3) 침전지 설계 기준

최초(1차) 침전지	최종(2차) 침전지
장방형 침전지의 폭과 길이의 비=1 : 3~5	침전지의 유효수심 : 2.5~4m
원형 침전지의 최대 지름 : 60m	고형물 부하율 : 150~170kg/m^2 · d
침전지의 유효수심 : 2.5~4m	표면적 부하율 : 20~30m^3/m^2 · d
침전지 내의 폐수 체류 시간 : 2~4시간	침전지 내 폐수 체류 시간 : 3~5시간
여유고 : 40~60cm	여유고 : 40~60cm
표면 부하율 : 20~40m^3/m^2 · d	월류 부하율 : 190m^3/m · d
침전지 바닥 기울기(슬러지 제거기가 설치된 경우) : $\frac{1}{100}$~$\frac{1}{50}$(직사각형), $\frac{1}{20}$~$\frac{1}{10}$(원형)	침전지 바닥 기울기(슬러지 제거기가 설치된 경우) : $\frac{1}{100}$~$\frac{1}{50}$(직사각형), $\frac{1}{20}$~$\frac{1}{10}$(원형)

(4) 침전지 이론 및 관계식

① Stokes의 침강 이론 : 침전지에서는 유속이 작아 입자의 $Re < 1.0$ 이하이므로 Stokes의 침강 속도 공식이 적용된다.

(가) $V_s = \dfrac{g(\rho_s - \rho_w)d^2}{18\mu}$

여기서, V_s : 입자의 침강 속도(cm/s), g : 중력 가속도(980cm/s^2), ρ_s : 입자의 밀도(g/cm^3)
ρ_w : 액체의 밀도(g/cm^3), d : 입자의 지름(cm), μ : 액체의 점성계수(g/cm · s)

(나) $Re = \dfrac{\rho_w d V_s}{\mu} = \dfrac{d V_s}{v}$, v(동점성계수, cm^2/s)$= \dfrac{\mu}{\rho}$

(다) 입자의 침강 속도는 $(\rho_s - \rho_w)$와 d^2에 비례한다.

예제 3

비중 1.3, 지름 0.05mm의 입자가 수중에서 자연적으로 침강할 때의 속도가 Stockes의 법칙에 따라 0.03m/h이라 하면 비중 2.5, 지름 0.1mm인 입자의 침강 속도는 얼마나 되겠는가? (단, 물의 비중은 1.0으로 하고 기타 조건은 같다.)

해설 ① 입자의 침강 속도는 $(\rho_s - \rho_w)$와 d^2에 비례한다.

② $\dfrac{V_s'}{V_s} = \dfrac{(2.5-1)}{(1.3-1)} \times \left(\dfrac{0.1}{0.05}\right)^2 = 20$

③ $V_s' = 0.03\text{m/h} \times 20 = 0.6\text{m/h}$

② 이상 침전지 개념 : Hazen과 Camp가 개발한 이 개념은 침전조의 설계에 사용되는 관계식을 구하기 위한 기초가 된다.

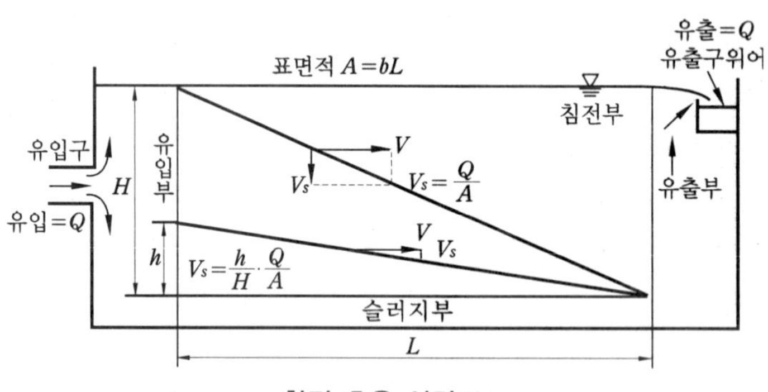

침전 효율 설명도

③ 표면적 부하와 침전 처리 효율 및 체류 시간

(가) 침전지에서 침강 입자가 완전히 제거(침강)될 수 있는 조건

$$V_s \geq \frac{Q}{A}$$

여기서, V_s : 입자의 침강 속도(m/d), $\dfrac{Q}{A}$: 침전지 내에서의 표면적 부하(m^3/m^2· d = m/d)

(나) 표면적 부하(=수면적 부하)$=\dfrac{\text{유입수량}(m^3/d)}{\text{표면적}(m^2)}=\dfrac{Q}{A}$

(다) 표면적 부하$=\dfrac{Q}{A}=\dfrac{\frac{V}{t}}{A}=\dfrac{\frac{Ah}{t}}{A}=\dfrac{h}{t}$

여기서, h : 수심, t : 체류 시간

예제 4

직사각형 침전지에서 길이가 20m, 폭이 10m, 깊이가 5m이고 유입하는 폐수는 하루에 3000m³/d, BOD 농도는 250mg/L, SS가 370mg/L라면, 수리학적 표면적 부하는 몇 m³/m²·d가 되겠는가?

해설 ① 표면적부하$=\dfrac{\text{유입수량}(m^3/d)}{\text{표면적}(m^2)}=\dfrac{Q}{A(L\times B)}$

② 표면적부하$=\dfrac{3000m^3/d}{(20\times 10)m^2}=15m^3/m^2\cdot d$

예제 5

평균 유량 6000m³/d인 도시 하수 처리장의 1차 침전지를 설계하고자 한다. 1차 침전지에 대한 권장 설계 기준은 계획 1일 하수량을 기준으로 하여 표면 부하율을 40m³/m²·d 이내로 하여야 한다. 원형 침전지를 설계한다면 침전지의 지름은 얼마인가? (단, π=3.14)

해설 ① $A=\dfrac{6000m^3/d}{40m/d}=150m^3$

② $A=\dfrac{\pi\cdot D^2}{4}$

③ $D=\sqrt{\dfrac{4A}{\pi}}=\sqrt{\dfrac{4\times 150}{3.14}}=13.823m$

예제 6

수심이 2.7m이고 하수 체류 시간이 2시간인 침전지의 표면 부하율은 얼마인가?

해설 표면적 부하$=\dfrac{h}{t}=\dfrac{2.7m}{2h}=1.35m/h$

(라) 침전지에서 100% 제거될 수 있는 입자의 최소 침강 속도

$$V_s=\frac{Q}{A}$$

(마) 침강 속도가 수면적 부하보다 적은 입자의 침전 제거 효율

$$E = \frac{V_s}{\frac{Q}{A}}$$

$$\therefore V_s = \frac{Q}{A} \times E$$

예제 7

수면적 110m²의 침전지가 있다. 하루 200m³의 폐수를 침전시킨다고 가정할 때 침전지에서 95% 제거될 수 있는 입자 중 최소 입자의 침강 속도를 구하면 몇 mm/min인가?

해설 $V_s = \frac{Q}{A} \times E = \left(\frac{200}{110}\right)\text{m/d} \times 10^3\text{mm/m} \times \text{d/1440min} \times 0.95 = 1.199\text{mm/min}$

(바) 체류 시간$(t) = \frac{V}{Q}$

여기서, t : 체류 시간(d), V : 조 용적(m^3), Q : 유입수량(m^3/d)

예제 8

원추형 바닥을 가진 원형의 1차 침전지에서 지름이 40m, 측벽 깊이가 3m, 원추형 바닥의 깊이가 1m인 경우 하수의 체류 시간은? (단, 이 침전지의 처리 유량은 18168m³/d이다.)

해설 ① 우선 부피를 구한다.

$$V = A \cdot \left(h_1 + h_2 \times \frac{1}{3}\right)$$

$$\therefore V = \frac{\pi \times 40^2}{4} \times \left(3 + 1 \times \frac{1}{3}\right) = 4188.79\text{m}^3$$

② 체류 시간$(t) = \frac{V}{Q} = \frac{4188.79\text{m}^3}{18168\text{m}^3/\text{d} \times \text{d/24h}} = 5.533\text{h}$

(사) 월류부하(m^3/m·d)$= \frac{Q}{L}$

여기서, Q : 유입수량(m^3/d), L : 월류위어(weir) 길이(m)

예제 9

시간당 125m³의 폐수가 유입하는 침전조가 있다. 위어의 유효 길이를 30m라 하면 월류부하는 얼마인가?

해설 월류부하(m^3/m·h)$= \frac{125\text{m}^3/\text{h}}{30\text{m}} = 4.17\text{m}^3/\text{m}\cdot\text{h}$

1-4 부상

(1) 정의

일반적으로 폐수 중에 있는 고형 물질을 분리하기 위하여 침전조를 가장 많이 이용하고 있으나 침전조의 경우 낮은 표면부하 때문에 시설에 필요한 부지면적과 용량이 매우 큰 반면 부상조를 이용하면 약 $\frac{1}{10}$의 크기로도 가능하기 때문에 더욱 효과적인 슬러지의 분리가 가능하다.

(2) 부상 속도 공식

① $V_f = \dfrac{g(\rho_w - \rho_s)d^2}{18\mu}$

여기서, V_f : 입자의 침강 속도(cm/s), g : 중력 가속도(980cm/s^2), ρ_w : 폐수의 밀도(g/cm^3)
ρ_s : 부상 입자의 밀도(g/cm^3), d : 기체가 부착한 고체 입자의 지름(cm)
μ : 액체의 점성계수(g/cm·s)

② 입자의 부상 속도는 $(\rho_w - \rho_s)$와 d^2에 비례한다.

예제 10

어느 정유공장에서 최소 입경이 0.009cm인 기름방울을 제거하려면 부상 속도는 얼마인가? (단, 물의 밀도는 1g/cm^3, 기름의 밀도는 0.9g/cm^3, 점도는 0.01g/cm·s이다.)

해설 $V_f = \dfrac{980 \times (1-0.9) \times 0.009^2}{18 \times 0.01} = 0.044\text{cm/s}$

예제 11

유적 A와 B의 지름이 같다. A의 비중은 0.88이고 B의 비중은 0.91일 때의 A와 B의 부상속도비 $\dfrac{V_{fA}}{V_{fB}}$는 얼마인가?

해설 $\dfrac{V_{fA}}{V_{fB}} = \dfrac{1-0.88}{1-0.91} = 1.33$

(3) 부상조 설계 관계식

① $\text{A/S비} = \dfrac{\text{감압으로 방출된 공기량(kg/d)}}{\text{원수 내의 고형물량(kg/d)}} = \dfrac{1.3S_a(f \cdot P - 1)}{S}$

② $\text{A/S비} = \frac{1.3S_a(f \cdot P - 1)}{S} \times R$ (가압수의 재순환이 있는 경우)

여기서, S_a : 공기의 용해도(mL/L), P : 실제 전달 압력(atm)
S : 원수 내의 고형물 농도(mg/L)
f : 압력 P에서 용존되는 공기와 전체 공기에 대한 비율(0.5가 대표적)
1.3 : 공기의 비중, R : 재순환율$\left(= \frac{Q_R}{Q}\right)$

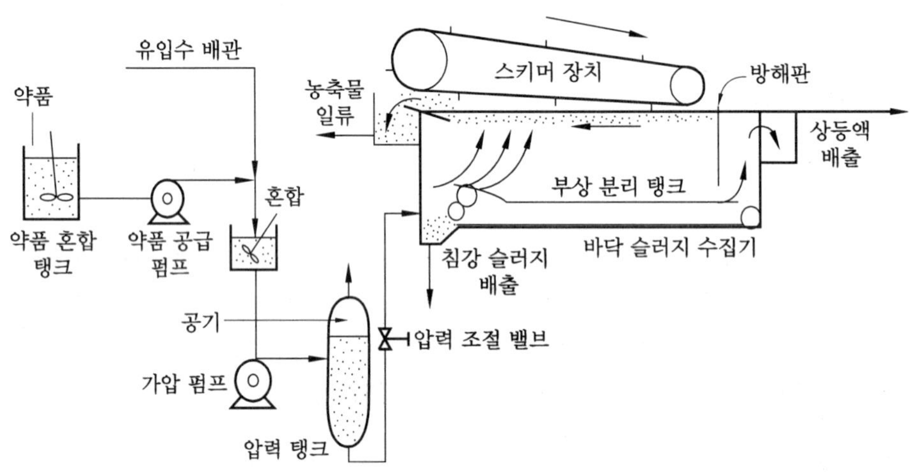

용존 공기 부상조의 계통도(순환시키지 않을 때)

예제 12

MLSS 농도가 2000mg/L인 슬러지를 부상 농축시키려고 한다. 압축 탱크의 유효 전달 압력이 2기압, 공기의 밀도가 1.3g/L, 공기의 용해량이 18.7mL/L일 때, A/S(air/solid)비는 얼마인가? (단, 유량은 300m^3/d이고 처리수의 반송은 없으며 f=1.0으로 가정한다.)

해설 $\text{A/S(air/solid)비} = \frac{1.3 \times 18.7 \times (2-1)}{2000} = 0.012$

예제 13

폐수의 SS 농도가 260mg/L이고, 유량이 1000m^3/d인 폐수를 공기 부상조로 처리할 때 A/S비(mL/mg)는? (단, 공기 용해도는 16.8cm^3/L, 실제 전달 압력은 4기압, f=0.5이다.)

해설 ① A/S비 단위에 조심한다.

② $\text{A/S(air/solid)비} = \frac{16.8 \times (0.5 \times 4 - 1)}{260} = 0.0646\text{mL/mg}$

예제 14

부상조의 최적 A/S비는 0.04, 처리할 폐수의 부유 물질 농도는 250mg/L, 20℃에서 414kPa로 가압할 때 반송률(%)은 얼마인가? (단, $f=0.8$, $S_a=18.7$mL/L, 20℃, 1기압=101.35kPa)

해설 ① P를 구한다(atm). $P=\dfrac{414}{101.35}+1=5.08\text{atm}$

② $\text{A/S}=\dfrac{1.3S_a(f\cdot P-1)}{S}\times R$ (가압수의 재순환이 있는 경우)

③ $0.04=\dfrac{1.3\times18.7\times(0.8\times5.08-1)}{250}\times R$

$\therefore R=\dfrac{0.04\times250}{1.3\times18.7\times(0.8\times5.08-1)}=0.1342$

$\therefore R=13.42\%$

참고

A/S 계산에서는 공기의 비중과 유효 전달 계수의 사용 여부를 잘 판단해야 한다.

1-5 여과

(1) 정의

① 여과(filtration)는 공극이 있는 매질층을 통하여 물을 통과시켜 부유물을 제거하는 방법이다.

② 여과재로는 모래, 자갈, 무연탄(anthracite), 규조토, 세밀히 짜여진 섬유 등이 사용된다.

(2) 종류

① 완속 모래 여과지

(가) 화학적 전처리가 요구되지 않을 정도로 낮은 탁도를 가진 원수의 여과에 국한된다.

(나) 정수 처리 시설에서 완속 여과지의 여과 속도는 4~5m/d를 표준으로 한다.

(다) 완속 여과지의 모래층의 두께는 70~90cm를 표준으로 한다.

② 급속 모래 여과지

(가) 도시 급수를 위한 정수시설로서 가장 보편적으로 이용된다.

(나) 여과 작용은 매우 복잡하지만 주로 여과, 응결, 그리고 침전에 의해서 일어난다.

㈐ 운영상 문제점
㉮ 여과상의 수축
㉯ 공기 결합(여상 내부의 수온 상승, 압력 저하, 조류 증식)
㉰ 진흙 매트 형성

(3) 급속 여과와 완속 여과의 비교

내용	완속 여과	급속 여과
여과 속도	4~5m/d	120~150m/d
약품 처리	−	필수조건이다
세균 제거율	크다	작다
손실 수두	작다	크다
건설비	크다	작다
유지 관리비	적다	많다(약품 사용)
수질과의 비교	저탁도에 적합	고탁도, 고색도, 조류가 많을 때
여재 세척	시간과 인력이 소요	자동 제어 시설로 적게 든다.

(4) 여과 면적

$$A = \frac{Q}{V}$$

여기서, A : 여과 면적(m^2)
Q : 여과 수량(m^3/d)
V : 여과 속도(m/d)

(5) 유효지름과 균등계수

$$U = \frac{d_{60}}{d_{10}}$$

여기서, U : 균등계수
d_{10} : 10%를 통과시킨 체눈의 크기(유효지름)
d_{60} : 60%를 통과시킨 체눈의 크기

① 균등계수 U가 1에 가까울수록 입도 분포가 양호하고, 1을 넘을수록 입도 분포가 불량하다.
② 유효지름이 작을수록, 즉 입경이 작을수록 세균이나 부유물질의 제거 효과는 좋지만 폐색이 잘 되고 균등계수가 클수록 소립과 대립의 혼합차가 크며 모래의 공극률이 작아지고 여과 저항이 증대된다.

1-6 흡착

(1) 정의

① 흡착(adsorption)이란 유체의 흐름 중에 존재하는 특정 성분(피흡착물, adsorbate)들을 다공성의 고체 흡착제(adsorbent)의 표면에 고정시키는 과정이다.

② 흡착 메커니즘에는 물리적 흡착(physical adsorption)과 화학적 흡착(chemisorption)이 있다.

(가) 화학적 흡착 : 흡착제와 피흡착제 간의 결합이 굉장히 강한 경우, 즉 비가역적인 흡착이다.

(나) 물리적 흡착(Van der Waals 흡착) : 결합이 약한 경우, 즉 가역적인 흡착으로서 흡착 과정은 발열 반응이다.

참고

구 분	물리적 흡착	화학적 흡착
온 도	저온에서 흡착량이 크다.	비교적 고온에서 일어난다.
피흡착질	비선택성	선택성
흡착열	소(10kcal/mol 이하)	대(10~30kcal/mol)
가역성	가역성	비가역성
흡착 속도	크다	작다
분자층	다분자층 흡착이 일어난다.	단분자층의 결과로 일어난다.

(2) 활성탄 처리 설비

① 활성탄 처리 설비는 용해성 유기물질, 트리할로메탄 전구물질, 맛·냄새 유발 물질, 농약 성분 등의 미량 유기물질을 제거할 목적으로 사용한다.

② 오존 처리를 한 경우에는 반드시 반응 생성물의 제거를 목적으로 후단에 설치하는 것이 보통이다.

③ 활성탄의 종류와 사용 방법

(가) 입상 활성탄(GAC : granular activated carbon)

㉮ 재생이 용이하고 취급이 용이하며 슬러지가 발생하지 않는다.

㉯ 분말탄에 비하여 흡착 속도가 느리고 수질 변화의 대응성이 나쁘다.

㉰ 초기 투자 비용이 많이 든다.

(나) 분말 활성탄(PAC : powdered activated carbon)

㉮ 분말로서 비산의 우려가 있고 슬러지가 발생한다.

㉯ 미생물의 번식 가능성이 없다.

㉰ 재생이 곤란하다.

(다) 생물 활성탄(BAC : biological activated carbon)

㉮ 장점

㉠ 활성탄 여과지에서 활성탄 재생 주기가 길어져 여과 경비가 절감된다.

㉡ 오존 주입과 생물 활성탄을 거친 처리수는 염소 요구량이 적고 안정되어 있기 때문에 소량의 염소 또는 이산화염소의 주입으로 충분한 잔류 소독 효과를 거둘 수 있다.

㉯ 단점

㉠ 생물 활성탄이 미생물군을 형성하여 안정적인 기능을 발휘하기까지 약 4~8주의 기간이 필요하다.

㉡ 전처리 공정이 다양해지므로 유지 관리에 고도의 숙련된 운영 요원이 필요하다.

(3) 등온 흡착식의 종류

① 물속에 존재하는 피흡착제가 한 종류인 경우 적용할 수 있는 등온 흡착식으로는 Langmuir, BET(Brunauer, Emmet, Teller), Freundrich식 등이 있다.

② Langmuir 등온 흡착식이 유도되기 위한 가정 조건은 다음과 같다.

(가) 한정된 표면만이 흡착에 이용된다.

(나) 표면에 흡착된 용질 물질은 그 두께가 분자 한 개 정도의 두께이다.

(다) 흡착은 가역적이다.

(라) 흡착은 평형 조건이 이루어졌다.

③ 등온 흡착식

(가) Freundrich 등온 공식 : $\frac{X}{M} = KC^{\frac{1}{n}}$

(나) Langmuir 등온 공식 : $\frac{X}{M} = \frac{abC}{1+bC}$

여기서, X : 흡착된 용질량, M : 흡착제의 중량, $\frac{X}{M}$: 흡착제의 단위 중량당 흡착량

C : 흡착이 평형 상태에 도달했을 때 용액 내에 남아있는 피흡착제의 농도

K, n, a, b : 경험적 상수

참고

- n의 값은 평형 농도에 사용한 단위와 관계없이 일정하다.
- K의 값은 상수이므로 그 값은 평형 농도에서 사용한 단위에 따라 수치가 변한다.

예제 15

2차 처리 유출수에 포함된 10mg/L의 유기물을 분말 활성탄 흡착법으로 3차 처리하여 1mg/L될 때까지 제거하고자 할 때 폐수 1L당 몇 g의 활성탄이 필요한가? (단, 오염물질의 흡착량과 흡착제 양과의 관계는 Freundrich 등온식에 따르며 $K=0.5$, $n=1$이다.)

해설 $\dfrac{10-1}{M}=0.5\times 1^{\frac{1}{1}}$ $\quad\therefore M=18\text{g/L}$

예제 16

냄새 혹은 생물학적 처리 불능(NBD) COD를 제거하기 위하여 흡착제로 활성탄(AC)을 사용하였는데 Freundrich 등온 공식이 잘 적용되었다. 즉 COD가 56mg/L인 원수에 활성탄을 20mg/L 주입시켰더니 COD가 16mg/L로 되었고 52mg/L를 주입하였더니 COD가 4mg/L로 되었다. COD를 7mg/L로 만들기 위해서는 활성탄을 얼마나 주입시켜야 하는가?

해설 $\dfrac{56-16}{20}=K\times 16^{\frac{1}{n}}$ ……………………………… ①

$\dfrac{56-4}{52}=K\times 4^{\frac{1}{n}}$ ……………………………… ②

①÷②하면

$2=4^{\frac{1}{n}}$에서 양변에 log를 취하면 $n=\dfrac{\log 4}{\log 2}=2$

① 식에 대입하면 $2=K\times 16^{\frac{1}{2}}$

$\therefore K=\dfrac{2}{16^{\frac{1}{2}}}=0.5$

$\therefore \dfrac{56-7}{M}=0.5\times 7^{\frac{1}{2}}$

$\therefore M[\text{mg/L}]=\dfrac{56-7}{0.5\times 7^{\frac{1}{2}}}=37.04\text{mg/L}$

예상문제

Engineer Water Pollution Environmental
수질환경기사

1. 다음의 조건에 적합한 장방형 침사지[폭(W)×길이(L)]의 유효 길이(L)로서 옳은 것은?

- 평균 유속 : 0.3m/s
- 유효수심 : 1.0m
- 수면적 부하 : $1800m^3/m^2 \cdot d$

① 약 14.4m ② 약 18.4m
③ 약 22.4m ④ 약 26.4m

해설 ㉠ $L = V_0 \times \dfrac{H}{Q/A}$

㉡ $L = 0.3\text{m/s} \times \dfrac{1.0\text{m}}{1800\text{m/d} \times \text{d}/86400\text{s}}$
$= 14.4\text{m}$

2. 침전지에서 미립자의 침강 속도가 증대되는 원인이 아닌 것은?

① 입자 비중의 증가
② 저항계수의 감소
③ 수온의 감소
④ 입자 지름의 증가

해설 수온이 감소하면 물의 점성계수가 증가하여 미립자의 침강 속도는 감소한다.

3. 현탁 고형물의 농도가 큰 경우 가까이 위치한 입자들의 침전에 서로 방해를 받기 때문에 침전속도는 점차 감소하게 되며 침전하는 부유물과 상등수 간에 뚜렷한 경계면이 생기는 침전 형태로 가장 알맞은 것은?

① 지역 침전 ② 압축 침전
③ 독립 침전 ④ 응집 침전

해설 입자의 농도가 높은 경우 액체는 서로 접촉하는 입자들이 틈 사이로 빠져 올라오려고 한다. 결과적으로 접촉하는 입자들은 침전할 때 각 입자 사이의 상대위치를 바꾸지 않고 계면을 형성하며 침전한다. 이런 침전을 간섭 침전, 지역 침전, 방해 침전이라고 한다.

4. 하수처리에 관련된 침전 현상(독립, 응집, 간섭, 압밀)의 종류 중 '간섭 침전'에 관한 설명과 가장 거리가 먼 것은?

① 깊은 2차 침전 시설과 슬러지 농축 시설의 바닥에서 발생한다.
② 입자 간의 작용하는 힘에 의해 주변 입자들의 침전을 방해하는 중간 정도 농도의 부유액에서의 침전을 말한다.
③ 입자 등은 서로 간의 상대적 위치를 변경시키려 하지 않고 전체 입자들은 한 개의 단위로 침전한다.
④ 함께 침전하는 입자들의 상부에 고체와 액체의 경계면이 형성된다.

해설 깊은 2차 침전 시설과 슬러지 농축 시설의 바닥에서 발생하는 형태는 압축 침전이다.

5. 고형물의 침전이 압축 침전의 형태로 고액분리되는 곳은?

① 침사지
② 응집 침전지
③ 농축조
④ 최종 침전조 상부

해설 압축 침전(compression settling)은 고농도 입자들의 침전으로, 입자들이 서로 접촉하며 단지 밀집된 덩어리의 압축에 의해서만 침전이 일어난다. 최종 침전조의 하부, 농축조에서 일어난다.

정답 1. ① 2. ③ 3. ① 4. ① 5. ③

6. 수면 부하율(또는 표면 부하율)이 50m³/m²·d인 침전지에서 100% 제거될 수 있는 입자의 지름은 얼마 이상부터인가? (단, 폐수와 입자의 비중은 각각 1.0과 1.35이며 폐수의 점성계수는 0.098kg/m·s이고 입자의 침전은 Stokes 공식을 따른다.)

① 0.28mm 이상　　② 0.55mm 이상
③ 0.63mm 이상　　④ 0.82mm 이상

해설 ㉠ 100% 제거될 수 있는 조건 : $V_s = \frac{Q}{A}$

$\therefore V_s = 50\text{m/d} \times \text{d}/86400\text{s}$
$= 5.78 \times 10^{-4}\text{m/s}$

㉡ $5.78 \times 10^{-4} = \frac{9.8 \times (1350-1000) \times d^2}{18 \times 0.098}$

㉢ $d = \sqrt{\frac{5.78 \times 10^{-4} \times 18 \times 0.098}{9.8 \times (1350-1000)}}$
$= 5.45 \times 10^{-4}\text{m}$

$\therefore d = 0.545\text{mm}$

7. 표면부하율이 28.8m³/m²·d인 한 침전지로 유입되는 부유물(SS)의 침전 속도 분포가 다음 표와 같다면 이 침전지에서 기대되는 전체 부유물 제거율은?

침전 속도 (cm/min)	3	2	1	0.5	0.3	0.1
SS분포율 (%)	20	20	25	20	10	5

① 약 40%　　② 약 50%
③ 약 60%　　④ 약 70%

해설 ㉠ 표면 부하율 28.8m³/m²·d
=2cm/min

㉡ 전체 부유물 제거율 $= 20 + 20 + 25 \times \frac{1}{2} + 20 \times \frac{0.5}{2} + 10 \times \frac{0.3}{2} + 5 \times \frac{0.1}{2} = 59.25\%$

8. 부유물질(SS) 3600mg/L를 함유하고 있는 폐수의 침강 속도 분포가 다음 그림과 같을 때 폐수 86400m³/d를 침전 처리하여 SS 90% 이상을 제거하려고 한다. 필요한 침전지의 최소 소요 면적은 몇 m²인가?

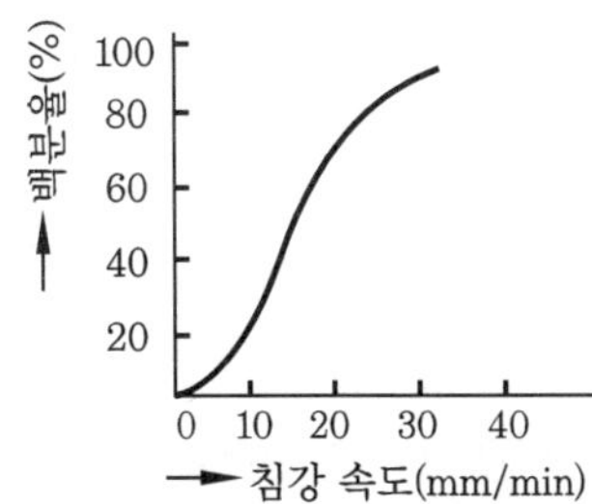

① 2000　　② 2880
③ 6000　　④ 8640

해설 ㉠ SS 90% 이상을 제거하기 위한 입자의 침전 속도를 알아본다.

㉡ $A = \frac{86400\text{m}^3/\text{d} \times \text{d}/1440\text{min}}{10\text{mm/min} \times 10^{-3}\text{m/mm}}$
$= 6000\text{m}^2$

9. 폭이 5m, 길이가 15m, 수심이 3m인 침전지의 유효수심은 2.7m이고 유량은 2700m³/d이다. 침전지의 바닥에 슬러지가 유효수심의 $\frac{1}{5}$을 차지하고 있다면 침전지 유속은 얼마인가?

① 약 0.17m/min
② 약 0.21m/min
③ 약 0.28m/min
④ 약 0.36m/min

해설 ㉠ $V = \frac{Q}{A} = \frac{Q}{B \times h \times \frac{4}{5}}$

여기서, $\frac{4}{5}$는 슬러지를 제외한 물의 높이이다.

㉡ $V = \frac{2700\text{m}^3/\text{d} \times \text{d}/1440\text{min}}{\left(5 \times 2.7 \times \frac{4}{5}\right)\text{m}^2}$
$= 0.174\text{m/min}$

정답　6. ②　7. ③　8. ③　9. ①

10. 인구 45000명인 도시의 폐수를 처리하기 위한 처리장을 설계하였다. 폐수의 유량은 350L/capita·d이고 최대 유량은 평균 유량의 120%일 때 침강 탱크의 체류 시간 2h, 평균 유량의 일류 속도는 $35m^3/m^2 \cdot d$가 되도록 설계하였다면, 이 침강 탱크의 용적(V)과 표면적(A)는 얼마인가?

① $V=1275m^3$, $A=350m^2$
② $V=1575m^3$, $A=350m^2$
③ $V=1575m^3$, $A=450m^2$
④ $V=1275m^3$, $A=450m^2$

해설 ㉠ $V=Q \cdot t$
$=(0.35m^3/\text{인}\cdot d \times 45000\text{인}) \times 1.2 \times 2h \times d/24h$
$=1575m^3$

㉡ $A=\dfrac{0.35 \times 45000}{35}=450m^2$

11. 제지공장에서 어느 업종의 BOD 배출원 단위가 3kg/원료·톤이다. 동일 업종 공장에서 원료 40톤/d을 처리하는 경우에 폐수량이 $200m^3/d$이면 폐수 중의 BOD 농도는 몇 mg/L인가?

① 100mg/L ② 200mg/L
③ 400mg/L ④ 600mg/L

해설 BOD 농도

$=\dfrac{3kg/\text{원료}\cdot\text{톤} \times 40\text{원료 톤}/d}{200m^3/d \times 10^{-3}}=600mg/L$

12. 1차 침전지로 유입하는 생하수의 SS 농도가 300mg/L이고, 유출수는 120mg/L이다. 유량이 $1000m^3/d$일 때 침전지에서 발생되는 슬러지의 양은? (단, 슬러지의 함수율은 96%이고 비중은 1.0으로 본다. 유기물 분해 등 기타 조건은 고려하지 않는다.)

① $4.0m^3/d$ ② $4.5m^3/d$
③ $5.0m^3/d$ ④ $5.5m^3/d$

해설 ㉠ 슬러지 습량$=\dfrac{\text{슬러지 건량}}{\text{순도} \times \text{비중}}$

㉡ 슬러지 습량$=\dfrac{[(300-120) \times 1000 \times 10^{-6}]t/d}{0.04 \times 1t/m^3}$
$=4.5m^3/d$

13. SS가 40000ppm인 분뇨를 전처리에서 15%, 1차 처리에서 70%의 SS를 제거하였을 때 1차 처리 후 유출되는 분뇨의 SS 농도는 얼마인가?

① 10200ppm ② 11200ppm
③ 14000ppm ④ 16800ppm

해설 ㉠ 유출수의 SS 농도=유입수 SS 농도×(1−SS 제거율)
㉡ 유출되는 분뇨의 SS 농도$=40000 \times (1-0.15) \times (1-0.7)=10200ppm$

14. 어떤 정유 공장에서 최소 입경이 0.009cm인 기름 방울을 제거하려고 한다. 부상 속도는 얼마인가? (물의 밀도는 $1g/cm^3$, 기름의 밀도는 $0.9g/cm^3$, 점도는 0.01g/cm·s이다.)

① 0.044cm/s ② 0.44cm/s
③ 0.15cm/s ④ 0.015cm/s

해설 $V_f=\dfrac{980 \times (1-0.9) \times 0.009^2}{18 \times 0.01}$
$=0.044cm/s$

15. MLSS의 농도가 3000mg/L인 슬러지를 부상법에 의하여 농축시키고자 한다. 압축 탱크의 실제 전달 압력이 4기압이며 공기의 밀도를 1.3g/L, 공기의 용해량이 18.7mL/L일 때 air/solid의 비는 얼마인가? (단, 유량은 $300m^3/d$이고 처리수의 반송은 없으며 $f=0.5$이다.)

① 0.0143 ② 0.008
③ 0.004 ④ 0.0004

정답 10. ③ 11. ④ 12. ② 13. ① 14. ① 15. ②

해설 A/S(air/solid)비

$$=\frac{1.3\times18.7\times(0.5\times4-1)}{3000}=0.0081$$

16. 활성 슬러지 혼합액을 부상 농축기로 농축하고자 한다. 부상 농축기에 대한 최적 A/S비가 0.008이고 공기 용해도가 18.7mL/L일 때 용존 공기의 분율이 0.5라면 필요한 압력은? (단, 비순환식 기준, 혼합액의 고형물 농도는 0.3%이다.)

① 2.67 atm ② 3.98 atm
③ 4.62 atm ④ 6.34 atm

해설 ㉠ $0.008=\frac{1.3\times18.7\times(0.5\times P-1)}{3000}$

$$\therefore (0.5P-1)=\frac{0.008\times3000}{1.3\times18.7}=0.987$$

㉡ $P=\frac{0.987+1}{0.5}=3.974\text{atm}$

17. 부상조의 최적 A/S비는 0.04, 처리할 폐수의 부유 물질 농도는 250mg/L이라면 20℃에서 414kPa로 가압할 때 반송률(%)은? (단, $f=0.8$, $S_a=18.7$mL/L, 20℃, 1기압=101.35kPa)

① 6.7 ② 13.4
③ 20.1 ④ 26.8

해설 $0.04=\frac{1.3\times18.7\times(0.8\times5.08-1)}{250}\times R$

$$\therefore R=\frac{0.04\times250}{1.3\times18.7\times(0.8\times5.08-1)}=0.1342$$

$\therefore R=13.42\%$

18. 활성 슬러지 혼합액의 고형물을 0.3%에서 3%까지 농축하고자 할 때 가압순환 흐름이 있는 경우의 부상농축기를 설계하고자 한다. 다음의 조건하에서 소요 순환유량은? (단, 최적공기/고형물비(A/S)=0.06, 온도=20℃, 공기용해도=18.7mL/L, 압력=3.7atm, 용존공기비율=0.5, 슬러지 유량=400m^3/d)

① 약 2500m^3/d ② 약 3000m^3/d
③ 약 3500m^3/d ④ 약 4000m^3/d

해설 ㉠ $R=\frac{0.06\times3000}{1.3\times18.7\times(0.5\times3.7-1)}$

㉡ 소요 순환유량$=400\text{m}^3/\text{d}\times8.71$
$=3484\text{m}^3/\text{d}$

19. 폐수 유량이 3000m^3/d, 부유 고형물의 농도가 150mg/L이다. 공기 부상 시험에서 공기와 고형물의 비가 0.05mg-air/mg-solid일 때 최적의 부상을 나타낸다. 설계온도 20℃, 이때의 공기용해도는 18.7mL/L이다. 흡수비 0.5, 부하율이 0.12m^3/m^2·min일 때 반송이 있으며 운전압력이 3.5기압인 부상조 표면적은?

① 24.5m^2 ② 37.5m^2
③ 42.0m^2 ④ 51.5m^2

해설 ㉠ $0.05=\frac{1.3\times18.7\times(0.5\times3.5-1)}{150}\times R$

$$\therefore R=\frac{0.05\times150}{1.3\times18.7\times(0.5\times3.5-1)}=0.4114$$

㉡ $A=\frac{3000\text{m}^3/\text{d}\times(1+0.4114)}{0.12\text{m}/\text{min}\times1440\text{min}/\text{d}}=24.5\text{m}^2$

20. 급속 모래 여과조가 직면하게 되는 운영 관리상 주요 문제점이 아닌 것은?

① 여과상의 수축
② 여과상의 팽창
③ 공기 결합(air binding)
④ 진흙 매트(muddy mat) 형성

해설 급속 모래 여과조가 직면하게 되는 운영 관리 상 주요 문제점

① 진흙 매트(muddy mat) 형성 : 유입수가 진흙질의 플록을 포함하고 여과상이 충분하게 역세척이 되지 않을 때 발생할 수

정답 16. ② 17. ② 18. ③ 19. ① 20. ②

있다. 이것은 표면 세척을 하여 최소화시킬 수 있다.

② 여과상의 수축 : 모래 알갱이가 연한 점액층으로 덮여 있을 때 일어날 수 있다. 이것도 표면 세척을 하여 최소화시킬 수 있다.

③ 공기 결합 : 보통 여과지가 부(−)의 압력하에서 운전될 때 일어나는데 이로 인해 여과 속도에 방해를 주게 된다.

21. **흡착 실험식인 Langmuir식이 유도되기 위한 가정으로 알맞지 않는 것은?**

① 한정된 표면만이 흡착에 이용된다.
② 표면에 흡착된 용질 물질은 그 두께가 분자 한 개 정도의 두께이다.
③ 흡착은 비가역적으로 탈착이 일어나지 않는다.
④ 흡착은 평형 조건이 이루어졌음을 뜻한다.

해설 Langmuir식은 흡착은 가역적이라고 가정함으로써 유도된 식이다. 흡착제를 용액에 넣었을 때 흡착과 탈착(desorption)이 일어나지만 흡착률이 탈착률보다 훨씬 크다.

22. **다음 중 흡착과 관련된 내용이라 볼 수 없는 것은?**

① Langmuir식 ② Freundrich식
③ AET식 ④ BET식

해설 물속에 존재하는 피흡착제가 한 종류인 경우에 적용할 수 있는 등온 흡착식으로는 Langmuir, BET(Brunauer, Emmet, Teller), Freundrich식 등이 있다.

23. **다음 중 물리적 흡착에 해당되는 내용은?**

① Van der Waals력에 기인한다.
② 보통 비가역적 현상이다.
③ 환경공학에서 거의 적용하지 않는다.
④ 흡착질과 흡착제 간의 반응이 일어난다.

해설 물리적 흡착은 주로 Van der Waals 힘에 기인하며 가역적으로 발생한다. 용질과 흡착제 사이에서 분자의 인력이 용질과 용매 사이의 인력보다 클 때 용질은 흡착제 표면에 달라붙게 된다. 물리적 흡착의 예로는 흡착제에 의한 흡착이다.

24. **상수의 고도 처리 시 사용되는 생물 활성탄 (BAC : biological activated carbon)의 단점이라 볼 수 없는 것은?**

① 활성탄의 사용 시간이 단축된다.
② 활성탄이 서로 부착되고, 응집 수두 손실이 증가한다.
③ 정상 상태까지의 기간이 길다.
④ 활성탄에 병원균이 자랄 때 문제가 될 수 있다.

해설 염소 처리 전에 생물 활성탄 처리를 하면 암모니아성 질소의 제거 효과가 있고 장기간에 걸쳐 활성탄을 계속해서 사용하는 것이 가능하다.

정답 21. ③ 22. ③ 23. ① 24. ①

2 Chapter 폐수의 화학적 처리

2-1 중화 처리

(1) 중화(neutralization)의 정의

① 산성과 염기성을 반응시켜 염과 물을 생성하는 화학 반응(중화 반응)이다.

② 산과 염기가 당량씩 반응하여 산 및 염기로서의 성질을 잃는 현상이다.

(2) 중화 공식

$$N_a \cdot V_a = N_b \cdot V_b$$

여기서, N_a : 산의 규정 농도(N농도 : g당량/L), V_a : 산의 부피(L)
N_b : 염기의 규정 농도(N농도 : g당량/L), V_b : 염기의 부피(L)

(3) 혼합 공식

① 액성이 같은 경우(산+산, 알칼리+알칼리)

$$NV + N'V' = N''(V+V')$$

② 액성이 다른 경우(산+알칼리)

$$NV - N'V' = N''(V+V')$$

예제 1

산성 폐수(pH 2) 처리를 위해 수산화나트륨을 중화제로 첨가하여 중화하고자 한다. 폐수 1L당 몇 g의 중화제가 소요되겠는가? (단, 중화제의 순도는 90%, 나트륨의 원자량은 23이다.)

해설 수산화나트륨 소요량 $= \dfrac{10^{-2}\text{g당량/L} \times 1\text{L} \times 40/\text{당량}}{0.9} = 0.444\text{g}$

예제 2

폐수 속의 염산 3.65g을 중화시키려면 수산화칼슘 몇 g이 필요한가? (단, Cl의 원자량 35.5, Ca의 원자량 40이다.)

해설 수산화칼슘 필요량 $= 3.65\text{g} \times \dfrac{37}{36.5} = 3.7\text{g}$

예제 3

pH가 3인 산성 폐수 $100m^3/d$를 도시 하수 처리 계통으로 방류시키는 공장이 있다. 도시 하수의 유량은 $1000m^3/d$이고 pH는 8일 때, 하수와 폐수의 온도는 20℃이고 완충작용이 없다면 산성 폐수 첨가 후 하수의 pH는 얼마인가?

해설 ① 혼합공식 : $NV-N'V'=N''(V+V')$

② $10^{-3}\times100-10^{-6}\times1000=N''(100+1000)$

$\therefore N''=\dfrac{10^{-3}\times100-10^{-6}\times1000}{(100+1000)}=0.00009N(\text{as } H^+)$

③ $pH=-\log 0.00009=4.04$

2-2 산화와 환원 반응조

(1) 원리

① 산화·환원(oxidation-reduction)의 개념 : 광의적 의미의 산화란 각 원소가 가지고 있는 산화수가 증가하는 것을 말하고, 환원은 산화수가 감소하는 것을 말한다. 산화와 환원은 동시에 일어나며 화학 양론적으로 반응한다.

② 산화제와 환원제

㈎ 산화제 : 염소(Cl_2), 염소 화합물($NaClO$, $CaOCl_2$ 등), 오존(O_3), 공기 중 산소 등

㈏ 환원제 : 황산제1철($FeSO_4$), 아황산염(Na_2SO_3, $NaHSO_3$), 아황산가스(SO_2) 등

(2) 산화 처리법

물속의 유해한 유기물을 완전 산화시키거나 수용성 금속 이온을 산화시켜 불용성 물질로 제거시킨다.

① 시안(CN^-) 폐수의 염소 처리 : 알칼리성 염소 주입법

폐수를 가성소다 등을 이용해서 알칼리성으로 유지한 다음 염소를 주입시켜 시안을 산화 분해하여 무해한 CO_2와 N_2로 만든다.

㈎ 1단계 : $NaCN+Cl_2+2NaOH \rightarrow NaCNO+2NaCl+H_2O$ (pH 10~11.5)

㈏ 2단계 : $2NaCNO+4NaOH+3Cl_2 \rightarrow 6NaCl+2CO_2+N_2+H_2O$ (pH 8~8.5)

② 저수지의 물이나 지하수층에 용해되어 있는 철 및 망간의 제거 방법

㈎ 산화법

㈏ 석회-소다회법

㈐ 접촉 산화법

㈑ 화학 침전(수산화물 침전)법

(3) 환원 처리법

6가 크롬(Cr^{6+})의 환원 처리는 다음과 같다.

① Cr 폐수는 6가와 3가를 함유하고 있다.

② Cr^{6+}의 처리는 다음의 화학 반응식에 의한 환원 → 중화 → 침전 등의 과정을 거친다.

(가) 1단계 : $4H_2CrO_4 + 6NaHSO_3 + 3H_2SO_4 \rightarrow 2Cr(SO_4)_3 + 3Na_2SO_4 + 10H_2O$ (pH 2~3)

(나) 2단계 : $Cr_2(SO_4)_3 + 6NaOH \rightarrow 2Cr(OH)_3\downarrow + 3Na_2SO_4$ (pH 8~9)

③ Cr^{6+}은 독성이 있으므로 3가로 환원시킨 후 수산화물로 침전시키는 것이 일반적 방법이다.

예제 4

어떤 공장에서 배출되는 시안 폐수를 알칼리 염소 주입법으로 처리하고자 한다. 이때 CN^-이 300mg/L, 유량이 200m^3/d라면 NaOCl의 1일 소요량(kg)은? (단, 반응식 : $2NaCN + 5NaOCl + H_2O \rightarrow 2NaHCO_3 + N_2 + 5NaCl$, 원자량 : Na = 23, Cl = 35.5)

해설 ① 주어진 반응식으로부터 비례식을 이용한다.

② $2CN^-$: 5NaOCl = 2×26g : 5×74.5g = (300×200×10^{-3})kg/d : x [kg/d]

∴ x = 429.8kg/d

예제 5

6가 크롬 이온의 농도가 100mg/L인 폐수 50m^3를 황산제1철을 사용하여 3가 크롬으로 환원시키려고 한다. 이때 필요한 $FeSO_4 \cdot 7H_2O$의 양(kg)은 얼마인가? (단, 크롬 폐수를 환원 처리하기 위하여 환원제로 황산제1철을 사용할 때의 반응식 : $2H_2CrO_4 + 6FeSO_4 + 6H_2SO_4 \rightarrow Cr_2(SO_4)_3 + 3Fe_2(SO_4)_3 + 8H_2O$, 원자량 : Cr = 52, $FeSO_4 \cdot 7H_2O$ = 277.8이다.)

해설 $2Cr^{6+}$: $6FeSO_4 \cdot 7H_2O$ = 2×52g : 6×277.8g = (100×50×10^{-3})kg : x [kg]

∴ x = 80.134kg

2-3 화학적 응집

(1) 응집제 및 응집 보조제

① 응집제의 종류

구분	물질명	기호 또는 조성	비고
무기	황산알루미늄(유산반토, 황산반토) 황산제1철(ferrous sulfate) 황산제2철(ferric sulfate)	$Al_2(SO_4)_3$, $18H_2O$ $FeSO_4$, $7H_2O$ $Fe_2(SO_4)_3$	alum 녹반

	염화제2철(ferric chloride) 폴리염화알루미늄(PAC) 알루민산나트륨 수산화칼슘(소석회) 산화칼슘 활성규산	$FeCl_3$, $6H_2O$ $Al(OH)_mCl_{6n}$ $NaAlO_2$ $Ca(OH)_2$ CaO $X \cdot SiO_2$	 무기 고분자 응집제 응집 보조제 응집 보조제 응집 보조제
유기	고분자 응집제 양이온 계면활성제 음이온 계면활성제	polyacrylamine dodecylamine dodecyl benzene sulfonate	

② 무기 응집제의 특성

품명	장 점	단 점	적정 pH
황산반토	• 여러 폐수에 적용 가능하다. • 결정은 부식성, 자극성이 없고 취급이 용이하다. • 철염과 같이 시설을 더럽히지 않는다. • 저렴하고 무독성 때문에 취급이 용이하며 대량 첨가가 가능하다.	• 응집 pH 범위가 좁다. • floc이 가볍다.	5.5~8.5
PAC	• floc 형성 속도가 빠르다. • 성능이 좋다(Al의 3~4배). • 저온 열화하지 않는다.	• 고가이다.	
황산 제1철	• floc이 무겁고 침강이 빠르다. • 값이 싸다. • pH가 높아도 용해되지 않는다.	• 산화할 필요가 있다. • 철 이온이 잔류한다. • 부식성이 강하다.	9~11
염화 제2철	• 응집 pH의 범위가 넓다. • floc이 무겁고 침강성이 빠르다.	• 부식성이 강하다.	4~12

③ 응집 보조제 중 고분자 전해질의 특징

㈎ 음이온성, 양이온성, 양성 이온성으로 나눌 수 있다.

㈏ 대부분 용수나 폐수 처리에 사용하는 것은 유기합성 화합물이다.

㈐ 분말 형태이기 때문에 사용 시 수용액으로 만들어져야 한다.

㈑ 다른 화학 약품의 도움 없이 자체가 응집제로 사용될 수 있다.

(2) 응집의 영향

① 교반

㈎ 처리수 중에 응집제를 첨가하려면 먼저 반응조에서 급속 교반(120~150rpm) 과정에서 주입하여야 한다. 이는 수중에 응집제가 확산해서 응집제와 반응 대상 고형 물질의 양호한 접촉을 위해서이다.

(나) 응집조로 보내어 완속 교반(20~70rpm)을 시키면서 polymer를 주입시키고, 그 후 floc이 생성되면 침전조로 보내 고액 분리시켜야 한다.

(다) 교반 시 입자끼리 충돌 횟수가 많을수록 좋으며 입자의 농도가 높고 입자경이 불균일할수록 응집 효과가 크다.

② 속도 경사(VG : velocity gradient) 구하는 식

$$G=\sqrt{\frac{P}{\mu V}}$$

여기서, P: 사용 동력(W), V: 부피(m^3), μ : 점성계수(kg/m·s)

예제 6

폐수처리장에 20000m^3/d의 폐수가 유입되고 있다. 체류 시간 30분, 속도 경사 40/s의 응집침전조를 설계하려고 할 경우, 교반기 모터의 동력 효율을 60%로 가정한다면, 교반기의 소요 동력은 몇 와트(W)인가? (단, 점도(μ)=0.001kg/m·s)

해설 ① V를 구한다.

$V=Q\cdot t=20000\text{m}^3/\text{d}\times 30\text{min}\times \text{d}/1440\text{min}=416.67^3$

② $G=\sqrt{\frac{P\cdot\zeta}{\mu V}}$

$\therefore P=\frac{\mu VG^2}{\zeta}=\frac{0.001\times 416.67\times 40^2}{0.6}=111.12\text{W}$

③ 플럭 형성 탱크에서 속도 구배와 이론 체류 시간의 곱($G\cdot t_d$)

$$G\cdot t_d=\frac{1}{Q}\sqrt{\frac{PV}{\mu}}$$

(3) jar test(응집 교반 시험)

최적 pH의 범위와 응집제의 최적 주입 농도를 알기 위한 응집 교반 시험이다. jar test를 실시할 경우 순서는 다음과 같다.

① 처리하려는 폐수를 4~6개의 비커(beaker)에 500mL 또는 1L씩 같은 양을 담는다.

② 교반기로 최대의 속도로 급속 교반(rapid mixing)(120~150rpm)시킨다.

③ pH 조정을 위한 약품과 응집제를 짧은 시간 안에 주입시킨다. 응집제의 주입량은 왼쪽에서 오른쪽으로 증가시키며 이론상으로 3번째의 beaker에서 응집이 가장 잘 일어나도록 한다.

④ 교반기의 회전 속도를 완속 교반(20~70rpm)으로 감소시키고 10~30분간 교반시킨다.

⑤ floc이 생기는 시간을 기록한다.
⑥ 약 30~60분간 침전시킨 후 상등수를 분석한다.

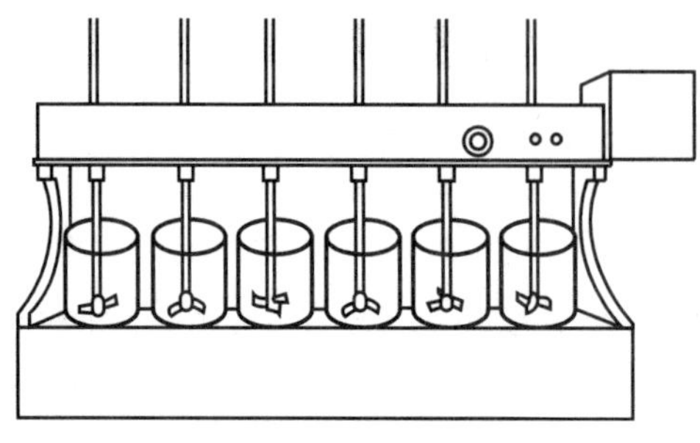

jar test

예제 7

jar test를 한 결과는 다음과 같다. alum의 최적 주입률은 얼마인가?

• 약제 : 5%의 alum • 주입량 : 5mL • 시료량 : 500mL

해설 ① alum 주입 전·후의 양은 같다.
② x[mg/L]×500mL = 50000mg/L×5mL ∴ x = 500mg/L

예제 8

어떤 폐수를 처리하기 위해 시료 200mL를 취하여 jar test한 후 응집제와 응집 보조제의 최적 첨가 농도를 구한 결과 $Al_2(SO_4)_3$ 300mg/L, $Ca(OH)_2$ 1000mg/L이었다. 폐수량 500m^3/d을 처리하는 데 하루에 필요한 $Al_2(SO_4)_3$의 양(kg/d)은 얼마인가?

해설 $Al_2(SO_4)_3$의 양(kg/d) = $Al_2(SO_4)_3$의 농도×유량×10^{-3}
∴ $Al_2(SO_4)_3$의 양(kg/d) = 300mg/L×500m^3/d×10^{-3} = 150kg/d

예제 9

SS가 55mg/L이고 유량이 13500m^3/d인 흐름에 황산제2철($Fe_2(SO_4)_3$)을 응집제로 사용하여 50mg/L가 되도록 투입한다. 응집제를 투입하는 흐름에 알칼리도가 없는 경우 황산제이철과 반응시키기 위해 투입해야 하는 이론적인 석회($Ca(OH)_2$)의 양은 얼마인가? (단, Fe의 원자량은 56이다.)

해설 ① 황산제2철과 소석회의 반응식을 만든다.
$Fe_2(SO_4)_3 + 3Ca(OH)_2 \rightarrow 2Fe(OH)_3 + 3CaSO_4$
② 400g : 3×74g = 50mg/L×13500m^3/d×10^{-3} : x[kg/d]
∴ x = 374.63kg/d

2-4 이온교환

(1) 이온교환법의 이용 목적

① 경수의 연수화 또는 순수 제조, 폐수 처리

② 도금용액 등의 제조

③ 수중에서 중금속의 회수

④ 이온 교환 처리수의 재이용

(2) 이온교환수지(IER)의 구비 조건

① 저농도일 때 상온의 수용액에서는 이온의 원자가가 높은 것일수록 교환·흡착이 잘 된다.

② 같은 원자가의 이온일 때는 이온 반지름이 작은 것일수록, 즉 원자 번호가 클수록 교환·흡착 된다.

참고

- **양이온에 대한 선택성의 순서** : $Ba^{2+} > Pb^{2+} > Sr^{2+} > Ca^{2+} > Ni^{2+}$
- **음이온의 선택성 순서** : $SO_4^{2-} > I^- > NO_3^- > CrO_4^{2-} > Br^- > Cl^- > OH^-$

(3) 물의 연수화(water softening)

연수화란 물속의 경도 성분인 Ca^{2+}, Mg^{2+} 등을 제거함으로써 센물(경수)을 단물(연수)로 바꾸는 과정을 말하는데, 경수는 인체에 유해한 것은 아니나 세탁 용수나 공업 용수의 사용에 어려움이 있다.

① 자비법(process of boiling) : 일시 경도(탄산 경도)를 간단히 처리할 수 있는 방법이다.

$$Ca(HCO_3)_2 \xrightarrow{\text{가열}} CaCO_3 \downarrow + CO_2 \uparrow + H_2O$$

② 석회-소다회법 : 탄산가스(CO_2)와 탄산 경도는 소석회를 사용하고 비탄산 경도는 소다회 (Na_2CO_3)와 소석회를 사용하여 Ca^{2+}는 $CaCO_3$로, Mg^{2+}는 $Mg(OH)_2$로 변화(최적 pH는 10.5~11)시켜 침전·제거하는 방법이다.

③ 이온교환법(ion exchange method) : 이온교환수지(R : resin)를 충전한 교환탑에 경수를 통과시키면 Ca^{2+}, Mg^{2+} 등이 수지 내의 H^+와 교환되어 경도가 제거된다.

$$2R-H + Ca^{2+} \rightarrow R_2-Ca + 2H^+ \text{ (연수화, 통수 과정)}$$

④ 제올라이트(zeolite)법의 특징

㈎ 전 경도를 제거할 수 있고 특히 영구 경도의 제거에 효과가 있다.

㈏ 가격이 고가이다.

㈐ 현탁물질을 함유한 물의 연수화에는 적용성이 낮다.

㈑ 장소를 차지하지 않고 침전물이 생기지 않는다.

예제 10

물의 연수화 공정에서 석회를 사용하면 다음과 같은 반응이 일어나 칼슘 경도가 제거된다. 칼슘 115mg/L인 물을 연수화시키는 데 필요한 석회의 양은 몇 mg/L인가? (단, 석회의 순도는 92%이며 Ca의 원자량은 40이다.)

$$Ca(HCO_3)_2 + CaO + H_2O \rightarrow 2CaCO_3 \downarrow + 2H_2O$$

해설 ① 주어진 반응식을 이용하여 비례식을 만든다.

② $Ca^{2+} : CaO = 40g : 56g = 115mg/L : x\,[mg/L] \times 0.92$

$\therefore\ x = \dfrac{56 \times 115}{40 \times 0.92} = 175mg/L$

2-5 소독

수인성 병원균을 선택적으로 제거하는 화학적 단위 공정인 살균(disinfection)은 모든 미생물을 박멸하는 멸균(sterilization)과 구분된다.

(1) 염소 주입법

① 염소(Cl_2)는 산화 작용이 강해 대장균, 전염성 병원균 등의 살균제로 이용되며 이외에도 악취 제거, 색도 제거, 부식 통제, BOD 제거 등으로 사용된다.

② 염소는 수중에서 유리잔류염소($HOCl$, OCl^-)와 결합잔류염소(NH_2Cl, $NHCl_2$, NCl_3)로 존재한다.

㈎ 유리잔류염소(free available chlorine)

㉮ 수중에서 다음과 같은 화학 반응을 한다.

$$Cl_2 + H_2O \rightleftarrows HOCl + H^+ + Cl^-$$

$$HOCl \rightleftarrows H^+ + OCl^-$$

㉯ 이 반응은 물의 pH와 관계가 있으며 낮은 pH에서 $HOCl$로 존재하다가 pH가 높아지면 OCl^-로 변화한다.

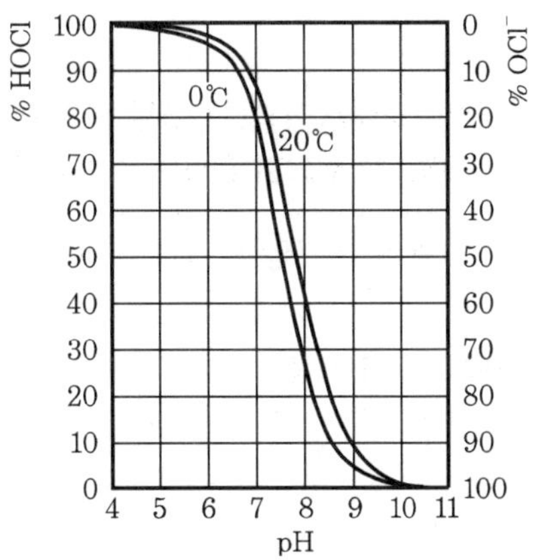

HOCl, OCl⁻, pH와의 관계

㉰ 염소의 살균력은 온도가 높고, 반응 시간이 길며, 주입 농도가 높을수록 또 낮은 pH, 낮은 알칼리도에서 더욱 더 강하다.

(나) 결합잔류염소(chloramine)

㉮ 염소가 수중의 암모니아나 유기성 질소 화합물과 반응하여 존재하는 것을 결합잔류염소라 하고 이의 대표적인 형태가 NH_2Cl, $NHCl_2$, NCl_3이다.

㉯ $Cl_2 + H_2O \rightarrow HOCl + HCl$

$NH_3 + HOCl \rightarrow NH_2Cl + H_2O$(monochloramine) : pH 8.5 이상

$NH_3 + 2HOCl \rightarrow NHCl_2 + 2H_2O$(dichloramine) : pH 8.5~4.5 정도

$NH_3 + 3HOCl \rightarrow NCl_3 + 3H_2O$(trichloramine) : pH 4.4 이하

㉰ 클로라민은 수중에서 유리잔류염소보다 오래 잔류하므로 잔류 보호성을 제공해 준다.

(2) 염소의 살균력

① 살균강도 : $HOCl > OCl^- >$ chloramines

② 소독에 대한 저항력의 크기 : 바이러스, 일반세균 > 총 대장균군 > 병원성 미생물

③ chloramines는 살균력은 약하나 소독 후 물에 취미를 남기지 않고 살균작용이 오래 지속되는 장점이 있다.

④ 물에 가한 일정량의 염소와 일정한 기간 후 남아 있는 유리 및 결합잔류염소와의 차를 염소요구량(chlorine demand)이라 한다. 즉, 수중의 유기물질의 산화에 필요한 이론적인 염소의 양을 말한다.

$$\text{염소주입량} = \text{염소요구량} + \text{잔류염소량}$$

예제 11

2차 처리 유출수의 염소요구량이 8mg/L이고, 잔류염소가 0.75mg/L 정도 필요하다면, 20000m³/d의 유출수를 염소 소독하는 데 필요한 염소는 몇 kg/d인가?

• 약제 : 5%의 alum • 주입량 : 5mL • 시료량 : 500mL

해설 ① 염소주입량 = 염소요구량 + 잔류염소량
② 염소주입량 = $(8+0.75)\times 20000\times 10^{-3} = 175$kg/d

(3) 염소 주입

산화될 수 있는 물질과 암모니아를 함유하는 물속에 염소를 주입하면 다음 그림과 같은 곡선이 형성된다.

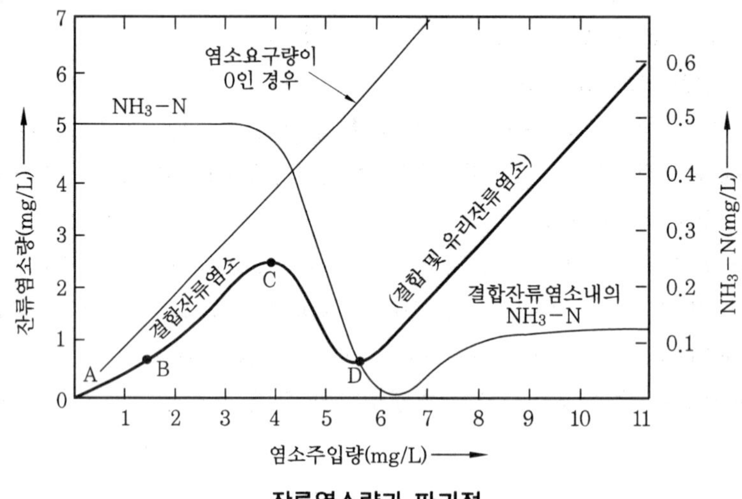

잔류염소량과 파괴점

① AB 구간 : 염소가 수중의 환원제와 결합하므로 잔류염소의 양이 극히 적거나 없다.

② BC 구간 : chloramine이 형성되어 잔류염소의 양이 증가한다.

③ CD 구간 : 주입된 염소가 chloramine을 NO, N_2 등으로 파괴시키는 데 소모되므로 잔류염소량은 급격히 떨어진다.

④ D점을 지나 계속 염소를 주입하면 더 이상 염소와 결합할 물질이 없으므로 주입된 만큼 잔류염소량으로 남게 된다. 이 과정에서 D점을 파괴점(break point)이라 하며 이 점 이상에서 염소를 주입해 살균하는 것을 파괴점 염소 주입(break point chloramines)이라 한다.

참고

■ **전염소 처리**
- 일반적으로 암모니아성 질소 제거를 목적으로 하는 경우가 많다.
- 염소제를 침전지 이전에 주입한다.
- 염소제 주입 장소는 취수시설, 도수관로 등에서 교반이 잘 일어나는 장소로 한다.

■ **트리할로메탄(trihalomethane)**
- THM은 휴민산과 같은 유기물을 함유하는 물을 염소 처리할 때 발생한다.
- **종류** : 클로로포름($CHCl_3$), 디클로로브로모메탄($CHBrCl_2$), 디브로모클로로메탄($CHClBr_2$), 브로모포름($CHBr_3$), 디클로로요오드메탄($CHCl_2I$), 클로로디요오드메탄($CHClI_2$), 디브로모요오드메탄($CHBr_2I$) 등이 있다. 이 중에서 트리클로로메탄($CHCl_3$)이 약 75%를 차지하며 유독성이 가장 강하다.

(4) 오존(O_3) 소독

오존은 산소 원자 3개로 이루어져 있으며 제3원자가 결합력이 약해 발생기 산소를 내는데 이것이 소독 작용을 한다.

① 장점

㈎ 적정 농도에 살균력이 강하다(산소의 동소체로서 HOCl 보다 더 강력한 산화제).

㈏ 취미를 유발하지 않는다.

㈐ 2차 오염물질(THM)을 유발하지 않는다.

㈑ pH 변화에 상관없이 강력한 살균력을 발휘한다.

㈒ 공기와 전력이 있으면 필요량을 쉽게 만들 수 있다.

② 단점

㈎ 가격이 고가이다.

㈏ 소독의 잔류성이 없어 인체에 미치는 영향이 크다(미생물 증식에 의한 2차 오염 위험). 그래서 상수에 최종 처리로서는 결코 사용하지 않는다.

㈐ 복잡한 오존 발생 장치가 필요하다(고도의 운전 기술이 필요).

㈑ 반감기(20~30분)가 짧아 처리장에 오존 발생기가 있어야 한다.

참고 **자외선(UV), 오존 및 염소, 기타 소독 방법의 비교**

구분	장점	단점
UV	① 자외선의 강한 살균력으로 바이러스에 대해 효과적으로 작용한다. ② 유량과 수질의 변동에 대해 적응력이 강하다. ③ 과학적으로 증명된 정밀한 처리시스템이다.	① 잔류하지 않는다. ② 물이 혼탁하거나 탁도가 높으면 소독 능력에 영향을 미친다.

	④ 전력이 적게 소비되고 램프 수가 적게 소요되므로 유지비가 낮다. ⑤ 접촉시간이 짧다(1~5초). ⑥ 화학적 부작용이 적어 안전하다. ⑦ 전원의 제어가 용이하다. ⑧ 자동 모니터링으로 기록, 감시 가능하다. ⑨ 인체에 위해성이 없다. ⑩ 설치가 용이하다. ⑪ pH 변화에 관계없이 지속적인 살균이 가능하다.	
O_3	① Cl_2보다 더 강한 산화제이다. ② 저장시스템의 파괴로 인한 사고가 없다. ③ 생물학적 난분해성 유기물을 전환시킬 수 있다. ④ 모든 박테리아와 바이러스를 살균시킨다.	① 저장할 수 없어 반드시 현장에서 생산해야 한다. ② 초기투자비 및 부속 설비가 비싸다. ③ 소독의 잔류 효과가 없다. ④ 가격이 고가이다.
Cl_2	① 소독력이 강하다. ② 잔류효과가 크다. ③ 박테리아에 대해 효과적인 살균제이다. ④ 구입이 용이하고 가격이 저렴하다.	① 불쾌한 맛과 냄새를 수반한다. ② 바이러스에 대해서는 효과적이지 않다. ③ 인체에 위해성이 높다. ④ 불순물로 발암물질인 THM을 수반한다. ⑤ 유량 변동에 대해 적응하기가 어렵다. ⑥ 접촉 시간이 길다.(15~30분)
ClO_2	① Cl_2보다 더 강력한 산화제이다. ② Fe, Mn, 페놀 화합물 등을 산화할 수 있다. ③ pH 변화에 따른 영향이 적다. ④ 잔류 효과가 크다. ⑤ THM이 생성되지 않는다.	① 현장에서 제조되어야 한다. ② 공기 또는 일광과 접촉할 경우 분해된다. ③ 부산물에 의해 청색증이 유발될 수도 있다.
NaOCl	① 안전하다. ② 소독력이 강하다. ③ 잔류 효과가 크다. ④ 박테리아에 대해 효과적인 살균제이다. ⑤ 유지비용이 저렴하다. ⑥ 벌킹 현상도 제어할 수 있다. ⑦ 재활용수 소독도 겸할 수 있다. ⑧ 유량이나 탁도 변동에서 적응이 쉽다. ⑨ 소독 효과의 결과 확인이 쉽다.	① 불쾌한 맛과 냄새를 수반한다. ② 바이러스에 대해서는 효과적이지 않다. ③ 극미량이지만 발암물질인 THM이 발생될 수도 있다. ④ 접촉 시간이 길다(10~15분).

예상문제

Engineer Water Pollution Environmental
수질환경기사

1. 시안(CN)계 폐수의 처리 공법과 가장 거리가 먼 것은?

① 중화 침전법
② 전해 산화법
③ 오존 산화법
④ 알칼리 산화법

해설 시안(CN)계 폐수의 처리 공법에는 알칼리 염소법, 오존 산화법, 전해 산화법, 충격법, 감청법, 전기 투석법, 활성오니법 등이 있다. 여기서 염소 처리법을 일반적으로 가장 많이 이용한다. 철 착염은 산화 분해되기 어려우므로 감청법으로 처리하는 것이 좋다.

2. 폐수 내 시안 화합물 처리 방법인 알칼리 염소법에 관한 설명과 가장 거리가 먼 것은?

① CN의 분해를 위해 유지되는 pH는 10 이상이다.
② 구리, 아연, 카드뮴 착염 및 크롬 이온이 혼입되는 경우 분해가 잘 되지 않는다.
③ 산화제의 투입량이 적을 경우 시안 화합물이 잔류하거나 염화시안이 발생하게 되므로 산화제는 약간 과잉으로 주입한다.
④ 염소 처리 시 강알칼리성 상태에서 1단계로 염소를 주입하여 시안 화합물을 시안 산화물로 변환시킨 후 중화하고 2단계로 염소를 재주입하여 N_2와 CO_2로 분해시킨다.

해설 구리, 아연, 카드뮴 착염 및 크롬 이온이 혼입되는 경우 쉽게 산화 분해되고 철, 니켈 이온이 함유되어 있는 경우 산화 분해가 어려운 시안착염을 형성한다.

3. 300m^3/d의 폐수를 배출하는 도금공장이 있다. 이 폐수 중에서 CN^-이 150mg/L 함유되어 있어 다음 반응식을 이용하여 처리하고자 한다. 이때 필요한 NaClO의 양은?

$$2NaCN + 5NaClO + H_2O$$
$$\rightarrow 2NaHCO_3 + N_2 + 5NaCl$$

① 180.4kg/d ② 322.4kg/d
③ 344.8kg/d ④ 300.5kg/d

해설 $2CN^- : 5NaClO = 2\times26g : 5\times74.5g$
$= (150\times300\times10^{-3})kg/d : x[kg/d]$

$$\therefore x = \frac{5\times74.5(150\times300\times10^{-3})}{2\times26}$$
$$= 322.36kg/d$$

4. 산성 조건하에서 $NaHSO_3$ 혹은 $FeSO_4$ 등을 사용하여 환원 과정을 거친 후 중화시켜 침전물을 제거함으로써 처리할 수 있는 폐수로 가장 대표적인 것은?

① 철 망간 함유 폐수
② 시안 함유 폐수
③ 카드뮴 함유 폐수
④ 6가 크롬 함유 폐수

해설 크롬 폐수의 처리법에는 환원 침전법, 전해 환원법, 이온교환수지법, 활성탄 흡착법 등이 있다.

5. 폐액 중의 크롬산을 정량했을 때 6가 크롬으로서 1000mg/L이었다. 이 폐액을 환원 침전법으로 처리하는 경우, 이 폐액 20m^{3}을 환원할 때 필요한 아황산나트륨의 이론량은 얼마인가? (단, $2H_2CrO_4 + 3Na_2SO_3 + 3H_2SO_4 \rightarrow Cr_2(SO_4)_3 + 3Na_2SO_4 + 5H_2O$, 크롬 원자량은

정답 1. ① 2. ② 3. ② 4. ④ 5. ③

52, 아황산나트륨의 분자량은 126이다.)

① 약 36kg ② 약 55kg
③ 약 73kg ④ 약 112kg

해설 $2Cr^{+6}$: $3Na_2SO_3 = 2\times52g : 3\times126g$
$= (1000\times20\times10^{-3})kg : x\ [kg]$
$\therefore\ x = \dfrac{3\times126\times(1000\times20\times10^{-3})}{2\times52}$
$= 72.69kg$

6. jar test를 한 결과가 다음과 같다. alum의 최적 주입률은 얼마인가?

- 약제 : 5%의 alum
- 주입량 : 5mL
- 시료량 : 500mL

① 400mg/L ② 500mg/L
③ 600mg/L ④ 700mg/L

해설 $x[mg/L]\times500mL = 50000mg/L\times5mL$
$\therefore\ x = 500mg/L$

7. jar test에서의 alum 최적 주입률이 20ppm이라면 420m³/h의 폐수에 필요한 alum 5%의 양은 얼마인가?

① 127L/h ② 147L/h
③ 152L/h ④ 168L/h

해설 $20ppm\times420m^3/h\times10^3L/m^3$
$= 50000ppm\times x\ [L/h]$
$\therefore\ x = 168L/h$

8. 다음은 속도 경사(velocity gradient)에 대한 설명이다. 잘못된 것은?

① $G = \left(\dfrac{P}{\mu V}\right)^{\frac{1}{2}}$ 로 나타낸다.
② 속도 경사가 너무 크면 양호한 floc 형성이 안 된다.
③ 속도 경사의 단위는 s^{-1}이다.
④ 속도 경사는 반응조 용적에 비례하고 가해진 동력에 반비례 한다.

해설 속도 경사는 반응조 용적에 반비례하고 가해진 동력에 비례한다.

9. 물의 혼합 정도를 나타내는 속도 경사 G를 구하는 공식은 다음 중 어느 것인가? (단, μ : 물의 점성계수, V : 반응조 체적, P : 동력)

① $G = \sqrt{\dfrac{PV}{\mu}}$ ② $G = \sqrt{\dfrac{V}{P\mu}}$
③ $G = \sqrt{\dfrac{\mu}{PV}}$ ④ $G = \sqrt{\dfrac{P}{\mu V}}$

10. 1일 10000m³의 폐수를 급속 혼화지에서 체류시간 100s, 평균속도 경사(G) 400s^{-1}로 기계식 고속 교반 장치를 설치하고자 한다. 이 장치의 필요한 소요 동력은 몇 W인가? (단, 수온은 10℃이고, 점성계수(μ)는 1.307×10^{-3} kg/m·s이다.)

① 1210 ② 1765
③ 2110 ④ 2419

해설 ㉠ V를 구한다.
$V = Q\cdot t = 10000m^3/d\times100s\times d/86400s$
$= 11.574m^3$
㉡ $G = \sqrt{\dfrac{P}{\mu V}}$
$\therefore\ P = \mu VG^2 = 1.307\times10^{-3}\times11.574\times400^2$
$= 2420.37W$

11. G=200/s, V=50m³, 교반기 효율 80%, $\mu = 1.35\times10^{-2}$g/cm·s일 때 동력 P[kW]는 얼마인가?

① 3.38kW ② 3.86kW
③ 33.8kW ④ 38.6kW

해설 ㉠ 점성계수의 단위를 kg/m·s로 환산

정답 6. ② 7. ④ 8. ④ 9. ④ 10. ④ 11. ①

한다.

$1.35\times10^{-2}g/cm\cdot s\times10^{-3}kg/g\times10^{2}cm/m$
$=1.35\times10^{-2}kg/m\cdot s$

㉡ $G=\sqrt{\dfrac{P\cdot\zeta}{\mu V}}$

$\therefore P=\dfrac{\mu VG^2}{\zeta}=\dfrac{1.35\times10^{-3}\times50\times200^2}{0.8}$
$=3375W$

∴ 동력 $P[kW]=3.375kW$

12. 부피가 $5000m^3$인 탱크에서 G(평균 속도경사)값을 30/s로 유지하기 위해 필요한 이론적 소요 동력(W)은? (단, 물의 점성은 $1.139\times10^{-3}N\cdot s/m^2$이다.)

① 5126W ② 7651W
③ 8543W ④ 9218W

해설 ㉠ 점성계수의 단위 $N\cdot s/m^2$은 $kg/m\cdot s$와 같다.

㉡ $P=\mu VG^2=1.139\times10^{-3}\times5000\times30^2$
$=5125.5W$

13. 무기응집제 중 황산반토에 관한 설명으로 알맞지 않은 것은?

① 결정은 부식성 자극성이 없어 취급이 용이하다.
② 철염과 같이 시설을 더럽히지 않는다.
③ 응집 pH 범위(2.5~11.3)가 넓다.
④ floc이 가벼우며 무독성이므로 대량첨가가 가능하다.

해설 황산알루미늄은 침상의 단사 결정으로서 물에 잘 용해되나 알코올에는 녹지 않으며 가열하면 결정수를 방출하고 850℃ 정도에서 열분해가 완료되어 알루미나(Al_2O_3)가 된다. 염가이며, 모든 현탁물과 부유물에 대하여 유독하고 독성이 없기 때문 에 대량 주입이 가능하며 부식성과 자극성이 없어 취급이 용이하다는 특징이 있다. 그러나 다른 응집제에 비하여 적응 응집 폭이 좁고 응집보조제나 촉진제 등을 주입해야 하는 단점이 있다.

14. 부피가 $3000m^3$인 응집조에서 G값을 50/s로 유지하는 데 필요한 paddle의 이론적 면적은? (단, $P=\dfrac{C_DApv^3}{2}$, $\mu=1.139\times10^{-3}$ $N\cdot s/m^2$, $C_D=1.8$, paddle 주변 속도 $V_p=0.6m/s$, paddle 상대속도 $V=0.75V_p$, 비중=1.0)

① $52.1m^2$ ② $73.5m^2$
③ $104.2m^2$ ④ $130.6m^2$

해설 ㉠ 주어진 식을 A에 대하여 식 정리를 한다.

$\therefore A=\dfrac{2P}{C_D\rho V^3}$

㉡ P를 구한다.
$P=1.139\times10^{-3}\times3000\times50^2$
$=8542.5W$

㉢ $A=\dfrac{2\times8542.5}{1.8\times1000\times(0.75\times0.6)^3}=104.16m^2$

15. $5000m^3/d$ 유량인 하수에 인이 10mg/L 들어 있다. 인 1kg을 침전시키는 데 액체 명반 0.87kg이 필요하다면 하수에서 인을 완전히 침전, 제거시키는 데 필요한 액체 명반의 양은? (단, 액체 명반 : $Al_2(SO_4)_3\cdot18H_2O$, MW : 667, 단위 중량 : $1300kg/m^3$)

① 30.20L/d ② 33.46L/d
③ 45.12L/d ④ 51.92L/d

해설 ㉠ 액체 명반의 양(kg/d)을 구한다.(단위 환산)
액체 명반의 양(kg/d)
$=0.87\times(10\times5000\times10^{-3})=43.5kg/d$

㉡ 액체 명반의 비중을 고려하여 L/d로 환산한다.

정답 12. ① 13. ③ 14. ③ 15. ②

$$액체\ 명반의\ 양(L/d)=\frac{43.5kg/d}{1.3kg/L}=33.462L/d$$

16. 일반적인 양이온 교환 물질에 있어 가장 일반적인 양이온에 대한 선택성의 순서로 가장 적합한 것은?

① $Ba^{2+}>Pb^{2+}>Ca^{2+}>Sr^{2+}>Ni^{2+}$
② $Ba^{2+}>Pb^{2+}>Ca^{2+}>Ni^{2+}>Sr^{2+}$
③ $Ba^{2+}>Pb^{2+}>Sr^{2+}>Ca^{2+}>Ni^{2+}$
④ $Ba^{2+}>Pb^{2+}>Sr^{2+}>Ni^{2+}>Ca^{2+}$

해설 양이온에 대한 선택성의 순서
$Ba^{2+}>Pb^{2+}>Sr^{2+}>Ca^{2+}>Ni^{2+}$

참고 이온교환물질은 원자가가 높은 이온, 극성을 띠는 능력이 큰 이온, 이온교환 고형물의 이온교환 영역과 강하게 반응하는 이온, 다른 이온과 관여를 적게 하고 복염을 형성하는 이온을 선택하는 경향이 있다.

17. 다음 중 보통 음이온 교환수지에 대해서 가장 일반적인 음이온의 선택성 순서가 바르게 나열된 것은?

① $SO_4^{2-}>I^->NO_3^->CrO_4^{2-}>Br^->Cl^->OH^-$
② $Cl^->OH^->SO_4^{2-}>I^->NO_3^->CrO_4^{2-}>Br^-$
③ $NO_3^->SO_4^{2-}>I^->CrO_4^{2-}>Br^->Cl^->OH^-$
④ $I^->NO_3^->CrO_4^{2-}>SO_4^{2-}>Br^->Cl^->OH^-$

해설 음이온의 선택성 순서
$SO_4^{2-}>I^->NO_3^->CrO_4^{2-}>Br^->Cl^->OH^-$

18. 다음 액체염소의 주입으로 생성된 유리염소, 결합잔류염소의 살균력이 바르게 나열된 것은?

① $HOCl>Chloramines>OCl^-$
② $HOCl>OCl^->Chloramines$
③ $Chloramines>OCl^->HOCl$
④ $OCl^->HOCl>Chloramines$

해설 살균력의 크기 순서 : $HOCl>OCl^->$ chloramines

19. 하수 처리장에서 많이 사용되는 염소는 물의 pH에 따라 그 존재 양상이 달라진다. 물에 존재하는 염소의 형태 중 살균력이 가장 강한 형태와 그때의 pH가 맞는 것은 어떤 것인가?

① OCl^-, pH 8 이상
② OCl^-, pH 7 이하
③ HOCl, pH 8 이상
④ HOCl, pH 7 이하

해설 염소는 낮은 pH에서 HOCl로 존재하여 살균력이 가장 강하다.

20. 상수 소독 시 형성되는 클로라민이 유리염소보다 좋은 점은 무엇인가?

① 잘 휘발하지 않는다.
② 소독력이 강하다.
③ 맛이 좋아진다.
④ 냄새가 적게 난다.

해설 염소가 너무 고농도로 투입된 경우 발생하는 맛과 냄새를 줄이기 위해 염소 접촉조 안에 보통 아황산염을 주입시킨다. 그러나 모노클로라민은 불쾌한 맛과 냄새를 유발하지 않는 데 반해 디클로라민은 비록 모노클로라민보다 더 강한 소독제이지만 맛과 냄새를 유발하고 불안정하며 트리클로라민이 가장 불안정하다.

21. 염소 요구량이 6mg/L인 폐수에 잔류염소 농도가 0.6mg/L가 되도록 염소를 주입하려고 한다. 이때 염소주입량(mg/L)은 얼마가

정답 16. ③ 17. ① 18. ② 19. ④ 20. ④ 21. ③

되겠는가?

① 1 ② 5.4
③ 6.6 ④ 3.6

해설 염소 주입량=6+0.6=6.6mg/L

22. 상수 처리 시 염소 소독에서 오존 소독으로 변경했을 경우 나타나는 장점이라 볼 수 없는 것은?

① 잔류성이 강하여 2차 오염을 막을 수 있다.
② pH 변화에 상관없이 강력한 살균력을 발휘한다.
③ THM을 형성하지 않는다.
④ 공기와 전력이 있으면 필요량을 쉽게 만들 수 있다.

해설 오존은 잔류성이 없어 살균 후 미생물 증식에 의한 2차 오염 위험이 있다.

23. 수돗물의 랑게리아 지수에 대한 설명으로 틀린 것은?

① 랑게리아 지수는 pH, 칼슘경도, 알칼리도를 증가시킴으로써 개선할 수 있다.
② 지수가 0이면 평형관계에 있다.
③ 지수가 정(+)의 값으로 절대치가 클수록 탄산칼슘의 석출이 일어나기 어렵다.
④ 물의 실제 pH와 이론적 pH(pHs : 수중의 탄산칼슘이 용해되거나 석출되지 않는 평형 상태로 있을 때의 pH)의 차를 말한다.

해설 랑게리아 지수(포화 지수)란 물의 실제 pH와 이론적 pH(pHs : 수중의 탄산칼슘이 용해되거나 석출되지 않는 평형 상태로 있을 때의 pH)와의 차를 말하며, 탄산칼슘의 피막형성을 목적으로 하고 있다. 지수가 정(+)의 값으로 절대치가 클수록 탄산칼슘의 석출이 일어나기 쉽고, 0이면 평형관계에 있고, 부(−)의 값에서는 탄산칼슘 피막은 형성되지 않고 그 절대치가 커질수록 물의 부식성은 강하다.

24. 수질 성분이 '부식'에 미치는 영향을 잘못 기술한 것은?

① 높은 알칼리도는 구리와 납의 부식을 증가시킨다.
② 암모니아는 착화합물 형성을 통해 구리, 납 등의 금속용해도를 증가시킬 수 있다.
③ 잔류염소는 Ca와 반응하여 금속의 부식을 감소시킨다.
④ 구리는 갈바닉 전지를 이룬 배관상에 흠집(구멍)을 야기한다.

해설 잔류염소는 금속의 부식을 증대시키며 특히 구리, 철, 강철에 더욱 심하다.

참고 1. 칼슘은 $CaCO_3$로 침전하여 부식을 보호하고 부식 속도를 감소시킨다. Ca와 Mg는 알칼리도와 pH의 완충 효과를 향상시킬 수 있다.
2. 용존산소는 여러 부식반응 속도를 증가시킨다.
3. 황화수소는 부식 속도를 증가시킨다.
4. 미량 금속 원소들은 $CaCO_3$의 안정된 결정성 생성물(방해석) 형성을 억제하고 안정도가 낮아 쉽게 용해되는 결정성 생성물(선석)을 형성하기 쉽다.
5. pH가 낮으면 부식 속도는 증가되며 높은 pH는 관을 보호하고 부식 속도를 감소시키거나 놋쇠의 탈아연화를 유발시킨다.
6. 고농도의 염화물과 황산염은 철, 구리, 납의 부식을 증가시킨다.
7. 유기물은 배관 표면의 보호막 형성으로 부식을 감소시킨다. 어떤 유기물은 금속과 착화합물을 형성하여 부식을 가속시킨다.
8. 높은 총 고형물은 전도도와 부식 속도를 증가시킨다.

정답 22. ① 23. ③ 24. ③

3
Chapter

폐수의 생물학적 처리

3-1 개요

(1) 용존산소와 관계에 따른 분류

① 호기성 처리(aerobic process)법 : 폐수 중에 용존산소가 충분하도록 공기나 산소를 주입하여 호기성 세균이 오수 속의 유기물을 섭취 분해하도록 한다.

② 혐기성 처리(anaerobic process)법 : 주로 고농도 유기성 폐수 처리 시에 사용하며 혐기성 세균이 오니 속의 유기물을 섭취 분해하도록 한다.

③ 임의성 처리(facultative process)법 : 호기성 처리와 혐기성 처리의 중간으로 살수여상이나 산화지에서 DO가 부족하면 임의성이 되는데 처음부터 임의성 방법으로 설계하지는 않는다.

(2) 활성슬러지 중의 친온성(mesophilic microbes) 미생물에 영향을 주는 요인

① pH는 6~8로서 될 수 있으면 중성이 좋다.

② 온도는 높을수록 성장률이 좋아 처리 효율이 높아진다.

③ 포기조 중에 용존산소는 2ppm 정도 유지한다.

④ 독성 물질은 미생물의 성장에 영향을 미치며, 미생물이 적응하여 살 수 있는 한계 농도가 있다.

⑤ 영양물질 : 일반적으로 BOD : N : P = 100 : 5 : 1을 유지하는 것이 좋다.

3-2 활성슬러지법

(1) 활성슬러지법(호기성 부유 성장 처리 공정)의 원리

활성슬러지법에 활용되는 미생물은 주로 세균이고 이외에 원생동물, 윤충류 등이 있다. 미생물이 폐수 내에서 부유상태로 유지되므로 부유 또는 현탁 성장 처리 공정이라 한다.

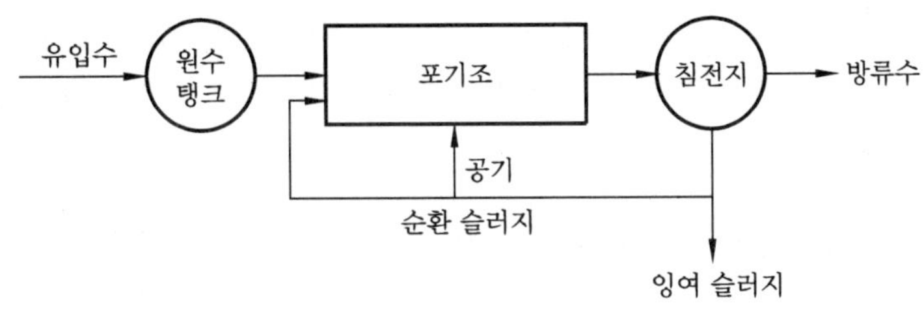

활성슬러지법

(2) 활성슬러지법의 관계식

① BOD 용적 부하(volumetric loading)

(가) 포기조 $1m^3$에 대해 1일에 유입하는 하수의 BOD양을 중량 단위($kg/m^3 \cdot d$)로 표시한다.

(나) BOD 용적 부하는 활성슬러지법의 설계나 유지 관리의 기본적 지표이다.

$$\text{BOD 용적 부하}(kgBOD/m^3 \cdot d) = \frac{\text{1일 BOD 유입량}(kgBOD/d)}{\text{포기조 용적}(m^3)}$$

$$= \frac{\text{BOD 농도}(mg/L) \times \text{유입 하수량}(m^3/d) \times 10^{-3}}{\text{포기조 용적}(m^3)}$$

예제 1

BOD가 150mg/L이고 유량이 10000ton/d인 폐수를 활성슬러지법으로 처리하는 데 필요한 포기조의 용적은 얼마인가? (단, BOD의 용적 부하율은 $0.5kg/m^3 \cdot d$로 유지하려 한다.)

해설 ① BOD의 용적 부하율을 구하는 식을 이용하여 V에 대한 식을 만든다.

$\text{BOD 용적 부하} = \dfrac{S_0 \times Q \times 10^{-3}}{V}$ 여기서, S_0 : 유입수의 BOD 농도

② $V = \dfrac{(150 \times 10000 \times 10^{-3})kg/d}{0.5kg/m^3 \cdot d} = 3000m^3$

예제 2

BOD가 200mg/L인 폐수 $10000m^3/d$를 활성슬러지법으로 처리할 때 포기조의 MLSS 농도 2000mg/L, BOD 부하가 0.4 BOD-kg/MLSS-kg·d이라면 포기조의 용적 부하는 몇 $kg/m^3 \cdot d$인가?

해설 ① $\text{F/M 비} = \dfrac{BOD \cdot Q}{MLSS \cdot V}$에서 BOD 용적 부하에 대한 식을 만든다.

② BOD 용적 부하 = F/M비 × MLSS 농도 × 10^{-3} = $0.4 \times 2000 \times 10^{-3} = 0.8kg/m^3 \cdot d$

③ 주어진 F/M비를 이용하여 포기조의 부피를 계산한 후 용적 부하를 구해도 된다.

② BOD-슬러지 부하 : 포기조 내의 슬러지(MLSS) 1kg당 1일에 가해지는 BOD 무게로서 F/M비로 나타내기도 한다. (여기서 ML(혼합액, mixed liquid)SS는 혼합액 중의 부유고형물)

$$\text{BOD-슬러지 부하(kgBOD/kgMLSS·d)} = \frac{\text{1일 BOD 유입량(kgBOD/d)}}{\text{MLSS량(kg)}}$$

$$= \frac{\text{BOD 농도(mg/L)} \times \text{유입 하수량}(m^3/d)}{\text{MLSS 농도(mg/L)} \times \text{포기조 용적}(m^3)}$$

$$= \frac{BOD \cdot Q}{MLSS \cdot V} = \frac{BOD \cdot Q}{MLSS \cdot Q \cdot t} = \frac{BOD}{MLSS \cdot t}$$

여기서, Q : 유입 폐수량(m^3/d), V : 포기조의 부피(m^3), t : 포기 시간(d)

예제 3

BOD가 250mg/L인 폐수 30000m^3/d를 MLSS 농도가 2500mg/L이고 체류 시간이 6시간인 활성 슬러지법으로 처리한다면, BOD 부하(kg BOD/kg MLSS·d)는 얼마인가?

해설 ① 체류 시간의 단위를 d로 환산한다.

$$t = 6h \times \frac{d}{24h} = 0.25d$$

② $\text{BOD 부하} = \frac{BOD}{MLSS \cdot t} = \frac{250mg/L}{2500mg/L \times 0.25d} = 0.4d^{-1}$

③ F/M비(food-microbes ratio) : BOD-슬러지 부하(kg-BOD/kg-MLSS·d)를 F/M 비로 사용하기도 하지만 MLSS 대신 MLVSS(X_v)를 사용하여 kg-BOD/kg-MLVSS·d의 단위로 쓰는 경우도 많다.

$$\text{F/M 비} = \frac{BOD \cdot Q}{MLVSS \cdot V}$$

예제 4

유량이 1500m^3/d이고 포기조의 MLSS가 4500kg이다. F/M비를 0.25로 유지하기 위해서 BOD 농도를 몇 mg/L 유입시켜야 하는가?

해설 ① 주어진 F/M비(d^{-1})를 이용하여 BOD 농도를 구한다.

② $F/M = \frac{BOD \cdot Q}{MLSS \cdot V}$(MLSS 농도를 X로 표시한다.)

$$\therefore \text{BOD 농도} = \frac{\text{F/M비} \times X \cdot V}{Q} = \frac{0.25d^{-1} \times 4500kg \times 10^3 g/kg}{1500m^3/d} = 750g/m^3 (mg/L)$$

④ 포기 시간 : 포기 시간은 원폐수가 포기조 내에 머무는 시간을 뜻하며, 원폐수의 양만을 고려하고 반송 슬러지양은 고려하지 않는다.

$$\text{포기 시간(h)} = \frac{\text{포기조의 용적}}{\text{유입수량}} = \frac{V[\text{m}^3]}{Q[\text{m}^3/\text{d}] \times \text{d}/24\text{h}}$$

$$\text{체류 시간} = \frac{\text{포기조의 용적}(V)}{\text{유입수량}(Q) + \text{반송유량}(Q_r)} = \frac{V}{Q(1+r)} = \frac{t}{1+r}$$

여기서, Q : 유입 하수량(m^3/d), V : 포기조 용적(m^3)

t : 포기 시간(h), r : 반송비 $= \dfrac{Q_r}{Q}$

⑤ 슬러지 용량 지표(SVI, sludge volume index)

(가) SVI란 슬러지의 침강 농축성을 나타내는 지표로서 포기조 내 혼합액 1L를 30분간 침전시킨 후 1g의 MLSS가 차지하는 침전 슬러지의 부피(mL)로 나타낸다.

(나) SVI는 슬러지 팽화 여부를 확인하는 지표로서 사용한다. 보통 SVI가 50~150일 때 침전성은 양호하며 200 이상이면 슬러지 팽화의 위험이 크다고 할 수 있다.

(다) SVI가 작을수록 농축성이 좋다.

$$\text{SVI} = \frac{\text{30분 후 침강된 슬러지의 부피(mL/L)}}{\text{MLSS 농도(mg/L)}} \times 1000$$

$$= \frac{\text{SV[mL/L]} \times 1000}{\text{MLSS[mg/L]}} = \frac{\text{SV[\%]} \times 10^4}{\text{MLSS[mg/L]}} = \frac{\text{SV[\%]}}{\text{MLSS[\%]}}$$

예제 5

MLSS 농도가 2500mg/L인 혼합액을 1L 메스실린더에 취하여 30분 후 슬러지 부피를 측정한 결과 350mL이었다. SVI는 얼마인가?

해설 $\text{SVI} = \dfrac{350\text{mL/L} \times 10^3}{2500\text{mg/L}} = 140$

⑥ 슬러지 밀도 지표(SDI, sludge density index)

(가) SDI란 침전 슬러지량 100mL 중에 포함되는 MLSS를 g수로 나타낸 것이다.

(나) 슬러지 침강성 판단과 슬러지 반송률 결정에 이용된다.

(다) 적정 SDI는 0.83~1.76이면 침강성이 좋으며 최소한 0.7 이상이어야 한다.

$$\text{SDI} = \frac{100}{\text{SVI}} = \frac{\text{MLSS[mg/L]}}{\text{SV[mL/L]} \times 10} = \frac{\text{MLSS[mg/L]}}{\text{SV[\%]} \times 100}$$

예제 6

MLSS 농도 5500mg/L인 포기조 활성슬러지를 30분간 정치시켰을 때 침강 슬러지의 부피가 38.4%를 차지하였다. 이때 SDI는 얼마인가?

해설 ① SVI를 구한다.

$$SVI = \frac{38.4\% \times 10^4}{5500\text{mg/L}} = 69.818$$

② SVI×SDI=100에서 $SDI = \frac{100}{69.818} = 1.43$

⑦ 고형물 체류 시간 (SRT, solid retention time)

(가) 최종 침전지에서 분리된 고형물의 일부는 폐기되고 일부는 다시 반송되어 슬러지는 포기 시간 보다 긴 체류 시간 동안 포기조 내에서 체류하게 된다. 이를 슬러지 일령(sludge age) 또는 고형물 체류 시간이라 한다.

(나) F/M비가 증가될수록 SRT는 감소되며 처리 수질은 나빠진다. 또 SRT가 증가될수록, 운전 온도가 낮을수록 슬러지 생산량은 감소한다.

㉮ $$\text{SRT} = \frac{V \cdot X}{SS \cdot Q} = \frac{X \cdot t}{SS}$$

㉯ $$\text{SRT} = \frac{V \cdot X}{X_r \cdot Q_w + (Q - Q_w) \cdot X_e}$$

㉰ $$\frac{1}{\text{SRT}} = \frac{YQ(S_0 - S_1)}{V \cdot X} - K_d$$

여기서, V : 포기조 용적(m^3), t : 포기 시간(d), X : 포기조 내의 부유물(MLSS) 농도(mg/L)
X_r : 반송 슬러지의 SS 농도(mg/L), SS : 포기조 유입 부유물 농도(mg/L)
Q_w : 잉여 슬러지양(m^3/d), Q : 원수의 유량(m^3/d)
X_e : 유출수 내의 SS 농도(mg/L), Y : 세포 합성 계수, K_d : 내호흡 계수(d^{-1})

예제 7

포기조 내의 MLSS가 6000mg/L, 포기조의 용적이 500m^{3}인 활성슬러지 공정에서 매일 30m^{3}의 폐슬러지를 소화조로 보내어 처리한다면 세포의 평균 체류 시간은 얼마인가? (단, 폐슬러지의 농도는 2%(무게기준), 비중은 1.0이다.)

해설 ① $\text{SRT} = \frac{V \cdot X}{X_r \cdot Q_w + (Q - Q_w) \cdot X_e}$에서 유출수 SS 농도 X_e를 무시한다.

② $$\text{SRT} = \frac{V \cdot X}{X_r \cdot Q_w} = \frac{500\text{m}^3 \times 6000\text{mg/L}}{20000\text{mg/L} \times 30\text{m}^3/\text{d}} = 5\text{d}$$

예제 8

유입 폐수의 유량이 2000m³/d, 포기조 내의 MLSS 농도가 3000mg/L이며 포기 시간은 12시간으로 최종 침전지에서 매일 50m³의 잉여 슬러지를 발생시킨다. 이때 잉여 슬러지의 농도는 50000mg/L이고 방류수의 SS는 무시한다면 슬러지 체류 시간(SRT)은 얼마인가?

해설 ① 포기조의 부피를 구한다.

$V = 2000\text{m}^3/\text{d} \times 12\text{h} \times \text{d}/24\text{h} = 1000\text{m}^3$

② $\text{SRT} = \dfrac{V \cdot X}{X_r \cdot Q_w} = \dfrac{1000\text{m}^3 \times 3000\text{mg/L}}{50000\text{mg/L} \times 50\text{m}^3/\text{d}} = 1.2\text{d}$

예제 9

포기조의 유입수 BOD=150mg/L, 유출수 BOD=10mg/L, MLSS=2500mg/L, 미생물 성장계수 (Y)=0.7kgMLSS/kgBOD, 내생호흡계수(K_d)=0.05/d, 포기 시간(t)=6시간이다. 이때 미생물 체류 시간(θ)은 얼마인가?

해설 ① $\dfrac{1}{\text{SRT}} = \dfrac{YQ(S_0 - S_1)}{V \cdot X} - K_d = \dfrac{Y(S_0 - S_1)}{X \cdot t} - K_d$

② $\dfrac{1}{\text{SRT}} = \dfrac{0.7 \times (150 - 10)\text{mg/L}}{2500\text{mg/L} \times 6\text{h} \times \text{d}/24\text{h}} - 0.05/\text{d} = 0.1068/\text{d}$

$\therefore \text{SRT} = \dfrac{1}{0.1068} = 9.363\text{d}$

⑧ 슬러지 반송 : 포기조 내의 MLSS 농도를 일정하게 유지하기 위해서는 침강 슬러지의 일부를 다시 포기조에 반송해야 하는데 이를 슬러지 반송이라 한다.

$$\text{반송률}(R) = \frac{X - X_0}{X_r - X} = \frac{X}{\dfrac{10^6}{\text{SVI}} - X}(X_0 \text{ 무시}) = \frac{\text{SV}[\%]}{100 - \text{SV}[\%]}$$

여기서, X_0 : 유입수 SS 농도

예제 10

어느 종말 처리장에서 30분 침강률 20%, SVI 100, 반송 슬러지 SS 농도 9000mg/L의 측정치를 얻었다. 슬러지 반송률은 얼마인가?

해설 ① SVI 구하는 식을 이용하여 MLSS 농도(X)를 구한다.

$X = \dfrac{20 \times 10^4}{100} = 2000\text{mg/L}$

② $\text{반송률}(R) = \dfrac{X}{X_r - X} = \dfrac{2000}{9000 - 2000} \times 100 = 28.57\%$

예제 11

활성슬러지 처리장에서 슬러지의 SVI가 100일 때 포기조 내의 MLSS 농도를 2500mg/L로 유지하기 위하여 반송률은 원 폐수의 몇 %로 하면 되는가?

해설 반송률$(R) = \dfrac{2500}{\dfrac{10^6}{100} - 2500} \times 100 = 33.33\%$

예제 12

1일 폐수량 10000m³/d, SS 농도 500mg/L인 폐수가 처리장으로 유입되고 있다. 포기조의 MLSS 농도가 3000mg/L이고 SVI가 125라면, 이 포기조의 MLSS 농도를 변동 없이 유지하기 위한 반송 슬러지 유량은 얼마인가?

해설 ① 반송률(R)을 구한다.

반송비$(R) = \dfrac{X - X_0}{X_r - X} = \dfrac{3000 - 500}{\dfrac{10^6}{125} - 3000} = 0.5$

② $Q_R = Q \times R = 10000\text{m}^3/\text{d} \times 0.5 = 5000\text{m}^3/\text{d}$

⑨ 잉여 슬러지 발생량(W_1)

(가) MLSS는 포기조 내의 혼합액 부유 물질이며 MLVSS는 포기조 내의 살아있는 미생물을 말한다.

(나) 반송률에 따라 포기조 내 MLSS 농도가 변하여 SVI가 적을수록, 반송률이 클수록 포기조 내 MLSS 농도가 커진다.

(다) SRT가 클수록 MLSS 농도는 증가되며 처리수의 수질이 양호하고 폐슬러지의 생산량이 감소한다.

$$W_1 = X_r Q_w = \frac{XT}{\text{SRT}} = YQ(S_0 - S_1) - K_d VX = \frac{YQ(S_0 - S_1)}{1 + K_d \cdot \text{SRT}}$$

$$Q_w = \frac{V \cdot X}{X_r \cdot \text{SRT}}$$

예제 13

다음 조건하에서 대체적인 잉여 활성슬러지 생산량(m³/d)은 얼마인가?

- 포기조 용적(V) = 1200m³
- MLVSS 농도(X_v) = 2.5kg/m³
- 고형물의 포기조 체류 시간 = 3d
- 반송 슬러지 농도(X_r) = 10kg/m³

해설 $Q_w = \dfrac{1200 \times 2.5}{3 \times 10} = 100\text{m}^3/\text{d}$

예제 14

활성슬러지 공법에서 포기조의 유효 용적이 $1000m^3$이고 MLSS는 3000mg/L이며 MLVSS는 MLSS의 75%이다. 유입 하수의 유량은 $4000m^3/d$이고, 합성계수 Y는 0.42mg-MLVSS/mg-제거 BOD이다. 내생 분해 계수 K_d는 0.08/d이며 1차 침전조 유출수의 BOD는 200mg/L, 처리장 유출수의 BOD는 20mg/L일 때 슬러지 생산량은 몇 kg/d인가?

해설 ① $W_1 = YQ(S_0 - S_1) = K_d VX_v$

② 슬러지 생산량$=[(0.42\times4000\times(200-20)-0.08\times1000\times3000\times0.75]\times10^{-3}$
$=122.4kg/d$

(3) 활성슬러지법의 문제점

① 슬러지 팽화(bulking) 현상

(가) 팽화 현상의 발생 원인 : F/M비가 높아지고 SVI가 증가하면 활성슬러지의 침전성이 나빠지거나 fungi(진균류)가 과도하게 번식하여 발생하며 이때 응집제를 첨가하여 슬러지의 침강성을 높인다.

㉮ 포기조의 F/M비가 클 때

㉯ pH와 DO 농도가 낮을 때

(나) 슬러지 팽화 현상의 대책

㉮ 포기량을 증가하며 포기 시간을 길게 한다.

㉯ F/M비를 적당하게 유지한다.

② 슬러지 부상(sludge rising) : 포기조에서 산화가 충분하면 질소산화물이 질산으로 산화되고 최종 침전지의 체류 시간이 길면 용존산소(DO)가 부족하여 탈질소 가스가 슬러지에 붙어 상승하는 것을 말한다. 슬러지 부상의 대책으로는 다음과 같다.

(가) 포기조 체류 시간 단축 또는 포기량을 줄여 질산화 정도를 줄인다.

(나) 탈질화 방지를 위해 침전조의 체류 시간을 줄인다.

③ 기타 문제점

(가) floc의 해체 현상이 일어나는 것은 혐기성 상태, 과부하, 질소와 인의 부족, 독성 물질 존재 등 때문이다.

(나) 포기조 표면에 흰거품이 과도하게 발생되는 것은 짧은 SRT(슬러지 일령) 또는 경성세제가 존재하기 때문이다.

(다) 포기조 표면에 황갈색 또는 흑갈색의 두꺼운 거품이 나타나는 이유는 SRT가 너무 길거나 포기량이 증가하여 과도하게 산화가 되었기 때문이다.

(라) 핀플록(pin floc) 현상은 세포가 과도하게 산화되었을 때 일어나는 현상이다. 플록 내에 사상체가 전혀 없을 때 플록의 크기가 작고 쉽게 부서져 미세한 세포가 분산하면서 잘 침강하지 못한다.

(마) 포기조 내의 혼합액이 진한 흑색을 띠며 냄새가 나는 것은 DO 농도가 너무 낮기 때문이다.

(바) 산기식 포기장치에서 이상 난류가 발생하는 이유는 산기장치의 일부분이 막혔기 때문이다.

(4) 활성슬러지 변법

이러한 방법은 특별한 운전이나 설계 목적을 달성하기 위해 발전되었다.

① 표준(재래식) 활성슬러지법 : 가장 일반적으로 이용되고 있는 처리 방법으로서 유입수를 포기조 내에서 일정 시간 포기하여 활성슬러지와 혼합시킨 후 혼합액을 최종 침전지로 이송해서 활성슬러지를 침전 분리하는 방법이다.

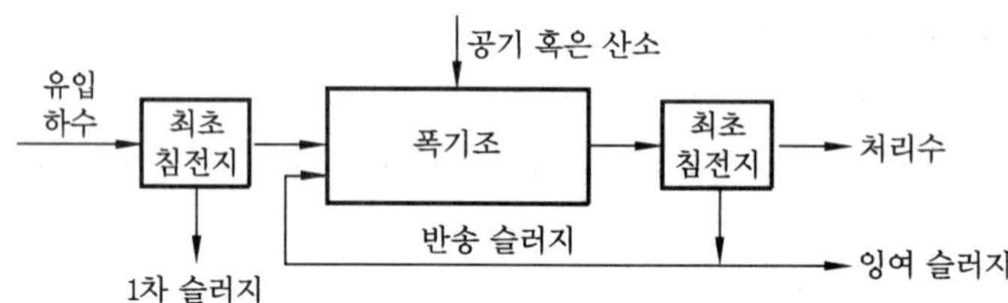

표준 활성슬러지법의 처리계통도

(가) 표준 활성슬러지법의 HRT는 6~8시간을 표준으로 한다.

(나) MLSS 농도는 1500~2500mg/L를 표준으로 한다.

(다) 포기조의 유효수심은 표준식은 4~6m를, 심층식은 10m를 표준으로 한다.

(라) 여유고는 표준식은 80cm 정도를, 심층식은 100cm 정도를 표준으로 한다.

(마) 반송 슬러지 펌프의 계획 용량은 필요한 반송 슬러지량의 50~100%의 여유를 두고 정한다.

(바) 설계 F/M비는 0.2~0.4kg BOD_5/kg MLSS·d 정도이다.

② 단계식 포기법(step aeration) : 반송 슬러지를 포기조의 유입구에 전량 반송하지만 유입수는 포기조의 길이에 걸쳐 골고루 하수를 분할해서 유입시키는 방법이다. 이 방법은 유기물 부하를 균등하게 하기 위해 개발되었다.

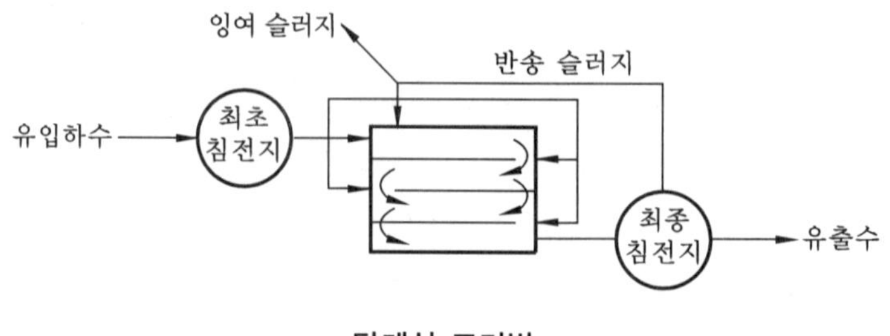

단계식 포기법

③ 접촉 안정법(contact stabilization)

㈎ 유기물의 상당량이 콜로이드 상태로 존재하는 도시하수를 처리하기 위해 개발되었다.

㈏ 접촉 안정법은 활성슬러지를 하수와 약 20~60분간 접촉조에서 포기·혼입하여 활성슬러지에 의해 유기물질을 흡수·흡착·제거시킨다.

㈐ 안정조에서 3~6시간 포기하여 흡수·흡착된 유기물질을 산화시키고 새로운 미생물을 생성해 낸다.

④ 장기포기법(extended aeration)

㈎ 활성슬러지법의 변법으로 유기물을 분해하여 처리수를 안정화하고 잉여 슬러지의 생성량을 적게 한다.

㈏ 표준적인 방법(6~8시간)보다 포기 시간(16~24시간)이 길다.

㈐ BOD 부하가 적고 포기 혼합액의 부유물 농도가 높게(3500~5000mg/L) 유지된다.

㈑ 유효수심은 4~6m를 표준으로 하고 여유고는 80cm 정도를 표준으로 한다.

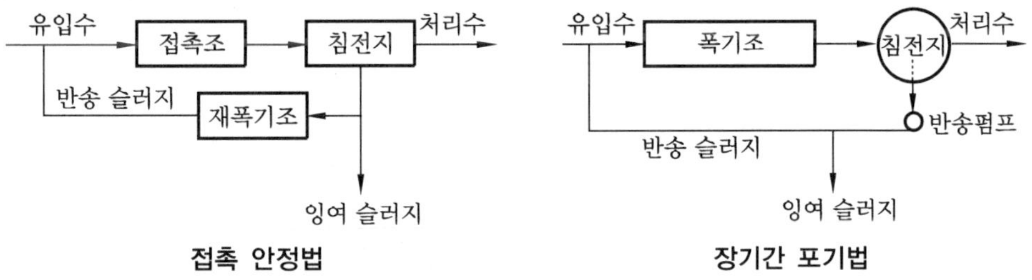

접촉 안정법 **장기간 포기법**

⑤ 고율(high rate) 활성슬러지 공법

㈎ 고율 활성슬러지 공법은 완전 혼합형 반응조에 2~4시간의 매우 짧은 체류 시간과 높은 슬러지 반송비 및 유기물 부하를 적용시키는 공법이다.

㈏ MLSS 농도 범위는 4000~10000mg/L 정도이며 F/M비의 경우는 표준 활성슬러지 공법보다 높게 유지된다.

⑥ 수정식 포기법(modified aeration) : 포기시간을 짧게 하고 포기조 중의 MLSS 농도를 낮게 하여 운전하는 활성슬러지법의 변법 중 하나이다.

⑦ 순산소(pure oxygen) 활성슬러지법

㈎ 표준 활성슬러지법의 $\frac{1}{2}$ 정도의 포기 시간으로도 처리수의 수질을 표준과 비슷하게 얻을 수 있다.

㈏ MLSS 농도는 표준 활성슬러지법의 2배 이상으로 유지 가능하다.

㈐ 순산소 활성슬러지법의 포기조 내 SVI는 보통 100 이하로 유지되고 슬러지의 침강성은 양호하며 잉여 슬러지의 발생량은 적다.

⑧ 점감식 포기법(tapered aeration process) : 점감식 포기법은 표준 활성슬러지법의 단점인 유입부 부근에서의 산소 부족 현상을 보완하기 위하여 산소요구량의 변화에 따라 포기조 길이 방향으로 공급하는 공기량을 다르게 한다. 이 방법은 산기식 포기 장치를 사용하며 유입부에 많은 산기기를 설치하고 포기조의 말단부에는 적은 수의 산기기를 설치하는 것이다.

⑨ 산화구(oxidation ditch)법

(가) 특징

㉮ 산화구법은 저부하에서 운전되므로 유입 하수량, 수질의 시간 변동 및 수온 저하가 있어도 안정된 유기물 제거를 기대할 수 있다.

㉯ 저부하 조건의 운전으로 SRT가 길어 질산화 반응이 진행되기 때문에 무산소 조건을 적절히 만들면 70% 정도의 질소 제거가 가능하다.

㉰ 산화구 내의 혼합 상태에 따른 용존산소 농도는 흐름의 방향에 따라 농도 구배가 발생하지만 MLSS 농도, 알칼리도 등은 구 내에서 균일하다.

㉱ 슬러지 발생량은 유입 SS량당 약 75% 정도이다. 이 비율은 표준 활성슬러지법과 비교하여 작은 편에 속한다.

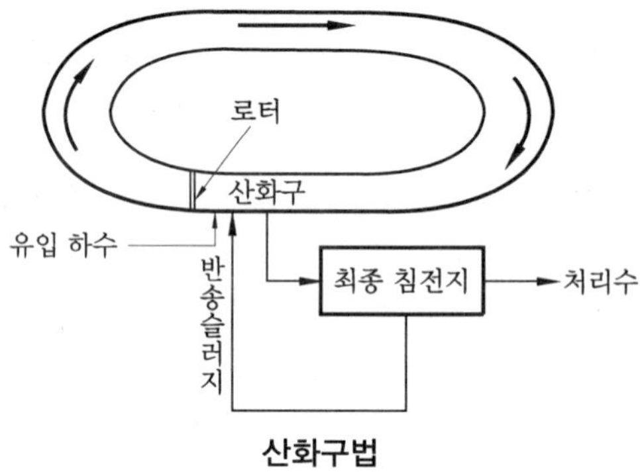

산화구법

⑩ 심층 포기(deep aeration)법

(가) 조의 용적은 계획 1일 최대 오수량에 따라서 설정한다.

(나) 수심은 10m 정도로 한다.

(다) 형상은 직사각형으로 하고 폭은 수심에 대해 1배 정도로 한다. 조 내에서 유체의 흐름은 플러그 흐름형으로 하고 정류벽을 설치한다.

(라) 포기 방식은 용해한 용존질소의 농도가 2차 침전지에서 과포화 상태가 되지 않도록 한다.

3-3 살수여상법

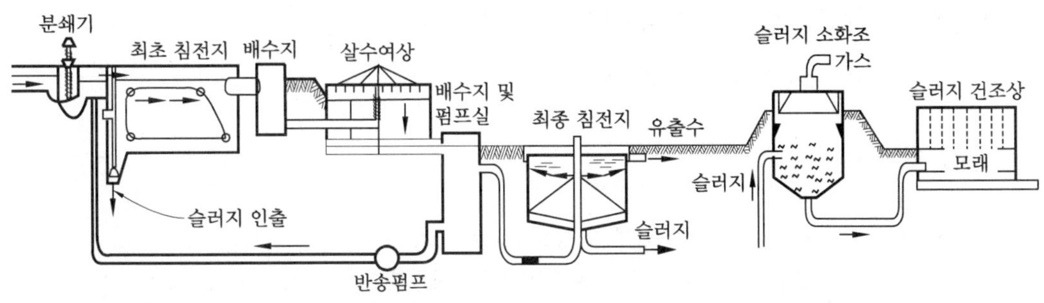

살수여상법의 하수 처리 계통도

(1) 살수여상법(tricking filter process)의 원리

활성슬러지법과 달리 1차 처리된 유출수를 미생물 점막으로 덮인 쇄석이나 기타 매개(media)층 등 여재 위에 살수하여 하수가 여재 사이를 통과하는 동안에 여재 표면에 부착·성장하고 있는 호기성 세균의 생물학적 작용에 의해 하수 중의 유기물이 제거되는 호기성 고정 생물막 처리 공정 중의 하나이다.

(2) 살수여상의 설계 공식

① BOD 용적 부하(kgBOD/m³·d) $= \dfrac{\text{1일 BOD 유입량(kgBOD/d)}}{\text{여상 유효 용적}(m^3)}$

$$= \frac{\text{BOD 농도(mg/L)} \times \text{유입 하수량}(m^3/d) \times 10^{-3}}{\text{여상 유효 용적}(m^3)}$$

$$= \frac{S_0 \times Q \times 10^{-3}}{V} = \frac{S_0 \times Q \times 10^{-3}}{A \cdot H}$$

$$= \frac{S_0 \times \text{살수 부하} \times 10^{-3}}{H}$$

만약, 1차 침전지에서의 BOD 제거율이 주어지면

$$\text{BOD 용적 부하}(kg/m^3 \cdot d) = \frac{S_0 \times Q \times 10^{-3} \times (1-\zeta)}{V}$$

② BOD 면적 부하(kgBOD/m²·d) $= \dfrac{\text{1일 BOD 유입량(kgBOD/d)}}{\text{여상면적}(m^2)}$

$$= \frac{\text{BOD 농도(mg/L)} \times \text{유입 하수량}(m^3/d) \times 10^{-3}}{\text{여상면적}(m^2)}$$

$$= \frac{\text{BOD} \times Q \times 10^{-3}}{A}$$

③ 수리학적 부하$(m^3/m^2 \cdot d) = \dfrac{\text{유입 하수량}(m^3/d)}{\text{여상면적}(m^2)} = \dfrac{Q}{A}$

재순환을 시키는 경우, 수리학적 부하$(m^3/m^2 \cdot d) = \dfrac{Q+Q_R}{A}$

(여기서, Q_R : 재순환 유량(m^3/d))

④ 재순환비$(R) = \dfrac{C_0 - C_R}{C_R - C_e}$

여기서, C_0 : 처리 대상 폐수의 BOD 농도(mg/L)

C_R : 살수여상에 가해지는 유입수(폐수+재순환수)의 BOD 농도(mg/L)

C_e : 살수여상 유출수의 BOD 농도(mg/L)

⑤ NRC(national research council) 공식 : 살수여상의 BOD 제거 효율을 구하는 경험식

$$E = \frac{100}{1 + 0.432\sqrt{\dfrac{W}{VF}}}$$

여기서, E : BOD 제거 효율(%), W/V : BOD 용적 부하$(kgBOD/m^3 \cdot d)$

F : 재순환 계수$\left(\dfrac{1+R}{(1+0.1R)^2}\right)$, R : 재순환율

(3) 운전상의 유의점

① 연못화(ponding) 현상 : 여상의 표면에 물이 고이는 현상

(가) 원인

㉮ 여재의 크기가 너무 작거나 균일하지 않을 때

㉯ 여재가 견고하지 못하여 심한 온도차에 의해 부서졌을 때

㉰ 유기물질 부하량이 과도할 때

(나) 예방과 대책

㉮ 여상 표면의 여재를 자주 긁어준다.

㉯ 여상 표면을 고압 수증기로 씻어준다.

㉰ 고농도의 염소를 1주 간격으로 주입한다.

② 여상파리(psychoda)의 번식

(가) 원인

㉮ 미생물이 과도하게 성장하는 경우

㉯ 간헐적인 살수일 경우(특히, 저율 살수여상)

(나) 예방과 대책

㉮ 미생물이 과도하게 성장하지 않도록 한다.

㉯ 폐수를 계속적으로 살수한다.

3-4 회전원판법

회전원판법(rotating biological contactor)은 살수여상법과 같이 생물막을 이용하여 하수를 처리하는 방식(고체(media) 표면에 미생물을 부착시키는 공법인 생물막 공법 중의 하나)으로 원판의 일부(약 40%)가 수면에 잠기도록 설치하여 이를 천천히 회전(1~2rpm 정도)시키면서 원판 위에 자연적으로 발생하는 호기성 생물을 이용하여 하수를 처리하는 방식이다. 회전원판법의 특징은 살수여상법이 고정 생물막에 대해 폐수를 유동시키는 것과 반대로 하수에 대해 생물막을 회전 접촉시키는 것으로서 포기가 주로 공기 중에서 이루어진다.

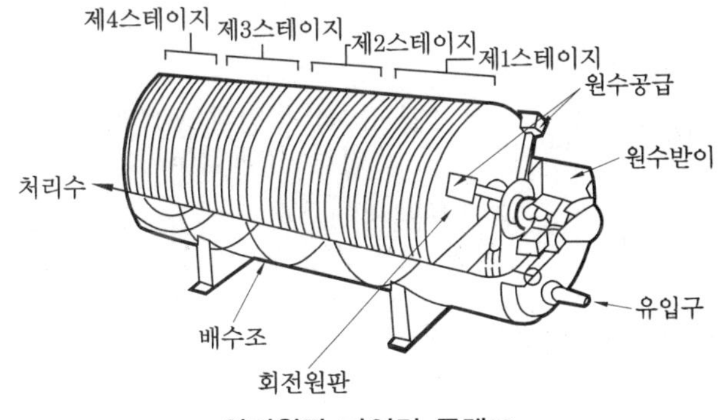

회전원판 파일럿 플랜트

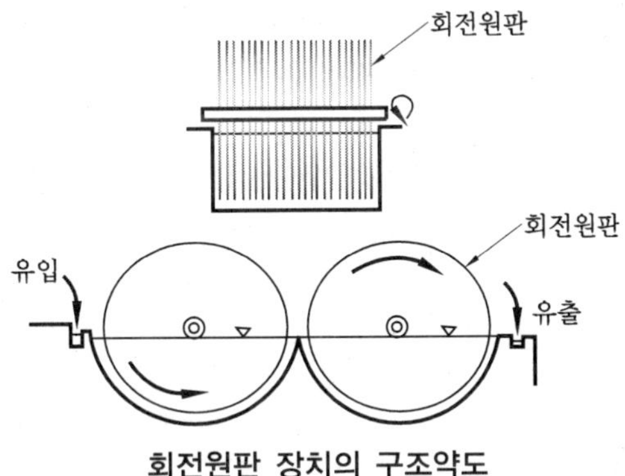

회전원판 장치의 구조약도

(1) 회전원판법의 특징

① 운전관리상 조작이 간단하다(MLSS나 포기량을 조절할 필요가 없다).

② 소비전력량은 소규모 처리시설에서는 표준 활성슬러지법에 비하여 적다.

③ 질산화가 일어나기 쉬우며 이로 인하여 처리수의 BOD가 높아질 수 있고 pH가 내려가는 경우도 있다.

④ 활성슬러지법에서와 같이 팽화로 인해 최종 침전지에서 일시적으로 다량의 슬러지가 유출되는 현상은 없으며 잉여 슬러지의 발생이 소량이다.
⑤ 활성슬러지법에 비해 2차 침전지에서 미세한 SS가 유출되기 쉬우며 처리수의 투명도가 좋지 않다.
⑥ 운영 변수가 많아 모델링이 복잡하고 대규모화에 관해 자료가 충분하지 않다.
⑦ 다단식을 취하므로 생물량이 많고 생물상도 다양하여 BOD 부하 변동에 강하다.
⑧ 별도의 슬러지 반송이 필요 없으며 1차 침전지는 꼭 필요하지 않지만 침사지와 2차 침전지는 필수적이다.
⑨ 반응 소요 시간이 짧으며 영양염류(N, P)의 제거가 가능하다.
⑩ 기온의 영향을 크게 받아 저온 시 대책이 필요하다.

(2) 회전원판의 설계 공식

① BOD 면적 부하(gBOD/m^2 · d) $= \dfrac{\text{1일 BOD 유입량(gBOD/d)}}{\text{원판 표면적(m}^2\text{)}}$

② 수리학적 부하(m^3/m^2·d) $= \dfrac{\text{유입 하수량(m}^3\text{/d)}}{\text{원판 표면적(m}^2\text{)}} = \dfrac{Q}{A}$

여기서, $A = \dfrac{\pi D^2}{4} \times 2 \times n$(원판의 개수)

예제 15

생물학적 회전원판의 지름이 3m로 300매가 구성되었다. 유입 수량이 1000m^3/d이며, BOD 농도가 200mg/L일 경우 BOD 부하(g/m^2·d)는 얼마인가?

해설 BOD 면적 부하(g/m^2 · d) $= \dfrac{200\text{mg/L} \times 1000\text{m}^3\text{/d}}{\dfrac{\pi \times 3^2}{4}\text{m}^2 \times 2 \times 300} = 47.157\text{g/m}^2 \cdot \text{d}$

3-5 접촉 산화법

(1) 원리

① 접촉 산화법(contact oxidation)은 생물막을 이용한 처리 방식의 한 가지로서 반응조 내의 접촉제 표면에 발생 · 부착된 호기성 미생물(부착 생물)의 대사활동에 의해 하수를 처리하는 방식이다.

② 1차 침전지 유출수 중의 유기물은 호기 상태의 반응조 내에서 접촉제 표면에 부착된 생물에 흡착되어, 미생물의 산화 및 동화작용에 의해 분해 · 제거된다.

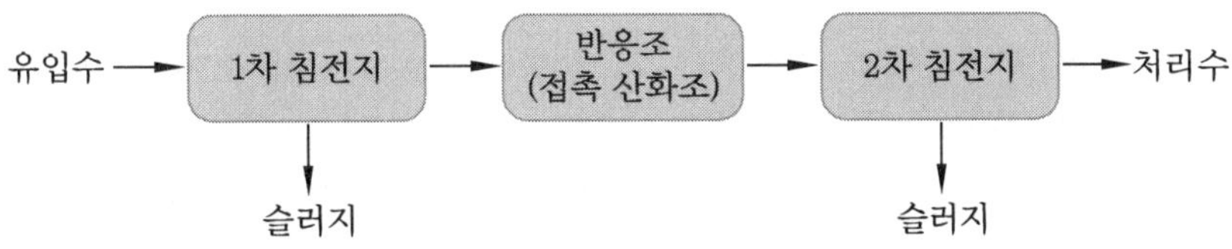

(2) 특징

① 반송 슬러지가 필요하지 않으므로 운전 관리가 용이하다.
② 비표면적이 큰 접촉제를 사용하며 부착 생물량을 다량으로 보유할 수 있기 때문에 유입 기질의 변동에 유연히 대응할 수 있다.
③ 생물상이 다양하여 처리 효과가 안정적이다.
④ 슬러지의 자산화가 기대되기 때문에 잉여 슬러지양이 감소할 수 있다.
⑤ 접촉제가 조 내에 있기 때문에 부착 생물량의 확인이 어렵다.
⑥ 고부하에서 운전하면 생물막이 비대화되어 접촉제가 막히는 경우가 발생한다.

참고 생물막 공법의 특징

(1) 장점
① 유지 관리가 용이하다.
② 조 내 슬러지 보유량이 크고 생물상이 다양하다.
③ 분해 속도가 낮은 기질 제거에 효과적이다.
④ 부하, 수량 변동에 대하여 완충 능력이 있다.
⑤ 난분해성 물질 및 유해 물질에 대한 내성이 높다.
⑥ 슬러지 반송이 필요 없고, 슬러지 발생량이 적다.
⑦ 소규모 시설에 적합하다.

(2) 단점
① 미생물량과 영향인자를 정상 상태로 유지하기 위한 조작이 어렵다.
② 반응조 내 매체를 균일하게 포기 · 교반하는 조건 설정이 어렵고, 사수부가 발생할 우려가 있으며 포기 비용이 약간 높다.
③ 매체에 생성되는 생물량은 부하 조건에 의하여 결정된다.
④ 고부하 시 매체의 폐쇄 위험이 크기 때문에 부하 조건에 한계가 있다.
⑤ 초기 건설비가 높다.

3-6 산화지법

(1) 원리

① 얕은 연못에서 박테리아와 조류 사이의 공생(symbiosis) 관계에 의해 유기물을 분해·처리하는 방법이다.

② 가정하수 등 수심이 얕은 곳에서 일어나는 자연의 생물학적 과정에 의한 처리를 목적으로 만든 연못을 안정지(stabilization pond), 늪(lagoon) 또는 산화지(oxidation)라 한다.

③ 산화지법(oxidation pond)에서 실제 유기물을 분해하는 미생물은 박테리아이며, 조류는 주간에는 탄소 동화작용을 하여 CO_2를 감소시키면서 산소를 증가시키므로 산소 공급원이 된다.

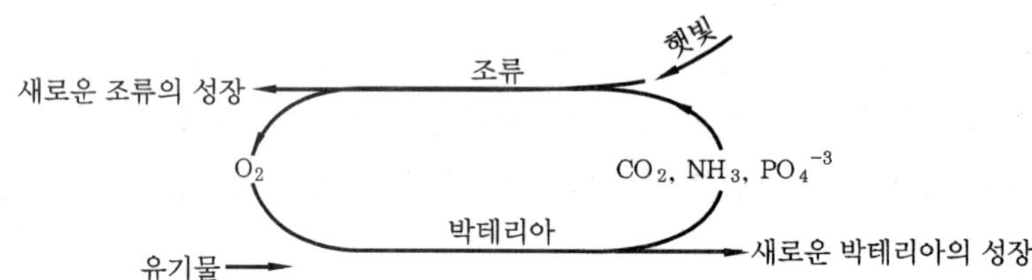

bacteria와 algae 간의 공생

(2) 산화지법의 장·단점

① 산화지법의 장점

(가) 최초의 투자 및 시공비, 운영비가 적게 든다.

(나) 하천 유량이 적은 경우 산화지의 방류를 억제하고 유량이 많은 경우에는 방류할 수 있다.

(다) BOD의 과대한 부하나 간헐적인 부하를 받아들일 능력이 있다.

② 산화지법의 단점

(가) 처리에 장시간을 요구하므로 체류 시간이 길고 소요 부지가 많이 든다.

(나) 처리 효율이 낮고 기후 영향을 크게 받는다.

(다) 냄새를 발생시킬 우려가 있다.

3-7 혐기성의 처리

(1) 혐기성 처리(소화법) 과정

유기물의 혐기성 소화 반응은 2단계 반응 과정으로 구분된다.

① 1단계 : 유기물이 알코올과 유기산으로 전환되는 유기산 형성 과정

② 2단계 : 유기산이 메탄균에 의해 최종적으로 CH_4, CO_2, NH_3 등으로 전환되는 메탄 형성 과정

(2) 혐기성 처리에 알맞은 조건

① 유기물 농도가 높아야 하고 탄수화물보다는 단백질이나 지방이 높을수록 좋다.

② 미생물에 필요한 무기성 영양소(N, P 등)가 충분히 있어야 한다.

③ 알칼리도가 알맞게 있어야 한다(pH 7.5 이상).

④ 독성물질이 없어야 한다.

⑤ 비교적 높은 온도(30~37℃)면 좋다.

⑥ $\frac{C}{N}$비가 12~16일 때 소화 가스의 발생량이 가장 많다.

(3) 혐기성 처리가 호기성 처리보다 좋은 점

① 슬러지가 적게 생산된다.

② 영양소가 호기성보다 적게 소요된다.

③ 유기물 농도가 높은 하수의 처리에 적합하다.

④ 최종 물질로 생성되는 메탄(CH_4)은 유용한 물질이다.

3-8 UASB법

(1) 개요

UASB(upflow anaerobic sludge blanket)법이란, 반응기 내에 접촉제, 충진제, 유동입자 등의 생물막 부착 담체를 이용하지 않고 슬러지 생물 자신이 가진 응집 기능을 이용하여 침강성이 뛰어난 그래뉼(granule)상 증식 집괴를 형성시켜 고농도의 생물량을 반응기 내에 유지·보유하도록 한다. 일종의 자기 고정화(self-immobilization) 방식의 메탄 발효 생물 반응기이다.

(2) 장점

① 극히 높은 유기물 부하를 허용하기 때문에 반응기 용량을 콤팩트화(구조 간단)할

수 있다.

② 온도 변화, 충격 부하, 독성, 저해 물질의 존재 등에 상당한 내성을 가진다.

③ 미생물 체류 시간을 적절히 조절하면 저농도 유기성 폐수의 처리도 가능하다.

④ 기계적인 교반이나 여재가 필요 없기 때문에 비용이 적게 든다.

(3) 단점

① 효율적인 가스-고형물 분리장치가 필요하다.

② 반응기 하부에 폐수의 분산을 위한 분산장치가 필요하다.

3-9 혐기성 고정 생물막 공법

생물막 공법의 일종으로 산소를 공급하지 않는다는 특성이 있다. 고정막(fixed film) 반응기는 반응기 표면에서 미생물의 부착과 성장을 위한 고정된 담체를 이용하며 이 담체가 미생물을 고정시킨다. 따라서 이 반응기는 100일 이상의 SRT를 유지할 수 있으며 결과적으로 유입유량과 수질 변화에 잘 적응하는 고율 반응조이다.

3-10 혐기성 유동 생물막 공법

유동상(fluidized bed) 또는 팽창상(expanded bed) 반응기는 혐기성 처리 기술 중 가장 최근에 개발된 것으로 이 반응조 내에서 미생물은 모래와 같은 담체 입자에서 성장하며 액체는 고속으로 반응기에 주입되어 packing media 입자를 부유시키고 고율의 물질 전달을 유지하도록 한다.

(1) 장점

① 짧은 수리학적 체류 시간과 높은 부하율로 운전이 가능하다.

② 미생물 체류 시간을 적절히 조절하여 저농도 유기성 폐수도 처리 가능하다.

③ 매질의 첨가나 제거가 용이하다.

④ 고농도의 미생물과 긴 SRT가 가능하다.

(2) 단점

① 유출수 재순환의 필요로 공정이 복잡하다.

② 이동 매질(carrier medium)의 가격이 비싸다.

③ 편류 발생을 방지하기 위해 유입수 분산장치가 필요하다.

예상문제

Engineer Water Pollution Environmental
수질환경기사

1. **폐수처리에 사용되는 호기성 생물학적 처리 공정 중 부유 증식 처리 공정은?**

① 활성슬러지법
② 살수여상
③ 회전원판법
④ 충진상 반응조(packed-bed reactor)

해설 호기성 생물학적 처리 공정 중 부유 증식 처리 공정은 활성슬러지법이다. 살수여상법, 회전원판법, 충진상 반응조(packed-bed reactor) 등은 미생물이 미디어에 부착, 성장하게 하는 부착 증식 처리 공정이다.

2. **폐수 유량에서 첨두 유량을 구하는 식은?**

① 첨두 인자×최대 유량
② 첨두 인자×평균 유량
③ $\frac{\text{첨두 인자}}{\text{최대 유량}}$
④ $\frac{\text{첨두 인자}}{\text{평균 유량}}$

해설 설계 유량의 평가와 선택을 위한 절차에는 보통 인구 계획, 산업폐수가 차지하는 유량, 침투수와 유입 우수가 차지할 수 있는 양에 근거한 평균 유량의 산출 과정이 포함된다. 평균 유량에 적절한 첨두율(peaking factor)을 곱하여 첨두 유량을 구한다.

$$\text{첨두 인자} = \frac{\text{첨두 유량}}{\text{평균 유량}} \ (>1.0)$$

3. **활성슬러지법에 의한 폐수 처리의 운전 및 유지 관리상 가장 중요도가 낮은 사항은?**

① 포기조 내의 수온
② 포기조에 유입되는 폐수의 용존산소량
③ 포기조에 유입되는 폐수의 pH
④ 포기조에 유입되는 폐수의 BOD 부하량

4. **다음 식은 세포 증식을 위한 Monod의 식이다. 잘못 기술한 것은?**

$$\mu = \mu_{max} \times \frac{S}{K_s + S}$$

① μ의 단위는 g/h다.
② S는 제한 기질의 농도를 나타낸다.
③ μ_{max}는 세포의 최대 비성장계수를 나타낸다.
④ K_s는 $\mu = \frac{1}{2}\mu_{max}$ 때의 제한 기질 농도이다.

해설 μ의 단위는 1/h이다.

5. **표준 활성슬러지법에서 하수 처리를 위해 사용되는 미생물에 관한 설명으로 맞는 것은?**

① 지체기로부터 대수 증식기에 걸쳐 존재하는 미생물에 의해 하수가 주로 처리된다.
② 대수 증식기로부터 감쇠 증식기에 걸쳐 존재하는 미생물에 의해 하수가 주로 처리된다.
③ 감쇠 증식기로부터 내생 호흡기에 걸쳐 존재하는 미생물에 의해 하수가 주로 처리된다.
④ 내생 호흡기로부터 사멸기에 걸쳐 존재하는 미생물에 의해 하수가 주로 처리된다.

6. **표준 활성슬러지법의 설계 F/M비로 가장 알맞은 것은?**

① 0.01~0.02kg BOD_5/kg MLSS · d

정답 1. ① 2. ② 3. ② 4. ① 5. ③ 6. ③

② 0.05~0.1kg BOD_5/kg MLSS · d
③ 0.2~0.4kg BOD_5/kg MLSS · d
④ 1.1~1.4kg BOD_5/kg MLSS·d

해설 표준 활성슬러지법의 설계 F/M비는 0.2~0.4kg BOD_5/kg MLSS · d이다.

7. **최종 침전지에서 발생하는 침전성이 불량한 슬러지의 부상(sludge rising) 원인을 가장 알맞게 설명한 것은?**

① 침전조의 슬러지 압밀 작용에 의한다.
② 침전조의 탈질화 작용(denitrification)에 의한다.
③ 침전조의 질산화 작용(nitrification)에 의한다.
④ 사상균류(리드뮤셔 bacteria)의 출현에 의한다.

8. **다음 중 핀 플록이나 플록 파괴가 발생하는 원인이 아닌 것은?**

① 독성(toxic) 물질 유입
② 장기 포기(extended aeration)
③ 유황 화합물(sulfide)의 존재
④ 혐기성(anaerobid) 상태

해설 유황은 토양과 물에서 광물과 퇴적물 중에 풍부하게 들어 있다. 유황은 모든 생물체 내에 존재 함에도 불구하고 미생물이나 식물의 성장을 제한하는 경우는 거의 없다.

9. **포기로 혼합액을 30분간 침전시킨 뒤의 침전물의 부피는 400mL/L이었고, MLSS 농도가 3000mg/L이었다면 침전지에서 침전 상태는?**

① 정상적이다.
② 슬러지 팽화로 인하여 침전이 되지 않는다.
③ 슬러지 부상(sludge rising) 현상이 발생하여 큰 덩어리가 떠오른다.
④ 슬러지가 floc을 형성하지 못하고 미세하게 떠다닌다.

해설 ㉠ SVI를 구한다.

$$\therefore \ SVI = \frac{400mL/L \times 10^3}{3000mg/L} = 133.33$$

㉡ SVI가 50~150의 범위에 들어가므로 정상적이다.

10. **표준 활성슬러지법의 특성과 가장 거리가 먼 것은?(단, 하수도시설 기준)**

① MLSS(mg/L) : 1500~2500
② 반응조의 수심(m) : 2~3
③ HRT(시간) : 6~8
④ SRT(일) : 3~6

해설 포기조 유효수심은 표준식의 경우 4~6m를, 심층식의 경우 10m를 표준으로 한다.

11. **하수 처리를 위한 심층 포기법에 관한 설명으로 틀린 것은?**

① 산기 수심을 깊게 할수록 단위 송풍량당 압축동력이 커져 송풍량에 대한 소비동력이 증가한다.
② 수심은 10m 정도로 하며 형상은 직사각형으로 하고 폭은 수심에 대해 1배 정도로 한다.
③ 포기조를 설치하기 위해서 필요한 단위 용량당 용지면적은 조의 수심에 비례해서 감소하므로 용지 이용률이 높다.
④ 산기 수심이 깊어질수록 용존질소 농도가 증가하여 2차 침전지에서 과포화분의 질소가 재기포화되는 경우가 있다.

해설 산기 수심을 깊게 할수록 단위 송풍량당 압축 동력은 증대하지만, 산소 용해력 증대에 따라 송풍량이 감소하기 때문에 소비동력은 증가하지 않는다.

정답 7. ② 8. ③ 9. ① 10. ② 11. ①

12. **초심층 포기법(deep shaft aeration system)에 대한 설명 중 틀린 것은?**

① 기포와 미생물이 접촉하는 시간이 표준 활성슬러지법보다 길어서 산소 전달 효율이 높다.
② 순환류의 유속이 매우 빠르기 때문에 난류 상태가 되어 산소 전달률을 증가시킨다.
③ 부지 절감 효과가 있다.
④ 표준 활성슬러지 공법에 비하여 MLSS 농도를 낮게 유지한다.

해설 초심층 포기법은 산소 전달 효율이 높기 때문에 표준 활성슬러지 공법에 비하여 MLSS 농도를 높게 유지할 수 있다. 이 반응조는 지하 150m 정도의 깊이까지 설치되고 있다.

13. **활성슬러지 변법에 관한 설명으로 틀린 것은?**

① 장기 포기 공정 : 질산화가 필요한 소도시 하수나 패키지형 처리장에 사용하며 공정의 유연성이 높다.
② 고율 포기 공정 : 산소 전달과 플록 크기 조정을 위한 터빈 포기기와 같이 사용한다.
③ 산화구 : 토지가 충분한 경우의 소규모 하수에 적용하며 공정 유연성이 높다.
④ 심층 포기 공정 : 일반적으로 저농도 폐수에 적용하며 부하 변동에 비교적 강하다.

해설 심층 포기법의 특징
① 고부하 운전이 가능하다.
② MLSS 농도를 높게 유지 가능하다.
③ 시설면적이 작다.
④ 송풍량이 적고 악취대책이 쉽다.

14. **활성슬러지법 중 순산소 포기법에 대한 특징을 설명한 것이다. 이 중 틀린 것은?**

① MLSS를 고농도로 유지할 수 있다.
② 반응 시간을 늘려 BOD 용적 부하를 낮출 수 있다.
③ 폐활성슬러지양을 감소시킬 수 있다.
④ 슬러지 침전 특성을 양호하게 할 수 있다.

해설 순산소 포기법은 표준 활성슬러지 공정의 형식이지만 공기 대신 순산소를 포기조에 공급한다. 표준에 비하여 포기조에서 고농도의 용존 산소가 유지되어 MLSS를 고농도로 유지할 수 있고 반응 시간을 줄여 BOD 용적 부하를 높일 수 있다.

15. **BOD가 250mg/L인 하수를 1차 및 2차 처리로 BOD 30mg/L으로 유지하고자 한다. 2차 처리 효율을 75%로 하면 1차 처리 효율은 얼마인가?**

① 33% ② 45%
③ 52% ④ 60%

해설 ㉠ 유출수 농도=유입수 농도×(1−BOD 제거율)
㉡ $30 = 250 \times (1-x) \times (1-0.75)$
㉢ $x = \left(1 - \dfrac{30}{250 \times (1-0.75)}\right) \times 100 = 52\%$

16. **BOD가 40000mg/L인 공장 폐수를 깨끗한 물로 희석한 후 활성슬러지법으로 처리하여 얻은 유출수가 50mg/L이었다. BOD 제거 효율이 80%인 경우는 몇 배로 희석되겠는가?**

① 160배 ② 135배
③ 97배 ④ 66배

해설 ㉠ 희석 배수를 고려했을 때 BOD제거율 구하는 식을 이용한다.
㉡ $\zeta = \dfrac{\text{유입} - \text{유출} \times \text{희석 배수}}{\text{유입}} \times 100$

$$\therefore 80 = \frac{40000 - 50 \times x}{40000} \times 100$$

정답 12. ④ 13. ④ 14. ② 15. ③ 16. ①

㉢ $x = \frac{40000 - 40000 \times 0.8}{유입} = 160$

17. 유량이 400000m^3/d이고 BOD는 1.2mg/L인 하천이 있다. 인구 15만 명의 도시에서 50000m^3/d의 하수가 발생하고 1인당 1일 BOD 배출 원단위를 50g이라고 가정할 때 하수 처리장을 건설하여 BOD 제거율을 얼마로 해야 처리된 하수가 하천으로 유입된 후(완전 혼합으로 가정) BOD를 3.0ppm으로 유지할 수 있겠는가?

① 88.5% ② 92.5%
③ 95.5% ④ 98.5%

해설 ㉠ 처리장으로 유입되는 BOD 농도를 구한다.

$$유입BOD\ 농도 = \frac{50g/인 \cdot d \times 150000인}{50000\ m^3/d} = 150g/m^3(mg/L)$$

㉡ 처리장의 유출수 농도는 합류 지점의 BOD 농도를 이용해서 구한다.

㉢ $3 = \frac{400000 \times 1.2 + 50000 \times x}{400000 + 50000}$

$$\therefore x = \frac{3 \times (400000 + 50000) - 1.2 \times 400000}{50000} = 17.4mg/L$$

㉣ $BOD\ 제거율(\%) = \frac{150 - 17.4}{150} \times 100 = 88.4\%$

18. 다음 조건하에서 Monod식을 사용한 세포의 비증식 속도(specific growth rate)는? (단, 제한 기질 농도 S=200mg/L, 반포화 농도 K_s =500mg/L, 세포의 비증식 속도 최대치 μ_m =0.2h^{-1})

① 0.04/h ② 0.08/h
③ 0.06/h ④ 0.20/h

해설 ㉠ Monod 공식을 이용한다.

㉡ $\mu = \mu_m \frac{S}{K_s + S} = \frac{0.2 \times 200}{500 + 200} = 0.057/h$

19. Michaelis-Menten 공식에서 반응 속도(R)가 R_m의 80%일 때의 기질 농도와 R_m의 20%일 때의 기질 농도와의 비$\left(\frac{[S]_{80}}{[S]_{20}}\right)$는 얼마인가?

① 8 ② 16 ③ 24 ④ 41

해설 ㉠ Michaelis-Menten 공식을 이용한다.

$$R = R_m \frac{S}{K_m + S}$$

여기서, R : 비기질 제거 속도(d^{-1})
R_m : 최대 비기질 제거 속도(d^{-1})
K_m : $R = \frac{1}{2} R_{max}$일 때 기질 농도(mg/L)
S : 기질 농도(mg/L)

㉡ $[S]_{80}$을 구한다.

$$0.8R_{max} = \frac{R_{max} \cdot S_{80}}{K_m + S_{80}}$$

양변을 R_{max}으로 나누고 식을 정리하면

$0.8 \times (K_m + [S]_{80}) = [S]_{80}$

$\therefore [S]_{80} = 4K_m$

㉢ 마찬가지로 $[S]_{20}$을 구한다.

$0.2 \times (K_m + [S]_{20}) = [S]_{20}$

$\therefore [S]_{20} = 0.25K_m$

㉣ $\frac{[S]_{80}}{[S]_{20}} = \frac{4K_m}{0.25K_m} = 16$

20. 희석 포기식 분뇨 처리장에서 분뇨 120m^3/d를 10배 희석하여 6시간 포기한다. 이때의 공기 공급량은 포기조 용적당 1.5m^3/m^3 · h로 하고 산기관 1개당 200L/min의 공기를 공급한다면 필요한 산기관의 수는 몇 개인가?

① 30 ② 34 ③ 38 ④ 45

해설 ㉠ 단위 환산을 하는 것이 중요하다.

㉡ 포기조의 부피를 구한다.

$V = 120m^3/d \times 10 \times 6h \times d/24h = 300m^3$

㉢ $산기관의\ 수(개) = \frac{1개 \cdot min}{0.2\ m^3} \times 1.5m^3/m^3 \cdot h \times 300m^3 \times h/60min = 37.5 = 38개$

정답 17. ① 18. ③ 19. ② 20. ③

21. BOD 1.0kg 제거에 필요한 산소량은 1.0kg이다. 공기 $1m^3$에 포함된 산소량이 0.277kg이라면 활성슬러지에서 공기 용해율이 4%(V/V%)일 때 BOD 1.0kg을 제거하는 데 필요한 공기량은 얼마인가?

① $80.3m^3$ ② $90.3m^3$
③ $100.5m^3$ ④ $110.8m^3$

해설 공기량(m^3) =
$$\frac{1m^3\text{공기}}{0.277kgO_2}\times\frac{1kgO_2}{kgBOD\text{제거}}\times 1kgBOD\text{제거}\times\frac{1}{0.04}$$
$=90.25m^3$

22. 폐수에 대한 수율계수(Y)가 0.55mgVSS/mg BOD_5로 측정되었다. 이 폐수에 대한 BOD 반응속도상수(탈산소계수)가 $0.090d^{-1}$(밑10)이라면, COD(BOD_u) 기준의 수율계수 값은 얼마인가? (단, 폐수 내 유기물은 생물학적으로 분해 가능하다.)

① 0.36mgVSS/mgCOD
② 0.42mgVSS/mgCOD
③ 0.54mgVSS/mgCOD
④ 0.76mgVSS/mgCOD

해설 ㉠ BOD_u를 구한다.
$$BOD_u=\frac{1}{(1-10^{-0.09\times 5})}=1.55$$
㉡ COD 기준의 수율계수 값 $=\dfrac{0.55}{1.55}=0.355$

23. 실험식에서 plug flow reacter를 이용하여 BOD가 250mg/L인 유량 $3.5m^3/d$를 30mg/L까지 처리하기 위해서 필요한 반응조의 용량을 계산하면 약 몇 m^3가 되겠는가? (단, BOD 제거식은 1차 반응에 따르며 반응속도상수(밑수는 e)는 0.2/d이다.)

① 11 ② 23
③ 29 ④ 37

해설 ㉠ 조건을 만족하는 시간을 구한다.
$$t=\frac{\ln\left(\frac{30}{250}\right)}{-0.2d^{-1}}=10.6d$$
㉡ $V=Q\cdot t=3.5m^3/d\times 10.6d$
$=37.1m^3$

24. 회분식 반응조를 1차 반응의 조건으로 설계하고 A성분의 제거 또는 전환율이 90%가 되게 하고자 한다. 만일 반응상수 K가 0.40/h이면 이 회분식 반응조의 체류 시간은 얼마인가?

① 5.76h ② 4.18h
③ 3.62h ④ 2.33h

해설 $$t=\frac{\ln\left(\frac{10}{100}\right)}{-0.4h^{-1}}=5.76h$$

25. 유기물을 포함하는 유체가 완전 혼합 연속 반응조를 통과할 때 유기물의 농도가 200mg/L에서 20mg/L로 감소한다. 반응조 내의 반응이 1차 반응이고 반응조 체적이 $20m^3$이며 반응 속도 상수가 0.2/d이라면 유체의 유량은 얼마인가?

① $0.11m^3/d$ ② $0.22m^3/d$
③ $0.33m^3/d$ ④ $0.44m^3/d$

해설 ㉠ 물질수지식을 이용하여 유량에 대한 식을 만든다.
$$QC_0=QC+V\frac{dC}{dt}+VKC$$
정상 상태에서 $\dfrac{dC}{dt}=0$
$$\therefore\ Q=\frac{VKC}{C_0-C}$$
㉡ $$Q=\frac{20\times 0.2\times 20}{(200-20)}=0.444m^3/d$$

정답 21. ② 22. ① 23. ④ 24. ① 25. ④

26. 안정화지 시스템은 체류 시간이 6일인 대형 안정화지 1개로 구성되어 있다. 이 시스템을 적용했을 때 BOD_5의 제거 효율이 88%이라면, 안정화지가 완전 혼합(CM)이라고 가정했을 때 BOD 제거 효율에 대한 반응속도상수는 얼마인가?

① 1.22/d ② 1.33/d
③ 1.41/d ④ 1.50/d

해설 ㉠ 물질수지식을 이용하여 반응속도상수에 대한 식을 만든다.

㉡ $QC_0 = QC + V\frac{dC}{dt} + VKC$

정상 상태에서 $\frac{dC}{dt} = 0$

$\therefore K = \frac{C_0 - C}{C \cdot t}$

㉢ $K = \frac{(1-0.12)}{0.12 \times 6} = 1.22\text{d}^{-1}$

27. SS가 거의 없고 COD가 1500mg/L인 산업폐수를 활성슬러지 공정으로 처리하여 유출수 COD를 180mg/L 이하로 처리하고자 한다. 아래의 주어진 조건을 이용하여 반응 시간 θ를 구한 값으로 적절한 것은?

- MLSS = 3000mg/L
- MLVSS = MLSS×0.7
- MLVSS를 기준으로 한 반응속도상수 (K) = 0.532L/g · h
- NBDCOD = 155mg/L
- 반송을 고려한 혼합액의 COD = 800mg/L

① 12.2h ② 17.7h
③ 22.2h ④ 27.2h

해설 ㉠ 물질수지식의 형태를 만든다.

반응속도식의 형태 : $\frac{dS}{dt} = -KX_vS$

$(Q+Q_R)S_0 = (Q+Q_R)S + V\frac{dS}{dt} + VKX_vS$

㉡ 정상 상태에서 $\frac{dS}{dt} = 0$이므로

$t = \frac{V}{Q+Q_R} = \frac{S_0 - S}{KX_vS}$

㉢ 유입수 BOD 농도(S_0) = 800 − 155 = 645mg/L

㉣ 유출수 BOD 농도(S) = 180 − 155 = 25mg/L

㉤ $t = \frac{(645-25)}{0.532 \times 3 \times 0.7 \times 25} = 22.2\text{h}$

28. 200mg/L의 에탄올(C_2H_5OH)만을 함유하는 2000m^3/d의 공장 폐수를 재래식 활성슬러지 공법으로 처리하는 경우 이론적으로 첨가되어야 하는 질소의 양(kg/d)은 얼마인가? (단, BOD : N = 100 : 5이다.)

① 약 24 ② 약 31
③ 약 42 ④ 약 51

해설 ㉠ 에탄올(C_2H_5OH)의 산화식을 만든다. 여기서는 $BOD_u = BOD_5$이다.

㉡ $C_2H_5OH + 3O_2 \rightarrow 2CO_2 + 3H_2O$

∴ 46g : 3×32g = 200mg/L×2000m^3/d×10^{-3} : x[kg/d]

∴ x = 834.783kg/d

㉢ BOD : N = 100 : 5 = 834.783kg/d : x[kg/d]

∴ x = 41.74kg/d

29. 1일 폐수 배출량이 500m^{3}이고 BOD가 300mg/L, 질소분이 5mg/L, SS가 100mg/L인 폐수를 활성슬러지법으로 처리하고자 한다. 공급해야 할 요소[$CO(NH_2)_2$]의 양은 하루에 몇 kg인가? (단, BOD : N : P의 비율은 100 : 5 : 1로 가정한다.)

① 2.6 ② 5.5
③ 7.8 ④ 10.7

정답 26. ① 27. ③ 28. ③ 29. ④

해설 ㉠ 주어진 비례식을 이용해서 필요한 질소의 농도를 구한다.

질소의 필요 농도$=300\text{mg/L}\times\frac{5}{100}$

$=15\text{mg/L}$

㉡ 보충 질소 농도$=15-5=10\text{mg/L}$

㉢ 공급해야 할 요소$[CO(NH_2)_2]$의 양은 비례식을 이용해서 구한다.

$\therefore CO(NH_2)_2 : 2N = 60\text{g} : 2\times14\text{g}$

$=x[\text{kg/d}] : (10\times500\times10^{-3})\ \text{kg/d}$

$\therefore x=10.71\text{kg/d}$

30. BOD_5=1600mg/L인 하수 600m^3/d를 생물학적으로 처리하고자 한다. 인이 결핍되어 H_3PO_4를 일반적 기준으로 보충한다면 1일당 H_3PO_4 소요량은 얼마인가? (단, 원자량은 P=31, 하수 내 인 성분은 거의 없고 질소분은 충분하다고 가정한다.)

① 50.74kg/d ② 30.35kg/d
③ 16.02kg/d ④ 9.61kg/d

해설 ㉠ 질소의 보충을 위해 요소의 공급량 구하는 요령과 같다.

㉡ 주어진 비례식을 이용해서 필요한 인의 농도를 구한다.

∴ 인의 필요 농도$=1600\text{mg/L}\times\frac{1}{100}$

$=16\text{mg/L}$

㉢ 보충 인 농도$=16-0=16\text{mg/L}$

㉣ 공급해야 할 H_3PO_4의 양은 비례식을 이용해서 구한다.

$\therefore H_3PO_4 : P = 98\text{g} : 31\text{g}$

$=x[\text{kg/d}] : (16\times600\times10^{-3})\text{kg/d}$

$\therefore x=30.348\text{kg/d}$

31. BOD가 500mg/L이고 유량이 200m^3/d의 폐수를 활성슬러지법으로 처리하고자 한다. 필요한 포기조의 용량은 얼마인가? (단, BOD 용적 부하율은 0.5kg/m^3·d이다.)

① 400m^3 ② 200m^3
③ 100m^3 ④ 300m^3

해설 $V=\frac{(500\times200\times10^{-3})\text{kg/d}}{0.5\text{kg/m}^3\cdot\text{d}}=200\text{m}^3$

32. BOD가 1000mg/L, 폐수량 500m^3/일의 공장 폐수를 BOD 용적 부하 0.4kg/m^3·d의 활성슬러지법으로 처리하는 경우 포기조의 수심을 4m로 하면 포기조의 표면적은 얼마인가?

① 약 255m^2 ② 약 315m^2
③ 약 435m^2 ④ 약 475m^2

해설 ㉠ 포기조의 부피를 구하고 수심으로 나눈다.

$V=\frac{(1000\times500\times10^{-3})\text{kg/d}}{0.4\text{kg/m}^3\cdot\text{d}}$

$=1250\text{m}^3$

㉡ $A=\frac{V}{H}=\frac{1250\text{m}^3}{4\text{m}}=312.5\text{m}^2$

33. BOD가 450mg/L이고 유량이 650m^3/d인 폐수를 BOD 용적 부하 0.5kg/m^3·d의 활성슬러지 공법으로 처리하고자 할 때 포기조의 평균 체류 시간은 얼마인가?

① 12h ② 15h
③ 22h ④ 27h

해설 ㉠ 포기조의 평균 체류 시간$=\frac{V}{Q}$을 주어진 BOD 용적 부하를 이용해서 구한다.

㉡ BOD 용적 부하$=\frac{S_0\times Q\times10^{-3}}{V}$

$=\frac{S_0\times10^{-3}}{t}$

$\therefore t=\frac{S_0\times10^{-3}}{\text{BOD 용적 부하}}$

㉢ $t[\text{h}]=\frac{(450\times10^{-3})\text{kg/m}^3}{0.5\text{kg/m}^3\cdot\text{d}\times\text{d/24h}}$

$=21.6\text{h}$

정답 30. ② 31. ② 32. ② 33. ③

34. BOD 농도가 300mg/L인 폐수가 1일 $1000m^3$로 포기조에 유입된다. 용적이 $200m^3$인 포기조의 MLSS 농도가 3000mg/L일 때 이 포기조의 슬러지 부하(kg-BOD/kg-MLSS·d)는 얼마인가?

① 0.30 ② 0.50
③ 2.0 ④ 1.50

해설 슬러지 부하(kg-BOD/kg-MLSS·d)

$$=\frac{S_0\times Q}{X\times V}=\frac{300\times 1000}{3000\times 200}=0.5d^{-1}$$

35. BOD 400mg/L, 유량 $3000m^3$/d인 폐수를 MLSS 3000mg/L인 포기조에서 체류 시간을 8시간으로 운전하고자 한다. 이때 F/M비는 얼마인가?

① 0.2 ② 0.4
③ 0.6 ④ 0.8

해설 ㉠ F/M비의 기본 단위는 d^{-1}이다.

㉡ $$\text{F/M비}=\frac{\text{BOD}\cdot Q}{\text{MLSS}\cdot V}=\frac{\text{BOD}\cdot Q}{\text{MLSS}\cdot Q\cdot t}=\frac{\text{BOD}}{\text{MLSS}\cdot t}$$

㉢ $$\text{F/M비}=\frac{400\text{mg/L}}{3000\text{mg/L}\times 8\text{h}\times \text{d}/24\text{h}}=0.4\text{d}^{-1}$$

36. 활성슬러지 공법에서 하수 처리장으로부터의 MLSS가 2500mg/L, 포기조 부피가 $2000m^3$, 포기조 혼합액 1L의 30분간에 걸친 침전 슬러지 부피는 250mL, 1차 침전지 유출수의 BOD는 150mg/L, 1차 침전지 유출수의 SS은 100mg/L, 유량은 $8000m^3$/d일 때 SVI 값은 얼마인가?

① 75 ② 100
③ 125 ④ 150

해설 ㉠ 값들이 많이 주어져 있지만 필요한 값만 사용하도록 한다.

㉡ $$\text{SVI}=\frac{250\text{mL/L}\times 10^3}{2500\text{mg/L}}=100$$

37. 유기성 폐수를 활성슬러지법으로 처리하는 경우 포기조 반송 슬러지양을 유입수량 대비 0.3 비율로 운전한다. 이때 포기조 MLSS의 슬러지 용량 지표는 90이었다면, 포기조의 MLSS 농도 (mg/L)는 얼마인가?

① 2564 ② 2671
③ 2748 ④ 2869

해설 ㉠ 주어진 반송률을 이용하여 MLSS 농도를 구한다.

㉡ $$R=\frac{X}{X_r-X},\quad X_r=\frac{10^6}{\text{SVI}}$$

㉢ $$0.3=\frac{x}{\frac{10^6}{90}-x}$$

$$\therefore\ x=\frac{0.3\times\frac{10^6}{90}}{1.3}=2564.1\text{mg/L}$$

38. 농도 5500mg/L인 포기조 활성슬러지 1L를 30분간 정치시켰을 때 침강 슬러지의 부피가 45%를 차지하였다. 이때의 SDI는 얼마인가?

① 1.43 ② 1.38
③ 1.31 ④ 1.22

해설 ㉠ SVI를 구한다.

$$\text{SVI}=\frac{45\%\times 10^4}{5500\text{mg/L}}=81.81$$

㉡ $$\text{SDI}=\frac{100}{81.81}=1.22$$

39. 슬러지 반송 계통에서 잉여 슬러지를 배출시키는 활성슬러지 공정이 있다. 포기조 용량이 $500m^3$, 잉여 슬러지 배출량이 $25m^3$/d이고, 반송 슬러지의 SS 농도는 1%, 포기조의

정답 34. ② 35. ② 36. ② 37. ① 38. ④ 39. ④

MLSS 농도는 2500mg/L이다. 이 공정의 평균 미생물 체류 시간(MCRT)은? (단, 2차 침전지 유출수 중의 SS는 무시한다.)

① 2d ② 3d
③ 4d ④ 5d

해설 $SRT=\frac{V \cdot X}{X_r \cdot Q_w}=\frac{500\times2500}{10000\times25}=5d$

여기서, 반송 슬러지의 SS 농도=1% =10000mg/L

40. 활성슬러지 공법으로 100m^3/일의 폐수를 처리하는데, 포기조 용적이 20m^3, 포기조 내 MLSS가 2000mg/L로 유지된다. 처리수로 유실되는 SS 농도는 평균 20mg/L, 폐기시키는 슬러지의 양은 1m^3/d이며 폐기되는 슬러지의 SS 농도는 1%이라면 미생물 체류 시간은 얼마인가?

① 약 1.8일 ② 약 2.5일
③ 약 3.3일 ④ 약 4.5일

해설 $SRT=\frac{V \cdot X}{X_r \cdot Q_w+(Q-Q_w)X_e}$

$=\frac{2000\times20}{10000\times1+(100-1)\times20}=3.33d$

41. 하루 유량 5000m^{3}인 폐수를 용량이 1500m^{3}인 활성슬러지 포기조로 처리한다. 이때 K_d=0.08/일, Y=0.6 mg-MLSS/mg-BOD, MLSS는 6000mg/L로 유지되고 있고 유입 BOD 500mg/L는 활성슬러지 공법으로 90% 제거된다면 SRT는 얼마인가?

① 13.7일 ② 14.3일
③ 15.4일 ④ 16.1일

해설 ㉠ $\frac{1}{SRT}=\frac{YQ(S_0-S_1)}{VX}-K_d$

$=\frac{YQS_0\times\zeta}{VX}-K_d$

㉡ $\frac{1}{SRT}=\frac{YQS_0\times\zeta}{VX}-K_d$

$=\frac{0.6\times5000\times500\times0.9}{1500\times6000}-0.08=0.07$

$\therefore SRT=\frac{1}{0.07}=14.28d$

42. 용해성 BOD$_5$가 250mg/L인 유기성 폐수가 완전 혼합 활성슬러지 공정으로 처리되는데, 유출수의 용해성 BOD$_5$가 7.4mg/L이다. 유량이 18925m^3/d일 때 포기조 용적은 얼마인가?

- MLVSS=3500mg/L
- Y=0.65kg-미생물/kg-소모된 BOD$_5$
- K_d=0.06/d
- 미생물 평균 체류 시간(θ_c)=10d

① 3300m^3 ② 4550m^3
③ 5330m^3 ④ 6270m^3

해설 ㉠ 주어진 미생물 평균 체류 시간(θ_c)을 이용해서 V를 구한다.

㉡ $\frac{1}{\theta_c}=\frac{YQ(S_0-S_1)}{VX}-K_d$

㉢ $V=\frac{YQ(S_0-S_1)}{X\left(K_d+\frac{1}{\theta_c}\right)}$

$=\frac{0.65\times18925\times(250-7.4)}{3500\times\left(0.06+\frac{1}{10}\right)}$

$=5329.077m^3$

43. SVI가 125이면 반송 슬러지의 농도(g/m^3)는 얼마인가?

① 250 ② 2500
③ 8000 ④ 12500

해설 $X_r=\frac{10^6}{SVI}=\frac{10^6}{125}=8000mg/L$

정답 40. ③ 41. ② 42. ③ 43. ③

44. 유입수의 SS는 400mg/L, 포기조의 MLSS는 4000mg/L이다. 반송 슬러지 농도가 1%일 때 포기조 내 MLSS 농도 유지에 필요한 반송률은 원폐수의 몇 %인가?

① 100 ② 60
③ 40 ④ 80

해설 반송률$(R)=\dfrac{X-X_0}{X_r-X}$

$=\dfrac{4000-400}{10000-4000}\times 100$

$=60\%$

45. MLSS 농도가 2000mg/L인 포기조 혼합액 1L를 imhoff cone에 넣고 30분간 정치한 슬러지 용적이 200mL이었다. 이 포기조의 MLSS 농도를 3000mg/L로 유지하기 위한 슬러지 반송비는 얼마인가? (단, 유입수의 SS는 무시한다.)

① 0.34 ② 0.37
③ 0.40 ④ 0.43

해설 ㉠ MLSS 농도를 3000mg/L로 유지하기 위한 슬러지 반송비를 구한다.

㉡ SVI를 구하여 X_r을 구한다.

㉢ $\text{SVI}=\dfrac{200\text{mL/L}\times 10^3}{2000\text{mg/L}}=100$

㉣ $R=\dfrac{3000}{\dfrac{10^6}{100}-3000}=0.429$

46. 다음 특성을 갖는 공장 폐수를 활성슬러지법으로 처리할 때 포기조 내 MLSS 농도를 일정하게 유지하기 위한 반송비는 얼마인가? (단, 유입원수의 SS는 400mg/L, 포기조 내 MLSS는 3000mg/L, 반송 슬러지 농도는 10000mg/L이며 유입원수의 SS는 고려하지만 포기조 내의 슬러지 생성 및 방류수 중의 SS는 고려하지 않는다.)

① 37% ② 42%
③ 48% ④ 52%

해설 $R=\dfrac{3000-400}{10000-3000}\times 100=37.142\%$

47. 슬러지 반송률이 25%, 반송 슬러지 농도가 10000mg/L일 때 포기조의 MLSS 농도는 얼마인가? (단, 유입 SS 농도를 고려하지 않는다.)

① 1200mg/L ② 1500mg/L
③ 2000mg/L ④ 2500mg/L

해설 ㉠ 주어진 반송률을 이용하여 MLSS 농도를 구한다.

㉡ $R=\dfrac{X}{X_r-X}$

㉢ $0.25=\dfrac{x}{10000-x}$

$\therefore\ x=\dfrac{2500}{1.25}=2000\text{mg/L}$

48. 포기조 혼합액 1L를 30분간 정치했을 때 슬러지 용량이 250mL이다. 유입수 중의 슬러지와 포기조에서의 생성 슬러지를 무시한다면 슬러지 반송률은 얼마인가?

① 21% ② 25.5%
③ 33% ④ 42%

해설 $R(\%)=\dfrac{\text{SV}(\%)}{100-\text{SV}(\%)}\times 100$

$=\dfrac{25}{100-25}\times 100$

$=33.33\%$

49. 활성슬러지조에 폐수 유입량이 1000m^3/일이고 활성슬러지 SVI가 100이라 할 때 1L 메스실린더에 포기액 1L를 취하여 30분간 정치하였더니 300mL의 침전물이 생겼다. 최종 침전지에서의 반송량(m^3/일)은 얼마인가?

정답 44. ② 45. ④ 46. ① 47. ③ 48. ③ 49. ④

① 250 ② 300
③ 330 ④ 428

해설 ㉠ 반송비(R)를 구한다.

$$R = \frac{SV(\%)}{100 - SV(\%)} = \frac{30}{100-30} = 0.4285$$

㉡ $Q_R = Q \times R = 1000m^3/d \times 0.4285 = 428.5m^3/d$

50. 다음과 같은 조건하에서의 활성슬러지에서 1일 발생하는 슬러지양을 구한 값은 얼마인가?

- 유입수량 $= 21000m^3/d$
- 유입수 BOD=200mg/L
- 유출수 BOD=20mg/L
- $Y=0.6$, $K_d=0.05/d$, $\theta_c=10$일

① 1512kg/d ② 1268kg/d
③ 2646kg/d ④ 3128kg/d

해설 $$W_1[kg/d] = \frac{YQ(S_0 - S_1) \times 10^{-3}}{1 + K_d SRT}$$

$$= \frac{0.6 \times 21000 \times (200-20) \times 10^{-3}}{1 + 0.05 \times 10}$$

$= 1512kg/d$

51. 유입 하수량이 $10000m^3/d$, 유입 BOD가 200mg/L, 포기조 용량 $500m^3$, 포기조 내 MLSS가 2500mg/L, MLVSS가 MLSS의 70%, BOD 제거율이 90%, BOD의 세포합성 률이 0.55, 슬러지의 자기 산화율이 0.08/d일 때 잉여 슬러지 발생량은 얼마인가?

① 630kg/d ② 780kg/d
③ 840kg/d ④ 920kg/d

해설 슬러지 발생량 $= (0.55 \times 10000 \times 200 \times 0.9 - 0.08 \times 500 \times 2500 \times 0.7) \times 10^{-3}$
$= 920kg/d$

52. 도시 하수 $10000m^3/d$를 처리하는 폐수 처리장이 있다. 1차 침전조 유출수의 BOD가 150mg/L이고 생물학적 처리 후 최종 유출수의 BOD 농도가 5mg/L로 설계되었다. 이 폐수에 대해 완전 혼합 반응기를 이용하여 실험을 행한 결과 미생물 증식계수 $Y=0.5$, 자산화 계수 $K_d = 0.05d^{-1}$을 얻을 수 있었다. 포기조의 MLSS 농도가 3000mg/L이고 침전 슬러지 농도가 10000mg/L, 슬러지 일령이 $\theta_c = 10$d라면 매일 폐기해야 되는 폐슬러지의 양(kg/d)은 얼마인가?

① 793 ② 643
③ 543 ④ 483

해설 $$W_1[kg/d] = \frac{0.5 \times 10000 \times (150-5) \times 10^{-3}}{1 + 0.05 \times 10}$$

$= 483.33kg/d$

53. 다음 조건하에서 대체적인 잉여 활성슬러지 생산량(m^3/일)은 얼마인가?

- 포기조 용적 $V = 1200m^3$
- MLVSS 농도 $X = 2.5kg/m^3$
- 고형물의 포기조 체류 시간 : 3d
- 반송 슬러지 농도 $X_r = 10kg/m^3$

① $90000m^3$/일
② $100m^3$/일
③ $10m^3$/일
④ $1000m^3$/일

해설 ㉠ 잉여 활성슬러지 생산량=폐슬러지의 유량

㉡ 잉여 활성슬러지 생산량(m^3/일)

$$= \frac{VX}{X_r SRT} = \frac{1200m^3 \times 2.5kg/m^3}{10kg/m^3 \times 3d}$$

$= 100m^3/d$

정답 50. ① 51. ④ 52. ④ 53. ②

54. BOD 300mg/L인 폐수를 20℃에서 살수여상법으로 처리한 결과 BOD가 60mg/L이었다. 이 폐수를 26℃에서 처리한다면 유출수의 BOD는? (단, 처리효율 $E_t = E_{20} \times 1.035^{T-20}$)

① 5mg/L ② 10mg/L
③ 15mg/L ④ 20mg/L

해설 ㉠ 26℃에서 처리 효율

$=\left(\frac{300-60}{300}\right)\times 1.035^{26-20}=0.9834$

㉡ 유출수의 BOD = 300mg/L × (1 − 0.9834) = 4.98mg/L

55. 깊이 2m인 저속 여상(low rate filter)으로 BOD가 120mg/L인 침전지의 유출수를 처리하고자 한다. BOD 부하량이 $0.12kg/m^3 \cdot d$라면 이때 수리학적 부하는 얼마인가?

① $1m^3/m^2 \cdot d$ ② $2m^3/m^2 \cdot d$
③ $2.5m^3/m^2 \cdot d$ ④ $2.8m^3/m^2 \cdot d$

해설 수리학적 부하 $=\frac{\text{용적 부하}\times H}{S_0\times 10^{-3}}$

$=\frac{0.12\times 2}{120\times 10^{-3}}$

$=2m^3/m^2 \cdot d$

56. 회전 생물막 접촉기(RBC)에 관한 설명으로 틀린 것은?

① 재순환이 필요 없고 유지비가 적게 든다.
② 메디아는 전형적으로 약 40%가 물에 잠긴다.
③ 운영 변수가 적어 모델링이 간단하고 편리하다.
④ 설비는 경량 재료로 만든 원판으로 구성되며 1~2rpm의 속도로 회전한다.

해설 RBC 시스템의 모델링은 어려운데 기질, 영양분, 산소의 물질 전달이 기질 제거 및 막에서의 미생물 성장 속도에 많은 영향을 주며 모델링의 복잡성 때문에 경험적 설계 기준의 발전이 이룩되어 왔다. 조 설계의 가장 중요한 점은 산소 전달 능력을 초과하지 않을 정도의 유기물 부하를 유지하는 것이다.

57. 회전원판법의 일반적인 특징이라 볼 수 없는 것은?

① 단회로 현상의 제어가 어렵다.
② 폐수량 변화에 강하다.
③ 파리는 발생하지 않으나 하루살이가 발생할 수 있다.
④ 활성슬러지법에 비해 최종 침전지에서 미세한 부유물질이 유출되기 쉽다.

해설 회전원판법은 활성슬러지법의 경우처럼 유입 폐수의 성상을 파악하여 반응조의 여러 조건이 정상 상태가 되도록 인위적으로 처리 과정을 조작할 필요가 없고 살수여상의 경우처럼 유출수의 재순환이 필요없기 때문에 운전이 쉽고 단회로 현상의 제어가 쉽다.

58. 일반적으로 회전원판법에서 원판 지름의 몇 %가 물에 잠긴 상태에서 운영되는가?

① 약 20% ② 약 40%
③ 약 60% ④ 약 80%

해설 원판 표면적의 약 40%가 수면하에 잠기도록 설계하고 원판이 1~2rpm의 속도로 회전하면서 원판의 표면에 생물막을 형성하고 있는 미생물들이 물과 대기 중에서 교대로 기질과 산소를 접하도록 한다. 보통 회전 생물 접촉조를 2~4조 범위에서 필요한 만큼 직렬로 연결한다.

59. 회전원판의 원주 속도를 0.3m/s로 유지하려고 지름 1.5m의 회전원판을 사용한다면, 회전축의 속도는 최소한 약 몇 rpm 이상이

정답 54. ① 55. ② 56. ③ 57. ① 58. ② 59. ③

되어야 하는가?

① 1　② 2
③ 4　④ 8

해설 회전 속도(rpm) $= \frac{V}{\pi D}$

$$= \frac{0.3\text{m/s} \times 60\text{s/min}}{\pi \times 1.5\text{m}}$$

$$= 3.82\text{rpm}$$

60. 생물학적 회전 원판의 지름이 3m이며 300매로 구성되었다. 유입 수량이 1000m^3/d이며 BOD 200mg/L일 경우 BOD 부하(g/m^2·d)는 얼마인가?

① 29.4　② 47.2
③ 94.3　④ 107.6

해설 BOD 면적 부하(g/m^2·d)

$$= \frac{200\text{mg/L} \times 1000\text{m}^3/\text{d}}{\left(\pi \times \frac{3^2}{4}\right)\text{m}^2 \times 2 \times 300}$$

$$= 47.157\text{g/m}^2 \cdot \text{d}$$

61. 다음은 접촉 매체를 이용한 생물막 공법에 관한 설명이다. 틀린 것은?

① 유지 관리가 쉽고, 생물상이 다양하여 생분해 속도가 낮은 기질 제거에 유효하다.
② 공극 폐쇄 시에도 양호한 처리 수질을 얻을 수 있으며 세정 조작이 용이하다.
③ 수온의 변화나 부하 변동에 강하고 처리 효율에 나쁜 영향을 주는 슬러지 팽화 문제를 해결할 수 있다.
④ 슬러지 발생량이 적고 고도 처리에도 효과적이다.

해설 공극 폐쇄 시에는 양호한 처리 수질을 얻을 수 없으며 세정 조작이 어려워 매체 선택 시 비표면적이 크고 내구성이 있으며 폐쇄가 발생되지 않는 매체를 선택하도록 한다.

62. 생물막을 이용한 하수처리방식인 접촉산화법의 특징 또는 장단점으로 틀린 것은?

① 분해 속도가 낮은 기질 제거에 효과적이다.
② 난분해성 물질 및 유해물질에 대한 내성이 크다.
③ 미생물량과 영향 인자를 정상 상태로 유지하기 위한 조작이 용이하다.
④ 슬러지 반송이 필요없고 슬러지 발생량이 적으나 초기 건설비가 높다.

해설 접촉 산화법은 미생물량과 영향 인자를 정상 상태로 유지하기 위한 조작이 어렵다.

63. 어느 특정한 산화지에 대해 1일 BOD 부하를 40kg/d·m^2로 설계하였다. 평균 유량이 3m^3/min이고 BOD 농도가 300mg/L일 때 필요한 면적(m^2)은 얼마인가?

① 30.5　② 32.4
③ 35.0　④ 40.5

해설 ㉠ BOD 면적 부하를 이용하여 면적을 구한다.

㉡ BOD 면적 부하

$$= \frac{\text{BOD 농도(mg/L)} \times \text{유입 하수량(m}^3\text{/d)} \times 10^{-3}}{\text{여상 면적(m}^2)}$$

㉢ $A = \frac{300\text{mg/L} \times 3\text{m}^3/\text{min} \times 1440\text{min/d} \times 10^{-3}}{40\text{kg/m}^2 \cdot \text{d}}$

$$= 32.4\text{m}^2$$

64. 호기성 lagoon의 BOD 용적 부하는 0.4kg/m^3·d이다. lagoon의 수심을 3m로 하면 표면적은 얼마인가? (단, 폐수의 BOD는 300mg/L, 폐수량은 2000m^3/d이다.)

① 1500m^2　② 900m^2
③ 700m^2　④ 500m^2

해설 $A = \frac{300\text{mg/L} \times 2000\text{m}^3/\text{d} \times 10^{-3}}{40\text{kg/m}^3 \cdot \text{d} \times 3\text{m}}$

$$= 500\text{m}^2$$

정답 60. ② 61. ② 62. ③ 63. ② 64. ④

65. 혐기성 처리 시 메탄의 최대 수율은? (단, 표준 상태 기준)

① 제거 kg COD당 0.25m^3 CH_4
② 제거 kg COD당 0.30m^3 CH_4
③ 제거 kg COD당 0.35m^3 CH_4
④ 제거 kg COD당 0.40m^3 CH_4

해설 ㉠ $C_6H_{12}O_6 + 6O_2 \rightarrow 6CO_2 + 6H_2O$

180kg : 6×32kg

x[kg] : 1kg

$$\therefore\ x = \frac{180 \times 1}{6 \times 32} = 0.9375\text{kg}$$

㉡ $C_6H_{12}O_6 \rightarrow 3CO_2 + 3CH_4$

180kg : 3×22.4m^3

0.9375kg : x[m^3]

$$\therefore\ x = \frac{0.9375 \times 3 \times 22.4}{180} = 0.35\text{m}^3$$

66. 유기성 폐하수의 고도 처리 및 효율적인 처리법으로 사용되고 있는 미생물 자기 조립법에 의한 처리 방법이 아닌 것은?

① AUSB법 ② UASB법
③ SBR법 ④ USB법

해설 SBR(sequencing batch reactor)은 하나의 반응조에서 시차를 두고 유입, 반응, 침전, 유출, 휴지의 각 과정이 이루어진다.

참고 최초에 보고된 UASB 공정은 고부하, 낮은 유지 관리비, 에너지의 회수, 슬러지 발생의 감량화 등의 이점을 가지고 있으며 당초 입상화는 USBA 등의 혐기성 처리에서만 나타나는 특징으로 생각했지만 이후 자기 조립체는 완전 혐기성뿐만 아니라 호기성, 임의성 조건 아래에서도 형성된다는 것이 확인되었다. 현재 AUSB(aerobic upflow sludge blanket reactor), USB(upflow sludge blanket reactor), MRB(multi-stage reversing flow bioreactor)법 등의 자기 조립법은 유기성 폐수의 고도 처리법으로 사용되고 있다.

67. UASB(upflow anaerobic sludge blanket)법에 관한 설명으로 알맞지 않는 것은?

① 극히 높은 유기물 부하를 허용하며 따라서 반응기 용량을 콤팩트화할 수 있다.
② 반응기나 접촉제 충전과 생물의 부착 담체 등을 이용한 고농도 MLSS의 혐기성 처리 공정이다.
③ 온도 변화, 충격 부하, 독성, 저해물질의 존재 등에 상당한 내성을 가진다.
④ 반응기의 구조는 폐수 유입부, 슬러지 베드부, 슬러지 블랭킷부 및 가스 슬러지 분리장치 등 크게 4가지 부위로 대별된다.

해설 상향류 혐기성 슬러지 블랭킷(UASB) 공정은 다른 생물막 공법과는 달리 미생물이 부착할 수 있는 매체가 없다.

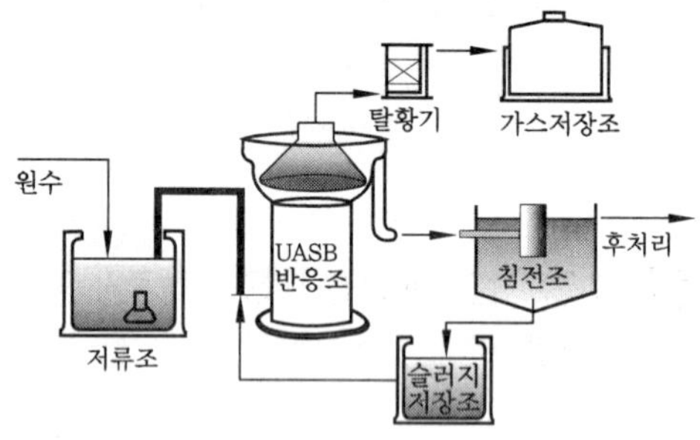

Chapter 4 폐수의 고도 처리

4-1 개요

(1) 고도 처리의 이유

① N, P 등의 무기 영양 염류에 의한 폐쇄성 수역의 부영양화 방지
② 암모니아의 독성 방지
③ 부패균(saprobic bacteria)의 감소
④ 염소 살균시 효율 저하 방지
⑤ 처리수에 존재하는 색도 및 미량의 중금속 제거

(2) 고도 처리의 방법

① 모래 여과법은 고도 처리 중에서 흡착법이나 전기투석법의 전처리로서 이용된다.
② slime 발생의 원인은 응집 침전(chemical precipitation), 침전 여과 등으로 처리한다.
③ Cl^-, SO_4^{2-} 등 무기염류는 전기투석법(electro dialysis), 이온교환법(ion exchange), 역삼투법(reverse osmosis) 등으로 처리하여야 한다.
④ PO_4^{3-}(인산염)의 제거는 응집침전법, 여과법 등으로 처리하고 미량의 유기물은 활성탄 흡착법으로 처리한다.
⑤ 무기질소 화합물은 탈기법(air stripping)으로 탈기하여 휘산시켜 처리하는 방법과 break point 염소 처리하여 산화시키거나 질산화와 탈질산화에 의하여 처리하는 방법이 있다.
⑥ 유기인은 주로 활성탄 흡착법으로 처리한다.

4-2 물리적·화학적 방법에 의한 고도 처리

(1) 물리적·화학적 방법에 의한 질소의 제거

폐수로부터 질소물질을 제거하는 주요 물리적·화학적 방법에는 암모니아 탈기법, 불연속점 염소 처리법, 이온교환법 등이 있다.

① 암모니아 탈기법(ammonia stripping)

㈎ 암모니아는 수중에서 암모늄 이온(NH_4^+)과 기체인 암모니아(NH_3) 형태로 존재한다. 이 비율은 pH에 따라서 다르다. 즉, 수온 25℃ 기준으로 pH 7에서 대부분이 NH_4^+로 존재하고, pH 9에서는 비슷한 비율이 되며 pH 11에서는 98%가 NH_3 형태로 존재한다.

㈏ 암모니아를 물에서 탈기하려면 물의 pH를 9 이상으로 높여서 $NH_3 + H_2O \leftrightarrows NH_4^+ + OH^-$에서 역반응이 진행되어 NH_4^+이 NH_3로 변하고, 이때 폐수를 휘저어주면 NH_3가 대기 중으로 방출된다.

㈐ pH 증가를 위해서 주로 석회를 주입하며 최적 pH는 10~12 정도이다.

㈑ 암모니아 탈기법의 장·단점

㉮ 공정이 간편하며 가장 경제적인 질소 제거법이다.

㉯ 공정의 조절이 용이하다.

㉰ 공정의 비용이 보통이다.

㉱ 대부분의 경우 탑과 주입관 내에 $CaCO_3$ 결석이 생긴다.

㉲ 추운 기후일수록 제거 효율이 저하한다(공기 온도 0℃ 이하에서 작동이 불가능하다).

㉳ 대기로 NH_3를 방출하여 대기오염을 유발시킨다.

㈒ 탈기 시 이산화탄소(CO_2)와 암모니아 가스는 동시에 제거되지 않는다.

㈓ 암모니아 처리 효율에 관한 공식

$$NH_3(\%) = \frac{100}{1 + \frac{K_b}{[OH^-]}}$$ 여기서, K_b : 평형상수

예제 1

폐수로부터 암모니아를 처리하는 방법 중 air stripping이 있다. 이 방법은 다음 식에 의해 이루어진다. 25℃인 조건에서 pH가 10일 때의 NH_3의 분율은 얼마인가? (단, 25℃에서의 평형상수 $K = 1.8 \times 10^{-5}$이다.)

$$NH_3 + H_2O \rightleftarrows NH_4^+ + OH^-$$

해설 ① $[OH^-]$를 구한다.

pH가 10이므로 pOH는 4가 된다.

$\therefore [OH^-] = 10^{-4}$

② $NH_3(\%) = \dfrac{100}{1 + \left(\dfrac{1.8 \times 10^{-5}}{10^{-4}}\right)} = 84.745\%$

② 불연속점(break point) 염소 처리법 : 충분한 양의 염소를 주입할 경우 수중의 암모니아는 아래의 반응식에서와 같이 질소가스로 전환되어 제거된다.

$$2NH_3 + 3Cl_2 \rightarrow 6HCl + N_2$$

(가) 불연속점 접촉 반응은 매우 신속하다. 20℃ 중성의 조건에서 약 5분 동안 90%의 반응이 진행되므로 큰 반응조가 필요 없다.

(나) 소요되는 약품비가 비싸다.

(다) 염소 처리를 하는 동안 THM이 생성될 수 있다.

예제 2

수중의 암모니아성 질소의 함량이 0.1mg/L이다. 이 질소 성분을 파괴점 염소 처리하려고 할 때 소요되는 염소의 주입량(mg/L)은 얼마인가?

해설 ① 염소를 주입한 경우 수중 암모니아와 반응식을 이용한다.

② $2NH_3 + 3Cl_2 \rightarrow 6HCl + N_2$

$\therefore$ 2×14g : 3×71g = 0.1mg/L : x[mg/L]

$\therefore$ 염소의 주입량 = 0.76mg/L

(2) 물리적·화학적 방법에 의한 인의 제거

화학적 방법에 의한 인 제거는 폐수 중의 인산을 알루미늄염, 철염, 석회 등에 의하여 난용성 물질로 응결시켜서 침전 제거시키는 것이다.

① 금속염(Al, Fe) 첨가법

(가) 알루미늄에 의한 응집 : $Al^{3+} + PO_4^{3-} \rightarrow AlPO_4 \downarrow$

(나) 철염에 의한 응집 : $Fe^{3+} + PO_4^{3-} \rightarrow FePO_4 \downarrow$

(다) 장점

㉮ 처리 실적이 많다.

㉯ 금속염이 함유된 폐수를 사용할 수 있는 경우 화학 약품비를 줄일 수 있다.

(라) 단점

㉮ 생물학적 처리에 비하여 약품비가 많이 든다.

㉯ 슬러지 발생량이 많아 슬러지 처리 비용이 많이 든다.

㉰ 표준 폐수 처리장의 슬러지보다 슬러지의 탈수성이 좋지 않다.

② 석회(lime) 첨가법

(가) 석회에 의한 응집 : $5Ca^{2+} + 3PO_4^{3-} + OH^- \rightarrow Ca_5(PO_4)_3OH \downarrow$ (히드록시 아파타이트)

(나) 1단계 low lime process와 2단계 high lime process의 2가지 시스템이 있다.

(다) 장점

㉮ 석회에 의한 인 제거는 물의 연수화 과정으로서 인 제거를 위해 요구되는 lime의 양은 인의 농도보다는 폐수의 알칼리도에 의하여 결정된다.

㉯ high lime process에 의하여 매우 높은 인의 제거율을 기대할 수 있다.

(라) 단점

㉮ 금속염 첨가법보다 훨씬 많은 양의 슬러지가 발생한다.

㉯ 알칼리도가 높은 폐수의 경우 약품비가 많이 든다.

㉰ lime 저장조, 주입장치, 기타 제어 장비의 유지비가 매우 비싸다.

㉱ high lime process에 대하여 재탄산화(recarbonation) 단계가 요구된다.

4-3 생물화학적 방법에 의한 고도 처리

(1) 생물학적 방법에 의한 질소의 제거

하수 중의 질소는 대부분이 암모니아성 질소(NH_3-N)로 존재하며, 이것을 질산성 질소(NO_3-N)의 형태로 산화시킨 후 환원시켜 질소가스로서 대기 중으로 방출하는 방법이다.

① 질산화 반응

(가) 폐수 중의 암모늄 이온이 호기성 조건에서 질산화 세균(1단계 : nitrosomonas, nitrosococcus, 2단계 : nitrobacter, nitrocystis)들이 질산성 질소로 산화한다.

$$NH_4^+ + 1.5O_2 \xrightarrow{\text{아질산균}} NO_2^- + H_2O + 2H^+$$

$$NO_2^- + 0.5O_2 \xrightarrow{\text{질산균}} NO_3^-$$

(나) 질산화 반응에 의한 알칼리도는 감소한다.

(다) 질산화 미생물은 절대 호기성이며 독립영양계 미생물이다.

② 탈질화(denitrification) 반응 : 질산을 질산 환원 박테리아(탈질균 : pseudomonas, achromobacter, micrococcus)에 의해 N_2의 형태로 질소를 대기로 방출 제거하는 것을 탈질산화라고 한다. 탈질산화 과정에서는 NO_3^-가 수소 수용체로 이용되므로 혐기성 반응이 되며 메탄올(methanol)을 탄소원(수소 공여체)으로 공급할 경우 에너지 반응은 아래와 같이 2단계로 일어난다.

1단계 : $6NO_3^- + 2CH_3OH \rightarrow 6NO_2^- + 2CO_2 + 4H_2O$

2단계 : $6NO_2^- + 3CH_3OH \rightarrow 3N_2 + 3CO_2 + 3H_2O + 6OH^-$

전체 반응 : $6NO_3^- + 5CH_3OH \rightarrow 5CO_2 + 3N_2 + 7H_2O + 6OH^-$

예제 3

질산염(NO_3^-) 30mg/L를 탈질시키는 데 소모되는 메탄올(CH_3OH)의 양은 얼마인가?

해설 ① 탈질화 반응식을 이용하여 비례식을 만든다.

$6NO_3^- + 5CH_3OH \rightarrow 5CO_2 + 3N_2 + 7H_2O + 6OH^-$

② $6NO_3^-$: $5CH_3OH = 6\times62g : 5\times32g = 30mg/L : x[mg/L]$

∴ 메탄올(CH_3OH)의 양=12.9mg/L

(2) 생물학적 방법에 의한 인 제거

① 혐기성 상태 : 미생물에 의해 유기물이 흡수되면서 인이 방출된다.

② 호기성 상태 : 유기물의 산화와 세포 생산을 위한 인의 급격한 흡수가 일어난다.

4-4 질소·인 제거 프로세스

(1) 개요

① 인은 탄소, 질소 등과 함께 부영양화를 유발하는 주요 영양소로 알려져 있으며, 탄소나 질소가 대기 중에 많은 양을 차지하고 있어 조절이 어렵기 때문에 인이 부영양화를 제어하는 주요 영양소(한계 영양소)가 된다.

② 인은 생물학적 2차 처리(활성슬러지, 고정 생물막 공법 등) 시 세포 합성을 통해 유기물과 함께 제거가 가능하다.

(2) 공정의 종류

제거 물질	고도 처리 방법
질소	암모니아 스트리핑, 불연속점 염소 처리, 이온교환법, 생물학적 탈질, 활성탄 흡착법, 역삼투법 등의 막분리법
인	생물학적 탈인, 역삼투법 등의 막분리법 , 약품 침전 응집법, 활성탄 흡착법, 이온교환법

(3) 생물학적 탈질-탈인법

① A/O 공법(process)

(가) A/O 공정은 공정의 유연성이 제한적이며 기온이 낮을 때 운전 성능이 불확실하다.

(나) 표준 활성슬러지법의 반응조 전반 20~40% 정도를 혐기 반응조로 하는 것이 표준이다.

(다) 혐기성 조건에서 유입 폐수와 반송된 미생물 내의 인이 용해성 인으로 방출되고 호기성 지역에서 흡수된다. 인 제거 성능이 우천 시에 저하되는 경향이 있다.

(라) 혐기 반응조의 운전 지표로서는 산화환원전위(ORP)를, 호기 반응조에서는 DO 농도를 사용할 수 있다.

(마) 인 제거 기능 이외에 사상성 미생물에 의한 벌킹이 억제되는 효과가 있다.

(바) 유출수 내의 인 농도는 주로 유입 폐수 내의 BOD와 인의 비에 달려있는데 BOD와 인의 비가 20 : 1 이상이면 유출수 내 용존성 인의 농도가 1mg/L 이하로 유지된다.

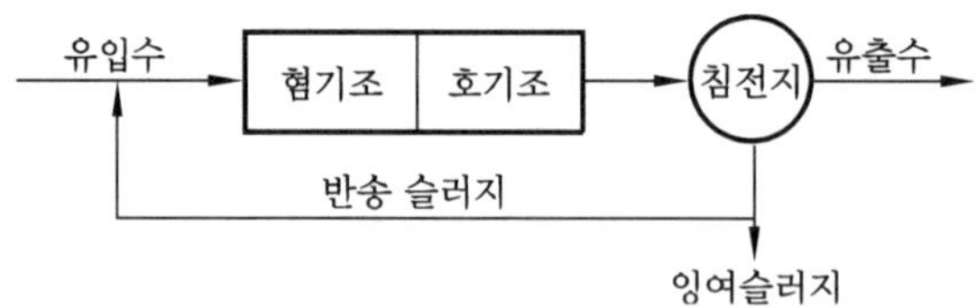

② A^2/O 공법(process)

(가) 기존 A/O공정에 탈질을 위한 무산소조를 추가했다.

(나) 인과 질소를 동시에 제거할 수 있다.

(다) 유입수 내 BOD/T-P비가 높은 조건에 적용이 유리하다.

(라) 폐 sludge 내의 인 함량은 비교적 높아서(3～5%) 비료의 가치가 있다.

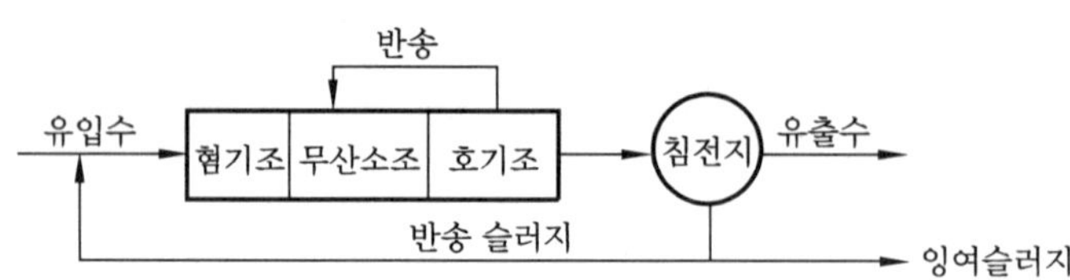

③ UCT(university of cape town), MUCT (수정 UCT) 공법(process)

(가) UCT 공법은 남아프리카의 케이프타운 대학(university of cape town)에서 개발된 공법으로 bardenpho 공법으로부터 개량된 공법이다.

(나) 재순환 방법을 제외하고 A^2/O 공법과 거의 같다.

(다) 반송된 슬러지는 무산소 지역으로 반송된 후 혐기조로 재반송(2단계 반송)되며 혐기조로 반송 슬러지 내의 NO_3^-의 유입을 방지하여 인의 용출률이 상승된다.

(라) MUCT(modified UCT) 공법은 UCT 공법의 무산소 반응조를 두 부분으로 나누어 질소 제거율을 향상시킨 것으로, 혐기조로의 내부 반송은 무산소 반응조 두 부분에서 모두 가능하다.

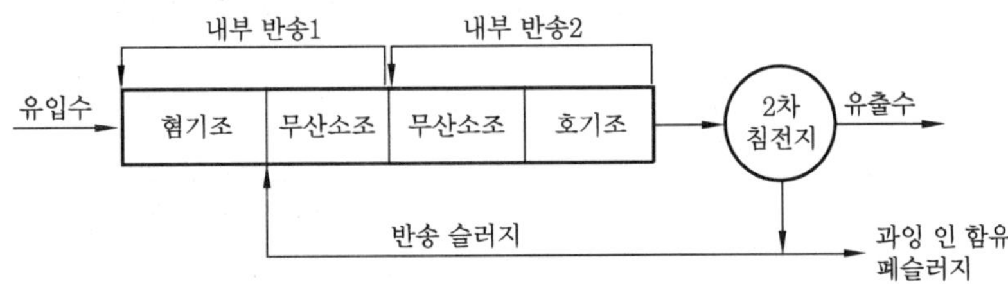

④ VIP(virginia initiative plant) 공법(process)

(가) 호기조에서 질산화된 재순환수는 반송 활성슬러지와 함께 무산소조 입구로 유입되며, 무산소조의 MLSS는 혐기성 지역 앞쪽으로 재반송된다.

(나) 다음 두 가지의 사항을 제외하고는 대체로 UCT 공법과 유사하다.

㉮ UCT 공법은 혐기, 무산소, 호기 등 3개 단계(stage)의 각 반응조가 하나의 완전 혼합형 반응조로 구성되지만, VIP 공법은 각 단계 내에 2개 이상의 소단위 완전 혼합형 반응조로 이루어져 인의 과잉 섭취 능력을 증가시킨다.

㉯ UCT 공법은 SRT가 13~25일인데 비해 VIP 공법은 SRT가 5~10일이기 때문에 활성 미생물 양(biomass)의 비율이 높다.

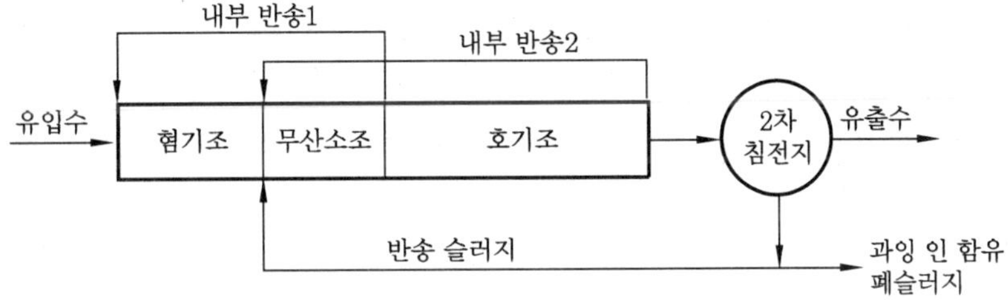

⑤ SBR(sequencing batch reactor) 공법(process)

(가) SBR 공법의 반응조는 회분식 반응조를 연속적으로 운전할 수 있도록 변형한 것으로 간헐식(intermittent) 반응조 또는 주입 배출(fill and draw) 반응조라고 부르기도 한다.

(나) 연속회분식 활성슬러지 반응조(SBR)는 설계 자료가 부족하며 여분의 반응조가 필요하다.

(다) 소규모 처리장에 적합하며 운전의 유연성이 많아 질소와 인의 효율적인 제거가 가능하다.

(라) 최종 침전지와 슬러지 반송 펌프가 필요 없다.

(마) 수리학적 과부하에도 MLSS의 누출이 없다.

(바) 활성슬러지의 공간 개념을 시간 개념으로 바꾼 것으로 주입, 혐기성, 호기성 및 무산소 반응, 침전, 배출 그리고 휴지(休止) 공정으로 반복하며 연속 운전되는데

주입에서 휴지까지 1회 반응 시간은 일반적으로 3시간에서 24시간까지 다양하다.

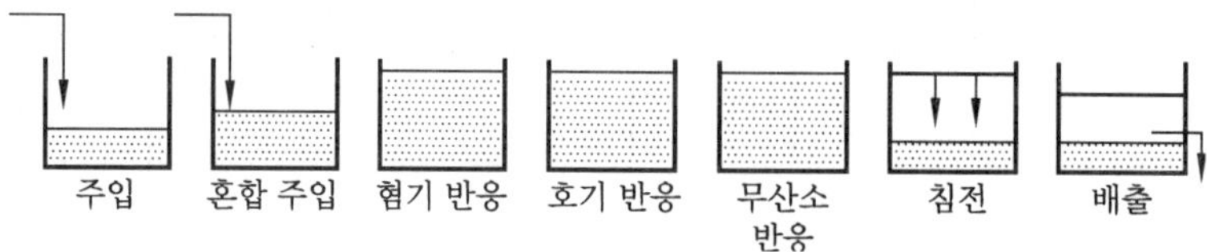

⑥ 4단계 bardenpho 및 수정(modified) bardenpho(5단계) 공법(process)

(가) 폐수 내의 암모니아는 첫 번째 무산소(anoxic) 반응조를 변화 없이 통과하여 첫 번째 호기조에서 질산화된다. 첫 번째 호기조에서 질산화된 MLSS는 두 번째 무산소(anoxic) 반응조를 통과하는데, 여기서 내생 탄소원을 이용한 추가 탈질화가 일어난다.

(나) 내부반송은 미생물이 혐기, 호기의 교대로 스트레스를 받고 이로 인한 호기조에서 인의 과잉 흡수를 유도한다. 내부 반송률은 400% 정도 유지한다.

(다) 2번째 anoxic 반응조의 슬러지에서 용출된 암모니아는 마지막 호기조에서 질산화된다.

(라) modified barenpho 공법은 질소와 인의 동시 제거를 위하여 bardenpho 공법에 혐기성 반응 단계를 추가한 변형 공정이다. 이 공정의 특징은 아래와 같다.

㉮ 5단계의 처리 공정을 가지는데 질소, 인 및 탄소 제거를 위하여 혐기성, 무산소성 및 호기성 단계로 이루어진다.

㉯ 2번째의 무산소 단계는 여분의 탈질화를 위하여 호기성 단계에서 생성된 질산성 질소를 전자수용체로, 내호흡에 의한 유기 탄소를 전자 공여체로 사용한다.

㉰ 마지막 호기성 단계는 폐수 내 잔류 질소가스를 제거하고 최종 침전지의 인의 용출을 최소화하기 위하여 사용하며 첫 번째 호기성 지역의 MLSS는 무산소 지역으로 반송한다.

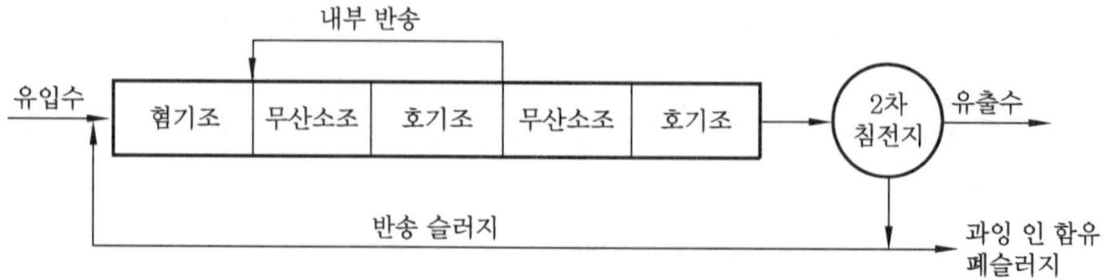

⑦ phostrip 공정(process)

(가) phostrip 공정은 측류(side stream) 공정의 대표적인 공법으로 1964년 Levin에 의해 개발된 공정이다.

(나) 주로 인의 제거만을 목적으로 개발되었으며, 세포 분해에 의해 생성되는 유기물을 탈인조에서의 인 방출 시 요구되는 유기물로 사용하므로 인의 제거가 유입수의 수질에 의해 영향을 받지 않는다.

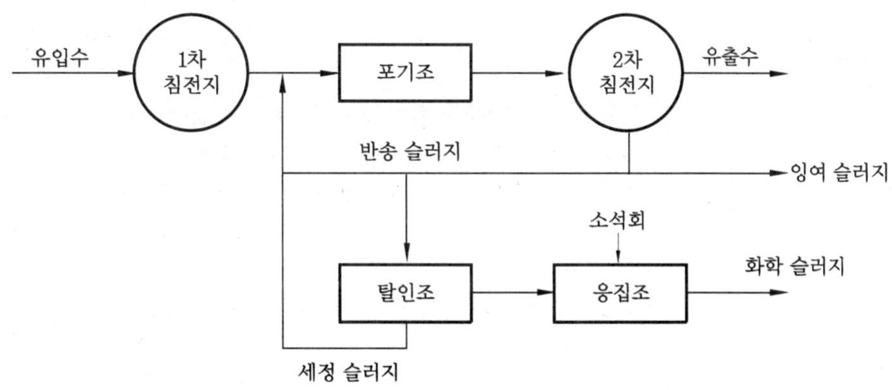

(다) 포기조의 운전을 완전 질산화 조건에서 운전하는 경우 포기조에서 형성되는 질산성 질소에 의해 탈인조에서의 인 방출이 악영향을 받기 때문에 phostrip 공정에서 인뿐만 아니라 질소까지 제거하기 위해서는 2차 침전지 다음에 질산화조 및 탈질조를 추가로 설치해야 한다.

(라) 장점

㉮ 기존 처리장에 적용이 용이하며 운전성이 좋다.

㉯ 유기물 농도와 인의 농도비에 크게 영향을 받지 않는다.

㉰ 유출수의 인을 1.5mg/L 이하로 처리할 수 있다.

㉱ 혐기성조로 보내는 슬러지양을 조절할 수 있기 때문에 넓은 범위의 유입수 인 농도에 대처할 수 있다.

(마) 단점

㉮ 석회 주입이 필요하며 관석(scale)이 생길 가능성이 높다.

㉯ stripping용 별도 반응조가 필요하다.

㉰ 질소의 농도가 높을 경우 처리 효율이 떨어진다.

㉱ 공정은 보다 복잡하고 화학약품과 수세수의 소요 때문에 처리 비용이 높다.

참고 질산화 공정의 비교

공정의 형태		장점	단점
단일 단계 질산화	부유 성장식	• BOD와 암모니아성 질소 동시 제거 가능 • $\frac{BOD}{TKN}$ 비가 높아서 안정적인 MLSS 운영 가능	• 독성물질에 대한 질산화 저해 방지 불가능 • 온도가 낮을 경우에는 반응조 용적이 매우 크게 소요 • 운전의 안정성은 미생물 반송을 위한 2차 침전지의 운전에 좌우됨
	부착 성장식	• BOD와 암모니아성 질소 동시 제거 가능 • 미생물이 여재에 부착되어 있으므로 안정성은 2차 침전지와 무관	• 독성 물질에 대한 질산화 저해 방지 불가능 • 유출수의 암모니아 농도가 약 1~3mg/L 정도임
분리 단계 질산화	부유 성장식	• 독성물질에 대한 질산화 저해 방지 가능 • 안정적 운전 가능	• 운전의 안정성은 미생물 반송을 위한 2차 침전지의 운전에 좌우됨 • 단일 단계 질산화에 비하여 많은 단위공정이 필요
	부착 성장식	• 독성물질에 대한 질산화 저해 방지 가능 • 안정적 운전 가능 • 미생물이 여재에 부착되어 있으므로 안정성은 2차 침전지와 무관	• 단일 단계 질산화에 비하여 많은 단위공정이 필요

㈜ $\frac{BOD_5}{TKN}$ 비가 5 이상일 경우는 단일 단계 질산화 공정으로 운영하고 그 비가 3 이하이면 분리 단계 질산화 공정으로 운영하여야 한다.

4-5 막 분리 공법

(1) 막의 정의

막(membrane)이란 특정 성분을 선택적으로 통과시킴으로써 혼합물질을 분리시킬 수 있는 막으로, 특정 종류의 물질만을 선택적으로 통과시키는 재질로 되어 있다.

(2) 막 분리의 장·단점

① 막 분리의 장점

㈎ 자동화·무인화가 가능하다.

㈏ 응축기가 필요하지 않다.

㈐ 응집제가 필요 없다.

㈑ 처리장의 소요면적이 작아진다.

㈒ 유지 관리비가 적게 소요된다.

② 막 분리의 단점

㈎ 막의 수명이 짧다.

㈏ 부품 관리·시공이 어렵다.

(3) 막 분리의 종류와 특징

① 투석(dialysis) : 반투막을 사이에 두고 용질의 농도 차이에 따른 추진력을 이용하여 용질을 분리시키는 방법으로 주로 콜로이드·고분자 용액을 정제하는 조작이다.

② 정밀여과(micro filtration : MF) : 조대 입자를 제거할 때 비용 측면에서 유리하다.

㈎ 분리 형태 : 여과 작용

㈏ 구동력 : 정수압차(0.1~1bar)

㈐ 막의 형태 : 대칭형 다공성막(pore size 0.1~10μm)

㈑ 적용 분야 : 전자공업의 초순수 제조, 무균수 제조

③ 한외 여과(ultra filtration : UF)

㈎ 한외 여과는 정밀 여과와 역삼투의 중간에 위치하는 것으로 고분자 용액으로부터 저분자 물질을 제거한다는 점에서 투석법과 비슷하다.

㈏ 물질의 분리에 농도차가 아닌 압력차를 이용한다는 점에서는 역삼투법과 비슷하다.

㈐ 저압(50~2000kPa)을 이용하여 염류와 같은 저분자 물질은 막에 투과시키고 단백질과 같은 고분자 물질은 투과시키지 않는다.

④ 전기투석법(electrodialysis method)

㈎ 수중에 용해되어 있는 무기물은 거의 대부분 이온화되어 있다. 여기에 전극을 넣어 전류를 흐르게 하면 양이온은 음극으로 음이온은 양극으로 이동하게 된다.

㈏ 양이온 또는 음이온을 선택적으로 통과시키는 막을 이용하면 이온 성분과 물의 분리가 가능하다.

㈐ 역삼투법과 근본적인 차이점은 역삼투법의 경우 구동력이 압력인 반면, 전기투석법은 전기적인 힘(기전력)이 물질추진력으로 작용한다.

⑤ 역삼투(reverse osmosis)법

㈎ 역삼투막은 지지층과 분리 기능을 가지는 활성층으로 구성되어 있으며 역삼투

현상을 이용하여 용매와 용질을 분리하는 막이다.

(나) 염수와 담수 같이 농도차가 있는 용액을 반투막으로 분리해 놓고 일정 시간이 지나면 저농도 용액의 물이 고농도 쪽으로 이동하여 수위 차이가 생긴다. 바로 이러한 현상이 삼투 현상이며 이때 발생하는 수위의 차이가 삼투압에 해당한다.

(다) 반대로 고농도 용액에 삼투압 이상의 압력을 가하면 저농도 용액 쪽으로 물이 이동하게 되는데 고농도 쪽의 용질은 반투막에 걸려 통과하지 못하고 용매만 반투막을 통과하여 저농도 용액 쪽으로 이동하게 되기 때문에 고농도 쪽의 용액은 농도가 더욱 상승한다. 이러한 현상을 역삼투(reverse osmosis) 현상이라 한다.

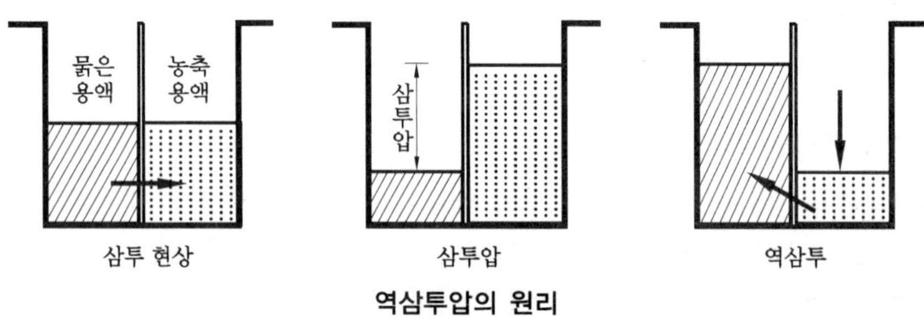

역삼투압의 원리

예제 4

역삼투 장치로 하루에 1520m³의 3차 처리된 유출수를 탈염시키고자 한다. 요구되는 막 면적(m^2)은 얼마인가?

- 25℃에서 물질 전달계수 : 0.2068L/(d−m^2)(kPa)
- 유입수와 유출수 사이의 압력차 : 2400kPa
- 유입수와 유출수의 삼투압차 : 310kPa
- 최저 운전 온도 : 10℃
- $A_{10℃}=1.58A_{25℃}$, A : 막 면적

해설 ① 단위 환산으로 푼다.

② $A_{25℃}=\dfrac{(1m^2\cdot d\cdot kPa/0.2068L)\times 1520m^3/d\times 10^3L/m^3}{(2400-310)kPa}=3516.793m^2$

③ $A_{0℃}=1.58\times 3516.793=5556.532m^2$

참고

$$Q_F=K(\Delta P-\Delta\pi)$$

여기서, Q_F : 유출수량(L/m^2·d), K : 막의 물질 전달계수[L/(d−m^2)(kPa)]

ΔP : 압력차(유입측−유출측)(kPa), $\Delta\pi$: 삼투압차(유입측−유출측)(kPa)

4-6 펜톤 산화법

(1) 개요

1876년 펜톤(Fenton)이란 화학자가 주석산(fartaric acid)을 과산화수소수(H_2O_2)와 철염을 이용하여 산화시킨 것으로부터 유래된 방법이다.

(2) 원리

① 펜톤 산화 방법은 펜톤 시약인 과산화수소 및 철염을 이용하여 OH 라디칼(radical)을 발생시킴으로써 펜톤 시약의 강력한 산화력으로 유기물을 분해시키는 것이다.

② 반응 과정은 펜톤 시약에 의한 산화 반응, 중화 및 철염을 제거하기 위한 응집 공정 등 세 단계로 나누어진다.

③ 슬러지 발생량이 많다는 단점을 가지고 있다.

(3) 펜톤 처리 공정의 고려 사항

① 최적 반응 pH는 3~5 정도이다.

② pH 조정은 반응조에 과산화수소수와 철염을 가한 후 조절하는 것이 효율적이다.

③ 과산화수소수는 철염이 과량으로 존재할 때 조금씩 단계적으로 첨가하는 것이 효과적이다. 왜냐하면 여분의 과산화수소수(H_2O_2)는 후처리의 미생물 성장에 영향을 미치기 때문이다.

④ 펜톤 산화 시 OH 라디칼 스캐빈저(scavenger)인 HCO_3^-와 CO_3^{2-}의 농도를 고려하여야 한다.

⑤ H_2O_2를 철염 주입량에 비해 상대적으로 많이 첨가할 경우에는 발생되는 산소가 용액에 용존하지 못하고 기포 상태로 떠오르면서 슬러지를 부상시키기 때문에 수산화철(Ⅲ)[$Fe(OH)_3$]의 침전에 방해가 될 수 있다.

⑥ 철염의 주입량이 과산화수소에 비해 상대적으로 많을 경우에도 반응에 역효과를 미치며 펜톤 산화처리의 단점이라고 할 수 있는 슬러지 발생량이 증가하여 처리에 장애가 된다.

⑦ 폐수의 COD는 감소하지만 BOD는 증가할 수도 있다.

⑧ 염색 폐수를 처리할 때 색이 없어졌다고 해서 완전 처리된 것이 아니므로 주의해야 한다.

예상문제

Engineer Water Pollution Environmental
수질환경기사

1. 폐수로부터 질소물질을 제거하는 주요 물리적·화학적 방법이 아닌 것은?

① phostrip법
② 암모니아 스트리핑법
③ 파괴점 염소 처리법
④ 이온교환법

해설 phostrip 공정은 측류(side stream) 공정의 대표적인 공법으로 주로 인의 제거만을 목적으로 개발되었다.

2. 도시 하수 중의 질소 제거를 위한 방법과 그에 대한 설명으로 알맞지 않은 것은?

① 탈기법이란 하수의 pH를 높여 하수 중 질소를 암모니아로 전환시킨 후 대기로 탈기시키는 방법이다.
② 파괴점 염소 주입이란 충분한 염소를 주입하여 수중의 질소를 염소와 결합시켜 공침시킨 후 제거한다.
③ 이온교환수지법은 암모늄 이온에 대해 친화성 있는 이온교환수지를 사용하여 암모늄 이온을 제거시킨다.
④ 생물학적 처리법이란 미생물의 산화 및 환원 반응에 의하여 질소를 제거시킨다.

해설 충분한 양의 염소를 주입할 경우 수중의 암모니아는 질소가스로 전환되어 제거된다. $2NH_3 + 3Cl_2 \rightarrow 6HCl + N_2$

3. 공기 탈기(air stripping)에 의한 암모니아 제거 방법의 설명 중 틀린 것은?

① 공정이 간편하다.
② 공정의 조절이 용이하다.
③ 공기 온도 0℃ 이하에서도 작동이 가능하다.
④ 공정의 비용이 보통이다.

해설 폐수와 대기의 온도가 암모니아 스트리핑 탑에 미치는 영향
㉠ 공기 온도 0℃ 이하에서는 탑의 내부에 얼음이 형성된다.
㉡ 암모니아의 용해도는 온도가 감소함에 따라 증가하므로 온도가 감소할수록 스트리핑에 필요한 공기량은 더 많이 요구된다.

4. 암모니아는 물속에서 $NH_3 + H_2O \rightleftarrows NH_4^+ + OH^-$과 같은 반응을 보인다. 만약 포기하여 NH_3을 제거할 경우 가장 중요한 인자는 어느 것인가?

① 온도　　② pH
③ 용존산소　　④ 미생물

해설 암모니아를 물에서 탈기하려면 물의 pH를 9 이상으로 높여서 $NH_3 + H_2O \rightleftarrows NH_4^+ + OH^-$에서 역반응이 진행되어 NH_4^+이 NH_3로 변하고 이때 폐수를 휘저어주면 NH_3가 대기 중으로 방출된다.

5. 탈기법에 의해 폐수 중의 암모니아성 질소를 제거하기 위하여 폐수의 pH를 조절하고자 한다. 수중 암모니아성 질소 중의 NH_3를 99%로 하기 위한 pH는 얼마인가? (단, $NH_3 + H_2O \rightleftarrows NH_4^+ + OH^-$, 평형상수 $K = 1.8 \times 10^{-5}$)

① 2.75　　② 8.75
③ 10.25　　④ 11.25

해설 ㉠ $NH_3[\%] = \dfrac{100}{1 + \dfrac{K_b}{[OH^-]}}$를 이용해서

정답　1. ①　2. ②　3. ③　4. ②　5. ④

[OH^-]에 대한 식으로 정리한다.

㉡ $[OH^-]=\frac{1.8\times10^{-5}}{\frac{100}{99}-1}=1.782\times10^{-3}$

∴ $pH=14+\log(1.782\times10^{-3})=11.25$

6. 인이 8mg/L 들어있는 하수의 인 침전(인을 침전시키는 실험에서 인 1몰당 알루미늄 1.5몰이 필요)을 위해 필요한 액체 명반 ($Al_2(SO_4)_3\cdot18H_2O$)의 양은?(단, 액체 명반의 순도 48%, 단위중량 1281kg/m^3, 명반 분자 량 666.7, 알루미늄 원자량 26.98, 인 원자량 31, 유량 10000m^3/d)

① 약 2100L/d ② 약 2800L/d
③ 약 3200L/d ④ 약 3700L/d

해설 ㉠ 인의 양$=8mg/L\times10000m^3/d\times10^{-3}$
$=80kg/d$

㉡ 알루미늄의 양은 비례식으로 구한다.
$P:1.5Al=31g:1.5\times26.98g$
$=80kg/d:x[kg/d]$

∴ 알루미늄의 양=104.439kg/d

㉢ 액체 명반($Al_2(SO_4)_3\cdot18H_2O$)의 양은 비례식으로 구한다.
$2Al:Al_2(SO_4)_3\cdot18H_2O=2\times26.98g:666.7g=104.439kg/d:x[kg/d]$

∴ $x=1290.39kg/d$

∴ 액체 명반($Al_2(SO_4)_3\cdot18H_2O$)의 양(L/d)
$=\frac{1290.39kg/d}{1.281kg/L\times0.48}=2098.61L/d$

7. 양이온 교환수지를 이용하여 암모늄 이온 12mg/L를 포함하고 있는 물 3500m^3를 처리하고자 한다. 이 교환수지의 교환 능력이 100kg $CaCO_3/m^3$이라면 필요한 이론적 수지의 부피는 얼마인가?

① 1.2m^3 ② 2.9m^3
③ 3.5m^3 ④ 4.2m^3

해설 ㉠ 이온교환수지의 교환 능력이 탄산칼슘으로 주어졌으므로 암모늄의 양을 환산해야 한다.

㉡ 수지의 부피(m^3)$=\frac{12\times3500\times10^{-3}\times\frac{50}{18}}{100}$
$=1.17m^3$

8. 유량이 3800m^3/d이고 BOD, SS 및 NH_3-N의 농도가 각각 20mg/L, 25mg/L 및 23mg/L인 유출수의 질소(NH_3-N)를 제거하기 위해 파괴점 염소 주입 공정이 이용될 때 1일 염소 투입량은 얼마인가? (단, 투입 염소(Cl_2)대 처리된 암모니아성 질소(NH_3-N)의 질량비는 9:1이고, 최종 유출수의 NH_3-N 농도는 1.0mg/L이다.)

① 452kg/d ② 552kg/d
③ 652kg/d ④ 752kg/d

해설 ㉠ 암모니아성 질소의 제거량을 구한다.
제거량(kg/d)
$=(23-1)mg/L\times3800m^3/d\times10^{-3}$
$=83.6kg/d$

㉡ 염소 투입량$=83.6kg/d\times9=752.4kg/d$

9. 금속염을 첨가하여 인(P)을 제거할 때 장점이라고 볼 수 없는 것은?

① 금속염이 함유된 폐수 처리 시 약품량을 줄일 수 있다.
② 인 제거 조작이 아주 간단하고 명확하다.
③ 슬러지 탈수성이 개선된다.
④ 최초 침전지에서 유기물 부하를 감소시킬 수 있다.

해설 금속염을 사용하지 않는 표준 폐수 처리장의 슬러지보다 슬러지의 탈수성이 좋지 않다.

정답 6. ① 7. ① 8. ④ 9. ③

10. 질산화 반응에 의한 알칼리도의 변화는?

① 감소한다. ② 증가한다.
③ 변화하지 않는다. ④ 증가 후 감소한다.

해설 질산화는 알칼리도를 소비하므로 pH를 6.5~8.0으로 유지하기 위해 충분한 완충 용량이 존재해야 한다.

11. 다음 중 탈질소화 공정에서 일반적으로 탄소원 공급용으로 가해 주는 화학약품은?

① CH_3OH ② C_2H_5OH
③ CH_3COOH ④ C_2H_4OH

해설 탈질산화 세균은 종속영양계 미생물이므로 에너지원인 전자 공여체로서 그리고 세포 물질 합성을 위한 탄소원으로 용존 유기물이 필요하다. 이러한 유기물질은 다음과 같이 공급된다.
㉠ 외부로부터의 첨가물질(메탄올, 에탄올, 당밀, 아세트산염)
㉡ 유입성 폐수 중의 유기물질
㉢ 세포가 사멸하여 분해될 때 생성되는 유기물

12. NO_3^-가 박테리아에 의하여 N_2로 환원되는 경우 폐수의 pH의 변화로 알맞은 것은?

① 증가한다.
② 감소한다.
③ 변화 없다.
④ 감소하다가 증가한다.

해설 NO_3^-가 세균에 의하여 환원되면 수중의 OH^-농도가 증가하여 pH는 증가한다.

13. 생물학적 인(P) 제거와 가장 큰 관련이 있는 미생물은?

① pseudomonas ② micrococcus
③ bacillus ④ acinetobacter

해설 생물학적 인(P) 제거와 가장 큰 관련이 있는 미생물은 acinetobacter이다. 이 세균은 그람음성균이고 크기가 1~1.5μm 정도이다. 이외에도 bacillus, aeromonas, pseudomonas 등이 보고되고 있다.

14. 질소 제거 방법 중 생물학적 질화-탈질 공정의 장점이라고 할 수 없는 것은?

① 잠재적 제거 효율이 높다.
② 공정의 안정성이 높다.
③ 소요 부지 면적이 적다.
④ 유기탄소원이 불필요하다.

해설 탈질화를 위해 하나의 별도 반응조가 이용되는데 탈질화 반응조가 포기조 뒤에 위치하면 탈질화조로 유입하는 물에는 다량의 질산염과 매우 적은 양의 분해 가능한 유기물을 함유하므로 유기물의 첨가가 필요하다.

15. 암모니아성 질소가 200mg/L인 폐수의 완전질산화에 필요한 이론적 산소요구량은 몇 mg/L인가?

① 914 ② 752 ③ 654 ④ 546

해설 ㉠ $NH_3+2O_2 \rightarrow HNO_3+2H_2O$
㉡ $14g : 2\times32g = 200mg/L : x[mg/L]$
$\therefore x = 914.29mg/L$

16. 어떤 폐수의 암모니아성 질소가 10mg/L이고 유기탄소는 없다고 한다. 처리장의 유량이 $1000m^3$/d라면 미생물에 의한 암모니아의 완전한 동화작용에 소요되는 메탄올은 하루 몇 kg인가?

$$20CH_3OH + (\quad)O_2 + (\quad)NH_3 \rightarrow 3C_5H_7NO_2 + 5CO_2 + 34H_2O$$

① 125.5 ② 152.4
③ 252.4 ④ 352.4

해설 ㉠ 완전한 반응식을 만든다.
$20CH_3OH+15O_2+3NH_3 \rightarrow$

정답 10. ① 11. ① 12. ① 13. ④ 14. ④ 15. ① 16. ②

$3C_5H_7NO_2+5CO_2+34H_2O$

㉡ $20CH_3OH : 3N=20\times32g : 3\times14g$
$=10\times1000\times10^{-3} : x[kg/d]$
$\therefore\ x=152.38kg/d$

17. **다음에 주어진 조건을 이용하여 질산화/탈질 혼합 반응조에서 요구되는 질소의 반송비 R은 얼마인가? (단, 반송된 질산성 질소는 완전히 탈질되고, 질소동화작용은 무시한다.)**

- 유입수 암모니아=25mg/L as N
- 유출수 암모니아=1.5mg/L as N
- 유출수 질산염=5mg/L as N

① 2.3 ② 2.7 ③ 3.3 ④ 3.7

해설 $R=\frac{25-1.5}{5}-1=3.7$

18. **아래의 조건에서 탈질에 요구되는 무산소 반응조(anoxic basin)의 체류 시간은 얼마인가?**

- 반응조로의 유입수 질산염 농도(S_0)=25mg/L
- 반응조로의 유출수 질산염 농도(S)=5mg/L
- MLVSS 농도(X)=2000mg/L
- 온도=10℃
- DO=0.1mg/L
- 20℃에서의 탈질률(R_n)=0.10/d
- K=1.09

① 4.4h ② 5.7h ③ 6.3h ④ 7.2h

해설 ㉠ 무산소 반응조(anoxic basin)의 체류 시간(t)
$=\frac{S_0-S}{R_n\cdot X}$

㉡ 10℃에서의 탈질률(R_n)
$=0.10/d\times1.09^{(10-20)}\times(1-0.1)$
$=0.038/d$

㉢ $t=\frac{(25-5)mg/L}{0.038/d\times d/24h\times2000mg/L}$
$=6.312h$

19. **생물학적인 원리를 이용하여 하수 내 인(P)을 처리하는 고도 처리 프로세스 공정 중 혐기조의 역할로 가장 알맞은 것은?**

① 유기물 제거 및 용해성 인의 과잉 흡수
② 유기물 제거 및 용해성 인의 방출
③ 유기물 제거 및 용해성 인의 과잉 흡착
④ 유기물 제거 및 용해성 인의 응집

해설 활성슬러지를 혐기성 조건과 호기성 조건에 교대로 노출시킴으로써 보통 활성슬러지보다 인의 함유율이 매우 높은 활성슬러지를 생성할 수 있다. 이 고인(高燐) 함유 슬러지는 혐기성 조건에서 인을 방출하고 호기성 조건하에서 많은 인을 섭취하므로 보통 활성슬러지보다 매우 많은 인을 유입 기질로부터 제거할 수 있다.

20. **생물학적 인, 질소 제거 공정에서 호기성조, 무산소조, 혐기성조의 역할을 가장 잘 설명한 것은? (단, 유기질 제거는 고려하지 않는다. 호기성조 → 무산소조 → 혐기성조의 순서로 배열)**

① 질산화 및 인의 과잉 흡수 → 탈질→ 인의 방출
② 질산화 → 인의 과잉 흡수 → 인의 방출
③ 인의 방출 → 인의 흡수 → 탈질
④ 인의 방출 → 탈질 → 인의 과잉 흡수

해설 혐기-호기의 연속 공정으로 운전하면 bio-P 미생물 함유 슬러지가 다량으로 존재하며 호기성조에서는 인의 원천과 에너지 생성을 위해 인을 과잉 흡수하고 질산화도 진행되며 혐기성조에서는 슬러지로부터 인이 방출되며 중간부의 무산소조에서는 탈질화가 진행되어 질소가 제거된다.

정답 17. ④ 18. ③ 19. ② 20. ①

21. 생물학적 원리를 이용하여 하수 내 질소나 인을 제거하는 하수고도처리 공정이 아닌 것은?

① bardenpho 프로세스
② A/O 프로세스
③ UCT 프로세스
④ warburg 프로세스

해설 warburg 흡기기는 공장 폐수에 대한 생물학적 처리 가능성을 평가하기 위해 사용한다.

22. 다음의 생물학적 인 및 질소 제거 공정 중 인의 제거만을 주목적으로 개발한 공법은?

① bardenpho법 ② A^2/O 공법
③ A/O 공법 ④ UCT 공법

해설 A/O 공법은 혐기성(anaerobic)과 호기성(aerobic) 반응조로 구성되어 인의 제거만을 위해 개발한 부유증식 처리 공법이다.

23. 생물학적으로 인을 제거하는 3차 처리 공법 중 A/O 공정에 관한 설명으로 틀린 것은?

① 무산소조－포기조로 이루어져 있다.
② 폐슬러지 내의 인의 함량은 비교적 높아 비료 가치가 있다.
③ 인 제거율은 시스템 내의 SRT가 중요한 변수가 된다.
④ 기온이 낮을 때 운전 성능이 불확실하다.

해설 A/O 공정은 혐기조－포기조로 이루어져 있다.

참고 A/O 공정의 장점과 단점

(1) 장점
① 운전이 대체로 쉽다.
② 폐슬러지 내의 인의 함량은 4~6% 정도로 비교적 높아 비료 가치가 있다.

(2) 단점
① 질소 제거가 고려되지 않아 N, P 동시 제거가 곤란하다.
② 공정의 유연성이 제한적이며 기온이 낮을 때 운전 성능이 불확실하다.

24. 하수의 고도 처리 공정 중 생물학적 반응을 이용하여 질소와 인을 동시에 가장 효과적으로 제거시키는 공정은?

① phostrip
② 4단계 bardenpho
③ A/O
④ A^2/O

해설 A^2/O 공정은 원래의 혐기 호기 프로세스의 혐기성 구역 다음에 무산소 공간을 추가하여 질산화된 혼합액을 반송하고 무산소조에서 질산의 환원을 시도하는 공정이다. 유입 질소의 66% 정도가 제거된다.

25. 하수 내 함유된 유기물질뿐 아니라 영양물질까지 제거하기 위하여 개발된 A^2/O (anaerobic anoxic－oxic) 공법에 관한 설명으로 알맞지 않은 것은?

① 인과 질소를 동시에 효과적으로 제거할 수 있다.
② 혐기조(anaerobic)에서는 인의 방출이 일어난다.
③ 폐슬러지 내의 인 함유량은 일반 슬러지에 비해 2~3배 낮게 유지될 수 있다.
④ 포기조(oxic)의 주된 역할은 질산화와 인의 과잉 섭취이며 유입 유량의 2배 정도의 비율로 다시 무산소조로 반송시킨다.

해설 재래식(표준) 활성슬러지법의 경우 대사활동을 통하여 섭취되는 인의 양은 건조중량 비율로 슬러지의 1.5~2%이며, 잉여슬러지와 함께 제거되는 인의 양은 유입되는 양의 10~30% 정도이다. 인 제거 프로세스에서는 인 함유율을 6%까지 높임으로써 인의 대부분이 제거된다.

정답 21. ④ 22. ③ 23. ① 24. ④ 25. ③

26. **생물학적으로 하수 내 질소와 인을 동시에 제거할 수 있는 고도 처리 공법인 '혐기무산소호기조합법'에 관한 설명으로 틀린 것은?**

① 방류수의 인 농도를 안정적으로 확보할 필요가 있는 경우에는 호기 반응조의 말단에 응집제를 첨가할 설비를 설치하는 것이 바람직하다.
② 인 제거를 효과적으로 행하기 위해서는 1차 침전지 슬러지와 잉여슬러지의 농축을 분리하는 것이 바람직하다.
③ 혐기조에서는 인 방출, 호기조에서는 인의 과잉섭취 현상이 발생한다.
④ 인 제거율 또는 인 제거량은 잉여슬러지의 인 방출률과 수온에 의해 결정된다.

해설 인 제거율 또는 인 제거량은 잉여슬러지양과 잉여슬러지의 인 함량에 의해 결정된다. 또한 수온에 의한 인 제거율의 영향은 적지만 우수가 유입되는 경우에는 인 제거 성능이 저하되는 경우가 많다. 이러한 원인은 우수에 포함된 DO의 영향과 유기물 농도 저하 등으로, 혐기조에서의 인 방출이 불충분해지기 때문이다.

27. **아래의 공정은 생물학적 질소, 인 제거의 대표적 공정인 A^2/O 공정을 나타낸 것이다. 각 반응조의 기능에 대하여 가장 적절하게 설명한 것은?**

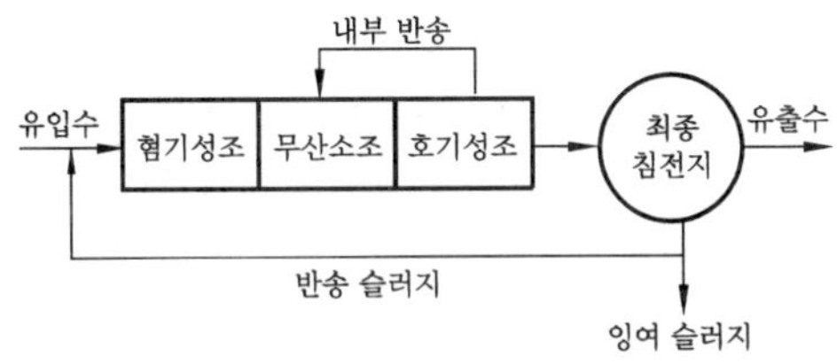

① 혐기조 : 인 방출, 무산소조 : 탈질, 포기조 : 질산화
② 혐기조 : 인 방출, 무산소조 : 질산화, 포기조 : 탈질
③ 혐기조 : 인 과잉섭취, 무산소조 : 탈질, 포기조 : 질산화
④ 혐기조 : 인 과잉섭취, 무산소조 : 질산화, 포기조 : 인 방출

28. **2차 처리수 중 제거되지 않은 질소와 인의 제거를 위한 UCT 프로세스의 배열이 올바른 것은 어느 것인가?**

① 혐기성조 → 무산소조 → 호기성조 → 침전조
② 무산소조 → 혐기성조 → 호기성조 → 침전조
③ 무산소조 → 호기성조 → 혐기성조 → 침전조
④ 호기성조 → 혐기성조 → 무산소조 → 침전조

해설 UCT 공법은 남아프리카의 케이프타운 대학(university of cape town)에서 개발된 공법으로 bardenpho 공법으로부터 개량된 공법이다. 재순환 방법을 제외하고 A^2/O 공법과 거의 같다.

29. **다음 중 VIP 공정으로 가장 적절한 것은?**

① 유입 → 혐기조 → 무산소조 → 호기조 → 침전조
② 유입 → 혐기조 → 무산소조 → 호기조 → 침전조
③ 유입 → 혐기조 → 무산소조 → 호기조 → 침전조
④ 유입 → 혐기조 → 호기조 → 침전조

해설 VIP 공정은 UCT 공정과 비슷하지만 UCT 공정은 혐기, 무산소, 호기 등 3개 단계(stage)의 각 반응조가 하나의 완전 혼합형 반응조로 구성된다. 반면 VIP 공정은 2개 이상의 소단위 완전 혼합형 반응조로 이루어져 인의 과잉 섭취 능력을 증가시킨다.

정답 26. ④ 27. ① 28. ① 29. ②

30. 폐수의 영양염류를 제거하기 위하여 생물학적 방법으로 고도 처리하는 공정 중에서 하나의 탱크로 시차를 두어 유입, 반송, 침전, 유출 등의 각 과정을 거치는 공정은 무엇인가?

① SBR ② UCT
③ A/O ④ A^2/O

해설 연속회분식 반응조(SBR)는 활성슬러지의 공간 개념을 시간 개념으로 바꾼 것으로 주입, 혐기성, 호기성 및 무산소 반응, 침전, 배출 그리고 휴지 공정으로 반복하며 연속 운전되는데, 주입에서 휴지까지 1회 반응 시간은 일반적으로 3시간에서 24시간까지 변화가 가능하다.

31. SBR의 장점과 가장 거리가 먼 것은?

① BOD 부하의 변화폭이 큰 경우에 잘 견딘다.
② 처리 용량이 큰 처리장에 적용이 용이하다.
③ 슬러지 반송을 위한 펌프가 필요 없어 배관과 동력이 절감된다.
④ 질소와 인의 효율적인 제거가 가능하다.

해설 연속회분식 활성 슬러지 반응조(SBR)는 처리용량이 큰 처리장에 적용이 어렵다.

참고 연속회분식 활성 슬러지 반응조(SBR)의 장점

1. 단일 반응조에서 목적에 따라 다양한 운전이 가능하다.
2. 요구하는 유출수에 따라 운전 mode를 채택할 수 있다.
3. 슬러지 반송을 위한 펌프가 필요 없어 배관과 동력이 절감된다.
4. 침전지에서 고액 분리가 완벽하여 인발 슬러지양을 조정하면 F/M비를 원하는 대로 조정할 수 있어 부하변동에 강하다.

32. 다음 중 연속회분식 활성슬러지법의 특징으로 틀린 것은?

① 운전방식에 따라 사상균 벌킹을 방지할 수 있다.
② 배출공정에 포기가 없어 보통의 연속식 침전지에 비해 스컴의 잔류 가능성이 낮다.
③ 고부하의 경우 다른 처리 방식과 비교하여 적은 부지 면적에 시설을 건설할 수 있다.
④ 활성슬러지 혼합액을 이상적인 정치 상태에서 침전시켜 고액 분리가 원활하게 행해진다.

해설 연속회분식 활성슬러지법의 특징

㉠ 유입오수의 부하 변동이 규칙성을 갖는 경우 비교적 안정된 처리를 행할 수 있다.
㉡ 오수의 양과 질에 따라 포기 시간과 침전 시간을 비교적 자유롭게 설정할 수 있다.
㉢ 활성슬러지 혼합액을 이상적인 정치 상태에서 침전시켜 고액 분리가 원활히 행해진다.
㉣ 단일 반응조 내에서 1주기(cycle) 중에 호기－무산소－혐기의 조건을 설정하여 질산화 및 탈질반응을 도모할 수 있다.
㉤ 고부하형의 경우 다른 처리 방식과 비교하여 작은 부지면적에 시설을 건설할 수 있다.
㉥ 운전 방식에 따라 사상균 벌킹을 방지할 수 있다.
㉦ 침전 및 배출 공정은 포기가 이루어지지 않은 상황에서 이루어지므로 보통의 연속식 침전지와 비교해 스컴 등의 잔류 가능성이 높다.

33. 다음의 생물학적 인 및 질소 제거 공정 중 질소 제거를 주목적으로 개발한 공법으로 가장 적절한 것은?

① 4단계 bardenpho 공법
② A^2/O 공법

정답 30. ① 31. ② 32. ② 33. ①

③ A/O 공법
④ phostrip 공법

해설 4단계 bardenpho 공법은 유기물, 아질산염 및 질산염과 함께 암모니아를 최종 제거한다. 탈질화에서 탄소원으로 메탄올보다 원폐수(raw waste)의 탄소나 내생호흡으로부터의 탄소를 사용한다. 부가되는 탄소원이 없기 때문에 운전비는 줄일 수 있지만 반응기가 커져 건설비가 증가한다.

34. 다음 프로세스의 명칭으로 알맞은 것은?

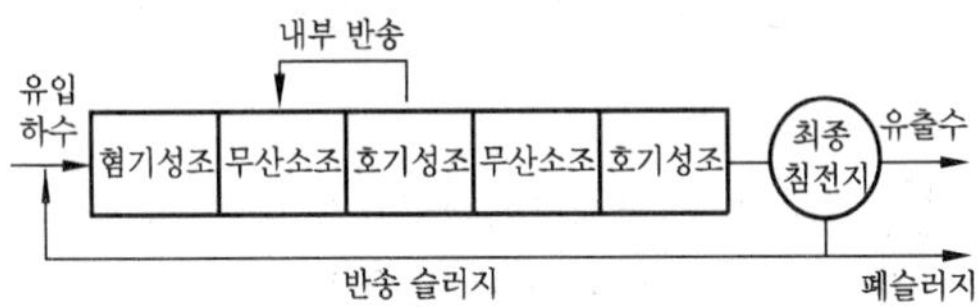

① 혐기호기(A^2/O) 프로세스
② 수정 bardenpho 프로세스
③ phostrip 프로세스
④ UCT 프로세스

해설 수정 bardenpho 프로세스는 4단계 bardenpho 프로세스에서 혐기성인 첫 번째 단계가 첨가된 것이다. 그러므로 질소와 인을 동시에 제거할 수 있다.

35. 하수고도처리 공법인 수정 bardenpho(5단계)에 관한 설명과 가장 거리가 먼 것은?

① 질소와 인을 동시에 처리할 수 있다.
② 내부 반송률을 낮게 유지할 수 있어 비교적 작은 규모의 반응조 사용이 가능하다.
③ 폐슬러지 내의 인의 함량이 높아 비료가치가 있다.
④ 2차 호기성조(재포기조)의 역할은 종침에서 탈질에 의한 rising 현상 및 인의 재방출을 방지하는데 있다.

해설 수정 bardenpho(5단계)는 내부 반송률을 400% 정도 유지해야 하므로 내부 순환에 따른 동력비가 많이 소요되고 비교적 큰 규모의 반응조를 사용해야 한다.

참고 각 단계별 폐수의 체류 시간
1. 혐기성조 : 1~2h
2. 제1무산소조 : 2~4h
3. 제1호기성조 : 4~12h
4. 제2무산소조 : 2~4h
5. 제2호기성조 : 0.5~1.0h

36. 다음의 생물화학적 인 및 질소 제거 공법 중 인의 제거만을 주목적으로 개발된 공법은?

① 수정 bardenpho ② A^2/O
③ UCT ④ phostrip

해설 phostrip 공정은 측류(side stream) 공정의 대표적인 공법으로 1964년 Levin에 의해 주로 인의 제거만을 목적으로 개발되었다.

37. phostrip process에 관한 설명으로 맞는 것은?

① 인은 혐기성 상태에서 방출된 상등액을 화학 침전시켜 제거한다.
② 호기성 상태에서 질산화와 탈질이 일어나 질소가 제거된다.
③ 호기성 상태에서 무산소 상태로 유입수의 2배 정도의 유량을 반송시킨다.
④ 인 제거량에 따른 경제적 운영이 어렵다.

해설 phostrip process는 혐기성조에서 반송 슬러지의 전부나 일부 중 인을 방출시키고 수세 방법에 의하여 방출된 인은 상등수로서 월류시키고 탈인된 슬러지는 바닥으로부터 인출한다. 그리고 상등수는 석회 혼화조에 보내져서 인을 화학적으로 응결시킨 후 1차 침전지에서 다른 고형물과 함께 고액분리된다.

정답 34. ② 35. ② 36. ④ 37. ①

38. 하수고도처리 공정 중 단일 단계 질산화 공정(부유성장식)에 관한 설명으로 틀린 것은?

① 독성물질에 대한 질산화 저해 방지 가능
② BOD와 암모니아성 질소 동시 제거 가능
③ 온도가 낮을 경우에는 반응조 용적이 매우 크게 소요
④ 운전의 안정성은 미생물 반송을 위한 2차 침전지의 운전에 좌우됨

해설 독성물질에 대한 질산화 저해 방지 불가능

39. 다음은 막분리법을 이용한 정수 처리법의 장점이다. 틀린 것은?

① 부산물이 생기지 않는다.
② 정수장 면적을 줄일 수 있다.
③ 시설의 표준화로 부품 관리 시공이 간편하다.
④ 자동화 무인화가 용이하다.

해설 막분리법은 부품 관리 시공이 어렵다.

40. 다음의 막공법 중에서 이온 영역의 물질까지도 분리할 수 있으며 물질 전이에 대한 추진력은 정수압의 차이로 최근에 많이 이용되는 것은?

① 역삼투막법
② 한외여과막법
③ 투석막법
④ 이온교환막법

해설 역삼투법은 수중의 모든 용질을 원하는 수준으로 제거할 수 있다. 이온 영역의 물질까지도 분리할 수 있지만 고도의 전처리가 요구되며 처리 비용도 고가이다.

참고 역삼투 장치의 중요 구성 부분은 반투막(재질 : 아세트산 섬유소), 막지지체, 수조, 고압 펌프이며 사용되는 압력은 40기압 이상이다.

41. 분리막을 이용한 수처리의 방법과 구동력이 서로 잘못 짝지어진 것은?

① 정밀여과 : 정수압차
② 역삼투 : 농도차
③ 전기투석 : 전위차
④ 한외여과 : 정수압차

해설 막공법은 용질의 물질 전달을 유발시키는 구 동력(driving force)을 필요로 한다. 구동력(추진력)은 투석에서는 농도의 차이이고 전기투석에서는 전기 전위의 차이, 역삼투, 여과에서는 압력의 차이이다. 막공법에 있어서 주요 난점은 막의 단위 면적당 물질 전달률이 상대적으로 작다는 점이다.

42. 고도수 처리에 이용되는 분리막 중 '투석'의 구동력으로 알맞는 것은?

① 정수압차(0.1~1bar)
② 정수압차(20~100bar)
③ 전위차
④ 농도차

해설 분리막 모듈 형태에 따른 분류
㉠ 나권형 모듈(spiral－wound module)
㉡ 중공사형 모듈(hollow－fiber module)
㉢ 관상형 모듈(tubular type module)
㉣ 평판형 모듈(plate & frame type module)

43. 고도 처리에 이용되는 정밀여과 분리막에 관한 내용과 가장 거리가 먼 것은?

① 분리 형태 : 용해, 확산
② 구동력 : 정수압차(0.1~1bar)
③ 막 형태 : 대칭형 다공성막(pore size 0.1~10μm)
④ 적용 분야 : 전자공업의 초순수 제조, 무균수 제조

해설 정밀 여과에서의 분리는 용질 입자의 크기와 분리막의 공극에 의한 체걸음 작용에 의한다.

정답 38. ① 39. ③ 40. ① 41. ② 42. ④ 43. ①

참고 MF(정밀여과)막의 특징

1. MF막은 다른 막분리 공정보다 높은 투과 플럭스를 가지며 재래식 응집, 침전, 여과에 비하여 투과수질이 좋다.
2. 높은 투과 플럭스, 용이한 세척, 적용의 유연성 및 경제성 등으로 적용이 넓고 발전 속도가 빠르다.
3. MF막의 수요를 보면 전자공업이 31%를 차지하고, 제약 25%, 의료 16%, 식품 15%, 연구 · 검사 및 기타 분야가 13%를 점유하고 있다.
4. MF막의 공경은 다른 분리막에 비해 크기 때문에 공극 안으로 콜로이드가 들어가 내부 폐색을 일으킬 가능성이 높다.

44. 역삼투 장치로 하루에 1520m^{3}의 3차 처리된 유출수를 탈염시키고자 한다. 요구되는 막면적(m^2)은?

> • 25℃에서 물질 전달계수 =0.2068L/(d−m^2)(kPa)
> • 유입수와 유출수 사이의 압력차 =2400kPa
> • 유입수와 유출수의 삼투압차 =310kPa
> • 최저 운전 온도=10℃
> • $A_{10℃}=1.58A_{25℃}$ A : 막면적

① 2778
② 3452
③ 4561
④ 5556

해설 ㉠ A_{25}

$$=\frac{\left(\frac{1\text{m}^2\cdot\text{d}\cdot\text{kPa}}{0.2068\text{L}}\right)\times 1520\text{m}^3/\text{d}\times 10^3\text{L}/\text{m}^3}{(2400-310)\text{kPa}}$$

$=3516.739\text{m}^2$

㉡ $A_{10}=1.58\times3516.793=5556.532\text{m}^2$

45. 난분해성 폐수 처리에 이용되는 펜톤 시약은 무엇인가?

① H_2O_2+철염
② 알루미늄염+철염
③ H_2O_2+알루미늄염
④ 철염+고분자 응집제

해설 펜톤 산화 방법은 펜톤 시약인 과산화수소 및 철염을 이용하여 OH 라디칼(radical)을 발생시킴으로써 펜톤 시약의 강력한 산화력으로 유기물을 분해시키는 것이다..

46. 다음 중 펜톤 반응에서 사용되는 Fe의 용도 는 무엇인가?

① 응집제 ② 촉매제
③ 침강 촉진제 ④ 산화제

해설 반응 촉매제로 사용하는 철염에 의해 수산화 물 형태의 다량의 슬러지가 생성되는 것은 펜톤 산화법의 문제점이다.

47. 펜톤 산화 처리 방법에 관한 설명으로 틀린 것은?

① 최적 반응 pH는 3~4.5이다.
② pH 조정은 반응조에 펜톤 시약을 첨가한 후 조절하는 것이 효율적이다.
③ 과산화수소수를 과량으로 첨가함으로써 수산화철의 침전율을 향상시킬 수 있다.
④ 폐수의 COD는 감소하지만 BOD는 증가할 수 있다.

해설 H_2O_2를 철염 주입량에 비해 상대적으로 많이 첨가할 때 발생되는 산소가 용액에 용존하지 못하고 기포 상태로 떠오르면서 슬러지를 부상시키기 때문에 수산화철(Ⅲ)[$Fe(OH)_3$]의 침전에 방해가 될 수 있다.

정답 44. ④ 45. ① 46. ② 47. ③

5 Chapter 유해물질 처리

5-1 유해물질 처리 방법

(1) 산화 처리 용액에 의한 CN계 폐수처리

① 시안화합물의 화학 반응 : 시안화합물은 Cl_2와 NaOH 또는 NaOCl과 반응하여 N_2, CO_2로 분해되어 무해화로 처리한다.

$$NaCN + NaOCl \rightarrow NaCNO + NaCl$$

$$2NaCNO + 3NaOCl + H_2O \rightarrow N_2 + 2NaOH + 3NaCl$$

$$\therefore \ 2NaCN + 5NaOCl + H_2O \rightarrow N_2 + 2NaOH + 5NaCl$$

② CN계 폐수처리 공법

㈎ 알칼리성 염소 주입법 : 시안 폐수를 NaOH(가성소다) 등으로 pH 10～10.5의 알칼리성으로 유지하고 산화제인 Cl_2와 NaOH 또는 NaOCl을 주입하여 CNO^-로 산화시킨 다음 H_2SO_4와 NaOCl을 주입해 CO_2와 N_2로 분해하여 처리하며, 항상 잔류염소가 15mg/L이 되도록 한다. 이때 반응조는 일반적으로 1차 반응은 15～30분, pH 10～10.5, ORP 300～350mV이고, 2차 반응은 40～60분, pH 8～8.5, ORP 600～650mV로 운용해야 한다. 특히 1차 반응 시 pH가 10 이하이면 염화시안(CNCl)이 발생되고, 2차 반응 시 pH가 8 이하이면 염소(Cl_2) 가스가 대기 중으로 발산하여 2차 오염을 유발하므로 주의해야 한다.

㉮ 염소와 반응

$$NaCN + 2NaOH + Cl_2 \xrightarrow{pH\ 10\sim10.5} NaCNO + 2NaCl + H_2O \cdots\cdots 1차\ 반응$$

$$2NaCNO + 4NaOH + 3Cl_2 \xrightarrow{pH\ 8\sim8.5} 2CO_2 + N_2 + 6NaCl + 2H_2O \cdots\cdots 2차\ 반응$$

$$2NaCN + 8NaOH + 5Cl_2 \rightarrow 2CO_2\uparrow + N_2\uparrow + 10NaCl + 4H_2O \cdots\cdots 종합\ 반응$$

㉯ 차아염소산나트륨(하이포 소다)과 반응 : 염소는 유독성이 있는 위험물인 가스상 물질로서 보관하기가 어렵고 유지 관리상 수칙이 많아 일반적으로 현장에서는 NaClO 주입법을 많이 사용한다. 이때 NaClO 약품조에서 장시간 사용 시 그 성능이 크게 저하되므로 자주 점검해야 한다. (1차 반응 시간 : 5～15분, 2차 반응 시간 : 30～40분)

$$NaCN + NaClO \xrightarrow{pH\ 10.5\sim11} NaCNO + NaCl$$ ………………………… 1차 반응

$$2NaCNO + 3NaClO + H_2O \xrightarrow{pH\ 8\sim8.5} 2CO_2 + N_2 + 2NaOH + 3NaCl$$ ‥ 2차 반응

$$\therefore\ 2NaCN + 5NaClO + H_2O \rightarrow 2CO_2 + N_2 + 2NaOH + 5NaCl$$ …… 종합 반응

(나) 오존(O_3) 산화법 : 오존은 천연물질로서는 불소(F_2) 다음으로 표준 산화환원전위가 높고 일반적으로 폐수 처리에서 산화제로 쓰이고 있는 염소에 비해 산화력 E_0가 270V로서 강하다.

㉮ 수중에서 오존의 특성

㉠ 20℃의 수중에서 오존의 반감기는 20～30분이다(단, 폐수일 경우는 이보다 감소된다).

㉡ 대기(건조공기) 중에서 반감기는 1～2시간이다.

㉯ 반응식

$$CN^- + O_3 \rightarrow CNO^- + O_2$$ ………………………… 1차 반응

$$2CNO^- + 3O_3 \rightarrow 2CO_3^{2-} + N_2 + O_2$$ ………………………… 2차 반응

$$\therefore\ 2CN^- + 5O_3 \rightarrow 2CO_3^{2-} + N_2 + 3O_2$$ ………………………… 종합 반응

이외에도 전기분해법, 연소법, 증발농축법이 있다.

(2) 환원 처리 공법에 의한 Cr계 폐수 처리

① 원리 : 폐수 중에 6가 크롬은 유독하므로 독성이 없는 3가 크롬으로 환원해 수산화 침전법으로 처리하기 위하여 pH를 2～3으로 조정한 다음, 환원조에서 $NaHSO_3$인 환원제를 ORP 250mV까지 주입해 환원시켜 반응조로 이송시킨 후 NaOH로 floc을 형성하여 슬러지로 침전시켜 처리한다.

② 6가 크롬 폐수의 처리 공법

- 환원 침전법 : 6가 크롬 폐수인 크롬산염(CrO_4^{2-})이나 중크롬산염($Cr_2O_7^{2-}$)을 환원제인 $NaHSO_3$, $FeSO_4$, Na_2SO_3, $Na_2S_2O_3$, SO_2 등으로 환원시켜 무해한 3가 크롬, 즉 외관상으로는 황색 폐수를 청록색으로 변하게 해서 처리한다.

– 환원제 $FeSO_4$를 사용할 경우 반응식

$$2H_2CrO_4 + 6H_2SO_4 + 6FeSO_4 \xrightarrow{pH\ 2\sim3} Cr_2(SO_4)_3 + 3Fe_2(SO_4)_3 + 8H_2O$$ …… 1차 반응

$$Cr_2(SO_4)_3 + 3Ca(OH)_2 \xrightarrow{pH\ 8\sim8.5} 2Cr(OH)_3\downarrow + 3CaSO_4\downarrow$$ ………… 2차 반응

$$\therefore\ 2H_2CrO_4 + 6H_2SO_4 + 6FeSO_4 + 3Ca(OH)_2 \rightarrow 2Cr(OH)_3\downarrow + 3CaSO_4\downarrow + 3Fe_2(SO_4)_3 + 8H_4O$$ ………………………… 종합 반응

– 환원제 $NaHSO_3$를 사용할 경우 반응식

$2H_2Cr_2O_7 + 6NaHSO_3 + 3H_2SO_4 \rightarrow 2Cr_2(SO_4)_3 + 3Na_2SO_4 + 8H_2O$ ········· 1차 반응

$Cr_2(SO_4)_3 + 6NaOH \rightarrow 2Cr(OH)_3 \downarrow + 3Na_2SO_4$ ·· 2차 반응

$\therefore\ 2H_2Cr_2O_7 + 6NaHSO_3 + 3H_2SO_4 + 12NaOH \rightarrow 4Cr(OH)_3 \downarrow + 9Na_2SO_4 + 8H_2O$

·· 종합 반응

(3) 기타 중금속 등의 처리공법

① Cd계 폐수 처리 공법

(가) 수산화물 침전법

$$Cd^{2+} + 2OH^- \rightleftarrows Cd(OH)_2 \downarrow$$

$$Cd^{2+} + Ca(OH)_2 \rightleftarrows Cd(OH)_2 \downarrow + Ca^{2+}$$

(나) 황화물 침전법 : 카드뮴 금속 이온에 H_2S, Na_2S를 투여해서 황이온을 결합시키면 용해도가 낮은 황화합물인 CdS가 되어 침전시키는 공법이다.

② Hg계 폐수 처리 공법

(가) 황화물 침전법 : 필요에 따라서 침전조에서 분리된 상징수는 활성탄(activated carbon), 킬 레이트수지(chelate resin) 등에 통과시켜 미량의 수은까지 제거할 수 있다.

$$Hg^{2+} + S^{2-} \rightarrow HgS \downarrow$$

$$HgS + Na_2S \rightleftarrows Na_2(HgS_2)$$

(나) 이온교환법

③ 비소(As) 함유 폐수 : 비소는 농약, 의약품 등의 제조 공장 및 광산 제련소 등의 폐수에 함유되어 있고 폐수 중에는 비산(H_2AsO_4)이나 아비산(H_2AsO_3)의 형태로 존재한다.

(가) 수산화물 공침법 : 일반적으로 칼슘, 알루미늄, 마그네슘, 철, 바륨 등의 수산화물에 흡착시켜서 공침시켜 제거하는 방법이며 이 중에 철의 수산화물인 $Fe(OH)_3$의 플록에 흡착시켜 공침 제거하는 방법이 가장 많이 이용된다.

(나) 기타 : 활성탄, 활성규사 등에 의한 흡착 처리, 이온 교환 처리 등이 있다.

예상문제

Engineer Water Pollution Environmental
수질환경기사

1. 시안(CN)계 폐수의 처리 공법과 가장 거리가 먼 것은?

① 중화 침전법 ② 전해 산화법
③ 오존 산화법 ④ 알칼리 산화법

해설 시안 함유 폐수 처리법에는 알칼리 염소 주입법, 전기 분해법, 오존 처리법, 착염법, 습식 연소법, 진공 증발 농축법, 산-aeration법, 이온교환수지법 등이 있다.

2. 도금폐수 중의 CN을 알칼리 조건하에서 산화하는 데 사용되는 약제로 가장 적절한 것은?

① 염화나트륨 ② 소석회
③ 아황산제이철 ④ 차아염소산나트륨

해설 시안 폐수에 알칼리를 주입하여 pH를 10~10.5로 유지하고 산화제인 Cl_2와 NaOH 또는 NaOCl로 산화시켜 CNO^-로 산화시킨 다음 H_2SO_4와 NaOCl을 주입해 CO_2와 N_2로 분해하여 처리한다.

3. 200mg/L의 CN(시안)을 함유한 폐수 $50m^3$를 알칼리 염소법으로 처리하는 데 필요한 이론적인 염소량(kg)은? (단, Cl 원자량=35.5)

$$2CN^- + 5Cl_2 + 4H_2O \rightarrow 2CO_2 + N_2 + 8HCl + 2Cl^-$$

① 46.3kg ② 52.7kg
③ 68.3kg ④ 73.8kg

해설 $2CN^- : 5Cl_2 = 2\times26g : 5\times7g = (200\times50\times10^{-3})kg : x[kg]$

$$\therefore x = \frac{5\times71\times(200\times50\times10^{-3})}{2\times26} = 68.26kg/d$$

4. 다음 공정은 어떤 종류의 폐수 처리에 사용되는 공정인가?

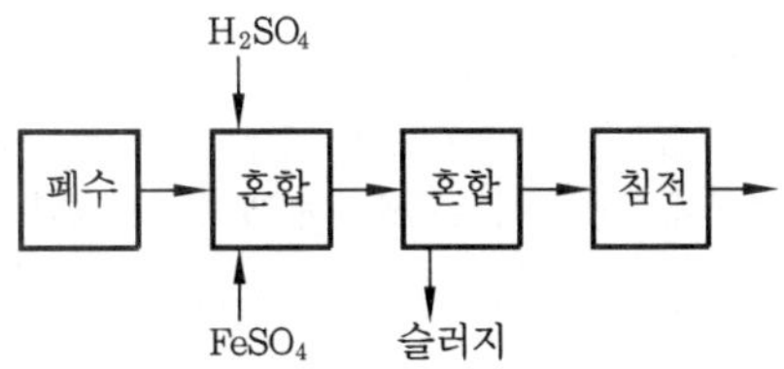

① 크롬 폐수 ② 방사능 폐수
③ 비소 폐수 ④ 시안 폐수

5. 폐액 중의 크롬산을 정량했을 때 6가 크롬으로써 1000mg/L이었다. 이 폐액을 환원 침전법으로 처리하는 경우, 이 폐액 $20m^3$을 환원할 때 필요한 아황산나트륨의 이론량은 얼마인가? (단, 크롬 원자량=52, 아황산나트륨 분자량=126, $2H_2CrO_4 + 3Na_2SO_3 + 3H_2SO_4 \rightarrow Cr_2(SO_4)_3 + 3Na_2SO_4 + 5H_2O$)

① 약 36kg ② 약 55kg
③ 약 73kg ④ 약 112kg

해설 $2Cr^{6+} : 3Na_2SO_3 = 2\times52g : 3\times126g = (1000\times20\times10^{-3})kg : x[kg]$

$$\therefore x = \frac{3\times126\times(1000\times20\times10^{-3})}{2\times52} = 72.69kg$$

6. 농약을 제조하는 공장의 폐수 중에는 유기인이 함유되어 있는 경우가 많다. 이들을 처리하는 데 가장 적당한 처리 방법은?

① 활성탄 흡착
② 이온교환수지법
③ 황산알루미늄으로 응집
④ 염화철로 응집

정답 1. ① 2. ④ 3. ③ 4. ① 5. ③ 6. ①

해설 유기인은 알칼리성에서 가수분해시키고 침전으로 전처리한 다음 흡착·제거시킨다.

7. 카드뮴 함유 폐수 처리 방법이 아닌 것은?

① 침전 분리법 ② 부상 분리법
③ 흡착 분리법 ④ 용제 추출 분리법

해설 폐수 중의 카드뮴의 처리 방법에는 수산화물 침전법, 황화물 응집 침전법, 부상법, 흡착법, 이온교환수지법 등이 있다.

8. Cd^{2+}가 함유된 폐수의 pH를 높여주면 수산화카드뮴의 침전물이 생성되어 제거된다. 20℃, pH 11에서 폐수 내 이론적 카드뮴 이온의 농도는? (단, 20℃, pH 11에서 수산화카드뮴의 용해도적은 4.0×10^{-14}이며 카드뮴의 원자량은 112.4이다.)

① 3.5×10^{-5}mg/L ② 4.5×10^{-5}mg/L
③ 3.5×10^{-3}mg/L ④ 4.5×10^{-3}mg/L

해설 ㉠ $K_{sp}=[Cd^{2+}]\cdot[OH^-]^2=4.0\times10^{-14}$

㉡ $[Cd^{2+}]=\dfrac{4.0\times10^{-14}}{(10^{-3})^2}=4.0\times10^{-8}$

㉢ 카드뮴 이온의 농도
$=4\times10^{-8}\text{mol/L}\times112.4\text{g/mol}\times10^3\text{mg/g}$
$=4.5\times10^{-3}\text{mg/L}$

9. 85000m^3/d의 하수를 처리하는 어떤 도시의 신설되는 공장에서 100mg/1000L의 Cd를 함유하는 6000m^3/d의 공장 폐수를 배출하고자 한다. 도시 공장 폐수가 혼합된 후 Cd의 농도는 얼마인가?

① 0.0054mg/L ② 0.054mg/L
③ 0.066mg/L ④ 0.0066mg/L

해설 산술평균 구하는 식을 이용한다.

$$\therefore\ C_m=\frac{85000\times0+6000\times0.1}{85000+6000}$$
$$=0.0066\text{mg/L}$$

10. 무기수은계 화합물을 함유한 폐수의 처리 방법으로 가장 거리가 먼 것은?

① 황화물 침전법
② 활성탄 흡착법
③ 산화분해법
④ 이온교환법

해설 무기수은계 화합물을 함유한 폐수의 처리 방법에는 황화물 침전법, 흡착법, 이온교환법 등이 있다. 아말감(amalgam)은 수은과의 다른 금속과 합금을 의미하는데 이 방법은 조작은 간단하지만 수은의 완전한 처리를 기대할 수 없으며 백금, 망간, 크롬, 철, 니켈은 아말감을 형성하지 못한다.

11. 다음은 폐수 특성에 따른 주된 처리법을 연결한 것이다. 연결이 적절하지 않은 것은?

① 납 함유 폐수－환원법, 수산화 제2철 공침법
② 시안 함유 폐수－알칼리 산화법, 전해 산화법
③ 6가 크롬 함유 폐수－환원 및 응집 침전법
④ 카드뮴 함유 폐수－수산화물 침전법, 황화물 침전법

해설 납 함유 폐수 처리법에는 수산화물 응집 침전법, 이온교환법 등이 있다.

12. 납(Pb) 함유 폐수를 배출하는 배출원과 가장 거리가 먼 것은?

① 광업 ② 도료 염료
③ 요업 ④ 피혁

해설 납(Pb) 함유 폐수는 안료 및 도료 제조 공장, 연판 제조 공장, 축전지 제조 공장, 인쇄 활자 제조 공장, 광업 제련, 요업 등에서 배출된다. 피혁 공장에서는 크롬과 비소가 배출된다.

정답 7. ④ 8. ④ 9. ④ 10. ③ 11. ① 12. ④

13. 납 이온을 함유하는 폐수에 알칼리를 첨가하면 다음 식의 반응이 일어난다. 30mg/L의 납 이온을 함유하는 폐수를 침전 처리할 경우 이론 상의 OH^-의 첨가량은 이 폐수 1L당 몇 mg인가? (단, Pb 분자량=207)

$$Pb+2OH^- \rightarrow PbO+H_2O$$

① 2.9 ② 4.9
③ 7.4 ④ 9.4

해설 Pb : $2OH^-$=207g : 2×17g
=30mg/L×1L : x[mg]
∴ x=4.927mg

14. 고농도의 액상 PCB 처리법과 가장 거리가 먼 것은?

① 방사선 조사법
② 자외선 조사법
③ 연소법
④ 고온 고압 알칼리 분해법

해설 저농도 PCB 처리법에는 방사선 조사법, 응집침전법, 생물학적 처리법 등이 있다.

15. 일반적으로 칼슘, 알루미늄, 마그네슘, 철, 바륨 등의 수산화물에 공침시켜 제거하며 이 중에 철의 수산화물인 $Fe(OH)_3$의 플록에 흡착시켜 공침 제거하는 방법이 우수한 것으로 알려진 오염물질로 가장 적절한 것은?

① 카드뮴 ② 수은
③ 납 ④ 비소

해설 비소(As)는 응집제로 철염 및 알루미늄을 가하고 알칼리를 주입하여 공침시키는 방법이 널리 이용되고 있다. 이때 최적 pH는 $FeCl_3$ 사용 시 pH 9.5~10.5이며, $Ca(OH)_2$ 사용 시는 pH 12 정도로 조정한다.

정답 13. ② 14. ① 15. ④

6 Chapter

슬러지 처리

6-1 개요

(1) 슬러지 처리의 목적

① 안정화(소화) : 슬러지에 포함된 부패성 고형물질이 완전 소화되어 지하수 등 환경에 나쁜 영향을 미치지 않게 위생적으로 안정화한다.

② 살균(안전화) : 슬러지에 잠재하고 있는 병원균이나 회충란 등이 슬러지의 이용 또는 최종 처분 후 발병이나 감염되지 않게 처리한다.

③ 부피의 감소(감량화) : 슬러지는 함수율이 매우 높으므로 처리해야 할 용적이 크다. 그러므로 슬러지를 안정화시키면 고액 분리가 용이하게 되어 수분을 분리함으로써 처분을 쉽게 할 뿐 아니라 비용이 절감된다.

④ 처분의 확실성 : 슬러지 처리는 처분하기에 편리하고 안전하도록 해야 한다.

(2) 슬러지 비중 구하는 방법

$$\frac{1}{S}=\frac{W_{TS}}{S_{TS}}+\frac{W_w}{S_w}=\frac{W_{VS}}{S_{VS}}+\frac{W_{FS}}{S_{FS}}+\frac{W_w}{S_w}$$

여기서, $1=TS[\%]+$ 함수율 $(W)=VS[\%]+FS[\%]+$ 함수율

S : 슬러지 습량의 비중

S_{FS} : 무기성 고형물의 비중

S_{TS} : 슬러지 건량(고형물)의 비중

W_{VS} : $VS[\%]$

S_w : 물의 비중 (≒1)

W_{FS} : $FS[\%]$

S_{VS} : 유기성 고형물의 비중

(3) 슬러지 처리 공정

생슬러지 → 농축 → 소화 → 개량 → 탈수 → 건조 → 최종 처분

6-2 슬러지 농축

(1) 슬러지 농축의 목적

농축(thickening 혹은 concentration)은 슬러지의 수분 함량을 줄이고 슬러지 농도를 증가시키는 방법으로 그 목적은 다음과 같다.

① 슬러지를 농축하면 부피를 감소시키므로 소화조의 필요 용적을 감소시킬 수 있다.

② 슬러지를 가열할 때 열량이 적게 소모되고 소화조 내에서 미생물과 양분이 잘 접촉할 수 있어 처리 효과가 증가한다.

③ 슬러지양이 적어지므로 작은 관과 작은 펌프가 요구된다.

④ 슬러지 개량에 소요되는 화학약품이 적게 소요된다.

(2) 슬러지 농축 방법

① 자연 침전(중력식)

(가) 슬러지 내의 고형물을 중력 작용으로 침전시키는 것으로서 경제적이다.

(나) 1차 슬러지는 10% 정도, 활성슬러지는 3.3% 정도까지 농축된다.

(다) 농축조의 유효 수심은 2～5m 정도이며 체류 시간은 6～12h 정도, 표면 부하율은 16～37m³/m²·d, 고형물 부하는 60～90kg/m²·d, 고형물 회수율은 80～90% 정도이다.

(라) 슬러지 스크레이퍼(scraper)를 설치하지 않을 경우 바닥은 호퍼(hopper)형으로 하고 수평에 대하여 60° 이상의 기울기를 갖도록 한다.

② 부상법 : 화학약품 또는 압축 공기를 사용하여 비중이 작은 입자를 부상시키는 방법으로 활성슬러지 농축에 잘 이용된다.

(3) 슬러지의 구성 및 부피

① 구성

$$\text{슬러지} = \text{수분} + \text{고형물}(TS)$$

$$\text{고형물}(TS) = \text{유기물}(VS) + \text{무기물}(FS)$$

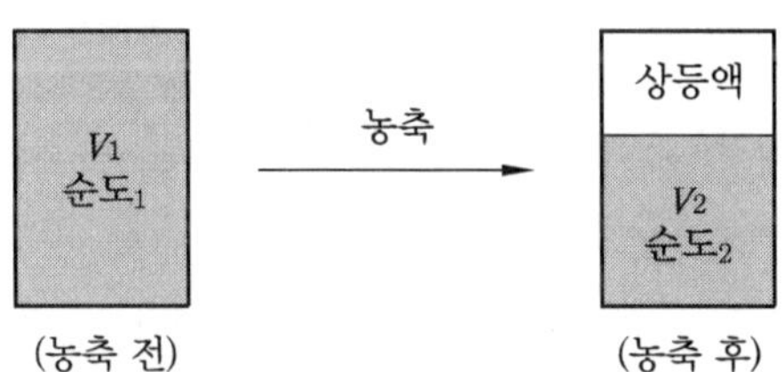

② 슬러지 부피(습량) 구하는 법

㈎ 비중이 1인 경우 : 농축(탈수) 전후의 무게(건량)는 같다.

$$V_1 \times 순도_1 = V_2 \times 순도_2 \quad [\because 건량 = 습량(V) \times 순도(TS[\%])]$$

$$\therefore \; V_2 = \frac{V_1 \times 순도_1}{순도_2}$$

여기서, V_1 : 탈수(농축) 전의 슬러지 습량 　　TS_1(순도$_1$) : 농축 전의 $TS[\%]$

V_2 : 탈수(농축) 후의 슬러지 습량 　　TS_2(순도$_2$) : 농축 후의 $TS[\%]$

㈏ 비중이 각각 다른 경우

$$V_2 = \frac{V_1 \times 순도_1 \times 비중_1}{순도_2 \times 비중_2} = \frac{슬러지\ 건량}{순도_2 \times 비중_2}$$

㈐ 부피 감소율(%) $= \frac{V_1 - V_2}{V_1} \times 100$

6-3 슬러지 안정화

(1) 정의

오수의 미생물이 오수 속의 유기 화합물을 영양원으로 섭취하고, 성장 증식하면서 물, 탄산가스, 암모니아, 메탄 등의 무기 화합물을 방출해 정화 작용을 하는 현상을 말한다. 하수 처리에는 호기성 소화와 혐기성 소화의 2가지 방법이 사용된다.

(2) 혐기성 소화법의 종류

① 재래식(표준) 슬러지 소화 : 재래식 슬러지 소화는 단단 혹은 2단으로 실시된다.

㈎ 단단 소화조 : 단단 소화조는 슬러지의 소화, 농축, 상징액의 형성이 동시에 이루어진다. 생슬러지는 슬러지가 소화되면서 가스가 형성되는 부분에 주입되며 가스가 표면으로 떠오를 때 그리스, 기름, 지방질 등도 유리시켜 수면에 스컴(scum) 층을 형성한다.

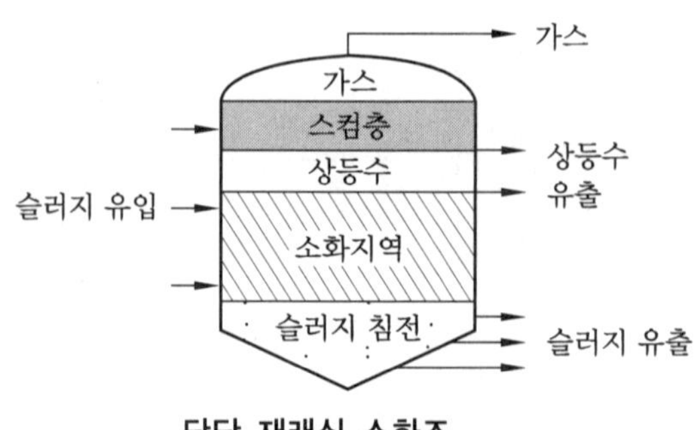

단단 재래식 소화조

소화가 진행되면 유기물 성분은 줄어들어 중력에 의해서 슬러지는 농축된다. 혼합이 잘되지 않고 층이 형성되므로 실질적으로는 전체 부피의 50% 이하만 사용된다. 이러한 결점 때문에 큰 처리장에서는 2단 소화조를 사용한다.

(나) 2단 소화조 : 1단계에서 가열, 혼합시킨다. 2단계에서 소화 슬러지의 저장, 농축이 일어나고 비교적 깨끗한 상징액이 생긴다.

소화 탱크는 고정된 지붕이나 부동형 지붕을 가진다. 일반적으로 소화 탱크는 지름이 6～35m, 수심이 7.5～13.5m이고 바닥은 중앙의 슬러지 제거관을 향하여 4 : 1의 경사를 갖도록 한다.

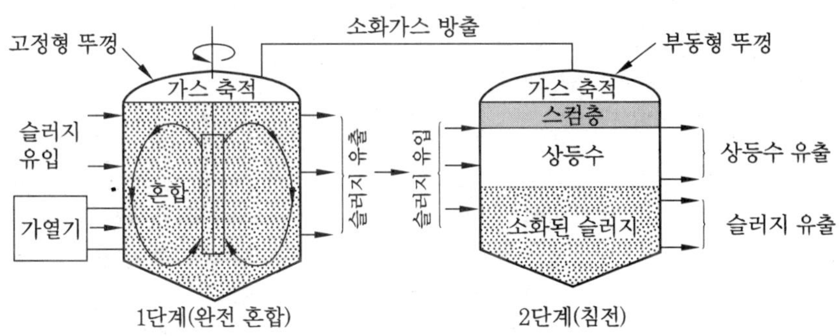

2단 재래식 소화조

② 고율 슬러지 소화 : 고율 소화는 부하가 높고 혼합이 잘 이루어진다는 것 이외는 표준 2단 소화와 별 차이가 없다.

(3) 혐기성 소화 단계

① 산 발효기(pH 5 이하) : 탄수화물이 분해하여 저분자 지방산인 초산, 낙산이 되어 pH를 저하시키고 특이한 냄새를 풍긴다.

② 산성 감퇴기(pH 6.5 정도) : 유기산과 질산 화합물이 산화·분해하여 NH_3, Amine 이외에 스카돌, 인돌, 메르갑탄, CO_2, CH_4 등을 생성한다.

③ 알칼리성 발효기(pH 7.5 정도) : 탄수화물과 질소산화물이 완전히 분해되어 CH_4, CO_2, H_2O, NH_3, H_2S 등으로 분해되어 BOD를 크게 감소시킨다.

탄수화물 지방 단백질	—제1단계→	지방산(초산) 알코올 알데히드	—제2단계→	CH_4, CO_2 H_2O, NH_3 CO 등

(4) 혐기성 처리(소화)의 특징

① 장점

㈎ 소규모인 경우 동력시설이 필요 없고 연속 처리를 할 수 있다.

㈏ 유지 관리가 용이하다.

㈐ 유용한 가스(CH_4)를 얻을 수 있다.

㈑ 병원균이나 기생충란을 사멸시킨다.

② 단점

㈎ 취기가 발생하고 위생 해충도 발생할 우려가 있다.

㈏ 소화일수가 길다.

㈐ 넓은 부지가 필요하다.

③ 소화조 운전상의 문제점 및 대책

상 태	원 인	대 책
1. 소화가스 발생량 저하	① 저농도 슬러지 유입 ② 소화 슬러지 과잉 배출 ③ 조내 온도 저하 ④ 소화 가스 누출 ⑤ 과다한 산 생성	① 저농도의 경우는 슬러지 농도를 높이도록 노력한다. ② 과잉 배출의 경우는 배출량을 조절한다. ③ 저온일 때는 온도를 소정치까지 높인다. 가온 시간이 정상인데 온도가 떨어지는 경우는 보일러를 점검한다. ④ 조 용량 감소는 스컴 및 토사 퇴적이 원인이므로 준설한다. 또한 슬러지 농도를 높이도록 한다. ⑤ 가스 누출은 위험하므로 수리한다. ⑥ 과다한 산은 과부하, 공장 폐수의 영향일 수도 있으므로, 부하 조정 또는 배출 원인의 감시가 필요하다.
2. 상징수 악화 −BOD, SS가 비정상적으로 높음	① 소화가스 발생량 저하와 동일 원인 ② 과다 교반 ③ 소화 슬러지의 혼입	① 소화가스 발생량 저하와 동일 원인일 경우의 대책은 1.에 준한다. ② 교반 시는 교반 횟수를 조정한다. ③ 소화 슬러지 혼입 시는 슬러지 배출량을 줄인다.
3. pH 저하 −이상발포 −가스발생량 저하 −악취 −스컴 다량 발생	① 유기물의 과부하로 소화의 불균형 ② 온도 급저하 ③ 교반 부족 ④ 메탄균 활성을 저해하는 독물 또는 중금속 투입	① 과부하나 영양 불균형의 경우는 유입슬러지 일부를 직접 탈수하는 등 부하량을 조절한다. ② 온도 저하의 경우는 온도 유지에 노력한다. ③ 교반 부족 시는 교반강도, 횟수를

		조정한다. ④ 독성물질 및 중금속이 원인인 경우 배출원을 규제하고, 조내 슬러지의 대체 방법을 강구한다.
4. 이상발포 −맥주 모양의 이상 발포	① 과다 배출로 조내 슬러지 부족 ② 유기물의 과부하 ③ 1단계 조의 교반 부족 ④ 온도 저하 ⑤ 스컴 및 토사의 퇴적	① 슬러지의 유입을 줄이고 배출을 일시 중지한다. ② 조 내 교반을 충분히 한다. ③ 소화 온도를 높인다. ④ 스컴을 파쇄·제거한다. ⑤ 토사의 퇴적은 준설한다.

(5) 소화조의 부피 구하는 식

① 단단 소화조

$$V=\left(\frac{Q_1+Q_2}{2}\right)\times T_1+Q_2\times T_2$$

여기서, V : 소화조의 전체 부피(m^3)　　T_1 : 소화 기간(일)

Q_1 : 생슬러지의 평균 주입량(m^3/d)　　T_2 : 소화슬러지의 저장 기간(일)

Q_2 : 조 내에 축적되는 소화슬러지의 부피(m^3/d)

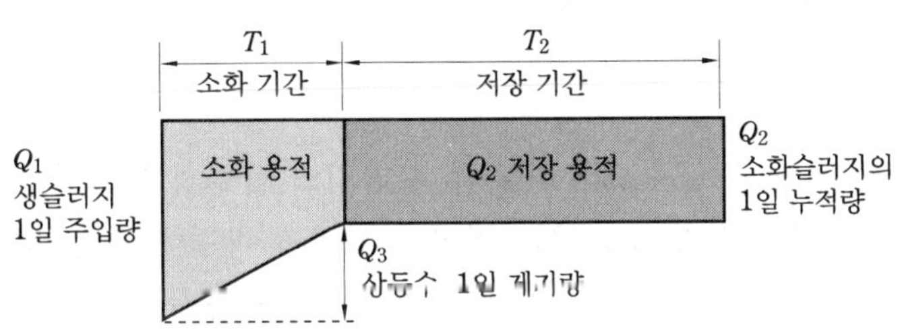

재래식 소화조의 부피 계산

② 2단 소화조(고율 소화조)

$$V_1=Q_1\times T$$

$$V_2=\left(\frac{Q_1+Q_2}{2}\right)\times T_1+Q_2\times T_2$$

여기서, V_1 : 1단 고율 소화에 필요한 부피(m^3)

Q_1 : 생슬러지의 평균 주입량(m^3/d)

T : 소화 기간(일)

V_2 : 소화슬러지의 농축과 저장에 필요한 2단 소화조의 부피(m^3)

Q_2 : 축적되는 소화슬러지의 부피(m^3/d)

T_1 : 농축 기간(일)

T_2 : 소화슬러지의 저장 기간(일)

(6) 각종 공식

① $G = 0.35(L_r - 1.42R_g)$

여기서, G : CH_4 생성량(m^3/d)

R_g : 세포 생산율(kg/d)

L_r : BOD_u 제거량(kg/d)

1.42 : 세포의 BOD_u 환산계수

② $\text{소화슬러지 습량}(m^3/d) = \dfrac{FS\text{의 건량} + VS \text{ 중 제거되고 남아 있는 건량}}{\text{소화슬러지의 순도}(TS[\%])}$

③ $VS \text{ 제거율}(\%) = \dfrac{\dfrac{VS_1}{FS_1} - \dfrac{VS_2}{VS_2}}{\dfrac{VS_1}{FS_1}} \times 100$

④ $TS \text{ 제거율}(\%) = \dfrac{1 - \dfrac{FS_1}{FS_2}}{1} \times 100$

6-4 슬러지의 개량, 탈수

(1) 슬러지 개량

슬러지 개량(sludge-conditioning)은 슬러지의 탈수성을 개선하기 위하여 실시한다. 여러 가지 개량 방법이 있으나 약품 처리와 열처리 방법이 가장 많이 상용되고 약품 처리의 약품 요구량을 감소시키기 위하여 세척이 실시된다.

① 세척 : 소화된 슬러지는 알칼리성이 매우 강한데 그것을 물로 씻음으로써 알칼리를 감소시켜 슬러지의 탈수에 사용되는 응집제의 양을 줄일 수 있다. 단점으로는 슬러지를 물로 씻으므로 미립자가 방출된다는 점과 질소분이 씻겨나가 슬러지의 비료 가치를 낮춘다는 것이다.

② 약품 처리 : 슬러지의 여과 탈수를 촉진시키기 위하여 화학약품이 주입된다. 슬러지를 약품 처리하면 고형물이 응집되고 흡수된 물이 제거된다. 화학약품은 정수 처리에서는 명반(alum, 황산알루미늄)을 사용하고 폐수 처리에서는 각종 철염이 사용된다.

③ 열처리 : 슬러지를 140℃까지 가열한 후 냉각하거나 또는 −20℃까지 동결시킨 후 녹임으로써 탈수성을 개선한다.

(2) 슬러지 탈수법의 종류

① 원심분리법 : 슬러지의 수분과 고형물질과의 분리를 원심력을 이용해서 하는 방법이다. 이 방법에 의한 슬러지의 탈수를 위해서는 슬러지 내의 고형물이 물보다 비중이 큰 것이 좋다.

② 진공여과

㈎ 비교적 입자가 거친 슬러지를 진공 펌프에 의해 여포에 흡착시키고 흡착된 면에는 대기압을, 반대면에는 부압을 주어서 여포 양면의 압력차를 이용해서 여과하는 것으로 생슬러지나 소화슬러지 탈수에 이용한다.

㈏ 진공 여과기의 종류는 여과면의 형상, 구조에 따라 수평벨트형, 수직회전 원반형, 수평회전 원반형 및 회전식 드럼형으로 분류한다.

③ 가압여과 : 여과막을 통해서 슬러지를 압력으로 탈수시키는 방법이다. 즉, 물은 여과되고 슬러지는 막에 남게 된다. 진공여과에서와 같이 응집이 필요하다. 가압여과는 연속 운전이 아닌 배치(batch)식 운전이며 유지 관리비가 비싸고 케이크 내의 함수율이 높다는 단점이 있다.

(3) 설계 공식

① $\text{탈수 cake의 습량}(\mathrm{m^3/d}) = \dfrac{\text{탈수 cake의 슬러지 건량}}{\text{순도}}$

$$= \frac{\text{고형물 농도} \times \text{유량} \times (1 + \text{약품비})}{\text{순도}}$$

② $R(\text{여과율}) = \dfrac{\text{탈수 cake의 슬러지 건량}}{A}$

$$= \frac{\text{농도} \times \text{유량} \times (1 + \text{약품비}) \times \text{고형물 회수율}}{A(\text{여과면적})}$$

예상문제

Engineer Water Pollution Environmental
수질환경기사

1. 슬러지나 폐수의 처리 목표에 대해 기술한 다음 사항 중 틀린 것은 어느 것인가?

① 생물학적 안정화
② 위생적 안전화
③ 최종 생산물의 양적 증가
④ 처분의 확실성

해설 슬러지 처리의 목적은 생물학적 안정화, 위생적 안전화, 최종 생산물의 양적 감소, 처분의 확실성이다.

2. 다음 중 슬러지 처리 공정으로 옳은 것은?

① 안정화 → 개량 → 농축 → 탈수 → 소각
② 농축 → 안정화 → 개량 → 탈수 → 소각
③ 개량 → 농축 → 안정화 → 탈수 → 소각
④ 탈수 → 개량 → 안정화 → 농축 → 소각

3. 다음은 중력식 농축조의 구조에 관한 설명이다. 틀린 것은?

① 농축조는 수밀성의 철근 콘크리트 혹은 강철 구조물이 좋다.
② 농축조는 필요한 경우, 뚜껑을 설치하여 악취 발산을 막도록 한다.
③ 형상은 원칙적으로 원형으로 한다.
④ 구조가 간단하고 잉여 슬러지의 농축에 적합하다.

해설 부상식 농축조가 잉여 슬러지의 농축에 적합하다.

4. 1차 처리 결과 생성되는 슬러지를 분석한 결과 함수율이 95%, 무기잔류 고형 물질이 30%, 유기성 고형 물질이 70%, 유기성 고형 물질의 비중이 1.1, 무기성 고형 물질의 비중이 2.2로 판정되었다. 이때 슬러지의 비중은 얼마인가?

① 0.95 ② 1.01
③ 1.06 ④ 1.08

해설 ㉠ 슬러지 습량의 비중을 구하는 공식을 이용한다.

㉡ $\frac{1}{S}=\frac{W_{TS}}{S_{TS}}+\frac{W_W}{S_W}$
$=\frac{W_{VS}}{S_{VS}}+\frac{W_{FS}}{S_{FS}}+\frac{W_W}{S_W}$

㉢ $\frac{1}{S}=\frac{0.05\times0.7}{1.1}+\frac{0.05\times0.3}{2.2}+\frac{0.95}{1}$
$=0.9886$

$\therefore\ S=1.012$

5. 함수율이 90%인 슬러지 겉보기 비중이 1.02이었다. 이 슬러지를 탈수하여 함수율이 65%인 슬러지를 얻었다면 탈수된 슬러지가 갖는 비중은 얼마인가? (단, 물의 비중은 1.0으로 한다.)

① 1.03 ② 1.05
③ 1.07 ④ 1.09

해설 ㉠ 탈수 전·후의 슬러지 건량의 비중은 같다.
슬러지 건량의 비중을 구한다.

$\frac{1}{1.02}=\frac{0.1}{x}+\frac{0.9}{1}$

$x=\frac{0.1}{\frac{1}{1.02}-\frac{0.9}{1}}=1.244$

㉡ $\frac{1}{S}=\frac{0.35}{1.244}+\frac{0.65}{1}=0.9314$

㉢ 탈수된 슬러지의 비중 $=\frac{1}{0.9314}=1.074$

정답 1. ③ 2. ② 3. ④ 4. ② 5. ③

6. 슬러지의 함수율이 95%에서 85%로 줄어들면 전체 슬러지의 부피 변화로 알맞은 것은?

① $\frac{1}{9}$로 감소한다 ② $\frac{1}{6}$로 감소한다

③ $\frac{1}{5}$로 감소한다. ④ $\frac{1}{3}$로 감소한다.

해설 ㉠ 농축 전·후의 건량은 같다.

$\therefore V_1 \times 순도_1 = V_2 \times 순도_2$

㉡ $V_2 = \frac{V_1 \times 0.05}{0.15} = \frac{1}{3} V_1$

7. 1일 2000m^3/d의 하수를 처리하는 하수처리장의 1차 침전지에서 침전 고형물이 0.4t/d, 2차 침전지에서 0.3t/d이 제거되고, 이때 각 고형물의 함수율은 98%, 99.5%이다. 이 고형물을 정체 시간 3일로 하여 농축시키려면 농축조의 크기는 얼마가 되어야 하는가? (단, 고형물 비중=1)

① 80m^3 ② 240m^3

③ 620m^3 ④ 1860m^3

해설 ㉠ 부피를 구하는 식을 이용한다.

$V = Q \cdot t$

여기서,

Q : 1차 슬러지와 2차 슬러지의 습량

㉡ $V = \left(\frac{0.4}{0.02} + \frac{0.3}{0.005}\right) \times 3 = 240m^3$

8. 폐활성슬러지를 부상농축조(dissolved air floatation thickener)를 이용하여 농축시키고자 한다. 하루에 처리되는 슬러지의 부피는 125m^3/d이고 슬러지의 부유 물질 농도는 1.6%이다. 만약 고형물의 부하량이 10kg/m^2·h이고 하루 가동 시간은 12시간이라고 한다면 필요한 농축조의 수면적(surface area)은 얼마인가?

① 12.5m^2 ② 16.7m^2

③ 18.4m^2 ④ 21.2m^2

해설 ㉠ 농축조의 고형물 부하 구하는 식을 이용한다.

$\therefore TS$ 부하(kg/m^2·h)

$= \frac{유입\ TS의\ 양(kg/d)}{A[m^2]}$

㉡ $A = \frac{125m^3/d \times 0.016 \times 10^3 kg/m^3}{10kg/m^2 \cdot h \times 12h/d}$

$= 16.667m^2$

9. 미처리 폐수에서 냄새를 유발하는 화합물과 냄새의 특징으로 맞는 것은?

① 아민류 – 생선 냄새

② 유기 황화물 – 배설물 냄새

③ 스카톨 – 썩은 채소 냄새

④ 메르캅탄류 – 암모니아 냄새

해설 ㉠ 유기 황화물 – 부패된 채소 냄새

㉡ Skatole – C_9H_9N – 배설물 냄새

㉢ Mercaptans – $CH_3(CH_2)_3SH$ – 스컹크 냄새

참고 Diamines – $NH_2(CH_2)_5NH_2$ – 부패된 고기 냄새, 황화수소 – 썩은 달걀 냄새

10. 미처리 폐수에서 발생하는 냄새의 화학식 및 특징을 연결한 것이다. 이 중 잘못된 것은?

① Skatole – $(C_6H_5)S$ – 썩은 달걀 냄새

② Mercaptans – $CH_3(CH_2)_3SH$ – 스컹크 냄새

③ Amines – CH_3NH_2 – 생선냄새

④ Diamines – $NH_2(CH_2)_5NH_2$ – 부패된 고기 냄새

해설 황화수소 – H_2S – 썩은 달걀 냄새

11. 혐기성 소화조 운전 시 이상발포(맥주 모양의 이상발포)의 원인과 가장 거리가 먼 것은?

① 온도 상승

② 유기물의 과부하

정답 6. ④ 7. ② 8. ② 9. ① 10. ① 11. ①

③ 과다 배출로 조 내 슬러지 부족
④ 스컴 및 토사의 퇴적

해설 소화온도가 낮을 때 이상발포가 발생한다. 이외에도 1단계 소화조의 교반 부족이 있다.

12. 혐기성 소화 시 소화가스 발생량 저하의 원인과 가장 거리가 먼 것은?

① 저농도 슬러지의 유입
② 소화슬러지 과잉 배출
③ 소화 가스 누적
④ 조 내 온도 저하

해설 혐기성 소화 시 소화가스 발생량 저하의 원인에 소화가스 누출이 해당된다. 이외에도 과다한 산 생성이 원인이 된다.

13. 슬러지의 소화율이란 생슬러지 중의 VSS가 가스화 및 액화되는 비율을 말한다. 생슬러지와 소화슬러지의 $\frac{VSS}{SS}$가 각각 67% 및 50%일 경우 소화율은 얼마인가?

① 48% ② 51%
③ 64% ④ 72%

해설 소화율을 구하는 식을 이용한다.
소화율(VS 제거율)

$$=\frac{\frac{VS_1}{FS_1}-\frac{VS_2}{FS_2}}{\frac{VS_1}{FS_1}}=\frac{\frac{67}{33}-\frac{50}{50}}{\frac{75}{25}}\times 100$$

$=50.7\%$

참고 소화율 구하는 공식

$$\text{소화율}(VS\text{ 제거율})=\frac{\frac{VS_1}{FS_1}-\frac{VS_2}{FS_2}}{\frac{VS_1}{FS_1}}\times 100$$

여기서, VS_1 : 소화 전의 유기물 함유율(%)
FS_1 : 소화 전의 무기물 함유율(%)
VS_2 : 소화 후의 유기물 함유율(%)
FS_2 : 소화 후의 무기물 함유율(%)

14. 생분뇨가 1일 100m^{3}로 95% 함수율로 투입되고 있다. 이 분뇨에는 휘발성 물질(가스 발생물질 : VS)이 고형 건조 슬러지의 50%가 함유되고 소화가 끝났을 때 휘발성 물질의 60%가 가스로 발생되었다. 휘발성 물질(VS) 1kg이 0.6m^{3}의 소화가스를, 또 소화가스 1m^{3}이 6000kcal의 열량을 발생한다면 이 생분뇨 소화에 의한 소화가스에서 얻을 수 있는 열량은 얼마인가? (단, 분뇨 비중=1)

① 약 107kcal/d
② 약 300000kcal/d
③ 약 102600kcal/d
④ 약 5400000kcal/d

해설 ㉠ 단위환산으로 문제를 해결한다. 이때 VS의 제거량이 필요하다.
㉡ VS의 제거량(kg/d)
=유입 TS의 양×VS[%]×VS 제거율
㉢ 유입 고형물의 양(kg/d)
=100m^3/d×0.05×1000kg/m^3
=5000kg/d
㉣ VS의 제거량(kg/d)
=5000kg/d×0.5×0.6=1500kg/d
㉤ 얻을 수 있는 열량(kcal/d)
=6000kcal/m^3 소화가스×0.6m^3 소화가스/kg·VS 제거×1500kg/d
=5400000kcal/d

15. 고형물 농도 30000mg/L, 폐수량 500m^3/d인 알코올 증류 폐수가 소화조로 유입되고 있다. 이 폐수의 수분은 97%, 유기물량은 고형물량의 80%이며, 소화조는 고형물 부하를 3.5kg/m^3-d로 하여 운전하고 있다. 소화 후 유입 폐수에 대한 유출 폐수의 유기물 감소율이 85%를 나타냈을 때, 가스 발생률이 0.55m^3/kg · 제거 유기물이라고 한다면 가스 발생

정답 12. ③ 13. ② 14. ④ 15. ④

량은 얼마인가?

① $4286m^3/d$ ② $3303m^3/d$
③ $5049m^3/d$ ④ $5610m^3/d$

해설 ㉠ 단위환산으로 문제를 해결한다. 이때 VS의 제거량이 필요하다.
㉡ VS의 제거량(kg/d) = 유입 TS의 양 × VS[%] × VS제거율
㉢ 유입 고형물의 양(kg/d)
$= 500m^3/d \times 0.03 \times 1000kg/m^3$
$= 15000kg/d$
㉣ VS의 제거량(kg/d)
$= 15000kg/d \times 0.8 \times 0.85 = 10200kg/d$
㉤ 가스 발생량(m^3/d)
$= 0.55m^3/kg\cdot$제거 유기물 $\times 10200kg/d$
$= 5610m^3/d$

16. 슬러지양이 $300m^3/d$로 유입되는 소화조의 고형물(VS기준) 부하율은 $5.5kg/m^3\cdot d$이다. 슬러지의 고형물(TS) 함량은 4%, VS 함유율이 70%일 때 소화조의 용적은 얼마인가? (단, 슬러지 비중 = 1.0)

① $1260m^3$ ② $1527m^3$
③ $1827m^3$ ④ $8400m^3$

해설 ㉠ 주어진 소화조의 VS 부하를 이용하여 소화조의 부피를 구한다.
㉡ VS 부하 $= \dfrac{\text{유입 } VS\text{의 양}}{V}$
㉢ $V = \dfrac{300 \times 0.04 \times 1000 \times 0.7}{5.5}$
$= 1527.272m^3$

17. 슬러지의 함수율 90%, 슬러지의 고형물량 중 유기물 함량이 70%이다. 투입량은 100kL/d이며 소화 후 $\dfrac{5}{7}$가 제거된다. 소화된 슬러지의 양(m^3/d)은 얼마인가? (단, 소화 슬러지의 함수율은 75%, %는 부피 기준이며, 고형물의 비중은 1.0으로 가정한다.)

① 20 ② 25
③ 30 ④ 35

해설 ㉠ 소화 슬러지 습량을 구하는 방법을 이용한다.
㉡ 소화 슬러지 건량은 유입 슬러지 건량에서 FS양과 소화되고 남는 VS양으로 된다.
㉢ 유입 FS양(ton/d)
$= 100m^3/d \times 0.1 \times 0.3 \times 1ton/m^3 = 3ton/d$
㉣ 소화되고 남는 VS양(ton/d)
$= 100m^3/d \times 0.1 \times 0.7 \times \dfrac{2}{7} \times 1ton/m^3$
$= 2ton/d$
㉤ 소화된 슬러지의 양 (m^3/d)
$= \dfrac{(3+2)t/d}{0.25 \times 1t/m^3} = 20m^3/d$

18. 활성슬러지 시설에서 1일 2000kg(고형물 기준)이 발생되는 폐슬러지를 호기성 소화처리 하고자 할 때 소화조의 용적은 얼마인가? (단, 폐슬러지 농도는 3%, 수온이 20℃, 수리학적 체류 시간은 15일, 비중은 1.03으로 한다.)

① $971m^3$ ② $1075m^3$
③ $1175m^3$ ④ $1275m^3$

해설 ㉠ 호기성 소화조의 용적(m^3) $= Q\cdot t$
여기서, Q : 유입 슬러지 습량(m^3/d)
㉡ $V = \left(\dfrac{2}{0.03 \times 1.03}\right) \times 15 = 970.87m^3$

19. 혐기성 처리 시 메탄의 최대 수율은? (단, 표준상태 기준)

① 제거 kg COD당 $0.25m^3$ CH_4
② 제거 kg COD당 $0.30m^3$ CH_4
③ 제거 kg COD당 $0.35m^3$ CH_4
④ 제거 kg COD당 $0.40m^3$ CH_4

해설 ㉠ COD 1kg에 대한 glucose의 양을 구한다.
$C_6H_{12}O_6 + 6O_2 \rightarrow 6CO_2 + 6H_2O$
180kg : 6×32kg

정답 16. ② 17. ① 18. ① 19. ③

x[kg]:1kg

$\therefore\ x=\frac{180\times1}{6\times32}=0.9375\text{kg}$

㉡ $C_6H_{12}O_6 \rightarrow 3CO_2+3CH_4$

180kg : 3×22.4m^3

0.9375kg : $x[m^3]$

$\therefore\ x=\frac{0.9735\times3\times22.4}{180}=0.35m^3$

20. 500g의 glucose($C_6H_{12}O_6$)가 완전한 혐기성 분해를 한다고 가정할 때 발생 가능한 메탄 가스의 용적(표준 상태)은 얼마인가?

① 24.2L ② 62.2L
③ 186.7L ④ 1338.3L

해설 $C_6H_{12}O_6 \rightarrow 3CO_2+3CH_4$

80g : 3×22.4L

500g : x[L]

$\therefore\ x=\frac{500\times3\times22.4}{180}=186.67\text{L}$

21. 슬러지 개량 방법 중 세정(elutriation)에 관한 설명으로 적합하지 않는 것은?

① 알칼리도를 줄이고 슬러지 탈수에 사용되는 응집제량을 줄일 수 있다.
② 비료 성분의 순도가 높아져 가치를 상승시킬 수 있다.
③ 소화 슬러지를 물과 혼합시킨 다음 재침전시킨다.
④ 슬러지의 탈수 특성을 좋게 하기 위한 직접적인 방법은 아니다.

해설 슬러지를 물로 세척하면 알칼리도를 감소시켜 슬러지의 탈수에 사용되는 응집제의 양을 줄일 수 있지만 미립자가 방출된다는 점과 질소분이 씻겨나가 슬러지의 비료 가치가 낮아진다.

22. 98%의 수분을 함유하는 슬러지 100m^3를 탈수하여 수분 75%인 슬러지를 얻었다. 이 슬러지의 부피는 얼마인가? (단, 밀도는 변하지 않는 것으로 한다.)

① 5m^3 ② 8m^3
③ 10m^3 ④ 12m^3

해설 ㉠ 탈수 전·후의 건량은 같다.

$\therefore\ V_1$×순도$_1$=V_2×순도$_2$

100m^3×0.02

㉡ $V_2=\frac{100m^3\times0.02}{0.25}=8m^3$

23. 활성슬러지를 탈수하기 위하여 95%(중량비)의 수분을 함유하는 슬러지에 응집제를 가했더니 상등액과 침전 슬러지의 용적비가 1:2가 되었다. 이때 침전 슬러지의 수분은 몇 %인가? (단, 응집제의 양은 매우 적고, 비중은 1.0으로 가정한다.)

① 90.5% ② 91.5%
③ 92.5% ④ 93.5%

해설 ㉠ V_1을 1로 간주했을 때 V_2는 $\frac{2}{3}$가 된다.

㉡ 침전 슬러지의 순도부터 구한다.

$\therefore$ 순도$_2=\frac{1\times0.05}{\frac{2}{3}}=0.075$

㉢ 침전 슬러지의 수분=1−0.075
=0.925=92.5%

24. 함수율 95%의 슬러지를 함수율 80%의 탈수 케이크로 만들었을 때 탈수 후 체적은 탈수 전 체적에 비하여 얼마인가? (단, 분리액으로 유출된 슬러지양은 무시한다.)

① $\frac{1}{3}$ ② $\frac{1}{4}$
③ $\frac{1}{5}$ ④ $\frac{1}{6}$

해설 $V_2=\frac{1\times0.05}{0.2}=\frac{1}{4}$

정답 20. ③ 21. ② 22. ② 23. ③ 24. ②

25. 1.5%의 고형물을 함유하는 슬러지 2ton을 탈수하여 70% 수분이 되도록 하였다면 건조 전후의 무게 차이는 얼마인가?

① 1900kg ② 815kg
③ 1185kg ④ 2000kg

해설 ㉠ 건조 전후의 무게 차이는 수분 제거량을 말한다.
㉡ 수분 제거량 $=V_1-V_2$
$=2000-\dfrac{2000\times0.015}{0.3}$
$=1900\text{kg}$

26. 슬러지를 leaf test한 결과 아래와 같은 시험 결과를 얻었다. 실험조건하에서 탈수 시 여과속도는 건조 고형물을 기준할 때 얼마인가?

- 유효 여과 면적=150cm^2
- 운전 시간=5분
- 1회 케이크량=200g
- 케이크 함수율=60%(중량 기준)

① 160kg/m^2·h ② 112kg/m^2·h
③ 89kg/m^2·h ④ 64kg/m^2·h

해설 ㉠ 여과율 구하는 공식을 이용한다.
㉡ $R=\dfrac{\text{케이크의 건량}}{A}$
여기서, R : 여과율, A : 유효 여과 면적
㉢ 케이크의 건량(kg/h)=cake의 습량×순도×비중
∴ 케이크의 건량(kg/h)
$=200\text{g/회}\times\text{회/5분}\times10^{-3}\text{kg/g}\times60\text{min/h}\times0.4=0.96\text{kg/h}$
㉣ $R=\dfrac{0.96\text{kg/h}}{150\text{cm}^2\times10^{-4}\text{m}^2/\text{cm}^2}=64\text{kg/m}^2\cdot\text{d}$

27. 피혁공장에서 BOD 400mg/L의 폐수가 500m^3/d로 방류되고 이것을 활성오니법으로 처리하고자 한다. 하루 슬러지는 유입유량의 5%(함수율 99%)가 발생된다고 보고 이때 슬러지를 5kg/m^2·h(고형물 기준)의 성능을 가진 진공 여과기로 매일 5시간씩 탈수 작업을 하고 처리하려면 여과기 면적은 얼마나 소요되는가? (단, 슬러지 비중은 1.0으로 가정한다.)

① 5m^2 ② 10m^2
③ 15m^2 ④ 20m^2

해설 ㉠ $A=\dfrac{\text{케이크의 건량}}{R}$을 이용한다
㉡ 케이크의 건량=유입슬러지 건량(탈수 전·후의 건량은 같다.)
㉢ 유입슬러지 건량(kg/d)
$=500\text{m}^3/\text{d}\times0.05\times0.01\times1000\text{kg/m}^3$
$=250$
㉣ $A=\dfrac{250\text{kg/d}}{5\text{kg/m}^2\cdot\text{h}\times5\text{h/d}}=10\text{m}^2$

28. 진공여과기로 슬러지를 탈수하여 cake 함수율을 78%로, 여과면적은 60m^2, 여과 속도는 25kg/m^2·h이라면 이 기계의 시간당 cake의 생산량은? (단, 슬러지 비중=1.0)

① 4.81m^3/h ② 5.641m^3/h
③ 6.82m^3/h ④ 7.73m^3/h

해설 ㉠ 우선 케이크의 건량을 구한다
㉡ 케이크의 건량(kg/h)
$=25\text{kg/m}^2\cdot\text{h}\times60\text{m}^2\times10^{-3}\text{ton/kg}$
$=1.5\text{ton/h}$
㉢ 케이크의 생산량(m^3/h)
$=\dfrac{1.5\text{t/h}}{0.22\times1\text{t/m}^3}=6.818\text{m}^3/\text{h}$

29. 고형물 농도 80kg/m^{3}의 농축 슬러지를 1시간당 5m^{3}씩 탈수하고자 한다. 농축 슬러지 중의 고형물 당 소석회를 15%(중량) 첨가하여 탈수 시험한 결과 함수율 75%(중량)의 탈수 cake가 얻어졌다. 실험과 같은 조건으로 탈수한 경우 탈수 cake의 발생량은? (단, 비

정답 25. ① 26. ④ 27. ② 28. ③ 29. ③

중=1.0)

① 1.12ton/h ② 1.32ton/h
③ 1.84ton/h ④ 1.98ton/h

해설 탈수 cake의 발생량

$$=\frac{(80\times5\times10^{-3})t/d\times(1+0.15)}{0.25}=1.84t/d$$

30. 일일 슬러지 발생량이 3000kg/d인 소화조가 있다. 슬러지는 70%의 휘발성 물질을 포함하고 있으며 이 중 60%가 분해된다. 슬러지 1kg이 분해될 때 50%의 메탄이 함유된 $0.874m^3/kg$의 소화가스가 발생한다. 소화조 보온에 필요한 에너지는 530000kJ/h이다. 발생된 에너지의 몇 %가 실질적으로 소화조의 가온에 사용되었는가? (단, 메탄의 열량은 $35850kJ/m^3$이고 가온 장치의 열효율은 70%이다. 24시간 연속 가온 기준)

① 65% ② 74%
③ 81% ④ 92%

해설 ㉠ 발생되는 에너지를 구한다(단위환산).

㉡ $35850kJ/m^3\times\frac{0.5m^3}{1m^3}\times0.874m^3/kg$
$\times3000kg/d\times0.7\times0.6\times d/24h$
$=823429.688kJ/h$

㉢ $\text{에너지 사용율(\%)}=\frac{\frac{530000}{0.7}}{823429.688}\times100$
$=91.95\%$

31. 처리 인구 2000명인 활성슬러지 공정과 혐기성 소화조 공정을 갖춘 폐수 처리 시설이 있다. 활성 슬러지 공정에서 발생된 1차 및 2차 혼합슬러지의 고형물 발생량은 0.104kg/인·d이며 혼합슬러지의 건조 고형물은 4.5%이다. 이를 혐기성 소화조(35℃에서 운전)에 유입하여 처리하고자 한다. 가장 추운 1월에 유입 슬러지 온도가 11.1℃라면 유입 슬러지를 소화조의 운전 온도까지 가열하는데 필요한 열량은? (단, 슬러지 비중=1.0, 비열=4200J/kg·℃)

① 약 19330kJ/h ② 약 17330kJ/h
③ 약 15440kJ/h ④ 약 11440kJ/h

해설 열량(kJ/h)

$$=\frac{0.104kg/\text{인}\cdot d\times d/24h\times2000\text{인}}{0.045}\times$$
$4.2kJ/kg\cdot℃\times(35-11.1)℃$
$=19332.444kJ/h$

정답 30. ④ 31. ①

Engineer Water Pollution Environmental
수질환경기사

PART 4 수질오염 공정시험기준

Chapter 1 총칙, QA/QC, 일반시험기준

총 칙

1-1 총칙

(1) 적용범위

① 공정시험기준 이외의 방법이라도 측정결과가 같거나 그 이상의 정확도가 있다고 국내외에서 공인된 방법은 이를 사용할 수 있다.

② 하나 이상의 공정시험기준으로 시험한 결과가 서로 달라 제반 기준의 적부 판정에 영향을 줄 경우에는 항목별 공정시험기준의 주시험법에 의한 분석 성적에 의하여 판정한다. 단, 주 시험법은 따로 규정이 없는 한 항목별 공정시험기준의 1법으로 한다.

(2) 계량의 단위 및 기호

단위 및 기호는 KS A ISO 1000 국제단위계(SI) 및 그 사용방법에 대한 규정에 따른다.

종류	단위	기호	기호	단위	기호
길이	미터	m	용량	킬로리터	kL
	센티미터	cm		리터	L
	밀리미터	mm		밀리리터	mL
	마이크로미터	μm		마이크로리터	μL
	나노미터	nm	부피	세제곱미터	m^3
무게	킬로그램	kg		세제곱센티미터	cm^3
	그램	g		세제곱밀리미터	mm^3
	밀리그램	mg	압력	기압	atm
	마이크로그램	μg		수은주밀리미터	mmHg
	나노그램	ng		수주밀리미터	mmH_2O
넓이	제곱미터	m^2			
	제곱센티미터	cm^2			
	제곱밀리미터	mm^2			

(3) 농도 표시

① 백분율(parts per hundred)은 용액 100mL 중의 성분 무게(g) 또는 기체 100mL 중의 성분 무게(g)를 표시할 때는 W/V%, 용액 100mL 중의 성분 용량(mL) 또는 기체 100mL 중의 성분 용량(mL)을 표시할 때는 V/V%, 용액 100g 중 성분 용량(mL)을 표시할 때는 V/W%, 용액 100g 중 성분 무게(g)를 표시할 때는 W/W%의 기호를 쓴다. 다만, 용액의 농도를 "%"로만 표시할 때는 W/V%를 의미한다.

② 천분율(ppt, parts per thousand)을 표시할 때는 g/L, g/kg의 기호를 쓴다.

③ 백만분율(ppm, parts per million)을 표시할 때는 mg/L, mg/kg의 기호를 쓴다.

④ 십억분율(ppb, parts per billion)을 표시할 때는 μg/L, μg/kg의 기호를 쓴다.

⑤ 기체 중의 농도는 표준상태(0℃, 1기압)로 환산 표시한다.

(4) 온도

① 온도의 표시는 셀시우스(Celcius)법에 따라 아라비아 숫자의 오른쪽에 ℃를 붙인다. 절대온도는 K로 표시하고, 절대온도 0K은 －273℃로 한다.

② 표준온도는 0℃, 상온은 15～25℃, 실온은 1～35℃로 하고, 찬 곳은 따로 규정이 없는 한 0～15℃의 곳을 뜻한다.

③ 냉수는 15℃ 이하, 온수는 60～70℃, 열수는 약 100℃를 말한다.

④"수욕 상 또는 수욕 중에서 가열한다."라 함은 따로 규정이 없는 한 수온 100℃에서 가열함을 뜻하고 약 100℃의 증기욕을 쓸 수 있다.

⑤ 각각의 시험은 따로 규정이 없는 한 상온에서 조작하고 조작 직후에 그 결과를 관찰한다. 단, 온도의 영향이 있는 것의 판정은 표준온도를 기준으로 한다.

(5) 기구 및 기기

공정시험기준에서 사용하는 모든 기구 및 기기는 측정결과에 대한 오차가 허용되는 범위 이내인 것을 사용하여야 한다. 분석용 저울은 0.1mg까지 달 수 있는 것이어야 하며, 분석용 저울 및 분동은 국가 검정을 필한 것을 사용하여야 한다.

(6) 용액

① 용액의 앞에 몇 %라고 한 것(예 20% 수산화나트륨용액)은 수용액을 말하며, 따로 조제방법을 기재하지 아니하였으면 일반적으로 용액 100mL에 녹아있는 용질의 g 수를 나타낸다.

② 용액 다음의 ( ) 안에 몇 N, 몇 M, 또는 %라고 한 것[예 아황산나트륨용액(0.1N), 아질산나트륨용액(0.1M), 구연산이암모늄용액(20%)]은 용액의 조제방법에 따라 조제하여야 한다.

③ 액의 농도를 (1→10), (1→100) 또는 (1→1000) 등으로 표시하는 것은 고체 성분

에 있어서는 1g, 액체 성분에 있어서는 1mL를 용매에 녹여 전체량을 10mL, 100mL 또는 1000mL로 하는 비율을 표시한 것이다.

④ 액체시약의 농도에 있어서 예를 들어 염산(1+2)이라고 되어 있을 때에는 염산 1mL와 물 2mL를 혼합하여 조제한 것을 말한다.

(7) 시험결과의 표시 검토

① 시험성적수치는 따로 규정이 없는 한 KS Q 5002(데이터의 통계적 해석방법－제1부 : 데이터 통계적 기술)의 수치의 맺음법에 따라 기록한다.

② 시험결과의 표시는 정량한계의 결과 표시 자릿수를 따르며, 정량한계 미만은 불검출된 것으로 간주한다. 다만, 정도관리/정도보증의 절차에 따라 시험하여 목표값보다 낮은 정량한계를 제시한 경우에는 정량한계 미만의 시험결과를 표시할 수 있다.

(8) 관련 용어의 정의

① 시험조작 중 "즉시"란 30초 이내에 표시된 조작을 하는 것을 뜻한다.

② "감압 또는 진공"이라 함은 따로 규정이 없는 한 15mmHg 이하를 뜻한다.

③ "이상"과 "초과", "이하", "미만"이라고 기재하였을 때는 "이상"과 "이하"는 기산점 또는 기준점인 숫자를 포함하며,"초과"와 "미만"은 기산점 또는 기준점인 숫자를 포함하지 않는 것을 뜻한다. 또 "a～b"라 표시한 것은 a 이상 b 이하임을 뜻한다.

④ "바탕시험을 하여 보정한다."라 함은 시료에 대한 처리 및 측정을 할 때, 시료를 사용하지 않고 같은 방법으로 조작한 측정치를 빼는 것을 뜻한다.

⑤ "방울수"라 함은 20℃에서 정제수 20방울을 적하할 때, 그 부피가 약 1mL 되는 것을 뜻한다.

⑥ "항량으로 될 때까지 건조한다."라 함은 같은 조건에서 1시간 더 건조할 때 전후 무게의 차가 g당 0.3mg 이하일 때를 말한다.

⑦ 용액의 산성, 중성 또는 알칼리성을 검사할 때는 따로 규정이 없는 한 유리전극법에 의한 pH미터로 측정하고 구체적으로 표시할 때는 pH 값을 쓴다.

⑧ "용기"라 함은 시험용액 또는 시험에 관계된 물질을 보존, 운반 또는 조작하기 위하여 넣어 두는 것으로 시험에 지장을 주지 않도록 깨끗한 것을 뜻한다.

⑨ "밀폐용기"라 함은 취급 또는 저장하는 동안에 이물질이 들어가거나 또는 내용물이 손실되지 아니하도록 보호하는 용기를 말한다.

⑩ "기밀용기"라 함은 취급 또는 저장하는 동안에 밖으로부터의 공기 또는 다른 가스가 침입하지 아니하도록 내용물을 보호하는 용기를 말한다.

⑪ "밀봉용기"라 함은 취급 또는 저장하는 동안에 기체 또는 미생물이 침입하지 아니하도록 내용물을 보호하는 용기를 말한다.

⑫ "차광용기"라 함은 광선이 투과하지 않는 용기 또는 투과하지 않게 포장을 한 용

기이며 취급 또는 저장하는 동안에 내용물이 광화학적 변화를 일으키지 아니하도록 방지할 수 있는 용기를 말한다.

⑬ 여과용 기구 및 기기를 기재하지 않고 "여과한다."라고 하는 것은 KS M 7602 거름종이 5종 또는 이와 동등한 여과지를 사용하여 여과함을 말한다.

⑭ "정밀히 단다."라 함은 규정된 양의 시료를 취하여 화학저울 또는 미량저울로 칭량함을 말한다.

⑮ 무게를 "정확히 단다."라 함은 규정된 수치의 무게를 0.1mg까지 다는 것을 말한다.

⑯ "정확히 취하여"라 하는 것은 규정한 양의 액체를 부피피펫으로 눈금까지 취하는 것을 말한다.

⑰ "약"이라 함은 기재된 양에 대하여 ±10% 이상의 차가 있어서는 안 된다.

⑱ "냄새가 없다."라고 기재한 것은 냄새가 없거나 또는 거의 없는 것을 표시하는 것이다.

⑲ 시험에 쓰는 물은 따로 규정이 없는 한 증류수 또는 정제수로 한다.

QA/QC

1-2 정도보증 / 정도관리

(1) 정도관리 요소

① 바탕시료

㈎ 방법바탕시료 : 방법바탕시료(method blank)는 시료와 유사한 매질을 선택하여 추출, 농축, 정제 및 분석 과정에 따라 측정한 것을 말한다.

㈏ 시약바탕시료 : 시약바탕시료(reagent blank)는 시료를 사용하지 않고 추출, 농축, 정제 및 분석 과정에 따라 모든 시약과 용매를 처리하여 측정한 것을 말한다.

② 검정곡선 : 검정곡선(calibration curve)은 분석물질의 농도변화에 따른 지시값을 나타낸 것이다.

㈎ 검정곡선법

㈏ 표준물첨가법

㈐ 내부표준법

㈑ 검정곡선의 작성 및 검증

㉮ 감응계수는 검정곡선 작성용 표준용액의 농도(C)에 대한 반응값(R, response)으로 다음과 같이 구한다.

$$감응계수 = \frac{R}{C}$$

㉯ 검정곡선은 분석할 때마다 작성하는 것이 원칙이며, 분석 과정 중 검정곡선의 직선성을 검증하기 위하여 각 시료군(시료 20개 이내)마다 1회의 검정곡선 검증을 실시한다.

㉰ 검증은 방법검출한계의 5～50배 또는 검정곡선의 중간 농도에 해당하는 표준용액에 대한 측정값이 검정곡선 작성 시의 지시값과 10% 이내에서 일치하여야 한다. 만약 이 범위를 넘는 경우 검정곡선을 재작성하여야 한다.

③ 검출한계

㈎ 기기검출한계 : 기기검출한계(IDL, instrument detection limit)란 시험분석 대상물질을 기기가 검출할 수 있는 최소한의 농도 또는 양을 말한다.

㈏ 방법검출한계 : 방법검출한계(MDL, method detection limit)란 시료와 비슷한 매질 중에서 시험분석 대상을 검출할 수 있는 최소한의 농도로서, 제시된 정량한계 부근의 농도를 포함하도록 준비한 n개의 시료를 반복 측정하여 얻은 결과의 표준편차(s)에 99% 신뢰도에서의 t-분포값을 곱한 것이다.

㈐ 정량한계 : 정량한계(LOQ, limit of quantification)란 시험분석 대상을 정량화할 수 있는 측정값으로서, 제시된 정량한계 부근의 농도를 포함하도록 시료를 준비하고 이를 반복 측정하여 얻은 결과의 표준편차(s)에 10배한 값을 사용한다.

$$정량한계 = 10 \times s$$

④ 정밀도 : 정밀도(precision)는 시험분석 결과의 반복성을 나타내는 것으로 반복시험하여 얻은 결과를 상대 표준편차(RSD, relative standard deviation)로 나타내며, 연속적으로 n회 측정한 결과의 평균값 ($\bar{x}$)과 표준편차(s)로 구한다.

$$정밀도(\%) = \frac{s}{x} \times 100$$

⑤ 정확도 : 정확도(accuracy)란 시험분석 결과가 참값에 얼마나 근접하는가를 나타내는 것이다.

⑥ 현장 이중시료 : 현장 이중시료(field duplicate)는 동일 위치에서 동일한 조건으로 중복 채취한 시료로서 독립적으로 분석하여 비교한다.

예상문제

Engineer Water Pollution Environmental
수질환경기사

1. 수질오염물질의 농도표시방법 중 ppm에 대한 설명으로 틀린 것은?

① 1ppm은 1000ppb 또는 0.0001%로 나타낼 수 있다.
② ppm과 mg/L는 언제나 같은 뜻은 아니다.
③ mg/kg과 μL/L는 언제나 ppm과 같은 뜻이다.
④ 해수(비중 1.02) 중 염소이온 농도 19000 mg/L과 19000ppm은 같은 농도이다.

해설 해수(비중 1.02) 중 염소이온 농도 19000 mg/L과 18627.45ppm은 같은 농도이다.

2. 수질오염물질의 농도표시방법에 대한 설명으로 적절치 않는 것은?

① 백만분율(ppm, parts per million)을 표시할 때는 mg/L, mg/kg의 기호를 쓴다.
② 십억분율(ppb, parts per billion)을 표시할 때는 μg/L, μg/kg의 기호를 쓴다.
③ 용액의 농도를 '%'로만 표시할 때는 W/V%를 말한다.
④ 액체의 농도는 표준상태(0℃, 1기압)로 환산 표시한다.

해설 기체 중의 농도는 표준상태(0℃, 1기압)로 환산 표시한다.

3. 농도표시에 관한 설명 중 틀린 것은?

① 십억분율(ppb, parts per billion)을 표시할 때는 μg/L, μg/kg의 기호를 쓴다.
② 천분율(ppt, parts per thousand)을 표시할 때는 g/L, g/kg의 기호를 쓴다.
③ 용액의 농도는 %로만 표시할 때는 V/V%, W/W%를 나타낸다.
④ 용액 100g 중 성분용량(mL)을 표시할 때는 V/W%의 기호로 쓴다.

해설 용액의 농도를 '%'로만 표시할 때는 W/V%를 말한다.

4. 각 시험항목의 제반시험 조작은 따로 규정이 없는 한 다음 어떤 온도에서 실시하는가?

① 상온 ② 실온
③ 표준온도 ④ 항온

해설 제반시험 조작은 따로 규정이 없는 한 상온에서 실시하고 조작 직후 그 결과를 관찰하는 것으로 한다.

5. 수질오염 공정시험법 중 각 시험은 따로 규정이 없는 한 어느 온도범위에서 시험 하는가?

① 1~35℃
② 15~25℃
③ 10~20℃
④ 5~15℃

해설 상온은 15~25℃를 말한다.

6. 온도의 영향이 있는 공정시험의 판정은 다음 중 어느 것을 기준으로 하는가?

① 상온 ② 실온
③ 표준온도 ④ 찬 곳

해설 온도의 영향이 있는 것의 판정은 표준온도를 기준으로 한다.

정답 1. ④ 2. ④ 3. ③ 4. ① 5. ② 6. ③

7. 다음 설명 중 틀린 것은?

① 항량이란 30분 더 건조하거나 강열할 때 전후 무게의 차가 매 g당 0.3mg 이하일 때를 말한다.
② 액의 농도를 (1→10)으로 표시한 것은 고체 1g을 용매에 녹여 전체량을 10mL로 하는 비율을 표시한 것이다.
③ HCl(1+2)로 표시한 것은 물 2mL에 HCl 1mL를 혼합 조제한 것이다.
④ 3% NaOH용액은 일반적으로 용액 100mL 중에 수산화나트륨이 3g 녹아있는 것을 말한다.

해설 항량이란 1시간 더 건조하거나 강열할 때 전후 무게의 차가 매 g당 0.3mg이하일 때를 말한다.

8. 다음은 실험의 일반적 내용을 설명한 것이다. 알맞지 않은 것은?

① 용액의 농도를 %로만 표시할 때는 W/V%를 말한다.
② 표준온도 0℃, 상온은 1~35℃를 뜻한다.
③ 시험에 사용하는 물은 따로 규정이 없는 한 증류수 또는 정제수를 말한다.
④ '약'이라 함은 기재된 양에 대하여 ±10% 이상의 차가 있어서는 안 된다.

9. 실험에 관한 일반 사항 중 틀린 것은?

① '정확히 취하여'라 하는 것은 규정한 양의 검체, 시액을 부피피펫으로 눈금까지 취하는 것이다.
② '냄새가 없다.'는 냄새가 없거나 거의 없는 것을 표시한다.
③ 용기라 함은 시약 또는 시액과 직접 접촉하는 것을 뜻한다.
④ 정량한계(LOQ, limit of quantification)란 표준편차(s)에 5배한 값을 사용한다.

해설 정량한계(LOQ, limit of quantification)란 표준편차(s)에 10배한 값을 사용한다.

10. 수질오염 공정시험법에서 진공이라 함은?

① 15mmHg 이하 ② 35mmHg 이하
③ 20mmHg 이하 ④ 25mmHg 이하

해설 감압 또는 진공이라 함은 따로 규정이 없는 한 15mmHg 이하를 말한다.

11. 다음 설명 중 틀린 것은?

① '항량으로 될 때까지 건조한다.'라 함은 같은 조건에서 1시간 더 건조하여 전후 차가 g당 0.3mg 이하일 때를 말한다.
② 방울수라 함은 20℃에서 정제수 20방울을 적하할 때, 그 부피가 약 1mL되는 것을 뜻한다.
③ 기체의 농도는 표준상태(20℃, 1기압)로 환산 표시한다.
④ 열수는 약 100℃, 냉수는 15℃ 이하로 한다.

해설 기체의 농도는 표준상태(0℃, 1기압)로 환산 표시한다.

12. 다음 설명 중 옳은 것은?

① '항량으로 될 때까지 건조한다'라 함은 같은 조건에서 1시간 더 건조할 때 전후 무게 차가 g당 0.1mg 이하일 때를 말한다.
② '감압 또는 진공'이라 함은 따로 규정이 없는 한 15mmH_2O 이하를 말한다.
③ '수욕 상 또는 물중탕 중에서 가열한다.'라 함은 따로 규정이 없는 한 수온 100℃에서 가열함을 뜻하고 약 100℃의 증기욕을 쓸 수 있다.
④ '방울수'라 함은 20℃에서 정제수 10방

정답 7. ① 8. ② 9. ④ 10. ① 11. ③ 12. ③

울을 적하할 때 그 부피가 약 1mL되는 것을 뜻한다.

13. **시약 또는 시액을 취급 또는 저장하는 동안에 기체 또는 미생물이 침입하지 아니하도록 내용물을 보호하는 용기를 무엇이라 하는가?**

① 밀폐용기 ② 기밀용기
③ 차광용기 ④ 밀봉용기

14. **취급 또는 저장하는 동안에 이물질이 들어가거나 또는 내용물이 손실되지 아니하도록 보호하는 용기는 무엇인가?**

① 밀폐용기 ② 기밀용기
③ 밀봉용기 ④ 차단용기

15. **다음 문장에서 ( ) 안에 들어갈 말은 무엇인가?**

> '정확히 단다.'라 함은 규정된 수치의 무게를 ( )mg까지 다는 것을 말한다.

① 0.001mg ② 0.01mg
③ 0.1mg ④ 1mg

해설 '정확히 단다'라 함은 규정된 수치의 무게를 0.1mg까지 다는 것을 말한다.

16. **순수한 물 100mL에 에틸알코올(비중 0.79) 80mL를 혼합하였을 때 이 용액 중의 에틸알코올 농도(w/w%)는?**

① 70.4 ② 63.2
③ 38.7 ④ 32.9

해설 ㉠ 우선 에틸알코올의 무게를 구한다.

C_2H_5OH의 무게 $= 80mL \times 0.79g/mL = 63.2g$

㉡ 에틸알코올 농도(W/W%)

$$= \frac{63.2g}{(100+63.2)g} \times 100 = 38.73\%$$

정답 13. ④ 14. ① 15. ③ 16. ③

일반시험기준

1-3 시료의 채취 및 보존방법

(1) 시료채취방법

① 배출허용기준 적합 여부 판정을 위한 시료채취(복수시료채취방법 등)

㈎ 수동으로 시료를 채취할 경우에는 30분 이상 간격으로 2회 이상 채취(composite sample)하여 일정량의 단일시료로 한다. 단, 부득이한 사유로 6시간 이상 간격으로 채취한 시료는 각각 측정분석한 후 산술평균하여 측정분석 값을 산출한다.

㈏ 자동시료채취기로 시료를 채취할 경우에는 6시간 이내에 30분 이상 간격으로 2회 이상 채취(composite sample)하여 일정량의 단일시료로 한다.

㈐ 수소이온 농도(pH), 수온 등 현장에서 즉시 측정하여야 하는 항목인 경우에는 30분 이상 간격으로 2회 이상 측정한 후 산술평균하여 측정값을 산출한다.

㈑ 시안(CN), 노말헥산 추출물질, 대장균군 등 시료채취기구 등에 의하여 시료의 성분이 유실 또는 변질 등의 우려가 있는 경우에는 30분 이상 간격으로 2개 이상의 시료를 채취하여 각각 분석한 후 산술평균하여 분석 값을 산출한다.

② 하천수 등 수질조사를 위한 시료채취 : 시료는 시료의 성상, 유량, 유속 등의 시간에 따른 변화(폐수의 경우 조업상황 등)를 고려하여 현장물의 성질을 대표할 수 있도록 채취하여야 한다.

③ 지하수 수질조사를 위한 시료채취

(2) 시료채취 시 유의사항

① 시료는 목적시료의 성질을 대표할 수 있는 위치에서 시료채취용기 또는 채수기를 사용하여 채취하여야 한다.

② 시료채취용기는 시료를 채우기 전에 시료로 3회 이상 씻은 다음 사용하며, 시료를 채울 때에는 어떠한 경우에도 시료의 교란이 일어나서는 안 되며 가능한 한 공기와 접촉하는 시간을 짧게 하여 채취한다.

③ 시료채취량은 시험항목 및 시험 횟수에 따라 차이가 있으나 보통 3～5L 정도이어야 한다.

④ 시료채취 시에 시료채취시간, 보존제 사용 여부, 매질 등 분석결과에 영향을 미칠 수 있는 사항을 기재하여 분석자가 참고할 수 있도록 한다.

⑤ 용존가스, 환원성 물질, 휘발성 유기 화합물, 냄새, 유류 및 수소이온 등을 측정하기 위한 시료를 채취할 때에는 운반 중 공기와의 접촉이 없도록 시료용기에 가득 채운 후 빠르게 뚜껑을 닫는다.

참고

1. 휘발성 유기 화합물 분석용 시료를 채취할 때에는 뚜껑의 격막을 만지지 않도록 주의하여야 한다.
2. 병을 뒤집어 공기방울이 확인되면 다시 채취해야 한다.

⑥ 현장에서 용존산소 측정이 어려운 경우에는 시료를 가득 채운 300mL BOD병에 황산망간용액 1mL와 알칼리성 요오드화칼륨-아지드화나트륨용액 1mL를 넣고 기포가 남지 않게 조심하여 마개를 닫고 수 회 병을 회전하고 암소에 보관하여 8시간 이내 측정한다.

⑦ 유류 또는 부유물질 등이 함유된 시료는 시료의 균일성이 유지될 수 있도록 채취해야 하며, 침전물 등이 부상하여 혼입되어서는 안 된다.

⑧ 지하수 시료는 취수정 내에 고여 있는 물과 원래 지하수의 성상이 달라질 수 있으므로 고여 있는 물을 충분히 퍼낸 다음 새로 나온 물을 채취한다. 이 경우 퍼내는 양은 고여 있는 물의 4～5배 정도이나 pH 및 전기전도도를 연속적으로 측정하여 이 값이 평형을 이룰 때까지로 한다.

⑨ 지하수 시료채취 시 심부층의 경우 저속양수펌프 등을 이용하여 반드시 저속시료채취하여 시료 교란을 최소화하여야 하며, 천부층의 경우 저속양수펌프 또는 정량이송펌프 등을 사용한다.

⑩ 냄새 측정을 위한 시료채취 시 유리기구류는 사용 직전에 새로 세척하여 사용한다. 먼저 냄새 없는 세제로 닦은 후 정제수로 닦아 사용하고, 고무 또는 플라스틱 재질의 마개는 사용하지 않는다.

⑪ 총 유기탄소를 측정하기 위한 시료 채취 시 시료병은 가능한 외부의 오염이 없어야 하며, 이를 확인하기 위해 바탕시료를 시험해 본다. 시료병은 폴리테트라플루우오르에틸렌(PTFE)으로 처리된 고무마개를 사용하며, 암소에서 보관하며 깨끗하지 않은 시료병은 사용하기 전에는 산세척하고, 알루미늄 호일로 포장하여 400℃ 회화로에서 1시간 이상 구워 냉각한 것을 사용한다.

⑫ 퍼클로레이트를 측정하기 위한 시료채취 시 시료용기를 질산 및 정제수로 씻은 후 사용하며, 시료채취 시 시료병의 $\frac{2}{3}$를 채운다.

⑬ 저농도 수은(0.0002mg/L 이하) 시료를 채취하기 위한 시료용기는 채취 전에 미리 준비한다.

⑭ 디에틸헥실프탈레이트를 측정하기 위한 시료채취 시 스테인리스강이나 유리 재질의 시료채취기를 사용한다.

⑮ 1.4-다이옥산, 염화비닐, 아크릴로니트릴, 브로모폼을 측정하기 위한 시료용기는 갈색유리병을 사용하고, 사용 전 미리 질산 및 정제수로 씻은 다음, 아세톤으로 세

정한 후 120℃에서 2시간 정도 가열한 후 방랭하여 준비한다.

⑯ 미생물 시료는 멸균된 용기를 이용하여 무균적으로 채취하여야 한다.

⑰ 물벼룩 급성 독성을 측정하기 위한 시료용기와 배양용기는 자주 사용하는 경우 내벽에 석회성분이 침적되므로 주기적으로 묽은 염산용액에 담가 제거한 후 세척하여 사용한다.

⑱ 식물성 플랑크톤을 측정하기 위한 시료채취 시 플랑크톤 네트(mesh size 25μm)를 이용한 정성 채집과 반돈(Van-Dorn) 채수기 또는 채수병을 이용한 정량 채집을 병행한다. 정성 채집 시 플랑크톤 네트는 수평 및 수직으로 수 회씩 끌어 채집한다.

⑲ 채취된 시료는 즉시 실험하여야 하며, 그렇지 못한 경우에는 시료의 보존방법에 따라 보존하고 규정된 시간 내에 실험하여야 한다.

(3) 시료채취지점

① 배출시설 등의 폐수 : 폐수의 성질을 대표할 수 있는 곳에서 채취한다. 시료채취 시 우수나 조업목적 이외의 물이 포함되지 말아야 한다.

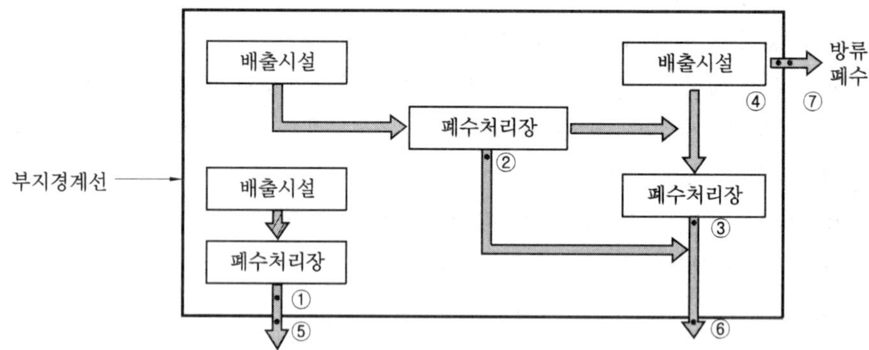

시료채취지점 예시

② 하천수

㈎ 하천수의 오염 및 용수의 목적에 따라 채수지점을 선정한다. 하천본류와 하천지류가 합류하는 경우에는 다음 그림에서 합류 이전의 각 지점과 합류 이후 충분히 혼합된 지점에서 각각 채수한다.

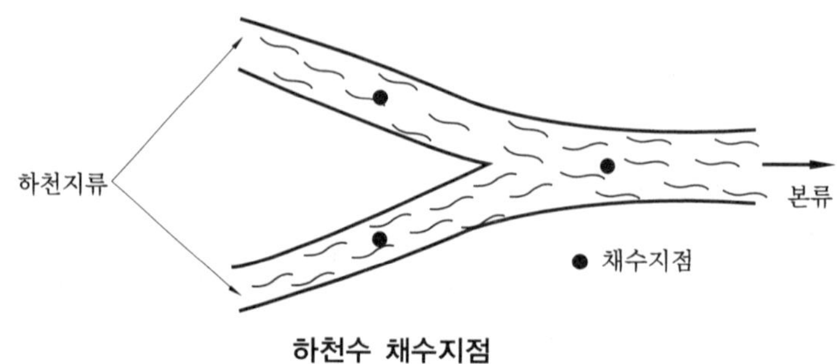

하천수 채수지점

㈏ 하천의 단면에서 수심이 가장 깊은 수면의 지점과 그 지점을 중심으로 하여 좌우로 수면폭을 2등분한 각각의 지점의 수면으로부터 수심 2m 미만일 때에는 수심의 $\frac{1}{3}$에서, 수심이 2m 이상일 때에는 수심의 $\frac{1}{3}$ 및 $\frac{2}{3}$에서 각각 채수한다.

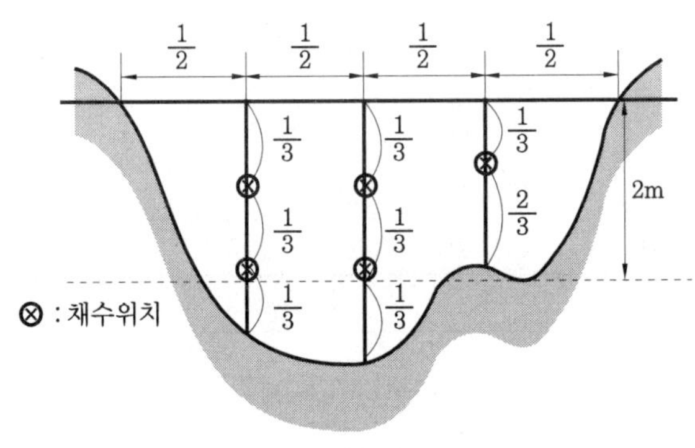

하천수 채수위치(단면)

(4) 시료의 보존 방법

① 채취된 시료를 즉시 실험할 수 없을 때에는 따로 규정이 없는 한 다음 표의 보존 방법에 따라 보존하고 어떠한 경우에도 보존기간 이내에 실험을 끝내야 한다.

측정 항목	시료 용기	보존 방법	최대 보존 기간 (권장 보존 기간)
냄새	G	가능한 한 즉시 분석 또는 냉장 보관	6시간
노말헥산 추출물질	G	4℃에서 보관, H_2SO_4로 pH 2 이하	28일
부유물질	P, G	4℃ 보관	7일
색도	P, G	4℃ 보관	48시간
생물화학적 산소요구량	P, G	4℃ 보관	48시간(6시간)
온도	P, G	–	즉시 측정
수소이온 농도	P, G	–	즉시 측정
용존산소 적정법	BOD병	즉시 용존산소 고정 후 암소 보관	8시간
용존산소 전극법	BOD병	–	즉시 측정
잔류염소	G(갈색)	즉시 분석	–
전기전도도	P, G	4℃ 보관	24시간
총 유기탄소 (용존유기탄소)	P, G	즉시 분석 또는 HCl 또는 H_3PO_4 또는 H_2SO_4를 가한 후 (pH<2) 4℃ 냉암소에서 보관	28일(7일)
클로로필 *a*	P, G	즉시 여과하여 −20℃ 이하에서 보관	7일(24시간)

탁도	P, G	4℃ 냉암소에서 보관	48시간(24시간)
투명도	–	–	–
화학적 산소요구량	P, G	4℃ 보관, H_2SO_4로 pH 2 이하	28일(7일)
불소	P	–	28일
브롬이온	P, G	–	28일
시안	P, G	4℃ 보관, NaOH로 pH 12 이상	14일(24시간)
아질산성 질소	P, G	4℃ 보관	48시간(즉시)
암모니아성 질소	P, G	4℃ 보관, H_2SO_4로 pH 2 이하	28일(7일)
염소이온	P, G	–	28일
음이온 계면활성제	P, G	4℃ 보관	48시간
인산염인	P, G	즉시 여과한 후 4℃ 보관	48시간
질산성 질소	P, G	4℃에서 보관	48시간
총인(용존 총인)	P, G	4℃ 보관, H_2SO_4로 pH 2 이하	28일
총질소(용존 총질소)	P, G	4℃ 보관, H_2SO_4로 pH 2 이하	28일(7일)
퍼클로레이트	P, G	6℃ 이하 보관, 현장에서 멸균된 여과지로 여과	28일
페놀류	G	4℃ 보관, H_3PO_4로 pH 4 이하 조정한 후 시료 1L당 $CuSO_4$ 1g 첨가	28일
황산이온	P, G	6℃ 이하 보관	28일(48시간)
금속류(일반)	P, G	시료 1L당 HNO_3 2mL 첨가	6개월
비소	P, G	1L당 HNO_3 1.5mL로 pH 2 이하	6개월
셀레늄	P, G	1L당 HNO_3 1.5mL로 pH 2 이하	6개월
수은(0.2 ug/L 이하)	P, G	1L당 HCl(12M) 5mL 첨가	28일
6가 크롬	P, G	4℃ 보관	24시간
알킬수은	P, G	HNO_3 2mL/L	1개월
디에틸헥실프탈레이트	G(갈색)	4℃ 보관	7일(추출 후 40일)
1.4-다이옥산	G(갈색)	HCl(1+1)을 시료 10mL당 1~2방울씩 가하여 pH 2 이하	14일
염화비닐, 아크릴로니트 릴, 브로모포름	G(갈색)	HCl(1+1)을 시료 10mL당 1~2방울씩 가하여 pH 2 이하	14일

<table>
<tr><td colspan="2">석유계 총 탄화수소</td><td>G(갈색)</td><td>4℃ 보관, H_2SO_4 또는 HCI로 pH 2 이하</td><td>7일 이내 추출, 추출 후 40일</td></tr>
<tr><td colspan="2">유기인</td><td>G</td><td>4℃ 보관, HCI로 pH 5~9</td><td>7일(추출 후 40일)</td></tr>
<tr><td colspan="2">폴리클로리네이티드 비페닐(PCB)</td><td>G</td><td>4℃ 보관, HCI로 pH 5~9</td><td>7일(추출 후 40일)</td></tr>
<tr><td colspan="2">휘발성 유기화합물</td><td>G</td><td>냉장보관 또는 HCl을 가해 pH<2로 조정 후 4℃ 보관 냉암소 보관</td><td>7일(추출 후 14일)</td></tr>
<tr><td rowspan="2">총대장균군</td><td>환경기준 적용 시료</td><td rowspan="2">P, G</td><td rowspan="2">저온(10℃ 이하)</td><td>24시간</td></tr>
<tr><td>배출허용기준 및 방류수 수질기준 적용 시료</td><td>6시간</td></tr>
<tr><td colspan="2">분원성 대장균군</td><td>P, G</td><td>저온(10℃ 이하)</td><td>24시간</td></tr>
<tr><td colspan="2">대장균</td><td>P, G</td><td>저온(10℃ 이하)</td><td>24시간</td></tr>
<tr><td colspan="2">물벼룩 급성 독성</td><td>G</td><td>4℃ 보관</td><td>36시간</td></tr>
<tr><td colspan="2">식물성 플랑크톤</td><td>P, G</td><td>즉시 분석 또는 포르말린용액을 시료의 3~5(V/V%) 가하거나 글루타르알데하이드 또는 루골용액을 시료의 1~2(V/V%) 가하여 냉암소보관</td><td>6개월</td></tr>
</table>

*P : polyethylene, G : glass

② 클로로필 a 분석용 시료는 즉시 여과하여 여과한 여과지를 알루미늄 호일로 싸서 -20℃ 이하에서 보관한다.

③ 시안 분석용 시료에 잔류염소가 공존할 경우 시료 1L당 아스코르브산 1g을 첨가하고, 산화제가 공존할 경우에는 시안을 파괴할 수 있으므로 채수 즉시 이산화비소산나트륨 또는 티오황산나트륨을 시료 1L당 0.6g을 첨가한다.

④ 암모니아성 질소 분석용 시료에 잔류염소가 공존할 경우 증류 과정에서 암모니아가 산화되어 제거될 수 있으므로 시료채취 즉시 티오황산나트륨용액(0.09%)을 첨가한다.

⑤ 페놀류 분석용 시료에 산화제가 공존할 경우 채수 즉시 황산암모늄철용액을 첨가한다.

⑥ 비소와 셀레늄 분석용 시료를 pH 2 이하로 조정할 때에는 질산(1+1)을 사용할 수 있다.

⑦ 저농도 수은(0.0002mg/L 이하) 분석용 시료는 보관기간 동안 수은이 시료 중의

유기성 물질과 결합하거나 벽면에 흡착될 수 있으므로 가능한 빠른 시간 내 분석하여야 하고, 용기 내 흡착을 최대한 억제하기 위하여 산화제인 브롬산/브롬용액(0.1N)을 분석하기 24시간 전에 첨가한다.

⑧ 디에틸헥실프탈레이트 분석용 시료에 잔류염소가 공존할 경우 시료 1L당 티오황산나트륨을 80mg 첨가한다.

⑨ 1,4-다이옥산, 염화비닐, 아크릴로니트릴 및 브로모포름 분석용 시료에 잔류염소가 공존할 경우 시료 40mL(잔류염소 농도 5mg/L 이하)당 티오황산나트륨 3mg 또는 아스코르브산 25mg을 첨가하거나 시료 1L당 염화암모늄 10mg을 첨가한다.

⑩ 휘발성 유기 화합물 분석용 시료에 잔류염소가 공존할 경우 시료 1L당 아스코르브산 1g을 첨가한다.

⑪ 식물성 플랑크톤을 즉시 시험하는 것이 어려울 경우 포르말린용액을 시료의 3~5(V/V%) 가하여 보존한다. 침강성이 좋지 않은 남조류나 파괴되기 쉬운 와편모조류와 황갈조류 등은 글루타르알데하이드나 루골용액을 시료의 1~2(V/V%) 가하여 보존한다.

1-4 공장폐수 및 하수유량 - 관 내의 유량측정방법

(1) 개요

① 목적 : 관(pipe) 내의 유량측정방법에는 벤투리미터(venturi meter), 유량측정용 노즐(nozzle), 오리피스(orifice), 피토(pitot)관, 자기식 유량측정기(magnetic flow meter)가 있다.

② 적용범위 : 노즐의 경우 약간의 고형 부유물질이 포함된 폐·하수에도 이용할 수 있고, 피토관은 부유물질이 많이 흐르는 폐 · 하수에서는 사용이 곤란하나 부유물질이 적은 대형 관에서는 효율적인 유량측정기이다, 또한 자기식 유량측정기의 경우에는 고형물질이 많아 관을 메울 우려가 있는 폐 · 하수에 이용할 수 있다.

참고

벤투리미터는 난류 발생에 원인이 되는 관로상의 점으로부터 충분히 하류지점에 설치해야 하며, 통상 관 직경의 약 30~50배 하류에 설치해야 효과적이다.

(2) 용어정리

• 레이놀즈 수 : 유체 역학에서, 흐름의 관성력과 점성력의 비(比). 유체의 밀도, 흐름의 속도, 흐름 속에 둔 물체의 길이에 비례하고 유체의 점성률에 반비례한다.

(3) 정밀도 및 정확도

벤투리미터와 유량측정 노즐, 오리피스는 최대유속과 최소유속의 비율이 4 : 1이어야 하며 피토관은 3 : 1, 자기식 유량측정기는 10 : 1이다. 정확도는 유량측정기기로 측정한 것은 실제적으로 ±0.3～3% 정도의 차이를 갖는다. 정밀도의 경우(최대유량일 때) ±0.5～1%의 차이를 보이는 것으로 보아 거의 정확하다고 볼 수 있다.

(4) 유량계 종류 및 특성

① 벤투리미터 특성 및 구조 : 벤투리미터(venturi meter)는 긴 관의 일부로써 단면이 작은 목(throat) 부분과 점점 축소, 점점 확대되는 단면을 가진 관으로 축소 부분에서 정력학적 수두의 일부는 속도 수두로 변하게 되어 관의 목(throat) 부분의 정력학적 수두보다 적게 된다. 이러한 수두의 차에 의해 직접적으로 유량을 계산할 수 있다.

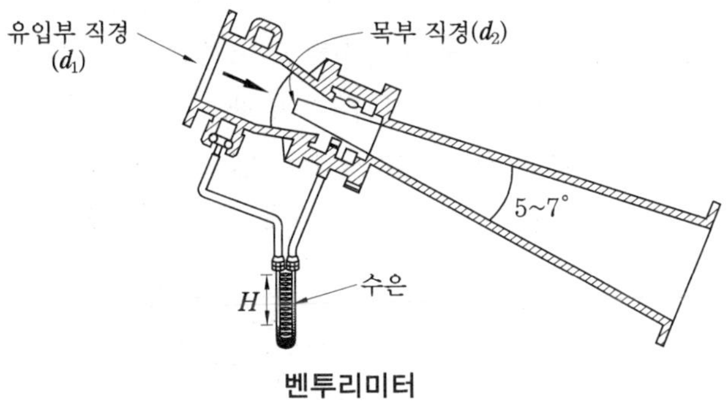

벤투리미터

② 유량측정용 노즐 특성 및 구조 : 유량측정용 노즐(nozzle)은 수두와 설치비용 이외에도 벤투리미터와 오리피스 간의 특성을 고려하여 만든 유량측정용 기구로서 측정원리의 기본은 정수압이 유속으로 변화하는 원리를 이용한 것이다. 그러므로 벤투리미터의 유량 공식을 노즐에도 이용할 수 있다.

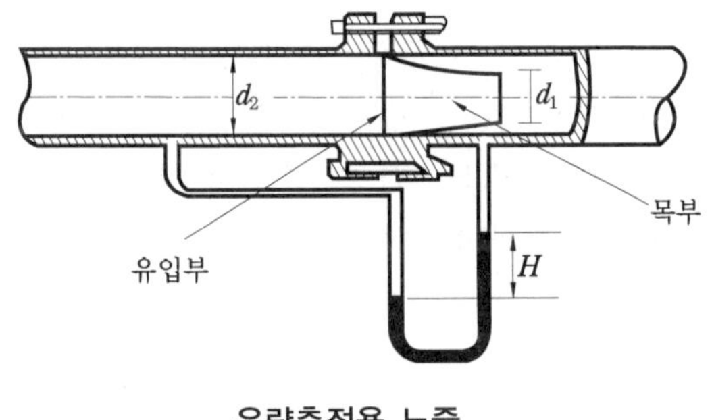

유량측정용 노즐

③ 오리피스 특성 및 구조 : 오리피스(orifice)는 설치에 비용이 적게 들고 비교적 유량 측정이 정확하여 얇은 판 오리피스가 널리 이용되고 있으며 흐름의 수로 내에 설치한다. 오리피스를 사용하는 방법은 노즐(nozzle)과 벤투리미터와 같다. 오리피스의 장점은 단면이 축소되는 목(throat) 부분을 조절함으로써 유량이 조절된다는 점이며, 단점은 오리피스(orifice) 단면에서 커다란 수두손실이 일어난다는 점이다.

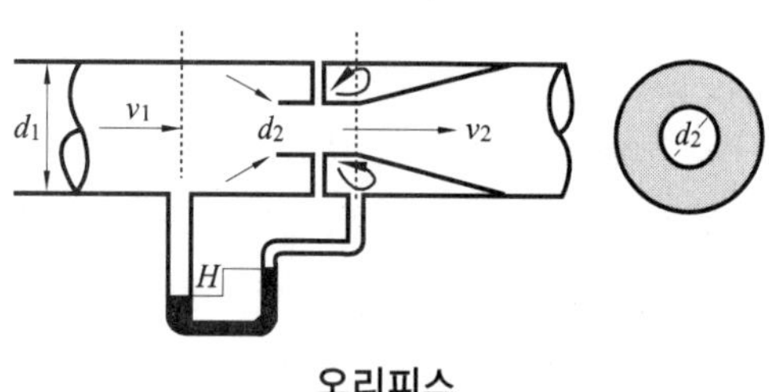

오리피스

④ 피토(pitot)관 특성 및 구조 : 피토관의 유속은 마노미터에 나타나는 수두 차에 의하여 계산한다. 왼쪽의 관은 정수압을 측정하고 오른쪽 관은 유속이 0인 상태인 정체 압력(stagnation pressure)을 측정한다. 피토관으로 측정할 때는 반드시 일직선상의 관에서 이루어져야 하며, 관의 설치장소는 엘보(elbow), 티(tee) 등 관이 변화하는 지점으로부터 최소한 관 지름의 15~50배 정도 떨어진 지점이어야 한다.

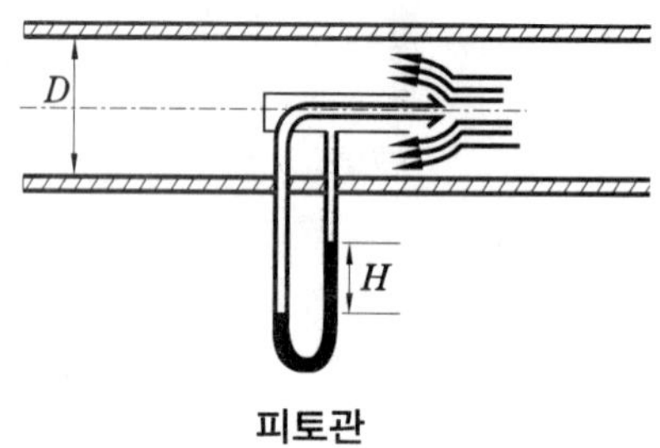

피토관

⑤ 자기식 유량측정기 특성 및 구조 : 측정원리는 패러데이(Faraday)의 법칙을 이용하여 자장의 직각에서 전도체를 이동시킬 때 유발되는 전압은 전도체의 속도에 비례한다는 원리를 이용한 것으로 이 경우 전도체는 폐·하수가 되며, 전도체의 속도는 유속이 된다. 이때 발생된 전압은 유량계 전극을 통하여 조절변류기로 전달된다. 이 측정기는 전압이 활성도, 탁도, 점성, 온도의 영향을 받지 않고, 다만 유체(폐·하수)의 유속에 의하여 결정되며 수두손실이 적다.

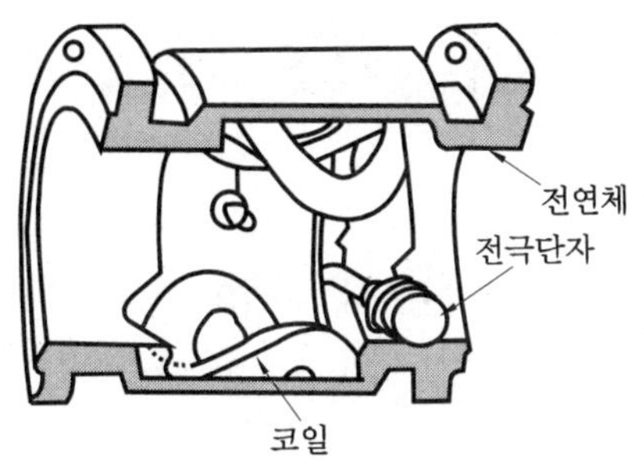

자기식 유량측정기

(5) 결과 보고

① 벤투리미터, 유량측정 노즐, 오리피스 측정공식 : 벤투리미터, 유량측정 노즐, 오리피스는 측정원리가 같으므로 공통된 공식을 적용한다.

$$Q = \frac{C \cdot A}{\sqrt{1 - \left(\frac{d_2}{d_1}\right)^4}} \sqrt{2g \cdot H}$$

여기서, Q : 유량(cm^3/s), C : 유량계수, A : 목(throat) 부분의 단면적(cm^2)$\left(= \frac{\pi {d_2}^2}{4}\right)$

H : $H_1 - H_2$(수두차 : cm), H_1 : 유입부 관 중심부에서의 수두(cm)

H_2 : 목(throat) 부분의 수두(cm), g : 중력가속도($980 cm/s^2$)

d_1 : 유입부의 지름(cm), d_2 : 목(throat) 부분의 지름(cm)

② 피토(pitot)관 측정공식

$$Q = C \cdot A \cdot V$$

여기서, Q : 유량(cm^3/s), C : 유량계수, A : 관의 유수 단면적(cm^2)$\left(= \frac{\pi D^?}{4}\right)$

V : $\sqrt{2g \cdot H}$[cm/s], H : $H_S - H_0$(수두 차 : cm), g : 중력가속도($980 cm/s^2$)

H_S : 정체 압력 수두(cm), H_0 : 정수압 수두(cm), D : 관의 지름(cm)

③ 자기식 유량 측정기(magnetic flow meter) : 연속 방정식을 이용하여 유량을 측정한다.

$$Q = C \cdot A \cdot V$$

여기서, C : 유량계수, V : 유속 $\left(= \frac{E}{B \cdot D} 10^6\right)$[m/s] , A : 관의 유수 단면적(m^2)

E : 기전력, B : 자속밀도(GAUSS), D : 관경(m)

(6) 유량의 측정조건 및 측정값의 정리와 표시

조사 당일은 그날의 조업 개시 시간부터 원칙적으로 10분 또는 15분마다 반드시 일정 간격으로 폐·하수량을 측정한다.

1-5 공장폐수 및 하수유량-측정용 수로 및 기타 유량측정방법

(1) 용어정의

• 수두 : 위어의 상류측 수두측정 부분의 수위와 절단 하부점(직각 3각 위어) 또는 절단 하부 모서리의 중앙(4각 위어)과의 수직거리를 말한다.

(2) 정밀도 및 정확도

① 위어는 최대 유속과 최소 유속의 비가 500 : 1에 해당한다.

② 파샬수로는 최대 유속과 최소 유속의 비가 10 : 1∼75 : 1에 해당하며 이 수치는 파샬수로의 종류에 따라 수치가 변한다.

③ 정확도는 ±5 정도의 차이를 보이고 정밀도의 경우 역시 ±0.5의 차이를 보인다.

(3) 유량계의 종류 및 특성

① 위어(weir)

㈎ 수로

㉮ 수로는 목재, 철판, PVC판, FRP 등을 이용하여 만들며 부식성을 고려하여 내구성이 강한 재질을 선택한다.

㉯ 수로의 크기는 수로의 내부치수로 정하되 폐수량에 따라 적절하게 결정한다.

㉰ 수로는 바닥면을 수평으로 하며 수위를 읽는 데 오차가 생기지 않도록 한다.

㉱ 수로의 측면과 바닥면은 안측이 직각으로 접하게 하고, 누수가 없도록 하여야 한다.

㉲ 위어판에 다가오는 흐름을 고르게 하여 수면의 파동이 없게 하기 위하여 위어의 상류에 체(눈금의 간격 10∼20mm 철재의 체를 사용하여도 좋다) 혹은 적당한 다공판으로 만든 정류장치를 마련한다. 그 위치는 따로 정한다.

㉳ 위어의 수로는 위어로부터 상류로 향하여 수위측정 부분(L_1), 정류 부분(L_2), 유수도입 부분(L_3)으로 되어 있으며 정류장치의 다공판은 2매 이상, 가능한 한 4매로 하고 정류 부분에 같은 간격으로 유수에 직각 또는 수직으로 붙인다.

㉴ 유수의 도입 부분은 상류 측의 수로가 위어의 수로 폭과 깊이보다 클 경우에는 없어도 좋다. 저수량은 될수록 큰 편이 좋다.

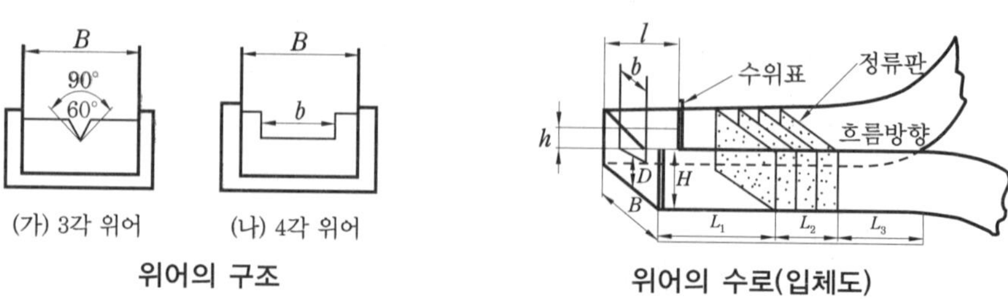

(가) 3각 위어 (나) 4각 위어

위어의 구조

위어의 수로(입체도)

㈏ 위어판

㉮ 위어판의 재료는 3mm 이상의 두께를 갖는 내구성이 강한 철판으로 한다.

㉯ 위어판의 가장자리는 위어판의 안측으로부터 약 2mm의 사이는 위어판의 양측 면에 직각인 평면을 이루고, 그것으로부터 바깥쪽으로 향하여 약 45°의 경사면을 이루는 것으로 한다.

㉰ 위어판 안측의 가장자리는 직선이어야 하며, 그 귀퉁이는 날카롭거나 둥글지 않게 줄로 다듬는다.

㉱ 위어판의 내면은 평면이어야 하며, 특히 가장자리로 부터 100mm 이내는 될수록 매끄럽게 다듬는다.

㉲ 위어판은 유수의 수압에 의하여 바깥쪽으로 굽지 않도록 위어판 바깥면의 절단 하부점(직각 3각 웨어), 절단 하부 모서리(4각 위어)로 부터 30cm 이상 떨어져서 보강재를 붙인다.

㉳ 위어판은 수로의 장축에 직각이거나 또는 수직으로 하여 말단의 바깥 틀에 누수가 없도록 고정한다.

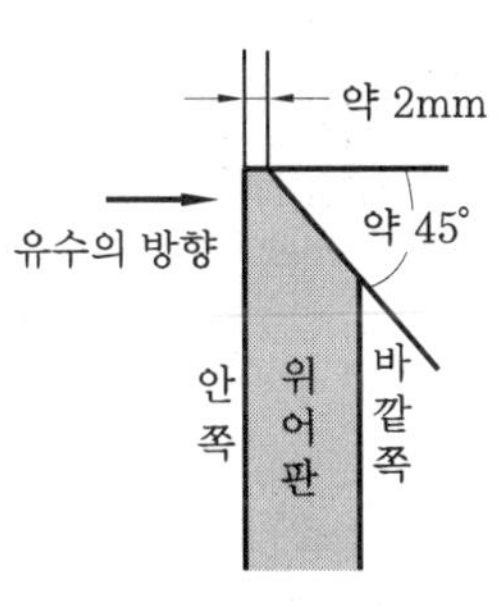

위어판의 가장자리

위어판의 보강

㈐ 수두의 측정방법

㉮ 수두의 측정 장소는 위어판 내면으로부터 300mm 상류인 곳으로 하고 그 위치를 표시하기 위하여 적당한 철제 기구를 사용하여 수로의 측벽 윗면에 고정하여 표시한다.

㉯ 자로서 수두를 측정하는 경우 유량산출의 기초가 되는 수두측정장치는 a−b, 즉 영점수위 측정치(mm)−흐름의 수위측정치(mm) = 측정수두(mm)로 한다.

㈑ 유량의 산출방법

㉮ 직각 3각 위어

$$Q = K \cdot h^{\frac{5}{2}}$$

여기서, Q : 유량(m^3/분), K : 유량계수 $= 81.2 + \dfrac{0.24}{h} + \left(8.4 + \dfrac{12}{\sqrt{D}}\right) \times \left(\dfrac{h}{B} - 0.09\right)^2$

B : 수로의 폭(m), D : 수로의 밑면으로부터 절단 하부점까지의 높이(m)
h : 위어의 수두(m)

㉯ 4각 위어

$$Q = K \cdot b \cdot h^{\frac{3}{2}}$$

여기서, Q : 유량(m^3/분), b : 절단의 폭(m)

② 파샬플룸(parshall flume)

㈎ 특성 : 수두차가 작아도 유량측정의 정확도가 양호하며 측정하려는 폐하수 중에 부유물질 또는 토사 등이 많이 섞여 있는 경우에도 목(throat) 부분에서의 유속이 상당히 빠르므로 부유물질의 침전이 적고 자연유하가 가능하다.

㈏ 재질 : 부식에 대한 내구성이 강한 스테인리스 강판, 염화비닐합성수지, 섬유유리, 강철판, 콘크리트 등을 이용하여 설치한다.

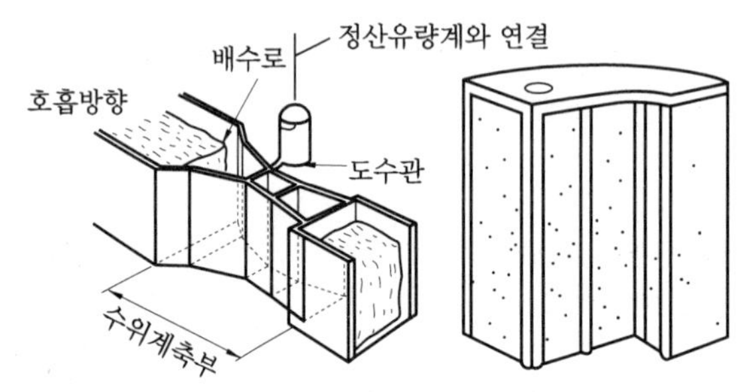

파샬플룸의 개략도

㈐ 유량측정 공식(경험식)

목(throat) 폭	적용공식
W= 7.6cm	$q = 0.143 H_a^{1.55}$ [L/s]
W= 15.2cm	$q = 0.264 H_a^{1.58}$ [L/s]
W= 22.86cm	$q = 0.466 H_a^{1.53}$ [L/s]
W= 30.48~243.84cm	$q = 0.964 H_a^{1.52}$ [L/s]

H_a : 상류부의 수위(cm), q : L/초

③ 용기에 의한 측정

㈎ 최대 유량이 $1m^3$/분 미만인 경우

㉮ 유수를 용기에 받아서 측정한다.

㉯ 용기는 용량 100~200L인 것을 사용하여 유수를 채우는 데에 요하는 시간을 스톱워치(stop watch)로 잰다. 용기에 물을 받아 넣는 시간을 20초 이상이 되도록 용량을 결정한다.

㉰ 다음 계산식에 의하여 그 유량을 구한다.

$$Q = 60\frac{V}{t}$$

여기서, Q : 유량(m^3/분), V : 측정 용기의 용량(m^3)
t : 유수가 용량 V를 채우는 데에 걸린 시간(s)

(나) 최대 유량이 $1m^3$/분 이상인 경우

이 경우는 침전지, 저수지 기타 적당한 수조를 이용한다.

㉮ 수조가 작은 경우는 한 번 수조를 비우고서 유수가 수조를 채우는 데 걸리는 시간으로부터 최대유량이 1 m^3/분 미만인 경우와 동일한 방법으로 유량을 구한다.

㉯ 수조가 큰 경우는 유입시간에 있어서 유수의 부피는 상승한 수위와 상승 수면의 평균표면적의 계측에 의하여 유량을 산출한다. 이 경우 측정시간은 5분 정도, 수위의 상승속도는 적어도 매분 1cm 이상이어야 한다.

④ 개수로에 의한 측정

(가) 수로의 구성재질과 수로 단면의 형상이 일정하고 수로의 길이가 적어도 10m 까지 똑바른 경우에는 다음의 식을 사용하여 유량을 계산한다. 평균 유속은 케이지(Chezy)의 유속공식에 의한다.

$$Q = 60 \cdot V \cdot A$$

여기서, Q : 유량(m^3/분), V : 평균 유속($= C\sqrt{Ri}$)(m/초), A : 유수 단면적(m^2)
i : 홈 바닥의 구배(비율), C : 유속계수
R : 경심[유수 단면적 A를 윤변 S로 나눈 것(m)]

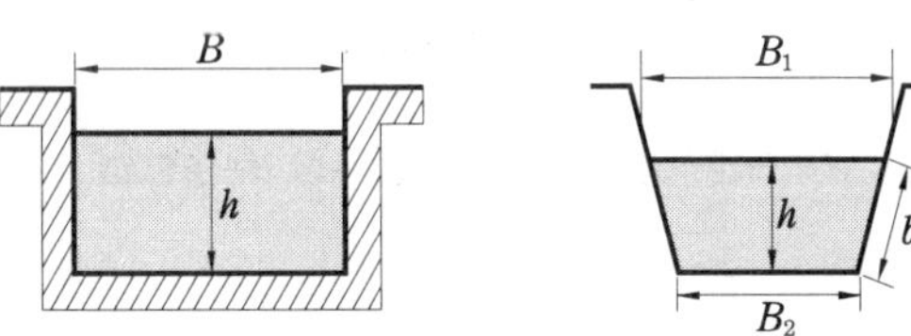

개수로의 형태

(나) 수로의 구성, 재질, 수로단면의 형상, 구배 등이 일정하지 않은 개수로(開水路)의 경우

㉮ 수로는 될수록 직선적이며 수면이 물결치지 않는 곳을 고른다.

㉯ 10m를 측정구간으로 하여 2m마다 유수의 횡단면적을 측정하고 산술평균값을 구하여 유수의 평균단면적으로 한다.

㉰ 유속의 측정은 부표를 사용하여 10m구간을 흐르는데 걸리는 시간을 스톱워치(stop watch)로 재며 이때 실측유속을 표면 최대유속으로 한다.

㉱ 수로의 수량(水量)은 다음 식을 사용하여 계산한다.

$$V = 0.75\,Ve$$

여기서, V : 총평균 유속(m/s)
Ve : 표면 최대유속(m/s)

$$Q = 60\,V \cdot A$$

여기서, Q : 유량(m^3/분), V : 총평균 유속(m/s), A : 측정구간의 유수의 평균단면적(m^2)

1-6 하천유량 측정방법

소구간 단면에 있어서 평균 유속 V_m은

① 수심이 0.4m 미만일 때 $V_m = V_{0.6}$

② 수심이 0.4m 이상일 때 $V_m = (V_{0.2} + V_{0.8}) \times \frac{1}{2}$

$V_{0.2}$, $V_{0.6}$, $V_{0.8}$은 각각 수면으로부터 전 수심의 20%, 60% 및 80%인 점의 유속이다.

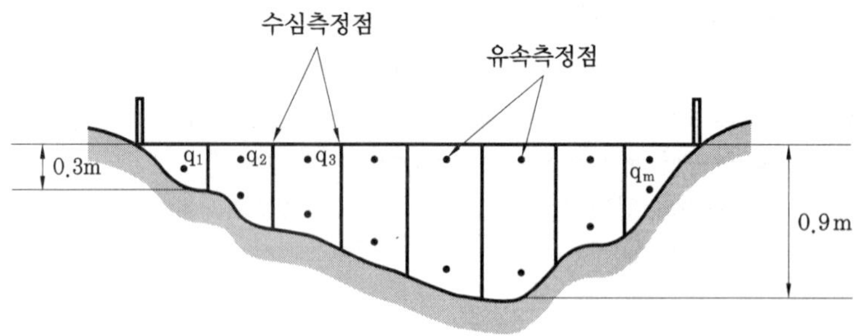

유속-면적법에 의한 하천유량 측정방법

1-7 시료의 전처리 방법

(1) 전처리를 하지 않는 경우

무색 투명한 탁도 1 NTU 이하인 시료의 경우 전처리 과정을 생략한다.

(2) 산분해법

① 질산법 : 이 방법은 유기함량이 비교적 높지 않은 시료의 전처리에 사용한다.

② 질산-염산법 : 이 방법은 유기물 함량이 비교적 높지 않고 금속의 수산화물, 산화물, 인산염 및 황화물을 함유하고 있는 시료에 적용되며 휘발성 또는 난용성 염화

물을 생성하는 금속 물질의 분석에는 주의한다.

③ 질산－황산법 : 이 방법은 유기물 등을 많이 함유하고 있는 대부분의 시료에 적용된다. 그러나 칼슘, 바륨, 납 등을 다량 함유한 시료는 난용성의 황산염을 생성하여 다른 금속성분을 흡착하므로 주의한다.

④ 질산-과염소산법 : 이 방법은 유기물을 다량 함유하고 있으면서 산분해가 어려운 시료들에 적용된다.

참고

1. 과염소산을 넣을 경우 질산이 공존하지 않으면 폭발할 위험이 있으므로 반드시 질산을 먼저 넣어주어야 하며, 어떠한 경우에도 유기물을 함유한 뜨거운 용액에 과염소산을 넣어서는 안 된다.
2. 납을 측정할 경우 시료 중에 황산이온(SO_4^{2-})이 다량 존재하면 불용성의 황산납이 생성되어 측정값에 손실을 가져온다.

⑤ 질산-과염소산-불화수소산법

이 방법은 다량의 점토질 또는 규산염을 함유한 시료에 적용된다.

(3) 마이크로파 산분해법

이 방법은 밀폐용기를 이용한 마이크로파 장치에 의한 방법에 적용된다. 깨끗한 용기에 잘 혼합된 시료 적당량을 옮긴 후 적당량의 질산을 가한다. 이 방법은 유기물을 다량 함유하고 있으면서 산분해가 어려운 시료에 적용된다.

(4) 회화에 의한 분해

이 방법은 목적성분이 400℃ 이상(400～500℃)에서 휘산되지 않고 쉽게 회화될 수 있는 시료에 적용된다.

(5) 용매추출법

① 디에틸디티오카바민산(diethyldithiocarbamate) 추출법(DDTC－MIBK, 아세트산부틸)

② 디티존－메틸아이소부틸케톤(MIBK, methyl isobutyl ketone) 추출법

③ 디티존－사염화탄소(5－amino－2－benzimidazolethiol－carbon－tetra chloride) 추출법

④ 피로리딘 디티오카르바민산 암모늄(1－pyrrolidinecarbodithioicacid, ammonuim salt)추출법 : 이 방법은 시료 중 구리, 아연, 납, 카드뮴, 니켈, 철, 망간, 6가 크롬, 코발트 및 은 등의 측정에 적용된다. 다만, 망간은 착화합물 상태에서 매우 불안정하므로 추출 즉시 측정하여야 하며, 크롬은 6가 크롬 상태로 존재할 경우에만

추출된다. 또한 철의 농도가 높을 경우에는 다른 금속의 추출에 방해를 줄 수 있으므로 주의해야 한다. 시료 500mL(또는 산분해한 시료 일정량)를 분액깔때기에 넣고 지시약으로 브롬페놀블루 에틸알코올용액(0.1 W/V%) 2～3방울을 넣고 암모니아수(1+1)를 청색이 지속될 때까지 넣은 다음 염산(1+4)을 다시 청색이 보이지 않을 때까지 한 방울씩 넣고 추가로 2mL를 더 넣는다(이때 pH는 2.3～2.5이며 지시약 대신 pH 미터를 사용할 수도 있다).

1-8 퇴적물 채취 및 분석용 시료 조제

(1) 개요

① 목적 : 이 시험기준은 퇴적물 측정망의 퇴적물 채취 및 분석용 시료를 조제하기 위한 방법으로, 수면 아래 퇴적물을 여러 점 채취하여 혼합하고 분석항목에 따라 체질, 건조, 분쇄한 후 적합한 용기에 담아 보관한다.

② 간섭 물질

㈎ 시료 채취 기구의 재질은 측정하고자 하는 물질의 농도에 영향을 미치지 않는 것으로 사용한다. 스테인리스강이라도 녹슬거나 흠집이 있는 것은 금속 측정용 시료 채취에 사용하지 않는다.

㈏ 퇴적물의 표층에 2차적으로 부화된(enriched) 철, 망간산화물과 부유성 오염물이 침전되어 있는 경우 걷어낸다.

(2) 분석 기기 및 기구

① 시료 채취 준비물

② 퇴적물 채취기

㈎ 포나 그랩(ponar grab) : 모래가 많은 지점에서도 채취가 잘 되는 중력식 채취기로서 조심스럽게 수면 아래로 내려 보내다가 채취기가 바닥에 닿아 줄의 장력이 감소하면 아래 날(jaws)이 닫히도록 되어 있다.

㈏ 에크만 그랩(ekman grab) : 물의 흐름이 거의 없는 곳에서 채취가 잘 되는 채취기로서 채취기를 바닥 퇴적물 위에 내린 후 메신저를 투하하면 장방형 상자의 밑판이 닫히도록 설계되었다.

예상문제

Engineer Water Pollution Environmental
수질환경기사

1. 다음 시료채취방법 중 알맞지 않은 것은 어느 것인가?

① 지하수 시료는 물을 충분히 퍼낸 다음 pH와 전기전도도를 연속적으로 측정, 이 값이 평형을 이룰 때 채취한다.
② 시료채취 용기에 시료를 채울 때에는 어떠한 경우라도 시료 교란이 일어나선 안 된다.
③ 시료는 시험항목 및 시험 횟수 필요량의 2~3배 채취를 원칙으로 한다.
④ 채취용기는 시료를 채우기 전에 시료로 3회 이상 씻은 다음 사용한다.

해설 시료채취량은 시험항목 및 시험 횟수에 따라 차이가 있으나 보통 3~5L 정도이어야 한다.

2. 분석을 위해 시료를 채취할 때 유의할 사항으로 알맞지 않는 것은?

① 시료채취량은 시험항목 및 횟수에 따라 차이가 있으나 보통 3~5L 정도이어야 한다.
② 채취용기는 시료를 채우기 전에 증류수로 3회 이상 씻은 다음 사용한다.
③ 용존가스, 환원성 물질, 유류 및 수소이온 농도 등을 측정하기 위한 시료는 운반 중 공기와의 접촉이 없도록 가득 채워야 한다.
④ 지하수 시료채취 시에는 취수정 내에 고여 있는 물의 4~5배 정도의 양을 퍼낸 후 취수하여야 한다.

해설 채취용기는 시료를 채우기 전에 시료로 3회 이상 씻은 다음 사용한다.

3. 시료채취 시 유의사항에 관한 내용과 거리가 먼 것은?

① 유류 또는 부유물질 등이 함유된 시료는 침전물이 부상하여 혼입되어서는 안 된다.
② 환원성 물질, 수소이온, 유류를 측정하기 위한 시료는 시료용기에 가득 채워야 한다.
③ 시료채취량은 시험항목 등에 따라 차이는 있으나 보통 3~5L 정도이어야 한다.
④ 지하수 시료는 취수정 내에 고여 있는 물의 교란을 최소화하면서 채취하여야 한다.

해설 지하수 시료는 취수정 내에 고여 있는 물과 원래 지하수의 성상이 달라질 수 있으므로 고여 있는 물을 충분히 퍼낸 다음 새로 나온 물을 채취한다. 이 경우 퍼내는 양은 고여 있는 물의 4~5배 정도이나 pH 및 전기전도도를 연속적으로 측정하여 이 값이 평형을 이룰 때까지로 한다.

4. 배출허용기준 적합여부를 판정하기 위하여 자동시료채취기로 복수시료를 채취하는 방법으로 알맞는 것은?

① 4시간 이내에 15분 이상 간격으로 1회 이상 채취하여 일정량의 단일시료로 한다.
② 6시간 이내에 30분 이상 간격으로 2회 이상 채취하여 일정량의 단일시료로 한다.
③ 12시간 이내에 1시간 이상 간격으로 4회 이상 채취하여 일정량의 단일시료로 한다.

정답 1. ③ 2. ② 3. ④ 4. ②

④ 24시간 이내에 2시간 이상 간격으로 8회 이상 채취하여 일정량의 단일시료로 한다.

해설 자동시료채취기로 시료를 채취할 경우에는 6시간 이내에 30분 이상 간격으로 2회 이상 채취(composite sample)하여 일정량의 단일시료로 한다.

5. **배출허용기준 적합여부 판정을 위한 시료채취 시, 수소이온 농도, 수온 등 현장에서 즉시 측정 분석하여야 하는 항목인 경우의 측정분석치 산출방법기준은? (단, 복수시료채취방법기준)**

① 30분 이상 간격으로 4회 이상 측정분석한 후 산술평균하여 측정분석치를 산출한다.
② 30분 이상 간격으로 2회 이상 측정분석한 후 산술평균하여 측정분석치를 산출한다.
③ 1시간 이상 간격으로 4회 이상 측정분석한 후 산술평균하여 측정분석치를 산출한다.
④ 1시간 이상 간격으로 2회 이상 측정분석한 후 산술평균하여 측정분석치를 산출한다.

해설 수소이온농도(pH), 수온 등 현장에서 즉시 측정분석하여야 하는 항목인 경우에는 30분 이상 간격으로 2회 이상 측정분석한 후 산술평균하여 측정분석값을 산출한다.

6. **하천수 채수방법 중 옳지 않은 것은?**

① 하천수의 오염 및 용수의 목적에 따라 채수지점을 선정한다.
② 하천 합류지점에서는 합류 전의 각 지점과 합류 후 충분히 혼합된 지점에서 각각 채수한다.
③ 하천 단면에서 수심이 가장 깊은 수면의 지점과 그 지점을 중심으로 하여 좌우로 수면폭을 2등분한 각각의 지점의 수면으로 부터 수심 2m 미만일 때에는 수심의 $\frac{1}{3}$에서 각각 채수한다.
④ 하천 단면에서 수심이 가장 깊은 수면의 지점과 그 지점을 중심으로 하여 좌우로 수면폭을 2등분한 각각의 지점의 수면으로 부터 수심 2m 이상일 때에는 수표면, 수심 $\frac{1}{3}$, $\frac{2}{3}$ 지점에서 각각 채수한다.

해설 하천 단면에서 수심이 가장 깊은 수면의 지점과 그 지점을 중심으로 하여 좌우로 수면폭을 2등분한 각각의 지점의 수면으로 부터 수심 2m 이상일 때에는 수심 $\frac{1}{3}$, $\frac{2}{3}$ 지점에서 각각 채수한다.

7. **반드시 유리시료 용기를 사용해야 하는 측정 항목은?**

① 불소 ② PCB
③ 전기전도도 ④ 인산염 – 인

해설 반드시 유리시료 용기를 사용해야 하는 측정 항목에는 노말헥산 추출물질, 페놀류, PCB, 유기인, 냄새, 휘발성 유기 화합물, 물벼룩 급성독성 등이다.

8. **다음 분석항목 중 반드시 폴리에틸렌 재질의 용기로 보존하여야 하는 것은?**

① 불소
② 페놀류
③ 노말헥산 추출물질
④ 유기인

해설 반드시 폴리에틸렌 재질의 용기로 보존하여야 하는 것은 불소이다.

정답 5. ② 6. ④ 7. ② 8. ①

9. 시험용 검수의 보존방법이 특별하게 정하여 있지 않은 것은?

① 카드뮴 ② BOD
③ 페놀류 ④ 불소

해설 시험용 검수의 보존방법이 특별하게 정하여 있지 않은 것은 불소, 염소, 브롬이온, 투명도 등이다.

10. 수질 분석용 시료의 보존방법에 관한 설명 중 옳지 않은 것은?

① 알칼수은 분석용 시료는 C-HNO_3 1mL/L를 넣어 보관한다.
② 페놀 분석용 시료는 인산을 넣어 pH 4 이하로 조정한 후 황산구리(1g/L)를 첨가하여 4℃에서 보관한다.
③ 시안 분석용 시료는 수산화나트륨으로 pH 12 이상으로 하여 4℃에서 보관한다.
④ 화학적 산소요구량 분석용 시료는 황산으로 pH 2 이하로 하여 4℃에서 보관한다.

해설 알킬수은 분석용 시료는 C-HNO_3 2mL/L를 넣어 보관한다.

11. 수질 분석용 시료의 보존방법에 관한 설명 중 옳지 않은 것은?

① 냄새 분석용 시료는 가능한 한 즉시 분석 또는 냉장 보관한다.
② 페놀 분석용 시료는 인산을 넣어 pH 4 이하에 황산구리를 약간 넣어 보관한다.
③ 시안 분석용 시료는 염산을 넣어 pH 4 이하에서 보존한다.
④ 1.4-다이옥산 시료는 HCl(1+1)을 시료 10mL당 1~2방울씩 가하여 pH 2 이하에서 보존한다.

해설 시안 분석용 시료는 수산화나트륨 용액을 가하여 pH 12 이상으로 하여 4℃에서 보관한다.

12. 항목별 시료보존방법이 틀린 것은?

① 색도 : 4℃ 보관
② 총대장균군 : 저온(10℃ 이하) 보관
③ 총인 : 황산으로 pH 2 이하로 4℃에서 보관
④ 클로로필-a : GF/C 여과 후 4℃ 보관

해설 클로로필-a : GF/C 여과 후 -20℃ 보관

13. 항목별 시료보존방법이 틀린 것은?

① 부유물질 : 4℃ 보관
② 총인 : 황산으로 pH 2 이하, 4℃ 보관
③ 물벼룩 급성 독성 : 4℃ 보관
④ 인산염인 : 염산으로 pH 2 이하, 4℃ 보관

해설 인산염인 : 즉시 여과한 후 4℃ 보관

14. 시료보존에 있어서 즉시시험을 하지 못할 경우 보존방법으로 '4℃ 보관'에 해당하지 않는 측정항목은?

① 전기전도도
② 음이온 계면활성제
③ 화학적 산소요구량
④ 6가 크롬

해설 화학적 산소요구량 측정시료는 4℃, H_2SO_4로 pH 2 이하 보존해야 한다.

15. 시료의 최대보존기간이 7일인 것은?

① 총인 ② 염소이온
③ 크롬 ④ 부유물질

해설 최대보존기간이 7일인 것은 부유물질, 유기인, PCB, 클로로필-a, 휘발성 유기화합물 등이다.

정답 9. ④ 10. ① 11. ③ 12. ④ 13. ④ 14. ③ 15. ④

16. 수질측정항목과 시료 최대보존기간이 잘못 짝지어진 것은?

시료항목	– 최대보존기간
① 생물화학적 산소요구량	– 48시간
② 수소이온 농도	– 즉시측정
③ 6가 크롬	– 6개월
④ 분원성 대장균군	– 24시간

해설 6가 크롬의 최대보존기간은 24시간이다.

17. 시료 최대보존기간이 가장 짧은 측정항목은?

① 수은(0.2ug/L 이하)
② 철
③ 비소
④ 크롬

해설 수은(0.2ug/L 이하) : 28일
철, 비소, 크롬 : 6개월

18. 다음 중 시료 최대보존기간이 가장 긴 항목은? (단, 적절한 보존방법을 적용한 경우)

① 암모니아성 질소
② 아질산성 질소
③ 질산성 질소
④ 시안

해설 ㉠ 암모니아성 질소 : 28일
㉡ 아질산성 질소, 질산성 질소 : 48시간
㉢ 시안 : 14일

19. 다음 중 수질오염 공정시험방법상 시료의 보존방법이 다른 항목은?

① 염소이온
② 색도
③ 부유물질
④ 음이온 계면활성제

20. 시료보존방법으로 알맞지 않은 것은 어느 것인가?

① 페놀류를 함유한 시료는 인산으로 약 pH 4로 조절하고 시료 1L에 대하여 황산구리 1g을 넣어 녹이고 4℃에 보존한다.
② 동, 아연, 6가 크롬에 사용하는 시료 : 염산을 가하여 pH 약 8 이하로 보존
③ 유기인 시험에 사용하는 시료 : 염산을 가하여 pH 약 5~9로 하고, 4℃ 보관
④ 총 대장균군 : 저온(10℃ 이하) 보관

해설 (6가)크롬 검정용 시료는 4℃에서 보관하며 24시간 이내에 실험하여야 한다.

21. 다음 중 관내의 유량측정법이 아닌 것은?

① 오리피스
② 자기식 유량측정기
③ 파샬플룸
④ 유량측정용 노즐

해설 관내의 유량측정법에는 벤투리미터(venturi meter), 유량측정용 노즐(nozzle), 오리피스(orifice), 피토(pitot)관, 자기식 유량측정기(magnetic flow meter)가 있다.

22. 유량 측정공식의 형태가 나머지 3개와 다른 것은?

① 오리피스(orifice)
② 벤투리미터(venturimeter)
③ 피토(pitot)관
④ 유량측정용 노즐(nozzle)

해설 피토관은 $Q=C \cdot A \cdot V$를 사용한다.

23. 긴 관의 일부로서 단면이 작은 목(throat) 부분과 점점 축소, 점점 확대되는 단면을 가진 관으로 축소 부분에서 정력학적 수두의 일

정답 16. ③ 17. ① 18. ① 19. ① 20. ② 21. ③ 22. ③ 23. ③

부는 속도수두로 변하게 되어 관의 목(throat) 부분의 정력학적 수두보다 적어지는 이러한 수두의 차에 의해 직접적으로 유량을 측정하는 것은 다음 중 어느 것인가?

① 피토(pitot)관
② 오리피스(orifice)
③ 벤투리미터(venturimeter)
④ 노즐(nozzle)

24. 유량측정방법 중에서 단면이 축소되는 목 부분을 조절함으로써 유량이 조절된다는 점이 장점인 것은?

① 노즐(nozzle)
② 오리피스(orifice)
③ 벤투리미터(venturimeter)
④ 피토(pitot)관

25. 공장폐수 및 하수유량 측정방법 중 오리피스에 관한 설명으로 틀린 것은?

① 설치에 비용이 적게 들고 비교적 유량측정이 정확하여 얇은 판 오리피스가 널리 이용되고 있다.
② 단면이 축소되는 목 부분을 조절함으로써 유량이 조절된다.
③ 오리피스 단면에서 수두손실이 비교적 적게 발생되는 장점이 있다.
④ 오리피스를 사용하는 방법은 노즐과 벤투리미터와 같다.

해설 오리피스 단면에서 수두손실이 비교적 크게 발생되는 단점이 있다.

26. 부유물질이 적은 대형관 내에서 효율적인 유량측정기기로서 왼쪽 관은 정수압, 오른쪽 관은 0인 상태인 정체압력을 마노미터에 나타나는 수두차에 의해 유속이 계산되는 관 내의 유량측정 방법은?

① 벤투리미터
② 유량측정용 노즐
③ 오리피스
④ 피토관

27. 자기식 유량측정기(magnetic flow meter)에 관한 설명 중 알맞지 않은 것은?

① 고형물질이 많은 폐하수에 이용 가능하다.
② 측정기의 전압은 유체활성도, 탁도, 점성, 온도, 유속에 결정되며 수두손실이 적다.
③ 패러데이(Faraday)법칙을 이용한다.
④ 자장의 직각에서 전도체를 이동시킬 때 유발되는 전압은 전도체의 속도에 비례한다는 원리를 이용한다.

해설 이 측정기는 전압이 활성도, 탁도, 점성, 온도의 영향을 받지 않고 다만 유체(폐·하수)의 유속에 의하여 결정되며 수두손실이 적다.

28. 수두차가 작아도 유량측정의 정확도가 양호하며 측정하려는 폐하수 중 부유물질 등이 많이 섞여 있는 경우라도 목(throat) 부분에서의 유속이 상당히 빠르므로 부유물질 침전이 적고 자연유하가 가능한 유량측정 방법은?

① 오리피스(orifice)
② 위어(weir)
③ 자기식 유량측정기(magnetic flow meter)
④ 파샬플룸(parshall flume)

29. 직각 3각 위어를 사용하여 유량을 산출할 때 사용되는 공식은? (단, Q : 유량, K : 유

정답 24. ② 25. ③ 26. ④ 27. ② 28. ④ 29. ①

량계수, b : 절단의 폭, h : 위어의 수두, V : 유속, t : 시간, 단위는 적절하다고 가정한다.)

① $Q=Kh^{\frac{5}{2}}$ ② $Q=Kbh^{\frac{3}{2}}$
③ $Q=Kbh^{\frac{5}{2}}$ ④ $Q=Kh^{\frac{3}{2}}$

해설 각 3각 위어 : $Q=K\cdot h^{\frac{5}{2}}$

30. 위어의 수두가 0.25m, 수로의 폭이 0.8m, 수로의 밑면에서 하부점까지의 높이가 0.7m인 직각 3각 위어의 유량은 얼마인가? (단, 유량계수(K) = $81.2+\frac{0.24}{h}+\left(8.4+\frac{12}{\sqrt{D}}\right)\times\left(\frac{h}{B}-0.09\right)^2$)

① $132m^3/h$ ② $156m^3/h$
③ $186m^3/h$ ④ $210m^3/h$

해설 ㉠ 유량계수를 구한다.
유량계수(K) =
$81.2+\frac{0.24}{0.25}+\left(8.4+\frac{12}{\sqrt{0.7}}\right)\times\left(\frac{0.25}{0.8}-0.09\right)^2=83.286$

㉡ $Q=K\cdot h^{\frac{5}{2}}=83.286\times0.25^{\frac{5}{2}}$
$=2.603m^3/min$
$=156.18m^3/h$

31. 4각 위어의 수두 80cm, 절단의 폭 5m이면 유량은? (단, 유량계수 = 1.6)

① $4.7m^3/min$ ② $5.7m^3/min$
③ $6.5m^3/min$ ④ $7.5m^3/min$

해설 $Q=K\cdot b\cdot h^{\frac{3}{2}}=1.6\times5\times0.8^{\frac{3}{2}}=5.72$

32. 개수로에 의한 유량측정 시 케이지(chezy)의 유속공식이 적용된다. 경심이 0.653m, 홈바닥의 구배 $i=\frac{1}{1500}$, 유속계수가 62.5일 때 평균 유속은?

① 약 1.31m/s ② 약 1.44m/s
③ 약 1.54m/s ④ 약 1.62m/s

해설 $V=C\sqrt{RI}$
$=625\times\sqrt{0.653\times\frac{1}{1500}}$
$=1.304m/s$

33. 개수로 평균단면적이 $0.8m^2$이고, 표면 최대 유속이 2m/s일 때 총 평균유속은 얼마인가? (단, 수로의 구성, 재질, 수로 단면의 형상, 구배 등이 일정치 않은 개수로의 경우)

① 약 12m/min ② 약 28m/min
③ 약 56m/min ④ 약 90m/min

해설 평균유속 = 0.75×표면 최대유속
= 0.75×2m/s×60s/min
= 90m/min

34. 수심이 3m인 하천에서 유속을 측정하여 다음 자료를 얻었다. 그 지점에서의 깊이에 대한 평균유속은?

깊이(%)	0.2	0.4	0.6	0.8	수표면
유속(m/s)	0.6	0.4	1.0	1.4	1.2

① 1.2m/s ② 1.0m/s
③ 0.9m/s ④ 0.8m/s

해설 $V_m=\frac{V_{0.2}+V_{0.8}}{2}=\frac{0.6+1.4}{2}=1m/s$

35. 수심이 0.6m, 폭이 2m인 하천의 유량을 구하기 위해 수심 각 부분의 유속을 측정한 결과가 다음과 같다. 하천의 유량(m^3/s)은? (단, 하천은 장방형이라 가정한다.)

정답 30. ② 31. ② 32. ① 33. ④ 34. ② 35. ②

깊이(%)	0.2	0.4	0.6	0.8	1.0
유속(m/s)	0.7	0.4	1.0	1.4	1.2

① 1.05 ② 1.26
③ 2.44 ④ 3.52

해설 ㉠ 평균유속을 구한다.

$$V_m = \frac{V_{0.2}+V_{0.8}}{2} = \frac{0.7+1.4}{2} = 1.05\text{m/s}$$

㉡ $Q=(2\times 0.6)\times 1.05=1.26\text{m}^3/\text{s}$

36. 최대유량 1m^3/분 이상인 경우, 용기에 의한 유량측정에 관한 내용이다. (   ) 안에 맞는 것은?

> 수조가 큰 경우 유입시간에 있어서 유수의 부피는 상승한 수위와 상승 수면의 평균 표면적의 계측에 의하여 유량을 산출한다. 이 경우 측정시간은 (㉠) 정도, 수위의 상승속도는 적어도 (㉡) 이상이어야 한다.

① ㉠ 1분, ㉡ 매분 1cm
② ㉠ 1분, ㉡ 매분 3cm
③ ㉠ 5분, ㉡ 매분 1cm
④ ㉠ 5분, ㉡ 매분 3cm

해설 수조가 큰 경우 유입시간에 있어서 유수의 부피는 상승한 수위와 상승 수면의 평균표면적의 계측에 의하여 유량을 산출한다. 이 경우 측정시간은 5분 정도, 수위의 상승속도는 적어도 매분 1cm 이상이어야 한다.

37. 다음 중 시료의 전처리 방법과 거리가 먼 것은?

① 불화수소산-과염소산법
② 용매 추출법
③ 회화법
④ 질산-황산법

해설 과염소산을 넣을 경우 질산이 공존하지 않으면 폭발할 위험이 있다.

38. 시료의 전처리 방법 중 유기물 함량이 낮은 깨끗한 하천수의 전처리 방법은?

① 질산-염산법
② 황산법
③ 질산법
④ 질산 과염소산법

39. 시료의 전처리 방법 중 유기물 등을 많이 함유하고 있는 대부분의 시료에 적용되며 칼슘, 바륨, 납 등을 다량 함유한 시료는 난용성의 염을 생성하여 다른 금속성분을 흡착하므로 주의하여야 하는 것은?

① 질산-황산법
② 질산-과염소산법
③ 질산-염산법
④ 질산-불화수소산법

40. 유기물 함량이 비교적 높지 않고 금속의 수산화물, 산화물, 인산염 및 황화물을 함유하는 시료에 적용되는 전처리 방법은?

① 질산법
② 질산-과염소산법
③ 질산-황산법
④ 질산-염산법

41. 채취된 시료수에 다량의 점토질 또는 규산염을 함유한 시료의 적용되는 전처리 방법은?

① 질산 – 황산법
② 질산 – 과염소산 – 불화수소산법
③ 질산 – 황산 – 과염소산법
④ 회화법

정답 36. ③ 37. ① 38. ③ 39. ① 40. ④ 41. ②

2 Chapter 일반항목 및 이온류

일반항목

2-1 냄새

(1) 개요

① 목적 : 이 시험기준은 물속의 냄새(odor)를 측정하기 위하여 측정자의 후각을 이용하는 방법으로 시료를 정제수로 희석하면서 냄새가 느껴지지 않을 때까지 반복하여 희석배수를 수치화 한다.

② 간섭물질 : 잔류염소 냄새는 측정에서 제외한다. 따라서 잔류염소가 존재하면 티오황산나트륨용액을 첨가하여 잔류염소를 제거한다.

(2) 용어정의

- 냄새역치(TON, threshold odornumber) : 냄새를 감지할 수 있는 최대 희석배수를 말한다.

(3) 분석기기 및 기구

① 유리기구류 : 고무 또는 플라스틱 재질의 마개는 사용하지 않는다.

② 항온수조 또는 항온판 : 시료의 온도를 ±1℃로 일정하게 유지할 수 있는 수조 또는 열판을 사용한다.

(4) 분석절차

① 각각 200, 50, 12, 2.8mL의 시료를 취해서 4개의 500mL 부피의 암갈색 삼각플라스크에 담고 무취 정제수를 넣어 200mL로 맞춘 후 마개를 한다.

② 시료를 담은 삼각플라스크를 항온수조 또는 항온판에서 시험온도인 40～50℃까지 가열한다.

참고

1. 냄새 측정자는 너무 후각이 민감하거나, 둔감해서는 안 된다. 미리 정해진 횟수를 측정한 측정자는 무취 공간에서 30분 이상 휴식을 취해야 한다.
2. 냄새를 정확하게 측정하기 위하여 측정자는 5명 이상으로 한다.
3. 온도변화를 1℃ 이내로 유지한다. 또한 측정자가 시료에 대한 선입견을 갖지 않도록 어둡게 처리된 플라스크 또는 갈색플라스크를 사용한다.

(5) 결과 보고

$$\text{냄새역치(TON)} = \frac{A+B}{A}$$

여기서, A : 시료 부피(mL), B : 무취 정제수 부피(mL)

2-2 노말헥산 추출물질

(1) 개요

① 목적 : 이 시험기준은 물 중에 비교적 휘발되지 않는 탄화수소, 탄화수소유도체, 그리스 유상물질 및 광유류를 함유하고 있는 시료를 pH 4 이하의 산성으로 하여 노말헥산층에 용해되는 물질을 노말헥산으로 추출하고 노말헥산을 증발시킨 잔류물의 무게로부터 구하는 방법이다. 다만, 광유류의 양을 시험하고자 할 경우에는 활성규산마그네슘(플로리실) 칼럼을 이용하여 동식물유지류를 흡착·제거하고 유출액을 같은 방법으로 구할 수 있다.

② 적용범위 : 이 시험기준은 지표수, 지하수, 폐수 등에 적용할 수 있으며, 정량한계는 0.5mg/L이다.

참고

폐수 중의 비교적 휘발되지 않는 탄화수소, 탄화수소유도체, 그리스 유상물질 및 광유류가 노말헥산층에 용해되는 성질을 이용한 방법으로 통상 유분의 성분별 선택적 정량이 곤란하다.

(2) 분석기기 및 기구

① 전기열판 또는 전기맨틀

② 증발용기

③ 연결관 및 냉각관

④ 황산마그네슘 칼럼

참고

1. 활성규산마그네슘 칼럼과 동등 이상의 성능을 나타낼 수 있는 것을 사용할 수 있다.
2. 활성규산마그네슘은 입경 150~250μm로서 사용 전에 노말헥산으로 씻고 150℃로 약 2시간 가열한 후 진공건조용기에서 식힌 것을 사용한다.

(3) 분석절차

① 총 노말헥산 추출물질

㈎ 시료적당량(노말헥산 추출물질로서 5~200mg 해당량)을 분별깔때기에 넣고 메틸오렌지용액(0.1%) 2~3방울을 넣고 황색이 적색으로 변할 때까지 염산(1+1)을 넣어 시료의 pH를 4 이하로 조절한다.

㈏ 증발용기 외부의 습기를 깨끗이 닦고 (80±5)℃의 건조기 중에 30분간 건조하고 실리카 겔데시케이터에 넣어 정확히 30분간 방치하여 냉각한 후 무게를 단다.

② 총 노말헥산 추출물질 중 광유류 : 이 노말헥산용액 전량을 1.2mL/분의 속도로 활성규산마그네슘 칼럼을 통과시킨다.

③ 총 노말헥산 추출물질 중 동·식물 유지류 : 노말헥산 추출물질 중 동·식물유지류의 양은 총 노말헥산 추출물질의 양에서 노말헥산 추출물질 중 광유류의 양의 차로 구한다.

(4) 결과 보고

$$\text{총 노말헥산 추출물질의 무게(mg/L)} = (a-b) \times \frac{1000}{V}$$

여기서, a : 시험 전후의 증발용기의 무게차(mg)
b : 바탕시험 전후의 증발용기의 무게차(mg), V : 시료의 양(mL)

2-3 부유물질

(1) 개요

① 목적 : 이 시험기준은 미리 무게를 단 유리섬유여과지(GF/C)를 여과장치에 부착하여 일정량의 시료를 여과시킨 다음 항량으로 건조하여 무게를 달아 여과 전·후의 유리섬유여과지의 무게차를 산출하여 부유물질(suspended solids)의 양을 구하는 방법이다.

② 간섭물질

㈎ 나무 조각, 큰 모래입자 등과 같은 큰 입자들은 부유물질 측정에 방해를 주며, 이 경우 직경 2mm 금속망에 먼저 통과시킨 후 분석을 실시한다.

(나) 증발잔류물이 1000mg/L 이상인 경우의 해수, 공장폐수 등은 특별히 취급하지 않을 경우, 높은 부유물질 값을 나타낼 수 있다. 이 경우 여과지를 여러 번 세척한다.

(다) 철 또는 칼슘이 높은 시료는 금속 침전이 발생하며 부유물질 측정에 영향을 줄 수 있다.

(라) 유지(oil) 및 혼합되지 않는 유기물도 여과지에 남아 부유물질 측정값을 높게 할 수 있다.

(2) 분석기기 및 기구

① 여과장치

② 유리섬유여과지(GF/C) : 지름 47mm의 것을 사용한다.

③ 건조기 : 103∼105℃에서 건조할 수 있는 건조장치를 사용한다.

④ 데시케이터

⑤ 시계접시

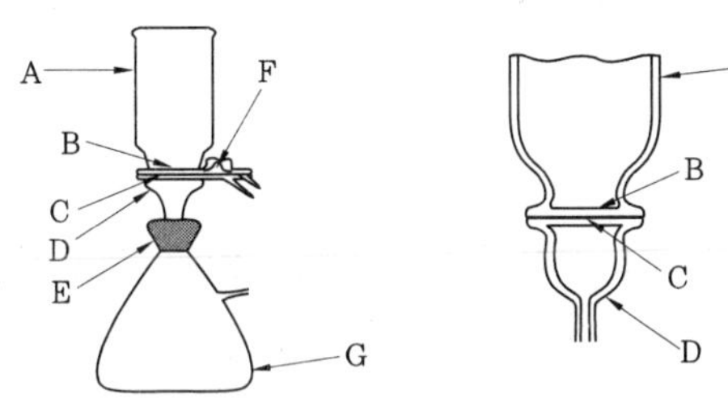

A : 상부 여과관
B : 여과재
C : 여과재 지지대
D : 하부 여과관
E : 고무마개
F : 금속제 집게
G : 흡입병

여과장치

(3) 분석절차

① 유리섬유여과지(GF/C)를 여과장치에 부착하여 미리 정제수 20mL씩으로 3회 흡인 여과하여 씻은 다음 시계접시 또는 알루미늄 호일 접시 위에 놓고 105∼110℃의 건조기 안에서 2시간 건조시켜 황산 데시케이터에 넣어 방치하고 냉각한 다음 항량하여 무게를 정밀히 달고, 여과장치에 부착시킨다.

② 시료 적당량(건조 후 부유물질로써 2mg 이상)을 여과장치에 주입하면서 흡입 여과한다.

참고

사용한 여과장치의 하부여과재를 다이크롬산칼륨 · 황산용액에 넣어 침전물을 녹인 다음 정제수로 씻어준다.

(4) 결과 보고

여과 전후의 유리섬유여지 무게의 차를 구하여 부유물질의 양으로 한다.

$$부유물질(mg/L) = (b-a) \times \frac{1000}{V}$$

여기서, a : 시료 여과 전의 유리섬유여지 무게(mg)
b : 시료 여과 후의 유리섬유여지 무게(mg), V : 시료의 양(mL)

2-4 색도

(1) 개요

① 목적 : 이 시험기준은 색도(color)를 측정하기 위하여 시각적으로 눈에 보이는 색상에 관계 없이 단순 색도차 또는 단일 색도차를 계산하는데 애덤스-니컬슨(Adams-Nickerson)의 색도 공식을 근거로 하고 있다.

② 간섭물질 : 근본적인 간섭은 적용 파장에서 콜로이드 물질 및 부유물질의 존재로 빛이 흡수 혹은 분산되면서 일어난다.

(2) 용어정의

- 애덤스-니컬슨(Adams-Nickerson)의 색도 공식 : 육안적으로 두 개의 서로 다른 색상을 가진 A, B가 무색으로 부터 같은 정도로 색도가 있다고 판정되면, 이들의 색도값(ADMI의 기준 : american dye manufacturers institute)도 같게 된다. 이 방법은 백금-코발트 표준물질과 아주 다른 색상의 폐·하수에서 뿐만 아니라 표준물질과 비슷한 색상의 폐·하수에도 적용할 수 있다.

(3) 분석기기 및 기구

- 여과장치 : 장치는 유리, 스테인리스강 또는 폴리테트라플루오로에틸렌(PTFE, poly tetrafluoro-ethylene) 재질을 사용한다.

예상문제

Engineer Water Pollution Environmental
수질환경기사

1. 노말헥산 추출물질 분석에 관한 설명으로 틀린 것은?

① 시료를 pH 4 이하의 산성으로 하여 노말헥산층에 용해되는 물질을 노말헥산으로 추출한다.
② 폐수 중의 비교적 휘발되지 않는 탄화수소, 탄화수소유도체, 그리스 유상물질 및 광유류를 함유하고 있는 시료를 측정대상으로 한다.
③ 광유류의 양을 시험하고자 할 경우에는 활성규산마그네슘칼럼으로 우선 광유류를 흡착한 후 추출한다.
④ 시료용기는 유리병을 사용하여야 하며 시료 전량을 사용하여 시험한다.

해설 광유류의 양을 시험하고자 할 경우에는 활성규산마그네슘(플로리실)칼럼을 이용하여 동식물유지류를 흡착·제거하고 유출액을 같은 방법으로 구할 수 있다.

2. 노말헥산 추출물질에 대한 설명으로 옳지 않은 것은?

① 정량한계는 0.5mg/L이다.
② 시료는 유리병을 사용하여야 하며 채취한 시료 전량을 사용하여야 한다.
③ 정밀도는 상대표준편차가 ±25% 이내이다.
④ 광유류양을 시험하는 경우는 활성규석칼륨(플로리실)칼럼을 사용한다.

해설 광유류양을 시험하는 경우는 활성규산마그네슘(플로리실)칼럼을 사용한다.

3. 수질오염 공정시험방법상 노말헥산 추출물질과 가장 거리가 먼 것은?

① 휘발되지 않는 탄화수소, 탄화수소유도체
② 그리스 유상물질
③ 광유류
④ 셀룰로오스류

4. 노말헥산 추출물질 분석실험의 정량한계와 정밀도는?

① 0.5mg/L, ±25% 이내
② 0.3mg/L, ±25% 이내
③ 0.5mg/L, ±15% 이내
④ 0.3mg/L, ±15% 이내

5. n-헥산 추출물질 시험법에서 염산으로 산성화할 때 넣어주는 지시약과 이때의 pH의 연결이 맞는 것은?

① 메틸레드 지시약 - pH 4.0 이하
② 메틸오렌지 지시약 - pH 4.0 이하
③ 메틸레드 지시약 - pH 4.5 이하
④ 메틸오렌지 지시약 - pH 4.5 이하

해설 메틸오렌지용액(0.1W/V%) 2, 3방울을 넣고 황색이 적색으로 변할 때까지 염산(1+1)을 넣어 pH 4 이하로 조절한다.

6. 어떤 공장의 폐수에 대하여 노말헥산 추출물질을 측정하기 위한 실험을 한 결과 다음 값을 얻었다. 노말헥산 추출물질의 농도는 몇 mg/L인가?

- 측정에 사용한 시료=500mL
- 증발용 비커의 순 무게=76.1452g
- 노말헥산의 증발 건조 후 비커의 무게=76.1988g

정답 1. ③ 2. ④ 3. ④ 4. ① 5. ② 6. ②

① 53.6 ② 107.2
③ 136.7 ④ 214.4

해설 노말헥산 추출물질의 농도
$=(76.1988-76.1452)g \times 10^3 mg/g \times \frac{1000mL/L}{500mL}$
$=107.2mg/L$

7. **부유물질의 측정에 관한 설명 중 알맞지 않은 것은?**

① 시료 적당량(건조 후 부유물질로써 1mg 이상)을 여과장치에 주입하면서 흡입 여과한다.
② 유지(oil) 및 혼합되지 않는 유기물도 여과지에 남아 부유물질 측정값을 높게 할 수 있다.
③ 사용한 여과기의 하부여과재를 다이크롬산칼륨·황산용액에 넣어 침전물을 녹인 다음 정제수로 씻어준다.
④ 현탁물질은 침강이 쉽기 때문에 균일 시료를 분취하기 어려워 시료 전량 사용이 필요하다.

해설 시료 적당량(건조 후 부유물질로써 2mg 이상)을 여과장치에 주입하면서 흡입 여과한다.

8. **부유물질에 관한 사항 중 옳은 것은?**

① 105~110℃의 건조기 안에서 1시간 건조 후 상온에서 냉각한다.
② 사용한 여과기의 하부여과재를 정제수로 용해시킨 후 씻어내 오차를 줄인다.
③ 나무 조각, 큰 모래입자 등과 같은 큰 입자들은 부유물질 측정에 방해를 주며, 이 경우 직경 2mm 금속망에 먼저 통과시킨 후 분석을 실시한다.
④ 철 또는 칼슘이 낮은 시료는 금속 침전이 발생하며 부유물질 측정에 영향을 줄 수 있다.

해설 ㉠ 105~110℃의 건조기 안에서 2시간 건조시켜 황산데시케이터에 넣어 방랭한다.
㉡ 사용한 여과기의 하부여과재를 다이크롬산칼륨·황산용액에 넣어 침전물을 녹인 다음 정제수로 씻어준다.
㉢ 철 또는 칼슘이 높은 시료는 금속 침전이 발생하며 부유물질 측정에 영향을 줄 수 있다.

9. **폐수 중의 부유물질을 측정하고자 실험을 하여 다음과 같은 결과를 얻었다. 폐수 중의 부유 물질량은 얼마인가?**

- 시료량=100mL
- 유리섬유여지의 무게=0.6329g
- 폐수 여과 후 건조여지의 무게 =0.6531g

① 202mg/L ② 221mg/L
③ 231mg/L ④ 241mg/L

해설 SS 농도$=(0.6531-0.6329)g \times 10^3 mg/g \times \frac{1000mL/L}{100mL}$
$=202mg/L$

10. **100mL의 시료를 가지고 부유물질을 측정한 결과 다음과 같은 결과를 얻었다. 전체 부유물질(건조된 고형물 기준) 중에서 휘발성 부유물질이 차지하는 %(무게기준)는? (단, 용기의 무게=18.4623g, 건조시킨 후의 무게(용기+건조된 고형물)=18.5112g, 휘발시킨 후의 무게(용기+재)=18.4838g)**

① 56.0% ② 63.8%
③ 72.3% ④ 83.8%

해설 ㉠ TSS의 무게$=18.5112-18.4623=0.0489g$
㉡ VSS의 무게$=18.5112-18.4838=0.0274g$

정답 7. ① 8. ③ 9. ① 10. ①

㉢ $\frac{VSS}{TSS}$의 비 $=\frac{0.0274}{0.0489}\times100=56.03\%$

11. 어느 하수처리장에서 SS 제거율을 구하기 위해 유입수와 유출수에서 시료를 각각 50mL와 100mL를 채취하였다. SS 여과 실험결과 유입수와 유출수의 건조시킨 후의 무게는 각각 1.5834g과 1.5485g이었고 이때 사용된 여과지 무게는 1.5378g이었다. SS 제거율은 얼마인가?

① 약 88%　　② 약 90%
③ 약 92%　　④ 약 94%

해설 ㉠ 유입수 SS 농도

$=(1.5834-1.5378)g\times10^3mg/g\times\frac{1000mL/L}{50mL}$

$=912mg/L$

㉡ 유출수 SS 농도

$=(1.5485-1.5378)g\times10^3mg/g\times\frac{1000mL/L}{100mL}$

$=107mg/L$

㉢ SS 제거율 $=\frac{912-107}{912}\times100=88.27\%$

12. 수질오염 공정시험방법에서 색도를 측정할 때의 설명이 잘못된 것은?

① 애덤스-니컬슨의 색도 공식에 의거한다.
② 백금-코발트 표준물질과 아주 다른 색상의 폐·하수에는 적용이 어렵다.
③ 투과율법으로 색도시험을 한다.
④ 시료 중 부유물질은 제거하여야 한다.

해설 투과율법은 백금-코발트 표준물질과 아주 다른 색상의 폐·하수에서 뿐만 아니라 표준물질과 비슷한 색상의 폐·하수에도 적용할 수 있다.

13. 색도 시험법(투과율법)의 설명 중 틀린 것은?

① 백금-코발트 표준물질과 아주 다른 색상의 폐·하수에서 뿐만 아니라 표준물질과 비슷한 색상의 폐·하수에도 적용할 수 있다.
② 애덤스-니컬슨의 색도 공식을 근거한다.
③ 시각적으로 눈에 보이는 색상을 기준으로 복합적인 색도차를 계산한다.
④ 시료 중 부유물질은 제거하여야 한다.

해설 시각적으로 눈에 보이는 색상에 관계없이 단순 색도차 또는 단일 색도차를 계산한다.

정답　11. ①　12. ②　13. ③

2-5 생물화학적 산소요구량(BOD)

(1) 개요

① 목적 : 이 시험기준은 물속에 존재하는 생물화학적 산소요구량을 측정하기 위하여 시료를 20℃에서 5일간 저장하여 두었을 때 시료 중의 호기성 미생물의 증식과 호흡작용에 의하여 소비되는 용존산소의 양으로부터 측정하는 방법이다.

② 적용범위

㈎ 이 시험기준은 실험실에서 20℃로 5일 동안 배양할 때의 산소요구량이다.

㈏ 시료 중 용존산소의 양이 소비되는 산소의 양보다 적을 때에는 시료를 희석수로 적당히 희석하여 사용한다.

㈐ 공장폐수나 혐기성 발효의 상태에 있는 시료는 호기성 산화에 필요한 미생물을 식종하여야 한다.

㈑ 탄소 BOD를 측정해야 할 경우에는 질산화 억제 시약(ATU 용액)을 첨가한다.

③ 간섭물질

㈎ 시료가 산성 또는 알칼리성을 나타내거나 잔류염소 등 산화성 물질을 함유하였거나 용존 산소가 과포화되어 있을 때에는 BOD 측정이 간섭받을 수 있으므로 전처리를 행한다.

㈏ 시료 중 질산화 미생물이 충분히 존재할 경우 유기 및 암모니아성 질소 등의 환원 상태 질소 화합물질이 BOD 결과를 높게 만든다. 적절한 질산화 억제 시약을 사용하여 질소에 의한 산소 소비를 방지한다.

㈐ 시료는 시험하기 바로 전에 온도를 (20±1)℃로 조정한다.

(2) 분석절차

① 전처리

㈎ pH가 6.5～8.5의 범위를 벗어나는 산성 또는 알칼리성 시료는 염산용액(1M) 또는 수산화나트륨용액(1M)으로 시료를 중화하여 pH 7～7.2로 맞춘다. 다만 이때 넣어주는 염산 또는 수산화나트륨의 양이 시료량의 0.5%가 넘지 않도록 하여야 한다. pH가 조정된 시료는 반드시 식종을 실시한다.

㈏ 가능한 한 염소소독 전에 시료를 채취한다. 그러나 잔류염소를 함유한 시료는 시료 100mL에 아지드화나트륨 0.1g과 요오드화칼륨 1g을 넣고 흔들어 섞은 다음 염산을 넣어 산성으로 한다(약 pH 1). 유리된 요오드를 전분지시약을 사용하여 아황산나트륨용액(0.025N)으로 액의 색깔이 청색에서 무색으로 변화될 때까지 적정하여 얻은 아황산나트륨용액(0.025N)의 소비된 부피(mL)를 남아 있는 시료의 양에 대응하여 넣어 준다. 일반적으로 잔류염소를 함유한 시료는 반드시

식종을 실시한다.

㈐ 수온이 20℃ 이하일 때의 용존산소가 과포화되어 있을 경우에는 수온을 23~25℃로 상승시킨 이후에 15분간 통기하고 방치하고 냉각하여 수온을 다시 20℃로 한다.

② 분석방법

㈎ 예상 BOD치에 대한 사전경험이 없을 때에는 다음과 같이 희석하여 시료용액을 조제한다. 강한 공장폐수는 0.1~1.0%, 처리하지 않은 공장폐수와 침전된 하수는 1~5%, 처리하여 방류된 공장폐수는 5~25%, 오염된 하천수는 25~100%의 시료가 함유되도록 희석 조제한다.

㈏ BOD용 배양기에 넣고 20℃ 어두운 곳에서 5일간 배양한다.

㈐ 5일간 저장한 다음 산소의 소비량이 40~70% 범위 안의 희석시료용액을 선택하여 처음의 용존산소량과 5일간 배양한 다음 남아 있는 용존산소량의 차로부터 BOD를 계산한다.

③ BOD용 희석수 및 BOD용 식종희석수의 검토 : 글루코오스 및 글루타민산 각 150mg씩을 취하여 물에 녹여 1000mL로 한 액 5~10mL를 3개의 300mL BOD병에 넣고 BOD용 희석수를 완전히 채운 다음, 이하 BOD 시험방법에 따라 시험할 때에 측정하여 얻은 BOD 값은 200±30mg/L의 범위 안에 있어야 한다.

(3) 결과 보고

① 식종하지 않은 시료의 BOD

$$\text{BOD[mg/L]} = (D_1 - D_2) \times P$$

② 식종희석수를 사용한 시료의 BOD

$$\text{BOD[mg/L]} = [(D_1 - D_2) - (B_1 - B_2) \times f] \times P$$

여기서, D_1 : 희석(조제)한 검액(시료)의 15분간 방치한 후의 DO[mg/L]

D_2 : 5일간 배양한 다음의 희석(조제)한 검액(시료)의 DO[mg/L]

B_1 : 식종액의 BOD를 측정할 때 희석된 식종액의 배양 전의 DO[mg/L]

B_2 : 식종액의 BOD를 측정할 때 희석된 식종액의 배양 후의 DO[mg/L]

f : 시료의 BOD를 측정할 때 희석시료 중의 식종액 함유율(x%)에 대한 식종액의 BOD를 측정할 때 희석한 식종액 중의 식종액 함유율(y%)의 비$\left(\frac{x}{y}\right)$

p : 희석시료 중 시료의 희석배수$\left(\frac{\text{희석시료량}}{\text{시료량}}\right)$

예상문제

Engineer Water Pollution Environmental
수질환경기사

1. 다음은 BOD 측정용 시료의 전처리 조작에 관한 설명이다. 틀린 것은?

① 산성인 시료는 수산화나트륨용액(1M)으로 중화시킨다.
② 알칼리성 시료는 염산용액(1M)으로 중화시킨다.
③ 일반적으로 잔류염소를 함유한 시료는 반드시 식종을 실시한다.
④ 수온이 20℃ 이상인 시료는 10℃ 이하로 식힌 후 통기하여 산소를 포화시킨다.

해설 수온이 20℃ 이하일 때의 용존산소가 과포화되어 있을 경우에는 수온을 23~25℃로 상승시킨 이후에 15분간 통기하고 방치하고 냉각하여 수온을 다시 20℃로 한다.

2. BOD를 측정할 경우 시료의 전처리에 대한 설명이다. 틀린 것은?

① pH가 6.5~8.5의 범위를 벗어나는 산성 또는 알칼리성 시료는 염산용액(1M) 또는 수산화나트륨용액(1M)으로 시료를 중화하여 pH 7~7.2로 맞춘다.
② 시료 중화 시 넣어주는 산 또는 알칼리의 양은 시료량의 1.0%가 넘지 않도록 한다.
③ 시료는 시험하기 바로 전에 온도를 (20±1)℃로 조정한다.
④ 일반적으로 잔류염소를 함유한 시료는 반드시 식종을 실시한다.

해설 시료 중화 시 넣어주는 산 또는 알칼리의 양은 시료량의 0.5%가 넘지 않도록 한다.

3. 수질오염 공정시험법에 의하여 사전 경험이 없이 생물화학적 산소요구량의 실험을 할 때 희석법이 옳지 않은 것은?

① 강한 공장 폐수를 시료는 0.1~1.0%로 넣는다.
② 침전된 하수는 시료를 1~5%로 넣는다.
③ 처리하여 방류된 공장 폐수는 시료를 40~70% 넣는다.
④ 오염된 하천수는 시료를 25~100%로 넣는다.

해설 처리하여 방류된 공장 폐수는 시료를 5~25% 넣는다.

4. 300mL BOD병에 6mL의 시료를 넣고 희석수로 채운 후 용존산소가 8.6mg/L이었고 5일 후의 용존산소가 5.4mg/L이라면 시료의 BOD는 몇 mg/L인가?

① 120 ② 140
③ 160 ④ 180

해설 ㉠ $BOD[mg/L]=(D_1-D_2)\times P$

㉡ $BOD[mg/L]=(8.6-5.4)\times\frac{300}{6}$

$=160mg/L$

5. 어느 하천의 BOD를 측정하기 위해 검수에 희석수를 가하여 40배로 희석한 것을 BOD병에 채우고 20℃에서 5일간 부란시키기 전 희석 검수의 DO는 8.5mg/L, 5일 부란 후 적정에 사용된 0.025N-$Na_2S_2O_3$ 용액이 1.5mL, BOD병 내용적이 303mL, 적정에 사용된 검수량이 100mL, 0.025N-Na_2S_2O 용액의 역

정답 1. ④ 2. ② 3. ③ 4. ③ 5. ②

가는 1이다. 이 하천수의 BOD는 얼마인가? (단, DO 적정을 위해 투입된 $MnSO_4$의 알칼리성 요오드화칼륨, 아지드화나트륨용액의 양은 각각 1mL로 한다.)

① 약 190mg/L ② 약 220mg/L
③ 약 250mg/L ④ 약 280mg/L

해설 ㉠ 5일 후의 DO농도를 구한다.

$$DO=1.5\times1\times\frac{303}{100}\times\frac{1000}{303-2}\times0.2$$
$$=3.02mg/L$$

㉡ BOD=(8.5−3.02)×40=219.2mg/L

6. 어떤 공장 폐수의 BOD를 측정했을 경우 50배 희석했을 때의 DO는 8.4mg/L이고 20℃에서 5일간 방치 후의 DO는 3.6mg/L이었다. 이 폐수를 BOD 제거율 90%의 성능을 가진 활성오니 처리시설에서 처리 시 방류수의 BOD[mg/L]는 얼마인가?

① 12 ② 18
③ 24 ④ 30

해설 ㉠ BOD=(8.4−3.6)×50=240mg/L
㉡ 방류수의 BOD[mg/L]=240×(1−0.9)
=24mg/L

7. 어떤 공장폐수의 BOD를 측정하기 위하여 검수에 식종희석수를 넣어서 40배로 희석하여 20℃ 부란기에 넣어서 5일간 배양했다. 이 희석검수의 처음 DO는 8.4mg/L, 5일 후 DO는 3.7mg/L이었다. 식종물질로는 BOD 10mg/L의 하천수를 쓰고 그 100mL를 희석수 900mL에 가하여 식종 희석수를 조제하였다. BOD는 몇 mg/L인가?

① 188 ② 149
③ 126 ④ 98

해설 ㉠ 식종했을 때 BOD(mg/L)
$=[(D_1-D_2)-(B_1-B_2)\times f]\times P$

㉡ 식종희석수의 BOD 농도
$$=10mg/L\times\frac{100mg/L}{(100+900)mg/L}=1mg/L$$

㉢ 공장폐수의 BOD
$$=[(8.4-3.7)-(1)\times\frac{39}{40}]\times40=149mg/L$$

정답 6. ③ 7. ②

2-6 수소이온 농도

(1) 개요

① 목적 : 이 시험기준은 물속의 수소이온농도(pH)를 측정하는 방법으로, 기준전극과 비교전극으로 구성되어진 pH측정기를 사용하여 양 전극간에 생성되는 기전력의 차를 이용해 측정하는 방법이다.

② 적용범위 : 이 시험기준은 수온이 0～40℃인 지표수, 지하수, 폐수에 적용되며, 정량범위는 pH 0～14이다.

③ 간섭물질

(가) 일반적으로 유리전극은 용액의 색도, 탁도, 콜로이드성 물질들, 산화 및 환원성 물질들 그리고 염도에 의해 간섭을 받지 않는다.

(나) pH 10 이상에서 나트륨에 의해 오차가 발생할 수 있는데, 이는 '낮은 나트륨 오차 전극'을 사용하여 줄일 수 있다.

(다) 기름층이나 작은 입자상이 전극을 피복하여 pH 측정을 방해할 수 있는데, 이 피복물을 부드럽게 문질러 닦아내거나 세척제로 닦아낸 후 증류수로 세척하여 부드러운 천으로 물기를 제거하여 사용한다. 염산(1+9)을 사용하여 피복물을 제거할 수 있다.

(라) pH는 온도변화에 따라 영향을 받는다. 대부분의 pH 측정기는 자동으로 온도를 보정하나 수동으로도 보정할 수 있다.

(2) 분석기기 및 기구

① pH측정기 : pH측정기는 보통 유리전극 및 비교전극으로 된 검출부와 검출된 pH를 표시하는 지시부로 되어 있다.

② 적용범위

(가) 검출부 : 시료에 접하는 부분으로 유리전극 또는 안티몬전극과 비교전극으로 구성되어 있다. pH는 온도에 대한 영향이 매우 크다.

참고

안티몬전극을 사용하는 경우 정량범위는 pH 2～12이다.

(나) 유리전극 : pH측정기를 구성하는 유리전극으로서 수소이온의 농도가 감지되는 전극이다.

(다) 비교전극 : 은-염화은과 칼로멜 전극이 주로 사용되며, 기준전극과 작용전극이 결합된 전극이 측정하기에 편리하다.

㈑ 지시부

(3) 시약 및 표준용액

• 표준용액 : pH 표준용액의 조제에 사용되는 물은 정제수를 15분 이상 끓여서 이산화탄소를 날려 보내고 산화칼슘(생석회) 흡수관을 달아 식혀서 준비한다. 제조된 pH 표준용액의 전도도는 2μS/cm 이하이어야 한다. 조제한 pH 표준용액은 경질 유리병 또는 폴리에틸렌병에 담아서 보관하며, 보통 산성 표준용액은 3개월, 염기성 표준용액은 산화칼슘 흡수관을 부착하여 1개월 이내에 사용한다.

(4) 분석절차

① pH전극 보정

② 온도 보정 : pH 4 또는 10 표준용액에 전극(온도보정용 감온소자 포함)을 담그고 표준용액의 온도를 10~30℃ 사이로 변화시켜 5℃ 간격으로 pH를 측정하여 차이를 구한다.

온도	수산염 표준액	프탈산염 표준액	인산염 표준액	붕산염 표준액	탄산염 표준액	수산화칼슘 표준액
0℃	1.67	4.01	6.98	9.46	10.32	13.43
5℃	1.67	4.01	6.95	9.39	10.25	13.21
10℃	1.67	4.00	6.92	9.33	10.18	13.00
15℃	1.67	4.00	6.90	9.27	10.12	12.81
20℃	1.68	4.00	6.88	9.22	10.07	12.63
25℃	1.68	4.01	6.86	9.18	10.02	12.45
30℃	1.69	4.01	6.85	9.14	9.97	12.30
35℃	1.69	4.02	6.84	9.10	9.93	12.14
40℃	1.70	4.03	6.84	9.07	–	11.99
50℃	1.71	4.06	6.83	9.01	–	11.70
60℃	1.73	4.10	6.84	8.96	–	11.45

2-7 온도

이 시험기준은 물의 온도(temperature)를 수은 막대 온도계 또는 서미스터를 사용하여 측정하는 방법이다.

2-8 용존산소

적정법(titrimetric method)

(1) 개요

① 목적 : 이 시험기준은 물속에 존재하는 용존산소(dissolved oxygen)를 측정하기 위하여 시료에 황산망간과 알칼리성 요오드칼륨용액을 넣어 생기는 수산화제일망간이 시료 중의 용존산소에 의하여 산화되어 수산화제이망간으로 되고, 황산 산성에서 용존산소량에 대응하는 요오드를 유리한다. 유리된 요오드를 티오황산나트륨으로 적정하여 용존산소의 양을 정량하는 방법이다.

② 적용범위 : 이 시험기준은 지표수, 지하수, 폐수 등에 적용할 수 있으며, 정량한계는 0.1mg/L이다.

참고

산소 포화농도의 2배까지 용해(20.0mg/L)되어 있는 간섭물질이 존재하지 않는 모든 종류의 물에 적용할 수 있다.

(2) 분석절차

① 전처리

㈎ 시료의 착색 · 현탁된 경우 : 칼륨명반용액 10mL와 암모니아수 1~2mL를 유리병의 위로 부터 넣고, 공기(피펫의 공기)가 들어가지 않도록 주의하면서 마개를 닫고 조용히 상 · 하를 바꾸어 가면서 1분간 흔들어 섞고 10분간 정치하여 현탁물을 침강시킨다.

㈏ 황산구리-술파민산법(미생물 플록(floc)이 형성된 경우)

㈐ 산화성 물질을 함유한 경우(잔류염소) : 시료 중에는 잔류염소 등이 함유되어 있을 때에는 0.025N 티오황산나트륨용액으로 적정하고 그 측정값을 용존산소량의 측정값에 보정한다.

㈑ 산화성 물질을 함유한 경우(Fe(Ⅲ)) : Fe(Ⅲ) 100~200mg/L가 함유되어 있는 시료의 경우, 황산을 첨가하기 전에 플루오린화칼륨용액(300g/L) 1mL를 가한다.

② 분석방법

㈎ 시료를 가득 채운 300mL BOD병에 황산망간용액 1mL, 알칼리성 요오드화칼륨-아지드화나트륨용액 1mL를 넣고 기포가 남지 않게 조심하여 마개를 닫고 병을 수회 회전하면서 섞는다.

㈏ BOD병의 용액 200mL를 정확히 취하여 황색이 될 때까지 티오황산나트륨용액

(0.025M)으로 적정한 다음, 전분용액 1mL를 넣어 용액을 청색으로 만든다. 이후 다시 티오황산나트륨용액(0.025M)으로 용액이 청색에서 무색이 될 때까지 적정한다.

(3) 결과 보고

① 용존산소 농도 산정방법

$$용존산소(mg/L) = a \times f \times \frac{V_1}{V_2} \times \frac{1000}{V_1 - R} \times 0.2$$

여기서, a : 적정에 소비된 티오황산나트륨용액(0.025M)의 양(mL)
f : 티오황산나트륨(0.025M)의 인자(factor), V_1 : 전체 시료의 양(mL)
V_2 : 적정에 사용한 시료의 양(mL)
R : 황산망간용액과 알칼리성 요오드화칼륨-아지드화나트륨용액 첨가(mL)

② 용존산소 포화율 산정방법

$$용존산소포화율(\%) = \frac{DO}{DO_t \times \frac{B}{760}} \times 100$$

여기서, DO : 시료의 용존산소량(mg/L), DO_t : 수중의 용존산소 포화량(mg/L)
B : 시료채취 시의 대기압(mmHg)

전극법(electrode method)

(1) 개요

① 목적 : 이 시험기준은 물속에 존재하는 용존산소를 측정하기 위하여 시료 중의 용존산소가 격막을 통과하여 전극의 표면에서 산화, 환원반응을 일으키고 이때 산소의 농도에 비례하여 전류가 흐르게 되는데 이 전류량으로부터 용존산소량을 측정하는 방법이다.

② 적용범위 : 이 시험기준은 지표수, 지하수, 폐수 등에 적용할 수 있으며, 정량한계는 0.5mg/L이다.

참고

특히 산화성 물질이 함유된 시료나 착색된 시료와 같이 빙클러-아지드화나트륨 변법을 적용할 수 없는 폐하수의 용존산소 측정에 유용하게 사용할 수 있다.

(2) 시약 및 표준용액

- 영점용액 : 정제수 또는 교정용 시료 200mL에 무수아황산나트륨(sodium sulfite anhydrous, Na_2SO_3, 분자량 : 126.04) 10g을 녹여 용존산소를 제거하여 사용한다.

(3) 정도보증/정도관리(QA/QC)

정확도는 수중의 용존산소를 빙클러 아지드화나트륨 변법으로 측정한 결과와 비교하여 산출한다. 4회 이상 측정하여 측정 평균값의 상대 백분율로서 나타내며 그 값이 95~105% 이내이어야 한다.

2-9 잔류염소

비색법(colorimetric method)

① 목적 : 이 시험기준은 잔류염소(residual chlorine)를 측정하는 방법으로서 시료의 pH를 인산염완충용액으로 약산성으로 조절한 후 발색하여 잔류염소 표준비색표와 비교하여 측정한다.

② 적용범위 : 이 시험기준은 지표수, 지하수, 폐수 등에 적용할 수 있으며, 정량한계는 0.05mg/L이다.

적정법(titration method)

(1) 개요

① 목적

이 시험기준은 물속에 존재하는 잔류염소를 전류적정법으로 측정하는 방법이다.

② 적용범위

㈎ 이 시험기준은 지표수, 지하수, 폐수 등에 적용할 수 있으며, 정량한계는 2mg/L이다.

㈏ 이 시험기준은 물속의 총 염소를 측정하기 위해 적용한다.

(2) 분석절차

① 적당한 비커에 시료 200mL를 담는다.

② 전류적정계와 교반기를 설치한다.

③ 페닐아신산화제용액(0.00564N)으로 적정한다.

④ 적정하게 됨에 따라 전류값이 떨어지게 된다. 전류값이 더 이상 내려가지 않으면 종말점으로 한다. 적정에 소모된 페닐아신 산화제의 농도로 부터 잔류염소를 산출한다.

예상문제

Engineer Water Pollution Environmental
수질환경기사

1. 다음은 pH의 측정원리를 설명한 것이다. 옳게 설명한 것은?

① 보통 기준전극과 비교전극 간에 발생하는 기전력차를 이용하여 구한다.
② 보통 수은전극과 비교전극 간에 발생하는 기전력차를 이용하여 구한다.
③ 보통 백금전극과 비교전극 간에 발생하는 기전력차를 이용하여 구한다.
④ 보통 탄소전극과 비교전극 간에 발생하는 기전력차를 이용하여 구한다.

해설 pH는 기준전극과 비교전극으로 구성되어진 pH측정기를 사용하여 양 전극간에 생성되는 기전력의 차를 이용하여 측정하는 방법이다.

2. 수온 20℃이고 pH 9 부근의 pH 표준액으로 사용되는 것은?

① 0.025mol/L의 인산2수소칼륨과 0.025 mol/L의 인산수소2나트륨의 동량 혼합액
② 0.01mol/L 붕산염 표준액
③ 0.05mol/L 프탈레이트산염 표준액
④ 0.025mol/L 수산화나트륨염 표준액

해설 pH 9 부근의 pH 표준액으로 사용하는 것은 0.01mol/L 붕산염 표준액이다.

3. pH 표준액의 pH 값이 0℃에서 제일 큰(높은) 값을 나타내는 표준액은?

① 수산염 표준액 ② 프탈산염 표준액
③ 탄산염 표준액 ④ 붕산염 표준액

해설 ㉠ 수산염 표준액 : 1.67, ㉡ 프탈산염 표준액 : 4.01, ㉢ 탄산염 표준액 : 10.32, ㉣ 붕산염 표준액 : 9.46

4. 유리전극에 의한 pH 측정에 관한 다음 설명 중 틀린 것은?

① 일반적으로 유리전극은 용액의 색도, 탁도, 콜로이드성 물질들, 산화 및 환원성 물질들 그리고 염도에 의해 간섭을 받지 않는다.
② 염기성 표준액은 산화칼륨 흡수관을 흡착하여 3개월 이내에 사용한다.
③ 전극이 더러워진 경우 세제나 염산용액(0.1M) 등으로 닦아낸 다음 정제수로 충분히 흘려 씻어낸다.
④ pH는 온도변화에 따라 영향을 받는다. 대부분의 pH측정기는 자동으로 온도를 보정한다.

해설 염기성 표준액은 산화칼슘(생석회) 흡수관을 부착하여 1개월 이내에 사용한다.

5. 용존산소(DO) 측정 시 시료가 착색, 현탁된 경우에 사용하는 전처리 시약은?

① 칼륨명반용액, 암모니아수
② 황산구리, 술파민산용액
③ 황산, 불화칼륨용액
④ 황산제이철용액, 과산화수소

해설 시료가 착색, 현탁된 경우에는 칼륨명반용액 10mL와 암모니아수 1~2mL를 유리병의 위로부터 넣고 10분간 정치하여 현탁물을 침강시킨다.

6. 용존산소량(DO) 측정 시 시료에 활성슬러지 미생물 플록(floc)이 형성된 경우의 시료 전처리로 가장 옳은 것은?

① 칼륨명반-암모니아용액 주입

정답 1. ① 2. ② 3. ③ 4. ② 5. ① 6. ②

② 황산구리-술파민산용액 주입
③ 알칼리성 요오드화칼륨-아지드화나트륨용액 주입
④ 불화칼륨-황산용액 주입

해설 황산구리-술파민산법 : 활성오니의 미생물의 플록(floc)이 형성된 경우

7. Winkler법 중 Azide 변법에 의한 DO 측정에서 Azide 첨가는 어떤 성분의 방해를 억제하기 위한 것인가?

① Cl^- ② NO_2^- ③ I_2 ④ Fe

해설 수중에 NO_2^-가 존재하면 NO_2^-이 요오드를 유리시켜 DO값을 증가시키므로 이것을 방지하기 위하여 아지드화나트륨(NaN_3)를 첨가한다.

8. DO 측정 시의 표준적정액은 어느 것인가?

① $Na_2S_2O_3$ ② Na_2SO_3
③ $KMnO_4$ ④ $Na_2C_2O_4$

해설 시료 200mL를 정확히 취하여 황색이 될 때까지 0.025M-티오황산나트륨액으로 적정한 다음 전분용액 1mL를 넣고 액의 청색이 무색이 될 때까지 적정한다.

9. DO 측정 시 end point(종말점)에 있어서의 액의 색은? (단, 빙클러-아지드화나트륨 변법 기준)

① 무색 ② 미홍색 ③ 황색 ④ 청남색

10. 빙클러 방법으로 용존산소를 정량 시 0.01N-$Na_2S_2O_3$용액 1mL가 소요되었을 때 이것 1mL는 산소 몇 mg에 상당하겠는가?

① 0.08mg ② 0.16mg
③ 0.2mg ④ 0.8mg

해설 용존산소량=0.01g당량/L×0.001L×8/당량×10^3mg/g=0.08mg

11. 공장폐수 300mL를 취한 후 빙클러-아지드화변법에 의하여 DO를 고정하고 그 중 200mL를 분취 0.025N-$Na_2S_2O_3$로 적정하니 5mL가 소모되었다. 이 폐수의 DO는 몇 mg/L인가? (단, 0.025N-$Na_2S_2O_3$ 역가는 1.04, 전체 시료량에 넣은 시약은 4mL이다.)

① 5.27 ② 6.30
③ 7.36 ④ 8.21

해설 ㉠ 용존산소(mg/L)

$$=a\times f\times\frac{V_1}{V_2}\times\frac{1000}{V_1-R}\times 0.2$$

㉡ DO농도(mg/L)

$$=5\times 1.04\times\frac{300}{200}\times\frac{1000}{300-4}\times 0.2$$

=5.27mg/L

12. 하천수의 용존산소를 빙클러 아지드화 나트륨 변법으로 측정할 때, 시료 100mL에 대해 $\frac{N}{40}$ 티오황산나트륨으로 적정하니 2.2mL가 요하였다. 이 하천수의 용존산소량 포화율은 대략 몇 %인가?(단, 하천수의 수온은 20℃, 포화용존산소는 9.0mg/L로 한다. $\frac{N}{40}$ 티오황산나트륨의 역가는 1.0이다. 시료 채취 시 대기압은 684mmHg이다.)

① 50 ② 55
③ 60 ④ 65

해설 ㉠ 684mmHg에서의 포화 DO농도를 구한다.

$$\text{포화 DO}=9.0\text{mg/L}\times\frac{684}{760}=8.1\text{mg/L}$$

㉡ $\text{DO 농도}=2.2\times 1.0\times\frac{300}{100}\times\frac{1000}{300-2}\times 0.2=4.43\text{mg/L}$

㉢ 용존산소량 포화율

$$=\frac{4.43}{8.1}\times 100=54.69\%$$

정답 7. ② 8. ① 9. ① 10. ① 11. ① 12. ②

2-10 전기전도도

(1) 개요

① 목적 : 이 시험기준은 전기전도도(conductivity) 측정계를 이용하여 물 중의 전기전도도를 측정하는 방법이다.

② 간섭물질 : 전극의 표면이 부유물질, 그리스, 오일 등으로 오염될 경우 전기전도도의 값이 영향을 받을 수 있다.

(2) 분석기기 및 기구

① 전기전도도 측정계 : 전기전도도 측정계 중에서 25℃에서의 자체온도 보상회로가 장치되어 있는 것이 사용하기에 편리하다.

② 온도계

(3) 분석절차

① 전기전도도 셀의 보정 및 셀상수 측정방법

㈎ 전기전도도 셀을 정제수로 2～3회 씻는다.

㈏ 염화칼륨용액(0.01M)으로 2～3회 씻어주고, (25±0.5)℃에서 셀을 염화칼륨용액에 잠기게 한 상태에서 전기전도도를 측정한다.

② 분석방법

㈎ 전기전도도 측정기기별 작동법에 따라 전원을 넣는다.

㈏ 측정대상 시료를 사용하여 셀을 2～3회 씻어준다.

㈐ 시료 중에 셀을 잠기게 하여 (25±0.5)℃를 유지한 상태에서 전기전도도를 반복 측정하고 그 평균값을 취하여 다음 식에 따라 시료의 전기전도도값을 산출한다.

$$\text{전기전도도 값}(\mu S/cm) = C \times L_X$$

여기서, C : 셀 상수(cm^{-1}), L_X : 측정한 전기전도도 값(μS)

(4) 결과 보고

측정 결과는 정수로 정확하게 표기하며, 측정 단위는 $\mu S/cm$로 한다.

2-11 총 유기탄소

(1) 개요

① 목적 : 이 시험기준은 물속에 존재하는 총 유기탄소(total organic carbon)를 측정

하기 위하여 시료 적당량을 산화성 촉매로 충전된 고온의 연소기에 넣은 후에 연소를 통해서 수중의 유기탄소를 이산화탄소(CO_2)로 산화시키거나 또는 물 시료에 과황산염을 넣어 자외선으로 수중의 유기탄소를 이산화탄소로 산화하여 정량하는 방법이다.

② 적용범위 : 이 시험기준은 지표수, 지하수, 폐수 등에 적용하며, 정량한계는 0.3mg/L로 한다.

(2) 용어정의

① 총 유기탄소(TOC : total organic carbon) : 수중에서 유기적으로 결합된 탄소의 합을 말한다.

② 총 탄소(TC : total carbon) : 수중에서 존재하는 유기적 또는 무기적으로 결합된 탄소의 합을 말한다.

③ 무기성 탄소(IC : inorganic carbon) : 수중에 탄산염, 중탄산염, 용존 이산화탄소 등 무기적으로 결합된 탄소의 합을 말한다.

④ 용존성 유기탄소(DOC : dissolved organic carbon) : 총 유기탄소 중 공극 0.45μm의 여과지를 통과하는 유기탄소를 말한다.

⑤ 부유성 유기탄소(SOC : suspended organic carbon) : 총 유기탄소 중 공극 0.45μm의 여과지를 통과하지 못한 유기탄소를 말한다. 과거에는 입자성 유기탄소(POC : particulate organic carbon)로 구분하기도 하였다.

⑥ 비정화성 유기탄소(NPOC : nonpurgeable organic carbon) : 총 탄소 중 pH 2 이하에서 포기에 의해 정화(purging)되지 않는 탄소를 말한다.

2-12 클로로필 *a*

(1) 개요

- 목적 : 이 시험기준은 물속의 클로로필 *a*(chlorophyll *a*)의 양을 측정하는 방법으로 아세톤 용액을 이용하여 시료를 여과한 여과지로부터 클로로필 색소를 추출하고, 추출액의 흡광도를 663, 645, 630 및 750nm에서 측정하여 클로로필 *a*의 양을 계산하는 방법이다.

(2) 용어정리

- 클로로필 *a* : 클로로필 *a*는 모든 조류에 존재하는 녹색 색소로써 유기물 건조량의 1~2%를 차지하고 있으며, 조류의 생물량을 평가하기 위한 유력한 지표이다.

(3) 분석기기 및 기구

조직 마쇄기(tissue grinder)

(4) 분석절차

① 전처리

(가) 시료 적당량(100～2000mL)을 유리섬유여과지(GF/F, 45mm)로 여과한다.

(나) 여과지와 아세톤(9+1) 적당량(5~10mL)을 조직마쇄기에 함께 넣어 마쇄한다.

(다) 마쇄한 시료를 마개 있는 원심분리관에 넣고 밀봉하여 4℃ 어두운 곳에서 하룻밤 방치한다.

(라) 하룻밤 방치한 시료를 500g의 원심력으로 20분간 원심분리하거나 혹은 용매-저항(solvent-resistance)주사기를 이용하여 여과한다.

(마) 원심 분리한 시료의 상층액을 시료로 한다.

② 분석방법

(가) 전처리한 시료 적당량을 취하여 층장 10mm 흡수셀에 옮겨 시료로 한다.

(나) 아세톤(9+1)을 대조용액으로 하여 663, 645, 630 및 750nm에서 시료용액의 흡광도를 측정한다.

(5) 결과 보고

• 클로로필 a 양의 계산

$$클로로필\ a[\mathrm{mg/m^3}] = \frac{(11.64X_1 - 2.16X_2 + 0.10X_3) \times V_1}{V_2}$$

여기서, X_1 : OD663 － OD750, X_2 : OD645 － OD750
X_3 : OD630 － OD750, OD : 흡광도(optical density)
V_1 : 상층액의 양(mL), V_2 : 여과한 시료의 양(L)

2-13 탁도

(1) 개요

① 목적 : 이 시험기준은 탁도(turbidity)를 측정하기 위하여 탁도계를 이용하여 물의 흐림 정도를 측정하는 방법이다.

② 간섭물질

(가) 파편과 입자가 큰 침전이 존재하는 시료를 빠르게 침전시킬 경우, 탁도값이 낮게 측정된다.

(나) 시료 속의 거품은 빛을 산란시키고, 높은 측정값을 나타낸다. 따라서 시료 분취

시 거품 생성을 방지하고 시료를 셀의 벽을 따라 부어야 한다.

(다) 물에 색깔이 있는 시료는 색이 빛을 흡수하기 때문에 잠재적으로 측정값이 낮게 분석된다.

(2) 용어정의

① 탁도 단위(NTU, nephelometric turbidity unit) : 텅스텐 필라멘트 램프를 2200, 2700K으로 온도를 상승시킨 후 방출되는 빛이 검사시료를 통과하면서 산란되는 빛을 90°각도에서 측정하는 방법이다.

② 콜로이드 : 교질이라고도 하며, 물질이 분자 또는 이온 상태로 액체 중에 고르게 분산해 있는 것을 용액이라고 하는데 이것에 대해서 보통의 분자나 이온보다 크고 지름이 1～100nm 정도의 미립자가 기체 또는 액체 중에 응집하거나 침전하지 않고 분산된 상태를 콜로이드 상태라고 한다.

③ 산란 : 파동이나 빠른 속도의 입자선이 많은 분자, 원자, 미립자 등에 충돌하여 운동 방향을 바꾸고 흩어지는 현상을 가리킨다.

(3) 분석기기 및 기구

① 탁도계(turbidimeter)

② 측정용기 : 무색 투명한 유리재질로서 튜브의 내외부가 긁히거나 부식되지 않아야 한다.

(4) 결과 보고

탁도의 측정결과는 NTU 단위로 표시한다.

2-14 투명도

(1) 개요

① 목적 : 이 시험기준은 투명도(transparency)를 측정하기 위하여 지름 30cm의 투명도판(백색 원판)을 사용하여 호소나 하천에 보이지 않는 깊이로 넣은 다음 이것을 천천히 끌어 올리면서 보이기 시작한 깊이를 0.1m 단위로 읽어 투명도를 측정하는 방법이다.

② 적용범위 : 이 시험기준은 지표수 중 호소수 또는 유속이 작은 하천에 적용할 수 있다.

(2) 분석기기 및 기구

- 투명도판 : 투명도판(백색 원판)은 지름이 30cm로 무게가 약 3kg이 되는 원판에 지름 5cm의 구멍 8개가 뚫려 있으며 그림과 같다.

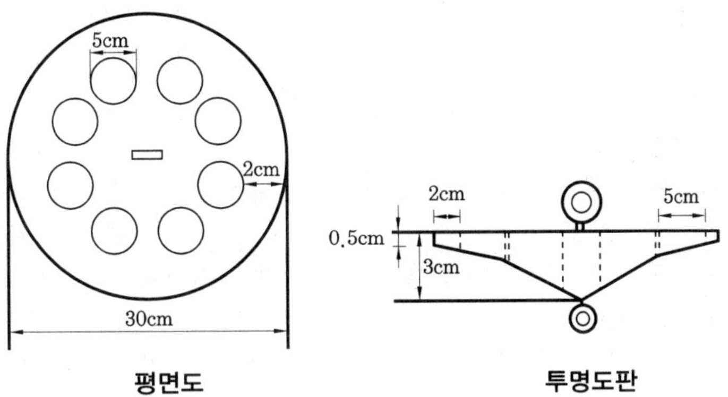

평면도 투명도판

(3) 분석절차

① 투명도판은 측정에 앞서 상판에 이물질이 없도록 깨끗하게 닦아 주고, 측정시간은 오전 10시에서 오후 4시 사이에 측정한다.

② 날씨가 맑고 수면이 잔잔할 때 측정하고, 직사광선을 피하여 배의 그늘 등에서 투명도판을 조용히 보이지 않는 깊이로 넣은 다음 천천히 끌어 올리면서 보이기 시작한 깊이를 반복해서 측정한다.

참고

1. 투명도판의 색도차는 투명도에 미치는 영향이 적지만, 원판이 광 반사능도 투명도에 영향을 미치므로 표면이 더러울 때에는 다시 색칠하여야 한다.
2. 투명도는 일기, 시각, 개인차 등에 의하여 약간의 차이가 있을 수 있으므로 측정조건을 기록해 두어야 한다.
3. 흐름이 있어 줄이 기울어질 경우에는 2kg 정도의 추를 달아서 줄을 세워야 하고 줄은 10cm 간격으로 눈금 표시가 되어 있어야 하며, 충분히 강도가 있는 것을 사용한다.
4. 강우 시나 수면에 파도가 격렬하게 일 때는 정확한 투명도를 얻을 수 없으므로 측정하지 않는 것이 좋다.

(4) 결과 보고

측정 결과는 0.1m 단위로 표기한다.

예상문제

Engineer Water Pollution Environmental
수질환경기사

1. 전기전도도 측정에 관한 내용 중 틀린 것은?

① 시료 중에 셀을 잠기게 하여 (35±0.5)℃를 유지한 상태에서 전기전도도를 반복 측정하고 그 평균값을 취한다.
② 측정대상 시료를 사용하여 셀을 2~3회 씻어준다.
③ 전기전도도는 용액이 전류를 운반할 수 있는 정도를 말한다.
④ 전기전도도는 온도차의 영향이 커 온도 환산이 필요하다.

해설 시료 중에 셀을 잠기게 하여 (25±0.5)℃를 유지한 상태에서 전기전도도를 반복 측정하고 그 평균값을 취한다.

2. 총 유기탄소 측정 시 적용되는 용어정의로 틀린 것은?

① 비정화성 유기탄소 : 총 탄소 중 pH 6.5~8.3 범위에서 포기에 의해 정화되지 않는 탄소를 말한다.
② 부유성 유기탄소 : 총 유기탄소 중 공극 0.45μm의 여과지를 통과하지 못한 유기탄소를 말한다.
③ 무기성 탄소 : 수중에 탄산염, 중탄산염, 용존 이산화탄소 등 무기적으로 결합된 탄소의 합을 말한다.
④ 총 탄소 : 수중에 존재하는 유기적 또는 무기적으로 결합된 탄소의 합을 말한다.

해설 비정화성 유기탄소는 총 탄소 중 pH 2 이하에서 포기에 의해 정화(purging)되지 않는 탄소를 말한다.

3. 클로로필 a(chlorophyll-a)를 흡광광도법을 이용하여 측정한다. 시험방법으로 알맞지 않은 것은?

① 시료 적당량(100~2000mL)을 유리섬유 여과지(GF/F, 45mm)로 여과한다.
② 여과한 시료에 아세톤(1+9) 적당량(50~100mL)을 넣어 마쇄한다.
③ 마쇄한 시료를 마개 있는 원심분리관에 넣고 밀봉하여 4℃ 어두운 곳에서 하룻밤 방치 후 20분간 500g의 원심력으로 원심분리한다.
④ 원심분리한 후 상등액을 검액으로 663nm, 645nm, 630nm, 750nm에서 흡광도를 측정한다.

해설 여과지와 아세톤(9+1) 적당량(5~10mL)을 조직마쇄기에 함께 넣고 마쇄한다.

4. 투명도에 관한 설명으로 적절치 못한 것은?

① 투명도판을 천천히 끌어 올리면서 보이기 시작한 깊이를 0.1m 단위로 읽어 투명도를 측정한다.
② 투명도판은 무게가 약 3kg인 지름 30cm의 백색 원판에 지름 5cm의 구멍 8개가 뚫려 있다.
③ 흐름이 있어 줄이 기울어질 경우에는 2kg 정도의 추를 달아서 줄을 세워야 한다.
④ 투명도판의 색도차와 광 반사능은 투명도에 큰 영향이 있어 더러울 때에는 다시 색칠하여야 한다.

해설 투명도판의 색도차는 투명도에 미치는 영향이 적다.

정답 1. ① 2. ① 3. ② 4. ④

2-15 화학적 산소요구량

적정법-산성 과망간산칼륨법(COD_{Mn}, titrimetric method acidic permanganate)

(1) 개요

① 목적 : 이 시험기준은 물속에 존재하는 화학적 산소요구량(chemical oxygen demand)을 측정하기 위하여 시료를 황산산성으로 하여 과망간산칼륨 일정과량을 넣고 30분간 수욕상에서 가열반응시킨 다음 소비된 과망간산칼륨량으로부터 이에 상당하는 산소의 양을 측정하는 방법이다.

② 적용범위 : 이 시험기준은 지표수, 하수, 폐수 등에 적용하며, 염소이온이 2000mg/L 이하인 시료(100mg)에 적용한다.

③ 간섭물질

(가) 황산은을 첨가하여 염소이온의 간섭을 제거한다.

(나) 아질산염의 방해가 우려되면 아질산성 질소 1mg당 10mg의 설파민산을 넣어 간섭을 제거한다.

(2) 분석기기 및 기구

① 둥근바닥플라스크 ② 리비히 냉각관 ③ 물 중탕기(water bath)

(3) 분석절차

① 300mL 둥근바닥플라스크에 시료 적당량을 취하여 정제수를 넣어 전량을 100mL로 한다.

② 시료에 황산(1+2) 10mL를 넣고 황산은 분말 약 1g을 넣어 세게 흔들어 준 다음 수분간 방치한다.

참고

1. 수분간 방치 후 상층액이 투명해져야 한다.
2. 황산은 분말 1g 대신 질산은용액(20%) 5mL 또는 질산은 분말 1g을 첨가해도 좋다. 다만 시료 중 염소이온이 존재할 경우에는 염소이온의 당량만큼 황산은 또는 질산은을 가해 준 다음 규정된 양을 추가로 첨가한다. 염소이온 1g에 대한 황산은의 당량은 4.4g이며, 질산은의 당량은 4.8g이다.

③ 옥살산나트륨용액(0.0125M) 10mL를 정확하게 넣고 60~80℃를 유지하면서 과망간산칼륨용액(0.005M)을 사용하여 액의 색이 엷은 홍색을 나타낼 때까지 적정한다.

④ 정제수 100mL를 사용하여 같은 조건으로 바탕시험을 행한다.

⑤ 시료의 양은 30분간 가열반응한 후에 과망간산칼륨용액(0.005M)이 처음 첨가한

양의 50～70%가 남도록 채취한다.

(4) 결과 보고

① 농도 계산

$$\text{화학적 산소요구량(mg/L)} = (b-a) \times f \times \frac{1000}{V} \times 0.2$$

여기서, a : 바탕시험 적정에 소비된 과망간산칼륨용액(0.005M)의 양(mL)
b : 시료의 적정에 소비된 과망간산칼륨용액(0.005M)의 양(mL)
f : 과망간산칼륨용액(0.005M) 농도계수(factor), V : 시료의 양(mL)

② 결과 표시 : 측정분석은 0.1mg/L까지 표시한다.

적정법-알칼리성 과망간산칼륨법(COD_{Mn}, titrimetric method-alkaline permanganate)

(1) 개요

① 목적 : 이 시험기준은 물속에 존재하는 화학적 산소요구량을 측정하기 위하여 시료를 알칼리성으로 하여 과망간산칼륨 일정과량을 넣고 60분간 수욕상에서 가열반응시키고 요오드화 칼륨 및 황산을 넣어 남아있는 과망간산칼륨에 의하여 유리된 요오드의 양으로부터 산소의 양을 측정하는 방법이다.

② 적용범위 : 이 시험기준은 염소이온(2000mg/L 이상)이 높은 하수 및 해수 시료에 적용한다.

③ 간섭물질

(2) 분석기기 및 기구

산성과 동일

(3) 분석절차

① 300mL 둥근바닥플라스크에 시료 적당량을 취하여 정제수를 넣어 50mL로 하고 수산화나트륨용액(10%) 1mL를 넣어 알칼리성으로 한다.

② 여기에 과망간산칼륨용액(0.005M) 10mL를 정확히 넣은 다음 둥근바닥플라스크에 냉각관을 붙이고 물중탕기의 수면이 시료의 수면보다 높게 하여 끓는 물중탕기에서 60분간 가열한다.

③ 냉각관의 끝을 통하여 정제수 소량을 사용하여 씻어 준 다음 냉각관을 떼어 내고 요오드화칼륨용액(10%) 1mL를 넣어 방치하여 냉각한다.

④ 아지드화나트륨(4%) 한 방울을 가하고 황산(2+1) 5mL를 넣어 유리된 요오드를 지시약으로 전분용액 2mL를 넣고 티오황산나트륨용액(0.025M)으로 무색이 될 때까지 적정한다.

⑤ 따로 시료량과 같은 양의 정제수를 사용하여 같은 조건으로 바탕시험을 행한다.

⑥ 시료의 양은 가열반응하고 남은 과망간산칼륨용액(0.005M)이 처음 첨가한 양의 50～70%가 남도록 채취한다. 보다 정확한 COD값이 요구될 경우에는 과망간산칼륨용액(0.005M)의 소모량이 처음 가한 양의 50%에 접근하도록 시료량을 취한다.

(4) 결과 보고

① 농도 계산

$$화학적\ 산소요구량(mg/L) = (a-b) \times f \times \frac{1000}{V} \times 0.2$$

여기서, a : 바탕시험 적정에 소비된 티오황산나트륨용액(0.025M)의 양(mL)
b : 시료의 적정에 소비된 티오황산나트륨용액(0.025M)의 양(mL)
f : 티오황산나트륨용액(0.025M) 농도계수(factor), V : 시료의 양(mL)

② 결과 표시 : 측정분석은 0.1mg/L까지 표시한다.

적정법-다이크롬산칼륨법(CODCr, titrimetric method dicromate)

(1) 개요

① 목적 : 이 시험기준은 화학적 산소요구량을 측정하기 위하여 시료를 황산산성으로 하여 다이크롬산칼륨 일정과량을 넣고 2시간 가열반응시킨 다음, 소비된 다이크롬산칼륨의 양을 구하기 위해 환원되지 않고 남아 있는 다이크롬산칼륨을 황산제일철암모늄용액으로 적정하여 시료에 의해 소비된 다이크롬산칼륨을 계산하고 이에 상당하는 산소의 양을 측정하는 방법이다.

② 적용범위

㈎ 이 시험기준은 지표수, 지하수, 폐수 등에 적용하며, COD 5～50mg/L의 낮은 농도범위를 갖는 시료에 적용한다.

㈏ 해수 중에서 COD 측정은 이 방법으로 부적절하다.

③ 간섭물질

㈎ 유리기구류나 공기로부터 유기물의 오염이 되지 않게 주의하고 사용하는 정제수에 유기물이 없는지 확인해야 한다.

㈏ 염소이온은 다이크롬산에 의해 정량적으로 산화되어 양의 오차를 유발하므로 황산수은(Ⅱ)을 첨가하여 염소이온과 착물을 형성하도록 하여 간섭을 제거할 수 있다. 염소이온의 양이 40mg 이상 공존할 경우에는 $HgSO_4$: Cl^- = 10 : 1의 비율로 황산수은(Ⅱ)의 첨가량을 늘린다.

㈐ 아질산 이온(NO_2^-) 1mg으로 1.1mg의 산소(O_2)를 소비한다. 아질산 이온에 의한 방해를 제거하기 위해 시료에 존재하는 아질산성 질소(NO_2-N)mg당 술파민산 10mg을 첨가한다.

(2) 분석기기 및 기구

① 둥근바닥플라스크

② 리비히 냉각관

③ 가열판(1.4W/cm^2) 또는 맨틀 히터(mantle heater)

(3) 시약 및 표준용액

• 다이크롬산칼륨용액(0.25N) : 다이크롬산칼륨(표준시약)을 103℃에서 2시간 동안 건조한 다음 건조용기(실리카겔)에서 식혀 12.26g을 정밀히 담아 정제수에 녹여 1L로 한다.

(4) 분석절차

① 250mL 플라스크에 시료 적당량을 넣고 여기에 황산수은(Ⅱ) 약 0.4g을 넣은 다음, 정제수를 넣어 20mL로 하여 잘 흔들어 섞고 몇 개의 끓임쪽을 넣은 다음 천천히 흔들어 준다.

참고

1. 현탁물질을 포함하는 경우에는 잘 흔들어 섞어 균일하게 한 다음 신속하게 분취한다.
2. 2시간 동안 끓인 다음 최초에 넣은 다이크롬산칼륨용액(0.025N)의 약 반이 남도록 취한다.
3. 고농도 시료의 경우에는 시험방법의 다이크롬산칼륨액과 황산제일철암모늄용액 0.025N 규정 농도와 다른 0.25N 농도를 사용하는 것을 제외하고는 '시험방법'과 동일하게 따른다.
4. 이 방법에서는 수은 화합물을 사용하므로 시험 후 폐액처리에 특히 주의하여야 한다.

② 방치하여 냉각시키고 정제수 약 10mL로 냉각관을 씻은 다음 냉각관을 떼어내고 전체 액량이 약 140mL가 되도록 정제수를 넣고 1,10-페난트롤린제일철용액 2~3방울 넣은 다음 황산제일철암모늄용액(0.025N)을 사용하여 액의 색이 청록색에서 적갈색으로 변할 때까지 적정한다. 따로 정제수 20mL를 사용하여 같은 조건으로 바탕시험을 행한다.

(5) 결과 보고

① 농도 계산

$$\text{화학적 산소요구량(mg/L)} = (b-a) \times f \times \frac{1000}{V} \times 0.2$$

여기서, a : 적정에 소비된 황산제일철암모늄용액(0.025N)의 양(mL)
b : 바탕시료에 소비된 황산제일철암모늄용액(0.025N)의 양(mL)
f : 황산제일철암모늄용액(0.025N)의 농도계수(factor)
V : 시료의 양(mL)

② 결과 표시 : 분석결과는 0.1mg/L까지 표시한다.

예상문제

Engineer Water Pollution Environmental
수질환경기사

1. 100℃에 있어서 과망간산칼륨법에 의해 COD를 측정할 때 염소이온의 방해를 제거하기 위해 첨가할 수 있는 시약과 가장 거리가 먼 것은?

① 황산은 분말　② 염화은 분말
③ 질산은 용액　④ 질산은 분말

해설 황산은 분말 1g 대신 20% 질산은 용액 5mL 또는 질산은 분말 1g을 첨가해도 좋다.

2. (　) 안에 가장 알맞은 범위는? (단, 산성 100℃에서 과망간산칼륨에 의한 시험법 기준)

시료의 양은 30분간 가열반응 후에 0.025N 과망간산칼륨용액이 처음 첨가한 양의 (　)가 남도록 채취한다.

① 30~50%　② 40~60%
③ 50~70%　④ 60~80%

해설 시료의 양은 30분간 가열반응한 후에 0.025N 과망간산칼륨용액이 처음 첨가한 양의 50~70%가 남도록 채취한다.

3. 산성 100℃에서 과망간산칼륨에 의한 화학적 산소요구량을 측정할 때 최종 적정 종말점의 색변화는?

① 무색 → 엷은 홍색
② 녹청 → 적갈색
③ 남청색 → 무색
④ 엷은 청색 → 무색

해설 60~80℃를 유지하면서 0.005M-과망간산칼륨용액을 사용하여 액의 색이 엷은 홍색을 나타낼 때까지 적정한다.

4. 알칼리성 $KMnO_4$법으로 COD를 측정할 때 표준 적정액은 다음 중 어느 것인가?

① NaOH　② $KMnO_4$
③ $Na_2S_2O_3$　④ $Na_2C_2O_4$

해설 지시약으로 전분용액 2mL를 넣고 0.025M-티오황산나트륨용액으로 무색이 될 때까지 적정한다.

5. 다이크롬산칼륨에 의한 화학적 산소요구량(COD) 측정법에 관한 설명 중 틀린 것은?

① 시료량은 2시간 동안 끓인 다음 최초에 넣은 0.025N-다이크롬산칼륨용액의 약 $\frac{1}{3}$이 남도록 취한다.
② 염소이온의 양이 40mg 이상 공존할 경우에는 $HgSO_4 : Cl^- = 10 : 1$의 비율로 황산제이수은의 첨가량을 늘인다.
③ 0.025N 황산제일철암모늄용액을 사용하여 적정한다.
④ 적정 시 액의 색이 청록색에서 적갈색으로 변할 때까지 적정한다.

해설 2시간 동안 끓인 다음 최초에 넣은 다이크롬산칼륨용액(0.025N)의 약 반이 남도록 취한다.

6. 다이크롬산칼륨에 의한 COD 측정 시 가열 후 소비된 다이크롬산칼륨의 양을 구하기 위해 환원되지 않고 남아 있는 다이크롬산칼륨에 가하는 적정액은?

① 옥살산나트륨용액
② 티오황산나트륨용액
③ 수산화나트륨용액

정답 1. ② 2. ③ 3. ① 4. ③ 5. ① 6. ④

④ 황산제일철암모늄용액

해설 환원되지 않고 남아 있는 다이크롬산칼륨을 황산제일철암모늄용액으로 적정하여 시료에 의해 소비된 다이크롬산칼륨을 계산하고 이에 상당하는 산소의 양을 측정하는 방법이다.

7. 산성 과망간산칼륨법으로 폐수 중의 COD를 측정하기 위하여 0.025N $KMnO_4$용액을 제조하고자 한다. 물 1리터에 $KMnO_4$ 몇 g을 용해시키면 되겠는가? (단, 분자량 K=39, Mn=54.93, O=16)

① 3.9483g ② 1.3161g
③ 0.9871g ④ 0.7896g

해설 $KMnO_4$의 양

$$=0.025\text{g당량/L}\times 1\text{L}\times \frac{\frac{157.93}{5}}{\text{당량}}=0.7897\text{g}$$

8. 0.025N $K_2Cr_2O_7$용액 500mL를 만들려면 $K_2Cr_2O_7$ 몇 g이 필요한가? (단, $K_2Cr_2O_7$의 분자량=294)

① 0.41g ② 0.51g
③ 0.61g ④ 0.71g

해설 $K_2Cr_2O_7$의 양

$$=0.025\text{g당량/L}\times 0.5\text{L}\times \frac{\frac{294}{6}}{\text{당량}}=0.6125\text{g}$$

9. 하천수 100mL를 채취하여 산성 과망간산칼륨법으로 COD 측정을 하였다. 적정에 소요된 0.025N 과망간산칼륨용액은 4.8mL이었고 공시험에 소요된 과망간산칼륨용액의 양은 0.2mL이었다면 이하천수의 COD는 몇 mg/L인가? (단, 과망간산칼륨의 역가는 1.020이다.)

① 46.9 ② 4.7
③ 9.4 ④ 91.6

해설 ㉠ $\text{COD[mg/L]}=(b-a)\times f\times \frac{1000}{V}\times 0.2$

㉡ $\text{COD[mg/L]}=(4.8-0.2)\times 1.02\times \frac{1000}{100}\times 0.2$
$=9.384\text{mg/L}$

10. 폐수처리 process에서의 유입수 및 그 유출수의 COD를 측정하기 위해 유입수는 시료 5mL, 유출수는 시료 50mL에 각각 물을 가하여 100mL로서, COD를 측정했을 때 $\frac{N}{40}$ 과망간산칼륨용액의 적정치는 각각 5.2mL와 4.7mL였다. COD 제거율은 몇 %인가? (단, $\frac{N}{40}$ 과망간산칼륨용액의 역가는 1.000이며 공시험치는 0.2mL이다.)

① 75 ② 81
③ 85 ④ 91

해설 ㉠ 유입수 COD[mg/L]
$=(5.2-0.2)\times 1.000\times \frac{1000}{5}\times 0.2$
$=200\text{mg/L}$

㉡ 유출수 COD[mg/L]
$=(4.7-0.2)\times 1.000\times \frac{1000}{50}\times 0.2=18\text{mg/L}$

㉢ COD 제거율$=\frac{200-18}{200}\times 100=91\%$

11. 염소이온(Cl^-)이 2500mg/L 들어있는 어떤 공장 폐수 20mL를 취해 다이크롬산칼륨법에 의한 화학적 산소요구량을 실험하였다. 황산제이수은은 몇 g을 넣는 것이 가장 적절한가?

① 0.2g ② 0.3g
③ 0.4g ④ 0.5g

해설 ㉠ 염소이온의 양을 구한다.
염소이온의 양$=2500\text{mg/L}\times 0.02\text{L}\times 10^{-3}\text{g/mg}$
$=0.05\text{g}$
㉡ 황산제이수은의 양$=0.05\text{g}\times 10=0.5\text{g}$

정답 7. ④ 8. ③ 9. ③ 10. ④ 11. ④

이온류

2-16 음이온류

이온크로마토그래피(ion chromatography)

(1) 개요

- 목적 : 이 시험기준은 음이온류(F^-, Cl^-, NO_2^-, NO_3^-, PO_4^{3-}, Br^- 및 SO_4^{2-})를 이온크로마토그래프를 이용하여 분석하는 방법으로, 시료를 0.2μm 막 여과지에 통과시켜 고체미립자를 제거한 후 음이온 교환 칼럼을 통과시켜 각 음이온(anions)들을 분리한 후 전기전도도 검출기로 측정하는 방법이다.

(2) 분석기기 및 기구

① 이온크로마토그래프 : 일반적으로 이온크로마토그래프의 기본구성은 용리액조, 시료 주입부, 펌프, 분리칼럼, 검출기 및 기록계로 되어 있으며, 장치의 제조회사에 따라 분리칼럼의 보호 및 분석감도를 높이기 위하여 분리칼럼 전후에 보호칼럼 및 제거장치(억제기)를 부착한 것도 있다.

(가) 검출기 : 분석목적 및 성분에 따라 전기전도도 검출기, 전기화학적 검출기 및 광학적 검출기 등이 있으나 일반적으로 음이온 분석에는 전기전도도 검출기를 사용한다.

(나) 분리칼럼 : 유리 또는 에폭시 수지로 만든 관에 이온교환체를 충전시킨 것으로 다음과 같은 것이 있다.

㉮ 억제기형

㉯ 비억제기형

(다) 시료 주입부 : 일반적으로 미량의 시료를 사용하기 때문에 루프-밸브에 의한 주입방식이 많이 이용되며 시료주입량은 보통 10～100μL이다.

(라) 제거장치(억제기) : 분리칼럼으로부터 용리된 각 성분이 검출기에 들어가기 전에 용리액 자체의 전도도를 감소시키고 목적성분의 전도도를 증가시켜 높은 감도로 음이온을 분석하기 위한 장치이다. 고용량의 양이온 교환수지를 충전시킨 칼럼형과 양이온 교환막으로 된 격막형이 있다.

(마) 펌프 : 펌프는 150～350kg/cm^2 압력에서 사용될 수 있어야 하며 시간차에 따른 압력차가 크게 발생하여서는 안 된다.

(3) 분석절차

① 분석방법

② 검정곡선의 작성

참고

1. 용리액의 조성 및 농도는 기기제조 회사 또는 분리칼럼의 종류 등에 따라 달라질 수 있으므로 사용기기에 대한 설명서를 참조한다.
2. 억제기형의 경우 시료 중에 저급 유기산이 존재하면 불소이온의 정량분석을 방해할 수 있다.

이온전극법(ion selective electrode method)

(1) 개요

① 목적 : 이 시험기준은 불소, 시안, 염소 등을 이온전극법을 이용하여 분석하는 방법으로 시료에 이온강도 조절용 완충용액을 넣어 pH를 조절하고 이온전극과 비교전극을 사용해 전위를 측정하여 그 전위차로부터 정량하는 방법이다.

② 적용범위 : 이 시험기준은 지표수, 지하수, 폐수 등에 적용할 수 있으며, 정량한계는 불소, 시안은 0.1mg/L, 염소는 5mg/L이다.

참고

염소는 비교적 분해되기 쉬운 유기물을 함유하고 있거나, 자외부에서 흡광도를 나타내는 브롬이온이나 크롬을 함유하지 않는 시료에 적용된다.

③ 간섭물질 : 황화물 이온 등이 존재하면 염소이온의 분석에 방해가 될 수 있다.

(2) 분석기기 및 기구

① 비교전극 : 이온전극과 조합하여 이온 농도에 대응하는 전위차를 나타낼 수 있는 것으로서 표준전위가 안정된 전극이 필요하다. 일반적으로 내부전극으로 염화제일수은 전극(칼로멜 전극) 또는 은-염화은 전극이 많이 사용된다.

② 이온전극 : 이온전극은 이온에 대한 고도의 선택성이 있고, 이온농도에 비례하여 전위를 발생할 수 있는 전극으로서 감응막의 구성에 따라 분류된다. 이온전극의 종류와 감응막 조성은 다음의 표를 참조한다.

이온전극의 종류와 감응막의 조성

전극의 종류	측정이온	감응막의 조성
유리막 전극	Na^{+}	산화알루미늄 첨가 유리
	K^{+}	
	NH_4^{+}	
고체막 전극	F^{-}	LaF_3
	Cl^{-}	AgCl+황화은, AgCl
	CN^{-}	Agl+황화은, 황화은 Agl
	Pb^{2+}	PbS+황화은
	Cd^{2+}	Cds+황화은
	Cu^{2+}	CuS+황화은
	NO_3^{-}	Ni^{-}베소페난트로닌 / NO_3^{-}
	Cl^{-}	디메틸디스테아릴 암모늄 / Cl^{-}
	NH_4^{+}	노낙틴 / 모낙틴 / NH_4^{+}
격막형 전극	NH_4^{+}	pH 감응유리
	NO_2^{-}	pH 감응유리
	CN^{-}	황화은

③ 자석교반기 : 교반에 의하여 열이 발생하여 액온에 변화가 일어나서는 안 되며, 회전속도가 일정하게 유지될 수 있는 것이어야 한다.

④ 저항 전위계 또는 이온측정기 : 저항 전위계 또는 이온측정기는 mV까지 읽을 수 있는 고압력 저항 측정기여야 한다.

(3) 분석절차

① 전처리

㈎ 불소 : 불소-자외선/가시선 분광법의 전처리에 따른다.

㈏ 시안 : 시안-자외선/가시선 분광법의 전처리에 따른다.

참고

1. 다량의 유지류가 함유된 시료는 아세트산 또는 수산화나트륨용액으로 pH 6~7로 조절하고 시료의 약 2%에 해당하는 노말헥산 또는 클로로포름을 넣어 짧은 시간 동안 흔들어 섞고 수층을 분리하여 시료를 취한다.
2. 잔류염소가 함유된 시료는 잔류염소 20mg당 아스코르브산(10%) 0.6mL 또는 이산화비소산나트륨용액(10%) 0.7mL씩 비례하여 넣는다.
3. 황화합물이 함유된 시료는 황화물 이온 약 28mg당 아세트산아연용액(10%) 2mL를 넣어 제거한다.

(다) 염소이온

㉮ 산성인 시료에는 수산화나트륨용액(4%), 알칼리성인 경우에는 아세트산(1+10)으로 미리 pH를 약 5로 조절한다.

㉯ 황화합물이 함유된 시료에는 아세트산아연용액(10%)을 가하고 황화물 이온을 고정시켜 여과지로 여과한 후 pH를 약 5로 조절한다.

② 분석방법

(가) 전처리한 시료 100mL를 200mL 비커에 옮긴다.

참고

1. 불소이온의 분석 시 시료를 옮긴 다음 티사브용액(pH 5.2) 10mL를 넣어 흔들어 섞는다.
2. 염소이온의 분석 시 시료를 옮긴 다음 아세트산염완충용액(pH 5) 10mL를 넣어 흔들어 섞는다.
3. 완충용액을 이용하여 pH를 조절하는 것은 이온강도를 일정하게 해 주기 위함이다.

(나) 여기에 이온전극 및 비교전극을 침적시키고 기포가 일어나지 않는 범위 내에서 일정한 속도로 세게 교반하여 전위가 안정될 때의 값을 측정하고 미리 작성한 검정곡선으로부터 이온의 양을 구하고 농도(mg/L)를 산출한다.

참고

1. 시료와 표준용액의 측정 시 온도차는 ±1℃이어야 하고, 교반속도가 일정하여야 한다.
2. 불소이온 표준용액(0.1mg/L), 시안이온 표준용액(0.1mg/L), 염소이온 표준용액(5mg/L)에 침적시켜 전위 값이 안정될 때부터 측정한다.
3. 염소이온전극의 응답시간은 온도가 10～30℃의 경우, 염소이온의 농도가 5mg/L 이상이면 1분 이내이다.

예상문제

Engineer Water Pollution Environmental
수질환경기사

1. 이온크로마토그래피법의 설명으로 옳지 않은 것은?

① 일반적으로 용리액조, 시료주입부, 액송펌프, 분리칼럼, 검출기 및 기록계로 구성되어 있다.
② 시료주입량은 보통 10~100μL정도이다.
③ 분리칼럼은 유리 또는 에폭시 수지로 만든 관에 이온교환체를 충전시킨 것이다.
④ 일반적으로 양이온 분석에는 전기전도도 검출기를 사용한다.

해설 일반적으로 음이온 분석에는 전기전도도 검출기를 사용한다.

2. 이온크로마토그래피법의 설명 중 틀린 것은?

① 시료를 0.2μm 막 여과지에 통과시켜 고체 미립자를 제거한 후 음이온 교환칼럼을 통과시켜 각 음이온들을 분리한 후 전기전도도 검출기로 측정하는 방법이다.
② 기본구성은 용리액조, 시료주입부, 액송펌프, 분리칼럼 검출기 및 기록계로 되어 있으며 제작회사에 따라 보호칼럼과 제거장치(억제기)를 부착하기도 한다.
③ 시료 중 음이온과 양이온의 정성 및 정량 분석에 이용된다.
④ 일반적으로 미량의 시료를 사용하므로 시료주입량은 보통 10~100μL이다.

해설 시료 중 음이온의 정성 및 정량분석에 이용된다.

3. 이온전극법에 대한 설명 중 틀린 것은?

① 시료에 이온강도 조절용 완충용액을 넣어 pH를 조절하고 이온전극과 비교전극을 사용하여 전위를 측정하고 그 전위차로부터 정량하는 방법이다.
② 시료 중의 음이온 및 양이온의 분석에 이용된다.
③ 이온전극은 측정대상 이온에 감응하여 Nernst식에 따라 이온 활량에 비례하는 전위차를 나타낸다.
④ 이온전극의 종류에는 액체막전극과 고체막전극으로 구분된다.

해설 이온전극의 종류에는 유리막전극, 고체막전극, 격막형 전극으로 구분된다.

4. 다음 이온전극법에 대한 내용 중 틀린 것은?

① 시료 중의 분석대상 이온의 농도에 감응하여 비교전극과 이온전극 간에 나타나는 전위차를 이용하여 목적이온의 농도를 정량하는 방법이다.
② 나트륨 이온을 측정할 때는 고체막 이온전극을 사용한다.
③ 시료와 표준용액의 측정 시 온도차는 ±1℃이어야 하고, 교반속도가 일정하여야 한다.
④ 측정용액의 온도가 10℃ 상승하면 전위구배는 1가 이온이 약 2mV, 2가 이온이 약 1mV 변화한다.

해설 나트륨 이온은 유리막 이온전극으로 측정한다.

5. 이온전극법으로 NH_4^+, NO_2^-, CN^-이온을 측정하고자 한다. 가장 적당한 이온전극은?

① 유리막 전극 ② 유막형 전극
③ 액체막 전극 ④ 격막형 전극

정답 1. ④ 2. ③ 3. ④ 4. ② 5. ④

2-17 불소

✪ 적용 가능한 시험방법

불소	정량한계(mg/L)	정밀도(% RSD)
자외선/가시선 분광법	0.15mg/L	±25% 이내
이온전극법	0.1mg/L	±25% 이내
이온크로마토그래피	0.1mg/L	±25% 이내

자외선/가시선 분광법(UV/visible spectrometry)

(1) 개요

① 목적 : 이 시험기준은 물속에 존재하는 불소(Fluoride, F^-)를 측정하기 위하여 시료에 넣은 란탄알리자린 컴플렉션의 착화합물이 불소이온과 반응하여 생성하는 청색의 복합 착화합물의 흡광도를 620nm에서 측정하는 방법이다.

② 적용범위 : 이 시험기준은 지표수, 지하수, 폐수 등에 적용할 수 있으며, 정량한계는 0.15mg/L이다.

③ 간섭물질 : 알루미늄 및 철의 방해가 크나 증류하면 영향이 없다.

(2) 분석기기 및 기구

• 증류장치

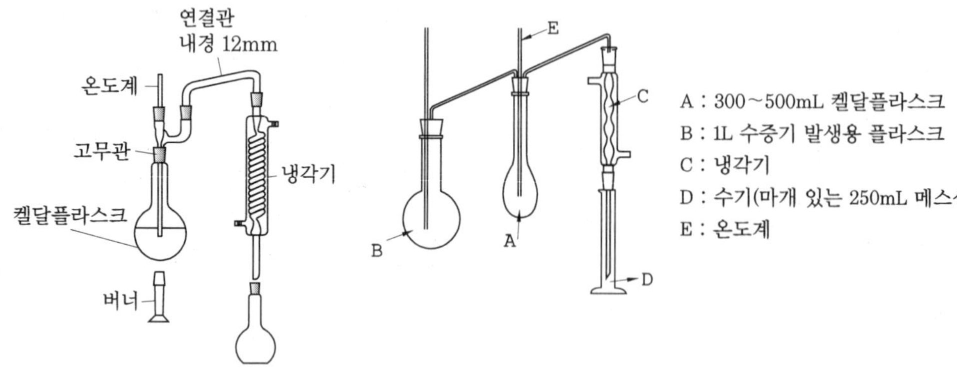

직접 증류장치 수증기 증류장치

(3) 분석절차

① 전처리

㈎ 직접 증류법

참고

1. 이 조작은 기구와 황산 중의 불소이온을 제거하고 산-물의 부피비를 맞추기 위한 것이다.
2. 증류플라스크를 가열하여 180℃ 이상이 되면 황산이 분해되어 유출되므로 약 178℃에서 가열을 중지한다.
3. 염소이온이 다량 함유되어 있는 시료는 증류하기 전에 황산은을 5mg/mg Cl^-의 비율로 넣어준다.
4. 증류플라스크에 들어 있는 황산은 오염이 축적되어 불소측정에 방해를 주지 않는 한 계속해서 사용할 수 있다.

(나) 수증기 증류법 : 켈달플라스크 안의 액온이 약 140℃가 되었을 때 수증기를 통하기 시작하여 증류온도가 140~150℃로 유지되도록 한다.

② 분석방법

참고

시료 중 불소함량이 정량범위를 초과할 경우 탈색 현상이 나타날 수도 있다. 이러한 경우에는 취하는 시료량을 정량범위 이내에 들도록 감량하거나 희석한 다음 다시 시험한다.

이온전극법(ion selective electrode method)

이 시험기준은 물속에 존재하는 불소를 측정하기 위하여 시료에 이온강도 조절용 완충용액을 넣어 pH 5.0~5.5로 조절하고 불소이온 전극과 비교전극을 사용해 전위를 측정하여 그 전위차로부터 불소를 정량하는 방법으로 음이온류-이온전극법에 따른다.

이온크로마토그래피(fluoride-ion chromatography)

2-18 브롬이온

✪ 적용 가능한 시험방법

브롬이온(Bromide)	정량한계(mg/L)	정밀도(% RSD)
이온크로마토그래피	0.03mg/L	±25% 이내

2-19 시안

✪ 적용 가능한 시험방법

시안	정량한계(mg/L)	정밀도(% RSD)
자외선/가시선 분광법	0.01mg/L	±25% 이내
이온전극법	0.10mg/L	±25% 이내
연속흐름법	0.01mg/L	±25% 이내

자외선/가시선 분광법(UV/visible spectrometry)

(1) 개요

① 목적 : 이 시험기준은 물속에 존재하는 시안(cyanides)을 측정하기 위하여 시료를 pH 2 이하의 산성에서 가열 증류하여 시안화물 및 시안착화합물의 대부분을 시안화수소로 유출시켜 포집한 다음 포집된 시안이온을 중화하고 클로라민-T를 넣어 생성된 염화시안이 피리딘-피라졸론 등의 발색 시약과 반응하여 나타나는 청색을 620nm에서 측정하는 방법이다.

② 적용범위 : 이 시험기준은 지표수, 지하수, 폐수 등에 적용할 수 있으며, 정량한계는 0.01mg/L이다.

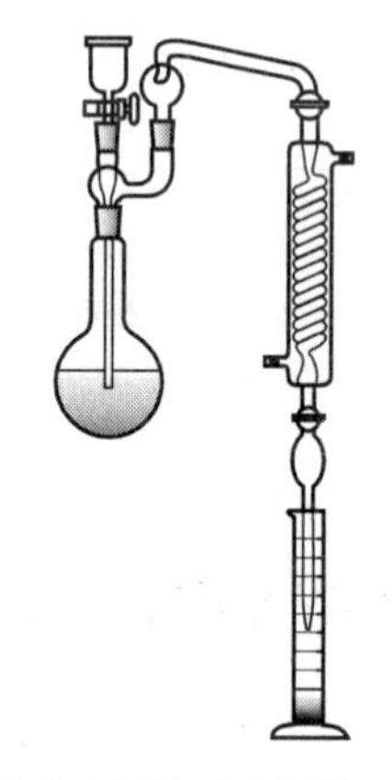

시안 증류장치 구성도

참고

각 시안화합물의 종류를 구분하여 정량할 수 없다.

(2) 분석기기 및 기구

① 그람 냉각기(graham condenser)

② 증류장치 : 그람 냉각기가 부착된 1L 부피의 유리 재질의 증류장치를 사용한다.

(3) 분석절차

참고

1. 다량의 유지류가 함유된 시료는 아세트산 또는 수산화나트륨용액으로 pH 6~7로 조절하고 시료의 약 2%에 해당하는 노말헥산 또는 클로로포름을 넣어 짧은 시간 동안 흔들어 섞고 수층을 분리하여 시료를 취한다.
2. 잔류염소가 함유된 시료는 잔류염소 20mg당 L-아스코르브산(10%) 0.6mL 또는 아비산나트륨

용액(10%) 0.7mL를 넣어 제거한다.
3. 황화합물이 함유된 시료는 아세트산아연용액(10%) 2mL를 넣어 제거한다. 이 용액 1mL는 황화물 이온 약 14mg에 대응한다.

이온전극법(ion selective electrode method)

이 시험기준은 지하수, 지표수, 폐수 등에 존재하는 시안을 측정하기 위하여 pH 12~13의 알칼리성에서 시안이온전극과 비교전극을 사용하여 전위를 측정하고 그 전위차로부터 시안을 정량하는 방법으로 음이온류-이온전극법에 따른다.

연속흐름법(continuous flow analysis(CFA))

① 목적 : 이 시험기준은 물속에 존재하는 시안을 분석하기 위하여 시료를 산성 상태에서 가열 증류하여 시안화물 및 시안착화합물의 대부분을 시안화수소로 유출시켜 포집한 다음 포집된 시안이온을 중화하고 클로라민-*T*를 넣어 생성된 염화시안이 발색시약과 반응하여 나타나는 청색을 620nm 또는 기기에 따라 정해진 파장에서 분석하는 시험방법이다.

② 적용범위

㈎ 이 시험기준은 지표수, 지하수, 폐수 등에 적용할 수 있으며, 정량한계는 0.01mg/L이다.

㈏ 시료의 산화, 발색 반응 및 목적 성분의 분리를 위해서는 증류장치와 자외선 분해기(UV digester)를 사용한다.

2-20 아질산성 질소

✪ 적용 가능한 시험방법

아질산성 질소	정량한계(mg/L)	정밀도(% RSD)
자외선/가시선 분광법	0.004mg/L	±25% 이내
이온크로마토그래피	0.1mg/L	±25% 이내

자외선/가시선 분광법(UV/visible spectrometry)

① 목적 : 이 시험기준은 물속에 존재하는 아질산성 질소를 측정하기 위하여, 시료 중 아질산성 질소(Nitrite-N)를 술파닐아마이드와 반응시켜 디아조화하고 α-나프틸에틸렌디아민이염산염과 반응시켜 생성된 디아조화합물의 붉은색의 흡광도 540nm에서 측정하는 방법이다.

② 적용범위 : 이 시험기준은 지표수, 지하수, 폐수 등에 적용할 수 있으며, 정량한계는 0.004mg/L이다.

이온크로마토그래피(ion chromatography)

2-21 암모니아성 질소

✪ 적용 가능한 시험방법

암모니아성 질소	정량한계(mg/L)	정밀도(% RSD)
자외선/가시선 분광법	0.01mg/L	±25% 이내
이온전극법	0.08mg/L	±25% 이내
적정법	1mg/L	±25% 이내

자외선/가시선 분광법(UV/visible spectrometry)

① 목적 : 이 시험기준은 물속에 존재하는 암모니아성 질소(ammonium nitrogen)를 측정하기 위하여 암모늄 이온이 하이포염소산의 존재하에서, 페놀과 반응하여 생성하는 인도페놀의 청색을 630nm에서 측정하는 방법이다.

② 적용범위 : 이 시험기준은 지표수, 지하수, 폐수 등에 적용할 수 있으며, 정량한계는 0.01mg/L이다.

이온전극법(selective electrode method)

① 목적 : 이 시험기준은 물속에 존재하는 암모니아성 질소를 측정하기 위하여 시료에 수산화나트륨을 넣어 시료의 pH를 11~13으로 하여 암모늄 이온을 암모니아로 변화시킨 다음 암모니아 이온전극을 이용하여 암모니아성 질소를 정량하는 방법이다.

② 적용범위 : 이 시험기준은 지표수, 지하수, 폐수 등에 적용할 수 있으며, 정량한계는 0.08mg/L이다.

적정법(titrimetric method)

(1) 개요

① 목적 : 이 시험기준은 물속에 존재하는 암모니아성 질소를 측정하기 위하여 시료를 증류하여 유출되는 암모니아를 황산 용액에 흡수시키고 수산화나트륨용액으로 잔류하는 황산을 적정하여 암모니아성 질소를 정량하는 방법이다.

② 적용범위 : 지표수, 지하수, 폐수 등에 적용할 수 있으며, 정량한계는 1mg/L이다.

(2) 분석절차

① 전처리 : 암모니아성 질소-자외선/가시선 분광법 전처리에 따른다.

② 분석방법

㈎ 전처리한 시료 전량을 500mL 삼각플라스크에 옮기고 메틸레드-브로모크레졸그린 혼합 지시약 5～7방울을 넣은 다음 수산화나트륨용액(0.05M)으로 액의 색이 자회색(pH 4.8)을 나타낼 때까지 적정한다.

㈏ 따로 황산용액(0.025M) 50mL를 정확히 취하여 500mL 삼각플라스크에 넣고 메틸레드-브로모크레졸그린 혼합지시약 5～7방울을 넣은 다음 수산화나트륨용액(0.05M)으로 액의 색이 자회색(pH 4.8)을 나타낼 때까지 적정하여 황산용액(0.025M) 50mL에서 대응하는 수산화나트륨용액(0.05M)의 mL수를 구하고 암모니아성 질소의 농도를 산출한다.

2-22 염소이온

✪ 적용 가능한 시험방법

염소이온	정량한계(mg/L)	정밀도(% RSD)
이온크로마토그래피	0.1mg/L	±25% 이내
적정법	0.7mg/L	±25% 이내
이온전극법	5mg/L	±25% 이내

이온크로마토그래피(ion chromatography)

적정법(titrimetric method)

(1) 개요

① 목적 : 이 시험기준은 물속에 존재하는 염소이온(Chloride, Cl^-)을 분석하기 위해

서, 염소 이온을 질산은과 정량적으로 반응시킨 다음 과잉의 질산은이 크롬산과 반응하여 크롬산은의 침전으로 나타나는 점을 적정의 종말점으로 하여 염소이온의 농도를 측정하는 방법이다.

② 적용범위

㈎ 이 시험기준은 지표수, 지하수, 폐수 등에 적용할 수 있으며, 정량한계는 0.7mg/L 이다.

㈏ 비교적 분해되기 쉬운 유기물을 함유하고 있거나 자외부에서 흡광도를 나타내는 브롬이온이나 크롬을 함유하지 않는 시료에 적용된다.

(2) 분석절차

① 시료 50mL를 정확히 취하여 삼각플라스크에 담는다.

참고

시료가 심하게 착색되어 있을 경우에는 칼륨명반현탁용액 3mL를 넣어 탈색시킨 다음 상층액을 취하여 시험한다.

② 시료가 산성 또는 알칼리성인 경우 수산화나트륨용액(4%) 또는 황산(1+35)을 사용하여 중화하여 pH 약 7.0으로 조절한다.

③ 크롬산칼륨용액 1mL를 넣어 질산은용액(0.01N)으로 적정한다. 적정의 종말점은 엷은 적황색 침전이 나타날 때로 하며, 따로 정제수 50mL를 취하여 바탕시험액으로 하고 시료의 시험방법에 따라 시험하여 보정한다.

이온전극법(electrode method)

이 시험기준은 염소이온을 이온전극법을 이용하여 분석하는 방법으로 시료에 아세트산염 완충용액을 가해 pH를 약 5로 조절하고, 전극과 비교전극을 사용하여 전위를 측정하고 그 전위차로부터 정량하는 방법으로 음이온류-이온전극법에 따른다.

예상문제

Engineer Water Pollution Environmental
수질환경기사

1. 수질오염 공정시험방법상 불소측정방법으로 가장 적절한 것은?

① 자외선/가시선 분광법 - 기체크로마토그래피법
② 자외선/가시선 분광법 - 원자흡수분광광도법
③ 자외선/가시선 분광법 - 이온전극법
④ 자외선/가시선 분광법 - 유도결합 플라스마 원자발광분광법

해설 불소측정방법으로 자외선/가시선 분광법(란탄-알리자린 컴플렉션법), 이온전극법, 이온크로마토그래피가 있다.

2. 하수 중 불소측정에 관한 설명으로서 옳지 못한 것은?

① 란탄-알리자린 컴플렉션법과 이온전극법, 이온크로마토그래피법으로 측정할 수 있다.
② 자외선/가시선 분광법의 경우 증류에 의해 알루미늄 및 철의 방해를 억제할 수 있다.
③ 이온전극법의 경우 이온강도 완충액을 이용하여 pH를 6.0~7.5로 조절한 후 측정한다.
④ 이온전극법에 의한 정량한계는 0.1mg/L이다.

해설 이온전극법의 경우 이온강도 완충액을 이용하여 pH를 5.0~5.5로 조절한 후 측정한다.

3. 란탄-알리자린 컴플렉션 자외선/가시선 분광법에 의한 검정에 관한 설명으로서 옳은 것은?

① 염소이온이 다량 포함한 시료에는 아황산나트륨을 가하여 제거한다.
② 알루미늄, 철의 방해가 크나 증류하면 영향이 없다.
③ 정량한계는 0.05mg/L이다.
④ 증류온도는 100±5℃로 한다.

해설 ㉠ 염소이온이 다량 함유되어 있는 시료는 증류하기 전에 황산은을 5mg/mg Cl^-의 비율로 넣어준다.
㉡ 정량한계는 0.15mg/L이다.
㉢ 180℃ 이상이 되면 황산이 분해가 되어 유출되므로 약 178℃에서 가열을 중지한다.

4. 다음 그림은 불소정량을 위한 증류장치이다. A는 수증기 발생용 플라스크, C는 냉각기, D는 수기, E는 온도계라면 B는 무엇인가?

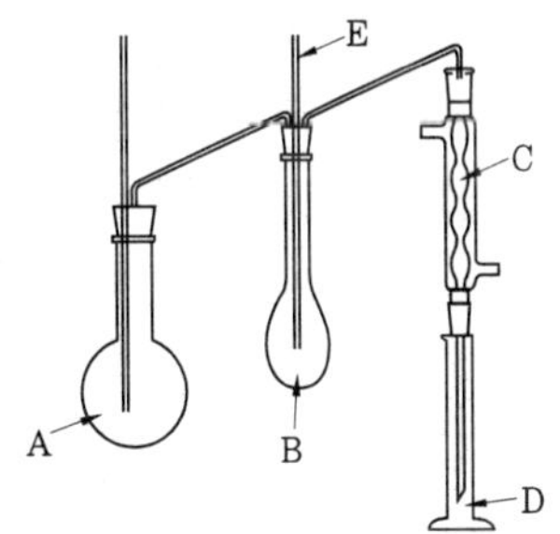

① 평저플라스크
② 켈달플라스크
③ 환저플라스크
④ 크라이젠플라스크

5. 다음 (   ) 안에 알맞은 내용은?

정답 1. ③ 2. ③ 3. ② 4. ② 5. ①

> 시안을 자외선/가시선 분광법으로 정량할 때 ( )에서 에틸렌다이아민테트라 초산이나트륨을 넣고 가열 증류하여 시안화물 및 시안착화합물의 대부분을 시안화수소로 유출시킨다.

① pH 2 이하의 산성
② pH 4~5의 약산성
③ pH 7~8의 중성
④ pH 9 이상의 알칼리성

해설 pH 2 이하의 산성에서 에틸렌다이아민테트라 초산이나트륨을 넣고 가열증류하여 시안화물 및 시안착화합물의 대부분을 시안화수소로 유출시키고 수산화나트륨용액에 포집한다. 포집된 시안이온을 중화하고 클로라민-T를 넣어 염화시안으로 하여 피리딘·피라졸론혼액을 넣어 나타나는 청색을 620nm에서 측정하는 방법이다.

6. 다음의 그림은 어떤 항목을 측정할 때 사용하는 증류장치로 가장 알맞은가?

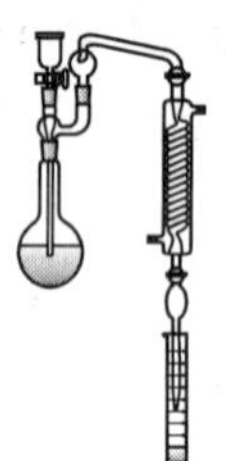

① 수은 ② 망간
③ 시안 ④ 유기인

7. 다음은 시안 화합물 측정에서 방해물질과 그 억제방법을 짝지은 것이다. 틀린 것은?

① 유지 – 헥산에 의한 추출
② 황 화합물 – 아세트산아연용액
③ 잔류염소 – 아비산나트륨용액
④ 아질산 – 과산화수소의 첨가

해설 아질산이온 : 술파민산암모늄용액

8. 용액 중 CN^-농도를 5.2mg/L로 만들려고 하면 물 1000L에 NaCN 몇 g을 용해시키면 되는가? (단, Na 원자량=23)

① 6.8g ② 7.8g
③ 9.8g ④ 11.8g

해설 $NaCN : CN^- = 49 : 26$
$= x[g] : 5.2mg/L \times 1000L \times 10^{-3} g/mg$
$\therefore x = 9.8g$

9. 수질오염 공정시험법의 아질산성 질소 시험법(자외선/가시선 분광법)은 흡광도가 얼마에서 측정하는가?

① 540nm ② 690nm
③ 650nm ④ 620nm

해설 아질산 이온을 술파닐아마이드와 반응시켜 디아조화하고 α-나프틸에틸렌디아민 이염산염과 반응시켜 생성된 디아조화합물의 붉은색의 흡광도를 540nm에서 측정하는 방법이다.

10. 다음 중 암모니아성 질소의 정량방법이 아닌 것은?

① 인도페놀법 ② 질산은 적정법
③ 중화적정법 ④ 이온전극법

해설 질산은 적정법은 염소이온 정량방법이다.

11. 전처리한 시료에 메틸레드-브롬크레졸그린 혼합지시약을 넣고 0.05N 수산화나트륨 용액으로 자회색이 나타날 때까지 적정하여 분석하는 항목은?

① 휘발성 탄화수소류
② 알킬수은
③ 페놀류
④ 암모니아성 질소

해설 중화적정법에 대한 설명으로 암모니아성 질소의 정량법이다.

정답 6. ③ 7. ④ 8. ③ 9. ① 10. ② 11. ④

12. 0.1mgN/mL농도의 NH_3-N 표준원액을 1L 조제하고자 할 때 요구되는 NH_4Cl의 양은?

① 317.70mg/L ② 382.14mg/L
③ 464.14mg/L ④ 492.14mg/L

해설 $NH_4Cl : N = 53.5 : 14$
$= x[mg/L] : 0.1mg\ N/mL \times 10^3 mL/L$
$\therefore\ x = 382.14mg/L$

13. 다음은 염소이온의 측정원리를 설명한 것이다. ( ) 안에 알맞은 내용은?

> 질산은 적정법 : 염소이온과 질산은이 정량적으로 반응한 다음 과잉의 질산은이 ( )과 반응하여 침전으로 나타나는 점을 적정의 종말점으로 하여 염소이온의 농도를 측정하는 방법이다.

① 크롬산 ② 수산화 이온
③ 염화제일주석 ④ 차아염소산

해설 염소이온과 질산은이 정량적으로 반응한 다음 과잉의 질산은이 크롬산과 반응하여 크롬산은의 침전으로 나타나는 점을 적정의 종말점으로 하여 염소이온의 농도를 측정하는 방법이다. 정량한계는 0.7mg/L이다.

14. 염소이온에 대한 질산은 적정법은 정량한계가 몇 mg/L인가?

① 0.5 ② 0.7
③ 0.9 ④ 1.1

15. 염소이온의 질산은 적정법에서 종말점의 색깔은?

① 엷은 갈색 ② 엷은 적자색
③ 엷은 적황색 ④ 엷은 청회색

해설 적정의 종말점은 엷은 적황색 침전이 나타날 때로 한다.

정답 12. ② 13. ① 14. ② 15. ③

2-23 용존 총인

용존 총인(dissolved total phosphorus) 분석은 시료 중의 유기물을 산화 분해하여 용존인화합물을 인산염(PO_4) 형태로 변화시킨 다음 인산염을 아스코르브산환원 흡광도법으로 정량하여 총인의 농도를 구하는 방법이다. 시료를 유리섬유여과지(GF/C)로 여과하여 여액 50mL(인 함량 0.06mg 이하)를 수질오염 공정시험기준 총인의 시험방법에 따라 시험한다.

참고

1. 여액이 혼탁할 경우에는 반복하여 재여과한다.
2. 전처리한 여액 50mL 중 총인의 양이 0.06mg을 초과하는 경우 희석하여 전처리 조작을 실시한다.

2-24 용존 총질소

용존 총질소(dissolved total nitrogen) 분석은 시료 중 용존 질소 화합물을 알칼리성 과황산칼륨의 존재하에 120℃에서 유기물과 함께 분해하여 질소이온으로 산화시킨 다음 산성에서 자외부 흡광도를 측정하여 질소를 정량하는 방법이다. 이 시험기준은 비교적 분해되기 쉬운 유기물을 함유하고 있거나 자외부에서 흡광도를 나타내는 브롬이온이나 크롬을 함유하지 않는 시료에 적용된다. 시료를 유리섬유여과지(GF/C)로 여과하여 여액 50mL(질소 함량 0.1mg 이하)를 수질오염 공정시험기준 총질소에 따라 시험한다.

참고

1. 여액이 혼탁할 경우에는 반복하여 재여과한다.
2. 전처리한 여액 50mL 중 총질소의 양이 0.1mg을 초과하는 경우 희석하여 전처리 조작을 실시한다.

2-25 음이온 계면활성제

✪ 적용 가능한 시험방법

음이온 계면활성제	정량한계(mg/L)	정밀도(% RSD)
자외선/가시선 분광법	0.02mg/L	±25% 이내
연속흐름법	0.09mg/L	±25% 이내

자외선/가시선 분광법(UV/visible spectrometry)

(1) 개요

① 목적 : 이 시험기준은 물속에 존재하는 음이온 계면활성제(Anionic Surfactants)를 측정하기 위하여 메틸렌블루와 반응시켜 생성된 청색의 착화합물을 클로로포름으로 추출하여 흡광도를 650nm에서 측정하는 방법이다.

② 적용범위 : 이 시험기준은 지표수, 지하수, 폐수 등에 적용할 수 있으며, 정량한계는 0.02mg/L이다.

참고

이 시험기준으로는 시료 중의 계면활성제를 종류별로 구분하여 측정할 수 없다.

③ 간섭물질

㈎ 약 1000mg/L 이상의 염소이온 농도에서 양의 간섭을 나타내며 따라서 염분농도가 높은 시료의 분석에는 사용할 수 없다.

㈏ 유기 설폰산염(sulfonate), 황산염(sulfate), 카르복실산염(carboxylate), 페놀 및 그 화합물, 무기티오시안(thiocynide)류, 질산이온 등이 존재할 경우 메틸렌블루 중 일부가 클로로포름 층으로 이동하여 양의 오차를 나타낸다.

㈐ 양이온 계면활성제 혹은 아민과 같은 양이온 물질이 존재할 경우 음의 오차가 발생할 수 있다.

㈑ 시료 속에 미생물이 있을 경우 일부의 음이온 계면활성제가 신속히 변할 가능성이 있으므로 가능한 빠른 시간 안에 분석을 하여야 한다.

연속흐름법(continuous flow analysis)

① 목적 : 이 시험기준은 물속에 존재하는 음이온 계면활성제가 메틸렌블루와 반응하여 생성된 청색의 착화합물을 클로로포름 등으로 추출하여 650nm 또는 기기의 정해진 흡수파장에서 흡광도를 측정하는 방법이다.

② 적용범위

㈎ 이 시험기준은 지표수, 지하수, 폐수 등에 적용할 수 있으며, 정량한계는 0.09mg/L 이다.

㈏ 이 시험기준은 음이온 계면활성제와 같이 메틸렌블루에 활성을 가지는 계면활성제의 총량 측정에 사용할 수 있으며, 모든 계면활성제를 종류별로 구분하여 측정할 수는 없다.

2-26 인산염인

✪ 적용 가능한 시험방법

인산염인	정량한계(mg/L)	정밀도(% RSD)
자외선/가시선 분광법 (이염화주석환원법)	0.003mg/L	±25% 이내
자외선/가시선 분광법 (아스코르브산환원법)	0.003mg/L	±25% 이내
이온크로마토그래피	0.1mg/L	±25% 이내

자외선/가시선 분광법-이염화주석환원법 (UV/visible spectrometry-tin(II) chloride method)

(1) 개요

① 목적 : 이 시험기준은 물속에 존재하는 인산염인(phosphate Phosphorus, PO_4-P)을 측정하기 위하여 시료 중의 인산염인이 몰리브덴산암모늄과 반응하여 생성된 몰리브덴산인 암모늄을 이염화주석으로 환원하여 생성된 몰리브덴 청의 흡광도를 690nm에서 측정하는 방법이다.

② 적용범위 : 이 시험기준은 지표수, 지하수, 폐수 등에 적용할 수 있으며, 정량한계는 0.003mg/L이다.

(2) 분석절차

여과한 시료 적당량(인산염인으로써 0.05mg 이하 함유)을 정확히 취하여 50mL 부피플라스크에 넣고 정제수를 넣어 약 40mL로 한다.

참고

1. 시료가 산성일 경우에는 p-니트로페놀용액(0.1%)을 지시약으로 수산화나트륨용액(4%) 또는 암모니아수 (1+10)를 넣어 액이 황색이 나타날 때까지 중화한다.
2. 발색제를 넣은 다음 흡광도 측정까지의 소요시간은 10~12분으로 한다.

자외선/가시선 분광법-아스코르브산환원법 (UV/visible spectrometry-ascorbic acid method)

(1) 개요

① 목적 : 이 시험기준은 물속에 존재하는 인산염인을 측정하기 위하여 몰리브덴산암모늄과 반응하여 생성된 몰리브덴산인암모늄을 아스코르브산으로 환원하여 생성된 몰리브덴산 청의 흡광도를 880nm에서 측정하여 인산염인을 정량하는 방법이다.

② 적용범위 : 이 시험기준은 지표수, 지하수, 폐수 등에 적용할 수 있으며, 정량한계는 0.003mg/L이다.

③ 간섭물질

㈎ 5가 비소를 함유한 경우는 인산염인과 마찬가지로 발색을 일으킨다. 이러한 간섭은 아황산나트륨을 사용하여 5가 비소를 3가 비소로 환원시켜 제거할 수 있다.

㈏ 과다한 3가 철(30mg 이상)을 함유한 경우에는 몰리브덴청의 발색 정도를 약화시켜 인산염인의 값이 낮게 측정될 수 있다. 아스코르브산용액의 첨가량을 증가시키면 방해를 제어할 수 있다.

(2) 분석절차

① 여과한 시료 적당량(인산염인으로써 0.05mg 함유)을 취하여 50mL 부피플라스크에 넣고 정제수를 넣어 약 40mL로 한다.

참고

시료가 산성일 경우에는 p-니트로페놀용액(0.1%)을 지시약으로 수산화나트륨용액(4%) 또는 암모니아수(1+10)를 넣어 액이 황색이 나타날 때까지 중화한다.

② 몰리브덴산암모늄-아스코르브산 혼합용액 4mL를 넣고 정제수를 넣어 표선을 채운 다음, 흔들어 섞고 20~40℃에서 약 15분간 방치한다.

참고

1. 이때 용액은 30분을 초과해서는 안 된다.
2. 880nm에서 흡광도 측정이 불가능할 경우에는 710nm에서 측정한다.

이온크로마토그래피(ion chromatography)

2-27 질산성 질소

✪ 적용 가능한 시험방법

질산성 질소	정량한계(mg/L)	정밀도(% RSD)
이온크로마토그래피	0.1mg/L	±25% 이내
자외선/가시선 분광법 (부루신법)	0.1mg/L	±25% 이내
자외선/가시선 분광법 (활성탄흡착법)	0.3mg/L	±25% 이내
데발다합금 환원증류법	중화적정법 : 0.5mg/L 분광법 : 0.1mg/L	±25% 이내

이온크로마토그래피(ion chromatography)

자외선/가시선 분광법-부루신법(UV/visible spectrometry-brucine method)

(1) 개요

① 목적 : 이 시험기준은 물속에 존재하는 질산성 질소(Nitrate Nitrogen)를 측정하기 위하여 황산산성(13N H_2SO_4 용액, 100℃)에서 질산이온이 부루신과 반응하여 생성된 황색화합물의 흡광도를 410nm에서 측정하여 질산성 질소를 정량하는 방법이다.

② 적용범위 : 이 시험기준은 지표수, 지하수, 폐수 등에 적용할 수 있으며, 정량한계는 0.1mg/L이다.

(2) 분석절차

① 전처리 : 시료의 pH를 아세트산 또는 수산화나트륨으로 약 7로 조절한다. 탁도가 있는 경우에는 여과한다.

② 분석방법

참고

바닷물과 같이 염분이 높은 경우, 바탕시료와 표준용액에 염화나트륨용액(30%)을 2mL를 넣는다.

㈎ 황산(4+1) 10mL를 각 시료용기에 넣고 흔들어 섞고 수랭한다.

㈏ 여기에 부루신술파닐산 용액 0.5mL를 넣어 흔들어 섞고 끓는 물중탕에서 정확히 20분간 가열반응시킨 다음 실온까지 수랭한다.

자외선/가시선 분광법-활성탄흡착법 (UV/visible spectrometry-active carbon adsorption method)

① 목적 : 물속에 존재하는 질산성 질소를 측정하기 위하여 pH 12 이상의 알칼리성에서 유기 물질을 활성탄으로 흡착한 다음 혼합 산성액으로 산성으로 하여 아질산염을 은폐시키고 질산성 질소의 흡광도를 215nm에서 측정하는 방법이다.

② 적용범위 : 이 시험기준은 지표수, 지하수, 폐수 등에 적용할 수 있으며, 정량한계는 0.3mg/L이다.

데발다합금 환원증류법(Devalda's alloy reduction stream-distilation method)

① 목적 : 이 시험기준은 물속에 존재하는 질산성 질소를 측정하기 위하여 아질산성 질소를 술파민산으로 분해 제거하고 암모니아성 질소 및 일부 분해되기 쉬운 유기 질소를 알칼리성에서 증류제거한 다음 데발다합금으로 질산성 질소를 암모니아성 질소로 환원하여 이를 암모니아성질소 시험방법에 따라 시험하고 질산성 질소의 농도를 환산하는 방법이다.

② 적용범위 : 이 시험기준은 지표수, 지하수, 폐수 등에 적용할 수 있으며, 정량한계는 중화적정법은 0.5mg/L, 자외선/가시선 분광법은 0.1mg/L이다.

2-28 총인

✪ 적용 가능한 시험방법

총인	정량한계(mg/L)	정밀도(% RSD)
자외선/가시선 분광법	0.005mg/L	±25% 이내
연속흐름법	0.003mg/L	±25% 이내

자외선/가시선 분광법(UV/visible spectrometry)

(1) 개요

① 목적 : 이 시험기준은 물속에 존재하는 총인(Total Phosphorus)을 측정하기 위하여 유기물 화합물 형태의 인을 산화 분해하여 모든 인 화합물을 인산염(PO_4^{3-}) 형

태로 변화시킨 다음 몰리브덴산암모늄과 반응하여 생성된 몰리브덴산인암모늄을 아스코르브산으로 환원하여 생성된 몰리브덴산 청의 흡광도를 880nm에서 측정하여 총인의 양을 정량하는 방법이다.

② 적용범위 : 이 시험기준은 지표수, 지하수, 폐수 등에 적용할 수 있으며, 정량한계는 0.005mg/L이다.

(2) 분석절차

① 전처리

㈎ 과황산칼륨 분해(분해되기 쉬운 유기물을 함유한 시료)

㈏ 질산-황산 분해(다량의 유기물을 함유한 시료)

② 분석방법 : 전처리한 시료 25mL를 취하여 마개 있는 시험관에 넣고 몰리브덴산암모늄·아스코르브산 혼합용액 2mL를 넣어 흔들어 섞은 다음 20～40℃에서 15분간 방치한다.

참고

1. 전처리한 시료가 탁한 경우에는 유리섬유 여과지로 여과하여 여과액을 사용한다.
2. 880nm에서 흡광도 측정이 불가능할 경우에는 710nm에서 측정한다.

연속흐름법(continuous flow analysis(CFA))

① 목적 : 이 시험기준은 시료 중 유기물 화합물 형태의 인을 산화 분해하여 모든 인 화합물을 인산염(PO_4^{3-}) 형태로 변화시킨 다음 몰리브덴산암모늄과 반응하여 생성된 몰리브덴산암모늄을 아스코르브산으로 환원하여 생성된 몰리브덴산 청의 흡광도를 880nm 또는 기기의 정해진 파장에서 측정하여 총인의 양을 분석하는 방법이다.

② 적용범위 : 이 시험기준은 지표수, 지하수, 폐수 등에 적용할 수 있으며, 정량한계는 0.003mg/L이다.

2-29 총질소

✪ 적용 가능한 시험방법

총질소	정량한계(mg/L)	정밀도(% RSD)
자외선/가시선 분광법 (산화법)	0.1mg/L	±25% 이내

자외선/가시선 분광법 (카드뮴-구리 환원법)	0.004mg/L	±25% 이내
자외선/가시선 분광법 (환원증류-켈달법)	0.02mg/L	±25% 이내
연속흐름법	0.06mg/L	±25% 이내

자외선/가시선 분광법-산화법(UV/visible spectrometry-oxidation method)

① 목적 : 이 시험기준은 물속에 존재하는 총질소(Total Nitrogen)를 측정하기 위하여 시료 중 모든 질소 화합물을 알칼리성 과황산칼륨을 사용하여 120℃ 부근(30분간 가열)에서 유기물과 함께 분해하여 질산이온으로 산화시킨 후 산성 상태로 하여 흡광도를 220nm에서 측정하여 총질소를 정량하는 방법이다.

② 적용범위

㈎ 이 시험기준은 지표수, 지하수, 폐수 등에 적용할 수 있으며, 정량한계는 0.1 mg/L이다.

㈏ 비교적 분해되기 쉬운 유기물을 함유하고 있거나 자외부에서 흡광도를 나타내는 브롬이온이나 크롬을 함유하지 않는 시료에 적용된다.

③ 간섭물질 : 자외부에서 흡광도를 나타내는 모든 물질이 분석을 방해할 수 있으며 특히, 브롬 이온 농도 10mg/L, 크롬 농도 0.1mg/L 정도에서 영향을 받으며 해수와 같은 시료에는 적용할 수 없다.

자외선/가시선 분광법-카드뮴·구리 환원법 (UV/visible spectrometry-cadmium-copper reduction method)

① 목적 : 이 시험기준은 물속에 존재하는 총질소를 측정하기 위하여 시료 중의 질소화합물을 알칼리성 과황산칼륨의 존재하에 120℃에서 유기물과 함께 분해하여 질산이온으로 산화시킨 다음 산화된 질산이온을 다시 카드뮴-구리환원 칼럼을 통과시켜 아질산 이온으로 환원시키고 아질산성 질소의 양을 구하여 총질소로 환산하는 방법이다.

② 적용범위 : 이 시험기준은 지표수, 지하수, 폐수 등에 적용할 수 있으며, 정량한계는 0.004mg/L이다.

자외선/가시선 분광법-환원증류·켈달 (UV/visible spectrometry-deoxidize distillation -Kledahl method)

① 목적 : 이 시험기준은 물속에 존재하는 총질소를 측정하기 위하여 시료에 데발다합

금을 넣고 알칼리성에서 증류하여 시료 중의 무기질소를 암모니아로 환원 유출시키고, 다시 잔류시료 중의 유기질소를 켈달 분해한 다음 증류하여 암모니아로 유출시켜 각각의 암모니아성 질소의 양을 구하고 이들을 합하여 총질소를 정량하는 방법이다.

② 적용범위 : 이 시험기준은 지표수, 지하수, 폐수 등에 적용할 수 있으며, 정량한계는 0.02mg/L이다.

연속흐름법(continuous flow analysis)

(1) 개요

① 목적 : 이 시험기준은 시료 중 모든 질소 화합물을 산화분해하여 질산성 질소(NO_3^-) 형태로 변화시킨 다음 카드뮴-구리환원 칼럼을 통과시켜 아질산성 질소의 양을 550nm 또는 기기에서 정해진 파장에서 측정하는 방법이다.

② 적용범위

㈎ 이 시험기준은 지표수, 지하수, 폐수 등에 적용할 수 있으며, 이 시험기준의 정량한계는 0.06mg/L이다.

㈏ 검출방식을 자외선 흡광도법으로 분석할 경우 자외부에서 흡광도를 나타내는 브롬이온이나 크롬을 함유하지 않는 시료에 적용된다.

2-30 퍼클로레이트

✪ 적용 가능한 시험방법

퍼클로레이트	정량한계(mg/L)	정밀도(% RSD)
액체크로마토그래프-질량분석법	0.002mg/L	±25% 이내
이온크로마토그래피	0.002mg/L	±25% 이내

액체크로마토그래프-질량분석법(liquid chromatograph-mass spectrometry)

① 목적 : 이 시험기준은 물속에 있는 퍼클로레이트(percholrate)를 측정하기 위한 것으로, 방사성 동위원소로 표지된 내부표준물질을 시료에 넣은 다음 액체크로마토그래프-질량분석기로 분석한다.

② 적용범위 : 이 시험기준은 지표수, 지하수, 폐수 등에 적용할 수 있으며, 정량한계는 0.002mg/L이다.

이온크로마토그래피(ion chromatography)

① 목적 : 이 시험기준은 물속에 존재하는 퍼클로레이트를 측정하기 위한 것으로, 이온 교환칼럼에 전개시켜 분리된 퍼클로레이트 이온의 전기전도도를 측정하여 정량한다.

② 적용범위 : 이 시험기준은 지표수, 지하수, 그리고 간섭물질의 영향을 제거할 수 있는 폐수 등에 적용할 수 있으며, 정량한계는 0.002mg/L이다.

2-31 페놀류

✪ 적용 가능한 시험방법

퍼클로레이트	정량한계(mg/L)	정밀도(% RSD)
자외선/가시선 분광법	추출법 : 0.005mg/L 직접법 : 0.05mg/L	±25% 이내
연속흐름법	0.005mg/L	±25% 이내

자외선/가시선 분광법(UV/visible spectrometry)

(1) 개요

① 목적 : 이 시험기준은 물속에 존재하는 페놀류(Phenols)를 측정하기 위하여 증류한 시료에 염화암모늄-암모니아 완충용액을 넣어 pH 10으로 조절한 다음 4-아미노안티피린과 헥사시안화철(Ⅱ)산칼륨을 넣어 생성된 붉은색의 안티피린계 색소의 흡광도를 측정하는 방법으로 수용액에서는 510nm, 클로로포름용액에서는 460nm에서 측정한다.

② 적용범위 : 이 시험기준은 지표수, 지하수, 폐수 등에 적용할 수 있으며, 정량한계는 클로로포름추출법일 때 0.005mg/L, 직접측정법일 때 0.05mg/L이다.

참고

이 시험기준으로는 시료 중의 페놀을 종류별로 구분하여 정량할 수는 없다.

(2) 분석기기 및 기구

① 그람 냉각기

② 증류장치

(3) 분석절차

• 전처리

- 시료 250mL를 500mL 증류플라스크에 넣고 메틸오렌지용액(0.1W/V%) 수방울을 넣고 인산(1+9)을 넣어 pH를 약 4로 조절하고 황산구리용액 2.5mL를 넣는다.
- 증류플라스크를 증류장치의 냉각관과 연결하여 250mL 부피실린더를 수집기로 사용한다.

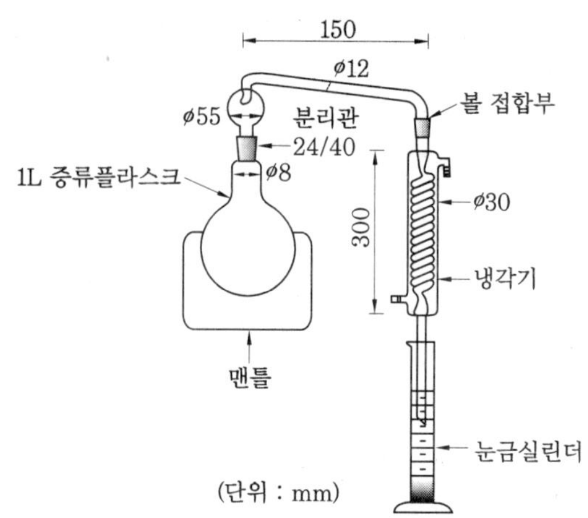

연속흐름법(continuous flow analysis(CFA))

① 목적 : 이 시험기준은 물속에 존재하는 페놀 및 그 화합물을 분석하기 위하여 증류한 시료에 염화암모늄-암모니아 완충용액을 넣어 pH 10으로 조절한 다음 4-아미노안티피린과 헥사시안화철(Ⅱ)산칼륨을 넣어 생성된 붉은색의 안티피린계 색소의 흡광도를 510nm 또는 기기에서 정해진 파장에서 측정하는 방법이다.

② 적용범위 : 이 시험기준은 지표수, 지하수, 폐수 등에 적용할 수 있으며, 정량한계는 0.007mg/L이다.

참고

시료 중의 페놀을 종류별로 구분하여 측정할 수는 없으며 또한 4-아미노안티피린법은 파라위치에 알킬기, 아릴기(aryl), 니트로기, 벤조일기(benzoyl), 니트로소기(nitroso) 또는 알데히드기가 치환되어 있는 페놀은 측정할 수 없다.

③ 간섭물질 : 황 화합물에 의한 간섭은 시료에 인산을 첨가하여 pH 4 이하로 하고 교반 후 황산구리를 넣어서 제거한다.

2-32 황산이온

✪ 적용 가능한 시험방법

황산이온	정량한계(mg/L)	정밀도(% RSD)
이온크로마토그래피	0.5mg/L	±25% 이내

예상문제

Engineer Water Pollution Environmental
수질환경기사

1. 음이온 계면활성제 시험법은 어느 것인가?

① 디티존법
② 메틸렌블루법
③ 디페닐카바지드법
④ 디에틸디티오카바민산은법

해설 음이온 계면활성제 시험법은 자외선/가시선 분광법(메틸렌블루법)이다.

2. 음이온 계면활성제를 측정하는 자외선/가시선 분광법에서 음이온 계면활성제와 메틸렌블루가 반응하여 생성된 청색의 복합체를 추출하는 데 사용하는 용액은?

① 디티존
② 디티오카르밤산
③ 메틸이소부틸케톤
④ 클로로포름

해설 음이온 계면활성제를 메틸렌블루와 반응시켜 생성된 청색의 복합체를 클로로포름으로 추출하여 클로로포름 층의 흡광도를 650nm에서 측정하는 방법이다.

3. 다음 중 인산염인의 측정법(자외선/가시선 분광법)으로 맞는 것은?

① 카드뮴구리환원법
② 디메틸글리옥심법
③ 에브럴-노리스법
④ 이염화주석환원법

해설 ㉠ 카드뮴구리환원법 : 총질소
㉡ 디메틸글리옥심법 : 니켈
㉢ 에브럴-노리스법(디아조화법의 옛 이름) : 아질산성 질소

4. 인산염인의 측정법에 대한 다음 설명 중 틀린 것은?

① 정량한계는 0.003mg/L이며, 정밀도는 ±25% 이내이다.
② 몰리브덴 청의 흡광도를 690nm 또는 880nm에서 측정한다.
③ 자외선/가시선 분광법으로 이염화주석환원법과 아스코르브산 환원법이 있다.
④ 발색제를 넣은 다음 흡광도 측정 시까지의 소요시간은 30~60분이다.

해설 발색제를 넣은 다음 흡광도 측정 시까지의 소요시간은 10~12분이다.

5. 자외선/가시선 분광법으로 인산염인을 정량할 때 몰리브덴산 암모늄을 환원시키는 환원제는?

① $SbCl_2$　② $SnCl_2$
③ $SbCl_4$　④ $SnCl_4$

6. 공정시험방법상 질산성 질소의 측정법이 아닌 것은?

① 이온전극법
② 이온크로마토그래피법
③ 부루신법
④ 데발다합금 환원증류법

7. NO_3^--(N)(질산성 질소) 0.1mgN/L의 표준원액을 만들려고 한다. KNO_3는 몇 mg을 달아 증류수에 녹여 1L로 만들면 되는가? (단, KNO_3 분자량=101.1)

① 0.10mg　② 0.14mg

정답 1. ② 2. ④ 3. ④ 4. ④ 5. ② 6. ① 7. ④

③ 0.52mg ④ 0.72mg

해설 KNO_3 : N=101.1 : 14
=x[mg] : 0.1mgN/L× 1L
∴ x=0.722mg

8. 총인 측정에 관한 설명으로 맞지 않은 것은?

① 일반적 측정법으로는 아스코르브산 환원 (자외선/가시선 분광법)이 이용된다.
② 분해되기 쉬운 유기물을 함유한 시료는 질산(시료 50mL, 질산 2mL)을 넣고 가열하여 전처리 한다.
③ 시료 중 유기물을 산화분해하여 모든 인화합물을 인산이온 형태로 변화시킨다.
④ 전처리한 시료의 상등액이 탁한 경우는 유리섬유여지로 여과하여 여액을 사용한다.

해설 분해되기 쉬운 유기물을 함유한 시료는 과황산칼륨용액을 넣고 가열한다.

9. 자외선/가시선 분광법에 의한 총인 측정에 관한 설명 중 틀린 것은?

① 환원제로 아스코르브산을 사용한다.
② 전처리한 시료가 탁한 경우에는 유리섬유 여과지로 여과하여 여과액을 사용한다.
③ 자외선/가시선 분광법으로 측정 시 파장은 680nm에서 측정이 불가능한 경우에는 510nm에서 측정한다.
④ 분해되기 쉬운 유기물을 함유한 시료 전처리로 과황산칼륨 분해법이 있다.

해설 자외선/가시선 분광법으로 측정 시 파장은 880nm에서 측정이 불가능한 경우에는 710nm에서 측정한다.

10. 수질오염 공정시험방법상 총질소 측정방법이 아닌 것은?

① 산화법
② 카드뮴환원법
③ 환원증류-켈달법
④ 데발다합금 환원증류법

11. 다음 중 페놀 측정에 사용되는 시약은?

① 4-아미노 안티피린
② 디티존
③ 인도페놀
④ 0-페난트로닌

해설 ㉠ 디티존법 : 카드뮴, 납, 수은
㉡ 0-페난트로린법 : 철

12. 자외선/가시선 분광법에 의한 페놀류 측정 원리를 설명한 것 중 틀린 것은?

① 증류한 시료에 염화암모늄-암모니아 완충 용액을 넣어 pH 10으로 조절한 다음 4-아미노안티피린과 헥사시안화철(II)산칼륨을 넣어 생성된 붉은색의 안티피린계 색소의 흡광도를 측정한다.
② 수용액에서는 510nm에서 측정한다.
③ 클로로포름용액에서는 460nm에서 측정한다.
④ 클로로포름추출법일 때 정량한계는 0.05 mg/L이다.

해설 정량한계는 클로로포름추출법일 때 0.005 mg/L, 직접 측정법일 때 0.05mg/L이다.

정답 8. ② 9. ③ 10. ④ 11. ① 12. ④

3
Chapter

중금속

3-1 금속류

✪ 적용 가능한 시험방법

물속에 존재하는 금속성분을 분석하기 위해 일반적으로 시료를 적절한 방법으로 전처리를 해야 하고 그 후에 기기분석을 실시한다. 금속별로 사용되는 기기분석 방법은 원자흡수 분광광도법, 유도결합 플라스마-원자발광분광법, 유도결합 플라스마-질량분석법, 자외선/가시선 분광법 및 양극벗김전압전류법 등이다.

불꽃 원자흡수분광광도법(flame atomic absorption spectrometry)

(1) 개요

① 목적 : 이 시험기준은 물속에 존재하는 중금속을 정량하기 위하여 시료를 2000~3000K의 불꽃 속으로 주입하였을 때 생성된 바닥 상태의 중성원자가 고유 파장의 빛을 흡수하는 현상을 이용하여, 개개의 고유 파장에 대한 흡광도를 측정해 시료 중의 원소농도를 정량하는 방법이다. 분석이 가능한 원소는 구리, 납, 니켈, 망간, 비소, 셀레늄, 수은, 아연, 철, 카드뮴, 크롬, 6가 크롬, 바륨, 주석 등이다.

② 적용범위

㈎ 이 시험기준은 지표수, 지하수, 폐수 등에 적용할 수 있으며, 금속의 분석 시 선택파장, 불꽃연료, 정량한계는 다음 표와 같다.

원소명	선택파장(nm)	불꽃연료	정량한계(mg/L)
Cu	324.7	A-Ac[1]	0.008mg/L
Pb	283.3/217.0	A-Ac[1]	0.04mg/L
Ni	232.0	A-Ac[1]	0.01mg/L
Mn	279.5	A-Ac[1]	0.005mg/L
Ba	553.6	N-Ac[2]	0.1mg/L
As	193.7	H[3]	0.005mg/L
Se	196.0	H[3]	0.005mg/L
Hg	253.7	CV[4]	0.0005mg/L

Zn	213.9	A-Ac[1]	0.002mg/L
Sn	224.6	A-Ac[1]	0.8mg/L
Fe	248.3	A-Ac[1]	0.03mg/L
Cd	228.8	A-Ac[1]	0.002mg/L
Cr	357.9	A-Ac[1]	0.01mg/L(산처리) 0.001mg/L(용매추출)

US EPA method 200.0 metals atomatic absorption spectrometry
[1]A-Ac : 공기-아세틸렌
[2]N-Ac : 아산화질소-아세틸렌
[3]H : 환원기화법(수소화물 생성법)
[4]CV : 냉증기법

(나) 이보다 낮은 정량한계를 얻을 수 있는 기기를 사용할 경우 소급성이 인정된다면 정량한계로 사용될 수 있다.

③ 간섭물질

(가) 광학적 간섭

㉮ 분석하고자 하는 원소의 흡수파장과 비슷한 다른 원소의 파장이 서로 겹쳐 비이상적으로 높게 측정되는 경우이다. 이 경우 슬릿 간격을 좁힘으로써 간섭을 배제할 수 있다.

㉯ 시료 중에 유기물의 농도가 높을 경우 이들에 의한 복사선 흡수가 일어나 양(+)의 오차를 유발하게 되므로 바탕선 보정(background correction)을 실시하거나 분석 전에 유기물을 제거하여야 한다.

㉰ 용존 고체 물질 농도가 높으면 빛 산란 등 비원자적 흡수 현상이 발생하여 간섭이 발생할 수 있다. 바탕 값이 높아서 보정이 어려울 경우 다른 파장을 선택하여 분석한다.

(나) 물리적 간섭 : 물리적 간섭은 표준용액과 시료 또는 시료와 시료 간의 물리적 성질(점도, 밀도, 표면장력 등)의 차이 또는 표준물질과 시료의 매질(matrix) 차이에 의해 발생한다. 물리적 간섭은 표준용액과 시료 간의 매질을 일치시키거나 표준물질첨가법을 사용하여 방지할 수 있다.

(다) 이온화 간섭 : 불꽃온도가 너무 높을 경우 중성원자에서 전자를 빼앗아 이온이 생성될 수 있으며 이 경우 음(-)의 오차가 발생하게 된다. 이러한 간섭은 시료와 표준물질에 보다 쉽게 이온화되는 물질을 과량 첨가하면 감소시킬 수 있다.

(라) 화학적 간섭 : 불꽃의 온도가 분자를 들뜬 상태로 만들기에 충분히 높지 않아서 해당 파장을 흡수하지 못하여 발생한다.

(2) 용어정리

① 속빈 음극램프(HCL : hollow cathode lamp) : 원자흡수 측정에 사용하는 가장 보편적인 광원으로 네온이나 아르곤 가스를 1～5torr의 압력으로 채운 유리관에 텅스텐 양극과 원통형 음극을 봉입한 형태의 램프이다.

② 전극 없는 방전램프(EDL : electrodeless discharge lamp) : 해당 스펙트럼을 내는 금속염과 아르곤이 들어있는 밀봉된 석영관으로, 전극 대신 라디오주파수장이나 마이크로파 복사선에 의해 에너지가 공급되는 형태의 램프이다.

(3) 분석기기 및 기구

- 원자흡수분광광도계 : 단일 또는 이중 채널, 단일 또는 이중 빔을 채용한 분광계로 단색화 장치, 광전자증폭검출기, 190～800nm 나비의 슬릿 및 기록계로 구성된다.
  - 가스 : 불꽃생성을 위해 아세틸렌(C_2H_2)-공기가 일반적인 원소분석에 사용되며, 아세틸렌-아산화질소(N_2O)는 바륨 등 산화물을 생성하는 원소의 분석에 사용된다.
  - 램프 : 속빈 음극램프 또는 전극 없는 방전램프가 사용 가능하며, 단일파장램프가 권장되나 다중파장램프도 사용 가능하다.
  - 원자화 장치 : 버너는 기기업체에서 제공하는 사양을 따른다.

(4) 분석절차

① 전처리 : 시료의 전처리방법에 따른다.

② 분석방법

(가) 분석하고자 하는 원소의 속빈 음극램프를 설치하고 프로그램상에서 분석파장을 선택한 후 슬릿 나비를 설정한다.

(나) 기기를 가동하여 속빈 음극램프에 전류가 흐르게 하고 에너지 레벨이 안정될 때까지 10～20분간 예열한다.

③ 검정곡선의 작성

(가) 검정곡선법

(나) 표준물질첨가법

흑연로 원자흡수분광광도법(graphite furnace atomic absorption spectrometry)

(1) 개요

① 목적 : 이 시험기준은 물속에 존재하는 중금속을 분석하기 위하여, 일정 부피의 시료를 전기적으로 가열된 흑연로 등에서 용매를 제거하고, 전류를 다시 급격히 증가시켜 2000～3000K 온도에서 원자화시킨 후 각 원소의 고유 파장에 대한 흡광도를 측정하여 시료 중의 원소농도를 정량하는 방법으로 분석이 가능한 원소는 구리, 납, 니켈, 망간, 비소, 셀레늄, 철, 카드뮴, 크롬, 6가 크롬, 바륨, 주석 등이다.

② 적용범위 : 금속의 분석 시 선택파장, 불꽃연료, 정량한계는 다음을 참조한다.

원소명	선택파장(nm)	정량한계(mg/L)
Cu	324.7	0.005mg/L
Pb	283.3/217.0	0.005mg/L
Ni	232.0	0.005mg/L
Mn	279.5	0.001mg/L
Ba	553.6	0.01mg/L
As	193.7	0.005mg/L
Se	196.0	0.005mg/L
Sn	224.6	0.002mg/L
Fe	248.3	0.005mg/L
Cd	228.8	0.0005mg/L
Cr	357.9	0.005mg/L

[1]US standard method 3113 metals by electrothermal atomic absorption spectrometry(1999)

③ 간섭물질

㈎ 매질 간섭 : 시료의 매질로 인한 원자화 과정상에 발생하는 간섭이다. 매질개선제(matrix modifier) 및 수소(5%)와 아르곤(95%)을 사용하여 간섭을 줄일 수 있다.

㈏ 메모리 간섭 : 고농도 시료분석 시 충분히 제거되지 못하고 잔류하는 원소로 인해 발생하는 간섭이다.

㈐ 스펙트럼 간섭 : 다른 분자나 원소에 의한 파장의 겹침 또는 흑체 복사에 의한 간섭으로 발생한다. 매질개선제를 사용하여 간섭을 배제할 수 있다.

(2) 분석기기 및 기구

- 원자흡수분광광도계 : 단일 또는 이중 채널, 단일 또는 이중 빔을 채용한 분광계로 단색화장치, 광전자증폭검출기, 190～800nm 나비의 슬릿 및 기록계로 구성된다.
  - 가스 : 아르곤-공기 또는 질소-공기가 사용된다. 공기는 공기압축기 또는 일반 압축공기 실린더 모두 사용 가능하다. 99.999% 이상의 고순도 아르곤 또는 고순도 질소가 사용된다.
  - 램프 : 단일파장램프가 권장되나 다중파장램프도 사용 가능하다.
  - 원자화 장치 : 가로 또는 세로 형태의 흑연로 가열장치와 흑연로 튜브(graphite tube)를 사용한다. 흑연로 가열장치는 초당 2000℃ 이상 가열할 수 있는 것을 사용하여야 하며, 흑연로 튜브는 일정 횟수(20～30회) 이상 사용하면 교체하여야 한다.

(3) 분석절차

① 전처리 : 시료의 전처리방법에 따른다.

② 분석방법

(가) 원자화과정에서 빛 산란에 의한 영향을 받기 쉬운 350nm 이하의 파장선택 시 바탕값 보정을 수행한다.

(나) 표준용액을 사용하여 0.2~0.5 범위의 흡광도를 얻을 수 있도록 시료의 원자화 온도를 설정한 후 분석을 수행한다.

유도결합 플라스마-원자발광분광법 (inductively coupled plasma-atomic emission spectrometry)

(1) 개요

① 목적 : 이 시험기준은 물속에 존재하는 중금속을 정량하기 위하여 시료를 고주파유도코일에 의하여 형성된 아르곤 플라스마에 주입하여 6000~8000K에서 들뜬 상태의 원자가 바닥상태로 전이할 때 방출하는 발광선 및 발광강도를 측정하여 원소의 정성 및 정량분석에 이용하는 방법으로 분석이 가능한 원소는 구리, 납, 니켈, 망간, 비소, 아연, 안티몬, 철, 카드뮴, 크롬, 6가 크롬, 바륨, 주석 등이다.

② 적용범위 : 금속의 분석 시 선택파장과 정량한계는 다음의 표를 참조한다.

원소명	선택파장(1차)[1]	선택파장(2차)[2]	정량한계[1,2](mg/L)
Cu	324.75	219.96	0.006mg/L
Pb	220.35	217.00	0.04mg/L
Ni	231.60	221.65	0.015mg/L
Mn	257.61	294.92	0.002mg/L
Ba	455.40	493.41	0.003mg/L
As	193.70	189.04	0.05mg/L
Zn	213.90	206.20	0.002mg/L
Sb	217.60	217.58	0.02mg/L
Sn	189.98	–	0.02mg/L
Fe	259.94	238.20	0.007mg/L
Cd	226.50	214.44	0.004mg/L
Cr	262.72	206.15	0.007mg/L

[1]standard method 3120 metals by plasma emission spectroscopy(1999)

[2]EPA method 200.7 (1994)

③ 간섭물질

㈎ 물리적 간섭 : 시료 도입부의 분무과정에서 시료의 비중, 점성도, 표면장력의 차이에 의해 발생한다.

㈏ 이온화 간섭 : 이온화 에너지가 작은 나트륨 또는 칼륨 등 알칼리 금속이 공존 원소로 시료에 존재 시 플라스마의 전자밀도를 증가시키고, 증가된 전자 밀도는 들뜬 상태의 원자와 이온화된 원자수를 증가시켜 방출선의 세기를 크게 할 수 있다.

㈐ 분광 간섭

㈑ 기타 : 플라스마의 높은 온도와 비활성으로 화학적 간섭의 발생 가능성은 낮으나, 출력이 낮은 경우 일부 발생할 수 있다.

(2) 분석기기 및 기구

유도결합 플라스마-원자발광광도계

- 분광계 : 검출 및 측정 방법에 따라 다색화분광기 또는 단색화 장치 모두 사용 가능해야 하며 스펙트럼의 띠 통과는 0.05nm 미만이어야 한다.
- 시료 주입 장치
  - 분무기 : 일반적인 시료의 경우 동심축 분무기(concentnic nebulizer) 또는 교차흐름 분무기(cross-flow nebulizer)를 사용하며, 점성이 있는 시료나 입자상 물질이 존재할 경우 바빙톤 분무기(barbington nebulizer)를 사용한다.
  - 아르곤 가스 공급장치 : 순도 99.99% 이상 고순도 가스상 또는 액체 아르곤을 사용해야 한다.
  - 유량조절기
- 유도결합 플라스마 발생기
  - 라디오 고주파 발생기(RF generator) : 라디오고주파(RF, radio frequency) 발생기는 출력범위 750~1200W 이상의 것을 사용하며, 이때 사용하는 주파수는 27.12MHz 또는 40.68MHz를 사용한다.
  - 토치 : 내부직경 18, 12, 1.5mm인 3개의 동심원 또는 동등한 규격의 석영관을 사용한다. 가장 바깥쪽관의 냉각기체는 아르곤을 사용하며, 중심관과 중간관의 운반기체와 보조기체로는 아르곤을 사용한다.

(3) 분석절차

① 전처리 : 시료의 전처리방법에 따른다.

② 분석방법

㈎ 시료 분석 전에 분무기, 토치, 시료 주입기, 튜브의 막힘 및 오염여부를 확인한다.

㈏ 플라스마를 켜고 30~60분간 불꽃을 안정화시킨 후, 기기업체에서 제공하는 매뉴얼에 따라 해당 표준물질을 사용하여 분석조건을 최적화한다.

유도결합 플라스마-질량분석법 (inductively coupled plasma-atomic emission spectrometry)

(1) 개요

① 목적 : 이 시험기준은 물속에 존재하는 중금속을 분석하기 위하여 유도결합 플라스마 질량 분석법을 사용한다. 유도결합 플라스마 질량분석법은 6000~10000K의 고온 플라스마에 의해 이온화된 원소를 진공상태에서 질량 대 전하비(m/z)에 따라 분리하는 방법으로, 분석이 가능한 원소는 구리, 납, 니켈, 망간, 바륨, 비소, 셀레늄, 아연, 안티몬, 카드뮴, 주석, 크롬 등이다.

② 적용범위 : 금속의 분석 시 분석질량, 정량한계는 다음 표를 참조한다.

원소명	분석질량(amu)	정량한계(mg/L)
Cu	63	0.002mg/L
Pb	206, 207, 208	0.002mg/L
Ni	60	0.002mg/L
Mn	55	0.0005mg/L
Ba	137	0.003mg/L
As	75	0.006mg/L
Se	82	0.03mg/L
Zn	66	0.006mg/L
Sb	123	0.0004mg/L
Sn	118	0.0001mg/L
Cd	111	0.002mg/L
Cr	52	0.0002mg/L

③ 간섭물질

(가) 다원자 이온간섭(polyatomic ion interferences)

(나) 동중원소 간섭(isobaric elemental interferences)

(다) 메모리 간섭

(라) 물리적 간섭

(마) 분해능에 의한 간섭

(2) 용어정리

① 원자질량단위(amu) : 원자의 질량단위를 말하며 탄소의 동위원소 ${}^{12}_{6}C$를 12amu로 놓고 이것에 대한 상대적인 값을 표기한다.

② 튜닝용액 : 기기의 상태를 최적화하기 위한 용액이다.

(3) 분석기기 및 기구

유도결합 플라스마-질량분석기

- 검출기 : 이차전자증포기(sondary electron multiplier)를 사용하며, 전자 검출기를 사용할 경우 반드시 과량의 이온을 제거하기 위한 장치가 필요하다.
- 라디오고주파발생기(RF generator) : 유도결합 플라스마-원자발광분광법에 따른다.
- 시료 주입장치
- 아르곤 가스 공급장치 : 순도 99.99% 이상 기체 또는 액체 아르곤을 사용한다.
- 인터페이스
  - 샘플링 콘
  - 스키머 콘
  - 진공펌프
- 질량분석기
  - 일반적으로 사중극자(quadrapole) 질량분석기를 사용하며, 이외에도 비행시간(time-of-flight) 분석기, 자기섹터(magnetic sector) 분석기 등이 사용 가능하다.
  - 질량분석기의 질량측정 범위는 5～250amu이며, 최소 분해능은 5% 피크 높이에서 1amu이어야 한다.

양극벗김전압전류법(anodic stripping voltammetry)

(1) 개요

① 목적 : 이 시험기준은 납과 아연을 은/염화은 기준전극에 대해 각각 약 -1000mV와 -1300mV 전위차를 갖는 유리질 탄소전극(GCE, glassy carbon electrode)에 수은 얇은 막 (mercury thin film)을 입힌 작업전극(working electrode)에 금속으로 석출시키고, 시료를 산성화시킨 후 착화합물을 형성하지 않은 자유 이온 상태의 비소, 수은은 작업 전극으로 금 얇은 막 전극(gold thin film electrode) 또는 금 전극(gold electrode)을 사용하며 비소와 수은은 기준전극(Ag/AgCl 전극)에 대하여 각각 약 -1600mV와 -200mV에서 금속 상태인 비소와 수은으로 석출 농축시킨 다음 이를 양극벗김전압전류법으로 분석하는 방법이다.

② 적용범위

㈎ 이 시험기준은 지하수, 지표수에 적용할 수 있다.

㈏ 이 시험기준에 의한 정량한계는 납 0.0001mg/L, 비소 0.0003mg/L, 수은 0.0001mg/L, 아연 0.0001mg/L이다.

(2) 분석기기 및 기구

① 전압-전류 측정기

② 전극

예상문제

Engineer Water Pollution Environmental
수질환경기사

1. 원자흡수분광광도법을 이용한 시험방법은 (①)K의 불꽃 속으로 시료를 주입하였을 때 생성된 (②)가 고유 파장의 빛을 흡수하는 현상을 이용하여, 개개의 고유 파장에 대한 흡광도 측정을 이용한다. (   ) 안에 알맞은 내용은?

① - ②

① 1000~2000 – 여기 상태의 중성원자
② 1000~2000 – 바닥 상태의 중성원자
③ 2000~3000 – 여기 상태의 중성원자
④ 2000~3000 – 바닥 상태의 중성원자

2. 수질오염 공정시험법 중 원자흡수분광광도법으로 측정하지 않는 항목은?

① F ② As
③ Pb ④ Hg

해설 원자흡수분광광도법은 시료 중의 유해 중금속 및 기타 원소의 분석에 적용한다.

3. 다음 중 원자흡수분광광도법으로 측정할 수 없는 것은?

① 불소 ② 아연
③ 구리 ④ 수은

4. 원자흡수분광광도법으로 분석 가능한 오염물질만으로 구성되어 있는 것은?

① SO_X, NO_X, HC
② CS_2, C_6H_6, C_6H_5OH
③ Pb, Cu, Cd
④ Pb, Cu, H_2

5. 원자흡수분광 분석용 광원으로 일반적으로 사용되는 것은?

① 열음극램프 ② 속빈 음극램프
③ 중수소스램프 ④ 텅스텐램프

6. 원자흡수분광 광도계의 광원램프로 원자흡광 스펙트럼선의 선폭보다 좁은 선폭을 갖고 휘도가 높은 스펙트럼을 방사하여 많이 사용되는 것은?

① 열음극램프 ② 속빈 음극램프
③ 방전램프 ④ 텅스텐램프

7. 금속류 분석을 위한 유도결합 플라스마-원자발광분광법에서 장치에 관한 설명으로 옳지 않은 것은?

① 분광계는 검출 및 측정 방법에 따라 다색화 분광기 또는 단색화 장치 모두 사용 가능해야 하며 스펙트럼의 띠 통과(band pass)는 0.05nm 미만이어야 한다.
② 분무기는 일반적인 시료의 경우 바빙톤 분무기를 사용하며, 점성이 있는 시료나 입자상 물질이 존재할 경우 동심축 분무기를 사용한다.
③ 라디오고주파 발생기는 출력범위 750~1200W 이상의 것을 사용한다.
④ 순도 99.99% 이상 고순도 가스상 또는 액체상 아르곤을 사용한다.

정답 1. ④ 2. ① 3. ① 4. ③ 5. ② 6. ② 7. ②

3-2 구리

✪ 적용 가능한 시험방법

구리	정량한계(mg/L)	정밀도(% RSD)
원자흡수분광광도법	0.008mg/L	±25% 이내
자외선/가시선 분광법	0.01mg/L	±25% 이내
유도결합 플라스마-원자발광분광법	0.006mg/L	±25% 이내
유도결합 플라스마-질량분석법	0.002mg/L	±25% 이내

원자흡수분광광도법(atomic absorption spectrometry)

자외선/가시선 분광법(UV/visible spectrometry)

(1) 개요

① 목적 : 이 시험기준은 물속에 존재하는 구리(Copper, Cu)이온이 알칼리성에서 디에틸디티오카르바민산나트륨과 반응하여 생성하는 황갈색의 킬레이트 화합물을 아세트산부틸로 추출하여 흡광도를 440nm에서 측정하는 방법이다.

② 적용범위 : 이 시험기준은 지표수, 지하수, 폐수 등에 적용할 수 있으며, 정량한계는 0.01mg/L이다.

(2) 분석절차

① 전처리 : 시료의 전처리방법에 따른다.

참고

시료의 전처리를 하지 않고 직접 시료를 사용하는 경우, 시료 중에 시안 화합물이 함유되어 있으면 염산 산성으로 하여 끓여 시안화물을 완전히 분해 제거한 다음 시험한다.

② 분석방법

㈎ 전처리한 시료 적당량(구리로서 0.03mg 이하 함유)을 분별깔때기에 넣어 메타크레졸퍼플 에틸알코올용액(0.1%) 2~3방울을 넣고 시트르산이암모늄용액 5mL, 에틸렌다이아민테트라아세트산이나트륨용액 1mL를 넣고 암모니아수(1+1)로 엷은 자색을 나타낼 때까지 중화하고 정제수를 넣어 50mL로 한다.

㈏ 디에틸디티오카르밤산나트륨용액(1%) 2mL를 넣어 흔들어 섞고 아세트산부틸 10mL를 정확히 넣어 약 3분간 세게 흔들어 섞고 정치한다.

㈐ 아세트산부틸층을 분리하여 무수황산나트륨 약 1g이 들어 있는 시험관에 넣고

흔들어 섞은 후 이 용액 일부를 층장 10mm 흡수셀에 따라 분석용 시료로 한다.

참고

1. 추출용매는 아세트산부틸 대신 사염화탄소, 클로로포름, 벤젠 등을 사용할 수도 있다. 그러나 시료 중 음이온 계면활성제가 존재하면 구리의 추출이 불완전하다.
2. 무수황산나트륨 대신 건조 거름종이를 사용하여 걸러내어도 된다.
3. 비스무트(Bi)가 구리의 양보다 2배 이상 존재할 경우에는 황색을 나타내어 방해한다. 이때는 시료의 흡광도를 A_1으로 하고 따로 같은 양의 시료를 취하여 시료의 시험방법 중 암모니아수(1+1)를 넣어 중화하기 전에 시안화칼륨용액(5%) 3mg을 넣어 구리를 시안착화합물로 만든 다음 중화하여 시험하고 이 액의 흡광도를 A_2로 한다.

유도결합 플라스마-원자발광분광법 (inductively coupled plasma-atomic emission spectrometry)

유도결합 플라스마-질량분석법(inductively coupled plasma-mass spectrometry)

3-3 납

✪ 적용 가능한 시험방법

납	정량한계(mg/L)	정밀도(% RSD)
원자흡수분광광도법	0.04mg/L	±25% 이내
자외선/가시선 분광법	0.004mg/L	±25% 이내
유도결합 플라스마-원자발광분광법	0.04mg/L	±25% 이내
유도결합 플라스마-질량분석법	0.002mg/L	±25% 이내
양극벗김전압전류법	0.0001mg/L	±20% 이내

원자흡수분광광도법(atomic absorption spectrometry)

자외선/가시선 분광법(UV/visible spectrometry)

(1) 개요

① 목적 : 이 시험기준은 물속에 존재하는 납(Lead, Pb) 이온이 시안화칼륨 공존 하에 알칼리성에서 디티존과 반응하여 생성하는 납 디티존착염을 사염화탄소로 추출하고 과잉의 디티존을 시안화칼륨용액으로 씻은 다음 납착염의 흡광도를 520nm에서 측정하는 방법이다.

② 적용범위 : 이 시험기준은 지표수, 지하수, 폐수 등에 적용할 수 있으며, 정량한계는 0.004mg/L이다.

(2) 분석기기 및 기구

자외선/가시선 분광광도계

(3) 분석절차

① 전처리 : 시료의 전처리방법에 따른다.

참고

시료의 전처리를 하지 않고 직접 시료를 사용하는 경우, 시료 중에 시안 화합물이 함유되어 있으면 염산 산성으로 하여 끓여 시안화물을 완전히 분해 제거한 다음 시험한다.

② 분석방법

㈎ 전처리한 시료 적당량(납으로서 0.04mg 이하 함유)을 분별깔때기에 취하고 시트르산이암모늄용액(10%) 5mL 및 염산히드록실아민용액(10%) 1mL를 넣어 흔들어 섞고 잠시 정치하여 암모니아수(1+1)을 넣어 알칼리성(pH 약 8.5～9)으로 한 다음 시안화칼륨용액(5%) 5mL를 넣고 정제수를 넣어 약 100mL로 한다.

㈏ 디티존·사염화탄소용액(0.005%) 5mL를 넣어 1분간 세게 흔들어 섞고 정치하여 사염화탄소층을 분리하여 눈금실린더에 옮기고 다시 수층에 디티존·사염화탄소용액(0.005%) 2～3mL 넣어 흔들어 섞고 정치하여 사염화탄소층을 분리한다.

참고

시료에 다량의 비스무트(Bi)가 공존하면 시안화칼륨용액으로 수회 씻어도 무색이 되지 않는다. 이때에는 납과 비스무트를 분리하여 시험한다.

유도결합 플라스마-원자발광분광법 (inductively coupled plasma-atomic emission spectrometry)

유도결합 플라스마-질량분석법(inductively coupled plasma-mass spectrometry)

양극벗김전압전류법(anodic stripping voltammetry)

3-4 니켈

✪ 적용 가능한 시험방법

니켈	정량한계(mg/L)	정밀도(% RSD)
원자흡수분광광도법	0.01mg/L	±25% 이내
자외선/가시선 분광법	0.008mg/L	±25% 이내
유도결합 플라스마-원자발광분광법	0.015mg/L	±25% 이내
유도결합 플라스마-질량분석법	0.002mg/L	±25% 이내

원자흡수분광광도법(atomic absorption spectrometry)

자외선/가시선 분광법(UV/visible spectrometry)

① 목적 : 이 시험기준은 물속에 존재하는 니켈(Nickel, Ni)이온을 암모니아의 약 알칼리성에서 디메틸글리옥심과 반응시켜 생성한 니켈착염을 클로로포름으로 추출하고 이것을 묽은 염산으로 역추출한다. 추출물에 브롬과 암모니아수를 넣어 니켈을 산화시키고 다시 암모니아 알칼리성에서 디메틸글리옥심과 반응시켜 생성한 적갈색 니켈착염의 흡광도 450nm에서 측정하는 방법이다.

② 적용범위 : 이 시험기준은 지표수, 지하수, 폐수 등에 적용할 수 있으며, 정량한계는 0.008mg/L이다.

유도결합 플라스마-원자발광분광법 (inductively coupled plasma-atomic emission spectrometry)

유도결합 플라스마-질량분석법(inductively coupled plasma-mass spectrometry)

3-5 망간

✪ 적용 가능한 시험방법

망간	정량한계(mg/L)	정밀도(% RSD)
원자흡수분광광도법	0.005mg/L	±25% 이내
자외선/가시선 분광법	0.2mg/L	±25% 이내
유도결합 플라스마-원자발광분광법	0.002mg/L	±25% 이내
유도결합 플라스마-질량분석법	0.0005mg/L	±25% 이내

원자흡수분광광도법(atomic absorption spectrometry)

자외선/가시선 분광법(UV/visible spectrometry)

(1) 개요

① 목적 : 이 시험기준은 물속에 존재하는 망간(Manganese, Mn)이온을 황산산성에서 과요오드산칼륨으로 산화하여 생성된 과망간산이온의 흡광도를 525nm에서 측정하는 방법이다.

② 적용범위 : 이 시험기준은 지표수, 지하수, 폐수 등에 적용할 수 있으며, 정량한계는 0.2mg/L이다.

(2) 분석절차

① 전처리

㈎ 시료의 전처리 방법 중 질산-황산에 의한 분해에 따른다.

㈏ 망간 함유량이 미량인 시료

㈐ 용해성 망간 : 시료채취 즉시 여과하여 여액을 전처리 한다.

② 분석방법

㈎ 시료 또는 전처리한 시료 적당량(망간으로서 0.5mg 이하)을 취하여 비커에 넣고 황산(1+1) 10mL를 넣어 주고 가열하여 황산의 백연을 발생시킨다.

참고

1. 시료 중 이 시험방법에 영향이 큰 유기물질이나 기타 방해물질이 존재하지 않을 경우에는 전처리 과정을 생략할 수도 있다.
2. 시료 전처리방법에 따라 전처리한 시료로서 전처리한 용액 전량을 취하여 시험할 경우에는 황산을 넣지 않는다.

㈏ 방치하여 냉각한 다음 정제수 약 20mL와 인산 1mL를 넣고 가열하여 내용물을 녹인다. 불용물이 있을 경우에는 걸러내어 온수로 씻어주고 여액과 씻은 액을 합하여 정제수를 넣어 약 45mL로 한다. 여기에 과요오드산칼륨 0.5g을 넣고 100℃의 물중탕으로 정확히 30분간 가열하여 발색시킨다.

유도결합 플라스마-원자발광분광법 (inductively coupled plasma-atomic emission spectrometry)

유도결합 플라스마-질량분석법(inductively coupled plasma-mass spectrometry)

3-6 바륨

✪ 적용 가능한 시험방법

바륨(Barium, Ba)	정량한계(mg/L)	정밀도(% RSD)
원자흡수분광광도법	0.1mg/L	±25% 이내
유도결합 플라스마-원자발광분광법	0.003mg/L	±25% 이내
유도결합 플라스마-질량분석법	0.003mg/L	±25% 이내

3-7 비소

✪ 적용 가능한 시험방법

비소	정량한계(mg/L)	정밀도(% RSD)
수소화물생성-원자흡수분광광도법	0.005mg/L	±25% 이내
자외선/가시선 분광법	0.004mg/L	±25% 이내
유도결합 플라스마-원자발광분광법	0.05mg/L	±25% 이내
유도결합 플라스마-질량분석법	0.006mg/L	±25% 이내
양극벗김전압전류법	0.0003mg/L	±20% 이내

원자흡수분광광도법(atomic absorption spectrometry)

(1) 개요

① 목적 : 이 시험기준은 물속에 존재하는 비소(Arsenic, As)를 측정하는 방법으로 아연 또는 나트륨붕소수화물($NaBH_4$)을 넣어 수소화비소로 포집하여 아르곤(또는 질소)-수소 불꽃에서 원자화시켜 193.7nm에서 흡광도를 측정하고 비소를 정량하는 방법이다.

② 적용범위 : 이 시험기준은 지표수, 지하수, 폐수 등에 적용할 수 있으며, 정량한계는 0.005 mg/L이다.

(2) 분석기기 및 기구

① 수소화물 발생장치 : 수소화 발생장치는 상용화된 수소화물 발생장치를 사용하거나 다음 그림과 같은 수소화물 발생장치를 사용할 수 있다.

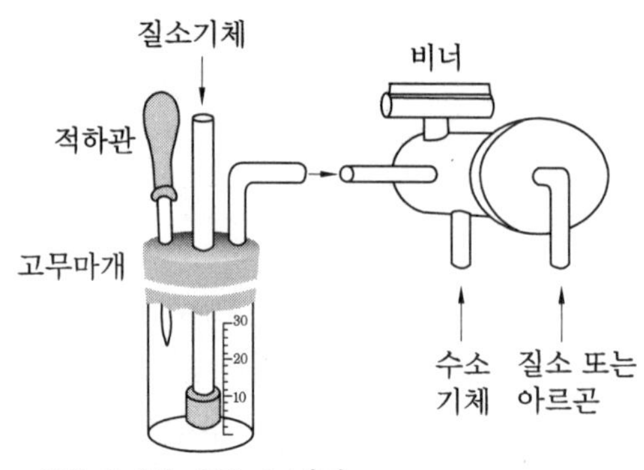

원자흡수분광도계를 위한 수소화비소 발생장치

② 기체 : 비소 분석에 아르곤-수소 또는 질소-수소 기체를 사용한다.

자외선/가시선 분광법(UV/visible spectrometry)

(1) 개요

① 목적 : 이 시험기준은 물속에 존재하는 비소를 측정하는 방법으로, 3가 비소로 환원시킨 다음 아연을 넣어 발생되는 수소화비소를 디에틸디티오카르밤산은(Ag-DDTC)의 피리딘용액에 흡수시켜 생성된 적자색 착화합물을 530nm에서 흡광도를 측정하는 방법이다.

② 적용범위 : 이 시험기준은 지표수, 지하수, 폐수 등에 적용할 수 있으며, 정량한계는 0.004mg/L이다.

③ 간섭물질

㈎ 안티몬 또한 이 시험 조건에서 스티빈(stibine, SbH_3)으로 환원되고 흡수용액과 반응하여 510nm에서 최대 흡광도를 갖는 붉은 색의 착화합물을 형성한다. 안티몬이 고농도의 경우에는 이 방법을 사용하지 않는 것이 좋다.

㈏ 높은 농도(>5mg/L)의 크롬, 코발트, 구리, 수은, 몰리브덴, 은 및 니켈은 비소 정량을 방해한다.

㈐ 황화수소(H_2S) 기체는 비소 정량에 방해하므로 아세트산납을 사용하여 제거하여야 한다.

(2) 분석기기 및 기구

① 셀(cells)

② 수소화비소 발생 및 흡수장치

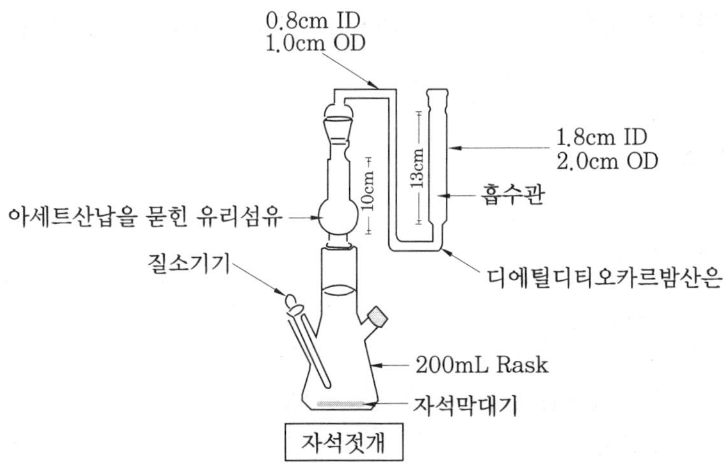

수소화비소 발생장치와 흡수관

유도결합 플라스마-원자발광분광법 (inductively coupled plasma-atomic emission spectrometry)

유도결합 플라스마-질량분석법(inductively coupled plasma-mass spectrometry)

양극벗김전압전류법(ASV, anode stripping voltammetry)

3-8 셀레늄

✪ 적용 가능한 시험방법

셀레늄	정량한계(mg/L)	정밀도(% RSD)
수소화물생성-원자흡수분광광도법	0.005mg/L	±25% 이내
유도결합 플라스마-질량분석법	0.03mg/L	±25% 이내

원자흡수분광광도법(atomic absorption spectrometry)

① 목적 : 이 시험기준은 물속에 존재하는 셀레늄(Selenium, Se)을 측정하는 방법으로, 나트륨 붕소수화물($NaBH_4$)을 넣어 수소화 셀레늄으로 포집하여 아르곤(또는 질소)-수소 불꽃에서 원자화시켜 196.0nm에서 흡광도를 측정하고 셀레늄을 정량하는 방법이다.

② 적용범위 : 이 시험기준은 지표수, 지하수, 폐수 등에 적용할 수 있으며, 정량한계는 0.005mg/L이다.

유도결합 플라스마-질량분석법(inductively coupled plasma-mass spectrometry)

3-9 수은

✪ 적용 가능한 시험방법

수은	정량한계(mg/L)	정밀도(% RSD)
냉증기-원자흡수분광광도법	0.0005mg/L	±25% 이내
자외선/가시선 분광법	0.003mg/L	±25% 이내
양극벗김전압전류법	0.0001mg/L	±20% 이내
냉증기-원자형광법	0.0005μg/L	±25% 이내

원자흡수분광광도법(atomic absorption spectrometry)

(1) 개요

① 목적 : 이 시험기준은 물속에 존재하는 수은(Mercury, Hg)을 측정하는 방법으로, 시료에 이염화주석($SnCl_2$)을 넣어 금속수은으로 환원시킨 후, 이 용액에 통기하여 발생하는 수은증기를 원자흡수분광광도법으로 253.7nm의 파장에서 측정하여 정량하는 방법이다.

② 적용범위 : 정량한계는 0.0005mg/L로 저농도 수은분석 시 사용한다.

③ 간섭물질

(가) 시료 중 염화물 이온이 다량 함유된 경우에는 산화 조작 시 유리염소를 발생하여 253.7nm에서 흡광도를 나타낸다. 이때는 염산히드록실아민용액을 과잉으로 넣어 유리염소를 환원 시키고 용기 중에 잔류하는 염소는 질소가스를 통기시켜 추출한다.

(나) 벤젠, 아세톤 등 휘발성 유기물질도 253.7nm에서 흡광도를 나타낸다. 이때에는 과망간산칼륨 분해 후 헥산으로 이들 물질을 추출 분리한 다음 시험한다.

(2) 분석기기 및 기구

수은 환원기화장치

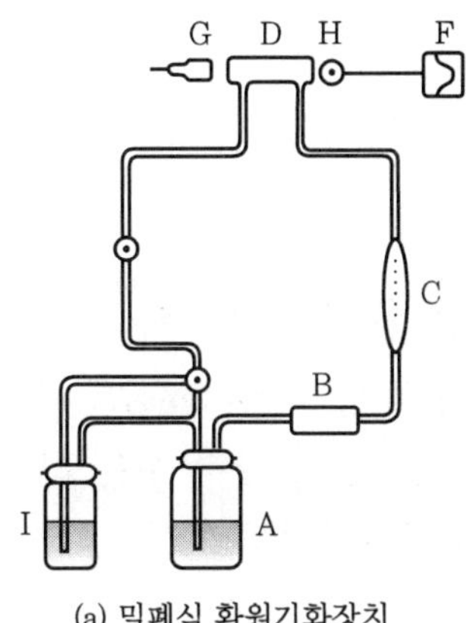

(a) 밀폐식 환원기화장치

(b) 개방식 환원기화장치

A : 환원용기(300～350mL의 유리병)
B : 건조관(입상의 과염소산 마그네슘 또는 염화칼슘으로 충진한 것)
C : 유량계(0.5～5L/min의 유량측정이 가능한 것)
D : 흡수셀(길이 10～30cm 석영제)
E : 송기펌프(0.5～3L/min의 송기능력이 있는 것) F : 기록계
G : 수은 속빈 음극램프 H : 측광부
I : 세척병(또는 수은제거장치)

수은 환원기화장치의 구성

(3) 분석절차

① 전처리한 시료 전량을 환원용기에 옮기고 환원기화장치와 원자흡수분광분석장치를 연결한 다음 환원용기에 이염화주석용액 10mL를 넣고 송기펌프를 작동시켜 발생한 수은 증기를 흡수셀로 보낸다.

참고

유기물 및 기타 방해물질을 함유하지 않는 시료는 시료의 전처리를 생략하고 시료를 직접 환원용기에 넣고 황산(1+1) 20mL와 정제수를 넣어 약 250mL로 한 다음 시료의 시험방법에 시험한다.

② 환원기화장치가 개방식인 경우에는 이염화주석용액을 넣은 다음 밀폐하여 약 2분간 세게 흔들어 섞고 펌프의 작동과 동시에 콕을 열어 수은 증기를 흡수셀에 보낸다.

자외선/가시선 분광법(UV/visible spectrometry)

① 목적 : 이 시험기준은 물속에 존재하는 수은을 정량하기 위하여 사용한다. 수은을 황산 산성에서 디티존·사염화탄소로 일차추출하고 브롬화칼륨 존재하에 황산산성에서 역추출하여 방해성분과 분리한 다음 인산－탄산염 완충용액 존재하에서 디티

존·사염화탄소로 수은을 추출하여 490nm에서 흡광도를 측정하는 방법이다.

② 적용범위 : 이 시험기준은 지표수, 지하수, 폐수 등에 적용할 수 있으며, 정량한계는 0.003mg/L이다.

양극벗김전압전류법(anodic stripping voltammetry)

냉증기-원자형광법(cold vapor-atomic fluorescence spectrometry)

① 목적 : 이 시험기준은 물속에 존재하는 저농도의 수은(0.0002mg/L 이하)을 정량하기 위하여 사용한다. 시료에 이염화주석($SnCl_2$)을 넣어 금속 수은으로 환원시킨 후 이 용액에 통기하여 발생하는 수은 증기를 원자형광광도법으로 253.7nm의 파장에서 측정하여 정량하는 방법이다.

② 적용범위 : 이 시험기준은 지하수, 지표수, 폐수 등에 적용할 수 있으며, 정량한계는 0.0005μg/L이다.

3-10 아연

✪ 적용 가능한 시험방법

아연	정량한계(mg/L)	정밀도(% RSD)
원자흡수분광광도법	0.002mg/L	±25% 이내
자외선/가시선 분광법	0.010mg/L	±25% 이내
유도결합 플라스마-원자발광분석법	0.002mg/L	±25% 이내
유도결합 플라스마-질량분석법	0.006mg/L	±25% 이내
양극벗김전압전류법	0.0001mg/L	±20% 이내

원자흡수분광광도법(atomic absorption spectrometry)

자외선/가시선 분광법(UV/visible spectrometry)

(1) 개요

① 목적 : 이 시험기준은 물속에 존재하는 아연(Zinc, Zn)을 측정하기 위하여 아연이온이 pH 약 9에서 진콘(2-카르복시-2'-히드록시(hydroxy)-5'술포포마질-벤젠·나트륨염)과 반응하여 생성하는 청색 킬레이트 화합물의 흡광도를 620nm에서 측정하는 방법이다.

② 적용범위 : 이 시험기준은 지표수, 지하수, 폐수 등에 적용할 수 있으며, 정량한계는 0.010mg/L이다.

(2) 분석절차

① 전처리 : 시료의 전처리방법에 의해 전처리를 수행한다.

② 분석방법

㈎ 전처리한 시료 적당량(아연으로서 0.04mg 이하 함유)을 100mL의 비커에 취하고 염산(6M) 또는 수산화나트륨용액(6M)을 한 방울씩 떨어뜨려 pH를 약 7로 중화한 다음, 50mL 부피플라스크에 옮기고 정제수를 넣어 30mL로 한다.

㈏ 아스코르브산나트륨 0.5g, 시안화칼륨용액(1%) 1mL를 넣고 잘 흔들어 섞는다.

참고

2가 망간이 공존하지 않은 경우에는 아스코르브산나트륨을 넣지 않는다.

㈐ 다음에 염화칼륨·수산화나트륨 완충용액(pH 9.0) 5mL, 진콘용액 3mL, 클로랄하이드레이트용액(10%) 3mL를 넣어 흔들어 섞고 정제수를 넣어 표선을 채운 다음 30℃ 이하에서 2~5분간 방치하여 시료용액으로 한다.

참고

발색의 정도는 15~29℃, pH는 8.8~9.2의 범위에서 잘 된다.

㈑ 시료 용액 중 일부를 10mm 흡수 셀에 옮겨 620nm에서 시료용액의 흡광도를 측정하고 미리 작성한 검정곡선으로부터 아연의 양을 구하고 농도(mg/L)를 산출한다. 따로 정제수 30mL를 취하여 이하 시료의 시험방법에 따라 시험하여 바탕시험액으로 한다.

③ 검정곡선의 작성 : 아연표준용액(2mg/L) 0.1～20mL를 단계적으로 취하여 50mL 부피플라스크에 정제수를 넣어 30mL로 한다.

유도결합 플라스마-원자발광분광법 (inductively coupled plasma-atomic emission spectrometry)

유도결합 플라스마-질량분석법(inductively coupled plasma-mass spectrometry)

양극벗김전압전류법(ASV, anode stripping voltammetry)

예상문제

Engineer Water Pollution Environmental
수질환경기사

1. **구리시험법 중 원자흡수분광광도법에서 사용하는 가연성 가스로 가장 일반적인 것은?**

① 아세틸렌 ② 메탄
③ 프로판 ④ 산소

해설 가연성 가스 : 아세틸렌

참고 조연성 가스 : 공기

2. **알칼리성에서 디에틸디티오카르밤산나트륨과 반응하여 생성하는 황갈색의 킬레이트화합물을 아세트산부틸로 추출하여 흡광도 440nm에서 측정하는 물질은? (단, 자외선/가시선 분광법)**

① 페놀류 ② 불소
③ 구리 ④ 시안

3. **자외선/가시선 분광법에 의해 구리를 정량하는 방법에 관한 설명으로 옳지 않은 것은?**

① 디에틸디티오카르밤산법을 적용한다.
② 시료 중에 시안 화합물이 함유되어 있으면 제거한다.
③ Bi는 미량 포함되어 있어도 청색으로 발색되어 방해물질로 작용한다.
④ 시료 중 음이온 계면활성제가 존재하면 구리의 추출이 불완전하다.

해설 비스무트(Bi)가 구리의 양보다 2배 이상 존재할 경우에는 황색을 나타내어 방해한다.

4. **납 정량법의 디티존 자외선/가시선 분광법을 설명한 것 중 틀린 것은?**

① 납이온이 시안화칼륨 공존하에 알칼리성에서 디티존과 반응한다.
② 납착염의 흡광도를 520nm에서 측정한다.
③ 정량한계는 0.004mg/L이다.
④ 정밀도는 ±20% 이내이다.

해설 납 정량법의 디티존 자외선/가시선 분광법 정량한계는 0.004mg/L, 정밀도는 ±25% 이내이다.

5. **다음 금속성분 중 디메틸글리옥심법으로 정량하는 물질은?**

① 아연 ② 망간
③ 니켈 ④ 구리

해설 니켈이온은 암모니아 약 알칼리성에서 디메틸 글리옥심과 반응시켜 생성한 니켈착염을 클로로포름으로 추출하고 이것을 묽은 염산으로 역추출한다.

6. **수질오염 공정시험방법상 비소의 분석방법과 거리가 먼 것은?**

① 기체크로마토그래피법
② 유도결합 플라스마-원자발광분광법
③ 자외선/가시선 분광법(디에틸디티오카르밤산은법)
④ 수소화물생성-원자흡수분광광도법

7. **비소 시험법 중 수소화물생성-원자흡수분광광도법의 측정원리 중 틀린 것은?**

① 293.7nm에서 흡광도를 측정한다.
② 운반가스는 아르곤, 연소가스는 아르곤-수소를 사용한다.
③ 정밀도는 ±25% 이내이다.

정답 1. ① 2. ③ 3. ③ 4. ④ 5. ③ 6. ① 7. ①

④ 정량한계는 0.005mg/L이다.

해설 193.7nm에서 흡광도를 측정하고 비소를 정량하는 방법이다.

8. **다음 그림은 비소 시험 장치이다. (　) 안에 알맞은 물질을 고르시오.**

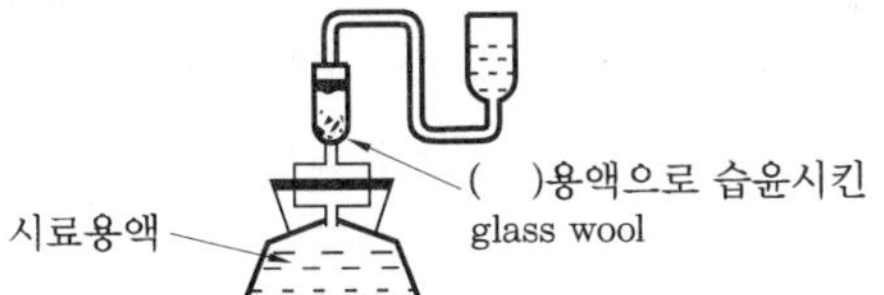

① AsH_3　② $SnCl_2$
③ $Pb(CH_3COO)_2$　④ $AgSCNS(C_2H_6)_2$

해설 유리섬유에 초산납을 적시는 이유는 비화수소발생병에서 AsH_3와 함께 발생하는 황화수소를 제거하기 위해서이다.

9. **비소를 유도결합 플라스마-원자발광분광법에 따라 정량분석을 할 경우 파장범위와 정량한계는?**

① 193.70nm, 0.05mg/L
② 213.86nm, 0.03mg/L
③ 226.50nm, 0.05mg/L
④ 324.75nm, 0.03mg/L

해설 비소를 유도결합 플라스마 발광광도법에 따라 정량하는 방법이다. 정량한계는 사용하는 장치 및 측정조건에 따라 다르지만 193.70nm에서 0.05mg/L이다.

10. **수은의 냉증기-원자흡수분광광도법 측정에 대한 다음의 설명 중 옳지 않은 것은?**

① 수은 속빈 음극램프를 광원으로 사용한다.
② 공기-아세틸렌 불꽃을 사용해서 수은을 원자화시킨다.
③ 검수에 가하는 이염화주석은 수은을 환원 시키는 데 사용한다.
④ 과염소산 마그네슘은 흡수셀에 수분이 들어가는 것을 방지하기 위하여 사용한다.

해설 일반적으로 원자흡수분광광도법과 같이 시험용액을 flame중에 도입시켜 원자화하는 것보다 환원 혹은 가열분해하여 Hg 증기로 하여 석영제 흡수셀에 도입하여 측정하는 것이 현저하게 감도가 높아 이 방법을 선택한다.

11. **수은을 냉증기-원자흡수분광광도법으로 측정 할 때 시료 중 염화물 이온이 다량 함유된 경우에는 산화조작 시 유리염소를 발생시켜 253.7nm에서 흡광도를 나타낸다. 이를 해결하는 방법으로 적절한 것은?**

① 염산히드록실아민용액을 과잉으로 넣어 유리염소를 산화시키고 용기 중에 잔류하는 염소는 질소가스를 통기시켜 추출한다.
② 염산히드록실아민용액을 과잉으로 넣어 유리염소를 환원시키고 용기 중에 잔류하는 염소는 질소가스를 통기시켜 추출한다.
③ 이염화주석산용액을 과잉으로 넣어 유리염소를 산화시키고 용기 중에 잔류하는 염소는 질소가스를 통기시켜 추출한다.
④ 이염화주석산용액을 과잉으로 넣어 유리염소를 환원시키고 용기 중에 잔류하는 염소는 질소가스를 통기시켜 추출한다.

12. **수은표준원액(0.5mg Hg/mL) 100mL를 조제하려고 한다. 염화제2수은(95% 순도의 표준시약) 약 얼마(mg)가 필요한가? (단, 원자량 수은=200.59, 염소=35.453)**

정답　8. ③　9. ①　10. ②　11. ②　12. ③

① 64 ② 67
③ 71 ④ 75

해설 $HgCl_2 : Hg^{2+} = 271.496 : 200.59$
$= x[mg] \times 0.95 : 0.5 \times 100$
$\therefore x = 71.24mg$

13. 폐수 중의 아연을 자외선/가시선 분광법(진콘법)으로 정량할 때의 설명으로 적당하지 않은 것은?

① 진콘과 반응하여 생성되는 화합물은 청색의 킬레이트 화합물이다.
② 흡광도를 측정하는 파장은 620nm이다.
③ 폐수 중의 아연과 진콘이 반응할 때의 최적 pH는 10 이상이다.
④ 시료 중에 시안화칼륨과 착화합물을 형성하지 않는 중금속 이온이 공존하면 발색할 때 혼탁하여 방해작용을 한다.

해설 발색의 정도는 15~29℃, pH는 8.8~9.2의 범위에서 잘 된다.

14. 자외선/가시선 분광법으로 아연을 정량할 때 최적의 pH 발색범위는?

① pH 4.8~6.2 ② pH 6.8~7.2
③ pH 8.8~9.2 ④ pH 9.8~10.2

15. 아연 시험법 중 자외선/가시선 분광법에서 사용하는 시약인 아스코르브산나트륨은 어떤 이온이 공존하는 경우에 검수에 넣어 주는가?

① Cr^{2+} ② Fe^{2+}
③ Mn^{2+} ④ Cd^{2+}

해설 2가 망간이 공존하는 경우에 아스코르브산나트륨을 넣어준다.

정답 13. ③ 14. ③ 15. ③

3-11 안티몬

✪ 적용 가능한 시험방법

안티몬(Antimony, Sb)	정량한계(mg/L)	정밀도(% RSD)
유도결합 플라스마-원자발광분석법	0.02mg/L	±25% 이내
유도결합 플라스마-질량분석법	0.0004mg/L	±25% 이내

3-12 주석

✪ 적용 가능한 시험방법

주석(Tin, Sn)	정량한계(mg/L)	정밀도(% RSD)
원자흡수분광광도법	0.8mg/L(불꽃)	±25% 이내
	0.002mg/L(흑연로)	
유도결합 플라스마-원자발광분석법	0.02mg/L	±25% 이내
유도결합 플라스마-질량분석법	0.0001mg/L	±25% 이내

3-13 철

✪ 적용 가능한 시험방법

철	정량한계(mg/L)	정밀도(% RSD)
원자흡수분광광도법	0.03mg/L	±25% 이내
자외선/가시선 분광법	0.08mg/L	±25% 이내
유도결합 플라스마-원자발광분광법	0.007mg/L	±25% 이내

원자흡수분광광도법(atomic absorption spectrometry)

자외선/가시선 분광법(UV/visible spectrometry)

(1) 개요

① 목적 : 이 시험기준은 물속에 존재하는 철(Iron, Fe) 이온을 수산화제이철로 침전 분리하고 염산히드록실아민으로 제일철로 환원한 다음, o-페난트로린을 넣어 약산

성에서 나타나는 등적색 철착염의 흡광도 510nm에서 측정하는 방법이다.

② 적용범위 : 이 시험기준은 지표수, 지하수, 폐수 등에 적용할 수 있으며, 정량한계는 0.08mg/L이다.

(2) 분석절차

① 전처리 : 시료의 전처리방법에 의해 전처리를 수행한다. 용해성 철은 시료채취 즉시 여과하고 여액을 전처리한다.

② 분석방법

㈎ 정제수를 넣어 50~100mL로 하고 암모니아수(1+1)를 넣어 약 알칼리성으로 한 다음 수 분간 끓인다. 잠시 동안 방치하고 거른 다음 온수로 침전을 씻는다.

㈏ 침전을 원래 비커에 옮기고 염산(1+2) 6mL를 넣어 가열하여 녹인다. 정제수를 넣어 액량을 약 70mL로 하고 염산히드록실아민용액(20%) 1mL를 넣어 흔들어 섞는다.

㈐ o-페난트로린용액(0.1%) 5mL를 넣어 흔들어 섞고 아세트산암모늄용액(50%) 10mL를 넣어 흔들어 섞은 다음 실온까지 식힌다. 정제수를 넣어 표선까지 채워 흔들어 섞은 다음 20분간 방치하여 시료용액으로 한다.

유도결합 플라스마-원자발광분광법 (inductively coupled plasma-atomic emission spectrometry)

3-14 카드뮴

✪ 적용 가능한 시험방법

카드뮴	정량한계(mg/L)	정밀도(% RSD)
원자흡수분광광도법	0.002mg/L	±25% 이내
자외선/가시선 분광법	0.004mg/L	±25% 이내
유도결합 플라스마-원자발광분광법	0.004mg/L	±25% 이내
유도결합 플라스마-질량분석법	0.002mg/L	±25% 이내

원자흡수분광광도법(atomic absorption spectrometry)

자외선/가시선 분광법(UV/visible spectrometry)

(1) 개요

① 목적 : 이 시험기준은 물속에 존재하는 카드뮴(Cadmium, Cd) 이온을 시안화칼륨이 존재하는 알칼리성에서 디티존과 반응시켜 생성하는 카드뮴착염을 사염화탄소로 추출하고, 추출한 카드뮴착염을 타타르산용액으로 역추출한 다음 다시 수산화나트륨과 시안화칼륨을 넣어 디티존과 반응하여 생성하는 적색의 카드뮴착염을 사염화탄소로 추출하고 그 흡광도를 530nm에서 측정하는 방법이다.

② 적용범위 : 이 시험기준은 지표수, 지하수, 폐수 등에 적용할 수 있으며, 정량한계는 0.004mg/L이다.

(2) 분석절차

① 전처리 : 시료의 전처리방법에 의해 전처리를 수행한다.

② 분석방법

(가) 전처리한 시료 적당량(카드뮴으로서 0.03mg 이하 함유)을 250mL 분별깔때기에 넣고 수산화나트륨용액(10%)으로 철 등의 수산화물 침전이 생성하기 직전까지 중화한다.

(나) 염산히드록실아민용액(10%) 1mL를 넣어 흔들어 섞고 여기에 시트르산이암모늄용액(10%) 5mL, 수산화나트륨용액(10%) 10mL 및 시안화칼륨용액(1%) 1mL를 넣고 정제수에 넣어 전량을 약 100mL로 한 다음 잘 흔들어 섞는다.

(다) 디티존·사염화탄소용액(0.005%) 5mL를 넣어 1분간 세게 흔들어 섞고 정치하여 사염화탄소층을 100mL 분별깔때기에 옮기고 다시 수층에 디티존·사염화탄소용액(0.005%) 5mL를 넣어 추출한다.

유도결합 플라스마-원자발광분광법 (inductively coupled plasma-atomic emission spectrometry)

유도결합 플라스마-질량분석법 (Cadmium-inductively coupled plasma-mass spectrometry)

3-15 크롬

✪ 적용 가능한 시험방법

크롬	정량한계(mg/L)	정밀도(% RSD)
원자흡수분광광도법	산처리법 : 0.01mg/L 용매추출법 : 0.001mg/L	±25% 이내
자외선/가시선 분광법	0.04mg/L	±25% 이내
유도결합 플라스마-원자발광분광법	0.007mg/L	±25% 이내
유도결합 플라스마-질량분석법	0.0002mg/L	±25% 이내

원자흡수분광광도법(atomic absorption spectrometry)

① 목적 : 이 시험기준은 물속에 존재하는 크롬(Chromium, Cr)을 측정하는 방법으로, 시료를 산분해하거나 용매추출하여 시료를 직접 불꽃으로 주입하여 원자흡수분광광도계로 분석하는 방법이다.

② 적용범위

㈎ 이 시험기준은 지표수, 지하수, 폐수 등에 적용할 수 있다.

㈏ 크롬은 공기-아세틸렌 불꽃에 주입하여 분석하며, 정량한계는 357.9nm에서의 산처리법은 0.01mg/L, 용매추출법은 0.001mg/L이다.

자외선/가시선 분광법(UV/visible spectrometry)

① 목적 : 이 시험기준은 물속에 존재하는 크롬을 자외선/가시선 분광법으로 측정하는 것으로, 3가 크롬은 과망간산칼륨을 첨가하여 6가 크롬으로 산화시킨 후, 산성용액에서 디페닐카바자이드와 반응하여 생성하는 적자색 착화합물의 흡광도를 540nm에서 측정한다.

② 적용범위 : 이 시험기준은 지표수, 지하수, 폐수 등에 적용할 수 있으며, 정량한계는 0.04mg/L이다.

유도결합 플라스마-원자발광분광법 (inductively coupled plasma-atomic emission spectrometry)

유도결합 플라스마-질량분석법(inductively coupled plasma-mass spectrometry)

3-16 6가 크롬

✪ 적용 가능한 시험방법

6가 크롬	정량한계(mg/L)	정밀도(% RSD)
원자흡수분광광도법	0.01mg/L	±25% 이내
자외선/가시선 분광법	0.04mg/L	±25% 이내
유도결합 플라스마-원자발광분광법	0.007mg/L	±25% 이내

원자흡수분광광도법(atomic absorption spectrometry)

① 목적 : 이 시험기준은 물속에 존재하는 6가 크롬(Hexavalent Chromium, Cr^{6+})을 원자흡수분광광도법으로 정량하는 방법이다. 6가 크롬을 피로리딘 디티오카르밤산 착물로 만들어 메틸아이소부틸케톤으로 추출한 다음, 원자흡수분광광도계로 흡광도를 측정하여 6가 크롬의 농도를 구하는 것이 목적이다.

② 적용범위 : 이 시험기준은 지표수, 지하수, 폐수 등에 적용할 수 있으며, 정량한계는 0.01mg/L이다.

③ 간섭물질 : 폐수에 반응성이 큰 다른 금속 이온이 존재할 경우 방해 영향이 크므로, 이 경우는 황산나트륨 1%를 첨가하여 측정한다. 일반적으로 표층수에 존재하는 원소의 방해 영향은 무시할 수 있다.

자외선/가시선 분광법(UV/visible spectrometry)

(1) 개요

① 목적 : 이 시험기준은 물속에 존재하는 6가 크롬을 자외선/가시선 분광법으로 측정하는 것으로, 산성용액에서 디페닐카바자이드와 반응하여 생성하는 적자색 착화합물의 흡광도를 540nm에서 측정한다.

② 적용범위 : 이 시험기준은 지표수, 지하수, 폐수 등에 적용할 수 있으며, 정량한계는 0.04mg/L이다.

(2) 분석절차

① 전처리 : 시료 채취 즉시 0.45μm 막거름(멤브레인 필터)을 사용하여 거른 후, 24시간 이내에 분석한다.

② 분석방법

㈎ 100mL 부피플라스크에 걸러낸 시료 적당량(6가 크롬으로 0.05mg 이하를 함유)을 취하고 정제수로 약 90mL까지 채운 다음, 황산(1+9)을 3mL 첨가하여 혼

합한다.

(나) 디페닐카바자이드용액 2mL과 정제수로 100mL 표선까지 채운 후 흔들어 섞고 약 5분간 방치하여 발색시킨다.

(다) 따로 분석에 사용한 시료 동량을 200mL 비커에 취하여 황산(1+9) 3mL를 넣고 에틸알코올(95W/V%) 소량을 넣어 끓여서 6가 크롬을 3가 크롬으로 환원시킨 후 100mL 부피플라스크에 옮겨 분석방법에 따라 시험하여 바탕시험액으로 한다.

(라) 바탕시험액을 대조액으로 하여 540nm에서 시료의 흡광도를 측정한다.

유도결합 플라스마-원자발광분광법 (inductively coupled plasma-atomic emission spectrometry)

3-17 알킬수은

✪ 적용 가능한 시험방법

알킬수은	정량한계(mg/L)	정밀도(% RSD)
기체크로마토그래피	0.0005mg/L	±25% 이내
원자흡수분광광도법	0.0005mg/L	±25% 이내

기체크로마토그래피(gas chromatography)

(1) 개요

① 목적 : 이 시험기준은 물속에 존재하는 알킬수은(Alkyl Mercury) 화합물을 기체크로마토그래피에 따라 정량하는 방법이다. 알킬수은 화합물을 벤젠으로 추출하여 L-시스테인용액에 선택적으로 역추출하고 다시 벤젠으로 추출하여 기체크로마토그래프로 측정하는 방법이다.

② 적용범위 : 이 시험기준은 지표수, 지하수, 폐수 등에 적용할 수 있으며, 정량한계는 0.0005mg/L이다.

(2) 분석기기 및 기구

- 기체크로마토그래프(gas chromatograph)
  - 칼럼은 안지름 3mm, 길이 40~150cm의 모세관 칼럼이나 이와 동등한 분리능을 가지고 대상 분석 물질의 분리가 양호한 것을 택하여 시험한다.
  - 운반기체는 순도 99.999% 이상의 질소 또는 헬륨으로서 유속은 30~80mL/min, 시료주입부 온도는 140~240℃, 칼럼온도는 130~180℃로 사용한다.

– 검출기로 전자포획형 검출기(ECD, electron capture detector)를 사용하고, 검출기의 온도는 140～200℃로 한다.

(3) 분석절차

• 전처리 : 시료 200mL를 500mL 분별깔때기에 넣고 암모니아수 또는 염산을 넣어 약 2M 염산산성으로 한다.

참고

황화물, 티오황산염, 티오시안산염, 시안화물이 시료 중에 함유되어 있을 때에는 약 2N 염산산성에서 염화제일구리(분말) 100mg을 넣어 흔들어 섞고 정치하여 침전을 여과하고, 침전을 정제수 소량씩으로 2~3회 씻어준 다음, 여액 및 씻은 액을 합하여 분석방법에 따라 시험한다.

원자흡수분광광도법(atomic absorption spectrometry)

(1) 개요

① 목적 : 이 시험기준은 물속에 존재하는 알킬수은 화합물을 벤젠으로 추출하고 알루미나 칼럼으로 농축한 후 벤젠으로 다시 추출한 다음 박층크로마토그래피에 의하여 농축분리하고 분리된 수은을 산화분해하여 정량하는 방법이다.

② 적용범위 : 이 시험기준은 지표수, 지하수, 폐수 등에 적용할 수 있으며, 정량한계는 0.0005mg/L이다.

(2) 분석기기 및 기구

① 박층크로마토그래프용 실리카겔 박층판

② 크로마토그래프용 알루미나 칼럼 : 그림과 같은 크로마토그래프용 알루미나 칼럼을 사용한다.

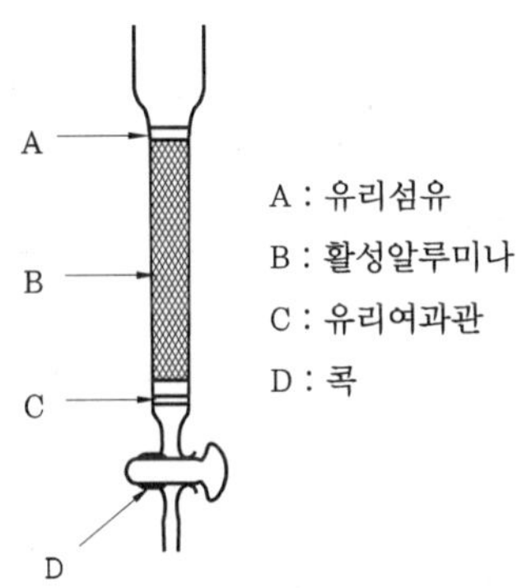

크로마토그래프용 알루미나 칼럼

예상문제

Engineer Water Pollution Environmental
수질환경기사

1. 수질오염 공정시험방법에 의하여 철을 자외선/가시선 분광법으로 정량할 때 사용되지 않는 시약은?

① 암모니아수
② 염산
③ 과망간산칼륨용액
④ 염산히드록실아민용액

해설 ㉠ 암모니아수 : 약 알칼리성으로 하여 수분간 끓여 침전물을 생성시킨다.
㉡ 염산 : 침전물을 염산을 넣어 가열하여 녹인다.
㉢ 염산히드록실아민용액 : 제이철을 제일철로 환원시킨다.

2. 디티존법으로 카드뮴을 정량할 때 다음 중 틀린 것은?

① 반복시험에 의한 정밀도는 ±25% 이내이다.
② 흡광도는 530nm에서 측정한다.
③ 역추출에서 사용되는 시약은 사염화탄소이다.
④ 정량한계는 0.004mg/L이다.

해설 추출한 카드뮴착염을 타타르산용액으로 역추출한다.

3. 자외선/가시선 분광법에 의한 폐수 중의 카드뮴 측정실험에 사용하지 않는 시약은?

① 디티존
② 염산히드록실아민
③ 시트르산이암모늄
④ 벤젠

해설 ㉠ 디티존 : 중금속의 비색정량시약
㉡ 염산히드록실아민 : 디티존의 산화방지제
㉢ 시트르산이암모늄 : 침전 방지제
㉣ 벤젠 : 알킬수은 정량 시 사용하는 추출제

4. 크롬 측정에 관한 설명 중 (　) 안에 알맞은 내용은?

(　)으로 크롬이온 전체를 6가 크롬으로 산화시킨 다음 산성에서 디페닐카바자이드와 반응하여 생성하는 적자색 착화합물의 흡광도를 측정하여 총크롬을 정량한다.

① 염화제일주석
② 과망간산칼륨
③ 황산암모늄
④ 황산제일철암모늄

해설 3가 크롬은 과망간산칼륨을 첨가하여 6가 크롬으로 산화시킨 후, 산성용액에서 디페닐카바자이드와 반응하여 생성하는 적자색 착화합물의 흡광도를 540nm에서 측정한다.

5. (　) 안에 알맞은 내용은?

자외선/가시선 분광법을 이용한 크롬의 측정원리는 (㉠)으로 크롬이온 전체를 6가 크롬으로 산화시킨 다음 산성에서 (㉡)와 반응하여 생성하는 (㉢) 착화합물의 흡광도를 측정한다.

① ㉠ – 과망간산칼륨, ㉡ – 디에틸디티오카르밤산, ㉢ – 자색
② ㉠ – 과망간산칼륨, ㉡ – 디페닐카바자이드, ㉢ – 적자색
③ ㉠ – 중크롬산칼륨, ㉡ – 디에틸디티오

정답 1. ③ 2. ③ 3. ④ 4. ② 5. ②

카르밤산, ⓒ－자색
④ ㉠－중크롬산칼륨, ㉡－디페닐카바자이드, ⓒ－적자색

6. **수질오염 공정시험방법상 6가 크롬 측정과 가장 거리가 먼 것은?**

① 자외선/가시선 분광법
② 이온전극법
③ 원자흡수분광광도법
④ 유도결합 플라스마-원자발광분광법

7. **수질오염 공정시험법상 기체크로마토그래피법으로 분석할 수 있는 항목은?**

① 수은　② 총질소
③ 알킬수은　④ 아연

8. **알킬수은을 기체크로마토그래피법으로 측정할 때 알킬수은 화합물의 추출용액은?**

① 벤젠　② 사염화탄소
③ 헥산　④ 클로로포름

해설 알킬수은 화합물을 벤젠으로 추출하여 L-시스테인용액에 선택적으로 역추출하고 다시 벤젠으로 추출하여 기체크로마토그래피법으로 측정한다.

9. **알킬수은의 정량을 기체크로마토그래피법에 의하여 측정할 때 가장 일반적으로 사용되는 검출기는?**

① TCD 검출기　② FID 검출기
③ FPD 검출기　④ ECD 검출기

해설 알킬수은은 기체크로마토그래피법으로 측정할 때 전자포획형 검출기(electron capture detector : ECD)를 가장 일반적으로 사용한다.

정답　6. ②　7. ③　8. ①　9. ④

Chapter 4 유기물질 및 휘발성 유기 화합물

유기물질

4-1 디에틸헥실프탈레이트

용매추출/기체크로마토그래프-질량분석법 (liquid extraction/gas chromatograph-mass spectrometry)

① 목적 : 이 시험기준은 물속에 존재하는 디에틸헥실프탈레이트(Di-(2-ethylhexyl) phthalate)를 측정하는 방법으로 시료를 중성에서 헥산으로 추출하여 농축한 후, 기체크로마토그래프-질량분석기로 분석하는 방법이다.

② 적용범위 : 이 시험기준은 지표수, 지하수, 폐수 등에 적용할 수 있으며 정량한계는 0.0025mg/L이다.

4-2 석유계총탄화수소

용매추출/기체크로마토그래피(liquid extraction/gas chromatography)

(1) 개요

① 목적 : 이 시험기준은 물속에 존재하는 비등점이 높은(150～500℃) 유류에 속하는 석유계 총탄화수소(total petroleum hydrocarbon)(제트유, 등유, 경유, 벙커C, 윤활유, 원유 등)를 디클로로메탄으로 추출하여 기체크로마토그래프에 따라 확인 및 정량하는 방법으로 크로마토그램에 나타난 피크의 패턴에 따라 유류 성분을 확인하고 탄소수가 짝수인 노말알칸 (C_8～C_{40}) 표준물질과 시료의 크로마토그램 총면적을 비교하여 정량한다.

② 적용범위 : 이 시험기준은 지표수, 지하수, 폐수 등에 적용할 수 있으며, 정량한계는 0.2mg/L이다.

(2) 분석기기 및 기구

① 기체크로마토그래프(gas chromatograph)

㈎ 칼럼은 안지름 0.20～0.35mm, 필름두께 0.1～3.0μm, 길이 15～60m의 DB-1, DB-5 및 DB-624 등의 모세관이나 동등한 분리성능을 가진 모세관으로 대상 분석 물질의 분리가 양호한 것을 택하여 시험한다.

㈏ 운반기체는 순도 99.999% 이상의 헬륨으로서(또는 질소) 유량은 0.5～5mL/min, 시료주입부 온도는 280～320℃, 칼럼온도는 40～320℃로 사용한다.

㈐ 검출기는 불꽃이온화 검출기(FID : flame ionization detector)로 280～320℃로 사용한다.

② 농축장치 : 구데르나다니쉬(K.D.) 농축기 또는 회전증발농축기를 사용하거나 이와 동등 이상의 성능을 가진 것을 사용한다.

4-3 유기인

용매추출/기체크로마토그래피(Liquid Extraction/Gas Chromatography)

(1) 개요

① 목적 : 이 시험기준은 물속에 존재하는 유기인(Organophosphorus Pesticides)계 농약성분 중 다이아지논, 파라티온, 이피엔, 메틸디메톤 및 펜토에이트를 측정하기 위한 것으로, 채수한 시료를 헥산으로 추출하여 필요시 실리카겔 또는 플로리실 칼럼을 통과시켜 정제한다. 이 액을 농축시켜 기체크로마토그래프에 주입하고 크로마토그램을 작성하여 유기인을 확인하고 정량하는 방법이다.

② 적용범위 : 이 시험기준은 지표수, 지하수, 폐수 등에 적용할 수 있으며, 각 성분별 정량한계는 0.0005mg/L이다.

(2) 분석기기 및 기구

① 기체크로마토그래프(gas chromatograph)

㈎ 칼럼은 안지름 0.20～0.35mm, 필름두께 0.1～0.5μm, 길이 30～60m의 DB-1, DB-5 등의 모세관이나 동등한 분리능을 가진 것을 택하여 시험한다.

㈏ 운반기체는 순도 99.999% 이상의 질소 또는 헬륨으로서 유량은 0.5～3mL/min, 시료도입부 온도는 200～300℃, 칼럼온도는 50～300℃, 검출기 온도는 270～300℃로 사용한다.

㈐ 검출기는 불꽃광도검출기(FPD : flame photometric detector) 또는 질소인검출기(NPD, nitrogen phosphorous detector)를 사용한다.

② 농축장치 : 구데르나다니쉬(K.D.) 농축기 또는 회전증발농축기를 사용하거나 이와 동등 이상의 성능을 가진 것을 사용한다.

(3) 분석절차

① 전처리

참고

헥산으로 추출하는 경우 메틸디메톤의 추출률이 낮아질 수도 있다. 이때에는 헥산 대신 디클로로메탄과 헥산의 혼합용액(15 : 85)을 사용한다.

② 정제

(가) 실리카겔

(나) 플로리실 : 추출액에 유분이 존재할 경우에는 플로리실 칼럼을 통과시켜 유분을 분리한다.

4-4 폴리클로리네이티드비페닐

용매추출/기체크로마토그래피(liquid extraction/gas chromatography)

(1) 개요

① 목적 : 이 시험기준은 물속에 존재하는 폴리클로리네이티드비페닐(Polychlorinated Biphenyls, PCBs)을 측정하는 방법으로, 채수한 시료를 헥산으로 추출하여 필요시 알칼리 분해한 다음, 다시 헥산으로 추출하고 실리카겔 또는 플로리실 칼럼을 통과시켜 정제한다. 이 액을 농축시켜 기체크로마토그래프에 주입하고 크로마토그램을 작성하여 나타난 피크 패턴에 따라 PCB를 확인하고 정량하는 방법이다.

② 적용범위 : 이 시험기준은 지표수, 지하수, 폐수 등에 적용할 수 있으며, 정량한계는 0.0005mg/L이다.

③ 간섭물질

(가) 기구류는 사용 전에 아세톤, 분석 용매 순으로 각각 3회 세정한 후 건조시킨 것을 사용하여 오염을 최소화할 수 있다.

(나) 고순도의 시약이나 용매를 사용하여 방해물질을 최소화하여야 한다.

(다) 전자포획 검출기(ECD)를 사용하여 PCB를 측정할 때 프탈레이트가 방해할 수 있는데 이는 플라스틱 용기를 사용하지 않음으로써 최소화할 수 있다.

㈑ 실리카겔 칼럼 정제는 산, 염화페놀, 폴리클로로페녹시페놀 등의 극성 화합물을 제거하기 위하여 수행하며, 사용 전에 정제하고 활성화시켜야 하거나 시판용 실리카 카트리지를 이용할 수 있다.

㈒ 플로리실 칼럼 정제는 시료에 유분의 관찰 또는 분석 후 시료 크로마토그램의 방해성분이 유분의 영향으로 판단될 경우에 수행하며 시판용 플로리실 카트리지를 이용할 수 있다.

(2) 분석기기 및 기구

① 기체크로마토그래프(gas chromatograph)

㈎ 칼럼은 안지름 0.20～0.35mm, 필름두께 0.1～3.0μm, 길이 30～100m의 DB-1, DB-5 등의 모세관이나 동등한 분리성능을 가진 모세관으로 대상 분석 물질의 분리가 양호한 것을 택하여 시험한다.

㈏ 운반기체는 순도 99.999% 이상의 질소로서 유량은 0.5～3mL/min, 시료도입부 온도는 250～300℃, 칼럼온도는 50～320℃, 검출기 온도는 270～320℃로 사용한다.

㈐ 검출기는 전자포획 검출기(ECD : eletron capture detecor)를 사용한다.

② 농축장치 : 구데르나다니쉬(K.D.) 농축기 또는 회전증발농축기를 사용하거나 이와 동등 이상의 성능을 가진 것을 사용한다.

휘발성 유기 화합물

4-5 1,4-다이옥산

용매추출/기체크로마토그래프-질량분석법 (liquid extraction/gas chromatograph/ mass spectrometry)

① 목적 : 이 시험기준은 물속에 존재하는 1,4-다이옥산(1,4-Dioxane)을 측정하기 위한 것으로 디클로로메탄을 이용하여 1,4-다이옥산을 추출한 다음 실온 상태에서 농축하여 기체크로마토그래프-질량분석기로 분석한다.

② 적용범위 : 이 시험기준은 폐수 또는 1,4-다이옥산의 농도가 비교적 높은 지표수, 지하수 등에 적용하며 정량한계는 0.01mg/L이다.

4-6 염화비닐, 아크릴로니트릴, 브로모포름

헤드스페이스-기체크로마토그래프-질량분석법 (headspace-gas chromatograph-mass spectrometry)

① 목적 : 이 시험기준은 물속에 존재하는 염화비닐(Vinyl Chloride), 아크릴로니트릴(Acrylonitrile), 브로모포름(Bromoform)을 동시에 측정하기 위한 것으로 헤드스페이스 바이알에 시료와 염화나트륨을 넣어 혼합하고 밀폐된 상태에서 약 60℃로 가열한 다음, 상부 기체 일정량을 기체크로마토그래프-질량분석기에 주입하여 분석한다.

② 적용범위 : 이 시험기준은 폐수 또는 염화비닐, 아크릴로니트릴, 브로모포름의 농도가 비교적 높은 지표수, 지하수 등에 적용하며, 각 화합물의 정량한계는 0.005mg/L 이다.

4-7 휘발성 유기 화합물

(1) 목적

이 시험기준은 지표수, 지하수, 폐수 등에 존재하는 휘발성 유기 화합물에 대한 분석방법으로, 간섭물질, 전처리과정, 기기분석 및 내부정도관리 등에 대해 자세히 기술하였다.

(2) 적용 가능한 시험방법

휘발성 유기 화합물의 시험방법

휘발성 유기 화합물	P·T -GC-MS (ES 04603.1)	HS GC-MS(ES 04603.2)	P·T -GC(ES 04603.3)	HS - GC (ES 04603.4)	용매추출 /GS-MS(ES 04603.5)	용매추출 /GC(ES 04603.6)
1,1-디클로로에틸렌	○	○	○			
디클로로메탄	○	○	○			
클로로포름	○	○			○	
1,1,1-트리클로로에탄	○	○				
1,2-디클로로에탄	○	○			○	
벤젠	○	○	○	○		
사염화탄소	○	○	○	○		

트리클로로에틸렌	○	○	○	○		○
톨루엔	○	○	○	○		
테트라클로로에틸렌	○	○	○	○		○
에틸벤젠	○	○	○	○		
자일렌	○	○	○	○		

퍼지 · 트랩-기체크로마토그래프-질량분석법 (purge · trap-gas chromatograph-mass spectrometry)

① 목적 : 이 시험기준은 물속에 존재하는 휘발성 유기 화합물(Volatile Organic Compounds)의 성분을 측정 및 분석하기 위한 것으로, 시료 중 휘발성 유기 화합물을 불활성 기체로 퍼지시켜 기상으로 추출한 다음 트랩 관으로 흡착 · 농축하고, 가열 · 탈착시켜 모세관 칼럼을 사용한 기체크로마토그래프-질량분석기로 분석한다.

② 적용범위 : 이 시험기준은 매우 혼탁한 시료를 제외한 지하수, 지표수 등에 적용할 수 있으며, 각 성분별 정량한계는 0.001mg/L이다.

헤드스페이스-기체크로마토그래프-질량분석법 (headspace-gas chromatograph-mass spectrometry)

퍼지 · 트랩-기체크로마토그래피(purge · trap-gas chromatography)

- 적용범위 : 이 시험기준은 매우 혼탁한 시료를 제외한 지표수, 지하수 등에 적용할 수 있으며, 각 성분별 정량한계는 ECD 검출기를 사용할 경우 0.001mg/L, FID 검출기를 사용할 경우 0.002mg/L이다. 단, 벤젠, 톨루엔, 에틸벤젠, 자일렌은 FID 검출기를 사용하여 측정한다.

헤드스페이스-기체크로마토그래피(headspace-gas chromatography)

(1) 개요

① 목적 : 이 시험기준은 물속에 존재하는 휘발성 유기 화합물 성분을 측정하기 위한 것으로, 휘발성 유기 화합물의 성분에 대해 분석이 가능하다.

② 적용범위 : 이 시험기준은 지표수, 폐수 및 매우 혼탁한 시료 등에도 적용할 수 있으며, 각 성분별 정량한계는 ECD 검출기의 경우 0.001mg/L, FID 검출기의 경우 0.002mg/L이다. 단, 벤젠, 톨루엔, 에틸벤젠, 크실렌은 FID 검출기를 사용하여 측정한다.

용매추출/기체크로마토그래프-질량분석법 (liquid extraction/-gas chromatograph-mass spectrometry)

용매추출/기체크로마토그래피(liquid extraction/gas chromatography)

(1) 개요

① 목적 : 이 시험기준은 물속에 존재하는 휘발성 탄화수소 성분을 측정 및 분석하기 위한 것으로, 채수한 시료를 헥산으로 추출하여 기체크로마토그래프를 이용하여 분석하는 방법이다.

② 적용범위 : 이 시험기준은 매우 혼탁한 시료를 제외한 지표수, 지하수, 폐수 등에 적용할 수 있으며, 각 성분별 정량한계는 0.002mg/L이다. 단, 트리클로로에틸렌은 0.008mg/L이다.

(2) 분석기기 및 기구

- 기체크로마토그래프(gas chromatograph)
  - 칼럼은 안지름 0.20～0.35mm, 필름두께 0.1～1.0μm, 길이 15～60m의 100%-메틸폴리실록산(100%-methyl-polysiloxane) 또는 5%-페닐메틸폴리실록산(5%)이 코팅된 DB-1, DB-5 및 DB-624 등의 모세관이나 동등한 분리성능을 가진 모세관으로 대상 분석 물질의 분리가 양호한 것을 택하여 시험한다.
  - 운반기체는 순도 99.999% 이상의 질소로 유량은 0.5～2mL/min, 시료도입부 온도는 150～250℃, 칼럼온도는 35～250℃, 검출기 온도는 250～280℃로 사용한다.
  - 검출기는 전자포획검출기(ECD)를 선택하여 측정한다.

예상문제

Engineer Water Pollution Environmental
수질환경기사

1. **석유계총탄화수소(TPH)를 기체크로마토그래피법으로 측정할 경우 정량한계기준은? (단, 공정시험방법 기준)**

① 석유계총탄화수소로서 0.2mg/L이다.
② 석유계총탄화수소로서 0.5mg/L이다.
③ 석유계총탄화수소로서 2.0mg/L이다.
④ 석유계총탄화수소로서 5.0mg/L이다.

2. **다음은 기체크로마토그래피법을 적용하여 석유계총탄화수소를 측정할 때의 원리이다. ( ) 안에 맞는 내용은?**

> 시료 중의 제트유, 등유, 경유, 벙커 C유, 유활유, 원유 등을 ( )(으)로 추출하여 기체크로마토그래피법에 따라 확인 및 정량한다.

① 사염화탄소
② 클로로포름
③ 다이클로로메탄
④ 노말헥산+에탄올

해설 시료 중의 제트유, 등유, 경유, 벙커 C유, 윤활유, 원유 등을 디클로로메탄으로 추출하여 기체 크로마토그래피법에 따라 확인 및 정량하는 방법이다.

3. **기체크로마토그래피법으로 유기인 시험을 할 때 사용되는 검출기로 가장 일반적인 것은?**

① 열전도도 검출기(TCD)
② 불꽃이온화 검출기(FID)
③ 전자포획형 검출기(ECD)
④ 불꽃광도형 검출기(FPD)

4. **PCB의 측정에서 기체크로마토그래피법을 적용할 때 기구 및 기기의 조건으로 틀린 것은?**

① 검출기는 전자포획형 검출기
② 칼럼은 안지름이 0.20~0.35mm
③ 검출기 온도는 270~320℃
④ 시료주입구 온도는 170~200℃

해설 시료주입구 온도는 250~300℃이다.

5. **기체크로마토그래피법에 의한 PCB 정량법에서 실리카겔 칼럼의 역할은?**

① 기체크로마토그래피법의 정량물질을 고열로부터 보호하기 위한 칼럼이다.
② 기체크로마토그래피에 분석용 시료를 주입하기 전에 PCB 이외의 불순물을 분리하는 칼럼이다.
③ 분석용 시료 중의 수분을 흡수시키는 칼럼이다.
④ 시료 중 가용성 염류를 분리시키는 이온교환 칼럼이다.

해설 실리카겔 칼럼의 역할은 PCB 이외의 불순물을 분리하는 칼럼이다.

6. **다음 중 기체크로마토그래피법에 의한 폴리클로리네이티드비페닐 분석 시 이용하는 검출기로 가장 적절한 것은?**

① ECD
② FID
③ FPD
④ TCD

정답 1. ① 2. ③ 3. ④ 4. ④ 5. ② 6. ①

5 Chapter 생물

5-1 총 대장균군

막여과법(membrane filtration method)

(1) 개요

① 목적 : 이 시험기준은 물속에 존재하는 총대장균군(Total Coliform)을 측정하기 위하여 페트리접시에 배지를 올려놓은 다음 배양 후 금속성 광택을 띠는 적색이나 진한 적색 계통의 집락을 계수하는 방법이다.

② 적용범위 : 이 시험기준은 지표수, 지하수, 폐수 등에 적용할 수 있다.

(2) 용어정의

- 총대장균군 : 그람음성·무아포성의 간균으로서 젖당을 분해하여 가스 또는 산을 발생하는 모든 호기성 또는 통성 혐기성균을 말한다.

(3) 분석기기 및 기구

① 막여과장치 : 여과막을 끼워서 여과할 수 있게 하는 장치로 무균조작 가능한 것을 사용하며, 멸균하여 사용하여야 한다.

② 배양기 : 배양온도를 (35±0.5)℃로 유지할 수 있는 것을 사용한다.

(4) 분석절차

① 멸균된 핀셋으로 여과막을 눈금이 위로 가게 하여 여과장치의 지지대 위에 올려놓은 후, 막여과장치의 깔때기를 조심스럽게 부착시킨다.

② 페트리접시에 20～80개의 세균 집락을 형성하도록 시료를 여과관 상부에 주입하면서 흡입여과하고 멸균수 20～30mL로 씻어준다.

(5) 결과 보고

'총 대장균군수/100mL'로 표기한다.

시험관법(multiple tube fermentation method)

(1) 개요

① 목적 : 이 시험기준은 물속에 존재하는 총대장균군을 측정하는 방법으로 다람시험관을 이용하는 추정시험과 백금이를 이용하는 확정시험 방법으로 나뉘며, 추정시험이 양성일 경우 확정 시험을 시행한다.

② 적용범위 : 이 시험기준은 지표수, 지하수, 폐수 등에 적용할 수 있다.

(2) 용어정의

막여과법과 동일

(3) 분석기기 및 기구

① 다람시험관 : 안지름 6mm, 높이 30mm 정도의 시험관으로 고압증기 멸균을 할 수 있어야 하며 가스포집을 위해 거꾸로 집어넣는다.

② 배양기 : 배양온도를 (35±0.5)℃로 유지할 수 있는 것을 사용한다.

③ 백금이 : 고리의 안지름이 약 3mm인 백금이를 사용한다.

④ 시험관 : 안지름 16mm, 높이 150mm 정도의 시험관으로 마개를 할 수 있고, 고압증기 멸균을 할 수 있어야 한다.

⑤ 피펫

평판집락법(pour plate method)

(1) 개요

① 목적 : 이 시험기준은 배출수 또는 방류수에 존재하는 총대장균군을 측정하는 방법으로 페트리접시의 배지표면에 평판집락법 배지를 굳힌 후 배양한 다음, 진한 적색의 전형적인 집락을 계수하는 방법이다.

② 적용범위 : 이 시험기준은 지표수, 폐수 등에 적용할 수 있다.

(2) 용어정의

막여과법과 동일

(3) 분석절차

① 페트리접시에 평판집락법 배지를 약 15mL 넣은 후 항온수조를 이용하여 45℃ 내외로 유지시킨다.

참고

3시간을 경과시키지 않는 것이 좋다.

② 평판집락수가 30～300개가 되도록 시료를 희석 후, 1mL씩을 시료당 2매의 페트리접시에 넣는다.

참고

시료의 희석부터 배지를 페트리접시에 넣을 때까지 조작시간은 20분을 초과하지 말아야 한다.

(4) 결과 보고

집락수가 30～300의 범위에 드는 것을 산술평균하여 '총 대장균군수/mL'로 표기한다.

5-2 분원성 대장균군

막여과법(membrane filtration method)

(1) 개요

① 목적 : 이 시험기준은 물속에 존재하는 분원성 대장균군(fecal coliform)을 측정하기 위하여 페트리접시에 배지를 올려놓은 다음, 배양 후 여러 가지 색조를 띠는 청색의 집락을 계수하는 방법이다.

② 적용범위 : 이 시험기준은 지표수, 지하수, 폐수 등에 적용할 수 있다.

(2) 용어정의

• 분원성 대장균군 : 온혈동물의 배설물에서 발견되는 그람음성·무아포성의 간균으로서 44.5℃에서 젖당을 분해하여 가스 또는 산을 발생하는 모든 호기성 또는 통성 혐기성균을 말한다.

(3) 분석절차

배양 후 여러 가지 색조를 띠는 청색의 집락을 계수하며, 집락수가 20～80의 범위에 드는 것을 선정하여 계산한다.

(4) 결과 보고

'분원성 대장균군수/100mL'로 표기하며, 반올림하여 유효숫자 2자리로 나타낸다.

시험관법(multiple tube fermentation method)

① 목적 : 이 시험기준은 물속에 존재하는 분원성 대장균군을 측정하기 위하여 다람시험관을 이용하는 추정시험과 백금이를 이용하는 확정시험으로 나뉘며 추정시험이 양성일 경우 확정시험을 시행하는 방법이다.

② 적용범위 : 이 시험기준은 지표수, 지하수, 폐수 등에 적용할 수 있다.

5-3 대장균

효소이용정량법(quantitative enzyme substrate method)

(1) 개요

① 목적 : 이 시험기준은 물속에 존재하는 대장균(Escherichia coli)을 분석하기 위한 것으로, 효소기질 시약과 시료를 혼합하여 배양한 후 자외선 검출기로 측정하는 방법이다.

② 적용범위 : 이 시험기준은 지표수, 지하수, 폐수 등에 적용할 수 있다.

(2) 용어정의

- 대장균 : 그람음성·무아포성의 간균으로 총글루쿠론산 분해효소(β-glucuronidase)의 활성을 가진 모든 호기성 또는 통성 혐기성균을 말한다.

예상문제

Engineer Water Pollution Environmental
수질환경기사

1. 수질오염 공정시험방법상 총대장균군 시험방법과 가장 거리가 먼 것은?

① 시험관법 ② 막여과법
③ 평판 집락법 ④ 확정계수법

2. 총대장균군 측정 시에 사용하는 배양기의 배양온도 기준으로 가장 알맞은 것은?

① 20±1℃ ② 25±0.5℃
③ 30±1℃ ④ 35±0.5℃

3. 총대장균군 시험에 대한 설명 중 옳지 않은 것은?

① 시료 중 잔류염소가 함유되었을 때는 멸균 된 10% 티오황산나트륨용액으로 제거한다.
② 시험관법은 추정시험, 확정시험 2단계로 나눈다.
③ 총대장균군 시험관법 시험결과는 확률적인 수치인 최적확수로 나타나지만, 결과는 '총대장균군수/100mL'로 표기한다.
④ 추정시험에 BGLB(brilliant green lactose bile 2%) 배지를 사용한다.

해설 추정시험에는 유당 배지, 라우릴 트립토스 배지를 사용한다.

4. 막여과 시험방법에 의한 총대장균군 계수법에서 시료를 10mL, 1mL 및 0.1mL 취해 시험한 결과 40, 9 및 1로 집락이 계수되었을 경우 총대장균군수는?

① 390/100mL ② 400/100mL
③ 410/100mL ④ 440/100mL

해설 $총대장균군수 = \frac{40 \times 100}{10} = 400/100mL$

참고 $총대장균군수/100mL = \frac{생성된\ 집락수 \times 10}{여과된\ 시료량(mL)}$

5. 막여과 시험방법에서 여과막을 엠-에프씨 배지에 배양시킬 때 분원성 대장균군 집락의 색은?

① 여러 가지 색조를 띠는 파란색
② 여러 가지 색조를 띠는 회색
③ 여러 가지 색조를 띠는 크림색
④ 여러 가지 색조를 띠는 붉은색

6. 분원성 대장균군 측정방법 중 막여과법에 관한 설명으로 틀린 것은?

① 분원성 대장균군수/100mL 단위로 표시한다.
② 재검사 시에는 시료의 여과량을 줄이고 여과막의 수를 늘려 다른 세균에 의한 간섭현상을 줄인다.
③ 페트리접시에 40~160개의 세균 집락을 형성하도록 한다.
④ 분원성 대장균군은 배양 후 여러 가지 색조를 띠는 파란색의 집락을 형성하며 이를 계수한다.

해설 페트리접시에 20~80개의 세균 집락을 형성하도록 시료를 여과관 상부에 주입하면서 흡입여과하고 멸균수 20~30mL로 씻어준다.

정답 1. ④ 2. ④ 3. ④ 4. ② 5. ① 6. ③

5-4 물벼룩을 이용한 급성 독성 시험법

(1) 개요

① 목적 : 이 시험기준은 수서무척추동물인 물벼룩을 이용하여 시료의 급성독성을 평가하는 방법(acute toxicity test method of the daphnia magna straus (cladocera, Crustacea))으로써 시료를 여러 비율로 희석한 시험수에 물벼룩을 투입하고 24시간 후 유영상태를 관찰하여 시료농도와 치사 혹은 유영저해를 보이는 물벼룩 마리수와의 상관관계를 통해 생태독성값을 산출하는 방법이다.

② 적용범위 : 이 시험기준은 산업폐수, 하수, 하천수, 호소수 등에 적용할 수 있다.

(2) 용어정의

① 치사(death) : 일정 비율로 준비된 시료에 물벼룩을 투입하고 24시간 경과 후 시험용기를 살며시 움직여주고, 15초 후 관찰했을 때 아무 반응이 없는 경우를 '치사'라 판정한다.

② 유영저해(immobilization) : 독성물질에 의해 영향을 받아 일부 기관(촉각, 후복부 등)이 움직임이 없을 경우를 '유영저해'로 판정한다. 이때, 촉수를 움직인다하더라도 유영을 하지 못한다면 '유영저해'로 판정한다.

③ 반수영향농도(EC_{50}, effect concentration of 50%) : 투입 시험생물의 50%가 치사 혹은 유영저해를 나타낸 농도이다.

④ 생태독성값(TU, toxic unit) : 통계적 방법을 이용하여 반수영향농도 EC_{50}을 구한 후 이를 100으로 나눠준 값을 말한다.

참고

1. 이때 EC_{50}의 단위는 %이다.
2. 24시간 – EC_{50}값이 0.9~2.1mg/L 범위 밖으로 나왔다면 재시험하고, 재시험 결과에서도 24시간–EC_{50}값이 0.9~2.1mg/L 범위 밖으로 나왔다면 시험을 중지하고, 물벼룩을 전량 폐기 후 새로운 개체를 재분양받아야 한다.

⑤ 지수식 시험방법(static non-renewal test) : 시험기간 중 시험용액을 교환하지 않는 시험을 말한다.

⑥ 표준독성물질 시험방법(standard reference toxicity substance test) : 독성시험이 정상적인 조건에서 수행되는지를 주기적으로 확인하기 위하여 다이크롬산칼륨(potassium dichromate, $K_2Cr_2O_7$, 분자량 : 294.18)을 이용하여 시험을 수행한다.

5-5 식물성 플랑크톤-현미경계수법

(1) 개요

① 목적 : 이 시험기준은 물속의 부유생물인 식물성 플랑크톤을 현미경계수법(phyto-plankton-phytoplankton counting)을 이용하여 개체수를 조사하는 정량분석 방법이다.

② 적용범위 : 이 시험기준은 지표수에 적용할 수 있다.

(2) 용어정의

• 식물성 플랑크톤 : 식물성 플랑크톤은 운동력이 없거나 극히 적어 수체의 유동에 따라 수체 내에 부유하면서 생활하는 단일 개체, 집락성, 선상형태의 광합성 생물을 총칭한다.

(3) 분석절차

① 일반사항 : 시료의 개체수는 계수면적당 10～40 정도가 되도록 희석 또는 농축한다.

참고 계수면적

현미경 시야에서 계수하기 위하여 계수 체임버 내부 혹은 접안 마이크로미터에 의하여 설정된 스트립 혹은 격자의 크기로 한다.

② 시료희석 : 시료가 육안으로 녹색이나 갈색으로 보일 경우 정제수로 적절한 농도로 희석한다.

③ 시료 농축

㈎ 원심분리방법

㈏ 자연침전법

참고

침전용기는 얇고 투명한 유리 실린더를 사용한다.

④ 정성시험 : 정성시험의 목적은 식물성 플랑크톤의 종류를 조사하는 것으로 검경배율 100～1000배 시야에서 세포의 형태와 내부구조 등의 미세한 사항을 관찰하면서 종 분류표에 따라 식물성 플랑크톤종을 확인하여 계수일지에 기재한다.

⑤ 정량시험 : 식물성 플랑크톤의 계수는 정확성과 편리성을 위하여 일정 부피를 갖는 계수용 체임버를 사용한다. 식물성 플랑크톤의 동정에는 고배율이 많이 이용되지만 계수에는 저～중배율이 많이 이용된다. 계수 시 식물성 플랑크톤의 종류에 따라 요

구되는 배율이 달라지므로 아래 방법 중 하나를 이용한다.

㈎ 저배율 방법(200배율 이하)

㉮ 스트립 이용 계수

㉯ 격자 이용 계수

참고

1. 세즈윅-라프터 체임버는 조작이 편리하고 재현성이 높은 반면, 중배율 이상에서는 관찰이 어렵기 때문에 미소 플랑크톤(nano plankton)의 검경에는 적절하지 않다.
2. 시료를 체임버에 채울 때 피펫은 입구가 넓은 것을 사용하는 것이 좋다.
3. 정체시간이 짧을 경우 충분히 침전되지 않은 개체가 계수 시 제외되어 오차 유발 요인이 된다.
4. 계수 시 스트립을 이용할 경우, 양쪽 경계면에 걸린 개체는 하나의 경계면에 대해서만 계수한다.
5. 계수 시 격자의 경우 격자 경계면에 걸린 개체는 격자의 4면 중 2면에 걸린 개체는 계수하고 나머지 2면에 들어온 개체는 계수하지 않는다.

㈏ 중배율 방법(200~500배율 이하)

㉮ 팔머-말로니 체임버 이용 계수

㉯ 혈구계수기 이용 계수

참고

1. 팔머-말로니 체임버는 마이크로시스티스 같은 미소 플랑크톤의 계수에 적절하다.
2. 혈구계수기의 경우는 가장 큰 격자 크기가 1mm×1mm인 것을 이용한다.

예상문제

Engineer Water Pollution Environmental
수질환경기사

1. 식물성 플랑크톤 분석에 관한 설명으로 부적절한 것은?

① 수중 부유생물인 식물성 플랑크톤 분석은 플랑크톤의 종류를 파악하는 정성분석과 개체수를 파악하는 정량분석으로 한다.
② 식물성 플랑크톤은 운동력이 없거나 극히 적어 수체의 유동에 따라 수체 내에 부유하면서 생활하는 단일개체, 집락성, 선상형태의 광합성 생물의 총칭이다.
③ 정성시험은 검경배율 100~1000배에서 세포의 형태와 내부구조 등의 미세한 사항을 관찰한다.
④ 정량시험의 고검경배율 방법은 스트립이용계수, 격자이용계수법 등이 적용된다.

해설 정량시험의 저검경배율 방법은 스트립이용계수, 격자이용계수법 등이 적용된다.

2. 식물성 플랑크톤(조류) 실험에 관한 설명으로 알맞지 않은 것은?

① 정성시험의 목적은 식물성 플랑크톤의 성분을 분석하는 것이다.
② 정량시험의 목적은 식물성 플랑크톤의 개체수를 조사하는 것이다.
③ 기기는 광학현미경 혹은 위상차현미경(×1000 배율), 혈구계수기, 슬라이드글라스 등이 필요하다.
④ 채수기를 이용하여 일정량의 시료를 채취하여 냉암소에서 보관하면서 운반하고 즉시 시험한다.

해설 정성시험의 목적은 식물성 플랑크톤의 종류를 파악하는 것이다.

3. 식물성 플랑크톤(조류) 분석 시 즉시 시험하기 어려울 경우 시료보존을 위해 사용되는 것은? (단, 침강성이 좋지 않은 남조류나 파괴되기 쉬운 와편모 조류인 경우)

① 사염화탄소용액
② 에틸알코올용액
③ 메틸알코올용액
④ 루골용액

해설 침강성이 좋지 않은 남조류나 파괴되기 쉬운 와편모조류와 황갈조류 등은 글루타르알데하이드나 루골용액을 시료의 1~2(V/V%) 가하여 보존한다.

4. 식물성 플랑크톤(조류) 측정에 관한 설명으로 알맞지 않은 것은?

① 시료가 육안상 녹색이나 갈색으로 보일 경우 증류수로 적절한 정도로 희석한다.
② 수중부유생물인 식물성 플랑크톤 분석은 플랑크톤의 종류를 파악하는 정성분석과 개체수를 조사하는 정량분석으로 한다.
③ 시료 채취 후 즉시 시험하기 어려운 경우는 포르말린용액을 3~5V/V%를 가하여 보존한다.
④ 시료의 개체수는 계수면적당 100~250 정도가 되도록 조정한다.

해설 시료의 개체수는 계수면적당 10~40 정도가 되도록 조정하고 시료의 개체수가 적을 경우는 농축한다.

정답 1. ④ 2. ① 3. ④ 4. ④

5. 다음은 식물성 플랑크톤(조류)의 저배율 방법에 의한 정량시험 시 주의사항에 관한 내용이다. 틀린 것은?

① 세즈윅-라프터 체임버는 조작이 편리하고 재현성이 높아 미소 플랑크톤의 검경에 적절하다.
② 정체시간이 짧을 경우 충분히 침전되지 않은 개체가 계수 시 제외되어 오차 유발 요인이 된다.
③ 시료를 체임버에 채울 때 피펫은 입구가 넓은 것을 사용하는 것이 좋다.
④ 계수 시 스트립을 이용하는 경우 양쪽 경계면에 걸린 개체는 경계면 중 하나의 경계면에 걸린 개체는 계수하고 다른 경계면에 걸린 개체는 계수하지 않는다.

해설 세즈윅-라프터 체임버는 조작이 편리하고 재현성이 높은 반면 중배율 이상에서는 관찰이 어렵기 때문에 미소 플랑크톤(nanno plankton)의 검경에는 적절하지 않다.

6. 식물성 플랑크톤(조류)의 정량시험법에 관한 설명으로 옳은 것은?

① 저배율 방법은 500배율 이하를 말한다.
② 중배율 방법은 500배율 이상 1000배율 이하를 말한다.
③ 저배율 방법에는 스트립 이용 계수 방법과 격자 이용 계수 방법이 있다.
④ 팔머-말로니 체임버 이용 계수 방법은 저배율 방법이다.

7. 식물성 플랑크톤을 현미경계수법으로 측정할 때의 분석기기 및 기구에 관한 내용으로 틀린 것은?

① 광학현미경 혹은 위상차 현미경 : 1000배율까지 확대 가능한 현미경을 사용한다.
② 대물마이크로미터 : 눈금이 새겨져 있는 평평한 판으로 물체의 길이를 현미경으로 측정하고자 할 때 쓰는 도구이며 접안마이크로미터 한 눈금의 길이를 계산하는 데 사용한다.
③ 혈구계수기 : 슬라이드글라스의 중앙에 격자모양의 계수 구역이 상하 2개로 구분되어 있으며 계수 구역 내의 침전된 조류를 계수한 후 mL당 총 세포수를 환산한다.
④ 접안마이크로미터 : 평평한 유리에 새겨진 눈금으로 접안렌즈에 부착하여 대물마이크로미터 길이 환산에 적용한다.

해설 접안마이크로미터(ocular micrometer) : 둥근 유리에 새겨진 눈금으로 접안렌즈에 부착하여 사용한다. 현미경으로 물체의 길이를 측정할 때 사용한다.

8. 식물성 플랑크톤을 측정하기 위한 시료 채취 시 정성채집에 이용하는 것은?

① 반돈 채수기
② 플랑크톤 채수병
③ 플랑크톤 네트
④ 플랑크톤 박스

해설 식물성 플랑크톤을 측정하기 위한 시료 채취 시 플랑크톤 네트(mesh size 25μm)를 이용한 정성채집과, 반돈(Van-Dorn) 채수기 또는 채수병을 이용한 정량채집을 병행한다. 정성 채집 시 플랑크톤 네트는 수평 및 수직으로 수회씩 끌어 채집한다.

정답 5. ① 6. ③ 7. ④ 8. ③

Engineer Water Pollution Environmental
수질환경기사

5 PART

수질환경 관계법규

1 Chapter 물환경 보전에 관한 법률

물환경 보전법 [법률 제15194호, 2017. 1. 17.] : 시행 2018년 6월 13일
물환경 보전에 관한 법률 시행령(▶로 표시) [대통령령 제28964호, 2018. 6. 12.]
물환경 보전에 관한 법률 시행규칙(★로 표시) [환경부령 제745호, 2018. 1. 17.]

제1장 총칙

제1조 (목적) 수질오염으로 인한 국민건강 및 환경상의 위해(危害)를 예방하고 하천·호소(湖沼) 등 공공수역의 물환경을 적정하게 관리·보전함으로써 국민이 그 혜택을 널리 향유할 수 있도록 함과 동시에 미래의 세대에게 물려줄 수 있도록 함을 목적으로 한다.

제2조 (정의) 이 법에서 사용하는 용어의 정의는 다음과 같다.

1. "물환경"이란 사람의 생활과 생물의 생육에 관계되는 물의 질(이하 "수질"이라 한다) 및 공공수역의 모든 생물과 이들을 둘러싸고 있는 비생물적인 것을 포함한 수생태계(이하 "수생태계"라 한다)를 총칭하여 말한다.

1의2. "점오염원"이란 폐수배출시설, 하수발생시설, 축사 등으로서 관거·수로 등을 통하여 일정한 지점으로 수질오염물질을 배출하는 배출원을 말한다.

2. "비점오염원"이라 함은 도시, 도로, 농지, 산지, 공사장 등으로서 불특정 장소에서 불특정하게 수질오염물질을 배출하는 배출원을 말한다.

3. "기타수질오염원"이라 함은 점오염원 및 비점오염원으로 관리되지 아니하는 수질오염물질을 배출하는 시설 또는 장소로서 환경부령이 정하는 것을 말한다.

[시행규칙 별표 1] 기타수질오염원 〈개정 2015. 6. 16.〉

시설 구분	대 상	규 모
1. 수산물 양식시설	가. 가두리식 양식어장 나. 양만장 또는 일반 양어장 다. 수조식 육상양식어업시설	면허대상 모두 수조면적 합계 $500m^2$ 이상 수조면적 합계 $500m^2$ 이상

2. 골프장	골프장	면적 3만m^2 이상 또는 3홀 이상(비점오염원으로 설치 신고한 골프장은 제외)
3. 운수장비정비 또는 폐차장시설	가. 동력으로 움직이는 모든 기계·기구 및 장비류를 정비하는 용도에 사용하는 시설 나. 자동차 폐차장시설	면적 200m^2 이상(검사장 면적을 포함한다) 면적 1500m^2 이상
4. 농·축·수산물 단순가공시설	가. 조류의 알을 물 세척만 하는 시설 나. 1차 농산물을 물 세척만 하는 시설 다. 농산물의 보관·수송 등을 위하여 소금으로 절임만 하는 시설 라. 고정된 배수관을 통하여 바다로 직접 배출하는 시설로서 해조류·갑각류 및 조개류를 채취한 상태 그대로 물 세척만 하거나 삶은 제품을 구입하여 물 세척만 하는 시설(양식 어민이 직접 양식한 굴의 껍질을 제거하고 물 세척을 하는 시설 포함)	물 사용량 1일 5m^3 이상 물 사용량 1일 5m^3 이상 용량 10m^3 이상(공공하수처리시설에 유입하는 경우에는 1일 20m^3 이상) 물 사용량 1일 5m^3 이상(바다에 붙어 있는 경우에는 물 사용량 1일 20m^3 이상)
5. 사진처리 또는 X-Ray 시설	가. 무인자동식 현상·인화·정착시설 나. 사진처리시설(X-Ray 시설 포함) 중에서 폐수를 전량 위탁 처리하는 시설	1대 이상 1대 이상
6. 금은판매점의 세공시설 또는 안경점	가. 금은판매점의 세공시설(준주거지역 및 상업지역에서 금은을 세공하여 금은판매점에 제공하는 시설 포함)에서 발생되는 폐수를 전량 위탁 처리하는 시설 나. 안경점에서 렌즈를 제작하는 시설(하수종말처리시설로 유입·처리하지 아니하는 경우에 한한다)	폐수발생량 1일 0.01m^3 이상 1대 이상
7. 복합물류터미널 시설	화물의 운송, 보관, 하역과 관련된 작업을 하는 시설	면적이 20만 제곱미터 이상일 것

4. "폐수"라 함은 물에 액체성 또는 고체성의 수질오염물질이 혼입되어 그대로 사용할 수 없는 물을 말한다.
5. "강우유출수"라 함은 비점오염원의 수질오염물질이 섞여 유출되는 빗물 또는 눈 녹은 물 등을 말한다.
6. "불투수층(부투수층)"이라 함은 빗물 또는 눈 녹은 물 등이 지하로 스며들 수 없게

하는 아스팔트, 콘크리트 등으로 포장된 도로, 주차장, 보도 등을 말한다.

7. "수질오염물질"이라 함은 수질오염의 요인이 되는 물질로서 환경부령으로 정하는 것을 말한다.

[시행규칙 별표 2] 수질오염물질(58가지)(2017년 1월 19일 개정)

1. 구리와 그 화합물　2. 납과 그 화합물　3. 니켈과 그 화합물
4. 총대장균군　5. 망간과 그 화합물　6. 바륨화합물
7. 부유물질　8. 브롬화합물　9. 비소와 그 화합물
10. 산과 알칼리류　11. 색소　12. 세제류
13. 셀레늄과 그 화합물　14. 수은과 그 화합물　15. 시안화합물
16. 아연과 그 화합물　17. 염소화합물　18. 유기물질
19. 유기용제류　20. 유류(동·식물성을 포함한다)　21. 인화합물
22. 주석과 그 화합물　23. 질소화합물　24. 철과 그 화합물
25. 카드뮴과 그 화합물　26. 크롬과 그 화합물　27. 불소화합물
28. 페놀류　29. 페놀　30. 펜타클로로페놀
31. 황과 그 화합물　32. 유기인 화합물　33. 6가크롬 화합물
34. 테트라클로로에틸렌　35. 트리클로로에틸렌
36. 폴리클로리네이티드바이페닐　37. 벤젠
38. 사염화탄소　39. 디클로로메탄　40. 1,1-디클로로에틸렌
41. 1,2-디클로로에탄　42. 클로로포름
43. 생태독성물질(물벼룩에 대한 독성을 나타내는 물질만 해당한다)
44. 1,4-다이옥산　45. 디에틸헥실프탈레이트(DEHP)
46. 염화비닐　47. 아크릴로니트릴　48. 브로모포름
49. 퍼클로레이트　50. 아크릴아미드　51. 나프탈렌
52. 폼알데하이드　53. 에피클로로하이드린　54. 톨루엔
55. 자일렌　56. 스티렌
57. 비스(2-에틸헥실)아디페이트　58. 안티몬

8. "특정수질유해물질"이라 함은 사람의 건강, 재산이나 동·식물의 생육에 직접 또는 간접으로 위해를 줄 우려가 있는 수질오염물질로서 환경부령으로 정하는 것을 말한다.

[시행규칙 별표 3] 특정수질유해물질(32가지)(2017년 1월 19일 개정)

1. 구리와 그 화합물　2. 납과 그 화합물　3. 비소와 그 화합물
4. 수은과 그 화합물　5. 시안화합물　6. 유기인 화합물
7. 6가크롬 화합물　8. 카드뮴과 그 화합물　9. 테트라클로로에틸렌
10. 트리클로로에틸렌　11. 삭제 〈2016. 5. 20.〉　12. 폴리클로리네이티드바이페닐
13. 셀레늄과 그 화합물　14. 벤젠　15. 사염화탄소
16. 디클로로메탄　17. 1,1-디클로로에틸렌　18. 1,2-디클로로에탄

19. 클로로포름	20. 1,4-다이옥산	21. 디에틸헥실프탈레이트(DEHP)
22. 염화비닐	23. 아크릴로니트릴	24. 브로모포름
25. 아크릴아미드	26. 나프탈렌	27. 폼알데하이드
28. 에피클로로하이드린	29. 페놀	30. 펜타클로로페놀
31. 스티렌	32. 비스(2-에틸헥실)아디페이트	33. 안티몬

9. "공공수역"이라 함은 하천·호소·항만·연안해역 그 밖에 공공용에 사용되는 수역과 이에 접속하여 공공용에 사용되는 환경부령이 정하는 수로(지하수로, 농업용수로, 하수관로, 운하)를 말한다.
10. "폐수배출시설"이라 함은 수질오염물질을 배출하는 시설물·기계·기구 그 밖의 물체로서 환경부령이 정하는 것을 말한다. 다만, 선박 및 해양시설을 제외한다.

[시행규칙 별표 4] 폐수배출시설

1. 폐수배출시설의 적용기준
2. 폐수배출시설의 분류 : 석탄 광업시설 - 채탄능력 8천 톤/월 미만의 시설은 제외한다.

11. "폐수무방류배출시설"이라 함은 폐수배출시설에서 발생하는 폐수를 당해 사업장 안에서 수질오염방지시설을 이용하여 처리하거나 동일 배출시설에 재이용하는 등 공공수역으로 배출하지 아니하는 폐수배출시설을 말한다.
12. "수질오염방지시설"이라 함은 점오염원, 비점오염원 및 기타 수질오염원으로부터 배출되는 수질오염물질을 제거하거나 감소하게 하는 시설로서 환경부령이 정하는 것을 말한다.

[시행규칙 별표 5] 수질오염방지시설

1. 물리적 처리시설

가. 스크린	나. 분쇄기	다. 침사시설
라. 유수분리시설	마. 유량조정시설(집수조)	바. 혼합시설
사. 응집시설	아. 침전시설	자. 부상시설
차. 여과시설	카. 탈수시설	타. 건조시설
파. 증류시설	하. 농축시설	

2. 화학적 처리시설

가. 화학적 침강시설	나. 중화시설	다. 흡착시설
라. 살균시설	마. 이온교환시설	바. 소각시설
사. 산화시설	아. 환원시설	자. 침전물 개량시설

3. 생물화학적 처리시설

가. 살수여과상	나. 포기시설	다. 산화시설(산화조 또는 산화지)
라. 혐기성·호기성 소화시설	마. 접촉조	바. 안정조

사. 돈사톱밥발효시설
4. 제1호 내지 3호와 동등하거나 그 이상의 방지효율을 가진 시설로서 환경부장관이 인정하는 시설
5. 비점오염방지시설

13. "비점오염저감시설"이라 함은 수질오염방지시설 중 비점오염원으로부터 배출되는 수질오염물질을 제거하거나 감소하게 하는 시설로서 환경부령이 정하는 것을 말한다.

[시행규칙 별표 6] 비점오염저감시설

가. 자연형 시설
(1) 저류시설 : 강우유출수를 저류(貯留)하여 침전 등에 의하여 비점오염물질을 저감하는 시설로 저류지·연못 등을 포함한다.
(2) 인공습지 : 침전, 여과, 흡착, 미생물 분해, 식생 식물에 의한 정화 등 자연상태의 습지가 보유하고 있는 정화능력을 인위적으로 향상시켜 비점오염물질을 저감하는 시설을 말한다.
(3) 침투시설 : 강우유출수를 지하로 침투시켜 토양의 여과·흡착 작용에 따라 비점오염물질을 저감하는 시설로서 유공(有孔)포장, 침투조, 침투저류지, 침투도랑 등을 포함한다.
(4) 식생형 시설 : 토양의 여과·흡착 및 식물의 흡착(吸着) 작용으로 비점오염물질을 저감함과 동시에, 동·식물 서식공간을 제공하면서 녹지경관으로 기능하는 시설로서 식생여과대, 식생수로 등을 포함한다.

나. 장치형 시설
(1) 여과형 시설 : 강우유출수를 집수조 등에서 모은 후 모래·토양 등의 여과재(濾過材)를 통하여 걸러 비점오염물질을 저감하는 시설을 말한다.
(2) 와류(渦流)형 시설 : 중앙회전로의 움직임으로 와류가 형성되어 기름·그리스(grease) 등 부유성(浮游性) 물질은 상부로 부상시키고, 침전 가능한 토사, 협잡물은 하부로 침전·분리시켜 비점오염물질을 저감하는 시설을 말한다.
(3) 스크린형 시설 : 망의 여과·분리 작용으로 비교적 큰 부유물이나 쓰레기 등을 제거하는 시설로서 주로 전(前)처리에 사용하는 시설을 말한다.
(4) 응집·침전 처리형 시설 : 응집제(應集劑)를 사용하여 비점오염물질을 응집한 후, 침강시설에서 고형물질을 침전·분리시키는 방법으로 부유물질을 제거하는 시설을 말한다.
(5) 생물학적 처리형 시설 : 전처리시설에서 토사 및 협잡물 등을 제거한 후 미생물에 의하여 콜로이드(colloid)성, 용존성(溶存性) 유기물질을 제거하는 시설을 말한다.

14. "호소(호소)"라 함은 다음 각 목의 어느 하나에 해당하는 지역으로서 만수위(댐의 경우에는 계획 홍수위를 말한다) 구역 안의 물과 토지를 말한다.
가. 댐·보 또는 제방(사방시설을 제외) 등을 쌓아 하천 또는 계곡에 흐르는 물을

가두어 놓은 곳
나. 하천에 흐르는 물이 자연적으로 가두어진 곳
다. 화산활동 등으로 인하여 함몰된 지역에 물이 가두어진 곳
15. “수면관리자”라 함은 다른 법령의 규정에 의하여 호소를 관리하는 자를 말한다. 이 경우 동일한 호소를 관리하는 자가 2 이상인 경우에는 하천의 관리청 외의 자가 수면관리자가 된다.
16. “상수원호소”라 함은 상수원보호구역 및 수질보전을 위한 특별대책지역 밖에 있는 호소 중 호소의 내부 또는 외부에 취수시설을 설치하여 당해 호소수를 먹는 물로 사용하는 호소로서 환경부장관이 정하여 고시한 것을 말한다.
17. “공공폐수처리시설”이란 공공폐수처리구역의 폐수를 처리하여 공공수역에 배출하기 위한 처리시설과 이를 보완하는 시설을 말한다.
18. “공공폐수처리구역”이란 폐수를 공공폐수처리시설에 유입하여 처리할 수 있는 지역으로서 환경부장관이 지정한 구역을 말한다.
19. “물놀이형 수경(水景)시설”이란 수돗물, 지하수 등을 인위적으로 저장 및 순환하여 이용하는 분수, 연못, 폭포, 실개천 등의 인공시설물 중 일반인에게 개방되어 이용자의 신체와 직접 접촉하여 물놀이를 하도록 설치하는 시설을 말한다. 다만, 다음 각 목의 시설은 제외한다.
가. 유원시설업의 허가를 받거나 신고를 한 자가 설치한 물놀이형 유기시설(遊技施設) 또는 유기기구(遊技機具)
나. 수영장
다. 물놀이 시설이 아니라는 것을 알리는 표지판과 울타리를 설치하거나 물놀이를 할 수 없도록 관리인을 두는 경우

제3조 (책무)

제4조 (수질오염물질의 총량관리)

제4조의2 (오염총량목표수질의 고시·공고 및 오염총량관리기본방침의 수립)

① 환경부장관은 오염총량관리지역의 수계 이용 상황 및 수질상태 등을 고려하여 수계구간별로 오염총량관리의 목표가 되는 수질을 정하여 고시하여야 한다.

[시행규칙 별표 7] 총량관리 단위유역의 수질 측정방법

1. 목표수질지점에 대한 수질 측정은 기본방침 및 「환경분야 시험·검사 등에 관한 법률」 제6조 제1항 제5호에 따른 환경오염공정시험기준에 따른다.
2. 목표수질지점별로 연간 30회 이상 측정하여야 한다.
3. 제2호에 따른 수질 측정 주기는 8일 간격으로 일정하여야 한다. 다만, 홍수, 결빙, 갈

수(渴水) 등으로 채수(採水)가 불가능한 특정 기간에는 그 측정 주기를 늘리거나 줄일 수 있다.

비고 : 측정수질은 산정 시점으로부터 과거 3년간 측정한 것으로 하며, 그 단위는 리터당 밀리그램(mg/L)으로 표시한다.

② 환경부장관은 오염총량목표수질을 달성·유지하기 위하여 오염총량관리에 관한 기본방침을 수립하여 관계 시·도지사에게 통보하여야 한다.

▶ 오염총량관리기본방침에 포함되어야 할 사항

1. 오염총량관리의 목표
2. 오염총량관리의 대상 수질오염물질 종류
3. 오염원 조사 및 오염부하량 산정방법
4. 오염총량관리기본계획의 주체, 내용, 방법 및 시한
5. 오염총량관리시행계획의 내용 및 방법

제4조의3 (오염총량관리기본계획의 수립 등)

① 오염총량관리지역을 관할하는 시·도지사는 오염총량관리기본방침에 따라 다음 각 호의 사항이 포함되는 기본계획을 수립하여 환경부령이 정하는 바에 따라 환경부장관의 승인을 얻어야 한다. 오염총량관리기본계획 중 대통령령이 정하는 중요한 사항을 변경하는 경우에도 또한 같다.

1. 당해 지역 개발계획의 내용
2. 지방자치단체별·수계구간별 오염부하량(汚染負荷量)의 할당
3. 관할 지역에서 배출되는 오염부하량의 총량 및 저감계획
4. 당해 지역 개발계획으로 인하여 추가로 배출되는 오염부하량 및 그 저감계획

★ 기본계획의 승인을 신청하는 때에는 그 기본계획에 다음 각 호의 자료를 첨부하여야 한다.

1. 유역환경의 조사·분석 자료
2. 오염원의 자연증감에 관한 분석 자료
3. 지역개발에 관한 과거와 장래의 계획에 관한 자료
4. 오염부하량의 산정에 사용한 자료
5. 오염부하량의 저감계획을 수립하는 데에 사용한 자료

② 오염총량관리기본계획의 승인기준은 환경부령으로 정한다.

제4조의4 (오염총량관리시행계획의 수립·시행 등)

① 오염총량관리지역 중 오염총량목표수질이 달성·유지되지 아니하는 지역을 관할하는 특별시장·광역시장·특별자치도지사·시장·군수는 오염총량관리시행계획을 수립하여 대통령령이 정하는 바에 따라 환경부장관 또는 시·도지사의 승인을 얻은

후 이를 시행하여야 한다. 오염총량관리시행계획 중 대통령령이 정하는 중요한 사항을 변경하는 경우에도 또한 같다.

▶ 오염총량관리시행계획에 포함되어야 할 사항

1. 오염총량관리시행계획 대상 유역의 현황
2. 오염원 현황 및 예측
3. 연차별 지역 개발계획으로 인하여 추가로 배출되는 오염부하량 및 해당 개발계획의 세부 내용
4. 연차별 오염부하량 삭감 목표 및 구체적 삭감 방안
5. 오염부하량 할당 시설별 삭감량 및 그 이행 시기
6. 수질예측 산정자료 및 이행 모니터링 계획

② 오염총량관리시행 지방자치단체장은 환경부령이 정하는 바에 따라 오염총량관리시행계획에 대한 전년도의 이행사항을 평가하는 보고서를 작성하여 지방환경관서의 장에게 제출하여야 한다.

제4조의5 (시설별 오염부하량의 할당 등)

▶ 오염할당사업자 등은 오염부하량 또는 배출량의 준수기간 90일 전까지 측정기기를 부착하여 수질오염물질의 배출량 등을 측정하고 그 측정결과를 2년간 보존하여야 한다.

[시행규칙 별표 8] 최종방류구별 배출량 산정

[시행규칙 별표 9] 배출량 추가지정 기준

제4조의6 (초과배출자에 대한 조치명령 등)

★ 조치명령의 이행기간은 시설의 개선 또는 설치기간 등을 고려하여 1년의 범위에서 정하여야 한다.

★ 조치명령을 받은 자는 그 명령을 받은 날부터 60일 이내에 개선계획서를 작성하여 환경부장관 또는 오염총량관리시행 지방자치단체장에게 제출하고 그 개선계획서에 따라 명령을 이행하되, 천재지변 그 밖에 부득이하다고 인정되는 사유로 인하여 제2항에 따른 명령 이행기간 이내에 명령을 이행할 수 없는 경우에는 그 기간이 끝나기 전에 유역환경청장이나 지방환경청장 또는 오염총량관리시행 지방자치단체장에게 6개월의 범위에서 이행기간의 연장을 신청할 수 있다.

★ 과징금의 부과기준은 다음 각 호와 같다.

1. 과징금은 조업정지일수에 1일당 부과금액과 사업장 규모별 부과계수를 곱하여 산정할 것
2. 1일당 부과금액은 300만원으로 하고, 사업장규모별 부과계수는 제1종사업장

은 2.0, 제2종사업장은 1.5, 제3종사업장은 1.0, 제4종사업장은 0.7, 제5종 사업장은 0.4로 할 것. 다만, 영 제8조 각 호의 시설에 대한 부과계수는 2.0으로 한다.

제4조의7 (오염총량초과과징금)

① 환경부장관 또는 오염총량관리시행 지방자치단체장은 할당오염부하량 등을 초과하여 배출한 자에 대하여 과징금(이하 "오염총량초과과징금"이라 한다)을 부과·징수한다.

▶ 오염총량초과과징금은 초과배출이익에 초과율별 부과계수 및 위반횟수별 부과계수를 곱하여 산정하되, 구체적인 산정방법 및 기준은 별표 1과 같다.

[시행령 별표 1] 오염총량초과과징금 산정방법 및 기준

1. 오염총량초과과징금의 산정방법
2. 초과배출이익의 산정방법

가. 초과배출이익이란 수질오염물질을 초과배출함으로써 지출하지 아니하게 된 수질오염물질 처리 비용을 말하며 산정방법은 다음과 같다.

초과배출이익 = 초과오염배출량 × 연도별 부과금 단가

나. 초과오염배출량이란 할당오염부하량이나 지정배출량을 초과하여 배출되는 수질오염물질의 양을 말하며, 산정방법은 다음과 같다.

초과오염배출량 = 일일초과오염배출량 × 배출기간

1) 일일초과오염배출량

가) 일일초과오염배출량은 다음의 방법에 따라 산정한 값 중 큰 값을 킬로그램으로 표시한 양으로 한다.

일일초과오염배출량 = 일일유량 × 배출농도 × 10^{-6} − 할당오염부하량
일일초과오염배출량 = (일일유량 − 지정배출량) × 배출농도 × 10^{-6}

비고 : 1. 일일초과오염배출량의 단위는 킬로그램(kg)으로 하되, 소수점 이하 첫째 자리까지 계산한다.

2. 일일유량은 법 제4조의6에 따른 조치명령 등의 원인이 되는 배출오염물질을 채취하였을 때의 오수 및 폐수유량(이하 "측정유량"이라 한다)으로 계산한 오수 및 폐수총량을 말한다.

3. 배출농도는 조치명령 등의 원인이 되는 배출오염물질을 채취하였을 때의 배출농도를 말하며, 배출농도의 단위는 리터당 밀리그램(mg/L)으로 한다.

4. 할당오염부하량과 지정배출량의 단위는 1일당 킬로그램(kg/일)과 1일당 리터(L/일)로 한다.

나) 일일유량의 산정방법은 다음과 같다.

일일유량＝측정유량×조업시간

비고 : 1. 일일유량의 단위는 리터(L)로 한다.
2. 측정유량의 단위는 분당 리터(L/min)로 한다.
3. 일일조업시간은 측정하기 전 최근 조업한 30일간의 오수 및 폐수 배출시설의 조업시간 평균치로서 분으로 표시한다.

다. 연도별 부과금 단가는 다음과 같다.

비고 : 2012년 이후에는 2011년도 부과금 단가에 연도별 부과금 산정지수를 곱한 값으로 하며, 연도별 부과금 산정지수는 전년도 부과금 산정지수에 환경부장관이 매년 고시하는 가격변동지수를 곱하여 산출한다. 이 경우 2011년도 부과금 산정지수는 1로 한다.

3. 초과율별 부과계수

초과율	20% 미만	20% 이상 40% 미만	40% 이상 60% 미만	60% 이상 80% 미만	80% 이상 100% 미만	100% 이상 200% 미만	200% 이상 300% 미만	300% 이상 400% 미만	400% 이상
부과계수	1.0	1.5	2.0	2.5	3.0	3.5	4.0	4.5	5.0

비고 : 초과율은 법 제4조의5 제1항에 따른 할당오염부하량에 대한 일일초과배출량의 백분율을 말한다.

4. 지역별 부과계수
5. 위반횟수별 부과계수

▶ 오염총량초과과징금의 납부통지는 부과사유가 발생한 날부터 60일 이내에 하여야 한다.

▶ 과징금의 납부기간은 납부통지서를 발급한 날로부터 30일까지로 한다.

▶ 오염총량초과과징금 납부통지를 받은 자는 그 납부통지를 받은 날부터 30일 이내에 오염총량초과과징금 조정을 신청할 수 있다.

▶ 오염총량초과과징금 징수유예의 기간은 유예한 날의 다음 날부터 1년 이내로 하며, 징수유예기간 중의 분할납부 횟수는 6회 이내로 한다. 과징금액이 그 납부의무자의 자본금 또는 출자총액(개인사업자의 경우에는 자산총액)을 2배 이상 초과하는 경우 징수유예 기간을 징수유예한 날의 다음 날부터 3년 이내로 하고, 분할납부 횟수는 12회 이내로 한다. 오염총량초과과징금의 부과·징수·환급, 징수유예 및 분할납부에 관하여 필요한 사항은 환경부령으로 정한다.

② 오염총량초과과징금의 산정방법 및 산정기준 등에 관하여 필요한 사항은 대통령령으로 정한다.

③ 오염총량초과과징금을 부과함에 있어서 배출부과금 또는 과징금이 부과된 경우에는 그에 해당하는 금액을 감액한다.

제4조의8 (오염총량관리지역 지방자치단체에 대한 지원 및 불이행에 대한 제재 등)

제4조의9 (오염총량관리를 위한 기관 간 협조 및 조사·연구반의 운영 등)

★ 오염총량관리 조사·연구반은 국립환경과학원에 둔다.

★ 조사·연구반의 반원은 국립환경과학원장이 추천하는 국립환경과학원 소속의 공무원과 수질 및 수생태 관련 전문가로 구성한다.

★ 조사·연구반은 다음 각 호의 업무를 수행한다.

1. 오염총량목표수질에 대한 검토·연구
2. 오염총량관리기본방침에 대한 검토·연구
3. 오염총량관리기본계획에 대한 검토
4. 오염총량관리시행계획에 대한 검토
5. 오염총량관리시행계획에 대한 전년도의 이행사항 평가 보고서 검토
6. 오염총량목표수질 설정을 위하여 필요한 수계특성에 대한 조사·연구
7. 오염총량관리제도의 시행과 관련한 제도 및 기술적 사항에 대한 검토·연구
8. 제1호부터 제7호까지의 업무를 수행하기 위한 정보체계의 구축 및 운영

제5조 (물환경종합정보망의 구축·운영 등)

제6조 (민간의 물환경 보전활동에 대한 지원)

제6조의2 (물환경 연구·조사활동에 대한 지원)

제7조 (친환경상품에 대한 지원)

제8조 (다른 법률과의 관계)

제2장 공공수역의 물환경 보전

제1절 총칙

제9조 (수질의 상시측정 등)

① 환경부장관은 하천·호소, 그 밖에 환경부령으로 정하는 공공수역(이하 "하천·호소 등"이라 한다)의 전국적인 수질 현황을 파악하기 위하여 측정망을 설치하여 수질오염도를 상시측정하여야 하며, 수질오염물질의 지정 및 수질의 관리 등을 위한 조사를 전국적으로 하여야 한다.

★ 국립환경과학원장이 설치할 수 있는 측정망은 다음 각 호와 같다.

1. 비점오염원에서 배출되는 비점오염물질 측정망
2. 수질오염물질의 총량관리를 위한 측정망
3. 대규모 오염원의 하류지점 측정망
4. 수질오염경보를 위한 측정망
5. 대권역·중권역을 관리하기 위한 측정망
6. 공공수역 유해물질 측정망
7. 퇴적물 측정망
8. 생물 측정망
9. 그 밖에 국립환경과학원장이 필요하다고 인정하여 설치·운영하는 측정망

② 삭제〈2017. 1. 17.〉

③ 시·도지사, 대도시의 장 또는 수면관리자는 당해 관할 구역 안의 물환경의 실태를 파악하기 위하여 측정망을 설치하여 수질오염도를 상시측정하거나 당해 관할 구역 안의 물환경 현황을 조사할 수 있다.

★ 시·도지사, 대도시의 장 또는 수면관리자가 설치할 수 있는 측정망은 다음 각 호와 같다.

1. 소권역을 관리하기 위한 측정망
2. 도심하천 측정망
3. 그 밖에 유역환경청장이나 지방환경청장과 협의하여 설치·운영하는 측정망

★ 시·도지사, 대도시의 장 또는 수면관리자가 수질오염도를 상시측정하거나 수생태계 현황을 조사한 경우에는 다음 각 호에 따라 그 결과를 환경부장관에게 보고하여야 한다.

1. 수질오염도 : 측정일이 속하는 달의 다음 달 10일 이내
2. 수생태계 현황 : 조사 종료일부터 3개월 이내

④ 상시측정 및 보고에 관하여 필요한 사항은 환경부령으로 정한다.

제9조의2 (측정망 설치계획의 결정·고시 등)

환경부장관, 시·도지사 또는 대도시의 장이 측정망 설치계획을 결정 고시한 경우에는 다음 각 호의 허가를 받은 것으로 본다.

1. 「하천법」에 따른 하천공사 등의 허가, 하천 점용허가 및 하천수의 사용허가
2. 「도로법」에 따른 도로 점용허가
3. 「공유수면 관리 및 매립에 관한 법」에 따른 공유수면의 점용·사용허가

★ 측정망을 설치하거나 변경하려는 경우에는 다음 각 호의 사항이 포함된 측정망 설치계획을 결정하고 측정망을 최초로 설치하는 날 또는 측정망 설치계획을 변경하는 날의 3개월 이전에 그 계획을 고시하여야 한다.

1. 측정망 설치시기
2. 측정망 배치도
3. 측정망을 설치할 토지 또는 건축물의 위치 및 면적
4. 측정망 운영기관
5. 측정자료의 확인방법

제9조의3 (수생태계 현황 조사 및 건강성 평가)

제9조의4 (수생태계 현황 조사계획의 수립·고시)

제10조 (타인의 토지에의 출입 등)

제10조의2 (물환경 목표기준 결정 및 평가)

제10조의3 (수질 및 수생태계 정책심의위원회) : 2017년 삭제

제11조 (다른 법률과의 관계) : 2018년 삭제

제12조 (공공시설의 설치·관리 등)

★ 공공폐수처리시설 방류수 수질기준은 별표 10과 같다.

[시행규칙 별표 10] 공공폐수처리시설의 방류수수질기준(제26조 관련) 〈개정 2017. 1. 19.〉

1. 방류수 수질기준

구 분	적용기간 및 수질기준									
	2010. 12. 31. 까지	2011. 1. 1. 부터 2011. 12. 31. 까지	2012. 1. 1.부터 2012. 12. 31.까지				2013. 1. 1. 이후			
			Ⅰ 지역	Ⅱ 지역	Ⅲ 지역	기타 지역	Ⅰ 지역	Ⅱ 지역	Ⅲ 지역	기타 지역
생물화학적 산소요구량 (BOD) (mg/L)	20(30) 이하	20(30) 이하	20(30) 이하	20(30) 이하	20(30) 이하	20(30) 이하	10(10) 이하	10(10) 이하	10(10) 이하	10(10) 이하
화학적 산소요구량 (COD) (mg/L)	40(40) 이하	40(40) 이하	40(40) 이하	40(40) 이하	40(40) 이하	40(40) 이하	20(40) 이하	20(40) 이하	40(40) 이하	40(40) 이하
부유물질 (SS) (mg/L)	20(30) 이하	20(30) 이하	20(30) 이하	20(30) 이하	20(30) 이하	20(30) 이하	10(10) 이하	10(10) 이하	10(10) 이하	10(10) 이하
총질소 (T-N) (mg/L)	40(60) 이하	40(60) 이하	20(30) 이하	20(30) 이하	20(30) 이하	20(30) 이하	20(20) 이하	20(20) 이하	20(20) 이하	20(20) 이하
총인 (T-P) (mg/L)	4(8) 이하	4(8) 이하	0.2 (0.2) 이하	0.3 (0.3) 이하	0.5 (0.5) 이하	4 (8) 이하	0.2 (0.2) 이하	0.3 (0.3) 이하	0.5 (0.5) 이하	2 (2) 이하
총대장균 군수 (개/mL)	3000 (3000)	3000 (3000)	3000 (3000)	3000 (3000)	3000 (3000)	3000 (3000)	3000 (3000)	3000 (3000)	3000 (3000)	3000 (3000)
생태독성 (TU)	–	1(1) 이하	1(1) 이하	1(1) 이하	1(1) 이하	1(1) 이하	1(1) 이하	1(1) 이하	1(1) 이하	1(1) 이하

비고 : 1. 산업단지 및 농공단지 공공폐수처리시설의 페놀류 등 수질오염물질의 방류수 수질기준은 위 표에도 불구하고 해당 처리시설에서 처리할 수 있는 수질오염물질 항목으로 한정하여 별표 13 제2호 나목의 표 중 특례지역에 적용되는 배출허용기준의 범위에서 해당 처리시설 설치사업시행자의 요청에 따라 환경부장관이 정하여 고시한다.

2. 적용기간에 따른 수질기준란의 ( )는 농공단지 공공폐수처리시설의 방류수 수질기준을 말한다.

3. 생태독성 항목의 방류수 수질기준은 물벼룩에 대한 급성독성시험기준을 말한다.

2. 적용대상 지역

구 분	범 위
Ⅰ지역	•「수도법」 제7조에 따른 상수원보호구역 •「환경정책기본법」 제22조 제1항에 따른 특별대책지역 •「한강수계 상수원 수질개선 및 주민지원 등에 관한 법률」 제4조 제1항, 「낙동강수계 물관리 및 주민지원 등에 관한 법률」 제4조 제1항, 「금강수계 물관리 및 주민지원 등에 관한 법률」 제4조 제1항, 「영산강·섬진강수계 물관리 및 주민지원 등에 관한 법률」 제4조 제1항에 따른 수변구역 •「새만금사업 촉진을 위한 특별법」 제2조 제1호에 의한 새만금사업지역으로 유입되는 지역(적용지역 및 시기는 환경부장관이 별도 고시한다)
Ⅱ지역	「수질 및 수생태계 보전에 관한 법률」 제22조 제2항에서 규정하고 있는 중권역 중 화학적 산소요구량(COD) 또는 총인(T-P)이 해당 권역의 목표기준을 초과하였거나, 증가하고 있는 지역으로서 환경부장관이 정하여 고시하는 지역
Ⅲ지역	「수질 및 수생태계 보전에 관한 법률」 제22조 제2항에서 규정하고 있는 중권역 중 Ⅰ·Ⅱ지역을 제외한 4대강 본류에 유입되는 지역으로서 환경부장관이 정하여 고시하는 지역
기타 지역	Ⅰ·Ⅱ·Ⅲ지역을 제외한 지역

제13조 (국토계획에의 반영) 시·도지사, 시장 또는 군수는 도종합계획 또는 시군종합계획을 작성하는 경우에는 대통령령이 정하는 바에 의하여 공공수역의 수질오염방지를 위하여 수계영향권별 수질오염 방지대책 및 공공하수처리시설·분뇨처리시설 등의 설치계획을 당해 종합계획에 반영하여야 한다.

▶ 특별시장·광역시장·도지사(이하 "시·도지사"라 한다) 또는 시장·군수가 도종합계획 또는 시·군 종합계획을 작성하는 때에는 다음 각 호의 시설의 설치계획을 반영하여야 한다.

1. 공공폐수처리시설
2. 공공하수처리시설
3. 분뇨처리시설
4. 「가축분뇨의 관리 및 이용에 관한 법률」에 따른 공공처리시설

제14조 (도시·군 기본계획에의 반영)

제15조 (배출 등의 금지)

① 누구든지 정당한 사유 없이 다음 각 호의 어느 하나에 해당하는 행위를 하여서는 아니 된다.

1. 공공수역에 특정수질유해물질, 지정폐기물, 유류, 유독물, 농약을 누출·유출하거나 버리는 행위

2. 공공수역에 분뇨, 축산폐수, 동물의 사체, 폐기물(지정폐기물 제외) 또는 오니를 버리는 행위
3. 하천·호소에서 자동차를 세차하는 행위
4. 공공수역에 환경부령으로 정하는 기준 이상의 토사(土砂)를 유출하거나 버리는 행위

★ 한국환경공단은 방제조치의 대집행 지원을 마쳤을 때에는 별표 10의2의 비용부담 범위 내에서 그 지원에 든 비용을 산정하여 시장·군수·구청장에게 통보하여야 한다.

[시행규칙 별표 10의2] 방제조치의 대집행에 따른 비용부담의 범위

제16조 (수질오염사고의 신고)

제16조의2 (방사성물질 등의 유입 여부 조사)

제16조의3 (수질오염방제센터의 운영) ① 환경부장관은 공공수역의 수질오염사고에 신속하고 효과적으로 대응하기 위하여 수질오염방제센터(이하 "방제센터"라 한다)를 운영하여야 한다. 이 경우 환경부장관은 대통령령으로 정하는 바에 따라 한국환경공단에 방제센터의 운영을 대행하게 할 수 있다.

② 방제센터는 다음 각 호의 사업을 수행한다.

1. 공공수역의 수질오염사고 감시
2. 제15조 제6항에 따른 방제조치의 지원
3. 수질오염사고에 대비한 장비, 자재, 약품 등의 비치 및 보관을 위한 시설의 설치·운영
4. 수질오염 방제기술 관련 교육·훈련, 연구개발 및 홍보
5. 그 밖에 수질오염사고 발생 시 수질오염물질의 수거·처리

③ 환경부장관은 예산의 범위에서 대행에 필요한 예산을 지원할 수 있다.

제16조의4 (수질오염방제정보시스템의 구축·운영)

제17조 (상수원의 수질보전을 위한 통행제한)

① 전복, 추락 등 사고 시 상수원을 오염시킬 우려가 있는 물질을 수송하는 자동차를 운행하는 자는 다음 각 호의 어느 하나에 해당하는 지역 또는 그 지역에 인접한 지역 중에서 제4항의 규정에 의하여 환경부령이 정하는 도로·구간을 통행할 수 없다.

1. 상수원보호구역
2. 특별대책지역
3. 수변구역

4. 상수원에 중대한 오염을 일으킬 수 있어 환경부령이 정하는 지역

② 상수원을 오염시킬 우려가 있는 물질이라 함은 다음 각 호의 어느 하나에 해당하는 물질을 말한다.

1. 특정수질유해물질
2. 지정폐기물(액체상태의 폐기물 및 환경부령이 정하는 폐기물에 한한다)
3. 유류
4. 유독물
5. 농약 및 원제
6. 방사성동위원소 및 방사성폐기물
7. 그 밖에 대통령령이 정하는 물질

③ 경찰청장은 제1항의 규정에 의한 자동차의 통행제한을 위하여 필요하다고 인정하는 때에는 다음 각 호에 해당하는 조치를 하여야 한다.

1. 자동차 통행제한 표지판의 설치
2. 통행제한 위반 자동차의 단속

④ 통행할 수 없는 도로·구간 및 자동차 등 필요한 사항은 환경부장관이 경찰청장과 협의하여 환경부령으로 정한다.

[시행규칙 별표 11] 통행제한 도로·구간

제18조 (공공수역의 점용 및 매립 등에 의한 수질오염방지)

제19조 (특정 농작물의 경작권고 등)

제19조의2 (물환경 보전조치 권고)

제19조의3 (수변생태구역의 매수·조성)

① 환경부장관은 하천·호소 등의 물환경 보전을 위하여 필요하다고 인정하는 때에는 대통령령이 정하는 기준에 해당하는 수변습지 및 수변토지(이하 "수변생태구역"이라 한다)를 매수하거나 환경부령이 정하는 바에 따라 생태적으로 조성·관리할 수 있다.

② 시·도지사는 관할 구역 안의 상수원 보호를 위하여 불가피한 경우로서 대통령령이 정하는 경우에는 제1항의 기준에 따라 수변생태구역을 매수하거나 환경부령이 정하는 바에 따라 생태적으로 조성·관리할 수 있다.

③ 제1항 및 제2항에 따라 토지를 매수함에 있어서 매수대상 토지의 선정기준, 매수가격의 산정 및 매수의 방법·절차 등에 관한 사항은 대통령령으로 정한다.

▶ ① 환경부장관이 매수하거나 생태적으로 조성·관리할 수 있는 수변습지 및 수변토지

1. 하천·호소(湖沼) 등의 경계부터 1킬로미터 이내의 지역일 것
2. 다음 각 목의 어느 하나에 해당하는 경우로서 수변생태구역을 매수하거나 생태적으로 조성·관리할 필요가 있을 것
   가. 상수원을 보호하기 위하여 수변의 토지를 생태적으로 관리할 필요가 있는 경우
   나. 보호가치가 있는 수생물(水生物) 등을 보전하거나 복원하기 위하여 해당 하천·호소 등 수변을 체계적으로 관리할 필요가 있는 경우
   다. 비점오염물질(非點汚染物質) 등을 관리하기 위하여 반드시 수변의 토지를 관리할 필요가 있는 경우

② 시·도지사가 매수하거나 생태적으로 조성·관리할 수 있는 수변생태구역
1. 물환경 보전조치를 이행하기 위하여 해당 공공수역 주변의 토지를 매수하거나 조성·관리할 필요가 있다고 환경부장관이 인정한 경우
2. 수립된 시행계획 중 비점오염저감시설의 설치·운영 등 수질오염물질의 저감계획을 이행하기 위하여 필요한 경우

제19조의4 (배출시설 등에 대한 기후변화 취약성 조사 및 권고)

★ 환경부장관은 폐수배출시설, 비점오염저감시설 및 공공폐수처리시설을 대상으로 10년마다 기후변화에 대한 시설의 취약성 등의 조사(이하 "취약성 등 조사"라 한다)를 실시하여야 한다.

제20조 (낚시행위의 제한)

① 시장·군수·구청장은 하천·호소의 이용목적 및 수질상황 등을 고려하여 대통령령이 정하는 바에 따라 수면관리자와 협의하여 낚시금지구역 또는 낚시제한구역을 지정할 수 있다.

▶ 시장·군수·구청장은 하천·호소에 낚시금지구역 또는 낚시제한구역을 지정하려는 경우에는 다음 각 호의 사항을 고려하여야 한다.
1. 용수의 목적
2. 오염원 현황
3. 수질오염도
4. 낚시터 인근에서의 쓰레기 발생현황 및 처리여건
5. 연도별 낚시인구 현황
6. 서식 어류의 종류·양 등 수중생태계 현황

▶ 시장·군수·구청장은 낚시금지구역 또는 낚시제한구역을 지정한 때에는 지체없이 다음 각 호의 사항을 공보에 공고한 후, 일반인이 열람할 수 있도록 도면 등을 갖추어 두고 공고한 내용을 알리는 안내판(청색바탕에 흰색글씨)을 낚시금지구역이나 낚시제한구역에 설치하여야 한다.

1. 낚시금지구역 또는 낚시제한구역의 명칭 및 위치
2. 낚시의 방법·시기 등 제한사항(낚시제한구역에 한한다)
3. 낚시금지 또는 제한사항의 위반자에 대한 과태료
4. 쓰레기 수거 등의 비용에 충당하기 위한 수수료의 부과금액·납부방법 및 납부장소
5. 낚시제한구역에서 발생하는 쓰레기 등의 처리방법
6. 그 밖에 낚시금지 또는 제한에 필요한 사항

★ 낚시금지구역 또는 낚시제한구역 안내판의 규격 및 내용은 별표 12와 같다.

[시행규칙 별표 12] 안내판의 규격 및 내용 : 내용 생략

② 낚시제한구역 안에서 낚시를 하고자 하는 자는 낚시의 방법·시기 등 환경부령이 정하는 사항을 준수하여야 한다. 이 경우 환경부장관이 환경부령을 정하는 때에는 국토교통부장관과 협의하여야 한다.

★ 환경부령이 정하는 준수 사항

1. 낚시방법에 관한 다음 각 목의 행위
   가. 낚시바늘에 끼워서 사용하지 아니하고 고기를 유인하기 위하여 떡밥·어분 등을 던지는 행위
   나. 어선을 이용한 낚시행위 등 낚시어선업을 영위하는 행위
   다. 1인당 4대 이상의 낚시대를 사용하는 행위
   라. 1개의 낚시대에 5개 이상의 낚시 바늘을 떡밥과 뭉쳐서 미끼로 던지는 행위
   마. 쓰레기를 버리거나 취사행위를 하거나 화장실이 아닌 곳에서 대·소변을 보는 등 수질오염을 일으킬 우려가 있는 행위
   바. 고기를 잡기 위하여 폭발물·축전지·어망 등을 이용하는 행위
2. 수산자원보호령의 규정에 의한 포획금지에 관한 사항
3. 낚시로 인한 수질오염을 예방하기 위하여 시·군·자치구의 조례로 정하는 사항

제21조 (수질오염경보제)

① 환경부장관 또는 시·도지사는 수질오염으로 하천·호소수의 이용에 중대한 피해를 가져올 우려가 있거나, 주민의 건강·재산이나 동물·식물의 생육에 중대한 위해를 가져올 우려가 있다고 인정되는 때에는 당해 하천·호소에 대하여 수질오염경보를 발령할 수 있다.

② 삭제(2007. 5. 17.)

③ 삭제(2007. 5. 17.)

④ 환경부장관은 수질오염경보에 따른 조치 등에 필요한 사업비를 예산의 범위 안에

서 지원할 수 있다.

⑤ 수질오염경보의 종류와 경보종류별 발령대상, 발령주체, 대상수질오염물질, 발령기준, 경보단계, 경보단계별 조치사항 및 해제기준 등에 관하여 필요한 사항은 대통령령으로 정한다.

▶ ① 수질오염경보의 종류는 다음 각 호와 같다.

1. 조류경보
2. 수질오염감시경보

② 수질오염경보의 종류별 발령대상, 대상 수질오염물질 및 발령주체는 별표 2와 같다.

[시행령 별표 2] 수질오염경보의 종류별 발령대상, 발령주체 및 대상 수질오염물질

경보의 종류	대상 수질오염물질	발령대상	발령주체
조류경보	남조류 세포 수	제30조 제1항에 따라 환경부장관이 조사·측정하는 호소	환경부 장관
		제30조 제2항에 따라 시·도지사가 조사·측정하는 호소	시·도지사
수질오염 감시경보	수소이온농도, 용존산소, 총질소, 총인, 전기전도도, 총유기탄소, 휘발성유기화합물, 페놀, 중금속(구리, 납, 아연, 카드뮴 등), 클로로필-a, 생물감시	법 제9조에 따른 측정망 중 실시간으로 수질오염도가 측정되는 하천·호소	환경부 장관

③ 수질오염경보의 종류별 발령단계 및 그 단계별 발령 및 해제기준은 별표 3과 같다.

[시행령 별표 3] 〈개정 2015. 12. 10.〉

수질오염경보의 종류별 경보단계 및 그 단계별 발령·해제기준(제28조 제3항 관련)

1. 조류경보

가. 상수원 구간

경보단계	발령·해제 기준
관심	2회 연속 채취 시 남조류 세포 수가 1000세포/mL 이상 1000세포/mL 미만인 경우
경계	2회 연속 채취 시 남조류 세포 수가 10000세포/mL 이상 1000000세포/mL 미만인 경우
조류 대발생	2회 연속 채취 시 남조류 세포 수가 1000000세포/mL 이상인 경우
해제	2회 연속 채취 시 남조류 세포 수가 1000세포/mL 미만인 경우

나. 친수활동 구간

경보단계	발령·해제 기준
관심	2회 연속 채취 시 남조류 세포 수가 20000세포/mL 이상 100000세포/mL 미만인 경우
경계	2회 연속 채취 시 남조류 세포 수가 100000세포/mL 이상인 경우
해제	2회 연속 채취 시 남조류 세포 수가 20000세포/mL 미만인 경우

2. 수질오염감시경보

경보단계	발령·해제 기준
관심	가. 수소이온농도, 용존산소, 총질소, 총인, 전기전도도, 총유기탄소, 휘발성유기화합물, 페놀, 중금속(구리, 납, 아연, 카드뮴 등) 항목 중 2개 이상 항목이 측정항목별 경보기준을 초과하는 경우 나. 생물감시 측정값이 생물감시 경보기준 농도를 30분 이상 지속적으로 초과하는 경우
주의	가. 수소이온농도, 용존산소, 총질소, 총인, 전기전도도, 총유기탄소, 휘발성유기화합물, 페놀, 중금속(구리, 납, 아연, 카드뮴 등) 항목 중 2개 이상 항목이 측정항목별 경보기준을 2배 이상(수소이온농도 항목의 경우에는 5 이하 또는 11 이상을 말한다) 초과하는 경우 나. 생물감시 측정값이 생물감시 경보기준 농도를 30분 이상 지속적으로 초과하고, 수소이온농도, 총유기탄소, 휘발성유기화합물, 페놀, 중금속(구리, 납, 아연, 카드뮴 등) 항목 중 1개 이상의 항목이 측정항목별 경보기준을 초과하는 경우와 전기전도도, 총질소, 총인, 클로로필-a 항목 중 1개 이상의 항목이 측정항목별 경보기준을 2배 이상 초과하는 경우
경계	생물감시 측정값이 생물감시 경보기준 농도를 30분 이상 지속적으로 초과하고, 전기전도도, 휘발성유기화합물, 페놀, 중금속(구리, 납, 아연, 카드뮴 등) 항목 중 1개 이상의 항목이 측정항목별 경보기준을 3배 이상 초과하는 경우
심각	경계경보 발령 후 수질 오염사고 전개속도가 매우 빠르고 심각한 수준으로서 위기발생이 확실한 경우
해제	측정항목별 측정값이 관심단계 이하로 낮아진 경우

비고 : 1. 측정소별 측정항목과 측정항목별 경보기준 등 수질오염감시경보에 관하여 필요한 사항은 환경부장관이 고시한다.

2. 용존산소, 전기전도도, 총유기탄소 항목이 경보기준을 초과하는 것은 그 기준초과 상태가 30분 이상 지속되는 경우를 말한다.

3. 수소이온농도 항목이 경보기준을 초과하는 것은 5 이하 또는 11 이상이 30분 이상 지속되는 경우를 말한다.

4. 생물감시장비 중 물벼룩감시장비가 경보기준을 초과하는 것은 양쪽 모든 시험조에서 30분 이상 지속되는 경우를 말한다.

④ 수질오염경보의 종류별·발령단계별 조치사항은 별표 4와 같다.

[시행령 별표 4] 〈개정 2015. 12. 10.〉

수질오염경보의 종류별·경보단계별 조치사항(제28조 제4항 관련)

1. 조류경보

가. 상수원 구간

단 계	관계 기관	조치사항
관심	4대강(한강, 낙동강, 금강, 영산강을 말한다. 이하 같다) 물환경연구소장(시·도 보건환경연구원장 또는 수면관리자)	1) 주 1회 이상 시료 채취 및 분석(남조류 세포 수, 클로로필-a) 2) 시험분석 결과를 발령기관으로 신속하게 통보
	수면관리자 (수면관리자)	취수구와 조류가 심한 지역에 대한 차단막 설치 등 조류 제거 조치 실시
	취수장·정수장 관리자 (취수장·정수장 관리자)	정수 처리 강화(활성탄 처리, 오존 처리)
	유역·지방 환경청장 (시·도지사)	1) 관심경보 발령 2) 주변오염원에 대한 지도·단속
	홍수통제소장, 한국수자원공사사장(홍수통제소장, 한국수자원공사사장)	댐, 보 여유량 확인·통보
	한국환경공단이사장 (한국환경공단이사장)	1) 환경기초시설 수질자동측정자료 모니터링 실시 2) 하천구간 조류 예방·제거에 관한 사항 지원
경계	4대강 물환경연구소장 (시·도 보건환경연구원장 또는 수면관리자)	1) 주 2회 이상 시료 채취 및 분석(남조류 세포 수, 클로로필-a, 냄새물질, 독소) 2) 시험분석 결과를 발령기관으로 신속하게 통보
	수면관리자 (수면관리자)	취수구와 조류가 심한 지역에 대한 차단막 설치 등 조류 제거 조치 실시
	취수장·정수장 관리자 (취수장·정수장 관리자)	1) 조류증식 수심 이하로 취수구 이동 2) 정수처리 강화(활성탄처리, 오존처리) 3) 정수의 독소분석 실시
	유역·지방 환경청장 (시·도지사)	1) 경계경보 발령 및 대중매체를 통한 홍보 2) 주변오염원에 대한 단속 강화 3) 낚시·수상스키·수영 등 친수활동, 어패류 어획·식용, 가축 방목 등의 자제 권고 및 이에 대한 공지(현수막 설치 등)
	홍수통제소장, 한국수자원공사사장(홍수통제소장, 한국수자원공사사장)	기상상황, 하천수문 등을 고려한 방류량 산정

	한국환경공단이사장 (한국환경공단이사장)	1) 환경기초시설 및 폐수배출사업장 관계기관 합동점검 시 지원 2) 하천구간 조류 제거에 관한 사항 지원 3) 환경기초시설 수질자동측정자료 모니터링 강화
조류 대발생	4대강 물환경연구소장 (시·도 보건환경연구원장 또는 수면관리자)	1) 주 2회 이상 시료 채취 및 분석(남조류 세포 수, 클로로필-a, 냄새물질, 독소) 2) 시험분석 결과를 발령기관으로 신속하게 통보
	수면관리자 (수면관리자)	1) 취수구와 조류가 심한 지역에 대한 차단막 설치 등 조류 제거 조치 실시 2) 황토 등 조류제거물질 살포, 조류 제거선 등을 이용한 조류 제거 조치 실시
	취수장·정수장 관리자 (취수장·정수장 관리자)	1) 조류증식 수심 이하로 취수구 이동 2) 정수 처리 강화(활성탄 처리, 오존 처리) 3) 정수의 독소분석 실시
	유역·지방 환경청장 (시·도지사)	1) 조류대발생경보 발령 및 대중매체를 통한 홍보 2) 주변오염원에 대한 지속적인 단속 강화 3) 낚시·수상스키·수영 등 친수활동, 어패류 어획·식용, 가축 방목 등의 금지 및 이에 대한 공지(현수막 설치 등)
	홍수통제소장, 한국수자원공사사장(홍수통제소장, 한국수자원공사사장)	댐, 보 방류량 조정
	한국환경공단이사장 (한국환경공단이사장)	1) 환경기초시설 및 폐수배출사업장 관계기관 합동점검 시 지원 2) 하천구간 조류 제거에 관한 사항 지원 3) 환경기초시설 수질자동측정자료 모니터링 강화
해제	4대강 물환경연구소장 (시·도 보건환경연구원장 또는 수면관리자)	시험분석 결과를 발령기관으로 신속하게 통보
	유역·지방 환경청장 (시·도지사)	각종 경보 해제 및 대중매체 등을 통한 홍보

나. 친수활동 구간

단 계	관계 기관	조치사항
관심	4대강 물환경연구소장 (시·도 보건환경연구원장 또는 수면관리자)	1) 주 1회 이상 시료 채취 및 분석(남조류 세포 수, 클로로필-a, 냄새물질, 독소) 2) 시험분석 결과를 발령기관으로 신속하게 통보
	유역·지방 환경청장 (시·도지사)	1) 관심경보 발령 2) 낚시·수상스키·수영 등 친수활동, 어패류 어획·식용

		등의 자제 권고 및 이에 대한 공지(현수막 설치 등) 3) 필요한 경우 조류제거물질 살포 등 조류 제거 조치
경계	4대강 물환경연구소장 (시·도 보건환경연구원장 또는 수면관리자)	1) 주 2회 이상 시료 채취 및 분석(남조류 세포 수, 클로로필-a, 냄새물질, 독소) 2) 시험분석 결과를 발령기관으로 신속하게 통보
	유역·지방 환경청장 (시·도지사)	1) 경계경보 발령 2) 낚시·수상스키·수영 등 친수활동, 어패류 어획·식용 등의 금지 및 이에 대한 공지(현수막 설치 등) 3) 필요한 경우 조류제거물질 살포 등 조류 제거 조치
해제	4대강 물환경연구소장 (시·도 보건환경연구원장 또는 수면관리자)	시험분석 결과를 발령기관으로 신속하게 통보
	유역·지방 환경청장 (시·도지사)	각종 경보 해제 및 대중매체 등을 통한 홍보

2. 수질오염감시경보

단 계	관계 기관	조치사항
관심	한국환경공단이사장	1) 측정기기의 이상 여부 확인 2) 유역·지방 환경청장에게 보고 - 상황 보고, 원인 조사 및 관심경보 발령 요청 3) 지속적 모니터링을 통한 감시
	수면관리자	수체변화 감시 및 원인 조사
	취수장·정수장 관리자	정수 처리 및 수질분석 강화
	유역·지방 환경청장	1) 관심경보 발령 및 관계 기관 통보 2) 수면관리자에게 원인 조사 요청 3) 원인 조사 및 주변 오염원 단속 강화
주의	한국환경공단이사장	1) 측정기기의 이상 여부 확인 2) 유역·지방 환경청장에게 보고 - 상황 보고, 원인 조사 및 주의경보 발령 요청 3) 지속적인 모니터링을 통한 감시
	수면관리자	1) 수체변화 감시 및 원인 조사 2) 차단막 설치 등 오염물질 방제 조치
	취수장·정수장 관리자	1) 정수의 수질분석을 평시보다 2배 이상 실시 2) 취수장 방제 조치 및 정수 처리 강화
	4대강 물환경연구소장	1) 원인 조사 및 오염물질 추적 조사 지원 2) 유역·지방 환경청장에게 원인 조사 결과 보고 3) 새로운 오염물질에 대한 정수처리 기술 지원

주의	유역·지방 환경청장	1) 주의경보 발령 및 관계 기관 통보 2) 수면관리자 및 4대강 물환경연구소장에게 원인 조사 요청 3) 관계 기관 합동 원인 조사 및 주변 오염원 단속 강화
경계	한국환경공단이사장	1) 측정기기의 이상 여부 확인 2) 유역·지방 환경청장에게 보고 – 상황 보고, 원인 조사 및 경계경보 발령 요청 3) 지속적 모니터링을 통한 감시 4) 오염물질 방제조치 지원
	수면관리자	1) 수체변화 감시 및 원인 조사 2) 차단막 설치 등 오염물질 방제 조치 3) 사고 발생 시 지역사고대책본부 구성·운영
	취수장·정수장 관리자	1) 정수처리 강화 2) 정수의 수질분석을 평시보다 3배 이상 실시 3) 취수 중단, 취수구 이동 등 식용수 관리대책 수립
	4대강 물환경연구소장	1) 원인 조사 및 오염물질 추적 조사 지원 2) 유역·지방 환경청장에게 원인 조사 결과 통보 3) 정수처리 기술 지원
	유역·지방 환경청장	1) 경계경보 발령 및 관계 기관 통보 2) 수면관리자 및 4대강 물환경연구소장에게 원인 조사 요청 3) 원인조사대책반 구성·운영 및 사법기관에 합동단속 요청 4) 식용수 관리대책 수립·시행 총괄 5) 정수처리 기술 지원
심각	환경부장관	중앙합동대책반 구성·운영
	한국환경공단이사장	1) 측정기기의 이상 여부 확인 2) 유역·지방 환경청장에게 보고 – 상황 보고, 원인 조사 및 경계경보 발령 요청 3) 지속적 모니터링을 통한 감시 4) 오염물질 방제조치 지원
	수면관리자	1) 수체변화 감시 및 원인 조사 2) 차단막 설치 등 오염물질 방제 조치 3) 중앙합동대책반 구성·운영 시 지원
	취수장·정수장 관리자	1) 정수처리 강화 2) 정수의 수질분석 횟수를 평시보다 3배 이상 실시 3) 취수 중단, 취수구 이동 등 식용수 관리대책 수립 4) 중앙합동대책반 구성·운영 시 지원

심각	4대강 물환경연구소장	1) 원인 조사 및 오염물질 추적 조사 지원 2) 유역·지방 환경청장에게 시료분석 및 조사결과 통보 3) 정수처리 기술 지원
	유역·지방 환경청장	1) 심각경보 발령 및 관계 기관 통보 2) 수면관리자 및 4대강 물환경연구소장에게 원인 조사 요청 3) 필요한 경우 환경부장관에게 중앙합동대책반 구성 요청 4) 중앙합동대책반 구성 시 사고수습본부 구성·운영
	국립환경과학원장	1) 오염물질 분석 및 원인 조사 등 기술 자문 2) 정수처리 기술 지원
해제	한국환경공단이사장	관심 단계 발령기준 이하 시 유역·지방 환경청장에게 수질오염감시경보 해제 요청
	유역·지방 환경청장	수질오염감시경보 해제

제21조의2 (오염된 공공수역에서의 행위제한)

[시행령 별표 5] 물놀이 등의 행위제한 권고기준

대상행위	항 목	기 준
수영 등 물놀이	대장균(E-Coli)	500(개체 수/100mL) 이상
어패류 등 섭취	어패류 체내 총 수은(Hg)	0.3(mg/kg) 이상

제21조의3 (상수원의 수질개선을 위한 특별조치)

제21조의4 (완충저류시설의 설치·관리)

★ 완충저류시설의 설치·운영기준은 별표 12의2와 같다.

[시행규칙 별표 12의2] 완충저류시설의 설치·운영기준(제30조의5 관련)

제21조의5 (조류에 의한 피해 예방)

제2절 국가 및 수계영향권별 물환경 보전

제22조 (국가 및 수계영향권별 물환경 관리)

① 환경부장관 또는 지방자치단체의 장은 국가 물환경관리기본계획 및 수계영향권별 물환경관리계획에 따라 물환경 현황 및 수생태계 건강성을 파악하고 적절한 관리대책을 마련하여야 한다.

② 환경부장관은 면적·지형 등 하천유역의 특성을 고려하여 수계영향권을 대권역·중권역·소권역으로 구분하여 고시하여야 한다.

★ 환경부령이 정하는 기준이라 함은 다음 각 호의 기준을 말한다.

1. 대권역은 한강, 낙동강, 금강, 영산강·섬진강을 기준으로 수계영향권별 관리의 효율성을 고려하여 구분한다.
2. 중권역은 규모가 큰 자연하천이 공공수역으로 합류하는 지점의 상류 집수구역을 기준으로 환경자료의 수집 및 관리, 유역의 수질오염물질 총량관리, 이수(利水) 및 치수의 측면을 고려하여 구분한다.
3. 소권역은 개별 하천의 오염에 영향을 미칠 수 있는 상류 집수구역을 기준으로 환경자료의 수집 및 수질관리 측면을 고려하여 리·동 등 행정구역의 경계에 따라 구분한다.

제22조의2 (수생태계 연속성 조사 등)

제22조의3 (환경생태유량의 확보)

제23조 (오염원 조사) 환경부장관은 환경부령이 정하는 바에 따라 수계영향권별로 오염원의 종류, 수질오염물질 발생량 등을 정기적으로 조사하여야 한다.

★ 시·도지사는 관할구역 안의 오염원 등에 대한 조사를 5년마다 실시하여야 한다.

★ 오염원 등에 대한 조사내용·방법 및 절차 등에 관하여 기타 필요한 사항은 환경부장관이 정한다.

제23조의2(국가 물환경관리기본계획의 수립) ① 환경부장관은 공공수역의 물환경을 관리·보전하기 위하여 대통령령으로 정하는 바에 따라 국가 물환경관리기본계획을 10년마다 수립하여야 한다.

② 국가 물환경관리기본계획(이하 "국가 물환경관리기본계획"이라 한다)에는 다음 각 호의 사항이 포함되어야 한다.

1. 물환경의 변화 추이 및 물환경목표기준
2. 전국적인 물환경 오염원의 변화 및 장기 전망
3. 물환경 관리·보전에 관한 정책방향

4. 기후변화에 대한 물환경 관리대책
5. 그 밖에 환경부령으로 정하는 사항

제24조 (대권역 물환경관리계획의 수립)

① 유역환경청장은 국가 물환경관리기본계획에 따라 대권역별로 대권역 물환경관리계획(이하 "대권역계획"이라 한다)을 10년마다 수립하여야 한다.

② 대권역 계획에는 다음 각 호의 사항이 포함되어야 한다.

1. 물환경의 변화 추이 및 물환경목표기준
2. 상수원 및 물 이용현황
3. 점오염원, 비점오염원 및 기타수질오염원의 분포현황
4. 점오염원, 비점오염원 및 기타수질오염원에서 배출되는 수질오염물질의 양
5. 수질오염 예방 및 저감 대책
6. 물환경 보전조치의 추진방향
7. 「저탄소 녹색성장 기본법」 제2조 제12호에 따른 기후변화에 대한 적응대책
8. 그 밖에 환경부령으로 정하는 사항

③ 유역환경청장은 대권역계획을 수립할 때에는 관계 시·도지사 및 4대강수계법에 따른 관계 수계관리위원회와 협의하여야 한다. 대권역계획을 변경할 때에도 또한 같다.

제25조 (중권역 물환경관리계획의 수립)

① 지방환경관서의 장은 다음 각 호의 어느 하나에 해당하는 경우에는 대권역계획에 따라 중권역별로 중권역 물환경관리계획(이하 "중권역계획"이라 한다)을 수립하여야 한다.

1. 관할 중권역이 물환경목표기준에 미달하는 경우
2. 4대강 수계법에 따른 관계 수계관리위원회에서 중권역의 물환경 관리·보전을 위하여 중권역계획의 수립을 요구하는 경우
3. 그 밖에 환경부령으로 정하는 경우

② 지방환경관서의 장은 관할 중권역의 물환경목표기준 달성에 인접한 상류지역의 중권역이 영향을 미치는 경우에는 해당 중권역을 관할하는 지방환경관서의 장과 협의를 거쳐 관할 중권역 및 인접한 상류지역의 중권역을 대상으로 하는 중권역계획을 수립할 수 있다.

③ 지방환경관서의 장은 중권역계획을 수립하려는 경우에는 관계 시·도지사와 협의하여야 한다. 중권역계획을 변경하려는 경우에도 또한 같다.

④ 지방환경관서의 장은 중권역계획을 수립하였을 때에는 관계 시·도지사에게 통보하여야 한다.

제26조 (소권역 물환경관리계획의 수립)

제27조 (환경부장관 또는 시·도지사의 소권역계획 수립) 환경부장관 또는 시·도지사는 제26

조에도 불구하고 관계 특별자치시장·특별자치도지사·시장·군수·구청장의 의견을 들어 소권역계획을 수립할 수 있다.

제27조의2 (수생태계 복원계획의 수립 등)

▶ 수생태계 복원계획(이하 "복원계획"이라 한다)에는 다음 각 호의 사항이 포함되어야 한다.

1. 복원계획의 목표 및 추진 방향
2. 수질 현황 또는 수생태계의 훼손 현황
3. 수생태계 복원에 영향을 미치는 관련 계획과의 연계성
4. 수생태계 복원사업(이하 이 조에서 "복원사업"이라 한다)의 사업별 우선순위 및 연도별 추진계획
5. 복원사업의 소요비용 및 재원조달계획

▶ 시행계획에는 다음 각 호의 사항이 포함되어야 한다.

1. 복원사업의 대상 지역 및 해당 복원사업을 통한 수질·수생태계의 복원 목표
2. 수생태계 복원에 영향을 미치는 관련 사업의 연계성
3. 복원사업 대상 지역의 오염원 분포 및 수질·수생태계 현황에 관한 사항
4. 복원사업의 기본설계 및 실시설계에 관한 사항
5. 복원사업의 분야별·연차별 사업비 및 그 산출근거
6. 복원사업에 대한 모니터링 및 사후관리에 관한 사항
7. 복원사업으로 인한 수질·수생태계의 개선 효과

제3절 호소의 물환경 보전

제28조(정기적 조사·측정 및 분석)

▶ 환경부장관은 다음 각 호의 어느 하나에 해당하는 호소로서 물환경을 보전할 필요가 있는 호소를 지정·고시하고, 그 호소의 물환경을 정기적으로 조사·측정하여야 한다.

1. 1일 30만 톤 이상의 원수(原水)를 취수하는 호소
2. 동식물의 서식지·도래지이거나 생물다양성이 풍부하여 특별히 보전할 필요가 있다고 인정되는 호소
3. 수질오염이 심하여 특별한 관리가 필요하다고 인정되는 호소

▶ 시·도지사는 환경부장관이 지정·고시하는 호소 외의 호소로서 만수위(滿水位)일 때의 면적이 50만 제곱미터 이상인 호소의 물환경 등을 정기적으로 조사·측정하여야 한다.

▶ 조사·측정하여야 하는 내용은 다음 각 호와 같다.
1. 호소의 생성·조성 연도, 유역면적, 저수량 등 호소를 관리하는 데에 필요한 기초자료
2. 호소수의 이용 목적, 취수장의 위치, 취수량 등 호소수의 이용 상황
3. 수질오염도, 오염원의 분포 현황, 수질오염물질의 발생·처리 및 유입 현황
4. 호소의 생물다양성 및 생태계 등 수생태계 현황

▶ 환경부장관이나 시·도지사는 제3항 제1호 및 제2호의 사항에 대하여는 3년마다 조사·측정하고, 같은 항 제3호의 사항에 대하여는 5년마다 조사·측정하되, 필요한 경우에는 매년 조사·측정할 수 있다. 이 경우 시·도지사는 조사·측정의 결과를 다음 해 2월 말까지 환경부장관에게 보고하여야 한다.

제29조 (조류에 의한 피해예방) : 2016년 삭제

제30조 (양식어업 면허의 제한)

제31조 (호소 안의 쓰레기 수거·처리)
① 수면관리자는 호소 안의 쓰레기를 수거하고, 당해 호소를 관할하는 시장·군수·구청장은 수거된 쓰레기를 운반·처리하여야 한다.
② 수면관리자 및 시장·군수·구청장은 쓰레기의 운반·처리주체 및 쓰레기의 운반·처리에 소요되는 비용을 분담하기 위한 협약을 체결하여야 한다.
③ 수면관리자 및 시장·군수·구청장은 협약이 체결되지 아니하는 때에는 환경부장관에게 조정을 신청할 수 있다.
④ 조정의 신청절차에 관하여 필요한 사항은 환경부령으로 정한다.

제31조의2 (중점관리저수지의 지정 등) ① 환경부장관은 관계 중앙행정기관의 장과 협의를 거쳐 다음 각 호의 어느 하나에 해당하는 저수지를 중점관리저수지로 지정하고, 저수지관리자와 그 저수지의 소재지를 관할하는 시·도지사로 하여금 해당 저수지가 생활용수 및 관광·레저의 기능을 갖추도록 그 수질을 관리하게 할 수 있다.
1. 총 저수용량이 1천만 세제곱미터 이상인 저수지
2. 오염 정도가 대통령령으로 정하는 기준을 초과하는 저수지
3. 그 밖에 환경부장관이 상수원 등 해당 수계의 수질보전을 위하여 필요하다고 인정하는 경우

② 환경부장관은 제1항에 따른 중점관리저수지의 지정사유가 없어진 경우에는 그 지정을 해제할 수 있다.
③ 제1항 및 제2항에 따른 중점관리저수지의 지정 및 지정해제에 필요한 사항은 환경부령으로 정한다.

제31조의3 (중점관리저수지의 수질 개선 등)

제3장 점오염원의 관리

제1절 산업폐수의 배출규제

제32조 (배출허용기준)

① 폐수배출시설(이하 "배출시설"이라 한다)에서 배출되는 수질오염물질의 배출허용기준은 환경부령으로 정한다.

★ 법 제32조 제1항의 규정에 의한 오염물질의 배출허용기준은 별표 13과 같다.

② 환경부장관은 환경부령을 정할 때에는 관계 중앙행정기관의 장과 협의하여야 한다.

③ 시·도(해당 관할구역 중 대도시는 제외한다. 이하 이 조에서 같다) 또는 대도시는 「환경정책기본법」 지역환경기준을 유지하기가 곤란하다고 인정할 때에는 조례로 배출허용기준보다 엄격한 배출허용기준을 정할 수 있다.

④ 시·도지사 또는 대도시의 장은 배출허용기준이 설정·변경된 경우에는 지체 없이 환경부장관에게 보고하고 이해관계자가 알 수 있도록 필요한 조치를 하여야 한다.

[시행규칙 별표 13]

오염물질의 배출허용기준(제15조 관련)

1. 지역구분 적용에 대한 공통기준
   가. 청정지역, 가지역, 나지역 및 특례지역은 다음과 같다.
      (1) 청정지역 : 환경기준(수질) 매우 좋음(Ⅰa) 등급 정도의 수질을 보전하여야 한다고 인정되는 수역의 수질에 영향을 미치는 지역으로서 환경부장관이 정하여 고시하는 지역
      (2) 가지역 : 환경기준(수질) 좋음(Ⅰb), 약간 좋음(Ⅱ) 등급 정도의 수질을 보전하여야 한다고 인정되는 수역의 수질에 영향을 미치는 지역으로서 환경부장관이 정하여 고시하는 지역
      (3) 나지역 : 환경기준(수질) 보통(Ⅲ), 약간 나쁨(Ⅳ), 나쁨(Ⅴ) 등급 정도의 수질을 보전하여야 한다고 인정되는 수역의 수질에 영향을 미치는 지역으로서 환경부장관이 정하여 고시하는 지역
      (4) 특례지역 : 환경부장관이 공단폐수종말처리구역으로 지정하는 지역 및 시장·군수가 「산업입지 및 개발에 관한 법률」 제8조에 따라 지정하는 농공단지
   나. 자연공원의 공원구역 및 상수원보호구역은 제2호에 따른 항목별 배출허용기준을 적용함에 있어서는 청정지역으로 본다.
   다. 정상가동 중인 공공하수처리시설에 배수설비를 연결하여 처리하고 있는 배출시설에 대하여는 항목별 배출허용기준을 적용함에 있어 나지역의 기준을 적용한다.

2. 항목별 배출허용기준

가. 생물화학적산소요구량·화학적산소요구량·부유물질량

대상규모 / 항목 / 지역 구분	1일 폐수배출량 2,000m³ 이상			1일 폐수배출량 2,000m³ 미만		
	생물화학적 산소요구량 (mg/L)	화학적 산소요 구량 (mg/L)	부유 물질량 (mg/L)	생물화학적 산소요구량 (mg/L)	화학적 산소요 구량 (mg/L)	부유 물질량 (mg/L)
청정지역	30 이하	40 이하	30 이하	40 이하	50 이하	40 이하
가지역	60 이하	70 이하	60 이하	80 이하	90 이하	80 이하
나지역	80 이하	90 이하	80 이하	120 이하	130 이하	120 이하
특례지역	30 이하	40 이하	30 이하	30 이하	40 이하	30 이하

나. 페놀류 등 수질오염물질

⑤ 환경부장관은 특별대책지역의 수질오염을 방지하기 위하여 필요하다고 인정할 때에는 해당 지역에 설치된 배출시설에 대하여 제1항의 기준보다 엄격한 배출허용기준을 정할 수 있고, 해당 지역에 새로 설치되는 배출시설에 대하여 특별배출허용기준을 정할 수 있다.

⑥ 제3항에 따른 배출허용기준이 적용되는 시·도 또는 대도시 안에 해당 기준이 적용되지 아니하는 지역이 있는 경우에는 그 지역에 설치되었거나 설치되는 배출시설에 대해서도 제3항에 따른 배출허용기준을 적용한다.

⑦ 다음 각 호의 어느 하나에 해당하는 배출시설에 대해서는 ①항부터 ⑥항까지의 규정을 적용하지 않는다.

1. 폐수 무방류 배출시설
2. 폐수를 전량 재이용하거나 전량 위탁처리하여 공공수역으로 폐수를 방류하지 아니하는 배출시설

제33조 (배출시설의 설치허가 및 신고)

① 배출시설을 설치하고자 하는 자는 대통령령이 정하는 바에 의하여 환경부장관의 허가를 받거나 환경부장관에게 신고하여야 한다. 다만, 폐수무방류배출시설을 설치하고자 하는 자는 환경부장관의 허가를 받아야 한다.

▶ 설치허가를 받아야 하는 폐수배출시설(이하 "배출시설"이라 한다)은 다음 각 호와 같다.

1. 특정수질유해물질이 환경부령으로 정하는 기준 이상으로 배출되는 배출시설
2. 특별대책지역에 설치하는 배출시설
3. 환경부장관이 고시하는 배출시설설치제한지역에 설치하는 배출시설

4. 상수원보호구역에 설치하거나 그 경계구역으로부터 상류로 유하거리 10킬로미터 이내에 설치하는 배출시설
5. 상수원보호구역이 지정되지 아니한 지역 중 상수원 취수시설이 있는 지역의 경우에는 취수시설로부터 상류로 유하거리 15킬로미터 이내에 설치하는 배출시설
6. 배출시설설치신고를 한 배출시설로서 원료·부원료·제조공법 등의 변경에 의하여 특정수질유해물질이 새로 발생되는 배출시설

★ 제1호에서 "환경부령으로 정하는 기준"이란 별표 13의2에 따른 기준을 말한다.

[시행규칙 별표 13의2] 특정수질유해물질 폐수배출시설 적용기준

② 허가를 받은 자가 허가받은 사항 중 대통령령이 정하는 중요한 사항을 변경하고자 하는 때에는 변경허가를 받아야 한다. 다만, 그 외의 사항 중 환경부령이 정하는 사항을 변경하려는 때 또는 환경부령이 정하는 사항을 변경한 때에는 변경신고를 하여야 한다.

▶ 배출시설의 설치허가를 받은 자가 배출시설의 변경허가를 받아야 하는 경우는 다음 각 호와 같다.

1. 폐수배출량이 허가 당시보다 100분의 50(특정수질유해물질이 배출되는 시설의 경우에는 100분의 30) 이상 또는 1일 700세제곱미터 이상 증가하는 경우
2. 배출허용기준(이하 "배출허용기준"이라 한다)을 초과하는 새로운 오염물질이 발생되어 배출시설 또는 수질오염방지시설(이하 "방지시설"이라 한다)의 개선이 필요한 경우
3. 허가를 받은 폐수 무방류 배출시설로서 고체 상태의 폐기물로 처리하는 방법에 대한 변경이 필요한 경우

③ 허가·변경허가를 받고자 하거나 신고·변경신고를 하고자 하는 자가 방지시설 면제에 해당하는 경우와 공동방지시설을 설치 또는 변경하고자 하는 경우에는 환경부령이 정하는 서류를 제출하여야 한다.

④ 배출시설의 설치를 제한할 수 있는 지역의 범위는 대통령령으로 정하고, 환경부장관은 지역별 제한대상 시설을 고시하여야 한다.

▶ 배출시설의 설치를 제한할 수 있는 지역의 범위는 다음 각 호와 같다.

1. 취수시설이 있는 지역
2. 「환경정책기본법」 제38조에 따라 수질보전을 위해 지정·고시한 특별대책지역
3. 「수도법」 제7조의2 제1항에 따라 공장의 설립이 제한되는 지역(특정수질유해물질 배출시설의 경우만 해당한다)
4. 제1호부터 제3호까지에 해당하는 지역의 상류지역 중 배출시설이 상수원의 수질에 미치는 영향 등을 고려하여 환경부장관이 고시하는 지역(특정수질유해물질 배출시설의 경우만 해당한다)

⑤ 제5항 및 제6항의 규정에 불구하고 환경부령이 정하는 특정수질유해물질을 배출하는 배출시설로서 배출시설의 설치제한지역에서 폐수무방류배출시설로 하여 이를 설치할 수 있다.

★ 환경부령이 정하는 특정수질유해물질

1. 구리(동) 및 그 화합물
2. 디클로로메탄
3. 1,1-디클로로에틸렌

[시행령 별표 6] 폐수무방류배출시설 설치에 따른 세부시설기준

1. 배출시설에서 분리·집수시설로 유입하는 폐수의 관로는 육안으로 관찰할 수 있도록 설치하여야 한다.
2. 배출시설의 처리공정도 및 폐수 배관도는 누구나 알아볼 수 있도록 주요 배출시설의 설치장소와 폐수처리장에 부착하여야 한다.
3. 폐수를 고체 상태의 폐기물로 처리하기 위하여 증발·농축·건조·탈수 또는 소각시설을 설치하여야 하며, 탈수 등 방지시설에서 발생하는 폐수가 방지시설에 재유입하도록 하여야 한다.
4. 폐수를 수집·이송·처리 또는 저장하기 위하여 사용되는 설비는 폐수의 누출을 방지할 수 있는 재질이어야 하며, 방지시설이 설치된 바닥은 폐수가 땅속으로 스며들지 아니하는 재질이어야 한다.
5. 폐수는 고정된 관로를 통하여 수집·이송·처리·저장되어야 한다.
6. 폐수를 수집·이송·처리·저장하기 위하여 사용되는 설비는 폐수의 누출을 육안으로 관찰할 수 있도록 설치하되, 부득이한 경우에는 누출을 감지할 수 있는 장비를 설치하여야 한다
7. 누출된 폐수의 차단시설 또는 차단 공간과 저류시설은 폐수가 땅속으로 스며들지 아니하는 재질이어야 하며, 폐수를 폐수처리장의 저류조에 유입시키는 설비를 갖추어야 한다.
8. 폐수무방류배출시설과 관련된 방지시설, 차단·저류시설, 폐기물보관시설 등은 빗물과 접촉되지 아니하도록 지붕을 설치하여야 하며, 폐기물보관시설에서 침출수가 발생될 경우에는 침출수를 폐수처리장의 저류조에 유입시키는 설비를 갖추어야 한다.
9. 폐수무방류배출시설에서 발생된 폐수를 폐수처리장으로 유입·재처리할 수 있도록 세정식·응축식 대기오염방지시설 등을 설치하여야 한다.
10. 특별대책지역에 설치되는 폐수무방류배출시설의 경우 1일 24시간 연속하여 가동되는 것이면 배출 폐수를 전량 처리할 수 있는 예비 방지시설을 설치하여야 하고, 1일 최대 폐수발생량이 200세제곱미터 이상이면 배출 폐수의 무방류 여부를 실시간으로 확인할 수 있는 원격유량감시장치를 설치하여야 한다.

제33조의2(다른 법률에 따른 변경신고의 의제)

제34조 (폐수무방류배출시설의 설치허가)

① 폐수무방류배출시설의 설치허가 또는 변경허가를 받고자 하는 자는 폐수무방류배출시설 설치계획서 등 환경부령이 정하는 서류를 환경부장관에게 제출하여야 한다.

② 환경부장관은 제1항의 규정에 의한 허가신청을 받은 때에는 폐수무방류배출시설 및 폐수를 배출하지 아니하고 처리할 수 있는 수질오염방지시설 등의 적정성 여부에 대하여 환경부령이 정하는 관계전문기관의 의견을 들어야 한다.

★ 환경부령이 정하는 관계전문기관이라 함은 한국환경공단법에 의한 한국환경공단을 말한다.

제35조 (방지시설의 설치·설치면제 및 면제자의 준수사항 등)

① 사업자가 당해 배출시설을 설치하거나 변경할 때에는 그 배출시설로부터 배출되는 수질오염물질이 배출허용기준 이하로 배출되게 하기 위한 수질오염방지시설(폐수무방류배출시설의 경우에는 폐수를 배출하지 아니하고 처리할 수 있는 수질오염방지시설을 말한다. 이하 같다)을 설치하여야 한다. 다만, 대통령령이 정하는 기준에 해당하는 배출시설(폐수무방류배출시설을 제외한다)의 경우에는 그러하지 아니하다.

▶ 대통령령이 정하는 기준에 해당하는 경우라 함은 다음 각 호의 1에 해당하는 경우를 말한다.

1. 배출시설의 기능 및 공정상 오염물질이 항상 배출허용기준 이하로 배출되는 경우
2. 폐수처리업의 등록을 한 자 또는 환경부장관이 인정·고시하는 관계전문기관에 환경부령이 정하는 폐수를 전량 위탁 처리하는 경우

★ 환경부령이 정하는 폐수라 함은 다음 각 호의 폐수를 말한다.

1. 1일 50세제곱미터 미만(배출시설의 설치를 제한할 수 있는 지역의 경우에는 20세제곱미터 미만)으로 배출되는 폐수. 다만, 아파트형공장에서 고정된 관망을 이용하여 이송 처리하는 경우에는 폐수량의 제한을 받지 아니한다.
2. 사업장 내 배출시설에서 배출되는 폐수 중 다른 폐수와 그 성상이 달라 방지시설에 유입될 경우 그 적정한 처리가 어려운 폐수로서 1일 50세제곱미터 미만(배출시설의 설치를 제한할 수 있는 지역의 경우에는 20세제곱미터 미만)으로 배출되는 폐수
3. 지정된 폐기물배출해역에 배출할 수 있는 폐수
4. 수질오염방지시설의 개선 또는 보수 등과 관련하여 배출되는 폐수로서 시·도지사와 사전 협의된 기간 동안만 배출되는 폐수
5. 그 밖에 환경부장관이 위탁처리 대상으로 하는 것이 적합하다고 인정하

는 폐수

3. 폐수를 전량 재이용하는 등 방지시설을 설치하지 아니하고도 수질오염물질을 적정하게 처리할 수 있는 경우로서 환경부령으로 정하는 경우

② 수질오염방지시설(이하 "방지시설"이라 한다)을 설치하지 아니하고 배출시설을 사용하는 자는 폐수의 처리·보관방법 등 배출시설의 관리에 관하여 준수사항을 지켜야 한다.

★ 방지시설을 설치하지 아니하는 자가 준수하여야 할 사항은 별표 14와 같다.

[시행규칙 별표 14] 방지시설의 설치가 면제되는 자의 준수사항

③ 환경부장관은 방지시설을 설치하지 아니하고 배출시설을 설치·운영하는 자가 준수사항을 위반한 때에는 허가·변경허가를 취소하거나 배출시설의 폐쇄, 배출시설의 전부·일부에 대한 개선 또는 6개월의 범위에서 기간을 정하여 조업정지를 명할 수 있다.

④ 사업자는 배출시설(폐수무방류배출시설을 제외한다)로부터 배출되는 수질오염물질의 공동처리를 위한 공동방지시설(이하 "공동방지시설"이라 한다)을 설치할 수 있다. 이 경우 각 사업자는 사업장별로 해당수질오염물질에 대한 방지시설을 설치한 것으로 본다.

⑤ 사업자는 공동방지시설을 설치·운영할 때에는 당해 시설의 운영기구를 설치하고 그 대표자를 두어야 한다.

⑥ 공동방지시설의 설치·운영에 관하여 필요한 사항은 환경부령으로 정한다.

제36조 (권리·의무의 승계)

제37조 (배출시설 등의 가동시작 신고)

① 사업자는 배출시설 또는 방지시설의 설치를 완료하거나 배출시설의 변경(변경신고를 하고 변경을 하는 경우에는 대통령령으로 정하는 변경의 경우로 한정한다)을 완료하여 그 배출시설 및 방지시설을 가동하려면 환경부령으로 정하는 바에 따라 미리 환경부장관에게 가동시작 신고를 하여야 한다. 신고한 가동시작일을 변경할 때에는 환경부령으로 정하는 바에 따라 변경신고를 하여야 한다.

▶ 대통령령이 정하는 변경의 경우라 함은 다음 각 호의 경우를 말한다.

1. 폐수배출량이 신고당시보다 100분의 50 이상 증가되는 경우
2. 배출시설에서 배출허용기준을 초과하는 새로운 오염물질이 발생되어 배출시설 또는 방지시설의 개선이 필요한 경우
3. 배출시설에 설치된 방지시설의 폐수처리방법을 변경하는 경우
4. 방지시설을 설치하지 아니한 배출시설에 방지시설을 새로 설치하는 경우

② 가동시작 신고를 한 사업자는 환경부령이 정하는 기간 이내에 배출시설(폐수 무방

류배출시설을 제외한다)에서 배출되는 수질오염물질이 배출허용기준 이하로 처리될 수 있도록 방지시설을 운영하여야 한다.

★ 환경부령이 정하는 기간이라 함은 다음 각 호의 기간을 말한다.

1. 폐수처리방법이 생물화학적 처리방법인 경우 : 가동시작일부터 50일. 다만, 가동시작일이 11월 1일부터 다음 연도 1월 31일까지에 속하는 경우에는 가동시작일부터 70일로 한다.
2. 폐수처리방법이 물리적 또는 화학적 처리방법인 경우 : 가동시작일부터 30일

③ 환경부장관은 제2항에 따른 기간이 지난 날부터 환경부령으로 정하는 기간 이내에 배출시설 및 방지시설의 가동상태를 점검하고 수질오염물질을 채취한 후 환경부령으로 정하는 검사기관으로 하여금 오염도검사를 하게 하여야 한다.

★ 시·도지사는 가동시작신고를 수리한 경우에는 제1항의 규정에 의한 기간이 경과한 날부터 15일 이내에 배출시설 및 방지시설의 가동상태를 점검하고, 오염물질을 채취한 후 검사기관으로 하여금 오염도검사를 하도록 하여 배출허용기준의 준수여부를 확인하여야 한다.

1. 국립환경과학원 및 그 소속기관
2. 특별시·광역시 및 도의 보건환경연구원
3. 유역환경청 및 지방환경청
4. 한국환경공단 및 소속사업소
5. 국가표준기본법 제23조에 따라 인정된 수질분야의 검사기관 중 환경부장관이 지정하여 고시하는 기관
6. 그 밖에 환경부장관이 인정하는 수질검사기관

★ 검사결과를 통보받은 시·도지사는 오염도검사결과가 배출허용기준을 초과하는 경우에는 개선명령을 하여야 한다.

★ 시·도지사 등은 오염도검사를 한 때에는 검사를 완료한 날부터 10일 이내에 사업자에게 배출농도 및 일일 유량에 관한 사항을 통보하여야 한다.

③ 환경부장관은 가동시작 신고를 한 폐수무방류배출시설에 대하여 10일 이내에 허가 또는 변경허가의 기준에 적합한지 여부를 조사하여야 한다.

제38조 (배출시설 및 방지시설의 운영)

① 사업자 또는 방지시설을 운영하는 자는 다음 각 호의 어느 하나에 해당하는 행위를 하여서는 아니 된다.

1. 배출시설에서 배출되는 수질오염물질을 방지시설에 유입하지 아니하고 배출하거나 방지시설에 유입하지 아니하고 배출할 수 있는 시설을 설치하는 행위
2. 방지시설에 유입되는 수질오염물질을 최종 방류구를 거치지 아니하고 배출하거나, 최종 방류구를 거치지 아니하고 배출할 수 있는 시설을 설치하는 행위

3. 배출시설에서 배출되는 수질오염물질에 공정 중에서 배출되지 아니하는 물 또는 공정 중에서 배출되는 오염되지 아니한 물을 섞어 처리하거나, 배출허용기준이 초과되는 수질오염물질이 방지시설의 최종 방류구를 통과하기 전에 오염도를 낮추기 위하여 물을 섞어 배출하는 행위. 다만, 환경부장관이 환경부령이 정하는 바에 따라 희석하여야만 수질오염물질의 처리가 가능하다고 인정하는 경우 그 밖에 환경부령이 정하는 경우를 제외한다.

★ 폐수의 염분이나 유기물의 농도가 높아 원래의 상태로는 생물화학적 처리가 어려운 경우 또는 폭발의 위험 등이 있어 원래의 상태로는 화학적 처리가 어려운 경우로서 수질오염방지공법상 희석하여야만 오염물질의 처리가 가능하다는 인정을 받고자 하는 자는 배출시설설치허가 등의 신청서류에 이를 입증하는 다음 각 호의 자료를 첨부하여 시·도지사에게 제출하여야 한다.

1. 처리하려는 폐수의 농도 및 특성
2. 희석처리의 불가피성
3. 희석배율 및 희석량

4. 그 밖에 배출시설 및 방지시설을 정당한 사유 없이 정상적으로 가동하지 아니하여 배출허용기준을 초과한 수질오염물질을 배출하는 행위

② 폐수무방류배출시설의 설치허가 또는 변경허가를 받은 사업자는 다음 각 호의 어느 하나에 해당하는 행위를 하여서는 아니 된다.

1. 폐수무방류배출시설에서 나오는 폐수를 사업장 밖으로 반출 또는 공공수역으로 배출하거나 배출할 수 있는 시설을 설치하는 행위
2. 폐수무방류배출시설에서 배출되는 폐수를 오수 또는 다른 배출시설에서 배출되는 폐수와 혼합하여 처리하거나 처리할 수 있는 시설을 설치하는 행위
3. 폐수무방류배출시설에서 배출되는 폐수를 재이용하는 경우 동일한 폐수무방류배출시설에서 재이용하지 아니하고 다른 배출시설에서 재이용하거나 화장실 용수·조경용수 또는 소방용수 등으로 사용하는 행위

③ 사업자 또는 방지시설을 운영하는 자는 조업을 할 때에는 환경부령이 정하는 바에 의하여 그 배출시설 및 방지시설의 운영에 관한 상황을 사실대로 기록하여 이를 보존하여야 한다.

★ 사업자 또는 방지시설을 운영하는 자, 공동방지시설의 대표자 또는 측정기기를 부착한 사업자는 측정기기·배출시설 및 방지시설에 대하여 측정기기 또는 시설의 가동시간, 폐수배출량, 약품 투입량, 시설관리 및 운영자 기타 측정기기 또는 시설운영에 관한 중요사항을 매일 기록한 운영일지(이하 "운영일지"라 한다)를 최종기재를 한 날부터 1년간 보존하여야 한다. 다만, 폐수무방류배출시설의 운영일지는 3년간 보존하여야 한다.

제38조의2 (측정기기의 부착 등)

① 다음 각 호의 어느 하나에 해당하는 자는 배출되는 수질오염물질이 배출허용기준, 방류수 수질기준에 맞는지를 확인하기 위하여 적산전력계·적산유량계·수질오염물질 배출농도 측정기기 등 대통령령이 정하는 기기(이하 "측정기기"라 한다)를 부착하여야 한다.

1. 대통령령이 정하는 폐수배출량 이상의 사업장을 운영하는 사업자
2. 대통령령이 정하는 처리용량 이상의 방지시설(공동방지시설을 포함한다)을 운영하는 자
3. 대통령령이 정하는 처리용량 이상의 폐수종말처리시설 또는 공공하수처리시설(이하 "공공하수처리시설"이라 한다)을 운영하는 자

▶ 측정기기 부착 대상이 되는 사업장·방지시설·공공폐수처리시설·공공하수처리시설(이하 "측정기기부착사업장 등"이라 한다)의 배출량 또는 처리용량과 부착하여야 하는 측정기기의 종류는 별표 7과 같다.

[시행령 별표 7] 측정기기의 부착대상 및 종류

1. 수질자동측정기기

가. 수질자동측정기기의 종류 및 부착대상

<table>
<tr><th colspan="2">측정기기의 종류</th><th>부착대상</th></tr>
<tr><td rowspan="5">1. 수질 자동 측정 기기</td><td>수소이온농도(pH)</td><td rowspan="7">가. 법 제35조 제4항에 따른 공동방지시설 설치·운영사업장으로서 1일 처리용량이 200세제곱미터 이상인 사업장과 별표 13에 따른 제1종부터 제3종까지의 사업장
나. 법 제48조 제1항에 따른 폐수종말처리시설로서 처리용량(시설용량)이 1일 700세제곱미터 이상인 시설
다. 「하수도법」 제2조 제9호에 따른 공공하수처리시설로서 처리용량(시설용량)이 1일 700세제곱미터 이상인 시설</td></tr>
<tr><td>생물화학적 산소요구량(BOD) 또는 화학적 산소요구량(COD)</td></tr>
<tr><td>부유물질량(SS)</td></tr>
<tr><td>총질소(T-N)</td></tr>
<tr><td>총인(T-P)</td></tr>
<tr><td rowspan="2">2. 부대 시설</td><td>자동시료채취기</td></tr>
<tr><td>자료수집기(Data Logger)</td></tr>
<tr><td colspan="2">3. 적산전력계</td><td rowspan="2">법 제35조 제4항에 따른 공동방지시설 설치·운영사업장과 영 별표 13에 따른 제1종부터 제5종까지의 사업장</td></tr>
<tr><td rowspan="2">4. 적산 유량계</td><td>용수적산유량계</td></tr>
<tr><td>하수·폐수적산유량계</td><td>가. 법 제35조 제4항에 따른 공동방지시설 설치·운영사업장, 별표 13에 따른 제1종부터 제4종까지의 사업장과 제5종 사업장 중 특정수질유해물질 폐수배출량이 1일 30세제곱미터 이상인 사업장 및 법 제62조에 따른 폐수처리업으로 등록한 사업장</td></tr>
</table>

		나. 법 제48조 제1항에 따른 폐수종말처리시설 다. 제1호에 따른 수질자동측정기기 부착 대상 공공 하수처리시설

② 부착하여야 하는 측정기기의 부착방법, 부착시기 및 그 밖에 측정기기의 부착에 관하여 필요한 사항은 대통령령으로 정한다.

[시행령 별표 8] 측정기기의 부착방법

③ 측정기기를 부착한 자(이하 "측정기기부착사업자 등"이라 한다)는 제38조의6에 따라 등록을 한 자(이하 "측정기기 관리대행업자"라 한다)에게 측정기기의 관리업무를 대행하게 할 수 있다.

제38조의3 (측정기기부착사업자 등의 금지행위 및 운영·관리기준)

① 제38조의2 제1항에 따라 측정기기를 부착한 자(이하 "측정기기부착사업자 등"이라 한다)는 측정기기를 운영하는 경우 다음 각 호의 어느 하나에 해당하는 행위를 하여서는 아니 된다.

1. 고의로 측정기기를 작동하지 아니하게 하거나 정상적인 측정이 이루어지지 아니하도록 하는 행위
2. 부식·마모·고장 또는 훼손으로 정상적인 작동을 하지 아니하는 측정기기를 정당한 사유 없이 방치하는 행위
3. 측정결과를 누락시키거나 거짓으로 측정결과를 작성하는 행위

② 측정기기부착사업자 등은 당해 측정기기로 측정한 결과의 신뢰도와 정확도를 지속적으로 유지할 수 있도록 환경부령이 정하는 측정기기의 운영·관리기준을 지켜야 한다.

★ 측정기기의 운영·관리기준은 다음 각 호와 같다. 〈개정 2013. 9. 5., 2015. 6. 16., 2017. 1. 19.〉

1. 측정기기의 측정·분석·평가 등의 방법이 환경오염공정시험기준에 부합되도록 유지할 것
2. 형식승인을 받은 측정기기(같은 법 제9조의2에 따른 예비형식승인을 받은 측정기기를 포함한다)를 부착하고, 정도검사를 받을 것
3. 측정기기에 의하여 측정된 자동측정자료를 오염도검사의 자료로 활용할 수 있도록 수질원격감시체계 관제센터에 상시 전송할 것
4. 측정기기의 도입 및 교체 시마다 측정기기의 현황을 수질원격감시체계 관제센터에 전송할 것
5. 측정기기의 점검 및 교정 시마다 점검·관리사항을 작성하여 3년 동안 보관

하거나 수질원격감시체계 관제센터에 전송할 것

제38조의4 (측정기기부착사업자 등에 대한 조치명령 및 조업정지명령)

▶ 환경부장관은 측정기기가 기준에 맞게 운영·관리되도록 필요한 조치명령을 하는 때에는 6개월의 범위 내에서 개선기간을 정하여야 한다.

▶ 환경부장관은 조치명령을 받은 자가 천재·지변 그 밖에 부득이하다고 인정되는 사유로 인하여 제1항에 따른 기간 이내에 조치를 완료할 수 없는 경우에는 신청에 의하여 6개월의 범위 내에서 그 개선기간을 연장할 수 있다.

▶ 조치명령, 개선명령을 받은 자는 그 명령을 받은 날부터 15일 이내에 다음 각 호의 사항을 명시한 개선계획서를 환경부령이 정하는 바에 따라 환경부장관에게 제출하여야 한다.

[시행규칙 별표 14의2] 개선사유서 제출 대상 및 시기(제52조의2 제1항 관련)

제38조의5 (측정기기부착사업자 등에 대한 기술지원 및 보고·검사의 면제 등)

▶ 환경부장관은 전산망을 운영하기 위하여 한국환경공단에 수질원격감시체계 관제센터(이하 "관제센터"라 한다)를 설치·운영할 수 있다.

제38조의6 (측정기기 관리대행업의 등록 등) ① 측정기기의 관리업무를 대행하려는 자는 대통령령으로 정하는 시설·장비 및 기술인력 등의 요건을 갖추어 환경부장관에게 등록하여야 한다. 등록한 사항 중 대통령령으로 정하는 중요 사항을 변경하려는 경우에도 또한 같다.

② 환경부장관은 측정기기 관리대행업을 등록하였을 때에는 환경부령으로 정하는 바에 따라 등록증을 발급하여야 한다.

③ 제1항에 따른 등록의 절차 등 등록에 필요한 사항은 환경부령으로 정한다.

▶ 측정기기의 관리업무를 대행하려는 자가 갖추어야 하는 시설·장비 및 기술인력의 기준은 별표 8의2와 같다.

[시행령 별표 8의2] 〈신설 2017. 1. 17.〉

측정기기 관리대행업의 시설·장비 및 기술인력의 기준

구 분	기 준
1. 시설 및 장비	가. 실험실을 갖출 것 나. 다음의 항목을 「환경분야 시험·검사 등에 관한 법률」 제6조 제1항에 따른 환경오염공정시험기준에 따라 측정·분석할 수 있는 측정기기 또는 장비를 항목별로 각각 1대 이상 갖출 것 1) 수소이온농도(pH)

	2) 화학적 산소요구량(COD) 3) 부유물질(SS) 4) 총질소(T-N) 5) 총인(T-P)
2. 기술인력	다음 각 목의 기술인력을 각각 갖출 것 가. 다음의 어느 하나에 해당하는 사람 1명 이상 1) 수질분야의 환경측정분석사 또는 수질환경분야의 기사 이상의 자격을 가진 사람 2) 수질환경산업기사 자격을 가진 사람으로서 해당 분야의 관련 업무를 3년 이상 수행한 사람 나. 다음의 어느 하나에 해당하는 사람 2명 이상 1) 환경분야, 화공분야, 기계분야, 전기분야, 전자분야 기사 이상의 자격을 가진 사람 2) 환경분야, 화공분야, 기계분야, 전기분야, 전자분야 산업기사 자격을 가진 사람으로서 해당 분야의 관련 업무를 3년 이상 수행한 사람 3) 수질자동측정기기 운영·관리 업무를 5년 이상 수행한 사람

제38조의7 (결격사유) 다음 각 호의 어느 하나에 해당하는 자는 측정기기 관리대행업의 등록을 할 수 없다.

1. 피성년후견인 또는 피한정후견인
2. 파산선고를 받고 복권되지 아니한 자
3. 이 법을 위반하여 징역 이상의 실형을 선고받고 그 집행이 끝나거나(집행이 끝난 것으로 보는 경우를 포함한다) 집행을 받지 아니하기로 확정된 날부터 2년이 지나지 아니한 자
4. 등록이 취소(이 조 제1호 또는 제2호에 해당하여 등록이 취소된 경우는 제외한다)된 후 2년이 지나지 아니한 자
5. 임원 중 제1호부터 제4호까지의 어느 하나에 해당하는 사람이 있는 법인

제38조의8 (측정기기 관리대행업자의 준수사항 등) ① 측정기기 관리대행업자는 다음 각 호의 어느 하나에 해당하는 행위를 하여서는 아니 된다.

1. 등록증을 다른 자에게 대여하거나 대행받은 측정기기의 관리업무를 다른 자에게 대행하도록 하는 행위
2. 등록된 기술인력이 아닌 사람에게 측정기기의 관리업무를 하게 하는 행위
3. 그 밖에 측정기기의 관리대행업무에 관하여 환경부령으로 정하는 준수사항을 위반하는 행위

② 측정기기 관리대행업자는 기술인력으로 종사하는 사람이 환경부령으로 정하는 교육기관에서 실시하는 교육을 받도록 하여야 한다.

③ 제2항에 따른 교육의 내용 등 교육에 필요한 사항은 환경부령으로 정한다.

제38조의9 (등록의 취소 등) ① 환경부장관은 측정기기 관리대행업자가 다음 각 호의 어느 하나에 해당하는 경우에는 등록을 취소하거나 6개월 이내의 기간을 정하여 업무의 전부 또는 일부의 정지를 명할 수 있다. 다만, 제1호부터 제3호까지에 해당하는 경우에는 등록을 취소하여야 한다.

1. 거짓이나 그 밖의 부정한 방법으로 등록을 한 경우
2. 업무정지 기간 중에 측정기기 관리대행업무를 한 경우
3. 제38조의7에 따른 결격사유에 해당하는 경우. 다만, 제38조의7 제5호에 따른 결격사유에 해당하는 경우로서 그 사유가 발생한 날부터 2개월 이내에 그 사유가 해소된 경우에는 그러하지 아니하다.
4. 고의 또는 중대한 과실로 측정기기의 관리대행업무를 부실하게 한 경우
5. 제38조의6 제1항 전단에 따른 등록요건을 충족하지 못하게 된 경우
6. 제38조의6 제1항 후단에 따른 변경등록을 하지 아니한 경우
7. 제38조의8 제1항에 따른 준수사항을 위반한 경우

② 제1항에 따른 행정처분의 세부 기준 및 그 밖에 필요한 사항은 환경부령으로 정한다.

★ 행정처분의 기준은 별표 14의3과 같다.

[시행규칙 별표 14의3] 측정기기 관리대행업자에 대한 행정처분의 기준

제38조의10 (관리대행능력의 평가 및 공시)

제39조 (배출허용기준을 초과한 사업자에 대한 개선명령)

① 환경부장관은 가동개시신고를 한 후 조업 중인 배출시설(폐수무방류배출시설을 제외한다)에서 배출되는 수질오염물질의 정도가 배출허용기준을 초과한다고 인정하는 때에는 대통령령이 정하는 바에 의하여 기간을 정하여 사업자에게 그 수질오염물질의 정도가 배출허용기준 이하로 내려가도록 필요한 조치를 취할 것(이하 “개선명령”이라 한다)을 명할 수 있다.

▶ 환경부장관은 개선명령을 할 때에는 개선에 필요한 조치 또는 시설 설치기간 등을 고려하여 1년의 범위 내에서 개선기간을 정하여야 한다.

▶ 개선명령을 받은 자는 천재지변 기타 부득이하다고 인정되는 사유로 인하여 기간 이내에 명령받은 조치를 완료할 수 없는 경우에는 그 기간이 종료되기 전에 환경부장관에게 6월의 범위 내에서 개선기간 연장신청을 할 수 있다.

▶ 개선명령을 받지 아니한 사업자의 개선

제40조 (조업정지명령) 환경부장관은 제39조의 규정에 의하여 개선명령을 받은 자가 개선명령을 이행하지 아니하거나 기간 이내에 이행은 하였으나 검사결과가 제32조의

규정에 의한 배출허용기준을 계속 초과할 때에는 당해 배출시설의 전부 또는 일부에 대한 조업정지를 명할 수 있다.

제41조 (배출부과금)

① 환경부장관은 수질오염물질로 인한 수질오염 및 수생태계 훼손을 방지 또는 감소시키기 위하여 수질오염물질을 배출하는 사업자 또는 허가·변경허가를 받지 아니하거나 신고·변경신고를 하지 아니하고 배출시설을 설치 또는 변경한 자에 대하여 배출부과금을 부과·징수한다. 이 경우 배출 부과금은 다음 각 호와 같이 구분하여 부과하되, 그 산정방법 및 산정기준 등에 관하여 필요한 사항은 대통령령으로 정한다.

1. 기본배출부과금(부과대상이 되는 오염물질의 종류는 유기물질, 부유물질이다.)
   가. 배출시설에서 배출되는 폐수 중 수질오염물질이 배출허용기준 이하로 배출되나 방류수 수질기준을 초과하는 경우
   나. 공공폐수처리시설 또는 공공하수처리시설에서 배출되는 폐수 중 수질오염물질이 방류수 수질기준을 초과하는 경우

[시행령 별표 9] 사업장별부과계수

사업장 규모	1종 사업장 (단위 : m^3/일)					2종 사업장	3종 사업장	4종 사업장
	10000 이상	8000 이상 10000 미만	6000 이상 8000 미만	4000 이상 6000 미만	2000 이상 4000 미만			
부과계수	1.8	1.7	1.6	1.5	1.4	1.3	1.2	1.1

비고 : 공공하수처리시설과 폐수종말처리시설의 부과계수는 폐수배출량에 따라 적용한다.

[시행령 별표 10] 기본부과금의 지역별부과계수

청정 및 가지역	나 및 특례지역
1.5	1

[시행령 별표 11] 방류수 수질기준 초과율별 부과계수

초 과 율	10% 미만	10% 이상 20% 미만	20% 이상 30% 미만	30% 이상 40% 미만	40% 이상 50% 미만
부과계수	1	1.2	1.4	1.6	1.8
	50% 이상 60% 미만	60% 이상 70% 미만	70% 이상 80% 미만	80% 이상 90% 미만	90% 이상 100% 까지
	2.0	2.2	2.4	2.6	2.8

비고 : 1. 방류수 수질기준 초과율=(배출농도-방류수 수질기준)÷(배출허용기준-방류수 수질기준)×100
2. 분모의 값이 방류수 수질기준보다 적을 경우와 공공폐수처리시설에 대하여는 방류수 수질기준을 분모의 값으로 한다.
3. 제1호의 배출허용기준은 하수종말처리시설의 하수처리구역에 있는 배출시설에 대하여 환경부장관이 별도로 배출허용기준을 정하여 고시한 경우에도 동 배출허용기준을 적용하지 아니하고, 환경부령이 정하는 배출허용기준을 적용한다.

▶ 공동방지시설의 기본부과금은 각각의 사업장별로 산정하여 더한 금액으로 한다.
▶ 기본부과금은 매 반기별로 부과하되, 부과기준일 및 부과기간은 별표 12와 같다.

[시행령 별표 12] 기본부과금의 부과기준일 및 부과기간

반기별	부과기준일	부과기간
상반기	매년 6월 30일	1월 1일부터 6월 30일까지
하반기	매년 12월 31일	7월 1일부터 12월 31일까지

비고 : 부과기간 중에 배출시설 설치허가를 받거나 신고를 한 사업자의 부과기간은 최초 가동일부터 해당부과기간 종료일까지로 한다.

2. 초과배출부과금
가. 수질오염물질이 배출허용기준을 초과하여 배출되는 경우
나. 수질오염물질이 공공수역에 배출되는 경우(폐수무방류배출시설에 한한다)

▶ 초과배출부과금은 오염물질배출량과 배출농도를 기준으로 다음 산식에 따라 산출한 금액에 제2항 각 호의 구분에 의한 금액을 더한 금액으로 한다. 사업자가 개선계획서를 제출하고 개선하는 경우에는 제2항 제1호의 금액을 더하지 아니하고, 배출허용기준초과율별 부과계수와 위반횟수별부과계수를 적용하지 아니한다.
▶ 산출한 금액에 더하는 금액은 다음 각 호와 같다.
1. 초과부과금은 1종사업장은 400만원, 2종사업장은 300만원, 3종사업장은 200만원, 4종사업장은 100만원, 5종사업장은 50만원
2. 폐수무방류배출시설의 초과부과금은 500만원

[시행령 별표 13] 사업장의 규모별 구분

종 별	배출규모
1종 사업장	1일 폐수배출량이 2000m^3 이상인 사업장
2종 사업장	1일 폐수배출량이 700m^3 이상, 2000m^3 미만인 사업장
3종 사업장	1일 폐수배출량이 200m^3 이상, 700m^3 미만인 사업장
4종 사업장	1일 폐수배출량이 50m^3 이상, 200m^3 미만인 사업장

5종 사업장	상기 1종사업장 내지 4종사업장에 해당하지 아니하는 배출시설

비고 : 1. 사업장의 규모별 구분은 1년 중 가장 많이 배출한 날을 기준으로 정한다.
2. 폐수배출량은 그 사업장의 용수사용량(수돗물·공업용수·지하수·하천수 및 해수 등 그 사업장에서 사용하는 모든 물을 포함한다)을 기준으로 다음 산식에 따라 산정한다. 다만, 생산 공정에 사용되는 물이나 방지시설의 최종 방류구에 방류되기 전에 일정 관로를 통하여 생산 공정에 재이용되는 물은 제외하되, 희석수, 생활용수, 간접냉각수, 사업장 내 청소용 물, 원료야적장 침출수 등을 방지시설에 유입하여 처리하는 물은 포함한다.
폐수배출량＝용수사용량－(생활용수량＋간접냉각수량＋보일러용수량＋제품함유수량＋공정 중 증발량＋그 밖의 방류구로 배출되지 아니한다고 인정되는 물의 양)＋공정 중 발생량
3. 최초 배출시설 설치허가 시의 폐수배출량은 사업계획에 따른 예상용수사용량을 기준으로 산정한다.

▶ 기준초과배출량은 폐수배출시설의 경우에는 배출허용기준을 초과한 양으로 무방류배출시설의 경우에는 오염물질을 배출한 양으로 하고 이 경우 배출허용기준초과율별 부과계수 대신 유출·누출계수를 적용한다.

▶ 초과부과금의 산정에 필요한 오염물질 1킬로그램당 부과금액, 배출허용기준초과율별 부과계수, 유출·누출계수 및 지역별 부과계수는 별표 14와 같다.

[시행령 별표 14] 초과부과금의 산정기준 (금액단위 : 원)

구분 / 오염물질		오염물질 1킬로그램당 부과액	배출허용기준초과율 부과계수								지역별부과계수		
			20% 미만	20% 이상 40% 미만	40% 이상 80% 미만	80% 이상 100% 미만	100% 이상 200% 미만	200% 이상 300% 미만	300% 이상 400% 미만	400% 이상	청정 및 가 지역	나 지역	특례 지역
유기물질		250	3.0	4.0	4.5	5.0	5.5	6.0	6.5	7.0	2	1.5	1
부유물질		250	3.0	4.0	4.5	5.0	5.5	6.0	6.5	7.0	2	1.5	1
총질소		500	3.0	4.0	4.5	5.0	5.5	6.0	6.5	7.0	2	1.5	1
총인		500	3.0	4.0	4.5	5.0	5.5	6.0	6.5	7.0	2	1.5	1
크롬 및 그 화합물		75000	3.0	4.0	4.5	5.0	5.5	6.0	6.5	7.0	2	1.5	1
망간 및 그 화합물		30000	3.0	4.0	4.5	5.0	5.5	6.0	6.5	7.0	2	1.5	1
아연 및 그 화합물		30000	3.0	4.0	4.5	5.0	5.5	6.0	6.5	7.0	2	1.5	1
특정유해물질	페놀류	150000	3.0	4.0	4.5	5.0	5.5	6.0	6.5	7.0	2	1.5	1
	시안화합물	150000	3.0	4.0	4.5	5.0	5.5	6.0	6.5	7.0	2	1.5	1
	구리 및 그 화합물	50000	3.0	4.0	4.5	5.0	5.5	6.0	6.5	7.0	2	1.5	1
	카드뮴 및 그 화합물	500000	3.0	4.0	4.5	5.0	5.5	6.0	6.5	7.0	2	1.5	1
	수은 및 그 화합물	1250000	3.0	4.0	4.5	5.0	5.5	6.0	6.5	7.0	2	1.5	1
	유기인화합물	150000	3.0	4.0	4.5	5.0	5.5	6.0	6.5	7.0	2	1.5	1

	비소 및 그 화합물	100000	3.0	4.0	4.5	5.0	5.5	6.0	6.5	7.0	2	1.5	1
	납 및 그 화합물	150000	3.0	4.0	4.5	5.0	5.5	6.0	6.5	7.0	2	1.5	1
	6가크롬화합물	300000	3.0	4.0	4.5	5.0	5.5	6.0	6.5	7.0	2	1.5	1
	폴리크로리네이티드 비페닐	1250000	3.0	4.0	4.5	5.0	5.5	6.0	6.5	7.0	2	1.5	1
	트리클로로에틸렌	300000	3.0	4.0	4.5	5.0	5.5	6.0	6.5	7.0	2	1.5	1
	테트라클로로에틸렌	300000	3.0	4.0	4.5	5.0	5.5	6.0	6.5	7.0	2	1.5	1

비고 : 1. 배출허용기준초과율＝(배출농도－배출허용기준농도)÷배출허용기준농도×100

2. 청정지역 및 가지역·나지역 및 특례지역의 구분은 환경부령으로 정한다.

3. 유기물질의 오염측정단위는 생물화학적 산소요구량과 화학적 산소요구량을 말하며, 그 중 높은 수치의 배출농도를 산정기준으로 한다.

4. 배출허용기준초과율 부과계수의 산정에 있어 배출허용기준초과율의 적용은 희석수를 제외한 폐수의 배출농도를 기준으로 한다.

5. 폐수무방류배출시설의 유출·누출계수는 배출허용기준초과율 부과계수 400퍼센트 이상, 지역별 부과계수는 청정 및 가지역을 적용한다.

[시행령 별표 15] 일일기준초과배출량 및 일일유량산정방법

가. 일일기준초과배출량의 산정방법

$$\text{일일기준초과배출량} = \text{일일유량} \times \text{배출허용기준초과농도} \times 10^{-6}$$

비고 : 1. 배출허용기준초과농도는 다음과 같다.

가. 법 제19조 제1항 제2호 가목의 경우 : 배출농도 － 배출허용기준농도

나. 법 제19조 제1항 제2호 나목의 경우 : 배출농도

2. 특정수질유해물질의 배출허용기준초과일일오염물질배출량은 소수점 이하 넷째 자리까지 계산하고, 기타 오염물질에 대하여 소수점 이하 첫째 자리까지 계산한다.

3. 배출농도의 단위는 리터당 밀리그램(mg/L)으로 한다.

나. 일일유량의 산정방법

$$\text{일일유량} = \text{측정유량} \times \text{일일조업시간}$$

비고 : 1. 측정유량의 단위는 분당 리터(L/min)로 한다.

2. 일일조업시간은 측정하기 전 최근 조업한 30일간의 배출시설의 조업시간 평균치로서 분으로 표시한다.

[시행령 별표 16] 위반횟수별 부과계수

<table>
<tr><th>종 별</th><th colspan="5">위반횟수별 부과계수</th></tr>
<tr><td rowspan="4">1종
사업장</td><td colspan="5">• 처음 위반의 경우</td></tr>
<tr><td>사업장
규모</td><td>2000m³/일
이상
4000m³/일
미만</td><td>4000m³/일
이상
7000m³/일
미만</td><td>7000m³/일
이상
10000m³/일
미만</td><td>10000m³/일
이상</td></tr>
<tr><td>부과
계수</td><td>1.5</td><td>1.6</td><td>1.7</td><td>1.8</td></tr>
<tr><td colspan="5">• 다음 위반부터는 그 위반 직전의 부과계수에 1.5를 곱한 것으로 한다.</td></tr>
<tr><td>2종
사업장</td><td colspan="5">• 처음 위반의 경우 : 1.4
• 다음 위반부터는 그 위반 직전의 부과계수에 1.4를 곱한 것으로 한다.</td></tr>
<tr><td>3종
사업장</td><td colspan="5">• 처음 위반의 경우 : 1.3
• 다음 위반부터는 그 위반 직전의 부과계수에 1.3을 곱한 것으로 한다.</td></tr>
<tr><td>4종
사업장</td><td colspan="5">• 처음 위반의 경우 : 1.2
• 다음 위반부터는 그 위반 직전의 부과계수에 1.2를 곱한 것으로 한다.</td></tr>
<tr><td>5종
사업장</td><td colspan="5">• 처음 위반의 경우 : 1.1
• 다음 위반부터는 그 위반 직전의 부과계수에 1.1을 곱한 것으로 한다.</td></tr>
</table>

비고 : 폐수무방류배출시설에 대하여는 처음 위반의 경우 1.8로 하고, 다음 위반부터는 그 위반 직전의 부과계수에 1.5를 곱한 것으로 한다.

▶ 초과부과금의 부과대상이 되는 오염물질의 종류는 다음 각 호와 같다.

1. 유기물질
2. 부유물질
3. 카드뮴 및 그 화합물
4. 시안화합물
5. 유기인화합물
6. 납 및 그 화합물
7. 6가크롬화합물
8. 비소 및 그 화합물
9. 수은 및 그 화합물
10. 폴리크로리네이티드비페닐
11. 구리 및 그 화합물
12. 크롬 및 그 화합물
13. 페놀류
14. 트리클로로에틸렌
15. 테트라클로로에틸렌
16. 망간 및 그 화합물
17. 아연 및 그 화합물
18. 총질소
19. 총인

▶ 연도별 부과금산정지수는 매년 전년도 부과금산정지수에 전년도 물가상승률 등을 감안하여 환경부장관이 고시하는 가격변동지수를 곱한 것으로 한다.

▶ 위반횟수는 초과부과금부과대상 오염물질을 배출함으로써 개선명령·조업정지명령·허가취소·사용중지명령 또는 폐쇄명령을 받은 횟수로 한다. 이 경우 위반횟수는 사업장별로 위반행위가 있는 날 최근 2년간을 단위로 이를 산정한다.

② 배출부과금을 부과할 때에는 다음 각 호의 사항을 고려하여야 한다.

1. 배출허용기준 초과 여부
2. 배출되는 수질오염물질의 종류
3. 수질오염물질의 배출기간
4. 수질오염물질의 배출량
5. 자가 측정 여부
6. 그 밖에 수질환경의 오염 또는 개선과 관련되는 사항으로서 환경부령이 정하는 사항

★ 법 제41조 제2항 제6호의 규정에 의한 수질환경의 오염 또는 개선과 관련되는 사항은 다음 각 호와 같다.
 1. 방류수 수질기준 초과여부
 2. 배출수역의 환경기준 및 오염정도

③ 배출부과금은 방류수 수질기준 이하로 배출하는 사업자(폐수무방류배출시설을 운영하는 사업자를 제외한다)에 대하여는 부과하지 아니하며, 대통령령이 정하는 양 이하의 수질오염물질을 배출하는 사업자 및 다른 법률의 규정에 의하여 수질오염물질의 처리비용을 부담한 사업자에 대하여는 부과를 감면할 수 있다.

▶ 대통령령이 정하는 양 이하의 수질오염물질을 배출하는 사업자 및 다른 법률의 규정에 의하여 수질오염물질의 처리비용을 부담한 사업자라 함은 다음 각 호와 같다.
 1. 사업장 규모가 5종인 사업자
 2. 공공폐수처리시설에 폐수를 유입하는 사업자
 3. 공공하수처리시설에 폐수를 유입하는 사업자
 4. 당해 부과금 부과기준일 현재 최근 6월 이상 방류수 수질기준을 초과하여 오염물질을 배출하지 아니한 사업자
 5. 배출시설에서 배출하는 폐수를 최종방류구로 방류하기 전에 재이용하는 사업자

▶ 감면하는 부과금의 종류는 기본부과금에 한하며, 감면범위는 다음 각 호와 같다.
 1. 제1항 제1호 내지 제3호의 어느 하나에 해당되는 사업자의 경우에는 면제
 2. 제1항 제4호에 해당하는 사업자의 경우에는 방류수 수질기준을 초과하지 아니하고 오염물질을 배출한 다음 각 목의 기간별 감면율에 따라 당해 부과기간에 부과되는 부과금을 감경
  가. 6월 이상 1년 내 : 100분의 20
  나. 1년 이상 2년 내 : 100분의 30
  다. 2년 이상 3년 내 : 100분의 40
  라. 3년 이상 : 100분의 50
 3. 제1항 제4호에 해당되는 사업자의 경우에는 다음 각 목의 폐수재이용률별

감면율에 따라 당해 부과기간에 부과되는 부과금을 감경

가. 재이용률이 10퍼센트 이상 30퍼센트 미만인 경우 : 100분의 20

나. 재이용률이 30퍼센트 이상 60퍼센트 미만인 경우 : 100분의 50

다. 재이용률이 60퍼센트 이상 90퍼센트 미만인 경우 : 100분의 80

라. 재이용률이 90퍼센트 이상인 경우 : 100분의 90

▶ 부과금의 납부통지는 초과부과금의 경우에는 초과부과금 부과사유가 발생한 때, 기본부과금의 경우에는 당해 부과기간에 대한 확정배출량 자료제출기간 종료일부터 60일 이내에 하여야 한다.

▶ 부과금의 납부기간은 납부통지서를 발급한 날부터 30일로 한다.

▶ 부과금납부의 명을 받은 사업자(이하 "부과금납부자"라 한다)는 당해 부과금의 조정(부과금납부 통지서를 받은 날부터 60일 이내)을 신청할 수 있다.

▶ 환경부장관은 조정신청이 있는 때에는 30일 이내에 그 처리결과를 신청인에게 통지하여야 한다.

▶ 환경부장관은 부과금의 납부기한 전에 부과금납부자가 다음 각 호의 1에 해당하는 사유로 부과금을 납부할 수 없다고 인정되는 경우에는 징수를 유예하거나 그 금액을 분할하여 납부하게 할 수 있다. 체납액의 경우에도 또한 같다. 이 경우 징수유예의 기간은 유예처분을 한 날의 다음 날부터 2년 이내로 하며, 징수유예기간 중 분할납부 횟수는 12회 이내로 한다.

1. 천재지변이나 그 밖의 재해를 입어 사업자의 재산에 심각한 손실이 발생한 경우
2. 뚜렷한 손실을 입어 사업이 중대한 위기에 처한 경우
3. 제1호 또는 제2호에 준하는 사정이 있는 경우

▶ 배출부과금의 징수를 유예받거나 분할납부를 할 자가 내야 할 당초의 부과금액이 그 납부의무자의 자본금 또는 출자총액(개인사업자의 경우에는 자산총액)을 2배 이상 초과하는 경우로서 제1항 각 호에 정한 사유가 계속되어 제2항에 따른 기간 내에도 배출부과금을 납부할 수 없다고 인정되는 경우에는 제2항에도 불구하고 징수유예의 기간을 유예처분을 한 날의 다음 날부터 3년 이내로 하며, 징수유예기간 중의 분할납부 횟수는 18회 이내로 한다.

▶ 배출부과금의 부과·징수·환급, 징수유예 및 분할납부에 관하여 필요한 사항은 환경부령으로 정한다.

제42조 (허가의 취소 등) ① 환경부장관은 사업자 또는 방지시설을 운영하는 자가 다음 각 호의 어느 하나에 해당하는 경우에는 배출시설의 설치허가 또는 변경허가를 취소하거나 배출시설의 폐쇄 또는 6개월 이내의 조업정지를 명할 수 있다. 다만, 제2호에 해당하는 경우에는 배출시설의 설치허가 또는 변경허가를 취소하거나 그 폐쇄

를 명하여야 한다.

1. 제32조 제1항에 따른 배출허용기준을 초과한 경우
2. 거짓이나 그 밖의 부정한 방법으로 허가·변경허가를 받았거나 신고·변경신고를 한 경우
3. 허가를 받거나 신고를 한 후 특별한 사유 없이 5년 이내에 배출시설 또는 방지시설을 설치하지 아니하거나 배출시설의 멸실 또는 폐업이 확인된 경우
4. 폐수무방류배출시설을 설치한 자가 방지시설을 설치하지 아니하고 배출시설을 가동한 경우
5. 변경허가를 받지 아니한 경우
6. 배출시설 설치제한지역에 배출시설 설치허가(변경허가를 포함한다)를 받지 아니하거나 신고를 하지 아니하고 배출시설을 설치 또는 가동한 경우
7. 방지시설을 설치하지 아니하고 배출시설을 설치·가동하거나 변경한 경우
8. 방지시설의 설치가 면제되는 자가 배출허용기준을 초과하여 오염물질을 배출한 경우
9. 가동시작 신고 또는 변경신고를 하지 아니하고 조업한 경우
10. 제38조 제1항 각 호의 어느 하나 또는 같은 조 제2항 각 호의 어느 하나에 해당하는 행위를 한 경우
11. 측정기기를 부착하지 아니한 경우
12. 제38조의3 제1항 각 호의 어느 하나에 해당하는 행위를 한 경우
13. 조업정지명령을 이행하지 아니한 경우
14. 개선명령을 이행하지 아니한 경우
15. 배출시설을 설치·운영하던 사업자가 폐업하기 위하여 해당 시설을 철거한 경우

② 환경부장관은 사업자 또는 방지시설을 운영하는 자가 다음 각 호의 어느 하나에 해당하는 때에는 6개월 이내의 조업정지를 명령할 수 있다.

1. 변경신고를 하지 아니한 경우
2. 배출시설 및 방지시설의 운영에 관한 관리기록을 거짓으로 기재하거나 보존하지 아니한 경우
3. 환경기술인을 임명하지 아니하거나 자격기준에 못 미치는 환경기술인을 임명하거나 환경기술인이 비상근하는 경우

제43조 (과징금 처분)

① 환경부장관은 다음 각 호의 어느 하나에 해당하는 배출시설(폐수무방류배출시설을 제외한다)을 설치·운영하는 사업자에 대하여 조업정지를 명하여야 하는 경우로서 그 조업정지가 주민의 생활, 대외적인 신용·고용·물가 등 국민경제 그 밖에 공

익에 현저한 지장을 초래할 우려가 있다고 인정되는 경우에는 조업정지처분에 갈음하여 3억원 이하의 과징금을 부과할 수 있다.

1. 「의료법」에 의한 의료기관의 배출시설
2. 발전소의 발전설비
3. 학교의 배출시설
4. 제조업의 배출시설
5. 그 밖에 대통령령이 정하는 배출시설

▶ 그 밖에 대통령령이 정하는 배출시설

1. 방위산업체의 배출시설
2. 조업을 중지할 경우 배출시설 안에 투입된 원료·부원료·용수 또는 제품(반제품을 포함한다) 등이 화학 반응을 일으키는 등의 사유로 폭발 또는 화재 등의 사고가 발생할 수 있다고 환경부장관이 인정하는 배출시설
3. 수도시설
4. 석유비축시설
5. 가스공급시설 중 액화천연가스의 인수기지

② 환경부장관은 다음 각 호의 어느 하나에 해당하는 위반행위에 대하여는 제1항에도 불구하고 조업정지를 명하여야 한다.

1. 방지시설(공동방지시설을 포함한다)을 설치하여야 하는 자가 방지시설을 설치하지 아니하고 배출시설을 가동한 경우
2. 30일 이상의 조업정지처분 대상이 되는 경우
3. 개선명령을 이행하지 아니한 경우

③ 환경부장관은 사업자가 과징금을 납부기한까지 납부하지 아니하는 때에는 국세체납처분의 예에 의하여 이를 징수한다.

④ 징수한 과징금은 「환경정책기본법」에 의한 환경개선특별회계의 세입으로 한다.

⑤ 과징금의 부과·징수에 관한 환경부장관의 권한을 시·도지사에게 위임한 경우에 그 징수비용의 교부에 관하여 이를 준용한다.

⑥ 과징금을 부과하는 위반행위의 종류와 위반 정도 등에 따른 과징금의 금액과 그 밖에 필요한 사항은 대통령령으로 정한다.

▶ 과징금의 부과기준은 별표 14의2와 같다.

[시행령 별표 14의2] 과징금의 부과기준(제46조의2 제1항 관련)

과징금 금액은 다음과 같이 산정한다.

과징금 금액=조업정지일수×1일당 부과금액(300만원)×사업장 규모별 부과계수

비고 : 1. 조업정지일수는 법 제71조에 따른 행정처분의 기준에 따른다.

2. 사업장 규모별 부과계수는 별표 13에 따른 사업장의 규모별로 다음 표와 같다.

종 류	부과계수
제1종 사업장	2.0
제2종 사업장	1.5
제3종 사업장	1.0
제4종 사업장	0.7
제5종 사업장	0.4

▶ 과징금의 납부기한은 과징금납부통지서의 발급일부터 30일로 한다.

제44조 (위법시설에 대한 폐쇄조치) 환경부장관은 허가를 받지 아니하거나 신고를 하지 아니하고 배출시설을 설치하거나 사용하는 자에 대하여 당해 배출시설의 사용중지를 명하여야 한다. 다만, 당해 배출시설을 개선하거나 방지시설을 설치·개선하더라도 그 배출시설에서 배출되는 수질오염 물질의 정도가 배출허용기준 이하로 내려갈 가능성이 없다고 인정되는 경우(폐수무방류배출시설의 경우에는 그 배출시설에서 나오는 폐수가 공공수역으로 배출될 가능성이 있다고 인정되는 경우를 말한다) 또는 그 설치장소가 다른 법률의 규정에 의하여 당해 배출시설의 설치가 금지된 장소인 경우에는 그 배출시설의 폐쇄를 명하여야 한다.

제45조 (명령의 이행보고 및 확인)

제46조 (수질오염물질의 측정)

제46조의2 (특정수질유해물질 배출량조사 및 조사결과의 검증)

제46조의3 (특정수질유해물질 배출량조사 결과의 공개)

제46조의4 (자발적 협약의 체결)

제47조 (환경기술인)

① 사업자는 배출시설과 방지시설의 정상적인 운영·관리를 위하여 대통령령으로 정하는 바에 따라 환경기술인을 임명하여야 한다.

▶ 사업자가 환경기술인을 임명하려는 경우에는 다음 각 호의 구분에 따라 임명하여야 한다.

1. 최초로 배출시설을 설치한 경우 : 가동시작 신고와 동시
2. 환경기술인을 바꾸어 임명하는 경우 : 그 사유가 발생한 날부터 5일 이내

② 환경기술인은 배출시설과 방지시설에 종사하는 자가 이 법 또는 이 법에 의한 명령을 위반하지 아니하도록 지도·감독하고, 배출시설 및 방지시설이 정상적으로 운

영되도록 관리하여야 한다.

★ 환경기술인이 관리하여야 할 사항은 다음 각 호와 같다.

1. 폐수배출시설 및 수질오염방지시설의 관리에 관한 사항
2. 폐수배출시설 및 수질오염방지시설의 개선에 관한 사항
3. 폐수배출시설 및 수질오염방지시설의 운영에 관한 기록부의 기록·보존에 관한 사항
4. 운영일지의 기록·보존에 관한 사항
5. 수질오염물질의 측정에 관한 사항
6. 그 밖에 환경오염방지를 위하여 시·도지사가 지시하는 사항

③ 사업자는 제2항의 규정에 의한 환경기술인의 관리사항을 감독하여야 한다.

④ 사업자 및 배출시설과 방지시설에 종사하는 사람은 배출시설과 방지시설의 정상적인 운영·관리를 위한 환경기술인의 업무를 방해하여서는 아니 되며, 그로부터 업무 수행에 필요한 요청을 받았을 때에는 정당한 사유가 없으면 이에 따라야 한다.

⑤ 환경기술인을 두어야 할 사업장의 범위 및 환경기술인의 자격기준은 대통령령으로 정한다.

[시행령 별표 17] 〈개정 2017. 1. 17.〉

사업장별 환경기술인의 자격기준(제59조 제2항 관련)

구 분	환경기술인
제1종사업장	수질환경기사 1명 이상
제2종사업장	수질환경산업기사 1명 이상
제3종사업장	수질환경산업기사, 환경기능사 또는 3년 이상 수질분야 환경관련 업무에 직접 종사한 자 1명 이상
제4종사업장·제5종사업장	배출시설 설치허가를 받거나 배출시설 설치신고가 수리된 사업자 또는 배출시설 설치허가를 받거나 배출시설 설치신고가 수리된 사업자가 그 사업장의 배출시설 및 방지시설업무에 종사하는 피고용인 중에서 임명하는 자 1명 이상

비고 : 1. 사업장의 규모별 구분은 별표 13에 따른다.

2. 특정수질유해물질이 포함된 수질오염물질을 배출하는 제4종 또는 제5종사업장은 제3종사업장에 해당하는 환경기술인을 두어야 한다. 다만, 특정수질유해물질이 포함된 1일 $10m^3$ 이하의 폐수를 배출하는 사업장의 경우에는 그러하지 아니하다.
3. 삭제(2017. 1. 17.)
4. 공동방지시설의 경우에는 폐수배출량이 제4종 또는 제5종사업장의 규모에 해당하면 제3종사업장에 해당하는 환경기술인을 두어야 한다.
5. 법 제48조에 따른 공공폐수처리시설에 폐수를 유입시켜 처리하는 제1종 또는 제2종사업장은 제3종사업장에 해당하는 환경기술인을, 제3종사업장은 제4종사업장·제5종사업장에 해당하는 환경기술인을 둘 수 있다.

6. 방지시설 설치면제 대상인 사업장과 배출시설에서 배출되는 수질오염물질 등을 공동방지시설에서 처리하게 하는 사업장은 제4종사업장·제5종사업장에 해당하는 환경기술인을 둘 수 있다.
7. 연간 90일 미만 조업하는 제1종부터 제3종까지의 사업장은 제4종사업장·제5종사업장에 해당하는 환경기술인을 선임할 수 있다.
8. 「대기환경보전법」 제40조 제1항에 따라 대기환경기술인으로 임명된 자가 수질환경기술인의 자격을 함께 갖춘 경우에는 수질환경기술인을 겸임할 수 있다.
9. 환경산업기사 이상의 자격이 있는 자를 임명하여야 하는 사업장에서 환경기술인을 바꾸어 임명하는 경우로서 자격이 있는 구직자를 찾기 어려운 경우 등 부득이한 사유가 있는 경우에는 잠정적으로 30일 이내의 범위에서는 제4종사업장·제5종사업장의 환경기술인 자격에 준하는 자를 그 자격을 갖춘 자로 보아 제59조 제1항 제2호에 따른 신고를 할 수 있다.

제2절 공공폐수처리시설

제48조 (공공폐수처리시설의 설치)

① 국가·지방자치단체 및 한국환경공단은 수질오염이 악화되어 환경기준을 유지하기 곤란하거나 물환경 보전에 필요하다고 인정되는 지역의 각 사업장에서 배출되는 수질오염물질을 공동으로 처리하여 배출하기 위하여 공공폐수처리시설을 설치·운영할 수 있으며, 국가와 지방자치단체는 다음 각 호의 어느 하나에 해당하는 자에게 공공폐수처리시설을 설치하거나 운영하게 할 수 있다. 이 경우 사업자 또는 그 밖에 수질오염의 원인을 직접 야기한 자(이하 "원인자"라 한다)는 공공폐수처리시설의 설치·운영에 필요한 비용의 전부 또는 일부를 부담하여야 한다.

1. 한국환경공단
2. 산업단지개발사업의 시행자
3. 사업시행자
4. 제1호 내지 제3호에 해당하는 자에 준하는 종말처리시설을 설치·운영할 능력을 가진 자로서 대통령령이 정하는 자

▶ 대통령령이 정하는 자란 다음 각 호의 어느 하나에 해당하는 자를 말한다.

1. 한국농촌공사
2. 한국수자원공사
3. 지방공사 또는 지방공단
4. 산업단지관리공단 또는 입주기업체협의회
5. 방지시설업의 등록을 한 자

6. 종말처리시설을 운영할 수 있는 자

② 제1항의 규정에 의한 종말처리시설의 종류는 대통령령으로 정한다.

▶ 공공폐수처리시설의 종류는 다음과 같다.

1. 산업단지 공공폐수처리시설
2. 농공단지 공공폐수처리시설
3. 기타 공공폐수처리시설

제48조의2 (공공폐수처리시설 설치 부담금의 부과·징수)

제48조의3 (공공폐수처리시설의 사용료의 부과·징수)

제49조 (공공폐수처리시설 기본계획)

① 환경부장관은 공공폐수처리시설을 설치(변경을 포함한다)하고자 하는 때에는 기본계획을 수립하여야 한다.

▶ 공공폐수처리시설 기본계획에는 다음 각 호의 사항이 포함되어야 한다.

1. 공공폐수처리시설에서 처리하려는 대상지역에 관한 사항
2. 오염원분포 및 폐수배출량과 그 예측에 관한 사항
3. 공공폐수처리시설의 폐수처리계통도·처리능력 및 처리방법에 관한 사항
4. 공공폐수처리시설에서 처리된 폐수가 방류수역의 수질에 미치는 영향에 관한 평가
5. 공공폐수처리시설의 설치·운영자에 관한 사항
6. 공공폐수처리시설 설치 부담금 및 공공폐수처리시설 사용료의 비용부담에 관한 사항
7. 제62조에 따른 총 사업비·분야별 소요사업비 및 그 산출근거
8. 연차별 투자계획 및 자금조달계획
9. 토지 등의 수용·사용에 관한 사항
10. 그 밖에 공공폐수처리시설의 설치·운영에 필요한 사항

② 시행자(환경부장관을 제외)가 공공폐수처리시설을 설치(변경을 포함한다)하고자 하는 때에는 대통령령이 정하는 바에 따라 공공폐수처리시설 기본계획을 수립하여 환경부장관의 승인을 얻어야 한다.

제49조의2 (비용부담계획)

▶ 시행자는 다음 각 호의 어느 하나에 해당하는 경우에는 법 제49조의2 제2항 후단에 따라 환경부장관에게 비용부담계획의 변경승인을 받아야 한다.

1. 총 사업비를 100분의 25 이상 변경하려는 경우
2. 공공폐수처리시설 설치 부담금 또는 공공폐수처리시설 사용료를 100분의 25 이상 변경하려는 경우

제49조의3 (권리·의무의 승계)

제49조의4 (수용 및 사용)

제49조의5 (공공폐수처리시설 설치 부담금 및 사용료의 납입)

제49조의6 (강제징수)

제49조의7 (보고 등)

제50조 (공공폐수처리시설의 운영·관리 등)

① 공공폐수처리시설을 운영하는 자는 다음 각 호의 어느 하나에 해당하는 행위를 하여서는 아니 된다.

1. 배수설비로 유입된 수질오염물질을 정당한 사유 없이 종말처리시설에 유입하지 아니하고 배출하거나 종말처리시설에 유입시키지 아니하고 배출할 수 있는 시설을 설치하는 행위
2. 종말처리시설에 유입된 수질오염물질을 최종 방류구를 거치지 아니하고 배출하거나 최종 방류구를 거치지 아니하고 배출할 수 있는 시설을 설치하는 행위
3. 종말처리시설에 유입된 수질오염물질에 오염되지 아니한 물을 섞어 처리하거나 방류수 수질기준을 초과하는 수질오염물질이 종말처리시설의 최종 방류구를 통과하기 전에 오염도를 낮추기 위하여 물을 섞어 배출하는 행위

② 공공폐수처리시설을 운영하는 자는 환경부령이 정하는 유지·관리기준에 따라 그 시설을 적정하게 운영하여야 한다.

[시행규칙 별표 15] 공공폐수처리시설의 유지·관리기준

1. 처리시설을 정상적으로 가동하여 오염물질의 배출이 공공폐수처리시설의 방류수 수질기준에 적합하도록 하여야 한다.
2. 법 제50조 제3항에 따른 개선 등 조치명령을 받지 아니한 운영자가 부득이하게 방류수 수질기준을 초과하여 오염물질을 배출하게 되는 때에는 처리시설의 개선사유, 개선기간, 개선하려는 내용, 개선기간 중의 오염물질 예상배출량 및 배출농도 등을 기재한 개선계획서를 유역환경청장 또는 지방환경청장에게 제출하고 처리시설을 개선하여야 한다.
3. 처리시설의 가동시간, 폐수방류량, 약품투입량, 관리·운영자 그 밖에 처리시설의 운영에 관한 주요사항을 사실대로 매일 기록하고 이를 최종기재한 날부터 1년간 보존하여야 한다.
4. 처리시설에서 배출되는 오염물질의 양을 측정할 수 있는 기기를 부착하는 등 필요한 조치를 하여야 한다.
5. 처리시설의 관리·운영자는 방류수 수질검사를 다음과 같이 실시하여야 한다.

가. 처리시설의 적정운영여부를 확인하기 위한 방류수 수질검사를 월 2회 이상 실시하되, 2000 m^3/일 이상 규모의 시설은 주 1회 이상 실시하여야 한다. 다만, 생태독성(TU) 검사는 월 1회 이상 실시하여야 한다.

나. 방류수의 수질이 현저하게 악화되었다고 인정되는 때에는 수시로 방류수 수질검사를 하여야 한다.

6. 삭제(2017. 1. 19.)

③ 환경부장관은 공공폐수처리시설이 기준에 적합하지 아니하게 운영·관리된다고 인정하는 때에는 대통령령이 정하는 바에 의하여 기간을 정하여 당해 시설을 운영하는 자에게 그 시설의 개선 등 필요한 조치를 할 것을 명할 수 있다.

▶ 유역환경청장 또는 지방환경청장은 시설의 개선 등 필요한 조치를 취할 것을 명하는 때에는 개선 등에 필요한 기간을 고려하여 1년의 범위 내에서 조치기간을 정하여야 한다.

▶ 천재지변이나 그 밖의 부득이한 사유로 제1항에 따른 기간에 조치를 마칠 수 없으면 그 기간이 끝나기 전에 환경부장관에게 1년의 범위에서 개선기간 연장을 신청할 수 있다.

제50조의2 (기술진단 등) ① 시행자는 공공폐수처리시설의 관리상태를 점검하기 위하여 5년마다 해당 공공폐수처리시설에 대하여 기술진단을 하고, 그 결과를 환경부장관에게 통보하여야 한다.

② 시행자는 한국환경공단 또는 기술진단 전문기관(이하 "기술진단 전문기관"이라 한다)으로 하여금 제1항에 따른 기술진단을 대행하게 할 수 있다. 다만, 해당 공공폐수처리시설을 위탁하여 운영하고 있는 경우에는 기술진단을 대행하게 할 수 없다.

제51조 (배수설비 등의 설치 및 관리 등)

[시행규칙 별표 16] 공공폐수처리시설종류별 배수설비의 설치방법 및 구조기준

1. 배수관의 관경은 내경 150mm 이상으로 하여야 한다.
2. 배수관은 우수관과 분리하여 빗물이 혼합되지 아니하도록 설치하여야 한다.
3. 배수관의 기점, 종점, 합류점, 굴곡점, 관경이나 관종이 달라지는 곳에는 맨홀을 설치하여야 하며, 직선인 부분에는 내경의 120배 이하의 간격으로 맨홀을 설치하여야 한다.
4. 배수관 입구에는 유효간격 10mm 이하의 스크린을 설치하여야 하고, 다량의 토사를 배출하는 유출구에는 적당한 크기의 모래받이를 각각 설치하여야 하며, 배수관 또는 맨홀 등의 필요한 부분에는 방취장치를 설치하여야 한다.
5. 사업장에서 공공폐수처리시설까지로 폐수를 유입시키는 배수관에는 유량계 등 계량기를 부착하여야 한다.
6. 시간최대폐수량이 일평균폐수량의 2배 이상인 사업자와 순간수질과 일평균수질과의

격차가 100mg/L 이상인 사업자는 자체적으로 유량조정조를 설치하여 처리장 가동에 지장이 없도록 폐수배출량 및 수질을 조정한 후 배수하여야 한다.

제3절 생활하수 및 가축분뇨의 관리

제52조 (생활하수 및 가축분뇨의 관리)

제4장 비점오염원의 관리

제53조 (비점오염원의 설치신고·준수사항·개선명령 등)

① 다음 각 호의 어느 하나에 해당하는 자는 환경부령이 정하는 바에 따라 환경부장관에게 신고하여야 한다. 신고한 사항 중 대통령령이 정하는 사항을 변경하고자 하는 때에도 또한 같다.

1. 도시의 개발, 산업단지의 조성 등의 사업 준공 또는 완료 이후 비점오염원에 의한 오염을 유발하는 사업으로서 대통령령으로 정하는 사업을 시행하는 자
2. 대통령령이 정하는 규모 이상의 사업장에 대통령령이 정하는 폐수배출시설을 설치하는 자
3. 사업이 재개되거나 사업장이 증설되는 등 대통령령이 정하는 경우가 발생하여 제1호 또는 제2호에 해당되는 자

▶ 대통령령이 정하는 규모 이상의 사업장이라 함은 부지면적 1만 제곱미터 이상인 사업장을 말한다.

▶ 변경신고를 하여야 하는 경우는 다음 각 호의 경우를 말한다.

1. 상호·대표자·사업명 또는 업종의 변경
2. 총 사업면적·개발면적 또는 사업장 부지면적이 처음 신고면적의 100분의 15 이상 증가하는 경우
3. 비점오염저감시설의 종류, 위치, 용량이 변경되는 경우
4. 비점오염원 또는 비점오염저감시설의 전부 또는 일부를 폐쇄하는 경우

★ 비점오염원의 설치신고를 하려는 자는 비점오염원설치신고서에 다음 각 호의 서류를 첨부하여 유역환경청장 또는 지방환경청장에게 제출하여야 한다.

1. 개발사업 등에서 발생하는 주요 비점오염원 및 비점오염물질에 관한 자료
2. 개발사업 등의 평면도 및 비점오염물질의 발생·유출 흐름도

3. 개발사업 등의 유지관리 및 강우유출수의 저감방안 등에 관한 비점오염저감 계획서
4. 비점오염방지시설 설치·운영·관리계획 및 비점오염방지시설의 설치명세서 및 도면

② 신고 또는 변경신고를 하는 때에는 비점오염저감시설 설치계획을 포함하는 비점오염저감계획서 등 환경부령이 정하는 서류를 제출하여야 한다.

★ 비점오염저감계획서를 작성하는 때에는 다음 각 호의 내용을 포함하여 작성하여야 하며, 그 밖의 세부적인 작성방법 등은 환경부장관이 정하여 고시한다.
1. 비점오염원 관련 현황
2. 비점오염원 저감방안
3. 비점오염저감시설 설치계획
4. 비점오염저감시설 유지관리 및 모니터링 방안

★ 방지시설의 설치기준과 조치하여야 할 사항은 별표 17과 같다.

[시행규칙 별표 17] 비점오염저감시설의 설치기준(제50조 제1항)

1. 공통사항 : 내용 생략
2. 시설유형별 기준
 가. 자연형 시설
  (1) 저류시설 : 내용 요약
   (가) 저류지 계획최대수위를 고려하여 제방의 여유고가 0.6m 이상 되도록 설계한다.
   (나) 처리효율을 높이기 위하여 길이 대 폭의 비율은 1.5 : 1 이상이 되도록 한다.
  (2) 인공습지 : 내용 요약
   (가) 인공습지의 유입구에서 유출구까지의 유로는 최대한 길게 하고, 길이 대 폭의 비율은 2 : 1 이상으로 한다.
   (나) 다양한 생태환경조성을 위하여 인공습지 전체 면적 중 50%는 얕은 습지(0~0.3m), 30%는 깊은 습지(0.3~1.0m), 20%는 깊은 못(1~2m)으로 구성한다.
   (다) 유입부에서 유출부까지의 경사는 0.5% 이상 1.0% 이하의 범위를 초과하지 아니하도록 한다.
   (라) 5종부터 7종까지의 다양한 식물을 심어 생물다양성을 증가시킨다.
  (3) 침투시설 : 내용 요약
   (가) 침전물(沈澱物)로 인하여 토양의 공극(孔隙)이 막히지 아니하는 구조로 설계한다.
   (나) 침투시설 하층 토양의 침투율은 시간당 13밀리미터 이상이어야 하며, 동절기에 동결로 기능이 저하되지 아니하는 지역에 설치한다.
   (다) 지하수 오염을 방지하기 위하여 최고 지하수위 또는 기반암으로부터 수직으로 최소 1.2미터 이상의 거리를 두도록 한다.

(4) 식생형 시설 : 길이 방향의 경사를 5% 이하로 한다.

나. 장치형 시설

(1) 여과형 시설 : 내용 생략

(2) 와류(渦流)형 시설 : 내용 생략

(3) 스크린형 시설 : 내용 생략

(4) 응집·침전 처리형 시설 : 내용 생략

(5) 생물학적 처리형 시설 : 내용 생략

[시행규칙 별표 18] 비점오염저감시설의 관리·운영기준

1. 공통사항

2. 시설유형별 기준

가. 자연형 시설

(1) 저류시설

저류지의 침전물은 주기적으로 제거하여야 한다.

(2) 인공습지

(가) 동절기(11월부터 다음 해 3월까지를 말한다)에는 인공습지에서 말라 죽은 식생(植生)을 제거·처리하여야 한다.

(나) 인공습지의 퇴적물은 주기적으로 제거하여야 한다.

(다) 인공습지의 식생대가 50퍼센트 이상 고사하는 경우에는 추가로 수생식물을 심어야 한다.

(라) 인공습지에서 식생대의 과도한 성장을 억제하고 유로(流路)가 편중되지 아니하도록 수생식물을 잘라 내는 등 수생식물을 관리하여야 한다.

(마) 인공습지 침사지의 매몰 정도를 주기적으로 점검하여야 하고, 50퍼센트 이상 매몰될 경우에는 토사를 제거하여야 한다.

(3) 침투시설

(가) 토양의 공극이 막히지 아니하도록 시설 내의 침전물을 주기적으로 제거하여야 한다.

(나) 침투시설은 침투단면의 투수계수 또는 투수용량 등을 주기적으로 조사하고 막힘 현상이 발생하지 아니하도록 조치하여야 한다.

(4) 식생형 시설

(가) 식생이 안정화되는 기간에는 강우유출수를 우회시켜야 한다.

(나) 식생수로 바닥의 퇴적물이 처리용량의 25퍼센트를 초과하는 경우에는 침전된 토사를 제거하여야 한다.

(다) 침전물질이 식생을 덮거나 생물학적 여과시설의 용량을 감소시키기 시작하면 침전물을 제거하여야 한다.

(라) 동절기(11월부터 다음 해 3월까지를 말한다)에 말라 죽은 식생을 제거·처리한다.

나. 장치형 시설

(1) 여과형 시설

(2) 와류(渦流)형 시설
(3) 스크린형 시설
(4) 응집·침전 처리형 시설
(5) 생물학적 처리형 시설

③ 환경부장관은 준수사항을 지키지 아니한 자에 대하여는 대통령령이 정하는 바에 따라 기간을 정하여 비점오염저감계획의 이행 또는 비점오염저감시설의 설치·개선을 명령할 수 있다.

▶ 시설의 설치 또는 개선을 명(이하 '개선명령'이라 한다)할 때에는 시설설치기간 또는 개선에 필요한 조치 등을 고려하여 비점오염저감계획 이행의 경우는 2개월, 시설의 설치는 1년, 시설의 개선은 6월의 범위 내에서 그 기간을 정하여야 한다.

▶ 시설의 설치 또는 개선명령을 받은 자는 천재지변 기타 부득이하다고 인정되는 사유로 인하여 기간 이내에 명령받은 조치를 완료할 수 없는 경우에는 그 기간이 종료되기 전에 시·도지사에게 6월의 범위 내에서 기간 연장을 신청할 수 있다.

④ 환경부장관은 제2항에 따른 비점오염저감계획을 검토하거나 제3항 제1호에 따라 비점오염저감시설을 설치하지 아니하여도 되는 사업장을 인정하려는 때에는 그 적정성에 관하여 환경부령이 정하는 관계전문기관의 의견을 들을 수 있다.

★ 관계전문기관 : 1. 한국환경공단, 2. 한국환경정책·평가연구원

제53조의2 (상수원의 수질보전을 위한 비점오염저감시설 설치)

★ "환경부령으로 정하는 거리"란 취수시설로부터 상류로 유하거리 15킬로미터 및 하류로 유하거리 1킬로미터를 말한다.

제53조의3 (비점오염원 관리 종합대책의 수립) ① 환경부장관은 비점오염원의 종합적인 관리를 위하여 비점오염원 관리 종합대책(이하 "종합대책"이라 한다)을 관계 중앙행정기관의 장 및 시·도지사와 협의하여 대통령령으로 정하는 바에 따라 5년마다 수립하여야 한다.

② 종합대책에는 다음 각 호의 사항이 포함되어야 한다.

1. 비점오염원의 현황과 전망
2. 비점오염물질의 발생 현황과 전망
3. 비점오염원 관리의 기본 목표와 정책 방향
4. 비점오염물질 저감을 위한 세부 추진대책
5. 그 밖에 비점오염원의 관리를 위하여 대통령령으로 정하는 사항

제54조 (관리지역의 지정 등)

① 환경부장관은 비점오염원에서 유출되는 강우유출수로 인하여 하천·호소 등의 이용목적, 주민의 건강·재산이나 자연생태계에 중대한 위해가 발생하거나 발생할 우려가 있는 지역에 대하여는 시·도지사와 협의하여 비점오염원관리지역으로 지정할 수 있다.

② 시·도지사는 관할구역 중 비점오염원의 관리가 필요하다고 인정되는 지역에 대하여는 환경부장관에게 관리지역으로의 지정을 요청할 수 있다.

③ 환경부장관은 관리지역의 지정사유가 없어졌거나 목적을 달성할 수 없는 등 지정의 해제가 필요하다고 인정되는 때에는 관리지역의 전부 또는 일부에 대하여 그 지정을 해제할 수 있다.

④ 관리지역의 지정기준·지정절차 그 밖에 필요한 사항은 대통령령으로 정한다.

▶ 관리지역의 지정기준은 다음 각 호의 어느 하나에 해당되는 경우를 말한다.

1. 하천 및 호소의 물환경에 관한 환경기준 또는 수계영향권별, 호소별 물환경 목표기준에 미달하는 유역으로 유달부하량(流達負荷量) 중 비점오염 기여율이 50퍼센트 이상인 지역
2. 비점오염물질에 의하여 자연생태계에 중대한 위해가 초래되거나 될 것으로 예상되는 지역
3. 인구 100만 이상의 도시로서 비점오염원관리가 필요한 지역
4. 국가산업단지, 지방산업단지로 지정된 지역으로 비점오염원관리가 필요한 지역
5. 지질, 지층구조가 특이하여 특별한 관리가 필요하다고 인정되는 지역
6. 그 밖에 환경부령으로 정하는 지역

▶ 시·도지사가 관리지역을 지정하려는 경우에는 다음 각 호의 내용을 포함하는 지정계획을 마련하여 해당 시장·군수·구청장과 협의한 후 관리지역을 고시한다.

1. 관리지역의 지정이 필요한 사유
2. 해당 지역에서의 비점오염원이 수질오염에 미치는 영향
3. 관리지역의 지정이 필요한 구체적인 지정 범위
4. 그 밖에 환경부령으로 정하는 관리지역의 지정에 필요한 사항

⑤ 환경부장관은 관리지역을 지정하거나 해제하는 때에는 그 지역의 위치·면적·지정 연월일·지정목적·해제 연월일·해제사유 그 밖에 환경부령이 정하는 사항을 고시하여야 한다.

★ 그 밖에 환경부령이 정하는 사항이라 함은 다음과 같다.

1. 지정 시 비점오염원 관리자의 책무
2. 해제 후 적정 관리방안

제55조 (관리대책의 수립)

① 환경부장관은 관리지역을 지정·고시한 때에는 다음의 사항을 포함하는 비점오염원관리대책(이하 "관리대책"이라 한다)을 관계 중앙행정기관의 장 및 시·도지사와 협의하여 수립하여야 한다.

1. 관리목표
2. 관리대상 수질오염물질의 종류 및 발생량
3. 관리대상 수질오염물질의 발생 예방 및 저감방안
4. 그 밖에 관리지역의 적정한 관리를 위하여 환경부령으로 정하는 사항

★ 그 밖에 관리지역의 적정한 관리를 위하여 관리대책에 포함되어야 할 사항은 다음과 같다.

1. 관리목표의 달성기간
2. 해당관리지역 내의 비점오염물질이 유입되는 수계의 일반 현황
3. 관계 중앙행정기관의 장, 시·도지사, 관계 기관·단체의 장 및 해당관리지역 주민이 관리지역 내의 비점오염물질의 저감을 위하여 추진 또는 협조하여야 하는 사항

② 환경부장관은 관리대책을 수립한 때에는 시·도지사에게 이를 통보하여야 한다.

제56조 (시행계획의 수립)

① 시·도지사는 환경부장관으로부터 관리대책의 통보를 받은 때에는 다음의 사항이 포함된 관리대책의 시행을 위한 계획(이하 "시행계획"이라 한다)을 수립하여 환경부령이 정하는 바에 따라 환경부장관의 승인을 얻어 시행하여야 한다.

1. 관리지역의 개발현황 및 개발계획
2. 관리지역의 대상 수질오염물질의 발생현황 및 지역개발계획으로 예상되는 발생량 변화
3. 환경친화적 개발 등의 대상 수질오염물질 발생 예방
4. 방지시설의 설치·운영 및 불투수층 면적의 축소 등 대상 수질오염물질 저감계획
5. 그 밖에 관리대책의 시행을 위하여 환경부령이 정하는 사항

② 시·도지사는 환경부령이 정하는 바에 따라 전년도 시행계획의 이행사항을 평가한 보고서를 작성하여 매년 3월 말까지 환경부장관에게 제출하여야 한다.

제57조 (예산 등의 지원)

제57조의2 (기술개발·연구)

제58조 (농약잔류허용기준)

제59조 (고랭지 경작지에 대한 경작방법 권고)

① 특별자치도지사·시장·군수·구청장은 공공수역의 수질보전을 위하여 환경부령이 정하는 해발고도 이상에 위치한 농경지 중 환경부령이 정하는 경사도 이상의 농경지를 경작하는 자에 대하여 경작방식의 변경, 농약·비료의 사용량 저감, 휴경 등을 권고할 수 있다.

★ 특별자치도지사·시장·군수·구청장이 공공수역의 수질보전을 위하여 경작방식의 변경, 농약·비료의 사용량 저감, 휴경 등을 권고할 수 있는 농경지는 해발 400m 이상에 위치하는 경사도 15% 이상의 농경지로 한다.

② 특별자치도지사·시장·군수·구청장은 권고에 따라 농작물을 경작하거나 휴경함으로 인하여 경작자가 입은 손실에 대하여는 대통령령이 정하는 바에 의하여 보상할 수 있다.

제5장 기타수질오염원의 관리

제60조 (기타수질오염원의 설치신고 등)

① 기타수질오염원을 설치 또는 관리하고자 하는 자는 환경부령이 정하는 바에 의하여 환경부장관에게 신고하여야 한다.

② 기타수질오염원을 설치·관리하는 자는 환경부령이 정하는 바에 의하여 수질오염물질의 배출을 방지·억제하기 위한 시설을 설치하는 등 필요한 조치를 하여야 한다.

★ 기타수질오염원을 설치·관리하는 자가 오염물질의 배출을 방지·억제하기 위하여 설치하여야 할 시설과 조치하여야 할 사항은 별표 19와 같다.

[시행규칙 별표 19] 기타수질오염원의 설치·관리자가 하여야 할 조치 : 내용 요약

1. 골프장
   1) 골프장 안에 초기 빗물 5밀리미터 이상을 저장할 수 있는 조정지(調整池)를 설치·운영하여야 한다.
   2) 침전물 등 오염물질을 주기적으로 제거하여 조정지의 기능이 적정하게 유지되도록 하여야 한다.
2. 농·축·수산물 단순가공시설
   1) 수면 위의 부유물질을 제거하여 방류하여야 한다.
   2) 침전물은 침전시설을 설치하여 침전 처리하여야 하고, 이때 침전물은 재차 부유하지 아니하도록 한다.
   3) 염분 등으로 타인에게 피해가 가지 아니하도록 하여야 한다.

제61조 (골프장의 농약사용 제한)

① 골프장을 설치·관리하는 자는 골프장 안의 잔디 및 수목 등에 맹·고독성 농약을 사용하여서는 아니 된다.

② 환경부장관은 환경부령이 정하는 바에 따라 제1항의 규정에 의한 골프장의 맹·고독성 농약의 사용 여부를 확인하여야 한다.

★ 시도지사는 골프장의 맹·고독성 농약의 사용 여부를 확인하기 위하여 반기마다 골프장별로 농약사용량을 조사하고 농약잔류량을 검사하여야 한다.

제61조의2 (물놀이형 수경시설의 신고 및 관리)

★ 물놀이형 수경시설의 수질 기준 및 관리 기준은 별표 19의2와 같다.

[시행규칙 별표 19의2] 〈신설 2017. 1. 19.〉

물놀이형 수경시설의 수질 기준 및 관리 기준(제89조의3 관련)

1. 수질 기준

가. 측정항목별 수질 기준

검사항목	수질기준
수소이온농도	5.8~8.6
탁도	4NTU 이하
대장균	200(개체 수/100mL) 미만
유리잔류염소(염소소독을 실시하는 경우만 해당한다)	0.4~4.0mg/L

나. 검사 방법 및 주기

1) 가목의 측정항목에 대하여 「먹는물관리법」 제43조에 따른 먹는물 수질검사기관에 수질 검사를 의뢰하여야 하며, 「환경분야 시험·검사 등에 관한 법률」에 따른 환경오염공정시험기준에 따라 검사하여야 한다.

2) 시설의 가동 개시일을 기준으로 운영 기간 동안 15일마다 1회 이상 검사를 실시하여야 하며, 검사 시료는 가급적 이용자가 많은 날에 채수하도록 한다.

2. 관리 기준

제6장 폐수처리업

제62조 (폐수처리업의 등록)

① 폐수의 수탁처리를 위한 영업(이하 "폐수처리업"이라 한다)을 하고자 하는 자는 환경부령이 정하는 바에 의하여 기술능력·시설 및 장비를 갖추어 환경부장관에게 등록하여야 한다.

★ 폐수처리업의 등록을 하고자 하는 자가 갖추어야 할 기술능력·시설 및 장비에 관한 기준은 별표 20과 같다.

[시행규칙 별표 20] 폐수처리업의 등록기준

구분 \ 종류		폐수수탁처리업	폐수재이용업
1. 기술능력		가. 수질환경산업기사 1명 이상 나. 수질환경산업기사, 대기환경산업기사 또는 화공산업기사 1명 이상	가. 수질환경산업기사, 화공산업기사 중 1명 이상
2. 시설 및 장비	가. 실험실	내용 생략	
	나. 실험기기 및 기구	내용 생략	내용 생략
	다. 저장시설	(1) 폐수저장시설의 용량은 1일 8시간 최대처리량의 3일분 이상으로 하여야 하며, 반입폐수의 밀도를 고려하여 전체 용적의 90% 이내로 저장될 수 있는 용량으로 설치하여야 한다. – 이하 내용 생략	(1) 원폐수 및 재이용 후 발생되는 폐수의 각각 저장시설의 용량은 1일 8시간 최대처리량의 3일분 이상으로 하여야 하며, 반입폐수의 밀도를 고려하여 전체 용적의 90% 이내로 저장될 수 있는 용량으로 설치하여야 한다. – 이하 내용 생략
	라. 처리시설 (내용 요약)	(1) 폐수처리시설의 총 처리능력은 7.5m^3/시간 이상이어야 한다. (2) 폐수처리시설은 다음과 같이 설치하여야 한다. (가) 폐수증발농축시설 (나) 폐수건조시설 ① 건조 잔류물의 수분 함량이 75% 이하의 성능이어야 한다. ② 건조 잔류물이 외부로 누출되지 않는 구조로 되어야 한다. (다) 폐수소각시설 ① 처리능력은 2m^3/시간 이상이어야 한다. ② 소각시설의 연소실 출구 배출가스 온도조건은 최소 850℃ 이상, 체류시간은 최소 1초 이상 이어야 한다. (라) 물리화학적처리시설	(1) 재이용하고자 하는 폐수의 재생이용품을 생산할 수 있는 구조로 되어있어야 한다. (2) 폐수처리시설은 다음과 같이 설치하여야 한다. (가) 폐수증발농축시설 (나) 폐수건조시설 ① 건조 잔류물의 수분 함량이 75% 이하의 성능이어야 한다. ② 건조 잔류물이 외부로 누출되지 않는 구조로 되어야 한다. (다) 폐수소각시설 소각시설의 연소실 출구 배출가스 온도조건은 최소 850℃ 이상, 체류시간은 최소 1초 이상이어야 한다.

		물리화학적처리시설만을 이용하여 수탁폐수를 처리하는 경우에는 동 시설의 처리능력은 $4m^3$/시간 이상이어야 한다. (마) 생물학적처리시설 생물학적처리시설만을 이용하여 수탁폐수를 처리하는 경우에는 처리능력은 $4m^3$/시간 이상이어야 한다.	
	마. 운반장비	(1) 폐수운반장비는 용량 $2m^3$ 이상의 탱크로리, $1m^3$ 이상의 합성수지제 용기가 고정된 차량이어야 한다. 다만, 아파트형 공장 내에서 수집하는 경우에는 고정식 파이프라인으로 갈음할 수 있다. (2) 폐수운반장비는 운반폐수에 부식되지 아니하는 재질로서 운반 도중 폐수가 누출되지 아니하도록 안전한 구조로 되어 있어야 한다. (3) 폐수운반장비는 내부용량을 계측할 수 있는 구조 또는 그 양을 확인할 수 있도록 되어 있어야 한다. (4) 폐수운반차량은 청색으로 도색하고 양옆면과 뒷면에 가로 50cm, 세로 20cm 이상 크기의 황색 바탕에 흑색 글씨로 “폐수운반차량”, “회사명”, “등록번호”, “전화번호” 및 “용량”을 지워지지 아니하도록 표시하여야 한다. (5) 운송 시 안전을 위한 보호구, 중화제 및 소화기를 비치하여야 한다.	(1) 폐수운반장비는 용량 $2m^3$ 이상의 탱크로리, $1m^3$ 이상의 합성수지제 용기가 고정된 차량, 18L 이상의 합성수지제 용기(유가품인 경우에 한한다)이어야 한다. 다만, 아파트형공장 내에서 수집하는 경우에는 고정식 파이프라인으로 갈음할 수 있다. (2) 폐수운반장비는 운반폐수에 부식되지 아니하는 재질로서 운반 도중 폐수가 누출되지 아니하도록 안전한 구조로 되어 있어야 한다. (3) 폐수운반장비는 내부용량을 계측할 수 있는 구조 또는 그 양을 확인할 수 있도록 되어 있어야 한다. (4) 폐수운반차량은 청색으로 도색하고 양옆면과 뒷면에 가로 50cm, 세로 20cm 이상 크기의 황색 바탕에 흑색 글씨로 “폐수운반차량”, “회사명”, “등록번호”, “전화번호” 및 “용량”을 지워지지 아니하도록 표시하여야 한다. (5) 운송 시 안전을 위한 보호구, 중화제 및 소화기를 비치하여야 한다.

비고 : 1. 하나의 시설 또는 장비가 2가지 이상의 기능을 가질 때에는 각각의 해당시설 또는 장비를 갖춘 것으로 본다.
2. 폐수수탁처리업, 폐수재이용업을 함께 하려는 때는 동일한 요건을 중복하여 갖추지 아니 할 수 있다.

3. 오염물질 각 항목을 측정·분석할 수 있는 실험기기·기구 및 시약을 보유한 측정대행업자 또는 대학부설 연구기관 등과 측정대행계약 또는 공동사용계약을 체결한 경우에는 해당 실험기기·기구 및 시약을 갖추지 아니할 수 있다.
4. 폐수처리업자 또는 폐수처리업을 하려는 자가 「환경기술개발 및 지원에 관한 법률」, 「폐기물관리법」, 「오수·분뇨 및 축산폐수의 처리에 관한 법률」, 「유해화학물질관리법」에 따라 허가 또는 등록되는 환경관련 사업을 함께 영위하려는 경우에는 공통되는 실험실·실험기기 및 기구를 중복하여 갖추지 아니하여도 된다.
5. 기술능력이 영 제32조 제2항에 따른 환경기술인의 자격요건 이상이고 폐수처리시설과 배출시설이 동일한 시설인 경우에는 환경기술인을 중복하여 임명하지 아니하여도 된다.

② 폐수처리업의 업종 구분과 영업 내용은 다음 각 호와 같다. 〈신설 2017. 1. 17.〉
1. 폐수수탁처리업 : 폐수처리시설을 갖추고 수탁받은 폐수를 재생·이용 외의 방법으로 처리하는 영업
2. 폐수재이용업 : 수탁받은 폐수를 제품의 원료·재료 등으로 재생·이용하는 영업

③ 제1항에 따라 폐수처리업의 등록을 한 자(이하 "폐수처리업자"라 한다)는 다음 각 호의 사항을 준수하여야 한다. 〈개정 2017. 1. 17.〉
1. 폐수의 처리능력과 처리가능성을 고려하여 수탁할 것
2. 제1항에 따른 기술능력·시설 및 장비 등을 항상 유지·점검하여 폐수처리업의 적정 운영에 지장이 없도록 할 것
3. 환경부령으로 정하는 처리능력이나 용량 미만의 시설을 설치하거나 운영하지 아니할 것
4. 수탁받은 폐수를 다른 폐수처리업자에게 위탁하여 처리하지 아니할 것. 다만, 사고 등으로 정상처리가 불가능하여 환경부령으로 정하는 기간 동안 폐수가 방치되는 경우는 제외한다.
5. 그 밖에 수탁폐수의 적정한 처리를 위하여 환경부령으로 정하는 사항

★ 폐수처리업자의 준수사항은 별표 21과 같다.

[시행규칙 별표 21] 〈개정 2015. 12. 22.〉

폐수처리업자의 준수사항(제91조 제2항 관련)

1. 기술인력을 그 해당 분야에 종사하도록 하여야 하며, 폐수처리시설을 16시간 이상 가동할 경우에는 해당 처리시설의 현장근무 2년 이상의 경력자를 작업현장에 책임 근무하도록 하여야 한다.
2. 삭제(2015. 12. 22.)
3. 삭제(2015. 12. 22.)
4. 폐수처리를 수탁요청 받은 때에는 정당한 사유 없이 이를 거부하거나 수거를 지연하여 위탁자의 사업에 지장을 주어서는 아니 된다.

5. 삭제(2014. 1. 29.)
6. 폐수는 처리방법별(재이용업의 경우 성상별)로 분리하여 수거·운반 및 저장하여야 하고, 그 처리와 관련한 각종 기록을 정확하게 유지·관리하여야 하며, 그 기록문서 또는 전산자료를 3년간 보관하여야 한다.
7. 폐수를 수탁받은 때에는 한국폐수처리협회에서 일련번호를 부여한 별지 제44호서식의 폐수(위)수탁확인서를 사실대로 기록하고, 위탁자와 폐수처리업자가 각각 날인하여 1부는 폐수처리업자, 1부는 위탁자가 각각 보관·비치하여야 하며, 폐수(위)수탁확인서를 거짓으로 발급하여서는 아니 된다.
8. 폐수처리업자가 휴업·폐업 또는 행정처분에 의한 영업정지를 받은 때에는 그 사실을 위탁자에게 즉시 통보하여 적절한 대책을 강구하도록 하여야 한다.
9. 수탁한 폐수는 정당한 사유 없이 10일 이상 보관할 수 없으며, 보관폐수의 전체량이 저장시설 저장능력의 90퍼센트 이상 되게 보관하여서는 아니 된다.
10. 폐수처리업의 등록을 한 자는 반기별로 수탁폐수(재이용폐수를 포함한다)의 위탁업소별·성상별 수탁량·처리량(재이용량을 포함한다)·보관량 및 폐기물처리량 등을 다음 반기의 시작 후 10일 이내에 시·도지사, 관할 등록기관장에게 통보하여야 한다.
11. 등록을 한 운반시설로서 수탁폐수 외의 다른 화물을 운반하는 영업행위를 하여서는 아니 된다.
12. 운반장비·저장시설 및 처리시설은 항상 등록기준에 맞게 유지하여야 한다.
13. 별표 13의 "나지역"에 입지한 시설 중 하수처리구역 또는 공동처리구역 외의 지역에 입지한 시설은 별표 13에도 불구하고 "가지역"의 배출허용기준을 적용한다.
14. 처리 후 발생하는 슬러지의 수분 함량은 85퍼센트 이하이어야 한다.
15. 별표 20 제2호 라목 3)의 라) 및 마)에 따른 물리화학적처리시설 및 생물화학적처리시설을 이용하여 처리하는 경우에는 등록기관에서 인정한 수탁처리대상의 폐수에 한정하여 수탁하여야 하며, 그 폐수는 해당 처리방법별로 분리·저장하여야 한다.
16. 소각시설의 악취물질 및 대기오염물질의 제거를 위해 연소실 출구 배출가스 온도는 최소 850℃ 이상, 체류시간은 최소 1초 이상으로 유지하여야 하며, 초기 승온은 850℃ 이상으로 유지한 상태에서 처리대상 폐수를 투입하여야 한다.
17. 증발농축시설, 건조시설, 소각시설의 대기오염물질 농도를 매월 1회 자가측정하여야 하며, 분기마다 악취에 대한 자가측정을 실시하여야 한다.
18. 별표 20 제2호 라목 3)의 라) 및 마)에 따른 물리화학적처리시설 및 생물화학적처리시설의 처리 수에 대하여는 별표 20 제2호 나목 1)부터 15)까지 중 수탁폐수에 함유된 항목을 주 1회 이상 수질오염물질 분석을 실시하여 적정 운영상태를 확인하여야 한다.

제63조 (결격사유) 다음 각 호의 어느 하나에 해당하는 자는 폐수처리업의 등록을 할 수 없다.

1. 피성년후견인 또는 피한정후견인
2. 파산선고를 받고 복권되지 아니한 자

3. 제64조에 따라 폐수처리업의 등록이 취소(제63조 제1호·제2호 또는 제64조 제1항 제3호에 해당하여 등록이 취소된 경우는 제외한다)된 후 2년이 지나지 아니한 자
4. 이 법 또는 「대기환경보전법」, 「소음·진동관리법」을 위반하여 징역의 실형을 선고받고 그 형의 집행이 끝나거나 집행을 받지 아니하기로 확정된 후 2년이 지나지 아니한 사람
5. 임원 중에 제1호부터 제4호까지의 어느 하나에 해당하는 사람이 있는 법인

제64조 (등록의 취소 등)

① 환경부장관은 폐수처리업자가 다음 각 호의 어느 하나에 해당하는 경우에는 그 등록을 취소하여야 한다.
1. 결격사유에 해당하는 경우
2. 거짓이나 그 밖의 부정한 방법으로 등록한 경우
3. 등록 후 2년 이내에 영업을 개시하지 아니하거나 계속하여 2년 이상 영업실적이 없는 경우
4. 배출해역 지정기간이 끝나거나 폐기물해양배출업의 등록이 취소되어 기술능력·시설 및 장비 기준을 유지할 수 없는 경우

② 환경부장관은 폐수처리업자가 다음 각 호의 어느 하나에 해당하는 경우에는 그 등록을 취소하거나 6월 이내의 기간을 정하여 영업정지를 명할 수 있다.
1. 다른 사람에게 등록증을 대여한 경우
2. 1년에 2회 이상 영업정지처분을 받은 경우
3. 고의 또는 중대한 과실로 폐수처리영업을 부실하게 한 경우
4. 영업정지 처분기간 중에 영업행위를 한 경우

제65조 (권리·의무의 승계)

제66조 (과징금 처분)

① 환경부장관은 폐수처리업의 등록을 한 자에 대하여 영업정지를 명하여야 하는 경우로서 그 영업정지가 주민의 생활 그 밖의 공익에 현저한 지장을 초래할 우려가 있다고 인정되는 경우에는 영업정지처분에 갈음하여 2억원 이하의 과징금을 부과할 수 있다.

▶ 과징금의 부과기준은 별표 17의2와 같다.

[시행령 별표 17의2] 과징금의 부과기준(제79조의2 제1항 관련)

과징금 금액은 다음과 같이 산정한다.

과징금 금액 = 영업정지일수×1일당 부과금액(300만원)×폐수처리업의 종류별 부과계수

비고 : 1. 영업정지일수는 법 제71조에 따른 행정처분의 기준에 따른다.

2. 폐수처리업의 종류별 부과계수는 다음 표와 같다.

종 류	부과계수
폐수수탁처리업	2.0
폐수재이용업	0.5

② 제1항의 규정에 의한 과징금의 부과·징수 등에 관하여는 제43조 제3항부터 제6항까지의 규정을 준용한다.

③ 제1항의 규정에 따라 과징금을 부과하는 위반행위의 종별·정도 등에 따른 과징금의 금액 그 밖에 필요한 사항은 대통령령으로 정한다.

제7장 보칙

제67조 (환경기술인 등의 교육)

① 폐수처리업에 종사하는 기술요원 또는 환경기술인을 고용한 자는 환경부령이 정하는 바에 의하여 그 해당자에 대하여 환경부장관 또는 시·도지사 또는 대도시의 장이 실시하는 교육을 받게 하여야 한다.

★ 환경기술인 또는 법 제62조에 따른 폐수처리업에 종사하는 기술요원(이하 "환경기술인 등"이라 한다)을 고용한 자는 다음 각 호의 구분에 따른 교육을 받게 하여야 한다.

1. 최초교육 : 환경기술인 등이 최초로 업무에 종사한 날부터 1년 이내에 실시하는 교육
2. 보수교육 : 최초교육 후 3년마다 실시하는 교육

★ 교육은 다음 각 호의 구분에 따른 교육기관에서 실시한다. 다만, 환경부장관 또는 시·도지사는 필요하다고 인정하면 다음 각 호의 교육기관 외의 교육기관에서 환경기술인 등에 관한 교육을 실시하도록 할 수 있다.

1. 측정기기 관리대행업에 등록된 기술인력 및 폐수처리업에 종사하는 기술요원 : 국립환경인력개발원
2. 환경기술인 : 환경보전협회

★ 법 제67조의 규정에 의하여 기술요원 또는 환경기술인이 관련분야에 따라 이수하여야 할 교육 과정은 다음 각 호와 같다.

1. 측정기기 관리대행업에 등록된 기술인력 : 측정기기 관리대행 기술인력과정
2. 환경기술인 : 환경기술인과정
3. 폐수처리업에 종사하는 기술요원 : 폐수처리기술요원과정

★ 교육과정의 교육기간은 4일 이내로 한다.

★ 환경부장관은 교육계획을 매년 1월 31일까지 시·도지사에게 통보하여야 한다.

★ 시·도지사는 관할구역 안의 환경기술인과정 및 폐수처리기술요원과정 교육대상자를 선발하여 그 명단을 당해 교육과정개시 15일 전까지 교육기관의 장에게 통보하여야 한다.

★ 교육기관의 장은 법 제67조의 규정에 의하여 교육을 실시한 때에는 당해연도의 교육실적을 다음 해 1월 15일까지 환경부장관에게 보고하여야 한다.

② 시·도지사 또는 대도시의 장은 환경부령이 정하는 바에 의하여 제1항의 규정에 의한 교육에 소요되는 경비를 교육대상자를 고용한 자로부터 징수할 수 있다.

제68조 (보고 및 검사 등)

제68조의2 (신고포상금)

제69조 (국고 보조)

제70조 (관계기관의 협조) 환경부장관은 이 법의 목적을 달성하기 위하여 필요하다고 인정하는 때에는 다음에 해당하는 조치를 관계기관의 장에게 요청할 수 있다. 이 경우 관계기관의 장은 특별한 사유가 없는 한 이에 응하여야 한다.

1. 해충구제방법의 개선
2. 농약·비료의 사용규제
3. 농업용수의 사용규제
4. 녹지지역, 풍치지구 및 공지지구의 지정
5. 폐수 또는 하수처리시설의 설치
6. 공공수역의 준설
7. 하천점용허가의 취소, 하천공사의 시행중지, 변경 또는 그 공작물 등의 이전이나 제거
8. 공유수면의 점용 및 사용허가의 취소, 공유수면사용의 정지·제한 또는 시설 등의 개축·철거
9. 송유관·유류저장시설·농약보관시설 등 수질오염사고를 일으킬 우려가 있는 시설에 대한 수질오염 방지조치 및 시설현황에 관한 자료의 제출
10. 그 밖에 대통령령이 정하는 사항

▶ 그 밖에 대통령령이 정하는 사항이라 함은 다음 각 호의 사항을 말한다.

1. 도시개발제한구역의 지정
2. 관광시설이나 산업시설 등의 설치로 훼손된 토지의 원상복구
3. 수질오염사고가 발생하였거나 수질이 악화되어 수도용수의 취수가 불가능하여 댐 저류수의 방류가 필요한 경우 방류량 조절

제71조 (행정처분의 기준) 이 법 또는 이 법에 의한 명령을 위반한 행위에 대한 행정처분의 기준에 관하여는 환경부령으로 정한다.

[시행규칙 별표 22] 행정처분기준

1. 일반기준
   가. 위반행위가 둘 이상일 때에는 각 위반사항에 따라 각각 처분한다.
   나. 위반행위의 횟수에 따른 행정처분기준은 해당 위반행위를 한 날부터 소급하여 1년(제2호 가목의 경우에는 최근 2년)간 같은 위반행위로 행정처분을 받은 경우에 적용하며, 위반횟수의 산정은 위반행위를 한 날을 기준으로 한다.
   다. 나목의 기준을 적용하면서 제2호 가목 1)의 위반횟수를 산정할 때 별표 13에 따른 생태독성은 다른 수질 오염물질과 합산하지 아니한다.
2. 개별기준

제72조 (청문)

제73조 (수수료)

제74조 (위임 및 위탁)

① 환경부장관은 이 법에 의한 권한의 일부를 대통령령이 정하는 바에 의하여 시·도지사 또는 지방환경관서의 장에게 위임할 수 있다.

[시행규칙 별표 23] 〈개정 2017. 1. 19.〉

위임업무 보고사항(제107조 제1항 관련)

업무내용	보고 횟수	보고기일	보고자
1. 폐수배출시설의 설치허가, 수질오염물질의 배출상황검사, 폐수배출시설에 대한 업무처리 현황	연 4회	매 분기 종료 후 15일 이내	시·도지사
2. 폐수무방류배출시설의 설치허가(변경허가) 현황	수시	허가(변경허가) 후 10일 이내	시·도지사
3. 기타 수질오염원 현황	연 2회	매 반기 종료 후 15일 이내	시·도지사
4. 폐수처리업에 대한 등록·지도단속실적 및 처리실적 현황	연 2회	매 반기 종료 후 15일 이내	시·도지사
5. 폐수위탁·사업장 내 처리현황 및 처리실적	연 1회	다음 해 1월 15일까지	시·도지사
6. 환경기술인의 자격별·업종별 현황	연 1회	다음 해 1월 15일까지	시·도지사
7. 배출업소의 지도·점검 및 행정처분 실적	연 4회	매 분기 종료 후 15일 이내	시·도지사

8. 배출부과금 부과 실적	연 4회	매 분기 종료 후 15일까지	시 · 도지사, 유역환경청장, 지방환경청장
9. 배출부과금 징수 실적 및 체납처분 현황	연 2회	매 반기 종료 후 15일 이내	시 · 도지사, 유역환경청장, 지방환경청장
10. 배출업소 등에 따른 수질오염사고 발생 및 조치사항	수시	사고발생 시	시 · 도지사, 유역환경청장, 지방환경청장
11. 과징금 부과 실적	연 2회	매 반기 종료 후 10일 이내	시·도지사
12. 과징금 징수 실적 및 체납처분 현황	연 2회	매 반기 종료 후 10일 이내	시·도지사
13. 비점오염원의 설치신고 및 방지시설 설치 현황 및 행정처분 현황	연 4회	매 분기 종료 후 15일 이내	유역환경청장, 지방환경청장
14. 골프장 맹·고독성 농약 사용 여부 확인 결과	연 2회	매 반기 종료 후 10일 이내	시·도지사
15. 측정기기 부착시설 설치 현황	연 2회	매 반기 종료 후 15일 이내	시·도지사 유역환경청장 지방환경청장
16. 측정기기 부착사업장 관리 현황	연 2회	매 반기 종료 후 15일 이내	시·도지사 유역환경청장 지방환경청장
17. 측정기기 부착사업자에 대한 행정처분 현황	연 2회	매 반기 종료 후 15일 이내	시·도지사 유역환경청장 지방환경청장
18. 측정기기 관리대행업에 대한 등록·변경등록, 관리대행능력 평가·공시 및 행정처분 현황	연 1회	다음 해 1월 15일까지	유역환경청장, 지방환경청장
19. 수생태계 복원계획(변경계획) 수립·승인 및 시행계획(변경계획) 협의 현황	연 2회	매 반기 종료 후 15일 이내	유역환경청장, 지방환경청장
20. 수생태계 복원 시행계획(변경계획) 협의 현황	연 2회	매 반기 종료 후 15일 이내	유역환경청장, 지방환경청장

② 환경부장관 또는 시·도지사는 이 법에 의한 업무의 일부를 대통령령이 정하는 바에 의하여 관계전문기관에 위탁할 수 있다.

제74조의2 (벌칙 적용에서 공무원 의제)

제8장 벌칙

第75조 (벌칙) 다음 각 호의 어느 하나에 해당하는 자는 7년 이하의 징역 또는 7천만원 이하의 벌금에 처한다.

1. 허가 또는 변경허가를 받지 아니하거나 거짓으로 허가 또는 변경허가를 받아 배출시설을 설치 또는 변경하거나 그 배출시설을 이용하여 조업한 자
2. 배출시설의 설치를 제한하는 지역에서 제한되는 배출시설을 설치하거나 그 시설을 이용하여 조업한 자
3. 제38조 제2항 각 호의 어느 하나에 해당하는 행위를 한 자

第76조 (벌칙) 다음 각 호의 어느 하나에 해당하는 자는 5년 이하의 징역 또는 5천만원 이하의 벌금에 처한다.

1. 제4조의6 제4항에 따른 조업정지·폐쇄 명령을 이행하지 아니한 자
2. 제33조 제1항에 따른 신고를 하지 아니하거나 거짓으로 신고를 하고 배출시설을 설치하거나 그 배출시설을 이용하여 조업한 자
3. 제38조 제1항 각 호의 어느 하나에 해당하는 행위를 한 자
4. 제38조의2 제1항에 따라 측정기기의 부착 조치를 하지 아니한 자(적산전력계 또는 적산유량계를 부착하지 아니한 자는 제외한다)
5. 제38조의3 제1항 제1호 또는 제3호에 해당하는 행위를 한 자
6. 제40조에 따른 조업정지명령을 위반한 자
7. 제42조에 따른 조업정지 또는 폐쇄명령을 위반한 자
8. 제44조에 따른 사용중지명령 또는 폐쇄명령을 위반한 자
9. 제50조 제1항 각 호의 어느 하나에 해당하는 행위를 한 자

第77조 (벌칙) 특정수질유해물질 등을 누출·유출시키거나 버린 자는 3년 이하의 징역 또는 3천만원 이하의 벌금에 처한다.

第78조 (벌칙) 다음 각 호의 어느 하나에 해당하는 자는 1년 이하의 징역 또는 1천만원 이하의 벌금에 처한다.

1. 시설의 개선 등의 조치명령을 위반한 자
2. 업무상 과실 또는 중대한 과실로 인하여 특정수질유해물질 등을 누출·유출시킨 자
3. 분뇨·가축분뇨 등을 버린 자
4. 삭제(2016. 1. 27.)
5. 방제조치의 이행명령을 위반한 자
6. 제17조 제1항의 규정에 의한 통행제한을 위반한 자
7. 제21조의3 제1항에 따른 특별조치명령을 위반한 자
8. 제37조 제1항에 따른 가동시작 신고를 하지 아니하고 조업한 자

9. 제37조 제4항에 따른 조사를 거부·방해 또는 기피한 자
10. 제38조의4 제2항에 따른 조업정지명령을 이행하지 아니한 자
10의2. 제38조의6 제1항을 위반하여 측정기기 관리대행업의 등록 또는 변경등록을 하지 아니하고 측정기기 관리업무를 대행한 자
11. 제50조 제4항에 따른 시설의 개선 등의 조치명령을 위반한 자
12. 제53조 제3항 각 호 외의 부분 본문에 따른 비점오염저감시설을 설치하지 아니한 자
13. 제53조 제5항에 따른 비점오염저감계획의 이행명령 또는 비점오염저감시설의 설치·개선명령을 위반한 자
14. 제60조 제1항에 따른 신고를 하지 아니하고 기타수질오염원을 설치 또는 관리한 자
15. 제60조 제4항 또는 제5항에 따른 조업정지·폐쇄명령을 위반한 자
16. 제62조 제1항에 따른 등록 또는 변경등록을 하지 아니하고 폐수처리업을 한 자
17. 제68조 제1항에 따른 관계 공무원의 출입·검사를 거부·방해 또는 기피한 폐수무방류배출시설을 설치·운영하는 사업자

제79조 (벌칙) 다음 각 호의 어느 하나에 해당하는 자는 500만원 이하의 벌금에 처한다.
1. 제38조의4 제1항에 따른 조치명령을 이행하지 아니한 자
2. 제62조 제3항 제1호 또는 제2호에 따른 준수사항을 지키지 아니한 폐수처리업자
3. 제68조 제1항에 따른 관계 공무원의 출입·검사를 거부·방해 또는 기피한 자(폐수무방류배출시설을 설치·운영하는 사업자는 제외한다)

제80조 (벌칙) 다음 각 호의 어느 하나에 해당하는 자는 100만원 이하의 벌금에 처한다.
1. 적산전력계 또는 적산유량계를 부착하지 아니한 자
2. 환경기술인의 업무를 방해하거나 환경기술인의 요청을 정당한 사유 없이 거부한 자

제81조 (양벌규정) 법인의 대표자나 법인 또는 개인의 대리인, 사용인 그 밖에 종업원이 그 법인 또는 개인의 업무에 관하여 제75조 내지 제80조의 위반행위를 한 때에는 행위자를 벌하는 외에 그 법인 또는 개인에 대하여도 각 해당 조의 벌금형을 과한다.

제82조 (과태료)
① 다음 각 호의 어느 하나에 해당하는 자는 1천만원 이하의 과태료에 처한다.
1. 제4조의5 제4항에 따른 측정기기를 부착하지 아니하거나 측정기기를 가동하지 아니한 자
2. 제4조의5 제4항에 따른 측정 결과를 기록·보존하지 아니하거나 거짓으로 기록·보존한 자
2의2. 제15조 제1항 제4호를 위반하여 환경부령으로 정하는 기준 이상의 토사를 유출하거나 버리는 행위를 한 자

3. 제35조 제2항에 따른 준수사항을 지키지 아니한 자
3의2. 제38조의3 제1항 제2호에 해당하는 행위를 한 자
3의3. 제38조의3 제2항을 위반하여 운영·관리기준을 준수하지 아니한 자
3의4. 제46조의2 제1항에 따른 조사결과를 제출하지 아니하거나 거짓으로 제출한 자
3의5. 제46조의2 제2항에 따른 자료 제출 명령을 이행하지 아니한 자
4. 제47조 제1항을 위반하여 환경기술인을 임명하지 아니한 자
5. 제53조 제1항에 따른 신고를 하지 아니한 자
6. 제61조를 위반하여 골프장의 잔디 및 수목 등에 맹·고독성 농약을 사용한 자
7. 제62조 제3항 제4호 또는 제5호에 따른 준수사항을 지키지 아니한 폐수처리업자

② 다음 각 호의 어느 하나에 해당하는 자는 300만원 이하의 과태료에 처한다.
1. 제10조 제1항 후단을 위반한 자
1의2. 제20조 제1항에 따른 낚시금지구역에서 낚시행위를 한 사람
2. 제38조 제3항을 위반하여 배출시설 등의 운영상황에 관한 기록을 보존하지 아니하거나 거짓으로 기록한 자
3. 삭제(2017. 1. 17.)
4. 삭제(2017. 1. 17.)
4의2. 제50조의2 제1항을 위반하여 기술진단을 실시하지 아니한 자
5. 제53조 제1항 후단에 따른 변경신고를 하지 아니한 자
6. 제60조 제2항을 위반하여 시설의 설치, 그 밖에 필요한 조치를 하지 아니한 자
7. 제61조의2 제1항을 위반하여 물놀이형 수경시설의 설치신고 또는 변경신고를 하지 아니하고 시설을 운영한 자
8. 제61조의2 제2항에 따른 물놀이형 수경시설의 수질 기준 또는 관리 기준을 위반하거나 수질검사를 받지 아니한 자

③ 다음 각 호의 어느 하나에 해당하는 자는 100만원 이하의 과태료에 처한다.
1. 제15조 제1항 제3호의 규정을 위반한 자
2. 제20조 제2항의 규정에 의한 제한사항을 위반하여 낚시제한구역 안에서 낚시행위를 한 자
3. 제33조 제2항 또는 제3항의 규정에 의한 변경신고를 하지 아니한 자
4. 제60조 제1항의 규정에 의한 변경신고를 하지 아니한 자
5. 제67조의 규정을 위반하여 환경기술인 등의 교육을 받게 하지 아니한 자
6. 제68조 제1항의 규정에 의한 보고를 하지 아니하거나 허위로 보고한 자 또는 자료를 제출하지 아니하거나 허위로 제출한 자

④ 과태료는 대통령령이 정하는 바에 의하여 환경부장관, 시·도지사 또는 시장·군수·구청장(이하 이 조에서 "부과권자"라 한다)이 부과·징수한다.

2 Chapter 환경정책기본법

[별표 1] 환경기준 〈개정 2018. 5. 28.〉

1. 수질 및 수생태계

가. 하천

(1) 사람의 건강보호 기준

항 목	기준값(mg/L)
카드뮴(Cd)	0.005 이하
비소(As)	0.05 이하
시안(CN)	검출되어서는 안 됨(검출한계 0.01)
수은(Hg)	검출되어서는 안 됨(검출한계 0.001)
유기인	검출되어서는 안 됨(검출한계 0.0005)
폴리크로리네이티드비페닐(PCB)	검출되어서는 안 됨(검출한계 0.0005)
납(Pb)	0.05 이하
6가크롬(Cr^{6+})	0.05 이하
음이온계면활성제(ABS)	0.5 이하
사염화탄소	0.004 이하
1,2-디클로로에탄	0.03 이하
테트라클로로에틸렌(PCE)	0.04 이하
디클로로메탄	0.02 이하
벤젠	0.01 이하
클로로포름	0.08 이하
디에틸헥실프탈레이트(DEHP)	0.008 이하
안티몬	0.02 이하
1,4-다이옥세인	0.05 이하
포름알데히드	0.5 이하
헥사클로로벤젠	0.00004 이하

(2) 생활환경 기준

등급		상태(캐릭터)	기준								
			수소이온농도(pH)	생물화학적 산소요구량(BOD)(mg/L)	화학적 산소요구량(COD)(mg/L)	총유기탄소량(TOC)(mg/L)	부유물질량(SS)(mg/L)	용존산소량(DO)(mg/L)	총인(T-P)(mg/L)	대장균군(군수/100mL)	
										총 대장균군	분원성 대장균군
매우 좋음	Ia		6.5~8.5	1 이하	2 이하	2 이하	25 이하	7.5 이상	0.02 이하	50 이하	10 이하
좋음	Ib		6.5~8.5	2 이하	4 이하	3 이하	25 이하	5.0 이상	0.04 이하	500 이하	100 이하
약간 좋음	II		6.5~8.5	3 이하	5 이하	4 이하	25 이하	5.0 이상	0.1 이하	1,000 이하	200 이하
보통	III		6.5~8.5	5 이하	7 이하	5 이하	25 이하	5.0 이상	0.2 이하	5,000 이하	1,000 이하
약간 나쁨	IV		6.0~8.5	8 이하	9 이하	6 이하	100 이하	2.0 이상	0.3 이하		
나쁨	V		6.0~8.5	10 이하	11 이하	8 이하	쓰레기 등이 떠 있지 않을 것	2.0 이상	0.5 이하		
매우 나쁨	VI			10 초과	11 초과	8 초과		2.0 미만	0.5 초과		

비고

1. 등급별 수질 및 수생태계 상태

가. 매우 좋음 : 용존산소가 풍부하고 오염물질이 없는 청정상태의 생태계로 여과·살균 등 간단한 정수 처리 후 생활용수로 사용할 수 있음.

나. 좋음 : 용존산소가 많은 편이고 오염물질이 거의 없는 청정상태에 근접한 생태계로 여과·침전·살균 등 일반적인 정수처리 후 생활용수로 사용할 수 있음.

다. 약간 좋음 : 약간의 오염물질은 있으나 용존산소가 많은 상태의 다소 좋은 생태계로 여과·침전·살균 등 일반적인 정수처리 후 생활용수 또는 수영용수로 사용할 수 있음.

라. 보통 : 보통의 오염물질로 인하여 용존산소가 소모되는 일반 생태계로 여과, 침전, 활성탄 투입, 살균 등 고도의 정수처리 후 생활용수로 이용하거나 일반적 정수처리 후 공업용수로 사용할 수 있음.

마. 약간 나쁨 : 상당량의 오염물질로 인하여 용존산소가 소모되는 생태계로 농업용수로 사용하거나, 여과, 침전, 활성탄 투입, 살균 등 고도의 정수처리 후 공업용수로 사용할 수 있음.

바. 나쁨 : 다량의 오염물질로 인하여 용존산소가 소모되는 생태계로 산책 등 국민의 일상생활에 불쾌감을 유발하지 아니하며, 활성탄 투입, 역삼투압 공법 등 특수한 정수처리 후 공업용수로 사용할 수 있음.

사. 매우 나쁨 : 용존산소가 거의 없는 오염된 물로 물고기가 살기 어려움.

아. 용수는 당해 등급보다 낮은 등급의 용도로 사용할 수 있음.

자. 수소이온농도(pH) 등 각 기준항목에 대한 오염도 현황, 용수처리방법 등을 종합적으로 검토하여 그에 맞는 처리방법에 따라 용수를 처리하는 경우에는 당해 등급보다 높은 등급의 용도로도 사용할 수 있음.

2. 상태(캐릭터) 도안 : 내용 생략

3. 수질 및 수생태계 상태별 생물학적 특성 이해표

생물 등급	생물 지표종		서식지 및 생물 특성
	저서생물(底棲生物)	어 류	
매우좋음 ~ 좋음	옆새우, 가재, 뿔하루살이, 민하루살이, 강도래, 물날도래, 광택날도래, 띠무늬우묵날도래, 바수염날도래	산천어, 금강모치, 열목어, 버들치 등 서식	• 물이 매우 맑으며, 유속은 빠른 편임. • 바닥은 주로 바위와 자갈로 구성됨. • 부착 조류(藻類)가 매우 적음.
좋음 ~ 보통	다슬기, 넓적거머리, 강하루살이, 동양하루살이, 등줄하루살이, 등딱지하루살이, 물삿갓벌레, 큰줄날도래	쉬리, 갈겨니, 은어, 쏘가리 등 서식	• 물이 맑으며, 유속은 약간 빠르거나 보통임. • 바닥은 주로 자갈과 모래로 구성됨. • 부착 조류가 약간 있음.
보통 ~ 약간 나쁨	물달팽이, 턱거머리, 물벌레, 밀잠자리	피라미, 끄리, 모래무지, 참붕어 등 서식	• 물이 약간 혼탁하며, 유속은 약간 느린 편임. • 바닥은 주로 잔자갈과 모래로 구성됨. • 부착 조류가 녹색을 띠며 많음.
약간나쁨 ~ 매우나쁨	왼돌이물달팽이, 실지렁이, 붉은깔따구, 나방파리, 꽃등에	붕어, 잉어, 미꾸라지, 메기 등 서식	• 물이 매우 혼탁하며, 유속은 느린 편임. • 바닥은 주로 모래와 실트로 구성되며, 대체로 검은색을 띰. • 부착 조류가 갈색 혹은 회색을 띠며 매우 많음.

4. 화학적 산소요구량(COD) 기준은 2015년 12월 31일까지 적용한다.

나. 호소

(1) 사람의 건강보호 기준

가목 (1)의 사람의 건강보호 기준과 같다.

(2) 생활환경 기준

등 급		상태 (캐릭터)	기 준									
			수소 이온 농도 (pH)	화학적 산소 요구량 (COD) (mg/L)	총유기 탄소량 (TOC) (mg/L)	부유 물질량 (SS) (mg/L)	용존 산소량 (DO) (mg/L)	총인 (T-P) (mg/L)	총질소 (T-N) (mg/L)	클로로 필-a (Chl-a) (mg/m^3)	대장균군 (군수/100mL)	
											총 대장균군	분원성 대장균군
매우 좋음	Ia		6.5~8.5	2 이하	2 이하	1 이하	7.5 이상	0.01 이하	0.2 이하	5 이하	50 이하	10 이하
좋음	Ib		6.5~8.5	3 이하	3 이하	5 이하	5.0 이상	0.02 이하	0.3 이하	9 이하	500 이하	100 이하
약간 좋음	II		6.5~8.5	4 이하	4 이하	5 이하	5.0 이상	0.03 이하	0.4 이하	14 이하	1,000 이하	200 이하
보통	III		6.5~8.5	5 이하	5 이하	15 이하	5.0 이상	0.05 이하	0.6 이하	20 이하	5,000 이하	1,000 이하
약간 나쁨	IV		6.0~8.5	8 이하	6 이하	15 이하	2.0 이상	0.10 이하	1.0 이하	35 이하		
나쁨	V		6.0~8.5	10 이하	8 이하	쓰레기 등이 떠 있지 않을 것	2.0 이상	0.15 이하	1.5 이하	70 이하		
매우 나쁨	VI			10 초과	8 초과		2.0 미만	0.15 초과	1.5 초과	70 초과		

비고 1. 총인, 총질소의 경우 총인에 대한 총질소의 농도비율이 7 미만일 경우에는 총인의 기준을 적용하지 아니하며, 그 비율이 16 이상일 경우에는 총질소의 기준을 적용하지 아니한다.
2. 등급별 수질 및 수생태계 상태는 하천수와 같다.
3. 상태(캐릭터) 도안 모형 및 도안 요령은 하천수와 같다.
4. 화학적 산소요구량(COD) 기준은 2015년 12월 31일까지 적용한다.

다. 지하수

지하수 환경기준 항목 및 수질기준은 「먹는물관리법」 제5조 및 「수도법」 제18조의 규정에 의하여 환경부령이 정하는 수질기준을 적용한다. 다만, 환경부장관이 고시하는 지역 및 항목은 적용하지 않는다.

라. 해역

(1) 생활환경

항목	수소이온농도(pH)	총대장균군(총대장균군수/100mL)	용매 추출유분(mg/L)
기준	6.5 ~ 8.5	1000 이하	0.01 이하

(2) 생태기반 해수수질 기준

등 급	수질평가 지수값	등 급	수질평가 지수값
Ⅰ(매우 좋음)	23 이하	Ⅳ(나쁨)	47~59
Ⅱ(좋음)	24~33	Ⅴ(아주 나쁨)	60 이상
Ⅲ(보통)	34~46		

(3) 해양생태계 보호기준

(단위 : μg/L)

중금속류	구리	납	아연	비소	카드뮴	크롬(6가)
단기 기준*	3.0	7.6	34	9.4	19	200
장기 기준**	1.2	1.6	11	3.4	2.2	2.8

* 단기 기준 : 1회성 관측값과 비교 적용

** 장기 기준 : 연간 평균값(최소 사계절 동안 조사한 자료)과 비교 적용

(4) 사람의 건강보호

등 급	항 목	기준(mg/L)
모든 수역	6가크롬(Cr^{6+})	0.05
	비소(As)	0.05
	카드뮴(Cd)	0.01
	납(Pb)	0.05
	아연(Zn)	0.1
	구리(Cu)	0.02
	시안(CN)	0.01
	수은(Hg)	0.0005
	폴리클로리네이티드비페닐(PCB)	0.0005
	다이아지논	0.02
	파라티온	0.06
	말라티온	0.25
	1.1.1-트리클로로에탄	0.1
	테트라클로로에틸렌	0.01
	트리클로로에틸렌	0.03
	디클로로메탄	0.02
	벤젠	0.01
	페놀	0.005
	음이온 계면활성제(ABS)	0.5

Engineer Water Pollution Environmental
수질환경기사

부록

과년도 출제문제

2013년도 출제문제

2013년 3월 10일 시행

자격종목 및 등급(선택분야)	종목코드	시험시간	문제지형별	수검번호	성 명
수질환경기사	2572	2시간	B		

제1과목 수질오염개론

1. 산(acid)과 염기(base)에 관한 설명으로 틀린 것은?

① 산은 활성을 띤 금속과 반응하여 원소상태의 수소를 내어 놓는다.
② 산의 용액을 전기분해하면 음극에서 원소상태의 수소가 발생된다.
③ 대부분의 비금속은 염기성산화물로서 산에 녹아 염기성용액을 형성한다.
④ 염기는 전자쌍을 주는 화학종으로 산은 전자쌍을 받는 화학종으로 구분할 수 있다.

해설 대부분의 비금속은 산성산화물로서 물에 녹아 산성용액을 형성한다.

참고 금속은 산화되어 금속의 산화물이 되는데 이것은 물에 녹아 염기성을 나타내어 염기성산화물이라고 한다. 비금속은 산화되어 비금속의 산화물이 되는데 이것은 물에 녹아 산성을 나타내어 산성산화물이라고 한다.

$Na \rightarrow Na_2O \rightarrow NaOH$: 염기성

$S \rightarrow SO_2 \rightarrow H_2SO_3$: 산성

$Mg + 2HCl \rightarrow MgCl_2 + H_2$

$MgO + 2HCl \rightarrow MgCl_2 + H_2O$

$Cl_2 + NaOH \rightarrow NaClO + HCl$

$Cl_2O_5 + 2NaOH \rightarrow 2NaClO_3 + H_2O$

2. 다음의 이상적 완전혼합형 반응조내 흐름(혼합)에 관한 설명 중 틀린 것은?

① 분산수(dispersion NO)가 0에 가까울수록 완전혼합 흐름상태라 할 수 있다.
② Morrill지수의 값이 클수록 이상적인 완전혼합 흐름상태에 가깝다.
③ 분산(variance)이 1일 때 완전혼합 흐름상태라 할 수 있다.
④ 지체시간(lag time)이 0이다.

해설 분산수가 무한대가 되면 이상적인 완전혼합 상태, 0이 되면 이상적인 plug flow라고 할 수 있다.

3. 호소수의 성층현상을 설명한 것으로 틀린 것은?

① 성층현상의 결과 생긴 층을 수면으로부터 표수층, 수온약층, 심수층이라고 부른다.
② 여름철 성층현상은 봄철의 기상조건에 따라 달라지는데 봄철 기온이 높고 바람이 약할 경우에는 성층이 늦게 이루어진다.
③ Hypolimnion층은 깊이에 따라 온도변화가 심한 층을 말하며 통상 수심이 1m 내려감에 따라 약 1℃ 이상의 수온차가 생긴다.
④ 성층현상은 주로 봄, 가을에 전도현상이 발생하여 수직혼합이 활발히 진행되므로 호소수의 수질이 악화된다.

해설 Thermocline은 깊이에 따라 온도변화

정답 1. ③ 2. ① 3. ③

가 심한 층을 말하며 통상 수심이 1m 내려감에 따라 약 1℃ 이상의 수온차가 생긴다.

4. 다음 수질을 가진 농업용수의 SAR값으로부터 Na^+가 흙에 미치는 영향은 어떻다고 할 수 있는가? [단, 수질농도는 Na^+ = 230mg/L, Ca^{2+} = 60mg/L, Mg^{2+} = 36mg/L, PO_4^{3-} = 1500mg/L, Cl^- = 200mg/L임 (원자량 : 나트륨 23, 칼슘 40, 마그네슘 24, 인 31)]

① 영향이 적다.
② 영향이 중간 정도이다.
② 영향이 비교적 높다.
④ 영향이 매우 높다.

해설 $SAR = \dfrac{230/23}{\sqrt{\dfrac{60/20+36/12}{2}}} = 5.773$

참고 SAR값이 0~10 정도이면 Na^+가 토양에 미치는 영향이 적은 편이며, 10~18은 중간 정도, 18~26은 비교적 높은 정도, 26~30 이상이면 매우 큰 영향을 미쳐 경작이 어렵게 된다.

5. 지표수와 비교하여 지하수의 일반적인 특성인 것은?

① 유기물 함량이 비교적 높다.
② 용해된 염류의 농도가 비교적 낮다.
③ 자정작용의 속도가 빠르다.
④ 온도가 비교적 균일하다.

6. 최종 BOD가 500mg/L이고, 탈산소계수(자연대수를 base로 함)가 0.1/d인 물의 5일 소모 BOD는?

① 175mg/L ② 197mg/L
③ 224mg/L ④ 25mg/L

해설 $BOD_5 = 500 \times (1 - e^{-0.1 \times 5})$
$= 196.73mg/L$

7. 다음의 수질 분석결과표 내의 경도유발물질로 인한 경도(mg/L as $CaCO_3$)는? (단, 원자량 : Ca는 40, Mg는 24, Sr는 88)

mg/L	mg/L
Na^+ 25	Mg^{2+} 9
Ca^{2+} 16	Sr^{2+} 1

① 약 63 ② 약 79
③ 약 87 ④ 약 93

해설 $16 \times \dfrac{50}{20} + 9 \times \dfrac{50}{12} + 1 \times \dfrac{50}{44}$
$= 78.64mg/L$

8. 하천 및 호수의 부영양화를 고려한 생태계모델로 정적 및 동적인 하천의 수질 및 수문학적 특성을 광범위하게 고려한 수질관리모델은?

① Vollenweider 모델
② QUALE 모델
③ WQRRS 모델
④ WASPO 모델

9. 다음은 Graham의 기체법칙에 관한 내용이다. ( ) 안에 맞는 내용은? (단, Cl_2의 분자량은 71.5임)

수소의 확산속도에 비해 산소는 약 (㉮), 염소는 (㉯) 정도의 확산속도를 나타낸다.

① ㉮ 1/8, ㉯ 1/14 ② ㉮ 1/8, ㉯ 1/9
③ ㉮ 1/4, ㉯ 1/8 ④ ㉮ 1/4, ㉯ 1/6

해설 ㉮ $\sqrt{\dfrac{2}{32}} = \dfrac{1}{4}$, ㉯ $\sqrt{\dfrac{2}{71.5}} = \dfrac{1}{6}$

10. 어느 공장폐수의 BOD를 측정하였을 때 초기 DO는 8.4mg/L이고, 이를 20℃에서 5일간 보관한 후 측정한 DO는 3.6mg/L이었다.

정답 4. ① 5. ④ 6. ② 7. ② 8. ③ 9. ④ 10. ④

이 폐수를 BOD 제거율이 90%가 되는 활성슬러지 처리시설에서 처리하였을 경우 방류수의 BOD(mg/L)는? (단, BOD 측정 시의 희석배율은 50배이다.)

① 12 ② 16 ③ 21 ④ 24

해설 $(8.4-3.6)\times 50\times(1-0.9)=24\text{mg/L}$

참고 $\text{BOD(mg/L)}=(D_1-D_2)\times P$

11. 반감기가 3일인 방사성 폐수의 농도가 10mg/L라면 감소속도정수(d^{-1})는? (단, 1차 반응속도 기준, 자연대수 기준)

① 0.132 ② 0.231 ③ 0.326 ④ 0.430

해설 $\ln\frac{5}{10}=-K\times 3$

$\therefore K=0.231\text{d}^{-1}$

12. 어떤 하천수의 수온은 10℃이다. 20℃의 탈산소계수 K(상용대수)가 0.1/d일 때 최종 BOD에 대한 BOD_6의 비는? (단, $K_T=K_{20}\times 1.047^{(T-20)}$, BOD_6/최종 BOD)

① 0.42 ② 0.58 ③ 0.63 ④ 0.83

해설 ㉠ 10℃일 때 탈산소계수 K를 구한다.

$K_1(10℃)=0.1\times 1.047^{(10-20)}$

$=0.063\text{d}^{-1}$

㉡ [BOD_6/최종 BOD]

$=1-10^{-0.063\times 6}=0.581$

13. 식초산(CH_3COOH) 1500mg/L 용액의 pH가 3.4이었다면 이 용액의 전리상수는?

① 5.14×10^{-6} ② 6.34×10^{-6}
③ 7.74×10^{-6} ④ 8.54×10^{-6}

해설 $K=\frac{[CH_3COO^-][H^+]}{[CH_3COOH]}$

$=\frac{(10^{-3.4})^2}{0.025-10^{-3.4}}=6.44\times10^{-6}$

14. 적조현상에 의해 어패류가 폐사하는 원인과 가장 거리가 먼 것은?

① 적조생물이 어패류의 아가미에 부착하여
② 적조류의 광범위한 수면막 형성으로 인해
③ 치사성이 높은 유독물질을 분비하는 조류로 인해
④ 적조류의 사후분해에 의한 수중 부패독의 발생으로 인해

해설 적조가 발생하면 수중의 용존산소가 결핍되어 질식사하거나 적조생물이 어패류의 아가미에 부착하여 호흡장애로 질식사하거나 적조생물이 생산하는 독소 또는 2차적으로 생긴 황화수소, 메탄가스, 암모니아 등 유독성물질에 의하여 중독사한다.

15. 거주 인구가 10000명인 신시가지의 오수를 처리장에서 처리 후 인접 하천으로 방류하고 있다. 하천으로 배출되는 평균 오수 유량은 $60m^3/h$, BOD 농도는 20mg/L라 할 때 오수처리장의 처리효율은? (단, BOD 인구당 량은 50g/인 · 일로 가정)

① 약 92.5% ② 약 94.2%
③ 약 96.5% ③ 약 98.1%

해설 $\frac{50\times10000-20\times60\times24}{50\times10000}\times100$

$=94.24\%$

16. 콜로이드에 관한 설명으로 틀린 것은?

① 콜로이드 입자의 질량은 매우 작아서 중력의 영향은 중요하지 않다.
② 일부 콜로이드 입자들의 크기는 가시광성 평균 파장보다 크기 때문에 빛의 투과를 간섭한다.
③ 콜로이드 입자들은 모두 전하를 띠고 있다.

정답 11. ② 12. ② 13. ② 14. ② 15. ② 16. ④

④ 콜로이드의 입자는 매우 작아 보통의 반투막을 통과한다.

해설 콜로이드의 입자는 보통의 반투막을 통과하지 못한다.

17. 다음 중 박테리아 세포에서만 발견되는 기관으로 호흡에 관여하는 효소가 존재하는 것은?

① 메소좀(mesosome)
② 볼루틴 과립(volutin granules)
③ 협막(capsule)
④ 리보좀(ribosomes)

해설 메소좀(mesosome) : 호흡계 기관, DNA 합성과 단백질 분비

18. μ(세포비증가율)가 μ_{max}(세포최대증가율)의 80%일 때 기질농도(S_{80})와 μ_{max}의 20%일 때 기질농도(S_{20})와의 비(S_{80}/S_{20})는?

① 4　　② 8
③ 16　　④ 32

해설 ㉠ $0.8\mu_{max} = \frac{\mu_{max} \cdot S_{80}}{K_s + S_{80}}$

$\therefore S_{80} = \frac{0.8K_s}{0.2} = 4K_s$

㉡ $0.2\mu_{max} = \frac{\mu_{max} \cdot S_{20}}{K_s + S_{20}}$

$\therefore S_{20} = \frac{0.2K_s}{0.8} = \frac{K_s}{4}$

㉢ $\frac{S_{80}}{S_{20}} = \frac{4K_s}{K_s/4} = 16$

19. 박테리아($C_5H_7O_2N$) 10g/L을 COD로 환산하면 몇 g/L인가? (단, 질소는 암모니아로 전환됨)

① 10.3g/L　　② 12.1g/L
③ 14.2g/L　　④ 16.8g/L

해설 ㉠ 박테리아($C_5H_7O_2N$) 내호흡 반응식

$C_5H_7O_2N + 5O_2 \rightarrow 5CO_2 + 2H_2O + NH_3$

㉡ $COD = 10 \times \frac{5 \times 32}{113} = 14.16g/L$

20. 시중에 판매되는 농황산의 비중은 약 1.84, 농도는 96%(중량기준)이다. 이 농황산의 몰(mol/L) 농도는?

① 56　　② 32
③ 26　　④ 18

해설 농황산의 몰 농도

$= \frac{1.84 \times 10 \times 96}{98} = 18.02M$

제2과목 상하수도계획

21. 하수 원형 단면 관거의 장단점으로 틀린 것은?

① 안전하게 지지시키기 위한 모래기초 외의 별도의 기초공이 필요 없다.
② 공사기간이 단축된다. (일반적으로 내경 3000mm 정도까지는 공장제품 사용 가능)
③ 역학 계산이 간단하다.
④ 공장제품 사용으로 접합부가 많아져 지하수의 침투량이 많아질 염려가 있다.

해설 안전하게 지지시키기 위해서 모래기초 외에 별도로 기초공을 필요로 하는 경우가 있다.

22. 정수시설 중 완속여과지에 관한 설명으로 틀린 것은?

① 여과지의 깊이는 하부집수장치의 높이에 자갈층의 두께, 모래층 두께, 모래면 위의 수심과 여유고를 더하여 2.5~

3.5m를 표준으로 한다.
② 완속여과지의 여과속도는 4~5m/d를 표준으로 한다.
③ 완속여과지의 모래층 두께는 70~90cm를 표준으로 한다.
④ 여과지의 모래면 위의 수심은 30~60cm를 표준으로 한다.

해설 여과지의 모래면 위의 수심은 90~120cm를 표준으로 한다.

23. 다음은 정수시설의 계획정수량과 시설능력에 관한 내용이다. (　) 안에 옳은 내용은?

> 소비자에게 고품질의 수도 서비스를 중단 없이 제공하기 위하여 정수시설은 유지보수, 사고대비, 시설개량 및 확장 등에 대비하여 적절한 예비용량을 갖춤으로써 수도시스템으로서의 안정성을 높여야 한다. 이를 위하여 예비용량을 감안한 가동률은 (　) 내외가 적당하다.

① 55%　② 65%
③ 75%　④ 85%

해설 정수장의 예비능력은 정수장이 여러 계열로 구성되어 있는 경우에는 그 1계열에 상당하는 용량으로 당해 정수장의 계획정수량의 25% 정도를 표준으로 한다. 그러므로 적정 가동률은 75% 내외가 적당하다.

24. 관거별 계획하수량을 정할 때 고려할 사항으로 틀린 것은?

① 오수관거에서는 계획 1일 최대오수량으로 한다.
② 우수관거에서는 계획우수량으로 한다.
③ 합류식 관거에서는 계획시간최대오수량에 계획우수량을 합한 것으로 한다.
④ 차집관거는 우천 시 계획오수량으로 한다.

해설 오수관거 : 계획시간최대오수량을 기준으로 계획한다.

25. 하수관거시설인 우수토실의 우수월류위어의 위어길이(L)를 계산하는 식으로 맞는 것은? (단, L[m] : 위어길이, Q[m^3/s] : 우수월류량, H[m] : 월류수심(위어길이 간의 평균값))

① $L = Q/(1.2H^{1/2})$
② $L = Q/(1.8H^{1/2})$
③ $L = Q/(1.2H^{3/2})$
④ $L = Q/(1.8H^{3/2})$

26. 펌프의 토출유량은 1800m^3/h, 흡입구의 유속은 4m/s일 때 펌프의 흡입구경(mm)은?

① 약 350　② 약 400
③ 약 450　④ 약 500

해설 $D = \sqrt{\dfrac{4 \times 1800\text{m}^3/\text{h} \times \text{h}/3600\text{s}}{\pi \times 4\text{m/s}}}$
$= 0.39894\text{m} = 398.94\text{mm}$

27. 용해성성분으로 무기물인 불소(처리대상물질)를 제거하기 위해 유효한 고도정수처리방법과 가장 거리가 먼 것은?

① 응집침전　② 골탄
③ 이온교환　④ 전기분해

해설 원수 중에 불소가 과량으로 포함된 경우에는 불소를 감소시키기 위하여 응집침전, 활성알루미나, 골탄, 전해 등의 처리를 한다.

28. 상수처리를 위한 응집지의 플록형성지에 대한 설명 중 틀린 것은?

① 플록형성지는 혼화지와 침전지 사이에 위치하고 침전지에 붙여서 설치한다.
② 플록형성시간은 계획정수량에 대하여 20~40분간을 표준으로 한다.

정답 23. ③ 24. ① 25. ④ 26. ② 27. ③ 28. ④

③ 플록형성지 내의 교반강도는 하류로 갈수록 점차 감소시키는 것이 바람직하다.
④ 플록형성지에 저류벽이나 정류벽 등을 설치하면 단락류가 생겨 유효저류시간을 줄일 수 있다.

해설 플록형성지에 저류벽이나 정류벽 등을 설치하면 단락류의 발생을 방지하여 유효저류시간을 증가시킬 수 있다.

29. 계획취수량은 계획 1일 최대급수량의 몇 % 정도의 여유를 두고 정하는가?

① 5% 정도 ② 10% 정도
③ 15% 정도 ④ 20% 정도

30. $I=\dfrac{3660}{t+15}$ mm/h, 면적 3.0km², 유입시간 6분, 유출계수 C=0.65, 관내유속이 1m/s인 경우 관길이 600m인 하수관에서 흘러나오는 우수량은? (단, 합리식 적용)

① $64m^3/s$ ② $76m^3/s$
③ $82m^3/s$ ④ $91m^3/s$

해설 ㉠ 유달시간

$$=6+\frac{600\text{m}}{1\text{m/s}\times 60\text{s/min}}=16\text{min}$$

㉡ $I=\dfrac{3,660}{16+15}=118.065\ \text{mm/h}$

㉢ $A[\text{ha}]$

$$=3.0\text{km}^2\times\frac{10^6\text{m}^2}{\text{km}^2}\times\frac{\text{ha}}{10^4}=300\text{ha}$$

㉣ $Q=\dfrac{1}{360}\times 0.65\times 118.065\times 300$

$$=63.95\text{m}^3/\text{s}$$

31. 하수의 배제방식인 합류식, 분류식을 비교한 내용으로 틀린 것은?

① 관거오접 : 분류식의 경우 철저한 감시가 필요하다.
② 관거 내 퇴적 : 분류식의 경우 관거 내의 퇴적이 적으며 수세효과는 기대할 수 없다.
③ 처리장으로의 토사 유입 : 분류식의 경우 토사의 유입은 있으나 합류식 정도는 아니다.
④ 관거 내의 보수 : 분류식의 경우 측구가 있는 경우는 관리시간이 단축되고 충분한 관리가 가능하다.

해설 관거 내의 보수 : 분류식의 경우 오수관거에서는 소구경 관거에 의한 폐쇄의 우려가 있으나 청소는 비교적 용이하다. 측구가 있는 경우는 관리에 시간이 걸리고 불충분한 경우가 많다.

32. 취수시설인 침사지에 관한 설명으로 틀린 것은?

① 표면부하율은 500~800mm/min을 표준으로 한다.
② 지내 평균유속은 2~7cm/s를 표준으로 한다.
③ 지의 상단높이는 고수위보다 0.6~1m의 여유고를 둔다.
④ 지의 유효수심은 3~4m를 표준으로 하고, 퇴사심도를 0.5~1m로 한다.

해설 표면부하율은 200~500mm/min을 표준으로 한다.

33. 취수시설에 대한 설명으로 틀린 것은? (단, 하천수를 수원으로 하는 경우)

① 취수보는 안정된 취수와 침사효과가 큰 것이 특징이다.
② 취수보는 하천을 막아 계획취수위를 확보하여 안정된 취수를 가능하게 하기 위한 시설이다.
③ 취수탑은 유황이 안정된 하천에서 대량으로 취수할 때 특히 유리하다.

정답 29. ② 30. ① 31. ④ 32. ① 33. ④

④ 일반적으로 취수보가 취수탑에 비해 경제적이다.

해설 취수탑의 공사비는 일반적으로 크다. 그러나 취수보에 비하면 경제적인 경우가 많다.

34. 하수관로에서 조도계수 0.014, 동수경사 1/100이고 관경이 400mm일 때 이 관로의 유량은? (단, 만관기준, Manning 공식에 의함)

① 약 $0.08m^3/s$ ② 약 $0.12m^3/s$
③ 약 $0.15m^3/s$ ④ 약 $0.19m^3/s$

해설 ㉠ $R = \frac{D}{4} = \frac{0.4}{4} = 0.1\text{m}$

㉡ $Q = \frac{\pi \times 0.4^2}{4} \times \frac{1}{0.014} \times 0.1^{2/3} \times \left(\frac{1}{100}\right)^{1/2}$
$= 0.193\text{m}^3/\text{s}$

35. 하수처리시설인 일차침전지의 표면부하율 기준으로 옳은 것은?

① 계획 1일 최대오수량에 대하여 분류식의 경우 $25\sim50m^3/m^2 \cdot d$로 한다.
② 계획 1일 최대오수량에 대하여 분류식의 경우 $15\sim25m^3/m^2 \cdot d$로 한다.
③ 계획 1일 최대오수량에 대하여 합류식의 경우 $15\sim25m^3/m^2 \cdot d$로 한다.
④ 계획 1일 최대오수량에 대하여 합류식의 경우 $25\sim50m^3/m^2 \cdot d$로 한다.

해설 일차침전지의 표면부하율은 계획 1일 최대오수량에 대하여 분류식의 경우 $35\sim70m^3/m^2 \cdot d$, 합류식의 경우 $25\sim50m^3/m^2 \cdot d$로 한다.

36. 다음은 취수탑의 위치에 관한 내용이다. ( ) 안에 옳은 것은?

취수탑은 탑의 설치 위치에서 갈수수심이 최소 ( ) 이상이 아니면 계획취수량의 취수에 필요한 취수구의 설치가 곤란하다.

① 1m ② 2m
③ 3m ④ 4m

해설 취수탑은 하천의 중류부, 하류부나 저수지, 호수로부터 대량 취수($100000m^3/d$ 이상)에 사용하며 연간 수위 변화의 폭이 크므로 설치 위치는 수심이 최소 2m 이상 되는 곳이 적당하다.

37. 상수도 펌프의 설치와 부속설비에 대한 설명으로 틀린 것은?

① 펌프의 흡입관은 공기가 갇히지 않도록 배관한다.
② 펌프의 토출관은 마찰손실이 작도록 고려하고 체크밸브와 제어밸브를 설치한다.
③ 펌프의 흡수정은 펌프의 설치위치에 가급적 가까이 만들고 난류와 와류가 일어나지 않는 형상으로 한다.
④ 흡입관은 가능한 한 길이를 짧게 하고 경사를 두지 않도록 한다.

해설 흡입관은 가능한 한 길이를 짧게 하고 공기가 고이지 않는 배관으로 하고 흡입관을 수평으로 설치하는 것을 피한다. 부득이 한 경우 가능한 한 짧게 하고 펌프를 향하여 1/50 이상의 경사로 한다.

38. 1분당 $300m^3$의 물을 150m 양정(전양정)할 때 최고 효율점에 달하는 펌프가 있다. 이때의 회전수가 1500rpm이라면 이 펌프의 비속도(비교회전도)는?

① 약 512 ② 약 554
③ 약 606 ④ 약 658

해설 $N_s = \frac{1500 \times 300^{1/2}}{150^{3/4}} = 606.15$

39. 지하수의 취수지점 선정에 관련한 설명 중 틀린 것은?

정답 34. ④ 35. ④ 36. ② 37. ④ 38. ③ 39. ②

① 연해부의 경우에는 해수의 영향을 받지 않아야 한다.
② 얕은 우물인 경우에는 오염원으로부터 5m 이상 떨어져서 장래에도 오염의 영향을 받지 않는 지점이어야 한다.
③ 복류수의 경우에는 오염원으로부터 15m 이상 떨어져서 장래에도 오염의 영향을 받지 않는 지점이어야 한다.
④ 복류수인 경우에 장래에 일어날 수 있는 유로변화 또는 하상저하 등을 고려하고 하천개수계획에 지장이 없는 지점을 선정한다.

해설 얕은 우물이나 복류수인 경우에는 오염원으로부터 15m 이상 떨어져서 장래에도 오염의 영향을 받지 않는 지점이어야 한다.

40. 다음 중 불용해성성분 중 처리대상항목이 조류인 경우 이를 처리하기 위한 고도정수처리방법과 가장 거리가 먼 것은?

① 활성탄
② 막여과
③ 마이크로스트레이너
④ 부상분리

해설 정수시설 내에서 조류를 제거하는 방법으로는 약품처리 후 침전처리 등으로 제거하는 방법과 여과로 제거하는 방법이 있다.

제3과목 수질오염방지기술

41. 활성슬러지 공법을 이용한 폐수처리장에서 반송슬러지 농도가 8000mg/L이고, 포기조에 MLSS 농도를 3000mg/L로 유지시키고자 한다면 슬러지반송률(%)은? (단, 유입수 SS 농도는 고려하지 않음)

① 약 50%　　② 약 55%
③ 약 60%　　④ 약 65%

해설 $\frac{3000}{8000-3000} \times 100 = 60\%$

42. 하수처리에 관련된 침전현상(독립, 응집, 간섭, 압밀)의 종류 중 '간섭침전'에 관한 설명과 가장 거리가 먼 것은?

① 생물학적 처리시설과 함께 사용되는 2차 침전시설 내에서 발생한다.
② 입자 간의 작용하는 힘에 의해 주변 입자들이 침전을 방해하는 중간 정도 농도의 부유액에서의 침전을 말한다.
③ 입자 등은 서로 간의 간섭으로 상대적 위치를 변경시켜 전체 입자들이 한 개의 단위로 침전한다.
④ 함께 침전하는 입자들의 상부에 고체와 액체의 경계면이 형성된다.

해설 입자 등은 서로 간의 상대적 위치를 변경시키려 하지 않고 전체 입자들은 한 개의 단위로 침전하며 함께 침전하는 입자들의 상부에 고체와 액체의 경계면이 형성된다.

43. 활성슬러지 방식으로 유량 Q[m^3/일], BOD 농도 C[mg/L]의 침출수를 MLSS 농도 3000 mg/L, BOD-MLSS 부하 0.2[kg/kg·일]로 처리할 계획을 세웠으나 실제 침출수가 유량 1.1Q[m^3/일], BOD 농도는 2C[mg/L]가 되어 MLSS 농도를 6000mg/L로 처리하였다면 이때의 BOD-MLSS 부하는? (단, 반응조의 부피는 변화 없음)

① 0.14kg/kg·일　　② 0.22kg/kg·일
③ 0.32kg/kg·일　　④ 0.41kg/kg·일

해설 ㉠ $0.2 = \frac{C \times Q}{3000 \times V}$

$\therefore \frac{C \times Q}{V} = 0.2 \times 3000$

㉡ $x = \frac{2C \times 1.1Q}{6000 \times V} = \frac{2 \times 1.1 \times 0.2 \times 3000}{6000}$
$= 0.22\text{kg/kg} \cdot \text{일}$

44. 1일 폐수배출량이 500m^{3}이고 BOD가 300mg/L, 질소분이 5mg/L, SS가 100mg/L인 폐수를 활성슬러지법으로 처리하고자 한다. 공급해야 할 요소[$CO(NH_2)_2$]의 부족량은 하루에 몇 kg인가? (단, BOD : N : P의 비율은 100 : 5 : 1로 가정)

① 약 8.4　② 약 10.7
③ 약 13.2　④ 약 16.3

해설 ㉠ 우선 주어진 비례식을 이용해서 필요한 질소의 농도를 구한다.
질소의 필요농도 = 300mg/L×5/100
= 15mg/L
㉡ 보충 질소농도 = 15 − 5 = 10mg/L
㉢ 공급해야 할 요소[$CO(NH_2)_2$]의 양은 비례식을 이용해서 구한다.
$CO(NH_2)_2$: 2N = 60g : 2×14g
= x[kg/d] : (10×500×10^{-3})kg/d
∴ x = 10.71kg/d

45. Freundlich 등온 흡착식$\left(\frac{X}{M} = KC_e^{1/n}\right)$에 대한 설명으로 틀린 것은?

① X는 흡착된 용질의 양을 나타낸다.
② K, n은 상수 값으로 평형농도에 적용한 단위에 상관없이 동일하다.
③ C_e는 용질의 평형농도(질량/체적)를 나타낸다.
④ 한정된 범위의 용질농도에 대한 흡착 평형값을 나타낸다.

해설 n의 값은 평형농도에 사용한 단위와 관계없이 일정하지만 K의 값은 상수이므로 그 값은 평형농도에서 사용한 단위에 따라 수치가 변한다.

46. 3%(V/V%) 고형물 함량의 슬러지 30m^{3}을 10%(V/V%) 고형물 함량의 슬러지케이크로 탈수하면 탈수 케이크의 용적은?

① 3.4m^3　② 8.2m^3
③ 9.0m^3　④ 14.5m^3

해설 $30 \times 0.03 = x \times 0.1$ ∴ $x = 9\text{m}^3$

47. 다음은 생물학적 3차 처리를 위한 A/O 공정을 나타낸 것이다. 각 반응조 역할을 가장 적절하게 설명한 것은?

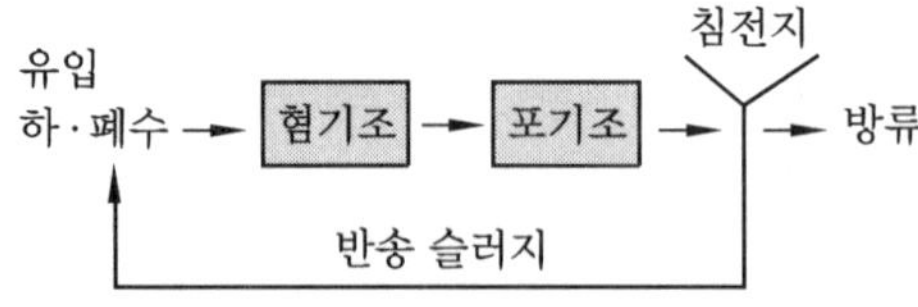

① 혐기조에서는 유기물 제거와 인의 방출이 일어나고 포기조에서는 인의 과잉섭취가 일어난다.
② 포기조에서는 유기물 제거가 일어나고 혐기조에서는 질산화 및 탈질이 동시에 일어난다.
③ 제거율을 높이기 위해서는 외부탄소원인 메탄올 등을 포기조에 주입한다.
④ 혐기조에서는 인의 과잉섭취가 일어나며 포기조에서는 질산화가 일어난다.

48. 유기물을 포함하는 유체가 완전혼합 연속 반응조를 통과할 때 유기물의 농도가 200mg/L에서 20mg/L로 감소한다. 반응조 내의 반응이 일차반응이고 반응조 체적이 20m^{3}이고 반응속도 상수가 0.2/d이라면 유체의 유량은 얼마인가?

① 0.11m^3/d　② 0.22m^3/d
③ 0.33m^3/d　④ 0.44m^3/d

해설 ㉠ 우선 물질수지식을 이용하여 유량에 대한 식을 만들자.

정답 44. ② 45. ② 46. ③ 47. ① 48. ④

$$Q\ C_0 = Q\ C + V\frac{dC}{dt} + VKC,$$

정상상태에서 $\frac{dC}{dt} = 0 \therefore Q = \frac{VKC}{C_0 - C}$

㉡ $Q = \frac{20 \times 0.2 \times 20}{(200-20)} = 0.444\text{m}^3/\text{d}$

49. 역삼투 장치로 하루에 380000L의 3차 처리된 유출수를 탈염시키고자 한다. 요구되는 막면적은? [단, 25℃에서 물질전달계수=0.2068L/(d-m^2)(kPa), 유입수와 유출수 사이의 압력차=2400kPa, 유입수와 유출수의 삼투압차=310kPa, 최저 운전온도=10℃, $A_{10}=1.6A_{25}$]

① 약 1407m^2 ② 약 1621m^2
③ 약 1813m^2 ④ 약 1963m^2

해설 ㉠ A_{25}

$$= \frac{(1\text{m}^2 \cdot \text{d} \cdot \text{kPa}/0.2068\text{L}) \times 380000\text{L/d}}{(2400-310)\text{kPa}}$$

$= 879.198\text{m}^2$

㉡ $A_{10} = 1.6 \times 879.198 = 1406.72\text{m}^2$

50. 1차 처리결과 생성되는 슬러지를 분석한 결과 함수율이 80% 고형물 중 무기성 고형물질이 30%, 유기성 고형물질이 70%, 유기성 고형물질의 비중 1.1, 무기성 고형물질의 비중이 2.2로 판정되었다. 이때 슬러지의 비중은?

① 1.017 ② 1.023
③ 1.032 ④ 1.048

해설 ㉠ 슬러지 습량의 비중을 구하는 공식을 이용한다.

㉡ $\frac{1}{S} = \frac{0.2 \times 0.7}{1.1} + \frac{0.2 \times 0.3}{2.2} + \frac{0.8}{1}$

$= 0.9545 \quad \therefore S = 1.048$

51. 부피가 4000m^{3}인 포기조의 MLSS 농도가 2000mg/L이다. 반송슬러지의 SS 농도가 8000mg/L, 슬러지 체류시간(SRT)이 5일이면 폐슬러지의 유량은?

① 125m^3/d ② 150m^3/d
③ 175m^3/d ④ 200m^3/d

해설 폐슬러지의 유량(Q_w)

$$= \frac{V\ X}{X_r\ SRT} = \frac{4000\text{m}^3 \times 2000\text{mg/L}}{8000\text{mg/L} \times 5\text{d}}$$

$= 200\text{m}^3/\text{d}$

52. NO_3^-가 박테리아에 의하여 N_2로 환원되는 경우 폐수의 pH는?

① 증가한다.
② 감소한다.
③ 변화 없다.
④ 감소하다가 증가한다.

해설 NO_3^-가 세균에 의하여 N_2로 환원되면 수중의 수산이온 농도가 증가하여 pH는 증가한다.

53. 활성슬러지법인 심층포기법에 관한 설명으로 틀린 것은?

① 심층포기법은 수심이 깊은 조를 이용하여 용지이용률을 높이고자 고안한 공법이다.
② 산기수심을 깊게 할수록 단위 송풍량당 압축동력이 증대하여 소비동력이 증가한다.
③ 용존질소의 재기포화에 따른 대책이 필요하다.
④ 포기조를 설치하기 위해서 필요한 단위 용량당 용지면적은 조의 수심에 비례하여 감소한다.

해설 산기수심을 깊게 할수록 단위 송풍량당 압축동력은 증대하지만, 산소용해력 증대에 따라 송풍량이 감소하기 때문에 소비동력은 증가하지 않는다.

정답 49. ① 50. ④ 51. ④ 52. ① 53. ②

54. 연속회분식(SBR)의 운전단계에 관한 설명으로 틀린 것은?

① 주입 : 주입단계의 운전의 목적은 기질(원폐수 또는 1차 유출수)을 반응조에 주입하는 것이다.
② 주입 : 주입단계는 총 cycle 시간의 약 25% 정도이다.
③ 반응 : 반응단계는 총 cycle 시간의 약 65% 정도이다.
④ 침전 : 연속흐름식 공정에 비하여 일반적으로 더 효율적이다.

해설 반응 : 반응단계는 총 cycle 시간의 약 35% 정도이다.

참고 1. 침전단계는 총 cycle 시간의 약 20% 정도이다. (수위 100%)
2. 처리수 배출단계는 총 cycle 시간의 약 15% 정도이다. (수위 100%에서 35%)
3. 슬러지 배출단계는 총 cycle 시간의 약 5% 정도이다. (수위가 35%에서 25%)
4. 주입과정에서 반응조의 수위가 25% 용량에서 100%까지 상승된다.

55. 염분농도가 평균 40mg/L인 폐수에 시간당 40kg의 소금을 첨가시킨 후 측정한 염분의 농도가 60mg/L이었다면 이때의 폐수 유량은?

① $1500m^3$/시간 ② $2000m^3$/시간
③ $2500m^3$/시간 ④ $3000m^3$/시간

해설 $60 = \frac{x \times 40 + 40000}{x}$

$\therefore x = 2000m^3/d$

56. 폐수량이 $10000m^3/d$, SS가 400mg/L, 침전지의 SS 제거율이 80%이며 침전슬러지의 함수율이 98%일 때 슬러지의 부피는? (단, 슬러지 비중은 1.0으로 가정함)

① $140m^3/d$ ② $160m^3/d$
③ $180m^3/d$ ④ $200m^3/d$

해설 $\frac{400 \times 10000 \times 10^{-6} \times 0.8}{0.02 \times 1}$

$= 160m^3/d$

57. 표면적이 $50m^2$인 침전탱크에 폐수 $2500m^3/d$가 유입된다. 이 폐수 중의 입자상 물질이 Stokes 식에 따라 90% 제거되는 고형물 입자의 크기는? (단, 폐수의 밀도는 $1000kg/m^3$, 점도는 0.1kg/m·s, 현탁고형물 입자의 밀도는 $1.25g/cm^3$)

① $6.19 \times 10^{-2}m$ ② $6.19 \times 10^{-2}cm$
③ $5.80 \times 10^{-4}m$ ④ $5.80 \times 10^{-4}cm$

해설 ㉠ $V_s = \frac{2500}{50} \times 0.9$ ∴ V_s = 45m/d × d/86400s = 5.21×10^{-4}

㉡ $5.21 \times 10^{-4} = \frac{9.8 \times (1250 - 1000) \times d^2}{18 \times 0.1}$

㉢ $d = \sqrt{\frac{5.21 \times 10^{-4} \times 18 \times 0.1}{9.8 \times (1250 - 1000)}}$

$= 6.19 \times 10^{-4}m = 6.19 \times 10^{-2}cm$

58. 농도 5500mg/L인 포기조 활성슬러지 1L를 30분간 정치시켰을 때 침강슬러지의 부피가 45%를 차지하였다. 이때의 SDI는?

① 1.22 ② 1.48 ③ 1.6 ④ 1.83

해설 ㉠ 우선 *SVI*를 구한다.

$SVI = \frac{45\% \times 10^4}{5500mg/l} = 81.81$

㉡ $SDI = \frac{100}{81.81} = 1.22$

59. 수중의 암모니아(NH_3)를 포기하여 제거(air stripping)하고자 할 때 가장 중요한 인자는?

① pH와 온도
② pH와 용존산소 농도

정답 54. ③ 55. ② 56. ② 57. ② 58. ① 59. ①

③ 온도와 용존산소 농도
④ 온도와 공기공급량

해설 암모니아를 물에서 탈기하려면 물의 pH를 9 이상으로 높여서 $NH_3 + H_2O \leftrightarrows NH_4^+ + OH^-$에서 역반응이 진행되어 NH_4^+이 NH_3로 변하고 이때 폐수를 휘저어 주면 NH_3가 대기 중으로 방출된다. 암모니아 탈기법은 공기 온도 0℃ 이하에서 작동이 불가능하다.

60. 활성슬러지의 혼합액을 0.2%에서 4%로 부상 농축시키기 위한 조건이 A/S비=0.008, 온도=20℃, 공기의 용해도=18.7mL/L, 포화도=0.5, 표면부하율=$8L/m^2 \cdot min$, 슬러지유량=$500m^3/d$일 때 요구되는 압력(P : atm)은?

① 3.32 ② 4.97 ③ 5.24 ④ 6.75

해설 ㉠ $0.008 = \dfrac{1.3 \times 18.7 \times (0.5 \times P - 1)}{2000}$

$\therefore (0.5P-1) = \dfrac{0.008 \times 2000}{1.3 \times 18.7} = 0.658$

㉡ $P = \dfrac{0.658 + 1}{0.5} = 3.316\text{atm}$

제4과목 수질오염공정시험기준

61. 개수로 유량측정에 관한 설명으로 틀린 것은? (단, 수로의 구성, 재질, 단면의 형상, 기울기 등이 일정하지 않은 개수로의 경우)

① 수로는 가능한 한 직선적이며 수면이 물결치지 않는 곳을 고른다.
② 10m를 측정구간으로 하여 2m마다 유수의 횡단면적을 측정하고, 산술평균 값을 구하여 유수의 평균 단면적으로 한다.
③ 유속의 측정은 부표를 사용하여 100m 구간을 흐르는 데 걸리는 시간을 스톱워치로 재며 이때 실측 유속을 표면 최대유속으로 한다.
④ 총 평균 유속(m/s)은 [0.75×표면 최대유속(m/s)] 식으로 계산된다.

해설 유속의 측정은 부표를 사용하여 10m 구간을 흐르는 데 걸리는 시간을 스톱워치(stop watch)로 재며 이때 실측 유속을 표면 최대유속으로 한다.

62. 식물성 플랑크톤 시험 방법으로 옳은 것은? (단, 수질오염공정시험기준 기준)

① 현미경 계수법 ② 최적 확수법
③ 평판집락계수법 ④ 시험관정량법

해설 식물성 플랑크톤 시험기준은 물속의 부유생물인 식물성 플랑크톤을 현미경 계수법을 이용하여 개체수를 조사하는 정량분석 방법이다.

63. 유속 면적법을 이용하여 하천유량을 측정할 때 적용 적합지점에 관한 내용으로 틀린 것은?

① 가능하면 하상이 안정되어 있고 식생의 성장이 없는 지점
② 합류나 분류가 없는 지점
③ 교량 등 구조물 근처에서 측정할 경우 교량의 상류지점
④ 대규모 하천을 제외하고 가능한 부자(浮子)로 측정할 수 있는 지점

해설 대규모 하천을 제외하고 가능하면 도섭으로 측정할 수 있는 지점

참고 유속 면적법 시험기준은 단면의 폭이 크며 유량이 일정한 곳에 활용하기에 적합하다.

1. 균일한 유속분포를 확보하기 위한 충분한 길이(약 100m 이상)의 직선 하도(河道)의 확보가 가능하고 횡단면상의 수심이 균일한 지점
2. 모든 유량 규모에서 하나의 하도로 형성되는 지점
3. 가능하면 하상이 안정되어 있고, 식생의

정답 60. ① 61. ③ 62. ① 63. ④

성장이 없는 지점
4. 유속계나 부자가 어디에서나 유효하게 잠길 수 있을 정도의 충분한 수심이 확보되는 지점
5. 합류나 분류가 없는 지점
6. 교량 등 구조물 근처에서 측정할 경우 교량의 상류지점
7. 대규모 하천을 제외하고 가능하면 도섭으로 측정할 수 있는 지점
8. 선정된 유량측정 지점에서 말뚝을 박아 동일 단면에서 유량측정을 수행할 수 있는 지점

64. 투명도 측정에 관한 내용으로 틀린 것은?

① 투명도판의 지름은 30cm이다.
② 투명도판에 뚫린 구멍의 지름은 5cm이다.
③ 투명도판에는 구멍이 8개 뚫려 있다.
④ 투명도판의 무게는 약 2kg이다.

해설 투명도판의 무게는 약 3kg이다.

65. 다음은 효소이용정량법을 적용하여 대장균을 분석하는 내용이다. ( ) 안에 옳은 내용은?

물속에 존재하는 대장균을 분석하기 위한 것으로, 효소기질 시약과 시료를 혼합하여 배양한 후 ( )로 측정하는 방법이다.

① 무균 검출기 ② 자외선 검출기
③ 색도 검출기 ④ 시험관 검출기

해설 대장균 시험기준은 물속에 존재하는 대장균을 분석하기 위한 것으로, 효소기질 시약과 시료를 혼합하여 배양한 후 자외선 검출기로 측정하는 방법이다.

66. 자외선/가시선 분광법으로 시안을 분석할 때 시료에 함유된 황화합물을 제거하기 위해 사용하는 시약은?

① 아세트산아연 용액
② L-아스코빈산
③ 아비산나트륨
④ 수산나트륨

67. 유입부의 직경이 100cm, 목(throat)부 직경이 50cm인 벤투리미터로 폐수가 유입되고 있다. 이 벤투리미터 유입부 관 중심에서의 수두는 100cm, 목(throat)부의 수두는 10cm일 때 유량(cm^3/s)은? (단, 유량계수는 1.0임)

① 약 852000 ② 약 858000
③ 약 862000 ④ 약 868000

해설 ㉠ $Q = \dfrac{C \cdot A \cdot \sqrt{2g \cdot H}}{\sqrt{1-(d_2/d_1)^4}}$

㉡ $Q[\mathrm{cm^3/s}]$

$$= \frac{1 \times \dfrac{\pi \times 50^2}{4} \times \sqrt{2 \times 980 \times (100-10)}}{\sqrt{1-(50/100)^4}}$$

$= 851713.52\mathrm{cm^3/s}$

68. 냄새역치(TON)의 계산식으로 옳은 것은? [단, A : 시료부피(mL), B : 무취 정제수 부피(mL)]

① $\dfrac{(A+B)}{B}$ ② $\dfrac{(A+B)}{A}$
③ $\dfrac{A}{(A+B)}$ ④ $\dfrac{B}{(A+B)}$

69. 자외선/가시선 분광법을 적용하여 페놀류를 측정할 때 사용되는 시약은?

① 4-아미노 안티피린
② 인도 페놀
③ O-페난트로린
④ 디티존

정답 64. ④ 65. ② 66. ① 67. ① 68. ② 69. ①

70. 불소화합물의 분석방법과 가장 거리가 먼 것은? (단, 수질오염공정시험기준 기준)

① 자외선/가시선 분광법
② 이온전극법
③ 이온크로마토그래피
④ 불꽃 원자흡수분광광도법

71. 알킬수은을 기체크로마토그래피법으로 측정할 때 알킬수은 화합물의 추출용액으로 사용되는 것은?

① 벤젠　② 사염화탄소
③ 헥산　④ 클로로포름

72. 자외선/가시선 분광법을 적용한 니켈 측정에 관한 설명으로 옳은 것은?

① 황갈색 니켈착염의 흡광도를 측정한다.
② 적갈색 니켈착염의 흡광도를 측정한다.
③ 청색 니켈착염의 흡광도를 측정한다.
④ 적자색 니켈착염의 흡광도를 측정한다.

73. 시료의 보존방법으로 틀린 것은?

① 아질산성 질소 : 4℃ 보관, H_2SO_4로 pH 2 이하
② 총질소(용존 총질소) : 4℃ 보관, H_2SO_4로 pH 2 이하
③ 화학적 산소요구량 : 4℃ 보관, H_2SO_4로 pH 2 이하
④ 암모니아성 질소 : 4℃ 보관, H_2SO_4로 pH 2 이하

해설 아질산성 질소 : 4℃ 보관

74. 시료의 전처리 방법 중 유기물을 다량 함유하고 있으면서 산분해가 어려운 시료에 적용하는 방법은?

① 질산-염산 산분해법
② 질산 산분해법
③ 마이크로파 산분해법
④ 질산-황산 산분해법

75. 다음의 불꽃 원자흡수분광광도법 분석절차 중 가장 먼저 수행되는 것은?

① 최적의 에너지 값을 얻도록 선택파장을 최적화한다.
② 버너헤드를 설치하고 위치를 조정한다.
③ 바탕시료를 주입하여 영점조정을 한다.
④ 공기와 아세틸렌을 공급하면서 불꽃을 발생시키고 최대 감도를 얻도록 유량을 조절한다.

해설 불꽃 원자흡수분광광도법 분석절차

㉠ 분석하고자 하는 원소의 속빈음극램프를 설치하고 프로그램상에서 분석파장을 선택한 후 슬릿 나비를 설정한다.
㉡ 기기를 가동하여 속빈음극램프에 전류가 흐르게 하고 에너지 레벨이 안정될 때까지 10~20분간 예열한다.
㉢ 최적 에너지 값(gain)을 얻도록 선택파장을 최적화한다.
㉣ 버너헤드를 설치하고 위치를 조정한다.
㉤ 공기와 아세틸렌을 공급하면서 불꽃을 발생시키고, 최대 감도를 얻도록 유량을 조절한다.
㉥ 바탕시료를 주입하여 영점조정을 하고, 시료 분석을 수행한다.

76. 자외선/가시선 분광법을 적용한 음이온 계면활성제 시험방법에 관한 설명으로 틀린 것은?

① 메틸렌블루와 반응시켜 생성된 청색의 착화합물을 추출하여 흡광도를 측정한다.
② 컬럼을 통과시켜 시료 중의 계면활성제를 종류별로 구분하여 측정할 수 있다.
③ 메틸렌블루와 반응시켜 생성된 착화합물을 추출할 때 클로로폼을 사용한다.

정답 70. ④　71. ①　72. ②　73. ①　74. ③　75. ①　76. ②

④ 약 1000mg/L 이상의 염소이온 농도에서 양의 간섭을 나타내며 따라서 염분농도가 높은 시료의 분석에는 사용할 수 없다.

해설 자외선/가시선 분광법으로는 시료 중의 계면활성제를 종류별로 구분하여 측정할 수 없다.

77. **자외선/가시선 분광법으로 아연을 측정할 때에 관한 설명으로 틀린 것은?**

① 청색 킬레이트 화합물의 흡광도를 620nm에서 측정하는 방법이다.
② 정량한계는 0.01mg/L이다.
③ 아스코빈산나트륨은 2가 철이 공존하지 않는 경우에는 넣지 않는다.
④ 시료 내 아연이온은 pH 약 9에서 진콘과 반응한다.

해설 아스코빈산나트륨은 2가 망간이 공존하지 않는 경우에는 넣지 않는다.

78. **공장폐수 및 하수유량(관내의 유량측정방법)의 측정방법에 관한 설명으로 틀린 것은?**

① 오리피스는 설치비용이 적고 유량측정이 정확하나 목 부분의 단면조절을 할 수 없어 유량조절이 어렵다.
② 피토우관의 유속은 마노미터에 나타나는 수두 차에 의하여 계산한다.
③ 자기식 유량측정기의 측정원리는 패러데이의 법칙을 이용하여 자장의 직각에서 전도체를 이동시킬 때 유발되는 전압은 전도체의 속도에 비례한다는 원리를 이용한 것이다.
④ 피토우관으로 측정할 때는 반드시 일직선상의 관에서 이루어져야 한다.

해설 오리피스의 장점은 단면이 축소되는 목(throat) 부분을 조절함으로써 유량이 조절된다는 점이며, 단점은 오리피스(orifice) 단면에서 커다란 수두손실이 일어난다는 점이다.

79. **취급 또는 저장하는 동안에 이물질이 들어가거나 또는 내용물이 손실되지 아니하도록 보호하는 용기는?**

① 밀봉용기 ② 밀폐용기
③ 기밀용기 ④ 압밀용기

80. **폐수 중의 비소를 자외선/가시선 분광법으로 측정할 때 황화수소 기체는 비소의 정량을 방해한다. 이를 제거할 때 사용되는 시약은?**

① 몰리브덴산나트륨
② 나트륨붕소
③ 안티몬수은
④ 아세트산납

제5과목 수질환경관계법규

81. **환경기준인 수질 및 수생태계 상태별 생물학적 특성 이해표 내용 중 생물등급이 '좋음~보통'일 때의 생물지표종(어류)으로 틀린 것은?**

① 버들치 ② 쉬리
③ 갈겨니 ④ 은어

해설 버들치는 생물등급이 '매우 좋음~좋음'일 때 서식한다.

참고 1. 매우 좋음~좋음 : 산천어, 금강모치, 열목어, 버들치 등 서식
2. 좋음~보통 : 쉬리, 갈겨니, 은어, 쏘가리 등 서식
3. 보통~약간 나쁨 : 피라미, 끄리, 모래무지, 참붕어 등 서식
4. 약간 나쁨~매우 나쁨 : 붕어, 잉어, 미꾸라지, 메기 등 서식

정답 77. ③ 78. ① 79. ② 80. ④ 81. ①

82. 국립환경과학원장이 설치, 운영하는 측정망의 종류와 가장 거리가 먼 것은?

① 퇴적물 측정망
② 점오염원 배출 오염물질 측정망
③ 공공수역 유해물질 측정망
④ 생물 측정망

참고 법 제9조 ①항 참조〈2018년 개정〉

83. 비점오염저감계획서에 포함되어야 할 사항과 가장 거리가 먼 것은?

① 비점오염원 관련 현황
② 비점오염원 저감방안
③ 비점오염저감시설 설치계획
④ 비점오염원 관리 및 모니터링 방안

참고 법 제53조 ②항 참조

84. 설치허가 대상 폐수배출시설의 범위 기준으로 옳은 것은?

① 상수원보호구역에 설치하거나 그 경계구역으로부터 상류로 유하거리 5킬로미터 이내에 설치하는 배출시설
② 상수원보호구역에 설치하거나 그 경계구역으로부터 상류로 유하거리 10킬로미터 이내에 설치하는 배출시설
③ 상수원보호구역에 설치하거나 그 경계구역으로부터 상류로 유하거리 15킬로미터 이내에 설치하는 배출시설
④ 상수원보호구역에 설치하거나 그 경계구역으로부터 상류로 유하거리 20킬로미터 이내에 설치하는 배출시설

참고 법 제33조 ①항 참조

85. 중점관리저수지의 지정기준으로 옳은 것은?

① 총 저수용량이 1만 세제곱미터 이상인 저수지
② 총 저수용량이 10만 세제곱미터 이상인 저수지
③ 총 저수용량이 1백만 세제곱미터 이상인 저수지
④ 총 저수용량이 1천만 세제곱미터 이상인 저수지

참고 법 제31조의2 참조

86. 오염총량관리기본방침에 포함되어야 할 사항과 가장 거리가 먼 것은?

① 오염총량관리의 목표
② 오염부하량 저감대책
③ 오염총량관리의 대상 수질오염물질 종류
④ 오염원의 조사 및 오염부하량 산정방법

참고 법 제4조의2 ②항 참조

87. 환경부장관이 물환경을 보전할 필요가 있어 지정, 고시하고 물환경을 정기적으로 조사 측정하여야 하는 호소의 지정 기준으로 옳은 것은?

① 1일 5만 톤 이상의 원수를 취수하는 호소
② 1일 10만 톤 이상의 원수를 취수하는 호소
③ 1일 20만 톤 이상의 원수를 취수하는 호소
④ 1일 30만 톤 이상의 원수를 취수하는 호소

참고 법 제28조 참조

88. 환경부장관이 폐수처리업자에게 등록을 취소하거나 6개월 이내의 기간을 정하여 영업정지를 명할 수 있는 경우에 대한 기준으로 틀린 것은?

① 고의 또는 중대한 과실로 폐수처리영업을 부실하게 한 경우

정답 82. ② 83. ④ 84. ② 85. ④ 86. ② 87. ④ 88. ④

② 영업정지 처분기준 중에 영업행위를 한 경우
③ 1년에 2회 이상 영업정지처분을 받은 경우
④ 등록 후 1년 이상 계속하여 영업실적이 없는 경우

참고 법 제64조 참조

89. 기타수질오염원의 시설구분으로 틀린 것은?

① 수산물 양식시설
② 농축수산물 단순가공시설
③ 금속 도금 및 세공시설
④ 운수장비정비 또는 폐차장시설

참고 법 제2조 3호 시행규칙 별표 1 참조

90. 대권역 물환경 보전계획의 수립시 포함되어야 할 사항과 가장 거리가 먼 것은?

① 상수원 및 물 이용현황
② 물환경 변화 추이 및 목표기준
③ 물환경 보전조치의 추진방향
④ 물환경 관리 우선순위 및 대책

참고 법 제24조 ②항 참조

91. 수질오염경보의 종류별 경보단계별 조치사항에 관한 내용 중 수질오염감시경보(경계단계) 시 수면 관리자의 조치사항으로 틀린 것은?

① 수체변화 감시 및 원인 조사
② 차단막 설치 등 오염물질 방제 조치
③ 주변 오염원 단속 강화
④ 사고발생 시 지역사고대책본부 구성, 운영

참고 법 제21조 시행령 별표 4 참조

92. 수질 및 수생태계 환경기준 중 하천에서의 사람의 건강보호기준으로 틀린 것은?

① 1,4-다이옥세인 : 0.05mg/L 이하
② 6가크롬 : 0.05mg/L 이하
③ 수은 : 0.05mg/L 이하
④ 납 : 0.05mg/L 이하

해설 수은 : 검출되어서는 안 됨

참고 환경정책기본법 시행령 별표 1 참조

93. 다음의 수질오염방지시설 중 물리적 처리시설이 아닌 것은?

① 혼합시설 ② 흡수시설
③ 응집시설 ④ 유수분리시설

참고 법 제2조 12호 시행규칙 별표 5 참조

94. 수질오염경보의 종류별 경보단계 및 그 단계별 발령, 해제기준에 관한 설명으로 틀린 것은?

① 측정소별 측정항목과 측정항목별 경보기준 등 수질 오염감시경보에 관하여 필요한 사항은 환경부장관이 고시한다.
② 용존산소, 전기전도도, 총유기탄소 항목이 경보기준을 초과하는 것은 그 기준초과 상태가 30분 이상 지속되는 경우를 말한다.
③ 수소이온농도 항목이 경보기준을 초과하는 것은 4 이하 또는 11 이상이 30분 이상 지속되는 경우를 말한다.
④ 생물감시장비 중 물벼룩감시장비가 경보기준을 초과하는 것은 양쪽 모든 시험조에서 30분 이상 지속되는 경우를 말한다.

참고 법 제21조 시행령 별표 3 참조

95. 정당한 사유 없이 공공수역에 특정수질유해물질을 누출, 유출시키거나 버린 자에 대한 벌칙기준은?

정답 89. ③ 90. ④ 91. ③ 92. ③ 93. ② 94. ③ 95. ③

① 2년 이하의 징역 또는 1천만원 이하의 벌금
② 2년 이하의 징역 또는 2천만원 이하의 벌금
③ 3년 이하의 징역 또는 3천만원 이하의 벌금
④ 5년 이하의 징역 또는 5천만원 이하의 벌금

참고 법 제77조 참조

96. 사업자 및 배출시설과 방지시설에 종사하는 자는 배출시설과 방지시설의 운영, 관리를 위한 환경 기술인의 업무를 방해하여서는 아니 되며, 그로부터 업무수행에 필요한 요청을 받은 때에는 정당한 사유가 없는 한 이에 응하여야 한다. 이 규정을 위반하여 환경기술인의 업무를 방해하거나 환경기술인의 요청을 정당한 사유 없이 거부한 자에 대한 벌칙기준은?

① 100만원 이하의 벌금
② 200만원 이하의 벌금
③ 300만원 이하의 벌금
④ 500만원 이하의 벌금

참고 법 제80조 참조

97. 환경부장관이 수질원격감시체계 관제센터를 설치, 운영할 수 있는 기관은?

① 한국환경공단
② 지방환경청
③ 국립환경과학원
④ 시도보건환경연구원

참고 법 제38조의5 참조

98. 물놀이 등의 행위제한 권고기준으로 옳은 것은?

① 수영 등 물놀이 : 대장균 – 5000(개체수/100mL) 이상
② 수영 등 물놀이 : 대장균 – 500(개체수/100mL) 이상
③ 어패류 등 섭취 : 어패류 체내 총 수은 – 0.03mg/kg 이상
④ 어패류 등 섭취 : 어패류 체내 총 수은 – 검출되어서는 안 됨

참고 법 제21조의2 시행령 별표 5 참조

99. 공공폐수처리시설의 방류수 수질기준으로 틀린 것은? [단, Ⅰ지역 기준, ( )는 농공단지 공공폐수처리시설의 방류수 수질기준임]

① BOD : 10(10)mg/L 이하
② COD : 20(30)mg/L 이하
③ 총질소(T–N) : 20(20)mg/L 이하
④ 생태독성(TU) : 1(1) 이하

참고 법 제12조 ③항 시행규칙 별표 10 참조

100. 물환경 보전에 관한 법률에서 사용하는 용어의 정의로 틀린 것은?

① 수질오염방지시설 : 점오염원 및 기타 수질오염원으로부터 배출되는 수질오염물질을 제거하거나 감소하게 하는 시설로서 환경부령이 정하는 것을 말한다.
② 기타수질오염원 : 점오염원 및 비점오염원으로 관리되지 아니하는 수질오염물질을 배출하는 시설 또는 장소로서 환경부령이 정하는 것을 말한다.
③ 강우유출수 : 비점오염원의 수질오염물질이 섞여 유출되는 빗물 또는 눈 녹은 물 등을 말한다.
④ 비점오염저감시설 : 수질오염방지시설 중 비점오염원으로부터 배출되는 수질오염물질을 제거하거나 감소하게 하는 시설로서 환경부령이 정하는 것을 말한다.

참고 법 제2조 참조

정답 96. ① 97. ① 98. ② 99. ② 100. ①

2013년 6월 2일 시행

자격종목 및 등급(선택분야)	종목코드	시험시간	문제지형별	수검번호	성 명
수질환경기사	**2572**	**2시간**	**B**		

제1과목 수질오염개론

1. 다음 중 CSOs, SSOs에 대한 설명으로 옳지 않은 것은?

① CSOs(Combined Sewer Overflows)는 도시지역 비점오염원부하 중 큰 비중을 차지한다.
② SSOs(Sanitary Sewer Overflows)는 합류식 하수도에서 우천 시 하수관거를 통해 공공수역으로 방류된 처리된 하수를 말한다.
③ CSOs는 합류식 하수관거의 용량을 초과하여 처리되지 못하고 유출되는 오수를 말한다.
④ 도시하천의 수질개선을 위해서는 CSOs에 대한 처리대책이 필요하다.

해설 SSOs(Sanitary Sewer Overflow)는 분류식 하수도 월류수를 말한다. 이는 분류식 하수도에서 청천 시 및 우천 시 하수관거의 맨홀 등으로 월류하거나 하수처리장에서 하천이나 공공수역으로 방류된 미처리된 하수를 일컫는다.

참고 1. CSOs(Combined Sewer Overflows)는 합류식 하수도 월류수를 말한다. 합류식 하수도에서 우천 시 하수관거, 빗물펌프장 및 하수처리장을 통해 미처리된 상태로 하천이나 공공수역으로 유입되는 월류 또는 방류되는 하수를 일컫는다.
2. CSOs와 SSOs는 도시지역 비점오염 부하 중 가장 큰 비중을 차지하며 도시하천 생태계를 크게 악화시키고 있다. CSOs 및 SSOs에 대한 처리 대책이 없는 한 도시하천의 수질개선을 기대하기 어렵다.

2. μ(세포비증가율)가 μ_{max}(세포최대증가율)의 60%일 때의 기질농도(S_{80})와 μ_{max}의 20%일 때 기질농도(S_{20})와의 비(S_{60}/S_{20})는?

① 32 ② 16 ③ 8 ④ 6

해설 ㉠ $0.6\mu_{max} = \dfrac{\mu_{max} \cdot S_{60}}{K_s + S_{60}}$

$\therefore S_{60} = \dfrac{0.6K_s}{0.4} = 1.5K_s$

㉡ $0.2\mu_{max} = \dfrac{\mu_{max} \cdot S_{20}}{K_s + S_{20}}$

$\therefore S_{20} = \dfrac{0.2K_s}{0.8} = \dfrac{K_s}{4}$

㉢ $\dfrac{S_{60}}{S_{20}} = \dfrac{1.5K_s}{K_s/4} = 6$

3. 다음 중 적조현상에 관한 설명으로 틀린 것은?

① 수괴의 연직안정도가 작을 때 발생한다.
② 강우에 따른 하천수의 유입으로 해수의 염분량이 낮아지고 영양염류가 보급될 때 발생한다.
③ 적조 조류에 의한 아가미 폐색과 어류의 호흡장애가 발생한다.
④ 수중 용존산소 감소에 의한 어패류의 폐사가 발생한다.

해설 적조현상은 수괴의 연직안정도가 클 때 발생한다.

4. 다음의 유기물 1mole이 완전 산화될 때 이론적인 산소요구량(ThOD)이 가장 적은 것은?

① C_6H_6 ② $C_6H_{12}O_6$

정답 1. ② 2. ④ 3. ① 4. ④

③ C_2H_5OH ④ CH_3COOH

해설 ㉠ $C_6H_6+7.5O_2 \rightarrow 6CO_2+3H_2O$
㉡ $C_6H_{12}O_6+6O_2 \rightarrow 6CO_2+6H_2O$
㉢ $C_2H_5OH+3O_2 \rightarrow 2CO_2+3H_2O$
㉣ $CH_3COOH+2O_2 \rightarrow 2CO_2+2H_2O$

5. 해수의 특징으로 틀린 것은?

① 해수는 HCO_3^-를 포화시킨 상태로 되어 있다.
② 해수의 밀도는 염분비 일정법칙에 따라 항상 균일하게 유지된다.
③ 해수 내 전체 질소 중 약 35% 정도는 암모니아성 질소와 유기 질소의 형태이다.
④ 해수의 Mg/Ca 비는 3~4 정도로 담수에 비하여 크다.

해설 해수의 밀도는 염분농도, 수온, 수압의 함수로 염분과 수압에 비례하고 수온에 반비례한다.

6. 원생동물(Protozoa)의 종류에 관한 내용으로 옳은 것은?

① Paramecia는 자유롭게 수영하면서 고형물질을 섭취한다.
② Vorticella는 불량한 활성슬러지에서 주로 발견된다.
③ Sarcodina는 나팔의 입에서 물 흐름을 일으켜 고형물질만 걸러서 먹는다.
④ Suctoria는 몸통을 움직이면서 위족으로 고형물질을 몸으로 싸서 먹는다.

해설 ② Vorticella는 양호한 활성슬러지에서 주로 발견된다.
③ Sarcodina는 몸통을 움직이면서 위족으로 고형물질을 몸으로 싸서 먹는다.
④ Suctoria는 흡관으로 고형물질을 빨아먹는다.

7. 생태계에서 질소의 순환을 설명한 내용으로 옳지 않은 것은?

① 대기 중의 질소는 질소고정박테리아와 특정한 조류에 의해 단백질로 전환된다.
② 질산화 미생물은 호기성미생물이며 독립영양미생물에 속한다.
③ Nitrosomonas균은 호기성 상태에서 암모니아를 아질산염으로 전환시킨다.
④ 소변 속의 질소는 요소로서 효소 urease에 의하여 질산성 질소로 가수 분해된다.

해설 소변 속 질소는 주로 요소로서 효소 urease에 의하여 암모니아성 질소로 신속히 변환된다.

8. 수분함량 97%의 슬러지에 응집제를 가하니 [상등액 : 침전슬러지] 용적비가 2 : 1로 되었다. 이때 침전슬러지의 수분함량은? (단, 비중은 1.0, 응집제의 양은 무시, 상등액은 고형물이 없음)

① 91% ② 93% ③ 95% ④ 97%

해설 ㉠ $순도_2 = \dfrac{1 \times 0.03}{1/3} = 0.09$
㉡ 침전슬러지의 수분 $=1-0.09$
$=0.91=91\%$

9. 용존산소농도가 9mg/L인 물 1000리터가 있다. 이 물의 용존산소를 완전히 제거하기 위해 이론적으로 필요한 Na_2SO_3량은? (단, Na : 23, S : 32임)

① 14.2g ② 35.5g
③ 45.5g ④ 70.9g

해설 $Na_2SO_3+1/2O_2 \rightarrow Na_2SO_4$

$$\therefore \frac{9\times10^{-3}g}{L}\times1000L\times\frac{126g}{\frac{1}{2}\times32g}$$

$=70.88g$

10. 어느 배양기의 제한기질농도(S)가 1000mg/L,

정답 5. ② 6. ① 7. ④ 8. ① 9. ④ 10. ②

세포의 최대 비증식계수(μ_{max})가 0.2/h일 때 Monod식에 의한 세포의 비증식계수(μ)는? [단, 제한기질 반포화농도(k_s) = 20mg/L]

① 0.098/h ② 0.196/h
③ 0.294/h ④ 0.392/h

해설 $\mu = \frac{0.2 \times 1000}{20 + 1000} = 0.196/\text{h}$

11. 반감기가 2일인 방사성 폐수의 농도가 100mg/L라면 감소속도상수는? (단, 1차 반응 기준)

① 0.128d^{-1} ② 0.242d^{-1}
③ 0.347d^{-1} ④ 0.432d^{-1}

해설 $\ln\frac{50}{100} = -K \times 2 \quad \therefore K = 0.347\text{d}^{-1}$

12. 0.02N의 약산이 1.0% 해리되어 있다면 이 수용액의 pH는?

① 3.1 ② 3.4 ③ 3.7 ④ 3.9

해설 $\text{pH} = -\log[\text{H}^+]$
$= -\log(0.02 \times 0.01) = 3.7$

13. 어느 하천의 BODu가 8mg/L이고, 탈산소계수(K_1)가 0.1/d일 때, 4일 후 남아 있는 하천의 BOD 농도는? (단, 상용대수 기준)

① 3.2mg/L ② 3.6mg/L
③ 4.1mg/L ④ 4.3mg/L

해설 $BOD_4 = 8 \times 10^{-0.1 \times 4} = 3.18\text{mg/L}$

14. 1차 반응식이 적용된다고 할 때 완전혼합반응기(CFSTR) 체류시간은 압출형반응기(PFR) 체류시간의 몇 배가 되는가? (단, 1차 반응에 의해 초기농도의 70%가 감소되었고, 자연지수로 계산하며 속도상수는 같다고 가정함)

① 1.34 ② 1.51 ③ 1.72 ④ 1.94

해설 ㉠ PFR은 1차 반응에 대한 적분식을 이용하여 구한다.

$\therefore t = \frac{\ln(30/100)}{-K} = 1.204/K$

㉡ 완전혼합반응기는 물질수지식을 이용하여 구한다.

• 물질수지식

$QC_0 = QC + V\frac{dC}{dt} + VKC$

• 정상 상태에서 $\frac{dC}{dt} = 0$

$\therefore t = \frac{(C_0 - C)}{KC} = \frac{(100-30)}{K \times 30} = \frac{2.333}{K}$

㉢ $\frac{t_c}{t_p} = \frac{2.333/K}{1.204/K} = 1.94$

15. 지구에서 물(담수)의 저장 형태 중 가장 많은 양을 차지하는 것은?

① 만년설과 빙하 ② 담수호
③ 토양수 ④ 대기

16. glycine[$CH_2(NH_2)COOH$] 7몰을 분해하는 데 필요한 이론적 산소요구량은? (단, 최종산물은 HNO_3, CO_2, H_2O임)

① 724g O_2 ② 742g O_2
③ 768g O_2 ④ 784g O_2

해설 $C_2H_5O_2N + 7/2O_2 \rightarrow 2CO_2 + 2H_2O + HNO_3$

∴ 이론적 산소요구량

$= 7\text{mol} \times \frac{\frac{7}{2} \times 32\text{g}}{\text{mol}} = 784\text{g}$

17. 0℃에서 DO 8.0mg/L인 물의 DO 포화도는 몇 %인가? [단, 대기의 화학적 조성 중 O_2는 21%(V/V), 0℃에서 순수한 물의 공기용해도는 38.46mL/L]

정답 11. ③ 12. ③ 13. ① 14. ④ 15. ① 16. ④ 17. ④

① 50.7 ② 60.7 ③ 63.5 ④ 69.3

해설 포화 DO 농도

$$=38.46\text{mL/L}\times 0.21\times\frac{32\text{mg}}{22.4\text{mL}}$$

$$=11.538\text{mg/L}$$

$$\text{DO 포화도(\%)}=\frac{8}{11.538}\times 100=69.34\%$$

18. 물의 이온화적(K_w)에 관한 설명으로 옳은 것은?

① 25℃에서 물의 K_w가 1.0×10^{-14}이다.
② 물은 강전해질로서 거의 모두 전리된다.
③ 수온이 높아지면 감소하는 경향이 있다.
④ 순수의 pH는 7.0이며 온도가 증가할 수록 pH는 높아진다.

해설 ② 물은 약전해질로서 매우 적은 양이 전리된다.
③ 수온이 높아지면 물의 이온화적이 증가하여 pH는 낮아진다.

19. 다음 각종 용액 중 몰(mole) 농도가 가장 큰 것은? (단, Na, Cl의 원자량은 각각 23, 35.5)

① 300g 수산화나트륨/4L
② 3.6g 황산/30mL
③ 0.4kg 염화나트륨/10L
④ 5.2g 염산/0.1L

해설 ㉠ $\frac{300\text{g}}{4\text{L}}\times\frac{\text{mol}}{40\text{g}}=1.875\text{M}$

㉡ $\frac{3.6\text{g}}{0.03\text{L}}\times\frac{\text{mol}}{98\text{g}}=1.224\text{M}$

㉢ $\frac{400\text{g}}{10\text{L}}\times\frac{\text{mol}}{58.5\text{g}}=0.684\text{M}$

㉣ $\frac{5.2\text{g}}{0.1\text{L}}\times\frac{\text{mol}}{36.5\text{g}}=1.425\text{M}$

20. 미생물의 분류에서 탄소원이 CO_2이고 에너지원을 무기물의 산화·환원으로부터 얻는 미생물은?

① photoautotrophics
② chemoautotrophics
③ photoheterotrophics
④ chemoheterotrophics

해설 미생물의 분류

구 분	energy	carbon
photoautotroph (광독립영양생물)	light	CO_2
photoheterotroph (광종속영양생물)	light	organic
chemoautotroph (화학독립영양생물)	무기화합물	CO_2
chemoheterotroph (화학종속영양생물)	유기화합물	organic

제2과목 상하수도계획

21. 상수관로에서 조도계수 0.014, 동수경사 1/100이고 관경이 400mm일 때 이 관로의 유량은? (단, 만관 기준, Manning 공식에 의함)

① 3.8m^3/min ② 6.2m^3/min
③ 9.3m^3/min ④ 11.6m^3/min

해설 ㉠ 경심(R)을 구한다.

$$R=\frac{D}{4}=\frac{0.4}{4}=0.1\text{m}$$

㉡ $V=\frac{1}{0.014}\times 0.1^{2/3}\times(1/100)^{1/2}$
$=1.5389\text{m/s}$

㉢ $Q=\frac{\pi\times 0.4^2}{4}\times 1.5389\times 60$
$=11.6\text{m}^3/\text{min}$

22. 펌프운전 시 발생할 수 있는 비정상 현상 중 펌프운전 중에 토출량과 토출압이 주기적으로 숨이 찬 것처럼 변동하는 상태를 일으키는 현상으로 펌프 특성곡선이 산형에서 발생하며 큰 진동을 발생하는 경우를 무엇이라 하

정답 18. ① 19. ① 20. ② 21. ④ 22. ②

는가?

① 캐비테이션(cavitation)
② 서징(surging)
③ 수격작용(water hammer)
④ 크로스커넥션(cross connection)

해설 맥동현상이란 펌프운전 시 비정상 현상으로 토출량과 토출압이 주기적으로 변동하는 상태를 일으키고, 펌프 특성곡선이 산고(山高)형에서 발생하며 큰 진동이 발생된다. 서징(surging)현상이라고도 한다.

23. 지하수 취수 시 적용되는 적정 양수량의 정의로 옳은 것은?

① 최대양수량의 80% 이하의 양수량
② 한계양수량의 80% 이하의 양수량
③ 최대양수량의 70% 이하의 양수량
④ 한계양수량의 70% 이하의 양수량

24. 계획 오수량 산정 시, 우리나라 하수도 시설기준상 지하수량 범위기준으로 옳은 것은?

① 1인1일 최대오수량의 5~8%
② 1인1일 최대오수량의 10~20%
③ 시간 최대오수량의 5~8%
④ 시간 최대오수량의 10~20%

25. 하수처리에서 막분리 활성슬러지법(MBR법)의 장·단점 및 설계, 유지관리상의 유의점이 아닌 것은?

① 2차침전지의 침강성과 관련된 문제가 없다.
② 완벽한 고액분리가 가능하며 높은 MLSS 유지가 가능하다.
③ 적은 소요부지로 부지이용성이 탁월하다.
④ 분리막 파울링에 대한 대처가 용이하다.

해설 분리막의 파울링에 대처가 곤란하며, 높은 에너지 비용 소비로 유지관리 비용이 증대된다.

참고 막분리 활성슬러지법(MBR공법)

1. 막분리 활성슬러지법은 생물반응조와 분리막을 결합하여 이차침전지 및 3차처리 여과시설을 대체하는 시설로서, 생물반응의 경우는 통상적인 활성슬러지법과 원리가 동일한데 이차침전지를 설치하지 않고 포기조 내부 또는 외부에 부착한 정밀여과막 또는 한외여과막에 의해 슬러지와 처리수를 분리하기 때문에 처리수 중의 입자성분을 제거하므로 고도의 BOD, SS 제거가 실현된다.
2. 설계 및 유지관리상의 유의점

(1) 생물학적 공정에서 문제시되는 이차침전지의 침강성과 관련된 문제가 없다.
(2) 완벽한 고액분리가 가능하며 높은 MLSS 유지가 가능하므로 지속적으로 안정된 처리수질을 획득할 수 있다.
(3) 긴 SRT로 인하여 슬러지발생량이 적다.
(4) 적은 소요부지로 부지이용성이 탁월하다.
(5) 분리막의 유지보수비용, 특히 분리막의 교체비용 등이 과다하다.
(6) 분리막의 파울링에 대처가 곤란하며, 높은 에너지 비용 소비로 유지관리 비용이 증대된다.
(7) 분리막을 보호하기 위한 전처리로 1mm 이하의 스크린 설비가 필요하다.

26. 하수 슬러지의 수송 관경에 관한 내용으로 옳은 것은?

① 관내유속은 0.3~0.5m/s를 표준으로 한다.
② 관내유속은 0.5~1.0m/s를 표준으로 한다.
③ 관내유속은 1.0~1.5m/s를 표준으로 한다.
④ 관내유속은 1.5~2.0m/s를 표준으로 한다.

해설 슬러지 수송관 설계 시에는 다음 사항을 고려한다.

정답 23. ④ 24. ② 25. ④ 26. ③

㉠ 관은 스테인리스, 주철관 등 견고하고 내식성 및 내구성 있는 것을 사용한다.
㉡ 관내유속은 1.0~1.5m/s를 표준으로 하고, 관경은 관경폐쇄를 피하기 위하여 150mm 이상으로 한다.
㉢ 필요에 따라서는 세척장치를 설치한다.
㉣ 배관은 다음과 같이 한다.
- 동수경사선 이하로 배관한다.
- 가능하면 직선으로 하고, 급격한 굴곡은 피한다.
- 곡관 및 T자관 등은 콘크리트 블록 등을 설치하여 이탈을 방지한다.

㉤ 필요에 따라 안전설비를 한다.

27. 펌프의 토출량이 $0.1m^3/s$, 토출구의 유속이 2m/s로 할 때 펌프의 구경은?

① 약 255mm ② 약 365mm
③ 약 475mm ④ 약 545mm

해설 $D = \sqrt{\dfrac{4 \times 0.1\text{m}^3/\text{s}}{\pi \times 2\text{m/s}}} = 0.2523\text{m} = 252.3\text{mm}$

28. 원심력 펌프의 규정회전수는 2회/s, 규정토출량이 $32m^3/min$, 규정양정(H)이 8m이다. 이때 이 펌프의 비교회전도는?

① 약 143 ② 약 164
③ 약 182 ④ 약 201

해설 $N_s = \dfrac{2 \times 60 \times 32^{1/2}}{8^{3/4}} = 142.7$

29. 하수처리에 사용되는 생물학적 처리공정 중 부유미생물을 이용한 공정이 아닌 것은?

① 산화구법
② 접촉산화법
③ 질산화내생탈질법
④ 막분리활성슬러지법

해설 접촉산화법은 생물막을 이용한 처리법이다.

30. 정수시설인 플록형성지에 관한 설명으로 틀린 것은?

① 혼화지와 침전지 사이에 위치하고 침전지에 붙여서 설치한다.
② 플록형성시간은 계획정수량에 대하여 20~40분간을 표준으로 한다.
③ 플록형성지 내의 교반강도는 하류로 갈수록 점차 감소시키는 것이 바람직하다.
④ 야간근무자도 플록형성상태를 감시할 수 있는 투명도게이지를 설치하여야 한다.

해설 야간근무자도 플록형성상태를 감시할 수 있는 적절한 조명장치를 설치한다.

31. 하수관의 맨홀 설치에 관한 설명으로 틀린 것은?

① 맨홀은 관거의 기점, 방향, 경사 및 관경 등이 변하는 곳에 설치한다.
② 관거 직선부에서는 맨홀의 최대 간격은 600mm 이하 관에서는 최대 간격 75m이다.
③ 맨홀의 상판높이(인버트의 상단-맨홀 상판)는 유지관리상 작업원이 서서 작업할 수 있도록 1.8~2.0m 정도로 하는 것이 바람직하다.
④ 맨홀 부속물인 인버트의 발디딤부는 5~7%의 횡단경사를 둔다.

해설 맨홀 부속물인 인버트의 발디딤부는 10~20%의 횡단경사를 둔다.

32. 하수 펌프장 시설인 스크루펌프(screw pump)의 일반적 장·단점으로 틀린 것은?

① 회전수가 낮기 때문에 마모가 적다.
② 수중의 협잡물이 물과 함께 떠올라 폐쇄 가능성이 크다.
③ 기동에 필요한 물채움장치나 밸브 등 부대시설이 없어 자동운전이 쉽다.

정답 27. ① 28. ① 29. ② 30. ④ 31. ④ 32. ②

④ 토출 측의 수로를 압력관으로 할 수 없다.

해설 스크루펌프는 수중의 협잡물이 물과 함께 떠올라 폐쇄가 적다.

33. 상수처리를 위한 급속여과지의 형식 중 여과유량의 조절방식에 따른 구분으로 틀린 것은? (단, 정속여과방식의 정속여과 제어방식 기준)

① 유량제어형 ② 수위제어형
③ 정압제어형 ④ 자연평형형

해설 여과수량의 조절방식에 따라 유량제어형, 수위제어형, 자연평형형으로 구분한다.

참고 급속여과지의 형식 구분

1. 여과층의 구성에 따라 단층과 다층
2. 물 흐름 방향에 따라 하향류와 상향류
3. 여재로는 모래와 안트라사이트(각각 단층인 경우와 다층인 경우)
4. 수리적으로 중력식과 압력식
5. 여과수량의 시간변화에 따라 정속여과와 감쇠여과

34. 하수도 계획의 목표연도는 원칙적으로 몇 년으로 설정하는가?

① 15년 ② 20년 ③ 25년 ④ 30년

35. 하수처리 방법인 장기포기법에 관한 설명으로 틀린 것은?

① 활성슬러지법의 변법으로 플러그흐름 형태의 반응조에 HRT와 SRT를 길게 유지하고 동시에 MLSS 농도를 높게 유지하면서 오수를 처리하는 방법이다.
② 형상은 장방형 또는 정방형으로 하며 장방형의 경우 유로의 폭은 유효수심의 1~2배 범위에서 결정한다.
③ 유효수심은 2~4m를 표준으로 한다.
④ 질산화가 진행되면서 pH의 저하가 발생한다.

해설 유효수심은 4~6m를 표준으로 한다.

참고 반응조의 형상 구조 및 수

1. 형상은 장방형 또는 정방형으로 하며 장방형의 경우 유로의 폭은 유효수심의 1~2배의 범위에서 결정한다.
2. 유효수심은 4~6m를 표준으로 한다.
3. 여유고는 80cm 정도를 표준으로 한다.
4. 플러그흐름형 반응조의 경우에는 조의 내부를 분할할 수 있는 저류벽 등을 설치한다.
5. 수밀성 철근콘크리트조로 하며 벽의 최상단이 지면으로부터 15cm 이상이 되도록 한다.
6. 유지관리를 위한 보도를 설치한다.
7. 수는 원칙적으로 2조 이상으로 한다.

36. 하수 슬러지의 혐기성 소화가스의 포집과 저장시설을 정할 때 고려하여야 할 사항으로 틀린 것은?

① 가스포집관은 내경 100~300mm 정도로 한다.
② 하루에 발생하는 가스의 부피의 1/2 정도를 저장할 수 있는 용량의 가스 저장조를 설치한다.
③ 관부식 방지를 위한 탈염소 장치를 설치한다.
④ 슬러지 소화조 지붕의 가스돔 및 가스 포집관에 안전장치를 설치한다.

해설 관부식 방지를 위한 탈황 장치를 설치한다.

37. 계획우수량을 정할 때 고려하는 빗물펌프장의 확률연수로 옳은 것은?

① 5년~10년 ② 10년~20년
③ 20년~30년 ④ 30년~50년

해설 하수관거의 확률연수는 원칙적으로 10~30년, 빗물펌프장의 확률연수는 30~50년을 원칙으로 하되 지역의 중요도 또는 방재

정답 33. ③ 34. ② 35. ③ 36. ③ 37. ④

상 필요성에 따라 이보다 크게 또는 작게 정할 수 있다.

38. **하천수를 수원으로 하는 경우에 사용하는 취수시설인 취수보에 관한 설명으로 틀린 것은?**

① 일반적으로 대하천에 적당하다.
② 안정된 취수가 가능하다.
③ 침사 효과가 적다.
④ 하천의 흐름이 불안정한 경우에 적합하다.

해설 취수보는 안정된 취수와 침사 효과가 큰 것이 특징, 개발이 진행된 하천 등에서 정확한 취수 조정이 필요한 경우, 대량 취수할 때, 하천의 흐름이 불안정한 경우 등에 적합하다.

39. **저수시설을 형태적으로 분류할 때의 구분과 가장 거리가 먼 것은?**

① 지하댐
② 하구둑
③ 유수지
④ 저류지

해설 저수시설의 형태별 분류

분 류	저수방법
댐	계곡 또는 하천을 콘크리트나 토석 등에 의해 구조물로 막고 하천수를 저류하고 방류량을 조절하여 하천수를 효과적으로 이용한다.
호소	호소에서 하천에 유출하는 유출구에 가동보나 수문을 설치하고 호소 수위를 인위적으로 변동시켜 이의 상하한 범위를 유효저수용량으로 할 수 있다.
유수지	과거에는 치수 측면에서만 생각했던 유수지를 이용하여 유수지 바닥을 깊이 파는 등에 의해 이수용량을 확보할 수 있다.
하구둑	과거에는 바닷물이 강물과 혼합됨으로써 이용할 수 없었던 하천수를, 하구 부근에 둑을 설치함으로써 이용할 수 있도록 한다.
저수지	본래 농업용으로 만들었으나 준설 등의 재개발에 의하여 상수도용으로 사용할 수 있다.
지하댐	지하의 대수층 내에 차수벽을 설치하여 상부에서 흐르는 지하수를 막아서 저류하는 동시에 하부에서 스며드는 바닷물의 침입을 막는다.

40. **하수처리시설에서 중력식 침사지에 대한 설명으로 틀린 것은?**

① 평균 유속은 0.30m/s를 표준으로 한다.
② 체류시간은 2~3분을 표준으로 한다.
③ 수심은 유효수심에 모래퇴적부의 깊이를 더한 것으로 한다.
④ 침사지의 표면부하율은 오수침사지의 경우 $1800m^3/m^2 \cdot d$ 정도로 한다.

해설 체류시간은 30~60초를 표준으로 한다.

제3과목 수질오염방지기술

41. **생물학적 인, 질소제거 공정에서 호기조, 무산소조, 혐기조의 주된 역할을 가장 옳게 설명한 것은? (단, 유기질 제거는 고려하지 않으며, 호기조 – 무산소조 – 혐기조 순서임)**

① 질산화 및 인의 과잉 흡수 – 탈질소 – 인의 용출
② 질산화 – 탈질소 및 인의 과잉 흡수 – 인의 용출
③ 질산화 및 인의 용출 – 인의 과잉 흡수 – 탈질소
④ 질산화 및 인의 용출 – 탈질소 – 인의 과잉 흡수

정답 38. ③ 39. ④ 40. ② 41. ①

해설 혐기-호기의 연속공정으로 운전하면 bio-P 미생물 함유 슬러지가 다량으로 존재하며 호기조에서는 인의 원천과 에너지 생성을 위해 인을 과잉 흡수하고 질산화도 진행되고, 중간부의 무산소조에서는 탈질화가 진행되어 질소가 제거되며, 혐기조에서는 슬러지로부터 인이 용출된다.

42. 폐수유량이 1000m^3/d, 고형물농도가 2700mg/L인 슬러지를 부상법에 의해 농축시키고자 한다. 압축탱크의 압력이 4기압이며 공기의 밀도 1.3g/L, 공기의 용해량이 29.2cm^3/L일 때 air/solid비는? (단, f는 0.5이며, 비순환방식이다.)

① 0.009　② 0.014
③ 0.019　④ 0.025

해설 $\dfrac{1.3 \times 29.2 \times (0.5 \times 4 - 1)}{2700} = 0.0141$

43. 미처리 폐수에서 냄새를 유발하는 화합물과 냄새의 특징으로 가장 거리가 먼 것은?

① 황화수소 - 썩은 달걀 냄새
② 유기 황화물 - 썩은 채소 냄새
③ 스카톨 - 배설물 냄새
④ 디아민류 - 생선 냄새

해설 Diamines - $NH_2(CH_2)_5NH_2$ - 부패된 고기 냄새

참고 Amines - CH_3NH_2 - 생선 냄새

44. 유량이 20000m^3/d, BOD 2mg/L인 하천에 유량이 500m^3/d, BOD 500mg/L인 공장폐수를 폐수처리 시설로 유입하여 처리 후 하천으로 방류시키고자 한다. 완전히 혼합된 후 합류지점의 BOD를 3mg/L 이하로 하고자 한다면 폐수처리시설의 BOD 제거율은 몇 % 이상이어야 하는가?

① 61.8%　② 76.9%
③ 86.2%　④ 91.4%

해설 ㉠ $3 = \dfrac{20000 \times 2 + 500 \times x}{20000 + 500}$

$\therefore x = \dfrac{3 \times (20000 + 500) - 2 \times 20000}{500}$

$= 43\text{mg/L}$

㉡ BOD 제거율

$= \dfrac{500 - 43}{500} \times 100 = 91.4\%$

45. 1차침전지로 유입하는 하수는 300mg/L의 부유 고형물을 함유하고 있다. 1차침전지를 거쳐 방류되는 유출수 중의 부유 고형물 농도는 120mg/L이다. 처리 유량이 50000m^3/d이면 1차침전지에서 제거되는 슬러지의 양은? (단, 1차 슬러지 고형물 함량은 2%, 비중은 1.0임)

① 300m^3/d　② 350m^3/d
③ 400m^3/d　④ 450m^3/d

해설 $\dfrac{(300 - 120) \times 50000 \times 10^{-6}}{0.02}$

$= 450\text{m}^3/\text{d}$

46. 생활하수를 처리하는 활성슬러지 공정에 다량의 유기물을 함유하는 폐수가 유입되어 충격부하를 유발시켰을 때 가장 신속히 다루어야 할 조작 인자는?

① 영양염류(N, P등)의 투입량 증가
② 벌킹(bulking)현상 제어
③ 슬러지 반송률의 증가
④ 포기량 및 체류시간의 감소

해설 F/M비가 높아져 미생물이 분산성장단계에 있을 수 있으므로 슬러지의 반송률을 증가시켜 포기조 내의 SS 농도를 증가시킨다.

47. 36mg/L의 암모늄 이온(NH_4^+)을 함유한

정답　42. ②　43. ④　44. ④　45. ④　46. ③　47. ③

$5000m^3$의 폐수를 50000g $CaCO_3/m^3$의 처리용량을 가지는 양이온 교환수지로 처리하고자 한다. 이때 소요되는 양이온 교환수지의 부피(m^3)는?

① 6 ② 8
③ 10 ④ 12

해설 수지의 부피

$$= \frac{36 \times 5000 \times \frac{50}{18}}{50000} = 10m^3$$

48. 상수처리를 위한 사각 침전조에 유입되는 유량은 $30000m^3/d$이고, 표면부하율은 $24m^3/m^2 \cdot d$이며 체류시간은 6시간이다. 침전조의 길이와 폭의 비는 2 : 1이라면 조의 크기는?

① 폭 : 20m, 길이 : 40m, 깊이 : 6m
② 폭 : 20m, 길이 : 40m, 깊이 : 4m
③ 폭 : 25m, 길이 : 50m, 깊이 : 6m
④ 폭 : 25m, 길이 : 50m, 깊이 : 4m

해설 ㉠ $V = Q \times t = 30000m^3/d \times 6h \times d/24h = 7500m^3$

㉡ $A = \frac{30000}{24} = 1250m^2$

㉢ $h = \frac{7500m^3}{1250m^2} = 6m$

㉣ $A = 2x \times x = 1250m^2$

$\therefore x = \sqrt{\frac{1250}{2}} = 25m$

$\therefore$ 폭 $= 25m$, 길이 $= 50m$

49. MLSS 농도 3000mg/L, F/M비가 0.4인 포기조에 BOD 350mg/L의 폐수가 $3000m^3/d$로 유입되고 있다. 포기조 체류시간(h)은?

① 5 ② 7
③ 9 ④ 11

해설 $\frac{0.4}{24} = \frac{350}{3000 \times x} \quad \therefore x = 7h$

50. Phostrip 공정에 관한 설명으로 옳지 않은 것은?

① Stripping을 위한 별도의 반응조가 필요하다.
② 인 제거 시 BOD/P비에 의하여 조절되지 않는다.
③ 기존 활성슬러지 처리장에 쉽게 적용이 가능하다.
④ 인 제거를 위한 약품(석회) 주입이 필요 없다.

해설 인 제거를 위한 약품(석회) 주입이 필요하다.

참고 Phostrip Process는 반송슬러지의 전부나 일부를 혐기성조에서 인을 방출시키고 수세방법에 의하여 방출된 인은 상등수로서 월류시키고 탈인된 슬러지는 바닥으로부터 인출한다. 그리고 상등수는 석회혼화조에 보내져서 인을 화학적으로 응결시킨 후 1차침전지에서 다른 고형물과 함께 고액 분리된다.

51. 비소(As)함유 폐수처리 방법으로 가장 일반적인 것은?

① 아말감법 ② 황화물 침전법
③ 수산화물 공침법 ④ 알칼리 염소법

해설 일반적으로 칼슘, 알루미늄, 마그네슘, 철, 바륨 등의 수산화물에 공침시켜 제거하며, 이 중에서 철의 수산화물인 $Fe(OH)_3$의 플록에 흡착시켜 공침 제거하는 방법이 우수한 것으로 알려진 오염물질은 비소(砒素, arsenic)이다.

52. 다음 조건하에서 대략적인 잉여 활성슬러지 생산량(m^3/일)은?

[조건]
- 포기조 용적 = $1000m^3$
- MLSS 농도 = $2.5kg/m^3$
- 고형물의 포기조 체류시간 = 6d
- 반송슬러지 농도 = $10kg/m^3$

정답 48. ③ 49. ② 50. ④ 51. ③ 52. ③

• 기타 조건은 고려하지 않음

① 약 $28m^3$/일 ② 약 $36m^3$/일
③ 약 $42m^3$/일 ④ 약 $56m^3$/일

해설 $Q_w = \frac{1000 \times 2.5}{10 \times 6} = 41.67m^3/\text{일}$

53. 비중 1.7, 직경 0.05mm인 입자가 침전지에서 침강할 때 침강속도가 0.36m/h이었다면 비중 2.7, 입경 0.06mm인 입자의 침강속도는? (단, 물의 온도, 점성도 등 조건은 같고, stokes법칙을 따르며, 물의 비중은 1.0임)

① 약 0.63m/h ② 약 0.87m/h
③ 약 1.12m/h ④ 약 1.26m/h

해설 ㉠ $\frac{V_s'}{V_s} = \frac{(2.7-1)}{(1.7-1)} \times \left(\frac{0.06}{0.05}\right)^2 = 3.497$

㉡ $V_s' = 0.36\text{m/h} \times 3.497 = 1.259\text{m/h}$

54. 하수 슬러지의 감량시설인 소화조의 소화효율은 일반적으로 슬러지의 *VS* 감량률로 표시된다. 소화조로 유입되는 슬러지의 *VS/TS* 비율이 70%, 소화슬러지의 *VS/TS*비율이 50%일 경우 소화조의 효율은 몇 %인가?

① 42.7% ② 48.1%
③ 51.7% ④ 57.1%

해설 소화율

$= \frac{70/30 - 50/50}{70/30} \times 100 = 57.14\%$

55. 1일 $10000m^3$의 폐수를 급속혼화지에서 체류시간 60s, 평균속도경사(G) $400s^{-1}$인 기계식 고속 교반장치를 설치하여 교반하고자 한다. 이 장치의 필요한 소요 동력은? [단, 수온은 10℃, 점성계수(μ)는 1.307×10^{-3}kg/m·s]

① 약 2621W ② 약 2226W
③ 약 1842W ④ 약 1452W

해설 $400 = \sqrt{\frac{P}{1.307 \times 10^{-3} \times \frac{10000}{86400} \times 60}}$

$\therefore P = 1452.22\text{W}$

56. 100mg/L의 에탄올(C_2H_5OH)만을 함유하는 $20000m^3$/d의 공장폐수를 재래식 활성슬러지 공법으로 처리할 경우, 적절한 처리를 위하여 요구되는 영양염류(질소, 인)의 첨가량(kg/d)은 약 얼마인가? (단, 에탄올은 생물학적으로 100% 분해되며, BOD : N : P = 100 : 5 : 1임)

① 질소-209, 인-42
② 질소-239, 인-48
③ 질소-253, 인-51
④ 질소-285, 인-57

해설 ㉠ $C_2H_5OH + 3O_2 \rightarrow 2CO_2 + 3H_2O$

$\therefore \text{BOD} = 100 \times 20000 \times 10^{-3} \times \frac{3 \times 32}{46} = 4173.91\text{kg/d}$

㉡ 질소 첨가량

$= 4173.91 \times \frac{5}{100} = 208.7\text{kg/d}$

㉢ 인 첨가량

$= 4173.91 \times \frac{1}{100} = 41.74\text{kg/d}$

57. 방류하기 전의 폐수에 염소소독을 하였다. 6분 동안 99%의 세균이 살균되었고 이때 잔류염소 농도 0.1mg/L이다. 동일 조건에서 시간을 반으로 줄이면 몇 %의 세균이 살균되는가? (단, 세균의 사멸은 1차 반응 속도식 기준)

① 90% ② 92% ③ 94% ④ 96%

해설 ㉠ $K = \frac{\ln(1/100)}{-6\text{min}} = 0.768\text{min}^{-1}$

㉡ $\ln\frac{x}{100} = -0.768 \times 3 \quad \therefore x = 9.99\%$

∴ 약 90% 정도 살균된다.

정답 53. ④ 54. ④ 55. ④ 56. ① 57. ①

58. 1차 처리된 분뇨의 2차 처리를 위해 포기조, 2차침전지로 구성된 표준 활성슬러지를 운영하고 있다. 운영 조건이 다음과 같을 때 고형물 체류시간(SRT)은?

[조건]
- 유입유량 $1000m^3/d$
- 포기조 수리학적 체류시간 6시간
- MLSS 농도 3000mg/L
- 잉여슬러지 배출량 $30m^3/d$
- 잉여슬러지 SS 농도 10000mg/L
- 2차침전지 유출수 SS 농도 5mg/L

① 약 2일 ② 약 2.5일
③ 약 3일 ④ 약 3.5일

해설 ㉠ $V = 1000 \times \frac{6}{24} = 250m^3$

㉡ $SRT = \frac{250 \times 3000}{10000 \times 30 + (1000 - 30) \times 5} = 2.46d$

59. MLSS 농도 1500mg/L의 혼합액을 1000mL 메스실린더에 취해 30분간 정치했을 때의 침강슬러지가 차지하는 용적이 220mL였다면 이 슬러지의 SDI는?

① 0.00 ② 0.80 ③ 1.21 ④ 1.38

해설 ㉠ $SVI = \frac{220 \times 10^3}{1500} = 146.67$

㉡ $SDI = \frac{100}{146.67} = 0.68$

60. 농축조에 함수율 99%인 일차슬러지를 투입하여 함수율 96%의 농축슬러지를 얻었다. 농축 후의 슬러지량은 초기 일차 슬러지량의 몇 %로 감소하였는가? (단, 비중은 1.0 기준)

① 50% ② 33% ③ 25% ④ 20%

해설 $V_2 = \frac{V_1 \times 0.01}{0.04} = \frac{1}{4} V_1$

∴ 농축 후의 슬러지량은 초기 일차슬러지량의 25%로 감소한다.

제4과목 수질오염공정시험기준

61. 정도관리 요소 중 정밀도를 옳게 나타낸 것은? (단, n : 연속적으로 측정한 횟수)

① 정밀도(%)=(n회 측정한 결과의 평균값/표준편차)×100
② 정밀도(%)=(표준편차/n회 측정한 결과의 평균값)×100
③ 정밀도(%)=(상대편차/n회 측정한 결과의 평균값)×100
④ 정밀도(%)=(n회 측정한 결과의 평균값/상대편차)×100

62. 벤투리미터(venturi meter)의 유량 측정공식, $Q = \frac{C \cdot A}{\sqrt{1-[(ㄱ)]^4}} \sqrt{2g \cdot H}$ 에서 (ㄱ)에 들어갈 내용으로 옳은 것은? [단, Q : 유량(cm^3/s), C : 유량계수, A : 목 부분의 단면적(cm^2), g : 중력가속도($980cm/s^2$), H : 수도차(cm)]

① 유입부의 직경 / 목(throat)부 직경
② 목(throat)부 직경 / 유입부의 직경
③ 유입부 관 중심부에서의 수두 / 목(throat)부의 수두
④ 목(throat)부의 수두 / 유입부 관 중심부에서의 수두

63. 다음 유량계 중 최대유량/최소유량 비가 가장 큰 것은?

① 벤투리미터
② 오리피스

③ 자기식 유량 측정기
④ 피토관

해설 유량계에 따른 최대유속과 최소유속의 비율

유량계	범위(최대유량 : 최소유량)
벤투리미터(venturi meter)	4 : 1
유량측정용 노즐(nozzle)	4 : 1
오리피스(orifice)	4 : 1
피토(pitot)관	3 : 1
자기식 유량측정기 (magnetic flow meter)	10 : 1

64. 4각 위어에 의하여 유량을 측정하려고 한다. 위어의 수두 0.5m, 절단의 폭이 4m이면 유량(m^3/분)은? (단, 유량계수는 4.8임)

① 약 4.3 ② 약 6.8
③ 약 8.1 ④ 약 10.4

해설 $Q = K \cdot b \cdot h^{3/2} = 4.8 \times 4 \times 0.5^{3/2}$
$= 6.79 m^3/min$

65. 식물성 플랑크톤 측정에 관한 설명으로 틀린 것은?

① 시료가 육안으로 녹색이나 갈색으로 보일 경우 정제수로 적절한 농도로 희석한다.
② 물속에 식물성 플랑크톤은 평판집락법을 이용하여 면적당 분포하는 개체수를 조사한다.
③ 식물성 플랑크톤은 운동력이 없거나 극히 적어 수체의 유동에 따라 수체 내에 부유하면서 생활하는 단일개체, 집락성, 선상형태의 광합성 생물을 총칭한다.
④ 시료의 개체수는 계수면적당 10~40 정도가 되도록 희석 또는 농축한다.

해설 물속에 식물성 플랑크톤은 현미경 계수법을 이용하여 개체수를 조사한다.

66. 물벼룩 급성 독성 항목을 분석하기 위한 시료의 최대 보존기간은?

① 6시간 ② 24시간
③ 36시간 ④ 48시간

67. 폐수 내 불소화합물 측정에 적용 가능한 시험방법과 가장 거리가 먼 것은? (단, 공정시험기준을 기준)

① 자외선/가시선 분광법
② 불꽃원자흡수분광광도법
③ 이온전극법
④ 이온크로마토그래피법

해설 불소는 중금속이 아니므로 불꽃원자흡수분광광도법으로 정량할 수 없다.

68. 시료의 보존방법이 [4℃ 보관, H_2SO_4로 pH 2 이하]에 해당되지 않는 항목은?

① 암모니아성 질소
② 아질산성 질소
③ 화학적 산소요구량
④ 노말헥산 추출물질

해설 아질산성 질소는 4℃에서 보관한다.

69. 부유물질 측정 시 간섭물질에 관한 설명과 가장 거리가 먼 것은?

① 유지(oil) 및 혼합되지 않는 유기물도 여과지에 남아 부유물질 측정값을 높게 할 수 있다.
② 철 또는 칼슘이 높은 시료는 금속 침전이 발생하며 부유물질 측정에 영향을 줄 수 있다.
③ 나무 조각, 큰 모래입자 등과 같은 큰

정답 64. ② 65. ② 66. ③ 67. ② 68. ② 69. ④

입자들은 부유물질 측정에 방해를 주며, 이 경우 직경 2mm 금속망에 먼저 통과시킨 후 분석을 실시한다.

④ 증발잔류물이 1000mg/L 이상인 공장 폐수 등은 여과지에 의한 측정오차를 최소화하기 위해 여과지를 세척하지 않는다.

해설 증발잔류물이 1000mg/L 이상인 해수, 공장폐수 등은 특별히 취급하지 않을 경우, 높은 부유물질 값을 나타낼 수 있다. 이 경우 여과지를 여러 번 세척한다.

70. 다음은 페놀류(자외선/가시선 분광법) 측정 시 간섭물질에 관한 내용이다. ( ) 안에 내용으로 옳은 것은?

> 황 화합물의 간섭을 받을 수 있는데 이는 ( )을 사용하여 pH 4로 산성화하여 교반하면 황화수소나 이산화황으로 제거할 수 있다.

① 황산 ② 인산 ③ 질산 ④ 염산

해설 황 화합물의 간섭을 받을 수 있는데 이는 인산(H_3PO_4)을 사용하여 pH 4로 산성화하여 교반하면 황화수소(H_2S)나 이산화황(SO_2)으로 제거할 수 있다. 황산구리($CuSO_4$)를 첨가하여 제거할 수도 있다.

참고 오일과 타르 성분은 수산화나트륨을 사용하여 시료의 pH를 12~12.5로 조절한 후 클로로포름(50mL)으로 용매 추출하여 제거할 수 있다. 시료 중에 남아 있는 클로로포름은 항온 물중탕으로 가열시켜 제거한다.

71. 시료의 전처리 방법에 관한 내용으로 틀린 것은?

① 마이크로파 산분해법 : 전반적인 처리 절차 및 원리는 산분해법과 같으나 마이크로파를 이용해서 시료를 가열하는 것이 다르다.

② 마이크로파 산분해법 : 마이크로파를 이용하여 시료를 가열할 경우 고온, 고압하에서 조작할 수 있어 전처리 효율이 좋아진다.

③ 용매추출법 : 시료에 적당한 착화제를 첨가하여 시료 중의 금속류와 착화합물을 형성시킨 다음, 형성된 착화합물을 유기용매로 추출하여 분석하는 방법이다.

④ 용매추출법 : 시료 중에 분석 대상물의 농도가 높거나 단순한 물질을 추출 분석할 때 사용한다.

해설 용매추출법은 원자흡수분광광도법을 사용한 분석 시 목적성분의 농도가 미량이거나 측정을 방해하는 성분이 공존할 경우 시료의 농축 또는 방해물질을 제거하기 위해 사용한다.

72. 다음은 총질소-연속흐름법 측정에 관한 내용이다. ( ) 안에 내용으로 옳은 것은?

> 시료 중 모든 질소화합물을 산화분해하여 질산성 질소 형태로 변화시킨 다음, ( )을 통과시켜 아질산성 질소의 양을 550nm 또는 기기에서 정해진 파장에서 측정하는 방법이다.

① 수산화나트륨(0.025N)용액 칼럼
② 무수황산나트륨 환원 칼럼
③ 환원증류·킬달 칼럼
④ 카드뮴-구리환원 칼럼

73. 공정시험기준의 내용으로 옳지 않은 것은?

① 온수는 60~70℃, 냉수는 15℃ 이하를 말한다.

② 방울수는 20℃에서 정제수 20방울을 적하할 때 그 부피가 약 1mL 되는 것을 뜻한다.

정답 70. ② 71. ④ 72. ④ 73. ③

③ '정밀히 단다'라 함은 규정된 수치의 무게를 0.1mg까지 다는 것을 말한다.
④ 각각의 시험은 따로 규정이 없는 한 상온에서 조작하고 조작 직후에 그 결과를 관찰한다. 단, 온도의 영향이 있는 것의 판정은 표준온도를 기준으로 한다.

해설 '정밀히 단다'라 함은 규정된 양의 시료를 취하여 화학저울 또는 미량저울로 칭량함을 말한다.

74. 크롬-원자흡수분광광도법의 정량한계에 관한 내용으로 옳은 것은?

① 357.9nm에서 산처리법은 0.1mg/L, 용매추출법은 0.01mg/L이다.
② 357.9nm에서 산처리법은 0.01mg/L, 용매추출법은 0.1mg/L이다.
③ 357.9nm에서 산처리법은 0.01mg/L, 용매추출법은 0.001mg/L이다.
④ 357.9nm에서 산처리법은 0.001mg/L, 용매추출법은 0.01mg/L이다.

75. 다음은 총대장균군-시험관법에 관한 설명이다. ( ) 안에 내용으로 옳은 것은?

물속에 존재하는 총대장균군을 측정하는 방법으로 ( )으로 나뉘며 추정시험이 양성일 경우 확정시험을 행한다.

① 배지를 이용하는 추정시험과 배양시험관을 이용하는 확정시험 방법
② 배양시험관을 이용하는 추정시험과 배지를 이용하는 확정시험 방법
③ 백금이를 이용하는 추정시험과 다람시험관을 이용하는 확정시험 방법
④ 다람시험관을 이용하는 추정시험과 백금이를 이용하는 확정시험 방법

76. 양극벗김전압전류법으로 분석할 수 있는 금속과 가장 거리가 먼 것은? (단, 공정시험기준 기준)

① 구리 ② 납 ③ 비소 ④ 아연

해설 양극벗김전압전류법으로 분석할 수 있는 금속은 납, 아연, 수은, 비소이다.

77. 물벼룩을 이용한 급성 독성 시험법에 관한 내용으로 틀린 것은?

① 물벼룩은 배양 상태가 좋을 때 7~10일 사이에 첫 부화된 건강한 새끼를 시험에 사용한다.
② 시험하기 2시간 전에 먹이를 충분히 공급하여 시험 중 먹이가 주는 영향을 최소화한다.
③ 시험생물은 물벼룩인 Daphnia Magna Straus를 사용하도록 하며, 출처가 명확하고 건강한 개체를 사용한다.
④ 보조먹이로 YCT(Yeast, Chlorophyll, Trout chow)를 첨가하여 사용할 수 있다.

해설 물벼룩은 배양 상태가 좋을 때 7~10일 사이에 첫 새끼를 부화하게 되는데 이때 부화된 새끼는 시험에 사용하지 않고 약 네 번째 부화한 새끼부터 시험에 사용한다.

참고 급성 독성 시험법 시험생물

1. 시험생물은 물벼룩인 Daphnia Magna Straus를 사용하도록 하며, 출처가 명확하고 건강한 개체를 사용한다.
2. 시험을 실시할 때는 계대배양(여러 세대를 거쳐 배양)한 생후 2주 이상의 물벼룩 암컷 성체를 시험 전날에 새롭게 준비한 용기에 옮기고, 그 다음 날까지 생산한 생후 24시간 미만의 어린 개체를 사용한다. 물벼룩은 배양 상태가 좋을 때 7~10일 사이에 첫 새끼를 부화하게 되는데 이때 부화된 새끼는 시험에 사용하지 않고 약 네 번째 부화한 새끼부터 시험에 사용하여야 한다. 군집배양의 경우, 부화 횟

정답 74. ③ 75. ④ 76. ① 77. ①

수를 정확히 아는 것이 어렵기 때문에 생후 약 2주 이상의 어미에서 생산된 새끼를 시험에 사용하면 된다.

3. 외부기관에서 새로 분양받았다면 2.의 방법과 동일한 방법으로 계대배양하여, 2번 이상의 세대교체 후 물벼룩을 시험에 사용해야 한다.
4. 시험하기 2시간 전에 먹이를 충분히 공급하여 시험 중 먹이가 주는 영향을 최소화하도록 한다.
5. 먹이는 Chlorella sp., Pseudochirknella subcapitata 등과 같은 단세포 녹조류를 사용하고 보조먹이로 YCT(Yeast, Chlorophyll, Trout chow)를 첨가하여 사용할 수 있다.
6. 물벼룩을 폐기할 경우에는 망으로 걸러 살아 있는 상태로 하수구에 유입되지 않도록 주의해야 한다.
7. 배양액을 교체해 주거나 정해진 희석배율의 시험수에 시험생물을 옮겨 주입할 때에는 시험생물이 공기 중에 노출되는 시간을 가능한 한 짧게 한다.
8. 태어난 지 24시간 이내의 시험생물일지라도 가능한 한 크기가 동일한 시험생물을 시험에 사용한다.
9. 평상시 물벼룩 배양에서 하루에 배양 용기 내 전체 물벼룩 수의 10% 이상이 치사한 경우 이들로부터 생산된 어린 물벼룩은 시험생물로 사용하지 않는다.
10. 배양 시 물벼룩이 표면에 뜨지 않아야 하고, 표면에 뜰 경우 시험에 사용하지 않는다.
11. 물벼룩을 옮길 때 사용되는 스포이드에 의한 교차 오염이 발생하지 않도록 주의한다.

78. 다음은 시안(자외선/가시선 분광법) 측정에 관한 내용이다. (　) 안에 내용으로 옳은 것은?

> 물속에 존재하는 시안을 측정하기 위하여 시료를 pH 2 이하의 산성에서 가열 증류하여 시안화물 및 시안착화합물의 대부분을 시안화수소로 유출시켜 포집한 다음, 포집된 시안이온을 중화하고 (　) 을(를) 넣어 생성된 염화시안이 피리딘-피라졸론 등의 발색시약과 반응하여 나타나는 청색을 620nm에서 측정하는 방법이다.

① 클로라민-T
② 설퍼닐 아마이드산
③ 염화제이철
④ 하이포염소산

79. 시료의 보존방법과 최대보존기간에 관한 내용으로 틀린 것은?

① 탁도 측정대상 시료는 4℃ 냉암소에 보존하고 최대보존기간은 48시간이다.
② 시안 측정대상 시료는 4℃에서 NaOH로 pH 12 이상으로 하여 보존하고 최대보존기간은 14일이다.
③ 냄새 측정대상 시료는 4℃로 보존하며 최대보존기간은 12시간이다.
④ 전기전도도 측정대상 시료는 4℃로 보존하며 최대보존기간은 24시간이다.

해설 냄새 측정대상 시료는 가능한 한 즉시 분석 또는 냉장 보관하며 최대보존기간은 6시간이다.

80. 노말헥산 추출물질 시험법에서 노말헥산 추출을 위한 시료의 pH 기준은?

① pH 2 이하　　② pH 4 이하
③ pH 9 이상　　④ pH 10 이상

해설 노말헥산 추출물질 시험법은 폐수 중 비교적 휘발되지 않는 탄화수소, 탄화수소 유도체, 그리이스 유상물질 및 광유류를 함유하고 있는 시료를 pH 4 이하의 산성으로 하여 노말헥산층에 용해되는 물질을 노말헥산으로 추출하여 노말헥산을 증발시킨 잔류물의 무게로부터 구하는 방법이다.

정답　78. ③　79. ①　80. ②

제5과목 수질환경관계법규

81. **수질오염경보의 종류별, 경보단계별 조치사항에 관한 내용 중 조류경보(조류대발생경보 단계) 시 취수장, 정수장 관리자의 조치사항으로 틀린 것은?**

① 정수의 독소 분석 실시
② 정수처리 강화(활성탄 처리, 오존처리)
③ 취수구와 조류 우심지역에 대한 차단막 설치
④ 조류증식 수심 이하로 취수구 이동

참고 법 제21조 시행령 별표 4 참조

82. **오염총량관리기본계획에 포함되어야 하는 사항과 가장 거리가 먼 것은?**

① 관할 지역에서 배출되는 오염부하량과 총량 및 저감계획
② 당해 지역 개발계획으로 인하여 추가로 배출되는 오염부하량 및 그 저감계획
③ 당해 지역별 및 개발계획에 따른 오염부하량의 할당
④ 당해 지역 개발계획의 내용

해설 지방자치단체별·수계구간별 오염부하량의 할당

참고 법 제4조의3 ①항 참조

83. **폐수배출시설에서 배출되는 수질오염물질인 부유물질량의 배출허용기준은? (단, 나지역, 1일 폐수배출량 2천 세제곱미터 미만 기준)**

① 80mg/L 이하 ② 90mg/L 이하
③ 120mg/L 이하 ④ 130mg/L 이하

참고 법 제32조 시행규칙 별표 13 참조

84. **비점오염저감시설 중 자연형 시설인 인공습지의 설치기준으로 틀린 것은?**

① 인공습지의 유입구에서 유출구까지의 유로는 최대한 길게 하고 길이 대 폭은 5 : 1 이상으로 한다.
② 유입부에서 유출부까지의 경사는 0.5퍼센트 이상 1.0퍼센트 이하의 범위를 초과하지 아니하도록 한다.
③ 습지에는 물이 연중 항상 있을 수 있도록 유량공급 대책을 마련하여야 한다.
④ 생물의 서식 공간을 창출하기 위하여 5종부터 7종까지의 다양한 식물을 심어 생물다양성을 증가시킨다.

참고 법 제53조 시행규칙 별표 17 참조

85. **수질 및 수생태계 환경기준 중 해역의 생활환경 기준 항목이 아닌 것은?**

① 음이온계면활성제 ② 용매 추출유분
③ 총대장균군 ④ 수소이온농도

참고 환경정책기본법 시행령 별표 1 참조

86. **수질 및 수생태계 보전에 관한 법률에서 사용하는 용어 정의 내용 중 호소에 해당되지 않는 지역은? [단, 만수위(댐의 경우에는 계획홍수위를 말한다) 구역 안에 물과 토지를 말함]**

① 제방(「사방사업법」에 의한 사방시설 포함)에 의해 물이 가두어진 곳
② 댐, 보를 쌓아 하천 또는 계곡에 흐르는 물을 가두어 놓은 곳
③ 하천에 흐르는 물이 자연적으로 가두어진 곳
④ 화산활동 등으로 인하여 함몰된 지역에 물이 가두어진 곳

참고 법 제2조 14호 참조

87. **다음은 총량관리 단위유역의 수질 측정방법에 관한 내용이다. (   ) 안에 옳은 내용은?**

정답 81. ③ 82. ③ 83. ③ 84. ① 85. ① 86. ① 87. ④

목표수질지점별로 연간 ( ) 이상 측정 하여야 한다.

① 10회 ② 15회 ③ 20회 ④ 30회

참고 법 제4조의2 시행규칙 별표 7 참조

88. 위임업무 보고 내용 중 보고횟수가 연 1회에 해당되는 것은?

① 기타 수질오염원 현황
② 환경기술인의 자격별, 업종별 신고상황
③ 폐수무방류배출시설의 설치허가 현황
④ 폐수처리업에 대한 등록, 지도단속실적 및 처리실적 현황

참고 법 제74조 시행규칙 별표 23 참조

89. 업무상 과실 또는 중대한 과실로 인하여 공공수역에 특정수질유해물질을 누출, 유출시킨 자에 대한 벌칙기준은?

① 1년 이하의 징역 또는 1천만원 이하의 벌금
② 2년 이하의 징역 또는 1천5백만원 이하의 벌금
③ 3년 이하의 징역 또는 3천만원 이하의 벌금
④ 5년 이하의 징역 또는 3천만원 이하의 벌금

참고 법 제78조 참조

90. 폐수의 처리능력과 처리가능성을 고려하여 수탁하여야 하는 준수사항을 지키지 아니한 폐수처리업자에 대한 벌칙기준은?

① 100만원 이하의 벌금
② 200만원 이하의 벌금
③ 300만원 이하의 벌금
④ 500만원 이하의 벌금

참고 법 제79조 참조

91. 환경부장관이 수질원격감시체계 관제센터를 설치 운영할 수 있는 곳은?

① 유역환경청
② 한국환경공단
③ 국립환경과학원
④ 시·도 보건환경연구원

참고 법 제38조의5 참조

92. 수질오염경보의 종류별 경보단계 및 그 단계별 발령, 해제기준에 관한 내용 중 조류경보의 해제 기준으로 옳은 것은?

① 2회 연속 채취 시 클로로필-a 농도가 5mg/L 미만이거나 남조류의 세포 수가 500세포/mL 미만인 경우
② 2회 연속 채취 시 클로로필-a 농도가 15mg/ 미만이거나 남조류의 세포 수가 500세포/mL 미만인 경우
③ 2회 연속 채취 시 클로로필-a 농도가 5mg/m^3 미만이거나 남조류의 세포 수가 500세포/mL 미만인 경우
④ 2회 연속 채취 시 클로로필-a 농도가 15mg/m^3 미만이거나 남조류의 세포 수가 500세포/mL 미만인 경우

참고 법 제21조 시행령 별표 3 참조
2015년 개정으로 현행 기준과 맞지 않음

93. 수질 및 수생태계 환경기준 중 하천에서의 사람의 건강보호 기준으로 옳은 것은?

① 사염화탄소 : 0.05mg/L 이하
② 디클로로메탄 : 0.05mg/L 이하
③ 벤젠 : 0.01mg/L 이하
④ 카드뮴 : 0.01mg/L 이하

참고 환경정책기본법 시행령 별표 1 참조

정답 88. ② 89. ① 90. ④ 91. ② 92. ④ 93. ③

94. **공공폐수처리시설의 방류수 수질기준으로 틀린 것은? [단, Ⅳ지역 기준, ( )는 농공단지 공공폐수처리시설의 방류수 수질기준임]**

① BOD : 10(10)mg/L 이하
② COD : 40(40)mg/L 이하
③ 총질소(T-N) : 20(20)mg/L 이하
④ 총인(T-P) : 1(1)mg/L 이하

참고 법 제12조 시행규칙 별표 10 참조

95. **다음은 공공폐수처리시설의 유지, 관리기준에 관한 내용이다. ( ) 안에 옳은 내용은?**

> 처리시설의 가동시간, 폐수방류량, 약품투입량, 관리·운영자, 그 밖에 처리시설의 운영에 관한 주요사항을 사실대로 매일 기록하고 이를 최종 기록한 날부터 ( ) 보전하여야 한다.

① 1년간 ② 2년간 ③ 3년간 ④ 5년간

참고 법 제50조 시행규칙 별표 15 참조

96. **다음은 초과배출부과금 산정에 적용되는 배출허용기준 위반횟수별 부과계수에 관한 내용이다. ( ) 안에 옳은 내용은?**

> 폐수무방류배출시설에 대한 위반횟수별 부과계수 : 처음 위반한 경우 ( )로 하고 다음 위반부터는 그 위반 직전의 부과계수에 1.5를 곱한 것으로 한다.

① 1.3 ② 1.5 ③ 1.8 ④ 2.0

참고 법 제41조 시행령 별표 16 참조

97. **시장, 군수, 구청장(자치구의 구청장을 말한다)이 낚시금지구역 또는 낚시제한구역을 지정하려는 경우 고려할 사항과 가장 거리가 먼 것은?**

① 용수의 목적
② 오염원 현황
③ 낚시터 인근에서의 쓰레기 발생현황 및 처리여건
④ 계절별 낚시 인구의 현황

참고 법 제20조 ①항 참조

98. **수질 및 수생태계 정책심의위원회에 관한 내용으로 틀린 것은?**

① 환경부장관의 수속으로 수질 및 수생태계 정책심의위원회를 둔다.
② 위원회는 위원장과 부위원장 각 1인을 포함한 20인 이내의 위원으로 구성한다.
③ 위원회는 운영 등에 관한 필요한 사항은 환경부령으로 정한다.
④ 위원회의 위원장은 환경부장관으로 하고, 부위원장은 위원 중에서 위원장이 임명 또는 위촉하는 자로 한다.

참고 법 제10조의3 참조(2017년 삭제)

99. **물놀이 등의 행위제한 권고기준으로 옳은 것은?**

① 수영 등 물놀이 : 대장균 – 500(개체수/mL) 이상
② 수영 등 물놀이 : 대장균 – 100(개체수/mL) 이상
③ 어패류 등 섭취 : 어패류 체내 총 수은 – 0.3mg/kg 이상
④ 어패류 등 섭취 : 어패류 체내 카드뮴 – 0.03mg/kg 이상

참고 법 제21조의2 시행령 별표 5 참조

100. **다음 수질오염방지시설 중 생물화학적 처리시설이 아닌 것은?**

① 접촉조 ② 살균시설
③ 포기시설 ④ 살수여과상

참고 법 제2조 12호 시행규칙 별표 5 참조

정답 94. ④ 95. ① 96. ③ 97. ④ 98. ③ 99. ③ 100. ②

2013년 8월 18일 시행

자격종목 및 등급(선택분야)	종목코드	시험시간	문제지형별	수검번호	성 명
수질환경기사	**2572**	**2시간**	**A**		

제1과목 수질오염개론

1. 최종 BOD가 15mg/L, DO가 5mg/L인 하천의 상류지점으로부터 6일 유하거리의 하류지점에서의 DO 농도는 몇 mg/L인가? (단, DO 포화농도는 9mg/L, 탈산소계수는 0.1/d, 재포기 계수는 0.2/d이다. 상용대수 기준, 온도영향 고려치 않음)

① 3.1 ② 4.3 ③ 5.9 ④ 6.3

해설 $D_t = \dfrac{0.1 \times 15}{0.2-0.1}(10^{-0.1\times6} - 10^{-0.2\times6})$

$+(9-5)\times10^{-0.2\times6} = 3.07$

∴ 하류지점의 DO 농도 $= 9-3.07$

$= 5.93\text{mg/L}$

2. 탈산소계수가 0.15/d이면 BOD_5와 BOD_u의 비는? (단, BOD_5/BOD_u, 밑수는 상용대수임)

① 약 0.69 ② 약 0.74
③ 약 0.82 ④ 약 0.91

해설 $\dfrac{BOD_5}{BOD_u} = 1-10^{-0.15\times5} = 0.822$

3. 어떤 A도시에 유량 $4.2\text{m}^3/\text{s}$, 유속 0.4m/s, BOD 7mg/L인 하천이 흐르고 있다. 이 하천에 유량 $25.2\text{m}^3/\text{min}$, BOD 500mg/L인 공장폐수가 유입되고 있다면 하천수와 공장폐수의 합류지점의 BOD는? (단, 완전 혼합이라 가정함)

① 약 33mg/L ② 약 45mg/L
③ 약 52mg/L ④ 약 67mg/L

해설 $C_m = \dfrac{4.2\times60\times7+25.2\times500}{4.2\times60+25.2}$

$= 51.82\text{mg/L}$

4. 지하수 오염의 특징으로 틀린 것은?

① 지하수의 오염경로는 단순하여 오염원에 의한 오염범위를 명확하게 구분하기가 용이하다.
② 지하수는 흐름을 눈으로 관찰할 수 없기 때문에 대부분의 경우 오염원의 흐름방향을 명확하게 확인하기 어렵다.
③ 오염된 지하수층을 제거, 원상 복구하는 것은 매우 어려우며 많은 비용과 시간이 소요된다.
④ 지하수는 대부분 지역에서 느린 속도로 이동하여 관측정이 오염원으로부터 원거리에 위치한 경우 오염원의 발견에 많은 시간이 소요될 수 있다.

해설 지하수의 오염경로는 다양하여 오염원에 의한 오염범위를 명확하게 구분하기가 어렵다.

5. 최종 BOD 농도가 250mg/L인 글루코스($C_6H_{12}O_6$)용액을 호기성 처리할 때 필요한 이론적 질소(N)농도는? [단, BOD_5 : N : P = 100 : 5 : 1, 탈산소계수($K=0.01\text{h}^{-1}$), 상용대수 기준]

① 약 11.7mg/L ② 약 13.6mg/L
③ 약 15.4mg/L ④ 약 17.4mg/L

해설 $250\times(1-10^{-0.24\times5})\times\dfrac{5}{100}$

$= 11.71\text{mg/L}$

정답 1. ③ 2. ③ 3. ③ 4. ① 5. ①

6. 액체 내의 콜로이드들을 응집시키는 데 기본적 메커니즘과 가장 거리가 먼 것은?

① 이온층의 압축 완화
② 전하의 중화
③ 침전물에 의한 포착
④ 입자 간의 가교 형성

해설 이온층의 압축 강화

7. $Ca(OH)_2$ 농도가 50mg/L인 용액의 pH는? [단, $Ca(OH)_2$는 완전 해리되며, Ca의 원자량은 40임]

① 11.1　② 11.3
③ 11.5　④ 11.7

해설 $pH = 14 + \log(50 \div 1000 \div 37) = 11.13$

8. 생분뇨의 BOD는 19500ppm, 염소이온 농도는 4500ppm이다. 정화조 방류수의 염소이온 농도가 225ppm이고 BOD 농도가 30ppm일 때, 정화조의 BOD 제거 효율은? (단, 희석 작용, 염소는 분해되지 않음)

① 96%　② 97%
③ 98%　④ 99%

해설 $\dfrac{19500 - 30 \times \dfrac{4500}{225}}{19500} \times 100 = 96.92\%$

9. 부영양화의 영향으로 틀린 것은?

① 부영양화가 진행되면 상품가치가 높은 어종들이 사라져 수산업의 수익성이 저하된다.
② 부영양화된 호수의 수질은 질소와 인 등 영양염류의 농도가 높으나 이의 과잉공급은 농작물의 이상 성장을 초래하여 병충해에 대한 저항력을 약화시킨다.
③ 부영양호의 pH는 중성 또는 약산성이나 여름에는 일시적으로 강산성을 나타내어 저니층의 용출을 유발한다.
④ 조류로 인해 정수공정의 효율이 저하된다.

해설 부영양호의 pH는 중성 또는 약알칼리성이나 여름에는 일시적으로 강알칼리성을 나타내어 저니층의 용출을 유발한다.

10. 용액을 통해 흐르는 전류의 특성으로 틀린 것은?

① 전류는 전자에 의해 운반된다.
② 온도의 상승은 저항을 감소시킨다.
③ 대체로 전기저항이 금속의 경우보다 크다.
④ 용액에서 화학변화가 일어난다.

해설 전해질 용액에서는 양이온은 음극판으로, 음이온은 양극판으로 이동하여 전류가 흐른다.

참고 전기 저항(electrical resistance) 또는 저항은 전류의 흐름을 방해하는 정도를 나타내는 물리량이며, 물체에 흐르는 단위 전류가 가지는 전압이다. 국제단위계에서 단위는 옴이다. 일반적으로 도체는 온도가 높아질수록 저항이 커지고, 반도체와 부도체는 온도가 높아질수록 저항이 낮아지며, 전해질은 전해질의 농도가 높아지고 이온의 이동성이 커질수록 저항값은 낮아진다.

11. 진핵세포 또는 원핵세포 내 기관 중 단백질 합성이 주요 기능인 것은?

① 미토콘드리아　② 리보솜
③ 액포　④ 리소좀

12. 에탄올(C_2H_5OH) 300mg/L가 함유된 폐수의 이론적 COD값은? (단, 기타 오염물질은 고려하지 않음)

정답　6. ①　7. ①　8. ②　9. ③　10. ①　11. ②　12. ④

① 312mg/L ② 453mg/L
③ 578mg/L ④ 626mg/L

해설 $C_2H_5OH+3O_2 \rightarrow 2CO_2+3H_2O$

$\therefore 300\times\frac{3\times32}{46}=626.09\text{mg/L}$

13. 자당(sucrose, $C_{12}H_{22}O_{11}$)이 완전히 산화될 때 이론적인 ThOD/ThOC 비는?

① 2.67 ② 3.83
③ 4.43 ④ 5.68

해설 $C_{12}H_{22}O_{11}+12O_2 \rightarrow 12CO_2+11H_2O$

$\therefore$ ThOD/ThOC 비 $=\frac{12\times32\text{g}}{12\times12\text{g}}=2.67$

14. 약산인 0.01N-CH_3COOH가 18% 해리되어 있다면 이 수용액의 pH는?

① 약 2.15 ② 약 2.25
③ 약 2.45 ④ 약 2.75

해설 $\text{pH}=-\log(0.01\times0.18)=2.74$

15. 다음의 기체의 법칙 중 옳은 것은?

① Boyle의 법칙 : 일정한 압력에서 기체의 부피는 절대온도에 정비례한다.
② Henry의 법칙 : 기체가 관련된 화학반응에서 반응하는 기체와 생성되는 기체의 부피 사이에 정수 관계가 있다.
③ Graham의 법칙 : 기체의 확산속도(조그마한 구멍을 통한 기체의 탈출)는 기체 분자량의 제곱근에 반비례한다.
④ Gay-Lussac의 결합 부피 법칙 : 혼합 기체 내의 각 기체의 부분압력은 혼합물 속의 기체의 양에 비례한다.

해설 ㉠ Charles의 법칙 : 일정한 압력에서 기체의 부피는 절대온도에 정비례한다.
㉡ Gay-Lussac의 법칙 : 기체가 관련된 화학반응에서는 반응하는 기체와 생성되는 기체의 부피 사이에 정수 관계가 있다.
㉢ 돌턴의 부분 압력 법칙 : 혼합 기체의 부분 압력은 그 성분 기체의 존재 비율에 비례하게 된다.

16. 바닷물 중에는 0.054M의 $MgCl_2$가 포함되어 있다. 바닷물 250mL에는 몇 g의 $MgCl_2$가 포함되어 있는가? (단, Mg 및 Cl의 원자량은 각각 24.3 및 35.5임)

① 약 0.8g ② 약 1.3g
③ 약 2.6g ④ 약 3.9g

해설 $\frac{0.054\text{mol}}{\text{L}}\times\frac{95.3\text{g}}{\text{mol}}\times0.25\text{L}=1.29\text{g}$

17. 어떤 시료의 생물학적 분해 가능 유기물질의 농도가 35mg/L이며, 시료에 함유된 물질의 경험적인 분자식을 $C_6H_{11}ON_2$라고 할 때 이 물질이 완전 산화되는 데 소요되는 산소 농도(mg/L)는? (단, 분해 최종산물은 CO_2, H_2O, NH_3임)

① 40mg/L ② 50mg/L
③ 60mg/L ④ 70mg/L

해설 ㉠ $C_6H_{11}ON_2+13.5/2O_2 \rightarrow 6CO_2+5/2H_2O+2NH_3$
㉡ 최종 BOD

$=35\text{mg/L}\times\frac{(13.5/2)\times32\text{g}}{127\text{g}}$

$=59.53\text{mg/L}$

18. 0.1ppb Cd용액 1L 중에 들어 있는 Cd의 양(g)은?

① 1×10^{-6} ② 1×10^{-7}
③ 1×10^{-8} ④ 1×10^{-9}

해설 $\frac{0.1\times10^{-6}\text{g}}{\text{L}}\times1\text{L}=1\times10^{-7}\text{g}$

참고 ppb = μg/L (비중이 1인 경우)

정답 13. ① 14. ④ 15. ③ 16. ② 17. ③ 18. ②

19. 5g의 $Ca(OH)_2$를 $Ca(HCO_3)_2$와 완전히 반응시킨다면 $CaCO_3$의 이론적 생성량은? (단, Ca 원자량 : 40)

① 6.3g ② 9.8g
③ 11.4g ④ 13.5g

해설 $Ca(HCO_3)_2 + Ca(OH)_2 \rightarrow 2CaCO_3 \downarrow + 2H_2O$

$\therefore 5g \times \frac{2 \times 100g}{74g} = 13.51g$

20. 산업폐수의 BOD_5가 235mg/L이며, BOD_u는 350mg/L이라면 BOD_3은? (단, 기타 조건은 같음, base는 상용대수)

① 약 141mg/L ② 약 151mg/L
③ 약 161mg/L ④ 약 171mg/L

해설 ㉠ $K_1 = \frac{\log\left(1 - \frac{235}{350}\right)}{-5} = 0.097d^{-1}$

㉡ $BOD_3 = 350 \times (1 - 10^{-0.097 \times 3})$
$= 170.91mg/L$

제2과목 상하수도계획

21. 계획오수량에 관한 설명으로 틀린 것은?

① 지하수량은 1인1일최대오수량의 5~10%를 표준으로 한다.
② 계획1일최대오수량은 1인1일최대오수량에 계획인구를 곱한 후, 여기에 공장폐수량, 지하수량 및 기타 배수량을 더한 것으로 한다.
③ 계획1일평균오수량은 계획1일최대오수량의 70~80%를 표준으로 한다.
④ 계획시간최대오수량은 계획1일최대오수량의 1시간당 수량의 1.3~1.8배를 표준으로 한다.

해설 지하수량은 1인1일최대오수량의 10~20%를 표준으로 한다.

22. 펌프 수격작용(water hammer)의 방지대책으로 틀린 것은? (단, 수주분리 발생의 방지법 기준)

① 펌프의 플라이휠을 제거하여 관성을 최소화한다.
② 토출 측 관로에 압력조절수조를 설치해서 부압 발생장소에 물을 보급하여 부압을 방지함과 아울러 압력상승도 흡수한다.
③ 토출 측 관로에 일방향 압력조절수조를 설치하여 압력 강하 시에 물을 보급해서 부압 발생을 방지한다.
④ 관내유속을 낮추거나 관거상황을 변경한다.

해설 펌프에 플라이휠을 붙임으로써 관성효과를 크게 하여 펌프의 토출압력이 급격하게 저하되는 것을 완화시킨다. 플라이휠을 채택할 때에는 그 중량을 고려하여 베어링과 기동방법을 검토해야 한다.

23. 다음은 상수 급수시설인 급수관의 배관에 관한 내용이다. ( ) 안에 옳은 내용은?

> 급수관을 공공도로에 부설할 경우에는 도로 관리자가 정한 점용위치와 깊이에 따라 배관해야 하며 다른 매설물과의 간격을 ( ) 이상 확보한다.

① 0.3m ② 0.5m
③ 1.0m ④ 1.5m

해설 급수관을 다른 매설물에 근접하여 부설하면, 접근점 부근의 집중하중이나 급수관의 누수에 의한 샌드브라스트(sand blast) 현상 등에 의하여 관에 손상을 줄 우려가 있다. 따라서 이러한 사고를 미연에 방지해야

정답 19. ④ 20. ④ 21. ① 22. ① 23. ①

하고 부수작업을 고려하여 급수관은 다른 매설물과 최소 30cm 이상 간격을 유지하여 매설한다.

24. **배수시설인 배수관의 최소동수압 및 최대정수압 기준으로 옳은 것은? (단, 급수관을 분기하는 지점에서 배수관 내 수압기준)**

① 100kPa 이상을 확보함, 500kPa를 초과하지 않아야 함
② 100kPa 이상을 확보함, 600kPa를 초과하지 않아야 함
③ 150kPa 이상을 확보함, 700kPa를 초과하지 않아야 함
④ 150kPa 이상을 확보함, 800kPa를 초과하지 않아야 함

25. **취수지점으로부터 정수장까지 원수를 공급하는 시설 배관은?**

① 취수관 ② 송수관
③ 도수관 ④ 배수관

26. **상수도시설인 배수지 용량에 대한 설명으로 옳은 것은?**

① 유효용량은 시간변동조정용량과 비상대처용량을 합하여 급수구역의 계획시간최대급수량의 8시간 분 이상을 표준으로 한다.
② 유효용량은 시간변동조정용량과 비상대처용량을 합하여 급수구역의 계획시간최대급수량의 12시간 분 이상을 표준으로 한다.
③ 유효용량은 시간변동조정용량과 비상대처용량을 합하여 급수구역의 계획1일최대급수량의 8시간 분 이상을 표준으로 한다.
④ 유효용량은 시간변동조정용량과 비상대처용량을 합하여 급수구역의 계획1일최대급수량의 12시간 분 이상을 표준으로 한다.

27. **하수처리시설 중 소독시설에서 사용하는 오존의 장단점으로 틀린 것은?**

① 병원균에 대하여 살균작용이 강하다.
② 철 및 망간의 제거능력이 크다.
③ 경제성이 좋다.
④ 바이러스의 불활성에 효과가 크다.

해설 오존은 가격이 고가이므로 경제성이 나쁘다.

28. **정수시설인 용존공기부상 공정 중 플록형성지에 관한 설명으로 틀린 것은?**

① 약품침전지의 플록형성지에 비하여 상대적으로 낮은 교반강도를 갖는다.
② 교반시간, 즉 체류시간은 일반적으로 15~20분 정도이다.
③ 기포플록덩어리가 부상지 수면 쪽으로 향하도록 부상지 유입구에 경사진 저류벽을 설치한다.
④ 플록형성지 폭은 부상지의 폭과 같도록 한다.

해설 약품침전지의 플록형성지에 비하여 상대적으로 높은 교반강도를 갖는다.

참고 용존공기부상 공정에서는 침전과는 달리 많은 수의 공기방울들이 플록에 부착되어 수면으로 부상되도록 작고 가벼운 플록들을 만들어야 한다. 이러한 목적을 달성하기 위하여 3가지 중요한 기준이 맞아야 한다.
1. 약품침전지의 플록형성지에 비하여 상대적으로 높은 교반강도
2. 짧은 교반시간
3. 기포플록덩어리가 부상지 수면 쪽으로 향하도록 부상지 유입구에 경사진 저류벽 설치

정답 24. ③ 25. ③ 26. ④ 27. ③ 28. ①

29. **상수도시설인 정수시설 중 급속 여과지의 여과모래에 대한 기준으로 틀린 것은?**

① 강열감량은 0.75% 이하일 것
② 균등계수는 2.7 이하일 것
③ 비중은 2.55~2.65의 범위일 것
④ 마모율은 3% 이하일 것

해설 균등계수는 1.7 이하일 것

30. **하수처리, 재이용계획에서 계획오염부하량 및 계획유입수질에 관한 설명으로 틀린 것은?**

① 계획유입수질 : 하수의 계획유입수질은 계획오염부하량을 계획 1일 평균오수량으로 나눈 값으로 한다.
② 공장폐수에 의한 오염부하량 : 폐수배출부하량이 큰 공장은 업종별 오염부하량 원단위를 기초로 추정하는 것이 바람직하다.
③ 생활오수에 의한 오염부하량 : 1인 1일당 오염부하량 원단위를 기초로 하여 정한다.
④ 관광오수에 의한 오염부하량 : 당일관광과 숙박으로 나누고 각각의 원단위에서 추정한다.

해설 공장폐수에 의한 오염부하량
폐수배출부하량이 큰 공장에 대해서는 부하량을 실측하는 것이 바람직하며, 실측치를 얻기 어려운 경우에 대해서는 업종별의 출하액당 오염부하량 원단위에 기초를 두고 추정한다.

참고 1. 계획오염부하량은 생활오수, 영업오수, 공장폐수 및 관광오수 등의 오염부하량을 합한 값으로 한다.
2. 계획오염부하량의 산정에 있어서 대상수질항목은 처리목표수질의 항목에 일치시키는 것을 원칙으로 한다.
3. 영업오수에 의한 오염부하량은 업무의 종류 및 오수의 특징 등을 감안하여 결정한다.
4. 가축폐수 등에 관한 오염부하량은 필요에 따라 고려한다.

31. **상수도관 부식의 종류 중 매크로셀 부식으로 분류되지 않는 것은? (단, 자연 부식 기준)**

① 콘크리트·토양
② 이종금속
③ 산소농담(통기차)
④ 박테리아

해설 박테리아부식은 마이크로셀 부식이다.

32. **하수관거의 접합방법 중 굴착 깊이를 얕게 함으로써 공사비용을 줄일 수 있으며 수위상승을 방지하고 양정고를 줄일 수 있어 펌프로 배수하는 지역에 적합하나 상류부에서는 동수경사선이 관정보다 높이 올라갈 우려가 있는 것은?**

① 수면접합 ② 관중심접합
③ 관저접합 ④ 관정접합

33. **하천수를 수원으로 하는 경우, 취수시설인 취수문에 대한 설명으로 틀린 것은?**

① 취수지점은 일반적으로 상류부의 소하천에 사용하고 있다.
② 하상변동이 작은 지점에서 취수할 수 있어 복단면의 하천 취수에 유리하다.
③ 시공조건에서 일반적으로 가물막이를 하고 임시하도 설치 등을 고려해야 한다.
④ 기상조건에서 파랑에 대하여 특히 고려할 필요는 없다.

해설 취수문은 하상변동이 작은 지점에서만 취수할 수 있다. 하상이 저하되는 지점에서는 취수가 불가능하며 복단면의 하천에는 적당하지 않다.

정답 29. ② 30. ② 31. ④ 32. ③ 33. ②

34. 펌프의 토출량이 12m^3/min, 펌프의 유효흡입수두 8m, 규정 회전수 2000회/분인 경우, 이 펌프의 비교회전도는? (단, 양흡입의 경우가 아님)

① 892 ② 1045
③ 1286 ④ 1457

해설 $N_s = \dfrac{2000 \times 12^{1/2}}{8^{3/4}} = 1456.48$

35. 하수슬러지 농축방법 중 잉여슬러지 농축에 부적합한 것은?

① 부상식 농축 ② 중력식 농축
③ 원심분리 농축 ④ 중력벨트 농축

해설 중력식 농축은 1차 슬러지 농축에 적합하다.

36. 계획급수인구 결정 시 시계열경향분석에 의한 장래인구의 추계방법이 아닌 것은?

① 변동곡선식에 의한 방법
② 수정지수곡선식에 의한 방법
③ 베기곡선식에 의한 방법
④ 이론곡선식에 의한 방법

해설 시계열경향분석은 인구의 시계열적인 경향을 분석하여 단일방정식으로 이루어지는 경향곡선에 맞도록 하여 장래인구를 예측하는 방법이며 시간을 설명변수로 하는 비교적 간단한 예측방법으로 널리 사용되고 있다. 이 방법의 주된 것으로는 다음과 같은 것들이 있다.
㉠ 연평균 인구증감수와 증감률에 의한 방법
㉡ 수정지수곡선식에 의한 방법
㉢ 베기곡선식에 의한 방법
㉣ 이론곡선식(logistic curve)에 의한 방법

37. 하수 고도처리(잔류 SS 및 잔류 용존유기물 제거)방법인 막 분리법에 적용되는 분리막 모듈 형식과 가장 거리가 먼 것은?

① 중공사형 ② 투사형
③ 관형 ④ 나선형

해설 분리막 모듈의 형식에는 판형, 관형, 나선형, 중공사형이 있다.

38. 막여과 정수시설의 막을 약품 세척할 때 사용되는 약품과 제거가능 물질을 나열한 것 중 잘못된 것은?

① 수산화나트륨 : 유기물
② 황산 : 무기물
③ 옥살산 : 유기물
④ 산 세제 : 무기물

해설 옥살산 : 무기물

참고 약품세척에 사용되는 주된 약품과 제거 가능 물질

약 품		제거 가능한 물질	
		유기물	무기물
수산화나트륨		○	
무기산	염산		○
	황산		○
산화제	차아염소산나트륨	○	
유기산	구연산		○
	옥살산		○
세제	알칼리 세제	○	
	산 세제		○

39. 예비용량을 감안한 정수시설의 적정 가동률은?

① 55% 내외가 적정하다.
② 65% 내외가 적정하다.
③ 75% 내외가 적정하다.
④ 85% 내외가 적정하다.

해설 소비자에게 고품질의 수도 서비스를 중단 없이 제공하기 위하여 정수시설은 유지보수, 사고대비, 시설 개량 및 확장 등에 대

정답 34. ④ 35. ② 36. ① 37. ② 38. ③ 39. ③

비하여 적절한 예비용량을 갖춤으로써 수도 시스템으로서의 안정성을 높여야 한다. 이를 위하여 예비용량을 감안한 정수시설의 가동률은 75% 내외가 적정하다.

40. 배수지의 고수위와 저수위와의 수위차, 즉 배수지의 유효수심의 표준으로 적절한 것은?

① 1~2m ② 2~4m
③ 3~6m ④ 5~8m

제3과목 수질오염방지기술

41. 포기조의 MLSS 농도를 3000mg/L로 유지하기 위한 슬러지 반송비는? (단, SVI = 120, 유입수내 SS는 무시)

① 0.43 ② 0.56
③ 0.62 ④ 0.74

해설 $R = \dfrac{3000}{\dfrac{10^6}{120} - 3000} = 0.563$

42. 포기조 내의 MLSS 3000mg/L, 포기조 용적이 500m^{3}인 활성슬러지 처리공법에서 최종침전지에서 유출하는 SS를 무시할 경우 매일 20m^3 슬러지를 배출시키면 세포 평균체류시간(SRT)은? (단, 배출슬러지 농도는 1%)

① 3.5일 ② 5.5일
③ 7.5일 ④ 9.5일

해설 $\text{SRT} = \dfrac{3000 \times 500}{10000 \times 20} = 7.5\text{d}$

43. 생물학적 질소, 인 제거공정에서 포기조의 기능과 가장 거리가 먼 것은?

① 질산화 ② 유기물 제거
③ 탈질 ④ 인 과잉섭취

해설 탈질은 무산소조에서 진행된다.

44. 생물학적 인 제거 공정 중 A/O 공법의 장단점으로 틀린 것은?

① 폐슬러지 내의 인의 함량(1% 이하)이 낮다.
② 타 공법에 비하여 운전이 비교적 간단하다.
③ 높은 BOD/P비가 요구된다.
④ 비교적 수리학적 체류시간이 짧다.

해설 폐슬러지 내의 인의 함량(4~6% 정도)은 비교적 높아 비료 가치가 있다.

45. 슬러지 개량을 위한 열처리의 장점으로 틀린 것은?

① 고온 분해에 따라 악취가 발생되지 않는다.
② 일반적으로 약품처리가 필요 없다.
③ 슬러지를 안정화시키고 병원균을 사멸한다.
④ 슬러지 성분변화에 민감하지 않다.

해설 열처리법은 분리액의 BOD 농도가 높아지며 가열 중에 악취가 발생하는 경우가 있다.

참고 열처리법은 단백질, 탄수화물, 유지, 섬유류 등을 포함한 친수성 콜로이드로 형성된 하수슬러지를 130℃ 이상으로 열처리하여 세포막의 파괴 및 유기물의 구조 변경을 일으켜 탈수성을 개선시키는 방법이다.

46. BOD 150mg/L의 폐수 800m^3/d를 깊이 2m, 표면적 300m^{2}의 살수여상조로 처리하는 공장에서 면적 절약을 위해 기존의 살수여상조를 깊이 4m, BOD 부하 0.6kg/m^3·d의 활성슬러지법 포기조로 개조하였다면 살수여상조 및 포기조의 각 표면적만을 비교하였을 때 약 몇 m^{2}이 절약되는가?

정답 40. ③ 41. ② 42. ③ 43. ③ 44. ① 45. ① 46. ④

① $100m^2$ ② $150m^2$
③ $200m^2$ ④ $250m^2$

해설 ㉠ $0.6 = \frac{150 \times 800 \times 10^{-3}}{4 \times A}$

$\therefore A = 50m^2$

㉡ 절약 면적 $= 300 - 50 = 250m^2$

47. 플록을 형성하여 침강하는 입자들이 서로 방해를 받으므로 침전속도는 점차 감소하게 되며 침전하는 부유물과 상등수 간에 뚜렷한 경계면이 생기는 침전형태로 가장 적합한 것은?

① 지역침전 ② 압축침전
③ 압밀침전 ④ 응집침전

48. 활성슬러지 처리시설의 유출수에 대장균이 10^7마리/100mL가 있다고 할 때 이를 200마리/100mL 이하로 낮추기 위해 필요한 염소 잔류량(C_t)은? (단, 접촉시간은 20분으로 규정함)

$$\frac{N_t}{N_0} = (1 + 0.23\, C_t \cdot t)^{-3}$$

① 3.1mg/L ② 5.6mg/L
③ 7.8mg/L ④ 9.4mg/L

해설 주어진 식을 C_t에 대해서 정리한다.

$$\left(\frac{N_t}{N_0}\right)^{-\frac{1}{3}} = 1 + 0.23 C_t \cdot t$$

$$\therefore C_t = \frac{(N_t/N_0)^{-1/3} - 1}{0.23 \times t}$$

$$= \frac{(200/10^7)^{-1/3} - 1}{0.23 \times 20} = 7.8\text{mg/L}$$

49. 역삼투 장치로 하루에 20000L의 3차 처리된 유출수를 탈염시키고자 한다. 25℃에서의 물질전달계수는 0.2068L/(d-m^2)(kPa), 유입수와 유출수 사이의 압력차는 2400kPa, 유입수와 유출수의 삼투압차는 310kPa, 최저 운전온도는 10℃이다. 요구되는 막면적은? (단, $A_{10℃} = 1.2 A_{25℃}$)

① 약 $39m^2$ ② 약 $56m^2$
③ 약 $76m^2$ ④ 약 $94m^2$

해설 ㉠ A_{25}

$$= \frac{(1m^2 \cdot d \cdot kPa/0.2068L) \times 20000L/d}{(2400 - 310)kPa}$$

$= 46.274m^2$

㉡ $A_{10} = 1.2 \times 46.274 = 55.53m^2$

50. BOD 200mg/L인 폐수가 1200m^3/d로 포기조에 유입되고 있다. 포기조의 부피는 400m^3, MLSS 농도는 2000mg/L이다. F/M비를 0.15kgBOD/kgMLSS·d로 유지하자면 MLSS 농도를 얼마만큼 증가시켜야 되겠는가?

① 500mg/L ② 1000mg/L
③ 1500mg/L ④ 2000mg/L

해설 ㉠ MLSS 농도 $= \frac{200 \times 1200}{0.15 \times 400}$

$= 4000\text{mg/L}$

㉡ 증가 MLSS 농도 $= 4000 - 2000$

$= 2000\text{mg/L}$

51. 포기조 혼합액을 30분간 침전시킨 후 침전물의 부피가 600mL/L이고 이때 MLSS가 3000mg/L이면 SVI는?

① 140 ② 160
③ 180 ④ 200

해설 $\text{SVI} = \frac{600\text{mL/L} \times 10^3}{3000\text{mg/L}} = 200$

52. 함수율이 98%이고 고형물 내 VS함량이 65%인 축산폐수 200m^3/d를 혐기성 소화로

정답 47. ① 48. ③ 49. ② 50. ④ 51. ④ 52. ②

처리하고자 한다. 혐기성 소화조의 고형물 부하를 7.5kgVS/m³·d로 설계하고자 할 때 소화조의 용량은? (단, 축산폐수 내 고형물의 비중은 1.0임)

① $238m^3$ ② $347m^3$
③ $436m^3$ ④ $583m^3$

해설 $7.5 = \frac{200 \times 0.02 \times 1000 \times 0.65}{V}$

$\therefore V = 346.67m^3$

참고 $VS\text{부하} = \frac{VS\text{량}}{V}$

53. 속도경사(velocity gradient)에 대한 설명으로 틀린 것은?

① 속도경사는 점성계수가 클수록 커진다.
② 속도경사는 동력이 클수록 커진다.
③ 일반적으로 속도경사의 단위는 s^{-1}이다.
④ 속도경사는 반응조의 용적이 클수록 작아진다.

해설 속도경사는 점성계수가 클수록 작아진다.

참고 $G = \sqrt{\frac{P}{\mu V}}$

54. 다음의 중금속과 그 처리방법으로 가장 거리가 먼 것은?

① 카드뮴 – 아말감 침전법
② 납 – 황화물 침전법
③ 시안 – 알칼리염소법
④ 비소 – 수산화물 공침법

해설 수은 – 아말감 침전법

55. BOD 200mg/L, 유량 25m³/h인 폐수를 활성슬러지법으로 처리하고자 한다. BOD 용적부하를 0.6kg BOD/m³·d로 유지하려면 포기조의 수리학적 체류시간은?

① 4시간 ② 6시간
③ 8시간 ④ 10시간

해설 $\frac{0.6}{24} = \frac{200 \times 10^{-3}}{t} \quad \therefore t = 8h$

56. 어떤 폐수의 암모니아성 질소가 10mg/L이고 동화작용에 충분한 유기탄소(CH_3OH)를 공급한다. 처리장의 유량이 3000m³/d라면 미생물에 의한 완전한 동화작용 결과 생성되는 미생물생산량은? (단, $20CH_3OH + 15O_2 + 3NH_3 \rightarrow 3C_5H_7NO_2 + 5CO_2 + 34H_2O$를 적용)

① 242kg/d ② 314kg/d
③ 434kg/d ④ 513kg/d

해설 $10 \times 3000 \times 10^{-3} \times \frac{3 \times 113}{3 \times 14}$

$= 242.14kg/d$

57. 포기조의 유입수 BOD = 150mg/L, 유출수 BOD = 10mg/L, MLSS = 2500mg/L, 미생물 성장계수(Y) = 0.7kgMLSS/kgBOD, 내생호흡계수(k_e) = 0.01/d, 포기시간(t) = 6시간이다. 미생물체류시간(θ_c)는?

① 5.4일 ② 6.8일
③ 7.4일 ④ 8.7일

해설 ㉠ $\frac{1}{\theta_c} = \frac{0.7 \times (150-10)}{2500 \times 6/24} - 0.01$

$= 0.1468$

㉡ 미생물체류시간(θ_c) = 6.81d

참고 $\frac{1}{SRT} = \frac{YQ(S_0 - S_1)}{VX} - K_d$

$= \frac{YQS_0 \times \zeta}{VX} - K_d$

58. 최종 BOD 5kg을 혐기성 조건에서 안정화시킬 때 생산되는 이론적인 메탄의 양은? (단, 유기물은 $C_6H_{12}O_6$로 가정함)

정답 53. ① 54. ① 55. ③ 56. ① 57. ② 58. ②

① 0.45kg ② 1.25kg
③ 2.15kg ④ 3.65kg

해설 ㉠ $C_6H_{12}O_6 + 6O_2 \rightarrow 6CO_2 + 6H_2O$
㉡ $C_6H_{12}O_6 \rightarrow 3CO_2 + 3CH_4$
㉢ $5kg \times \frac{180g}{6 \times 32g} \times \frac{3 \times 16g}{180g} = 1.25kg$

59. 처리인구 5200명인 2차 하수처리시설로 포기식 라군 공정을 설계하고자 한다. 유량은 380L/cap·d, 유입 BOD_5는 200mg/L, 유출 BOD_5는 20mg/L, K(반응속도상수)=2.1/d이며 kg BOD_5당 1.6kg 산소가 필요하다면 필요 반응시간에 따른 총 라군 부피는? (단, 1차 반응, 1차침전지에서 유입 BOD_5의 33% 제거됨)

① $3360m^3$ ② $4360m^3$
③ $5360m^3$ ④ $6360m^3$

해설 $\frac{V}{0.38 \times 5200} = \frac{200 \times (1-0.33) - 20}{2.1 \times 20}$
∴총 라군 부피=$5363.43m^3$

참고 $t = \frac{C_0 - C}{KC}$

60. 직사각형 급속여과지를 설계하고자 한다. 설계조건이 다음과 같을 때 급속여과지의 지수는 몇 개가 필요한가?

> [설계조건] 유량 $30000m^3/d$, 여과속도 120m/d, 여과지 1지의 길이 10m, 폭 7m, 기타 조건은 고려하지 않음

① 2 ② 4 ③ 6 ④ 8

해설 $120 = \frac{\frac{30000}{x}}{10 \times 7}$ ∴ $x = 3.57 = 4$개

참고 여과속도$= \frac{Q/\text{탱크개수}}{A}$

제4과목 수질오염공정시험기준

61. 수질오염공정시험기준상 이온전극법으로 측정할 수 있는 대상 항목과 가장 거리가 먼 것은?

① 브롬
② 시안
③ 암모니아성 질소
④ 염소이온

해설 브롬은 이온 크로마토그래피법으로 측정할 수 있다.

62. 냄새 측정 시 잔류염소 제거를 위해 첨가하는 용액은?

① L-아스코빈산나트륨
② 티오황산나트륨
③ 과망간산칼륨
④ 질산은

해설 냄새 측정 시 잔류염소 냄새는 측정에서 제외한다. 따라서 잔류염소가 존재하면 티오황산나트륨 용액을 첨가하여 잔류염소를 제거한다.

63. 다음은 대장균(효소이용정량법) 측정에 관한 내용이다. ( ) 안에 옳은 내용은?

> 물속에 존재하는 대장균을 분석하기 위한 것으로, 효소기질 시약과 시료를 혼합하여 배양한 후 ( ) 검출기로 측정하는 방법이다.

① 자외선 ② 적외선
③ 가시선 ④ 기전력

64. 수질오염공정시험기준 총칙에 관한 설명으로 옳지 않은 것은?

정답 59. ③ 60. ② 61. ① 62. ② 63. ① 64. ③

① 분석용 저울은 0.1mg까지 달 수 있는 것이어야 한다.
② 시험결과의 표시는 정량한계의 결과의 표시 자리수를 따르며, 정량한계 미만은 불검출된 것으로 간주한다.
③ '바탕시험을 하여 보정한다'라 함은 시료를 사용하여 같은 방법으로 조작한 측정치를 보정하는 것을 말한다.
④ '정확히 취하여'라 하는 것은 규정한 양의 액체를 부피피펫으로 눈금까지 취하는 것을 말한다.

해설 '바탕시험을 하여 보정한다'라 함은 시료에 대한 처리 및 측정을 할 때, 시료를 사용하지 않고 같은 방법으로 조작한 측정치를 빼는 것을 뜻한다.

65. 총질소 실험방법과 가장 거리가 먼 것은? (단, 수질오염공정시험기준 적용)

① 연속흐름법
② 자외선/가시선 분광법 – 활성탄흡착법
③ 자외선/가시선 분광법 – 카드뮴·구리 환원법
④ 자외선/가시선 분광법 – 환원증류·킬달법

해설 자외선/가시선 분광법(활성탄흡착법)은 질산성 질소 실험방법이다.

66. 음이온 계면활성제를 자외선/가시선 분광법으로 측정할 때 사용되는 시약으로 옳은 것은?

① 메틸 레드 ② 메틸 오렌지
③ 메틸렌 블루 ④ 메틸렌 옐로우

67. 다음은 관내의 압력이 필요하지 않은 측정용 수로에서 유량을 측정하는 데 적용하는 방법 중 용기에 의한 측정에 관한 내용이다. ( ) 안에 옳은 내용은?

> 최대 유량이 1m^3/분 미만인 경우 : 유수를 용기에 받아서 측정하며 용기는 용량 ( )를 사용하여 유수를 채우는 데에 요하는 시간을 스톱워치로 잰다.

① 100~200L ② 200~300L
③ 300~400L ④ 400~500L

68. 부유물질 측정 시 간섭물질에 관한 설명으로 틀린 것은?

① 증발잔류물이 1000mg/L 이상인 경우의 해수, 공장폐수 등은 특별히 취급하지 않을 경우, 높은 부유물질 값을 나타낼 수 있다.
② 큰 모래입자 등과 같은 큰 입자들은 부유물질 측정에 방해를 주며, 이 경우 직경 1mm 여과지에 먼저 통과시킨 후 분석을 실시한다.
③ 철 또는 칼슘이 높은 시료는 금속 침전이 발생하며 부유물질 측정에 영향을 줄 수 있다.
④ 유지 및 혼합되지 않는 유기물도 여과지에 남아 부유물질 측정값을 높게 할 수 있다.

69. 다음은 자외선/가시선 분광법을 적용하여 페놀류를 측정할 때 간섭물질에 관한 설명이다. ( ) 안에 옳은 내용은?

> 황 화합물의 간섭을 받을 수 있는데 이는 ( )을 사용하여 pH 4로 산성화하여 교반하면 황화수소나 이산화황으로 제거할 수 있다.

① 염산 ② 질산
③ 인산 ④ 과염소산

정답 65. ② 66. ③ 67. ① 68. ② 69. ③

70. 적정법으로 염소이온을 측정할 때 정량한계로 옳은 것은?

① 0.1mg/L ② 0.3mg/L
③ 0.5mg/L ④ 0.7mg/L

71. 금속류인 바륨의 시험방법과 가장 거리가 먼 것은? (단, 수질오염공정시험기준 적용)

① 불꽃원자흡수분광광도법
② 자외선/가시선 분광법
③ 유도결합플라스마 원자발광분광법
④ 유도결합플라스마 질량분석법

해설 적용 가능한 시험방법

바 륨	정량한계 (mg/L)
원자흡수분광광도법	0.1mg/L
유도결합플라스마-원자발광분광법	0.003mg/L
유도결합플라스마-질량분석법	0.003mg/L

72. 파샬 수로(Parshall flume)에 대한 설명으로 옳은 것은?

① 수두차가 작은 경우에는 유량 측정의 정확도가 현저히 떨어진다.
② 부유물질 또는 토사 등이 많이 섞여 있는 경우에는 목(throat) 부분에 부유물질의 침전이 다량 발생되어 자연유하가 어렵다.
③ 재질은 부식에 대한 내구성이 강한 스테인리스 강판, 염화비닐합성수지 등을 이용하며 면처리는 매끄럽게 처리하여 가급적 마찰로 인한 수두손실을 적게 한다.
④ 관형 및 장방형으로 구분되며 패러데이(Faraday)의 법칙을 이용한다.

해설 수두차가 작아도 유량 측정의 정확도가 양호하며, 측정하려는 폐하수 중에 부유물질 또는 토사 등이 많이 섞여 있는 경우에도 목(throat) 부분에서의 유속이 상당히 빠르므로 부유물질의 침전이 적고 자연유하가 가능하다.

참고 패러데이의 법칙을 이용하여 자장의 직각에서 전도체를 이동시킬 때 유발되는 전압은 전도체의 속도에 비례한다는 원리를 이용한 유량측정법은 자기식 유량측정기이다.

73. 위어의 수두 0.8m, 절단의 폭이 5m인 4각 위어를 사용하여 유량을 측정하고자 한다. 유량계수가 1.6일 때 유량(m^3/d)은?

① 약 4345 ② 약 6925
③ 약 8245 ④ 약 10370

해설 $Q = (1.6 \times 5 \times 0.8^{3/2}) \times 1440$
$= 8243.04 m^3/d$

74. 온도 측정 시 사용되는 용어 중 '담금'에 관한 내용으로 옳은 것은?

① 온도 측정을 위해 대상 시료에 담그는 것으로 온담금과 반담금이 있다.
② 온도 측정을 위해 대상 시료에 담그는 것으로 온담금과 부분담금이 있다.
③ 온도 측정을 위해 대상 시료에 담그는 것으로 온담금과 55mm 담금이 있다.
④ 온도 측정을 위해 대상 시료에 담그는 것으로 온담금과 76mm 담금이 있다.

해설 온도 측정을 위해 대상 시료에 담그는 것으로 온담금과 76mm 담금이 있다. 온담금이란 감온액주의 최상부까지를 측정하는 대상 시료에 담그는 것을 말하며, 76mm 담금이란 구상부 하단으로부터 76mm까지를 측정 대상 시료에 담그는 것을 말한다.

참고 담금선이란 측정하고자 하는 대상 시료에 담그는 부분을 표시하는 선이다.

정답 70. ④ 71. ② 72. ③ 73. ③ 74. ④

75. 다음은 자외선/가시선 분광법을 적용한 니켈의 측정방법에 관한 내용이다. ( ) 안에 옳은 내용은?

> 니켈이온을 암모니아의 약알칼리성에서 디메틸글리옥심과 반응시켜 생성한 니켈착염을 클로로폼으로 추출하고 이것을 묽은 염산으로 역추출한다. 추출물에 브롬과 암모니아수를 넣어 니켈을 산화시키고 다시 암모니아 알칼리성에서 디메틸글리옥심과 반응시켜 생성한 ( )의 흡광도를 측정한다.

① 적색 니켈착염
② 청색 니켈착염
③ 적갈색 니켈착염
④ 황갈색 니켈착염

76. 총유기탄소 분석기기 내 산화부에서 유기탄소를 이산화탄소로 산화하는 방법으로 옳게 짝지은 것은?

① 고온연소 산화방법, 저온연소 산화방법
② 고온연소 산화방법, 전기전도도 산화방법
③ 고온연소 산화방법, 자외선-과황산 산화방법
④ 고온연소 산화방법, 비분산적외선 산화방법

77. 다음 항목 중 시료 보존 방법이 나머지와 다른 것은?

① 전기전도도
② 아질산성 질소
③ 잔류염소
④ 음이온계면활성제

78. 다음은 크롬분석에 관한 내용이다. ( ) 안에 옳은 내용은? (단, 크롬-자외선/가시선 분광법 기준)

> 물속에 존재하는 크롬을 자외선/가시선 분광법으로 측정할 때 3가크롬은 ( )을/를 첨가하여 6가크롬으로 산화시킨다.

① 과망간산칼륨
② 염화제일주석
③ 과염소산나트륨
④ 사염화탄소

79. 자외선/가시선 분광법을 적용한 불소측정에 관한 설명으로 틀린 것은?

① 란탄알리자린 콤프렉손의 착화합물이 불소이온과 반응 생성하는 청색의 복합 착화합물의 흡광도를 620nm에서 측정한다.
② 정량한계는 0.03mg/L이다.
③ 알루미늄 및 철의 방해가 크나 증류하면 영향이 없다.
④ 전처리법으로 직접증류법과 수증기증류법이 있다.

해설 정량한계는 0.15mg/L이다.

80. 다음 금속류 분석 시료 중 최대 보존기간이 가장 짧은 것은?

① 비소 ② 셀레늄
③ 알킬수은 ④ 6가 크롬

제5과목 수질환경관계법규

81. 다음은 수질 및 수생태계 하천 환경기준 중 생활환경 기준에 적용되는 등급에 따른 수질

정답 75. ③ 76. ③ 77. ③ 78. ① 79. ② 80. ④ 81. ①

및 수생태계 상태를 나타낸 것이다. 어떤 등급의 수질 및 수생태계의 상태인가?

상당량의 오염물질로 인하여 용존산소가 소모되는 생태계로 농업용수로 사용하거나 여과, 침전, 활성탄 투입, 살균 등 고도의 정수처리 후 공업용수로 사용할 수 있음

① 약간 나쁨
② 나쁨
③ 상당히 나쁨
④ 매우 나쁨

참고 환경정책기본법 시행령 별표 1 참조

82. 국립환경과학원장이 설치할 수 있는 측정망의 종류와 가장 거리가 먼 것은?

① 비점오염원에서 배출되는 비점오염물질 측정망
② 퇴적물 측정망
③ 도심하천 측정망
④ 공공수역 유해물질 측정망

해설 2018년 환경부장관에서 국립환경과학원장으로 개정되어 문제를 현행 법률에 맞게 수정하였다.

참고 법 제9조 ①항 참조

83. 다음은 호소수 이용 상황 등의 조사 측정에 관한 내용이다. ( ) 안에 옳은 내용은?

시도지사는 환경부장관이 지정, 고시하는 호소 외의 호소로서 만수위일 때의 면적이 ( ) 이상인 호소의 수질 및 수생태계 등을 정기적으로 조사, 측정하여야 한다.

① 10만 제곱미터
② 20만 제곱미터
③ 30만 제곱미터
④ 50만 제곱미터

참고 법 제28조 참조

84. 오염총량관리 기본방침에 포함되어야 하는 사항과 가장 거리가 먼 것은?

① 오염총량관리 대상지역
② 오염원의 조사 및 오염부하량 산정방법
③ 오염총량관리의 대상 수질오염물질 종류
④ 오염총량관리의 목표

참고 법 제4조의2 참조

85. 수질오염경보 중 수질오염감시경보 단계가 '관심'인 경우 한국환경공단이사장의 조치 사항으로 옳은 것은?

① 수체변화 감시 및 원인 조사
② 지속적 모니터링을 통한 감시
③ 관심경보 발령 및 관계기관 통보
④ 원인 조사 및 오염물질 추적 조사 지원

참고 법 제21조 시행령 별표 4 참조

86. 다음은 환경부장관이 지정할 수 있는 비점오염원관리지역의 지정기준에 관한 내용이다. ( ) 안에 옳은 내용은?

인구 ( ) 이상인 도시로서 비점오염원 관리가 필요한 지역

① 10만 명　② 30만 명
③ 50만 명　④ 100만 명

참고 법 제54조 참조

87. 비점오염원의 변경신고 기준으로 옳은 것은?

① 총 사업면적·개발면적 또는 사업장 부지면적이 처음 신고면적의 100분의 15

정답 82. ③ 83. ④ 84. ① 85. ② 86. ④ 87. ①

이상 증가하는 경우
② 총 사업면적·개발면적 또는 사업장 부지면적이 처음 신고면적의 100분의 20 이상 증가하는 경우
③ 총 사업면적·개발면적 또는 사업장 부지면적이 처음 신고면적의 100분의 30 이상 증가하는 경우
④ 총 사업면적·개발면적 또는 사업장 부지면적이 처음 신고면적의 100분의 50 이상 증가하는 경우

참고 법 제53조 참조

88. **유역환경청장이 수립하는 대권역별 수질 및 수생태계 보전을 위한 기본계획(대권역계획)에 포함되어야 하는 사항과 가장 거리가 먼 것은?**

① 상수원 및 물 이용현황
② 수질 및 수생태계 보전조치의 추진방향
③ 수질오염 예방 및 저감 대책
④ 수질오염에 대한 환경영향평가

해설 2017년 환경부장관에서 유역환경청장으로 개정되어 문제를 현행 법률에 맞게 수정하였다.

참고 법 제24조 참조

89. **특별자치도지사·시장·군수·구청장은 공공수역의 수질보전을 위하여 환경부령이 정하는 해발고도 이상에 위치한 농경지 중 환경부령이 정하는 경사도 이상의 농경지를 경작하는 자에 대하여 경작방식의 변경, 농약, 비료의 사용량 저감, 휴경 등을 권고할 수 있다. 위에서 언급한 환경부령이 정하는 해발고도와 경사도 기준으로 옳은 것은?**

① 400미터, 15퍼센트
② 400미터, 25퍼센트
③ 600미터, 15퍼센트
④ 600미터, 25퍼센트

해설 2017년 시도지사에서 특별자치도지사·시장·군수·구청장으로 개정되어 현행 법률에 맞게 수정하였다.

참고 법 제59조 참조

90. **사업자가 배출시설 또는 방지시설의 설치를 완료하여 당해 배출시설 및 방지시설을 가동하고자 하는 때에는 환경부령이 정하는 바에 의하여 미리 환경부장관에게 가동개시 신고를 하여야 한다. 이를 위반하여 가동개시 신고를 하지 아니하고 조업한 자에 대한 벌칙 기준은?**

① 2백만원 이하의 벌금
② 3백만원 이하의 벌금
③ 5백만원 이하의 벌금
④ 1년 이하의 징역 또는 1천만원 이하의 벌금

참고 법 제78조 참조

91. **다음은 폐수무방류배출시설의 세부설치기준에 관한 내용이다. ( ) 안에 옳은 내용은?**

> 특별대책지역에 설치되는 폐수무방류배출시설의 경우 1일 24시간 연속하여 가동되는 것이면 배출 폐수를 전량 처리할 수 있는 예비 방지시설을 설치하여야 하고 ( ) 이상이면 배출 폐수의 무방류 여부를 실시간으로 확인할 수 있는 원격유량감시장치를 설치하여야 한다.

① 1일 최대 폐수배출량이 100세제곱미터
② 1일 최대 폐수배출량이 200세제곱미터
③ 1일 최대 폐수배출량이 300세제곱미터
④ 1일 최대 폐수배출량이 400세제곱미터

참고 법 제33조 시행령 별표 6 참조

정답 88. ④ 89. ① 90. ④ 91. ②

92. 제조업의 배출시설(폐수무방류배출시설 제외)을 설치, 운영하는 사업자에 대하여 환경부장관이 조업정지처분에 갈음하여 부과할 수 있는 과징금의 최대 액수는?

① 1억 ② 2억
③ 3억 ④ 5억

참고 법 제43조 참조

93. 다음의 수질오염방지시설 중 물리적 처리시설이 아닌 것은?

① 혼합시설
② 침전물 개량시설
③ 응집시설
④ 유수분리시설

참고 법 제2조 12호 시행규칙 별표 5 참조

94. 특별시장·광역시장·특별자치도지사가 오염총량관리 시행계획을 수립할 때 포함하여야 하는 사항과 가장 거리가 먼 것은?

① 해당 지역 개발계획의 내용
② 수질예측 산정자료 및 이행 모니터링 계획
③ 연차별 오염부하량 삭감 목표 및 구체적 삭감 방안
④ 오염원 현황 및 예측

참고 법 제4조의4 참조

95. 환경기술인 등의 교육기간·대상자 등에 관한 내용으로 틀린 것은?

① 최초교육 : 환경기술인 등이 최초로 업무에 종사한 날부터 1년 이내에 실시하는 교육
② 보수교육 : 최초 교육 후 3년마다 실시하는 교육
③ 환경기술인 교육기관 : 환경관리협회
④ 기술요원 교육기관 : 국립환경인력개발원

참고 법 제67조 참조

96. 시도지사가 골프장의 맹독성·고독성 농약의 사용여부를 확인하기 위해 골프장별로 농약사용량을 조사하고 농약 잔류량을 검사하여야 하는 주기 기준은?

① 월마다 ② 분기마다
③ 반기마다 ④ 년마다

참고 법 제61조 ②항 참조

97. 공공폐수처리시설의 방류수수질기준으로 틀린 것은? [단, Ⅰ지역 기준, ( )는 농공단지 공공폐수처리시설의 방류수수질기준임]

① BOD : 10(10)mg/L 이하
② COD : 20(40)mg/L 이하
③ 총질소(T-N) : 10(10)mg/L 이하
④ 총인(T-P) : 0.2(0.2)mg/L 이하

참고 법 제12조 시행규칙 별표 10 참조

98. 수질 및 수생태계 환경기준 중 하천의 수질 및 수생태계 상태별 생물학적 특성 이해표 내용 중 생물등급이 [좋음~보통]인 경우, 생물지표종(저서생물)이 아닌 것은?

① 붉은딸따구
② 다슬기
③ 넓적거머리
④ 동양하루살이

해설 생물등급이 [좋음~보통]인 경우, 생물지표종(저서생물)에는 다슬기, 넓적거머리, 강하루살이, 동양하루살이, 등줄하루살이, 등딱지하루살이, 물삿갓벌레, 큰줄날도래가 있다.

정답 92. ③ 93. ② 94. ① 95. ③ 96. ③ 97. ③ 98. ①

참고 1. 생물등급이 [약간 나쁨~매우 나쁨]인 경우, 생물지표종(저서생물)에는 왼돌이물달팽이, 실지렁이, 붉은깔따구, 나방파리, 꽃등에가 있다.
2. 생물등급이 [매우 좋음~좋음]인 경우, 생물지표종(저서생물)에는 옆새우, 가재, 뿔하루살이, 민하루살이, 강도래, 물날도래, 광택날도래, 띠무늬우묵날도래, 바수염날도래가 있다.
3. 생물등급이 [보통~약간 나쁨]인 경우, 생물지표종(저서생물)에는 물달팽이, 턱거머리, 물벌레, 밀잠자리가 있다.

99. **다음은 오염총량관리 조사·연구반에 관한 내용이다. ( ) 안에 옳은 내용은?**

법에 따른 오염총량관리 조사·연구반은 ( )에 둔다.

① 한국환경공단
② 국립환경과학원
③ 유역환경청
④ 수질환경 원격조사센터

참고 법 제4조의9 참조

100. **다음은 환경부장관이 수변생태구역 매수 등을 하기 위한 기준에 관한 내용이다. ( ) 안에 옳은 것은?**

하천, 호소 등의 경계부터 ( ) 이내의 지역일 것

① 200미터 ② 300미터
③ 500미터 ④ 1킬로미터

해설 시행령 제25조(수변생태구역 매수 등의 기준 등) : 환경부장관은 다음 각 호 모두에 해당하는 수변습지 및 수변토지(이하 "수변생태구역"이라 한다)를 매수하거나 생태적으로 조성·관리할 수 있다. 〈개정 2010. 3. 9.〉
1. 하천·호소(湖沼) 등의 경계부터 1킬로미터 이내의 지역일 것
2. 다음 각 목의 어느 하나에 해당하는 경우로서 수변생태구역을 매수하거나 생태적으로 조성·관리할 필요가 있을 것
가. 상수원을 보호하기 위하여 수변의 토지를 생태적으로 관리할 필요가 있는 경우
나. 보호가치가 있는 수생물(水生物) 등을 보전하거나 복원하기 위하여 해당 하천·호소 등 수변을 체계적으로 관리할 필요가 있는 경우
다. 비점오염물질(非點汚染物質) 등을 관리하기 위하여 반드시 수변의 토지를 관리할 필요가 있는 경우

참고 법 제19조의 3 ③항 참조

정답 99. ② 100. ④

2014년도 출제문제

2014년 3월 2일 시행

자격종목 및 등급(선택분야)	종목코드	시험시간	문제지형별	수검번호	성 명
수질환경기사	2572	2시간	A		

제1과목 수질오염개론

1. 다음 수질을 가진 농업용수의 SAR값은? (단, Na^+=460mg/L, PO_4^{-3}=1500mg/L, Cl^-=108mg/L, Ca^{++}=600mg/L, Mg^{++}=240mg/L, NH_3-N 380mg/L, Na 원자량 : 23, P의 원자량 : 31, Cl 원자량 : 35.5, Ca 원자량 : 40, Mg 원자량 : 24)

① 2 ② 4
③ 6 ④ 8

해설 $SAR = \dfrac{460/23}{\sqrt{\dfrac{600/20+240/12}{2}}} = 4$

2. 호소나 저수지의 여름철 성층현상에 관한 설명 중 옳지 않은 것은?

① 수온차에 따라 표수층, 수온약층, 심수층을 이룬다.
② 하층의 물은 표층으로 잘 순환(turn over)되지 않고 수직운동은 상층에만 국한된다.
③ 완충작용을 하는 수온약층의 깊이에 따르는 수온차이는 표수층에 비해 매우 적다.
④ 수심에 따른 온도변화로 인해 발생되는 물의 밀도차에 의해 발생한다.

해설 수온약층(thermocline)은 깊이에 따라 온도변화가 심한 층을 말하며 통상 수심이 1m 내려감에 따라 약 1℃ 이상의 수온차가 생긴다.

3. 20% NaOH 용액은 몇 N 용액인가?

① 2.0N ② 3.0N
③ 4.0N ④ 5.0N

해설 NaOH 용액 N 농도

$$= \frac{1 \times 10 \times 20}{40} = 5.0N$$

4. 어느 하천수의 단위시간당 산소전달률 K_{La}를 측정하고자 용존산소 농도를 측정하였더니 10mg/L이었다. 이때 용존산소 농도를 0 mg/L으로 만들기 위해 필요한 Na_2SO_3의 이론첨가량은? (단, 원자량은 Na : 23, S : 32)

① 104mg/L ② 92mg/L
③ 85mg/L ④ 79mg/L

해설 ㉠ Na_2SO_3의 산화식을 만들어 구한다.
㉡ $Na_2SO_3 + 1/2O_2 \rightarrow Na_2SO_4$
∴ 126g : 16g = x : 10mg/L
∴ x = 78.75mg/L

5. 적조(red tide)에 관한 설명으로 틀린 것은?

① 갈수기로 인하여 염도가 증가된 정체 해역에서 주로 발생한다.
② 수중 용존산소 감소에 의한 어패류의 폐사가 발생된다.
③ 수괴의 연직안정도가 크고 독립해 있

정답 1. ② 2. ③ 3. ④ 4. ④ 5. ①

을 때 발생한다.

④ 해저에 빈 산소층이 형성할 때 발생한다.

해설 여름철, 강수로 인한 염도가 감소된 정체된 해역에서 주로 발생된다.

6. **해수의 특성으로 옳지 않은 것은?**

① 해수의 밀도는 수온, 염분, 수압에 영향을 받는다.

② 해수는 강전해질로서 1L당 평균 35g의 염분을 함유한다.

③ 해수 내 전체 질소 중 35% 정도는 질산성 질소 등 무기성 질소 형태이다.

④ 해수의 Mg/Ca비는 3~4 정도이다.

해설 해수 중의 질소 존재형태는 NO_2^-와 NO_3^-가 65%, NH_3와 유기질소가 35%이다.

7. **글리신[$CH_2(NH_2)COOH$]의 이론적 COD/TOC의 비는? (단, 글리신의 최종 분해산물은 CO_2, HNO_3, H_2O임)**

① 2.83 ② 3.76

③ 4.67 ④ 5.38

해설 $C_2H_5O_2N + 7/2O_2 \rightarrow$
$2CO_2 + 2H_2O + HNO_3$

$$\therefore \text{COD/TOC의 비} = \frac{\frac{7}{2} \times 32\text{g}}{2 \times 12\text{g}} = 4.67$$

8. **지하수의 특성에 관한 설명으로 옳지 않은 것은?**

① 염분함량이 지표수보다 낮다.

② 주로 세균(혐기성)에 의한 유기물 분해 작용이 일어난다.

③ 국지적인 환경조건의 영향을 크게 받는다.

④ 빗물로 인하여 광물질이 용해되어 경도가 높다.

해설 지하수는 지표수보다 탁도는 낮지만 경도나 염분의 농도가 높다.

9. **지구상에 분포하는 수량 중 빙하(만년설 포함) 다음으로 가장 많은 비율을 차지하고 있는 것은? (단, 담수 기준)**

① 하천수 ② 지하수

③ 대기습도 ④ 토양수

해설 담수 중의 약 77%는 극지방의 빙산과 빙하로 존재하고 약 22%는 지하수이며 약 1%는 지표수이다.

10. **다음은 Graham의 기체법칙에 관한 내용이다. ( ) 안에 알맞은 것은?**

> 수소의 확산속도에 비해 염소는 약 (㉮), 산소는 (㉯) 정도의 확산속도를 나타낸다.

① ㉮ 1/6, ㉯ 1/4 ② ㉮ 1/6, ㉯ 1/9

③ ㉮ 1/4, ㉯ 1/6 ④ ㉮ 1/9, ㉯ 1/6

해설 ㉠ 그레이엄의 법칙
같은 온도와 압력에서 두 기체의 분출 또는 확산 속도는 그 기체 분자량의 제곱근에 반비례한다.

㉡ $\frac{\text{염소}}{\text{수소}} = \sqrt{\frac{2}{71}} = \frac{1}{6}$

㉢ $\frac{\text{산소}}{\text{수소}} = \sqrt{\frac{2}{32}} = \frac{1}{4}$

11. **다음이 설명하는 일반적 기체법칙은?**

> 여러 물질이 혼합된 용액에서 어느 물질의 증기압(분압)은 혼합액에서 그 물질의 몰 분율에 순수한 상태에서 그 물질의 증기압을 곱한 것과 같다.

① 라울의 법칙

② 게이-뤼삭의 법칙

정답 6. ③ 7. ③ 8. ① 9. ② 10. ① 11. ①

③ 헨리의 법칙
④ 그레이엄의 법칙

해설 라울의 법칙 : $P=X\times P°$
P : 용액에 있는 용매의 증기압
X : 용액에 있는 용매의 몰 분율
$P°$: 순수한 용매의 증기압
Raoult은 실험을 통하여 용액의 증기 압력 내림은 용액 속에 녹아 있는 용질의 몰 분율에 비례함을 밝혀냈다. 이것이 라울의 법칙(Raoult's law)이다.

12. 탈산소계수(K_1)가 0.20d^{-1}인 하천의 BOD_5 농도가 100mg/L이었다. BOD_1은? (단, 상용대수 기준)

① 36mg/L ② 41mg/L
③ 46mg/L ④ 51mg/L

해설 $BOD_1 = \frac{100}{1-10^{-0.2\times5}}\times(1-10^{-0.2\times1})$
$=41\text{mg/L}$

13. $Ca(OH)_2$ 500mg/L 용액의 pH는? [단, $Ca(OH)_2$는 완전 해리, Ca 원자량 : 40]

① 11.43 ② 11.73
③ 12.13 ④ 12.53

해설 pH = 14 + log(500 ÷ 1000 ÷ 37) = 12.13

14. pH 7인 물에서 CO_2의 해리상수는 4.3×10^{-7}이고 $[HCO_3^-]=8.6\times10^{-3}$mole/L일 때 CO_2 농도는?

① 2mg/L ② 20mg/L
③ 88mg/L ④ 880mg/L

해설 ㉠ $CO_2+H_2O \leftrightarrows HCO_3^{-1}+H^+$
$K=\frac{[H^+][HCO_3^-]}{[CO_2][H_2O]}$ 에서
$[CO_2]=\frac{10^{-7}\times8.6\times10^{-3}}{4.3\times10^{-7}}$
$=0.002\text{mol/L}$

㉡ CO_2의 농도(mg/L)
$=\frac{0.002\text{mol}}{\text{L}}\times\frac{44\text{g}}{\text{mol}}\times\frac{10^3\text{mg}}{\text{g}}$
$=88\text{mg/L}$

15. Glucose 500mg/L가 완전 산화하는 데 필요한 이론적 산소요구량은?

① 533mg/L ② 633mg/L
③ 733mg/L ④ 833mg/L

해설 $C_6H_{12}O_6+6O_2 \rightarrow 6CO_2+6H_2O$
$\therefore\ 500\text{mg/L}\times\frac{6\times32\text{g}}{180\text{g}}=533.33\text{mg/L}$

16. 하천모델의 종류 중 DO SAG Ⅰ, Ⅱ, Ⅲ에 관한 설명으로 틀린 것은?

① 2차원 정상상태 모델이다.
② 점오염원 및 비점오염원이 하천의 용존산소에 미치는 영향을 나타낼 수 있다.
③ Streeter-Phelps식을 기본으로 한다.
④ 저질의 영향이나 광합성 작용에 의한 용존산소반응을 무시한다.

해설 DO SAG-Ⅰ, Ⅱ, Ⅲ 모델은 저질의 영향이나 광합성 작용에 의한 DO반응을 무시한 1차원, 정상상태 model이다.

17. 1차 반응에 있어 반응 초기의 농도가 100mg/L이고, 4시간 후에 10mg/L로 감소되었다. 반응 2시간 후의 농도(mg/L)는?

① 17.8 ② 24.8
③ 31.6 ④ 42.8

해설 ㉠ $K=\frac{\ln(10/100)}{-4\text{h}}=0.576\text{h}^{-1}$
㉡ $C_t=100\text{mg/L}\times e^{-0.576\times2}$
$=31.6\text{mg/L}$

정답 12. ② 13. ③ 14. ③ 15. ① 16. ① 17. ③

18. 지하수의 수질을 분석한 결과 다음과 같았다. 이 지하수의 이온강도(I)는?

> [Ca^{2+} : $3×10^{-4}$mol/L, Na^{+} : $5×10^{-4}$mol/L, Mg^{2+} : $5×10^{-5}$mol/L, CO_3^{2-} : $2×10^{-5}$ mol/L]

① 0.0099　② 0.00099
③ 0.0085　④ 0.00085

해설 $\frac{1}{2}\times(3\times10^{-4}\times2^2+5\times10^{-4}\times1^2+5\times10^{-5}\times2^2+2\times10^{-5}\times2^2)=0.00099$

19. 어떤 하천수의 분석결과이다. 총경도(mg/L as $CaCO_3$)는? (단, 원자량 : Ca 40, Mg 24, Na 23, Sr 88)

> [분석 결과]
> Na^{+}(25mg/L), Mg^{2+}(11mg/L), Ca^{2+}(8mg/L), Sr^{2+}(2mg/L)

① 약 68　② 약 78
③ 약 88　④ 약 98

해설 $8\times\frac{50}{20}+11\times\frac{50}{12}+2\times\frac{50}{44}=68.11\text{mg/L}$

20. 어느 하천에 다음과 같은 하수가 유입될 때 혼합지점으로부터 10km 하류 지점에서의 용존산소 농도는? [단, 혼합수의 K_1과 K_2(밑이 e)는 0.2/일과 0.3/일이며 20℃에서의 포화산소 농도는 9.2mg/L임]

구 분	하 천	하 수
유량	$4.5m^3/s$	$0.9m^3/s$
BOD_5	2.4mg/L	75mg/L
온도	20℃	20℃
DO	8.0mg/L	0.8mg/L
유속	0.3m/s	

① 약 5.0mg/L　② 약 5.5mg/L
③ 약 6.0mg/L　④ 약 6.5mg/L

해설 ㉠ 혼합지점의 BOD
$=\frac{4.5\times2.4+0.9\times75}{4.5+0.9}=14.5\text{mg/L}$

㉡ 혼합지점의 DO
$=\frac{4.5\times8+0.9\times0.8}{4.5+0.9}=6.8\text{mg/L}$

㉢ $BOD_u=\frac{14.5\text{mg/L}}{(1-e^{-0.2\times5})}=22.939\text{mg/L}$

㉣ 최초의 DO 부족농도=9.2−6.8=2.4mg/L

㉤ 유하시간
$t=\frac{10000\text{m}}{0.3\text{m/s}}\times\frac{\text{d}}{86400\text{s}}=0.386\text{d}$

㉥ $D_t=\frac{0.2\times22.939}{0.3-0.2}$
$(e^{-0.2\times0.386}-e^{-0.3\times0.386})+2.4\times e^{-0.3\times0.386}$
$=3.75\text{mg/L}$
$\therefore DO$ 농도 $=9.2-3.75=5.45\text{mg/L}$

제2과목 상하수도계획

21. 정수시설인 배수관의 수압에 관한 내용으로 옳은 것은?

① 급수관을 분기하는 지점에서 배수관 내의 최대 정수압은 150kPa(약 1.6kgf/cm^2)를 초과하지 않아야 한다.
② 급수관을 분기하는 지점에서 배수관 내의 최대 정수압은 250kPa(약 2.6kgf/cm^2)를 초과하지 않아야 한다.
③ 급수관을 분기하는 지점에서 배수관 내의 최대 정수압은 450kPa(약 4.6kgf/cm^2)를 초과하지 않아야 한다.
④ 급수관을 분기하는 지점에서 배수관 내의 최대 정수압은 700kPa(약 7.1kgf/cm^2)를 초과하지 않아야 한다.

정답　18. ②　19. ①　20. ②　21. ④

22. 말굽형 하수관거의 장점으로 옳지 않은 것은?

① 대구경 관거에 유리하며 경제적이다.
② 수리학적으로 유리하다.
③ 단면 형상이 간단하여 시공성이 우수하다.
④ 상반부의 아치작용에 의해 역학적으로 유리하다.

해설 단면 형상이 복잡하기 때문에 시공성이 열악하다.

23. 펌프의 규정토출량 $50m^3$/min, 펌프의 규정회전수 900회/min, 펌프의 규정양정 15m일 때 비교회전도는?

① 약 835 ② 약 926
③ 약 1048 ④ 약 1135

해설 $N_s = \dfrac{900 \times 50^{1/2}}{15^{3/4}} = 834.95$

24. 다음은 정수시설의 시설능력에 관한 내용이다. ( ) 안에 내용으로 옳은 것은?

> 소비자에게 고품질의 수도 서비스를 중단 없이 제공하기 위하여 정수시설은 유지보수, 사고대비, 시설개량 및 확장 등에 대비하여 적절한 예비용량을 갖춤으로써 수도시스템으로서의 안정성을 높여야 한다. 이를 위하여 예비용량을 감안한 가동률은 ( ) 내외가 적정하다.

① 70% ② 75%
③ 80% ④ 85%

해설 정수장의 예비능력은 정수장이 여러 계열로 구성되어 있는 경우에는 그 1계열에 상당하는 용량으로 당해 정수장의 계획정수량의 25% 정도를 표준으로 한다. 그러므로 적정 가동률은 75% 내외가 적당하다.

25. 상수처리를 위한 침사지 구조에 관한 내용으로 옳지 않은 것은?

① 표면부하율은 200~500mm/min을 표준으로 한다.
② 지내 평균유속은 2~7m/min을 표준으로 한다.
③ 지의 상단높이는 고수위보다 0.6~1m의 여유를 둔다.
④ 지의 유효수심은 3~4m를 표준으로 한다.

해설 지내 평균유속은 2~7cm/s를 표준으로 한다.

26. 계획오염부하량 및 계획유입수질에 관한 내용으로 옳지 않은 것은?

① 관광오수에 의한 오염부하량은 당일관광과 숙박으로 나누고 각각의 원단위에서 추정한다.
② 영업오수에 의한 오염부하량은 업무의 종류 및 오수의 특징 등을 감안하여 결정한다.
③ 생활오수에 의한 오염부하량은 1인1일당 오염부하량 원단위를 기초로 하여 정한다.
④ 하수의 계획유입수질은 계획오염부하량을 계획1일최대오수량으로 나눈 값으로 한다.

해설 하수의 계획유입수질은 계획오염부하량을 계획1일평균오수량으로 나눈 값으로 한다.

27. 다음은 하수관거의 접합에 관한 내용이다. ( ) 안에 옳은 내용은?

> 2개의 관거가 합류하는 경우의 중심교각은 되도록 (㉮) 이하로 하고 곡선을 갖고 합류하는 경우의 곡률반경은 내경의 (㉯) 이상으로 한다.

정답 22. ③ 23. ① 24. ② 25. ② 26. ④ 27. ③

① ㉮ 45°, ㉯ 5배 ② ㉮ 45°, ㉯ 10배
③ ㉮ 60°, ㉯ 5배 ④ ㉮ 60°, ㉯ 10배

28. 하수도시설인 우수조정지의 여수토구에 관한 내용으로 옳은 것은?

① 여수토구는 확률연수 10년 강우의 최대우수유출량의 1.2배 이상의 유량을 방류시킬 수 있는 것으로 한다.
② 여수토구는 확률연수 10년 강우의 최대우수유출량의 1.44배 이상의 유량을 방류시킬 수 있는 것으로 한다.
③ 여수토구는 확률연수 100년 강우의 최대우수유출량의 1.2배 이상의 유량을 방류시킬 수 있는 것으로 한다.
④ 여수토구는 확률연수 100년 강우의 최대우수유출량의 1.44배 이상의 유량을 방류시킬 수 있는 것으로 한다.

해설 댐의 구조기준에서는 여수토구의 설계유량과 이상홍수량으로 나누어서 정의한다.
설계유량(흙댐에서는 확률연수 100년 강우의 최대우수유출량의 1.2배 이상의 유량)에 대해서는 안전하게 처리할 수가 있고, 이상홍수량(설계유량의 1.2배 이상의 유량)에 대해서는 방류 가능한 여수토구를 설계하도록 규정하며, 바람 또는 지진에 의한 파랑 등을 감안하여 여유고를 가산하여 설계한다. 여기서 취급하는 우수조정지에서는 댐의 높이 15m 미만의 것임을 고려하여, 확률연수 100년 강우의 최대우수유출량의 1.44(1.2×1.2)배 이상의 유량으로 한 것이다.

29. 자연부식 중 매크로셀 부식에 해당하는 것은?

① 산소농담(통기차) ② 특수토양부식
③ 간섭 ④ 박테리아부식

해설 매크로셀 부식(macrocell corrosion) : 콘크리트·토양, 산소농담(통기차), 이종금속

30. 다음 중 막모듈의 열화 내용과 가장 거리가 먼 것은?

① 장기적인 압력부하에 의한 막 구조의 압밀화
② 건조되거나 수축으로 인한 막 구조의 비가역적인 변화
③ 원수 중의 고형물이나 진동에 의한 막면의 상처나 마모, 파단
④ 막의 다공질부의 흡착, 석출, 포착 등에 의한 폐색

해설 막의 다공질부의 흡착, 석출, 포착 등에 의한 폐색은 파울링에 해당한다.

참고 1. 열화 : 막 자체의 변질로 생긴 비가역적인 막 성능의 저하
2. 파울링 : 막 자체의 변질이 아닌 외적 인자로 생긴 막 성능의 저하

31. 해수담수화방식의 상변화방식 중 결정법인 것은?

① 다중효용법 ② 투과기화법
③ 가스수화물법 ④ 증기압축법

해설 상변화방식 중 결정법에는 가스수화물법, 냉동법이 있다.

32. 하수도 배제방식 중 분류식에 관한 설명으로 옳지 않은 것은? (단, 합류식과 비교 기준)

① 관거 오접 : 없다.
② 관거 내 퇴적 : 관거 내의 퇴적이 적다.
③ 처리장으로의 토사 유입 : 토사의 유입은 있지만 합류식 정도는 아니다.
④ 건설비 : 오수관거와 우수관거의 2계통을 건설하는 경우 비싸지만 오수관거만을 건설하는 경우는 가장 저렴하다.

해설 관거 오접 : 분류식의 경우 철저한 감시가 필요하다.

정답 28. ④ 29. ① 30. ④ 31. ③ 32. ①

33. 도수관을 설계할 때 평균유속 기준으로 옳은 것은?

① 자연유하식인 경우, 허용최대한도는 1.5m/s, 도수관의 평균유속은 최소한도 0.3m/s로 한다.
② 자연유하식인 경우, 허용최대한도는 1.5m/s, 도수관의 평균유속은 최소한도 0.6m/s로 한다.
③ 자연유하식인 경우, 허용최대한도는 3.0m/s, 도수관의 평균유속은 최소한도 0.3m/s로 한다.
④ 자연유하식인 경우, 허용최대한도는 3.0m/s, 도수관의 평균유속은 최소한도 0.6m/s로 한다.

34. 정수시설인 착수정의 용량 기준은?

① 체류시간 1.5분 이상
② 체류시간 3.0분 이상
③ 체류시간 15분 이상
④ 체류시간 30분 이상

해설 착수정의 용량은 체류시간을 1.5분 이상으로 하고 수심은 3~5m 정도로 한다.

35. 정수시설인 완속여과지에 관한 내용으로 옳지 않은 것은?

① 주위벽 상단은 지반보다 60cm 이상 높여 여과지 내로 오염수나 토사 등의 유입을 방지한다.
② 여과속도는 4~5m/d를 표준으로 한다.
③ 모래층의 두께는 70~90cm를 표준으로 한다.
④ 여과면적은 계획정수량을 여과속도로 나누어 구한다.

해설 주벽의 상단은 지반보다 15cm 이상 높임으로써 여과지 내로 오염수나 토사 등의 유입을 방지한다.

36. 호소, 댐을 수원으로 하는 경우, 취수시설에 관한 설명으로 옳지 않은 것은?

① 취수탑(가동식) : 일반적인 철근콘크리트조로 축조하며 수심이 특히 깊은 저수지 등에서 사용된다.
② 취수문 : 일반적으로 중, 소량 취수에 사용된다.
③ 취수틀 : 구조가 간단하고 시공이 비교적 용이하다.
④ 취수틀 : 수중에 설치되므로 호소의 표면수는 취수할 수 없다.

해설 취수탑(가동식) : 저수지 등 수심이 특히 깊고 일반적인 철근콘크리트조의 취수탑을 축조하기 곤란한 경우에 많이 사용된다.

참고 취수탑(고정식) : 호소나 댐의 대량취수시설로서 많이 사용된다. 취수구의 배치를 고려하면 선택취수가 가능하다.

37. 우수관거 및 합류관거의 최소관경에 관한 내용으로 옳은 것은?

① 200mm를 표준으로 한다.
② 250mm를 표준으로 한다.
③ 300mm를 표준으로 한다.
④ 350mm를 표준으로 한다.

참고 오수관거의 최소관경은 200mm를 표준으로 한다.

38. 하수도시설인 유량조정조에 관한 내용으로 옳지 않은 것은?

① 조의 용량은 체류시간 6시간을 표준으로 한다.
② 유효수심은 3~5m를 표준으로 한다.
③ 유량조정조의 유출수는 침사지에 반송하거나 펌프로 일차침전지 혹은 생물반응조에 송수한다.
④ 조내에 침전물의 발생 및 부패를 방지

정답 33. ③ 34. ① 35. ① 36. ① 37. ② 38. ①

하기 위해 교반장치 및 산기장치를 설치한다.

해설 조의 용량은 유입하수량 및 유입부하량의 시간변동을 고려하여 설정수량을 초과하는 수량을 일시 저류하도록 정한다.

39. 관거별 계획하수량을 정할 때 고려사항으로 옳지 않은 것은?

① 오수관거에서는 계획시간최대오수량으로 한다.
② 차집관거는 계획시간최대오수량과 계획우수량을 합한 것으로 한다.
③ 지역의 설정에 따라 계획하수량에 여유율을 둘 수 있다.
④ 우수관거에서는 계획우수량으로 한다.

해설 합류식에서 하수의 차집관거는 우천 시 계획오수량을 기준으로 계획한다.

40. 경사가 2‰인 하수관거의 길이가 6000m일 때 상류관과 하류관의 고저차는? (단, 기타 조건은 고려하지 않음)

① 3m ② 6m
③ 9m ④ 12m

해설 $0.002 = \dfrac{x}{6000}$ $\therefore x = 12\text{m}$

제3과목 수질오염방지기술

41. 유기물에 의한 최종 BOD_L 2kg을 안정화시킬 때 발생되는 메탄의 이론양은? (단, 유기물은 glucose로 가정할 것, 완전분해 기준)

① 약 0.4kg ② 약 0.5kg
③ 약 0.6kg ④ 약 0.7kg

해설 ㉠ COD 1kg에 대한 glucose의 양을 구한다.

$C_6H_{12}O_6 + 6O_2 \rightarrow 6CO_2 + 6H_2O$

180kg : 6×32kg

x kg : 2kg

$\therefore x = \dfrac{180 \times 2}{6 \times 32} = 1.875\text{kg}$

㉡ $C_6H_{12}O_6 \rightarrow 3CO_2 + 3CH_4$

180kg : 3×16kg

1.875kg : $x$kg

$\therefore x = \dfrac{1.875 \times 3 \times 16}{180} = 0.5\text{kg}$

42. 200mg/L의 에탄올(C_2H_5OH)만을 함유하는 4000m³/d의 공장폐수를 활성슬러지 공법으로 처리하는 경우에 이론적으로 첨가되어야 하는 질소의 양(kg/d)은? (단, 에탄올은 생물학적으로 분해된다고 가정함, BOD : N=100 : 5)

① 약 24 ② 약 42
③ 약 62 ④ 약 84

해설 ㉠ $C_2H_5OH + 3O_2 \rightarrow 2CO_2 + 3H_2O$

∴ 46g : 3×32g

$= 200\text{mg/L} \times 4000\text{m}^3/\text{d} \times 10^{-3} : x\,[\text{kg/d}]$

$\therefore x = 1669.57\text{kg/d}$

㉡ BOD : N=100 : 5

$= 1669.57\text{kg/d} : x\,[\text{kg/d}]$

$\therefore x = 83.48\text{kg/d}$

43. 양이온 교환수지를 이용하여 암모늄이온 9mg/L를 포함하고 있는 물 10000m³를 처리하고자 한다. 이 교환수지의 교환 능력이 100kg $CaCO_3$/m³이라면 필요한 이론적 수지의 부피는?

① 1.5m³ ② 2.5m³
③ 3.5m³ ④ 4.5m³

해설 수지의 부피

$$= \frac{9 \times 10000 \times 10^{-3} \times \frac{50}{18}}{100} = 2.5\text{m}^3$$

정답 39. ② 40. ④ 41. ② 42. ④ 43. ②

44. 슬러지 내 고형물 무게의 1/3이 유기물질, 2/3가 무기물질이며 이 슬러지 함수율은 80%, 유기물질 비중은 1.0, 무기물질 비중은 2.5라면 슬러지 전체의 비중은?

① 1.072 ② 1.087
③ 1.095 ④ 1.112

해설 $\frac{1}{S} = \frac{0.2 \times 1/3}{1.0} + \frac{0.2 \times 2/3}{2.5} + \frac{0.8}{1}$

$= 0.92$

$\therefore S = 1.087$

45. 하수처리과정에서 소독 방법 중 염소와 자외선 소독의 장단점을 비교할 때 염소 소독의 장단점으로 틀린 것은?

① 암모니아의 첨가에 의해 결합잔류염소가 형성된다.
② 염소접촉조로부터 휘발성유기물이 생성된다.
③ 처리수의 총용존고형물이 감소한다.
④ 처리수의 잔류독성이 탈염소과정에 의해 제거되어야 한다.

해설 처리수의 총용존고형물이 증가한다.

46. 어느 1차 반응에 있어서 반응물질의 농도가 300mg/L이고 반응개시 2시간 후에 30mg/L로 되었다. 반응개시 3시간 후 반응 물질의 농도(mg/L)는?

① 7.5 ② 9.5
③ 11.5 ④ 15.5

해설 ㉠ $K = \frac{\ln(30/300)}{-2\text{h}} = 1.151\text{h}^{-1}$

㉡ $C_t = 300\text{mg/L} \times e^{-1.151 \times 3} = 9.5\text{mg/L}$

47. 살수여상 공정으로부터 유출되는 유출수의 부유물질을 제거하고자 한다. 유출수의 평균 유량은 $12300\text{m}^3/\text{d}$, 여과지의 여과속도는 $17\text{L/m}^2 \cdot \text{min}$이고 4개의 여과지(병렬기준)를 설계하고자 할 때 여과지 하나의 면적은?

① 약 75m^2 ② 약 100m^2
③ 약 125m^2 ④ 약 150m^2

해설 $A = \frac{12300\text{m}^3/\text{d}}{0.017\text{m/min} \times 1440\text{min/d} \times 4\text{개}}$

$= 125.61\text{m}^2/\text{개}$

48. 직경이 1.0×10^{-2}cm인 원형 입자의 침강속도(m/h)는? (단, Stokes 공식 사용, 물의 밀도 = 1.0g/cm^3, 입자의 밀도 = 2.1g/cm^3, 물의 점성계수 = $1.0087 \times 10^{-2}\text{g/cm} \cdot \text{s}$)

① 21.4m/h ② 24.4m/h
③ 28.4m/h ④ 32.4m/h

해설 $V_S = \left(\frac{980 \times (2.1 - 1) \times 0.01^2}{18 \times 1.0087 \times 10^{-2}} \right) \text{cm/s}$

$\times \frac{10^{-2}\text{m}}{\text{cm}} \times \frac{3600\text{s}}{\text{hr}} = 21.37\text{m/h}$

49. 연속회분식(sequencing batch) 활성슬러지법의 특징으로 틀린 것은?

① 침전 및 배출공정 시 보통의 연속식 침전지에 비해 스컴의 잔류 가능성이 낮다.
② 운전방식에 따라 사상균 벌킹을 방지할 수 있다.
③ 오수의 양과 질에 따라 포기시간과 침전시간을 비교적 자유롭게 설정할 수 있다.
④ 유입오수의 부하변동이 규칙성을 갖는 경우 비교적 안정된 처리를 행할 수 있다.

해설 침전 및 배출공정은 포기가 이루어지지 않는 상황에서 이루어지므로 보통의 연속식 침전지와 비교해 스컴 등의 잔류 가능성이 높다.

정답 44. ② 45. ③ 46. ② 47. ③ 48. ① 49. ①

50. 지름이 0.05mm이고 비중이 0.6인 기름방울은 비중이 0.8인 기름방울보다 수중에서의 부상속도가 얼마나 더 큰가? (단, 물의 비중은 1.0, 기타 조건은 같다고 함)

① 1.5배　　② 2.0배
④ 2.5배　　④ 3.0배

해설 $\frac{1-0.6}{1-0.8}=2$

51. 잉여슬러지를 부상 농축조를 이용하여 농축시키고자 한다. 잉여슬러지의 부피는 1000m³/d이고, 이 슬러지의 부유물질 농도는 1.5%이다. 고형물의 부하량이 10kg/m²·h이고 하루 24시간 가동되는 부상 농축조로 처리하고자 할 때 필요한 수면적(surface area)은? (단, 슬러지 비중은 1.0으로 가정함)

① 32.5m²　　② 42.5m²
③ 52.5m²　　④ 62.5m²

해설 ㉠ TS 부하(kg/m²·h)
$=\frac{\text{유입 } TS\text{의 양(kg/d)}}{A[\text{m}^2]}$

㉡ $A=\frac{1000\text{m}^3/\text{d}\times 0.015\times 10^3\text{kg/m}^3}{10\text{kg/m}^2\cdot\text{h}\times 24\text{h/d}}$
$=62.5\text{m}^2$

52. 유량 4000m³, 부유물질 농도 220mg/L인 하수를 처리하는 일차침전지에서 발생되는 슬러지의 양은? [단, 슬러지 단위 중량(비중) 1.03, 함수율 94%, 일차침전지에서 체류시간 2시간, 부유물질 제거 효율 60%, 기타 조건은 고려하지 않음]

① 6.32m³　　② 8.54m³
③ 10.72m³　　④ 12.53m³

해설 슬러지 습량
$=\frac{220\times 4000\times 10^{-6}\times 0.6}{0.06\times 1.03}=8.54\text{m}^3$

53. 다음 그림은 하수 내 질소, 인을 효과적으로 제거하기 위한 어떤 공법을 나타낸 것인가?

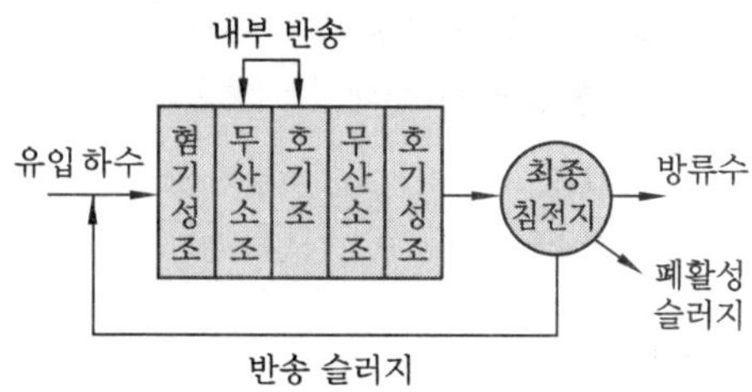

① VIP process
② A²/O process
③ M-Bardenpho process
④ phostrip process

54. 유입하수의 BOD 농도가 200mg/L이고 포기조 내 체류시간이 4시간이며 포기조의 F/M비를 0.3kgBOD/kgMLSS-d로 유지한다고 하면 포기조의 MLSS 농도는?

① 2500mg/L　　② 3000mg/L
③ 3500mg/L　　④ 4000mg/L

해설 $0.3=\frac{200}{x\times 4/24}$　$\therefore x=4000\text{mg/L}$

55. 인구 8000명의 도시하수를 RBC(회전원판법)로 처리한다. 평균유입하수량은 380L/cap·d, 유입 BOD_5는 300mg/L, 1차 침전조에서 BOD_5는 30% 제거되며, 총 유출 BOD_5는 20mg/L, 단수는 4이다. 실험에서 K는 45L/d·m²이라면 대수적 방법으로 구한 설계 수력학적 부하(Q/A)는? (단 성능식 : $\frac{S_n}{S_0}=[\frac{1}{(1+\frac{K}{Q/A})}]^n$)

① 28.1L/d·m²　　② 45.0L/d·m²
③ 56.2L/d·m²　　④ 72.6L/d·m²

해설 $\left(\frac{S_n}{S_0}\right)^{1/n}=\frac{1}{\left(1+\frac{K}{Q/A}\right)}$

정답 50. ② 51. ④ 52. ② 53. ③ 54. ④ 55. ③

$$\therefore 1 + \frac{K}{Q/A} = \frac{1}{(S_n/S_0)^{1/n}}$$

$$\therefore \frac{K}{Q/A} = \frac{1}{[(20/(300 \times 0.7)]^{1/4}} - 1 = 0.8$$

$$\therefore \frac{Q}{A} = \frac{45}{0.8} = 56.25\text{L/d}\cdot\text{m}^2$$

56. 포기조 내의 혼합액 1리터를 30분간 정치했을 때 슬러지용량이 250mL였다면 슬러지 반송률은 약 몇 %인가? (단, 유입수 SS는 고려하지 않음)

① 23　　② 28
③ 33　　④ 38

해설 $R = \frac{25}{100-25} \times 100 = 33.33\%$

57. G=200/s, V=50m^3, 교반기 효율 80%, μ=1.35×10^{-2}g/cm·s일 때 소요동력 P[kW]는?

① 1.43kW　　② 2.75kW
③ 3.38kW　　④ 4.12kW

해설 ㉠ 우선 점성계수의 단위를 kg/m·s로 환산한다.

1.35×10^{-2}g/cm·s×10^{-3}kg/g×10^{2}cm/m
=1.35×10^{-3}kg/m·s

㉡ $G = \sqrt{\frac{P\cdot\zeta}{\mu V}}$ $\therefore P = \frac{\mu V G^2}{\zeta}$

$$= \frac{1.35 \times 10^{-3} \times 50 \times 200^2}{0.8} = 3375\text{watt}$$

∴ 동력 P[kW]=3.375kW

58. 평균 유입하수량 10000m^3/d인 도시하수처리장의 1차침전지를 설계하고자 한다. 1차침전지의 표면부하율을 50m^3/m^2-d로 하여 원형침전지를 설계한다면 침전지의 직경은?

① 약 14m　　② 약 16m
③ 약 18m　　④ 약 20m

해설 $50 = \frac{10000}{\pi \times x^2/4}$ $\therefore x = 15.96\text{m}$

59. 유량이 3000m^3/일이고, BOD 농도가 400mg/L인 폐수를 활성슬러지법으로 처리하고 있다. 다음 조건을 이용한 내호흡률[K_d]은?

[조건]
- 포기시간 : 8시간
- 처리수 농도 : BOD 30mg/L, SS 30mg/L
- MLSS 농도 : 4000mg/L
- 잉여슬러지 발생량 : 50m^3/일
- 잉여슬러지 농도 : 0.9%
- 세포증식 계수 : 0.8

① 약 0.052/일　　② 약 0.087/일
③ 약 0.123/일　　④ 약 0.183/일

해설 ㉠ SRT

$$= \frac{\frac{3000}{24} \times 8 \times 4000}{9000 \times 50 + (3000-50) \times 30}$$

$= 7.428\text{d}$

㉡ $\frac{1}{SRT} = \frac{YQ(S_0 - S_1)}{VX} - K_d$에서 내호흡률($K_d$)을 구한다.

$$K_d = \frac{0.8 \times 3000 \times (400-30)}{1000 \times 4000} - \frac{1}{7.428}$$

$= 0.0874\text{d}^{-1}$

60. 하수고도처리를 위한 A/O공정의 특징으로 옳은 것은? (단, 일반적인 활성슬러지공법과 비교 기준)

① 혐기조에서 인의 과잉흡수가 일어난다.
② 포기조 내에서 탈질이 잘 이루어진다.
③ 잉여슬러지 내의 인의 농도가 높다.
④ 표준 활성슬러지공법의 반응조 전반 10% 미만을 혐기반응조로 하는 것이 표준이다.

정답 56. ③　57. ③　58. ②　59. ②　60. ③

해설 ㉠ 혐기성조건에서 유입폐수와 반송된 미생물 내의 인이 용해성 인으로 방출되고 호기성지역에서 흡수된다. 인 제거 성능이 우천 시에 저하되는 경향이 있다.
㉡ 표준활성슬러지법의 반응조 전반 20~40% 정도를 혐기반응조로 하는 것이 표준이다.

제4과목 수질오염공정시험기준

61. 유기인을 용매추출/기체크로마토그래피법으로 측정할 경우, 각 성분별 정량한계는?

① 0.5mg/L ② 0.05mg/L
③ 0.005mg/L ④ 0.0005mg/L

62. 4각 위어로 유량을 측정하는 계산식으로 옳은 것은? [단, Q : 유량(m^3/min), K : 유량계수, b : 절단의 폭(m), h : 위어의 수두(m)]

① $Q = Kbh^{5/2}$ ② $Q = Kbh^{3/2}$
③ $Q = Kh^{5/2}$ ④ $Q = Kh^{3/2}$

63. 시료채취 시 유의사항으로 옳지 않은 것은?

① 유류 또는 부유물질 등이 함유된 시료는 시료의 균일성이 유지될 수 있도록 채취해야 하며 침전물 등이 부상하여 혼입되어서는 안 된다.
② 퍼클로레이트를 측정하기 위한 시료를 채취할 때 시료의 공기접촉이 없도록 시료병에 가득 채운다.
③ 시료채취량은 시험항목 및 시험횟수에 따라 차이가 있으나 보통 3~5L 정도이어야 한다.
④ 휘발성유기화합물 분석용 시료를 채취할 때에는 뚜껑의 격막을 만지지 않도록 주의하여야 한다.

해설 퍼클로레이트를 측정하기 위한 시료채취 시 시료 용기를 질산 및 정제수로 씻은 후 사용하며, 시료채취 시 시료병의 2/3를 채운다.

64. 총칙의 내용 중 온도에 관한 내용으로 옳지 않은 것은?

① 찬 곳은 따로 규정이 없는 한 0~15℃의 곳을 뜻한다.
② 냉수는 15℃ 이하를 말한다.
③ 온수는 60~80℃를 말한다.
④ 상온은 15~25℃를 말한다.

해설 온수는 60~70℃를 말한다.

65. 시료의 최대보존기간이 다른 측정 항목은?

① 시안
② 불소
③ 염소이온
④ 노말헥산추출물질

해설 시안 : 4℃ 보관, NaOH로 pH 12 이상

참고 불소, 염소이온, 노말헥산추출물질 : 4℃ 보관, H_2SO_4로 pH 2 이하

66. 공장폐수 및 하수의 관내 유량측정을 위한 측정장치 중 관내의 흐름이 완전히 발달하여 와류에 영향을 받지 않고 실질적으로 직선적인 흐름을 유지하기 위해 난류 발생의 원인이 되는 관로상의 점으로부터 충분히 하류지점에 설치하여야 하는 것은?

① 오리피스
② 벤투리미터
③ 피토관
④ 자기식 유량측정기

해설 벤투리미터는 난류 발생에 원인이 되는 관로상의 점으로부터 충분히 하류지점에 설치해야 하며, 통상 관 직경의 약 30~50배

정답 61. ④ 62. ② 63. ② 64. ③ 65. ① 66. ②

하류에 설치해야 효과적이다.

67. **다음의 표준용액 중 pH가 가장 높은 것은? (단, 0℃ 기준)**

① 탄산염 표준용액
② 붕산염 표준용액
③ 수산염 표준용액
④ 프탈산염 표준용액

해설 ㉠ 탄산염 표준용액 : 10.32
㉡ 붕산염 표준용액 : 9.46
㉢ 수산염 표준용액 : 1.67
㉣ 프탈산염 표준용액 : 4.01

68. **전기전도도의 정밀도 기준으로 옳은 것은?**

① 측정값의 % 상대표준편차(RSD)로 계산하며 측정값이 15% 이내이어야 한다.
② 측정값의 % 상대표준편차(RSD)로 계산하며 측정값이 20% 이내이어야 한다.
③ 측정값의 % 상대표준편차(RSD)로 계산하며 측정값이 25% 이내이어야 한다.
④ 측정값의 % 상대표준편차(RSD)로 계산하며 측정값이 30% 이내이어야 한다.

69. **분원성 대장균군을 측정하기 위한 시료의 보존방법 기준으로 옳은 것은?**

① 저온(4℃ 이하)
② 저온(10℃ 이하)
③ 4℃ 보관
④ 4℃ 냉암소에 보관

70. **수질오염공정시험기준상 양극벗김전압전류법을 적용하여 측정하는 금속류는?**

① 아연 ② 주석
③ 카드뮴 ④ 크롬

해설 양극벗김전압전류법을 적용하여 측정하는 금속에는 납, 아연, 비소, 수은이 있다.

71. **수질오염공정시험기준상 탁도 측정에 관한 설명으로 옳지 않은 것은?**

① 파편과 입자가 큰 침전이 존재하는 시료를 빠르게 침전시킬 경우, 탁도값이 낮게 측정된다.
② 물에 색깔이 있는 시료는 잠재적으로 측정값이 높게 분석된다.
③ 시료 속의 거품은 빛을 산란시키고, 높은 측정값을 나타낸다.
④ 탁도를 측정하기 위해서는 탁도계를 이용하여 물의 흐림 정도를 측정한다.

해설 물에 색깔이 있는 시료는 색이 빛을 흡수하기 때문에 잠재적으로 측정값이 낮게 분석된다.

72. **다음은 분원성 대장균군-막여과법의 측정 방법이다. ( ) 안에 옳은 내용은?**

물속에 존재하는 분원성대장균군을 측정하기 위하여 페트리접시에 배지를 올려놓은 다음 배양 후 여러 가지 색조을 띠는 ( )의 집락을 계수하는 방법이다.

① 황색 ② 녹색
③ 적색 ④ 청색

73. **시안을 자외선/가시선 분광법으로 분석할 때 아세트산아연용액을 넣어 제거하는 시료 내 물질은?**

① 황화합물 ② 철, 망간
③ 잔류염소 ④ 질소화합물

74. **수질오염공정시험기준상 냄새 측정에 관한 내용으로 옳지 않은 것은?**

정답 67. ① 68. ② 69. ② 70. ① 71. ② 72. ④ 73. ① 74. ④

2014

① 물속의 냄새를 측정하기 위하여 측정자의 후각을 이용하는 방법이다.
② 잔류염소의 냄새는 측정에서 제외한다.
③ 냄새 역치는 냄새를 감지할 수 있는 최대 희석배수를 말한다.
④ 각 판정요원의 냄새의 역치를 산술평균하여 결과로 보고한다.

해설 냄새 역치로 보고하는 경우에는 각 판정요원의 냄새의 역치를 기하평균하여 결과로 보고한다.

75. **자외선/가시선 분광법을 적용하여 음이온계면활성제를 측정할 때 음이온계면활성제가 메틸렌블루와 반응하여 생성된 청색의 착화합물 추출에 사용되는 것은?**

① 사염화탄소 ② 헥산
③ 클로로폼 ④ 아세톤

76. **다음은 구리를 자외선/가시선 분광법으로 정량하는 방법이다. ( ) 안에 옳은 내용은?**

물속에 존재하는 구리이온이 알칼리성에서 다이에틸다이티오카르바민산나트륨과 반응하여 생성하는 ( )을 아세트산부틸로 추출하여 흡광도를 측정한다.

① 적색의 킬레이트 화합물
② 청색의 킬레이트 화합물
③ 적갈색의 킬레이트 화합물
④ 황갈색의 킬레이트 화합물

77. **배출허용기준 적합여부 판정을 위한 시료채취 기준으로 옳은 것은? (단, 자동시료채취기를 사용하며 복수시료채취)**

① 2시간 이내에 30분 이상 간격으로 2회 이상 채취하여 일정량의 단일시료로 한다.
② 4시간 이내에 30분 이상 간격으로 2회 이상 채취하여 일정량의 단일시료로 한다.
③ 6시간 이내에 30분 이상 간격으로 2회 이상 채취하여 일정량의 단일시료로 한다.
④ 8시간 이내에 30분 이상 간격으로 2회 이상 채취하여 일정량의 단일시료로 한다.

78. **다음은 자외선/가시선 분광법으로 아연을 정량하는 방법이다. ( ) 안에 옳은 내용은?**

물속에 존재하는 아연을 측정하기 위하여 아연이온이 ( )에서 진콘과 반응하여 생성하는 청색 킬레이트 화합물의 흡광도를 측정한다.

① pH 약 4 ② pH 약 9
③ pH 약 10 ④ pH 약 12

79. **다음은 알킬수은을 기체크로마토그래피로 측정하는 방법이다. ( ) 안에 내용으로 옳은 것은?**

알킬수은화합물을 ( )(으)로 측정하여 L-시스테인용액에 선택적으로 역추출하고 다시 ( )(으)로 추출하여 기체크로마토그래피로 측정한다.

① 아세톤 ② 벤젠
③ 메탄올 ④ 사염화탄소

80. **다음 총칙에 대한 설명으로 옳은 것은?**

① "항량으로 될 때까지 건조한다"라 함은 같은 조건에서 1시간 더 건조할 때 전후

정답 75. ③ 76. ④ 77. ③ 78. ② 79. ② 80. ③

무게의 차가 g당 0.1mg 이하일 때를 말한다.

② "감압 또는 진공"이라 함은 따로 규정이 없는 한 15mmH_2O 이하를 말한다.

③ "기밀용기"라 함은 취급 또는 저장하는 동안에 밖으로부터의 공기 또는 다른 가스가 침입하지 아니하도록 내용물을 보호하는 용기를 말한다.

④ 방울수라 함은 0℃에서 정제수 20방울을 적하할 때 그 부피가 약 1mL 되는 것을 뜻한다.

해설 ① "항량으로 될 때까지 건조한다"라 함은 같은 조건에서 1시간 더 건조할 때 전후 무게의 차가 g당 0.3mg 이하일 때를 말한다.

② "감압 또는 진공"이라 함은 따로 규정이 없는 한 15mmHg 이하를 뜻한다.

④ 방울수라 함은 20℃에서 정제수 20방울을 적하할 때 그 부피가 약 1mL 되는 것을 뜻한다.

제5과목 수질환경관계법규

81. 폐수처리업을 등록할 수 없는 결격사유로 틀린 것은?

① 폐수처리업의 등록이 취소된 후 2년이 지나지 아니한 자

② 파산선고를 받고 복권된 지 2년이 지나지 아니한 자

③ 피성년후견인

④ 피한정후견인

참고 법 제63조 참조

82. 비점오염저감시설 중 장치형 시설에 해당되는 것은?

① 저류형 시설

② 침투형 시설

③ 생물학적 처리형 시설

④ 인공습지형 시설

참고 법 제2조 시행규칙 별표 6 참조

83. 다음 중 법에서 규정하고 있는 기타 수질오염원의 기준으로 틀린 것은?

① 취수능력 10m^3/일 이상인 먹는 물 제조시설

② 면적 30000m^2 이상인 골프장

③ 면적 1500m^2 이상인 자동차 폐차장 시설

④ 면적 200000m^2 이상인 복합물류터미널 시설

참고 법 제2조 시행규칙 별표 1 참조

84. 법에서 사용하는 용어의 뜻으로 틀린 것은?

① '점오염원'이란 폐수배출시설, 하수발생시설, 축사 등 특정장소에서 특정하게 수질오염물질을 배출하는 배출원을 말한다.

② '기타 수질오염원'이란 점오염원 및 비점오염원으로 관리되지 아니하는 수질오염물질을 배출하는 시설 또는 장소로서 환경부령이 정하는 것을 말한다.

③ '강우유출수'란 비점오염원의 수질오염물질이 섞여 유출되는 빗물 또는 눈 녹은 물 등을 말한다.

④ '수질오염물질'이란 수질오염의 요인이 되는 물질로서 환경부령으로 정하는 것을 말한다.

해설 '점오염원'이라 함은 폐수배출시설, 하수발생시설, 축사 등으로서 관거·수로 등을 통하여 일정한 지점으로 수질오염물질을 배출하는 배출원을 말한다.

정답 81. ② 82. ③ 83. ① 84. ①

2014

참고 법 제2조 참조

85. 사업자 및 배출시설과 방지시설에 종사하는 사람은 배출시설과 방지시설의 정상적인 운영, 관리를 위한 환경기술인의 업무를 방해하여서는 아니 되며, 그로부터 업무 수행에 필요한 요청을 받았을 때에는 정당한 사유가 없으면 이에 따라야 한다. 이를 위반하여 환경기술인의 업무를 방해하거나 환경기술인의 요청을 정당한 사유 없이 거부한 자에 대한 벌칙기준은?

① 100만원 이하의 벌금
② 200만원 이하의 벌금
③ 300만원 이하의 벌금
④ 500만원 이하의 벌금

참고 법 제80조 참조

86. 해당 배출부과금의 부과기간의 시작일 전 1년 6개월간 방류수 수질기준을 초과하는 수질오염물질을 배출하지 아니한 사업자에게 기본배출부과금 100만원이 부과된 경우, 감경되는 금액은?

① 20만원
② 30만원
③ 40만원
④ 50만원

참고 법 제41조 ③항 참조

87. 수질오염방제센터에서 수행하는 사업과 가장 거리가 먼 것은?

① 수질오염 수역·호소 등의 관리 우선순위 및 관리대책
② 수질오염사고에 대비한 장비, 자재, 약품 등의 비치 및 보관을 위한 시설의 설치·운영
③ 수질오염 방제기술 관련 교육·훈련, 연구개발 및 홍보
④ 공공수역의 수질오염사고 감시

해설 제16조의3(수질오염방제센터의 운영)
① 환경부장관은 공공수역의 수질오염사고에 신속하고 효과적으로 대응하기 위하여 수질오염방제센터(이하 "방제센터"라 한다)를 운영하여야 한다. 이 경우 환경부장관은 대통령령으로 정하는 바에 따라 한국환경공단에 방제센터의 운영을 대행하게 할 수 있다.
② 방제센터는 다음 각 호의 사업을 수행한다.
1. 공공수역의 수질오염사고 감시
2. 제15조 제6항에 따른 방제조치의 지원
3. 수질오염사고에 대비한 장비, 자재, 약품 등의 비치 및 보관을 위한 시설의 설치·운영
4. 수질오염 방제기술 관련 교육·훈련, 연구개발 및 홍보
5. 그 밖에 수질오염사고 발생 시 수질오염물질의 수거·처리
③ 환경부장관은 예산의 범위에서 대행에 필요한 예산을 지원할 수 있다. [본조신설 2013. 7. 30.]

88. 다음은 과징금 처분에 관한 내용이다. (　) 안에 옳은 내용은?

> 환경부장관은 폐수처리업의 등록을 한 자에 대하여 영업정지를 명하여야 하는 경우로서 그 영업정지가 주민의 생활이나 그 밖의 공익에 현저한 지장을 줄 우려가 있다고 인정되는 경우에는 영업정지처분을 갈음하여 (　) 이하의 과징금을 부과할 수 있다.

① 1억　② 2억
③ 3억　④ 5억

참고 법 제66조 참조

정답 85. ① 86. ② 87. ① 88. ②

89. 수질 및 수생태계 환경기준 중 해역의 생활 환경 항목인 용매추출유분(mg/L) 기준 값은?

① 0.01 이하 ② 0.1 이하
③ 1.0 이하 ④ 10.0 이하

참고 환경정책기본법 시행령 별표 1 참조

90. 비점오염저감계획서에 포함되어야 하는 사항과 가장 거리가 먼 것은?

① 비점오염원 저감방안
② 비점오염원 관리 및 모니터링 방안
③ 비점오염저감시설 설치계획
④ 비점오염원 관련 현황

참고 법 제53조 ②항 참조

91. 비점오염원관리지역의 지정기준으로 옳은 것은?

① 인구 5만명 이상인 도시로서 비점오염원관리가 필요한 지역
② 인구 10만명 이상인 도시로서 비점오염원관리가 필요한 지역
③ 인구 50만명 이상인 도시로서 비점오염원관리가 필요한 지역
④ 인구 100만명 이상인 도시로서 비점오염원관리가 필요한 지역

참고 법 제54조 ④항 참조

92. 정당한 사유 없이 공공수역에 분뇨, 가축분뇨, 동물의 사체, 폐기물(지정폐기물 제외) 또는 오니를 버리는 행위를 하여서는 아니 된다. 이를 위반하여 분뇨, 가축분뇨 등을 버린 자에 대한 벌칙 기준은?

① 6월 이하의 징역 또는 5백만원 이하의 벌금
② 1년 이하의 징역 또는 1천만원 이하의 벌금
③ 2년 이하의 징역 또는 1천5백만원 이하의 벌금
④ 3년 이하의 징역 또는 2천만원 이하의 벌금

참고 법 제78조 참조

93. 다음은 호소수 이용 상황 등의 조사 측정 등에 관한 내용이다. ( ) 안에 옳은 내용은?

> 시·도지사는 환경부장관이 지정, 고시하는 호소 외의 호소로서 만수위일 때의 ( )인 호소의 수질 및 수생태계 등을 정기적으로 조사, 측정하여야 한다.

① 면적이 30만 제곱미터 이상
② 면적이 50만 제곱미터 이상
③ 용적이 30만 세제곱미터 이상
④ 용적이 50만 세제곱미터 이상

참고 법 제28조 참조

94. 위임업무 보고사항 중 "골프장 맹·고독성 농약 사용 여부 확인 결과"의 보고 횟수 기준으로 옳은 것은?

① 수시 ② 연 4회
③ 연 2회 ④ 연 1회

참고 법 제74조 시행규칙 별표 23 참조

95. 다음은 공공폐수처리시설의 유지, 관리기준에 관한 내용이다. ( ) 안에 옳은 내용은?

> 처리시설의 가동시간, 폐수방류량, 약품투입량, 관리·운영자, 그 밖에 처리시설의 운영에 관한 주요사항을 사실대로 매일 기록하고 이를 최종 기록한 날부터 ( ) 보존하여야 한다.

① 1년간 ② 2년간

정답 89. ① 90. ② 91. ④ 92. ② 93. ② 94. ③ 95. ①

③ 3년간　　　　　④ 5년간

해설 2017년 폐수종말처리시설이 공공폐수처리시설로 개정되어 현행 법률 기준에 맞게 수정하였다.

참고 법 제50조 시행규칙 별표 15 참조

96. 물놀이 등의 행위제한 권고기준 중 대상 행위가 '어패류 등 섭취'인 경우의 권고기준으로 옳은 것은?

① 어패류 체내 총 카드뮴(Cd) : 0.3(mg/kg) 이상
② 어패류 체내 총 카드뮴(Cd) : 0.03(mg/kg) 이상
③ 어패류 체내 총 수은(Hg) : 0.3(mg/kg) 이상
④ 어패류 체내 총 수은(Hg) : 0.03(mg/kg) 이상

참고 법 제21조의2 시행령 별표 5 참조

97. 오염총량관리기본방침에 포함되어야 할 사항과 가장 거리가 먼 것은?

① 오염원의 조사 및 오염부하량 산정방법
② 오염총량관리시행 대상 유역 현황
③ 오염총량관리의 대상 수질오염물질 종류
④ 오염총량관리의 목표

참고 법 제4조의2 ②항 참조

98. 수질 및 수생태계 환경기준에서 하천에서의 사람의 건강보호 기준 중 기준 값이 '검출되어서는 안 됨(검출한계 0.01mg/L)'에 해당되는 항목은?

① 카드뮴　　　　　② 시안
③ 비소　　　　　④ 유기인

참고 환경정책기본법 시행령 별표 1 참조

99. 조류경보 단계인 '경계단계' 발령 시 조치사항이 아닌 것은?

① 정수의 독소분석 실시
② 황토 등 흡착제 살포 등을 이용한 조류제거 조치 실시
③ 주변오염원에 대한 단속 강화
④ 어패류 어획, 식용 및 가축 방목의 자제 권고

해설 2015년 조류경보 단계가 개정되어 현행 법률에 맞게 '조류경보'를 '경계단계'로 수정하였다.

참고 법 제21조 ④항 시행령 별표 4 참조

100. 폐수배출시설에서 배출되는 수질오염물질의 배출허용기준으로 옳은 것은? (단, 1일 폐수배출량 2000m^3 미만인 사업장, 특례지역, 단위 : mg/L)

① BOD 30 이하, COD 40 이하, SS 30 이하
② BOD 40 이하, COD 50 이하, SS 40 이하
③ BOD 80 이하, COD 90 이하, SS 80 이하
④ BOD 120 이하, COD 130 이하, SS 120 이하

참고 법 제32조 시행규칙 별표 13 참조

정답　96. ③　97. ②　98. ②　99. ②　100. ①

2014년 5월 5일 시행

자격종목 및 등급(선택분야)	종목코드	시험시간	문제지형별	수검번호	성 명
수질환경기사	2572	2시간	B		

제1과목 수질오염개론

1. 최종 BOD가 20mg/L, DO가 5mg/L인 하천의 상류지점으로부터 3일 유하거리의 하류지점에서의 DO 농도(mg/L)는? (단, 온도 변화는 없으며 DO 포화농도는 9mg/L이고, 탈산소계수는 0.1/d, 재포기계수는 0.2/d, 상용대수 기준임)

① 약 4.0　② 약 4.5
③ 약 3.0　④ 약 2.5

해설 ㉠ $D_t = \frac{0.1 \times 20}{0.2 - 0.1} \times (10^{-0.1 \times 3} - 10^{-0.2 \times 3}) + (9-5) \times 10^{-0.2 \times 3} = 6$

㉡ 하류지점의 DO농도 = 9 − 6 = 3mg/L

2. 유량 30000m^3/d, BOD 1mg/L인 하천에 유량 1000m^3/d, BOD 220mg/L의 생활오수가 처리되지 않고 유입되고 있다. 하천수와 처리수가 합류 직후 완전 혼합된다고 가정할 때, 합류 후 하천의 BOD를 3mg/L로 유지하기 위해서 필요한 생활오수의 BOD 제거율(%)은?

① 60.2　② 71.4
③ 82.4　④ 95.5

해설 ㉠ $3 = \frac{30000 \times 1 + x \times 1000}{30000 + 1000}$

$\therefore x = \frac{3 \times (30000 + 1000) - 1 \times 30000}{1000} = 63$

㉡ BOD 제거율(%)

$= \frac{220 - 63}{220} \times 100 = 71.36\%$

3. 수질분석 결과가 다음과 같다. 이 시료의 경도 값은?

> [수질분석 결과]
> • Ca^{2+} = 520mg/L
> • Mg^{2+} = 49mg/L
> • Na^{+} = 40.6mg/L
> (단, Ca = 40, Mg = 24, Na = 23이다.)

① 1100mg/L as $CaCO_3$
② 1200mg/L as $CaCO_3$
③ 1300mg/L as $CaCO_3$
④ 1500mg/L as $CaCO_3$

해설 경도 $= 520 \times \frac{50}{20} + 49 \times \frac{50}{12} = 1504.17$mg/L

4. 적조 발생 요인과 가장 거리가 먼 것은?

① 수괴의 연직안정도가 작다.
② 영양염의 공급이 충분하다.
③ 하천수의 유입으로 해수의 염분량이 저하된다.
④ 해저의 산소가 고갈된다.

해설 바다의 수온구조가 안정화되어 물의 수직적 성층이 이루어질 때 적조현상이 발생한다.

5. 농업용수의 수질을 분석할 때 이용되는 SAR(Sodium Adsorption Ratio)과 관계없는 것은?

① Na^{+}　② Mg^{2+}　③ Ca^{2+}　④ Fe^{2+}

해설 농업용수 수질의 척도인 SAR을 구할 때 포함 물질 : Ca, Mg, Na

정답 1. ③　2. ②　3. ④　4. ①　5. ④

6. Glycine($C_2H_5O_2N$)이 호기성 조건에서 CO_2, H_2O와 HNO_3로 분해된다면 Glycine 30g 분해에 소요되는 산소량은?

① 약 35g ② 약 45g
③ 약 55g ④ 약 65g

해설 $C_2H_5O_2N + \frac{7}{2}O_2 \rightarrow$
$2CO_2 + 2H_2O + HNO_3$

$\therefore$ 소요 산소량$= 30g \times \frac{\frac{7}{2} \times 32g}{75g} = 44.8g$

7. 어느 배양기의 제한기질농도(S)가 100mg/L, 세포최대비증식계수(μ_{max})가 0.35/h일 때 Monod식에 의한 세포의 비증식계수(μ)는? [단, 제한기질 반포화농도(K_s)는 30mg/L임]

① 0.27/h ② 0.34/h
③ 0.42/h ④ 0.54/h

해설 $\mu = \frac{\mu_{max} S}{K_s + S} = \frac{0.35 \times 100}{30 + 100}$
$= 0.27h^{-1}$

8. 생물체 내에서 일어나는 에너지 대사에 적용되는 열역학 법칙 내용과 가장 거리가 먼 것은?

① 에너지의 총량은 일정하다.
② 자연적인 반응은 질서도가 커지는 방향으로 진행한다.
③ 엔트로피는 끊임없이 증가하고 있다.
④ 절대온도 0K(−273.16℃)에서는 분자운동이 없으며 엔트로피는 0이다.

해설 자연적인 반응은 무질서도가 커지는 방향으로 진행한다.

참고 자연계에서 일어나는 모든 자발적인 반응(Spontaneous process)은 Entropy가 증가하는 방향으로 진행된다. Entropy란 system의 무질서도(disorder)를 나타내는 것으로 열역학 제2법칙이 의미하는 것은 우주 내에서 일어나는 모든 반응은 질서에서 무질서로, 복잡한 것에서 간단한 것으로 진행된다는 것이다.

9. 아세트산(CH_3COOH) 120mg/L 용액의 pH는? (단, 아세트산 K_a는 1.8×10^{-5})

① 4.65 ② 4.21 ③ 3.72 ④ 3.52

해설 $K = \frac{[CH_3COO^-][H^+]}{[CH_3COOH]} = \frac{x^2}{0.002 - x}$
$= 1.8 \times 10^{-5}$

여기서, CH_3COOH
$= 120mg/L \times 10^{-3}g/mg \times mol/60g$
$= 0.002mol/L$

$\therefore x = \sqrt{(0.002 \times 1.8 \times 10^{-5})}$
$= 1.897 \times 10^{-4}$

$\therefore pH = -\log[H^+] = -\log(1.897 \times 10^{-4})$
$= 3.72$

10. 물의 특성에 관한 설명으로 옳지 않은 것은?

① 물은 2개의 수소원자가 산소원자를 사이에 두고 104.5°의 결합각을 가진 구조로 되어 있다.
② 물은 극성을 띠지 않아 다양한 물질의 용매로 사용된다.
③ 물은 유사한 분자량의 다른 화합물보다 비열이 매우 커 수온의 급격한 변화를 방지해 준다.
④ 물의 밀도는 4℃에서 가장 크다.

해설 물은 극성 물질로 이온 결합 물질을 잘 녹인다.

11. 25℃, 4atm의 압력에 있는 메탄가스 15kg을 저장하는 데 필요한 탱크의 부피는? [단, 이상기체의 법칙 적용, $R = 0.082L \cdot atm/mol \cdot K$(표준상태 기준)]

정답 6. ② 7. ① 8. ② 9. ③ 10. ② 11. ②

① 4.42m³　　② 5.73m³
③ 6.54m³　　④ 7.45m³

해설 $V = \frac{(273+25)\times 15\times 0.082}{4\times 16}$
$= 5.727\text{m}^3$

12. 하천 수질모델 중 WQRRS에 관한 설명과 가장 거리가 먼 것은?

① 하천 및 호수의 부영양화를 고려한 생태계 모델이다.
② 유속, 수심, 조도계수에 의해 확산계수를 결정한다.
③ 호수에는 수심별 1차원 모델이 적용된다.
④ 정적 및 동적인 하천의 수질, 수문학적 특성이 광범위하게 고려된다.

해설 QUAL-Ⅰ모델 : 유속, 수심, 조도계수에 의해 확산계수를 결정한다.

13. 2000mg/L $Ca(OH)_2$ 용액의 pH는? [단, $Ca(OH)_2$는 완전 해리되며 Ca의 원자량은 40]

① 12.13　　② 12.43
③ 12.73　　④ 12.93

해설 $\text{pH} = 14 + \log(2000 \div 1000 \div 37)$
$= 12.73$

14. 하수에 유입된 어떤 유해 물질을 제거하기 위해 사전에 pH 3에서 pH 7까지 올려야 한다면 다른 영향이 없고 계산대로 반응할 경우 공업용 수산화나트륨(순도 95%)을 하수 1L에 몇 g 정도 투입하여야 하는가? (단, 완전전리 기준, Na = 23)

① 0.42g　　② 0.042g
③ 0.0042g　　④ 0.00042g

해설 $\frac{10^{-3}\text{g당량/L}\times 1\text{L}\times 40/\text{당량}}{0.95}$
$= 0.0421\text{g}$

15. 기체의 법칙 중 Graham의 법칙에 관한 설명으로 가장 적절한 것은?

① 기체가 관련된 화학반응에서는 반응하는 기체와 생성되는 기체의 부피 사이에는 정수관계가 성립한다.
② 기체의 확산속도(조그마한 구멍을 통한 기체의 탈출)는 기체 분자량의 제곱근에 반비례한다.
③ 일정한 온도에서 일정한 부피의 액체에 용해되면 기체의 양은 그 액체 위에 미치는 기체 압력에 비례한다.
④ 공기와 같은 혼합기체 속에서 각 성분 기체는 서로 독립적으로 압력을 나타낸다.

16. 최종 BOD가 200mg/L, 탈산소계수(자연대수를 base로 함)가 0.2d^{-1}인 오수의 5일 소모 BOD는?

① 약 126mg/L　　② 약 136mg/L
③ 약 146mg/L　　④ 약 156mg/L

해설 $BOD_5 = 200\times(1-e^{-0.2\times 5})$
$= 126.42\text{mg/L}$

17. 용존산소 농도가 9.0mg/L인 물 100L가 있다면, 이 물의 용존산소를 완전히 제거하려할 때 필요한 이론적 Na_2SO_3의 양(g)은? (단, 원자량 Na : 23)

① 약 6.3g　　② 약 7.1g
③ 약 9.2g　　④ 약 11.4g

해설 $Na_2SO_3 + 1/2O_2 \rightarrow Na_2SO_4$
$\therefore 9\times 100\times 10^{-3}\times \frac{126}{1/2\times 32} = 7.09\text{g}$

정답 12. ② 13. ③ 14. ② 15. ② 16. ① 17. ②

18. 하천의 자정단계와 오염의 정도를 파악하는 Whipple의 자정단계(지대별 구분)에 대한 설명으로 틀린 것은?

① 분해지대 : 유기성 부유물의 침전과 환원 및 분해에 의한 탄산가스의 방출이 일어난다.
② 분해지대 : 용존산소의 감소가 현저하다.
③ 활발한 분해지대 : 수중환경은 혐기성 상태가 되어 침전 저니는 흑갈색 또는 황색을 띤다.
④ 활발한 분해지대 : 오염에 강한 실지렁이가 나타나고 혐기성 곰팡이가 증식한다.

해설 분해지대에서 오염에 강한 곰팡이류가 번식한다.

19. 어느 시료의 대장균 수가 5000/mL이라면 대장균 수가 100/mL이 될 때까지 필요한 시간은? (단, 1차 반응 기준, 대장균의 반감기는 1시간임)

① 약 4.8시간
② 약 5.6시간
③ 약 6.7시간
④ 약 7.9시간

해설 ㉠ $K = \dfrac{\ln(50/100)}{-1\text{h}} = 0.693\text{h}^{-1}$

㉡ $t = \dfrac{\ln(100/5000)}{-0.693} = 5.65\text{h}$

20. 0.01M-KBr과 0.02M-$ZnSO_4$ 용액의 이온강도는? (단, 완전 해리 기준)

① 0.08　② 0.09
③ 0.12　④ 0.14

해설 $\dfrac{1}{2} \times (0.01 \times 1^2 + 0.01 \times 1^2 + 0.02 \times 2^2 + 0.02 \times 2^2) = 0.09$

제2과목 상하수도계획

21. 하수관거시설인 우수토실에 관한 설명 중 잘못된 것은?

① 우수월류량은 계획하수량에서 우천 시 계획오수량을 뺀 양으로 한다.
② 우수토실의 오수 유출관거에는 소정의 유량 이상이 흐르도록 하여야 한다.
③ 우수토실은 위어형 이외에 수직오리피스, 기계식 수동수문 및 자동식수문, 볼텍스밸브류 등을 사용할 수 있다.
④ 우수토실을 설치하는 위치는 차집관거의 배치, 방류수면 및 방류지역의 주변 환경 등을 고려하여 선정한다.

해설 우수토실의 오수 유출관거에는 소정의 유량 이상은 흐르지 않도록 한다.

22. 다음은 하수관거의 접합방법을 정할 때의 고려사항이다. (　) 안에 가장 적합한 것은?

> 2개의 관거가 합류하는 경우 중심교각은 되도록 (㉮) 이하로 하고, 곡선을 갖고 합류하는 경우의 곡률반경은 내경의 (㉯) 이상으로 한다.

① ㉮ 60°, ㉯ 5배　② ㉮ 60°, ㉯ 3배
③ ㉮ 45°, ㉯ 5배　④ ㉮ 45°, ㉯ 3배

23. 관경 1100mm, 역사이펀 관거 내의 유속에 대한 동수경사 2.4‰, 유속 2.15m/s, 역사이펀 관거의 길이 L=76m일 때, 역사이펀의 손실수두는? (단, β=1.5, α=0.05m임)

① 0.29m ② 0.39m ③ 0.49m ④ 0.59m

해설 $H = I \cdot L + 1.5 \cdot \dfrac{V^2}{2g} + \alpha$

$= 0.0024 \times 76 + 1.5 \times \dfrac{2.15^2}{2 \times 9.8} + 0.05$

$= 0.578\text{m}$

정답　18. ④　19. ②　20. ②　21. ②　22. ①　23. ④

24. 상수도관에서 발생되는 부식 중 자연부식(마이크로셀 부식)에 해당되는 것은?

① 산소농담(통기차)
② 간섭
③ 박테리아부식
④ 이종금속

해설 마이크로셀 부식에는 일반토양부식, 특수토양부식, 박테리아부식이 있다.

25. 해수담수화를 위해 해수를 취수할 때 취수위치에 따른 장단점으로 틀린 것은?

① 해중취수(10m 이상) : 기상변화, 해조류의 영향이 적다.
② 해안취수(10m 이내) : 계절별 수질, 수온의 변화가 심하다.
③ 염지하수 취수 : 추가적 전처리 비용이 발생한다.
④ 해안취수(10m 이내) : 양적으로 경제적이다.

해설 염지하수 취수 : 전처리 비용을 절감할 수 있다.

참고 취수위치에 따른 장단점

구 분	장 점	단 점
해안 취수 (10m 이내)	• 양적으로 가장 경제적이다. • 비교적 시공이 단순하다.	• 기상변화, 해조류 등에 영향이 크다. • 계절별 수질, 수온 변화가 심하다.
해안 취수 (10m 이상)	• 기상변화, 해조류의 영향이 적다. • 수질, 수온이 비교적 안정적이다.	• 건설비용이 많이 소요된다. • 시공이 어렵다.
염지 하수 취수	• 수질, 수온이 매우 안정적이다. • 전처리 비용을 절감할 수 있다.	• 지역적인 영향을 받는다. • 양적인 제한을 받는다.

26. 다음은 상수도시설인 착수정에 관한 내용이다. ( ) 안에 내용으로 옳은 것은?

착수정의 용량은 체류시간을 ( )으로 한다.

① 0.5분 이상 ② 1.0분 이상
③ 1.5분 이상 ④ 3.0분 이상

27. 하수관거 배수설비의 설명 중 옳지 않은 것은?

① 배수설비는 공공하수도의 일종이다.
② 배수설비 중의 물받이의 설치는 배수구역 경계지점 또는 배수구역 안에 설치하는 것을 기본으로 한다.
③ 결빙으로 인한 우·오수 흐름의 지장이 발생되지 않도록 하여야 한다.
④ 배수관은 암거로 하며, 우수만을 배수하는 경우에는 개거도 가능하다.

해설 배수설비는 개인하수도의 일종이다.

참고 배수설비의 설치 및 유지관리는 의무가 있는 개인이 하는 것을 기본으로 한다.

28. 상수시설인 배수시설 중 배수지의 유효수심범위(표준)로 적절한 것은?

① 6~8m ② 3~6m
③ 2~3m ④ 1~2m

29. 관거별 계획하수량을 정할 때 고려해야 할 사항 중 틀린 것은?

① 오수관거에서는 계획시간최대오수량으로 한다.
② 우수관거에서는 계획우수량으로 한다.
③ 차집관거에서는 계획1일최대오수량으로 한다.
④ 합류식 관거에서는 계획시간최대오수량에 계획우수량을 합한 것으로 한다.

정답 24. ③ 25. ③ 26. ③ 27. ① 28. ② 29. ③

해설 차집관거에서는 우천 시 계획오수량을 기준으로 계획한다.

30. 하수배제방식이 합류식인 경우 중계펌프장의 계획하수량으로 옳은 것은?

① 우천 시 계획오수량
② 계획우수량
③ 계획시간최대오수량
④ 계획1일최대오수량

31. 하수관거시설이 황화수소에 의하여 부식되는 것을 방지하기 위한 대책으로 틀린 것은?

① 관거를 청소하고 미생물의 생식 장소를 제거한다.
② 염화 제2철을 주입하여 황화물을 고정화한다.
③ 염소를 주입하여 ORP를 저하시킨다.
④ 환기에 의해 관내 황화수소를 희석한다. 방식재료를 사용하여 관을 방호한다.

해설 염소를 주입하여 ORP의 저하를 방지한다.

32. 상수시설 중 배수시설을 설계하고 정비할 때에 설계상의 기본적인 사항 중 옳은 것은?

① 배수지의 용량은 시간변동조정용량, 비상시대처용량, 소화용수량을 고려하여 계획시간최대급수량의 24시간 분 이상을 표준으로 한다.
② 배수관을 계획할 때에 지역의 특성과 상황에 따라 직결급수의 범위를 확대하는 것을 고려하여 최대정수압을 결정하며, 수압의 기준점은 시설물의 최고높이로 한다.
③ 배수본관은 단순한 수지상 배관으로 하지 말고 가능한 한 상호 연결된 관망형태로 구성한다.
④ 배수지관의 경우 급수관을 분기하는 지점에서 배수관 내의 최대정수압은 150kPa(약 1.53kgf/cm^2)를 넘지 않도록 한다.

해설 ① 배수지의 용량은 유효용량은 "시간변동조정용량"과 "비상대처용량"을 합하여 급수구역의 계획1일최대급수량의 12시간 분 이상을 표준으로 하여야 하며 지역특성과 상수도시설의 안정성 등을 고려하여 결정한다.
② 배수관을 계획할 때에 지역의 특성과 상황에 따라 직결급수의 범위를 확대하는 것 등을 고려하여 최소동수압을 결정한다. 또한 수압의 기준점은 지표면상으로 한다.
④ 배수지관의 경우 급수관을 분기하는 지점에서 배수관 내의 최소동수압은 150kPa(약 1.53kgf/cm^2) 이상의 적정한 수압을 확보한다.

33. 상수도시설인 주요 저수시설에 대한 설명으로 틀린 것은?

① 전용댐 : 개발수량이 작은 규모가 많다.
② 전용댐 : 양호한 수질이 유지하기가 어렵다.
③ 하구둑 : 둑의 조작으로 하류의 유지용수를 확보한다.
④ 하구둑 : 염소이온 농도에 주의를 요한다.

해설 전용댐 : 자체관리로 비교적 양호한 수질을 유지할 수 있다.

34. 최근 정수장에서 응집제로 많이 사용되고 있는 폴리염화알루미늄(PACL)에 대한 설명으로 옳은 것은?

① 일반적으로 황산알루미늄보다 적정주입 pH의 범위가 넓으며 알칼리도의 감소가 적다.

정답 30. ① 31. ③ 32. ③ 33. ② 34. ①

② 일반적으로 황산알루미늄보다 적정주입 pH의 범위가 좁으며 알칼리도의 감소가 적다.
③ 일반적으로 황산알루미늄보다 적정주입 pH의 범위가 좁으며 알칼리도의 감소가 크다.
④ 일반적으로 황산알루미늄보다 적정주입 pH의 범위가 넓으며 알칼리도의 감소가 크다.

35. 화학적 처리를 위한 응집시설 중 급속혼화시설에 관한 설명이다. ( ) 안에 옳은 내용은?

기계식 급속혼화시설을 채택하는 경우에는 ( )을 갖는 혼화지에 응집제를 주입한 다음 즉시 급속교반시킬 수 있는 혼화장치를 설치한다.

① 30초 이내의 체류시간
② 1분 이내의 체류시간
③ 3분 이내의 체류시간
④ 5분 이내의 체류시간

36. 상수도 기본계획수립 시 기본사항에 대한 결정 중 계획(목표)연도에 관한 내용으로 옳은 것은?

① 기본계획의 대상이 되는 기간으로 계획수립 시부터 10~15년간을 표준으로 한다.
② 기본계획의 대상이 되는 기간으로 계획수립 시부터 15~20년간을 표준으로 한다.
③ 기본계획의 대상이 되는 기간으로 계획수립 시부터 20~25년간을 표준으로 한다.
④ 기본계획의 대상이 되는 기간으로 계획수립 시부터 25~30년간을 표준으로 한다.

37. 정수시설인 하니콤방식에 관한 설명으로 틀린 것은? (단, 회전원판방식과 비교 기준)

① 체류시간 : 2시간 정도
② 손실수두 : 거의 없음
③ 포기설비 : 필요 없음
④ 처리수조의 깊이 : 5~7m

해설 포기설비 : 물을 순환시키기 위하여 필요

참고 하니콤 방식은 반응조에 벌집모양의 집합체를 두고 그 안에 부착된 생물막과 접촉하도록 물을 순환시켜 처리한다. 순환동력은 공기주입으로 이루어진다.

38. 정수방법인 완속여과방식에 관한 설명으로 틀린 것은?

① 약품처리가 필요 없다.
② 완속여과의 정화는 주로 생물작용에 의한 것이다.
③ 비교적 양호한 원수에 알맞은 방식이다.
④ 부지면적 소요가 적다.

해설 부지면적 소요가 많다.

참고 완속여과의 장점은 약품처리 등을 필요로 하지 않으면서 이와 같은 정화기능을 안정되게 얻을 수 있다는 점이다. 한편 단점은 넓은 부지면적을 필요로 하는 것과 오래 사용한 여과지의 표층을 삭취해야 한다는 것이다.

39. 펌프 흡입구의 유속이 4m/s이고 펌프의 토출량은 840m^3/h일 때, 하수 이송에 사용되는 이 펌프의 흡입구경은?

① 223mm ② 273mm
③ 326mm ④ 357mm

정답 35. ② 36. ② 37. ③ 38. ④ 39. ②

해설 $D=\sqrt{\frac{4\times 840\text{m}^3/\text{h}\times\text{h}/3600\text{s}}{\pi\times 4\text{m/s}}}$
$=0.27253\text{m}=272.53\text{mm}$

참고 $Q=A\cdot V=\frac{\pi\cdot D^2}{4}\times V$

40. 해수담수화시설 중 역삼투설비에 관한 설명으로 옳지 않은 것은?

① 해수담수화시설에서 생산된 물은 pH나 경도가 낮기 때문에 필요에 따라 적절한 약품을 주입하거나 다른 육지의 물과 혼합하여 수질을 조정한다.
② 막모듈은 플러싱과 약품세척 등을 조합하여 세척한다.
③ 고압펌프를 정지할 때에는 드로백(draw-back)이 유지되도록 체크 밸브를 설치하여야 한다.
④ 고압펌프는 효율과 내식성이 좋은 기종으로 하며 그 형식은 시설규모 등에 따라 선정한다.

해설 고압펌프가 정지할 때에 발생하는 드로백(draw-back 또는 suck-back)에 대처하기 위하여 필요에 따라 드로백수조(담수수조 겸용의 경우도 있다)를 설치한다.

제3과목 수질오염방지기술

41. 생물학적 질소, 인 제거를 위한 A^2/O 공정 중 호기조의 역할로 옳게 짝지은 것은?

① 질산화, 인 방출 ② 질산화, 인 흡수
③ 탈질화, 인 방출 ④ 탈질화, 인 흡수

42. 슬러지를 진공 탈수시켜 부피가 50% 감소되었다. 유입슬러지 함수율이 98%이었다면 탈수 후 슬러지의 함수율은? (단, 슬러지 비중은 1.0 기준)

① 90% ② 92% ③ 94% ④ 96%

해설 ㉠ $V_1\times\text{순도}_1=V_2\times\text{순도}_2$
$\therefore V_1\times(1-\text{함수율}_1)=V_2\times(1-\text{함수율}_2)$
㉡ $1\times(1-0.98)=\frac{1}{2}\times(1-x)$
$\therefore x=0.96=96\%$

43. 1000m^3의 하수로부터 최초침전지에서 생성되는 슬러지 양은?

- 최초침전지 체류시간은 2시간, 부유물질 제거효율 60%
- 부유물질 농도 220mg/L, 부유물질 분해 없음
- 슬러지 비중 1.0
- 슬러지 함수율 97%

① $2.4\text{m}^3/1000\text{m}^3$ ② $3.2\text{m}^3/1000\text{m}^3$
③ $4.4\text{m}^3/1000\text{m}^3$ ④ $5.2\text{m}^3/1000\text{m}^3$

해설 $\frac{220\times 1000\times 10^{-6}\times 0.6}{0.03\times 1}=4.4\text{m}^3$

44. 하수 소독 시 적용되는 오존소독 방법에 관한 일반적 장단점으로 옳지 않은 것은? (단, 염소소독 방법 등과 비교)

① Cl_2보다 더 강력한 산화제이다.
② 저장시스템 파괴 사고의 위험이 있다.
③ 모든 박테리아와 바이러스를 살균시킨다.
④ 초기 투자비와 부속설비가 비싸다.

해설 저장시스템 파괴로 인한 사고의 위험이 없다.

45. 역삼투 장치로 하루에 1710m^3의 3차 처리된 유출수를 탈염시키고자 한다. 요구되는 막 면적(m^2)은? [단, 유입수와 유출수 사이의 압력차=2400 kPa, 25℃에서 물질전달계수=

정답 40. ③ 41. ② 42. ④ 43. ③ 44. ② 45. ②

0.2068L/(d-m^2)(kPa), 최저 운전온도=10℃, $A_{10℃}$=1.58 $A_{25℃}$, 유입수와 유출수의 삼투압차=310kPa]

① 약 5351 ② 약 6251
③ 약 7351 ④ 약 8121

해설 $\frac{(1m^2 \cdot d \cdot kPa/0.2068L) \times 1710000L/d}{(2400-310)kPa}$
$\times 1.58 = 6251.1m^2$

46. 어느 특정한 산화지 내에 1일 BOD부하를 30kg/d·m^{2}로 설계하였다. 평균유량이 2.5m^3/min이고 BOD 농도가 270mg/L일 때 필요한 면적(m^2)은? (단, 기타 조건은 고려하지 않음)

① 30.5m^2 ② 32.4m^2
③ 36.2m^2 ④ 40.8m^2

해설 $\frac{270mg/L \times 2.5m^3/min \times 1440min/d \times 10^{-3}}{30kg/m^2 \cdot d}$
$= 32.4m^2$

47. 농축슬러지를 혐기성소화를 통해 안정화시키고 있다. 조건이 다음과 같을 때 메탄 생성량(kg/d)는?

[조건]
- 농축슬러지에 포함된 유기성분은 모두 글루코오스($C_6H_{12}O_6$)이며 미생물에 의해 100%로 분해
- 소화조에서 모두 메탄과 이산화탄소로 전환된다고 가정함
- 농축슬러지 BOD 480mg/L, 유입유량 200m^3/d

① 18 ② 24 ④ 32 ④ 41

해설 ㉠ $C_6H_{12}O_6 + 6O_2 \rightarrow 6CO_2 + 6H_2O$
㉡ $C_6H_{12}O_6 \rightarrow 3CO_2 + 3CH_4$
$\therefore 480 \times 200 \times 10^{-3} \times \frac{180}{6 \times 32} \times \frac{3 \times 16}{180}$
$= 24kg/d$

48. 물리, 화학적으로 질소제거 공정인 파괴점 염소주입에 관한 내용으로 옳지 않은 것은? (단, 기타 방법과 비교 내용임)

① 수생생물에 독성을 끼치는 잔류 염소 농도가 높아진다.
② pH에 영향이 없어 염소투여요구량이 일정하다.
③ 기존 시설에 적용이 용이하다.
④ 고도의 질소제거를 위하여 여타 질소제거 공정 다음에 사용 가능하다.

해설 파괴점 염소처리는 모노클로라민(NH_2Cl)을 산화하여 질소가스로 제거하는데 이때 pH를 7~8 정도를 유지하여 디클로라민, 트리클로라민의 생성을 최소화한다.

참고 물리·화학적으로 질소제거 공정의 비교

구 분	장 점	단 점
암모니아 탈기공정	• 선택적 암모니아 제거 가능 • 인 제거용 소석회와 조합사용 가능 • 독성물질 농도와 무관	• 온도에 민감(저온에서 암모니아 용해도 증가) • 저온에서 안개 및 결빙 현상 발생 • SO_2 반응으로 대기오염 유발
파괴점 염소주입	• 다른 탈질공정 후의 미량 질소제거 가능 • 유출수의 살균효과 • 독성물질과 온도에 무관 • 시설비가 적음 • 기존 시설에 추가 적용 용이	• 고농도의 잔류염소 존재 • 폐수 내 염소요구물질에 의한 처리비 증가 • pH에 민감 • THM 생성 • 숙련된 운전요원 필요
이온 교환법	• 기상조건상 생물학적 처리가 곤란한 경우 적용 가능 • 방류수 기준이 엄격한 경우 적용 가능 • 암모니아의 회수 가능	• 유기물질에 의한 수지교환량의 감소 • SS에 의한 손실수두 증가 방지를 위하여 유입수의 전처리 필요 • 수지재생을 위한 공정추가 필요 • 숙련된 운전요원 필요

정답 46. ② 47. ② 48. ②

49. 생물학적 질소제거공정에서 질산화로 생성된 NO_3^--N 40mg/L가 탈질되어 질소로 환원될 때 필요한 이론적인 메탄올(CH_3OH)의 양(mg/L)은?

① 17.2mg/L ② 36.6mg/L
③ 58.4mg/L ④ 76.2mg/L

해설 $6N : 5CH_3OH = 6\times14g : 5\times32g = 40mg/L : x[mg/L]$

∴ 메탄올(CH_3OH)의 양=76.19mg/L

50. 하루 유량 5000m³인 폐수를 용량이 1500m³인 활성슬러지 포기조로 처리한다. 이때 K_d= 0.03/일, y=0.6mg-MLSS/mg-BOD, MLSS는 6000mg/L로 유지되고 있고 유입 BOD 500mg/L는 활성슬러지 포기조에서 BOD 90% 제거된다면 *SRT*는? (단, 활성슬러지 공법의 포기조만 고려함)

① 11.1일 ② 10.2일
③ 8.3일 ④ 7.4일

해설
$$\frac{1}{SRT} = \frac{0.6\times5000\times500\times0.9}{1500\times6000} - 0.03 = 0.12$$

∴ SRT=1/0.12=8.33d

51. 혐기성 소화법과 비교한 호기성 소화법의 장단점으로 옳지 않은 것은?

① 운전이 용이하다.
② 소화슬러지 탈수가 용이하다.
③ 가치 있는 부산물이 생성되지 않는다.
④ 저온 시의 효율이 저하된다.

해설 소화슬러지 탈수가 불량하다.

참고 혐기성 소화법과 비교한 호기성 소화법의 장·단점

구 분	호기성 소화법
장점	• 최초시공비 절감 • 악취 발생 감소 • 운전 용이 • 상징주의 수질 양호
단점	• 소화슬러지의 탈수 불량 • 포기에 드는 동력비 과다 • 유기물 감소율 저조 • 건설부지 과다 • 저온 시의 효율 저하 • 가치 있는 부산물이 생성되지 않음

52. 포기조 내의 혼합액의 SVI가 100이고, MLSS 농도를 2200mg/L로 유지하려면 적정한 슬러지의 반송률은? (단, 유입수의 SS는 무시함)

① 23.6% ② 28.2%
③ 33.6% ④ 38.3%

해설
$$R = \frac{2200}{\frac{10^6}{100} - 2200} \times 100 = 28.21\%$$

53. 막공법에 관한 내용으로 옳지 않은 것은?

① 투석은 선택적 투과막을 통해 용액 중에 다른 이온, 혹은 분자의 크기가 다른 용질을 분리시키는 것이다.
② 투석에 대한 추진력은 막을 기준으로 한 용질의 농도차이다.
③ 한외여과 및 미여과의 분리는 주로 여과작용에 의한 것으로 역삼투현상에 의한 것이 아니다.
④ 역삼투는 한외여과 및 미여과와 상이하게 반투막으로 용매를 통과시키기 위해 정수압을 이용한다.

해설 역삼투는 한외여과 및 미여과와 동일하게 반투막으로 용매를 통과시키기 위해 정수압을 이용한다.

참고 막여과(membrane filtration)란 막

정답 49. ④ 50. ③ 51. ② 52. ② 53. ④

(membrane)을 여재로 사용하여 물을 통과시켜서 원수 중의 불순물질을 분리 제거하고 깨끗한 여과수를 얻는 정수방법을 말한다. 담수처리에 주로 사용되고 있는 막여과는 정밀여과와 한외여과가 있으며, 제거대상물질은 현탁물질을 주로 하는 불용해성물질이다. 또 나노여과 및 역삼투법은 용해성물질을 제거대상물질로 하며 단독 또는 고도정수처리와의 조합 등이 검토되고 있다.

54. 폐수 유량이 $3000m^3/d$, 부유 고형물의 농도가 150mg/L이다. 공기부상 시험에서 공기와 고형물의 비가 0.05mg-air/mg-solid 일 때 최적의 부상을 나타낸다. 설계온도 20℃, 이때의 공기용해도는 18.7mL/L이다. 흡수비 0.5, 부하율이 $0.12m^3/m^2 \cdot min$일 때 반송이 있으며 운전압력이 3.5 기압인 부상조 표면적은?

① $18.5m^2$　② $24.5m^2$
③ $32.5m^2$　④ $41.5m^2$

해설 ㉠ 수면적부하 $= \dfrac{Q+Q_R}{A}$

㉡ $0.05 = \dfrac{1.3 \times 18.7 \times (0.5 \times 3.5 - 1)}{150} \times \dfrac{Q_R}{3000}$

$\therefore Q_R = 1234.06m^3/d$

㉢ $0.12 \times 1440 = \dfrac{3000 + 1234.06}{A}$

$\therefore A = 24.5m^2$

55. 생물학적 원리를 이용하여 질소, 인을 제거하는 공정인 5단계 Bardenpho 공법에 관한 설명으로 옳지 않은 것은?

① 인 제거를 위해 혐기성조가 추가된다.
② 조 구성은 혐기조, 무산소조, 호기조, 무산소조, 호기조 순이다.
③ 내부반송률은 유입유량 기준으로 100~200% 정도이며 2단계 무산소조로부터 1단계 무산소조로 반송된다.
④ 마지막 호기성 단계는 폐수 내 잔류 질소가스를 제거하고 최종침전지에서 인의 용출을 최소화하기 위하여 사용한다.

해설 내부반송률은 유입유량 기준으로 200~400% 정도이며 1단계 호기조로부터 1단계 무산소조로 반송된다.

56. 생물막법 처리방식인 접촉산화법의 장단점으로 옳지 않은 것은?

① 부하, 수량변동에 대하여 완충능력이 있다.
② 미생물과 영향인자를 정상상태로 유지하기 위한 조작이 어렵다.
③ 분해속도가 낮은 기질제거에 효과적이며 수온의 변동에 강하다.
④ 반응조 내 매체를 균일하게 포기 교반하는 조건설정이 용이하다.

해설 반응조 내 매체를 균일하게 포기 교반하는 조건설정이 어렵고 사수부가 발생할 우려가 있으며, 포기비용이 약간 높다.

57. CSTR 반응조를 일차반응조건으로 설계하고, A의 제거 또는 전환율이 90%가 되게 하고자 한다. 만일 반응상수 K가 0.35/h이면 CSTR 반응조의 체류시간은?

① 12.5h　② 25.7h
③ 32.5h　④ 43.7h

해설 $t = \dfrac{100-10}{0.35 \times 10} = 25.71h$

58. 암모니아성 질소가 25mg/L인 폐수의 완전 질산화에 필요한 이론적 산소요구량(mg/L)은?

① 약 115　② 약 125

정답 54. ② 55. ③ 56. ④ 57. ② 58. ①

③ 약 135 ④ 약 145

해설 $NH_3 + 2O_2 \rightarrow HNO_3 + H_2O$

$$\therefore 25\text{mg/L} \times \frac{2 \times 32\text{g}}{14\text{g}} = 114.29\text{mg/L}$$

59. 폐수량 500m^3/일, BOD 300mg/L인 폐수를 표준 활성슬러지공법으로 처리하여 최종 방류수 BOD 농도를 20mg/L 이하로 유지하고자 한다. 최초침전지 BOD 제거효율이 30%일 때 포기조와 최종침전지, 즉 2차 처리 공정에서 유지되어야 하는 최저 BOD 제거효율은?

① 약 82.5% ② 약 85.5%
③ 약 90.5% ④ 약 94.5%

해설 $20 = 300 \times (1-0.3) \times (1-x)$

$$\therefore x = 0.9048 = 90.48\%$$

60. 슬러지의 소화율이란 생슬러지 중의 VS가 가스화 및 액화되는 비율을 말한다. 생슬러지와 소화슬러지의 VS/TS가 각각 80% 및 50%일 경우 소화율은?

① 38% ② 46%
③ 63% ④ 75%

해설 $$\text{소화율} = \frac{\frac{80}{20} - \frac{50}{50}}{\frac{80}{20}} \times 100 = 75\%$$

제4과목 수질오염공정시험기준

61. 고형물질이 많아 관을 메울 우려가 있는 폐·하수의 관내 유량을 측정하는 방법으로 가장 옳은 것은?

① 자기식 유량측정기(magnetic flow meter)
② 유량측정용 노즐(nozzle)
③ 파샬 플룸(Parshall flume)
④ 피토관(pitot)

62. 물속에 존재하는 비소의 측정방법으로 거리가 먼 것은? (단, 수질오염공정시험기준 기준)

① 수소화물생성-원자흡수분광광도법
② 자외선/가시선 분광법
③ 양극벗김전압전류법
④ 이온크로마토그래피법

해설 적용 가능한 시험방법

비 소	정량한계(mg/L)
수소화물생성-원자흡수분광광도법	0.005mg/L
자외선/가시선 분광법	0.004mg/L
유도결합플라스마-원자발광분광법	0.05mg/L
유도결합플라스마-질량분석법	0.006mg/L
양극벗김전압전류법	0.0003mg/L

63. 효소이용정량법을 활용한 대장균 분석 시 사용되는 검출기는?

① 자외선 검출기
② 적외선 검출기
③ 마이크로파 검출기
④ 초음파 검출기

64. 총유기탄소 측정 시 적용되는 용어 정의로 옳지 않은 것은?

① 비정화성 유기탄소 : 총탄소 중 pH 5.6 이하에서 포기에 의해 정화되지 않는 탄소를 말한다.
② 부유성 유기탄소 : 총유기탄소 중 공극 0.45μm의 막 여지를 통과하지 못한 유

정답 59. ③ 60. ④ 61. ① 62. ④ 63. ① 64. ①

기탄소를 말한다.

③ 무기성탄소 : 수중에 탄산염, 중탄산염, 용존 이산화탄소 등 무기적으로 결합된 탄소의 합을 말한다.

④ 총탄소 : 수중에서 존재하는 유기적 또는 무기적으로 결합된 탄소의 합을 말한다.

해설 비정화성 유기탄소(NPOC, Nonpurgeable Organic Carbon) : 총탄소 중 pH 2 이하에서 포기에 의해 정화(Purging)되지 않는 탄소를 말한다.

65. 공장, 하수 및 폐수 종말처리장 등의 원수, 공정수, 배출수 등의 개수로 유량을 측정하는데 사용하는 위어의 정확도 기준은? (단, 실제유량에 대한 %)

① ± 5%　　② ± 10%
③ ± 15%　　④ ± 25%

해설 유량계에 따른 정밀/정확도 및 최대유속과 최소유속의 비율

유량계	범위 (최대유량 : 최소유량)	정확도 (실제유량에 대한, %)	정밀도 (최대유량에 대한, %)
위어 (weir)	500 : 1	± 5	± 0.5
파샬수로 (flume)	10 : 1~75 : 1	± 5	± 0.5

66. 0.025N-$KMnO_4$ 400mL를 조제하려면 $KMnO_4$ 약 몇 g을 취해야 하는가? (단, 원자량 : K=39, Mn=55)

① 약 0.32　　② 약 0.63
③ 약 0.84　　④ 약 0.98

해설 $0.025 \times 0.4 \times \frac{39+55+16\times4}{5} = 0.316\text{g}$

67. 분원성대장균군(막여과법) 분석 시험에 관한 내용으로 틀린 것은?

① 분원성대장균군이란 온혈동물의 배설물에서 발견되는 그람음성·무아포성의 간균이다.

② 물속에 존재하는 분원성대장균군을 측정하기 위하여 페트리접시에 배지를 올려놓은 다음 배양 후 여러 가지 색조를 띠는 청색의 집락을 계수하는 방법이다.

③ 배양기 또는 항온수조는 배양온도를 (25±0.5)℃로 유지할 수 있는 것을 사용한다.

④ 실험결과는 '분원성대장균군수/100mL'로 표기한다.

해설 배양기 또는 항온수조는 배양온도를 (44.5 ± 0.2)℃로 유지할 수 있는 것을 사용한다.

68. 다음은 수질연속자동측정기의 설치방법 중 시료채취 지점에 관한 내용이다. (　) 안에 옳은 내용은?

> 취수구의 위치는 수면하 10cm 이상, 바닥으로부터 (　)를 유지하여 동절기의 결빙을 방지하고 바닥 퇴적물이 유입되지 않도록 하되, 불가피한 경우는 수면하 5cm에서 채수할 수 있다.

① 10cm　　② 15cm
③ 20cm　　④ 30cm

해설 시료채취지점 일반사항

㉠ 하·폐수의 성질과 오염물질의 농도를 대표할 수 있는 곳으로 수로나 관로의 굴곡부분이나 단면모양이 급격히 변하는 부분을 피하여 배출흐름이 안정한 곳을 선택하여야 한다.

㉡ 측정이나 유지보수가 가능하도록 접근이 쉬운 곳이어야 한다.

정답 65. ① 66. ① 67. ③ 68. ②

㉢ 시료채취 시 우수나 조업목적 이외의 물이 포함되지 말아야 한다.
㉣ 하·폐수 처리시설의 최종 방류구에서 채수지점을 선정한다.
㉤ 취수구의 위치는 수면하 10cm 이상, 바닥으로부터 15cm를 유지하여 동절기의 결빙을 방지하고 바닥 퇴적물이 유입되지 않도록 하되, 불가피한 경우는 수면하 5cm에서 채수할 수 있다.

69. 하천유량 측정을 위한 유속 면적법의 적용 범위로 틀린 것은?

① 대규모 하천을 제외하고 가능하면 도섭으로 측정할 수 있는 지점
② 교량 등 구조물 근처에서 측정할 경우 교량의 상류지점
③ 합류나 분류되는 지점
④ 선정된 유량측정 지점에서 말뚝을 박아 동일 단면에서 유량측정을 수행할 수 있는 지점

해설 합류나 분류가 없는 지점

70. 시료의 최대 보존기간이 다른 측정항목은?

① 페놀류
② 인산염인
③ 화학적산소요구량
④ 황산이온

해설 ㉠ 페놀류, 화학적산소요구량, 황산이온 : 28일
㉡ 인산염인 : 48시간

71. 기체크로마토그래피에 의해 유기인 측정에 관한 내용 중 간섭물질에 대한 설명으로 틀린 것은?

① 폴리테트라플루오로에틸렌(PTFE, polytetrafluoroethylene) 재질이 아닌 튜브, 봉합제 및 유속조절제의 사용을 피해야 한다.
② 검출기는 불꽃광도검출기(FPD) 또는 질소인검출기(NPD)를 사용한다.
③ 높은 농도를 갖는 시료와 낮은 농도를 갖는 시료를 연속하여 분석할 때에 오염이 될 수 있으므로, 높은 농도의 시료를 분석한 후에는 바탕시료를 분석하는 것이 좋다.
④ 플로리실 컬럼 정제는 산, 염화페놀, 폴리클로로페녹시페놀 등의 극성화합물을 제거하기 위하여 수행한다.

해설 실리카겔 컬럼 정제는 산, 염화페놀, 폴리클로로페녹시페놀 등의 극성화합물을 제거하기 위하여 수행하며, 사용 전에 정제하고 활성화시켜야 하거나 시판용 실리카 카트리지를 이용할 수 있다.

참고 플로리실 컬럼 정제는 시료에 유분의 관찰 또는 분석 후 시료 크로마토그램의 방해성분이 유분의 영향으로 판단될 경우에 수행하며 시판용 플로리실 카트리지를 이용할 수 있다.

72. 위어의 수두가 0.25m, 수로의 폭이 0.8m, 수로의 밑면에서 하부점까지의 높이가 0.7m인 직각 삼각위어의 유량은? [단, 유량계수(K) = $81.2+\frac{0.24}{h}+(8.4+\frac{12}{\sqrt{D}})\times(\frac{h}{B}-0.09)^2$]

① $1.4m^3/min$ ② $2.1m^3/min$
③ $2.6m^3/min$ ④ $2.9m^3/min$

해설 ㉠ $K=81.2+\frac{0.24}{0.25}+\left(8.4+\frac{12}{\sqrt{0.7}}\right)\times\left(\frac{0.25}{0.8}-0.09\right)^2 = 83.286$

㉡ $Q=K\cdot h^{5/2} = 83.286\times 0.25^{5/2} = 2.603m^3/min$

73. 다음은 자외선/가시선 분광법을 적용한 크롬 측정에 관한 내용이다. ( ) 안에 옳은 내용은?

> 3가크롬은 (㉮)을 첨가하여 6가크롬으로 산화시킨 후 산성용액에서 다이페닐카바자이드와 반응하여 생성되는 (㉯) 착화합물의 흡광도를 측정한다.

① ㉮ 과망간산칼륨, ㉯ 황색
② ㉮ 과망간산칼륨, ㉯ 적자색
③ ㉮ 티오황산나트륨, ㉯ 적색
④ ㉮ 티오황산나트륨, ㉯ 황갈색

74. 다음의 측정항목 중 시료 보존 방법이 다른 것은?

① 물벼룩 급성독성
② 생물화학적 산소요구량
③ 전기전도도
④ 황산이온

해설 ㉠ 물벼룩 급성독성, 생물화학적 산소요구량, 전기전도도 : 4℃
㉡ 황산이온 : 6℃

75. 유기물 함량이 비교적 높지 않고 금속의 수산화물, 산화물, 인산염 및 황화물을 함유하는 시료의 전처리(산분해법)방법으로 가장 적합한 것은?

① 질산법 ② 황산법
③ 질산–황산법 ④ 질산–염산법

76. 암모니아성 질소의 분석방법과 가장 거리가 먼 것은? (단, 수질오염공정시험기준 기준)

① 자외선/가시선 분광법
② 연속흐름법
③ 이온전극법
④ 적정법

해설 적용 가능한 시험방법

암모니아성 질소	정량한계(mg/L)
자외선/가시선 분광법	0.01mg/L
이온전극법	0.08mg/L
적정법	1mg/L

77. 노말헥산 추출물질의 정량한계는?

① 0.1mg/L ② 0.5mg/L
③ 1.0mg/L ④ 5.0mg/L

78. 다음은 니켈의 자외선/가시선 분광법 측정에 관한 내용이다. ( ) 안에 내용으로 옳은 것은?

> 니켈이온을 암모니아의 약알칼리성에서 다이메틸글리옥심과 반응시켜 생성한 니켈착염을 클로로폼으로 추출하고 이것을 ( )으로 역추출한다.

① 벤젠 ② 노말헥산
③ 묽은 염산 ④ 사염화탄소

79. 다음은 퇴적물 완전연소가능량 측정에 관한 내용이다. ( ) 안에 옳은 내용은?

> 110℃에서 건조시킨 시료를 도가니에 담고 무게를 측정한 다음 ( ) 가열한 후 다시 무게를 측정한다.

① 550℃에서 1시간
② 550℃에서 2시간
③ 550℃에서 3시간
④ 550℃에서 4시간

해설 퇴적물 측정망의 완전연소가능량을 측정하기 위한 방법으로, 110℃에서 건조시킨 시료를 도가니에 담고 무게를 측정한 다음 550℃에서 2시간 가열한 후 다시 무게를 측정한다.

정답 73. ② 74. ④ 75. ④ 76. ② 77. ② 78. ③ 79. ②

80. 시험과 관련된 총칙에 관한 설명으로 옳지 않은 것은?

① "방울수"라 함은 0℃에서 정제수 20방울을 적하할 때 그 부피가 약 1mL 되는 것을 뜻한다.
② "찬 곳"은 따로 규정이 없는 한 0~15℃의 곳을 뜻한다.
③ "감압 또는 진공"이라 함은 따로 규정이 없는 한 15mmHg 이하를 말한다.
④ "약"이라 함은 기재된 양에 대하여 ±10% 이상의 차이가 있어서는 안 된다.

해설 "방울수"라 함은 20℃에서 정제수 20방울을 적하할 때 그 부피가 약 1mL 되는 것을 뜻한다.

제5과목 수질환경관계법규

81. 위임업무 보고사항 중 보고 횟수가 다른 업무내용은?

① 폐수처리업에 대한 등록, 지도단속실적 및 처리실적
② 폐수위탁, 사업장 내 처리현황 및 처리실적
③ 기타 수질오염원 현황
④ 과징금 부과 실적

참고 법 제74조 시행규칙 별표 23 참조

82. 비점오염저감시설을 자연형과 장치형 시설로 구분할 때 다음 중 장치형 시설에 해당하지 않는 것은?

① 생물학적 처리형 시설
② 여과형 시설
③ 와류형 시설
④ 저류형 시설

참고 법 제2조 시행규칙 별표 6 참조

83. 다음 중 수질자동측정기기 및 부대시설을 모두 부착하지 아니할 수 있는 시설의 기준으로 옳은 것은?

① 연간 조업일수가 60일 미만인 사업장
② 연간 조업일수가 90일 미만인 사업장
③ 연간 조업일수가 120일 미만인 사업장
④ 연간 조업일수가 150일 미만인 사업장

해설 수질자동측정기기 및 부대시설을 모두 부착하지 아니할 수 있는 시설의 기준

㉠ 폐수가 최종 방류구를 거치기 전에 일정한 관로를 통하여 생산공정에 폐수를 순환시키거나 재이용하는 등의 경우로서 최대 폐수배출량이 1일 200세제곱미터 미만인 사업장 또는 공동 방지시설
㉡ 사업장에서 배출되는 폐수를 공동방지시설에 모두 유입시키는 사업장
㉢ 폐수종말처리시설 또는 공공하수처리시설에 폐수를 모두 유입시키거나 대부분의 폐수를 유입시키고 1일 200세제곱미터 미만의 폐수를 공공수역에 직접 방류하는 사업장 또는 공동 방지시설
㉣ 방지시설설치의 면제기준에 해당되는 사업장
㉤ 배출시설의 폐쇄가 확정·승인·통보된 시설 또는 시·도지사가 측정기기의 부착 기한으로 부터 1년 이내에 폐쇄할 배출시설로 인정한 시설
㉥ 연간 조업일수가 90일 미만인 사업장
㉦ 사업장에서 배출하는 폐수를 회분식(batch type, 2개 이상 회분식 처리시설을 설치·운영하는 경우에는 제외한다)으로 처리하는 수질오염방지시설을 설치·운영하고 있는 사업장
㉧ 그 밖에 자동측정기기에 의한 배출량 등의 측정이 어려워 부착을 면제할 필요가 있다고 환경부장관이 인정하는 시설

참고 법 제38조의2 시행령 별표 7 비고 참조

정답 80. ① 81. ② 82. ④ 83. ②

84. **시도지사가 오염총량관리기본계획의 승인을 받으려는 경우 오염총량관리기본계획안에 첨부하여 환경부장관에게 제출하여야 하는 서류와 가장 거리가 먼 것은?**

① 유역환경의 조사·분석 자료
② 오염부하량의 저감계획을 수립하는 데에 사용한 자료
③ 오염총량목표수질을 수립하는 데에 사용한 자료
④ 오염부하량의 산정에 사용한 자료

참고 법 제4조의3 참조

85. **다음은 기타 수질오염원의 설치·관리자가 하여야 할 조치에 관한 내용이다. (   ) 안에 옳은 내용은?**

[수산물 양식시설 : 가두리 양식 어장] 사료를 준 후 2시간 지났을 때 침전되는 양이 (   ) 미만인 부상사료를 사용한다. 다만 10센티미터 미만의 치어 또는 종묘에 대한 사료는 제외한다.

① 10%　　② 20%
③ 30%　　④ 40%

해설 가두리 양식 어장 시설 설치 등의 조치
㉠ 사료를 준 후 2시간 지났을 때 침전되는 양이 10퍼센트 미만인 부상(浮上)사료를 사용한다. 다만, 10센티미터 미만의 치어 또는 종묘(種苗)에 대한 사료는 제외한다.
㉡ 농림부장관이 고시한 사료공정에 적합한 사료만을 사용하여야 한다.
㉢ 부상사료 유실방지대를 수표면 상·하로 각각 10센티미터 이상 높이로 설치하여야 한다.
㉣ 분뇨를 수집할 수 있는 시설을 갖춘 변소를 설치하여야 하며, 수집된 분뇨를 육상으로 운반하여 호소에 재유입되지 아니하도록 처리하여야 한다.
㉤ 죽은 물고기는 지체 없이 수거하여야 하고, 육상에 운반하여 수질오염이 발생되지 아니하도록 적정하게 처리하여야 한다.
㉥ 어병(魚病)의 예방이나 치료를 하기 위한 항생제를 지나치게 사용하여서는 아니 된다.

참고 법 제60조 시행규칙 별표 19 참조

86. **다음은 공공폐수처리시설의 유지·관리기준 중 처리시설의 관리·운영자가 실시하여야 하는 방류수 수질검사에 관한 내용이다. (   ) 안에 옳은 내용은?**

처리시설의 적정운영 여부를 확인하기 위하여 방류수 수질검사를 (㉮) 실시하되, 1일당 2천 세제곱미터 이상인 시설은 (㉯) 실시하여야 한다. 다만, 생태독성(TU)검사는 (㉰) 실시하여야 한다.

① ㉮ 월 1회 이상, ㉯ 주 1회 이상, ㉰ 월 2회 이상
② ㉮ 월 1회 이상, ㉯ 월 2회 이상, ㉰ 주 1회 이상
③ ㉮ 월 2회 이상, ㉯ 주 1회 이상, ㉰ 월 1회 이상
④ ㉮ 월 2회 이상, ㉯ 월 1회 이상, ㉰ 주 1회 이상

참고 법 제50조 시행규칙 별표 15 참조

87. **대권역별 물환경 보전을 위한 기본계획에 포함되어야 할 사항과 가장 거리가 먼 것은?**

① 상수원 및 물 이용현황
② 점오염원, 비점오염원 및 기타수질오염원의 분포현황
③ 점오염원, 비점오염원 및 기타수질오염원의 수질오염 저감시설 현황
④ 점오염원, 비점오염원 및 기타수질오염원에서 배출되는 수질오염물질의 양

2014

정답　84. ③　85. ①　86. ③　87. ③

참고 법 제24조 ②항 참조

88. 환경부장관이 수질 등의 측정자료를 관리·분석하기 위하여 측정기기 부착사업자 등이 부착한 측정기기와 연결, 그 측정결과를 전산처리할 수 있는 전산망 운영을 위한 수질원격감시체계 관제센터를 설치·운영할 수 있는 곳은?

① 국립환경과학원
② 유역환경청
③ 한국환경공단
④ 시·도 보건환경연구원

참고 법 제38조의5 참조

89. 공공수역의 물환경 보전을 위하여 특정농작물의 경작 권고를 할 수 있는 자는?

① 대통령
② 유역·지방환경청장
③ 환경부장관
④ 시·도지사

해설 2017년 시·도지사에서 특별자치도지사·시장·군수·구청장으로 개정되었다.

참고 법 제59조 참조

90. 일일기준초과 배출량 및 일일유량 산정 방법에 관한 내용으로 옳지 않은 것은?

① 배출농도의 단위는 리터당 밀리그램(mg/L)으로 한다.
② 특정수질유해물질의 배출허용기준 초과 일일오염물질배출량은 소수점 이하 넷째 자리까지 계산하다.
③ 일일유량 산정을 위한 측정유량의 단위는 m^3/min로 한다.
④ 일일유량 산정을 위한 일일조업시간은 측정하기 전 최근 조업한 30일간의 배출시설 조업시간의 평균치로서 분(min)으로 표시한다.

참고 법 제41조 시행령 별표 15 참조

91. 환경부장관은 비점오염원관리지역을 지정, 고시한 때에는 비점오염원관리대책을 수립하여야 한다. 다음 중 관리대책에 포함되어야 할 사항과 가장 거리가 먼 것은?

① 관리대상 지역의 개발현황 및 계획
② 관리대상 수질오염물질의 종류 및 발생량
③ 관리대상 수질오염물질의 발생 예방 및 저감방안
④ 관리목표

참고 법 제55조 참조

92. 비점오염원 관리지역의 지정 기준이 옳은 것은?

① 하천 및 호소의 수생태계에 관한 환경기준에 미달하는 유역으로 유달부하량 중 비점오염 기여율이 50% 이하인 지역
② 관광지구 지정으로 비점오염원 관리가 필요한 지역
③ 인구 50만 이상인 도시로서 비점오염원 관리가 필요한 지역
④ 지질이나 지층구조가 특이하여 특별한 관리가 필요하다고 인정되는 지역

해설 관리지역의 지정기준

㉠ 하천 및 호소수질환경기준을 달성하지 못한 유역으로 유달부하량 중 비점오염 기여율이 50% 이상인 지역
㉡ 비점오염물질에 의하여 자연생태계에 중대한 위해가 초래되거나 될 것으로 예상되는 지역
㉢ 인구 100만 이상의 도시로서 비점오염원관리가 필요한 지역

정답 88. ③ 89. ④ 90. ③ 91. ① 92. ④

㉣ 국가산업단지, 지방산업단지로 지정된 지역으로 비점오염원관리가 필요한 지역
㉤ 지질, 지층구조가 특이하여 특별한 관리가 필요하다고 인정되는 지역

참고 법 제54조 참조

93. 총량관리 단위 유역의 수질 측정방법 중 측정수질에 관한 내용으로 옳은 것은?

① 산정 시점으로부터 과거 1년간 측정한 것으로 하며, 그 단위는 리터당 밀리그램(mg/L)으로 표시한다.
② 산정 시점으로부터 과거 2년간 측정한 것으로 하며, 그 단위는 리터당 밀리그램(mg/L)으로 표시한다.
③ 산정 시점으로부터 과거 3년간 측정한 것으로 하며, 그 단위는 리터당 밀리그램(mg/L)으로 표시한다.
④ 산정 시점으로부터 과거 5년간 측정한 것으로 하며, 그 단위는 리터당 밀리그램(mg/L)으로 표시한다.

참고 법 제4조의2 시행규칙 별표 7 참조

94. 다음 중 초과부과금 산정기준으로 적용되는 수질오염물질 1킬로그램당 부과 금액이 가장 높은(많은) 것은?

① 카드뮴 및 그 화합물
② 6가크롬 화합물
③ 납 및 그 화합물
④ 수은 및 그 화합물

참고 법 제41조 시행규칙 별표 14 참조

95. 공공수역의 수질보전을 위하여 고랭지경작지에 대한 경작방법을 권고할 수 있는 기준(환경부령으로 정함)이 되는 해발고도와 경사도가 바르게 연결된 것은?

① 300m 이상, 10% 이상
② 300m 이상, 15% 이상
③ 400m 이상, 10% 이상
④ 400m 이상, 15% 이상

참고 법 제59조 참조

96. 물환경 보전에 관한 법률에 사용하는 용어의 뜻으로 틀린 것은?

① "점오염원"이라 함은 폐수배출시설, 하수발생시설, 축사 등으로서 관거·수로 등을 통하여 일정한 지점으로 수질오염물질을 배출하는 배출원을 말한다.
② "공공수역"이라 함은 하천, 호소, 항만, 연안해역 그 밖에 공공용으로 사용되는 환경부령이 정하는 수역을 말한다.
③ "폐수"라 함은 물에 액체성 또는 고체성의 수질오염물질이 섞여 있어 그대로는 사용할 수 없는 물을 말한다.
④ "폐수무방류배출시설"이라 함은 폐수배출시설에서 발생하는 폐수를 해당 사업장에서 수질오염 방지시설을 이용하여 처리하거나 동일 폐수배출시설에 재이용하는 등 공공수역으로 배출하지 아니하는 폐수배출시설을 말한다.

해설 "공공수역"이란 하천, 호소, 항만, 연안해역, 그 밖에 공공용으로 사용되는 수역과 이에 접속하여 공공용으로 사용되는 환경부령으로 정하는 수로를 말한다.

참고 1. 법 제2조 참조
2. 2017년 「수질 및 수생태계 보전에 관한 법률」이 「물환경보전법」으로 개정되었다.

97. 다음은 중점관리저수지의 관리자와 그 저수지의 소재지를 관할하는 시도지사가 수립하는 중점관리 저수지의 수질오염 방지 및 수질 개선에 관한 대책에 포함되어야 하는 사항이다. ( ) 안의 내용으로 옳은 것은?

정답 93. ③ 94. ④ 95. ④ 96. ② 97. ③

중점관리저수지의 경계로부터 반경 ( )의 거주 인구 등 일반현황

① 500m 이내 ② 1km 이내
③ 2km 이내 ④ 5km 이내

해설 시행규칙 제33조의3(수질 오염 방지 등에 관한 대책의 수립 등)
중점관리저수지의 관리자와 그 저수지의 소재지를 관할하는 시·도지사는 중점관리저수지의 지정을 통보받은 날부터 1년 이내에 다음 각 호의 사항이 포함된 중점관리저수지의 수질오염 방지 및 수질 개선에 관한 대책을 수립하여 환경부장관에게 제출하여야 한다.
1. 중점관리저수지의 설치목적, 이용현황 및 오염현황
2. 중점관리저수지의 경계로부터 반경 2킬로미터 이내의 거주인구 등 일반현황
3. 중점관리저수지의 수질 관리목표
4. 중점관리저수지의 수질오염 예방 및 수질 개선방안
5. 그 밖에 중점관리저수지의 적정관리를 위하여 필요한 사항

98. **폐수배출시설에 대한 배출부과금을 부과하는 경우 배출부과금 부과기간의 시작일 전 6개월 이상 방류수수질기준을 초과하는 수질오염물질을 배출하지 아니한 사업자에 대해 감면율을 적용하여 기본배출부과금을 감경할 수 있다. 1년 이상 2년 내에 방류수수질기준을 초과하여 오염물질을 배출하지 아니한 경우에 적용되는 감면율로 옳은 것은?**

① 100분의 30 ② 100분의 40
③ 100분의 50 ④ 100분의 60

참고 법 제41조 ③항 참조

99. **중점관리저수지(농업용의 경우)의 해제 조건에 대한 설명으로 옳은 것은?**

① 호소의 생활환경기준 중 약간 나쁨(Ⅳ) 등급 기준 이하로 1년 이상 계속 유지하는 경우
② 호소의 생활환경기준 중 약간 나쁨(Ⅳ) 등급 기준 이하로 2년 이상 계속 유지하는 경우
③ 호소의 생활환경기준 중 보통(Ⅲ) 등급 기준 이하로 1년 이상 계속 유지하는 경우
④ 호소의 생활환경기준 중 보통(Ⅲ) 등급 기준 이하로 2년 이상 계속 유지하는 경우

해설 중점관리저수지로 지정된 경우에는 오염 정도가 대통령령이 정하는 기준 이하로 2년 이상 계속하여 유지되는 경우에 한하여 그 지정을 해제할 수 있다.

참고 법 제31조의2 참조

100. **수질 및 수생태계 환경기준 중 하천에서의 사람의 건강 보호 기준으로 옳은 것은?**

① 6가크롬 – 0.5mg/L 이하
② 비소 – 0.05mg/L 이하
③ 음이온계면활성제 – 0.1mg/L 이하
④ 테트라클로로에틸렌 – 0.02mg/L 이하

참고 환경정책기본법 시행령 별표 1 참조

정답 98. ① 99. ② 100. ②

2014년 8월 17일 시행

자격종목 및 등급(선택분야)	종목코드	시험시간	문제지형별	수검번호	성 명
수질환경기사	2572	2시간	A		

제1과목 수질오염개론

1. 25℃, 2기압의 압력에 있는 메탄가스 40kg을 저장하는 데 필요한 탱크의 부피는? (단, 이상기체의 법칙, R=0.082L·atm/mol·K 적용)

① 20.6m^3 ② 25.3m^3
③ 30.6m^3 ④ 35.3m^3

해설 $V=\dfrac{(273+25)\times40\times0.082}{2\times16}$
$=30.55\text{m}^3$

2. 어떤 폐수의 BOD_5가 300mg/L, COD가 400mg/L이었다. 이 폐수의 난분해성 COD(NBDCOD)는? (단, 탈산소계수, K_1=0.01h^{-1}이다. 상용대수 기준 BDCOD=BOD_u)

① 60mg/L ② 70mg/L
③ 80mg/L ④ 90mg/L

해설 $400-\dfrac{300}{1-10^{-0.01\times24\times5}}=79.8\text{mg/L}$

3. 호수 내의 성층현상에 관한 설명으로 옳지 않은 것은?

① 여름성층의 연직 온도경사는 분자확산에 의한 DO구배와 같은 모양이다.
② 성층의 구분 중 약층(thermocline)은 수심에 따른 수온 변화가 적다.
③ 겨울성층은 표층수 냉각에 의한 성층이어서 역성층이라고도 한다.
④ 전도현상은 가을과 봄에 일어나며 수괴의 연직혼합이 왕성하다.

해설 수온약층(thermocline)은 깊이에 따라 온도 변화가 심한 층을 말하며 통상 수심이 1m 내려감에 따라 약 1℃ 이상의 수온차가 생긴다.

4. 수질분석결과 Na^+=10mg/L, Ca^{+2}=20mg/L, Mg^{+2}=24mg/L, Sr^{+2}=2.2mg/L일 때 총경도는? (단, Na : 23, Ca : 40, Mg : 24, Sr : 87.6)

① 112.5mg/L as $CaCO_3$
② 132.5mg/L as $CaCO_3$
③ 152.5mg/L as $CaCO_3$
④ 172.5mg/L as $CaCO_3$

해설 $20\times\dfrac{50}{20}+24\times\dfrac{50}{12}+2.2\times\dfrac{50}{43.8}$
$=152.51\text{mg/L}$

5. 20℃에서 K_1이 0.16/d(base 10)이라 하면 10℃에 대한 BOD_5/BOD_u 비는? (단, θ=1.047)

① 0.63 ② 0.69
③ 0.73 ④ 0.76

해설 $\dfrac{BOD_5}{BOD_u}=1-10^{-0.16\times1.047^{10-20}\times5}$
$=0.69$

6. 해수의 holy seven에서 가장 농도가 낮은 것은?

① Cl^- ② Mg^{2+}
③ Ca^{2+} ④ HCO_3^-

정답 1. ③ 2. ③ 3. ② 4. ③ 5. ② 6. ④

7. 유기화합물이 무기화합물과 다른 점으로 옳지 않은 것은?

① 유기화합물들은 일반적으로 녹는점과 끓는점이 낮다.
② 유기화합물들은 하나의 분자식에 대하여 여러 종류의 화합물이 존재할 수 있다.
③ 유기화합물들은 대체로 이온 반응보다는 분자반응을 하므로 반응속도가 빠르다.
④ 대부분의 유기화합물은 박테리아의 먹이로 될 수 있다.

해설 유기화합물들은 대체로 이온 반응보다는 분자반응을 하므로 반응속도가 느리다.

8. 물의 물리적 특성으로 옳지 않은 것은?

① 물의 표면장력이 낮을수록 세탁물의 세정효과가 증가한다.
② 물이 얼게 되면 액체상태보다 밀도가 커진다.
③ 물의 용해열은 다른 액체보다 높은 편이다.
④ 물의 여러 가지 특성은 물분자의 수소결합 때문에 나타나는 것이다.

해설 물이 얼게 되면 액체상태보다 밀도가 작아진다. 물의 밀도는 4℃에서 가장 크다.

9. 원핵세포와 진핵세포에 관한 설명으로 옳지 않은 것은?

① 원핵세포는 핵막이 없고 진핵세포에는 있다.
② 원핵세포의 세포소기관은 리보좀 70S로 진핵세포에 비해 크기가 작다.
③ 모든 진핵세포가 가지고 있는 세포소기관은 미토콘드리아이다.
④ 미토콘드리아는 호흡대사와 ATP 생산, 즉 에너지 생산기능을 수행한다.

해설 원핵세포는 핵막이 없기 때문에 유전물질이 세포질에 퍼져 있으며, 미토콘드리아, 골지체와 같이 막으로 덮인 세포소기관이 없다.

10. 어느 배양기의 제한기질농도(S)가 100mg/L, 세포 비증식계수 최대값(μ_{max})이 0.3/h일 때 Monod 식에 의한 세포 비증식계수(μ)는? [단, 제한기질 반포화농도(K_s) = 20mg/L]

① 0.21/h ② 0.23/h
③ 0.25/h ④ 0.27/h

해설 $\mu = \frac{0.3 \times 100}{20 + 100} = 0.25/\text{h}$

11. 글루코스($C_6H_{12}O_6$) 1000mg/L를 혐기성 분해시킬 때 생산되는 이론적 메탄량(mg/L)은?

① 227 ② 247
③ 267 ④ 287

해설 ㉠ $C_6H_{12}O_6 \rightarrow 3CO_2 + 3CH_4$
㉡ $180\text{g} : 3 \times 16\text{g} = 1000\text{mg/L} : x\,\text{mg/L}$
$\therefore x = 266.7\text{mg/L}$

12. 어느 시료의 대장균수가 5000/mL라면 대장균수가 20/mL가 될 때까지 소요되는 시간은? (단, 일차반응 기준, 대장균의 반감기는 2시간)

① 약 16h ② 약 18h
③ 약 20h ④ 약 22h

해설 ㉠ $K = \frac{\ln(50/100)}{-2\text{h}} = 0.347\text{h}^{-1}$
㉡ $t = \frac{\ln(20/5000)}{-0.347\text{h}^{-1}} = 15.91\text{h}$

13. 아세트산(CH_3COOH) 3000mg/L 용액의

정답 7. ③ 8. ② 9. ② 10. ③ 11. ③ 12. ① 13. ①

pH가 3.0이었다면 이 용액의 해리정수(K_a)는?

① 2×10^{-5} ② 2×10^{-6}
③ 2×10^{-7} ④ 2×10^{-8}

해설 $K=\dfrac{(10^{-3})^2}{(3000\div1000\div60)-10^{-3}}$
$=2.04\times10^{-5}$

14. 적조에 의해 어패류가 폐사하는 원인과 가장 거리가 먼 것은?

① 강한 독성을 갖는 편모류에 의한 적조 발생
② 고밀도로 존재하는 적조생물의 사후분해에 의해 다량의 용존산소가 소비
③ 적조생물이 어패류의 아가미 등에 부착
④ 다량의 적조생물 호흡에 의해 수중의 탄산염성분의 과다 배출

해설 적조가 발생하면 수중의 용존산소가 결핍되어 질식사하거나 적조생물이 어패류의 아가미에 부착하여 호흡장애로 질식사하거나 적조생물이 생산하는 독소 또는 2차적으로 생긴 황화수소, 메탄가스, 암모니아 등 유독성물질에 의하여 중독사한다.

15. 호수의 수리특성을 고려하여 부영양화도와 인부하량과의 관계를 경험적으로 예측 평가하는 모델은?

① Streeter-Phelps 모델
② WASP 모델
③ Vollenweider 모델
④ DO-SAG 모델

16. BOD 1kg의 제거에 보통 1kg의 산소가 필요하다면 1.45ton의 BOD가 유입된 하천에서 BOD를 완전히 제거하고자 할 때 요구되는 공기량은? [단, 물의 공기 흡수율은 7%(부피기준)이며, 공기 $1m^3$은 0.236kg의 O_2를 함유한다고 하고 하천의 BOD는 고려하지 않음]

① 약 $84773m^3$ air ② 약 $85773m^3$ air
③ 약 $86773m^3$ ai ④ 약 $87773m^3$ air

해설 $\dfrac{1m^3}{0.236kgO_2}\times\dfrac{1kgO_2}{kgBOD}$
$\times\dfrac{1450kgBOD}{1}\times\dfrac{1}{0.07}=87772.4m^3$

17. 유출유입량 $5000m^3/d$, 저수량 $500000m^3$인 호수에 A공장의 폐수가 일시적으로 방류되어 호수의 BOD 농도가 100mg/L로 되었다. 이 호수의 BOD 농도가 10mg/L로 저하되려면 얼마의 기간이 필요한가? (단, 공장폐수 외 BOD 유입은 없으며 호수는 완전혼합 반응조이다. 1차 반응, 정상상태 기준)

① 230일 ② 250일
③ 270일 ④ 290일

해설 $\ln\left(\dfrac{10}{100}\right)=-\left(\dfrac{5000}{500000}\right)\times t$
$\therefore t=230.26d$

18. 어떤 도시에서 DO 0mg/L, BOD_u 200mg/L, 유량 $1.0m^3/s$, 온도 20℃의 하수를 유량 $6m^3/s$인 하천에 방류하고자 한다. 방류지점에서 몇 km 하류에서 가장 DO 농도가 작아지겠는가? (단, 하천의 온도 20℃, BOD_u 1mg/L, DO 9.2mg/L, 유속 3.6km/h이며 혼합수의 $K_1=0.1/d$, $K_2=0.2/d$, 20℃에서 산소포화농도는 9.2mg/L이다. 상용대수 기준)

① 약 243 ② 약 258
③ 약 273 ④ 약 292

해설 ㉠ 우선 임계시간을 구한다.
$t_c=\dfrac{1}{K_1(f-1)}\log\left[f\left(1-(f-1)\dfrac{D_0}{L_0}\right)\right]$

정답 14. ④ 15. ③ 16. ④ 17. ① 18. ①

• $f = \frac{K_2}{K_1} = \frac{0.2}{0.1} = 2$

• 혼합지점의 BOD_u

$= \frac{6 \times 1 + 1 \times 200}{6+1} = 29.429 mg/L$

• 혼합지점의 DO

$= \frac{6 \times 9.2 + 1 \times 0}{6+1} = 7.886 mg/L$

• 최초의 DO 부족농도 = 9.2 − 7.886 = 1.314mg/L

㉡ $t_c = \frac{1}{0.1(2-1)} \log\left[2\left(1-(2-1)\frac{1.314}{29.429}\right)\right] = 2.811d$

㉢ $L = V \cdot t = 3.6 km/h \times 2.811 d \times 24 h/d = 242.95 km$

19. 전자쌍을 받는 화학종을 산, 전자쌍을 주는 화학종을 염기라고 정의하고 있는 것은?

① Arrhenius의 정의
② Bronsted-Lowry의 정의
③ Lewis의 정의
④ Graham의 정의

해설 산(acid)과 염기(base)의 정의
㉠ 아레니우스(Arrhenius, S. A.)
• 산(acid) : 수용액에서 이온화하여 H^+를 내는 물질
• 염기(base) : 수용액에서 이온화하여 OH^-를 내는 물질
㉡ 브뢴스테드(Bronsted)-로우리(Lowry)
• 산(acid) : 양성자(H^+)를 내놓는 물질
• 염기(base) : 양성자(H^+)를 받아들일 수 있는 물질
㉢ 루이스(Lewis)
• 산(acid) : 전자쌍을 받는 화학종
• 염기(base) : 전자쌍을 주는 화학종

20. Glycine($C_2H_5O_2N$)이 호기성 조건하에서 CO_2, H_2O, NH_3로 변화되고, 다시 NH_3가 HNO_3로 변화된다면 50g의 Glycine이 CO_2, H_2O, HNO_3로 변화될 때 이론적으로 소요되는 산소총량(g)은?

① 약 45　② 약 55
③ 약 65　④ 약 75

해설 $C_2H_5O_2N + \frac{7}{2}O_2 \rightarrow 2CO_2 + 2H_2O + HNO_3$

$\therefore 50g \times \frac{112g}{75g} = 74.67g$

제2과목 상하수도계획

21. '계획오수량'에 관한 설명으로 옳지 않은 것은?

① 합류식에서 우천 시 계획오수량은 원칙적으로 계획시간 최대오수량의 3배 이상으로 한다.
② 계획 시간 최대오수량은 계획 1일 최대오수량의 1시간당 수량의 1.3~1.8배를 표준으로 한다.
③ 계획 1일 평균오수량은 계획 1일 최대오수량의 60~70%를 표준으로 한다.
④ 지하수량은 1인 1일 최대오수량의 10~20%로 한다.

해설 계획 1일 평균오수량은 계획 1일 최대오수량의 70~80%를 표준으로 한다.

22. 막여과법을 정수처리에 적용하는 주된 선정 이유로 옳지 않은 것은?

① 응집제를 사용하지 않거나 또는 적게 사용한다.
② 막의 특성에 따라 원수 중의 현탁물질, 콜로이드, 세균류, 크립토스포리디움 등 일정한 크기 이상의 불순물을 제거할 수 있다.
③ 부지면적이 종래보다 적을 뿐 아니라

정답　19. ③　20. ④　21. ③　22. ④

시설의 건설공사기간도 짧다.

④ 막의 교환이나 세척 없이 반영구적으로 자동운전이 가능하며 유지관리 측면에서 에너지를 절약할 수 있다.

해설 정기점검이나 막의 약품세척, 막의 교환 등이 필요하지만, 자동운전이 용이하고 다른 처리법에 비하여 일상적인 운전과 유지관리 측면에서 에너지를 절약할 수 있다.

참고 막여과는 특히 어느 크기 이상의 물질을 제거하는 경우에는 안정성이 높은 제거율을 보이고 있으므로, 현탁물질 이외의 용해성 물질이 거의 포함되지 않은 원수에 적합하나 분말활성탄 또는 응집제를 사용한 조합공정을 통해 용해성물질을 제거할 수 있다.

23. 상수처리를 위한 침사지 구조에 관한 기준으로 옳지 않은 것은?

① 지의 상단높이는 고수위보다 0.3~0.6m의 여유고를 둔다.
② 지내 평균유속은 2~7cm/s를 표준으로 한다.
③ 표면부하율은 200~500mm/min을 표준으로 한다.
④ 지의 유효수심은 3~4m를 표준으로 하고 퇴사심도를 0.5~1m로 한다.

해설 지의 상단높이는 고수위보다 0.6~1m의 여유고를 둔다.

24. 빗물펌프장의 계획우수량 결정을 위해 원칙적으로 적용되는 확률연수의 기준은?

① 20~30년 ② 20~40년
③ 30~40년 ④ 30~50년

25. 전식의 위험이 있는 철도 가까이에 금속관을 매설하는 경우, 금속관을 매설하는 측의 대책(전식방지방법)으로 틀린 것은?

① 이음부의 절연화
② 강제배류법
③ 내부전원법
④ 유전양극법(또는 희생양극법)

해설 금속관을 매설하는 측의 대책으로는 외부전원법, 선택배류법, 강제배류법, 유전양극법, 이음부의 절연화, 차단이 있다.

참고 전류를 방출하는 측에서의 대책
누설전류를 방출할 가능성이 있는 전기철도 측과 협의하여 누설전류를 경감하는 것이 좋다. 그것을 위해서는 레일을 전기적으로 접속하고 있는 이음부의 용접 또는 본드(bond)의 강화, 레일과 변전소를 잇는 전선의 강화 증설, 레일과 지중 간의 절연 향상을 위한 침목 및 도상의 개량 등 가능한 방법을 강구하도록 협조를 구한다.

26. 하수처리수 재이용 시설계획으로 옳은 것은?

① 재이용수 공급관거는 계획일최대유량을 기준으로 계획한다.
② 재이용수 공급관거는 계획시간최대유량을 기준으로 계획한다.
③ 재이용수 공급관거는 계획일평균유량을 기준으로 계획한다.
④ 재이용수 공급관거는 계획시간평균유량을 기준으로 계획한다.

해설 하수처리 재이용수 공급계획
㉠ 저장시설 및 펌프장은 일 최대공급유량을 기준으로 한다.
㉡ 공급펌프는 공급유량의 변동을 고려하여 결정하여야 한다.
㉢ 공급관거는 계획시간최대유량을 기준으로 계획한다.
㉣ 배수펌프, 배수관의 시설용량은 시간최대 이용수량, 배수탱크 및 고가수조의 시설용량은 일 최대이용수량에 근거하여 결정한다.

정답 23. ① 24. ④ 25. ③ 26. ②

27. 계획취수량을 확보하기 위하여 필요한 저수용량의 결정에 사용하는 계획 기준년은?

① 원칙적으로 5개년에 제1위 정도의 갈수를 표준으로 한다.
② 원칙적으로 7개년에 제1위 정도의 갈수를 표준으로 한다.
③ 원칙적으로 10개년에 제1위 정도의 갈수를 표준으로 한다.
④ 원칙적으로 15개년에 제1위 정도의 갈수를 표준으로 한다.

28. 해수담수화방식 중 상변화방식인 증발법에 해당되는 것은?

① 가스수화물법 ② 다중효용법
③ 냉동법 ④ 전기투석법

29. 하수관거 설계 시 오수관거의 최소관경에 관한 기준은?

① 150mm를 표준으로 한다.
② 200mm를 표준으로 한다.
③ 250mm를 표준으로 한다.
④ 300mm를 표준으로 한다.

30. 상수처리를 위한 용존공기부상 공정 중 플록형성지에 관한 설명으로 틀린 것은?

① 플록형성지는 2지 이상으로 구분한다.
② 플록형성지 유출부에 수평면에 대하여 60~70°인 경사 저류벽을 설치한다.
③ 플록형성지 폭은 부상지의 폭과 같도록 하며 10m 정도로 한다.
④ 교반시간, 즉 체류시간은 일반적으로 3~5분 정도이다.

해설 교반시간, 즉 체류시간은 일반적으로 15~20분 정도이다.

참고 용존공기부상(Dissolved Air Flotation ; DAF) 플록형성지
플록형성지는 2지 이상으로 구분하고 수심은 3.6~4.5m, 폭은 부상지의 폭과 같도록 하며 10m 정도로 한다. G값 $30\sim120\text{s}^{-1}$ 정도의 교반에너지가 사용되도록 DAF용 플록형성공정을 설계한다. 이 값은 재래식 플록형성공정에 비하여 상대적으로 높은 교반강도를 필요로 하는 교반에너지이다. 교반시간, 즉 체류시간은 일반적으로 15~20분 정도이며, 이렇게 짧게 교반하려면 플록형성지의 각 단을 구획시키는 적절한 격벽이 있어야 한다. 일반적으로 플록형성지는 2단으로 이루어진다. 가장 중요한 설계항목은 플록형성지 유출부에 수평면에 대하여 60~70°인 경사 저류벽을 설치하는 것이다.

31. 회전수 20회/s, 토출량 $23\text{m}^3/\text{min}$, 전양정 8m의 터어빈 펌프의 비속도는?

① 약 610 ② 약 810
③ 약 1210 ④ 약 1610

해설 $N_s = \dfrac{20\times60\times23^{\frac{1}{2}}}{8^{\frac{3}{4}}} = 1209.84$

32. 하수도계획의 목표연도로 옳은 것은?

① 원칙적으로 10년으로 한다.
② 원칙적으로 15년으로 한다.
③ 원칙적으로 20년으로 한다.
④ 원칙적으로 25년으로 한다.

33. 복류수나 자유수면을 갖는 지하수를 취수하기 위한 집수매거에 관한 내용으로 틀린 것은?

① 일반적으로 집수매거는 복류수의 흐름 방향에 대하여 평행으로 설치하는 것이 효율적이다.
② 가능한 한 직접 지표수의 영향을 받지

정답 27. ③ 28. ② 29. ② 30. ④ 31. ③ 32. ③ 33. ①

않도록 하기 위하여 매설깊이는 5m 이상으로 하는 것이 바람직하다.

③ 집수매거의 길이는 시험우물 등에 의한 양수시험 결과에 따라 정한다.

④ 철근콘크리트조의 유공관 또는 권선형 스크린관을 표준으로 한다.

해설 일반적으로 집수매거는 복류수의 흐름 방향에 대하여 직각으로 설치하는 것이 효율적이다.

34. 정수처리시설인 응집지 내의 플록형성지에 관한 설명 중 틀린 것은?

① 플록형성지는 혼화지와 침전지 사이에 위치하고 침전지에 붙여서 설치한다.

② 플록형성은 응집된 미소플록을 크게 성장시키기 위해 적당한 기계식교반이나 우류식교반이 필요하다.

③ 플록형성지 내의 교반강도는 하류로 갈수록 점차 증가시키는 것이 바람직하다.

④ 플록형성지는 단락류나 정체부가 생기지 않으면서 충분하게 교반될 수 있는 구조로 한다.

해설 플록형성지 내의 교반강도는 하류로 갈수록 점차 감소시키는 것이 바람직하다.

35. 상수처리를 위한 정수시설인 급속여과지에 관한 설명으로 틀린 것은?

① 여과속도는 120~150m/d를 표준으로 한다.

② 플록의 질이 일정한 것으로 가정하였을 때 여과층의 필요두께는 여재입경에 반비례한다.

③ 균등계수가 1에 가까울수록 탁질억류량은 증가한다.

④ 세립자의 여과모래를 사용할수록 플록저지율은 높지만, 표면여과의 경향이 강해진다.

해설 플록의 질을 일정한 것으로 가정하였을 경우에 플록의 여과층 침입깊이, 즉 여과층의 필요두께는 여재입경과 여과속도에 비례한다.

2014

36. 계획취수량이 $10m^3/s$, 유입수심이 5m, 유입속도가 0.4m/s인 지역에 취수구를 설치하고자 할 때 취수구의 폭(B)는? (단, 취수보 설계 기준)

① 0.5m ② 1.25m

③ 2.5m ④ 5m

해설 $10=(x\times5)\times0.4 \quad \therefore x=5\text{m}$

37. 정수시설인 고속응집침전지를 선택할 때에 고려하여야 하는 조건과 구조 기준으로 틀린 것은?

① 원수 탁도는 10NTU 이상이어야 한다.

② 용량은 계획정수량의 1.5~2.0시간분으로 한다.

③ 최고 탁도는 1000NTU 이하인 것이 바람직하다.

④ 표면부하율은 60~120mm/min을 표준으로 한다.

해설 표면부하율은 40~60mm/min을 표준으로 한다.

38. 하수관거의 단면형상이 계란형인 경우에 관한 설명으로 가장 거리가 먼 것은?

① 유량이 적은 경우 원형거에 비해 수리학적으로 유리하다.

② 수직방향의 시공에 정확도가 요구되므로 면밀한 시공이 필요하다.

③ 재질에 따라 제조비가 늘어나는 경우가 있다.

정답 34. ③ 35. ② 36. ④ 37. ④ 38. ④

④ 원형거에 비해 관 폭이 커도 되므로 수평방향의 토압에 유리하다.

해설 원형관에 비해 관 폭이 작아도 되므로 수직방향의 토압에 유리하다.

39. 도수시설인 도수관로의 매설깊이에 관한 기준으로 옳은 것은? (단, 도로하중은 고려함)

① 관종 등에 따라 다르지만 일반적으로 관경 900mm 이하 관로의 매설깊이는 30cm 이상으로 한다.
② 관종 등에 따라 다르지만 일반적으로 관경 900mm 이하 관로의 매설깊이는 60cm 이상으로 한다.
③ 관종 등에 따라 다르지만 일반적으로 관경 1000mm 이상 관로의 매설깊이는 150cm 이상으로 한다.
④ 관종 등에 따라 다르지만 일반적으로 관경 1000mm 이하 관로의 매설깊이는 200cm 이상으로 한다.

해설 관로의 매설깊이는 관종 등에 따라 다르지만 일반적으로 관경 900mm 이하는 120cm 이상, 관경 1000mm 이상은 150cm 이상으로 하고, 도로하중을 고려할 필요가 없을 경우에는 그렇게 하지 않아도 된다. 도로하중을 고려해야 할 위치에 대구경의 관을 부설할 경우에는 매설깊이를 관경보다 크게 해야 한다.

40. 다음은 상수의 소독(살균)설비 중 저장설비에 관한 내용이다. ( ) 안에 가장 적합한 것은?

액화염소의 저장량은 항상 1일 사용량의 ( ) 이상으로 한다.

① 5일분 ② 10일분
③ 15일분 ④ 30일분

제3과목 수질오염방지기술

41. Langmuir 등온 흡착식을 유도하기 위한 가정으로 옳지 않은 것은?

① 한정된 표면만이 흡착에 이용된다.
② 표면에 흡착된 용질물질은 그 두께가 분자 한 개 정도의 두께이다.
③ 흡착은 비가역적이다.
④ 평형조건이 이루어졌다.

해설 흡착은 가역적이다.

42. 일반적인 양이온 교환물질에 있어 일반적인 양이온에 대한 선택성의 순서로 가장 적합한 것은?

① $Ba^{+2} > Pb^{+2} > Sr^{+2} > Ni^{+2} > Ca^{+2}$
② $Ba^{+2} > Pb^{+2} > Ca^{+2} > Ni^{+2} > Sr^{+2}$
③ $Ba^{+2} > Pb^{+2} > Ca^{+2} > Sr^{+2} > Ni^{+2}$
④ $Ba^{+2} > Pb^{+2} > Sr^{+2} > Ca^{+2} > Ni^{+2}$

43. CFSTR에서 물질을 분해하여 효율 95%로 처리하고자 한다. 이 물질은 0.5차 반응으로 분해되며, 속도상수는 $0.05(mg/L)^{1/2}/h$이다. 유량은 500L/h이고 유입농도는 250mg/L로서 일정하다면 CFSTR의 필요 부피는? (단, 정상상태 가정)

① 약 $520m^3$ ② 약 $570m^3$
③ 약 $620m^3$ ④ 약 $670m^3$

해설 $V = \dfrac{Q(C_0 - C)}{KC^{1/2}} = \dfrac{0.5 \times (250 - 12.5)}{0.05 \times 12.5^{1/2}}$
$= 671.75m^3$

44. 분리막을 이용한 다음의 폐수처리방법 중 구동력이 농도차에 의한 것은?

① 역삼투(reverse osmosis)
② 투석(dialysis)

③ 한외여과(ultrafiltration)
④ 정밀여과(microfiltration)

45. 하수 내 함유된 유기물질뿐 아니라 영양물질까지 제거하기 위하여 개발된 A^2/O공법에 관한 설명으로 틀린 것은?

① 인과 질소를 동시에 제거할 수 있다.
② 혐기조에서는 인의 방출이 일어난다.
③ 폐 sludge 내의 인 함량은 비교적 높아서(3~5%) 비료의 가치가 있다.
④ 무산소조에서는 인의 과잉섭취가 일어난다.

해설 호기조(oxic)의 주된 역할은 질산화와 인의 과잉섭취이며 무산소조에서는 탈질화가 일어난다.

46. 포기조 내 MLSS 농도가 4000mg/L이고 슬러지 반송률이 55%인 경우 이 활성슬러지의 SVI는? (단, 유입수 SS 고려하지 않음)

① 69　② 79
③ 89　④ 99

해설 $0.55 = \dfrac{4000}{\dfrac{10^6}{x} - 4000}$

$\therefore x = 88.7$

참고 $R = \dfrac{X}{\dfrac{10^6}{SVI} - X}$

47. 폐수처리장의 완속교반기 동력을 부피 1000m^{3}인 탱크에서 G값을 50/s를 적용하여 설계하고자 한다면 이론적으로 소요되는 동력은? (단, 폐수의 점도는 1.139×10^{-3}N·s/m^2)

① 약 2.15kW　② 약 2.45kW
③ 약 2.85kW　④ 약 3.25kW

해설 $50 = \sqrt{\dfrac{x}{1.139\times10^{-3}\times1000}}$

$\therefore x = 2847.5\text{watt} = 2.85\text{kW}$

48. 1차침전지의 유입 유량은 1000m^3/d이고 SS 농도는 350mg/L이다. 1차침전지에서 SS 제거효율이 60%일 때 하루에 1차침전지에서 발생되는 슬러지 부피(m^3)는? (단, 슬러지의 비중은 1.05, 함수율은 94%, 기타 조건은 고려하지 않음)

① 2.3m^3　② 2.5m^3
③ 2.7m^3　④ 3.3m^3

해설 슬러지 습량

$= \dfrac{350\times1000\times10^{-6}\times0.6}{0.06\times1.05} = 3.3\text{m}^3/\text{d}$

49. 함수율 96%인 생분뇨가 분뇨처리장에 150m^3/d의 율로 투입되고 있다. 이 분뇨에는 휘발성 고형물(VS)이 총고형물(TS)의 50%이고, VS의 60%가 소화가스로 발생되었다. VS 1kg당 0.5m^{3}의 소화가스가 발생되었다면 분뇨의 소화가스 총 발생량(m^3/d)은? (단, 분뇨의 비중은 1로 함)

① 700m^3/d　② 900m^3/d
③ 1100m^3/d　④ 1300m^3/d

해설 $\dfrac{0.5\text{m}^3}{\text{kg}\,VS}\times(150\times0.04\times1000)\text{kg/d}$

$\times0.5\times0.6 = 900\text{m}^3/\text{d}$

50. 슬러지 함수율이 90%인 슬러지 15m^3/h를 가압탈수기로 탈수하고자 할 때 탈수기의 소요 면적(m^2)은? [단, 비중은 1.0 기준, 탈수기의 탈수 속도는 3kg(건조 고형물)/m^2·h 임]

① 400　② 450
③ 500　④ 550

정답　45. ④　46. ③　47. ③　48. ④　49. ②　50. ③

해설 $3 = \frac{15 \times 0.1 \times 1000}{x}$ $\therefore x = 500\text{m}^2$

참고 $R = \frac{\text{cake 건량}}{A}$

51. Chick's law에 의하면 염소소독에 의한 미생물 사멸률은 1차 반응에 따른다고 한다. 미생물의 80%가 0.1mg/L 잔류염소로 2분 내에 사멸된다면 99.9%를 사멸시키기 위하여 요구되는 접촉시간은?

① 7.5분 ② 8.6분
③ 12.7분 ④ 14.2분

해설 ㉠ $K = \frac{\ln(20/100)}{-2} = 0.805\text{min}^{-1}$

㉡ $t = \frac{\ln(0.1/100)}{-0.805} = 8.58\text{min}$

52. 하수처리를 위한 회전원판법에 관한 설명으로 틀린 것은?

① 질산화가 일어나기 쉬우며 pH가 저하되는 경우가 있다.
② 원판의 회전으로 인해 부착생물과 회전판 사이에 전단력이 생긴다.
③ 살수여상과 같이 여상에 파리는 발생하지 않으나 하루살이가 발생하는 수가 있다.
④ 활성슬러지법에 비해 이차침전지 SS 유출이 적어 처리수의 투명도가 좋다.

해설 활성슬러지법에 비해 이차침전지에서 미세한 SS가 유출되기 쉽고 처리수의 투명도가 나쁘다.

53. BOD 250mg/L인 폐수를 살수여상법으로 처리할 때 처리수의 BOD는 80mg/L이었고 이때의 온도가 20℃였다. 만일 온도가 23℃로 된다면 처리수의 BOD 농도는? (단, 온도 이외의 처리조건은 같고, E : 처리효율, $E_t = E_{20} \times C_i^{T-20}$, $C_i = 1.035$임)

① 약 46mg/L ② 약 53mg/L
③ 약 62mg/L ④ 약 71mg/L

해설 $250 \times (1 - \frac{250-80}{250} \times 1.035^{23-20})$
$= 61.52\text{mg/L}$

54. 수면부하율(또는 표면부하율)이 75m³/ m²-d인 침전지에서 100% 제거될 수 있는 입자의 직경은 얼마 이상부터인가? (단, 폐수와 입자의 비중은 각각 1.0과 1.35이며 폐수의 점성계수는 0.098kg/m·s이고, 입자의 침전은 stokes 공식을 따름)

① 0.37mm 이상 ② 0.47mm 이상
③ 0.57mm 이상 ④ 0.67mm 이상

해설 $\frac{75}{86400} = \frac{9.8 \times (1350 - 1000) \times x^2}{18 \times 0.098}$
$x = 6.68 \times 10^{-4}\text{m} = 0.67\text{mm}$

55. 2차 처리 유출수에 포함된 25mg/L의 유기물을 분말활성탄 흡착법으로 3차 처리하여 2mg/L가 될 때까지 제거하고자 할 때 폐수 3m³ 당 몇 g의 활성탄이 필요한가? (단, 오염물질의 흡착량과 흡착제거량과의 관계는 Freudlich 등온식에 따르며 $k = 0.5$, $n = 1$임)

① 69g ② 76g
③ 84g ④ 91g

해설 $\frac{25-2}{0.5 \times 2^{\frac{1}{1}}} \times 3 = 69\text{g}$

참고 $\frac{C_0 - C}{M} = KC^{\frac{1}{n}}$

56. 직경이 다른 두 개의 원형입자를 동시에 20℃의 물에 떨어뜨려 침강실험을 했다. 입자 A의 직경은 2×10^{-2}cm이며 입자 B의 직

정답 51. ② 52. ④ 53. ③ 54. ④ 55. ① 56. ③

경은 5×10^{-2}cm라면 입자 A와 입자 B의 침강속도의 비율(V_A/V_B)은? (단, 입자 A와 B의 비중은 같으며, stokes 공식을 적용, 기타 조건은 같음)

① 0.28 ② 0.23
③ 0.16 ④ 0.12

해설 $\frac{V_A}{V_B}=\left(\frac{0.02}{0.05}\right)^2=0.16$

57. 질산화 반응에 관한 내용으로 옳은 것은?

① 질산균의 에너지원은 유기물이다.
② 질산균의 증식속도는 활성슬러지 내 미생물보다 빠르다.
③ 질산균의 질산화 반응 시 알칼리도는 생성된다.
④ 질산균의 질산화 반응 시 용존산소는 2mg/L 이상이어야 한다.

해설 ① 질산균의 에너지원은 무기물이다.
② 질산균의 증식속도는 활성슬러지 내 미생물보다 느리다.
③ 질산균의 질산화 반응 시 알칼리도는 소비된다.

58. 건조된 슬러지 무게의 1/5이 유기물질, 4/5가 무기물질이며 건조 전 슬러지 함수율은 90%, 유기물질 비중은 1.0, 무기물질 비중이 2.5라면 건조 전 슬러지 전체의 비중은?

① 1.031 ② 1.041
③ 1.051 ④ 1.061

해설 $\frac{1}{S}=\frac{0.1\times1/5}{1.0}+\frac{0.1\times4/5}{2.5}+\frac{0.9}{1}$
$=0.952 \quad \therefore S=1.05$

59. 역삼투 장치로 하루에 200000L의 3차 처리된 유출수를 탈염시키고자 한다. 25℃에서 물질전달계수=0.2068L/(d-m^2)(kPa), 유입수와 유출수 사이의 압력차는 2400kPa, 유입수와 유출수의 삼투압차는 310kPa, 최저운전온도는 10℃, $A_{10℃}=1.58A_{25℃}$라면 요구되는 막 면적은?

① 약 730m^2 ② 약 830m^2
③ 약 930m^2 ④ 약 1030m^2

해설 $\frac{200000\times1.58}{0.2068\times(2400-310)}=731.12\text{m}^2$

60. 회분식 반응조를 일차반응의 조건으로 설계하고, A성분의 제거 또는 전환율이 95%가 되게 하고자 한다. 만일 반응상수 k가 0.40/h이면 이 회분식 반응조의 체류(반응)시간은?

① 약 4.7h ② 약 5.8h
③ 약 6.4h ④ 약 7.5h

해설 $t=\frac{\ln(5/100)}{-0.4\text{h}^{-1}}=7.49\text{h}$

제4과목 수질오염공정시험기준

61. 다음은 총유기탄소 시험에 적용되는 용어의 정의이다. ( ) 안에 내용으로 옳은 것은?

> 용존성 유기탄소는 총유기탄소 중 공극(㉮)의 막여지를 통과하는 유기탄소를 말하며, 비정화성 유기탄소는 총탄소 중 (㉯) 이하에서 포기에 의해 정화되지 않는 탄소를 말한다.

① ㉮ 0.35μm, ㉯ pH 2
② ㉮ 0.35μm, ㉯ pH 4
③ ㉮ 0.45μm, ㉯ pH 2
④ ㉮ 0.45μm, ㉯ pH 4

62. 총칙에 관한 설명으로 가장 거리가 먼 것은?

정답 57. ④ 58. ③ 59. ① 60. ④ 61. ③ 62. ④

① 시험에 사용하는 시약은 따로 규정이 없는 한 1급 이상 또는 이와 동등한 규격의 시약을 사용한다.
② "항량으로 될 때까지 건조한다"라는 의미는 같은 조건에서 1시간 더 건조할 때 전후 무게의 차가 g당 0.3mg 이하일 때를 말한다.
③ 기체 중의 농도는 표준상태(0℃, 1기압)로 환산 표시한다.
④ "정확히 취하여"라 하는 것은 규정한 양의 시료를 부피피펫으로 0.1mL까지 취하는 것을 말한다.

해설 "정확히 취하여"라 하는 것은 규정한 양의 액체를 부피피펫으로 눈금까지 취하는 것을 말한다.

63. 사각 위어에 의하여 유량을 측정하려고 한다. 위어의 수두가 90cm, 절단 폭이 5m이면 이 사각 위어의 유량은 몇 m^3/min인가? (단, 유량 계수는 1.5임)

① 5.2 ② 5.6
③ 6.0 ④ 6.4

해설 $Q = 1.5 \times 5 \times 0.9^{\frac{3}{2}} = 6.4\text{m}^3/\text{min}$

64. 냄새 측정을 위한 시료의 최대보존기간은?

① 즉시 ② 6시간
③ 24시간 ④ 48시간

65. 식물성 플랑크톤을 현미경계수법으로 측정할 때 저배율방법(200배율 이하) 적용에 관한 내용으로 틀린 것은?

① 세즈윅-라프터 체임버는 조작이 어려우나 재현성이 높아서 중배율 이상에서도 관찰이 용이하여 미소 플랑크톤의 검경에 적절하다.
② 시료를 체임버에 채울 때 피펫의 입구는 넓은 것을 사용하는 것이 좋다.
③ 계수 시 스트립을 이용할 경우, 양쪽 경계면에 걸린 개체는 하나의 경계면에 대해서만 계수한다.
④ 계수 시 격자의 경우 격자 경계면에 걸린 개체는 4면 중 2면에 걸린 개체는 계수하고 나머지 2면에 들어온 개체는 계수하지 않는다.

해설 세즈윅-라프터 체임버는 조작이 편리하고 재현성이 높은 반면 중배율 이상에서는 관찰이 어렵기 때문에 미소 플랑크톤(nanno plankton)의 검경에는 적절하지 못하다.

66. 다음은 인산염인(자외선/가시선 분광법 - 아스코빈산환원법) 측정방법에 관한 내용이다. ( ) 안에 옳은 내용은?

> 물속에 존재하는 인산염인을 측정하기 위하여 몰리브덴산암모늄과 반응하여 생성된 몰리브덴산암모늄을 아스코빈산으로 환원하여 생성된 몰리브덴산 ( ) 에서 측정하여 인산염인을 정량하는 방법이다.

① 적색의 흡광도를 460nm
② 적색의 흡광도를 540nm
③ 청의 흡광도를 660nm
④ 청의 흡광도를 880nm

67. 총질소의 측정방법과 가장 거리가 먼 것은?

① 자외선/가시선 분광법(산화법)
② 자외선/가시선 분광법(카드뮴-구리 환원법)
③ 자외선/가시선 분광법(연속흐름법)
④ 자외선/가시선 분광법(환원증류-킬달법)

정답 63. ④ 64. ② 65. ① 66. ④ 67. ③

해설 적용 가능한 시험방법

총질소	정량한계(mg/L)
자외선/가시선 분광법 (산화법)	0.1mg/L
자외선/가시선 분광법 (카드뮴-구리 환원법)	0.004mg/L
자외선/가시선 분광법 (환원증류-킬달법)	0.02mg/L
연속흐름법	0.06mg/L

68. 취급 또는 저장하는 동안에 기체 또는 미생물이 침입하지 아니하도록 내용물을 보호하는 용기는?

① 밀봉용기 ② 밀폐용기
③ 기밀용기 ④ 차폐용기

69. 개수로에 의한 유량측정 시 수로의 구성, 재질, 단면의 형상, 기울기 등이 일정하지 않은 경우에 관한 설명으로 틀린 것은?

① 수로는 될수록 직선적이며, 수면이 물결치지 않는 곳을 고른다.
② 10m를 측정구간으로 하여 5m마다 유수의 횡단면적을 측정한다.
③ 유속의 측정은 부표를 사용하여 10m 구간을 흐르는 데 걸리는 시간을 스톱워치(stop watch)로 잰다.
④ 수로의 수량은 $Q=60V\cdot A$, $V=0.75Ve$로 한다. [Q : 유량(m^3/분), V : 총 평균 유속(m/s), Ve : 표면 최대 유속(m/s), A : 평균단면적(m^2)]

해설 10m를 측정구간으로 하여 2m마다 유수의 횡단면적을 측정한다.

70. 메틸렌블루와 반응하여 생성된 청색의 착화합물을 클로로폼으로 추출하여 흡광도를 650nm에서 측정하여 정량하는 수질오염물질은? (단, 자외선/가시선 분광법 기준)

① 음이온 계면활성제
② 유기인
③ 인산염인
④ 폴리클로리네이티드비페닐

71. 자외선/가시선 분광법에 의한 페놀류의 측정원리를 설명한 내용 중 옳지 않은 것은?

① 수용액에서는 510nm에서 흡광도를 측정한다.
② 클로로폼용액에서는 460nm에서 흡광도를 측정한다.
③ 추출법의 정량한계는 0.1mg/L이다.
④ 황 화합물의 간섭이 있는 경우 인산(H_3PO_4)이 사용된다.

해설 정량한계는 클로로폼추출법일 때 0.005 mg/L, 직접측정법일 때 0.05mg/L이다.

72. 다음은 용기에 의한 유량 측정에 관한 내용이다. ( ) 안에 옳은 내용은?

> [최대유량 $1m^3$/분 이상인 경우]
> 수조가 큰 경우는 유입시간에 있어서 유수의 부피는 상승한 수위와 상승 수면의 평균표면적의 계측에 의하여 유량을 산출한다. 이 경우 측정시간은 (㉮), 수위의 상승속도는 적어도 (㉯)이어야 한다.

① ㉮ 1분 정도, ㉯ 매분 1cm 이상
② ㉮ 1분 정도, ㉯ 매분 5cm 이상
③ ㉮ 5분 정도, ㉯ 매분 1cm 이상
④ ㉮ 5분 정도, ㉯ 매분 5cm 이상

73. 측정항목별 시료보전방법과 최대보존기간을 옳게 짝지은 것은?

정답 68. ① 69. ② 70. ① 71. ③ 72. ③ 73. ③

① 부유물질 : 4℃ 보관, 28일
② 전기전도도 : 4℃ 보관, 즉시
③ 음이온계면활성제 : 4℃ 보관, 48시간
④ 질산성질소 : 4℃ 보관, 6시간

해설 ① 부유물질 : 4℃ 보관, 7일
② 전기전도도 : 4℃ 보관, 48시간
④ 질산성질소 : 4℃ 보관, 48시간

74. 분석 시 다음 그림의 장치가 필요한 항목은?

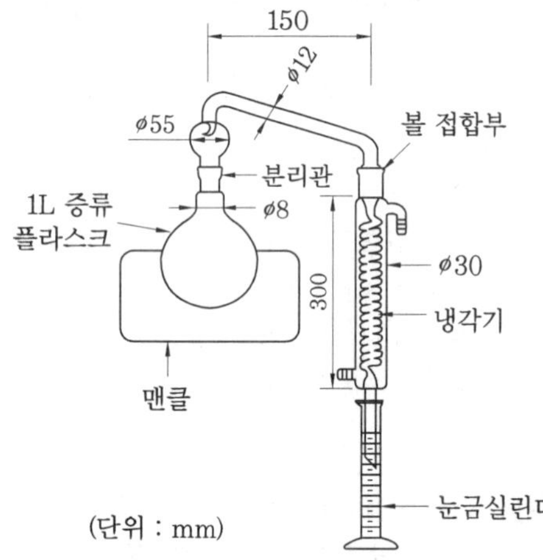

① 페놀류 ② 색도
③ 총유기탄소 ④ 클로로필 a

75. 물벼룩을 이용한 급성 독성 시험법에 적용되는 용어의 정의로 옳지 않은 것은?

① 치사 : 일정 비율로 준비된 시료에 물벼룩을 투입하고 24시간 경과 후 시험용기를 살며시 움직여 주고, 15초 후 관찰했을 때 아무 반응이 없는 경우를 치사라 판정한다.
② 유영저해 : 독성물질에 의해 영향을 받아 일부 기관(촉각, 후복부 등)이 움직임이 없을 경우를 유영저해로 판정한다. 이때, 촉수를 움직인다 하더라도 유영을 하지 못한다면 '유영저해'로 판정한다.
③ 반수영향농도 : 투입 시험생물의 50%가 치사 혹은 유영저해를 나타낸 농도이다.
④ 생태독성값 : 통계적 방법을 이용하여 계산한 반수영향농도에 생체축적정도를 반영한 값이다.

해설 생태독성값(TU, Toxic Unit) : 통계적 방법을 이용하여 반수영향농도 EC_{50}을 구한 후 이를 100으로 나눈 값을 말한다.

76. 수질의 색도 측정에서 이용되는 색도표준원액 제조에 사용되는 시약이 아닌 것은?

① 육염화백금칼륨
② 염화코발트6수화물
③ 염화아연분말
④ 염산

해설 1000mL 부피플라스크에 적당량의 정제수를 넣고 염산(hydrochloric acid, HCl, 분자량 : 36.50, 비중 : 1.18, 함량 : 36.5~38%) 100mL를 넣은 다음, 육염화백금칼륨(potassium chloroplatinate, K_2PtCl_6, 분자량 : 486.01) 1.246g과 염화코발트·6수화물(cobaltous chloride, $COCl_2 \cdot 6H_2O$, 분자량 : 237.93) 1g을 넣어 녹인다. 정제수를 채워 1L로 한다. 제조된 표준원액은 1개월 동안 보관 가능하다.

77. 다음은 비소-수화물생성-원자흡수분광광도법에 관한 내용이다. ( ) 안에 옳은 내용은?

> 물속에 존재하는 비소를 측정하는 방법으로 아연 또는 ( )을 넣어 수소화 비소로 포집하여 아르곤(또는 질소)-수소 불꽃에서 원자화시켜 흡광도를 측정한다.

① 다이에틸디티오카바민산은수화물
② 염화제이철수화물

정답 74. ① 75. ④ 76. ③ 77. ④

③ 요오드화칼륨수화물
④ 나트륨붕소수화물

78. 잔류염소(비색법)를 측정할 때 크롬산(2mg/L 이상)으로 인한 종말점 간섭을 방지하기 위해 가하는 시약은?

① 염화바륨 ② 황산구리
③ 염산용액(25%) ④ 과망간산칼륨

해설 2mg/L 이상의 크롬산은 종말점에서 간섭을 하는데 이때 염화바륨을 가하여 침전시켜 제거한다.

참고 간섭물질
1. 유리염소는 질소(nitrogen), 트라이클로라이드(trichloride), 트라이클로라민(trichloramine), 클로린 디옥사이드(chlorine dioxide)의 존재하에서는 불가능하다.
2. 구리에 의한 간섭은 구리 파이프 혹은 황산구리염이 처리된 저장고에서 채취된 시료의 측정에서 발생할 수 있다. 이 경우, EDTA를 사용하여 제거할 수 있다.
3. 직사광선 또는 강렬한 빛에 의해 분해된다.

79. 시료 채취 시 유의사항으로 틀린 것은?

① 채취 용기는 시료를 채우기 전에 시료로 3회 이상 씻은 다음 사용한다.
② 시료 채취 용기에 시료를 채울 때에는 어떠한 경우에도 시료의 교란이 일어나서는 안 된다.
③ 지하수 시료는 취수정 내에 고여 있는 물과 원래 지하수의 성상이 달라질 수 있으므로 고여 있는 물을 충분히 퍼낸 다음 새로 나온 물을 채취한다.
④ 시료 채취량은 시험항목 및 시험횟수의 필요량의 3~5배 채취를 원칙으로 한다.

해설 시료 채취량은 시험항목 및 시험횟수에 따라 차이가 있으나 보통 3~5L 정도이어야 한다.

80. 복수시료채취방법에 대한 설명으로 옳은 것은? (단, 배출허용기준 적합여부 판정을 위한 시료 채취 시)

① 자동시료채취기로 시료를 채취할 경우에는 6시간 이내에 30분 이상 간격으로 2회 이상 채취하여 일정량의 단일 시료로 한다.
② 자동시료채취기로 시료를 채취할 경우에는 6시간 이내에 30분 이상 간격으로 4회 이상 채취하여 일정량의 단일 시료로 한다.
③ 자동시료채취기로 시료를 채취할 경우에는 8시간 이내에 30분 이상 간격으로 2회 이상 채취하여 일정량의 단일 시료로 한다.
④ 자동시료채취기로 시료를 채취할 경우에는 8시간 이내에 30분 이상 간격으로 4회 이상 채 취하여 일정량의 단일 시료로 한다.

제5과목 수질환경관계법규

81. 다음의 비점오염저감시설 중 자연형 시설에 해당되는 것은?

① 생물학적 처리형 시설
② 여과시설
③ 침투시설
④ 와류시설

참고 법 제2조 시행규칙 별표 6 참조

82. 수질오염방지시설 중 화학적 처리시설에 속하는 것은?

정답 78. ① 79. ④ 80. ① 81. ③ 82. ④

① 응집시설 ② 접촉조
③ 포기시설 ④ 살균시설

참고 법 제2조 시행규칙 별표 5 참조

83. **대통령령이 정하는 처리용량 이상의 방지시설(공동방지시설 포함)을 운영하는 자는 배출되는 수질 오염물질이 배출허용기준, 방류수수질기준에 맞는지를 확인하기 위하여 적산전력계 또는 적산유량계 등 대통령령이 정하는 측정기기를 부착하여야 한다. 이를 위반하여 적산전력계 또는 적산유량계를 부착하지 아니한 자에 대한 벌칙 기준은?**

① 1000만원 이하의 벌금
② 500만원 이하의 벌금
③ 300만원 이하의 벌금
④ 100만원 이하의 벌금

참고 법 제80조 참조

84. **다음은 폐수처리업자의 준수사항에 관한 설명이다. (　) 안에 내용으로 옳은 것은?**

> 수탁한 폐수는 정당한 사유 없이 (㉮) 보관할 수 없으며, 보관폐수의 전체량이 저장시설 저장능력의 (㉯) 이상 되게 보관하여서는 아니 된다.

① ㉮ 10일 이상, ㉯ 80%
② ㉮ 10일 이상, ㉯ 90%
③ ㉮ 30일 이상, ㉯ 80%
④ ㉮ 30일 이상, ㉯ 90%

참고 법 제62조 시행규칙 별표 21 참조

85. **수질 및 수생태계 상태를 등급으로 나타내는 경우 '좋음' 등급에 대한 설명으로 가장 옳은 것은? (단, 수질 및 수생태계 하천의 생활환경기준)**

① 용존산소가 풍부하고 오염물질이 거의 없는 청정 상태에 근접한 생태계로 침전 등 간단한 정수처리 후 생활용수로 사용할 수 있음
② 용존산소가 풍부하고 오염물질이 거의 없는 청정 상태에 근접한 생태계로 여과·침전 등 간단한 정수처리 후 생활용수로 사용할 수 있음
③ 용존산소가 많은 편이고 오염물질이 거의 없는 청정 상태에 근접한 생태계로 여과·침전·살균 등 일반적인 정수처리 후 생활용수로 사용할 수 있음
④ 용존산소가 많은 편이고 오염물질이 거의 없는 청정 상태에 근접한 생태계로 활성탄 투입 등 일반적인 정수처리 후 생활용수로 사용할 수 있음

참고 환경정책기본법 시행령 별표 1 참조

86. **시·도지사가 측정망을 이용하여 수질오염도를 상시 측정하거나 수생태계 현황을 조사한 경우에 그 조사 결과를 며칠 이내에 환경부장관에게 보고하여야 하는가?**

① 수질오염도 : 측정일이 속하는 달의 다음 달 5일 이내
수생태계 현황 : 조사 종료일부터 1개월 이내
② 수질오염도 : 측정일이 속하는 달의 다음 달 5일 이내
수생태계 현황 : 조사 종료일부터 3개월 이내
③ 수질오염도 : 측정일이 속하는 달의 다음 달 10일 이내
수생태계 현황 : 조사 종료일부터 1개월 이내
④ 수질오염도 : 측정일이 속하는 달의 다음 달 10일 이내

정답 83. ④ 84. ② 85. ③ 86. ④

수생태계 현황 : 조사 종료일부터 3개월 이내

해설 시도지사, 대도시의 장 또는 수면관리자가 수질오염도를 상시측정하거나 수생태계 현황을 조사한 경우에는 다음 각 호의 구분에 따른 기간 내에 그 결과를 환경부장관에게 보고하여야 한다.

1. 수질오염도 : 측정일이 속하는 달의 다음 달 10일 이내
2. 수생태계 현황 : 조사 종료일부터 3개월 이내

참고 법 제9조, 시행규칙 제23조 참조

87. 비점오염원의 설치신고 또는 변경신고를 할 때 제출하는 비점오염저감계획서에 포함되어야 하는 사항과 가장 거리가 먼 것은?

① 비점오염원 관련 현황
② 비점오염저감시설 설치계획
③ 비점오염원 관리 및 모니터링 방안
④ 비점오염원 저감방안

참고 법 제53조 ②항 참조

88. 다음의 위임업무 보고사항 중 보고 횟수가 연 4회에 해당되는 것은?

① 측정기기 부착사업자에 대한 행정처분 현황
② 측정기기 부착사업장 관리 현황
③ 비점오염원의 설치신고 및 방지시설 설치 현황 및 행정처분 현황
④ 과징금 부과 실적

참고 법 제74조 시행규칙 별표 23 참조

89. 수질오염경보(조류경보) 단계 중 다음 발령 기준에 해당하는 단계는?

2회 연속채취 시 클로로필-a 농도 $25mg/m^3$ 이상이고 남조류 세포 수가 5000세포/mL 이상인 경우

① 조류관심　② 조류경보
③ 조류경계　④ 조류심각

해설 2015년 개정으로 현행 기준과 맞지 않는 문제이다.

90. 환경부장관이 물환경을 보전할 필요가 있다고 지정, 고시하고 수질 및 수생태계를 정기적으로 조사, 측정하여야 하는 호소의 수질기준으로 틀린 것은?

① 1일 30만 톤 이상의 원수를 취수하는 호소
② 만수위일 때 면적이 50만 제곱미터 이상인 호소
③ 수질오염이 심하여 특별한 관리가 필요하다고 인정되는 호소
④ 동식물의 서식지, 도래지이거나 생물다양성이 풍부하여 특별히 보전할 필요가 있다고 인정되는 호소

해설 시·도지사는 환경부장관이 지정·고시하는 호소 외의 호소로서 만수위일 때의 면적이 50만 제곱미터 이상인 호소의 물환경 등을 정기적으로 조사·측정하여야 한다.

참고 법 제28조 참조

91. 다음은 수변생태구역의 매수·조성 등에 관한 내용이다. ( ) 안에 내용으로 옳은 것은?

환경부장관은 하천, 호소 등의 물환경 보전을 위하여 필요하다고 인정하는 때에는 (㉮)으로 정하는 기준에 해당하는 수변생태구역을 매수하거나 (㉯)으로 정하는 바에 따라 생태적으로 조성, 관리할 수 있다.

정답 87. ③ 88. ③ 89. ② 90. ② 91. ②

① ㉮ 환경부령, ㉯ 대통령령
② ㉮ 대통령령, ㉯ 환경부령
③ ㉮ 환경부령, ㉯ 국무총리령
④ ㉮ 국무총리령, ㉯ 환경부령

참고 법 제19조의3 참조

92. 다음은 공공폐수처리시설의 유지·관리기준에 관한 사항이다. ( ) 안에 옳은 내용은?

> 처리시설의 관리, 운영자는 처리시설의 적정 운영 여부를 확인하기 위하여 방류수 수질검사를 (㉮) 실시하되, 1일당 2천 세제곱미터 이상인 시설은 주 1회 이상 실시하여야 한다. 다만, 생태독성(TU) 검사는 (㉯) 실시하여야 한다.

① ㉮ 월 2회 이상, ㉯ 월 1회 이상
② ㉮ 월 1회 이상, ㉯ 월 2회 이상
③ ㉮ 월 2회 이상, ㉯ 월 2회 이상
④ ㉮ 월 1회 이상, ㉯ 월 1회 이상

참고 법 제50조 시행규칙 별표 15 참조

93. 오염총량관리시행계획에 포함되어야 하는 사항과 가장 거리가 먼 것은?

① 오염원 현황 및 예측
② 오염도 조사 및 오염부하량 산정방법
③ 연차별 오염부하량 삭감 목표 및 구체적 삭감 방안
④ 수질예측 산정자료 및 이행 모니터링 계획

참고 법 제4조의4 참조

94. 다음은 배출시설의 설치허가를 받은 자가 배출시설의 변경허가를 받아야 하는 경우에 대한 기준이다. ( ) 안에 내용으로 옳은 것은?

> 폐수배출량이 허가 당시보다 100분의 50(특정수질유해물질이 배출되는 시설의 경우에는 100분의 30) 이상 또는 ( ) 이상 증가하는 경우

① 1일 500세제곱미터
② 1일 600세제곱미터
③ 1일 700세제곱미터
④ 1일 800세제곱미터

참고 법 제33조 ②항 참조

95. 중점관리저수지의 지정 기준으로 옳은 것은?

① 총 저수용량이 1백만 세제곱미터 이상인 저수지
② 총 저수용량이 1천만 세제곱미터 이상인 저수지
③ 총 저수면적이 1백만 제곱미터 이상인 저수지
④ 총 저수면적이 1천만 제곱미터 이상인 저수지

참고 법 제31조의2 참조

96. 골프장의 잔디 및 수목 등에 맹·고독성 농약을 사용한 자에 대한 벌금 또는 과태료 부과 기준은?

① 3백만원 이하의 벌금
② 5백만원 이하의 벌금
③ 1천만원 이하의 과태료
④ 3백만원 이하의 과태료

참고 법 제82조 참조

97. 1일 폐수배출량이 2000m^3 미만인 규모의 지역별, 항목별 배출허용기준이 틀린 것은?

정답 92. ① 93. ② 94. ③ 95. ② 96. ③ 97. ①

①

지역 \ 농도	BOD (mg/L)	COD (mg/L)	SS (mg/L)
청정지역	30 이하	40 이하	30 이하

②

지역 \ 농도	BOD (mg/L)	COD (mg/L)	SS (mg/L)
가지역	80 이하	90 이하	80 이하

③

지역 \ 농도	BOD (mg/L)	COD (mg/L)	SS (mg/L)
나지역	120 이하	130 이하	120 이하

④

지역 \ 농도	BOD (mg/L)	COD (mg/L)	SS (mg/L)
특례지역	30 이하	40 이하	30 이하

참고 법 제32조 시행규칙 별표 13 참조

98. 폐수처리업의 등록기준에 관한 내용으로 틀린 것은?

① 하나의 시설 또는 장비가 두 가지 이상의 기능을 가질 경우에는 각각의 해당 시설 또는 장비를 갖춘 것으로 본다.
② 폐수수탁처리업, 폐수재이용업을 함께 하려는 때에는 같은 요건이라도 업종별로 따로 갖추어야 한다.
③ 수질오염물질 각 항목을 측정, 분석할 수 있는 실험기기, 기구 및 시약을 보유한 측정대행업자 또는 대학부설 연구기관 등과 측정대행계약 또는 공동사용계약을 체결한 경우에는 해당 실험 기기, 기구 및 시약을 갖추지 아니할 수 있다.
④ 기술능력이 환경기술인의 자격요건 이상이고 폐수처리시설과 폐수배출시설이 동일한 시설인 경우에는 환경기술인을 중복하여 임명하지 아니하여도 된다.

해설 폐수수탁처리업, 폐수재이용업을 함께 하려는 때는 동일한 요건을 중복하여 갖추지 아니 할 수 있다.

참고 법 제62조 시행규칙 별표 20 참조

99. 수질오염경보(조류경보) 발령 단계 중 경계 단계 시 취수장·정수장 관리자의 조치사항은?

① 주 2회 이상 시료채취
② 정수의 독소분석 실시
③ 발령기관에 대한 시험분석결과의 신속한 통보
④ 취수구 및 조류가 심한 지역에 대한 방어막 설치 등 조류 제거 조치 실시

참고 법 제21조 시행령 별표 4

100. 수질오염감시경보의 발령, 해제 기준에 관한 내용으로 옳은 것은?

① 생물감시장비 중 물벼룩감시장비가 경보기준을 초과하는 것은 한쪽 시험조에서 15분 이상 지속되는 경우를 말함
② 생물감시장비 중 물벼룩감시장비가 경보기준을 초과하는 것은 한쪽 시험조에서 30분 이상 지속되는 경우를 말함
③ 생물감시장비 중 물벼룩감시장비가 경보기준을 초과하는 것은 양쪽 모든 시험조에서 15분 이상 지속되는 경우를 말함
④ 생물감시장비 중 물벼룩감시장비가 경보기준을 초과하는 것은 양쪽 모든 시험조에서 30분 이상 지속되는 경우를 말함

참고 법 제21조 시행령 별표 3 참조

정답 98. ② 99. ② 100. ④

2015년도 출제문제

2015년 3월 8일 시행

자격종목 및 등급(선택분야)	종목코드	시험시간	문제지형별	수검번호	성 명
수질환경기사	2572	2시간	A		

제1과목 수질오염개론

1. 크롬에 관한 설명으로 틀린 것은?

① 만성크롬중독인 경우 미나마타병이 발생한다.
② 3가크롬은 비교적 안정하나 6가크롬 화합물은 자극성이 강하고 부식성이 강하다.
③ 3가크롬은 피부흡수가 어려우나 6가크롬은 쉽게 피부를 통과한다.
④ 만성중독현상으로는 비점막염증이 나타난다.

해설 수은의 대표적 만성질환으로는 미나마타병, 헌터-루셀 증후군이 있다.

2. 유해물질로 인하여 발생하는 대표적 질환으로 맞는 것은?

① PCB : 파킨슨씨 증후군과 유사한 증상
② 수은 : 중추신경계의 마비와 콩팥 기능의 장애
③ 아연 : 윌슨씨병
④ 구리 : 카네미유증

해설 ㉠ 망간 : 파킨슨씨 증후군과 유사증상
㉡ PCB : 카네미유증
㉢ 구리 : 윌슨씨병
㉣ 아연 : 소인증

3. 친수성 콜로이드에 관한 설명으로 틀린 것은?

① 유탁상태(에멀전)로 존재한다.
② 물에 쉽게 분산된다.
③ 친수성 콜로이드의 대부분은 소수성 콜로이드를 보호하는 작용을 한다.
④ 틴달(Tyndall)효과가 크다.

해설 친수성 콜로이드는 틴달(Tyndall)효과가 대단히 작거나 없다.

4. 다음 수질을 가진 농업용수의 SAR값으로부터 Na^+가 흙에 미치는 영향은 어떻다고 할 수 있는가? (단, 수질농도는 Na^+ = 1150mg/L, Ca^{2+} = 60mg/L, Mg^{2+} = 36mg/L, PO_4^{3-} = 1500mg/L, Cl^- = 200mg/L이며 원자량은 Na : 23, Mg : 24, P : 31, Ca : 40)

① 영향이 적다.
② 영향이 중간 정도이다.
③ 영향이 비교적 높다.
④ 영향이 매우 높다.

해설 $$SAR = \frac{1150/23}{\sqrt{\frac{60/20 + 36/12}{2}}} = 28.87$$

참고 SAR값이 0~10 정도이면 Na^+가 토양에 미치는 영향이 적은 편이며 10~18은 중간 정도, 18~26은 비교적 높은 정도, 26~30 이상이면 매우 큰 영향을 미쳐 경작이 어렵게 된다.

정답 1. ① 2. ② 3. ④ 4. ④

5. 산화와 환원반응에 대한 설명으로 틀린 것은?

① 전자를 준 쪽은 산화된 것이고 전자를 얻은 쪽은 환원이 된 것이다.
② 산화수가 증가하면 산화, 감소하면 환원반응이라 한다.
③ 산화제는 전자를 주는 물질이며 전자를 주는 힘이 클수록 더 강한 산화제이다.
④ 상대방을 산화시키고 자신을 환원시키는 물질을 산화제라 한다.

해설 산화제는 전자를 받는 물질이며 전자를 받는 힘이 클수록 더 강한 산화제이다.

6. 콜로이드 응집의 기본 메커니즘이 아닌 것은?

① 전하의 중화
② 이중층의 압축
③ 입자 간의 가교 현상
④ 중력에 따른 전단력 강화

해설 콜로이드의 안정도는 일반적으로 Zeta 전위의 크기에 따라 결정되며 Zeta 전위가 0에 가까워질수록 응결이 쉽게 일어난다.

참고 응집의 화학적 반응 기작(mechanism)
1. 전기적 중화(charge neutrialization)
2. 가교작용(interparticle bridging)
3. 이중층의 압축(double layer compression)
4. 체거름(enmeshment)

7. 반응조 혼합에 관한 내용을 기술한 것으로 틀린 것은?

① Morrill 지수가 1인 경우 이상적인 플러그 흐름 상태이다.
② 분산수가 무한대가 되면 이상적인 플러그 흐름 상태이다.
③ 분산이 1이면 이상적인 완전혼합 흐름 상태이다.
④ Morrill 지수의 값이 클수록 완전혼합 흐름 상태에 근접한다.

해설 분산수가 무한대가 되면 이상적인 완전혼합 흐름 상태이다.

8. 하천의 자정작용에 관한 설명 중 틀린 것은?

① 생물학적 자정작용인 혐기성분해는 중간 화합물이 휘발성이므로 유해한 경우가 많으며 호기성 분해에 비하여 장시간이 요구된다.
② 자정작용 중 가장 큰 비중을 차지하는 것은 생물학적 작용이라 할 수 있다.
③ 자정계수는 탈산소계수/재포기계수를 뜻한다.
④ 화학적 자정작용인 응집작용은 흡수된 산소에 의해 오염물질이 분해될 때 발생되는 탄산가스가 물의 알칼리도를 증가시켜 수산화물의 생성을 촉진시키므로 용해되어 있는 철이나 망간 등을 침전시킨다.

해설 자정계수는 재포기계수/탈산소계수를 뜻한다.

9. 용량이 6000m^3인 수조에 200m^3/h의 유량이 유입된다면 수조 내 염소이온 농도가 200mg/L에서 20mg/L 될 때까지의 소요시간(h)은? (단, 유입수 내 염소이온 농도는 0, 완전혼합형, 희석효과만 고려함)

① 약 34　② 약 48
③ 약 57　④ 약 69

해설 $\ln\left(\frac{20}{200}\right)=-\left(\frac{200}{6000}\right)\times t$

$\therefore t=69.08\text{h}$

10. glucose($C_6H_{12}O_6$) 500mg/L 용액을 호기

정답 5. ③ 6. ④ 7. ② 8. ③ 9. ④ 10. ①

성 처리 시 필요한 이론적인 인(P) 농도(mg/L)는? (단, BOD_5 : N : P=100 : 5 : 1, K_1=0.1d^{-1}, 상용대수 기준, 완전분해 기준, BOD_u=COD)

① 약 3.7 ② 약 5.6
③ 약 8.5 ④ 약 12.8

해설 $500\text{mg/L} \times \frac{6\times 32\text{g}}{180\text{g}} \times (1-10^{-0.1\times 5}) \times \frac{1}{100} = 3.65\text{mg/L}$

11. 해수의 함유성분들 중 가장 적게 함유된 성분은?

① SO_4^{2-} ② Ca^{2+}
③ Na^+ ④ Mg^{2+}

12. 수온 20℃, 유량 20m^3/s, BOD_u 5mg/L인 하천에 점오염원으로부터 유량 3m^3/s, 수온 20℃, 부하량 50g BOD_u/s의 오염물질이 유입되어 완전혼합될 때 0.5일 유하 후의 잔류 BOD는? [단, 하천의 20℃의 탈산소 계수는 0.2/d(자연대수)이고, BOD 분해에 필요한 만큼의 충분한 DO가 하천 내에 존재함]

① 약 7mg/L ② 약 6mg/L
③ 약 5mg/L ④ 약 4mg/L

해설 ㉠ $C_m = \frac{20\text{m}^3/\text{s} \times 5\text{mg/L} + 50\text{g/s}}{(20+3)} = 6.52\text{mg/L}$

㉡ 0.5일 유하 후의 잔류 BOD
$= 6.52\text{mg/L} \times e^{-0.2\times 0.5} = 5.9\text{mg/L}$

13. 직경 3mm인 모세관의 표면장력이 0.0037 kgf/m이라면 물기둥의 상승높이는? (단, $h=\frac{4r\cos\beta}{w\cdot d}$, 접촉각 β=5°)

① 0.26cm ② 0.38cm
③ 0.49cm ④ 0.57cm

해설 $h = \frac{4\times 0.037\text{g}_f/\text{cm} \times \cos 5°}{1\text{g}_f/\text{cm}^3 \times 0.3\text{cm}} = 0.49\text{cm}$

14. 탈질에 관한 생물반응에 대한 설명으로 틀린 것은?

① 관련 미생물 : 통성 혐기성균
② 증식속도 : 2~8mg NO_3^-–N/MLSS · h
③ 알칼리도 : NO_3^-–N, NO_2^-–N 환원에 따라 알칼리도 생성
④ 용존산소 : 0mg/L에 가까움

해설 증식속도의 단위는 mg MLSS/mg MLSS · h이다.

15. 분뇨의 일반적인 설명으로 틀린 것은?

① 하수 슬러지에 비해 염분농도와 질소농도가 높다.
② 다량의 유기물과 협잡물을 함유하나 고액분리가 용이하다.
③ 분뇨에 함유된 질소화합물이 pH 완충작용을 한다.
④ 일반적으로 수집·처분계획을 수립 시, 1인 1일 1L를 기준으로 한다.

해설 분뇨는 다량의 유기물을 함유하고 점도가 높아 고액분리가 어렵다.

16. 정화조로 유입된 생 분뇨의 BOD가 21500 mg/L, 염소이온 농도가 5500mg/L, 방류수의 염소이온농도가 200mg/L이라면, 방류수의 BOD 농도가 30mg/L일 때 정화조의 BOD 제거율(%)은?

① 99.6 ② 96.2
③ 93.4 ④ 89.8

해설 ㉠ 희석배수
$= \frac{\text{유입수 염소농도}}{\text{유출수 염소농도}} = \frac{5500}{200} = 27.5$

정답 11. ② 12. ② 13. ③ 14. ② 15. ② 16. ②

㉡ BOD제거율

$$= \frac{21500 - 30 \times 27.5}{21500} \times 100 = 96.16\%$$

17. 미생물 영양원 중 유황(sulfur)에 관한 설명으로 틀린 것은?

① 황산화세균은 편성 혐기성 세균이다.
② 유황을 함유한 아미노산은 세포 단백질의 필수 구성원이다.
③ 미생물세포에서 탄소 대 유황의 비는 100 : 1 정도이다.
④ 유황고정, 유황화합물, 산화–환원 순으로 변환된다.

해설 ㉠ 유황세균(thiobacillus, beggiatoa)은 유황을 황산으로 산화하여 에너지를 획득하는 호기성 세균이다. ($S + 1.5O_2 + H_2O \rightarrow H_2SO_4 + 141.8cal$)
㉡ 유황의 순환은 유황의 광물질화, 무기 유황의 동화작용, 환원된 무기 유황화합물의 산화 반응과 산화된 유황화합물의 환원 반응 순으로 변환된다.

참고 답이 두 개인 문제로 잘못 출제되었다. (복수정답 처리됨)

18. DO 포화농도가 8mg/L인 하천에서 $t=0$일 때 DO가 5mg/L이라면 6일 유하했을 때의 DO 부족량은? (단, $BODu$=20mg/L, K_1=0.1/d, K_2=0.2/d, 상용대수)

① 약 2mg/L ② 약 3mg/L
③ 약 4mg/L ④ 약 5mg/L

해설 $D_t = \frac{0.1 \times 20}{0.2 - 0.1}(10^{-0.1 \times 6} - 10^{-0.2 \times 6})$

$+ (8-5) \times 10^{-0.2 \times 6} = 3.95\text{mg/L}$

∴ 하류지점의 DO농도=8 − 3.95=4.05mg/L

19. 호수의 수질관리를 위하여 일반적으로 사용할 수 있는 예측모형으로 틀린 것은?

① WASP5 모델
② WQRRS 모델
③ POM 모델
④ Vollenweider 모델

해설 3차원 유동모델인 POM(Princeton Ocean Model)은 저층수의 거동예측에 유리한 σ 좌표계를 채용하고 있는 모델로서 범용성이 높고, 해양유동모델로서 개발되었다.

20. 아래와 같은 반응에 관여하는 미생물은?

$2NO_3^- + 5H_2 \rightarrow N_2 + 2OH^- + 4H_2O$

① Pseudomonas ② Sphaerotilus
③ Acinetobacter ④ Nitrosomonas

해설 탈질화균 : Pseudomonas, Achromobacter, Micrococcus

제2과목 상하수도계획

21. 상수도 시설용량의 계획에 대한 설명 중 틀린 것은?

① 취수시설의 계획취수량은 계획1일 최대급수량을 기준으로 한다.
② 도수시설의 계획도수량은 계획취수량을 기준으로 한다.
③ 정수시설의 계획정수량은 계획1일 최대급수량을 기준으로 한다.
④ 배수시설의 계획배수량은 계획1일 최대급수량을 기준으로 한다.

해설 배수시설의 계획배수량은 계획시간 최대급수량을 기준으로 한다.

22. 펌프의 토출량이 $1.0m^3/s$, 토출구의 유속이 3.55m/s일 때 펌프의 구경(mm)은?

① 500 ② 600

정답 17. ①, ④ 18. ③ 19. ③ 20. ① 21. ④ 22. ②

③ 700　　④ 800

해설 $1 = \frac{\pi \times x^2}{4} \times 3.55$

$\therefore x = 0.5988\text{m} = 598.8\text{mm}$

23. 상수도시설인 집수매거의 구조에 대한 설명으로 틀린 것은?

① 집수매거의 경사는 수평으로 하거나 1/500 이하의 완만한 경사로 한다.
② 집수매거는 지형 등을 고려하여 가능한 한 복류수 흐름방향과 수평으로 설치하는 것이 효율적이다.
③ 집수매거의 매설깊이는 5m 이상으로 하는 것이 바람직하다.
④ 집수매거의 길이는 시험우물 등에 의한 양수시험 결과에 따라 정한다.

해설 집수매거는 지형 등을 고려하여 가능한 한 복류수 흐름방향과 직각으로 설치하는 것이 효율적이다.

24. 우물의 양수량 결정 시 적용되는 "적정양수량"의 정의로 옳은 것은?

① 최대양수량의 70% 이하
② 최대양수량의 80% 이하
③ 한계양수량의 70% 이하
④ 한계양수량의 80% 이하

25. 상수도시설의 등급별 내진설계 목표에 대한 내용이다. ( ) 안에 옳은 내용은?

> 상수도시설물의 내진성능 목표에 따른 설계지진강도는 붕괴방지수준에서 시설물의 내진등급이 I등급인 경우에는 재현주기 (㉮), II등급인 경우에는 (㉯)에 해당되는 지진지반운동으로 한다.

① ㉮ 100년, ㉯ 50년
② ㉮ 200년, ㉯ 100년
③ ㉮ 500년, ㉯ 200년
④ ㉮ 1000년, ㉯ 500년

참고 내진등급별 시설분류

내진등급	상수도시설
내진 I 등급	대체시설이 없는 송·배수 간선시설, 중요시설과 연결된 급수공급관로, 복구 난이도가 높은 환경에 놓이는 시설, 지진재해 시 긴급대처 거점시설, 중대한 2차 재해를 유발시킬 가능성이 있는 시설 등
내진 II 등급	내진 I 등급 이외의 시설

26. 길이 1.2km의 하수관이 2‰의 경사로 매설되어 있을 경우, 이 하수관 양 끝단 간의 고저차는? (단, 기타 사항은 고려하지 않음)

① 0.24m　　② 2.4m
③ 0.6m　　④ 6.0m

해설 $h = \frac{2}{1000} \times 1200\text{m} = 2.4\text{m}$

27. 하수처리시설인 순산소활성슬러지법에 관한 설명으로 틀린 것은?

① 잉여슬러지 발생량은 슬러지의 체류시간에 의해서 큰 차이가 나므로 표준활성슬러지법에 비해서 일반적으로 적다.
② MLSS 농도는 표준활성슬러지법의 2배 이상으로 유지 가능하다.
③ 포기조 내의 SVI는 보통 100 이하로 유지되고 슬러지 침강성은 양호하다.
④ 이차침전지에서 스컴이 거의 발생하지 않는다.

해설 이차침전지에서 스컴이 발생하는 경우가 많다.

정답 23. ② 24. ③ 25. ④ 26. ② 27. ④

28. **정수시설의 착수정 구조와 형상에 관한 설계기준으로 틀린 것은?**

① 착수정은 분할을 원칙으로 하며 고수위 이상으로 유지되도록 월류관이나 월류위어를 설치한다.
② 형상은 일반적으로 직사각형 또는 원형으로 하고 유입구에는 제수밸브 등을 설치한다.
③ 착수정의 고수위와 주변벽체의 상단 간에는 60cm 이상의 여유를 두어야 한다.
④ 부유물이나 조류 등을 제거할 필요가 있는 장소에는 스크린을 설치한다.

해설 착수정은 2지 이상으로 분할하는 것이 원칙이나, 분할하지 않는 경우에는 반드시 우회관을 설치하고 배수설비를 설치하며 수위가 고수위 이상으로 올라가지 않도록 월류관이나 월류위어를 설치한다.

29. **막여과 정수처리설비에 대한 내용으로 옳은 것은?**

① 막 여과유속은 경제성 및 보수성을 종합적으로 고려하여 최저치를 설정한다.
② 회수율은 취수조건 등과 상관없이 일정하게 운영하는 것이 효율적이고 경제적이다.
③ 구동압방식과 운전제어방식은 구동압이나 막의 종류, 배수조건 등을 고려하여 최적방식을 선정한다.
④ 막 여과방식은 막 공급수질을 제외한 막 여과수량과 막의 종별 등의 조건을 고려하여 최적방식을 선정한다.

해설 ㉠ 막 여과유속은 경제성 및 보수성을 종합적으로 고려하여 적절한 값을 설정한다.
㉡ 회수율은 취수조건이나 막공급수질, 역세척, 세척배출수처리 등의 여러 가지 조건을 고려하여 효율성과 경제성 등을 종합적으로 검토하여 설정한다.
㉢ 막 여과방식은 막 공급수질이나 막의 종별 등의 조건을 고려하여 최적의 방식을 선정한다.

30. **구경 400mm인 직렬펌프의 토출량이 10m^3/min, 규정 전양정이 40m, 규정 회전속도가 4200rpm일 때 비회전속도(N_s)는?**

① 609　　② 756
③ 835　　④ 957

해설 $N_s = \dfrac{4200 \times 10^{\frac{1}{2}}}{40^{\frac{3}{4}}} = 835.03$

31. **분류식하수배제방식에서 펌프장시설의 계획하수량 결정 시 유입·방류펌프장 계획하수량으로 옳은 것은?**

① 계획시간최대오수량
② 계획우수량
③ 우천시계획오수량
④ 계획일최대오수량

32. **상수도시설 중 저수시설의 하구둑에 관한 설명으로 틀린 것은? (단, 전용댐, 다목적댐과 비교)**

① 개발수량 : 중, 소규모의 개발이 기대된다.
② 경제성 : 일반적으로 댐보다 저렴하다.
③ 설치지점 : 수요지 가까운 하천의 하구에 설치하여 농업용수에 바닷물의 침해방지기능을 겸하는 경우가 많다.
④ 저류수의 수질 : 자체관리로 비교적 양호한 수질을 유지할 수 있어 염소이온 농도에 대한 주의가 필요 없다.

해설 저류수의 수질 : 염소이온 농도에 대한 주의가 필요하다.

2015

정답 28. ① 29. ③ 30. ③ 31. ① 32. ④

33. 용존공기부상(DAF)에 관한 내용이다. ( ) 안에 옳은 것은?

> DAF를 운영하는 정수장에서 고탁도 ( )의 원수가 유입되는 경우에는 DAF 전에 전처리시설로 예비침전지를 두어야 한다.

① 100NTU 이상 ② 1000NTU 이상
③ 2000NTU 이상 ④ 5000NTU 이상

참고 DAF(Dissolved Air Flotation)는 일반적으로 저탁도의 원수수질에 효과적으로 운전된다. 홍수기에 저수지 수위가 낮은 상황에서는 유입원수의 탁도가 높아질 가능성이 크고, 고탁도기에는 유입입자의 비중이 커서 부상특성이 나쁘기 때문에 DAF의 효율이 떨어질 것으로 예상된다. 일반적으로 100NTU가 DAF와 전공정의 효율적인 선택을 구분 짓는 경계로 알려져 있으며, 그 이상의 탁도에서는 침전공정이 더 효과적인 것으로 알려져 있다.

34. 하수처리공법 중 접촉산화법에 대한 설명으로 틀린 것은?

① 반송슬러지가 필요하지 않으므로 운전관리가 용이하다.
② 생물상이 다양하여 처리효과가 안정적이다.
③ 부착생물량의 임의 조정이 어려워 조작조건 변경에 대응하기 쉽지 않다.
④ 접촉재가 조 내에 있기 때문에 부착생물량의 확인이 어렵다.

해설 부착생물량을 임의로 조정할 수 있어서 조작조건의 변경에 대응하기 쉽다.

35. 도수관 설계 시 접합정에 대한 설명으로 틀린 것은?

① 구조상 안전한 것으로 충분한 수밀성과 내구성을 지니며 용량은 계획도수량의 3분 이상으로 한다.
② 유입속도가 큰 경우에는 접합정 내에 월류벽 등을 설치하여 유속을 감쇄시킨 다음 유출관으로 유출되는 구조로 한다.
③ 유출관의 유출구 중심높이는 저수위에서 관경의 2배 이상 낮게 하는 것을 원칙으로 한다.
④ 필요에 따라 양수장치, 배수설비, 월류장치를 설치하고 유출구와 배수설비에는 제수밸브 또는 제수문을 설치한다.

해설 접합정은 원형 또는 사각형의 콘크리트 또는 철근콘크리트로 축조한다. 아울러 구조상 안전한 것으로 충분한 수밀성과 내구성을 지니며 용량은 계획도수량의 1.5분 이상으로 한다.

36. 하수처리시설의 계획유입수질 선정방식으로 옳은 것은?

① 계획오염부하량을 계획1일평균오수량으로 나누어 산정한다.
② 계획오염부하량을 계획시간평균오수량으로 나누어 산정한다.
③ 계획오염부하량을 계획1일최대오수량으로 나누어 산정한다.
④ 계획오염부하량을 계획시간최대오수량으로 나누어 산정한다.

해설 계획유입수질은 처리장에 유입하는 하수의 수질로 계획오염부하량을 계획1일평균오수량으로 나눈 값이다.

37. 하수시설에서 우수조정지 구조형식이 아닌 것은?

① 댐식(제방높이 15m 미만)
② 지하식(관내 저류 포함)
③ 굴착식
④ 유하식(자연 호수 포함)

해설 우수조정지의 구조형식은 댐식(제방높

정답 33. ① 34. ③ 35. ① 36. ① 37. ④

이 15m 미만), 굴착식 및 지하식으로 한다.

38. 기존의 하수처리시설에 고도처리시설을 설치하고자 할 때 검토사항으로 틀린 것은?

① 표준활성슬러지법이 설치된 기존처리장의 고도처리 개량은 개선 대상 오염물질별 처리특성을 감안하여 효율적인 설계가 되어야 한다.
② 시설개량은 시설개량방식을 우선 검토하되 방류수수질기준 준수가 곤란한 경우에 한해 운전 방식을 함께 추진하여야 한다.
③ 기본설계과정에서 처리장의 운영실태 정밀분석을 실시한 후 이를 근거로 사업추진방향 및 범위 등을 결정하여야 한다.
④ 기존시설물 및 처리공정을 최대한 활용하여야 한다.

해설 시설개량은 운전개선방식을 우선 검토하되 방류수수질기준 준수가 곤란한 경우에 한해 시설 개량방식을 추진하여야 한다.

참고 기존 하수처리시설의 부지여건을 충분히 고려하여야 한다.

39. 하수도시설기준의 우수배제계획에서 계획우수량을 정할 때 빗물펌프장 확률연수 기준으로 옳은 것은?

① 15~20년 ② 20~30년
③ 30~50년 ④ 50~100년

40. 계획오수량을 정할 때 고려되는 지하수량에 대한 설명으로 옳은 것은?

① 1인 1일 평균오수량의 5~10%로 한다.
② 1인 1일 최대오수량의 5~10%로 한다.
③ 1인 1일 평균오수량의 10~20%로 한다.
④ 1인 1일 최대오수량의 10~20%로 한다.

제3과목 수질오염방지기술

41. 총잔류염소 농도(Cl_2)를 3.05mg/L에서 1.00mg/L로 탈염시키기 위해 유량 4350m^3/d인 물에 가해 주어야 할 아황산염(SO_3^{2-})의 양은? (단, Cl : 35.5, S : 32.1)

① 약 6kg/d ② 약 8kg/d
③ 약 10kg/d ④ 약 12kg/d

해설 ㉠ $Cl_2 + H_2O \rightarrow HOCl + HCl$
㉡ $HOCl + Na_2SO_3 \rightarrow HCl + Na_2SO_4$
㉢ $Cl_2 + Na_2SO_3 + H_2O \rightarrow Na_2SO_4 + 2HCl$
㉣ 아황산염(SO_3^{2-})의 양
$= (3.05 - 1.00) \times 4350 \times 10^{-3} \times \frac{80.1}{71}$
$= 10.06\text{kg/d}$

42. 9.0kg의 글루코스(glucose)로부터 발생 가능한 0℃, 1atm에서의 CH_4 가스의 용적은? (단, 혐기성 분해 기준)

① 3160L ② 3360L
③ 3560L ④ 3760L

해설 $C_6H_{12}O_6 \rightarrow 3CO_2 + 3CH_4$
$\therefore 9000\text{g} \times \frac{3 \times 22.4\text{L}}{180\text{g}} = 3360\text{L}$

43. 역삼투 장치로 하루에 500m^{3}의 3차 처리된 유출수를 탈염시키고자 한다. 요구되는 막 면적(m^2)은?

- 25℃에서 물질전달계수 : 0.2068L/(d−m^2)(kPa)
- 유입수와 유출수 사이의 압력차 : 2400kPa
- 유입수와 유출수 사이의 삼투압차 : 310kPa
- 최저운전온도 : 10℃
- $A_{10℃} = 1.28 A_{25℃}$ A : 막 면적

정답 38. ② 39. ③ 40. ④ 41. ③ 42. ② 43. ④

① 약 1130 ② 약 1280
③ 약 1330 ④ 약 1480

해설 $A_{10}=\dfrac{500000\times 1.28}{0.2068\times(2400-310)}$
$=1480.75\text{m}^2$

44. 포기조의 MLSS 농도를 3000mg/L로 유기하기 위한 재순환율은? (단, SVI=120, 유입 SS 고려하지 않고, 방류수 SS는 0mg/L임)

① 36.3% ② 46.3%
③ 56.3% ④ 66.3%

해설 $R=\dfrac{3000}{\dfrac{10^6}{120}-3000}\times 100=56.25\%$

45. NO_3^{-1}–N 15mg/L이 탈질균에 의해 질소가스화 될 때 소요되는 이론적 메탄올의 양(mg/L)은? (단, 기타 유기 탄소원은 고려하지 않음)

① 5.5 ② 6.5
③ 7.5 ④ 8.5

해설 $6NO_3^{-1}+5CH_3OH \rightarrow$
$5CO_2+3N_2+7H_2O\ +\ 6OH^-$
$\therefore 15\text{mg/L}\times\dfrac{5\times 32\text{g}}{6\times 62}=6.45\text{mg/L}$

참고 주어진 NO_3^{-1}–N 15mg/L은 질산염의 농도로 보고 풀어야 한다. (잘못 출제됨)

46. 활성슬러지 공정의 포기조 내 MLSS 농도 2000mg/L, 포기조의 용량 5m^3, 유입 폐수의 BOD 농도 300mg/L, 폐수 유량 15m^3/d일 때 F/M비(kg BOD/kg MLSS·d)는?

① 0.35 ② 0.45
③ 0.55 ④ 0.65

해설 F/M비 $=\dfrac{300\times 15}{2000\times 5}=0.45\text{d}^{-1}$

47. G=200/s, V=150m^3, 교반기 효율 80%, $\mu=1.35\times10^{-2}$g/cm·s일 때 소요동력 P[kW]는?

① 20.8kW ② 15.8kW
③ 10.1kW ④ 5.1kW

해설 $200=\sqrt{\dfrac{x\times 0.8}{1.139\times 10^{-3}\times 150}}$
$\therefore x=10125\text{watt}=10.1\text{kW}$

참고 $G=\sqrt{\dfrac{P\times\zeta}{\mu\cdot V}}$

48. 도시 하수처리장 1차침전지의 SS제거효율이 약 38%이다. 유입수의 SS가 260mg/L이고, 유량이 8000m^3/d라면 1차침전지에서 제거되는 슬러지의 양은? (단, 1차 슬러지는 5%의 고형물을 함유하며, 슬러지의 비중은 1.1임)

① 약 6.4m^3/d ② 약 9.4m^3/d
③ 약 12.4m^3/d ④ 약 14.4m^3/d

해설 슬러지 습량
$=\dfrac{260\times 8000\times 10^{-6}\times 0.38}{0.05\times 1.1}=14.37\text{m}^3/\text{d}$

49. 살수여상 처리공정에서 생산되는 슬러지의 농도는 4.5%이며 하루에 생산되는 고형물의 양은 1000kg이다. 이 슬러지를 중력을 이용하여 농축시키고자 할 때 중력농축조의 직경은? (단, 농축조의 형태는 원형이며 깊이는 3m, 중력농축조의 고형물 부하량은 25kg/m^2·d, 비중은 1.0)

① 3.55m ② 5.10m
③ 6.72m ④ 7.14m

해설 $25=\dfrac{1000}{\dfrac{\pi\times x^2}{4}}\quad\therefore x=7.14\text{m}$

참고 고형물 부하$=\dfrac{\text{유입 고형물의 양}}{A}$

정답 44. ③ 45. ② 46. ② 47. ③ 48. ④ 49. ④

50. 수량 36000m³/d의 하수를 폭 15m, 길이 30m, 깊이 2.5m의 침전지에서 표면적 부하 40m³/m²·d의 조건으로 처리하기 위한 침전지 수는? (단, 병렬 기준)

① 2 ② 3
③ 4 ④ 5

해설 ㉠ $A = \frac{36000\text{m}^3/\text{d}}{40\text{m/d}} = 900\text{m}^2$

㉡ 침전지 개수 $= \frac{900\text{m}^2}{(30\times15)\text{m}^2/\text{개}} = 2\text{개}$

51. 아래의 공정은 A²/O 공정을 나타낸 것이다. 각 반응조의 주요 기능에 대하여 옳은 것은?

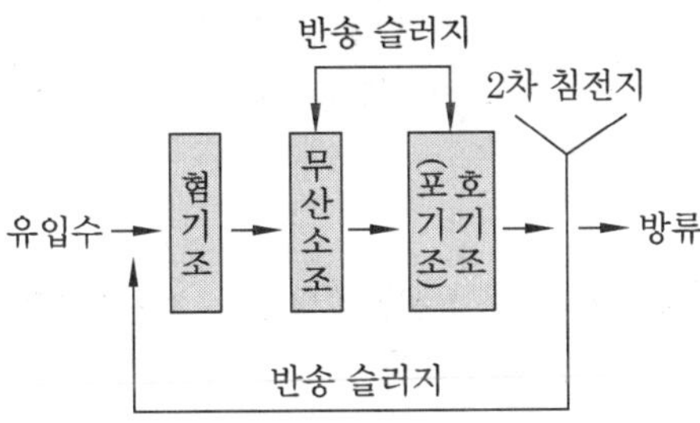

① 혐기조 : 인 방출, 무산소조 : 질산화, 포기조 : 탈질
② 혐기조 : 인 방출, 무산소조 : 탈질, 포기조 : 인 과잉섭취, 질산화
③ 혐기조 : 탈질, 무산소조 : 질산화, 포기조 : 인 방출 및 과잉섭취
④ 혐기조 : 탈질, 무산소조 : 인 과잉섭취, 포기조 : 질산화, 인 방출

52. MLSS의 농도가 1500mg/L인 슬러지를 부상법(flotation)에 의하여 농축시키고자 한다. 압축 탱크의 실제전달압력이 4기압이며 공기의 밀도를 1.3g/L, 공기의 용해량이 18.7mL/L일 때 Air/Solid(A/S)비는? (단, 유량은 300m³/d이며 처리수의 반송은 없고 f=0.5임)

① 0.008 ② 0.010
③ 0.016 ④ 0.020

해설 $\text{A/S비} = \frac{1.3\times18.7\times(0.5\times4-1)}{1500} = 0.016$

참고 유효전달압력으로 잘못 출제된 문제이다. 그래서 유효전달압력(fP)을 실제전달압력으로 문제를 수정하였다.

53. 활성슬러지 공정에서 포기조 유입 BOD가 180mg/L, SS가 180mg/L, BOD-슬러지부하가 0.6kg BOD/kg MLSS·d일 때 MLSS 농도는? (단 포기조 수리학적 체류시간은 6시간임)

① 1100mg/L ② 1200mg/L
③ 1300mg/L ④ 1400mg/L

해설 ㉠ $\text{F/M비} = \frac{\text{BOD}\cdot Q}{\text{MLSS}\cdot V} = \frac{\text{BOD}}{\text{MLSS}\cdot t}$

㉡ MLSS 농도

$= \frac{180\text{mg/L}}{0.6\text{d}^{-1}\times6\text{h}\times\text{d}/24\text{h}}$

$= 1200\text{mg/L}$

54. 펜톤산화처리방법에 관한 설명으로 틀린 것은?

① 일반적인 적정 반응 pH는 3~4.5이다.
② 펜톤시약은 철염과 과산화수소를 말한다.
③ 과산화수소수를 과량으로 첨가하면 수산화물의 침전율을 향상시킬 수 있다.
④ 폐수의 COD는 감소하지만 BOD는 증가할 수 있다.

해설 H_2O_2를 철염 주입량에 비해 상대적으로 많이 첨가할 때 발생되는 산소가 용액에 용존하지 못하고 기포상태로 떠오르면서 슬러지를 부상시키기 때문에 수산화철(Ⅲ) [$Fe(OH)_3$]의 침전에 방해가 될 수 있다.

정답 50. ① 51. ② 52. ③ 53. ② 54. ③

55. 하수고도처리 공법 중 생물학적 방법으로 질소와 인을 동시에 제거하기 위한 것은?

① Phostrip
② 4단계 Bardenpho
③ A/O
④ A^2/O

56. 염소소독의 장·단점으로 틀린 것은?

① 소독력 있는 잔류염소를 수송관거 내에 유지시킬 수 있다.
② 처리수의 총용존고형물이 감소한다.
③ 염소접촉조로부터 휘발성 유기물이 생성된다.
④ 처리수의 잔류독성이 탈염소과정에 의해 제거되어야 한다.

해설 처리수의 총용존고형물이 증가한다.

57. 아래의 조건에서 탈질반응조(anoxic basin) 체류시간은?

- 반응조로의 유입수 질산염농도(S_o) = 35mg/L
- 반응조로의 유출수 질산염농도(S) = 5mg/L
- MLVSS 농도(X) = 1500mg/L
- 온도 = 10℃
- DO = 0.1mg/L
- 20℃에서의 탈질률(R_{DN}) = 0.2/d
- K = 1.09

① 3.3h　② 4.3h
③ 5.3h　④ 6.3h

해설 ㉠ 무산소 반응조(anoxic basin)의

$$\text{체류시간} = \frac{S_0 - S}{R_{Dn} \cdot X}$$

㉡ 10℃에서의 탈질률(R_{Dn})
$= 0.2/\text{d} \times 1.09^{(10-20)} \times (1-0.1)$
$= 0.076/\text{d}$

㉢ $$t = \frac{(35-5)\text{mg/L}}{0.076/\text{d} \times \text{d}/24\text{h} \times 1500\text{mg/L}}$$
$= 6.32\text{h}$

58. 활성슬러지를 탈수하기 위하여 98%(중량비)의 수분을 함유하는 슬러지에 응집제를 가했더니 상등액과 침전슬러지의 용적비가 2 : 1이 되었다. 이때 침전슬러지의 함수율은? (단, 응집제의 양은 매우 적고, 비중은 1.0로 가정)

① 92%　② 93%
③ 94%　④ 95%

해설 ㉠ V_1을 1로 간주했을 때 V_2는 1/3이 된다.

㉡ $$\text{순도}_2 = \frac{1 \times 0.02}{1/3} = 0.06$$

㉢ 침전슬러지의 함수율 = 1 − 0.06 = 0.94 = 94%

59. 하수에서의 생물학적 질소 제거에 대한 설명으로 틀린 것은?

① 탈질을 위해서는 유기탄소가 필요하다.
② 부유성장 탈질 반응기에서의 전형적인 수리학적 체류시간은 5~6시간이다.
③ 질산화 미생물의 성장속도는 온도와 기타의 환경적 변수에 강하게 의존한다.
④ 탈질화는 알칼리도의 순생성을 나타내며 탈질을 위한 최적 pH는 6~8이다.

해설 부유성장 탈질 반응기에서의 전형적인 수리학적 체류시간은 2~3시간이다.

참고 부유성장 방식의 탈질공정은 활성슬러지 공정이다. 미생물은 반응기 내에 부유상태로 유지 교반되며, 침전조에서 침전된 후 대부분의 침전된 미생물은 반응기로 다시 반송된다. 표준 활성슬러지 공정에서 산소는 폐수 중의 탄소물질의 호기성 산화를 위한 전자수용체로 작용하게 된다. 탈질공정에서는 질산은 전자수용체로 작용하며, 메

정답　55. ④　56. ②　57. ④　58. ③　59. ②

탄올은 탄소원으로 작용하도록 반응기에 공급된다. 반응기를 통하여 일정한 흐름은 평균 체류시간이 2~3시간으로 운전된다. 탈질조 후단에 포기조가 반드시 필요한데 이는 탈질과정에서 발생하는 질소가스를 탈기하고, 잔류하고 있는 메탄올을 산화시키기 위한 것이다.

60. 폐수 내 함유된 NH_4^+ 36mg/L를 제거하기 위하여 이온교환능력이 100g $CaCO_3/m^3$인 양이온 교환수지를 이용하여 1000m^3의 폐수를 처리하고자 할 때 필요한 양이온 교환수지의 부피는?

① 1000m^3 ② 2000m^3
③ 3000m^3 ④ 4000m^3

해설 수지의 부피

$$= \frac{36 \times 1000 \times 50/18}{100} = 1000\text{m}^3$$

제4과목 수질오염공정시험기준

61. 페놀류 측정 시 적색의 안티피린계 색소의 흡광도를 측정하는 방법 중 클로로폼 용액에서는 몇 nm에서 측정하는가?

① 460nm ② 480nm
③ 510nm ④ 540nm

해설 수용액에서는 510nm, 클로로폼 용액에서는 460nm에서 측정한다.

62. 식물성플랑크톤을 현미경계수법으로 측정할 때 분석기기 및 기구에 관한 내용으로 틀린 것은?

① 광학현미경 혹은 위상차 현미경 : 1000배율까지 확대 가능한 현미경을 사용한다.
② 대물마이크로미터 : 눈금이 새겨져 있는 평평한 판으로, 현미경으로 물체의 길이를 측정하고자 할 때 쓰는 도구로 접안마이크로미터 한 눈금의 길이를 계산하는 데 사용한다.
③ 혈구계수기 : 슬라이드글라스의 중앙에 격자모양의 계수구역이 상하 2개로 구분되어 있으며, 계수구역에는 격자모양으로 구분되어 있어 각 격자 구역 내의 침전된 조류를 계수한 후 mL당 총 세포수를 환산한다.
④ 접안마이크로미터 : 평평한 유리에 새겨진 눈금으로 접안렌즈에 부착하여 대물마이크로미터 길이 환산에 적용한다.

해설 접안마이크로미터(ocular micrometer) : 둥근 유리에 새겨진 눈금으로 접안렌즈에 부착하여 사용한다. 현미경으로 물체의 길이를 측정할 때 사용한다.

63. 전기전도도 측정계에 관한 내용으로 옳지 않는 것은?

① 전기전도도 셀은 항상 수중에 잠긴 상태에서 보존하여야 하며 정기적으로 점검한 후 사용한다.
② 전도도 셀은 그 형태, 위치, 전극의 크기에 따라 각각 자체의 셀 상수를 가지고 있다.
③ 검출부는 한 쌍의 고정된 전극(보통 백금 전극 표면에 백금흑도금을 한 것)으로 된 전도도 셀 등을 사용한다.
④ 지시부는 직류 휘트스톤브리지 회로나 자체 보상회로로 구성된 것을 사용한다.

해설 전기전도도 측정계
지시부와 검출부로 구성되어 있으며, 지시부는 교류 휘트스톤브리지(wheatstonebridge) 회로나 연산 증포기 회로 등으로 구성된 것

2015

정답 60. ① 61. ① 62. ④ 63. ④

을 사용하며, 검출부는 한 쌍의 고정된 전극(보통 백금 전극 표면에 백금흑도금을 한 것)으로 된 전도도 셀 등을 사용한다.

64. 용존산소(DO) 측정 시 시료가 착색, 현탁된 경우에 사용하는 전처리시약은?

① 칼륨명반용액, 암모니아수
② 황산구리, 술퍼민산용액
③ 황산, 불화칼륨용액
④ 황산제이철용액, 과산화수소

65. 다음 pH 표준액 중 pH 값이 가장 높은(큰) 값을 나타내는 표준액은?

① 프탈산염 표준액 ② 수산염 표준액
③ 탄산염 표준액 ④ 붕산염 표준액

66. 수질오염물질의 농도표시 방법에 대한 설명으로 적절치 않은 것은?

① 백만분율을 표시할 때는 ppm 또는 mg/L의 기호를 쓴다.
② 십억분율을 표시할 때는 $\mu g/m^3$ 또는 ppb의 기호를 쓴다.
③ 용액의 농도를 %로만 표시할 때는 W/V%를 말한다.
④ 십억분율은 1ppm의 1/1000이다.

해설 십억분율을 표시할 때는 μg/L 또는 ppb의 기호를 쓴다.

67. 원자흡수분광광도법의 간섭에 관한 사항 중 틀린 것은?

① 분석에 사용하는 스펙트럼선이 다른 인접선과 완전히 분리되지 않은 경우에는 표준시료와 분석시료의 조성을 더욱 비슷하게 하면 간섭의 영향을 피할 수 있다.
② 화학적 간섭은 불꽃의 온도가 분자를 들뜬 상태로 만들기에 충분히 높지 않아서, 해당 파장을 흡수하지 못하여 발생한다.
③ 물리적 간섭은 표준물질과 시료의 매질 차이에 의해 발생한다.
④ 이온화 간섭은 불꽃온도가 너무 높을 경우 중성원자에서 전자를 빼앗아 이온이 생성될 수 있으며 이 경우 음(−)의 오차가 발생하게 된다.

해설 분석에 사용하는 스펙트럼선이 다른 인접선과 완전히 분리되지 않은 경우에는 다른 분석선을 사용하여 재분석하는 것이 좋다.

참고 광학적 간섭

1. 분석하고자 하는 원소의 흡수파장과 비슷한 다른 원소의 파장이 서로 겹쳐 비이상적으로 높게 측정되는 경우이다. 또는 다중원소램프 사용 시 다른 원소로부터 공명 에너지나 속빈 음극램프의 금속 불순물에 의해서도 발생한다. 이 경우 슬릿 간격을 좁힘으로써 간섭을 배제할 수 있다.
2. 시료 중에 유기물의 농도가 높을 경우 이들에 의한 복사선 흡수가 일어나 양(+)의 오차를 유발하게 되므로 바탕선 보정(background correction)을 실시하거나 분석 전에 유기물을 제거하여야 한다.
3. 용존 고체 물질 농도가 높으면 빛 산란 등 비원자적 흡수현상이 발생하여 간섭이 발생할 수 있다. 바탕 값이 높아서 보정이 어려울 경우 다른 파장을 선택하여 분석한다.

68. 다음 측정항목 중 시료의 보존방법이 다른 것은?

① 유기인
② 화학적산소요구량
③ 암모니아성 질소
④ 노말헥산추출물질

해설 유기인 : 4℃ 보관, HCl로 pH 5~9

정답 64. ① 65. ③ 66. ② 67. ① 68. ①

참고 화학적산소요구량, 암모니아성 질소, 노말헥산추출물질 : 4℃, H_2SO_4로 pH 2 이하

69. 자외선/가시선 분광법으로 폐수 중 크롬을 분석할 때 사용하지 않는 시약은?

① 과망간산칼륨
② 암모니아수
③ 황산제이철암모늄
④ 아자이드화나트륨

해설 ㉠ 메틸오렌지 지시약 3~4방울을 첨가한 다음, 시료의 색이 노란색을 나타낼 때까지 암모니아수를 가한다.
㉡ 한 방울씩 단계적으로 과망간산칼륨용액(4%)을 가하여 진한 붉은색이 나타나도록 한다. 붉은색이 나타나면 부가적으로 2방울의 과망간산칼륨용액(4%)을 가한 다음 2분간 끓인다.
㉢ 1mL의 아자이드화나트륨 용액을 가하고 계속 가열한다. 약 30초를 가열해서 붉은색이 없어지지 않으면 1mL의 아자이드화나트륨을 부가적으로 가한다.

70. 다음은 이온전극법에 관한 설명이다. ( ) 안에 옳은 내용은?

> 이온전극은 (이온전극 | 측정용액 | 비교전극)의 측정계에서 측정대상 이온에 감응하여( )에 따라 이온활량에 비례하는 전위차를 나타낸다.

① 네른스트 식　② 페러데이 식
③ 플레밍 식　④ 아레니우스 식

해설 이온전극은 [이온전극 | 측정용액 | 비교전극]의 측정계에서 측정대상 이온에 감응하여 네른스트 식에 따라 이온활량에 비례하는 전위차를 나타낸다.

71. 다음은 기체크로마토그래피에 의한 알킬수은의 분석방법이다. ( ) 안에 알맞은 것은?

> 알킬수은화합물을 (㉮)으로 추출하여 (㉯)에 선택적으로 역추출하고 다시 (㉮)으로 추출하여 기체크로마토그래프로 측정하는 방법이다.

① ㉮ 헥산, ㉯ 염화메틸수은용액
② ㉮ 헥산, ㉯ 크로모졸브용액
③ ㉮ 벤젠, ㉯ 펜토에이트용액
④ ㉮ 벤젠, ㉯ L-시스테인용액

72. 유도결합플라스마 원자발광분광법에서 적용하는 정량방법과 가장 거리가 먼 것은?

① 넓이백분율법　② 표준첨가법
③ 내표준법　④ 검량선법

해설 넓이백분율법은 기체크로마토그래피에서 적용하는 정량방법이다.

73. 총 노말헥산추출물질 시험방법에서 시료에 넣어 주는 지시약과 염산(1+1)을 넣어 조절해야 하는 pH 범위로 가장 적합한 것은?

① 메틸렌블루용액(0.1W/V%), pH 5.5 이하
② 메틸레드용액(0.1W/V%), pH 5.5 이하
③ 메틸오렌지용액(0.1W/V%), pH 4 이하
④ 메틸레드용액(0.1W/V%), pH 4 이하

해설 시료적당량(노말헥산 추출물질로서 5~200mg 해당량)을 분별깔때기에 넣고 메틸오렌지용액(0.1%) 2~3방울을 넣고 황색이 적색으로 변할 때까지 염산(1+1)을 넣어 시료의 pH를 4 이하로 조절한다.

74. 시료의 전처리를 위해 회화로를 사용하여 시료 중의 유기물을 분해시키고자 한다. 회화로의 온도로 가장 적정한 것은?

① 350℃　② 450℃
③ 550℃　④ 650℃

해설 시료 적당량(100~500mL)을 취하여 백

2015

정답 69. ③ 70. ① 71. ④ 72. ① 73. ③ 74. ②

금, 실리카 또는 자제증발접시에 넣고 물중탕 또는 열판에서 가열하여 증발 건고한다. 용기를 회화로에 옮기고 400~500℃에서 가열하여 잔류물을 회화시킨 다음 냉각하고 염산(1+1) 10mL를 넣어 열판에서 가열한다.

75. **0.1mgN/mL농도의 NH_3-N 표준원액을 1L 조제하고자 할 때 요구되는 NH_4Cl의 양은? (단, NH_4Cl의 M.W=53.5)**

① 227mg/L ② 382mg/L
③ 476mg/L ④ 591mg/L

해설 $\frac{0.1\text{mg}}{\text{mL}} \times \frac{1000\text{mL}}{\text{L}} \times \frac{53.5\text{g}}{14\text{g}}$
$= 382.14\text{mg/L}$

76. **알킬수은화합물을 기체크로마토그래피에 따라 정량할 때 사용하는 검출기로 가장 적절한 것은?**

① 불꽃광도형 검출기(FPD)
② 전자포획형 검출기(ECD)
③ 불꽃열이온화 검출기(FTD)
④ 열전도도 검출기(TCD)

77. **수질분석용 시료 채취 시 유의 사항과 가장 거리가 먼 것은?**

① 채취용기는 시료를 채우기 전에 깨끗한 물로 3회 이상 씻은 다음 사용한다.
② 유류 또는 부유물질 등이 함유된 시료는 시료의 균일성이 유지될 수 있도록 채취하여야 하며 침전물 등이 부상하여 혼입되어서는 안 된다.
③ 용존가스, 환원성 물질 휘발성 유기화합물, 냄새, 유류 및 수소이온 등을 측정하는 시료는 시료용기에 가득 채워져야 한다.
④ 시료 채취량은 보통 3~5L 정도이어야 한다.

해설 채취용기는 시료를 채우기 전에 시료로 3회 이상 씻은 다음 사용한다.

78. **다이에틸다이티오가르바민산법을 적용한 구리 측정에 관한 설명으로 틀린 것은?**

① 시료의 전처리를 하지 않고 직접 시료를 사용하는 경우, 시료 중에 시안화합물이 함유되어 있으면 염산 산성으로 하여서 끓여 시안화물을 완전히 분해 제거한 다음 시험한다.
② 비스머스(Bi)가 구리의 양보다 2배 이상 존재할 경우에는 청색을 나타내어 방해한다.
③ 무수황산나트륨 대신 건조 거름종이를 사용하여 여과하여도 된다.
④ 추출용매는 초산부틸 대신 사염화탄소, 클로로포름, 벤젠 등을 사용할 수 있다.

해설 비스머스(Bi)가 구리의 양보다 2배 이상 존재할 경우에는 황색을 나타내어 방해한다.

79. **수은의 분석 시 냉증기-원자흡수분광광도법에 사용하는 환원기화장치의 환원용기에 주입하는 용액은?**

① 이염화주석
② 염화제일철용액
③ 황산제일철용액
④ 염산히드록실아민용액

80. **수질측정항목과 시료 최대보존기간이 잘못 연결된 것은?**

① 생물화학적산소요구량 – 48시간
② 용존 총인 – 48시간

정답 75. ② 76. ② 77. ① 78. ② 79. ① 80. ②

③ 6가크롬 - 24시간
④ 분원성 대장균군 - 24시간

해설 용존 총인 - 28일

제5과목 수질환경관계법규

81. **배출시설에 대한 일일기준초과배출량 산정 시 적용되는 일일유량 산정식 중 일일조업시간에 대한 내용으로 맞는 것은?**

① 일일조업시간은 측정하기 전 최근 조업한 3개월간의 배출시설의 조업시간의 평균치로서 분으로 표시한다.
② 일일조업시간은 측정하기 전 최근 조업한 3개월간의 배출시설의 조업시간의 평균치로서 시간으로 표시한다.
③ 일일조업시간은 측정하기 전 최근 조업한 30일간의 배출시설의 조업시간의 평균치로서 분으로 표시한다.
④ 일일조업시간은 측정하기 전 최근 조업한 30일간의 배출시설의 조업시간의 평균치로서 시간으로 표시한다.

참고 법 제41조 시행령 별표 15 참조

82. **사업장별 환경기술인의 자격기준에 관한 설명으로 틀린 것은?**

① 대기환경기술인으로 임명된 자가 수질환경기술인의 자격을 함께 갖춘 경우에는 수질환경기술인을 겸임할 수 있다.
② 연간 90일 미만 조업하는 제1종부터 제3종까지의 사업장은 제4종 사업장, 제5종 사업장에 해당하는 환경기술인을 선임할 수 있다.
③ 공동방지시설의 경우에는 폐수배출량이 제4종 또는 제5종 사업장의 규모에 해당하면 제3종 사업장에 해당하는 환경기술인을 두어야 한다.
④ 제1종 또는 제2종 사업장 중 3개월간 실제 작업한 날만을 계산하여 1일 평균 17시간 이상 작업한 경우에는 환경기술인을 각각 2명 이상 두어야 한다.

해설 제1종 또는 제2종 사업장 중 1개월간 실제 작업한 날만을 계산하여 1일 평균 17시간 이상 작업한 경우에는 환경기술인을 각각 2명 이상 두어야 한다. (2017년 내용 삭제)

참고 법 제47조 시행령 별표 17 참조

83. **측정기기의 부착 대상 및 종류 중 부대시설에 해당되는 것으로 옳게 짝지은 것은?**

① 자동시료채취기, 자료수집기
② 자동측정분석기기, 자동시료채취기
③ 용수적산유량계, 전산전력계
④ 하수, 폐수적산유량계, 적산전력계

참고 법 제38조의2 시행령 별표 7 참조

84. **사업장의 규모별 구분에 관한 내용으로 옳지 않은 것은?**

① 1일 폐수배출량이 800m^3인 사업장은 제2종 사업장이다.
② 1일 폐수배출량이 1800m^3인 사업장은 제2종 사업장이다.
③ 사업장 규모별 구분은 최근 조업한 30일간의 평균배출량을 기준으로 한다.
④ 최초 배출시설 설치허가 시의 폐수배출량은 사업계획에 따른 예상용수사용량을 기준으로 산정한다.

해설 사업장 규모별 구분은 1년 중 가장 많이 배출한 날을 기준으로 정한다.

참고 법 제41조 시행령 별표 13 참조

85. **시도지사가 오염총량관리기본계획의 승인을 받으려는 경우, 오염총량관리기본계획안**

정답 81. ③ 82. ④ 83. ① 84. ③ 85. ③

에 첨부하여 환경부장관에게 제출하여야 하는 서류와 가장 거리가 먼 것은?

① 유역환경의 조사, 분석 자료
② 오염원인의 자연증감에 관한 분석 자료
③ 오염총량관리 계획 목표에 관한 자료
④ 오염부하량의 저감계획을 수립하는 데에 사용한 자료

참고 법 제4조의3 참조

86. 사업자 및 배출시설과 방지시설에 종사하는 자는 배출시설과 방지시설의 정상적인 운영, 관리를 위한 환경기술인의 업무를 방해하여서는 아니 되며, 그로부터 업무수행에 필요한 요청을 받은 때에는 정당한 사유가 없으면 이에 따라야 한다. 이 규정을 위반하여 환경기술인의 업무를 방해하거나 환경기술인의 요청을 정당한 사유 없이 거부한 자에 대한 벌칙기준은?

① 100만원 이하의 벌금
② 200만원 이하의 벌금
③ 300만원 이하의 벌금
④ 500만원 이하의 벌금

참고 법 제80조 참조

87. 폐수처리업자의 준수사항으로 틀린 것은?

① 증발농축시설, 건조시설, 소각시설의 대기오염물질 농도를 매월 1회 자가측정하여야 하며 분기마다 악취에 대한 자가측정을 실시하여야 한다.
② 처리 후 발생하는 슬러지의 수분함량은 85% 이하이어야 하며 처리는 폐기물관리법에 따라 적정하게 처리하여야 한다.
③ 수탁한 폐수는 정당한 사유 없이 5일 이상 보관할 수 없으며 보관폐수의 전체량이 저장시설 저장능력의 80% 이상 되게 보관하여서는 안 된다.
④ 기술인력을 그 해당 분야에 종사하도록 하여야 하며 폐수처리시설을 16시간 이상 가동할 경우에는 해당 처리시설의 현장 근무 2년 이상의 경력자를 작업현장에 책임 근무하도록 하여야 한다.

해설 수탁한 폐수는 정당한 사유 없이 10일 이상 보관할 수 없으며 보관폐수의 전체량이 저장시설 저장능력의 90% 이상 되게 보관하여서는 안 된다.

참고 법 제62조 시행규칙 별표 21 참조

88. 비점오염저감시설 중 장치형 시설이 아닌 것은?

① 생물학적 처리형 시설
② 응집·침전 처리형 시설
③ 와류형 시설
④ 침투형 시설

참고 법 제2조 시행규칙 별표 6 참조

89. 시·도지사가 오염총량관리기본계획 수립 시 포함하여야 하는 사항과 가장 거리가 먼 것은?

① 해당 지역 개발계획의 내용
② 관할 지역의 오염원 현황
③ 지방자치단체별·수계구간별 오염부하량의 할당
④ 관할 지역 개발계획으로 인하여 추가로 배출되는 오염부하량 및 그 저감계획

참고 법 제4조의3 참조

90. 수질 및 수생태계 환경기준(하천) 중 사람의 건강보호를 위한 기준값으로 옳은 것은?

① 카드뮴 : 0.02mg/L 이하
② 사염화탄소 : 0.04mg/L 이하

정답 86. ① 87. ③ 88. ④ 89. ② 90. ④

③ 6가크롬 : 0.01mg/L 이하
④ 납(Pb) : 0.05mg/L 이하

해설 ㉠ 카드뮴 : 0.005mg/L 이하
㉡ 사염화탄소 : 0.004mg/L 이하
㉢ 6가크롬 : 0.05mg/L 이하

참고 환경정책기본법 시행령 별표 1 참조

91. 규정에 의한 등록 또는 변경등록을 하지 아니하고 폐수처리업을 한 자에 대한 벌칙기준은?

① 5년 이하의 징역 또는 3천만원 이하의 벌금
② 3년 이하의 징역 또는 2천만원 이하의 벌금
③ 2년 이하의 징역 또는 1천5만원 이하의 벌금
④ 1년 이하의 징역 또는 1천만원 이하의 벌금

참고 법 제78조 참조

92. 하천 수질 및 수생태계 상태의 생물등급이 [매우 좋음~좋음]인 경우, 생물 지표종(어류)으로 옳은 것은?

① 쉬리 ② 쏘가리
③ 은어 ④ 금강모치

해설 쉬리, 쏘가리, 은어는 [좋음~보통] 등급에서 서식한다.

참고 환경정책기본법 시행령 별표 1 참조

93. 다음 중 특정수질유해물질이 아닌 것은?

① 1,1-디클로로에틸렌
② 브로모포름
③ 아크릴로니트릴
④ 2,4-다이옥신

참고 법 제2조 시행규칙 별표 3 참조

94. 배출시설 변경신고에 따른 가동시작 신고의 대상과 가장 거리가 먼 것은?

① 폐수배출량이 신고 당시보다 100분의 50 이상 증가되는 경우
② 배출시설에 설치된 방지시설의 폐수처리방법을 변경하는 경우
③ 배출시설에서 배출허용기준보다 적게 발생한 오염물질로 인해 개선이 필요한 경우
④ 방지시설 설치면제기준에 따라 방지시설을 설치하지 아니한 배출시설에 방지시설을 새로 설치하는 경우

해설 배출시설에서 배출허용기준을 초과하는 새로운 수질오염물질이 발생되어 배출시설 또는 방지시설의 개선이 필요한 경우

참고 시행령 제34조(변경신고에 따른 가동시작 신고의 대상)

1. 폐수배출량이 신고 당시보다 100분의 50 이상 증가하는 경우
2. 배출시설에서 배출허용기준을 초과하는 새로운 수질오염물질이 발생되어 배출시설 또는 방지시설의 개선이 필요한 경우
3. 배출시설에 설치된 방지시설의 폐수처리방법을 변경하는 경우
4. 방지시설을 설치하지 아니한 배출시설에 방지시설을 새로 설치하는 경우

95. 일일기준초과 배출량 산정 시 적용되는 일일유량의 산정방법은 [측정유량×일일조업시간]이다. 측정 유량의 단위는?

① 초당 리터 ② 분당 리터
③ 시간당 리터 ④ 일당 리터

참고 법 제41조 시행령 별표 15 참조

96. 기본부과금의 지역별 부과계수로 적합하지 않은 것은?

① 청정지역 : 1.5 ② 가지역 : 1

2015

정답 91. ④ 92. ④ 93. ④ 94. ③ 95. ② 96. ②

③ 나지역 : 1 ④ 특례지역 : 1

참고 법 제41조 시행령 별표 10 참조

97. 배출시설의 설치를 제한할 수 있는 지역의 범위 기준으로 틀린 것은?

① 취수시설이 있는 지역
② 환경정책기본법 제38조에 따라 수질 보전을 위해 지정·고시한 특별대책지역
③ 수도법 제7조의2 제1항에 따라 공장의 설립이 제한되는 지역
④ 수질보전을 위해 지정·고시한 특별대책지역의 하류지역

해설 수질보전을 위해 지정·고시한 특별대책지역의 상류지역

참고 법 제33조 ⑥항 참조

98. 다음은 과징금에 관한 내용이다. ( ) 안에 옳은 내용은?

> 환경부장관은 폐수처리업의 등록을 한 자에 대하여 영업정지를 명하여야 하는 경우로서 그 영업정지가 주민의 생활 그 밖의 공익에 현저한 지장을 초래할 우려가 있다고 인정되는 경우에는 영업정지 처분에 갈음하여 ( )의 과징금을 부과할 수 있다.

① 1억원 이하 ② 2억원 이하
③ 3억원 이하 ④ 5억원 이하

참고 법 제66조 참조

99. 다음의 수질오염방지시설 중 물리적 처리시설에 해당되지 않는 것은?

① 유수분리시설
② 혼합시설
③ 침전물 개량시설
④ 응집시설

참고 법 제2조 시행규칙 별표 5 참조

100. 물환경 보전에 관한 법률상 용어의 정의로 옳지 않은 것은?

① 폐수라 함은 물에 액체성 또는 고체성의 수질오염물질이 섞여 있어 그대로는 사용할 수 없는 물을 말한다.
② 수질오염물질이라 함은 수질오염의 요인이 되는 물질로서 환경부령이 정하는 것을 말한다.
③ 폐수무방류배출시설이라 함은 폐수배출시설에서 발생하는 폐수를 위탁하여 공공수역으로 배출하지 아니하는 시설을 말한다.
④ 기타 수질오염원이라 함은 점오염원 및 비점오염원으로 관리되지 아니하는 수질오염물질을 배출하는 시설 또는 장소로서 환경부령이 정하는 것을 말한다.

해설 폐수무방류배출시설이라 함은 폐수배출시설에서 발생하는 폐수를 당해 사업장 안에서 수질오염방지시설을 이용하여 처리하거나 동일 배출시설에 재이용하는 등 공공수역으로 배출하지 아니하는 폐수배출시설을 말한다.

참고 법 제2조 참조

정답 97. ④ 98. ② 99. ③ 100. ③

2015년 5월 31일 시행

자격종목 및 등급(선택분야)	종목코드	시험시간	문제지형별	수검번호	성 명
수질환경기사	**2572**	**2시간**	**A**		

제1과목 수질오염개론

1. 진핵세포에 대한 설명으로 틀린 것은?

① 세포핵에 1개의 염색체를 가지고 있다.
② 유사분열을 한다.
③ 몇 개의 DNA 분자로 되어 있다.
④ 세포벽은 두껍거나 없다.

해설 세포핵에 1개 이상의 염색체를 가지고 있다.

참고 진핵세포의 DNA는 염색체라고 불리는 하나 혹은 그 이상의 직선 분자 구조로 되어 있다.

2. 다음 중 수질모델링을 위한 절차에 해당하는 항목으로 거리가 먼 것은?

① 변수추정
② 수질예측 및 평가
③ 보정
④ 감응도 분석

해설 수질모델링 절차
모형의 개발, 선정 → 보정 → 검증 → 감응도 분석 → 수질예측과 평가

3. 하천 모델 중 다음의 특징을 가지는 것은?

- 유속, 수심, 조도계수에 의한 확산계수 결정
- 하천과 대기 사이의 열복사, 열교환 고려
- 음해법으로 미분방정식의 해를 구함

① QUAL–1　　② WQRRS
③ DO SAG–1　　④ HSPE

4. 건조고형물량이 3000kg/d인 생슬러지를 저율혐기성소화조로 처리한다. 휘발성고형물은 건조고형물의 70%이고 휘발성고형물의 60%는 소화에 의해 분해된다. 소화된 슬러지의 총고형물은 몇 kg/d인가?

① 1040kg/d　　② 1740kg/d
③ 2040kg/d　　④ 2440kg/d

해설 $3000\text{kg/d} \times (0.7 \times 0.4 + 0.3)$
$= 1740\text{kg/d}$

참고 소화슬러지는 분해되고 남는 유기물과 무기물로 구성된다.

5. 황산염에 관한 설명으로 옳지 않은 것은?

① 황산이온은 자연수 속에 들어 있는 주요 음이온이다.
② 용존산소와 질산염이 존재하지 않는 환경에서 황산이온은 수소원(전자공여체)으로 사용된다.
③ 황산이온이 과다하게 포함된 수돗물을 마시면 설사를 일으킨다.
④ 황산이온이 혐기성 상태에서 환원되어 생성되는 황화수소로 인하여 악취문제가 발생한다.

해설 용존산소와 질산염이 존재하지 않는 환경에서 황산이온은 산소원(전자수용체)으로 사용된다.

6. 유출, 유입량 $5000m^3/d$, 저수량이 $500000m^3$인 호수에 A 공장의 폐수가 일시적으로 방류

정답 1. ① 2. ① 3. ① 4. ② 5. ② 6. ③

되어 호수의 BOD 농도가 100mg/L로 되었다. 이 호수의 BOD 농도가 1mg/L로 저하되려면 얼마의 기간이 필요한가? (단, 일시적으로 유입된 공장 폐수 외의 BOD 유입은 없으며 호수는 완전혼합 반응조, 1차 반응으로 가정함)

① 230일 ② 330일
③ 460일 ④ 560일

해설 $\ln\frac{1}{100}=-\left(\frac{5000}{500000}\right)\times x$

$\therefore x=460.52\text{d}$

참고 $\ln\frac{C_t}{C_0}=-\left(\frac{Q}{V}\right)\times t$

7. 해수의 성분에 관한 설명으로 틀린 것은?

① 해수의 염분은 무역풍대 해역보다 적도 해역이 낮다.
② Cl^-은 해수에 녹아 있는 성분 중 가장 많은 양을 차지한다.
③ 해수 내 성분 중 나트륨 다음으로 가장 많은 성분을 차지하는 것은 칼륨이다.
④ 해수 내 전체 질소 중 35% 정도는 암모니아성 질소, 유기질소 형태이다.

해설 해수 내 성분 중 나트륨 다음으로 가장 많은 성분을 차지하는 것은 황산염이다.

8. 수은(Hg)에 관한 설명으로 옳지 않은 것은?

① 아연정련업, 도금공장, 도자기제조업에서 주로 발생한다.
② 대표적인 만성질환으로는 미나마타병, 헌터-루셀 증후군 등이 있다.
③ 유기수은은 금속상태의 수은보다 생물체내에서 흡수력이 강하다.
④ 상온에서 액체상태로 존재하며 인체에 노출 시 중추신경계에 피해를 준다.

해설 수은의 배출원은 전해소다공장(NaOH 제조를 위한 전해 수은법과정), 농약공장, 금속광산, 정련공장, 도료, 의약공장 등이다.

9. 수원의 종류 중 지하수에 관한 설명으로 틀린 것은?

① 수온 변동이 적고 탁도가 낮다.
② 미생물이 없고 오염물이 적다.
③ 유속이 빠르고, 광역적인 환경조건의 영향을 받아 정화되는 데 오랜 기간이 소요된다.
④ 무기염류 농도와 경도가 높다.

해설 유속이 느리고, 국지적인 환경조건의 영향을 받아 정화되는 데 오랜 기간이 소요된다.

참고 '탁도가 높다'로 잘못 출제된 문제이다. 그래서 ①을 '수온 변동이 적고 탁도가 낮다'로 수정하였다.

10. 어떤 하천수의 수온은 10℃이다. 20℃의 탈산소계수 K(상용대수)가 0.1/d일 때 최종 BOD에 대한 BOD_6의 비는? [단, $K_T=K_{20}\times 1.047^{(T-20)}$, BOD_6/최종 BOD]

① 0.42 ② 0.58
③ 0.63 ④ 0.83

해설 $\frac{BOD_6}{BOD_u}=1-10^{-[0.1\times 1.047^{10-20}]\times 6}=0.58$

11. 어떤 시료의 생물학적 분해 가능 유기물질의 농도가 37mg/L이며, 경험적인 분자식을 $C_6H_{11}ON_2$라고 할 때 이 물질의 이론적 최종 BOD는?

$C_6H_{11}ON_2+(a)O_2 \rightarrow$
$(b)CO_2+(c)H_2O+(d)NH_3$

① 63mg/L ② 83mg/L
③ 103mg/L ④ 123mg/L

정답 7. ③ 8. ① 9. ③ 10. ② 11. ①

해설 ㉠ $C_6H_{11}ON_2 + 13.5/2O_2 \rightarrow 6CO_2 + 5/2H_2O + 2NH_3$

㉡ 최종 $BOD = 37mg/L \times \frac{(13.5/2) \times 32g}{127g} = 62.93mg/L$

12. pH 7인 물에서 CO_2의 해리상수는 4.3×10^{-7}이고 $[HCO_3^-] = 4.3 \times 10^{-2}$mol/L일 때 CO_2의 농도는?

① 1mg/L ② 10mg/L
③ 44mg/L ④ 440mg/L

해설 ㉠ $CO_2 + H_2O \leftrightarrows HCO_3^{-1} + H^+$

$K = \frac{[H^+][HCO_3^-]}{[CO_2][H_2O]}$ 에서

$[CO_2] = \frac{10^{-7} \times 4.3 \times 10^{-2}}{4.3 \times 10^{-7}} = 0.01mol/L$

㉡ CO_2의 농도(mg/L)

$= \frac{0.01mol}{L} \times \frac{44g}{mol} \times \frac{10^3mg}{g}$

$= 440mg/L$

13. 완충용액에 대한 설명으로 틀린 것은?

① 완충용액의 작용은 화학평형원리로 쉽게 설명된다.
② 완충용액은 한도 내에서 산을 기했을 때 pH에 약간의 변화만 준다.
③ 완충용액은 보통 약산과 그 약산의 짝염기의 염을 함유한 용액이다.
④ 완충용액은 보통 강염기와 그 염기의 강산의 염이 함유된 용액이다.

해설 완충용액은 약한 산에 그 약한 산의 강알칼리염을 넣은 용액이나, 약한 염기에 그 약한 염기의 강산염을 함유한 용액이다.

14. 아래와 같은 폐수의 생물학적으로 분해가 불가능한 불용성 COD는? (단, $BOD_u/BOD_5 = 1.5$, COD = 1583mg/L, SCOD = 948mg/L, BOD_5 = 659mg/L, $SBOD_5$ = 484mg/L임)

① 816.5mg/L ② 574.5mg/L
③ 372.5mg/L ④ 235.5mg/L

해설 $(1583 - 948) - (659 - 484) \times 1.5 = 372.5mg/L$

참고 $NBDICOD = ICOD - IBOD_u = (COD - SCOD) - (BOD - SBOD) \times K$

15. 완전혼합 흐름 상태에 관한 설명 중 옳은 것은?

① 분산이 1일 때 이상적 완전혼합 상태이다.
② 분산수가 0일 때 이상적 완전혼합 상태이다.
③ Morrill 지수의 값이 1에 가까울수록 이상적 완전혼합 상태이다.
④ 지체시간이 이론적 체류시간과 동일할 때 이상적 완전혼합 상태이다.

해설 Morrill 지수가 1인 경우 이상적인 plug flow이며 값이 커질수록 완전혼합 상태이다.

16. 반감기가 3일인 방사성 폐수의 농도가 10mg/L라면 감소속도정수(d^{-1})는? (단, 1차 반응속도 기준, 자연대수 기준)

① 0.132 ② 0.231
③ 0.326 ④ 0.430

해설 $\ln\frac{1}{2} = -x \times 3 \quad \therefore x = 0.231d^{-1}$

참고 $\ln\frac{C_t}{C_0} = -K \cdot t$

17. 하천수의 단위시간당 산소전달계수(K_{La})를 측정코자 하천수의 용존산소(DO) 농도를 측정하니 12mg/L였다. 이때 용존산소의 농도를 완전히 제거하기 위하여 투입하는 Na_2SO_3의 이론적 농도는? (단, 원자량은 Na : 23,

2015

정답 12. ④ 13. ④ 14. ③ 15. ① 16. ② 17. ④

S : 32, O : 16)

① 약 63mg/L ② 약 74mg/L
③ 약 84mg/L ④ 약 95mg/L

해설 $Na_2SO_3 + 1/2O_2 \rightarrow Na_2SO_4$

$$\therefore 12\text{mg/L} \times \frac{126}{\frac{1}{2} \times 32} = 94.5\text{mg/L}$$

18. 세균(Bacteria)의 경험적 분자식으로 옳은 것은?

① $C_5H_8O_2N$ ② $C_5H_7O_2N$
③ $C_7H_8O_5N$ ④ $C_8H_9O_5N$

19. 지표수와 비교한 지하수 특성으로 틀린 것은?

① 수온변동이 적고 자정속도가 느리다.
② 지표수에 비해 염류의 함량이 크다.
③ 미생물이 없고, 오염물이 적다.
④ 지층 및 지역별로 수질차이가 크다.

해설 지층 및 지역별로 수질차이가 작다.

20. 미생물의 세포증식과 관련한 Monod 형태의 식을 나타낸 것으로 틀린 것은?

$$\mu = \mu_m \frac{S}{K_S + S}$$

① μ는 비성장률로 단위는 시간$^{-1}$이다.
② μ_m는 최대 비성장률로 단위는 시간$^{-1}$이다.
③ S는 기질의 감소률(상수)로 단위는 무차원이다.
④ K_s는 반속도 상수로 최대성장률이 1/2일 때의 기질의 농도이다.

해설 S는 성장제한 기질의 농도로 단위는 질량을 단위부피로 나눈 것으로 쓸 수 있다.

제2과목 상하수도계획

21. 상수처리시설 중 플록형성지의 플록형성 표준시간은? (단, 계획정수량 기준)

① 5～10분간 ② 10～20분간
③ 20～40분간 ④ 40～60분간

22. 상수 수원인 복류수에 관한 내용으로 틀린 것은?

① 취수량이 증가하면 자연여과 효율이 높아져 취수량 변화에 따른 수질 변화는 적어진다.
② 원류인 하천이나 호소의 수질, 자연여과, 지층의 토질이나 그 두께 그리고 원류의 거리 등에 따라 수질이 변화한다.
③ 복류수는 반드시 가장 가까운 하천이나 호소의 물이 지하에 침투되었다고 할 수 없다.
④ 대체로 양호한 수질을 얻을 수 있어서 그대로 수원으로 사용되는 경우가 많다.

해설 복류수의 취수량이 많아서 자연여과가 불충분한 경우에는 취수량이 증가할수록 자연여과의 효과가 감소하여 복류수가 탁하게 되는 경우도 있다.

23. 막여과시설에서 막모듈의 열화에 대한 내용으로 틀린 것은?

① 미생물과 막 재질의 자화 또는 분비물의 작용에 의한 변화
② 산화제에 의하여 막 재질의 특성변화나 분해
③ 건조되거나 수축으로 인한 막 구조의 비가역적인 변화
④ 응집제 투입에 따른 막모듈의 공급유로가 고형물로 폐색

정답 18. ② 19. ④ 20. ③ 21. ③ 22. ① 23. ④

해설 응집제 투입에 따른 막모듈의 공급유로가 고형물로 폐색되는 것은 파울링에 해당한다.

24. 직경 200cm 원형관로에 물이 1/2 차서 흐를 경우 이 관로의 경심은?

① 15cm ② 25cm
③ 50cm ④ 100cm

해설 $R=\frac{200\text{cm}}{4}=50\text{cm}$

25. 콘크리트조의 장방형 수로(폭 2m, 깊이 2.5m)가 있다. 이 수로의 유효수심이 2m인 경우의 평균유속은? (단, Manning 공식으로 계산, 동수경사 : 1/2000, 조도계수 : 0.017임)

① 1.00m/s ② 1.42m/s
③ 1.53m/s ④ 1.73m/s

해설 ㉠ $R=\frac{B\times h}{2h+B}=\frac{2\times 2}{2\times 2+2}$
$=0.667\text{m}$

㉡ $V=\frac{1}{0.017}\times 0.667^{2/3}\times(1/2000)^{1/2}$
$=1.00\text{m/s}$

26. 접촉산화법의 특징 및 장단점에 관한 내용으로 틀린 것은?

① 부착생물량을 임의로 조정하기 어려워 조작조건의 변경에 대응하기가 용이하지 않다.
② 슬러지의 자산화가 기대되어 잉여슬러지량이 감소한다.
③ 반응조 내 매체를 균일하게 포기 교반하는 조건설정이 어렵고 사수부가 발생할 우려가 있다.
④ 반송슬러지가 필요하지 않으므로 운전관리가 용이하다.

해설 부착생물량을 임의로 조정할 수 있어서 조작조건의 변경에 대응하기 쉽다.

27. 호소, 댐을 수원으로 하는 취수문에 관한 설명으로 틀린 것은?

① 일반적으로 중, 소량 취수에 쓰인다.
② 일반적으로 가물막이(cofferdam)를 필요로 한다.
③ 파랑, 결빙 등의 기상조건에 영향이 거의 없다.
④ 갈수기에 호소에 유입되는 수량 이하로 취수할 계획이면 안정 취수가 가능하다.

해설 파랑에 대하여는 특히 고려할 필요는 없지만 결빙에 대하여는 특별한 대책이 필요하다.

28. 비교회전도가 700~1200인 경우에 사용되는 하수도용 펌프 형식으로 옳은 것은?

① 터빈펌프 ② 벌류트펌프
③ 축류펌프 ④ 사류펌프

29. 정수처리 시 랑게리아 지수(RI)의 개선을 위한 방법으로 옳은 것은? (단, 용해성 성분)

① 알칼리제 처리
② 철세균 이용법
③ 전기분해
④ 부상분리

30. 단면형태가 직사각형인 하수관거의 장·단점으로 옳은 것은?

① 시공장소의 흙두께 및 폭원에 제한을 받는 경우에 유리하다.
② 만류가 되기까지는 수리학적으로 불리하다.

2015

정답 24. ③ 25. ① 26. ① 27. ③ 28. ④ 29. ① 30. ①

③ 철근이 해를 받았을 경우에도 상부하중에 대하여 대단히 안정적이다.
④ 현장 타설의 경우, 공사기간이 단축된다.

해설 ② 만류가 되기까지는 수리학적으로 유리하다.
③ 철근이 해를 받을 경우 상부하중에 대하여 대단히 불안하게 된다.
④ 현장 타설의 경우에는 공사기간이 지연되며, 공사의 신속을 도모하기 위해 상부를 따로 제작해 나중에 덮는 방법을 사용한다.

31. 캐비테이션(공동현상)의 방지대책에 관한 설명으로 틀린 것은?

① 펌프의 설치위치를 가능한 한 낮추어 가용유효흡입수두를 크게 한다.
② 흡입관의 손실을 가능한 한 작게 하여 가용유효흡입수두를 크게 한다.
③ 펌프의 회전속도를 낮게 선정하여 필요유효흡입수두를 크게 한다.
④ 흡입 측 밸브를 완전히 개방하고 펌프를 운전한다.

해설 펌프의 회전속도를 낮게 선정하여 필요유효흡입수두를 작게 한다.

32. 하수관거의 접합방법 중 유수는 원활한 흐름이 되지만 굴착 깊이가 증가됨으로써 공사비가 증대되고 펌프로 배수하는 지역에서는 양정이 높게 되는 단점이 있는 것은?

① 수면접합 ② 관정접합
③ 중심접합 ④ 관저접합

33. 다음 표는 우수량을 산출하기 위해 조사한 지역분포와 유출계수의 결과이다. 이 지역의 전체평균 유출계수는?

지 역	분 포	유출계수
상업	20%	0.6
주거	30%	0.4
공원	10%	0.2
공업	40%	0.5

① 0.30 ② 0.35
③ 0.42 ④ 0.46

해설 평균 유출계수

$$= \frac{20\times0.6+30\times0.4+10\times0.2+40\times0.5}{20+30+10+40}$$

$$= 0.46$$

34. 하수슬러지 개량방법과 특징으로 틀린 것은?

① 고분자응집제 첨가 : 슬러지 성상을 그대로 두고 탈수성, 농축성의 개선을 도모한다.
② 무기약품 첨가 : 무기약품은 슬러지의 pH를 변화시켜 무기질 비율을 증가시키고 안정화를 도모한다.
③ 열처리 : 슬러지 성분의 일부를 용해시켜 탈수개선을 도모한다.
④ 세정 : 혐기성 소화슬러지의 알칼리도를 증가시켜 탈수 개선을 도모한다.

해설 슬러지 세정은 혐기성 소화슬러지의 알칼리도를 감소시켜 탈수 개선을 도모한다.

참고 슬러지의 세정은 슬러지량의 2~4배의 물을 혼합해서 슬러지 중의 미세립자를 침전에 의해 제거하는 방법이다. 통상 세정작업만으로는 충분한 탈수특성을 높이기 어려우므로 응집제를 첨가해야 하는 경우가 생기는데 이때 세정작업에 의해 슬러지 중의 알칼리성분이 씻겨져서 응집제량을 줄일 수 있는 효과가 있다.

정답 31. ③ 32. ② 33. ④ 34. ④

35. 정수 시 처리대상물질(항목)과 처리방법이 잘못 짝지어진 것은?

① 불용해성성분 – 조류 – 부상분리
② 불용해성성분 – 미생물(크립토스포리디움) – 활성탄
③ 불용해성성분 – 탁도 – 완속여과방식
④ 용해성성분 – 트리클로로에틸렌 – 포기(스트리핑)

해설 불용해성성분 – 미생물(크립토스포리디움) – 완속여과방식, 급속여과방식, 막여과방식, 오존

참고 ① 불용해성성분 – 조류 – 막여과방식, 마이크로스트레이너, 부상분리
③ 불용해성성분 – 탁도 – 완속여과방식, 급속여과방식(직접여과), 막여과방식
④ 용해성성분 – 휘발성유기물 – 활성탄, 탈기

36. 상수처리시설인 침사지의 구조 기준으로 틀린 것은?

① 표면부하율은 200~500mm/min을 표준으로 한다.
② 지의 평균유속은 30cm/s를 표준으로 한다.
③ 지의 상단높이는 고수위보다 0.6~1m의 여유고를 둔다.
④ 지의 유효수심은 3~4m를 표준으로 한다.

해설 지내 평균유속은 2~7cm/s를 표준으로 한다.

37. 계획우수량을 정할 때 고려하여야 할 사항 중 틀린 것은?

① 하수관거의 확률연수는 원칙적으로 10~30년으로 한다.
② 유입시간은 최소단위배수구의 지표면 특성을 고려하여 구한다.
③ 유출계수는 지형도를 기초로 답사를 통하여 충분히 조사하고 장래 개발계획을 고려하여 구한다.
④ 유하시간은 최상류관거의 끝으로부터 하류관거의 어떤 지점까지의 거리를 계획유량에 대응한 유속으로 나누어 구하는 것을 원칙으로 한다.

해설 유출계수는 토지이용도별 기초 유출계수로부터 총괄유출계수를 구하는 것을 원칙으로 한다.

38. 하수도 계획의 목표연도는 원칙적으로 몇 년 정도로 하는가?

① 10년 ② 15년
③ 20년 ④ 25년

39. 배수시설인 배수관의 수압에 대한 다음 설명 중 ( ) 안에 맞는 값은?

급수관을 분기하는 지점에서 배수관 내의 최대정수압은 ( )KPa를 초과하지 않아야 한다.

① 500 ② 700
③ 900 ④ 1100

40. 상수도시설 일반구조의 설계하중 및 외력에 대한 고려 사항으로 틀린 것은?

① 풍압은 풍량에 풍력계수를 곱하여 산정한다.
② 얼음 두께에 비하여 결빙 면이 작은 구조물의 설계에는 빙압을 고려한다.
③ 지하수위가 높은 곳에 설치하는 지상(池狀)구조물은 비웠을 경우의 부력을 고려한다.
④ 양압력은 구조물의 전후에 수위 차가

2015

정답 35. ② 36. ② 37. ③ 38. ③ 39. ② 40. ①

생기는 경우에 고려한다.

해설 풍압은 속도압에 풍력계수를 곱하여 산정한다.

제3과목 수질오염방지기술

41. 설계부하가 $37.6m^3/m^2 \cdot d$이고 처리할 폐수유량이 $9568m^3/d$인 경우의 원형 침전조 직경은?

① 12m ② 14m
③ 16m ④ 18m

해설 $37.6 = \dfrac{9568}{\dfrac{\pi \times x^2}{4}}$ $\quad \therefore x = 18m$

42. 연속회분식반응조(Sequencing Batch Reactor)에 관한 설명으로 틀린 것은?

① 하나의 반응조 안에서 호기성 및 혐기성 반응 모두를 이룰 수 있다.
② 별도의 침전조가 필요 없다.
③ 기본적인 처리계통도는 5단계로 이루어지며 요구하는 유출수에 따라 운전 Mode를 채택할 수 있다.
④ 기존 활성슬러지 처리에서의 시간개념을 공간개념으로 전환한 것이라 할 수 있다.

해설 기존 활성슬러지 처리에서의 공간개념을 시간개념으로 전환한 것이라 할 수 있다.

43. 활성슬러지 처리시설에서 1차 침전 후의 BOD_5가 200mg/L인 폐수 $2000m^3/d$를 처리하려고 한다. 포기조 유기물부하는 0.2kg BOD/kg MLVSS·d, 체류시간이 6h일 때 MLVSS는?

① 1000mg/L ② 2000mg/L
③ 3000mg/L ④ 4000mg/L

해설 $0.2 = \dfrac{200}{x \times \dfrac{6}{24}}$ $\quad \therefore x = 4000mg/L$

참고 $F/M비 = \dfrac{BOD농도 \times Q}{MLVSS농도 \times V} = \dfrac{S_0}{X_v \times t}$

44. 수온 20℃에서 평균직경 1mm인 모래입자의 침전속도는? (단, 동점성 값은 $1.003 \times 10^{-6}m^2/s$, 모래비중은 2.5, Stoke's 법칙 이용)

① 0.414m/s ② 0.614m/s
③ 0.814m/s ④ 1.014m/s

해설 $V_s = \dfrac{9.8 \times (2500-1000) \times 0.001^2}{18 \times 1.003 \times 10^{-6} \times 1000}$
$= 0.814m/s$

참고 물의 점성계수(kg/m·s)는 동점성계수(m^2/s)에 밀도($1000kg/m^3$)를 곱하여 구한다.

45. 기계적으로 청소가 되는 바(bar)스크린의 바 두께는 5mm이고 바 간의 거리는 20mm이다. 바를 통과하는 유속이 0.9m/s라고 한다면 스크린을 통과하는 수두손실은? (단, $H = \dfrac{V_b^2 - V_a^2}{2g} \dfrac{1}{0.7}$)

① 0.0157m ② 0.0212m
③ 0.0317m ④ 0.0438m

해설 ㉠ 우선 접근유속을 구한다.
$x \times 25 = 0.9 \times 20 \quad \therefore x = 0.72m/s$
㉡ $H = \dfrac{0.9^2 - 0.72^2}{2 \times 9.8} \dfrac{1}{0.7} = 0.0213m$

46. 생물학적 처리공정에서 질산화 반응은 다음의 총괄 반응식으로 나타낼 수 있다.

[$NH_4^+ + 2O_2 \rightarrow NO_3^- + 2H^+ + H_2O$]

NH_4^+-N 3mg/L가 질산화되는 데 요구되는

정답 41. ④ 42. ④ 43. ④ 44. ③ 45. ② 46. ②

산소(O_2) 양(mg/L)은?

① 11.2　　② 13.7
③ 15.3　　④ 18.4

해설 $3\text{mg/L} \times \frac{2 \times 32}{14} = 13.71\text{mg/L}$

47. 활성슬러지 포기조의 유효용적이 1000m^3, MLSS 농도는 3000mg/L이고 MLVSS는 MLSS 농도의 75%이다. 유입 하수의 유량은 $4000\text{m}^3/\text{d}$이고, 합성계수 Y는 0.63mg MLVSS/mg $\text{BOD}_{\text{removed}}$, 내생분해계수 k는 0.05d^{-1}, 1차 침전조의 유출수의 BOD는 200mg/L, 포기조 유출수의 BOD는 20mg/L일 때 슬러지 생성량은?

① 301kg/d　　② 321kg/d
③ 341kg/d　　④ 361kg/d

해설 $W_1 = [0.63 \times 4000 \times (200-20) - 0.05 \times 1000 \times 3000 \times 0.75] \times 10^{-3}$
$= 341.1\text{kg/d}$

참고 $W_1 = YQ(S_0 - S_1) - K_d VX$

48. 유입 유량이 $500000\text{m}^3/\text{d}$, BOD_5가 200 mg/L인 폐수를 처리하기 위해 완전혼합형 활성슬러지 처리장을 설계하려고 한다. 1차 침전지에서 제거된 유입수의 BOD_5는 34%이고, MLVSS는 3000mg/L, 반응 속도상수(K)는 1.0L/g MLVSS·h이라면 일차반응일 경우 F/M비는? (단, 유출수 BOD_5 10mg/L)

① 0.24kg BOD/kg MLVSS·d
② 0.28kg BOD/kg MLVSS·d
③ 0.32kg BOD/kg MLVSS·d
④ 0.36kg BOD/kg MLVSS·d

해설 ㉠ $t = \frac{200 \times (1-0.34) - 10}{1 \times 3 \times 10} = 4.07\text{h}$

㉡ $F/M = \frac{200 \times (1-0.34) - 10}{3000 \times \frac{4.07}{24}}$
$= 0.24\text{d}^{-1}$

참고 1. $t = \frac{S_0 - S}{KX_v S}$

2. $\text{F/M} = \frac{\text{BOD} \cdot Q}{\text{MLVSS} \cdot V}$

3. 유출수 BOD를 고려하지 않아야 더욱 정확하게 풀이되는 것임

49. 하수종말처리장에서 30분 침강률 20%, SVI 100, 반송슬러지 SS농도가 9000mg/L일 때 슬러지 반송률은?

① 약 30%　　② 약 50%
③ 약 70%　　④ 약 90%

해설 ㉠ $X = \frac{20 \times 10^4}{100} = 2000\text{mg/L}$

㉡ $R = \frac{2000}{9000 - 2000} \times 100 = 28.57\%$

참고 1. $SVI = \frac{SV[\text{mg/L}] \times 1000}{MLSS(\text{mg/L})}$
$= \frac{SV(\%) \times 10^4}{MLSS(\text{mg/L})}$

2. $R = \frac{X - X_0}{X_r - X}$

50. 유입 폐수량 $50\text{m}^3/\text{h}$, 유입수 BOD 농도 200g/m^3, MLVSS 농도 2kg/m^3, F/M비 0.5kg BOD/kg MLVSS·d일 때 포기조 용적은?

① 240m^3　　② 380m^3
③ 430m^3　　④ 520m^3

해설 $0.5 = \frac{200 \times 50 \times 24}{2000 \times x}$　$\therefore x = 240\text{m}^3$

51. 하수의 인 제거 처리공정 중 인 제거율(%)이 가장 높은 것은?

정답　47. ③　48. ①　49. ①　50. ①　51. ①

① 역삼투 ② 여과
③ RBC ④ 탄소흡착

52. 무기수은계 화합물을 함유한 폐수의 처리 방법이 아닌 것은?

① 황화물 침전법 ② 활성탄 흡착법
③ 산화분해법 ④ 이온교환법

해설 무기수은계 화합물을 함유한 폐수의 처리방법에는 황화물 침전법, 흡착법, 이온교환법 등이 있고 아말감(amalgam)은 수은과 다른 금속과의 합금을 의미하는데 이 방법은 조작은 간단하지만 수은의 완전한 처리를 기대할 수 없고 백금, 망간, 크롬, 철, 니켈은 아말감을 형성하지 못한다.

53. 유해물질인 시안(CN)처리 방법에 관한 설명으로 틀린 것은?

① 오존산화법 : 오존은 알칼리성 영역에서 시안화합물을 N_2로 분해시켜 무해화한다.
② 전해법 : 유가(有價)금속류를 회수할 수 있는 장점이 있다.
③ 충격법 : 시안을 pH 3 이하의 강산성 영역에서 강하게 포기하여 산화하는 방법이다.
④ 감청법 : 알칼리성 영역에서 과잉의 황산알루미늄을 가하여 공침시켜 제거하는 방법이다.

해설 감청법(prussian blue method)은 약산성 영역에서 과잉의 철염을 가하여 불용성의 철시안착염을 생성시켜 제거하는 방법이다.

54. 정수처리 대상 항목의 처리방법으로 틀린 것은?

① 색도가 높은 경우에는 응집침전처리, 활성탄처리 또는 오존처리를 한다.
② 트리클로로에틸렌, 테트라클로로에틸렌, 1,1,1-트리클로로에탄 등을 함유한 경우에는 이를 저감시키기 위하여 포기처리나 입상활성탄처리를 한다.
③ 음이온 계면활성제를 다량으로 함유한 경우에는 음이온계면활성제를 제거하기 위하여 활성탄 처리나 생물처리를 한다.
④ 침식성유리탄산을 다량 포함한 경우에는 응집침전처리 또는 생물처리를 한다.

해설 침식성유리탄산을 많이 포함한 경우에는 침식성유리탄산을 제거하기 위하여 포기처리나 알칼리처리를 한다.

55. 인구 6000명의 도시하수를 RBC로 처리한다. 평균유량은 380L/cap·d, 유입 BOD_5는 200mg/L, 초기 침전조에서 BOD_5는 33% 제거되며, 총 유출 BOD_5는 20mg/L, 단수는 4이다. 실험에서 K는 50.6L/d·m^{2}이라면 대수적 방법으로 구한 설계 수력학적 부하는? [단 성능식 : $\frac{S_n}{S_0}=\left(\frac{1}{\left(1+\frac{K}{Q/A}\right)}\right)^n$]

① Q/A : 65.4L/d·m^2
② Q/A : 77.7L/d·m^2
③ Q/A : 83.1L/d·m^2
④ Q/A : 96.9L/d·m^2

해설 $\frac{20}{200\times(1-0.33)}=\left(\frac{1}{\left(1+\frac{50.6}{Q/A}\right)}\right)^4$

∴ 수력학적 부하=83.12L/d·m^2

56. 혐기성 소화 시 소화가스 발생량 저하의 원인이 아닌 것은?

① 저농도 슬러지 유입
② 소화슬러지 과잉배출

정답 52. ③ 53. ④ 54. ④ 55. ③ 56. ③

③ 소화가스 누적
④ 조내 온도저하

해설 소화가스 누출, 이외에도 과다한 산 생성이 소화가스 발생량 저하의 원인이 된다.

57. 하수관거가 매설되어 있지 않은 지역에 위치한 500개의 단독주택(정화조 설치)에서 생성된 정화조 슬러지를 소규모 하수처리장에 운반하여 처리할 경우, 이로 인한 BOD 부하량 증가율(질량 기준, 유입일 기준)은?

> [조건]
> - 정화조는 연 1회 슬러지 수거
> - 각 정화조에서 발생되는 슬러지 : $3.8m^3$
> - 연간 250일 동안 일정량의 정화조 슬러지를 수거, 운반, 하수처리장에 유입 처리
> - 정화조 슬러지 BOD 농도 : 6000mg/L
> - 하수처리장 유량 및 BOD 농도 : $3800m^3/d$ 및 220mg/L
> - 슬러지 비중 1.0 가정

① 약 3.5%　② 약 5.5%
③ 약 7.5%　④ 약 9.5%

해설 $\text{증가율} = \dfrac{6000 \times \dfrac{3.8}{250} \times 500}{220 \times 3800} \times 100$
$= 5.45\%$

58. 역삼투법으로 하루에 $760m^3$의 3차 처리 유출수를 탈염하기 위하여 요구되는 막의 면적(m^2)은?

> [조건]
> - 물질전달계수 : $0.104L/(d \cdot m^2)(kPa)$
> - 유입, 유출수의 압력차 : 2400kPa
> - 유입, 유출수의 삼투압차 : 310kPa
> - 운전온도는 고려하지 않음

① 약 3200　② 약 3400
③ 약 3500　④ 약 3600

해설 $A = \dfrac{760 \times 10^3}{0.104 \times (2400 - 310)}$
$= 3496.5m^2$

59. 하수로부터 인 제거를 위해 화학제의 선택에 영향을 미치는 인자가 아닌 것은?

① 유입수의 인 농도
② 슬러지 처리시설
③ 알칼리도
④ 다른 처리공정과의 차별성

해설 다른 처리공정과의 조화성

참고 하수의 부유성물질, 응집제 가격, 응집제 공급의 안정성, 궁극적인 처리방법 등이 있다.

60. 하수처리에 생물막법의 효과적 적용이 필요한 경우가 아닌 것은?

① 특수한 기능을 가진 미생물을 반응조 내 고정화해야 할 필요가 있는 경우
② 증식속도가 빨라 고정화하지 않으면 미생물의 유출농도를 제어할 수 없는 경우
③ 활성슬러지로는 대응할 수 없는 정도의 큰 부하변동이 있는 경우
④ 생물반응의 저해물질이 유입되는 경우

해설 증식속도가 느려 고정화하지 않으면 미생물의 유출농도를 제어할 수 없는 경우

참고 특수한 미생물이라도 증식속도가 빨라 기존 처리시스템 내에서 충분히 증식할 수 있는 경우에는 생물막법을 적용할 필요가 적다. 즉 특수한 기능을 가지고 증식속도가 느린 미생물을 생물막으로 고정화시켜 처리에 이용하는 것이 생물막법의 장점을 극대화할 수 있다. 대표적인 예로 질산화미생물을 고정한 질산화 담체를 들 수 있다.

2015

정답　57. ②　58. ③　59. ④　60. ②

제4과목 수질오염공정시험기준

61. **직각 3각 웨어에서 웨어의 수두 0.2m, 수로폭 0.5m, 수로의 밑면으로부터 절단 하부점까지의 높이 0.9m일 때 아래의 식을 이용하여 유량(m^3/min)을 구하면?**

$$K=81.2+\frac{0.24}{h}+\left(8.4+\frac{12}{\sqrt{D}}\right)\times\left(\frac{h}{B}-0.09\right)^2$$

① 1.0 ② 1.5
③ 2.0 ④ 2.5

해설 ㉠ 유량계수$(K)=81.2+\frac{0.24}{0.2}+\left(8.4+\frac{12}{\sqrt{0.9}}\right)\times\left(\frac{0.2}{0.5}-0.09\right)^2=84.42$

㉡ $Q=K\cdot h^{5/2}=84.42\times0.2^{5/2}=1.51\text{m}^3/\text{min}$

62. **퇴적물 채취기 중 포나 그랩(ponar grap)에 관한 설명으로 틀린 것은?**

① 모래가 많은 지점에서도 채취가 잘되는 중력식 채취기이다.
② 채취기를 바닥 퇴적물 위에 내린 후 메신저를 투하하면 장방형 상자의 밑판이 닫힌다.
③ 부드러운 펄층이 두터운 경우에는 깊이 빠져 들어가기 때문에 사용하기 어렵다.
④ 원래의 모델은 무게가 무겁고 커서 윈치 등이 필요하지만 소형의 포나 그랩은 윈치가 없이 내리고 올릴 수 있다.

해설 에크만 그랩(ekman grap)은 물의 흐름이 거의 없는 곳에서 채취가 잘되는 채취기로서, 채취기를 바닥 퇴적물 위에 내린 후 메신저를 투하하면 장방형 상자의 밑판이 닫히도록 설계되었다.

참고 포나 그랩(ponar grap)
모래가 많은 지점에서도 채취가 잘되는 중력식 채취기로서, 조심스럽게 수면 아래로 내려보내다가 채취기가 바닥에 닿아 줄의 장력이 감소하면 아래 날(jaws)이 닫히도록 되어 있다. 부드러운 펄층이 두터운 경우에는 깊이 빠져 들어가기 때문에 사용하기 어렵다. 원래의 모델은 무게가 무겁고 커서 윈치 등이 필요하지만 소형의 포나 그랩은 윈치 없이 내리고 올릴 수 있다.

63. **전기전도도 측정에 관한 설명으로 틀린 것은?**

① 정밀도는 측정값의 % 상대표준편차로 계산하며 측정값이 20% 이내이어야 한다.
② 정밀도 및 정확도는 연 1회 이상 산정하는 것을 원칙으로 한다.
③ 온도계는 0.1℃까지 측정 가능한 온도계를 사용한다.
④ 측정단위는 μV/cm이다.

해설 측정결과는 정수로 정확하게 표기하며, 측정단위는 μS/cm로 한다.

64. **자외선/가시선 분광법(이염화주석환원법)을 이용한 인산염인 측정에서 시료가 산성인 경우 사용하는 지시약은?**

① 메틸오렌지
② 페놀프탈레인
③ P-나이트로페놀용액
④ 메틸레드

65. **자외선/가시선 분광법을 적용한 음이온계면활성제 측정에 관한 설명으로 틀린 것은?**

① 정량한계는 0.02mg/L이다.
② 시료 중의 계면활성제를 종류별로 구

정답 61. ② 62. ② 63. ④ 64. ③ 65. ④

분하여 측정할 수 없다.

③ 시료 속에 미생물이 있는 경우 일부의 음이온계면활성제가 신속히 변할 가능성이 있으므로 가능한 빠른 시간 안에 분석을 하여야 한다.

④ 양이온 계면활성제가 존재할 경우 양의 오차가 주로 발생한다.

해설 양이온 계면활성제 혹은 아민과 같은 양이온 물질이 존재할 경우 음의 오차가 발생할 수 있다.

66. 시료의 보존방법에 관한 설명으로 옳은 것은?

① 노말헥산추출물질 측정용 시료는 염산(1+4)를 넣어 pH 4 이하로 하여 마개를 한다.

② 페놀류 측정용 시료는 인산을 가하여 pH 4로 조절하고 시료 1L당 황산동 0.5g을 가하고 5~10℃의 냉암소에 보관하며 채수 후 24시간 안에 분석하여야 한다.

③ 비소 측정용 시료는 염산을 가하여 pH 2 이하로 조절한다.

④ 6가크롬 측정용 시료는 4℃에서 보관한다.

해설 ① 노말헥산추출물질 측정용 시료는 황산을 가하여 pH를 약 2 이하로 한다.

② 페놀류를 함유한 시료는 인산으로 약 pH 4로 조절하고 시료 1L에 대하여 황산구리 1g을 넣어 녹이고 4℃에 보관하며 채수 후 28일 안에 분석하여야 한다.

③ 비소 측정용 시료는 1L당 HNO_3 1.5mL를 가하여 pH 2 이하로 조절한다.

67. 실험 일반 총칙에 관한 내용과 가장 거리가 먼 것은?

① 공정시험기준 이외의 방법이라도 측정결과가 같거나 그 이상의 정확도가 있다고 국내·외에서 공인된 방법은 이를 사용할 수 있다.

② 하나 이상의 공정시험기준으로 시험한 결과가 서로 달라 제반 기준의 적부에 영향을 줄 경우 항목별 공정시험기준의 주 시험법에 의한 분석 성적에 의하여 판정한다.

③ 연속측정 또는 현장측정의 목적으로 사용되는 측정기기는 표준물질에 대한 보정을 행한 후 사용할 수 있다.

④ 시험결과의 표시는 정량한계의 결과 표시 자리수를 따르며 정량한계 미만은 불검출된 것으로 간주한다.

해설 연속측정 또는 현장측정의 목적으로 사용하는 측정기기는 공정시험기준에 의한 측정치와의 정확한 보정을 행한 후 사용할 수 있다.

68. 공장폐수 및 하수유량[관(pipe) 내의 유량 측정 방법] 측정방법 중 오리피스에 관한 설명으로 옳지 않은 것은?

① 설치에 비용이 적게 소요되며 비교적 유량 측정이 정확하다.

② 오리피스판의 두께에 따라 흐름의 수로 내외에 설치가 가능하다.

③ 오리피스 단면에 커다란 수두손실이 일어나는 단점이 있다.

④ 단면이 축소되는 목부분을 조절함으로써 유량이 조절된다.

해설 오리피스는 설치에 비용이 적게 들고 비교적 유량측정이 정확하여 얇은 판 오리피스가 널리 이용되고 있으며 흐름의 수로 내에 설치한다.

69. 중금속 측정을 위한 시료 전처리 방법 중 용매추출법인 피로리딘 다이티오카르바민산

암모늄 추출법에 대한 설명으로 옳지 않은 것은?

① 시료 중의 구리, 아연, 납, 카드뮴, 니켈, 코발트 및 은 등의 측정에 이용되는 방법이다.
② 철의 농도가 높을 때에는 다른 금속 추출에 방해를 줄 수 있다.
③ 망간은 착화합물 상태에서 매우 안정적이기 때문에 추출되기 어렵다.
④ 크롬은 6가크롬 상태로 존재할 경우에만 추출된다.

해설 망간은 착화합물 상태에서 매우 불안정하므로 추출 즉시 측정하여야 한다.

70. 냄새의 분석방법 및 절차에 관한 내용으로 틀린 것은?

① 잔류염소가 존재하면 티오황산나트륨 용액을 첨가하여 잔류염소를 제거한다.
② 측정자가 시료에 대한 선입견을 갖지 않도록 어둡게 처리된 플라스크 또는 갈색플라스크를 사용한다.
③ 냄새를 정확하게 측정하기 위하여 측정자는 3명 이상으로 한다.
④ 시료 측정 시 탁도, 색도 등이 있으면 온도변화에 따라 냄새가 발생할 수 있으므로 온도변화를 1℃ 이내로 유지한다.

해설 냄새를 정확하게 측정하기 위하여 측정자는 5명 이상으로 한다.

71. 다음은 총대장균군(막여과법) 분석에 관한 설명이다. (　) 안에 옳은 내용은?

물속에 존재하는 총대장균군을 측정하기 위하여 페트리접시에 배지를 올려놓은 다음 배양 후 금속성 광택을 띠는 (　) 계통의 집락을 계수하는 방법이다.

① 적색이나 진한 적색
② 갈색이나 진한 갈색
③ 청색이나 진한 청색
④ 황색이나 진한 황색

72. 불소를 자외선/가시선 분광법으로 분석할 경우, 간섭물질로 작용하는 알루미늄 및 철의 방해를 제거할 수 있는 방법은? (단, 수질오염공정시험기준 기준)

① 산화　② 증류
③ 침전　④ 환원

해설 알루미늄 및 철의 방해가 크나 증류하면 영향이 없다.

73. 시료채취 시 유의사항 중 옳은 것은?

① 지하수의 심층부의 경우 고속정량펌프를 사용하여야 한다.
② 냄새 측정을 위한 시료채취 시 유리기구류는 사용 직전에 새로 세척하여 사용한다.
③ 퍼클로레이트를 측정하기 위한 경우는 시료병에 시료를 가득 채워야 한다.
④ 1,4-다이옥신, 염화비닐, 아크릴로니트릴 등을 측정하기 위한 경우는 시료용기를 스테인리스강 재질의 채취기를 사용하여야 한다.

해설 ① 지하수 시료채취 시 심층부의 경우 저속양수펌프 등을 이용하여 반드시 저속시료채취하여 시료 교란을 최소화하여야 한다.
③ 퍼클로레이트를 측정하기 위한 시료채취 시 시료 용기를 질산 및 정제수로 씻은 후 사용하며, 시료채취 시 시료병의 2/3를 채운다.
④ 1,4-다이옥산, 염화비닐, 아크릴로니트릴, 브로모폼을 측정하기 위한 시료용기는 갈색유리병을 사용하고, 사용 전 미리

정답　70. ③　71. ①　72. ②　73. ②

질산 및 정제수로 씻은 다음, 아세톤으로 세정한 후 120℃에서 2시간 정도 가열한 후 방랭하여 준비한다.

74. 투명도 측정에 관한 설명으로 틀린 것은?

① 측정시간은 오전 10시에서 오후 4시 사이에 측정한다.
② 측정결과는 0.1m 단위로 표기한다.
③ 투명도판(백색원판)은 지름이 30cm로 무게가 약 3kg이 되는 원판에 지름 5cm의 구멍 8개가 뚫려 있다.
④ 흐름이 있어 줄이 기울어질 경우에는 5kg 이상의 추를 달아 줄을 세워야 한다.

해설 흐름이 있어 줄이 기울어질 경우에는 2kg 이상의 추를 달아 줄을 세워야 한다.

75. 석유계총탄화수소를 용매추출/기체크로마토그래피 분석할 때 정량한계(mg/L)는?

① 0.01　② 0.02
③ 0.1　④ 0.2

76. 다음은 하천수의 시료채취 지점에 관한 내용이다. ( ) 안에 공통으로 들어갈 내용으로 가장 적합한 것은?

> 하천의 단면에서 수심이 가장 깊은 수면의 지점과 그 지점을 중심으로 하여 좌우로 수면 폭을 2등분한 각각의 지점의 수면으로부터 수심 ( ) 미만일 때에는 수심의 $\frac{1}{3}$에서, 수심이 ( ) 이상일 때에는 수심의 $\frac{1}{3}$ 및 $\frac{2}{3}$에서 각각 채수한다.

① 2m　② 3m
③ 5m　④ 6m

77. 물벼룩을 이용한 급성 독성 시험법에서 사용하는 용어의 정의로 옳지 않은 것은?

① 치사(death) : 일정 비율로 준비된 시료에 물벼룩을 투입하고 12시간 경과 후 시험용기를 살며시 움직여 주고, 30초 후 관찰했을 때 아무 반응이 없는 경우를 판정한다.
② 유영저해(immobilization) : 독성물질에 의해 영향을 받아 일부 기관(촉각, 후복부 등)이 움직임이 없을 경우를 판정한다.
③ 생태독성값(Toxic Unit) : 통계적 방법을 이용하여 반수영향농도 EC_{50}(%)을 구한 후 이를 100으로 나눠 준 값을 말한다.
④ 지수식 시험방법(static non-renewal test) : 시험기간 중 시험용액을 교환하지 않는 시험을 말한다.

해설 일정 비율로 준비된 시료에 물벼룩을 투입하고 24시간 경과 후 시험용기를 살며시 움직여 주고, 15초 후 관찰했을 때 아무 반응이 없는 경우를 '치사'라 판정한다.

78. 다음의 금속류 중 원자형광법으로 측정할 수 있는 것은? (단, 수질오염공정시험기준 기준)

① 수은　② 납
③ 6가크롬　④ 비소

79. 시료의 분석 항목별 최대보존기간이 틀린 것은? (단, 적절한 보존방법 적용 기준)

① 냄새 – 즉시 측정
② 색도 – 48시간
③ 불소 – 28일
④ 시안 – 14일

해설 냄새 – 6시간

2015

정답　74. ④　75. ④　76. ①　77. ①　78. ①　79. ①

80. 알킬수은 화합물의 분석 방법으로 옳은 것은? (단, 수질오염공정시험기준 기준)

① 기체크로마토그래피법
② 자외선/가시선 분광법
② 이온크로마토그래피법
④ 유도결합플라스마-원자발광분광법

해설 적용 가능한 시험방법

알킬수은	정량한계(mg/L)
기체크로마토그래피	0.0005mg/L
원자흡수분광광도법	0.0005mg/L

제5과목 수질환경관계법규

81. 자연공원법 규정에 의한 자연공원의 공원구역에 폐수배출시설에서 1일 폐수배출량이 1000m^3 발생하는 경우, 화학적 산소요구량(mg/L) 배출허용기준은?

① 40 이하 ② 50 이하
③ 70 이하 ④ 90 이하

참고 법 제32조 시행규칙 별표 13 참조

82. 배출부과금에 관한 설명으로 틀린 것은?

① 배출부과금 산정방법 및 산정기준 등에 관하여 필요한 사항은 환경부령으로 정한다.
② 폐수무방류배출시설에서 수질오염물질이 공공수역으로 배출되는 경우 초과배출부과금을 부과한다.
③ 배출부과금을 부과할 때에는 배출되는 수질오염물질의 종류를 고려하여야 한다.
④ 배출시설(폐수무방류배출시설을 제외)에서 배출되는 폐수 중 수질오염물질이 배출허용기준 이하로 배출되나 방류수 수질기준을 초과하는 경우는 기본배출부과금을 부과한다.

해설 배출부과금 산정방법 및 산정기준 등에 관하여 필요한 사항은 대통령령으로 정한다.

참고 법 제41조 참조

83. 사업장별 환경기술인의 자격기준에 관한 설명으로 틀린 것은?

① 방지시설 설치면제 사업장은 4·5종사업장의 환경기술인을 둘 수 있다.
② 배출시설에서 배출되는 수질오염물질 등을 공동방지시설에서 처리하게 하는 사업장은 4·5종 사업장의 환경기술인을 둘 수 있다.
③ 연간 90일 미만 조업하는 1·2종사업장은 3종사업장의 환경기술인을 선임할 수 있다.
④ 3년 이상 수질분야 환경관련 업무에 직접 종사한 자는 3종사업장의 환경기술인이 될 수 있다.

해설 연간 90일 미만 조업하는 제1종부터 제3종까지의 사업장은 제4·5종사업장에 해당하는 환경기술인을 선임할 수 있다.

참고 법 제47조 시행령 별표 17 참조

84. 수질오염방지시설 중 생물화학적 처리시설이 아닌 것은?

① 살균시설 ② 접촉조
③ 안정조 ④ 포기시설

해설 살균시설은 화학적 처리시설이다.

참고 법 제2조 시행규칙 별표 5 참조

85. 비점오염원 관리지역에 대한 관리대책을 수립할 때 포함될 사항으로 가장 거리가 먼 것은?

정답 80. ① 81. ② 82. ① 83. ③ 84. ① 85. ③

① 관리목표
② 관리대상 수질오염물질의 종류
③ 관리대상 수질오염물질의 분석방법
④ 관리대상 수질오염물질의 저감방안

참고 법 제55조 참조

86. 공공수역의 전국적인 수질 및 수생태계의 실태를 파악하기 위해 국립환경과학원장이 설치, 운영하는 측정망의 종류와 가장 거리가 먼 것은?

① 생물 측정망
② 토질 측정망
③ 공공수역 유해물질 측정망
④ 비점오염원에서 배출되는 비점오염물질 측정망

참고 법 제9조 참조

87. 물환경 보전에 관한 법률상 용어의 정의로 옳지 않은 것은?

① "비점오염저감시설"이란 수질오염방지시설 중 비점오염원으로부터 배출되는 수질오염물질을 제거하거나 감소하게 하는 시설로서 환경부령이 정하는 것을 말한다.
② "공공수역"이란 하천, 호소, 항만, 연안해역, 그 밖에 공공용에 사용되는 수역과 이에 접속하여 공공용에 사용되는 환경부령이 정하는 수로를 말한다.
③ "비점오염원"이란 도시, 도로, 농지, 산지, 공사장 등으로서 불특정 장소에서 불특정하게 수질오염물질을 배출하는 배출원을 말한다.
④ "기타수질오염원"이란 비점오염원으로 관리되지 아니하는 특정수질오염물질을 배출하는 시설로서 환경부령이 정하는 것을 말한다.

해설 "기타수질오염원"이라 함은 점오염원 및 비점오염원으로 관리되지 아니하는 수질오염물질을 배출하는 시설 또는 장소로서 환경부령이 정하는 것을 말한다.

참고 법 제2조 참조

88. 다음의 위임업무 보고사항 중 보고 횟수가 다른 것은?

① 기타수질오염원 현황
② 과징금 부과 실적
③ 비점오염원 설치신고 및 방지시설 설치 현황
④ 과징금 징수 실적 및 체납처분 현황

참고 법 제74조 시행규칙 별표 23 참조

89. 거짓이나 그 밖의 부정한 방법으로 폐수배출시설 설치허가를 받았을 때의 행정처분기준은?

① 개선명령
② 허가취소 또는 폐쇄명령
③ 조업정지 5일
④ 조업정지 30일

참고 법 제42조 참조

90. 최종 방류구에서 방류하기 전에 배출시설에서 배출하는 폐수를 재이용하는 사업자는 재이용률별 감면율을 적용하여 해당 부과기간에 부과되는 기본배출부과금을 감경받는다. 폐수 재이용률별 감면을 기준으로 옳은 것은?

① 재이용률 10% 이상 30% 미만 : 100분의 30
② 재이용률 30% 이상 60% 미만 : 100분의 50
③ 재이용률 60% 이상 90% 미만 : 100분

2015

정답 86. ② 87. ④ 88. ③ 89. ② 90. ②

의 60

④ 재이용률 90% 이상 : 100분의 80

참고 법 제41조 ③항 참조

91. 수질오염경보인 조류경보 중 경계단계 시 관계기관별 조치사항으로 옳지 않은 것은?

① 수면관리자 : 취수구와 조류가 심한 지역에 대한 방어막 설치 등 조류 제거 조치 실시

② 수면관리자 : 황토 등 흡착제 살포, 조류 제거선 등을 이용한 조류 제거 조치 실시

③ 취수장·정수장 관리자 : 조류증식 수심 이하로 취수구 이동

④ 취수장·정수장 관리자 : 정수처리 강화(활성탄처리, 오존처리)

해설 조류경보 중 조류대발생 단계 시 수면관리자는 황토 등 흡착제 살포, 조류 제거선 등을 이용한 조류 제거 조치를 실시한다.

참고 법 제21조 ④항 시행령 별표 4 참조

92. 수질 및 수생태계 정책심의위원회에 관한 설명으로 옳지 않은 것은?

① 수질 및 수생태계와 관련된 측정·조사에 관한 사항에 대하여 심의한다.

② 위원회의 위원장은 환경부장관으로 한다.

③ 환경부 장관이 위촉하는 수질 및 수생태계 관련 전문가 15명으로 구성된다.

④ 수질 및 수생태계 관리체계에 관한 사항에 대하여 심의한다.

해설 수질 및 수생태계 정책심의위원회에 대한 내용은 2017년에 삭제되었다.

참고 법 제10조의3 참조

93. 폐수처리방법이 화학적 처리방법인 경우에 시운전 기간 기준은? (단, 가동시작일은 1월 1일임)

① 가동시작일부터 30일

② 가동시작일부터 40일

③ 가동시작일부터 50일

④ 가동시작일부터 60일

참고 법 제37조 ②항 참조

94. 낚시제한구역에서의 낚시방법 제한사항에 관한 기준으로 틀린 것은?

① 1명당 4대 이상의 낚시대를 사용하는 행위

② 낚시바늘에 끼워서 사용하지 아니하고 떡밥 등을 3회 이상 던지는 행위

③ 1개의 낚시대에 5개 이상의 낚시바늘을 떡밥과 뭉쳐서 미끼로 던지는 행위

④ 어선을 이용한 낚시행위 등 「낚시 관리 및 육성법」에 따른 낚시어선업을 영위하는 행위

해설 낚시바늘에 끼워서 사용하지 아니하고 고기를 유인하기 위하여 떡밥·어분 등을 던지는 행위

참고 법 제20조 ②항 참조

95. 대권역 물환경 보전계획을 수립하는 경우 포함되어야 할 사항 중 가장 거리가 먼 것은?

① 점오염원, 비점오염원 및 기타수질오염원에서 배출되는 수질오염물질의 양

② 상수원 및 물 이용현황

③ 점오염원, 비점오염원 및 기타수질오염원 분포현황

④ 점오염원 확대계획 및 저감시설 현황

참고 법 제24조 참조

정답 91. ② 92. ③ 93. ① 94. ② 95. ④

96. 환경기준(수질 및 수생태계) 중 하천의 사람의 건강보호 기준으로 옳은 것은?

① 안티몬 : 0.05mg/L 이하
② 벤젠 : 0.05mg/L 이하
③ 납 : 0.05mg/L 이하
④ 카드뮴 : 0.05mg/L 이하

참고 환경정책기본법 시행령 별표 1 참조

97. 다음 중 배출부과금 감면대상기준으로 틀린 것은?

① 사업장 규모가 제5종 사업장의 사업자
② 공공폐수처리시설에 폐수를 유입하는 사업자
③ 해당 부과기간의 시작일 전 3개월 이상 방류수수질기준을 초과하여 오염물질을 배출하지 아니한 사업자
④ 최종방류구에 방류하기 전에 배출시설에서 배출하는 폐수를 재이용하는 사업자

해설 해당 부과기간의 시작일 전 6개월 이상 방류수수질기준을 초과하여 오염물질을 배출하지 아니한 사업자

참고 법 제41조 ③항 참조

98. 규정에 의한 관계공무원의 출입·검사를 거부·방해 또는 기피한 폐수무방류배출시설을 설치·운영하는 사업자에게 처하는 벌칙기준은?

① 3년 이하의 징역 또는 3천만원 이하의 벌금
② 2년 이하의 징역 또는 2천만원 이하의 벌금
③ 1년 이하의 징역 또는 1천만원 이하의 벌금
④ 500만원 이하의 벌금

참고 법 제78조 참조

99. 공공폐수처리시설의 방류수수질기준 중 III 지역의 화학적 산소요구량(mg/L)은 얼마 이하로 배출하여야 하는가?

① 20　　② 30
③ 40　　④ 50

참고 법 제12조 시행규칙 별표 10 참조

100. 다음은 폐수무방류배출시설의 세부 설치기준에 관한 내용이다. ( ) 안에 옳은 내용은?

> 특별대책지역에 설치되는 폐수무방류배출시설의 경우 1일 24시간 연속하여 가동되는 것이면 배출 폐수를 전량 처리할 수 있는 예비 방지시설을 설치하여야 하고, 1일 최대 폐수발생량이 ( ) 이상이면 배출 폐수의 무방류 여부를 실시간으로 확인할 수 있는 원격유량감시장치를 설치하여야 한다.

① $100m^3$　　② $200m^3$
③ $300m^3$　　④ $500m^3$

참고 법 제33조 ⑦항 시행령 별표 6 참조

2015

정답 96. ③ 97. ③ 98. ③ 99. ③ 100. ②

2015년 8월 16일 시행

자격종목 및 등급(선택분야)	종목코드	시험시간	문제지형별	수검번호	성 명
수질환경기사	2572	2시간	A		

제1과목 수질오염개론

1. 3g의 아세트산(CH_3COOH)을 증류수에 녹여 1L로 하였다. 이 용액의 수소이온 농도는? (단, 이온화 상수값은 1.75×10^{-5}임)

① 6.3×10^{-4}mol/L
② 6.3×10^{-5}mol/L
③ 9.3×10^{-4}mol/L
④ 9.3×10^{-5}mol/L

해설 $1.75\times10^{-5}=\dfrac{x^2}{(3\div60)-x}$

$\therefore x=9.27\times10^{-4}\mathrm{M}$

참고 $K=\dfrac{[CH_3COO^-][H^+]}{[CH_3COOH]}=\dfrac{x^2}{\text{숫자}-x}$

2. 성층현상에 관한 설명으로 틀린 것은?

① 수심에 따른 온도변화로 발생되는 물의 밀도차에 의해 발생한다.
② 봄, 가을에는 저수지의 수직혼합이 활발하여 분명한 층의 구별이 없어진다.
③ 여름에 수심에 따른 연직온도경사와 산소구배는 반대 모양을 나타내는 것이 특징이다.
④ 겨울과 여름에는 수직운동이 없어 정체현상이 생기며 수심에 따라 온도와 용존산소농도 차이가 크다.

해설 여름 성층은 뚜렷한 층을 형성하며 연직온도경사와 분자확산에 의한 DO구배가 같은 모양을 나타낸다.

3. 아래와 같은 특징을 나타내는 하천 모델은?

- 하천 및 호수의 부영양화를 고려한 생태계 모델
- 정적 및 동적인 하천의 수질, 수문학적 특성이 고려
- 호수에는 수심별 1차원 모델이 적용

① WASP ② DO-Sag
③ QUAL-1 ④ WQRRS

4. 25℃, 2atm의 압력에 있는 메탄가스 5.0kg을 저장하는 데 필요한 탱크의 부피는? (단, 이상기체의 법칙 적용, $R=0.082\mathrm{L\cdot atm/mol\cdot K}$)

① 약 $3.8\mathrm{m}^3$ ② 약 $5.3\mathrm{m}^3$
③ 약 $7.6\mathrm{m}^3$ ④ 약 $9.2\mathrm{m}^3$

해설 $V=\dfrac{0.082\times5\times(273+25)}{2\times16}=3.82\mathrm{m}^3$

참고 $PV=nRT$

5. 하수가 유입된 하천의 자정작용을 하천 유하거리에 따라 분해지대, 활발한 분해지대, 회복지대, 정수지대의 4단계로 분류하여 나타내는 경우, 회복지대의 특성으로 틀린 것은?

① 세균수가 감소한다.
② 발생된 암모니아성 질소가 질산화된다.
③ 용존산소의 농도가 포화될 정도로 증가한다.
④ 규조류가 사라지고 윤충류, 갑각류도 감소한다.

해설 회복지대에서는 광합성 조류와 원생동물, 윤충류, 갑각류가 번식한다.

정답 1. ③ 2. ③ 3. ④ 4. ① 5. ④

6. 크기가 2000m^{3}인 탱크 내 염소이온 농도가 250mg/L이다. 탱크 내의 물은 완전혼합이며, 염소이온이 없는 물이 20m^3/h로 연속적으로 유입되어 염소이온 농도가 2.5mg/L로 낮아질 때까지의 소요시간(h)은?

① 약 310 ② 약 360
③ 약 410 ④ 약 460

해설 $\ln\frac{2.5}{250}=-\left(\frac{20}{2000}\right)\times x \quad \therefore x=460.52\text{d}$

참고 $\ln\frac{C_t}{C_0}=-\left(\frac{Q}{V}\right)\times t$

7. 금속을 통해 흐르는 전류의 특성으로 틀린 것은?

① 금속의 화학적 성질은 변하지 않는다.
② 전류는 전자에 의해 운반된다.
③ 온도의 상승은 저항을 증가시킨다.
④ 대체로 전기저항이 용액의 경우보다 크다.

해설 대체로 전기저항이 용액의 경우보다 작다.

참고 도선에서의 전류는 자유전자가 음극에서 양극으로 이동하여 흐르며 전해질에서는 양이온은 음극으로 음이온은 양극으로 이동하여 전류가 흐른다. 온도가 상승하면 전자의 충돌횟수가 증가하여 전기저항을 증가시킨다. 전기저항은 전류의 흐름을 방해하는 힘이며 도체는 비저항이 작은 물질이며 자유전자가 많아 전류가 잘 흐른다.

8. 하천의 탈산소계수를 조사한 결과 20℃에서 0.19/d이었다. 하천수의 온도가 25℃로 증가되었다면 탈산소계수는? (단, 온도보정계수는 1.047임)

① 0.22/d ② 0.24/d
③ 0.26/d ④ 0.28/d

해설 $K_1(25℃)=0.19\times1.047^{25-20}$
$=0.239/\text{day}$

참고 $K_1(T℃)=K_1(20℃)\times\theta^{T-20}$

9. 시료의 BOD_5가 200mg/L이고 탈산소계수값이 0.15/d(밑수는 10)일 때 최종 BOD는?

① 213mg/L ② 223mg/L
③ 233mg/L ④ 243mg/L

해설 $200=x\times(1-10^{-0.15\times5})$
$\therefore x=243.26\text{mg/L}$

참고 $\text{BOD}_t=\text{BOD}_u\times(1-10^{-K_1t})$

10. 수은주 높이 150mm는 수주로 몇 mm인가?

① 약 2040 ② 약 2530
③ 약 3240 ④ 약 3530

해설 $150\text{mm}\times13.6=2040\text{mm}$

참고 수은의 비중=13.6

11. 글루코스($C_6H_{12}O_6$) 300g을 35℃ 혐기성 소화조에서 완전분해시킬 때 발생 가능한 메탄가스의 양은? (단, 메탄가스는 1기압, 35℃로 발생된다고 가정함)

① 약 112L ② 약 126L
③ 약 154L ④ 약 174L

해설 ㉠ $C_6H_{12}O_6 \rightarrow 3CO_2+3CH_4$
㉡ $300\text{g}\times\frac{3\times22.4\text{L}}{180\text{g}}\times\frac{273+35}{273}$
$=126.36\text{L}$

12. 하천의 5일 BOD가 300mg/L이고 최종 BOD가 500mg/L이다. 이 하천의 탈산소계수(상용대수)는?

① 0.06/d ② 0.08/d
③ 0.10/d ④ 0.12/d

해설 $300=500\times(1-10^{-x\times5})$
$\therefore x=0.08/\text{d}$

정답 6. ④ 7. ④ 8. ② 9. ④ 10. ① 11. ② 12. ②

참고 $K_1 = \dfrac{\log\left(1-\dfrac{BOD_5}{BOD_u}\right)}{-t}$

13. 균류(fungi)의 경험적 화학 조성식으로 옳은 것은?

① $C_7H_{14}O_3N$ ② $C_8H_{12}O_2N$
③ $C_{10}H_{17}O_6N$ ④ $C_{12}H_{19}O_7N$

참고 원생동물(protozoa) : $C_7H_{14}O_3N$

14. 콜로이드의 침전에 미치는 영향이 입자에 반대되는 전하를 가진 첨가된 전해질 이온이 지니고 있는 전하의 수에 따라 현저하게 증가한다는 법칙은?

① Schulze–Hardy 법칙
② Derjagin–Verwey 법칙
③ Vander–Brown 법칙
④ Landau–Overbe 법칙

해설 Schulze–Hardy 법칙은 이온의 전하와 응집력과의 관계를 나타낸 법칙이다.

16. 원핵세포와 진핵세포를 비교한 내용으로 틀린 것은?

구 분	진핵세포	원핵세포
분열	㉠	㉡
핵막	㉢	㉣
세포크기	㉤	㉥
세포소기관	㉦	㉧

① ㉠ 유사분열을 함, ㉡ 유사분열 없음
② ㉢ 있음, ㉣ 없음
③ ㉤ 큼, ㉥ 작음
④ ㉦ 엽록체 등이 존재함, ㉧ 액포 등이 존재함

해설 원핵세포에는 세포소기관이 없다.

15. $Mg(OH)_2$ 290mg/L 용액의 pH는? (단, $Mg(OH)_2$는 완전해리하며, 분자량=58)

① 12.0 ② 12.3
③ 12.6 ④ 12.9

해설 $pH = 14 + \log\left(290 \div 1000 \div \dfrac{58}{2}\right) = 12$

참고 1. $pH = 14 + \log[OH^-]$
2. $Mg(OH)_2 \rightarrow Mg^{+2} + 2OH^-$

17. 소수성 콜로이드의 특성으로 틀린 것은?

① 물과 반발하는 성질을 가진다.
② 물속에 현탁상태로 존재한다.
③ 아주 작은 입자로 존재한다.
④ 염에 큰 영향을 받지 않는다.

해설 소수성 콜로이드는 염에 큰 영향을 받는다.

18. BOD_5가 270mg/L이고 COD가 450mg/L인 경우 탈산소계수(K_1)의 값이 0.1/d일 때 생물학적으로 분해 불가능한 COD는? (단, BDCOD = BOD_u, 상용대수 기준)

① 약 55mg/L ② 약 65mg/L
③ 약 75mg/L ④ 약 85mg/L

해설 $450 - \dfrac{270}{1-10^{-0.1\times5}} = 55.13mg/L$

참고 $NBDCOD = COD - BOD_u$
$= COD - \dfrac{BOD_t}{1-10^{-K_1 t}}$

19. Bacteria($C_5H_7O_2N$)의 호기성 산화과정에서 박테리아 50g당 소요되는 이론적 산소요구량은? (단, 박테리아는 CO_2, H_2O, NH_3로 전환됨)

① 27g ② 43g
③ 71g ④ 96g

정답 13. ③ 14. ① 16. ④ 15. ① 17. ④ 18. ① 19. ③

해설 $C_5H_7O_2N + 5O_2 \rightarrow 5CO_2 + 2H_2O + NH_3$

$\therefore 50g \times \frac{5 \times 32g}{113g} = 70.8g$

20. 유량이 50000m^3/d인 폐수를 하천에 방류하였다. 폐수 방류 전 하천의 BOD는 4mg/L이며, 유량은 4000000m^3/d이다. 방류한 폐수가 하천수와 완전혼합되었을 때 하천의 BOD가 1mg/L 높아진다고 하면, 하천에 가해지는 폐수의 BOD 부하량은? (단, 폐수가 유입된 이후에 생물학적 분해로 인한 하천의 BOD량 변화는 고려하지 않음)

① 1280kg/d ② 2810kg/d
③ 3250kg/d ④ 4250kg/d

해설 ㉠ 혼합공식을 이용해서 공장폐수의 부하량(Q_2C_2)를 구한다.

㉡ $5 = \frac{4000000 \times 4 + x}{4000000 + 50000}$

$\therefore x = (5 \times 4050000 - 4 \times 4000000) \times 10^{-3}$
$= 4250kg/d$

제2과목 상하수도계획

21. 상수관(금속관)의 부식은 자연부식과 전식으로 나누어진다. 다음 중 전식에 해당되는 것은?

① 간섭
② 이종금속
③ 산소농담(통기차)
④ 특수토양부식

해설 전식은 직류 전기 철도의 누설 전류 및 전기 방식 설비의 방식 전류에 의하여 생기는 부식을 말한다. 여기에는 전철의 미주 전류, 간섭이 해당된다.

22. 수평으로 부설한 직경 300mm, 길이 3000m의 주철관에 8640m^3/d로 송수 시 관로 끝에서의 손실 수두는? (단, 마찰계수 f=0.03, g=9.8m/s^2, 마찰손실만 고려)

① 약 10.8m ② 약 15.3m
③ 약 21.6m ④ 약 30.6m

해설 ㉠ $V = \frac{\frac{8640}{86400}}{\frac{\pi \times 0.3^2}{4}} = 1.415m/s$

㉡ $h = 0.03 \times \frac{3000}{0.3} \times \frac{1.415^2}{2 \times 9.8} = 30.65m$

참고 $h = f \times \frac{L}{D} \times \frac{V^2}{2g}$, $V = \frac{Q}{A}$, $A = \frac{\pi d^2}{4}$

23. 호소, 댐을 수원으로 하는 경우의 취수시설인 취수틀에 관한 설명으로 틀린 것은?

① 수위변화에 대한 영향이 비교적 작다.
② 호소 등의 대소에는 영향을 받지 않는다.
③ 호소의 표면수를 안정적으로 취수할 수 있다.
④ 구조가 간단하고 시공도 비교적 용이하다.

해설 취수틀은 수중에 설치되므로 호소의 표면수는 취수할 수 없다.

24. 상수처리를 위한 약품침전지의 구성과 구조로 틀린 것은?

① 슬러지의 퇴적심도로서 30cm 이상을 고려한다.
② 유효수심은 3~5.5m로 한다.
③ 침전지 바닥에는 슬러지 배제에 편리하도록 배수구를 향하여 경사지게 한다.
④ 고수위에서 침전지 벽체 상단까지의 여유고는 10cm 정도로 한다.

해설 고수위에서 침전지 벽체 상단까지의 여유고는 30cm 이상으로 한다.

2015

정답 20. ④ 21. ① 22. ④ 23. ③ 24. ④

25. 1분당 300m^3의 물을 150m 양정(전양정)할 때 최고효율점에 달하는 펌프가 있다. 이때의 회전수가 1500rpm이라면 이 펌프의 비속도(비교회전도)는?

① 약 512 ② 약 554
③ 약 606 ④ 약 658

해설 $N_s = \frac{1500 \times 300^{1/2}}{150^{3/4}} = 606.15$

참고 $N_s = \frac{N \times Q^{1/2}}{H^{3/4}}$

26. 집수정에서 가정까지의 급수계통을 순서적으로 나열한 것으로 옳은 것은?

① 취수 → 도수 → 정수 → 송수 → 배수 → 급수
② 취수 → 도수 → 정수 → 배수 → 송수 → 급수
③ 취수 → 송수 → 도수 → 정수 → 배수 → 급수
④ 취수 → 송수 → 배수 → 정수 → 도수 → 급수

27. 소규모 하수도 계획 시 고려하여야 하는 소규모 지역 고유의 특성이 아닌 것은?

① 계획구역이 작고 처리구역 내의 생활양식이 유사하며 유입하수의 수량 및 수질의 변동이 거의 없다.
② 처리수의 방류지점이 유량이 작은 소하천, 소호소 및 농업용수로 등이므로 처리수의 영향을 받기가 쉽다.
③ 하수도 운영에 있어서 지역주민과 밀접한 관련을 갖는다.
④ 고장 및 유지보수 시 기술자의 확보가 곤란하고 제조업체에 의한 신속한 서비스를 받기 어렵다.

해설 계획구역이 작고 처리구역 내의 생활양식이 유사하며 유입하수의 수량 및 수질의 변동이 크다.

28. 응집시설 중 완속교반시설에 관한 설명으로 틀린 것은?

① 완속교반기는 패들형과 터빈형이 사용된다.
② 완속교반 시 속도경사는 40~100/초 정도로 낮게 유지한다.
③ 조의 형태는 폭 : 길이 : 깊이=1 : 1 : 1~1.2가 적당하다.
④ 체류시간은 5~10분이 적당하고 3~4개의 실로 분리하는 것이 좋다.

해설 체류시간은 20~30분이 적당하다.

29. $I = \frac{3660}{t+15}$ mm/h, 면적 2.0km^2, 유입시간 6분, 유출계수 C=0.65, 관내유속이 1m/s인 경우, 관 길이 600m인 하수관에서 흘러나오는 우수량은? (단, 합리식 적용)

① 31m^3/s ② 38m^3/s
③ 43m^3/s ④ 52m^3/s

해설 $Q = \frac{1}{360} \times 0.65 \times \frac{3660}{6 + \frac{600}{1 \times 60} + 15} \times 200 = 42.63\text{m}^3/\text{s}$

참고 $Q = \frac{1}{360} CIA,\ t = \frac{L}{V},\ \text{ha} = 10^4\text{m}^2$

30. 지하수의 취수지점 선정에 관련한 설명 중 틀린 것은?

① 연해부의 경우에는 해수의 영향을 받지 않아야 한다.
② 얕은 우물인 경우에는 오염원으로부터 5m 이상 떨어져서 장래에도 오염의 영

정답 25. ③ 26. ① 27. ① 28. ④ 29. ③ 30. ②

향을 받지 않는 지점이어야 한다.

③ 복류수의 경우에는 오염원으로부터 15m 이상 떨어져서 장래에도 오염의 영향을 받지 않는 지점이어야 한다.

④ 복류수인 경우에 장래에 일어날 수 있는 유로변화 또는 하상저하 등을 고려하고 하천개수계획에 지장이 없는 지점을 선정한다.

해설 얕은 우물이나 복류수인 경우에는 오염원으로부터 15m 이상 떨어져서 장래에도 오염의 영향을 받지 않는 지점이어야 한다.

31. 원심력 펌프의 규정회전수는 2회/s, 규정 토출량이 32m^3/min, 규정양정(H)이 8m이다. 이때 이 펌프의 비교회전도는?

① 약 143 ② 약 164
③ 약 182 ④ 약 201

해설 $N_s = \dfrac{2 \times 60 \times 32^{1/2}}{8^{3/4}} = 142.7$

32. 상수처리시설인 '착수정'에 관한 설명으로 틀린 것은?

① 형상은 일반적으로 직사각형 또는 원형으로 하고 유입구에는 제수밸브 등을 설치한다.

② 착수정의 고수위와 주변벽체의 상단 간에는 60cm 이상의 여유를 두어야 한다.

③ 용량은 체류시간을 30~60분 정도로 한다.

④ 수심은 3~5m 정도로 한다.

해설 용량은 체류시간을 1.5분 이상으로 한다.

33. 정수처리방법인 중간염소처리에서 염소의 주입지점으로 가장 적절한 것은?

① 혼화지와 침전지 사이

② 침전지와 여과지 사이

③ 착수정과 혼화지 사이

④ 착수정과 도수관 사이

34. 집수매거에 관한 설명 중 틀린 것은?

① 복류수를 집수할 경우에는 매설의 방향은 복류수의 방향에 수평으로 한다.

② 집수매거의 경사는 1/500 이하의 완만한 경사로 하는 것이 좋다.

③ 매설깊이는 5m 이상으로 하는 것이 바람직하다.

④ 집수매관의 유출단에서 평균유속은 1m/s 이하로 한다.

해설 복류수를 집수할 경우에는 매설의 방향은 복류수의 방향에 직각으로 한다.

35. 직경 2m인 하수관을 매설하려 한다. 성토에 의하여 관에 가해지는 하중을 Marston의 방법에 의해 계산하면? (단, 흙의 단위중량 1.9kN/m^3, C_1=1.86, 관의 상부 90° 부분에서의 관매설을 위해 굴토한 도랑의 폭=3.3m)

① 약 25.7kN/m ② 약 38.5kN/m
③ 약 45.7kN/m ④ 약 52.9kN/m

해설 $1.86 \times 1.9 \times 3.3^2 = 38.49\text{kN/m}$

참고 $W = C_1 \gamma B^2$

36. 오수배제계획 시 계획오수량, 오수관거계획에 관하여 고려할 사항으로 틀린 것은?

① 오수관거는 계획1일최대오수량을 기준으로 계획한다.

② 합류식에서 하수의 차집관거는 우천시 계획오수량을 기준으로 계획한다.

③ 관거는 원칙적으로 암거로 하며 수밀한 구조로 하여야 한다.

④ 오수관거와 우수관거가 교차하여 역사

2015

정답 31. ① 32. ③ 33. ② 34. ① 35. ② 36. ①

이편을 피할 수 없는 경우에는 오수관거를 역사이펀으로 하는 것이 바람직하다.

해설 오수관거는 계획시간최대오수량을 기준으로 계획한다.

37. 정수시설인 급속여과지 시설기준에 관한 설명으로 틀린 것은?

① 여과면적은 계획정수량을 여과속도로 나누어 구한다.
② 여과지 1지의 여과면적은 $200m^2$ 이하로 한다.
③ 모래층의 두께는 여과모래의 유효경이 0.45~0.7mm의 범위인 경우에는 60~70cm를 표준으로 한다.
④ 여과속도는 120~150m/d를 표준으로 한다.

해설 여과지 1지의 여과면적은 $150m^2$ 이하로 한다.

38. 상수관로에서 조도계수 0.014, 동수경사 1/100이고, 관경이 400mm일 때 이 관로의 유량은? (단, 만관 기준, Manning 공식에 의함)

① $3.8m^3/min$ ② $6.2m^3/min$
③ $9.3m^3/min$ ④ $11.6m^3/min$

해설 $Q=\frac{\pi\times0.4^2}{4}\times\frac{1}{0.014}\times\left(\frac{0.4}{4}\right)^{2/3}\times\left(\frac{1}{100}\right)^{1/2}\times60=11.6m^3/min$

참고 $Q=AV,\ V=\frac{1}{n}R^{2/3}I^{1/2},\ R=\frac{D}{4}$

39. 하수처리에 사용되는 생물학적 처리공정 중 부유미생물을 이용한 공정이 아닌 것은?

① 산화구법
② 접촉산화법
③ 질산화내생탈질법
④ 막분리활성슬러지법

해설 접촉산화법은 생물막을 이용한 처리법이다.

참고 접촉산화법은 생물막을 이용한 처리 방식의 한 가지로서 반응조 내의 접촉제 표면에 발생·부착된 호기성 미생물의 대사활동에 의해 하수를 처리하는 방식이다.

40. 배수지에 관한 설명 중 틀린 것은?

① 배수지는 급수구역의 중앙 가까이 설치하여야 한다.
② 배수지의 유효용량은 계획1일 최대급수량으로 한다.
③ 배수지의 구조는 정수지의 구조와 비슷하다.
④ 자연유하식 배수지의 높이는 최소 동수압이 확보되는 높이로 하여야 한다.

해설 배수지의 유효용량은 계획1일 최대급수량의 12시간분 이상을 표준으로 한다.

제3과목 수질오염방지기술

41. 환원처리공법으로 크롬함유 폐수를 수산화물 침전법으로 처리하고자 할 때 침전을 위한 적정 pH 범위는? [단, $Cr^{+3}+3OH^-\rightarrow Cr(OH)_3\downarrow$]

① pH 4.0~4.5 ② pH 5.5~6.5
③ pH 8.0~8.5 ④ pH 11.0~11.5

해설 Cr^{+6}은 독성이 있으므로 3가로 환원시킨 후에 수산화물로 침전시키는 것이 일반적 방법이다.

참고 1. 1단계 : $4H_2CrO_4+6NaHSO_3+3H_2SO_4\rightarrow2Cr(SO_4)_3+3Na_2SO_4+10H_2O$ (pH 2~3)
2. 2단계 : $Cr_2(SO_4)_3+6NaOH\rightarrow2Cr(OH)_3\downarrow+3Na_2SO_4$ (pH 8~9)

정답 37. ② 38. ④ 39. ② 40. ② 41. ③

42. **포기조 혼합액의 SVI가 170에서 130으로 감소하였다. 처리장 운전 시 대응 방법은?**

① 별다른 조치가 필요 없다.
② 반송슬러지 양을 감소시킨다.
③ 포기시간을 증가시킨다.
④ 무기응집제를 첨가한다.

해설 SVI는 슬러지 팽화여부를 확인하는 지표로서 사용한다. 보통 SVI가 50~150일 때 침전성은 양호하며 200 이상이면 슬러지 팽화의 위험이 크다.

43. **수면적 $55m^2$의 침전지에서 $400m^3/d$의 폐수를 침전시킨다고 가정할 때, 이 침전지에서 98% 제거되는 입자의 침전속도(mm/min)는?**

① 약 2mm/min ② 약 3mm/min
③ 약 4mm/min ④ 약 5mm/min

해설 $0.98 = \dfrac{x}{\dfrac{400}{55}}$

$\therefore x = \dfrac{7.127\text{m}}{\text{d}} \times \dfrac{10^3\text{mm}}{\text{m}} \times \dfrac{\text{d}}{1440\text{min}}$

$= 4.95\text{mm/min}$

참고 $E = \dfrac{V_s}{\dfrac{Q}{A}}$

44. **표준 활성슬러지법에서 하수처리를 위해 사용되는 미생물에 관한 설명으로 맞는 것은?**

① 지체기로부터 대수증식기에 걸쳐 존재하는 미생물에 의해 하수가 주로 처리된다.
② 대수증식기로부터 감쇠증식기에 걸쳐 존재하는 미생물에 의해 하수가 주로 처리된다.
③ 김쇠증식기로부터 내생호흡기에 걸쳐 존재하는 미생물에 의해 하수가 주로 처리된다.
④ 내생호흡기로부터 사멸기에 걸쳐 존재하는 미생물에 의해 하수가 주로 처리된다.

해설 감쇠증식기부터 미생물이 서로 엉키는 floc이 형성되기 시작한다.

참고 F/M비가 낮으면 물질대사는 내생적이고 포기는 세포의 분해와 재합성에 의한 미생물체의 자기산화를 하게 된다. 물질대사율은 낮지만 유기물의 제거는 완전하며 미생물이 빨리 응결하므로 침전도 잘되어 BOD 제거율이 높게 된다.

45. **수량이 $30000m^3/d$, 수심이 3.5m, 하수체류시간이 2.5h인 침전지의 수면부하율(또는 표면부하율)은?**

① $67.1m^3/m^2 \cdot d$ ② $54.2m^3/m^2 \cdot d$
③ $41.5m^3/m^2 \cdot d$ ④ $33.6m^3/m^2 \cdot d$

해설 수면부하율 $= \dfrac{3.5 \times 24}{2.5}$

$= 33.6\ m^3/m^2 \cdot d$

참고 수면부하율 $= \dfrac{Q}{A} = \dfrac{h}{t}$

46. **인구가 10000명인 마을에서 발생되는 하수를 활성슬러지법으로 처리하는 처리장에 저율 혐기성 소화조를 설계하려고 한다. 생슬러지(건조고형물 기준) 발생량은 0.11kg/인·일이며, 휘발성고형물은 건조고형물의 70%이다. 가스발생량은 $0.94m^3/VSS \cdot kg$이고 휘발성고형물의 65%가 소화된다면 일일 가스발생량은?**

① 약 $345m^3/d$ ② 약 $471m^3/d$
③ 약 $563m^3/d$ ④ 약 $644m^3/d$

해설 $\dfrac{0.94\text{m}^3}{\text{kgVSS 제거}} \times (0.11 \times 10000 \times 0.7$

정답 42. ① 43. ④ 44. ③ 45. ④ 46. ②

$\times 0.65)\text{kg/d} = 470.47\text{m}^3/\text{d}$

47. **반송슬러지의 탈인 제거 공정에 관한 설명으로 틀린 것은?**

① 탈인조 상징액은 유입수량에 비하여 매우 작다.
② 인을 침전시키기 위해 소요되는 석회의 양은 순수 화학처리방법보다 적다.
③ 유입수의 유기물 부하에 따른 영향이 크다.
④ 대표적인 인 제거공법으로 phostrip process가 있다.

해설 유입수의 BOD 부하에 따라 인 방출이 큰 영향을 받지 않는다.

참고 Phostrip 공법은 주로 인의 제거만을 목적으로 개발되었으며 세포분해에 의해 생성되는 유기물을 탈인조에서 인 방출 시 요구되는 유기물로 사용하므로 인의 제거가 유입수의 수질에 의해 영향을 받지 않는다.

48. **회전원판법의 장·단점에 대한 설명 중 틀린 것은?**

① 단회로 현상의 제어가 어렵다.
② 폐수량 변화에 강하다.
③ 파리는 발생하지 않으나 하루살이가 발생하는 수가 있다.
④ 활성슬러지법에 비해 최종침전지에서 미세한 부유물질이 유출되기 쉽다.

해설 단회로 현상의 제어가 쉽다.

참고 회전원판법은 활성슬러지법의 경우처럼 유입폐수의 성상을 파악하여 반응조의 여러 조건이 정상상태가 되도록 인위적으로 처리과정을 조작할 필요가 없고 살수여상의 경우처럼 유출수의 재순환이 필요 없으므로 운전이 쉽고 단회로 현상의 제어가 쉽다.

49. **SBR 공법의 일반적인 운전단계 순서로 옳은 것은?**

① 주입(fill) → 휴지(idle) → 반응(react) → 침전(settle) → 제거(draw)
② 주입(fill) → 반응(react) → 휴지(idle) → 침전(settle) → 제거(draw)
③ 주입(fill) → 반응(react) → 침전(settle) → 휴지(idle) → 제거(draw)
④ 주입(fill) → 반응(react) → 침전(settle) → 제거(draw) → 휴지(idle)

50. **소화조 슬러지 주입률이 $100\text{m}^3/\text{d}$이고, 슬러지의 SS 농도가 6.47%, 소화조 부피가 1250m^3, SS 내 VS 함유율이 85%일 때 소화조에 주입되는 VS의 용적부하($\text{kg/m}^3 \cdot \text{d}$)는? (단, 슬러지의 비중은 1.0임)**

① 1.4 ② 2.4
③ 3.4 ④ 4.4

해설 $\dfrac{100 \times 0.0647 \times 1000 \times 0.85}{1250} = 4.4\text{kg/m}^3 \cdot \text{d}$

참고 1. $\text{VS의 용적부하} = \dfrac{\text{유입 VS 량}}{V}$
2. VS량 = 슬러지 습량 × 순도 × 비중 × VS비

51. **정수처리 시 적용되는 랑게리아 지수에 관한 내용으로 틀린 것은?**

① 랑게리아 지수란 물의 실제 pH와 이론적 pH(PHs : 수중의 탄산칼슘이 용해되거나 석출되지 않는 평형상태로 있을 때의 pH)와의 차이를 말한다.
② 랑게리아 지수가 양(+)의 값으로 절대치가 클수록 탄산칼슘피막의 형성이 어렵다.
③ 랑게리아 지수가 음(−)의 값으로 절대치가 클수록 물의 부식성이 강하다.
④ 물의 부식성이 강한 경우의 랑게리아

정답 47. ③ 48. ① 49. ④ 50. ④ 51. ②

지수는 pH, 칼슘경도, 알칼리도를 증가시킴으로써 개선할 수 있다.

해설 랑게리아 지수가 양(+)의 값으로 절대치가 클수록 탄산칼슘피막의 형성이 쉽다.

참고 1. Langlier Index(LI : 랑게리아 지수)는 일명 포화지수(Saturation Index)라고도 한다.

2. 탄산칼슘($CaCO_3$)이 용해될 것인지 침전될 것인지 여부를 나타내는 지수로서 SI(LI) > 0이면 과포화, 즉 $CaCO_3$ 침전이 생기고 SI(LI) < 0이면 용해성, 즉 부식성이 있다는 뜻이다.

52. 폐수처리에 관련된 침전현상으로 입자 간의 작용하는 힘에 의해 주변입자들의 침전을 방해하는 중간정도 농도 부유액에서의 침전은?

① 제1형 침전(독립입자침전)
② 제2형 침전(응집침전)
③ 제3형 침전(계면침전)
④ 제4형 침전(압밀침전)

53. 물리·화학적으로 질소를 효과적으로 제거하는 방법이 아닌 것은?

① 금속염(Al, Fe) 첨가법
② 공기탈기법(Air Stripping)
③ 선택적 이온교환법
④ 파괴점 염소주입법

해설 금속염(Al, Fe) 첨가법은 인을 효과적으로 제거하는 방법이다.

54. 하수소독 시 적용되는 UV 소독방법에 관한 설명으로 옳지 않은 것은? (단, 오존 및 염소 소독 방법과 비교)

① pH 변화에 관계없이 지속적인 살균이 가능하다.
② 유량과 수질의 변동에 대해 적응력이 강하다.
③ 설치가 복잡하고, 전력 및 램프 수가 많이 소요되므로 유지비가 높다.
④ 물이 혼탁하거나 탁도가 높으면 소독능력에 영향을 미친다.

해설 설치가 용이하고 전력 및 램프 수가 적게 소요되므로 유지비가 낮다.

55. 하수의 고도처리를 위한 생물학적공법 중 인 제거만을 주목적으로 개발된 것은?

① Bardenpho process
② A^2/O process
③ 수정 Bardenpho process
④ A/O process

56. 도시하수 중의 질소 제거를 위한 방법에 대한 설명으로 틀린 것은?

① 탈기법 : 하수의 pH를 높여 하수 중 질소(암모늄이온)를 암모니아로 전환시킨 후 대기로 탈기시킴
② 파괴점 염소처리법 : 충분한 염소를 투입하여 수중의 질소를 염소와 결합한 형태로 공침제거시킴
③ 이온교환수지법 : NH_4^+ 이온에 대해 친화성 있는 이온교환수지를 사용하여 NH_4^+를 제거시킴
④ 생물학적 처리법 : 미생물의 산화 및 환원반응에 의하여 질소를 제거시킴

해설 파괴점 염소처리법은 충분한 양의 염소를 주입하여 수중의 암모니아를 질소가스로 전환시켜 제거한다.

$2NH_3 + 3Cl_2 \rightarrow 6HCl + N_2$

57. 포기조의 유입수 BOD 150mg/L, 유출수 BOD 10mg/L, MLSS 3000mg/L, 미생물성장계수(y) = 0.7kg · MLSS/kg · BOD, 내생호

2015

정답 52. ③ 53. ① 54. ③ 55. ④ 56. ② 57. ①

흡계수(k_d) 0.03d^{-1}, 포기시간(t) 6시간이다. 미생물체류시간(θ_c)은?

① 약 10d ② 약 12d
③ 약 14d ④ 약 16d

해설 $\frac{1}{x} = \frac{0.7 \times (150-10)}{3000 \times \frac{6}{24}} - 0.03$

$\therefore x = 9.93\text{d}$

참고 $\frac{1}{SRT} = \frac{Y \cdot Q(S_0 - S_1)}{VX} - K_d = \frac{Y(S_0 - S_1)}{Xt} - K_d$

58. 유량 2000m^3/d인 폐수를 탈질화하고자 한다. 다음 조건에서 탈질화에 사용되는 anoxic 반응조의 부피는? (단, 내부반송 등 기타 조건은 고려하지 않음)

반응조 유입수 질산염 농도 : 22mg/L
반응조 유출수 질산염 농도 : 3mg/L
MLVSS : 2000mg/L
용존산소 : 0.1mg/L
탈질률(U) : 0.1d^{-1}

① 105m^3 ② 145m^3
③ 175m^3 ④ 190m^3

해설 ㉠ 무산소 반응조(anoxic basin)의 체류시간$= \frac{S_0 - S}{R_n \cdot X}$

㉡ 우선 10℃에서의 탈질률(Rn)
$= 0.10/\text{d} \times (1-0.1) = 0.09/\text{d}$

㉢ $t = \frac{(22-3)\text{mg/L}}{0.09/\text{d} \times 2000\text{mg/L}} = 0.106\text{d}$

㉣ anoxic 반응조의 부피
$= 2000\text{m}^3/\text{d} \times 0.106\text{d} = 211.11\text{m}^3$

㉤ 여기서는 DO 농도 보정을 무시해야 선택지 중의 답(190m^3)이 나온다.

59. 1000m^{3}의 폐수 중에서 SS 농도가 210mg/L일 때 처리효율 70%인 처리장에서 발생하는 슬러지의 양은? (단, 처리된 SS량과 발생슬러지량은 같다고 가정함. 슬러지 비중 : 1.03, 함수율 : 94%)

① 약 2.4m^3 ② 약 3.8m^3
③ 약 4.2m^3 ④ 약 5.1m^3

해설 $\frac{210 \times 1000 \times 10^{-6} \times 0.7}{0.06 \times 1.03} = 2.38\text{m}^3$

참고 슬러지 습량
$= \frac{\text{슬러지 건량}}{\text{순도} \times \text{비중}} = \frac{\text{SS 제거량}}{\text{순도} \times \text{비중}}$

60. 수질 성분이 부식에 미치는 영향으로 틀린 것은?

① 높은 알칼리도는 구리와 납의 부식을 증가시킨다.
② 암모니아는 착화물 형성을 통해 구리, 납 등의 금속용해도를 증가시킬 수 있다.
③ 잔류염소는 Ca와 반응하여 금속의 부식을 감소시킨다.
④ 구리는 갈바닉 전지를 이룬 배관상에 흠집(구멍)을 야기한다.

해설 잔류염소는 금속의 부식을 증대시키며, 특히 구리, 철, 강철에 더욱 심하다.

제4과목 수질오염공정시험기준

61. 알킬수은을 기체크로마토그래피법으로 분석하고자 한다. 이때 운반기체의 유속범위로 가장 적절한 것은?

① 3~8mL/분 ② 15~25mL/분
③ 30~80mL/분 ④ 150~250mL/분

해설 운반기체는 순도 99.999% 이상의 질소 또는 헬륨으로서 유속은 30~80 mL/min이다.

정답 58. ④ 59. ① 60. ③ 61. ③

62. **분원성 대장균군-막여과법에서 배양온도 유지기준으로 옳은 것은?**

① 25±0.2℃ ② 30±0.5℃
③ 35±0.5℃ ④ 44.5±0.2℃

63. **다음은 기체크로마토그래피법을 적용하여 석유계총탄화수소를 측정할 때의 원리이다. ( ) 안에 맞는 내용은?**

> 시료 중의 제트유, 등유, 경유, 벙커 C유, 윤활유, 원유 등을 ( )(으)로 추출하여 기체크로마토그래피법에 따라 확인 및 정량한다.

① 사염화탄소
② 클로로포름
③ 다이클로로메탄
④ 노말헥산+에탄올

64. **예상 BOD 값에 대한 사전 경험이 없을 때, 희석하여 시료를 조제하는 기준으로 알맞은 것은?**

① 강한 공장폐수 : 0.01~0.1%
② 오염된 하천수 : 15~50%
③ 처리하여 방류된 공장폐수 : 25~70%
④ 처리하지 않은 공장폐수 : 1~5%

해설 ㉠ 강한 공장폐수 : 0.1~1%
㉡ 오염된 하천수 : 25~100%
㉢ 처리하여 방류된 공장폐수 : 5~25%

참고 예상 BOD치에 대한 사전 경험이 없을 때에는 다음과 같이 희석하여 시료용액을 조제한다. 강한 공장폐수는 0.1~1.0%, 처리하지 않은 공장폐수와 침전된 하수는 1~5%, 처리하여 방류된 공장폐수는 5~25%, 오염된 하천수는 25~100%의 시료가 함유되도록 희석 조제한다.

65. **기체크로마토그래피의 전자포획검출기에 관한 설명이다. ( ) 안에 알맞은 내용은?**

> 방사선 동위원소로부터 방출되는 ( )이 운반기체를 미소전류를 흘려보낼 때 시료 중의 할로겐이나 산소와 같이 전자포획력이 강한 화합물에 의하여 전자가 포착되어 전류가 감소하는 것을 이용하는 방법이다.

① α (알파)선 ② β (베타)선
③ γ (감마)선 ④ 중성자선

66. **개수로 유량측정에 관한 설명으로 틀린 것은? (단, 수로의 구성, 재질, 단면의 형상, 기울기 등이 일정하지 않은 개수로의 경우)**

① 수로는 될수록 직선적이며, 수면이 물결치지 않는 곳을 고른다.
② 10m를 측정구간으로 하여 2m마다 유수의 횡단면적을 측정하고, 산출평균값을 구하여 유수의 평균 단면적으로 한다.
③ 유속의 측정은 부표를 사용하여 100m 구간을 흐르는 데 걸리는 시간을 스톱워치로 재며 이때 실측유속을 표면 최대유속으로 한다.
④ 총 평균 유속(m/s)은 [0.75×표면 최대유속(m/s)]으로 계산된다.

해설 유속의 측정은 부표를 사용하여 10m 구간을 흐르는 데 걸리는 시간을 스톱워치로 재며 이때 실측유속을 표면 최대유속으로 한다.

67. **전기전도도 측정 시 전도도 표준용액 조제에 사용되는 시약은?**

① 염화칼슘 ② 염화제이암모늄
③ 염화암모늄 ④ 염화칼륨

정답 62. ④ 63. ③ 64. ④ 65. ② 66. ③ 67. ④

68. 자외선/가시선 분광법으로 페놀류를 정량할 때 4-아미노안티피린과 함께 가하는 시약 이름과 그때 가장 적당한 pH는?

① 초산이나트륨, pH 4
② 헥사시안화철(Ⅱ)산칼륨, pH 4
③ 초산이나트륨, pH 10
④ 헥사시안화철(Ⅱ)산칼륨, pH 10

69. 막여과법에 의한 총대장균군을 측정하기 위해, 시료를 10mL, 1mL 및 0.1mL 취해 시험한 결과 40, 9, 1로 집락이 계수되었을 경우 총대장균군수는?

① 390/100mL ② 400/100mL
③ 410/100mL ④ 440/100mL

해설 총대장균군수

$$=\frac{40\times 100}{10}=400/100\text{mL}$$

참고 총대장균군은 배양 후 금속성 광택을 띠는 분홍이나 진홍계통의 붉은색 집락을 형성한다.

계수는 페트리접시를 저배율(10 또는 15배)의 해부 현미경이나 실체 현미경 위에 올려놓고 관찰된 집락수를 계수한다. 총대장균군은 시료 100mL 중에 들어 있는 총대장균군 집락수로 나타내며, 여과막당 그 집락수가 20~80의 범위에 드는 것을 선정하여 다음의 식에 의해 계산한다.

총대장균군수/100mL

$$=\frac{\text{생성된 집락 수}\times 100}{\text{여과한 시료량(mL)}}$$

70. I_0 단색광이 정색액을 통과할 때 그 빛의 50%가 흡수된다면 이 경우 흡광도는?

① 0.6 ② 0.5
③ 0.3 ④ 0.2

해설 $E=\log\left(\frac{100}{50}\right)=0.3$

참고 $E(\text{흡광도})=\log\frac{I_0(\text{입사광의 강도})}{I_t(\text{투사광의 강도})}$

71. 시험할 때 사용되는 용어의 정의로 옳지 않는 것은?

① 감압 또는 진공 : 따로 규정이 없는 한 15mmHg 이하를 뜻한다.
② 바탕시험 : 시료에 대한 처리 및 측정을 할 때 시료를 사용하지 않고 같은 방법으로 조작한 측정치를 더한 것을 뜻한다.
③ 용기 : 시험용액 또는 시험에 관계된 물질을 보존, 운반 또는 조작하기 위하여 넣어 두는 것으로 시험에 지장을 주지 않도록 깨끗한 것을 뜻한다.
④ 정밀히 단다 : 규정된 양의 시료를 취하여 화학저울 또는 미량저울로 칭량함을 말한다.

해설 "바탕시험을 하여 보정한다"라 함은 시료에 대한 처리 및 측정을 할 때, 시료를 사용하지 않고 같은 방법으로 조작한 측정치를 빼는 것을 뜻한다.

72. 자외선/가시선 분광법을 적용하여 페놀류를 측정할 때 사용되는 시약은?

① 4-아미노안티피린
② 인도 페놀
③ O-페난트로린
④ 디티존

73. 폴리클로리네이티드비페닐(PCBs)의 측정에서 기체크로마토그래피법을 적용할 때 기구 및 기기의 조건으로 틀린 것은?

① 검출기는 전자포획검출기
② 컬럼은 안지름이 0.20~0.35mm
③ 검출기 온도는 270~320℃

정답 68. ④ 69. ② 70. ③ 71. ② 72. ① 73. ④

④ 시료도입부 온도는 50~200℃

해설 시료도입부 온도는 250~300℃

74. 물속에 존재하는 셀레늄 측정방법으로 옳은 것은?

① 자외선/가시선 분광법-산화법
② 자외선/가시선 분광법-환원 증류법
③ 수소화물생성법-원자흡수분광광도법
④ 양극벗김전압전류법

해설 적용 가능한 시험방법

셀레늄	정량한계(mg/L)
수소화물생성-원자흡수분광광도법	0.005mg/L
유도결합플라스마-질량분석법	0.03mg/L

75. 다음 중 관내의 유량 측정 방법이 아닌 것은?

① 오리피스
② 자기식 유량측정기(magnetic flow meter)
③ 피토(pitot)관
④ 위어(weir)

해설 위어(weir)는 수로에 의한 유량 측정 방법이다.

참고 관(pipe)내의 유량측정 방법에는 벤투리미터(venturi meter), 유량측정용 노즐(nozzle), 오리피스(orifice), 피토(pitot)관, 자기식 유량측정기(magnetic flow meter)가 있다.

76. "정확히 취하여"라고 하는 것은 규정한 양의 액체를 무엇으로 눈금까지 취하는 것을 말하는가?

① 메스실린더 ② 뷰렛
③ 부피피펫 ④ 눈금 비커

77. 총인 측정에 관한 설명으로 옳지 않은 것은?

① 아스코르빈산 환원 흡광도법으로 정량하여 총인의 농도를 구한다.
② 분해되기 쉬운 유기물을 함유한 시료는 질산(시료 50mL, 질산 2mL)을 넣고 가열하여 전처리한다.
③ 시료 중 유기물을 산화 분해하여 용존 인화합물을 인산염(PO_4) 형태로 변화시킨다.
④ 여액이 혼탁할 경우에는 반복하여 재여과한다.

해설 분해되기 쉬운 유기물을 함유한 시료는 과황산칼륨용액을 넣고 가열하여 전처리한다.

참고 시료 50mL(인으로서 0.06mg 이하 함유)를 분해병에 넣고 과황산칼륨용액(4%) 10mL를 넣어 마개를 닫고 섞은 다음 고압증기멸균기에 넣어 가열한다. 약 120℃가 될 때부터 30분간 가열분해를 계속하고 분해병을 꺼내 냉각한다.

78. 시료의 최대보존기간이 가장 짧은 항목은?

① 색도 ② 셀레늄
③ 전기전도도 ④ 클로로필 a

해설 전기전도도의 최대보존기간은 24시간이다.

참고 색도 : 48시간, 셀레늄 : 6개월, 클로로필 a : 7일

79. 기준전극과 비교전극으로 구성된 pH 측정기를 사용하여 수소이온농도를 측정할 때 간섭물질에 관한 내용으로 옳지 않은 것은?

① pH는 온도변화에 따라 영향을 받는다.
② pH 10 이상에서 나트륨에 의한 오차가 발생할 수 있는데 이는 낮은 나트륨 오차 전극을 사용하여 줄일 수 있다.

2015

정답 74. ③ 75. ④ 76. ③ 77. ② 78. ③ 79. ③

③ 일반적으로 유리전극은 산화 및 환원성 물질, 염도에 의해 간섭을 받는다.
④ 기름층이나 작은 입자상이 전극을 피복하여 pH 측정을 방해할 수 있다.

해설 일반적으로 유리전극은 용액의 색도, 탁도, 콜로이드성 물질들, 산화 및 환원성 물질들 그리고 염도에 의해 간섭을 받지 않는다.

80. 폐수의 부유물질(SS)을 측정하였더니 1312mg/L이었다. 시료 여과 전 유리섬유여지의 무게가 1.2113g이고, 이때 사용된 시료량이 100mL이었다면 시료 여과 후 건조시킨 유리섬유여지의 무게는 얼마인가?

① 1.2242g ② 1.3425g
③ 2.5233g ④ 3.5233g

해설 $1312 = (x - 1.2113) \times 10^3 \times \frac{1000}{100}$

$\therefore x = 1.3425\text{g}$

참고 SS농도(mg/L)

$= (b-a)\text{g} \times \frac{10^3\text{mg}}{\text{g}} \times \frac{1000\text{mL/L}}{V(\text{mL})}$

제5과목 수질환경관계법규

81. 다음 중 수질오염측정망 설치계획에 포함되지 않는 사항은?

① 측정망 설치시기
② 측정망 배치도
③ 측정망을 설치할 토지 또는 건축물의 위치 및 면적
④ 측정망 설치기간

참고 법 제9조의2 참조

82. 오염물질의 배출허용기준 중 "나지역"의 기준으로 옳은 것은?

① BOD : 120mg/L 이하(1일 폐수배출량 2000m^3 미만)
② BOD : 90mg/L 이하(1일 폐수배출량 2000m^3 이상)
③ COD : 90mg/L 이하(1일 폐수배출량 2000m^3 미만)
④ COD : 80mg/L 이하(1일 폐수배출량 2000m^3 이상)

해설 ② BOD : 80mg/L 이하(1일 폐수배출량 2000m^3 이상)
③ COD : 130mg/L 이하(1일 폐수배출량 2000m^3 미만)
④ COD : 90mg/L 이하(1일 폐수배출량 2000m^3 이상)

참고 법 제32조 시행규칙 별표 13 참조

83. 폐수처리방법이 생물화학적 처리방법인 경우 가동개시신고를 한 사업자의 시운전 기간은? (단, 가동개시일 : 11월 10일)

① 가동개시일부터 30일
② 가동개시일부터 50일
③ 가동개시일부터 70일
④ 가동개시일부터 90일

해설 2014년 가동개시가 가동시작으로 개정되었다.

참고 법 제37조 ②항 참조

84. 배출부과금을 부과하는 경우, 당해 배출부과금 부과기준일 전 6개월 동안 방류수수질기준을 초과하는 수질오염물질을 배출하지 아니한 사업자에 대하여 방류수수질기준을 초과하지 아니하고 수질오염물질을 배출한 기간별로, 당해 부과 기간에 부과하는 기본배출부과금의 감면율은?

① 6월 이상 1년 내 : 100분의 10

정답 80. ② 81. ④ 82. ① 83. ③ 84. ②

② 1년 이상 2년 내 : 100분의 30
③ 2년 이상 3년 내 : 100분의 50
④ 3년 이상 : 100분의 60

해설 ① 6월 이상 1년 내 : 100분의 20
③ 2년 이상 3년 내 : 100분의 40
④ 3년 이상 : 100분의 50

참고 법 제41조 ③항 참조

85. 다음 중 기본배출부과금 산정 시 적용되는 사업장별 부과계수로 옳은 것은?

① 제1종사업장은 2.0
② 제2종사업장은 1.5
③ 제3종사업장은 1.3
④ 제4종사업장은 1.1

참고 법 제41조 시행령 별표 9 참조

86. 다음은 초과배출부과금 산정에 적용되는 배출허용기준 위반횟수별 부과계수에 관한 내용이다. ( ) 안에 옳은 내용은?

> 폐수무방류배출시설에 대한 위반횟수별 부과계수 : 처음 위반한 경우 ( )(으)로 하고 다음 위반부터는 그 위반 직전의 부과계수에 1.5를 곱한 것으로 한다.

① 1.3 ② 1.5
③ 1.8 ④ 2.0

참고 법 제41조 시행령 별표 16 참조

87. 1일 폐수배출량이 2천세제곱미터 이상인 사업장에서 생물학적산소요구량의 농도가 25mg/L의 폐수를 배출하였다면, 이 업체의 방류수수질기준 초과에 따른 부과계수는 얼마인가? (단, 배출허용기준에 적용되는 지역은 청정지역임)

① 2.0 ② 2.2
③ 2.4 ④ 2.6

해설 방류수수질기준 초과율

$$= \frac{25-10}{30-10} \times 100 = 75\%$$

참고 법 제41조 시행령 별표 11 참조

88. 사업장별 환경기술인의 자격기준 중 제2종 사업장에 해당하는 환경기술인은?

① 수질환경기사 1명 이상
② 수질환경산업기사 1명 이상
③ 환경기능사 1명 이상
④ 2년 이상 수질분야에 근무한 자 1명 이상

참고 법 제47조 시행령 별표 17 참조

89. 특정수질유해물질 등을 누출·유출하거나 버린 자에 해당되는 처벌은?

① 1년 이하의 징역 또는 1천만원 이하의 벌금
② 3년 이하의 징역 또는 3천만원 이하의 벌금
③ 5년 이하의 징역 또는 5천만원 이하의 벌금
④ 7년 이하의 징역 또는 7천만원 이하의 벌금

참고 법 제77조 참조

90. 환경부장관이 물환경 보전에 관한 법의 목적을 달성하기 위하여 필요하다고 인정하는 때에 관계기관의 장에게 조치를 요청할 수 있는 사항이 아닌 것은?

① 농업용수의 사용규제
② 해충구제방법의 개선
③ 수질오염원 등록규제
④ 농약·비료의 사용규제

2015

정답 85. ④ 86. ③ 87. ③ 88. ② 89. ② 90. ③

참고 법 제70조 참조

91. 수질 및 수생태계 환경기준 중 하천(생활환경) II등급의 기준으로 맞는 것은?

① 생물화학적 산소요구량(BOD) : 5mg/L 이하
② 부유물질(SS) : 30mg/L 이하
③ 용존산소량(DO) : 5mg/L 이상
④ 대장균군수(MPN/100mL) : 500 이하

해설 ① 생물화학적 산소요구량(BOD) : 3mg/L 이하
② 부유물질(SS) : 25mg/L 이하
④ 대장균군수(MPN/100mL) : 1000 이하

참고 환경정책기본법 시행령 별표 1 참조

92. 오염총량초과과징금 산정방법 및 기준에 관련된 내용으로 옳지 않은 것은?

① 일일초과오염배출량의 단위는 킬로그램(kg)으로 하되, 소수점 이하 첫째 자리까지 계산한다.
② 할당오염부하량과 지정배출량의 단위는 1일당 킬로그램(kg/일)과 1일당 리터(L/일)로 한다.
③ 일일조업시간은 측정하기 전 최근 조업한 30일간의 오수 및 폐수배출시설의 조업시간 평균치로서 분으로 나타낸다.
④ 측정유량의 단위는 시간당 리터(L/h)로 한다.

해설 2017년 오염총량초과부과금이 오염총량초과과징금으로 개정되어 현행 법률에 맞게 수정하였다.

참고 법 제4조의7 시행령 별표 1 참조

93. 비점오염저감시설의 관리·운영기준으로 옳지 않은 것은? (단, 자연형 시설)

① 인공습지 : 동절기(11월부터 다음 해 3월까지를 말한다)에는 인공습지에서 말라 죽은 식생을 제거·처리하여야 한다.
② 인공습지 : 식생대가 50퍼센트 이상 고사하는 경우에는 추가로 수생식물을 심어야 한다.
③ 식생형 시설 : 식생수로 바닥의 퇴적물이 처리 용량의 25퍼센트를 초과하는 경우에는 침전된 토사를 제거하여야 한다.
④ 식생형 시설 : 전처리를 위한 침사지는 주기적으로 협잡물과 침전물을 제거하여야 한다.

해설 여과형 시설 : 전처리를 위한 침사지는 주기적으로 협잡물과 침전물을 제거하여야 한다.

참고 법 제53조 시행규칙 별표 18 참조

94. 수질 및 수생태계 정책심의위원회에 관한 내용으로 틀린 것은?

① 환경부장관의 소속으로 수질 및 수생태계 정책심의위원회를 둔다.
② 위원회는 위원장과 부위원장 각 1인을 포함한 20명 이내의 위원으로 성별을 고려하여 구성한다.
③ 위원회의 운영 등에 관한 필요한 사항은 환경부령으로 정한다.
④ 위원회의 위원장은 환경부장관으로 하고, 부위원장은 위원 중에서 위원장이 임명하거나 위촉하는 사람으로 한다.

해설 위원회의 운영 등에 관한 필요한 사항은 대통령령으로 정한다. (2017년 삭제)

참고 법 제10조의3 참조

95. 낚시금지구역 또는 낚시제한구역의 안내판의 규격기준 중 색상기준으로 옳은 것은?

① 바탕색 : 청색, 글씨 : 흰색
② 바탕색 : 흰색, 글씨 : 청색

정답 91. ③ 92. ④ 93. ④ 94. ③ 95. ①

③ 바탕색 : 회색, 글씨 : 흰색
④ 바탕색 : 흰색, 글씨 : 회색

참고 법 제20조 ①항 참조

96. **다음 중 물환경 보전에 관한 법률상 수면관리자에 관한 정의로 옳은 것은?**

① 수질환경법령의 규정에 의하여 호소를 관리하는 자를 말한다. 이 경우 동일한 호소를 관리하는 자가 둘 이상인 경우에는 상수도법에 따른 하천관리청의 자가 수면관리자가 된다.
② 수질환경법령의 규정에 의하여 호소를 관리하는 자를 말한다. 이 경우 동일한 호소를 관리하는 자가 둘 이상인 경우에는 상수도법에 따른 하천관리청 외의 자가 수면관리자가 된다.
③ 다른 법령의 규정에 의하여 호소를 관리하는 자를 말한다. 이 경우 동일한 호소를 관리하는 자가 둘 이상인 경우에는 하천법에 따른 하천관리청의 자가 수면관리자가 된다.
④ 다른 법령의 규정에 의하여 호소를 관리하는 자를 말한다. 이 경우 동일한 호소를 관리하는 자가 둘 이상인 경우에는 하천법에 따른 하천관리청 외의 자가 수면관리자가 된다.

참고 법 제2조 참조

97. **물환경 보전에 관한 법률 시행규칙에서 규정한 수질오염물질방지시설 중 생물화학적 처리시설이 아닌 것은?**

① 살균시설
② 포기시설
③ 산화시설(산화조 또는 산화지)
④ 안정조

해설 살균시설은 화학적 처리시설이다.

참고 법 제2조 시행규칙 별표 5 참조

98. **환경기술인의 업무를 방해하거나 환경기술인의 요청을 정당한 사유 없이 거부한 자에 대한 벌칙 기준은?**

① 5백만원 이하의 벌금
② 3백만원 이하의 벌금
③ 2백만원 이하의 벌금
④ 1백만원 이하의 벌금

참고 법 제80조 참조

99. **폐수의 처리능력과 처리가능성을 고려하여 수탁하여야 하는 준수사항을 지키지 아니한 폐수처리업자에 대한 벌칙기준은?**

① 100만원 이하의 벌금
② 200만원 이하의 벌금
③ 300만원 이하의 벌금
④ 500만원 이하의 벌금

참고 법 제79조 참조

100. **오염총량관리기본계획에 포함되어야 하는 사항과 가장 거리가 먼 것은?**

① 관할 지역에서 배출되는 오염부하량의 총량 및 저감계획
② 해당 지역 개발계획으로 인하여 추가로 배출되는 오염부하량 및 그 저감계획
③ 해당 지역별 및 개발계획에 따른 오염부하량의 할당
④ 해당 지역 개발계획의 내용

참고 법 제4조3 ①항 참조

2015

정답 96. ④ 97. ① 98. ④ 99. ④ 100. ③

2016년도 출제문제

2016년 3월 6일 시행

자격종목 및 등급(선택분야)	종목코드	시험시간	문제지형별	수검번호	성 명
수질환경기사	2572	2시간	A		

제1과목 수질오염개론

1. 곰팡이(fungi)류의 경험적 화학 분자식은?

① $C_{12}H_7O_4N$ ② $C_{12}H_8O_5N$
③ $C_{10}H_{17}O_6N$ ④ $C_{10}H_{18}O_4N$

2. 분뇨의 특징에 관한 설명으로 틀린 것은?

① 분뇨 내 질소화합물은 알칼리도를 높게 유지시켜 pH의 강하를 막아 준다.
② 분과 뇨의 구성비는 약 1 : 8~1 : 10 정도이며 고액분리가 용이하다.
③ 분의 경우 질소산화물은 전체 VS의 12~20% 정도 함유되어 있다.
④ 분뇨는 다량의 유기물을 함유하며, 점성이 있는 반고상 물질이다.

해설 분과 뇨의 구성비는 약 1 : 8~1 : 10 정도이며 고액분리가 어렵다.

3. 콜로이드의 성질과 특성에 대한 설명으로 틀린 것은?

① 제타전위는 콜로이드 입자의 전하와 전하의 효력이 미치는 분산매의 거리를 측정한다.
② 제타전위가 클 경우 입자는 응집하기 쉬우므로 콜로이드를 완전히 응집시키는데 제타전위를 5~10mV 이상으로 해야 한다.
③ 소수성 콜로이드는 전해질의 첨가에 따라 응집하며 응결시킬 때 필요한 이온에 대한 응결가는 이온가가 높은 쪽이 크다.
④ 친수성 콜로이드는 물에 대한 친화력이 대단히 크므로 소량의 전해질 첨가에는 영향을 받지 않고 대량의 전해질을 가하면 염석에 따라 침전한다.

해설 제타전위가 작을 경우 입자는 응집하기 쉬우므로 콜로이드를 완전히 응집시키는데 제타전위를 5~10mV 이하로 해야 한다.

4. 호수의 성층현상에 대해 틀린 것은?

① 수심에 따른 온도변화로 인해 발생되는 물의 밀도차에 의하여 발생한다.
② Thermocline(약층)은 순환층과 정체층의 중간층으로 깊이에 따른 온도변화가 크다.
③ 봄이 되면 얼음이 녹으면서 수표면 부근이 수온이 높아지게 되고 따라서 수직운동이 활발해져 수질이 악화된다.
④ 여름이 되면 연직에 따른 온도경사와 용존산소 경사가 반대모양을 나타낸다.

해설 여름이 되면 연직에 따른 온도경사와 용존산소 경사가 같은 모양을 나타낸다.

5. 경도가 $CaCO_3$로서 500mg/L이고 Ca^{+2}가 100mg/L, Na^{+}이 46mg/L, Cl^{-}이 1.3mg/L인

정답 1. ③ 2. ② 3. ② 4. ④ 5. ②

물에서의 Mg^{+2}의 농도(mg/L)는? (단, 원자량은 Ca : 40, Mg : 24, Na : 23, Cl : 35.5)

① 30 ② 60
③ 120 ④ 240

해설 $500 = 100 \times \frac{50}{20} + x \times \frac{50}{12}$

$\therefore x = 60\text{mg/L}$

6. 미생물을 진핵세포와 원핵세포로 나눌 때 원핵세포에는 없고 진핵세포에만 있는 것은?

① 리보솜 ② 세포소기관
③ 세포벽 ④ DNA

해설 원핵세포는 핵막이 없기 때문에 유전물질이 세포질에 퍼져 있으며, 미토콘드리아, 골지체와 같이 막으로 덮인 세포소기관이 없다.

7. 물의 특성에 관한 설명으로 틀린 것은?

① 수소와 산소의 공유결합 및 수소결합으로 되어 있다.
② 수온이 감소하면 물의 점성도가 감소한다.
③ 물의 점성도는 표준상태에서 대기의 대략 100배 정도이다.
④ 물분자 사이의 수소결합으로 큰 표면장력을 갖는다.

해설 수온이 감소하면 물의 점성도가 증가한다.

8. 부영양화가 진행되는 단계에서의 지표현상으로 틀린 것은?

① 심수층의 DO 농도가 점차적으로 감소한다.
② 플랑크톤 및 그 잔재물이 증가되고, 물의 투명도가 점차 낮아진다.
③ 퇴적된 저니의 용출이 현저하게 늘어나며 COD 농도가 증가한다.
④ 식물성 플랑크톤이 늘어나고 남조류, 녹조류 등이 규조류로 변화된다.

해설 식물성 플랑크톤이 늘어나고 규조류, 녹조류 등이 남조류로 변화된다.

9. 알칼리도(alkalinity)에 관한 설명으로 틀린 것은?

① 알칼리도가 낮은 물은 철(Fe)에 대한 부식성이 강하다.
② 알칼리도가 부족할 때에는 소석회 [$Ca(OH)_2$]나 소다회(Na_2CO_3)와 같은 약제를 첨가하여 보충한다.
③ 자연수의 알칼리도는 주로 중탄산염 (HCO_3^-)의 형태를 이룬다.
④ 중탄산염(HCO_3^-)이 많이 함유된 물을 가열하면 pH는 낮아진다.

해설 중탄산염(HCO_3^-)이 많이 함유된 물을 가열하면 pH는 높아진다.

참고 중탄산염은 수중에 OH^-를 거의 내놓지 않으므로 PH가 증가되지 않으며 용해된 CO_2가 많을수록 이러한 현상이 뚜렷하다. 그러나 중탄산염을 많이 포함한 물을 가열하면 CO_2가 나오면서 대기 중으로 방출되어 중탄산염은 탄산염으로 되어 물속에 OH^-를 내어 pH가 증가한다.

10. 유해물질, 배출원, 유해내용이 맞게 짝지어진 것은?

① 카드뮴 – 전해소다공장, 농약공장 – 수족의 지각장애
② 수은 – 금속광산, 정련공장, 원자로 – 동요성 보행
③ 납 – 합금, 도금, 제련 – 피부궤양
④ 망간 – 광산, 합금, 유리착색 – 파킨스병 유사증세

참고 ㉠ 카드뮴 : 칼슘 대사기능장애(골연화증, 동요성 보행), Fanconi씨 증후군

2016

정답 6. ② 7. ② 8. ④ 9. ④ 10. ④

㉡ 6가크롬 : 피부염, 피부궤양
㉢ 수은 : 미나마타병, 헌터-루셀 증후군

11. 아세트산(CH_3COOH) 1000mg/L 용액의 pH가 3.0이었다면 이 용액의 해리상수(Ka)는?

① 2×10^{-5}　② 3×10^{-5}
③ 4×10^{-5}　④ 6×10^{-5}

해설 $K=\dfrac{(10^{-3})^2}{(1000\div1000\div60)-10^{-3}}$
$=6.38\times10^{-5}$

12. BOD가 2000mg/L인 폐수를 제거율 85%로 처리한 후 몇 배 희석하면 방류수 기준에 맞는가? (단, 방류수 기준은 40mg/L이라고 가정함)

① 4.5배 이상　② 5.5배 이상
③ 6.5배 이상　④ 7.5배 이상

해설 $85=\dfrac{2000-40\times x}{2000}\times100$
$\therefore\ x=7.5$

참고 제거율(%)
$=\dfrac{\text{유입농도}-\text{유출농도}\times\text{희석배수}}{\text{유입농도}}\times100$

13. 적조현상에 의해 어패류가 폐사하는 원인으로 가장 거리가 먼 것은?

① 적조생물이 어패류의 아가미에 부착하여
② 적조류의 광범위한 수면막 형성으로 인해
③ 치사성이 높은 유독물질을 분비하는 조류로 인해
④ 적조류의 사후분해에 의한 수중 부패독의 발생으로 인해

해설 적조가 발생하면 수중의 용존산소가 결핍되어 질식사하거나 적조생물이 어패류의 아가미에 부착하여 호흡장애로 질식사하거나 적조생물이 생산하는 독소 또는 2차적으로 생긴 황화수소, 메탄가스, 암모니아 등 유독성물질에 의하여 중독사한다.

14. H_2SO_4의 비중이 1.84이며, 농도는 95중량%이다. N농도는?

① 8.9　② 17.8
③ 35.7　④ 71.3

해설 $\text{N 농도}=\dfrac{1.84\times10\times95}{49}=35.67\text{N}$

참고 $\text{N 농도}=\dfrac{\text{비중}\times10\times\%}{\text{당량}}$

15. 지구상의 담수 존재량의 가장 많은 부분을 차지하고 있는 것은?

① 지하수　② 토양수분
③ 빙하　④ 하천수

16. 지하수의 일반적 특성으로 가장 거리가 먼 것은?

① 수온변동이 적고 탁도가 낮다.
② 미생물이 거의 없고 오염물질이 적다.
③ 무기염류농도와 경도가 높다.
④ 자정속도가 빠르다.

해설 자정속도가 느리다.

17. 수질오염과 관련된 미생물에 대한 설명으로 틀린 것은?

① 박테리아는 용해된 유기물을 섭취한다.
② Fungi가 폐수처리 과정에서 많이 발생되면 유출수로부터 분리가 잘 안되며 이를 슬러지 팽화라 한다.
③ Protozoa는 호기성이며 탄소동화작용

정답 11. ④ 12. ④ 13. ② 14. ③ 15. ③ 16. ④ 17. ④

을 하지 않고 박테리아 같은 미생물을 잡아먹는다.

④ 균류는 탄소동화작용을 하는 생물로 무기물을 섭취하는 호기성 종속미생물이다.

해설 균류는 탄소동화작용을 못하는 생물로 유기물을 섭취하는 호기성 종속미생물이다.

18. 트리할로메탄(THM)에 관한 설명으로 틀린 것은?

① 일정 기준 이상의 염소를 주입하면 THM의 농도는 급감한다.
② pH가 증가할수록 THM의 생성량은 증가한다.
③ 온도가 증가할수록 THM의 생성량은 증가한다.
④ 수돗물에 생성된 트리할로메탄류는 대부분 클로로포름으로 존재한다.

해설 일정 기준 이상의 염소를 주입하면 THM의 농도는 급증한다.

19. 미생물의 종류를 분류할 때, 탄소 공급원에 따른 분류는?

① Aerobic, Anaerobic
② Thermophilic, Psychrophilic
③ Photosynthetic, Chemosynthetic
④ Autotrophic, Heterotrophic

참고 ㉠ 용존산소에 따른 분류
Aerobic, Anaerobic
㉡ 온도에 따른 분류
Thermophilic, Psychrophilic
㉢ 에너지원에 따른 분류
Photosynthetic, Chemosynthetic

20. 하천의 단면적이 $350m^2$, 유량이 $428400 m^3/h$, 평균수심 1.7m일 때 탈산소계수가 0.12/d인 지점의 자정계수는? [단, $K_2 = 2.2\left(\frac{V}{H^{1.33}}\right)$ 식에서 단위는 V[m/s], H[m]임]

① 0.3　② 1.6
③ 2.4　④ 3.1

해설 ㉠ $V = \frac{428400m^3/h \times 1h/3600s}{350m^2} = 0.34m/s$

㉡ $K_2 = 2.2(\frac{0.34}{1.7^{1.33}}) = 0.369$

㉢ $f = \frac{0.369}{0.12} = 3.077$

참고 $V = \frac{Q}{A}$, $f = \frac{K_2}{K_1}$

제2과목 상하수도계획

21. 원심력 펌프의 규정 회전수 N=30회/s, 규정 토출량 $Q=0.8m^3/s$, 규정 양정 H=15m일 때 펌프의 비교회전도는? (단, 양흡입이 아님)

① 약 1050　② 약 1250
③ 약 1410　④ 약 1640

해설 $N_s = \frac{30 \times 60 \times (0.8 \times 60)^{\frac{1}{2}}}{15^{\frac{3}{4}}} = 1636.16$

참고 N_s(비교회전도)
$= \frac{N[rpm] \times Q^{\frac{1}{2}}[m^3/min]}{H^{\frac{3}{4}}[m]}$

22. 침전지 침전효율과 관련된 내용으로 옳은 것은?

① 침전제거율 향상을 위해 침전지의 침강면적(A)을 작게 한다.

정답 18. ① 19. ④ 20. ④ 21. ④ 22. ④

② 침전제거율 향상을 위해 플록의 침강 속도(V)를 작게 한다.
③ 침전제거율 향상을 위해 유량(Q)을 크게 한다.
④ 가장 기본적인 지표는 표면부하율이다.

해설 ① 침전제거율 향상을 위해 침전지의 침강면적(A)을 크게 한다.
② 침전제거율 향상을 위해 플록의 침강속도(V)를 크게 한다.
③ 침전제거율 향상을 위해 유량(Q)을 작게 한다.

참고 $E(\text{침전제거율}) = \dfrac{V_s(\text{입자의 침강속도})}{\dfrac{Q}{A}(\text{표면부하율})}$

23. 상수시설 중 배수지에 관한 설명으로 틀린 것은?

① 유효용량은 시간변동조정용량, 비상대처용량을 합하여 급수구역의 계획1일최대급수량의 12시간분 이상을 표준으로 한다.
② 부득이한 경우 외에는 배수지를 급수지역의 중앙 가까이 설치한다.
③ 유효수심은 1~2m 정도를 표준으로 한다.
④ 자연유하식 배수지의 표고는 최소동수압이 확보되는 높이여야 한다.

해설 유효수심은 3~6m 정도를 표준으로 한다.

24. 상수도 관종을 선정할 때 고려하여야 하는 기본사항이 아닌 것은?

① 관 재질에 의하여 물이 오염될 우려가 없어야 한다.
② 내압과 외압에 대하여 안전해야 하며 매설조건에 적합해야 한다.
③ 통수능력 감소에 따른 내용연수를 고려해야 한다.
④ 매설환경에 적합한 시공성을 지녀야 한다.

해설 상수도관의 관종은 다음 각 항을 기본으로 하여 선정한다.
㉠ 관 재질에 의하여 물이 오염될 우려가 없어야 한다.
㉡ 내압과 외압에 대하여 안전해야 한다.
㉢ 매설조건에 적합해야 한다.
㉣ 매설환경에 적합한 시공성을 지녀야 한다.

25. 계획분뇨처리량 기준으로 옳은 것은?

① 1일평균 분뇨발생량을 기준으로 한다.
② 연간 분뇨발생량을 기준으로 한다.
③ 계획지역 수거량을 기준으로 한다.
④ 지역별 분뇨처리시설 용량을 기준으로 한다.

해설 계획분뇨처리량은 계획지역 수거량을 기준으로 한다.

참고 분뇨처리시설 계획에 적용되는 분뇨의 성상은 원칙적으로 실측조사결과를 근거로 적용하되 필요 시 통계자료 등 참고 자료를 이용할 수 있다.

26. 하수도계획의 목표연도로 옳은 것은?

① 원칙적으로 10년으로 한다.
② 원칙적으로 15년으로 한다.
③ 원칙적으로 20년으로 한다.
④ 원칙적으로 25년으로 한다.

27. 배수탑에 대한 설명으로 틀린 것은?

① 배수탑은 총 수심은 20m 정도를 한계로 하여야 한다.
② 유출관의 유출구 중심고는 저수위보다 관경의 2배 이상 낮게 하여야 한다.
③ 배수탑에는 고수위에 벨 마우스를 갖는 월류관을 설치하여야 한다.

정답 23. ③ 24. ③ 25. ③ 26. ③ 27. ④

④ 배수탑의 유입관, 유출관, 월류관, 배출관에는 부등침하나 신축에는 관계없으므로 신축이음을 설치할 필요가 없다.

해설 배수탑의 유입관, 유출관, 월류관, 배출관은 부등침하나 신축에 영향을 받기 쉬우므로 신축이음을 설치한다.

28. **하수도 시설인 중력식 침사지에 대한 설명으로 틀린 것은?**

① 침사지의 평균유속은 0.3m/초를 표준으로 한다.
② 저부경사는 보통 1/500~1/1000로 하며 그리트 제거설비의 종류별 특성에 따라 범위가 적용된다.
③ 침사지의 표면부하율은 오수침사지의 경우 1800m^3/m^2·일, 우수침사지의 경우 3600m^3/m^2·d 정도로 한다.
④ 침사지의 수심은 유효수심에 모래 퇴적부의 깊이를 더한 것으로 한다.

해설 저부경사는 보통 1/100~2/100로 하나, 그리트 제거설비의 종류별 특성에 따라서는 이 범위가 적용되지 않을 수도 있다.

29. **펌프의 토출량이 0.1m^3/s, 토출구의 유속이 2m/s로 할 때 펌프의 구경은?**

① 약 255mm ② 약 365mm
③ 약 475mm ④ 약 545mm

해설 $0.1 = \frac{\pi \times x^2}{4} \times 2$

$\therefore x = 0.2523\text{m} = 252.3\text{mm}$

참고 $Q = AV = \frac{\pi \times d^2}{4} \times V$

30. **상수시설의 도수관 중 공기밸브의 설치에 관한 설명으로 틀린 것은?**

① 관로의 종단도상에서 상향 돌출부의 하단에 설치해야 하지만 제수밸브의 중간에 상향 돌출부가 없는 경우에는 높은 쪽의 제수밸브 바로 뒤쪽에 설치한다.
② 관경 400mm 이상의 관에는 반드시 급속공기밸브 또는 쌍구공기밸브를 설치하고, 관경 350mm 이하의 관에 대해서는 급속공기밸브 또는 단구공기밸브를 설치한다.
③ 공기밸브에는 보수용의 제수밸브를 설치한다.
④ 매설관에 설치하는 공기밸브에는 밸브실을 설치한다.

해설 관로의 종단도상에서 상향 돌출부의 상단에 설치해야 하지만 제수밸브의 중간에 상향 돌출부가 없는 경우에는 높은 쪽의 제수밸브 바로 밑에 설치한다.

31. **하수처리를 위한 생물처리설비 중 회전원판장치에 관한 설명으로 틀린 것은?**

① 접촉지의 용량은 액량면적비로 결정한다.
② 처리계열은 2계열 이상으로 하고 각 계열은 2개 이상의 접촉지를 직렬로 배치한다.
③ 회전원판의 주변속도는 15~20m/min을 표준으로 한다.
④ 접촉지의 내벽과 원판 끝부분과의 간격은 원판직경의 5~8%를 표준으로 한다.

해설 접촉지의 내벽과 원판 끝부분과의 간격은 원판직경의 10~12%를 표준으로 한다.

32. **하수도에 사용되는 펌프형식 중 전양정이 3~12m일 때 적용하고, 펌프구경은 400mm 이상을 표준으로 하며 양정의 변화에 대하여 수량의 변동이 적고, 또 수량변동에 대해 동력의 변화도 적으므로 우수용 펌프 등 수위변**

2016

정답 28. ② 29. ① 30. ① 31. ④ 32. ②

동이 큰 곳에 적합한 것은?

① 원심펌프 ② 사류펌프
③ 원심사류펌프 ④ 축류펌프

33. 하수의 계획오염부하량 및 계획유입수질에 관한 내용으로 틀린 것은?

① 계획유입수질 : 계획오염부하량을 계획 1일최대오수량으로 나눈 값으로 한다.
② 생활오수에 의한 오염부하량 : 1인 1일당 오염부하량 원단위를 기초로 하여 정한다.
③ 관광오수에 의한 오염부하량 : 당일 관광과 숙박으로 나누고 각각의 원단위에서 추정한다.
④ 영업오수에 의한 오염부하량 : 업무의 종류 및 오수의 특징 등을 감안하여 결정한다.

해설 계획유입수질 : 계획오염부하량을 계획 1일평균오수량으로 나눈 값으로 한다.

참고 1. 공장폐수에 의한 오염부하량
폐수배출부하량이 큰 공장에 대해서는 부하량을 실측하는 것이 바람직하며, 실측치를 얻기 어려운 경우에 대해서는 업종별의 출하액당 오염부하량 원단위에 기초를 두고 추정한다.
2. 계획오염부하량
계획오염부하량은 생활오수, 영업오수, 공장폐수 및 관광오수 등의 오염부하량을 합한 값으로 한다.

34. 도시 하수처리장의 원형 침전지에 3000m^3/d의 하수가 유입되고 위어의 월류부하를 12m^3/m-d로 하고자 한다면, 최종침전지 월류 위어(weir)의 길이는?

① 220m ② 230m
③ 240m ④ 250m

해설 $12=\dfrac{3000}{x} \quad \therefore x=250\text{m}$

참고 $\text{월류부하}=\dfrac{Q}{L(\text{월류길이})}$

35. 연평균 강우량이 1135mm인 지역에 필요한 저수지의 용량(d)은? (단, 가정법 적용)

① 약 126 ② 약 146
③ 약 166 ④ 약 186

해설 $C=\dfrac{5000}{\sqrt{0.8\times1135}}=165.93$

참고 $C=\dfrac{5000}{\sqrt{0.8R}}$
여기서, C : 용량(1일 계획 급수량의 배수)
R : 연평균 강우량(mm/년)

36. 배수면적이 50km^{2}인 지역의 우수량이 800m^3/s일 때 이 지역의 강우강도(I)는 몇 mm/h인가? (단, 유출계수 : 0.83, 우수량의 산출은 합리식 적용)

① 약 70 ② 약 75
③ 약 80 ④ 약 85

해설 $800=\dfrac{1}{360}\times0.83\times x\times5000$
$\therefore x=69.4\text{mm/h}$

참고 $Q=\dfrac{1}{360}CIA$, $\text{km}^2=100\text{ha}$

37. 천정호(얕은 우물)의 경우 양수량 $Q=\dfrac{\pi K(H^2-h^2)}{2.3\log\left(\dfrac{R}{r}\right)}$로 표시된다. 반경 0.5m의 천정호 시험정에서 H=6m, h=4m, R=50m의 경우에 Q=10L/s의 양수량을 얻었다. 이 조건에서 투수계수 K는?

① 0.043m/min ② 0.073m/min
③ 0.086m/min ④ 0.146m/min

정답 33. ① 34. ④ 35. ③ 36. ① 37. ①

해설 $0.01 \times 60 = \dfrac{\pi \times x \times (6^2 - 4^2)}{2.3\log\left(\dfrac{50}{0.5}\right)}$

$\therefore x = 0.044\text{m/min}$

참고 $\dfrac{10L}{s} \times \dfrac{10^{-3}\text{m}^3}{L} \times \dfrac{60s}{\text{min}}$

$= \dfrac{K[\text{m/min}] \times \text{m}^2}{1}$

38. 강우강도 $I = \dfrac{3970}{t+31}$, 유역면적 3.0km^2, 유입시간 180s, 관거길이 1km, 유출계수 1.1, 하수관의 유속 33m/min일 경우 우수유출량은? (단, 합리식 적용)

① 약 29m^3/s ② 약 33m^3/s
③ 약 48m^3/s ④ 약 57m^3/s

해설 $Q = \dfrac{1}{360} \times 1.1 \times \dfrac{3970}{\dfrac{180}{60} + \dfrac{1000}{33} + 31} \times 300$

$= 56.59\text{m}^3/\text{s}$

참고 t(유달시간)

$=$ 유입시간(min) $+ \dfrac{L[\text{m}]}{V[\text{m/min}]}$ (유하시간)

39. 하수도시설기준상 축류펌프의 비교회전도(Ns) 범위로 적절한 것은?

① 100~250 ② 200~850
③ 700~1200 ④ 1100~2000

해설 펌프 형식과 비교회전도 값

pump 형식	비교회전도(Ns)의 범위
고양정 와권pump	100~250
중양정 와권pump	250~450
저양정 와권pump	450~750
사류pump	700~1200
축류pump	1200~2000

40. 상수도시설의 내진설계 방법이 아닌 것은?

① 등가적정해석법 ② 다중회귀법
③ 응답변위법 ④ 동적해석법

해설 대상으로 하는 구조물 또는 배관의 구조적 특성과 지반조건에 따라 등가정적해석법, 응답변위법, 응답스펙트럼법, 동적해석법(시간영역해석, 주파수영역해석) 중 시설물별 관련기준에 적합한 방법을 사용한다.

참고 지진해석 및 설계방법

1. 지반을 통한 파의 방사조건이 적절히 반영된 수평 2축 방향 성분과 수직방향 성분이 고려되어야 한다.
2. 지진해석에 필요한 지반정수는 동적 하중조건에 적합한 값들이 선정되어야 하며, 특히 지반의 변형계수와 감쇠비는 발생변형률 크기에 알맞게 선택되어야 한다.
3. 유체-구조물-지반의 상호작용 해석 시 구조물의 유연성과 지반의 변형성을 고려해야 한다. 단, 유체-구조물 상호작용이 경미할 경우에는 구조물을 강체로 가정하여 유도한 단순 유체모델을 사용할 수 있다.
4. 붕괴방지수준을 고려하기 때문에 지진응답은 비선형거동 특성을 고려할 수 있는 해석법에 의해서 해석하는 것을 기본으로 한다.
5. 액상화 가능성 판단은 설계지진 가속도에 의해 지반에 발생하는 반복전단 응력과 액상화에 대한 지반의 강도를 기준으로 이루어져야 한다.

제3과목 수질오염방지기술

41. 활성슬러지법과 비교하여 생물막 공법의 특징이 아닌 것은?

① 적은 에너지를 요구한다.
② 단순한 운전이 가능하다.
③ 이차침전지에서 슬러지 벌킹의 문제가 없다.
④ 충격 독성부하로부터 회복이 느리다.

2016

정답 38. ④ 39. ④ 40. ② 41. ④

해설 충격 독성부하로부터 회복이 빠르다.

참고 생물막 공법의 특징

1. 반응조 내의 생물량을 조절할 필요가 없으며 슬러지 반송을 필요로 하지 않기 때문에 운전 조작이 비교적 간단하다.
2. 활성슬러지법에서의 벌킹현상처럼 이차침전지 등으로부터 일시적 또는 다량의 슬러지 유출에 따른 처리수 수질악화가 발생하지 않는다.
3. 반응조를 다단화함으로써 반응효율, 처리의 안전성의 향상이 도모된다.
4. 활성슬러지법과 비교하면 이차침전지로부터 미세한 SS가 유출되기 쉽고 그에 따라 처리수의 투시도의 저하와 수질악화를 일으킬 수 있다.
5. 처리과정에서 질산화 반응이 진행되기 쉽고 그에 따라 처리수의 pH가 낮아지게 되거나 BOD가 높게 유출될 수 있다.
6. 생물막법은 운전관리 조작이 간단하지만 한편으로는 운전조작의 유연성에 결점이 있으며 문제가 발생할 경우에 운전방법의 변경 등 적절한 대처가 곤란하다.

42. 정수장 여과지의 여상 내부에 기포가 생기면 여과효율이 급격히 감소한다. 여상에 기포가 갇히게 되는 원인이 아닌 것은?

① 여상 내부의 수온 상승
② 여상 내부의 압력이 대기압보다 저하
③ 여상 내부에 조류가 증식하여 산소 발생
④ 여상 내부 수두손실의 급격한 변동

해설 공기 장애(air binding)현상은 부수두, 물이 모래층을 통과할 때 수온의 상승, 조류의 광합성 작용 등으로 공기가 유리하며 모래층 간에 누적되어 발생한다.

43. 활성슬러지공법으로부터 1일 3000kg(건조고형물 기준)이 발생되는 폐슬러지를 호기성으로 소화처리하고자 할 때 소화조의 용적(m^3)은? (단, 폐슬러지 농도는 3%, 수온이 20℃, 그리고 수리학적 체류시간 23일, 비중은 1.03)

① 약 1515 ② 약 1725
③ 약 1945 ④ 약 2233

해설 $V = \dfrac{3}{0.03 \times 1.03} \times 23 = 2233.01\text{m}^3$

참고 $V = Q[\text{슬량} = \dfrac{\text{슬러지건량(t/d)}}{\text{순도} \times \text{비중}(\text{t/m}^3)}] \times t(\text{체류시간})$

44. 수질성분이 금속 하수도관의 부식에 미치는 영향으로 틀린 것은?

① 잔류염소는 용존산소와 반응하여 금속부식을 억제시킨다.
② 용존산소는 여러 부식 반응속도를 증가시킨다.
③ 고농도의 염화물이나 황산염은 철, 구리, 납의 부식을 증가시킨다.
④ 암모니아는 착화합물의 형성을 통하여 구리, 납 등의 용해도를 증가시킬 수 있다.

해설 잔류염소는 금속의 부식을 증대시키며 특히 구리, 철, 강철에 더욱 심하다.

45. 기계적으로 청소가 되는 바 스크린의 바(bar) 두께는 5mm이고, 바 간의 거리는 30mm이다. 바를 통과하는 유속이 0.90m/s일 때 스크린을 통과하는 수두손실은? [단, $h_L = \left(\dfrac{V_B^2 - V_A^2}{2g}\right)\left(\dfrac{1}{0.7}\right)$]

① 0.0157m ② 0.0238m
③ 0.0325m ④ 0.0452m

해설 ㉠ 스크린으로 접근하는 유속을 구한다.
$35 \times x = 30 \times 0.9 \quad \therefore x = 0.771\text{m/s}$
㉡ 주어진 식으로부터

정답 42. ④ 43. ④ 44. ① 45. ①

$$h_L = \frac{0.9^2 - 0.771^2}{2 \times 9.8} \times \frac{1}{0.7} = 0.0157\text{m}$$

46. 펜톤처리공정에 관한 설명으로 가장 거리가 먼 것은?

① 펜톤시약의 반응시간은 철염과 과산화수소수의 주입 농도에 따라 변화를 보인다.
② 펜톤시약을 이용하여 난분해성 유기물을 처리하는 과정은 대체로 산화반응과 함께 pH 조절, 펜톤산화, 중화 및 응집, 침전으로 크게 4단계로 나눌 수 있다.
③ 펜톤시약의 효과는 pH 8.3~10 범위에서 가장 강력한 것으로 알려져 있다.
④ 폐수의 COD는 감소하지만 BOD는 증가할 수 있다.

해설 펜톤시약의 효과는 pH 3~5 범위에서 가장 강력한 것으로 알려져 있다.

47. BAC(Biological Activated Carbon : 생물활성탄)의 단점에 관한 설명으로 틀린 것은?

① 활성탄이 서로 부착, 응집되어 수두손실이 증가될 수 있다.
② 정상상태까지의 기간이 길다.
③ 미생물 부착으로 일반 활성탄보다 사용시간이 짧다.
④ 활성탄에 병원균이 자랐을 때 문제가 야기될 수 있다.

해설 미생물 부착으로 일반 활성탄보다 사용시간이 길다.

참고 생물활성탄방식은 활성탄의 흡착작용과 함께 활성탄층 내의 미생물에 의한 유기물 분해 작용을 이용함으로써 활성탄의 흡착기능을 보다 오래 지속시키는 방식이다. 이 경우에 생물활동을 방해하지 않도록 전단에 염소처리를 하지 않는다.

48. 깊이가 2.75m인 조에서 물의 체류시간을 2분으로 할 때 G값을 500s^{-1}로 유지하는 데 필요한 공기의 양은? [단, 수온 5℃인 경우, $Q = 0.21\text{m}^3/\text{s}$, $\mu = 1.518 \times 10^{-3}\text{N}\cdot\text{s/m}^2$, $P_a = 101.3 \times 10^3\text{N/m}^2$, $P = P_a \times Q_a \times \ln\left(\frac{10.3 + h}{10.3}\right)$식 적용]

① 약 $0.40\text{m}^3/\text{s}$　　② 약 $0.55\text{m}^3/\text{s}$
③ 약 $0.86\text{m}^3/\text{s}$　　④ 약 $1.21\text{m}^3/\text{s}$

해설 ㉠

$$500 = \sqrt{\frac{x}{1.518 \times 10^{-3} \times 0.21 \times 2 \times 60}}$$

$\therefore x = 9563.4\text{watt}$

㉡ $9563.4 = 101.3 \times 10^3 \times x \times \ln\left(\frac{10.3 + 2.75}{10.3}\right)$

$\therefore x = 0.4\text{m}^3/\text{s}$

참고 $G = \sqrt{\frac{P}{\mu V}}$, $V = Qt$

49. 포기조 내의 혼합액 중 부유물 농도(MLSS)가 2000g/m^3, 반송슬러지의 부유물 농도가 9576g/m^3이라면 슬러지 반송률은? (단, 유입수 내 SS는 고려하지 않음)

① 23.2%　　② 26.4%
③ 28.6%　　④ 32.8%

해설 $R = \frac{2000}{9576 - 2000} \times 100 = 26.4\%$

참고 $R[\%] = \frac{X - X_0(\text{유입수 SS 농도})}{X_r - X} \times 100$

50. SBR의 장점이 아닌 것은?

① BOD 부하의 변화폭이 큰 경우에 잘 견딘다.
② 처리용량이 큰 처리장에 적용이 용이하다.

정답　46. ③　47. ③　48. ①　49. ②　50. ②

③ 슬러지 반송을 위한 펌프가 필요 없어 배관과 동력이 절감된다.
④ 질소와 인의 효율적인 제거가 가능하다.

해설 연속회분식 활성슬러지 반응조(SBR)는 처리용량이 큰 처리장에 적용이 어렵다. 소규모 처리장에 적합하다.

참고 연속회분식 활성슬러지 반응조(SBR)의 장점
1. 단일 반응조에서 목적에 따라 다양한 운전이 가능하다.
2. 요구하는 유출수에 따라 운전 mode를 채택할 수 있다.
3. 슬러지 반송을 위한 펌프가 필요 없어 배관과 동력이 절감된다.
4. 침전지에서 고액분리가 완벽하여 인발 슬러지량을 조정하면 F/M비를 원하는 대로 조정할 수 있어 부하변동에 강하다.

51. 수은계 폐수 처리방법으로 틀린 것은?

① 수산화물 침전법
② 흡착법
③ 이온교환법
④ 황화물침전법

해설 무기수은계 화합물을 함유한 폐수의 처리방법에는 황화물침전법, 흡착법, 이온교환법 등이 있고 아말감(amalgam)은 수은과 다른 금속과의 합금을 의미하는데 이 방법은 조작은 간단하지만 수은의 완전한 처리를 기대할 수 없고 백금, 망간, 크롬, 철, 니켈은 아말감을 형성하지 못한다.

52. 고도 수처리를 하기 위한 방법인 정밀여과에 관한 설명으로 틀린 것은?

① 막은 대칭형 다공성막 형태이다.
② 분리형태는 pore size 및 흡착현상에 기인한 체거름이다.
③ 추진력은 농도차이다.
④ 전자공업의 초순수제조, 무균수제조, 식품의 무균여과에 적용한다.

해설 추진력은 압력차이다.

53. 인구 145000명인 도시에 완전혼합 활성슬러지 처리장을 설계하고자 한다. 다음과 같은 조건을 이용하여 유출수 BOD_5 10mg/L일 때 반응조 부피는?

- 유입수 유량 : 360L/인-d
- 유입수 BOD_5 : 205mg/L
- 1차침전지에서 제거된 유입수 BOD_5는 34%
- MLSS : 3000mg/L
- MLVSS는 MLSS의 75%
- K 0.926L/gMLVSS-h
- 일차반응임
- $\theta = \dfrac{S_i - S_t}{KXS_t}$

① 약 12000m^3　② 약 13000m^3
③ 약 14000m^3　④ 약 15000m^3

해설 ㉠ 주어진 공식을 이용하여 체류시간을 구한다.
㉡ 유입수 유량$=360\text{L/인-d}\times 145000\text{인}\times 10^{-3}\text{m}^3/\text{L}=52200\text{m}^3/\text{d}$
㉢ 유입수 BOD 농도(S_i)$=205\times(1-0.34)=135.3\text{mg/L}$
㉣ $\dfrac{x}{52200/24}=\dfrac{135.3-10}{0.926\times3\times0.75\times10}$
$\therefore x = 13080.274\text{m}^3$

참고 1. 물질수지식의 형태를 만든다.
여기서, 반응속도식의 형태 :
$$\frac{dS}{dt} = -KX_VS$$
$$QS_i = QS_t + V\frac{dS}{dt} + VKX_VS_t$$
2. 정상상태에서 $\dfrac{dS}{dt}=0$이므로
$$t = \frac{V}{Q} = \frac{S_i - S_t}{KX_VS_t} \quad \therefore\ V = Q\cdot t$$

정답 51. ① 52. ③ 53. ②

54. 분리막을 이용한 수처리 방법 중 추진력이 정수압차가 아닌 것은?

① 투석 ② 정밀여과
③ 역삼투 ④ 한외여과

해설 투석의 추진력은 농도차이다.

55. 부유입자에 의한 백색광 산란을 설명하는 Rayleigh의 법칙은? (단, I : 산란광의 세기, V : 입자의 체적, λ : 빛의 파장, n : 입자의 수)

① $I \propto \frac{V^2}{\lambda^4}n$ ② $I \propto \frac{V}{\lambda^2}n$
③ $I \propto \frac{V}{\lambda}n^2$ ④ $I \propto \frac{V}{\lambda^2}n^2$

해설 산란광의 세기는 파장의 4제곱에 반비례하므로 파장이 작을수록 세기가 커져 파장이 작은 자외선 영역에서 그 세기가 무한대가 되는 소위 자외선파탄이 일어난다.

56. 폐수 처리시설을 설치하기 위하여 다음 설계기준으로 처리하고자 한다. 필요한 활성슬러지 반응조의 수리학적 체류시간(HRT)은? (단, 설계기준 : 일 폐수량 40L, BOD 농도 : 20000mg/L, MLSS 5000mg/L, F/M 1.5kg BOD/kg MLSS·d)

① 24h ② 48h
③ 64h ④ 88h

해설 $\frac{1.5}{24} = \frac{20000}{5000 \times x}$ $\therefore x = 64\text{h}$

참고 F/M 비 $= \frac{S_0 \times Q}{X \times V} = \frac{S_0}{X \times t}$

57. Cd^{+2}가 함유된 폐수의 pH를 높여 주면 수산화카드뮴의 침전물이 생성되어 제거된다. 20℃, pH 11에서 폐수 내 이론적 카드뮴 이온의 농도는? (단, 20℃, pH 11에서 수산화카드뮴의 용해도적은 4.0×10^{-14}이며 카드뮴의 원자량은 112.4임)

① 3.5×10^{-5}mg/L ② 4.5×10^{-5}mg/L
③ 3.5×10^{-3}mg/L ④ 4.5×10^{-3}mg/L

해설 ㉠ $K_{sp} = [Cd^{+2}] \cdot [OH^-]^2 = 4.0 \times 10^{-14}$

㉡ $[Cd^{+2}] = \frac{4.0 \times 10^{-14}}{(10^{-3})^2} = 4.0 \times 10^{-8}$

㉢ 농도

$= \frac{4 \times 10^{-8}\text{mol}}{L} \times \frac{112.4\text{g}}{\text{mol}} \times \frac{10^3\text{mg}}{\text{g}}$

$= 4.5 \times 10^{-3}\text{mg/L}$

참고 $K_{sp} = [Cd^{+2}] \cdot [OH^-]^2$

58. 활성슬러지 처리변법별 F/M 비가 가장 높은 것은?

① 표준활성슬러지법
② 순산소활성슬러지법
② 장기포기법
④ 산화구법

참고 ㉠ 표준활성슬러지법 :
0.2~0.4kg BOD/kg MLSS·d
㉡ 순산소활성슬러지법 :
0.3~0.6kg BOD/kg MLSS·d
㉢ 장기포기법 :
0.05~0.1kg BOD/kg MLSS·d
㉣ 산화구법 :
0.03~0.05kg BOD/kg MLSS·d

59. 반지름이 8cm인 원형 관로에서 유체의 유속이 20m/s일 때 반지름이 40cm인 곳에서의 유속은? (단, 유량은 동일하며 기타 조건은 고려하지 않음)

① 0.8 ② 1.6
③ 2.2 ④ 3.4

해설 $\frac{\pi \times 0.16^2}{4} \times 20 = \frac{\pi \times 0.8^2}{4} \times x$

$\therefore x = 0.8\text{m/s}$

정답 54. ① 55. ① 56. ③ 57. ④ 58. ② 59. ①

참고 $Q=AV=\frac{\pi d^2}{4}\times V$

60. BOD 250mg/L, 유입 폐수량 30000m³/d, MLSS 농도 2500mg/L이고 체류시간이 6시간인 폐수를 활성슬러지법으로 처리한다면 BOD 슬러지부하는?

① 0.4kg BOD/kg MLSS·d
② 0.3kg BOD/kg MLSS·d
③ 0.2kg BOD/kg MLSS·d
④ 0.1kg BOD/kg MLSS·d

해설 $\text{BOD 슬러지부하}=\frac{250}{2500\times\frac{6}{24}}$
$=0.4\text{kg BOD/kg MLSS}\cdot\text{d}$

참고 F/M비(=BOD 슬러지부하)
$=\frac{S_0\times Q}{X\times V}=\frac{S_0}{X\times t}$

제4과목 수질오염공정시험기준

61. 수산화나트륨(NaOH) 10g을 물에 녹여서 500mL로 하였을 경우 몇 N 용액인가?

① 1.0N ② 0.25N
③ 0.5N ④ 0.75N

해설 $\text{N농도}\left(\frac{\text{g당량}}{\text{L}}\right)=\frac{10\text{g}}{0.5\text{L}}\times\frac{\text{당량}}{40}$
$=0.5\text{N}$

62. 현장에서 용존산소 측정이 어려운 경우에는 시료를 가득 채운 300mL BOD병에 황산망간 용액 1mL, 알칼리성 요오드화칼륨-아자이드화나트륨 용액 1mL를 넣는다. 만약 시료 중 Fe(Ⅲ)이 함유되어 있을 때에 넣어 주는 용액은?

① KF 용액 ② KI 용액
③ H_2SO_4 ④ 전분용액

해설 Fe(Ⅲ) 100~200mg/L가 함유되어 있는 시료의 경우, 황산을 첨가하기 전에 플루오린화칼륨(KF) 용액(300g/L) 1mL를 가한다.

63. 흡광도 측정에서 투과율이 30%일 때 흡광도는?

① 0.37 ② 0.42
③ 0.52 ④ 0.63

해설 $E=\log\frac{100}{30}=0.52$

64. 정량한계(LOQ)를 옳게 표시한 것은?

① 정량한계=3×표준편차
② 정량한계=3.3×표준편차
② 정량한계=5×표준편차
④ 정량한계=10×표준편차

65. BOD 측정용 시료의 전처리 조작에 관한 설명으로 가장 거리가 먼 것은?

① 산성 시료는 수산화나트륨용액(1M)으로 중화시킨다.
② 알칼리성 시료는 염산용액(1M)으로 중화시킨다.
③ 일반적으로 잔류염소를 함유한 시료는 반드시 식종을 실시한다.
④ 수온이 20℃ 이상인 시료는 10℃ 이하로 식힌 후 통기시켜 산소를 포화시켜 준다.

해설 수온이 20℃ 이하일 때 용존산소가 과포화되어 있을 경우에는 수온을 23~25℃로 상승시킨 이후에 15분간 통기하고 방치하고 냉각하여 수온을 다시 20℃로 한다.

정답 60. ① 61. ③ 62. ① 63. ③ 64. ④ 65. ④

66. 시료의 전처리 방법인 회화에 의한 분해방법의 설명으로 가장 거리가 먼 것은?

① 시료 중에 염화암모늄, 염화마그네슘 등이 다량 함유된 경우에는 납, 철, 주석, 아연 등이 휘산되어 손실을 가져오므로 주의하여야 한다.
② 시료 적당량(100~500mL)을 취하여 백금, 실리카 또는 자제증발접시에 넣고 물중탕 또는 열판에서 가열하여 증발건조한다.
③ 잔류물이 녹으면 냉수 100mL를 넣고 여과하여 거름종이를 냉수로 2회 씻어 준다.
④ 목적성분이 400℃ 이상에서 휘산되지 않고 쉽게 회화될 수 있는 시료에 적용된다.

해설 잔류물이 녹으면 온수 20mL를 넣고 여과하여 거름종이를 온수로 3회 씻어 준 다음 여액과 씻은 액을 합하고 물을 넣어 정확히 100mL로 한다.

67. 폐수 중의 비소를 자외선/가시선 분광법으로 측정하려고 한다. 비소 정량에 방해하는 황화수소 기체를 제거할 때 사용되는 시약은?

① 몰리브덴산나트륨
② 나트륨붕소
③ 안티몬수은
④ 아세트산납

68. 다이페닐카바자이드와 반응하여 생성하는 적자색 착화합물의 흡광도를 540nm에서 측정하는 중금속은?

① 6가크롬 ② 인산염인
③ 구리 ④ 총인

69. 음이온 계면활성제를 자외선/가시선 분광법으로 측정할 때 사용되는 시약으로 옳은 것은?

① 메틸 레드 ② 메틸 오렌지
③ 메틸렌 블루 ④ 메틸렌 옐로우

70. 원자흡수분광광도법에서 일어나는 간섭의 설명으로 가장 거리가 먼 것은?

① 광학적 간섭 : 분석하고자 하는 원소의 흡수파장과 비슷한 다른 원소의 파장이 서로 겹쳐 비이상적으로 높게 측정되는 경우
② 물리적 간섭 : 표준용액과 시료 또는 시료와 시료 간의 물리적 성질(점도, 밀도, 표면장력 등)의 차이 또는 표준물질과 시료의 매질(matrix) 차이에 의해 발생
③ 화학적 간섭 : 불꽃의 온도가 분자를 들뜬 상태로 만들기에 충분히 높지 않아서, 해당 파장을 흡수하지 못하여 발생
④ 이온화 간섭 : 불꽃온도가 너무 낮을 경우 중성원자에서 전자를 빼앗아 이온이 생성될 수 있으며 이 경우 양(+)의 오차가 발생

해설 이온화 간섭은 불꽃온도가 너무 높을 경우 중성원자에서 전자를 빼앗아 이온이 생성될 수 있으며 이 경우 음(−)의 오차가 발생하게 된다. 이러한 간섭은 시료와 표준물질에 보다 쉽게 이온화되는 물질을 과량 첨가하면 감소시킬 수 있다.

71. 원자흡수분광광도법에 의한 금속측정에 관한 설명으로 가장 거리가 먼 것은?

① 아연검정에 있어서 디티존에 따라 선택 추출한 경우는 니켈이나 코발트를 억제하기 때문에 펠옥키소 이황산 칼륨을 가한다.

2016

정답 66. ③ 67. ④ 68. ① 69. ③ 70. ④ 71. ①

② 6가크롬 측정에 있어서 공존 금속류에 의한 간섭을 억제하기 위해서는 황산나트륨을 첨가한다.
③ 용해성 철 측정에 있어서 다량의 실리카가 포함되어 있을 때는 칼슘을 첨가하여 그 간섭을 억제한다.
④ 용해성 망간 측정에 있어서 미량의 경우에는 철 공침법으로 농축한다.

해설 아연(Zn)은 중성~약알칼리성으로서 디티존(dithizone)과 킬레이트 화합물을 만들어, 보라색에서 빨간색으로 변화한다. 그러나 아연 이외의 금속과도 킬레이트를 만들어 빛깔을 나타내므로 방해 원소를 제거할 목적으로 차폐제(遮蔽劑)를 조합해서 사용한다. 차폐 효과는 Cu, Hg, Bi, Ag, Pb에는 티오황산나트륨, Ni, Co에는 시안화칼륨이 유효하다.

72. 다이크롬산칼륨법에 의한 화학적 산소요구량에 관한 설명으로 가장 거리가 먼 것은 어느 것인가?

① 2시간 이상 끓인 다음 최초에 넣은 중크롬산칼륨액의 60~70%가 남도록 취하여야 한다.
② 황산제일철암모늄용액으로 적정하여 시료에 의해 소비된 다이크롬산칼륨을 계산하고 이에 상당하는 산소의 양을 측정하는 방법이다.
③ 지표수, 지하수, 폐수 등에 적용하며, COD 5~50mg/L의 낮은 농도범위를 갖는 시료에 적용한다.
④ 염소이온의 농도가 1000mg/L 이상의 농도일 때에는 COD값이 최소한 250mg/L 이상의 농도이어야 한다.

해설 2시간 동안 끓인 다음 최초에 넣은 다이크롬산칼륨용액(0.025N)의 약 반이 남도록 취한다.

73. 하천의 수심이 0.5m일 때 유속을 측정하기 위해 각 수심의 유속을 측정한 결과 수심 20%지점 1.7m/s, 수심 40%지점 1.5m/s, 60% 지점 1.3m/s, 80%지점 1.0m/s이었다. 평균유속(m/s, 소구간 단면기준)은?

① 1.15　② 1.25
③ 1.35　④ 1.45

해설 $V_m = \dfrac{V_{0.2} + V_{0.8}}{2} = \dfrac{1.7+1}{2}$
$= 1.35\text{m/s}$

참고 소구간 단면에 있어서 평균유속 V_m
1. 수심이 0.4m 미만일 때 $V_m = V_{0.6}$
2. 수심이 0.4m 이상일 때 V_m
$= (V_{0.2} + V_{0.8}) \times \dfrac{1}{2}$
여기서, $V_{0.2}$, $V_{0.6}$, $V_{0.8}$은 각각 수면으로부터 전 수심의 20%, 60% 및 80%인 점의 유속이다.

74. 웨어의 수두가 0.8m, 절단의 폭이 5m인 4각 웨어를 사용하여 유량을 측정하고자 한다. 유량계수가 1.6일 때 유량(m^3/d)은?

① 약 4345　② 약 6925
③ 약 8245　④ 약 10370

해설 $Q = 1.6 \times 5 \times 0.8^{\frac{3}{2}} \times 1440$
$= 8243.04\text{m}^3/\text{d}$

참고 $Q[\text{m}^3/\text{min}] = Kbh^{\frac{3}{2}}$

75. 기체크로마토그래피법으로 인 또는 유황화합물을 선택적으로 검출하려 할 때 사용되는 검출기는?

① ECD　② FID
③ FPD　④ TCD

참고 검출기(detector)의 종류와 특성
1. 열전도도 검출기(Thermal Conductivity

정답　72. ①　73. ③　74. ③　75. ③

Detector, TCD) : 열전도도 검출기는 금속 필라멘트(filament) 또는 전기저항체(thermister)를 검출소자(檢出素子)로 하여 금속판(Block) 안 들어 있는 본체와 여기에 안정된 직류전기를 공급하는 전원회로, 저류조절부, 신호검출 전기회로, 신호 감쇄부 등으로 구성한다.

2. 불꽃이온화 검출기(Flame Ionization Detector, FID) : 불꽃이온화 검출기는 수소연소노즐(nozzle), 이온수집기(ion collector)와 함께 대극(對極) 및 배기구(排氣口)로 구성되는 본체와 이 전극 사이에 직류전압을 주어 흐르는 이온전류를 측정하기 위한 전류전압 변환회로, 감도조절부, 신호감쇄부 등으로 구성한다.

3. 전자포획형 검출기(Electron Capture Detector, ECD) : 전자포획형 검출기는 방사선 동위원소(63Ni, 3H 등)로부터 방출되는 β 선이 운반가스를 전리하여 미소전류를 흘려보낼 때 시료 중의 할로겐이나 산소와 같이 전자포획력이 강한 화합물에 의하여 전자가 포획되어 전류가 감소하는 것을 이용하는 방법으로 유기할로겐화합물, 니트로화합물 및 유기금속화합물을 선택적으로 검출할 수 있다.

4. 불꽃광도형 검출기(Flame Photometric Detector, FPD) : 불꽃광도형 검출기는 수소염에 의하여 시료성분을 연소시키고 이때 발생하는 불꽃의 광도를 분광학적으로 측정하는 방법으로서 인 또는 황화합물을 선택적으로 검출할 수 있다.

5. 불꽃열이온화 검출기(Flame Thermionic Detector, FTD) : 불꽃열이온화 검출기는 불꽃이온화검출기(FID)에 알칼리 또는 알칼리토류 금속염의 튜브를 부착한 것으로 유기질소 화합물 및 유기염소 화합물을 선택적으로 검출할 수 있다. 운반가스와 수소가스의 혼합부, 조연가스 공급구, 연소노즐, 알칼리원 가열기구, 전극 등으로 구성한다.

76. 다음 설명 중 틀린 것은?

① 연속측정 또는 현장측정의 목적으로 사용하는 측정기기는 공정시험방법에 의한 측정치와의 정확한 보정을 행한 수 사용할 수 있다.

② 검정곡선은 분석물질의 농도변화에 따른 지시 값을 나타낸 것을 말한다.

③ 표준편차율이라 함은 평균값을 표준편차로 나눈 값의 백분율로서 반복조작 시의 편차를 상대적으로 표시한 것을 말한다.

④ 기기검출한계(IDL)란 시험분석 대상물질을 기기가 검출할 수 있는 최소한의 농도 또는 양을 의미한다.

해설 표준편차율이라 함은 표준편차를 평균값으로 나눈 값의 백분율로서 반복조작 시의 편차를 상대적으로 표시한 것을 말한다. (2011년 표준편차율이 정밀도로 개정됨)

참고 정밀도(precision)는 시험분석 결과의 반복성을 나타내는 것으로 반복시험하여 얻은 결과를 상대표준편차(RSD, Relative Standard Deviation)로 나타내며, 연속적으로 n회 측정한 결과의 평균값($\bar{x}$)과 표준편차(s)로 구한다.

$$정밀도(\%) = \frac{s}{\bar{x}} \times 100$$

77. 아연(자외선/가시선 분광법)정량에 관한 설명 중 ( ) 안의 내용으로 알맞은 것은?

> 물속에 존재하는 아연을 측정하기 위하여 아연이온이 pH 약 9에서 진콘과 반응하여 생성하는 ( )에서 측정하는 방법이다.

① 적갈색 킬레이트 화합물의 흡광도를 460nm

② 적색 킬레이트 화합물의 흡광도를 520nm

③ 황색 킬레이트 화합물의 흡광도를

정답 76. ③ 77. ④

2016

560nm

④ 청색 킬레이트 화합물의 흡광도를 620nm

78. 시료 채취 시 유의사항에 관한 내용으로 가장 거리가 먼 것은?

① 채취용기는 시료를 채우기 전에 시료로 3회 이상 세척 후 사용한다.
② 수소이온을 측정하기 위한 시료를 채취할 때에는 운반 중 공기와 접촉이 없도록 용기에 가득 채운다.
③ 휘발성유기화합물 분석용 시료를 채취할 때에는 뚜껑에 격막이 생성되지 않도록 주의한다.
④ 시료채취량은 시험항목 및 시험횟수에 따라 차이가 있으나 보통 3~5리터 정도이다.

해설 휘발성유기화합물 분석용 시료를 채취할 때에는 뚜껑의 격막을 만지지 않도록 주의하여야 한다.

79. 물벼룩을 이용한 급속 독성시험법에서 사용하는 용어의 정의로 틀린 것은?

① 치사 : 일정 비율로 준비된 시료에 물벼룩을 투입하고 24시간 경과 후 시험용기를 살며시 움직여 주고, 15초 후 관찰했을 때 아무 반응이 없는 경우를 '치사'라 판정한다.
② 유영저해 : 독성물질에 의해 영향을 받아 일부 기관(촉각, 후복부 등)이 움직임이 없을 경우를 '유영저해'로 판정한다.
③ 반수영향농도 : 투입 시험생물의 50%가 치사 혹은 유영저해를 나타낸 농도이다.
④ 지수식 시험방법 : 시험기간 중 시험용액을 교환하여 농도를 지수적으로 계산하는 시험을 말한다.

해설 지수식 시험방법(static non-renewal test) : 시험기간 중 시험용액을 교환하지 않는 시험을 말한다.

80. 부유물질 측정 시 간섭물질에 관한 설명으로 틀린 것은?

① 증발잔류물이 1000mg/L 이상인 경우의 해수, 공장폐수 등은 특별히 취급하지 않을 경우, 높은 부유물질 값을 나타낼 수 있다.
② 큰 모래입자 등과 같은 큰 입자들은 부유물질 측정에 방해를 주며 이 경우 직경 1mm 여과지에 먼저 통과시킨 후 분석을 실시한다.
③ 철 또는 칼슘이 높은 시료는 금속 침전이 발생하며 부유물질 측정에 영향을 줄 수 있다.
④ 유지 및 혼합되지 않는 유기물도 여과지에 남아 부유물질 측정값을 높게 할 수 있다.

해설 나무 조각, 큰 모래입자 등과 같은 큰 입자들은 부유물질 측정에 방해를 주며, 이 경우 직경 2mm 금속 망에 먼저 통과시킨 후 분석을 실시한다.

제5과목 수질환경관계법규

81. 환경기술인 등의 교육기관을 맞게 짝지은 것은?

① 국립환경과학원 – 환경보전협회
② 국립환경과학원 – 한국환경공단
③ 국립환경인력개발원 – 환경보전협회
④ 국립환경인력개발원 – 한국환경공단

참고 법 제67조 참조

정답 78. ③ 79. ④ 80. ② 81. ③

82. 일일기준초과배출량의 산정방법으로 맞는 것은?

① 일일유량×배출허용기준농도×10^{-6}
② 일일유량×배출허용기준농도×10^{-3}
③ 일일유량×배출허용기준초과농도×10^{-6}
④ 일일유량×배출허용기준초과농도×10^{-3}

참고 법 제41조 시행령 별표 15 참조

83. 다음 중 공공폐수처리시설 기본계획에 포함되어야 할 사항으로 틀린 것은?

① 공공폐수처리시설에서 배출허용기준 적합여부 및 근거에 관한 사항
② 공공폐수처리시설의 폐수처리계통도, 처리능력 및 처리방법에 관한 사항
③ 공공폐수처리시설의 설치·운영자에 관한 사항
④ 오염원 분포 및 폐수배출량과 그 예측에 관한 사항

참고 법 제49조 ①항 참조

84. 상수원 구간의 수질오염경보인 조류경보 단계 중 [관심]단계의 발령·해제기준으로 옳은 것은?

① 2회 연속 채취 시 남조류 세포수가 100세포/mL 미만인 경우
② 2회 연속 채취 시 남조류 세포수가 1000세포/mL 이상 10000세포/mL 미만인 경우
③ 2회 연속 채취 시 남조류 세포수가 5000세포/mL 이상 50000세포/mL 미만인 경우
④ 2회 연속 채취 시 남조류 세포수가 10000세포/mL 이상 1000000세포/mL 미만인 경우

해설 조류경보(상수원 구간)

경보단계	발령·해제 기준
관심	2회 연속 채취 시 남조류 세포수가 1000세포/mL 이상 10000세포/mL 미만인 경우
경계	2회 연속 채취 시 남조류 세포수가 10000세포/mL 이상 1000000세포/mL 미만인 경우
조류대발생	2회 연속 채취 시 남조류 세포수가 1000000 세포/mL 이상인 경우
해제	2회 연속 채취 시 남조류 세포수가 1000세포/mL 미만인 경우

참고 법 제21조 시행령 별표 3 참조

85. 변경승인을 받아야 할 공공폐수처리시설 기본계획의 중요사항 중 "환경부령이 정하는 중요사항"의 변경(기준)으로 가장 적합한 것은?

① 총 사업비의 100분의 10 이상에 해당하는 사업비
② 총 사업비의 100분의 20 이상에 해당하는 사업비
③ 총 사업비의 100분의 25 이상에 해당하는 사업비
④ 총 사업비의 100분의 50 이상에 해당하는 사업비

참고 법 제49조의2 참조

86. 수질환경기준(하천) 중 사람의 건강보호를 위한 전 수역에서 각 성분별 환경기준으로 맞는 것은?

① 비소(As) : 0.1mg/L 이하
② 납(Pb) : 0.01mg/L 이하
③ 6가크롬(Cr^{+6}) : 0.05mg/L
④ 음이온계면활성제(ABS) : 0.01mg/L 이하

해설 ① 비소(As) : 0.05mg/L 이하
② 납(Pb) : 0.05mg/L 이하

2016

정답 82. ③ 83. ① 84. ② 85. ③ 86. ③

③ 음이온계면활성제(ABS) : 0.5mg/L 이하

참고 환경정책기본법 시행령 별표 1 참조

87. **위임업무 보고사항 중 업무내용과 보고기일이 잘못 짝지어진 것은?**

① 폐수처리업에 대한 등록·지도단속실적 및 처리실적 – 매 반기 종료 후 15일 이내
② 폐수위탁·사업장 내 처리현황 및 처리실적 – 다음 해 1월 15일까지
③ 배출업소 등에 따른 수질오염사고 발생 및 조치사항 : 사고발생 시
④ 과징금 부과 실적 : 매 분기 종료 후 15일 이내

해설 과징금 부과 실적 : 매 반기 종료 후 10일 이내

참고 법 제74조 시행규칙 별표 23 참조

88. **기타수질오염원의 대상과 규모 기준으로 틀린 것은?**

① 자동차 폐차장시설로서 면적 1500m^2 이상인 시설
② 조류의 알을 물 세척만 하는 시설로서 물 사용량이 1일 5m^3 이상인 시설
③ 농산물을 보관·수송 등을 위하여 소금으로 절임만 하는 시설로서 용량 10m^3 이상인 시설
④ 「내수면 어업법」에 따른 가두리양식 어장으로서 수조 면적 합계 500m^2 이상인 시설

참고 법 제2조 시행규칙 별표 1 참조

89. **오염총량관리기본방침에 포함되어야 하는 사항으로 틀린 것은?**

① 오염총량관리지역 현황
② 오염총량관리의 목표
③ 오염원의 조사 및 오염부하량 산정방법
④ 오염총량관리의 대상 수질오염물질 종류

참고 법 제4조의2 ②항 참조

90. **기타수질오염원 시설인 골프장의 규모기준은? (단, 골프장 : 체육시설의 설치·이용에 관한 법률 시행령에 따른 골프장)**

① 면적 10만m^2 이상이거나 3홀 이상
② 면적 10만m^2 이상이거나 9홀 이상
③ 면적 3만m^2 이상이거나 3홀 이상
④ 면적 3만m^2 이상이거나 9홀 이상

참고 법 제2조 시행규칙 별표 1 참조

91. **물환경 보전에 관한 법률에서 사용하는 용어 정의로 틀린 것은?**

① 폐수란 액체성 또는 고체성의 수질오염물질이 혼입되어 그대로 사용할 수 없는 물로 환경부령이 정하는 것을 말한다.
② 수면관리자란 다른 법령에 따라 호소를 관리하는 자를 말한다. 이 경우 동일한 호소를 관리하는 자가 둘 이상인 경우에는 하천법에 따른 하천관리청 외의 자가 수면관리자가 된다.
③ 특정수질유해물질이란 사람의 건강, 재산이나 동·식물의 생육에 직접 또는 간접으로 위해를 줄 우려가 있는 수질오염물질로서 환경부령으로 정하는 것을 말한다.
④ 수질오염방지시설이란 점오염원, 비점오염원 및 기타 수질오염원으로부터 배출되는 수질오염 물질을 제거하거나 감소하게 하는 시설로서 환경부령이 정하는 것을 말한다.

해설 "폐수"라 함은 물에 액체성 또는 고체성

정답 87. ④ 88. ④ 89. ① 90. ③ 91. ①

의 수질오염물질이 혼입되어 그대로 사용할 수 없는 물을 말한다.

참고 법 제2조 참조

92. **1일 800m^{3}의 폐수가 배출되는 사업장의 환경기술인의 자격에 관한 기준은?**

① 수질환경기사 1명 이상
② 수질환경산업기사 1명 이상
③ 환경기능사 1명 이상
④ 2년 이상 수질분야 환경관련 업무에 직접 종사한 자 1명 이상

해설 1일 800m^{3}의 폐수가 배출되는 사업장은 2종사업장이다.

참고 법 제47조 ⑤항 시행령 별표 17 참조

93. **측정망 설치계획 결정·고시 시 허가를 받은 것으로 볼 수 있는 사항이 아닌 것은?**

① 하천법 규정에 의한 하천공사의 허가
② 하천법 규정에 의한 하천점용의 허가
③ 농지관리법 규정에 의한 농지점용의 허가
④ 도로법 규정에 의한 도로점용의 허가

참고 법 제9조의2 참조

94. **방지시설 설치의 면제를 받을 수 있는 기준에 해당되는 경우가 아닌 것은?**

① 배출시설의 기능 및 공정상 오염물질이 항상 배출허용기준 이하로 배출되는 경우
② 폐수처리업의 등록을 한 자에게 환경부령이 정하는 폐수를 전량 위탁 처리하는 경우
③ 발생 폐수의 전량 재이용 등 방지시설을 설치하지 아니하고도 수질오염물질을 적정하게 처리할 수 있는 경우
④ 발생 폐수를 공공폐수처리시설에 재배출하여 처리하는 경우

참고 법 제35조 ①항 참조

95. **초과배출부과금 산정 시 적용되는 위반횟수별 부과계수에 관한 내용이다. (　　)에 알맞은 것은?**

폐수무방류배출시설에 대하여는 처음 위반의 경우 (㉮)로 하고, 다음 위반부터는 그 위반 직전의 부과계수에 (㉯)를 곱한 것으로 한다.

① ㉮ 1.5, ㉯ 1.3　　② ㉮ 1.8, ㉯ 1.5
③ ㉮ 2.1, ㉯ 1.7　　④ ㉮ 2.4, ㉯ 1.9

참고 법 제41조 시행령 별표 16 참조

96. **배출시설의 설치를 제한할 수 있는 지역의 범위는 누구의 령(슈)으로 정하는가?**

① 시장, 군수, 구청장
② 시, 도지사
③ 환경부장관
④ 대통령

참고 법 제33조 ⑥항 참조

97. **오염물질 희석처리의 인정을 받으려는 자가 시·도지사에게 제출하여야 하는 서류가 아닌 것은?**

① 처리하려는 폐수의 농도
② 희석처리의 불가피성
③ 희석처리방법 및 계통도
④ 처리하려는 폐수의 특성

참고 법 제38조 ①항 참조

98. **오염총량초과과징금에 관한 설명으로 틀린 것은?**

① 할당오염부하량을 초과하여 배출한 자

2016

정답 92. ② 93. ③ 94. ④ 95. ② 96. ④ 97. ③ 98. ③

로부터 오염총량초과과징금을 부과·징수한다.

② 오염총량초과과징금은 초과배출이익에 초과율별·위반횟수별·지역별 부과계수를 각각 곱하여 산정한다.

③ 오염총량초과과징금 납부통지를 받은 자는 그 납부통지를 받은 날부터 15일 이내에 관제센터에 오염총량초과과징금 조정을 신청할 수 있다.

④ 오염총량초과과징금의 납부통지는 부과 사유가 발생한 날부터 60일 이내에 하여야 한다.

해설 오염총량초과과징금 납부통지를 받은 자는 그 납부통지를 받은 날부터 30일 이내에 환경부장관이나 오염총량관리시행계획을 시행하는 특별시장·광역시장·특별자치시장·특별자치도지사·시장·군수(이하 "오염총량관리시행 지방자치단체장"이라 한다)에게 오염총량초과과징금 조정을 신청할 수 있다.

참고 법 제4조의7 참조

99. 사업장별 환경기술인의 자격기준에 관한 설명으로 알맞지 않은 것은?

① 방지시설 설치면제 대상 사업장과 배출시설에서 배출되는 오염물질 등을 공동방지시설에서 처리하게 하는 사업장은 4, 5종사업장에 해당하는 환경기술인을 두어야 한다.

② 연간 90일 미만 조업하는 1, 2, 3종사업장은 4, 5종사업장에 해당하는 환경기술인을 선임할 수 있다.

③ 공동방지시설에 있어서 폐수배출량이 4종 및 5종사업장의 규모에 해당하는 경우에는 3종사업장에 해당하는 환경기술인을 두어야 한다.

④ 1종 또는 2종사업장 중 1개월간 실제 작업한 날만을 계산하여 1일 평균 17시간 이상 작업하는 경우에 그 사업장은 환경기술인을 각 2인 이상을 두어야 한다. 이 경우 각각 1인을 제외한 나머지 인원은 3종사업장에 해당하는 환경기술인으로 대체할 수 있다.

해설 방지시설 설치면제 대상 사업장과 배출시설에서 배출되는 수질오염물질 등을 공동방지시설에서 처리하게 하는 사업장은 제4종, 제5종사업장에 해당하는 환경기술인을 둘 수 있다. (④는 2017년 삭제)

참고 법 제47조 시행규칙 별표 17 참조

100. 국립환경과학원장이 설치할 수 있는 측정망의 종류와 가장 거리가 먼 것은?

① 비점오염원에서 배출되는 비점오염물질

② 퇴적물 측정망

③ 도심하천 측정망

④ 공공수역 유해물질 측정망

참고 법 제9조 참조

정답 99. ① 100. ③

2016년 5월 8일 시행

자격종목 및 등급(선택분야)	종목코드	시험시간	문제지형별	수검번호	성 명
수질환경기사	**2572**	**2시간**	**A**		

제1과목 수질오염개론

1. 수질오염물질별 인체영향(질환)이 틀리게 짝지어진 것은?

① 비소 : 법랑반점
② 크롬 : 비중격 연골천공
③ 아연 : 기관지 자극 및 폐염
④ 납 : 근육과 관절의 장애

해설 불소 : 법랑반점

2. 하천의 DO가 8mg/L, BOD_u가 10mg/L일 때, 용존산소곡선(DO Sag Curve)에서의 임계점에 도달하는 시간(d)은? [단, 온도는 20℃, DO 포화농도는 9.2mg/L, K_1=0.1/d, K_2=0.2/d, $t_c=\frac{1}{K_1(f-1)}\log\left[f\left\{1-(f-1)\frac{D_0}{L_0}\right\}\right]$ 임]

① 2.46 ② 2.64
③ 2.78 ④ 2.93

해설 $t_c=\frac{1}{0.1\times(2-1)}\log\left[2\times\left\{1-(2-1)\times\frac{(9.2-8)}{10}\right\}\right]=2.455\text{d}$

3. 저수지의 용량이 $2.8\times10^8\text{m}^3$이고 염분의 농도가 1.25%이며 유량은 $2.4\times10^9\text{m}^3$/년이라면 저수지 염분 농도가 200mg/L로 될 때까지의 소요시간(개월)은? [단, 염분의 유입은 없으며 저수지는 완전혼합반응조, 1차반응(자연대수)로 가정함]

① 4.6 ② 5.8
③ 6.9 ④ 7.4

해설 $\ln\frac{200}{12500}=-\left(\frac{2.4\times10^9}{2.8\times10^8}\right)\times x$

$\therefore x=0.482$년 $=5.79$개월

참고 $\ln\frac{C_t}{C_0}=-\left(\frac{Q}{V}\right)\times t$, 1.25% $=12500$mg/L(비중 1)

4. 우리나라의 하천에 대한 설명 중 옳은 것은?

① 최소유량에 대한 최대유량의 비가 작다.
② 유출시간이 길다.
③ 하천유량이 안정되어 있다.
④ 하상계수가 크다.

해설 우리나라의 하천은 외국의 하천에 비해 하상계수의 차이가 매우 크다.

참고 하상계수란 강의 어느 지점에서 수년간의 최대유량과 최소유량과의 비율을 말하며 하황계수라고도 한다. 하상계수가 클수록 유량의 변동이 크다.

5. 소수성(疏水性) 콜로이드 입자가 전기를 띄고 있는 것을 조사하고자 한다. 다음 실험 중에서 어떤 것이 적합한가?

① 콜로이드 입자에 강한 빛을 조사하여 Tyndall 현상을 조사한다.
② 콜로이드 용액의 삼투압을 조사한다.
③ 한외현미경으로 입자의 Brown 운동을 관찰한다.
④ 전해질을 소량 넣고 응집을 조사한다.

해설 콜로이드 입자는 큰 비표면적을 가지며 이런 특성 탓으로 보통 주위의 이온을 흡착

2016

정답 1. ① 2. ① 3. ② 4. ④ 5. ④

하여 정전기를 띠게 되고 콜로이드 입자가 전기를 띠고 있는 것을 조사하고자 할 때 전해질을 소량 넣고 응집을 조사해 보면 된다.

6. 분뇨의 특성에 관한 설명으로 틀린 것은?

① 분과 뇨의 구성비는 대략 부피비로 1 : 10 정도이고, 고형물의 비는 7 : 1 정도이다.
② 음식문화의 차이로 인하여 우리나라와 일본의 분뇨의 특성은 다르다.
③ 1인 1일 분뇨생산량은 분이 약 0.14L, 뇨가 2L 정도로서 합계 2.14L이다.
④ 분뇨 내의 BOD와 SS는 COD의 1/3~1/2 정도로 나타낸다.

해설 1인 1일 분뇨생산량은 분이 약 0.14L, 뇨가 0.9L 정도로서 합계 1.04L이다. 분뇨처리를 위한 설계제원으로는 1.0L로 하였으나 근래에는 더 높게 잡는 경향이 있다.

7. 수은(Hg) 중독과 관련이 없는 것은?

① 난청, 언어장애, 구심성 시야협착, 정신장애를 일으킨다.
② 이따이이따이병을 유발한다.
③ 유기수은은 무기수은 보다 독성이 강하며 신경계통에 장애를 준다.
④ 무기수은은 황화물 침전법, 활성탄 흡착법, 이온교환법 등으로 처리할 수 있다.

해설 카드뮴에 중독되면 뼈 속에 흡수되어 칼슘, 인산 등이 유출되어 뼈가 약해지고 쉽게 부서지는 이타이이타이병에 걸린다.

8. 염소가스를 물에 녹여 pH가 7이고 염소이온의 농도가 71mg/L이면 자유염소와 차아염소산 간의 비$\left(\frac{[HOCl]}{[Cl_2]}\right)$는? [단, 차아염소산은 해리되지 않는 것으로 가정, 전리상수 값 4.5×10^{-4}mol/L(25℃)]

① 3.57×10^7 ② 3.57×10^6
③ 2.57×10^7 ④ 2.25×10^6

해설 $K=\frac{[H^+][Cl^-][HOCl]}{[Cl_2][H_2O]}$에서 $[H_2O]$는 1로 간주하고 정리하면

$$\frac{[HOCl]}{[Cl_2]}=\frac{4.5\times10^{-4}}{10^{-7}\times0.002}=2.25\times10^6$$

여기서, $[Cl^{-1}]$
$=71mg/L\times10^{-3}g/mg\times mol/35.5g$
$=0.002mol/L$

참고 $Cl_2+H_2O \leftrightarrows HOCl+H^++Cl^-$

9. 지구상 담수의 존재량을 볼 때 그 양이 가장 큰 형태는?

① 빙하 및 빙산 ② 하천수
③ 지하수 ④ 수증기

10. 물의 물리적 특성으로 틀린 것은?

① 고체상태인 경우 수소결합에 의해 육각형 결정구조를 형성한다.
② 액체상태의 경우 공유결합과 수소결합의 구조로 H^+, OH^-로 전리되어 전하적으로 양성을 가진다.
③ 동점성계수는 점성계수/밀도이며 포이즈(poise) 단위를 적용한다.
④ 물은 물분자 사이의 수소결합으로 인하여 큰 표면장력을 갖는다.

해설 동점성계수는 점성계수/밀도이며 스토크(stoke) 단위를 적용한다.

11. 물의 순환과 이용에 관한 설명으로 틀린 것은?

① 지구 전체의 강수량은 $4\times10^{14}m^3$/년으로서 그중 약 1/4가량이 육지에 떨어진다.
② 지구상의 물의 전체량의 약 97%가 해수이다.

정답 6. ③ 7. ② 8. ④ 9. ① 10. ③ 11. ③

③ 담수 중 50%가 곧바로는 이용이 불가능하다.
④ 담수 중 하천수가 차지하는 비율은 약 0.32% 정도이다.

해설 담수 중 89%가 곧바로는 이용이 불가능하다.

12. 분뇨의 특성에 관한 내용 중 틀린 것은?

① 분과 뇨의 양적 혼합비는 10 : 1이고, 고형물의 비로는 약 7 : 1 정도이다.
② 우리나라 사람은 1인당 BOD는 50g 정도 발생한다.
③ 분뇨의 발생가스 중 주 부식성 가스는 H_2S, NH_3 등이다.
④ 분뇨의 비중은 약 1.02이다.

해설 분과 뇨의 양적 혼합비는 1 : 10이고, 고형물의 비로는 약 7 : 1 정도이다.

13. 유기화합물과 무기화합물과 다른 점을 옳게 설명한 것은?

① 유기화합물들은 대체로 이온반응보다는 분자반응을 하므로 반응속도가 느리다.
② 유기화합물들은 대체로 분자반응보다는 이온반응을 하므로 반응속도가 느리다.
③ 유기화합물들은 대체로 이온반응보다는 분자반응을 하므로 반응속도가 빠르다.
④ 유기화합물들은 대체로 분자반응보다는 이온반응을 하므로 반응속도가 빠르다.

해설 유기화합물들은 대체로 이온반응보다는 분자반응을 하므로 반응속도가 느리다.

14. 수질관리 모델에 해당하지 않는 것은?

① WASP model ② RAM model
③ WQRRS model ④ HSPF model

해설 RMA-4 model : 보존성 물질이나 비보존성 물질에 관계없이 예측 가능한 2차원 모델

15. 하수 등의 유입으로 인한 하천 변화 상태를 Whipple의 4지대로 나타낼 수 있다. 다음 중 '활발한 분해지대'에 관한 내용으로 틀린 것은?

① 용존산소가 없어 부패상태이며 물리적으로 이 지대는 회색 내지 흑색으로 나타낸다.
② 혐기성세균과 곰팡이류가 호기성균과 교체되어 번식한다.
③ 수중의 CO_2 농도나 암모니아성 질소가 증가한다.
④ 화장실 냄새나 H_2S에 의한 달걀 썩는 냄새가 난다.

해설 용존산소의 감소로 호기성 미생물이 사멸하고 혐기성 미생물이 증가, 곰팡이가 감소하다 모두 사멸된다.

16. 그램음성 독립영양세균에 속하지 않는 것은?

① Nitrosomonas속
② Beggiatoa속
③ Micrococcus속
④ Thiobacillus속

해설 Micrococcus는 그램양성 종속영양세균에 속하며 탈질화 반응에 관여한다.

17. 지하수의 특성에 대한 설명으로 틀린 것은?

① 지하수는 국지적인 환경조건에 영향을 크게 받는다.

2016

정답 12. ① 13. ① 14. ② 15. ② 16. ③ 17. ②

② 지하수의 염분농도는 지표수 평균농도보다 낮다.
③ 주로 세균에 의한 유기물 분해작용이 일어난다.
④ 지하수는 토양수 내 유기물질 분해에 따른 탄산가스의 발생과 약산성의 빗물로 인하여 광물질이 용해되어 경도가 높다.

해설 지하수의 염분농도는 지표수 평균농도보다 높다.

18. 박테리아를 환경적인 조건에 따라 분류할 때, 바닷물과 비슷한 염 조건하에서 가장 잘 자라는 박테리아(호염균)는?

① Hyperthermophiles
② Microaerophiles
③ Halophiles
④ Chemotrophs

해설 호염균(Halophiles)은 바닷물과 비슷한 염 조건하에서 가장 잘 자라는 박테리아이다.

19. 생물 농축에 대한 설명으로 틀린 것은?

① 수생생물의 체내의 각종 중금속 농도는 환경수중의 농도보다도 높은 경우가 많다.
② 생물체중의 농도와 환경수중의 농도비를 농축비 또는 농축계수라고 말한다.
③ 수생생물의 종류에 따라서 중금속의 농도비가 다르게 되어 있는 것이 많다.
④ 농축비는 먹이사슬 과정에서 높은 단계의 소비자에 상당하는 생물일수록 낮게 된다.

해설 농축비는 먹이사슬 과정에서 높은 단계의 소비자에 상당하는 생물일수록 높게 된다.

20. 콜로이드(Colloid)용액이 갖는 일반적인 특성으로 틀린 것은?

① 광선을 통과시키면 입자가 빛을 산란하여 빛의 진로를 볼 수 없게 된다.
② 콜로이드 입자가 분산매 및 다른 입자와 충돌하여 불규칙한 운동을 하게 된다.
③ 콜로이드 입자는 질량에 비해서 표면적이 크므로 용액 속에 있는 다른 입자를 흡착하는 힘이 크다.
④ 콜로이드 용액에서는 콜로이드 입자가 양이온 또는 음이온을 띠고 있다.

해설 광선을 통과시키면 입자가 빛을 산란하여 빛의 진로를 볼 수 있게 된다.

제2과목 상하수도계획

21. 펌프 운전 시 발생할 수 있는 비정상 현상에 대한 설명이다. 펌프운전 중에 토출량과 토출압이 주기적으로 숨이 찬 것처럼 변동하는 상태를 일으키는 현상으로 펌프 특성 곡선이 산형에서 발생하며 큰 진동을 발생하는 경우는?

① 캐비테이션(cavitation)
② 서어징(surging)
③ 수격작용(water hammer)
④ 크로스커넥션(cross connection)

해설 맥동현상이란 펌프 운전 시 비정상 현상으로 토출량과 토출압이 주기적으로 변동하는 상태를 일으키며, 펌프 특성곡선이 산고(山高)형에서 발생하고 큰 진동이 발생된다. 서징(surging)현상이라고도 한다.

22. 하수 슬러지 소각을 위한 유동층소각로의 장·단점으로 틀린 것은?

① 연소효율이 높고 소각되지 않는 양이

정답 18. ③ 19. ④ 20. ① 21. ② 22. ④

적기 때문에 노 잔사매립에 의한 2차 공해가 없다.
② 유동매체로 규소 등을 사용할 때에 손실이 발생하므로 손실보충을 연속적으로 하여야 한다.
③ 노 내 온도의 자동제어 및 열회수가 용이하다.
④ 노 내의 기계적 가동부분이 많아 유지관리가 어렵다.

해설 노 내에 기계적 가동부분이 없기 때문에 유지관리가 용이하다.

23. **배수시설인 배수관의 최소동수압 및 최대정수압 기준으로 옳은 것은? (단, 급수관을 분기하는 지점에서 배수관 내 수압 기준)**

① 100kPa 이상을 확보함, 500kPa를 초과하지 않아야 함
② 100kPa 이상을 확보함, 600kPa를 초과하지 않아야 함
③ 150kPa 이상을 확보함, 700kPa를 초과하지 않아야 함
④ 150kPa 이상을 확보함, 800kPa를 초과하지 않아야 함

해설 배수관 내의 최소동수압은 150kPa 이상을 확보하고, 급수관을 분기하는 지점에서 배수관 내의 최대정수압은 700kPa를 초과하지 않아야 한다.

참고 직결급수범위의 확대에 따른 최소동수압의 상승을 고려하여 최대동수압은 600kPa 정도까지로 하는 것이 바람직하다.

24. **펌프의 토출유량은 1200m³/h, 흡입구의 유속이 2.0m/s일 경우 펌프의 흡입구경(mm)은?**

① 약 262 ② 약 362
③ 약 462 ④ 약 562

해설 $\frac{1200}{3600} = \frac{\pi \times x^2}{4} \times 2$

$\therefore x = 0.4607\text{m} = 460.7\text{mm}$

참고 $Q = AV = \frac{\pi \times d^2}{4} \times V$

25. **유역면적이 1.2km², 유출계수가 0.2인 산림지역에 강우 강도가 2.5mm/min일 때 우수유출량(m³/s)은? (단, 합리식 적용)**

① 4 ② 6
③ 8 ④ 10

해설 $Q = \frac{1}{360} \times 0.2 \times 2.5 \times 60 \times 120$

$= 10\text{m}^3/\text{s}$

참고 $Q = \frac{1}{360} CIA$, $\text{km}^2 = 100\text{ha}$

26. **상수도 관종 중 강관의 단점이 아닌 것은?**

① 가공성이 나쁘다(약하다).
② 전식에 대하여 고려해야 한다.
③ 내외의 방식면이 손상되면 부식되기 쉽다.
④ 용접이음은 숙련공이나 특수한 공구를 필요로 한다.

해설 강관은 가공성이 좋다.

27. **상수시설인 배수지의 유효용량에 관한 내용으로 ( )에 옳은 것은?**

유효용량은 "시간변동조정용량"과 "비상대처용량"을 합하여 급수구역의 계획1일최대급수량의 ( ) 이상을 표준으로 하여야 하며 지역특성과 상수도시설의 안정성 등을 고려하여 결정한다.

① 6시간분 ② 8시간분
③ 10시간분 ④ 12시간분

정답 23. ③ 24. ③ 25. ④ 26. ① 27. ④

28. 하수도 시설인 중력식 침사지에 대한 설명 중 옳은 것은?

① 체류시간은 3~6분을 표준으로 한다.
② 수심은 유효수심에 모래 퇴적부의 깊이를 더한 것으로 한다.
③ 오수침사지의 표면부하율은 $3600m^3/m^2 \cdot d$ 정도로 한다.
④ 우수침사지의 표면부하율은 $1800m^3/m^2 \cdot d$ 정도로 한다.

해설 ① 체류시간은 30~60초를 표준으로 한다.
③ 오수침사지의 표면부하율은 $1800m^3/m^2 \cdot d$ 정도로 한다.
④ 우수침사지의 표면부하율은 $3600m^3/m^2 \cdot d$ 정도로 한다.

29. 상수시설인 도수관을 설계할 때의 평균유속에 관한 내용으로 ( )에 맞는 내용은?

자연유하식의 경우에는 허용최대한도를 (㉮)로 하고 도수관의 평균유속의 최소한도는 (㉯)로 한다.

① ㉮ 1m/s, ㉯ 0.3m/s
② ㉮ 2m/s, ㉯ 0.5m/s
③ ㉮ 3m/s, ㉯ 0.3m/s
④ ㉮ 5m/s, ㉯ 0.5m/s

30. 상수처리를 위한 정수시설 중 착수정에 관한 내용으로 틀린 것은?

① 수위가 고수위 이상으로 올라가지 않도록 월류관이나 월류위어를 설치한다.
② 착수정의 고수위와 주변벽체의 상단 간에는 60cm 이상의 여유를 두어야 한다.
③ 착수정의 용량은 체류시간을 30분 이상으로 한다.
④ 필요에 따라 분말활성탄을 주입할 수 있는 장치를 설치하는 것이 바람직하다.

해설 착수정의 용량은 체류시간을 1.5분 이상으로 하고 수심은 3~5m 정도로 한다.

31. 펌프의 캐비테이션이 발생하는 것을 방지하기 위한 대책으로 볼 수 없는 것은?

① 펌프의 설치위치를 가능한 한 높게 하여 펌프의 필요유효흡입수두를 작게 한다.
② 펌프의 회전수를 낮게 선정하여 펌프의 필요유효흡입양정을 작게 한다.
③ 흡입관의 손실을 가능한 한 작게 하여 펌프의 가용유효흡입수두를 크게 한다.
④ 흡입 측 밸브를 완전히 개방하고 펌프를 운전한다.

해설 펌프의 설치위치를 가능한 한 낮게 하여 펌프의 가용유효흡입수두를 크게 한다.

32. 상수의 급속여과지 설계기준에 대한 설명 중 틀린 것은?

① 단층의 여과속도는 200~350m/일을 표준으로 한다.
② 모래층의 두께는 여과사의 유효경이 0.45~0.7mm의 범위인 경우에는 60~70cm를 표준으로 한다.
③ 여과면적은 계획정수량을 여과속도로 나누어 구한다.
④ 1지의 여과면적은 $150m^2$ 이하로 한다.

해설 단층의 여과속도는 120~150m/일을 표준으로 한다.

33. 관거의 직선부에서 하수도 맨홀의 최대 간격 표준은? (단, 600mm 이하의 관 기준)

① 50m ② 75m

정답 28. ② 29. ③ 30. ③ 31. ① 32. ① 33. ②

③ 100m ④ 150m

해설 관거의 직선부에서도 맨홀의 최대간격은 600mm 이하의 관에서 최대 간격 75m, 600mm 초과 1000mm 이하에서 100m, 1000mm 초과 1500mm 이하에서 150m, 1650mm 이상에서 200m를 표준으로 한다.

34. 토출량 $20m^3$/min, 전양정 6m, 회전속도 1200rpm인 펌프의 비속도는?

① 약 1300 ② 약 1400
③ 약 1500 ④ 약 1600

해설 $N_s = \dfrac{1200 \times 20^{1/2}}{6^{3/4}} = 1399.85$

참고 $N_s = N\dfrac{Q^{1/2}}{H^{3/4}}$

여기서, N_s : 비교회전도
N : 펌프의 회전수(rpm)
Q : 최고 효율점의 양수량(m^3/min) (양흡입형의 경우 1/2로 한다.)
H : 최고 효율점의 전양정(m) (다단 펌프의 경우 1단에 해당하는 양정)

35. 상수시설인 침사지의 구조에 관한 설명으로 틀린 것은?

① 표면 부하율은 500~800mm/min을 표준으로 한다.
② 지내평균유속은 2~7cm/s를 표준으로 한다.
③ 지의 길이는 폭의 3~8배를 표준으로 한다.
④ 지의 상단높이는 고수위보다 0.6~1m의 여유고를 둔다.

해설 표면 부하율은 200~500mm/min을 표준으로 한다.

36. 계획오수량에 관한 설명으로 가장 거리가 먼 것은?

① 합류식에서 우천 시 계획오수량은 원칙적으로 계획1일최대오수량의 3배 이상으로 한다.
② 계획1일최대오수량은 1인1일최대오수량에 계획인구를 곱한 후, 여기에 공장폐수량, 지하수량 및 기타 배수량을 더한 것으로 한다.
③ 지하수량은 1인1일최대오수량의 10~20%로 한다.
④ 계획1일평균오수량은 계획1일최대오수량의 70~80%를 표준으로 한다.

해설 합류식에서 우천 시 계획오수량은 원칙적으로 계획시간최대오수량의 3배 이상으로 한다.

37. 하수관거 중 우수관거 및 합류관거의 유속 기준으로 옳은 것은?

① 계획우수량에 대하여 유속을 최소 0.6m/s, 최대 3.0m/s로 한다.
② 계획우수량에 대하여 유속을 최소 0.8m/s, 최대 3.0m/s로 한다.
③ 계획우수량에 대하여 유속을 최소 1.0m/s, 최대 3.0m/s로 한다.
④ 계획우수량에 대하여 유속을 최소 1.2m/s, 최대 3.0m/s로 한다.

해설 우수관거 및 합류관거 : 계획우수량에 대하여 유속을 최소 0.8m/s, 최대 3.0m/s로 한다.

참고 오수관거 : 시간최대오수량에 대하여 유속을 최소 0.6m/s, 최대 3.0m/s로 한다.

38. 용지이용률을 높이고자 고안된 심층포기조에 관한 설명으로 가장 거리가 먼 것은?

① 조의 용적은 계획1일최대오수량에 따라서 설정한다.

2016

정답 34. ② 35. ① 36. ① 37. ② 38. ③

② 조의 수는 2조 이상으로 한다.
③ 형상은 정사각형으로 하고 폭은 수심에 대해 3배 정도로 한다.
④ 수심은 10m 정도로 한다.

해설 형상은 직사각형으로 하고, 폭은 수심에 대해 1배 정도로 한다.

참고 조내에서 유체의 흐름은 플러그흐름형으로 하고, 혼합방식 및 포기방식에 따라서 정류벽을 설치한다.

39. 직경 0.3m로 판 자유수면 정호에서 양수 전의 지하수위는 불투수층 위로 30m였다. $100m^3/h$로 양수할 때 양수정으로부터 10m와 20m 떨어진 관측정의 수위는 3m와 1m 각각 저하하였다. 이때 대수층의 투수계수는?

① 약 0.20m/s ② 약 0.20m/h
③ 약 0.25m/s ④ 약 0.25m/h

해설 $100=\dfrac{\pi\times x\times(29^2-27^2)}{\ln(20/10)}$

$\therefore x=0.197\text{m/h}$

참고 Epsilon 공식

$$Q=\frac{\pi K(h_2^2-h_1^2)}{\ln(r_2/r_1)}$$

40. 내경 1.0m인 강관에 내압 10MPa로 물이 흐른다. 내압에 의한 원주방향의 응력도는 $1500N/mm^2$일 때 강관두께(mm)는?

① 약 3.3 ② 약 5.2
③ 약 7.4 ④ 약 9.5

해설 $t=\dfrac{10\times1000}{2\times1500}$

$=3.33\text{mm}$

참고 관두께

$$t=\frac{PD}{2\sigma}$$

여기서, P : 수압강도, D : 관직경, σ : 관허용응력

제3과목 수질오염방지기술

41. 염소소독에 의한 세균의 사멸은 1차 반응 속도식에 따른다. 잔류염소 농도 0.4mg/L에서 2분간에 85%의 세균이 살균되었다면 99.9% 살균을 위해 필요한 시간(분)은? (단, base는 자연대수임)

① 약 5.9 ② 약 7.3
③ 약 10.2 ④ 약 16.7

해설 ㉠ $\ln\dfrac{15}{100}=-x\times2$

$\therefore x=0.949\text{min}^{-1}$

㉡ $\ln\dfrac{0.1}{100}=-0.949\times x \quad \therefore x=7.28\text{min}$

참고 $\ln\dfrac{C_t}{C_0}=-Kt$

42. 유량이 $6750m^3/d$, 부유물질농도(SS)가 55mg/L인 폐수에 황산제이철[$Fe_2(SO_4)_3$] 100mg/L를 응집제로 주입한다. 이 물에 알칼리도가 없는 경우 매일 첨가해야 하는 석회의 양(kg/d)은? (단, 원자량 Fe=55.8, Ca=40)

① 315kg/d ② 346kg/d
③ 375kg/d ④ 386kg/d

해설 ㉠ 황산제이철과 소석회의 반응식을 만든다.

$Fe_2(SO_4)_3+3Ca(OH)_2 \rightarrow$
$2Fe(OH)_3+3CaSO_4$

㉡ $100\times6750\times10^{-3}\times\dfrac{3\times74}{399.6}=375\text{kg/d}$

43. 염소살균에 관한 설명으로 틀린 것은?

① HOCl의 살균력은 OCl^-의 약 80배 정도 강한 것으로 알려져 있다.
② 수중 용존 염소는 페놀과 반응하여 클

정답 39. ② 40. ① 41. ② 42. ③ 43. ③

로로페놀을 형성하여 불쾌한 맛과 냄새를 유발한다.

③ pH 9 이상에서는 물에 주입된 염소는 대부분이 HOCl로 존재한다.

④ 유리잔류염소는 수중의 암모니아나 유기성질소화합물이 존재할 경우 이들과 반응하여 결합잔류염소를 형성한다.

해설 pH 9 이상에서는 물에 주입된 염소는 대부분이 OCl^-로 존재한다.

44. 부유물질(SS) 3600mg/L를 함유하고 있는 폐수의 침강속도분포가 그림과 같을 때 폐수 28800m^3/d를 침전처리하여 SS 90% 이상을 제거하고자 한다. 필요한 침전지의 최소 소요 면적(m^2)은?

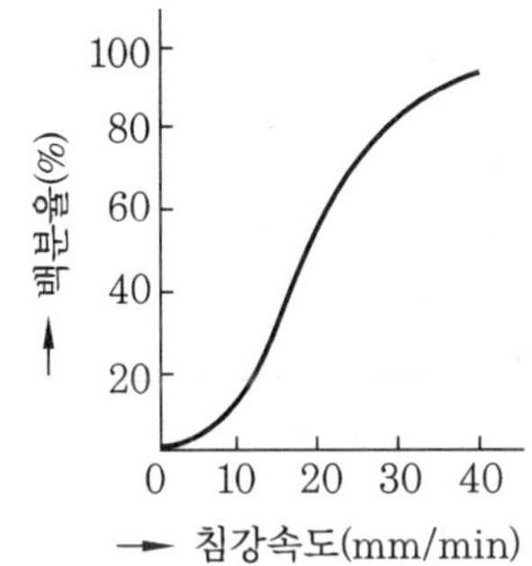

① 약 100 ② 약 200
③ 약 1000 ④ 약 2000

해설 ㉠ SS 90% 이상을 제거하기 위한 입자의 침전속도를 알아본다.

㉡ $A = \dfrac{28800m^3/d \times d/1440min}{10mm/min \times 10^{-3}m/mm}$
$= 2000m^2$

참고 주어진 참강속도 분포 그림에서 입자분포율 10%에 대한 침강속도를 적용한다.

45. 활성슬러지법 운전 중 슬러지부상 문제를 해결할 수 있는 방법이 아닌 것은?

① 포기조에서 이차침전지로의 유량을 감소시킨다.

② 이차침전지 슬러지 수집장치의 속도를 높인다.

③ 슬러지 폐기량을 감소시킨다.

④ 이차침전지에서 슬러지체류시간을 감소시킨다.

해설 슬러지 폐기량을 증가시킨다.

참고 슬러지 부상의 대책

1. 포기조 체류시간 단축 또는 포기량을 줄여 질산화 정도를 줄인다.
2. 탈질산화 방지를 위해 침전조의 체류시간을 줄인다.
3. 반송 슬러지의 반송률을 증가시키고 슬러지 제거 속도를 증가시켜 침전지로부터 슬러지를 빨리 제거시킨다.
4. 침전지로 혼합액 유입량을 줄여서 침전 슬러지량을 줄인다.

46. 생물학적으로 질소를 제거하기 위해 질산화-탈질공정을 운영함에 있어, 호기성 상태에서 산화된 NO_3^- 60mg/L를 탈질시키는 데 소모되는 이론적인 메탄올 농도(mg/L)는?

$$\frac{5}{6}CH_3OH + NO_3^- + \frac{1}{6}H_2CO_3 \rightarrow \frac{1}{2}N_2 + HCO_3 + \frac{4}{3}H_2O$$

① 약 14 ② 약 18
③ 약 22 ④ 약 26

해설 메탄올 농도(mg/L)
$= 60mg/L \times \dfrac{5/6 \times 32g}{62g} = 25.806$
$= 25.81mg/L$

47. 유량 10000m^3/d인 폐수를 처리하기 위한 정방형 skimming 탱크의 표면적 부하율 ($m^3/m^2 \cdot d$)은? (단, 체류시간은 10분이고, 상승속도는 200mm/min임)

정답 44. ④ 45. ③ 46. ④ 47. ④

① 213 ② 233
③ 258 ④ 288

해설 표면적 부하율

$$=\frac{200\text{mm}}{\text{min}}\times\frac{10^{-3}\text{m}}{\text{mm}}\times\frac{1440\text{min}}{\text{d}}$$

$=288\text{m/d}$

참고 표면적 부하율＝상승속도

48. 완전혼합 활성슬러지 공법의 장점이 아닌 것은?

① 산소소모율(oxygen uptake rate)에 있어서 최대 균등화
② 유입물질이 반응조 전체에 분산됨으로 인한 충격부하 영향의 최소화
③ 호기성 생물학적 산화가 일어나는 동안 발생되는 CO_2의 적절한 중화
④ 독성물질 유입 시 플록(floc) 형성의 안정성

해설 완전혼합 활성슬러지 공법은 독성물질 유입 시 플록(floc) 형성이 불안정해진다.

49. 회전원판접촉법(RBC)의 장점이 아닌 것은?

① 충격부하의 조절이 가능하다.
② 다단계 공정에서 높은 질산화율을 얻을 수 있다.
③ 활성슬러지 공법에 비하여 소요동력이 적다.
④ 반송에 따른 처리효율의 효과적 증대가 가능하다.

해설 회전원판접촉법(RBC)은 재순환이 필요 없다.

참고 활성슬러지법의 경우처럼 유입폐수의 성상을 파악하여 반응조의 여러 조건이 정상상태가 되도록 인위적으로 처리과정을 조작할 필요가 없고 살수여상의 경우처럼 유출수의 재순환이 필요 없으므로 운전이 쉽고 단회로 현상의 제어가 쉽다.

50. 5단계 Bardenpho 공법에 관한 설명으로 틀린 것은?

① 슬러지 생산량은 비교적 많으나 반응조의 규모가 작다.
② 호기조에서 1차 무산소조로 내부반송을 한다.
③ 효과적인 인 제거를 위해서는 혐기조에 질산성 질소가 유입되지 않아야 한다.
④ 인 제거는 과잉의 인을 섭취한 슬러지를 폐기함으로써 이루어진다.

해설 슬러지 생산량은 비교적 적으나 반응조의 규모가 크다.

참고 5단계 Bardenpho 공법 장점

1. 다른 인 제거공법에 비하여 슬러지 생산량이 적다.
2. 폐슬러지는 비교적 인 함유량이 많아서 슬러지 비료의 가치가 있다.
3. 다량의 내부순환으로 펌프 동력비 등 유지관리비가 비싸다.
4. A_2/O조에 비하여 더 큰 반응조 체적이 필요하다.
5. 탈인조의 조작, 슬러지반송 등 고도의 관리기술이 필요하다.

51. 함수율 98%, 유기물함량이 62%인 슬러지 100m³/d를 25일 소화하여 유기물의 2/3를 가스화 및 액화하여 함수율 95%의 소화슬러지로 추출하는 경우 소화조 용량(m³)은? (단, 슬러지 비중은 1.0, 기타 조건은 고려하지 않음)

① 1244 ② 1344
③ 1444 ④ 1544

해설 ㉠ $Q_2=\dfrac{100\times0.02\times\left(0.62\times\dfrac{1}{3}+0.38\right)}{0.05}$

$=23.47\text{m}^3/\text{d}$

㉡ $V=\left(\dfrac{100+23.47}{2}\right)\times25=1543.38\text{m}^3$

정답 48. ④ 49. ④ 50. ① 51. ④

참고 1. 소화슬러지 습량

$$= \frac{\text{생슬러지 습량} \times \text{순도} \times [VS\text{비} \times (1 - VS\text{제거율}) + FS\text{비}]}{\text{소화슬러지 순도}}$$

2. 소화조 부피

$$= \left(\frac{\text{생슬러지 습량} + \text{소화슬러지 습량}}{2} \right) \times \text{체류시간}$$

52. 단면이 직사각형인 하천의 깊이가 0.2m이고 깊이에 비하여 폭이 매우 넓을 때 동수반경(m)은?

① 0.2 ② 0.5
③ 0.8 ④ 1.0

해설 $R = \frac{B \times h}{2h + B} = \frac{B \times h}{B(h\text{를 무시})} = h$
$= 0.2\text{m}$

참고 1. $R(\text{경심} = \text{동수반경}) = \frac{B \times h}{2h + B}$

2. 깊이에 비하여 폭이 매우 넓을 때 동수반경은 깊이와 같다.

53. 용해성 BOD_5가 250mg/L인 폐수가 완전혼합 활성슬러지 공정으로 처리된다. 유출수의 용해성 BOD_5는 7.4mg/L이다. 유량이 $18925\text{m}^3/\text{d}$일 때 포기조 용적(m^3)은?

[조건]
- MLVSS = 4000mg/L
- Y = 0.65kg - 미생물/kg - 소모된 BOD_5
- K_d = 0.06/d
- 미생물 평균체류시간(θ_c) = 10d
- 24시간 연속포기

① 3330 ② 4663
③ 5330 ④ 6270

해설 ㉠ 주어진 미생물 평균체류시간(θ_c)을 이용해서 V를 구한다.

㉡ $\frac{1}{\theta_c} = \frac{YQ(S_0 - S_1)}{VX} - K_d$

㉢ $V = \frac{YQ(S_0 - S)}{X(K_d + 1/\theta)}$
$= \frac{0.65 \times 18925 \times (250 - 7.4)}{4000 \times (0.06 + 1/10)}$
$= 4662.94\text{m}^3$

54. 하·폐수처리 시 슬러지 팽화(bulking)현상을 조절하는 방법이 아닌 것은?

① 염소나 과산화수소를 반송슬러지에 주입한다.
② 선택반응조(selector)를 이용한다.
③ fungi를 성장시켜 F/M비를 감소시킨다.
④ 포기조 내의 용존산소의 농도를 변화시킨다.

해설 fungi를 억제시켜 F/M비를 감소시킨다.

55. 침전하는 입자들이 너무 가까이 있어서 입자 간의 힘이 이웃입자의 침전을 방해하게 되고 동일한 속도로 침전하며 최종침전지 중간 정도의 깊이에서 일어나는 침전형태는?

① 지역침전 ② 응집침전
③ 독립침전 ④ 압축침전

56. 수질성분이 금속 하수도관의 부식에 미치는 영향으로 틀린 것은?

① 고농도의 칼슘은 침전물이 쌓이는 곳에 부식을 가속화한다.
② 마그네슘은 알칼리도와 pH 완충효과를 향상시킬 수 있다.
③ 구리는 갈바닉 전지를 이룬 배관상에 구멍을 야기한다.
④ 암모니아는 착화물의 형성을 통해 구리, 납 등의 금속 용해도를 증가시킬 수

2016

정답 52. ① 53. ② 54. ③ 55. ① 56. ①

있다.

해설 칼슘은 $CaCO_3$로 침전하여 부식을 보호하고 부식속도를 감소시킨다. Ca와 Mg는 알칼리도와 pH의 완충효과를 향상시킬 수 있다.

참고 1. 용존산소는 여러 부식반응 속도를 증가시킨다.
2. 황화수소는 부식속도를 증가시킨다.
3. 미량금속 원소들은 $CaCO_3$의 안정된 결정성 생성물(방해석) 형성을 억제하고 안정도가 낮아 쉽게 용해되는 결정성 생성물(선석)을 형성하기 쉽다.
4. pH가 낮으면 부식속도는 증가되며 높은 pH는 관을 보호하고 부식속도를 감소시키거나 놋쇠의 탈아연화를 유발시킨다.
5. 고농도의 염화물과 황산염은 철, 구리, 납의 부식을 증가시킨다.
6. 유기물은 배관표면의 보호막 형성으로 부식을 감소시킨다. 어떤 유기물은 금속과 착화합물을 형성하여 부식을 가속시킨다.
7. 높은 총고형물은 전도도와 부식속도를 증가시킨다.

57. 폐수 유량의 첨두인자(peaking factor)란?

① 첨두유량과 최소유량의 비
② 첨두유량과 평균유량의 비
③ 첨두유량과 최대유량의 비
④ 첨두유량과 첨두유량의 1/3과의 비

해설 첨두인자(peaking factor)

$$= \frac{\text{첨두유량}}{\text{평균유량}} (> 1.0)$$

참고 설계유량의 평가와 선택을 위한 절차에는 보통 인구계획, 산업폐수가 차지하는 유량, 침투수와 유입우수가 차지할 수 있는 양에 근거한 평균유량의 산출과정이 포함된다. 평균유량에 적절한 첨두율(peaking factor)을 곱하여 첨두유량(尖頭流量)을 구한다.

58. 슬러지 개량법의 특징으로 가장 거리가 먼 것은?

① 고분자 응집제 첨가 : 슬러지 응결을 촉진한다.
② 무기약품 첨가 : 무기약품은 슬러지의 pH를 변화시켜 무기질 비율을 증가시키고 안정화를 도모한다.
③ 세정 : 혐기성 소화슬러지의 알칼리도를 감소시켜 산성금속염의 주입량을 감소시킨다.
④ 열처리 : 슬러지의 함수율을 감소시키고 응결핵을 생성시켜 탈수를 개선한다.

해설 열처리법은 단백질, 탄수화물, 유지, 섬유류 등을 포함한 친수성 콜로이드로 형성된 하수슬러지를 130℃ 이상으로 열처리하여 세포막의 파괴 및 유기물의 구조 변경을 일으켜 탈수성을 개선시키는 방법이다.

참고 슬러지의 개량방법으로는 세정, 열처리, 동결, 약품첨가 등이 있다.
1. 약품첨가는 슬러지 중의 미세립자를 결합시켜 응결물을 형성시켜 고액분리를 쉽게 하여 탈수성을 향상시키기 위한 것이다.
2. 슬러지의 세정은 슬러지량의 2~4배의 물을 혼합해서 슬러지 중의 미세립자를 침전에 의해 제거하는 방법이다. 통상 세정작업만으로는 충분한 탈수특성을 높이기 어려우므로 응집제를 첨가해야 하는 경우가 생기는데 이때 세정작업에 의해 슬러지 중의 알칼리성분이 씻겨져서 응집제량을 줄일 수 있는 효과가 있다.
3. 동결-융해(freeze-thaw)에 의한 슬러지 개량은 열처리와 마찬가지로 슬러지의 탈수성을 증대시키는 데 효과적이라는 연구결과가 있으나 에너지 소비가 크고 설비의 유지관리비가 높아 경제적인 면에서 적용이 어려운 것으로 알려지고 있다.

정답 57. ② 58. ④

59. 산성조건하에서 $NaHSO_3$ 혹은 $FeSO_4$ 등을 사용하여 환원과정을 거친 후 중화시켜 침전물을 제거함으로써 처리할 수 있는 폐수는?

① 철, 망간 함유 폐수
② 시안 함유 폐수
③ 카드뮴 함유 폐수
④ 6가크롬 함유 폐수

해설 크롬폐수의 처리법에는 환원침전법, 전해환원법, 이온교환수지법, 활성탄 흡착법 등이 있다.

60. 기계식 봉 스크린을 0.64m/s로 흐르는 수로에 설치하고자 한다. 봉의 두께는 10mm이고, 간격이 30mm라면 봉 사이로 지나는 유속(m/s)은?

① 0.75　② 0.80
③ 0.85　④ 0.90

해설 봉 사이로 지나는 유속(m/s)

$$=0.64\text{m/s}\times\frac{40\text{mm}}{30\text{mm}}=0.853\text{m/s}$$

제4과목 수질오염공정시험기준

61. 예상 BOD치에 대한 사전경험이 없을 때 오염된 하천수의 검액조제 방법은?

① 25~100%의 시료가 함유되도록 희석 조제한다.
② 15~250%의 시료가 함유되도록 희석 조제한다.
③ 5~15%의 시료가 함유되도록 희석 조제한다.
④ 1~5%의 시료가 함유되도록 희석 조제한다.

해설 예상 BOD치에 대한 사전경험이 없을 때에는 다음과 같이 희석하여 시료용액을 조제한다. 강한 공장폐수는 0.1~1.0%, 처리하지 않은 공장폐수와 침전된 하수는 1~5%, 처리하여 방류된 공장폐수는 5~25%, 오염된 하천수는 25~100%의 시료가 함유되도록 희석 조제한다.

62. 95% 황산(비중 1.84)이 있다면 이 황산의 N농도는?

① 15.6N　② 19.4N
③ 27.8N　④ 35.7N

해설 $$\text{N 농도}=\frac{1.84\times10\times95}{49}=35.67\text{N}$$

63. 기체크로마토그래프 검출기에 관한 설명으로 틀린 것은?

① 열전도도 검출기는 금속 필라멘트 또는 전기저항체를 검출소자로 한다.
② 수소염 이온화 검출기의 본체는 수소연소노즐, 이온수집기, 대극(對極), 배기구로 구성된다.
③ 알칼리 열이온화 검출기는 함유할로겐화합물 및 함유황화물을 고감도로 검출할 수 있다.
④ 전자포획형 검출기는 많은 니트로 화합물, 유기금속화합물 등을 선택적으로 검출할 수 있다.

해설 불꽃열 이온화 검출기는 불꽃 이온화 검출기(FID)에 알칼리 또는 알칼리토류 금속염의 튜브를 부착한 것으로 유기질소 화합물 및 유기염소 화합물을 선택적으로 검출할 수 있다.

참고 알칼리 열이온화 검출기는 불꽃열 이온화 검출기의 옛날 이름이다.

64. 수질분석을 위한 시료채취 시 유의사항과 가장 거리가 먼 것은?

① 채취용기는 시료를 채우기 전에 맑은

2016

정답 59. ④ 60. ③ 61. ① 62. ④ 63. ③ 64. ①

물로 3회 이상 씻은 다음 사용한다.

② 용존가스, 환원성 물질, 휘발성 유기물질 등의 측정을 위한 시료는 운반 중 공기와의 접촉이 없도록 가득 채워져야 한다.

③ 지하수 시료는 취수정 내에 고여 있는 물을 충분히 퍼낸(고여 있는 물의 4~5배 정도이나 pH 및 전기전도도를 연속적으로 측정하여 이 값이 평형을 이룰 때까지로 한다.) 다음 새로 나온 물을 채취한다.

④ 시료채취량은 시험항목 및 시험횟수에 따라 차이가 있으나 보통 3~5L 정도이어야 한다.

해설 시료 채취용기는 시료를 채우기 전에 시료로 3회 이상 씻은 다음 사용한다.

65. 시료를 온도 4℃, H_2SO_4로 pH를 2 이하로 보존하여야 하는 측정대상 항목이 아닌 것은?

① 총질소 ② 총인
③ 화학적산소요구량 ④ 유기인

해설 유기인은 염산으로 pH를 5~9로 조정하여 4℃에서 보관하며 최대보존기간은 7일이다.

66. 투명도 측정에 관한 내용으로 틀린 것은?

① 투명도판(백색원판)의 지름은 30cm이다.
② 투명도판에 뚫린 구멍의 지름은 5cm이다.
③ 투명도판에는 구멍이 8개 뚫려 있다.
④ 투명도판의 무게는 약 2kg이다.

해설 투명도판의 무게는 약 3kg이다.

67. 항량으로 될 때까지 건조한다는 용어의 의미는?

① 같은 조건에서 1시간 더 건조하였을 때 전후 무게의 차가 거의 없을 때
② 같은 조건에서 1시간 더 건조하였을 때 전후 무게의 차가 g당 0.1mg 이하일 때
③ 같은 조건에서 1시간 더 건조하였을 때 전후 무게의 차가 g당 0.3mg 이하일 때
④ 같은 조건에서 1시간 더 건조하였을 때 전후 무게의 차가 g당 0.5mg 이하일 때

68. 알킬수은 화합물을 기체크로마토그래피에 따라 정량하는 방법에 관한 설명으로 가장 거리가 먼 것은?

① 전자포획형 검출기(ECD)를 사용한다.
② 알킬수은화합물을 벤젠으로 추출한다.
③ 운반기체는 순도 99.999% 이상의 질소 또는 헬륨을 사용한다.
④ 정량한계는 0.05mg/L이다.

해설 정량한계는 0.0005mg/L이다.

69. 수질오염공정시험기준상 양극벗김전압전류법을 적용하여 측정하는 금속류는?

① 아연 ② 주석
③ 카드뮴 ④ 크롬

해설 수질오염공정시험기준상 양극벗김전압전류법을 적용하여 측정하는 금속류에는 납, 아연, 수은, 비소가 있다.

70. 유도결합플라스마-원자발광광도계의 측정 시 유도코일 상단으로부터 플라스마 발광부 관측높이(mm)는? (단, 알칼리 원소 경우 제외)

① 15~18 ② 20~25
③ 30~34 ④ 40~43

해설 플라스마 발광부 관측높이는 유도코일 상단으로부터 15~18mm의 범위에 측정하는 것이 보통이나 알칼리 원소의 경우는 20~25mm의 범위에서 측정한다.

정답 65. ④ 66. ④ 67. ③ 68. ④ 69. ① 70. ①

71. 폐수의 유량 측정법에 있어 $1m^3/min$ 이하로 폐수유량이 배출될 경우 용기에 의한 측정 방법에 관한 내용이다. ( )에 옳은 내용은?

> 용기는 용량 100~200L인 것을 사용하여 유수를 채우는 데에 요하는 시간을 스톱워치로 잰다. 용기에 물을 받아 넣는 시간을 ( )이 되도록 용량을 결정한다.

① 10초 이상 ② 20초 이상
③ 30초 이상 ④ 40초 이상

72. 다음 그림은 비소 시험 장치(비화수소발생 장치)이다. ( )에 알맞은 물질은? (단, 자외선/가시선 분광법 기준)

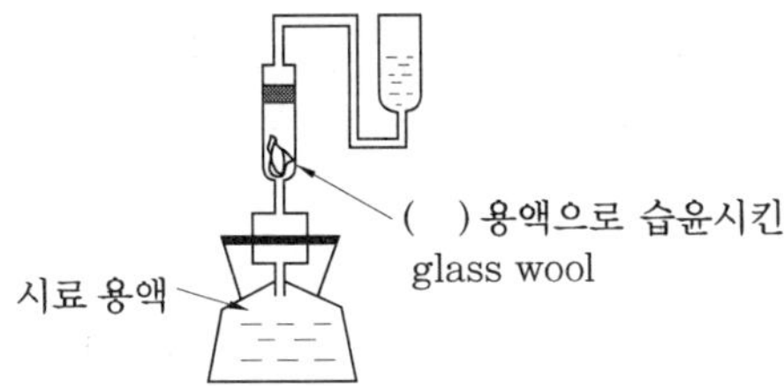

① AsH_3 ② $SnCl_2$
③ $Pb(CH_3COO)_2$ ④ $AgSCNS(C_2H_5)_2$

해설 유리섬유에 아세트산납을 적시는 이유는 비화수소발생장치에서 AsH_3와 함께 발생하는 황화수소를 제거하기 위해서이다.

73. 암모니아성 질소의 측정방법이 아닌 것은?

① 자외선/가시선 분광법
② 이온전극법
③ 이온크로마토그래피
④ 적정법

해설 적용 가능한 시험방법

암모니아성 질소	정량한계(mg/L)
자외선/가시선 분광법	0.01mg/L
이온전극법	0.08mg/L
적정법	1mg/L

74. 유도결합플라스마-원자발광분광법에서 일반적으로 냉각가스의 유량(L/min)은?

① 0.1~2 ② 0.5~2
③ 5~10 ④ 10~18

해설 가스의 유량은 플라스마 토오치 및 시료주입부의 형식에 따라 다르나 일반적으로 냉각가스는 10~18L/min, 보조가스는 0~2L/min, 운반가스는 0.5~2L/min의 범위에서 설정한다.

75. 구리를 자외선/가시선 분광법으로 정량하는 방법으로 ( )에 옳은 내용은?

> 물속에 존재하는 구리이온이 알칼리성에서 다이에틸다이티오카르바민산나트륨과 반응하여 생성하는 ( )을 아세트산부틸로 추출하여 흡광도를 측정한다.

① 적색의 킬레이트 화합물
② 청색의 킬레이트 화합물
③ 적갈색의 킬레이트 화합물
④ 황갈색의 킬레이트 화합물

76. 4각 위어에 의하여 유량을 측정하려고 한다. 위어의 수두 0.5m, 절단의 폭이 4m이면 유량(m^3/분)은? (단, 유량 계수는 4.8임)

① 약 4.3 ② 약 6.8
③ 약 8.1 ④ 약 10.4

해설 $Q = 4.8 \times 4 \times 0.5^{3/2} = 6.79m^3/min$

참고 $Q = Kbh^{3/2}$

77. 식물성 플랑크톤 측정에 관한 설명으로 틀린 것은?

① 시료가 육안으로 녹색이나 갈색으로 보일 경우 정제수로 적절한 농도로 희석한다.

2016

정답 71. ② 72. ③ 73. ③ 74. ④ 75. ④ 76. ② 77. ②

② 물속에 식물성 플랑크톤은 평판집락법을 이용하여 면적당 분포하는 개체수를 조사한다.
③ 식물성 플랑크톤은 운동력이 없거나 극히 적어 수체의 유동에 따라 수체 내에 부유하면서 생활하는 단일개체, 집락성, 선상형태의 광합성 생물을 총칭한다.
④ 시료의 개체수는 계수면적당 10~40 정도가 되도록 희석 또는 농축한다.

해설 물속에 식물성 플랑크톤은 현미경 계수법을 이용하여 개체수를 조사한다.

78. 이온전극법에 대한 설명으로 틀린 것은?

① 시료용액의 교반은 이온전극의 응답속도 이외의 전극범위, 정량한계값에는 영향을 미치지 않는다.
② 전극과 비교전극을 사용하여 전위를 측정하고 그 전위차로부터 정량하는 방법이다.
③ 이온전극법에 사용하는 장치의 기본구성은 비교전극, 이온전극, 자석교반기, 저항 전위계, 이온측정기 등으로 되어 있다.
④ 이온전극의 종류는 유리막 전극, 고체막 전극, 격막형 전극으로 구분된다.

해설 시료용액의 교반은 이온전극의 전극범위, 응답속도, 정량한계값에 영향을 미친다. 그러므로 측정에 방해되지 않는 범위 내에서 세게 일정한 속도로 교반해야 한다.

79. 순수한 정제수 500mL에 HCl(비중 1.18) 100mL를 혼합했을 경우 이 용액의 염산농도(중량 %)는?

① 19.1　　② 20.0
③ 23.4　　④ 31.7

해설 $\%농도 = \frac{118g}{500g + 118g} \times 100 = 19.09\%$

참고 1. $\%농도 = \frac{용질}{용매 + 용질} \times 100$

2. $100mL \times \frac{1.18g}{mL} = 118g$

80. 산성 과망간산 칼륨법에 의해 COD를 측정할 때 0.050N 과망간산칼륨 용액 1mL은 산소 몇 mg에 상당하는가?

① 0.2mg　　② 0.4mg
③ 0.8mg　　④ 0.16mg

해설 $산소량 = \frac{0.05g당량}{L} \times \frac{10^3mg}{g} \times \frac{8}{당량} \times 1mL \times \frac{10^{-3}L}{mL} = 0.4mg$

참고 0.025N 과망간산칼륨 용액 1mL에 대응하는 산소의 양은 0.2mg이다.

제5과목 수질환경관계법규

81. 물환경 보전에 관한 법률에 적용되는 용어의 정의로 틀린 것은?

① 폐수무방류배출시설 : 폐수배출시설에서 발생하는 폐수를 당해 사업장 안에서 수질오염방지시설을 이용하여 처리하거나 동일 배출시설에 재이용하는 등 공공수역으로 배출하지 아니하는 폐수배출시설을 말한다.
② 수면관리자 : 호소를 관리하는 자를 말하며, 이 경우 동일한 호소를 관리하는 자가 3인 이상인 경우에는 하천법에 의한 하천의 관리청의 자가 수면관리자가 된다.
③ 특정수질유해물질 : 사람의 건강, 재산이나 동·식물의 생육에 직접 또는 간접

정답　78. ①　79. ①　80. ②　81. ②

으로 위해를 줄 우려가 있는 수질오염 물질로서 환경부령이 정하는 것을 말한다.

④ 공공수역 : 하천·호소·항만·연안해역 그 밖에 공공용에 사용되는 수역과 이에 접속하여 공공용에 사용되는 환경부령이 정하는 수로를 말한다.

해설 수면관리자 : 호소를 관리하는 자를 말하며, 이 경우 동일한 호소를 관리하는 자가 2인 이상인 경우에는 하천법에 의한 하천의 관리청 외의 자가 수면관리자가 된다.

참고 법 제2조 참조

82. 상수원의 수질보전을 위하여 상수원을 오염시킬 우려가 있는 물질을 수송하는 자동차의 통행을 제한하려고 한다. 해당되는 지역이 아닌 것은?

① 상수원보호구역
② 규정에 의하여 지정·고시된 수변구역
③ 상수원에 중대한 오염을 일으킬 수 있어 대통령령이 정하는 지역
④ 특별대책지역

해설 상수원에 중대한 오염을 일으킬 수 있어 환경부령이 정하는 지역

참고 법 제17조 ①항 참조

83. 다음 조건에서 적용되는 오염물질의 배출허용기준은?

> • 1일 폐수배출량이 2000m^3 미만
> • 환경기준(수질) II 등급 정도의 수질을 보전하여야 한다고 인정하는 수역의 수질에 영향을 미치는 지역으로서 환경부장관이 정하여 고시하는 지역
> • 단위 : mg/L

① BOD 80 이하, SS 80 이하
② BOD 70 이하, SS 70 이하
③ BOD 60 이하, SS 60 이하
④ BOD 50 이하, SS 50 이하

해설 환경기준(수질) 좋음(I_b), 약간 좋음(II)등급 정도의 수질을 보전하여야 한다고 인정되는 수역의 수질에 영향을 미치는 지역으로서 환경부장관이 정하여 고시하는 지역은 가지역에 해당하며 1일 폐수배출량이 2000m^3 미만인 경우 BOD 80mg/L 이하, COD 90mg/L 이하, SS 80mg/L 이하의 배출허용기준을 적용한다.

참고 법 제32조 시행규칙 별표 13 참조

84. 특별대책지역의 수질오염을 방지하기 위하여 해당 지역에 새로이 설치되는 배출시설에 대해 적용할 수 있는 배출허용기준은?

① 별도배출허용기준
② 시·도 배출허용기준
③ 특별배출허용기준
④ 엄격한 배출허용기준

해설 환경부장관은 특별대책지역 안의 수질오염 방지를 위하여 필요하다고 인정하는 때에는 당해 지역 안에 설치된 배출시설에 대하여 엄격한 배출허용기준을 정할 수 있고, 낭해 지역 안에 새로이 설치되는 배출시설에 대하여 특별배출허용기준을 정할 수 있다.

참고 법 제32조 ⑤항 참조

85. 공공폐수처리시설의 방류수 수질기준 중 생태독성(TU) 기준으로 옳은 것은? [단, 2013. 1. 1. 이후 수질기준, 보기항의 ( ) 내 기준은 농공단지 공공폐수처리시설 방류수수질기준]

① 1(1) 이하 ② 1(2) 이하
③ 2(2) 이하 ④ 2(3) 이하

참고 법 제12조 시행규칙 별표 10 참조

정답 82. ③ 83. ① 84. ③ 85. ①

86. 수질오염방지시설 중 생물화학적 처리시설에 해당되는 것은?

① 살균시설
② 포기시설
③ 환원시설
④ 침전물 개량시설

참고 법 제2조 시행규칙 별표 6 참조

87. 오염총량관리기본방침에 포함되어야 하는 사항이 아닌 것은?

① 오염총량관리의 목표
② 오염총량관리 대상 지역 및 시설
③ 오염총량관리의 대상 수질오염물질 종류
④ 오염원의 조사 및 오염부하량 산정방법

참고 법 제4조의2 참조

88. 낚시금지구역 또는 낚시제한구역을 지정하고자 하는 경우 고려하여야 할 사항으로 틀린 것은?

① 오염원 현황
② 지역별 낚시인구 현황
③ 수질오염도
④ 용수의 목적

해설 연도별 낚시인구 현황

참고 법 제20조 참조

89. 환경기술인 등의 교육기간·대상자 등에 관한 내용으로 틀린 것은?

① 최초교육 : 환경기술인 등이 최초로 업무에 종사한 날부터 1년 이내에 실시하는 교육
② 보수교육 : 최초교육 후 3년마다 실시하는 교육
③ 환경기술인 교육기관 : 환경관리협회
④ 기술요원 교육기관 : 국립환경인력개발원

해설 환경기술인 교육기관 : 환경보전협회

참고 법 제67조 참조

90. 사람의 건강보호을 위한 수질 및 수생태계 하천의 환경기준으로 잘못된 것은?

① 유기인 : 검출되어서는 안 됨
② 6가크롬 : 0.05mg/L 이하
③ 카드뮴(Cd) : 0.05mg/L 이하
④ 음이온계면활성제(ABS) : 0.5mg/L 이하

해설 카드뮴(Cd) : 0.005mg/L 이하

참고 환경정책기본법 시행령 별표 1 참조

91. 오염물질의 희석처리가 가능한 경우에 해당하지 않는 것은?

① 폐수의 염분 농도가 높아 원래의 상태로는 생물화학적 처리가 어려운 경우
② 폐수의 유기물의 농도가 높아 원래의 상태로는 생물화학적 처리가 어려운 경우
③ 폐수의 독성이 강해 원래의 상태로는 생물화학적 처리가 어려운 경우
④ 폭발의 위험 등이 있어 원래의 상태로는 화학적 처리가 어려운 경우에 희석처리 가능

참고 법 제38조 ①항 참조

92. 환경기술인 또는 기술요원이 관련 분야에 따라 이수하여야 할 교육과정의 교육기간 기준은? (단, 정보통신매체를 이용한 원격교육 제외)

① 16시간 이내 ② 24시간 이내
③ 3일 이내 ④ 4일 이내

참고 법 제67조 ①항 참조(2017년, 4일로 개정)

정답 86. ② 87. ② 88. ② 89. ③ 90. ③ 91. ③ 92. ④

93. 방지시설설치의 면제기준에 관한 설명으로 틀린 것은?

① 수질오염물질이 항상 배출허용기준 이하로 배출되는 경우
② 새로운 수질오염물질이 발생되어 배출시설 또는 방지시설의 개선이 필요한 경우
③ 폐수를 전량 위탁 처리하는 경우
④ 폐수를 전량 재이용하는 등 방지시설을 설치하지 아니하고도 수질오염물질을 적정하게 처리할 수 있는 경우

해설 방지시설설치의 대통령령이 정하는 면제기준

1. 배출시설의 기능 및 공정상 오염물질이 항상 배출허용기준 이하로 배출되는 경우
2. 폐수처리업의 등록을 한 자 또는 환경부장관이 인정·고시하는 관계전문기관에 환경부령이 정하는 폐수를 전량 위탁 처리하는 경우
3. 폐수를 전량 재이용하는 등 방지시설을 설치하지 아니하고도 수질오염물질을 적정하게 처리할 수 있는 경우로서 환경부령으로 정하는 경우

참고 법 제35조 참조

94. 수질오염경보 중 수질오염감시경보 단계가 '관심'인 경우 한국환경공단이사장의 조치사항으로 옳은 것은?

① 수체변화 감시 및 원인 조사
② 지속적 모니터링을 통한 감시
③ 관심경보 발령 및 관계기관 통보
④ 원인조사 및 오염물질 추적조사 지원

참고 법 제21조 시행령 별표 4 참조

95. 사업장에서 1일 폐수배출량이 150m^3 발생하고 있을 때 사업장의 규모별 구분으로 맞는 것은?

① 2종 사업장　② 3종 사업장
③ 4종 사업장　④ 5종 사업장

참고 법 제41조 시행령 별표 13 참조

96. 위탁처리대상 폐수를 환경부령으로 정하고 있다. 폐수배출시설의 설치를 제한할 수 있는 지역에서 위탁 처리할 수 있는 1일 폐수의 양은?

① 1m^3 미만　② 5m^3 미만
③ 20m^3 미만　④ 50m^3 미만

해설 환경부령이 정하는 위탁처리대상 폐수

1. 1일 50세제곱미터 미만(배출시설의 설치를 제한할 수 있는 지역의 경우에는 20세제곱미터 미만)으로 배출되는 폐수. 다만, 아파트형공장에서 고정된 관망을 이용하여 이송 처리하는 경우에는 폐수량의 제한을 받지 아니한다.
2. 사업장 내 배출시설에서 배출되는 폐수 중 다른 폐수와 그 성상이 달라 방지시설에 유입될 경우 그 적정한 처리가 어려운 폐수로서 1일 50세제곱미터 미만(배출시설의 설치를 제한할 수 있는 지역의 경우에는 20세제곱미터 미만)으로 배출되는 폐수
3. 지정된 폐기물배출해역에 배출할 수 있는 폐수
4. 방지시설의 개선 또는 보수 등과 관련하여 배출되는 폐수로서 시·도지사와 사전 협의된 기간 동안만 배출되는 폐수
5. 그 밖에 환경부장관이 위탁처리 대상으로 하는 것이 적합하다고 인정하는 폐수

참고 법 제35조 참조

97. 정당한 사유 없이 공공수역에 다량의 토사를 유출하거나 버려 상수원 또는 하천, 호소를 현저히 오염되게 하는 행위를 한 자에게 부과되는 과태료는?

2016

정답 93. ② 94. ② 95. ③ 96. ③ 97. ④

① 100만원 이하의 과태료를 부과
② 300만원 이하의 과태료를 부과
③ 500만원 이하의 과태료를 부과
④ 1000만원 이하의 과태료를 부과

해설 2016년 1월 27일 개정되어 2017년 1월 28일부터 시행되는 내용이다.

환경부령으로 정하는 기준 이상의 토사를 유출하거나 버리는 행위를 한 자는 1년 이하의 징역 또는 1천만원 이하의 벌금형에서 2017년 1월 28일부터 1000만원 이하의 과태료로 시행된다.

참고 법 제78조, 82조 참조

98. 폐수무방류배출시설의 운영일지의 보존기간은?

① 최종 기록일부터 6월
② 최종 기록일부터 1년
③ 최종 기록일부터 3년
④ 최종 기록일부터 5년

해설 사업자 또는 방지시설을 운영하는 자, 공동방지시설의 대표자 또는 측정기기를 부착한 사업자는 측정기기·배출시설 및 방지시설에 대하여 측정기기 또는 시설의 가동시간, 폐수배출량, 약품 투입량, 시설관리 및 운영자 기타 측정기기 또는 시설운영에 관한 중요사항을 매일 기록한 운영일지(이하 "운영일지"라 한다)를 최종기재를 한 날부터 1년간 보존하여야 한다. 다만, 폐수무방류배출시설의 운영일지는 3년간 보존하여야 한다.

참고 법 제38조 ③항 참조

99. 비점오염원관리지역의 지정기준으로 옳은 것은?

① 인구 5만명 이상인 도시로서 비점오염원관리가 필요한 지역
② 인구 10만명 이상인 도시로서 비점오염원관리가 필요한 지역
③ 인구 50만명 이상인 도시로서 비점오염원관리가 필요한 지역
④ 인구 100만명 이상인 도시로서 비점오염원관리가 필요한 지역

참고 법 제54조 ④항 참조

100. 특정수질 유해물질로 분류되어 있지 않은 것은?

① 1,4-다이옥산 ② 아세트알데히드
③ 아크릴아미드 ④ 브로모포름

참고 법 제2조 시행규칙 별표 3 참조

정답 98. ③ 99. ④ 100. ②

2016년 8월 21일 시행

자격종목 및 등급(선택분야)	종목코드	시험시간	문제지형별	수검번호	성 명
수질환경기사	2572	2시간	B		

제1과목 수질오염개론

1. 150kL/d의 분뇨를 포기하여 BOD의 20%를 제거하였다. BOD 1kg을 제거하는 데 필요한 공기공급량이 $60m^3$이라 했을 때 시간당 공기공급량(m^3)은? (단, 연속포기, 분뇨의 BOD는 20000mg/L임)

① 100 ② 500
③ 1000 ④ 1500

해설 $공기공급량 = \frac{60m^3}{kg BOD 제거} \times (20000 \times 150 \times 10^{-3} \times 0.2)kg/d \times \frac{d}{24h} = 1500m^3/h$

2. 물의 물리적 특성과 이와 관련된 용어의 설명으로 틀린 것은?

① 물의 비중은 4℃에서 1.0이다.
② 점성계수란 전단응력에 대한 유체의 거리에 대한 속도 변화율에 대한 비를 말한다.
③ 표면장력은 액체표면의 분자가 액체 내부로 끌리는 힘에 기인된다.
④ 동점성계수는 밀도를 점성계수로 나눈 것을 말한다.

해설 동점성계수는 점성계수를 밀도로 나눈 것을 말한다.

3. Streeter-Phelps 식의 기본가정이 틀린 것은?

① 오염원은 점오염원
② 하상퇴적물의 유기물분해를 고려하지 않음
③ 조류의 광합성은 무시, 유기물의 분해는 1차 반응
④ 하천의 흐름 방향 분산을 고려

해설 하천의 흐름 방향 분산을 무시

참고 Streeter-Phelps 식의 기본가정
1. 오염원은 점오염원이다.
2. 유기물의 분해는 1차 반응에 따른다고 가정하였다(정상상태).
3. 하상퇴적층의 유기물의 분해는 고려하지 않는다.
4. 수생식물의 광합성은 고려하지 않는다.
5. plug flow(1차원 흐름)
6. 확산계수 무시(유속에 의한 물질의 이동이 큼)

4. 산성강우에 대한 설명으로 틀린 것은?

① 주요 원인물질은 유황산화물, 질소산화물, 염산을 들 수 있다.
② 대기오염이 혹심한 지역에 국한되는 현상으로 비교적 정확한 예보가 가능하다.
③ 초목의 잎과 토양으로부터 Ca^{++}, Mg^{++}, K^+ 등의 용출 속도를 증가시킨다.
④ 보통 대기 중 탄산가스와 평형상태에 있는 물은 약 pH 5.6의 산성을 띠고 있다.

해설 대기오염이 혹심한 지역에 국한되지 않는 현상으로 비교적 정확한 예보가 불가능하다.

참고 산성 mist 또는 aerosol이 기류를 타고 이동하기 때문에 대기오염현상이 심한 지역에 국한되는 것이 아니고 멀리 떨어진 지역까지도 발생하게 된다.

정답 1. ④ 2. ④ 3. ④ 4. ②

5. 부조화형 호수가 아닌 것은?

① 부식영양형 호수
② 부영양형 호수
③ 알칼리영양형 호수
④ 산영양형 호수

해설 부영양형 호수는 조화형 호수에 해당한다.

참고 수질생태학적으로 특정한 영양염류가 결핍되지 않고 생물이 살기에 적합하도록 조화를 이루고 있는 호수를 조화형 호수(빈, 부영양호)와 부식영양호, 산영양호, 철영양호, 알칼리영양호와 같이 특정한 영양염류에 의해 특이한 수질을 갖는 비조화형 호수로 분류한다.

6. 섬유상 유황박테리아로 에너지원으로 황화수소를 이용하며 균체에 황입자를 축적하는 것은?

① sphaerotilus ② zoogloea
③ cyanophyia ④ beggiatoa

해설 유황세균(thiobacillus, beggiatoa) : 유황을 황산으로 산화하여 에너지를 획득한다.

7. 호소의 영양상태를 평가하기 위한 Carlson 지수를 산정하기 위해 요구되는 인자가 아닌 것은?

① chlorophyll-a ② SS
③ 투명도 ④ T-P

해설 TSI를 이용하여 투명도, chlorophyll-a 농도, T-P농도의 어느 것이든지 구할 수 있다.

8. 유량 400000m^3/d의 하천에 인구 20만명의 도시로부터 30000m^3/d의 하수가 유입되고 있다. 하수 유입 전 하천의 BOD는 0.5mg/L이고, 유입 후 하천의 BOD를 2mg/L로 하기 위해서 하수처리장을 건설하려고 한다면 이 처리장의 BOD 제거효율(%)은? (단, 인구 1인당 BOD 배출량 20g/d)

① 약 84 ② 약 87
③ 약 90 ④ 약 93

해설 $2 = \dfrac{400000 \times 0.5 + 20 \times 200000 \times (1-x)}{400000 + 30000}$

$\therefore x = 0.835 = 83.5\%$

참고 1. $C_m = \dfrac{Q_1 C_1 + Q_2 C_2 \times (1-\zeta)}{Q_1 + Q_2}$

2. 양=농도×유량=인구당량×인구수

3. $C_m = \dfrac{Q_1 C_1 + \text{인구당량} \times \text{인구수} \times (1-\zeta)}{Q_1 + Q_2}$

9. glycine[$CH_2(NH_2)COOH$] 7몰을 분해하는 데 필요한 이론적 산소요구량(g O_2)은? (단, 최종산물은 HNO_3, CO_2, H_2O임)

① 724 ② 742
③ 768 ④ 784

해설 ㉠ glycine[$CH_2(NH_2)COOH$]의 산화반응식을 이용한다.

$C_2H_5O_2N + 7/2O_2 \rightarrow 2CO_2 + 2H_2O + HNO_3$

㉡ 이론적 산소요구량$= 7\text{mol} \times \dfrac{7/2 \times 32\text{g}}{\text{mol}}$

$= 784\text{g}$

10. 해수의 특성에 대한 설명으로 옳은 것은?

① 염분은 적도해역과 극해역이 다소 높다.
② 해수의 주요성분 농도비는 수온, 염분의 함수로 수심이 깊어질수록 증가한다.
③ 해수의 Na/Ca비는 3~4 정도로 담수보다 매우 높다.
④ 해수 내 전체 질소 중 35% 정도는 암모니아성 질소, 유기질소의 형태이다.

해설 ① 위도에 따른 염분(salinity) 분포도는 증발량이 강우량보다 많은 북위 25°나 남위 25°의 무역풍대에서 염분이 가장 높고, 다음으로 강우량이 많은 적도지역

정답 5. ② 6. ④ 7. ② 8. ① 9. ④ 10. ④

이며, 극지방에서는 얼음이 녹고 증발량이 적어 가장 낮은 염분을 나타낸다.
② 해수에 녹아 있는 염류의 농도는 해역이나 깊이에 따라 다소 차이가 있으나 그 주요성분의 조성비는 일정한 특성을 갖고 있다.
③ 해수의 Mg/Ca비는 3~4 정도로 담수보다 매우 높다.

참고 해수 내에서는 아질산성 질소와 질산성 질소가 전체 질소의 약 65%이며 나머지는 암모니아성 질소와 유기질소의 형태이다.

11. 미생물에 의한 영양대사과정 중 에너지 생성반응으로서 기질이 세포에 의해 이용되고, 복잡한 물질에서 간단한 물질로 분해되는 과정(작용)은?

① 이화 ② 동화
③ 동기화 ④ 환원

12. 이상적인 완전혼합 흐름상태를 나타내는 반응조 혼합정도의 표시로 틀린 것은?

① 분산이 1일 때
② 지체시간이 0일 때
③ Morrill 지수가 1에 가까울수록
④ 분산수가 무한대일 때

해설 Morrill 지수 값이 클수록 이상적인 완전혼합 흐름상태이다.

참고 반응조 혼합정도의 표시

구분	이상적 완전혼합	이상적 plug flow
분산(variance)	1	0
Morrill 지수	값이 클수록	1
분산수(dispersion number)	∞ (무한대)	0
지체시간	0	이론적 체류시간과 동일

13. 분뇨에 관한 설명으로 가장 거리가 먼 것은?

① 분뇨의 영양물질은 NH_4HCO_3 및 $(NH_4)_2CO_3$ 형태로 존재하며 소화조 내의 알칼리도 유지 및 pH 강하를 막아 주는 완충역할을 담당한다.
② 분과 뇨의 구성비는 약 1 : 8~10 정도이며 고액 분리가 어렵다.
③ 뇨의 경우 질소화합물은 전체 VS의 10~20% 정도 함유하고 있다.
④ 분뇨의 비중은 1.02 정도이고, 점도는 비점도로서 1.2~2.2 정도이다.

해설 뇨의 경우 질소화합물은 전체 VS의 80~90% 정도 함유하고 있다.

14. 확산의 기본법칙인 Fick's 제1법칙을 가장 알맞게 설명한 것은? (단, 확산에 의해 어떤 면적요소를 통과하는 물질의 이동속도 기준)

① 이동속도는 확산물질의 조성비에 비례한다.
② 이동속도는 확산물질의 농도경사에 비례한다.
③ 이동속도는 확산물질의 분자확산계수와 반비례한다.
④ 이동속도는 확산물질의 유입과 유출의 차이만큼 축적된다.

해설 Fick의 확산 제1법칙

$$\frac{dM}{dt} = -D \cdot A \cdot \frac{dC}{dL}$$

여기서,

$\frac{dM}{dt}$: 산소전달속도(g/s)

D : 확산계수(m^2/s)

A : 기상과 액상 사이의 접촉면적(m^2)

$\frac{dC}{dL}$: 액막 거리에 따른 산소농도 구배(g/m^4)

2016

정답 11. ① 12. ③ 13. ③ 14. ②

15. 카드뮴에 대한 내용으로 틀린 것은?

① 카드뮴은 흰 은색이며 아연 정련업, 도금공업 등에서 배출된다.
② 골연화증이 유발된다.
③ 만성폭로로 인한 흔한 증상은 단백뇨이다.
④ 윌슨씨병 증후군과 소인증이 유발된다.

해설 윌슨씨병은 구리, 소인증은 아연과 관계가 있다.

16. 생물학적 질화 중 아질산화에 관한 설명으로 틀린 것은?

① Nitrobacter에 의해 수행된다.
② 수율은 0.04~0.13mg VSS/mg NH_4^+–N 정도이다.
③ 관련 미생물은 독립영양성 세균이다.
④ 산소가 필요하다.

해설 아질산화는 Nitrosomonas에 의해 수행된다.

17. 평균수온이 5℃인 저수지의 수심이 10m이고 수면적이 0.1km²이었다. 이 저수지의 수온차가 10℃라 할 때 정상상태에서의 열전달속도(kcal/h)는? (단, 5℃에서의 열전도도 K_r=5.8kcal/[(h·m²)(℃/m)])

① 2.9×10^5
② 5.8×10^5
③ 2.9×10^6
④ 5.8×10^6

해설 $\text{열전달속도} = \dfrac{5.8\times0.1\times10^6\times10}{10} = 5.8\times10^5\,\text{kcal/h}$

참고 $1\text{km}^2 = 10^6\text{m}^2$

18. 공중 위생상 중요한 물질인 스트론튬(Sr^{90})은 29년의 반감기를 가지고 있다. 주어진 양의 스트론튬을 90% 감소시키기 위한 저장기간(년)은? (단, 1차 반응, 자연대수 기준)

① 약 37　　② 약 67
③ 약 97　　④ 약 113

해설 ㉠ $K = \dfrac{\ln(50/100)}{-29\text{y}} = 0.0239\text{y}^{-1}$

㉡ $t = \dfrac{\ln(10/100)}{-0.0239} = 96.34$년

19. 용존산소농도를 6mg/L로 유지하기 위하여 산소섭취속도가 40mg/L·h인 포기기를 설치하였다. 이때 K_{La}값(총괄산소전달계수, h^{-1})은 얼마인가? (단, 20℃에서 용존산소 포화농도 9.07mg/L)

① 9.0　　② 10.5
③ 12.3　　④ 13.0

해설 ㉠ 정상법으로 K_{La}를 구한다.

$$\frac{dC}{dt} = K_{La}\times(C_s - C_t) - R_r$$

㉡ 정상상태에서 $dC/dt=0$이므로

$$K_{La} = \frac{R_r}{(C_s - C_t)} = \frac{40\text{mg/L}\cdot\text{h}}{(9.07-6)\text{mg/L}} = 13.03\text{h}^{-1}$$

20. 진핵세포에 관한 설명으로 틀린 것은?

① 핵막이 있다.
② 분리분열을 한다.
③ 세포소기관으로 미토콘드리아, 엽록체, 액포 등이 존재한다.
④ 리보솜은 80S(예외 : 미토콘드리아와 엽록체는 70S)이다.

해설 진핵세포는 유사분열을 한다.

정답　15. ④　16. ①　17. ②　18. ③　19. ④　20. ②

제2과목 상하수도계획

21. 상향류식 경사판 침전지에 대한 설명으로 틀린 것은?

① 표면부하율은 4~9mm/min으로 한다.
② 경사각은 55~60°로 한다.
③ 침강장치는 1단으로 한다.
④ 침전지 내의 평균 상승유속은 250 mm/min 이하로 한다.

해설 표면부하율은 12~18mm/min으로 한다.

참고 횡류식 경사판 침전지는 다음 각 호를 표준으로 한다.

1. 표면부하율은 4~9mm/min로 한다.
2. 경사판의 경사각은 60°로 한다.
3. 침전지 내의 평균유속은 0.6m/min 이하로 하고, 경사판 내의 체류시간은 경사판의 간격 100mm인 경우에 20~40분으로 한다.
4. 장치의 하단과 바닥과의 간격은 1.5m 이상으로 한다.
5. 장치와 침전지의 유입부벽 및 유출부벽과의 간격은 1.5m 이상으로 한다.

22. 정수시설 중 플록형성지에 관한 설명으로 틀린 것은?

① 기계식교반에서 플록큐레이터(flocculator)의 주변속도는 5~10cm/s를 표준으로 한다.
② 플록형성시간은 계획정수량에 대하여 20~40분간을 표준으로 한다.
③ 직사각형이 표준이다.
④ 혼화지와 침전지 사이에 위치하고 침전지에 붙여서 설치한다.

해설 기계식교반에서 플록큐레이터(flocculator)의 주변속도는 15~80cm/s를 표준으로 한다.

참고 우류식 교반에서는 평균 유속을 15~30cm/s를 표준으로 한다.

23. 복류수를 취수하는 집수매거의 유출단에서 매거 내의 평균유속 기준은?

① 0.3m/s 이하 ② 0.5m/s 이하
③ 0.8m/s 이하 ④ 1.0m/s 이하

해설 집수매거는 수평 또는 흐름방향으로 1/500 이하의 완경사로 하고 집수매거의 유출단에서 매거 내의 평균유속은 1m/s 이하로 한다.

24. 펌프의 비교회전도에 관한 설명으로 옳은 것은?

① 비교회전도가 크게 될수록 흡입성능이 나쁘고 공동현상이 발생하기 쉽다.
② 비교회전도가 크게 될수록 흡입성능은 나쁘나 공동현상이 발생하기 어렵다.
③ 비교회전도가 크게 될수록 흡입성능이 좋고 공동현상이 발생하기 어렵다.
④ 비교회전도가 크게 될수록 흡입성능은 좋으나 공동현상이 발생하기 쉽다.

해설 비회전도가 클수록 수량이 많고 양정이 낮은 축류펌프로 흡입성능이 나쁘고 공동현상이 발생하기 쉽다.

참고 $N_s = N \dfrac{Q^{1/2}}{H^{3/4}}$

여기서, N_s : 비교회전도
N : 펌프의 회전수(rpm)
Q : 최고 효율점의 양수량(m^3/min) (양흡입형의 경우 1/2로 한다.)
H : 최고 효율점의 전양정(m) (다단 펌프의 경우 1단에 해당하는 양정)

25. 상수도관으로 사용되는 관종 중 스테인리스강관에 관한 특징으로 틀린 것은?

① 강인성이 뛰어나고 충격에 강하다.
② 용접접속에 시간이 걸린다.
③ 라이닝이나 도장을 필요로 하지 않는다.
④ 이종금속과의 절연처리가 필요 없다.

정답 21. ① 22. ① 23. ④ 24. ① 25. ④

해설 이종금속과의 절연처리가 필요하다.

26. 하수관거에 관한 내용으로 틀린 것은?

① 도관은 내산 및 내알칼리성이 뛰어나고 마모에 강하며 이형관을 제조하기 쉽다.
② 폴리에틸렌관은 가볍고 취급이 용이하여 시공성은 좋으나 산, 알칼리에 약한 단점이 있다.
③ 덕타일주철관은 내압성 및 내식성이 우수하다.
④ 파형강관은 용융아연도금된 강판을 스파이럴형으로 제작한 강관이다.

해설 폴리에틸렌관은 가볍고 취급이 용이하여 시공성이 좋으며 산, 알칼리에 강한 장점이 있다.

27. 유역면적이 $2km^2$인 지역에서의 우수유출량을 산정하기 위하여 합리식을 사용하였다. 다음과 같은 조건일 때 관거 길이 1000m인 하수관의 우수유출량(m^3/s)은? (단, 강우강도 $I[mm/h] = \frac{3660}{t+30}$, 유입시간 6분, 유출계수 0.7, 관내의 평균 유속 1.5m/s]

① 약 25　　② 약 30
③ 약 35　　④ 약 40

해설 $\frac{1}{360} \times 0.7 \times \frac{3660}{(6+\frac{1000}{1.5\times60})+30} \times 200$

$= 30.21m^3/s$

참고 $Q = \frac{1}{360}CIA$, 유달시간=유입시간+유하시간$(=\frac{L}{V})$, $km^2 = 100ha$

28. 폭 4m, 높이 3m인 개수로의 수심이 2m이고 경사가 4‰일 경우 Manning 공식에 의한 유속(m/s)은 약 얼마인가? (단, $n=0.014$)

① 1.13　　② 2.26
③ 4.52　　④ 9.04

해설 ㉠ $R = \frac{A}{S} = \frac{B\times h}{2h+B}$

$= \frac{4\times2}{2\times2+4} = 1m$

㉡ $V = \frac{1}{0.014} \times 1^{2/3} \times \left(\frac{4}{1000}\right)^{1/2}$

$= 4.52m/s$

참고 Manning 공식

$V = \frac{1}{n}R^{2/3}I^{1/2}$

29. 상수시설인 도수관을 설계할 때의 평균유속에 관한 설명으로 ( )에 옳은 것은?

자연유하식의 경우에는 허용최대한도를 (㉮)로 하고 도수관의 평균유속의 최소한도는 (㉯)로 한다.

① ㉮ 3.0m/s, ㉯ 0.3m/s
② ㉮ 3.0m/s, ㉯ 1.0m/s
③ ㉮ 5.0m/s, ㉯ 0.3m/s
④ ㉮ 5.0m/s, ㉯ 1.0m/s

30. 활성슬러지법에서 사용하는 수중형 포기기에 관한 설명으로 틀린 것은?

① 저속터빈과 압력튜브 혹은 보통관을 통한 압축공기를 주입하는 형식이다.
② 혼합정도가 좋으며 결빙문제나 유체가 튀지 않는다.
③ 깊은 반응조에 적용하며 운전에 융통성이 있다.
④ 송풍조의 규모를 줄일 수 있어 전기료가 적게 소요된다.

해설 기아감속기와 송풍조가 소요되어 전기료가 많이 든다.

정답　26. ②　27. ②　28. ③　29. ①　30. ④

31. 관경 1100mm, 동수경사 2.4‰, 유속 1.63m/s, 연장 L=30.6m일 때 역사이펀의 손실수두(m)는 약 얼마인가? (단, 손실수두에 관한 여유 α=0.042m)

① 0.42 ② 0.32
③ 0.25 ④ 0.16

해설 $H=\frac{2.4}{1000}\times 30.6+1.5\times\frac{1.63^2}{2\times 9.8}+0.042$
$=0.32\text{m}$

참고 역사이펀에서의 손실수두

$$H=I\cdot L+1.5\cdot\frac{V^2}{2g}+\alpha$$

여기서, H : 역사이펀관에서의 손실수두(m)
I : 동수경사
L : 역사이펀 관거의 길이(m)
V : 역사이펀 관거 내의 유속(m/s)
g : 중력가속도(9.8m/s^2)
α : 여유량(30~50mm)

32. 펌프 회전차나 동체 속에 흐르는 압력이 국소적으로 저하하여 그 액체의 포화 증기압 이하로 떨어져 발생하는 펌프 운전 시의 비정상 현상은?

① 캐비테이션 ② 서징
③ 수격작용 ④ 맥놀이 현상

해설 공동현상은 펌프의 임펠러 입구에서 특정 요인에 의해 물이 증발하거나 흡입관으로부터 공기가 혼입되어 공동이 발생하는 현상으로 캐비테이션(cavitation)이라고도 한다.

33. 상수시설인 착수정의 체류시간, 수심 기준으로 옳은 것은?

① 체류시간 : 1.5분 이상, 수심 : 2~3m 정도
② 체류시간 : 1.5분 이상, 수심 : 3~5m 정도
③ 체류시간 : 3.0분 이상, 수심 : 2~3m 정도
④ 체류시간 : 3.0분 이상, 수심 : 3~5m 정도

해설 착수정의 용량은 체류시간을 1.5분 이상으로 하고 수심은 3~5m 정도로 한다.

34. 취수시설 중 취수탑에 관한 설명으로 틀린 것은?

① 연간을 통하여 최소 수심이 2m 이상으로 하천에 설치하는 경우에는 유심이 제방에 되도록 근접한 지점으로 한다.
② 취수탑의 횡단면은 환상으로서 원형 또는 타원형으로 한다.
③ 취수탑의 상단 및 관리교의 하단은 하천, 호소 및 댐의 계획최고수위보다 높게 한다.
④ 취수탑을 하천에 설치하는 경우에는 장축방향을 흐름 방향과 직각이 되도록 설치한다.

해설 취수탑을 하천에 설치하는 경우에는 장축방향을 흐름 방향과 일치되도록 설치한다.

35. 상수도 취수 시 계획취수량의 기준은?

① 계획 1일 최대급수량의 10% 정도 증가된 수량으로 정함
② 계획 1일 평균급수량의 10% 정도 증가된 수량으로 정함
③ 계획 1시간 최대급수량의 10% 정도 증가된 수량으로 정함
④ 계획 1시간 평균급수량의 10% 정도 증가된 수량으로 정함

해설 계획취수량은 계획 1일 최대급수량을 기준으로 하며 취수에서부터 정수 처리할 때까지의 손실수량을 고려하여 계획 1일 최대급수량의 10% 정도 증가된 수량으로 정한다.

2016

정답 31. ② 32. ① 33. ② 34. ④ 35. ①

36. 하수도계획 목표연도는 몇 년을 원칙으로 하는가?

① 10년 ② 20년
③ 30년 ④ 40년

37. 하수처리시설의 이차침전지에 대한 설명으로 틀린 것은?

① 유효수심은 2.5~4m를 표준으로 한다.
② 이차침전지의 고형물부하율은 40~125kg/m^2·d로 한다.
③ 침전시간은 계획 1일 최대오수량에 따라 정하며 일반적으로 6~8시간으로 한다.
④ 침전지 수면의 여유고는 40~60cm 정도로 한다.

해설 침전시간은 계획 1일 최대오수량에 따라 정하며 일반적으로 3~5시간으로 한다.

38. 수격작용(water hammer)을 방지 또는 줄이는 방법이라 할 수 없는 것은?

① 펌프에 fly wheel을 붙여 펌프의 관성을 증가시킨다.
② 흡입 측 관로에 압력조절수조(surge tank)를 설치하여 부압을 유지시킨다.
③ 펌프 토출구 부근에 공기탱크를 두거나 부압 발생지점에 흡기밸브를 설치하여 압력강하 시 공기를 넣어 준다.
④ 관내유속을 낮추거나 관거상황을 변경한다.

해설 토출 측 관로에 압력조절수조(surge tank)를 설치해서 부압 발생장소에 물을 보급하여 부압을 방지함과 아울러 압력상승도 흡수한다. 압력조절수조는 건설비는 커지지만 안전하고 확실한 방법이다.

39. 배수관로상에 유리관을 세웠을 때 다음 그림과 같은 상태였다. 이때 배수관 내의 유속(m/s)은? (단, 수면의 차이는 10cm)

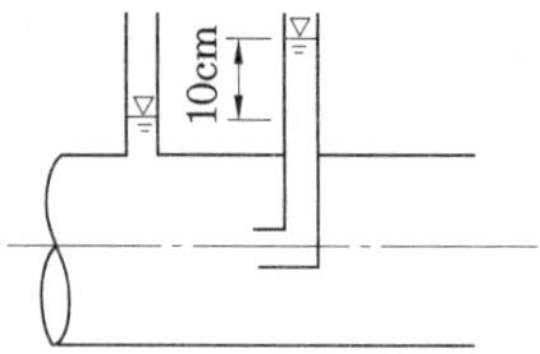

① 1.0 ② 1.4
③ 1.8 ④ 2.2

해설 $V=\sqrt{2\times 9.8\times 0.1}=1.4\text{m/s}$

참고 $V=\sqrt{2gh}$

40. 내경 500mm의 강관 내압 1.0MPa로 물이 흐르고 있다. 매설 강관의 최소 두께(mm)는 약 얼마인가? (단, 내압에 의한 원주방향의 응력도 110N/mm^2)

① 2.27 ② 4.52
③ 6.54 ④ 9.08

해설 $t=\dfrac{1\times 500}{2\times 110}=2.27\text{mm}$

참고 관두께

$t=\dfrac{PD}{2\sigma}$, $\text{MPa}=\text{N/mm}^2$

제3과목 수질오염방지기술

41. 폐수의 화학적 성분 중 무기물이 아닌 것은?

① 염화물 ② 카드뮴
③ 질산성 질소 ④ 계면활성제

해설 계면활성제의 소수성 부분은 탄소 원자가 여러 개 연결된 구조이며 비극성이다.

42. 브롬화염소 살균에 관한 설명으로 틀린 것은?

① 브롬화염소는 기화속도가 낮기 때문에

정답 36. ② 37. ③ 38. ② 39. ② 40. ① 41. ④ 42. ②

염소보다 덜 유해하다.

② 부식성이 높아 염소와 관련된 배관이나 용기에 철제를 쓸 수 없다.

③ 하수의 살균제로 쓰일 때 브롬화염소는 액화기체로서 주입된다.

④ 브롬화염소 잔류량은 접촉조 안에서 빨리 감소하므로 주입지점에서 하수와 잘 섞어 줄 필요가 있다.

해설 부식성이 낮아 염소와 관련된 배관이나 용기에 철제를 쓸 수 있다.

참고 브롬도 철과 반응하여 $FeBr_3$가 생성되나 일단 가열된 브롬 기체와 아주 뜨겁게 가열된 철이어야 반응이 일어난다.

43. 도금폐수 중 시안함유폐수의 처리에 관한 설명으로 틀린 것은?

① pH 3 이하의 산성으로 하여 공기를 격렬하게 주입시켜 HCN 가스를 대기 중에 발산시켜 제거한다.

② 시안착화합물로 변화시키는 방법은 크롬폐수와 혼합되어 있을 때의 처리에 적합하다.

③ 알칼리성으로 하여 염소화하는 방법이 가장 일반적이다.

④ 신택침선법은 여러 가지 폐수가 혼재되어 있을 때 적용하며 슬러지 발생량이 적은 장점이 있다.

해설 선택침전법은 시안을 함유하지 않는 도금폐수의 처리법으로 적당하다. 특히 6가크롬은 3가크롬으로 환원하여 수산화크롬으로 침전시키는 것이 가장 좋은 방법이다.

44. 생물화학적 인 및 질소 제거 공법 중 인 제거만을 주목적으로 개발된 공법은?

① Phostrip ② A^2/O
③ UCT ④ Bardenpho

해설 Phostrip공정은 측류(side stream)공정의 대표적인 공법으로 인의 제거만을 목적으로 개발되었다.

45. MLSS 농도 3000mg/L, F/M비가 0.4인 포기조에 BOD 350mg/L의 폐수가 3000m^3/d로 유입되고 있다. 포기조 체류시간(h)은?

① 5 ② 7
③ 9 ④ 11

해설 $\dfrac{0.4}{24} = \dfrac{350}{3000 \times x}$ $\therefore x = 7\text{h}$

참고 $\text{F/M비} = \dfrac{S_0 \times Q}{X \times V} = \dfrac{S_0}{X \times t}$

46. 입자형상계수가 0.75이고 평균입경이 1.7mm인 안트라사이트가 600mm로 구성된 여층에서 물이 180L/m^2·min의 속도로 흐를 때 Reynolds 수는? (단, 동점성계수는 1.003×10^{-6}m^2/s)

① 약 2.81 ② 약 3.81
③ 약 4.81 ④ 약 5.81

해설 $Re = \dfrac{\dfrac{0.18\text{m}^3}{\text{m}^2 \cdot \text{min}} \times \dfrac{\text{min}}{60\text{s}} \times 1.7 \times 10^{-3}\text{m} \times 0.75}{1.003 \times 10^{-6}\text{m}^2/\text{s}}$

$Re = 3.81$

참고 1. $Re = \dfrac{\rho V d}{\mu} = \dfrac{Vd}{\nu}$

2. 여기서 d는 구의 지름이며 구형 이외의 입자에 적용할 때 입자형상계수를 적용한다.

47. 수질성분이 금속도관의 부식에 미치는 영향으로 틀린 것은?

① 암모니아는 착화물의 형성을 통해 구리, 납 등의 금속 용해속도를 증가시킬 수 있다.

② 칼슘은 $CaCO_3$로 침전하여 부식을 보호하고 부식속도를 감소시킨다.

정답 43. ④ 44. ① 45. ② 46. ② 47. ③

③ 마그네슘은 갈바닉 전지를 이룬 배관상에 구멍을 야기한다.
④ pH가 높으면 관을 보호하고 부식속도를 감소시킨다.

해설 구리는 갈바닉 전지를 이룬 배관상에 구멍을 야기한다.

48. 용수 응집시설의 급속 혼합조를 설계하고자 한다. 혼합조의 설계유량은 18480m³/d이며 정방형으로 하고 깊이는 폭의 1.25배로 한다면 교반을 위한 필요 동력(kW)은? (단, μ = 0.00131N·s/m², 속도 구배=900s⁻¹, 체류시간 30초)

① 약 4.3 ② 약 5.6
③ 약 6.8 ④ 약 7.3

해설 $900 = \sqrt{\dfrac{P}{0.00131 \times \dfrac{18480}{86400} \times 30}}$

$\therefore P = 6808.73\text{watt} = 6.8\text{kW}$

참고 $G = \sqrt{\dfrac{P}{\mu V}}$, $V = Q \times t$

49. 혐기성 소화조 운전 중 이상발포가 발생되었을 때의 대책이 아닌 것은?

① 슬러지의 유입을 줄이고 배출을 일시 중지한다.
② 소화온도를 높인다.
③ 조내 교반을 중지한다.
④ 스컴을 파쇄·제거한다.

해설 조내 교반을 충분히 한다.

참고 혐기성 소화조 운전 중 이상발포는 1단계조의 교반 부족으로 발생한다.

50. 3000명의 주민이 살고 있는 도시의 우유제조 공장에서 하루 평균 80m³씩의 폐수가 배출되고 있다. 폐수의 BOD가 1000mg/L이며 인구 1인당 하루 70g의 BOD를 배출할 때 필요한 안정화지의 면적(m²)은? (단, 안정화지 설계 BOD부하량 2.5g/m²·d)

① 12500 ② 65500
③ 116000 ④ 148000

해설 $2.5 = \dfrac{70 \times 3000 + 1000 \times 80}{x}$

$\therefore x = 116000$

참고 $\text{BOD 부하} = \dfrac{\text{BOD량}}{A}$

51. 역삼투장치로 하루에 600000L의 3차 처리된 유출수를 탈염하고자 한다. 다음과 같을 때 요구되는 막 면적(m²)은?

- 25℃에서 물질전달계수 =0.2068L/(d·m²)(kPa)
- 유입수와 유출수의 압력차=2400kPa
- 유입수와 유출수의 삼투압차=310kPa
- 최저운전온도=10℃, $A_{10℃} = 1.3A_{25℃}$

① 약 1200 ② 약 1400
③ 약 1600 ④ 약 1800

해설 $A = \dfrac{600000 \times 1.3}{0.2068 \times (2400 - 310)}$

$= 1804.67\text{m}^2$

52. 폐수 유량이 2000m³/d, 부유 고형물의 농도가 200mg/L이다. 설계온도 20℃, 이때의 공기용해도는 18.7mL/L, 흡수비 0.5, 표면부하율이 120m³/m²·d, 운전압력이 3기압이라면 반송비와 부상조의 필요한 표면적(m²)은 약 얼마인가? (단, A/S비 0.05, 반송이 있는 공기 부상조 기준)

① 0.82, 25 ② 0.82, 30
③ 0.87, 25 ④ 0.87, 30

정답 48. ③ 49. ③ 50. ③ 51. ④ 52. ②

해설 ㉠ 0.05

$= \frac{1.3 \times 18.7 \times (0.5 \times 3 - 1)}{200} \times R$

$\therefore R = 0.82$

㉡ $120 = \frac{2000 + 2000 \times 0.82}{A}$

$\therefore A = 30.33\text{m}^2$

참고 1. $A/S\text{비} = \frac{1.3Sa \times (fP - 1)}{\text{유입}SS\text{농도}} \times R$

2. $\text{수면적부하} = \frac{Q + Q \times R}{A}$

53. 슬러지 발생량이 3000kg/d인 소화조가 있다. 슬러지는 70%의 휘발성물질을 포함하고 있으며 이 중 60%가 분해된다. 슬러지 1kg이 분해될 때 50%의 메탄이 함유된 0.874 m^3/kg의 소화가스가 발생한다. 소화조 보온에 필요한 에너지는 530000kJ/h이다. 발생된 에너지의 몇 %가 실질적으로 소화조의 가온에 사용되었는가? (단, 메탄의 열량은 35850kJ/m^3, 가온장치 열효율은 70%, 24시간 연속 가온 기준)

① 65% ② 74%
③ 81% ④ 92%

해설 ㉠ $35,850\text{kJ/m}^3 \times \frac{0.5\text{m}^3}{1\text{m}^3} \times 0.874\text{m}^3/\text{kg}$

$\times 3,000\text{kg/d} \times 0.7 \times 0.6 \times \text{d}/24\text{h}$

$= 823429.6884\text{kJ/h}$

㉡ 에너지 사용률(%)

$= \frac{530,000/0.7}{823429.688} \times 100 = 91.95\%$

54. 300m^3/d의 폐수를 배출하는 도금공장이 있다. 이 폐수 중에는 CN^-이 150mg/L 함유되어 다음 반응식을 이용하여 처리하고자 할 때 NaClO의 양(kg/d)은 약 얼마인가?

$2NaCN + 5NaClO + H_2O \rightarrow$
$2NaHCO_3 + N_2 + 5NaCl$

① 180.4 ② 322.4
③ 344.8 ④ 300.5

해설 $150 \times 300 \times 10^{-3} \times \frac{5 \times 74.5}{2 \times 26}$

$= 322.36\text{kg/d}$

55. 침전지에서 입자의 침강속도가 증대되는 원인이 아닌 것은?

① 입자 비중의 증가
② 액체 점성계수 증가
③ 수온의 증가
④ 입자 직경의 증가

해설 액체 점성계수 감소

참고 $Vs = \frac{g(\rho_s - \rho)d^2}{18\mu}$

56. 함수율 96%인 축산폐수 500m^3/d가 혐기성소화조에 투입되고 있다. VS/TS비는 50%이며 혐기성 소화 후 VS 물질의 80%가 가스로 발생하고 있다. 이 소화조에서 하루 발생한 소화가스의 열량(kcal/d)은? (단, 축산폐수의 비중 1.0, VS 1ton은 25m^3의 소화가스를 발생, 소화가스 1m^3의 열량은 6000kcal)

① 130000 ② 400000
③ 840000 ④ 1200000

해설 $\frac{6000\text{kcal}}{\text{m}^3} \times \frac{25\text{m}^3}{\text{t}}$

$\times (500 \times 0.04 \times 1 \times 0.5 \times 0.8) = 1200000\text{kcal/d}$

57. 핀플록(pin-floc)이나 플록파괴(defloccula-tion)가 발생하는 원인이 아닌 것은?

① 독성(toxic)물질 유입
② 혐기성(anaerobid) 상태
③ 유황(sulfide)
④ 장기포기(extended aeration)

2016

정답 53. ④ 54. ② 55. ② 56. ④ 57. ③

해설 유황은 토양과 물에서 광물과 퇴적물 중에 풍부하게 들어 있다. 유황은 모든 생물체내에 존재함에도 불구하고 미생물이나 식물의 성장을 제한하는 경우는 거의 없다.

58. 막공법 중 물질 분리를 유발하는 추진력(driving force)으로 틀린 것은?

① 전기투석(elecrodialysis) – 기전력
② 투석(dialysis) – 정수압차
③ 역삼투(reverse osmosis) – 정수압차
④ 한외여과(ultrafiltration) – 정수압차

해설 투석(dialysis) – 농도차

59. 함수율이 90%인 슬러지 겉보기 비중이 1.02이었다. 이 슬러지를 탈수하여 함수율이 60%인 슬러지를 얻었다면 탈수된 슬러지가 갖는 비중은? (단, 물의 비중 1.0)

① 약 1.09　　② 약 1.19
③ 약 1.29　　④ 약 1.39

해설 ㉠ $\frac{1}{1.02} = \frac{0.1}{x} + \frac{0.9}{1}$

$\therefore x = \frac{0.1}{1/1.02 - 0.9/1} = 1.244$

㉡ $\frac{1}{S} = \frac{0.4}{1.244} + \frac{0.6}{1} = 0.9215$

㉢ 탈수된 슬러지의 비중 $= 1/0.9215$
$= 1.085$

60. Monod 식을 이용한 세포의 비증식속도(specific growth rate, h^{-1})는? [단, 제한기질농도 200mg/L, 1/2포화농도(K_s) 50mg/L, 세포의 비증식 최대치 $0.1h^{-1}$]

① 0.08　　② 0.12
③ 0.16　　④ 0.24

해설 $\mu = \frac{0.1 \times 200}{50 + 200} = 0.08h^{-1}$

참고 $\mu = \frac{\mu_{max} \times S}{K_s + S}$

제4과목 수질오염공정시험기준

61. 자외선/가시선 분광법을 적용한 음이온 계면활성제 시험방법에 관한 설명으로 틀린 것은?

① 메틸렌블루와 반응시켜 생성된 청색의 착화합물을 추출하여 흡광도를 측정한다.
② 컬럼을 통과시켜 시료 중의 계면활성제를 종류별로 구분하여 측정할 수 있다.
③ 메틸렌블루와 반응시켜 생성된 착화합물을 추출할 때 클로로폼을 사용한다.
④ 약 1000mg/L 이상의 염소이온 농도에서 양의 간섭을 나타내며 따라서 염분농도가 높은 시료의 분석에는 사용할 수 없다.

해설 자외선/가시선 분광법으로는 시료 중의 계면활성제를 종류별로 구분하여 측정할 수 없다.

62. 유도결합플라스마-원자발광분광법에 대한 설명으로 가장 거리가 먼 것은?

① 토치는 2중으로 된 석영관을 사용한다.
② 냉각 가스는 아르곤을 사용한다.
③ 운반 가스는 아르곤을 사용한다.
④ 플라스마는 그 자체가 광원으로 이용된다.

해설 토치는 3중으로 된 석영관을 사용한다.

63. BOD 실험에서 시료를 희석함에 있어 예상 BOD 값에 대한 사전경험이 없을 때 적용되는 경우에 대한 설명으로 옳은 것은?

정답 58. ② 59. ① 60. ① 61. ② 62. ① 63. ④

① 오염이 심한 공장폐수는 1.0~5.0%의 시료가 함유되도록 희석, 조제한다.
② 침전된 하수는 5.0~10%의 시료가 함유되도록 희석, 조제한다.
③ 처리하여 방류된 공장폐수는 25~50%의 시료가 함유되도록 희석, 조제한다.
④ 오염된 하천수는 25~100%의 시료가 함유되도록 희석, 조제한다.

해설 강한 공장폐수는 0.1~1.0%, 처리하지 않은 공장폐수와 침전된 하수는 1~5%, 처리하여 방류된 공장폐수는 5~25%, 오염된 하천수는 25~100%의 시료가 함유되도록 희석 조제한다.

64. 유속-면적법에 의한 하천유량을 구하기 위한 소구간 단면에 있어서의 평균유속 V_m을 구하는 식으로 맞는 것은? (단, $V_{0.2}$, $V_{0.4}$, $V_{0.5}$, $V_{0.6}$, $V_{0.8}$은 각각 수면으로 전수심의 20%, 40%, 50%, 60% 및 80%인 점의 유속임)

① 수심이 0.4m 미만일 때 $V_m = V_{0.5}$
② 수심이 0.4m 미만일 때 $V_m = V_{0.8}$
③ 수심이 0.4m 이상일 때 $V_m = (V_{0.2} + V_{0.8}) \times 1/2$
④ 수심이 0.4m 이상일 때 $V_m = (V_{0.4} + V_{0.6}) \times 1/2$

해설 소구간 단면에 있어서 평균유속 V_m은
㉠ 수심이 0.4m 미만일 때 $V_m = V_{0.6}$
㉡ 수심이 0.4m 이상일 때
$V_m = (V_{0.2} + V_{0.8}) \times 1/2$

65. 공장폐수나 하수의 관내 유량측정방법 중 공정수(process water)에 적용하지 않는 것은?

① 유량측정용 노즐
② 벤투리미터
③ 오리피스
④ 자기식 유량측정기

해설 벤투리미터는 공정수에 적용하지 않고 오리피스나 피토관은 공정수에만 적용 가능하다.

66. 염소이온에 관한 측정법에 대한 설명으로 가장 거리가 먼 것은?

① 정량범위는 질산은 적정법의 경우 0.1mg/L, 이온크로마토그래피법의 경우 0.7mg/L 이상이다.
② 질산은 적정법의 경우 시료가 심하게 착색되어 있으면 칼륨명반현탁액을 넣어 탈색시켜야 한다.
③ 메틸렌블루와 반응시켜 생성된 착화합물을 추출할 때 클로로폼을 사용한다.
④ 약 1000mg/L 이상의 염소이온 농도에서 양의 간섭을 나타내며 따라서 염분농도가 높은 시료의 분석에는 사용할 수 없다.

해설 정량한계는 질산은 적정법의 경우 0.7 mg/L, 이온크로마토그래피법의 경우 0.1 mg/L이다.

67. 하천의 BOD를 측정하기 위해 검수에 희석수를 가하여 40배로 희석한 것을 BOD병에 채우고 20℃에서 5일간 부란시키기 전 희석검수의 DO는 8.5mg/L, 5일 부란 후 적정에 사용된 0.025N-$Na_2S_2O_3$ 용액이 1.5mL, BOD병 내용적이 303mL, 적정에 사용된 검수량이 100mL, 0.025N-$Na_2S_2O_3$ 용액의 역가는 1이다. 이 하천수의 BOD(mg/L)는? (단, DO 측정을 위해 투입된 $MnSO_4$와 알칼리성 요오드화칼륨 아지드화나트륨 용액의 양은 각각 1mL로 함)

① 약 190
② 약 220
③ 약 250
④ 약 280

2016

정답 64. ③ 65. ② 66. ① 67. ②

해설 ㉠ DO

$= 1.5 \times 1 \times \frac{303}{100} \times \frac{1000}{303-2} \times 0.2$

$= 3.02\text{mg/L}$

㉡ $\text{BOD} = (8.5 - 3.02) \times 40$

$= 219.2\text{mg/L}$

참고 1. 용존산소(mg/L)

$= a \times f \times \frac{V_1}{V_2} \times \frac{1000}{V_1 - R} \times 0.2$

2. $\text{BOD(mg/L)} = (D_1 - D_2) \times P$

68. 자외선/가시선 분광법에 의한 페놀류 정량 측정에 관한 내용으로 (   )에 맞는 내용은?

> 증류한 시료에 염화암모늄-암모니아 완충용액을 넣어 (   )으로 조절한 다음 4-아미노안티피린과 헥사시안화철(Ⅱ)산칼륨을 넣어 생성된 안티피린계 흡광도를 측정하는 방법이다.

① pH 8　　② pH 9
③ pH 10　　④ pH 11

69. 수질시료를 보존할 때 반드시 유리용기에 넣어 보존해야 하는 측정항목이 아닌 것은?

① 폴리클로리네이티드비페닐
② 페놀류
③ 유기인
④ 불소

해설 불소는 반드시 폴리에틸렌용기에 넣어 보존해야 한다.

70. 공정시험기준의 내용으로 가장 거리가 먼 것은?

① 온수는 60~70℃, 냉수는 15℃ 이하를 말한다.
② 방울수는 20℃에서 정제수 20 방울을 적하할 때, 그 부피가 약 1mL 되는 것을 뜻한다.
③ "정밀히 단다"라 함은 규정된 수치의 무게를 0.1mg까지 다는 것을 말한다.
④ 시험에 쓰는 물은 따로 규정이 없는 한 증류수 또는 정제수로 한다.

해설 "정밀히 단다"라 함은 규정된 양의 시료를 취하여 화학저울 또는 미량저울로 칭량함을 말한다.

참고 무게를 "정확히 단다"라 함은 규정된 수치의 무게를 0.1mg까지 다는 것을 말한다.

71. 시료 채취 시 유의사항으로 틀린 것은?

① 시료 채취 용기는 시료를 채우기 전에 시료로 3회 이상 씻은 다음 사용한다.
② 유류 또는 부유물질 등이 함유된 시료는 균질성이 유지될 수 있도록 채취하여야 하며, 침전물 등이 부상하여 혼입되어서는 안 된다.
③ 심부층의 지하수 채취 시에는 고속양수펌프를 이용하여 채취시간을 최소화함으로써 수질의 변질을 방지하여야 한다.
④ 용존가스, 환원성 물질, 휘발성유기화합물, 냄새, 유류 및 수소이온 등을 측정하기 위한 시료를 채취할 때에는 운반 중 공기와의 접촉이 없도록 시료 용기에 가득 채운 후 빠르게 뚜껑을 닫는다.

해설 지하수 시료 채취 시 심부층의 경우 저속양수펌프 등을 이용하여 반드시 저속 시료 채취하여 시료 교란을 최소화하여야 하며, 천부층의 경우 저속양수펌프 또는 정량이송펌프 등을 사용한다.

72. 6가크롬 표준용액(0.5mg/mL) 1L를 조제하기 위하여 소요되는 표준시약(다이크롬산칼륨)의 양(g)은 약 얼마인가? (단, 원자량 : 칼륨 39, 크롬 52)

정답　68. ③　69. ④　70. ③　71. ③　72. ①

① 1.413 ② 2.826
③ 3.218 ④ 4.641

해설 $\frac{0.5g}{L} \times 1L \times \frac{294g}{2 \times 52g} = 1.413g$

참고 다이크롬산칼륨의 분자식 : $K_2Cr_2O_7$

73. 감응계수를 옳게 나타낸 것은? (단, 검정곡선 작성용 표준용액의 농도 : C, 반응값 : R)

① 감응계수 = R/C
② 감응계수 = C/R
③ 감응계수 = $R \times C$
④ 감응계수 = $C - R$

74. 부유물질 측정 시 간섭물질에 관한 설명과 가장 거리가 먼 것은?

① 유지(oil) 및 혼합되지 않는 유기물도 여과지에 남아 부유물질 측정값을 높게 할 수 있다.
② 철 또는 칼슘이 높은 시료는 금속 침전이 발생하며 부유물질 측정에 영향을 줄 수 있다.
③ 나무 조각, 큰 모래입자 등과 같은 큰 입자들은 부유물질 측정에 방해를 주며, 이 경우 직경 2 mm 금속망에 먼저 통과시킨 후 분석을 실시한다.
④ 증발잔류물이 1000mg/L 이상인 공장 폐수 등은 여과지에 의한 측정오차를 최소화하기 위해 여과지를 세척하지 않는다.

해설 증발잔류물이 1000mg/L 이상인 경우의 해수, 공장폐수 등은 특별히 취급하지 않을 경우, 높은 부유물질 값을 나타낼 수 있다. 이 경우 여과지를 여러 번 세척한다.

75. 다이페닐카바자이드를 작용시켜 생성되는 착화합물의 흡광도를 540nm에서 측정하여 정량하는 항목은?

① 니켈 ② 6가크롬
③ 구리 ④ 카드뮴

76. 공장의 폐수 100mL를 취하여 산성 100℃에서 $KMnO_4$에 의한 화학적 산소 소비량을 측정하였다. 시료의 적정에 소비된 0.025N $KMnO_4$의 양이 7.5mL였다면 이 폐수의 COD(mg/L)는 약 얼마인가? (단, 0.025N $KMnO_4$ factor 1.02, 바탕시험 적정에 소비된 0.025N $KMnO_4$ 1.00mL)

① 13.3 ② 16.7
③ 24.8 ④ 32.2

해설 $COD = (7.5 - 1) \times 1.02 \times \frac{1000}{100} \times 0.2$
$= 13.26mg/L$

참고 화학적 산소요구량(mg/L)
$= (b-a) \times f \times \frac{1000}{V} \times 0.2$

77. 식물성 플랑크톤의 정량시험 중 저배율에 의한 방법은? (단, 200배율 이하)

① 스트립 이용 계수
② 팔머-말로니 체임버 이용 계수
③ 혈구계수기 이용 계수
④ 최적 확수 이용 계수

해설 정량시험의 저검경배율 방법은 스트립 이용 계수, 격자 이용 계수법 등이 적용된다.

78. 하천수의 시료채취에 관한 내용으로 가장 적절한 것은? (단, 수심 1.5m 기준)

① 하천 단면에서 수심이 가장 깊은 수면의 지점과 그 지점을 중심으로 좌우로 수면폭을 3등분한 각각의 지점의 수면으로부터 수심의 1/3 지점을 채수한다.
② 하천 단면에서 수심이 가장 깊은 수면

정답 73. ① 74. ④ 75. ② 76. ① 77. ① 78. ③

의 지점과 그 지점을 중심으로 좌우로 수면폭을 3등분한 각각의 지점의 수면으로부터 수심의 1/2 지점을 채수한다.

③ 하천 단면에서 수심이 가장 깊은 수면의 지점과 그 지점을 중심으로 좌우로 수면폭을 2등분한 각각의 지점의 수면으로부터 수심의 1/3 지점을 채수한다.

④ 하천 단면에서 수심이 가장 깊은 수면의 지점과 그 지점을 중심으로 좌우로 수면폭을 2등분한 각각의 지점의 수면으로부터 수심의 1/2 지점을 채수한다.

해설 하천의 단면에서 수심이 가장 깊은 수면의 지점과 그 지점을 중심으로 하여 좌우로 수면폭을 2등분한 각각의 지점의 수면으로부터 수심 2m 미만일 때에는 수심의 $\frac{1}{3}$에서, 수심이 2m 이상일 때에는 수심의 $\frac{1}{3}$ 및 $\frac{2}{3}$에서 각각 채수한다.

79. 취급 또는 저장하는 동안에 이물질이 들어가거나 또는 내용물이 손실되지 아니하도록 보호하는 용기는?

① 밀봉용기
② 밀폐용기
③ 기밀용기
④ 압밀용기

80. 포기조 내의 폐수 DO를 측정하기 위하여 시료 300mL를 취하여 윙클러 아지드법에 의하여 처리하고 203mL를 분취하여 0.025N $Na_2S_2O_3$로 적정하니 3mL 소모되었다. 이 폐수의 DO(mg/L)는 약 얼마인가? (단, 0.025N $Na_2S_2O_3$의 역가 1.2, 전체 시료량에 넣은 시약 4mL)

① 3.2 ② 3.6
③ 4.2 ④ 4.6

해설 $DO = 3 \times 1.2 \times \frac{300}{203} \times \frac{1000}{300-4} \times 0.2$
$= 3.59\text{mg/L}$

참고 용존산소(mg/L)
$= a \times f \times \frac{V_1}{V_2} \times \frac{1000}{V_1 - R} \times 0.2$

제5과목 수질환경관계법규

81. 위임업무 보고사항 중 보고 횟수가 연 4회에 해당되는 것은?

① 측정기기 부착 사업자에 대한 행정처분 현황
② 측정기기 부착사업장 관리 현황
③ 비점오염원의 설치신고 및 방지시설 설치 현황 및 행정처분 현황
④ 과징금 부과 실적

참고 법 제74조 시행규칙 별표 23 참조

82. 수질오염방지시설 중 화학적 처리시설에 속하는 것은?

① 응집시설 ② 접촉조
③ 포기시설 ④ 살균시설

참고 법 제2조 시행규칙 별표 5 참조

83. 상수원 구간의 수질오염경보(조류경보) 중 다음 발령기준에 해당하는 경보단계는?

2회 연속 채취 시 남조류 세포수가 5000 세포/mL 정도인 경우

① 관심
② 경계
③ 조류 대발생
④ 해제

정답 79. ② 80. ② 81. ③ 82. ④ 83. ①

해설 조류경보(상수원 구간)

경보단계	발령 · 해제 기준
관심	2회 연속 채취 시 남조류 세포수가 1000세포/mL 이상 10000세포/mL 미만인 경우
경계	2회 연속 채취 시 남조류 세포수가 10000세포/mL 이상 1000000 세포/mL 미만인 경우
조류 대발생	2회 연속 채취 시 남조류 세포수가 1000000 세포/mL 이상인 경우
해제	2회 연속 채취 시 남조류 세포수가 1000세포/mL 미만인 경우

참고 법 제21조 시행령 별표 3 참조

84. 수질 및 수생태계 상태를 등급으로 나타내는 경우, '좋음' 등급에 대한 설명으로 옳은 것은? (단, 수질 및 수생태계 생활 환경기준)

① 용존산소가 풍부하고 오염물질이 없는 청정상태에 근접한 생태계로 침전 등 간단한 정수처리 후 생활용수로 사용할 수 있음
② 용존산소가 풍부하고 오염물질이 없는 청정상태에 근접한 생태계로 여과·침전·살균 등 간단한 정수처리 후 생활용수로 사용할 수 있음
③ 용존산소가 많은 편이고 오염물질이 거의 없는 청정상태에 근접한 생태계로 여과·침전·살균 등 일반적인 정수처리 후 생활용수로 사용할 수 있음
④ 용존산소가 많은 편이고 오염물질이 거의 없는 청정상태에 근접한 생태계로 활성탄 투입 등 일반적인 정수처리 후 생활용수로 사용할 수 있음

참고 환경정책기본법 시행령 별표 1 참조

85. 배출시설의 설치허가를 받은 자가 배출시설의 변경허가를 받아야 하는 경우에 대한 기준으로 ( )에 내용으로 옳은 것은?

> 폐수배출량이 허가 당시보다 100분의 50 (특정수질유해물질이 배출되는 시설의 경우에는 100분의 30) 이상 또는 ( ) 이상 증가하는 경우

① 1일 500세제곱미터
② 1일 600세제곱미터
③ 1일 700세제곱미터
④ 1일 800세제곱미터

참고 법 제33조 ②항 참조

86. 수질오염감시경보의 발령, 해제 기준에 관한 내용으로 옳은 것은?

① 생물감시장비 중 물벼룩감시장비가 경보기준을 초과하는 것은 한쪽 시험조에서 15분 이상 지속되는 경우를 말한다.
② 생물감시장비 중 물벼룩감시장비가 경보기준을 초과하는 것은 한쪽 시험조에서 30분 이상 지속되는 경우를 말한다.
③ 생물감시장비 중 물벼룩감시장비가 경보기준을 초과하는 것은 양쪽 모든 시험조에서 15분 이상 지속되는 경우를 말한다.
④ 생물감시장비 중 물벼룩감시장비가 경보기준을 초과하는 것은 양쪽 모든 시험조에서 30분 이상 지속되는 경우를 말한다.

참고 법 제21조 시행령 별표 3 참조

87. 1일 폐수배출량이 2000m^3 미만인 규모의 지역별, 항목별 배출허용기준으로 틀린 것은? (단, 단위는 mg/L)

①

농도 / 지역	BOD (mg/L)	COD (mg/L)	SS (mg/L)
청정지역	30 이하	40 이하	30 이하

2016

정답 84. ③ 85. ③ 86. ④ 87. ①

②

농도 \ 지역	BOD (mg/L)	COD (mg/L)	SS (mg/L)
가지역	80 이하	90 이하	80 이하

③

농도 \ 지역	BOD (mg/L)	COD (mg/L)	SS (mg/L)
나지역	120 이하	130 이하	120 이하

④

농도 \ 지역	BOD (mg/L)	COD (mg/L)	SS (mg/L)
특례지역	30 이하	40 이하	30 이하

참고 법 제32조 시행규칙 별표 13 참조

88. 폐수처리업의 등록기준에 관한 내용으로 틀린 것은?

① 하나의 시설 또는 장비가 두 가지 이상의 기능을 가질 경우에는 각각의 해당 시설 또는 장비를 갖춘 것으로 본다.
② 폐수수탁처리업 및 폐수재이용업을 함께 하려는 때는 같은 요건이라도 업종별로 따로 갖추어야 한다.
③ 수질오염물질 각 항목을 측정 · 분석할 수 있는 실험기기 · 기구 및 시약을 보유한 측정대행업자 또는 대학부설 연구기관 등과 측정대행계약 또는 공동사용계약을 체결한 경우에는 해당 실험기기 · 기구 및 시약을 갖추지 아니할 수 있다.
④ 기술능력이 환경기술인의 자격요건 이상이고 폐수처리시설과 폐수배출시설이 동일한 시설인 경우에는 환경기술인을 중복하여 임명하지 아니하여도 된다.

해설 폐수수탁처리업, 폐수재이용업을 함께 하려는 때는 동일한 요건을 중복하여 갖추지 아니할 수 있다.

참고 법 제62조 시행규칙 별표 20 참조

89. 골프장의 잔디 및 수목 등에 맹·고독성 농약을 사용한 자에 대한 벌금 또는 과태료 부과기준은?

① 3백만원 이하의 벌금
② 5백만원 이하의 벌금
③ 3백만원 이하의 과태료
④ 1천만원 이하의 과태료

참고 법 제82조 ①항 참조

90. 시·도지사가 측정망을 이용하여 수질오염도를 상시 측정하거나 수생태계 현황을 조사한 경우 그 조사 결과를 며칠 이내에 환경부장관에게 보고하여야 하는가?

① 수질오염도 : 측정일이 속하는 달의 다음 달 5일 이내, 수생태계 현황 : 조사 종료일부터 1개월 이내
② 수질오염도 : 측정일이 속하는 달의 다음 달 5일 이내, 수생태계 현황 : 조사 종료일부터 3개월 이내
③ 수질오염도 : 측정일이 속하는 달의 다음 달 10일 이내, 수생태계 현황 : 조사 종료일부터 1개월 이내
④ 수질오염도 : 측정일이 속하는 달의 다음 달 10일 이내, 수생태계 현황 : 조사 종료일부터 3개월 이내

해설 2018년 시·도지사에서 시·도지사, 대도시의 장 또는 수면관리자로 개정되었다.

참고 법 제9조 ③항 참조

91. 환경부장관이 물환경을 보전할 필요가 있다고 지정·고시하고 물환경을 정기적으로 조사·측정하여야 하는 호소의 기준으로 틀린 것은?

① 1일 30만 톤 이상의 원수를 취수하는 호소

정답 88. ② 89. ④ 90. ④ 91. ②

② 만수위일 때 면적이 30만 제곱미터 이상인 호소
③ 수질오염이 심하여 특별한 관리가 필요하다고 인정되는 호소
④ 동식물의 서식지·도래지이거나 생물다양성이 풍부하여 특별히 보전할 필요가 있다고 인정되는 호소

참고 법 제28조 참조

92. 중점관리 저수지의 지정 기준으로 옳은 것은?

① 총 저수용량이 1백만 세제곱미터 이상인 저수지
② 총 저수용량이 1천만 세제곱미터 이상인 저수지
③ 총 저수면적이 1백만 제곱미터 이상인 저수지
④ 총 저수면적이 1천만 제곱미터 이상인 저수지

참고 법 제31조의2 참조

93. 대통령령으로 정하는 처리용량 이상의 방지시설(공동방지시설 포함)을 운영하는 자는 배출되는 수질오염물질이 배출허용기준, 방류수 수질기준에 맞는지를 확인하기 위하여 적산전력계 또는 적산유량계 등 대통령령이 정하는 측정기기를 부착하여야 한다. 이를 위반하여 적산전력계 또는 적산유량계를 부착하지 아니한 자에 대한 벌칙기준은?

① 1000만원 이하의 벌금
② 500만원 이하의 벌금
③ 300만원 이하의 벌금
④ 100만원 이하의 벌금

참고 법 제80조 참조

94. 폐수처리업자의 준수사항에 관한 설명으로 (　)에 옳은 것은?

> 수탁한 폐수는 정당한 사유 없이 (㉮) 보관할 수 없으며, 보관폐수의 전체량이 저장시설 저장능력의 (㉯) 이상 되게 보관하여서는 아니 된다.

① ㉮ 10일 이상, ㉯ 80%
② ㉮ 10일 이상, ㉯ 90%
③ ㉮ 30일 이상, ㉯ 80%
④ ㉮ 30일 이상, ㉯ 90%

참고 법 제62조 ②항 시행규칙 별표 21 참조

95. 공공폐수처리시설의 유지·관리기준에 관한 사항으로 (　)에 옳은 내용은?

> 처리시설의 관리·운영자는 처리시설의 적정운영여부를 확인하기 위한 방류수 수질검사를 (㉮) 실시하되, 1일당 2천 세제곱미터 이상인 시설은 주 1회 이상 실시하여야 한다. 다만, 생태독성(TU) 검사는 (㉯) 실시하여야 한다.

① ㉮ 월 2회 이상, ㉯ 월 1회 이상
② ㉮ 월 1회 이상, ㉯ 월 2회 이상
③ ㉮ 월 2회 이상, ㉯ 월 2회 이상
④ ㉮ 월 1회 이상, ㉯ 월 1회 이상

참고 법 제50조 시행규칙 별표 15 참조

96. 비점오염저감시설 중 자연형 시설에 해당되는 것은?

① 생물학적 처리형 시설
② 여과시설
③ 침투시설
④ 와류시설

참고 법 제2조 시행규칙 별표 6 참조

2016

정답 92. ② 93. ④ 94. ② 95. ① 96. ③

97. 오염총량관리시행계획에 포함되어야 하는 사항으로 가장 거리가 먼 것은?

① 오염원 현황 및 예측
② 오염도 조사 및 오염부하량 산정방법
③ 연차별 오염부하량 삭감 목표 및 구체적 삭감 방안
④ 수질예측 산정자료 및 이행 모니터링 계획

참고 법 제4조의4 참조

98. 수변생태구역의 매수·조성 등에 관한 내용으로 ( )에 옳은 것은?

> 환경부장관은 하천·호소 등의 수질 및 수생태계 보전을 위하여 필요하다고 인정하는 때에는 (㉮)으로 정하는 기준에 해당하는 수변습지 및 수변토지를 매수하거나 (㉯)으로 정하는 바에 따라 생태적으로 조성·관리할 수 있다.

① ㉮ 환경부령, ㉯ 대통령령
② ㉮ 대통령령, ㉯ 환경부령
③ ㉮ 환경부령, ㉯ 총리령
④ ㉮ 총리령, ㉯ 환경부령

참고 법 제19조3 참조

99. 수질오염경보 중 경계단계 시 취수장·정수장 관리자의 조치사항에 해당하는 것은?

① 주 2회 이상 시료채취·분석
② 정수의 독소분석 실시
③ 발령기관에 대한 시험분석결과의 신속한 통보
④ 취수구 및 조류가 심한 지역에 대한 방어막 설치 등 조류 제거 조치 실시

참고 법 제21조 시행령 별표 4 참조

100. 비점오염원의 설치신고 또는 변경신고를 할 때 제출하는 비점오염저감계획서에 포함되어야 하는 사항으로 가장 거리가 먼 것은?

① 비점오염원 관련 현황
② 비점오염저감시설 설치계획
③ 비점오염원 관리 및 모니터링 방안
④ 비점오염원 저감방안

해설 비점오염저감시설 유지관리 및 모니터링 방안

참고 법 제53조 ②항 참조

정답 97. ② 98. ② 99. ② 100. ③

2017년도 출제문제

2017년 3월 5일 시행

자격종목 및 등급(선택분야)	종목코드	시험시간	문제지형별	수검번호	성 명
수질환경기사	2572	2시간	A		

제1과목 수질오염개론

1. 생체 내에 필수적인 금속으로 결핍 시에는 인슐린의 저하를 일으킬 수 있는 유해물질은?

① Cd ② Mn
③ CN ④ Cr

해설 ㉠ 인체에 존재하는 크롬의 량은 6g 정도가 된다.
㉡ 크롬은 당대사와 단백질 합성대사에 관여하는 효소를 활성화시킨다.

2. 우리나라 개인하수처리시설에서 발생되는 정화조오니에 대한 설명으로 틀린 것은?

① BOD 농도 8000mg/L 내외
② SS 농도 22000mg/L 내외
③ 분뇨보다 생물학적 분해 불가능한 성분을 적게 포함한다.
④ 성상은 처리시설형식에 따라 현격한 차이를 보인다.

해설 분뇨보다 생물학적 분해 불가능한 성분을 많이 포함한다.

참고 1. 우리나라의 발생분뇨는 일반적으로 COD_{Mn}과 BOD의 비를 보면 2.4~2.7로서 도시하수의 2.0보다 높게 나타남에 따라 분뇨 내에는 생물학적으로 분해가 어려운 물질이 상당량 포함되어 있을 가능성이 있고, 실제로 VSS 중에 약 30% 정도가 이러한 물질인 것으로 추정되고 있다.

2. 대부분의 수세식 화장실이 부패형인 국내 정화조 찌꺼기의 농도는 BOD는 8000 mg/L 내외, SS는 22000mg/L 내외로 분석되며 COD_{Mn}/BOD비는 약 1.9~4.7 정도로 분뇨의 경우보다 훨씬 많은 양의 생물학적 분해가 불가능한 성질이 포함되어 있는 것으로 나타났다.

3. 하천의 BOD_5가 220mg/L이고, BOD_u가 470 mg/L일 때 탈산소계수(K_1, d^{-1})값은? (단, 상용대수 기준)

① 0.045 ② 0.055
③ 0.065 ④ 0.075

해설 $220 = 470 \times (1 - 10^{-x \times 5})$

$\therefore x = 0.055\text{d}^{-1}$

참고 $BOD_t = BOD_u \times (1 - 10^{-K_1 \times t})$

4. 알칼리도(alkalinity)에 관한 설명으로 가장 거리가 먼 것은?

① P-알칼리도와 M-알칼리도를 합친 것을 총알칼리도라 한다.
② 알칼리도 계산은 다음 식으로 나타낸다.

$$\text{Alk}(\text{CaCo}_3\text{mg/L}) = \frac{a \times N \times 50}{V} \times 1000$$

a : 소비된 산의 부피(mL), N : 산의 농도(eq/L), V : 시료의 양(mL)

③ 실용목적에서는 자연수에 있어서 수산화물, 탄산염, 중탄산염 이외, 기타물질

2017

정답 1. ④ 2. ③ 3. ② 4. ①

에 기인되는 알칼리도는 중요하지 않다.

④ 부식제어에 관련되는 중요한 변수인 Langelier포화지수 계산에 적용된다.

해설 최초의 pH에서 4.5까지 가한 산의 양을 $CaCO_3$로 환산한 것을 총알칼리도 또는 methyl orange 알칼리도라고 한다.

5. 물에 관한 설명으로 틀린 것은?

① 수소결합을 하고 있다.
② 수온이 증가할수록 표면장력은 커진다.
③ 온도가 상승하거나 하강하면 체적은 증대한다.
④ 용융열과 증발열이 높다.

해설 수온이 증가할수록 표면장력은 작아진다.

6. 지구상에 분포하는 수량 중 빙하(만년설포함) 다음으로 가장 많은 비율을 차지하고 있는 것은? (단, 담수 기준)

① 하천수 ② 지하수
③ 대기습도 ④ 토양수

7. 하천의 수질관리를 위하여 1920년대 초에 개발된 수질예측모델로 BOD의 DO반응, 즉 유기물 분해로 인한 DO소비와 대기로부터 수면을 통해 산소가 재공급되는 재포기만 고려한 것은?

① DO SAG Ⅰ 모델
② QUAL-Ⅰ모델
③ WQRRS 모델
④ Streeter-Phelps 모델

해설 하천 수질모델링 중에서 최초 모델링은 Streeter-Phelps Model이다.
㉠ 하천의 수질관리를 위하여 1920년대 초에 개발된 수질예측모델이다.
㉡ 유기물분해로 인한 DO소비와 대기로부터 수면을 통해 산소가 다시 공급되는 재포기를 고려
㉢ 점오염원으로부터 오염부하량 고려
㉣ 유속, 수심, 조도계수 등에 의한 기체확산계수 무시

8. 해수에서 영양염류가 수온이 낮은 곳에 많고 수온이 높은 지역에서 적은 이유로 틀린 것은?

① 수온이 낮은 바다의 표층수는 본래 영양염류가 풍부한 극지방의 심층수로부터 기원하기 때문이다.
② 수온이 높은 바다의 표층수는 적도부근의 표층수로부터 기원하므로 영양염류가 결핍되어 있다.
③ 수온이 낮은 바다는 겨울에 표층수 냉각에 따른 밀도 변화가 적어 심층수로의 침강작용이 일어나지 않기 때문이다.
④ 수온이 높은 바다는 수계의 안정으로 수직혼합이 일어나지 않아 표층수의 영양염류가 플랑크톤에 의해 소비되기 때문이다.

해설 수온이 낮은 바다는 겨울에 표층수가 냉각되어 밀도가 커지므로 침강작용이 일어나 영양염류가 풍부한 심층수로 들어가게 된다.

9. 물질대사 중 동화작용을 가장 알맞게 나타낸 것은?

① 잔여영양분+ATP → 세포물질+ADP+무기인+배설물
② 잔여영양분+ADP+무기인 → 세포물질+ATP+배설물
③ 세포 내 영양분의 일부+ATP → ADP+무기인+배설물
④ 세포 내 영양분의 일부+ADP+무기인 → ATP+배설물

정답 5. ② 6. ② 7. ④ 8. ③ 9. ①

해설 동화작용 : 잔여영양분+ATP → 세포물질+ADP+무기인+배설물

10. 해수의 특성으로 가장 거리가 먼 것은?

① 해수의 밀도는 수온, 염분, 수압에 영향을 받는다.
② 해수는 강전해질로서 1L당 평균 35g의 염분을 함유한다.
③ 해수 내 전체 질소 중 35% 정도는 질산성 질소 등 무기성 질소 형태이다.
④ 해수의 Mg/Ca비는 3~4 정도이다.

해설 해수 내에서는 아질산성 질소와 질산성 질소가 전체 질소의 약 65%이며 나머지는 암모니아성 질소와 유기질소의 형태이다.

11. 25℃, 2기압의 메탄가스 40kg을 저장하는 데 필요한 탱크의 부피(m^3)는? (단, 이상기체의 법칙, $R=0.082L\cdot atm/mol\cdot K$ 적용)

① 20.6 ② 25.3
③ 30.6 ④ 35.3

해설 $V=\dfrac{40\times 0.082\times(273+25)}{16\times 2}$

$=30.55m^3$

12. 자정상수(f)의 영향 인자에 관한 설명으로 옳은 것은?

① 수심이 깊을수록 자정상수는 커진다.
② 수온이 높을수록 자정상수는 작아진다.
③ 유속이 완만할수록 자정상수는 커진다.
④ 바닥구배가 클수록 자정상수는 작아진다.

해설 ① 수심이 깊을수록 자정상수는 작아진다.
③ 유속이 완만할수록 자정상수는 작아진다.
④ 바닥구배가 클수록 자정상수는 커진다.

13. 하천이나 호수의 심층에서 미생물의 작용에 관한 설명으로 가장 거리가 먼 것은?

① 수중의 유기물은 분해되어 일부가 세포합성이나 유지대사를 위한 에너지원이 된다.
② 호수심층에 산소가 없을 때 질산이온을 전자수용체로 이용하는 종속영양세균인 탈질화 세균이 많아진다.
③ 유기물이 다량 유입되면 혐기성 상태가 되어 H_2S와 같은 기체를 유발하지만 호기성 상태가 되면 암모니아성 질소가 증가한다.
④ 어느 정도 유기물이 분해된 하천의 경우 조류 발생이 증가할 수 있다.

해설 유기물이 다량 유입되면 혐기성 상태가 되어 H_2S와 같은 기체를 유발하지만 호기성 상태가 되면 질산성 질소가 증가한다.

14. 다음 화합물($C_5H_7O_2N$)에 대한 이론적인 BOD_{10}/COD는? [단, 탈산소계수 0.1/d, base는 상용대수, 화합물은 100% 산화됨(최종산물은 CO_2, NH_3, H_2O), $COD=BOD_u$]

① 0.80 ② 0.85
③ 0.90 ④ 0.95

해설 $\dfrac{BOD_{10}}{COD}=1-10^{-0.1\times 10}=0.9$

참고 $BOD_t=BOD_u\times(1-10^{-K_1\times t})$

15. 하수량에서 첨두율(peaking factor)이라는 것은?

① 하수량의 평균유량에 대한 비
② 하수량의 최소유량에 대한 비
③ 하수량의 최대유량에 대한 비
④ 최대유량의 최소유량에 대한 비

해설 하수량의 평균유량에 대한 비를 첨두율

정답 10. ③ 11. ③ 12. ② 13. ③ 14. ③ 15. ①

이라고 하며 대구경 하수관의 경우는 1.3보다 작으나 지선에서는 2.0을 넘을 수도 있다.

16. 하천수의 난류 확산 방정식과 상관성이 적은 인자는?

① 유량 ② 침강속도
③ 난류 확산계수 ④ 유속

해설 난류 확산 방정식은 하천수에서 난류 확산에 의한 오염물질의 농도분포를 나타내는 식으로 오염물질농도, 유속, 확산계수, 오염물질의 침강속도, 오염물질의 자기감쇠계수 등이 고려된다.

17. 세포의 형태에 따른 세균의 종류를 올바르게 짝지은 것은?

① 구형 – vibrio cholea
② 구형 – spirillum volutans
③ 막대형 – bacillus subtilis
④ 나선형 – streptococcus

해설 세균의 형태에 따른 분류는 구형을 한 구균(coccus), 막대 모양을 한 간균(bacillus), 길고 나선 모양으로 꼬인 나선균(spirillum)으로 대별된다.

18. 오염된 물속에 있는 유기성 질소가 호기성 조건하에서 50일 정도 시간이 지난 후에 가장 많이 존재하는 질소의 형태는?

① 암모니아성 질소 ② 아질산성 질소
③ 질산성 질소 ④ 유기성 질소

해설 유기성 질소가 호기성 조건하에서 산화되어 질산성 질소의 형태로 많이 존재한다.

19. 하천 수질모델 중 WQRRS에 관한 설명으로 가장 거리가 먼 것은?

① 하천 및 호수의 부영양화를 고려한 생태계 모델이다.
② 유속, 수심, 조도계수에 의해 확산계수를 결정한다.
③ 호수에는 수심별 1차원 모델이 적용된다.
④ 정적 및 동적인 하천의 수질, 수문학적 특성이 광범위하게 고려된다.

해설 유속, 수심, 조도계수 등에 의한 기체 확산계수를 고려한 model은 QUAL 모델이다.

20. 글리신[$CH_2(NH_2)COOH$]의 이론적 COD/TOC의 비는? (단, 글리신 최종분해산물은 CO_2, HNO_3, H_2O임)

① 2.83 ② 3.76
③ 4.67 ④ 5.38

해설 $C_2H_5O_2N + 7/2O_2 \rightarrow 2CO_2 + 2H_2O + HNO_3$
∴COD/TOC의 비 $= 112g / 2\times12g = 4.67$

제2과목 상하수도계획

21. 공동현상(cavitation)이 발생하는 것을 방지하기 위한 대책으로 틀린 것은?

① 흡입 측 밸브를 완전히 개방하고 펌프를 운전한다.
② 흡입관의 손실을 가능한 크게 한다.
③ 펌프의 위치를 가능한 한 낮춘다.
④ 펌프의 회전속도를 낮게 선정한다.

해설 흡입관을 되도록 짧게 하고 관경은 크게 하여 손실수두를 감소시킨다.

22. 배수시설인 배수지에 관한 내용으로 ( ) 에 맞는 내용은?

> 유효용량은 시간변동조정용량과 비상대처용량을 합하여 급수구역의 계획 1일 최대급수량의 ( )을 표준으로 하여야 하며 지역특성과 상수도시설의 안정성 등을 고려하여 결정한다.

정답 16. ① 17. ③ 18. ③ 19. ② 20. ③ 21. ② 22. ④

① 4시간분 이상　② 6시간분 이상
③ 8시간분 이상　④ 12시간분 이상

해설 배수지의 유효용량은 시간변동조정용량, 비상대처용량을 합하여 급수구역의 계획 1일 최대급수량의 12시간분 이상을 표준으로 한다.

23. 하수도 관거 계획 시 고려할 사항으로 틀린 것은?

① 오수관거는 계획시간 최대오수량을 기준으로 계획한다.
② 오수관거와 우수관거가 교차하여 역사이폰을 피할 수 없는 경우 우수관거를 역사이폰으로 하는 것이 좋다.
③ 분류식과 합류식이 공존하는 경우에는 원칙적으로 양 지역의 관거는 분리하여 계획한다.
④ 관거는 원칙적으로 암거로 하며 수밀한 구조로 하여야 한다.

해설 오수관거와 우수관거가 교차하여 역사이편을 피할 수 없는 경우 오수관을 역사이편으로 하는 것이 좋다.

24. 유역면적이 100ha이고 유입시간(time of inlet)이 8분, 유출계수(C)가 0.38일 때 최대계획우수유출량(m^3/s)은? [단, 하수관거의 길이(L)=400m, 관유속=1.2m/s로 되도록 설계, $I=\dfrac{655}{\sqrt{t}+0.09}$(mm/h), 합리식 적용]

① 약 18　② 약 24
③ 약 36　④ 약 42

해설 ㉠ 유달시간

$$=8+\frac{400\text{m}}{1.2\text{m/s}\times\dfrac{60s}{\text{min}}}=13.56\text{min}$$

㉡ $I=\dfrac{655}{\sqrt{13.56}+0.09}=173.63\text{ mm/h}$

㉢ $Q=\dfrac{1}{360}\times0.38\times173.63\times100$

$=18.34\text{m}^3/\text{s}$

참고 $Q=\dfrac{1}{360}CIA$

여기서, Q : 우수량(m^3/s)
C : 유출계수(run off coefficient)
A : 유역면적(ha)
I : 강우강도(mm/h)

25. 하수 고도처리(잔류 SS 및 잔류 용존유기물 제거)방법인 막 분리법에 적용되는 분리막 모듈 형식과 가장 거리가 먼 것은?

① 중공사형　② 투사형
③ 판형　④ 나선형

해설 막분리법
㉠ 분리막 선정 시 고려사항
- 분리막의 성능
- 투과능력
- 내구성

㉡ 분리막 모듈의 형식
- 판형
- 관형
- 나선형
- 중공사형

26. 합류식에서 우천 시 계획오수량은 원칙적으로 계획시간 최대오수량의 몇 배 이상으로 고려하여야 하는가?

① 1.5배　② 2.0배
③ 2.5배　④ 3.0배

해설 합류식에서 우천 시 계획오수량은 원칙적으로 계획시간 최대오수량의 3배 이상으로 한다.

27. 관거별 계획하수량을 정할 때 고려할 사항으로 틀린 것은?

① 오수관거에서는 계획 1일 최대오수량

정답　23. ②　24. ①　25. ②　26. ④　27. ①

으로 한다.

② 우수관거에서는 계획우수량으로 한다.

③ 합류식 관거에서는 계획시간 최대오수량에 계획우수량을 합한 것으로 한다.

④ 차집관거는 우천 시 계획오수량으로 한다.

해설 오수관거는 계획시간 최대오수량을 기준으로 계획한다.

28. 로지스틱(logistic)인구 추정공식 $\left(y=\dfrac{K}{1+e^{a-bx}}\right)$에 관한 설명으로 틀린 것은?

① y : 추정치

② K : 연평균 인구증가율

③ x : 경과연수

④ a, b : 상수

해설 K : 포화인구수

29. 하천표류수 취수시설 중 취수문에 관한 설명으로 틀린 것은?

① 취수보에 비해서는 대량취수에도 쓰이나, 보통 소량취수에 주로 이용된다.

② 유심이 안정된 하천에 적합하다.

③ 토사, 부유물의 유입 방지가 용이하다.

④ 갈수 시 일정수심확보가 안 되면 취수가 불가능하다.

해설 토사유입의 방지는 거의 불가능하고 쓰레기 대책도 상당히 곤란하다.

30. 막여과 정수시설의 막을 약품 세척할 때 사용되는 약품과 제거가능 물질이 틀린 것은?

① 수산화나트륨 : 유기물

② 황산 : 무기물

③ 옥살산 : 유기물

④ 산 세제 : 무기물

해설 옥살산 : 무기물

31. 상수의 배수시설인 배수지에 관한 설명으로 틀린 것은?

① 가능한 한 급수구역의 중앙 가까이 설치한다.

② 유효수심은 1~2m 정도를 표준으로 한다.

③ 유효용량은 "시간변동조정용량"과 "비상대처용량"을 합하여 급수구역의 계획 1일 최대급수량의 12시간분 이상을 표준으로 한다.

④ 자연유하식 배수지의 표고는 최소동수압이 확보되는 높이여야 한다.

해설 배수지의 유효수심은 3~6m를 표준으로 한다.

32. 하수 관거시설에 관한 설명으로 틀린 것은?

① 오수관거의 유속은 계획시간 최대오수량에 대하여 최소 0.6m/s, 최대 3.0m/s로 한다.

② 우수관거 및 합류관거에서의 유속은 계획우수량에 대하여 최소 0.8m/s, 최대 3.0m/s로 한다.

③ 오수관거의 최소관경은 200mm를 표준으로 한다.

④ 우수관거 및 합류관거의 최소관경은 350mm를 표준으로 한다.

해설 우수관거 및 합류관거의 최소관경은 250mm를 표준으로 한다.

33. 수돗물의 부식성 관련 지표인 랑게리아지수(포화지수, LI)의 계산식으로 옳은 것은? (단, pH=물의 실제 pH, pHs=수중의 탄산칼슘이 용해되거나 석출되지 않는 평형상태의 pH)

① $\mathrm{LI}=\mathrm{pH}+\mathrm{pHs}$　② $\mathrm{LI}=\mathrm{pH}-\mathrm{pHs}$

③ $\mathrm{LI}=\mathrm{pH}\times\mathrm{pHs}$　④ $\mathrm{LI}=\mathrm{pH}/\mathrm{pHs}$

정답 28. ② 29. ③ 30. ③ 31. ② 32. ④ 33. ②

해설 랑게리아지수는 포화지수라고도 하며, 물의 실제 pH값과 이론적 pH값(pHs, 수중의 탄산칼슘이 용해되지도 석출되지도 않는 평형상태에 있을 때의 pH값)의 차이이다.

34. 상수도 시설인 도수시설의 도수노선에 관한 설명으로 틀린 것은?

① 원칙적으로 공공도로 또는 수도 용지로 한다.
② 수평이나 수직방향의 급격한 굴곡을 피한다.
③ 관로상 어떤 지점도 동수경사선보다 낮게 위치하지 않도록 한다.
④ 몇 개의 노선에 대하여 건설비 등의 경제성, 유지관리의 난이도 등을 비교, 검토하고 종합적으로 판단하여 결정한다.

해설 관로상 어떤 지점도 동수경사선보다 높게 위치하지 않도록 한다.

35. 하천표류수를 수원으로 할 때 하천기준수량은?

① 평수량 ② 갈수량
③ 홍수량 ④ 최대홍수량

해설 하천표류수를 수원으로 할 때 하천기준수량은 갈수량이다.

참고 하천의 수위 중에서 1년을 통하여 355일간 이보다 내려가지 않는 수위를 갈수위라 하며, 갈수위 때의 물의 양을 갈수량이라 한다.

36. 정수시설인 플록형성지에 관한 설명으로 틀린 것은?

① 혼화지와 침전지 사이에 위치하고 침전지에 붙여서 설치한다.
② 플록형성시간은 계획정수량에 대하여 20~40분간을 표준으로 한다.
③ 플록형성지 내의 교반강도는 하류로 갈수록 점차 감소시키는 것인 바람직하다.
④ 야간근무자도 플록형성상태를 감시할 수 있는 투명도 게이지를 설치하여야 한다.

해설 야간근무자도 플록형성상태를 감시할 수 있는 적절한 조명장치를 설치한다.

37. 하수도시설인 유량조정조에 관한 내용으로 틀린 것은?

① 조의 용량은 체류시간 3시간을 표준으로 한다.
② 유효수심은 3~5m를 표준으로 한다.
③ 유량조정조의 유출수는 침사지에 반송하거나 펌프로 일차침전지 혹은 생물반응조에 송수한다.
④ 조내에 침전물의 발생 및 부패를 방지하기 위해 교반장치 및 산기장치를 설치한다.

해설 조의 용량은 유입하수량 및 유입부하량의 시간변동을 고려하여 설정수량을 초과하는 수량을 일시 저류하도록 정한다.

38. 역사이펀 관로의 길이 500m, 관경은 500mm이고, 경사는 0.3%라고 하면 상기 관로에서 일어나는 손실수두(m)와 유량은? [단, Manning 조도 계수 n값=0.013, 역사이펀 관로의 미세손실=총 5cm 수두, 역사이펀 손실수두$(H)i \times L + 1.5 \times \dfrac{V^2}{2g} + \alpha$, 만관이라 가정]

① 1.63, 0.207 ② 2.61, 0.207
③ 1.63, 0.827 ④ 2.61, 0.827

해설 ㉠ $V = \dfrac{1}{0.013} \times \left(\dfrac{0.5}{4}\right)^{2/3} \times 0.003^{1/2}$
$= 1.053\text{m/s}$

정답 34. ③ 35. ② 36. ④ 37. ① 38. ①

ⓛ $H=0.003\times500+1.5\times\frac{1.053^2}{2\times9.8}+0.05$

$=1.63\text{m}$

ⓒ $Q=\frac{\pi\times0.5^2}{4}\times1.053=0.207\text{m}^3/\text{s}$

39. 정수처리를 위한 막여과설비에서 적절한 막여과의 유속 설정 시 고려사항으로 틀린 것은?

① 막의 종류
② 막공급의 수질과 최고 온도
③ 전처리설비의 유무와 방법
④ 입지조건과 설치공간

해설 막공급의 수질과 최저 온도

40. 정수장에서 염소소독 시 pH가 낮아질수록 소독효과가 커지는 이유는?

① OCl^-의 증가
② HOCl의 증가
③ H^+의 증가
④ O(발생기 산소)의 증가

해설 살균강도는 HOCl이 OCl^-보다 약 80배 이상 강하다.

참고 1. 수중에서 다음과 같이 화학 반응을 한다.

$Cl_2+H_2O \leftrightarrows HOCl+H^++Cl^-$

$HOCl \leftrightarrows H^++OCl^-$

2. 이 반응은 물의 pH와 관계가 있으며 낮은 pH에서 HOCl로 존재하다가 pH가 높아지면 OCl^-로 변화한다.

제3과목 수질오염방지기술

41. NO_3^-가 박테리아에 의하여 N_2로 환원되는 경우 폐수의 pH는?

① 증가한다.
② 감소한다.
③ 변화 없다.
④ 감소하다가 증가한다.

해설 NO_3^-가 세균에 의하여 N_2로 환원되면 수중의 수산이온 농도가 증가하여 pH는 증가한다.

참고 $6NO_3^{-1}+5CH_3OH \rightarrow$
$5CO_2+3N_2+7H_2O+6OH^-$

42. 활성슬러지 공정에서 포기조나 침전지 표면에 갈색거품을 유발시키는 방선균의 일종인 Nocardia의 과도한 성장을 유발시킬 수 있는 요인 또는 제어방법에 관한 내용으로 틀린 것은?

① 낮은 F/M비가 유발 요인이 된다.
② 불충분한 슬러지 인출로 인한 MLSS 농도의 증가가 유발 요인이 된다.
③ 미생물 체류시간을 증가시킨다.
④ 화학약품을 투하하여 포기조의 pH를 낮춘다.

해설 Nocardia의 과도한 성장을 제어하기 위해서는 미생물 체류시간을 감소시켜야 한다.

참고 Nocardia 증식제어와 거품 및 스컴 대책

1. 포기량 감소
포기량을 줄임으로써 거품 발생의 증상을 완화시키고 아울러 DO 농도를 낮게 유지시킴으로써 Nocardia의 증식속도도 느리게 된다.
2. 미생물체류시간(MCRT)의 감소
효과가 느린 대책이다. 슬러지 폐기량을 증대시켜 포기조 MLSS 농도를 낮은 농도로 유지하며 운전하는 방법으로서 Nocardia의 증식속도가 활성슬러지 미생물의 증식속도보다 느린 점을 이용한 대책이다.
3. 물리적 제거
거품을 선택적으로 포집하여 제거하는 방법이다.

정답 39. ② 40. ② 41. ① 42. ③

4. 인위적으로 거품을 발생시켜 제거
미세기포로 작동되는 부상조를 설치하여 거품을 제거하는 방법이다.
5. 포기조 수면의 거품 및 스컴 염소처리
반송슬러지의 염소처리는 권장할 만한 방법이 아니다. Nocardia는 슬러지플럭 내부에 있으므로 Nocardia를 죽이려면 다량의 염소를 주입하여 플럭을 파괴해야 하는데 이 경우 염소과량투입으로 방류수 수질을 악화시키게 되고 아울러 처리장의 처리능력이 감소한다.

43. 생물학적 질소제거공정에서 질산화로 생성된 NO_3-N 40mg/L이 탈질되어 질소로 환원될 때 필요한 이론적인 메탄올(CH_3OH)의 양(mg/L)은?

① 17.2 ② 36.6
③ 58.4 ④ 76.2

해설 $40\text{mg/L} \times \dfrac{5 \times 32\text{g}}{6 \times 14} = 76.19\text{mg/L}$

참고 $6NO_3^{-1} + 5CH_3OH \rightarrow$
$5CO_2 + 3N_2 + 7H_2O + 6OH^-$

44. 하수관거 내에서 황화수소(H_2S)가 발생되는 조건으로 가장 거리가 먼 것은?

① 용존산소의 결핍
② 황산염의 환원
③ 혐기성 세균의 증식
④ 염기성 pH

해설 산성 pH

참고 1. 황화수소는 산성조건으로 진행되면 H_2S의 농도가 점점 증가되어 독성을 나타낸다.
2. 황화수소는 온도가 높을수록, 용존산소가 낮을수록, 정체된 공간일수록 발생량이 증가한다.

45. 미처리 폐수에서 냄새를 유발하는 화합물과 냄새의 특징으로 가장 거리가 먼 것은?

① 황화수소 – 썩은 달걀냄새
② 유기 황화물 – 썩은 채소냄새
③ 스카톨 – 배설물 냄새
④ 다아민류 – 생선 냄새

해설 아민류 – 생선 냄새

46. 어떤 물질이 1차 반응으로 분해되며 속도상수는 $0.05d^{-1}$이다. 유량이 $395m^3/d$일 때 이 물질의 90%를 제거하는 데 필요한 PFR부피(m^3)는?

① 17250 ② 18190
③ 19530 ④ 20350

해설 $\ln\dfrac{10}{100} = -0.05 \times \dfrac{x}{395}$

$\therefore x = 18190.42m^3$

참고 PFR부피는 1차 반응에 대한 적분식을 이용하여 구한다.

$$\ln\frac{C_t}{C_0} = -K \times t, \quad t = \frac{V}{Q}$$

47. 슬러지를 진공 탈수시켜 부피가 50% 감소되었다. 유입슬러지 함수율이 98%이었다면 탈수 후 슬러지의 함수율(%)은? (단, 슬러지 비중은 1.0 기준)

① 90 ② 92
③ 94 ④ 96

해설 $1 \times (1-0.98) = \dfrac{1}{2} \times (1-x)$

$\therefore x = 0.96 = 96\%$

참고 $V_1 \times 순도_1 = V_2 \times 순도_2$,
순도=1−함수율

48. 평균유량이 $20000m^3/d$이고 최고유량이 $30000m^3/d$인 하수처리장에 1차침전지를 설계하고자 한다. 표면월류는 평균유량 조건하

정답 43. ④ 44. ④ 45. ④ 46. ② 47. ④ 48. ③

에서 25m/d, 최대유량 조건하에서 60m/d를 유지하고자 할 때, 실제 설계하여야 하는 1차 침전지의 수면적(m^2)은? (단, 침전지는 원형 침전지라 가정)

① 500 ② 650
③ 800 ④ 1300

해설 ㉠ $25=\frac{20000}{x}$ $\therefore x=800m^2$

㉡ $60=\frac{30000}{x}$ $\therefore x=500m^2$

∴ 1차침전지의 수면적은 $800m^2$이다.

참고 각 조건을 만족하는 면적을 구한 후 최대값을 선택한다.

49. 1차 처리된 분뇨의 2차 처리를 위해 포기조, 2차침전지로 구성된 표준 활성슬러지를 운영하고 있다. 운영 조건이 다음과 같을 때 고형물 체류시간(SRT, d)은? (단, 유입유량=$1000m^3/d$, 포기조 수리학적 체류시간=6시간, MLSS 농도=3000mg/L, 잉여슬러지 배출량=$30m^3/d$, 잉여슬러지 SS 농도=10000mg/L, 2차침전지 유출수 SS 농도=5mg/L)

① 약 2 ② 약 2.5
③ 약 3 ④ 약 3.5

해설 $SRT=\frac{1000\times\frac{6}{24}\times3000}{10000\times30+(1000-30)\times5}$
$=2.46d$

참고 $SRT=\frac{V\cdot X}{X_r\cdot Q_w+(Q-Q_w)X_e}$,
$V=Q\times t$

50. 다음 물질 중 증기압(mmHg)이 가장 큰 것은?

① 물 ② 에틸알코올
③ n-헥산 ④ 벤젠

해설 증기압이 클수록 끓는점은 낮아진다.

참고 물 : 100℃, 에틸알코올 : 78.37℃, n-헥산 : 69℃, 벤젠 : 80.1℃

51. 역삼투장치로 하루에 20000L의 3차 처리된 유출수를 탈염하고자 한다. 25℃에서 물질전달계수는 0.2068L/(d·m^2)(kPa), 유입수와 유출수의 압력차는 2400kPa, 유입수와 유출수의 삼투압차는 310kPa, 최저운전온도는 10℃이다. 요구되는 막 면적(m^2)은? (단, $A_{10℃}=1.2A_{25℃}$)

① 약 39 ② 약 56
③ 약 78 ④ 약 94

해설 $A=\frac{20000\times1.2}{0.2068\times(2400-310)}$
$=55.53m^2$

52. $2000m^3/d$의 하수를 처리하는 하수처리장의 1차침전지에서 침전 고형물이 0.4ton/d, 2차 침전지에서 0.3ton/d가 제거되며 이때 각 고형물의 함수율은 98%, 99.5%이다. 체류시간을 3일로 하여 농축시키려면 농축조의 크기(m^2)는? (단, 고형물의 비중은 1.0으로 가정)

① 80 ② 240
③ 620 ④ 1860

해설 ㉠ 부피를 구하는 식을 이용한다.
$V=Q\cdot t$
여기서, Q : 1차 슬러지와 2차 슬러지의 습량

㉡ $V=\left(\frac{0.4}{0.02}+\frac{0.3}{0.005}\right)m^3/d\times3d$
$=240m^3$

53. 다음 그림은 하수 내 질소, 인을 효과적으로 제거하기 위한 어떤 공법을 나타낸 것인가?

정답 49. ② 50. ③ 51. ② 52. ② 53. ③

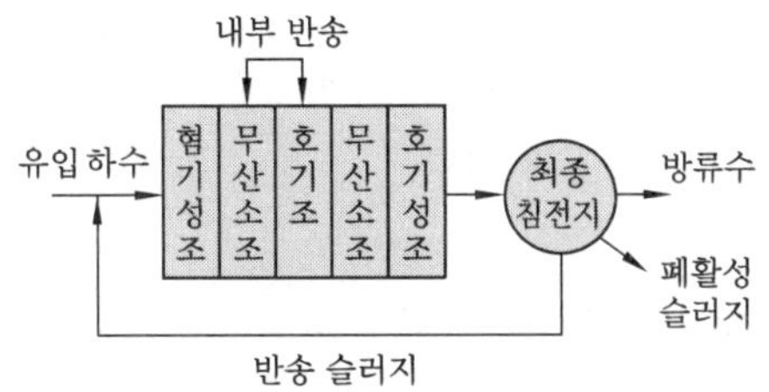

① VIP process
② A^2/O process
③ 수정-Bardenpho process
④ Phostrip process

해설 Modified Barenpho공법은 질소와 인의 동시제거를 위하여 Bardenpho 공법에 혐기성 반응 단계를 추가한 변형 공정이다.

54. 플록을 형성하여 침강하는 입자들이 서로 방해를 받으므로 침전속도는 점차 감소하게 되며 침전하는 부유물과 상등수 간에 뚜렷한 경계면이 생기는 침전형태는?

① 지역침전 ② 압축침전
③ 압밀침전 ④ 응집침전

해설 입자의 농도가 높기 때문에 액체는 서로 접촉하는 입자들이 틈 사이로 빠져 올라오려고 한다. 결과적으로 접촉하는 입자들은 침전할 때 각 입자 사이의 상대위치를 바꾸지 않고 계면을 형성하며 침전한다. 이런 침전을 간섭침전, 지역침전, 방해침전이라고 한다.

55. 여과에서 단일 메디아 여과상보다 이중 메디아 혹은 혼합 메디아를 사용하는 장점으로 가장 거리가 먼 것은?

① 높은 여과속도
② 높은 탁도를 가진 물을 여과하는 능력
③ 긴 운전시간
④ 메디아 수명 연장에 따른 높은 경제성

해설 이중 메디아 혹은 혼합 메디아를 사용하는 장점
㉠ 여과상 내 고형물 저장을 위한 부피 증가
㉡ 높은 여과속도와 긴 여과시간
㉢ 여과수 단위면적당 역세척수가 적게 요구

56. 혼합에 사용되는 교반강도의 식에 대한 설명으로 틀린 것은? [단, 교반강도식 : $G=(P/\mu V)^{1/2}$]

① G=속도경사(1/s)
② P=동력(N/s)
③ μ=점성계수($N \cdot s/m^2$)
④ V=부피(m^3)

해설 P=동력(J/s=watt)

57. 염소의 살균력에 대한 설명으로 옳지 않은 것은?

① 살균강도는 HOCl>OCl^-이다.
② 염소의 살균력은 반응시간이 길고 온도가 높을 때 강하다.
③ 염소의 살균력은 주입농도가 높고 pH가 낮을 때 강하다.
④ Chloramines은 살균력은 강하나 살균작용은 오래 지속되지 않는다.

해설 결합잔류염소(Chloramines)는 살균력은 약하나 소독 후 물에 이 취미를 주지 않고 살균작용이 오래 지속되는 장점이 있다.

58. 급속 모래여과를 운전할 때 나타나는 문제점이라 할 수 없는 것은?

① 진흙 덩어리(mud ball)의 축적
② 여재의 층상구조 형성
③ 여과상의 수축
④ 공기 결합(air binding)

해설 급속 모래여과를 운전할 때 나타나는 문제점
㉠ 여과상의 수축
㉡ 공기 결합(여상 내부의 수온 상승, 압력

2017

정답 54. ① 55. ④ 56. ② 57. ④ 58. ②

저하, 조류 증식)
㉢ 진흙매트 형성

59. **폐수 중 크롬이 함유되었을 경우의 설명으로 가장 거리가 먼 것은?**

① 크롬은 자연수에서 3가크롬 형태로 존재한다.
② 3가크롬은 인체 건강에 그다지 해를 끼치지 않는다.
③ 3가크롬은 자연수에서 완전 가수분해된다.
④ 6가크롬은 합금, 도금, 페인트 생산 공정에 이용된다.

해설 토양에서는 대부분 3가크롬으로 존재하고 지표수에서는 3가와 6가의 비율이 매우 다양하다.

60. **수처리 과정에서 부유되어 있는 입자의 응집을 초래하는 원인으로 가장 거리가 먼 것은?**

① 제타 포텐셜의 감소
② 플록에 의한 체거름 효과
③ 정전기 전하 작용
④ 가교현상

해설 정전기 전하 작용은 반발력을 증가시켜 응집을 방해한다.

제4과목 수질오염공정시험기준

61. **램버트-비어(Lambert-Beer)의 법칙에서 흡광도의 의미는? (단, I_0 = 입사광의 강도, I_t = 투사광의 강도, t = 투과도)**

① $\frac{I_t}{I_0}$　　② $t \times 100$
③ $\log\frac{1}{t}$　　④ $I_t \times 10^{-1}$

해설 투과도의 역수의 상용대수, 즉 $\log\frac{l}{t}$를 흡광도라 한다.

62. **0.005M-$KMnO_4$ 400mL를 조제하려면 $KMnO_4$ 약 몇 g을 취해야 하는가? (단, 원자량 K=39, Mn=55)**

① 약 0.32　　② 약 0.63
③ 약 0.84　　④ 약 0.98

해설 $\frac{0.005\text{mol}}{\text{L}} \times \frac{(39+55+16\times4)\text{g}}{\text{mol}} \times 0.4\text{L}$
$= 0.316\text{g}$

63. **배수로에 흐르는 폐수의 유량을 부유체를 사용하여 측정했다. 수로의 평균단면적 0.5m^2, 표면최대속도 6m/s일 때 이 폐수의 유량(m^3/min)은? (단, 수로의 구성, 재질, 수로단면의 형상, 기울기 등이 일정하지 않은 개수로)**

① 115　　② 135
③ 185　　④ 245

해설 $Q = 0.5 \times 6 \times 60 \times 0.75 = 135\text{m}^3/\text{min}$

64. **흡광광도계용 흡수셀의 재질과 그에 따른 파장범위를 잘못 짝지은 것은? (단, 재질 - 파장범위)**

① 유리제 - 가시부
② 유리제 - 근적외부
③ 석영제 - 자외부
④ 플라스틱제 - 근자외부

해설 플라스틱제 - 근적외부

참고 흡수셀의 재질로는 유리, 석영, 플라스틱 등을 사용한다. 유리제는 주로 가시(可視) 및 근적외(近赤外)부 파장범위, 석영제는 자외부 파장범위, 플라스틱제는 근적외부 파장범위를 측정할 때 사용한다.

정답 59. ① 60. ③ 61. ③ 62. ① 63. ② 64. ④

65. **크롬-자외선/가시선 분광법에 관한 내용으로 틀린 것은?**

① $KMnO_4$로 3가크롬을 6가크롬으로 산화시킨다.
② 적자색 착화합물의 흡광도를 430nm에서 측정한다.
③ 정량한계는 0.04mg/L이다.
④ 6가크롬을 산성에서 다이페닐카바자이드와 반응시킨다.

해설 적자색 착화합물의 흡광도를 540nm에서 측정한다.

66. **수질연속자동측정기기의 설치방법 중 시료채취지점에 관한 내용으로 ( )에 옳은 것은?**

> 취수구의 위치는 수면하 10cm 이상, 바닥으로부터 ( )을 유지하여 동절기의 결빙을 방지하고 바닥 퇴적물이 유입되지 않도록 하되, 불가피한 경우는 수면하 5cm에서 채취할 수 있다.

① 5cm 이상 ② 15cm 이상
③ 25cm 이상 ④ 35cm 이상

참고 시료채취지점 일반사항
시료채취위치는 시료의 채취 및 보존 방법을 우선 만족시켜야 하며, 다음 사항을 고려하여 선정해야 한다.
1. 하·폐수의 성질과 오염물질의 농도를 대표할 수 있는 곳으로 수로나 관로의 굴곡부분이나 단면모양이 급격히 변하는 부분을 피하여 흐름상태가 안정한 곳을 선택하여야 한다.
2. 측정이나 유지보수가 가능하도록 접근이 쉬운 곳이어야 한다.
3. 시료채취 시 우수나 조업목적 이외의 물이 포함되지 않아야 한다.
4. 하·폐수 처리시설의 최종 방류구에서 시료채취지점을 선정하여야 하며, 공공하수처리시설에서 우천 시 2Q 처리로 1차 침전 후 별도의 처리시설을 거치지 않고 by-pass 하는 경우에는 합류하는 지점 후단에서 채취지점을 선정하여야 한다.
5. 취수구의 위치는 수면하 10cm 이상, 바닥으로부터 15cm 이상을 유지하여 동절기의 결빙을 방지하고 바닥 퇴적물이 유입되지 않도록 하되, 불가피한 경우는 수면하 5cm에서 채취할 수 있다.

67. **유기물을 다량 함유하고 있으면서 산 분해가 어려운 시료에 적용되는 전처리법은?**

① 질산-염산법
② 질산-황산법
③ 질산-초산법
④ 질산-과염소산법

68. **기체크로마토그래피법의 어떤 정량법에 대한 설명인가?**

> 크로마토그램으로부터 얻은 시료 각 성분의 봉우리 면적을 측정하고 그것들의 합을 100으로 하여 이에 대한 각각의 봉우리 넓이 비를 각 성분의 함유율로 한다.

① 내부표준 백분율법
② 보정성분 백분율법
③ 성분 백분율법
④ 넓이 백분율법

해설 넓이 백분율법 : 크로마토그램으로부터 얻은 시료 각 성분의 봉우리 면적을 측정하고 그것들의 합을 100으로 하여 이에 대한 각각의 봉우리 넓이 비를 각 성분의 함유율로 한다.

69. **백분율(W/V, %)의 설명으로 옳은 것은?**

① 용액 100g 중의 성분무게(g)를 표시
② 용액 100mL 중의 성분용량(mL)을

정답 65. ② 66. ② 67. ④ 68. ④ 69. ③

표시
③ 용액 100mL 중의 성분무게(g)를 표시
④ 용액 100g 중의 성분용량(mL)을 표시

70. **취급 또는 저장하는 동안 이물질이 들어가거나 내용물이 손실되지 아니하도록 보호하는 용기는?**

① 밀폐용기 ② 기밀용기
③ 밀봉용기 ④ 차광용기

71. **유도결합플라스마 발광광도법에 대한 설명으로 틀린 것은?**

① 플라스마는 그 자체가 광원으로 이용되기 때문에 매우 넓은 농도범위에서 시료를 측정한다.
② ICP의 토치는 제일 안쪽으로는 시료가 운반가스와 함께 흐르며, 가운데 관으로는 보조가스, 제일 바깥쪽 관에는 냉각가스가 도입된다.
③ 알곤플라스마는 토치 위에 불꽃형태로 생성되지만 온도, 전자 밀도가 가장 높은 영역은 중심축보다 안쪽에 위치한다.
④ ICP 발광광도 분석장치는 시료주입부, 고주파전원부, 광원부, 분광부, 연산처리부 및 기록부로 구성되어 있다.

해설 알곤플라스마는 토치 위에 불꽃 형태(지름 12~15mm, 높이 약 30mm)로 생성되지만 온도, 전자 밀도가 가장 높은 영역은 중심축보다 약간 바깥쪽(2~4mm)에 위치한다.

72. **수질오염공정시험기준에서 암모니아성 질소의 분석방법으로 가장 거리가 먼 것은?**

① 자외선/가시선 분광법
② 연속흐름법
③ 이온전극법
④ 적정법

해설 적용 가능한 시험방법

암모니아성 질소	정량한계 (mg/L)
자외선/가시선 분광법	0.01mg/L
이온전극법	0.08mg/L
적정법	1mg/L

73. **기체크로마토그래피법에 의한 PCB 정량법에서 실리카겔 칼럼의 역할은?**

① 기체크로마토그래피의 정량물질을 고열로부터 보호하기 위한 칼럼이다.
② 기체크로마토그래피에 분석용 시료를 주입하기 전에 PCB 이외 극성화합물을 제거하는 칼럼이다.
③ 분석용 시료 중의 수분을 흡수시키는 칼럼이다.
④ 시료 중 가용성 염류를 분리시키는 이온교환 칼럼이다.

74. **황산산성에서 과요오드산 칼륨으로 산화하여 생성된 이온을 흡광도 525nm에서 측정하여 정량하는 금속은?**

① Mn^{++} ② Ni^{++}
③ Co^{++} ④ Pb^{++}

75. **분원성 대장균군-막여과법의 측정방법으로 ( )에 옳은 내용은?**

> 물속에 존재하는 분원성대장균군을 측정하기 위하여 페트리접시에 배지를 올려 놓은 다음 배양 후 여러 가지 색조를 띠는 ( )의 집락을 계수하는 방법이다.

① 황색 ② 녹색 ③ 적색 ④ 청색

76. **원자흡수분광광도법의 일반적인 분석오차**

정답 70. ① 71. ③ 72. ② 73. ② 74. ① 75. ④ 76. ②

원인으로 가장 거리가 먼 것은?

① 계산의 잘못
② 파장선택부의 불꽃 역화 또는 과열
③ 검량선 작성의 잘못
④ 표준시료와 분석시료의 조성이나 물리적·화학적 성질의 차이

해설 분석의 오차는 일반적으로 다음의 요인에 의하여 생기는 경우가 많으므로 미리 충분히 검토하여야 한다.

1. 표준시료의 선택의 부적당 및 조제의 잘못
2. 분석시료의 처리방법과 희석의 부적당
3. 표준시료와 분석시료의 조성이나 물리적·화학적 성질의 차이
4. 공존물질에 의한 간섭
5. 광원램프의 드리프트(Drift) 열화(劣化)
6. 광원부 및 파장선택부의 광학계의 조절 불량
7. 측광부의 불안정 또는 조절 불량
8. 분무기 또는 버너의 오염이나 폐색
9. 가연성 가스 및 조연성 가스의 유량이나 압력의 변동
10. 불꽃을 투과하는 광속의 위치의 조정 불량
11. 검량선 작성의 잘못
12. 계산의 잘못

77. 카드뮴을 자외선/가시선 분광법을 이용하여 측정할 때에 관한 설명으로 ( )에 내용으로 옳은 것은?

> 물속에 존재하는 카드뮴이온을 시안화칼륨이 존재하는 알칼리성에서 디티존과 반응시켜 생성하는 카드뮴착염을 사염화탄소로 추출하고, 추출한 카드뮴 착염을 (㉮)으로 역추출한 다음 다시 (㉯)과(와) 시안화칼륨을 넣어 디티존과 반응하여 생성하는 (㉰)의 카드뮴착염을 사염화탄소로 추출하고 그 흡광도를 측정하는 방법이다.

① ㉮ 타타르산용액, ㉯ 수산화나트륨, ㉰ 적색
② ㉮ 아스코르빈산용액, ㉯ 염산(1+15), ㉰ 적색
③ ㉮ 타타르산용액, ㉯ 수산화나트륨, ㉰ 청색
④ ㉮ 아스코르빈산용액, ㉯ 염산(1+15), ㉰ 청색

78. 70% 질산을 물로 희석하여 5% 질산으로 제조하려고 한다. 70% 질산과 물의 비율은?

① 1 : 9　② 1 : 11
③ 1 : 13　④ 1 : 15

해설 $70 \times 1 = 5 \times (1+x)$ $\therefore x = 13$

79. 용해성 망간을 측정하기 위해 시료를 채취 후 속히 여과해야 하는 이유는?

① 망간을 공침시킬 우려가 있는 현탁물질을 제거하기 위해
② 망간 이온을 접촉적으로 산화, 침전시킬 우려가 있는 이산화망간을 제거하기 위해
③ 용존상태에서 존재하는 망간과 침전상태에서 존재하는 망간을 분리하기 위해
④ 단시간 내에 석출, 침전할 우려가 있는 콜로이드 상태의 망간을 제거하기 위해

80. 수질오염공정시험기준상 냄새 측정에 관한 내용으로 틀린 것은?

① 물속의 냄새를 측정하기 위하여 측정자의 후각을 이용하는 방법이다.
② 잔류염소의 냄새는 측정에서 제외한다.
③ 냄새 역치는 냄새를 감지할 수 있는 최대희석배수를 말한다.
④ 각 판정요원의 냄새의 역치를 산술평

2017

정답 77. ① 78. ③ 79. ③ 80. ④

균하여 결과로 보고한다.

해설 냄새 역치로 보고하는 경우에는 각 판정요원의 냄새의 역치를 기하평균하여 결과로 보고한다.

제5과목 수질환경관계법규

81. 초과부과금 산정 시 1킬로그램당 부과금액이 가장 큰 수질오염물질은?

① 크롬 및 그 화합물
② 비소 및 그 화합물
③ 테트라클로로에틸렌
④ 납 및 그 화합물

참고 법 제41조 시행령 별표 14 참조

82. 기본배출부과금 산정 시 적용되는 지역별 부과계수로 맞는 것은?

① 가 지역 : 1.2 ② 청정지역 : 0.5
③ 나 지역 : 1 ④ 특례지역 : 2

참고 법 제41조 시행령 별표 10 참조

83. 하천, 호수에서 자동차를 세차하는 행위를 한 자에 대한 과태료 처분기준으로 적절한 것은?

① 100만원 이하의 과태료
② 50만원 이하의 과태료
③ 30만원 이하의 과태료
④ 10만원 이하의 과태료

참고 법 제82조 ③항 참조

84. 비점오염저감계획서에 포함되어야 하는 사항으로 틀린 것은?

① 비점오염원 저감방안
② 비점오염원 관리 및 모니터링 방안
③ 비점오염저감시설 설치계획
④ 비점오염원 관련 현황

참고 법 제53조 ②항 참조

85. 오염총량관리기본방침에 포함되어야 하는 사항으로 틀린 것은?

① 오염총량관리의 목표
② 오염총량관리의 대상 수질오염물질 종류
③ 오염원의 조사 및 오염부하량 산정방법
④ 오염총량관리 현황

참고 법 제4조의2 참조

86. 수질자동측정기기 및 부대시설을 모두 부착하지 아니할 수 있는 시설의 기준으로 옳은 것은?

① 연간 조업일수가 60일 미만인 사업장
② 연간 조업일수가 90일 미만인 사업장
③ 연간 조업일수가 120일 미만인 사업장
④ 연간 조업일수가 150일 미만인 사업장

해설 수질자동측정기기 및 부대시설을 모두 부착하지 아니할 수 있는 시설

가. 폐수가 최종 방류구를 거치기 전에 일정한 관로를 통하여 생산공정에 폐수를 순환시키거나 재이용하는 등의 경우로서 최대 폐수배출량이 1일 200세제곱미터 미만인 사업장 또는 공동방지시설

나. 사업장에서 배출되는 폐수를 법 제35조 제4항에 따른 공동방지시설에 모두 유입시키는 사업장

다. 법 제48조 제1항에 따른 공공폐수처리시설 또는 「하수도법」 제2조 제9호에 따른 공공하수처리시설에 폐수를 모두 유입시키거나 대부분의 폐수를 유입시키고 1일 200세제곱미터 미만의 폐수를 공공수역에 직접 방류하는 사업장 또는 공동방지시설(기본계획의 승인을 받거나 공공하수도 설치인가를 받은 공공폐수처리시설이나 공공하수처리시설에 배수설비

정답 81. ③ 82. ③ 83. ① 84. ② 85. ④ 86. ②

를 연결하여 처리할 예정인 시설을 포함한다)

라. 제33조에 따른 방지시설설치의 면제기준에 해당되는 사업장

마. 배출시설의 폐쇄가 확정·승인·통보된 시설 또는 시·도지사가 제35조 제2항에 따른 측정기기의 부착 기한으로부터 1년 이내에 폐쇄할 배출시설로 인정한 시설

바. 연간 조업일수가 90일 미만인 사업장

사. 사업장에서 배출하는 폐수를 회분식(batch type, 2개 이상 회분식 처리시설을 설치·운영하는 경우에는 제외한다)으로 처리하는 수질오염방지시설을 설치·운영하고 있는 사업장

아. 그 밖에 자동측정기기에 의한 배출량 등의 측정이 어려워 부착을 면제할 필요가 있다고 환경부장관이 인정하는 시설

참고 법 제38조의2 시행령 별표 7 비고 참조

87. 수질 및 수생태계 중 하천의 생활환경기준으로 틀린 것은? (단, 등급 : 약간 좋음, 단위 : mg/L)

① COD : 2 이하　② BOD : 3 이하
③ SS : 25 이하　④ DO : 5.0 이상

해설 COD 항목은 2015년 12월 31일까지 적용되었다. 지금은 삭제된 생활환경기준이다.

참고 환경정책기본법 시행령 별표 1 참조

88. 휴경 등 권고대상 농경지의 해발고도 및 경사도는?

① 해발고도 : 해발 200미터, 경사도 : 10%
② 해발고도 : 해발 400미터, 경사도 : 15%
③ 해발고도 : 해발 600미터, 경사도 : 20%
④ 해발고도 : 해발 800미터, 경사도 : 25%

참고 법 제59조 참조

89. 수질 및 수생태계 하천 환경기준 중 생활환경기준에 적용되는 등급에 따른 수질 및 수생태계 상태를 나타낸 것이다. 다음 설명에 해당하는 등급의 수질 및 수생태계 상태는?

상당량의 오염물질로 인하여 용존산소가 소모되는 생태계로 농업용수로 사용하거나 여과, 침전, 활성탄 투입, 살균 등 고도의 정수처리 후 공업용수로 사용할 수 있음

① 약간 나쁨　② 나쁨
③ 상당히 나쁨　④ 매우 나쁨

참고 환경정책기본법 시행령 별표 1 참조

90. 사업장별 환경기술인의 자격기준에 관한 설명으로 틀린 것은?

① 연간 90일 미만 조업하는 제1종부터 제3종까지의 사업장은 제4종사업장, 제5종사업장에 해당하는 환경기술인을 선임할 수 있다.
② 공동방지시설의 경우에 폐수배출량이 제1종 또는 제2종사업장은 제3종사업장에 해당하는 환경기술인을 둘 수 있다.
③ 특정수질유해물질이 포함된 오염물질을 배출하는 제4종 또는 제5종사업장은 제3종사업장에 해당하는 환경기술인을 두어야 한다. 다만, 특정수질유해물질이 포함된 1일 $10m^3$ 이하의 폐수를 배출하는 사업장의 경우에는 그러하지 아니하다.
④ 방지시설 설치면제대상인 사업장과 배출시설에서 배출되는 오염물질 등을 공동방지시설에서 처리하게 하는 사업장은 제4종사업장, 제5종사업장에 해당

2017

정답　87. ①　88. ②　89. ①　90. ②

하는 환경기술인을 둘 수 있다.

해설 ③이 "제1종 또는 제2종사업장 중 1개월간 실제 작업한 날만을 계산하여 1일 평균 17시간 이상 작업하는 경우 그 사업장은 환경기술인을 각각 2인 이상 두어야 한다."로 출제되어 답이 2개로 되는 문제로 출제되었다. 이 내용은 2017년 1월에 삭제되었다. ③을 수정하였다.

참고 법 제47조 시행령 별표 17 참조

91. 물환경 보전에 관한 법률상의 용어 정의가 틀린 것은?

① 폐수 : 물에 액체성 또는 고체성의 수질오염물질이 섞여 있어 그대로는 사용할 수 없는 물
② 수질오염물질 : 사람의 건강, 재산이나 동, 식물 생육에 위해를 줄 수 있는 물질로 환경부령으로 정하는 것
③ 강우유출수 : 비점오염원의 수질오염물질이 섞여 유출되는 빗물 또는 눈 녹은 물 등
④ 기타수질오염원 : 점오염원 및 비점오염원으로 관리되지 아니하는 수질오염물질을 배출하는 시설 또는 장소로서 환경부령으로 정하는 것

해설 수질오염물질 : 수질오염의 요인이 되는 물질로서 환경부령으로 정하는 것을 말한다.

참고 법 제2조 참조

92. 배출부과금을 부과할 때 고려하여야 하는 사항으로 틀린 것은?

① 배출허용기준 초과 여부
② 자가 측정 여부
③ 수질오염물질 처리비용
④ 배출되는 수질오염물질의 종류

참고 법 제41조 ②항 참조

93. 호소수 이용 상황 등의 조사·측정에 관한 내용으로 ( )에 옳은 것은?

시·도지사는 환경부장관이 지정·고시하는 호소 외의 호소로서 만수위일 때의 면적이 ( ) 이상인 호소의 수질 및 수생태계 등을 정기적으로 조사·측정하여야 한다.

① 10만 제곱미터 ② 20만 제곱미터
③ 30만 제곱미터 ④ 50만 제곱미터

참고 법 제28조 참조

94. 공공폐수처리시설의 관리·운영자가 처리시설의 적정운영 여부 확인을 위한 방류수 수질검사 실시 기준으로 옳은 것은? (단, 시설규모는 1000m^3/d이며, 수질은 현저히 악화되지 않았음)

① 방류수 수질검사 월 2회 이상
② 방류수 수질검사 월 1회 이상
③ 방류수 수질검사 매 분기 1회 이상
④ 방류수 수질검사 매 반기 1회 이상

참고 법 제50조 시행규칙 별표 15 참조

95. 수질오염물질 총량관리를 위하여 시·도지사가 오염총량관리기본계획을 수립하여 환경부장관에게 승인을 얻어야 한다. 계획수립 시 포함되는 사항으로 거리가 먼 것은?

① 해당 지역 개발계획의 내용
② 시·도지사가 설치·운영하는 측정망 관리계획
③ 관할 지역에서 배출되는 오염부하량의 총량 및 저감계획
④ 해당 지역 개발계획으로 인하여 추가로 배출되는 오염부하량 및 저감계획

참고 법 제4조의3 참조

정답 91. ② 92. ③ 93. ④ 94. ① 95. ②

96. 국립환경과학원장이 설치·운영하는 측정망의 종류로 틀린 것은?

① 퇴적물 측정망
② 점오염원 배출 오염물질 측정망
③ 공공수역 유해물질 측정망
④ 생물 측정망

참고 법 제9조 참조

97. 대권역 물환경 보전계획에 포함되어야 할 사항으로 틀린 것은?

① 상수원 및 물 이용현황
② 점오염원, 비점오염원 및 기타수질오염원의 분포현황
③ 점오염원, 비점오염원 및 기타수질오염원의 수질오염 저감시설 현황
④ 점오염원, 비점오염원 및 기타수질오염원에서 배출되는 수질오염물질의 양

참고 법 제24조 참조

98. 폐수처리업자의 준수사항에 관한 설명으로 ( )에 옳은 것은?

> 수탁한 폐수는 정당한 사유 없이 (㉮) 보관할 수 없으며, 보관폐수의 전체량이 저장시설 저장능력의 (㉯) 이상 되게 보관하여서는 아니 된다.

① ㉮ 10일 이상, ㉯ 80%
② ㉮ 10일 이상, ㉯ 90%
③ ㉮ 30일 이상, ㉯ 80%
④ ㉮ 30일 이상, ㉯ 90%

참고 법 제62조 ②항 시행규칙 별표 21 참조

99. 호소수 이용 상황 등의 조사·측정 등에 관한 설명으로 ( )에 알맞은 내용은?

> 환경부장관이나 시·도지사는 지정, 고시된 호소의 생성·조성 연도, 유역면적, 저수량 등 호소를 관리하는 데에 필요한 기초자료에 대하여 ( )마다 조사, 측정함을 원칙으로 한다.

① 2년 ② 3년
③ 5년 ④ 10년

참고 법 제28조 참조

100. 공공폐수처리시설의 유지·관리기준에 관한 사항으로 ( )에 옳은 내용은?

> 처리시설의 관리·운영자는 처리시설의 적정운영여부를 확인하기 위한 방류수 수질검사를 (㉮) 실시하되, 1일당 2천 세제곱미터 이상인 시설은 주 1회 이상 실시하여야 한다. 다만, 생태독성(TU) 검사는 (㉯) 실시하여야 한다.

① ㉮ 월 2회 이상, ㉯ 월 1회 이상
② ㉮ 월 1회 이상, ㉯ 월 2회 이상
③ ㉮ 월 2회 이상, ㉯ 월 2회 이상
④ ㉮ 월 1회 이상, ㉯ 월 1회 이상

참고 법 제50조 시행규칙 별표 15 참조

2017

정답 96. ② 97. ③ 98. ② 99. ② 100. ①

2017년 5월 7일 시행

자격종목 및 등급(선택분야)	종목코드	시험시간	문제지형별	수검번호	성 명
수질환경기사	2572	2시간	A		

제1과목 수질오염개론

1. 수질예측모형의 공간성에 따른 분류에 관한 설명으로 틀린 것은?

① 0차원 모형 : 식물성 플랑크톤의 계절적 변동사항에 주로 이용된다.
② 1차원 모형 : 하천이나 호수를 종방향 또는 횡방향의 연속교반 반응조로 가정한다.
③ 2차원 모형 : 수질의 변동이 일방향성이 아닌 이방향성으로 분포하는 것으로 가정한다.
④ 3차원 모형 : 대호수의 순환 패턴분석에 이용된다.

해설 0차원 모형은 호수 내 무기물질의 축적 등을 평가하는 데는 유용하지만 식물성 플랑크톤의 계절적 변동사항에 대하여는 적용이 곤란하다.

2. 하구(estuary)의 혼합 형식 중 하상구배와 조차(潮差)가 적어서 염수와 담수의 2층의 밀도류가 발생되는 것은?

① 강 혼합형 ② 약 혼합형
③ 중 혼합형 ④ 완 혼합형

해설 하상구배와 조차가 적어서 염수와 담수의 2층의 밀도류가 발생되는 것은 약 혼합형이다.

3. 20℃의 하천수에 있어서 바람 등에 의한 DO 공급량이 $0.02mgO_2/L\cdot d$이고, 이 강이 항상 DO 농도가 7mg/L 이상 유지되어야 한다면 이 강의 산소전달계수(h^{-1})는? (단, α와 β는 무시, 20℃ 포화 DO=9.17mg/L)

① 1.3×10^{-3} ② 3.8×10^{-3}
③ 1.3×10^{-4} ④ 3.8×10^{-4}

해설 $\frac{0.02}{24} = x\times(9.17-7)$

$\therefore x = 3.84\times10^{-4}hr^{-1}$

참고 $\frac{dC}{dt} = \alpha K_{La}\times(\beta C_s - C_t)$

4. 지하수 오염의 특징으로 틀린 것은?

① 지하수의 오염경로는 단순하여 오염원에 의한 오염범위를 명확하게 구분하기가 용이하다.
② 지하수는 흐름을 눈으로 관찰할 수 없기 때문에 대부분의 경우 오염원의 흐름방향을 명확하게 확인하기 어렵다.
③ 오염된 지하수층을 제거, 원상 복구하는 것은 매우 어려우며 많은 비용과 시간이 소요된다.
④ 지하수는 대부분 지역에서 느린 속도로 이동하여 관측정이 오염원으로부터 원거리에 위치한 경우 오염원의 발견에 많은 시간이 소요될 수 있다.

해설 지하수의 오염경로는 다양하여 오염원에 의한 오염범위를 명확하게 구분하기가 어렵다.

5. 기상수(우수, 눈, 우박 등)에 관한 설명으로 틀린 것은?

① 기상수는 대기중에서 지상으로 낙하할

정답 1. ① 2. ② 3. ④ 4. ① 5. ②

때는 상당한 불순물을 함유한 상태이다.
② 우수의 주성분은 육수의 주성분과 거의 동일하다.
③ 해안 가까운 곳의 우수는 염분함량의 변화가 크다.
④ 천수는 사실상 증류수로서 증류단계에서는 순수에 가까워 다른 자연수보다 깨끗하다.

해설 우수의 주성분은 해수의 주성분과 거의 동일하다.

6. 광합성에 대한 설명으로 틀린 것은?

① 호기성광합성(녹색식물의 광합성)은 진조류와 청녹조류를 위시하여 고등식물에서 발견된다.
② 녹색식물의 광합성은 탄산가스와 물로부터 산소와 포도당(또는 포도당 유도산물)을 생성하는 것이 특징이다.
③ 세균활동에 의한 광합성은 탄산가스의 산화를 위하여 물 이외의 화합물질이 수소원자를 공여, 유리산소를 형성한다.
④ 녹색식물의 광합성 시 광은 에너지를 그리고 물은 환원반응에 수소를 공급해 준다.

해설 세균활동에 의한 광합성은 탄산가스의 산화를 위하여 물 이외의 화합물질이 수소원자를 공여, 유리산소를 형성하지 못한다.

7. 호수 내의 성층현상에 관한 설명으로 가장 거리가 먼 것은?

① 여름성층의 연직 온도경사는 분자확산에 의한 DO구배와 같은 모양이다.
② 성층의 구분 중 약층(thermocline)은 수심에 따른 수온변화가 적다.
③ 겨울성층은 표층수 냉각에 의한 성층이어서 역성층이라고도 한다.
④ 전도현상은 가을과 봄에 일어나며 수괴(水塊)의 연직혼합이 왕성하다.

해설 성층의 구분 중 약층(thermocline)은 수심에 따른 수온변화가 크다.

8. 우리나라 근해의 적조(red tide)현상의 발생 조건에 대한 설명으로 가장 적절한 것은?

① 햇빛이 약하고 수온이 낮을 때 이상 균류의 이상 증식으로 발생한다.
② 수괴의 연직 안정도가 적어질 때 발생된다.
③ 정체수역에서 많이 발생한다.
④ 질소, 인 등의 영양분이 부족하여 적색이나 갈색의 적조 미생물이 이상적으로 증식한다.

해설 ① 햇빛이 강하고 수온이 높을 때 조류의 이상 증식으로 발생한다.
② 수괴의 연직 안정도가 커질 때 발생된다.
④ 질소, 인 등의 영양분이 풍부하여 청록색의 적조 미생물이 이상적으로 증식한다.

9. 호소수의 전도현상(turnover)이 호소수 수질환경에 미치는 영향을 설명한 내용 중 바르지 않은 것은?

① 수괴의 수직운동 촉진으로 호소 내 환경용량이 제한되어 물의 자정능력이 감소된다.
② 심층부까지 조류의 혼합이 촉진되어 상수원의 취수 심도에 영향을 끼치게 되므로 수도의 수질이 악화된다.
③ 심층부의 영양염이 상승하게 됨에 따라 표층부에 규조류가 번성하게 되어 부영양화가 촉진된다.
④ 조류의 다량 번식으로 물의 탁도가 증가되고 여과지가 폐색되는 등의 문제가 발생한다.

2017

정답 6. ③ 7. ② 8. ③ 9. ①

해설 수괴의 수직운동 촉진으로 호소 내 환경용량이 증가되어 물의 자정능력이 증가된다.

10. 담수와 해수에 대한 일반적인 설명으로 틀린 것은?

① 해수의 용존산소 포화도는 담수보다 작은데 주로 해수 중의 염류 때문이다.
② up welling은 담수가 해수의 표면으로 상승하는 현상이다.
③ 해수의 주성분으로는 Cl^-, Na^+, SO_4^{2-} 등이 가장 많다.
④ 하구에서는 담수와 해수가 쐐기 형상으로 교차한다.

해설 up welling은 해수가 담수의 표면으로 상승하는 현상이다.

11. 운동기관이 없으며, 먹이를 흡수에 의해 섭식하는 원생동물 종류는?

① 포자충류 ② 편모충류
③ 섬모충류 ④ 육질충류

해설 포자충류는 섬모나 편모 등과 같은 특별한 운동기관이나 수축포가 없고 기생성이다.

12. 분변성 오염을 나타낼 때 사용되는 지표미생물이 갖추어야 할 조건 중 옳지 않은 것은?

① 사람의 대변에만 많은 수로 존재해야 한다.
② 자연환경에는 없거나 적은 수로 존재해야 한다.
③ 비병원성으로 간단한 방법에 의해 쉽고 빠르게 검출될 수 있어야 한다.
④ 병원균보다 적은 수로 존재하고 자연환경에서 병원균보다 생존력이 약해야 한다.

해설 병원균보다 많은 수로 존재하고 자연환경에서 병원균보다 생존력이 강해야 한다.

13. 0.01M-KBr과 0.02M-$ZnSO_4$ 용액의 이온강도는? (단, 완전 해리 기준)

① 0.08 ② 0.09
③ 0.12 ④ 0.14

해설 $\frac{1}{2}\times(0.01\times1^2+0.01\times1^2+0.02\times2^2+0.02\times2^2)=0.09$

14. 산소포화농도가 9mg/L인 하천에서 처음의 용존산소농도가 7mg/L라면 3일간 흐른 후 하천 하류지점에서의 용존산소 농도(mg/L)는? (단, BOD_u=10mg/L, 탈산소계수=0.1d^{-1}, 재포기계수=0.2d^{-1}, 상용대수 기준)

① 4.5 ② 5.0
③ 5.5 ④ 6.0

해설 $D_t=\frac{0.1\times10}{0.2-0.1}\times(10^{-0.1\times3}-10^{-0.2\times3})+(9-7)\times10^{-0.2\times3}=3\text{mg/L}$

$\therefore$ DO농도 $=9-3=6\text{mg/L}$

15. 시료의 수질분석을 실시하여 다음 표와 같은 결과 값을 얻었을 때 시료의 비탄산경도(mg/L as $CaCO_3$)는? (단, K=39, Na=23, Ca=40, Mg=24, C=12, O=16, H=1, Cl=35.5, S=32)

성분	농도(mg/L)	성분	농도(mg/L)
K^+	13	OH^-	32
Na^+	23	Cl^-	71
Ca^{2+}	20	SO_4^{2-}	96
Mg^{2+}	12	HCO_3^-	61

① 50 ② 100
③ 150 ④ 200

정답 10. ② 11. ① 12. ④ 13. ② 14. ④ 15. ④

해설 비탄산경도$=96\times\frac{50}{48}+71\times\frac{50}{35.5}$
$=200\text{mg/L}$

16. glucose($C_6H_{12}O_6$) 500mg/L 용액을 호기성 처리 시 필요한 이론적인 인(P) 농도(mg/L)는? (단, BOD_5 : N : P=100 : 5 : 1, $K_1=0.1d^{-1}$, 상용대수 기준, 완전분해 기준, BOD_u=COD)

① 약 3.7 ② 약 5.6
③ 약 8.5 ④ 약 12.8

해설 $500\times\frac{6\times32}{180}\times(1-10^{-0.1\times5})\times\frac{1}{100}$
$=3.65\text{mg/L}$

참고 $C_6H_{12}O_6+6O_2\rightarrow 6CO_2+6H_2O$

17. 하천수에서 난류확산에 의한 오염물질의 농도분포를 나타내는 난류확산방정식을 이용하기 위하여 일차적으로 고려해야 할 인자와 가장 관련이 적은 것은?

① 대상 오염물질의 침강속도(m/s)
② 대상 오염물질의 자기감쇠계수
③ 유속(m/s)
④ 하천수의 난류지수(Re, No)

해설 난류확산방정식은 하천수에서 난류확산에 의한 오염물질의 농도분포를 나타내는 식으로 오염물질농도, 유속, 확산계수, 오염물질의 침강속도, 오염물질의 자기감쇠계수 등이 고려된다.

18. 호수의 수질관리를 위하여 일반적으로 사용할 수 있는 예측모형으로 틀린 것은?

① WASP5 모델
② WQRRS 모델
③ POM 모델
④ Vollenweider 모델

해설 3차원 유동모델인 POM(Princeton Ocean Model)은 저층수의 거동예측에 유리한 σ좌표계를 채용하고 있는 모델로서 범용성이 높고, 해양유동모델로서 개발되었다.

19. 생물체 내에서 일어나는 에너지 대사에 적용되는 열역학법칙과 거리가 먼 것은?

① 에너지의 총량은 일정하다.
② 자연적인 반응은 질서도가 커지는 방향으로 진행된다.
③ 엔트로피는 끊임없이 증가하고 있다.
④ 절대온도 0K(−273.16℃)에서는 분자운동이 없으며 엔트로피는 0이다.

해설 자연적인 반응은 무질서도가 커지는 방향으로 진행한다.

참고 자연계에서 일어나는 모든 자발적인 반응(spontaneous process)은 entropy가 증가하는 방향으로 진행된다는 것이다. entropy란 system의 무질서도(disorder)를 나타내는 것으로 열역학 제2법칙이 의미하는 것은 우주 내에서 일어나는 모든 반응은 질서에서 무질서로, 복잡한 것에서 간단한 것으로 진행된다는 것이다.

20. 생 하수 내에 주로 존재하는 질소이 형태는?

① 암모니아와 N_2
② 유기성 질소와 암모니아성 질소
③ N_2와 NO
④ NO_2^-와 NO_3^-

제2과목 상하수도계획

21. cavitation 발생을 방지하기 위한 대책으로 틀린 것은?

2017

정답 16. ① 17. ④ 18. ③ 19. ② 20. ② 21. ②

① 펌프의 설치위치를 가능한 낮추어 가용유효흡입양정을 크게 한다.
② 펌프의 회전속도를 낮게 선정하여 필요유효흡입양정을 크게 한다.
③ 흡입 측 밸브를 완전히 개방하고 펌프를 운전한다.
④ 흡입관에 손실을 가능한 한 작게 하여 가용유효흡입양정을 크게 한다.

해설 펌프의 회전속도를 낮게 선정하여 필요유효흡입양정을 작게 한다.

22. 양수량(Q) 14m^3/min, 전양정(H) 10m, 회전수(N) 1100rpm인 펌프의 비교회전도(N_s)는?

① 412 ② 732
③ 1302 ④ 1416

해설 $N_s = \frac{1100 \times 14^{1/2}}{10^{3/4}} = 731.91$

23. 정수시설인 급속여과지 시설기준에 관한 설명으로 옳지 않은 것은?

① 여과면적은 계획정수량을 여과속도로 나누어 구한다.
② 1지의 여과면적은 200m^2 이상으로 한다.
③ 여과모래의 유효경이 0.45~0.7mm의 범위인 경우에는 모래층의 두께는 60~70cm를 표준으로 한다.
④ 여과속도는 120~150m/d를 표준으로 한다.

해설 1지의 여과면적은 150m^2 이상으로 한다.

24. 도수거에 대한 설명으로 맞는 것은?

① 도수거의 개수로 경사는 일반적으로 1/100~1/300의 범위에서 선정된다.
② 개거나 암거인 경우에는 대개 30~50m 간격으로 시공조인트를 겸한 신축조인트를 설치한다.
③ 도수거에서 평균유속의 최대한도는 2.0m/s로 한다.
④ 도수거에서 최소유속은 0.5m/s로 한다.

해설 ① 도수거의 개수로 경사는 일반적으로 1/1000~1/3000의 범위에서 선정된다.
③ 도수거에서 평균유속의 최대한도는 3.0m/s로 한다.
④ 도수거에서 최소유속은 0.3m/s로 한다.

25. 급수시설의 설계유량에 대한 설명으로 틀린 것은?

① 수원지, 저수지, 유역면적 결정에는 1일 평균급수량을 기준
② 배수지, 송수관구경 결정에는 1일 최대급수량을 기준
③ 배수본관의 구경결정에는 시간 최대급수량을 기준
④ 정수장의 설계유량은 1일 평균급수량을 기준

해설 정수장의 설계유량은 1일 최대급수량을 기준으로 한다.

26. 정수시설인 막여과시설에서 막모듈의 파울링에 해당하는 내용은?

① 막모듈의 공급유로 또는 여과수 유로가 고형물로 폐색되어 흐르지 않는 상태
② 미생물과 막 재질의 자화 또는 분비물의 작용에 의한 변화
③ 건조되거나 수축으로 인한 막 구조의 비가역적인 변화
④ 원수 중의 고형물이나 진동에 의한 막면의 상처나 마모, 파단

정답 22. ② 23. ② 24. ② 25. ④ 26. ①

해설 막모듈의 열화와 파울링

<table>
<tr><th>분류</th><th>정 의</th><th colspan="3">내 용</th></tr>
<tr><td rowspan="6">열화</td><td rowspan="6">막 자체의 변질로 생긴 비가역적인 막 성능의 저하</td><td colspan="3">물리적 열화</td></tr>
<tr><td colspan="2">압밀화
손상
건조</td><td>• 장기적인 압력부하에 의한 막 구조의 압밀화
• 원수 중의 고형물이나 진동에 의한 막 면의 상처나 마모, 파단
• 건조되거나 수축으로 인한 막 구조의 비가역적인 변화</td></tr>
<tr><td colspan="3">화학적 열화</td></tr>
<tr><td colspan="2">가수분해
산화</td><td>• 막의 pH나 온도 등의 작용에 의한 분해
• 산화제에 의하여 막 재질의 특성변화나 분해</td></tr>
<tr><td colspan="2">생물화학적 변화</td><td>미생물과 막 재질의 자화 또는 분배물의 작용에 의한 변화</td></tr>
<tr></tr>
<tr><td rowspan="6">파울링</td><td rowspan="6">막 자체의 변질이 아닌 외적 인자로 생긴 막 성능의 저하</td><td rowspan="4">부착층</td><td>케익층</td><td>공급수 중의 현탁물질이 막 면상에 축적되어 형성되는 층</td></tr>
<tr><td>겔층</td><td>농축으로 용해성 고분자 등의 막 표면 농도가 상승하여 막 면에 형성된 겔(gel)상의 비유동성층</td></tr>
<tr><td>스케일층</td><td>농축으로 난용해성 물질이 용해도를 초과하여 막 면에 석출된 층</td></tr>
<tr><td>흡착층</td><td>공급수 중에 함유되어 막에 대하여 흡착성이 큰 물질이 막 면상에 흡착되어 형성된 층</td></tr>
<tr><td colspan="2">막힘</td><td>• 고체 : 막의 다공질부의 흡착, 석출, 포착, 등에 의한 폐색
• 액체 : 소수성의 막의 다공질부가 기체로 치환</td></tr>
<tr><td colspan="2">유로폐색</td><td>막모듈의 공급유로 또는 여과수 유로가 고형물로 폐색되어 흐르지 않는 상태</td></tr>
</table>

27. 지하수 취수 시 적용되는 양수량 중에서 적정양수량의 정의로 옳은 것은?

① 최대양수량의 80% 이하의 양수량
② 한계양수량의 80% 이하의 양수량
③ 최대양수량의 70% 이하의 양수량
④ 한계양수량의 70% 이하의 양수량

28. 상수도관 부식의 종류 중 매크로셀 부식으로 분류되지 않는 것은? (단, 자연 부식 기준)

① 콘크리트·토양 ② 이종금속
③ 산소농담(통기차) ④ 박테리아

해설 관부식의 종류

㉠ 전식(electrolytic corrosion)
직류전기철도의 누설전류 및 전기방식설비의 방식전류에 의하여 생기는 부식을 말한다.
여기에는 전철의 미주전류, 간섭이 해당된다.

㉡ 자연 부식
- 미크로셀 부식(microcell corrosion) : 일반토양부식, 특수토양부식, 박테리아부식
- 매크로셀 부식(macrocell corrosion) : 콘크리트·토양, 산소농담(통기차), 이종금속

29. 계획취수량이 $10m^3/s$, 유입수심이 5m, 유입속도가 0.4m/s인 지역에 취수구를 설치하고자 할 때 취수구의 폭(m)은? (단, 취수보 설계 기준)

① 0.5 ② 1.25 ③ 2.5 ④ 5.0

해설 $10 = (x \times 5) \times 0.4 \quad \therefore x = 5\text{m}$

참고 $Q = A \times V = (B \times h) \times V$

30. 펌프효율 η = 80%, 전양정 H = 16m인 조건하에서 양수량 Q = 12L/s로 펌프를 회전시킨다면 이때 필요한 축동력(kW)은? (단, 전

2017

정답 27. ④ 28. ④ 29. ④ 30. ③

동기는 직렬, 물의 밀도 γ = 1000kg/m^3)

① 1.28 ② 1.73 ③ 2.35 ④ 2.88

해설 $kW=\dfrac{1000\times0.012\times16}{102\times0.8}=2.35$

참고 $kW=\dfrac{\gamma\cdot Q\cdot H}{102\times\eta}$

여기서, γ : 비중량(kg/m^3)
Q : 양수량(m^3/s)
H : 전양정(m)
η : 전달효율

31. 상수도시설의 계획 기준으로 옳지 않은 것은?

① 계획취수량은 계획 1일 최대급수량을 기준으로 한다.
② 계획배수량은 원칙적으로 해당 배수구역의 계획 1일 최대급수량으로 한다.
③ 도수시설의 계획도수량은 계획취수량을 기준으로 한다.
④ 계획정수량은 계획 1일 최대급수량을 기준으로 한다.

해설 계획배수량은 원칙적으로 해당 배수구역의 계획시간 최대배수량으로 한다.

32. 상수관로의 길이 800m, 내경 200mm에서 유속 2m/s로 흐를 때 관마찰 손실수두(m)는? (단, Darcy-Weisbach 공식을 이용, 마찰손실계수 = 0.02)

① 약 16.3 ② 약 18.4
③ 약 20.7 ④ 약 22.6

해설 $h_L=0.02\times\dfrac{800}{0.2}\times\dfrac{2^2}{2\times9.8}=16.33\text{m}$

33. 하수관거 설계 시 오수관거의 최소관경에 관한 기준은?

① 150mm를 표준으로 한다.
② 200mm를 표준으로 한다.
③ 250mm를 표준으로 한다.
④ 300mm를 표준으로 한다.

34. 정수시설의 시설능력에 관한 내용으로 ( )에 옳은 내용은?

> 소비자에게 고품질의 수도 서비스를 중단 없이 제공하기 위하여 정수시설은 유지보수, 사고대비, 시설 개량 및 확장 등에 대비하여 적절한 예비용량을 갖춤으로써 수도시스템으로서의 안정성을 높여야 한다. 이를 위하여 예비용량을 감안한 정수시설의 가동률은 ( ) 내외가 적당하다.

① 55% ② 65%
③ 75% ④ 85%

35. 취수시설에서 침사지에 관한 설명으로 틀린 것은?

① 지의 위치는 가능한 한 취수구에 근접하여 제내지에 설치한다.
② 지의 상단높이는 고수위보다 0.3~0.6m의 여유고를 둔다.
③ 지의 고수위는 계획취수량이 유입될 수 있도록 취수구의 계획최저수위 이하로 정한다.
④ 지의 길이는 폭의 3~8배, 지내 평균유속은 2~7cm/s를 표준으로 한다.

해설 지의 상단높이는 고수위보다 0.6~1m의 여유고를 둔다.

36. 도시의 상수도 보급을 위하여 최근 7년간의 인구를 이용하여 급수인구를 추정하려고 한다. 최근 7년간 도시의 인구가 다음과 같은 경향을 나타낼 때 2018년도의 인구를 등차증

정답 31. ② 32. ① 33. ② 34. ③ 35. ② 36. ②

가법으로 추정한 것은?

연도	2008	2009	2010	2011	2012	2013	2014
인구	157000	176200	185400	198400	201100	213520	225270

① 약 265324명 ② 약 270786명
③ 약 277750명 ④ 약 294416명

해설 ㉠ $157000 = 225270 - 6 \times x$

$\therefore x = 11379$

㉡ $P_n = 225270 + 4 \times 11379 = 270786$

참고 등차증가법(等差增加法) : 연평균 인구 증가수를 기준으로 하는 방법이다.

$P_n = P_o + na$

여기서, P_n : 과거 또는 미래의 인구수

P_o : 현재의 인구수

n : 연수 (과거이면 −, 미래이면+값임)

a : 연평균 인구증가수

37. 경사가 2‰인 하수관거의 길이가 6000m일 때 상류관과 하류관의 고저차(m)는? (단, 기타 조건은 고려하지 않음)

① 3 ② 6
③ 9 ④ 12

해설 $6000\text{m} \times \frac{2}{1000} = 12\text{m}$

참고 $I = \frac{h}{L}$

38. 하수슬러지 소각을 위한 소각로 중에서 건설비가 가장 큰 것은?

① 다단소각로 ② 유동층소각로
③ 기류건조소각로 ④ 회전소각로

39. 상수도 기본계획수립 시 기본사항에 대한 결정 중 계획(목표)연도에 관한 내용으로 옳은 것은?

① 기본계획의 대상이 되는 기간으로 계획수립 시부터 10~15년간을 표준으로 한다.
② 기본계획의 대상이 되는 기간으로 계획수립 시부터 15~20년간을 표준으로 한다.
③ 기본계획의 대상이 되는 기간으로 계획수립 시부터 20~25년간을 표준으로 한다.
④ 기본계획의 대상이 되는 기간으로 계획수립시부터 25~30년간을 표준으로 한다.

해설 상수도 기본계획을 수립할 때에는 계획목표연도를 계획수립 시부터 15~20년간을 표준으로 하며 가능한 한 장기간으로 설정하는 것이 기본이다.

40. 최근 정수장에서 응집제로서 많이 사용되고 있는 폴리염화알루미늄(PAC)에 대한 설명으로 옳은 것은?

① 일반적으로 황산알루미늄보다 적정주입 pH의 범위가 넓으며 알칼리도의 감소가 적다.
② 일반적으로 황산알루미늄보다 적정주입 pH의 범위가 좁으며 알칼리도의 감소가 적다.
③ 일반적으로 황산알루미늄보다 적정주입 pH의 범위가 좁으며 알칼리도의 감소가 크다.
④ 일반적으로 황산알루미늄보다 적정주입 pH의 범위가 넓으며 알칼리도의 감소가 크다.

제3과목 수질오염방지기술

41. NaOH를 1% 함유하고 있는 60m^{3}의 폐수를 HCl 36% 수용액으로 중화하려 할 때 소요되

는 HCl 수액의 양(kg)은?

① 1102.46 ② 1303.57
③ 1520.83 ④ 1601.57

해설 $\frac{1\times10\times1}{40}\times60=\frac{1\times10\times36}{36.5}\times x$

$\therefore x=1.52083\text{m}^3=1520.83\text{kg}$

참고 1. $NV=N'V'$

2. $N\text{농도}=\frac{\text{비중}\times10\times\%}{\text{당량}}$

3. 단위부터 맞추고 당량, 순도를 고려하여 $60\text{m}^3\times\frac{1000\text{kg}}{\text{m}^3}\times\frac{36.5}{40}\times\frac{0.01}{0.36}$으로 풀어도 됨.

42. 혐기성 소화법과 비교한 호기성 소화법의 장·단점으로 옳지 않은 것은?

① 운전이 용이하다.
② 소화슬러지 탈수가 용이하다.
③ 가치 있는 부산물이 생성되지 않는다.
④ 저온 시의 효율이 저하된다.

해설 소화슬러지 탈수가 불량하다.

참고 호기성 소화의 원리
미생물의 내생호흡을 이용하여 유기물의 안정화를 도모하며 슬러지 감량뿐만 아니라 차후의 처리 및 처분에 알맞은 슬러지를 만드는 데 있다.
1. 장점
(1) 최초 시공비 절감
(2) 악취 발생 감소
(3) 운전 용이
(4) 상징수의 수질 양호
2. 단점
(1) 소화슬러지의 탈수 불량
(2) 포기에 드는 동력비 과다
(3) 저온 시 효율 저하

43. 상수처리를 위한 사각 침전조에 유입되는 유량은 30000m³/d이고 표면부하율은 24m³/m²·d이며 체류시간은 6시간이다. 침전조의 길이와 폭의 비는 2 : 1이라면 조의 크기는?

① 폭 : 20m, 길이 : 40m, 깊이 : 6m
② 폭 : 20m, 길이 : 40m, 깊이 : 4m
③ 폭 : 25m, 길이 : 50m, 깊이 : 6m
④ 폭 : 25m, 길이 : 50m, 깊이 : 4m

해설 ㉠ $\frac{24}{24}=\frac{x}{6}$ $\therefore x=6\text{m}$

㉡ $24=\frac{30000}{2x\times x}$ $\therefore x=25\text{m}$

참고 $\text{표면부하율}=\frac{Q}{A(=L\times B)}=\frac{h}{t}$

44. 분뇨의 생물학적 처리공법으로서 호기성 미생물이 아닌 혐기성 미생물을 이용한 혐기성 처리공법을 주로 사용하는 근본적인 이유는?

① 분뇨에는 혐기성미생물이 살고 있기 때문에
② 분뇨에 포함된 오염물질은 혐기성미생물만이 분해할 수 있기 때문에
③ 분뇨의 유기물 농도가 너무 높아 포기에 너무 많은 비용이 들기 때문에
④ 혐기성 처리공법으로 발생되는 메탄가스가 공법에 필수적이기 때문에

45. 하수고도 처리를 위한 A/O공정의 특징으로 옳은 것은? (단, 일반적인 활성슬러지공법과 비교 기준)

① 혐기조에서 인의 과잉흡수가 일어난다.
② 포기조 내에서 탈질이 잘 이루어진다.
③ 잉여슬러지 내의 인 농도가 높다.
④ 표준 활성슬러지공법의 반응조 전반 10% 미만을 혐기반응조로 하는 것이 표준이다.

해설 ① 혐기조에서 인의 용출이 일어난다.
② 포기조 내에서 인의 과잉흡수가 일어

정답 42. ② 43. ③ 44. ③ 45. ③

난다.

④ 표준 활성슬러지공법의 반응조 전반 20~40%를 혐기반응조로 하는 것이 표준이다.

46. A^2/O 공법에 대한 설명으로 틀린 것은?

① 혐기조 – 무산소조 – 호기조 – 침전조 순으로 구성된다.
② A^2/O 공정은 내부재순환이 있다.
③ 미생물에 의한 인의 섭취는 주로 혐기조에서 일어난다.
④ 무산소조에서는 질산성 질소가 질소가스로 전환된다.

해설 미생물에 의한 인의 섭취는 주로 호기조에서 일어난다.

47. 생물학적 원리를 이용하여 하수 내 질소를 제거(3차 처리)하기 위한 공정으로 가장 거리가 먼 것은?

① SBR 공정
② UCT 공정
③ A/O 공정
④ Bardenpho 공정

해설 A/O공법은 혐기성(anaerobic)과 호기성(aerobic) 반응조로 구성된 인의 제거만을 위해 개발한 부유증식 처리공법이다.

48. 회전원판법의 특징에 해당되지 않는 것은?

① 운전관리상 조작이 간단하고 소비전력량은 소규모 처리시설에서는 표준활성슬러지법에 비하여 적다.
② 질산화가 일어나기 쉬우며 이로 인하여 처리수의 BOD가 낮아진다.
③ 활성슬러지법에 비해 이차침전지에서 미세한 SS가 유출되기 쉽고 처리수의 투명도가 나쁘다.
④ 살수여상과 같이 파리는 발생하지 않으나 하루살이가 발생하는 수가 있다.

해설 질산화가 일어나기 쉬우며 이로 인하여 처리수의 BOD가 높아진다.

49. 포기조 내 MLSS 농도가 4000mg/L이고 슬러지 반송률이 55%인 경우 이 활성슬러지의 SVI는? (단, 유입수 SS는 고려하지 않음)

① 약 69 ② 약 79
③ 약 89 ④ 약 99

해설 ㉠ $0.55 = \dfrac{x}{100 - x}$ $\quad \therefore x = 35.5\%$

㉡ $SVI = \dfrac{35.5 \times 10^4}{4000} = 88.75$

참고 $R = \dfrac{SV(\%)}{100 - SV(\%)}$

$SVI = \dfrac{SV(\%) \times 10^4}{X}$

50. 고도 수처리에 이용되는 정밀여과 분리막 방법에 관한 설명으로 가장 거리가 먼 것은?

① 분리형태 : 용해, 확산
② 구동력 : 정수압차(0.1~1Bar)
③ 막형태 : 대칭형 다공성막(pore size 0.1~10μm)
④ 적용분야 : 전자공업의 초순수 제조, 무균수 제조

해설 분리형태 : 여과 작용

51. 4L의 물은 0.3atm의 분압에서 CO_2를 포함하는 가스혼합물과 평형상태에 있다. H_2CO_3의 용해도에 대한 Henry 상수는 2.0g/L·atm이다. 물에서 용존된 CO_2는 몇 g이며 물의 pH는? (단, H_2CO_3의 일차 용해도적 $K_1 = 4.3 \times 10^{-7}$, 이차해리는 무시)

① 1.20g, pH=2.56

2017

② 1.45g, pH=4.12
③ 2.23g, pH=2.56
④ 2.41g, pH=4.12

해설 ㉠ $\frac{2g}{L \cdot atm} \times 4L \times 0.3atm = 2.4g$

㉡ $4.3 \times 10^{-7} = \frac{x^2}{\frac{2.4g}{4L} \times \frac{mol}{44g} - x}$

$\therefore x = 7.64 \times 10^{-5}$

$\therefore pH = -\log(7.64 \times 10^{-5}) = 4.12$

52. 역삼투장치로 하루에 $1710m^3$의 3차 처리된 유출수를 탈염시킬 때 요구되는 막면적(m^2)은? (단, 유입수와 유출수 사이의 압력차=2400kPa, 25℃에서 물질전달계수=0.2068L/($d-m^2$)(kPa), 최저 운전 온도=10℃, A10℃=1.58A25℃, 유입수와 유출수의 삼투압 차=310kPa)

① 약 5351 ② 약 6251
③ 약 7351 ④ 약 8121

해설 $A = \frac{1710 \times 10^3 \times 1.58}{0.2068 \times (2400 - 310)} = 6251.1m^2$

53. 연속회분식(SBR)의 운전단계에 관한 설명으로 틀린 것은?

① 주입 : 주입단계 운전의 목적은 기질(원폐수 또는 1차유출수)을 반응조에 주입하는 것이다.
② 주입 : 주입단계는 총 cycle 시간의 약 25% 정도이다.
③ 반응 : 반응단계는 총 cycle 시간의 약 65% 정도이다.
④ 침전 : 연속흐름식 공정에 비하여 일반적으로 더 효율적이다.

해설 반응 : 반응단계는 총 cycle 시간의 약 35% 정도이다.

54. 수량 $36000m^3/d$의 하수를 폭 15m, 길이 30m, 깊이 2.5m의 침전지에서 표면적 부하 $40m^3/m^2 \cdot d$의 조건으로 처리하기 위한 침전지 수는? (단, 병렬 기준)

① 2 ② 3
③ 4 ④ 5

해설 $40 = \frac{\frac{36000}{x}}{30 \times 15}$ $\therefore x = 2$

참고 표면적 부하 $= \frac{Q/n}{A(=L \times B)}$

55. 생물학적 방법과 화학적 방법을 함께 이용한 고도처리 방법은?

① 수정 Bardenpho 공정
② Phostrip 공정
③ SBR 공정
④ UCT 공정

해설 Phostrip 공정에서 인은 고농도의 인이 함유된 슬러지의 배출과 사이드 스트림(side stream)에서 슬러지로부터의 인 제거를 통해 폐수 내의 인이 최종적으로 제거된다. 슬러지가 사이드 스트림에서 혐기성 조건에 있으며 슬러지로부터 인이 방출되거나 떨어져 나온다. 이 공정을 side stream stripping이라고 한다. 이후 석회를 이용하여 인을 화학적으로 침전 제거한다.

56. 질산화 반응에 관한 설명으로 옳은 것은?

① 질산균의 에너지원은 유기물이다.
② 질산균의 증식속도는 활성슬러지 내 미생물보다 빠르다.
③ 질산균의 질산화 반응 시 알칼리도가 생성된다.
④ 질산균의 질산화 반응 시 용존산소는 2mg/L 이상이어야 한다.

해설 ① 질산균의 에너지원은 무기물이다.

정답 52. ② 53. ③ 54. ① 55. ② 56. ④

② 질산균의 증식속도는 활성슬러지 내 미생물보다 느리다.
③ 질산균의 질산화 반응 시 알칼리도가 소비된다.

57. Michaelis-Menten 공식에서 반응속도(r)가 R_{max}의 80%일 때의 기질농도와 R_{max}의 20%일 때의 기질 농도의 비$\left(\frac{[S]_{80}}{[S]_{20}}\right)$는?

① 8　② 16
③ 24　④ 41

해설 ㉠ $[S]_{80}$을 구한다.

$$0.8R_{max} = \frac{R_{max} \cdot S_{80}}{K_m + S_{80}}$$

양변을 R_{max}으로 나누고 식을 정리하면
$0.8 \times (K_m + S_{80}) = S_{80}$　∴ $S_{80} = 4\text{km}$
㉡ 마찬가지로 S_{20}을 구한다.
$0.2 \times (K_m + S_{20}) = S_{20}$　∴ $S_{20} = 0.25\text{km}$
㉢ $[S]_{80}/[S]_{20} = 4\text{km}/0.25\text{km} = 16$

참고 Michaelis-Menten 공식을 이용한다.

$$R = \frac{R_{max} \times S}{K_m + S}$$

여기서, R : 비기질제거속도(d^{-1})
R_m : 최대 비기질제거속도(d^{-1})
K_m : $R = 1/2R_{max}$일 때 기질농도(mg/L)
S : 기질농도(mg/L)

58. 고농도의 유기물질(BOD)이 오염이 적은 수계에 배출될 때 나타나는 현상으로 가장 거리가 먼 것은?

① pH의 감소　② DO의 감소
③ 박테리아의 증가　④ 조류의 증가

해설 조류의 감소

59. 슬러지 건조상 면적을 결정하기 위한 건조 고형분 중량치(건조 alum 슬러지)는 73kg/m^2, 평균 alum 주입량 10mg/L, 원수의 평균 탁도가 12 NTU이라면 30일간의 슬러지를 저류하기 위한 정사각형 슬러지 건조상의 한 변의 길이(m)는? (단, 일일 평균 처리수 유량 75700m^3)

> 1일당 건조 alum 슬러지 발생량(단위 : 처리수 1000m^3당 kg)은 [alum 주입량(mg/L)×0.26] + [원수 탁도(NTU)×1.3]의 공식으로 산정

① 약 12　② 약 16
③ 약 20　④ 약 24

해설 ㉠ $10 \times 0.26 + 12 \times 1.3 = 18.2\text{kg}/1000\text{m}^3$

㉡ $73 = \dfrac{\frac{18.2}{1000} \times 75700 \times 30}{x^2}$

∴ $x = 23.79\text{m}$

60. 직경이 1.0×10^{-2}cm인 원형 입자의 침강속도(m/h)는? (단, stokes 공식 사용, 물의 밀도 $= 1.0\text{g/cm}^3$, 입자의 밀도 $= 2.1\text{g/cm}^3$, 물의 점성계수 $= 1.0087 \times 10^{-2}\text{g/cm} \cdot \text{s}$)

① 21.4　② 24.4
③ 28.4　④ 32.4

해설 $V_s = \left(\dfrac{980 \times (2.1-1) \times (1 \times 10^{-2})^2}{18 \times 1.0087 \times 10^{-2}}\right)$

$$\frac{\text{cm}}{\text{s}} \times \frac{10^{-2}\text{m}}{\text{cm}} \times \frac{3600\text{s}}{\text{h}} = 21.37\text{m/h}$$

제4과목 수질오염공정시험기준

61. 수질오염물질을 측정함에 있어 측정의 정확성과 통일성을 유지하기 위한 제반사항에 관한 설명으로 틀린 것은?

① 시험에 사용하는 시약은 따로 규정이

없는 한 1급 이상 또는 이와 동등한 규격의 시약을 사용한다.

② "항량으로 될 때까지 건조한다"라는 의미는 같은 조건에서 1시간 더 건조할 때 전후 무게의 차가 g당 0.3mg 이하일 때를 말한다.

③ 기체 중의 농도는 표준상태(0℃, 1기압)로 환산 표시한다.

④ "정확히 취하여"라 하는 것은 규정한 양의 시료를 부피피펫으로 0.1mL까지 취하는 것을 말한다.

해설 "정확히 취하여"라 하는 것은 규정한 양의 액체를 부피피펫으로 눈금까지 취하는 것을 말한다.

62. **원자흡수분광광도법에서 사용하고 있는 용어에 관한 설명으로 틀린 것은?**

① 공명선은 원자가 외부로부터 빛을 흡수했다가 다시 먼저 상태로 돌아갈 때 방사하는 스펙트럼 선이다.

② 역화는 불꽃의 연소속도가 작고 혼합기체의 분출속도가 클 때 연소현상이 내부로 옮겨지는 것이다.

③ 소연료불꽃은 가연성 가스와 조연성 가스의 비를 적게 한 불꽃, 즉 가연성 가스/조연성 가스의 값을 적게 한 불꽃이다.

④ 멀티패스는 불꽃 중에서 광로를 길게 하고 흡수를 증대시키기 위하여 반사를 이용하여 불꽃 중에 빛을 여러 번 투과시키는 것이다.

해설 역화(flame back)는 불꽃의 연소속도가 크고 혼합기체의 분출속도가 작을 때 연소현상이 내부로 옮겨지는 것이다.

63. **배출허용기준 적합여부 판정을 위한 시료채취 시 복수시료채취 방법 적용을 제외할 수 있는 경우가 아닌 것은?**

① 환경오염사고, 취약시간대의 환경오염감시 등 신속한 대응이 필요한 경우

② 부득이 복수시료채취 방법으로 할 수 없을 경우

③ 유량이 일정하며 연속적으로 발생되는 폐수가 방류되는 경우

④ 사업장 내에서 발생하는 폐수를 회분식 등 간헐적으로 처리하여 방류하는 경우

해설 복수시료채취 방법 적용을 제외할 수 있는 경우

㉠ 환경오염사고, 취약시간대(일요일, 공휴일 및 평일 18 : 00~09 : 00 등)의 환경오염감시 등 신속한 대응이 필요한 경우

㉡ 수질 및 수생태계 보전에 관한 법률 제15조 제1항의 규정에 의한 비정상적 행위를 할 경우

㉢ 사업장 내에서 발생하는 폐수를 회분식(batch식) 등 간헐적으로 처리하여 방류하는 경우

㉣ 기타 부득이 복수시료채취 방법으로 시료를 채취할 수 없을 경우

64. **수질오염공정시험기준에서 시료의 최대보존기간이 다른 측정항목은?**

① 페놀류

② 인산염인

③ 화학적 산소요구량

④ 황산이온

해설 ㉠ 페놀류, 화학적 산소요구량, 황산이온 : 28일

㉡ 인산염인 : 48시간

65. **수질오염공정시험기준에서 시료보존 방법이 지정되어 있지 않은 측정항목은?**

① 용존산소(윙클러법)

② 불소

정답 62. ② 63. ③ 64. ② 65. ②

③ 색도
④ 부유물질

66. 수산화나트륨 1g을 증류수에 용해시켜 400mL로 하였을 때 이 용액의 pH는?

① 13.8　② 12.8
③ 11.8　④ 10.8

해설 $pH = 14 + \log\left(\frac{1g}{0.4L} \times \frac{mol}{40g}\right) = 12.8$

67. NaOH 0.01M은 몇 mg/L인가?

① 40　② 400
③ 4000　④ 40000

해설 $\frac{0.01mol}{L} \times \frac{40g}{mol} \times \frac{10^3mg}{g} = 400mg/L$

68. 산소전달률을 측정하기 위하여 실험 시작 초기에 물속에 존재하는 DO를 제거하기 위하여 첨가하는 시약은?

① $AgNO_3$　② Na_2SO_3
③ $CaCO_3$　④ NaN_3

해설 정제수 또는 교정용 시료 200mL에 무수아황산나트륨(sodium sulfite anhydrous, Na_2SO_3, 분자량 : 126.04) 10g을 녹여 용존산소를 제거하여 사용한다.

69. 다음 중 시료의 보존방법이 다른 측정항목은?

① 화학적 산소요구량
② 질산성 질소
③ 암모니아성 질소
④ 총질소

해설 ㉠ 화학적 산소요구량, 암모니아성 질소, 총질소 : 4℃ 보관, H_2SO_4로 pH 2 이하
㉡ 질산성 질소 : 4℃

70. 기체크로마토그래피법에 관한 설명으로 틀린 것은?

① 가스시료도입부는 가스계량관(통상 0.5~5mL)과 유로변환기구로 구성된다.
② 검출기오븐은 검출기 한 개를 수용하며, 분리관 오븐 온도보다 높게 유지되어서는 안 된다.
③ 열전도도형 검출기에서는 순도 99.9% 이상의 수소나 헬륨을 사용한다.
④ 수소염이온화검출기에서는 순도 99.9% 이상의 질소나 헬륨을 사용한다.

해설 검출기오븐은 검출기를 한 개 또는 여러 개 수용할 수 있고 분리관 오븐과 동일하거나 그 이상의 온도를 유지할 수 있는 가열기구, 온도조절기구 및 온도측정기구를 갖추어야 한다.

71. 수질오염공정시험기준에서 금속류인 바륨의 시험방법과 가장 거리가 먼 것은?

① 원자흡수분광광도법
② 자외선/가시선 분광법
③ 유도결합플라스마 원자발광분광법
④ 유도결합플라스마 질량분석법

해설 적용 가능한 시험방법

바륨	정량한계 (mg/L)
원자흡수분광광도법	0.1mg/L
유도결합플라스마-원자발광분광법	0.003mg/L
유도결합플라스마-질량분석법	0.003mg/L

72. 생물화학적 산소요구량(BOD)을 측정할 때 가장 신뢰성이 높은 결과를 갖기 위해서는 용존산소 감소율이 5일 후 어느 정도이어야 하는가?

정답 66. ② 67. ② 68. ② 69. ② 70. ② 71. ② 72. ③

① 10~20 ② 20~40
③ 40~70 ④ 70~90

해설 5일간 저장한 다음 산소의 소비량이 40~70% 범위 안의 희석시료용액을 선택하여 처음의 용존산소량과 5일간 배양한 다음 남아 있는 용존산소량의 차로부터 BOD를 계산한다.

73. 유도결합플라스마 발광광도 분석장치를 바르게 배열한 것은?

① 시료주입부 – 고주파전원부 – 광원부 – 분광부 – 연산처리부 및 기록부
② 시료주입부 – 고주파전원부 – 분광부 – 광원부 – 연산처리부 및 기록부
③ 시료주입부 – 광원부 – 분광부 – 고주파전원부 – 연산처리부 및 기록부
④ 시료주입부 – 광원부 – 고주파전원부 – 분광부 – 연산처리부 및 기록부

74. 노말헥산 추출물질의 정량한계(mg/L)는?

① 0.1 ② 0.5
③ 1.0 ④ 5.0

75. 공장폐수 및 하수의 관내 유량측정을 위한 측정장치 중 관내의 흐름이 발달하여 와류의 영향을 받지 않고 실질적으로 직선적인 관로 상의 점으로부터 충분히 하류지점에 설치하여야 하는 것은?

① 오리피스
② 벤투리미터
③ 피토관
④ 자기식 유량측정기

76. 전기전도도 측정계에 관한 내용으로 옳지 않은 것은?

① 전기전도도 셀은 항상 수중에 잠긴 상태에서 보존하여야 하며 정기적으로 점검한 후 사용한다.
② 전도도 셀은 그 형태, 위치, 전극의 크기에 따라 각각 자체의 셀 상수를 가지고 있다.
③ 검출부는 한 쌍의 고정된 전극(보통 백금 전극 표면에 백금흑도금을 한 것)으로 된 전도도 셀 등을 사용한다.
④ 지시부는 직류 휘스톤브리지 회로나 자체 보상회로로 구성된 것을 사용한다.

해설 지시부는 교류 휘스톤브리지 회로나 자체 보상회로로 구성된 것을 사용한다.

77. 수질오염공정시험기준의 원자흡수분광광도법에 의한 수은 측정 시 수은표준원액 제조를 위한 표준 시약은?

① 염화수은 ② 이산화수은
③ 황화수은 ④ 황화제이수은

해설 염화수은(mercury chloride, $HgCl_2$, 분자량 : 271.50) 0.1354g을 정제수에 녹인다.

78. 흡광광도 분석 장치의 구성 순서로 옳은 것은?

① 광원부 – 파장선택부 – 시료부 – 측광부
② 시료부 – 광원부 – 파장선택부 – 측광부
③ 시료부 – 파장선택부 – 광원부 – 측광부
④ 광원부 – 시료부 – 파장선택부 – 측광부

해설 흡광광도 분석 장치는 광원부, 파장선택부, 시료부 및 측광부로 구성되고 광원부에서 측광부까지의 광학계에는 측정목적에 따라 여러 가지 형식이 있다.

정답 73. ① 74. ② 75. ② 76. ④ 77. ① 78. ①

79. COD 값을 증가시키는 원인이 되지 않는 것은?

① 염소 이온　② 제1철 이온
③ 아질산 이온　④ 크롬산 이온

해설 크롬산 이온은 산화제로서 시료 중의 유기물질을 산화시키므로 COD 값이 감소한다.

참고 COD 측정은 BOD 측정보다 단시간에 측정이 가능한 장점이 있으나 염소이온, 아질산염, 제1철염, 황화물 등의 환원성 물질과 반응하여 COD 값을 증가시킨다.

80. 자외선/가시선 분광법(o-페난트로린법)을 이용한 철분석의 측정원리에 관한 내용으로 틀린 것은?

① 철 이온을 암모니아 알칼리성으로 하여 수산화제이철로 침전분리한다.
② 침전을 염산에 녹인 후 염산하이드록실아민으로 제일철로 환원한다.
③ o-페난트로린을 넣어 약알칼리성에서 나타나는 청색의 철착염의 흡광도를 측정한다.
④ 지표수, 지하수, 폐수 등에 적용할 수 있으며 정량한계는 0.08mg/L이다.

해설 o-페난트로린을 넣어 약알칼리성에서 나타나는 등적색의 철착염의 흡광도를 측정한다.

제5과목 수질환경관계법규

81. 공공폐수처리시설의 방류수 수질기준 중 잘못된 것은? (단, Ⅰ지역, 2013. 1. 1. 이후)

① BOD 10mg/L 이내
② COD 20mg/L 이내
③ SS 20mg/L 이내
④ T-N 20mg/L 이내

해설 SS 10mg/L 이내

참고 법 제12조 시행규칙 별표 10 참조

82. 일 8000톤의 폐수를 배출하고 있는 사업장으로 처음 위반한 경우 위반횟수별 부과계수는?

① 1.5　② 1.6
③ 1.7　④ 1.8

참고 법 제41조 시행령 별표 16 참조

83. 환경부장관이 물환경을 보전할 필요가 있다고 지정, 고시하고 물환경을 정기적으로 조사, 측정하여야 하는 호소의 기준으로 틀린 것은?

① 1일 30만 톤 이상의 원수를 취수하는 호소
② 만수위일 때 면적이 10만 제곱미터 이상인 호소
③ 수질오염이 심하여 특별한 관리가 필요하다고 인정되는 호소
④ 동식물의 서식지, 도래지이거나 생물다양성이 풍부하여 특별히 보전할 필요가 있다고 인정되는 호소

참고 법 제28조 참조

84. 낚시제한구역에서의 제한사항이 아닌 것은?

① 1명당 3대의 낚시대를 사용하는 행위
② 1개의 낚시대에 5개 이상의 낚시바늘을 떡밥과 뭉쳐서 미끼로 던지는 행위
③ 낚시바늘에 끼워서 사용하지 아니하고 물고기를 유인하기 위하여 떡밥·어분 등을 던지는 행위
④ 어선을 이용한 낚시행위 등 「낚시 관리 및 유성법」에 따른 낚시어선법을 영

정답　79. ④　80. ③　81. ③　82. ③　83. ②　84. ①

위하는 행위(「내수면어업법 시행령」에 따른 외줄낚시는 제외한다.)

해설 1명당 4대 이상의 낚시대를 사용하는 행위

참고 법 제20조 ②항 참조

85. **환경기준 중 수질 및 수생태계에서 호소의 생활환경 기준 항목에 해당되지 않는 것은?**

① DO ② TOC
③ T-N ④ BOD

해설 2015년 12월 31일까지 적용되었던 COD 항목이 나와 복수 정답 처리된 문제이다. ② COD를 TOC로 수정하였다.

참고 환경정책기본법 시행령 별표 1 참조

86. **위임업무 보고사항 중 보고 횟수가 연 1회에 해당되는 것은?**

① 기타 수질오염원 현황
② 폐수위탁·사업장 내 처리현황 및 처리실적
③ 과징금 징수 실적 및 체납처분 현황
④ 폐수처리업에 대한 등록·지도단속실적 및 처리실적 현황

참고 법 제74조 시행규칙 별표 23 참조

87. **7년 이하의 징역 또는 7천만원 이하의 벌금에 처하는 자에 해당되지 않는 것은?**

① 허가 또는 변경허가를 받지 아니하거나 거짓으로 허가 또는 변경허가를 받아 배출시설을 설치 또는 변경하거나 그 배출시설을 이용하여 조업한 자
② 방지시설에 유입되는 수질오염물질을 최종방류구를 거치지 아니하고 배출하거나 최종방류수를 거치지 아니하고 배출할 수 있는 시설을 설치하는 행위를 한 자
③ 폐수무방류배출시설에서 배출되는 폐수를 사업장 밖으로 반출하거나 공공수역으로 배출하거나 배출할 수 있는 시설을 설치하는 행위를 한 자
④ 배출시설의 설치를 제한하는 지역에서 제한되는 배출시설을 설치하거나 그 시설을 이용하여 조업한 자

참고 법 제75조, 76조 참조

88. **수변생태구역의 매수·조성 등에 관한 내용으로 (   )에 옳은 것은?**

> 환경부장관은 하천·호소 등의 수질 및 수생태계 보전을 위하여 필요하다고 인정하는 때에는 (㉮)으로 정하는 기준에 해당하는 수변습지 및 수변토지를 매수하거나 (㉯)으로 정하는 바에 따라 생태적으로 조성·관리할 수 있다.

① ㉮ 환경부령, ㉯ 대통령령
② ㉮ 대통령령, ㉯ 환경부령
③ ㉮ 환경부령, ㉯ 국무총리령
④ ㉮ 국무총리령, ㉯ 환경부령

참고 법 제19조의3 참조

89. **수질오염경보의 종류별·경보단계별 조치사항 중 상수원 구간에서 조류경보의 [관심] 단계일 때 유역, 지방환경청장의 조치사항인 것은?**

① 관심 경보 발령
② 대중매체를 통한 홍보
③ 조류 제거 조치 실시
④ 주변 오염원 단속 강화

해설 ㉠ 대중매체를 통한 홍보, 주변 오염원 단속 강화는 경계 단계부터 한다.
㉡ 조류 제거 조치 실시는 수면관리자의 조치사항이다.

정답 85. ④ 86. ② 87. ② 88. ② 89. ①

참고 법 제21조 ④항 시행령 별표 4 참조

90. 다음 중 특정수질유해물질이 아닌 것은?

① 1,1-디클로로에틸렌
② 브로모포름
③ 아크릴로니트릴
④ 2,4-다이옥산

해설 1,4-다이옥산

참고 법 제2조 시행규칙 별표 3 참조

91. 배출시설 변경신고에 따른 가동시작 신고의 대상으로 틀린 것은?

① 폐수배출량이 신고 당시보다 100분의 50 이상 증가하는 경우
② 배출시설에 설치된 방지시설의 폐수처리방법을 변경하는 경우
③ 배출시설에서 배출허용기준보다 적게 발생한 오염물질로 인해 개선이 필요한 경우
④ 방지시설 설치면제기준에 따라 방지시설을 설치하지 아니한 배출시설에 방지시설을 새로 설치하는 경우

해설 배출시설에서 배출허용기준을 초과하는 새로운 오염물질이 발생되어 배출시설 또는 방지시설의 개선이 필요한 경우

참고 법 제37조 참조

92. 배출시설에 대한 일일기준초과배출량 산정에 적용되는 일일유량은 (측정유량×일일조업시간)이다. 일일유량을 구하기 위한 일일조업시간에 대한 설명으로 (　)에 맞는 것은?

> 측정하기 전 최근 조업한 30일간의 배출시설 조업시간의 (㉮)로서 (㉯)으로 표시한다.

① ㉮ 평균치, ㉯ 분(min)
② ㉮ 평균치, ㉯ 시간(HR)
③ ㉮ 최대치, ㉯ 분(min)
④ ㉮ 최대치, ㉯ 시간(HR)

참고 법 제41조 시행령 별표 15 참조

93. 수질오염물질의 배출허용기준의 지역구분에 해당되지 않는 것은?

① 나지역　② 다지역
③ 청정지역　④ 특례지역

참고 법 제32조 시행규칙 별표 13 참조

94. 환경기술인에 대한 교육기관으로 옳은 것은?

① 국립환경인력개발원
② 국립환경과학원
③ 한국환경공단
④ 환경보전협회

참고 법 제67조 ①항 참조

95. 비점오염저감시설의 설치기준에서 자연형 시설 중 인공습지의 설치기준으로 틀린 것은?

① 습지에는 물이 연중 항상 있을 수 있도록 유량공급대책을 마련하여야 한다.
② 인공습지의 유입구에서 유출구까지의 유로는 최대한 길게 하고, 길이 대 폭의 비율은 2 : 1 이상으로 한다.
③ 유입부에서 유출부까지의 경사는 1.0~5.0%를 초과하지 아니하도록 한다.
④ 생물의 서식 공간을 창출하기 위하여 5종부터 7종까지의 다양한 식물을 심어 생물다양성을 증가시킨다.

해설 유입부에서 유출부까지의 경사는 0.5~1.0%를 초과하지 아니하도록 한다.

참고 법 제53조 ②항 시행규칙 별표 17 참조

정답 90. ④ 91. ③ 92. ① 93. ② 94. ④ 95. ③

96. 간이공공하수처리시설에서 배출하는 하수 찌꺼기 성분 검사주기는?

① 월 1회 이상　② 분기 1회 이상
③ 반기 1회 이상　④ 연 1회 이상

참고 하수도법 시행규칙 제12조(하수 · 분뇨 찌꺼기 성분검사)
1. 검사대상 : 공공하수처리시설 · 간이공공하수처리시설 또는 분뇨처리시설에서 배출하는 하수 · 분뇨 찌꺼기
2. 검사주기 : 연 1회 이상
3. 검사항목 : 토양오염우려기준에 해당하는 물질

97. 물환경 보전에 관한 법령상 호소 및 해당 지역에 관한 설명으로 틀린 것은?

① 제방(사방사업법의 사방시설 포함)을 쌓아 하천에 흐르는 물을 가두어 놓은 곳
② 하천에 흐르는 물이 자연적으로 가두어진 곳
③ 화산활동 등으로 인하여 함몰된 지역에 물이 가두어진 곳
④ 댐 · 보를 쌓아 하천에 흐르는 물을 가두어 놓은 곳

해설 제방(사방사업법의 사방시설 제외)을 쌓아 하천에 흐르는 물을 가두어 놓은 곳

참고 법 제2조 참조

98. 수질 및 수생태계 환경기준 중 해역의 생활환경기준 항목이 아닌 것은?

① 음이온계면활성제
② 용매 추출유분
③ 총대장균군
④ 수소이온농도

참고 환경정책기본법 시행령 별표 1 참조

99. 수질오염방지시설 중 물리적 처리시설에 해당되는 것은?

① 포기시설
② 산화시설(산화조 또는 산화지)
② 이온교환시설
④ 부상시설

참고 법 제2조 시행규칙 별표 5 참조

100. 유역환경청장이 수립하는 대권역 물환경 보전을 위한 기본계획에 포함되어야 하는 사항으로 틀린 것은?

① 수질오염관리 기본 및 시행계획
② 점오염원, 비점오염원 및 기타수질오염원에 의한 수질오염물질의 양
③ 점오염원, 비점오염원 및 기타수질오염물질의 분포현황
④ 물환경 변화 추이 및 목표기준

해설 2017년 대권역기본계획 수립권자가 환경부장관에서 유역환경청장으로 개정되어 2018년 시행되었다.

참고 법 제24조 ②항 참조

정답　96. ④　97. ①　98. ①　99. ④　100. ①

2017년 8월 26일 시행

자격종목 및 등급(선택분야)	종목코드	시험시간	문제지형별	수검번호	성 명
수질환경기사	2572	2시간	B		

제1과목 수질오염개론

1. 분뇨의 특성에 관한 설명으로 틀린 것은?

① 분의 경우 질소화합물을 전체 VS의 12~20% 정도 함유하고 있다.
② 뇨의 경우 질소화합물을 전체 VS의 40~50% 정도 함유하고 있다.
③ 질소화합물은 주로 $(NH_4)_2CO_3$, NH_4HCO_3 형태로 존재한다.
④ 질소화합물은 알칼리도를 높게 유지시켜 주므로 pH의 강하를 막아 주는 완충작용을 한다.

해설 분뇨 중의 분은 VS의 12~20%, 뇨는 80~90%의 질소화합물을 가진다.

2. 식물과 조류세포의 엽록체에서 광합성의 명반응과 암반응을 담당하는 곳은?

① 틸라코이드와 스트로마
② 스트로마와 그라나
③ 그라나와 내막
④ 내막과 외막

해설 ㉠ 그라나 : 막으로 이루어진 납작한 주머니 모양의 구조물인 틸라코이드가 여러 개 쌓여 있는 부분이며 빛에너지를 흡수하여 화학에너지로 전환하는 명반응이 일어난다.
㉡ 스트로마 : 엽록체의 내막 안쪽에 액체로 차 있는 기질 부분이며 엽록소가 없어 무색으로 보이고 이산화탄소를 흡수하여 포도당을 합성하는 암반응이 일어난다.

참고 1. 엽록체는 외막과 내막의 2중막 구조로 되어 있으며, 내막 안쪽에 그라나와 스트로마가 있다.
2. 엽록체는 타원형으로 두께 2~4μm, 길이 4~7μm 정도이다.

3. 하천의 자정단계와 오염의 정도를 파악하는 Wipple의 자정단계(지역별 구분)에 대한 설명으로 틀린 것은?

① 분해지대 : 유기성 부유물의 침전과 환원 및 분해에 의한 탄산가스의 방출이 일어난다.
② 분해지대 : 용존산소의 감소가 현저하다.
③ 활발한 분해지대 : 수중환경은 혐기성 상태가 되어 침전저니는 흑갈색 또는 황색을 띤다.
④ 활발한 분해지대 : 오염에 강한 실지렁이가 나타나고 혐기성 곰팡이가 증식한다.

해설 분해지대에서는 용존산소의 감소로 호기성 미생물이 사멸하고 혐기성 미생물이 증가, 곰팡이가 감소하다 모두 사멸된다.

참고 첫 부분에서는 상류의 분해지대에서처럼 곰팡이(fungi)의 수가 대단히 많지만 이들은 더욱 실 모양으로 길어지며 분홍, 회백색, 회색을 나타내기 시작하여 결국은 흑색으로 변한다. 완전히 부패상태가 되면 곰팡이(fungi)는 사라진다.

4. 미생물과 그 특성에 관한 설명으로 가장 거리가 먼 것은?

① algae : 녹조류와 규조류 등은 조류 중 진핵조류에 해당한다.
② fungi : 곰팡이와 효모를 총칭하며 경험적 조성식은 $C_7H_{14}O_3N$이다.

정답 1. ② 2. ① 3. ④ 4. ②

③ bacteria : 아주 작은 단세포생물로서 호기성 박테리아의 경험적 조성식은 $C_5H_7O_2N$이다.

④ protozoa : 대개 호기성이며 크기가 100μm 이내가 많다.

해설 fungi : 곰팡이와 효모를 총칭하며 경험적 조성식은 $C_{10}H_{17}O_6N$이다.

참고 원생동물(protozoa)의 경험적 조성식은 $C_7H_{14}O_3N$이다.

5. 우리나라의 수자원 이용현황 중 가장 많은 용도로 사용하는 용수는?

① 생활용수 ② 공업용수
③ 농업용수 ④ 유지용수

해설 수자원 부존량 중 총 이용량 : 301억 m^3/년 (24%)
㉠ 농업용수 : 149억m^3 (50%)
㉡ 생활용수 : 62억m^3 (21%)
㉢ 공업용수 : 26억m^3 (8%)
㉣ 유지용수 : 64억m^3 (21%)

6. 해수에서 영양염류가 수온이 낮은 곳에 많고 수온이 높은 지역에서 적은 이유로 가장 거리가 먼 것은?

① 수온이 낮은 바다의 표층수는 원래 영양염류가 풍부한 극지방의 심층수로부터 기원하기 때문이다.
② 수온이 높은 바다의 표층수는 적도 부근의 표층수로부터 기원하므로 영양염류가 결핍되어 있다.
③ 수온이 낮은 바다는 겨울에 표층수가 냉각되어 밀도가 커지므로 침강작용이 일어나지 않기 때문이다.
④ 수온이 높은 바다는 수계의 안정으로 수직혼합이 일어나지 않아 표층수의 영양염류가 플랑크톤에 의해 소비되기 때문이다.

해설 수온이 낮은 바다는 겨울에 표층수가 냉각되어 밀도가 커지므로 침강작용이 일어나 영양염류가 풍부한 심층수로 들어가게 된다.

7. 무더운 늦여름에 급증식하는 조류로서 수화현상(water blooms)과 가장 관련이 있는 것은?

① 청-녹조류 ② 갈조류
③ 규조류 ④ 적조류

해설 청-녹조류는 박테리아에 가까우며 내부기관이 발달되어 있지 않고 광합성을 하고 표면수가 더운 늦여름에 급증식하여 수화(water blooms)의 원인이 되며 돼지우리 냄새를 유발한다.

8. 150kL/d의 분뇨를 산기관을 이용하여 포기하였는데 분뇨에 함유된 BOD의 20%가 제거되었다. BOD 1kg을 제거하는 데 필요한 공기공급량이 40m^3이라 했을 때 하루당 공기공급량(m^3)은? (단, 연속포기, 분뇨의 BOD = 20000mg/L)

① 2400 ② 12000
③ 24000 ④ 36000

해설 $\text{공기공급량} = \frac{40\text{m}^3}{\text{kg BOD 제거}} \times (20000 \times 150 \times 10^{-3} \times 0.2)\text{kg/d} = 24000\text{m}^3/\text{d}$

9. 물의 일반적인 성질에 관한 설명으로 가장 거리가 먼 것은?

① 물의 밀도는 수온, 압력에 따라 달라진다.
② 물의 점성은 수온증가에 따라 증가한다.
③ 물의 표면장력은 수온증가에 따라 감소한다.
④ 물의 온도가 증가하면 포화증기압도

정답 5. ③ 6. ③ 7. ① 8. ③ 9. ②

증가한다.

해설 물의 점성은 수온증가에 따라 감소한다.

10. **미생물 중 세균(bacteria)에 관한 특징과 가장 거리가 먼 것은?**

① 원시적 엽록소를 이용하여 부분적인 탄소동화작용을 한다.
② 용해된 유기물을 섭취하며 주로 세포분열로 번식한다.
③ 수분 80%, 고형물 20% 정도로 세포가 구성되며 고형물 중 유기물이 90%를 차지한다.
④ 환경인자(pH, 온도)에 대하여 민감하며 열보다 낮은 온도에서 저항성이 높다.

해설 일반적으로 세균은 엽록소가 없기 때문에 광합성을 할 수 없다. 따라서 땅속, 물속, 공기 속, 사람의 몸속 등 어느 곳에서나 양분이 있으면 기생한다.

참고 광합성을 하는 세균은 홍색황세균, 녹색황세균, 홍색세균 이렇게 3종류가 있는데, 이들은 녹색 식물의 엽록소와 유사한 세균 엽록소로 빛에너지를 흡수하고 물 대신 황화수소(H_2S)나 수소분자(H_2)를 이용해 부산물로 산소가 발생하지 않는다. 광합성 세균은 엽록체를 가지고 있지는 않지만 세포막의 연결된 주름진 막구조 속에 세균 엽록소와 전자 전달계 효소 등을 함유하고 있어 광합성을 한다.

11. **40℃에서 순수한 물 1L의 몰 농도(mol/L)는? (단, 40℃의 물의 밀도=0.9455kg/L)**

① 25.4 ② 37.6
③ 48.8 ④ 52.5

해설 $\text{물의 몰 농도} = \frac{0.9455 \times 10 \times 100}{18}$
$= 52.53\text{mol/L}$

참고 $M\text{농도} = \frac{\text{비중} \times 10 \times \text{순도}(\%)}{\text{분자량}}$

12. **글루코스($C_6H_{12}O_6$) 300g을 35℃ 혐기성 소화조에서 완전 분해시킬 때 발생 가능한 메탄가스의 양(L)은? (단, 메탄가스는 1기압, 35℃로 발생 가정)**

① 약 112
② 약 126
③ 약 154
④ 약 174

해설 $C_6H_{12}O_6 \rightarrow 3CO_2 + 3CH_4$
$\therefore 300\text{g} \times \frac{3 \times 22.4\text{L}}{180\text{g}} \times \frac{273+35}{273}$
$= 126.36\text{L}$

13. **호수나 저수지 등에 오염된 물이 유입될 경우 수온에 따른 밀도차에 의하여 형성되는 성층현상에 대한 설명으로 틀린 것은?**

① 표수층(epilimnion)과 수온약층(thermocline)의 깊이는 대개 7m 정도이며 그 이하는 저수층(hypolimnion)이다.
② 여름에는 가벼운 물이 밀도가 큰 물 위에 놓이게 되며 온도차가 커져서 수직운동은 점차 상부층에만 국한된다.
③ 저수지 물이 급수원으로 이용될 경우 봄, 가을, 즉 성층현상이 뚜렷하지 않을 경우가 유리하다.
④ 봄과 가을의 저수지 물의 수직운동은 대기 중의 바람에 의해서 더욱 가속된다.

해설 저수지 물이 급수원으로 이용될 경우 겨울, 여름, 즉 성층현상이 뚜렷할 경우가 유리하다.

참고 봄과 가을철의 저수지물의 수직운동은 대기 중의 바람에 의해서 더욱 가속되며, 이 수직운동을 전도(trunover)라고 한다. 저수지의 물이 급수원으로 이용될 경우 전도현상은 대단히 불리한 결과를 초래한다. 왜냐하면 혐기성 상태에 있는 hypolimnion층의 물이 상부로 이동되어 취수되기 때문이다.

2017

정답 10. ① 11. ④ 12. ② 13. ③

14. 호수의 성층 중에서 부영양화(eutrophication)가 주로 발생하는 곳은?

① epilimnion ② thermocline
③ hypolimnion ④ mesolimnion

해설 부영양화(eutrophication)는 주로 호수의 표수층(epilimnion)에서 발생한다.

참고 우리나라의 호수들은 체류시간이 길고 영양염류의 농도가 높아 하절기에 주로 수질문제가 발생하게 된다. 대부분 호수는 하절기에 수온이 상승하면서 일조량을 충분히 공급받게 되어 표수층에 조류의 과다번식이 나타나게 되고, 이로 인해 부영양화가 발생한다.

15. 지하수의 수질을 분석한 결과가 다음과 같을 때 지하수의 이온강도(I)는?

Ca^{2+} : 3×10^{-4}mol/L
Na^{+} : 5×10^{-4}mol/L
Mg^{2+} : 5×10^{-5}mol/L
CO_3^{2-} : 2×10^{-5}mol/L

① 0.0099 ② 0.00099
③ 0.0085 ④ 0.00085

해설 $Z=\frac{1}{2}\times(3\times10^{-4}\times2^2+5\times10^{-4}\times1^2+5\times10^{-5}\times2^2+2\times10^{-5}\times2^2)$
$=0.00099$

참고 이온 강도$=\frac{1}{2}\times\Sigma C\cdot N^2$

여기서, C : 이온 농도(mol/L)
N : 원자가 수

16. 다음 물질 중 산화제가 아닌 것은?

① 오존 ② 염소
③ 아황산나트륨 ④ 브롬

해설 아황산나트륨은 환원제이다.

참고 환원제는 환원제 자신은 산화되면서 다른 물질을 환원시키는 성질이 큰 물질을 말한다.

17. 원생동물(protozoa)의 종류에 관한 내용으로 옳은 것은?

① paramecia는 자유롭게 수영하면서 고형물질을 섭취한다.
② vorticella는 불량한 활성슬러지에서 주로 발견된다.
③ sarcodina는 나팔의 입에서 물 흐름을 일으켜 고형물질만 걸러서 먹는다.
④ suctoria는 몸통을 움직이면서 위족으로 고형물질을 몸으로 싸서 먹는다.

해설 ② vorticella는 양호한 활성슬러지에서 주로 발견된다.
③ sarcodina는 몸통을 움직이면서 위족으로 고형물질을 몸으로 싸서 먹는다.
④ suctoria는 흡관으로 고형물질을 빨아먹는다.

18. 물의 전도도(도전율)에 대한 설명으로 틀린 것은?

① 함유 이온이나 염의 농도를 종합적으로 표시하는 지표이다.
② 0℃에서 단면 $1cm^2$, 길이 1cm 용액의 대면간의 비저항치로 표시된다.
③ 하구와 같이 담수와 해수가 혼합되어 있으면 그 분포를 해석함에 있어 전도도 조사가 간편하다.
④ 증류수나 탈이온화수의 광물 함량도의 평가에 이용된다.

해설 0℃에서 단면 $1cm^2$, 길이 1cm 용액의 대면간의 비저항치의 역수로 표시된다.

19. 10가지 오염물질, 즉 DO, pH, 대장균군, 비전도도, 알칼리도, 염소이온농도, CCE, 용해성물질 보정계수 등을 대상으로 각기 가중

정답 14. ① 15. ② 16. ③ 17. ① 18. ② 19. ④

치를 주어 계산하는 수질오염평가지수는?

① Dinins Social Accounting System
② Prati's Implicit Index of pollution
③ NSF Water Quality Index
④ Horton's Quality Index

해설 10가지 오염물질, 즉 DO, pH, 대장균군, 비전도도, 알칼리도, 염소이온농도, CCE, 용해성물질 보정계수 등을 대상으로 각기 가중치를 주어 계산하는 수질오염평가지수는 Horton's Quality Index이다.

참고 NSF Water Quality Index는 미국위생협회의 지원을 받아 Brown 등이 1970년에 제안한 것으로 Delphi기법으로 대상 항목을 결정하였으며 9종의 수질오염항목에 가중치를 적용하고 점수화한다.

20. 직경이 0.1mm인 모관에서 10℃일 때 상승하는 물의 높이(cm)는? [단, 공기밀도 1.25×10^{-3}g·cm^{-3}(10℃일 때), 접촉각은 0°, h(상승높이) $= \dfrac{4\sigma}{gr(Y-Y_a)}$, 표면장력 74.2 dyn·cm^{-1}]

① 30.3 ② 42.5
③ 51.7 ④ 63.9

해설 $h = \dfrac{4\times74.2}{980\times0.01\times(1-1.25\times10^{-3})}$
$= 30.32\text{cm}$

제2과목 상하수도계획

21. 기존의 하수처리시설에 고도처리시설을 설치하고자 할 때 검토사항으로 틀린 것은?

① 표준활성슬러지법이 설치된 기존처리장의 고도처리 개량은 개선대상 오염물질별 처리특성을 감안하여 효율적인 설계가 되어야 한다.
② 시설개량은 시설개량방식을 우선 검토하되 방류수 수질기준 준수가 곤란한 경우에 한해 운전 개선방식을 함께 추진하여야 한다.
③ 기본설계과정에서 처리장의 운영실태 정밀분석을 실시한 후 이를 근거로 사업추진방향 및 범위 등을 결정하여야 한다.
④ 기존시설물 및 처리공정을 최대한 활용하여야 한다.

해설 기존하수처리시설의 고도처리시설 설치사업은 운전개선방식에 의한 추진방안을 우선으로 검토하되 방류수 수질기준 준수가 곤란한 경우 시설개량방식으로 추진하여야 한다.

참고 1. 기존하수처리시설에 고도처리시설을 설치할 경우에는 하수처리시설의 부지여건을 충분히 고려하여 고도처리시설 설치계획을 수립하여야 한다.
2. 신설 하수처리시설에 고도처리시설을 설치할 경우의 검토 사항도 기존 하수처리시설에 고도처리시설을 설치할 때의 검토사항을 동일하게 적용한다.

22. 상수도 시설 중 침사지에 관한 설명으로 틀린 것은?

① 지의 길이는 폭의 3~8배를 표준으로 한다.
② 지의 상단높이는 고수위보다 0.6~1m의 여유고를 둔다.
③ 지의 유효수심은 5~7m를 표준으로 한다.
④ 표면부하율은 200~500mm/min을 표준으로 한다.

해설 지의 유효수심은 3~4m를 표준으로 한다.

23. 강우 배수구역이 다음 표와 같은 경우 평균유출계수는?

2017

정답 20. ① 21. ② 22. ③ 23. ②

구 분	유출계수	면적
주거지역	0.4	2ha
상업지역	0.6	3ha
녹지지역	0.2	7ha

① 0.22 ② 0.33
③ 0.44 ④ 0.55

해설 평균 유출계수

$$=\frac{0.4\times2+0.6\times3+0.2\times7}{2+3+7}=0.33$$

24. 취수탑 설치 위치는 갈수기에도 최소 수심이 얼마 이상이어야 하는가?

① 1m ② 2m
③ 3m ④ 3.5m

해설 취수탑은 하천의 중류부, 하류부나 저수지, 호수로부터 대량 취수에 사용하며 연간 수위 변화의 폭이 크므로 설치 위치는 갈수기에도 수심이 최소 2m 이상 되는 곳이 적당하다.

25. 우수배제계획의 수립 중 우수유출량의 억제에 대한 계획으로 옳지 않은 것은?

① 우수유출량의 억제방법은 크게 우수저류형, 우수침투형 및 토지이용의 계획적 관리로 나눌 수 있다.
② 우수저류형 시설 중 on-site시설은 단지 내 저류 및 우수조정지, 우수체수지 등이 있다.
③ 우수침투형은 우수유출총량을 감소시키는 효과로서 침투 지하매설관, 침투성 포장 등이 있다.
④ 우수저류형은 우수유출총량은 변하지 않으나 첨두유출량을 감소시키는 효과가 있다.

해설 우수저류형에는 강우장소에서 우수를 저류하는 on-site저류와 유출한 우수를 집수하여 별도의 장소에서 저류하는 off-site저류가 있다.
㉠ on-site저류 : 공원 내 저류, 학교운동장 내 저류, 광장 내 저류, 주차장 내 저류 등
㉡ off-site저류 : 우수조정지, 다목적유수지, 우수저류관 등

26. 정수처리 방법 중 트리할로메탄(trihalomethane)을 감소 또는 제거시킬 수 있는 방법으로 가장 거리가 먼 것은?

① 중간염소처리 ② 전염소처리
③ 활성탄처리 ④ 결합염소처리

해설 트리할로메탄 전구물질을 다량 함유하는 경우에는 활성탄처리 또는 중간염소처리 등을 하고 트리할로메탄 대책으로써 트리할로메탄 전구물질의 제거와 별도로 결합염소처리가 있다.

27. 정수시설인 착수정의 용량기준으로 적절한 것은?

① 체류시간 : 0.5분 이상, 수심 : 2~4m 정도
② 체류시간 : 1.0분 이상, 수심 : 2~4m 정도
③ 체류시간 : 1.5분 이상, 수심 : 3~5m 정도
④ 체류시간 : 1.0분 이상, 수심 : 3~5m 정도

해설 착수정의 용량은 체류시간을 1.5분 이상으로 하고 수심은 3~5m 정도로 한다.

28. 하수관거시설인 우수토실에 관한 설명으로 틀린 것은?

① 우수월류량은 계획하수량에서 우천 시 계획오수량을 뺀 양으로 한다.
② 우수토실의 오수유출관거에는 소정의

정답 24. ② 25. ② 26. ② 27. ③ 28. ②

유량 이상이 흐르도록 하여야 한다.

③ 우수토실은 위어형 이외에 수직오리피스, 기계식 수동 수문 및 자동식 수문, 볼텍스 밸브류 등을 사용할 수 있다.

④ 우수토실을 설치하는 위치는 차집관거의 배치, 방류수면 및 방류지역의 주변 환경 등을 고려하여 선정한다.

해설 우수토실의 오수유출관거에는 소정의 유량 이상 흐르지 않도록 하여야 한다.

29. 막여과 정수처리설비에 대한 내용으로 옳은 것은?

① 막 여과유속은 경제성 및 보수성을 종합적으로 고려하여 최저치를 설정한다.

② 회수율은 취수조건 등과 상관없이 일정하게 운영하는 것이 효율적이고 경제적이다.

③ 구동압방식과 운전제어방식은 구동압이나 막의 종류, 배수조건 등을 고려하여 최적방식을 선정한다.

④ 막 여과방식은 막 공급수질을 제외한 막 여과수량과 막의 종별 등의 조건을 고려하여 최적방식을 선정한다.

해설 ① 막 여과유속은 경제성 및 보수성을 종합적으로 고려하여 적절한 값을 설정한다.
② 회수율은 취수조건이나 막 공급수질, 역세척, 세척 배출수처리 등의 여러 가지 조건을 고려하여 효율성과 경제성 등을 종합적으로 검토하여 설정한다.
④ 막 여과방식은 막 공급수질이나 막의 종별 등의 조건을 고려하여 최적의 방식을 선정한다.

30. 정수시설의 플록형성지에 관한 설명으로 틀린 것은?

① 플록형성지는 혼화지와 침전지 사이에 위치하게 하고 침전지에 붙여서 설치한다.

② 플록형성지는 응집된 미소플록을 크게 성장시키기 위하여 기계식교반이나 우류식교반이 필요하다.

③ 기계식교반에서 플록큐레이터의 주변속도는 15~80cm/s로 하고 우류식교반에서는 평균유속을 15~30cm/s를 표준으로 한다.

④ 플록형성지 내의 교반강도는 하류로 갈수록 점차 증가시켜 플록 간 접촉횟수를 높인다.

해설 플록형성지 내의 교반강도는 하류로 갈수록 점차 감소시키는 것이 바람직하다.

31. 펌프의 흡입관 설치요령으로 틀린 것은?

① 흡입관은 각 펌프마다 설치해야 한다.

② 저수위로부터 흡입구까지의 수심은 흡입관 직경의 1.5배 이상으로 한다.

③ 흡입관과 취수정 벽의 유격은 직경의 1.5배 이상으로 한다.

④ 흡입관과 취수정 바닥까지의 깊이는 직경의 1.5배 이상으로 유격을 둔다.

해설 흡입관과 취수정 바닥까지의 깊이는 직경의 1~1.5배 정도의 유격을 둔다.

32. 정수처리시설 중에서 이상적인 침전지에서의 효율을 검증하고자 한다. 실험결과 입자의 침전속도가 0.15cm/s이고 유량이 30000m^3/d로 나타났을 때 침전효율(제거율, %)은? (단, 침전지의 유효표면적은 100m^{2}이고 수심은 4m이며 이상적 흐름상태 가정)

① 73.2 ② 63.2
③ 53.2 ④ 43.2

해설 $E=\dfrac{0.15\times10^{-2}\times86400}{\dfrac{30000}{100}}=0.432$

정답 29. ③ 30. ④ 31. ④ 32. ④

$= 43.2\%$

참고 $E = \dfrac{V_s(\text{침전속도})}{Q/A(\text{수면적부하})}$

33. 길이가 500m이고 안지름 50cm인 관을 안지름 30cm인 등치관으로 바꾸면 길이(m)는? (단, Williams-Hazen식 적용)

① 35.45 ② 41.55
③ 43.55 ④ 45.45

해설 $L_2 = 500 \times \left(\dfrac{30}{50}\right)^{4.87} = 41.55\text{m}$

참고 등치관법 : 등치관이란 관 내부로 일정한 유량의 물이 흐를 때 생기는 수두손실이 같은 유량에 대해 동일한 손실수두를 주도록 한 관로를 말한다. 이때 실제 관에 대해 등치관인 가상관로를 생각하는 데 따라 관망을 해석하는 방법을 등치관법이라 한다.

$$L_2 = L_1\left(\frac{D_2}{D_1}\right)^{4.87}$$

34. 상수시설인 배수시설 중 배수지의 유효수심(표준)으로 적절한 것은?

① 6~8m ② 3~6m
③ 2~3m ④ 1~2m

해설 배수지의 유효수심은 3~6m를 표준으로 한다.

35. 하수관거를 매설하기 위해 굴토한 도랑의 폭이 1.8m이다. 매설지점의 표토는 젖은 진흙으로서 흙의 밀도가 2.0t/m³이고 흙의 종류와 관의 깊이에 따라 결정되는 계수 C_1= 1.5이었다. 이때 매설관이 받는 하중(t/m)은? (단, Marston공식에 의해 계산)

① 2.5 ② 5.8
③ 7.4 ④ 9.7

해설 $W = 1.5 \times 2 \times 1.8^2 = 9.72\text{t/m}$

참고 마스톤(Marston) 공식 : 토압계산에 가장 널리 이용되는 공식

$W = C_1 \cdot \gamma \cdot B^2$

여기서, W : 관이 받는 하중(kN/m)

γ : 매설토의 단위중량(kN/m³)

B : 폭요소(width factor)로서 관의 상부 90° 부분에서의 관 매설을 위하여 굴토한 도랑의 폭(m)

C_1 : 흙의 종류, 흙두께, 굴착폭 등에 따라 결정되는 상수

36. 하수관의 최소관경 기준이 바르게 연결된 것은?

① 오수관거 : 150mm, 우수관거 및 합류관거 : 200mm
② 오수관거 : 200mm, 우수관거 및 합류관거 : 250mm
③ 오수관거 : 250mm, 우수관거 및 합류관거 : 300mm
④ 오수관거 : 300mm, 우수관거 및 합류관거 : 350mm

37. 정수시설 중 약품침전지에 대한 설명으로 틀린 것은?

① 각 지마다 독립하여 사용 가능한 구조로 하여야 한다.
② 고수위에서 침전지 벽체 상단까지의 여유고는 30cm 이상으로 한다.
③ 지의 형상은 직사각형으로 하고 길이는 폭의 3~8배 이상으로 한다.
④ 유효수심은 2~2.5m로 하고 슬러지 퇴적심도는 50cm 이하를 고려하되 구조상 합리적으로 조정할 수 있다.

해설 유효수심은 3~5.5m로 하고 슬러지 퇴적심도는 30cm 이상을 고려하되 슬러지 제거설비와 침전지의 구조상 필요한 경우에는 합리적으로 조정할 수 있다.

정답 33. ② 34. ② 35. ④ 36. ② 37. ④

38. 수원 선정 시 고려하여야 할 사항으로 옳지 않은 것은?

① 수량이 풍부하여야 한다.
② 수질이 좋아야 한다.
③ 가능한 한 높은 곳에 위치해야 한다.
④ 수돗물 소비지에서 먼 곳에 위치해야 한다.

해설 수돗물 소비지에서 가까운 곳에 위치해야 한다.

39. 캐비테이션 방지대책으로 틀린 것은?

① 펌프의 설치위치를 가능한 한 낮춘다.
② 펌프의 회전속도를 낮게 한다.
③ 흡입 측 밸브를 조금만 개방하고 펌프를 운전한다.
④ 흡입관의 손실을 가능한 한 적게 한다.

해설 흡입 측 밸브를 완전히 개방하고 펌프를 운전한다.

40. 상수시설에서 급수관을 배관하고자 할 경우의 고려사항으로 옳지 않은 것은?

① 급수관을 공공도로에 부설할 경우에는 다른 매설물과의 간격을 30cm 이상 확보한다.
② 수요가의 대지 내에서 가능한 한 직선 배관이 되도록 한다.
③ 가급적 건물이나 콘크리트의 기초 아래를 횡단하여 배관하도록 한다.
④ 급수관이 개거를 횡단하는 경우에는 가능한 한 개거의 아래로 부설한다.

해설 급수관이 건물이나 콘크리트 기초의 아래를 통과할 경우에는 장래 보수작업이 매우 곤란하므로 이러한 장소를 피하여 배관한다.

제3과목 수질오염방지기술

41. 다음에 설명한 분리방법으로 가장 적합한 것은?

> • 막형태 : 대칭형 다공성막
> • 구동력 : 정수압차
> • 분리형태 : pore size 및 흡착현상에 기인한 체걸음
> • 적용분야 : 전자공업의 초순수 제조, 무균수 제조, 식품의 무균여과

① 역삼투
② 한외여과
③ 정밀여과
④ 투석

42. 물 $5m^3$의 DO가 9.0mg/L이다. 이 산소를 제거하는 데 필요한 아황산나트륨의 양(g)은?

① 256.5 ② 354.7
③ 452.6 ④ 488.8

해설 $Na_2SO_3 + 1/2O_2 \rightarrow Na_2SO_4$

$$\therefore \frac{9\times10^{-3}g}{L}\times5m^3\times\frac{10^3L}{m^3}\times\frac{126g}{\frac{1}{2}\times32g}$$

$=354.38g$

43. 생물학적 인제거공정에서 설계 SRT가 상대적으로 짧으며 높은 유기부하율을 설계에 사용할 수 있는 장점이 있고 타 공법에 비해 운전이 비교적 간단하고 폐슬러지의 인 함량이 높아(3~5%) 비료의 가치를 가지는 것은?

① A/O공정
② 개량 Bardenpho공정
③ 연속회분식반응조(SBR)공정
④ UCT공법

정답 38. ④ 39. ③ 40. ③ 41. ③ 42. ② 43. ①

44. 폐수 시료에 대해 BOD 시험을 수행하여 얻은 결과가 다음과 같을 때 시료의 BOD(mg/L)는?

시료번호	1	2	3
희석률(%)	1	2	3
용존산소 감소(mg/L)	2.7	4.9	7.2

① 약 115 ② 약 190
③ 약 250 ④ 약 300

해설 $BOD = 4.9 \times \frac{100}{2} = 245mg/L$

참고 1. 5일간 저장한 다음 산소의 소비량이 40~70% 범위 안의 희석시료용액을 선택하여 처음의 용존산소량과 5일간 배양한 다음 남아 있는 용존산소량의 차로부터 BOD를 계산한다.
2. 식종하지 않은 시료의 BOD
$BOD(mg/L) = (D_1 - D_2) \times P$
D_1 : 희석(조제)한 검액(시료)의 15분간 방치한 후의 DO(mg/L)
D_2 : 5일간 배양한 다음의 희석(조제)한 검액(시료)의 DO(mg/L)
P : 희석시료 중 시료의 희석배수(희석시료량/시료량)

45. 다음 공정에서 처리될 수 있는 폐수의 종류는?

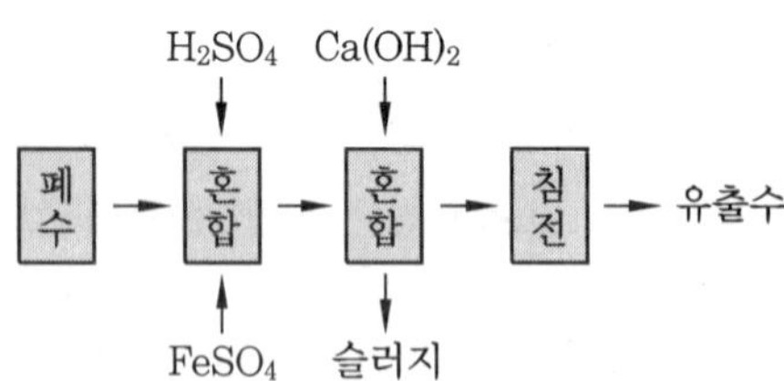

① 크롬폐수
② 시안폐수
③ 비소폐수
④ 방사능폐수

해설 Cr^{+6}는 Cr^{+3}로 환원한 후 알칼리를 주입하여 수산화물로 침전시킨다.

46. 원형 1차침전지를 설계하고자 할 때 가장 적당한 침전지의 직경(m)은? (단, 평균유량 $= 9000m^3/d$, 평균표면부하율 $= 45m^3/m^2 \cdot d$, 최대유량 $= 2.5 \times$ 평균유량, 최대표면부하율 $= 100m^3/m^2 \cdot d$)

① 12 ② 15
③ 17 ④ 20

해설 ㉠ $45 = \frac{9000}{x} \quad \therefore x = 200m^2$
㉡ $100 = \frac{2.5 \times 9000}{x} \quad \therefore x = 225m^2$
㉢ 최대면적이 설계면적이 된다.
$\therefore 225 = \frac{\pi \times x^2}{4} \quad \therefore x = 16.93m$

참고 1. 평균표면부하율 $= \frac{평균유량(Q)}{A}$
2. 최대표면부하율 $= \frac{최대유량}{A}$

47. CSTR 반응조를 일차반응조건으로 설계하고 A의 제거 또는 전환율이 90%가 되게 하고자 한다. 반응상수 K가 0.35/h일 때 CSTR 반응조의 체류시간(h)은?

① 12.5 ② 25.7
③ 32.5 ④ 43.7

해설 $t = \frac{100 - 10}{0.35 \times 10} = 25.71h$

참고 $t = \frac{C_0 - C}{K \times C}$

48. 산기식포기장치가 수심 4.5m의 곳에 설치되어 있고 유입하수의 수온은 20℃, 포기조 산소흡수율이 10%인 포기장치에 대한 산소포화농도값(C_s, mg/L)은? (단, 20℃일 때 증류수의 포화용존산소농도 = 9.02mg/L, β = 0.95)

① 8.9 ② 9.9

정답 44. ③ 45. ① 46. ③ 47. ② 48. ③

③ 10.09　　　　④ 12.3

해설 $DO_s = 0.95 \times 9.02 \times \left(1 + \frac{4.5/2}{10.24}\right)$

$= 10.45 \text{mg/L}$

49. **활성슬러지의 2차 침전조에 대한 설명으로 틀린 것은?**

① 고형물 부하로만 설계한다.
② 미생물(biomass)의 보관 창고 역할을 한다.
③ 슬러지 농축의 역할을 한다.
④ 고액 분리의 역할을 한다.

해설 활성슬러지의 2차 침전조는 표면부하율과 고형물 부하율을 고려하여 설계한다.

참고 이차침전지에서 침전되는 슬러지의 SS 농도가 매우 크므로 지역침전(zone settling) 현상이 일어난다. 특히 활성슬러지법인 경우, MLSS(Mixed Liquor Suspended Solids) 농도가 매우 높은 경우에는 침전속도가 매우 느리므로 표면부하율로 침전지를 설계하면 문제가 발생되는 경우가 있다. 따라서 침전시키려는 고형물의 양을 토대로 하여 계산된 값과 표면부하율에 의하여 계산된 값을 비교하여 소요면적이 큰 것으로 침전지의 표면적을 결정한다.

50. **소독을 위한 자외선방사에 관한 설명으로 틀린 것은?**

① 5~400nm 스펙트럼 범위의 단파장에서 발생하는 전자기 방사를 말한다.
② 미생물이 사멸되며 수중에 잔류방사량(잔류살균력이 있음)이 존재한다.
③ 자외선소독은 화학물질 소비가 없고 해로운 부산물도 생성되지 않는다.
④ 물과 수중의 성분은 자외선의 전달 및 흡수에 영향을 주며 Beer-Lambert법칙이 적용된다.

해설 자외선을 방사하면 수중에 잔류방사량(잔류살균력이 없음)이 존재하지 않는다.

51. **생물학적 처리법 가운데 살수여상법에 대한 설명으로 가장 거리가 먼 것은?**

① 슬러지일령은 부유성장 시스템보다 높아 100일 이상의 슬러지일령에 쉽게 도달된다.
② 총괄 관측수율은 전형적인 활성슬러지 공정의 60~80% 정도이다.
③ 덮개 없는 여상의 재순환율을 증대시키면 실제로 여상 내의 평균온도가 높아진다.
④ 정기적으로 여상에 살충제를 살포하거나 여상을 침수토록 하여 파리문제를 해결할 수 있다.

해설 덮개 없는 여상의 재순환율을 증대시키면 실제로 여상 내의 평균온도가 낮아진다. 오수가 여상에 떨어지면 공기의 흐름이 오수를 냉각시킨다. 온도가 저하된 여상 유출수의 재순환은 온도를 더욱 낮추어 준다.

52. **연속 회분식 활성슬러지법인 SBR(Sequencing Batch Reactor)에 대한 설명으로 '최대의 수량을 포기조 내에 유지한 상태에서 운전 목적에 따라 포기와 교반을 하는 단계'는?**

① 유입기　　　　② 반응기
③ 침전기　　　　④ 유출기

53. **평균 유량이 20000m^3/d인 도시하수처리장의 1차침전지를 설계하고자 한다. 최대유량/평균유량 = 2.75이라면 침전조의 직경(m)은? (단, 1차침전지에 대한 권장 설계기준 : 최대표면부하율 = 50$m^3/m^2 \cdot d$, 평균표면부하율 = 20$m^3/m^2 \cdot d$)**

① 32.7　　　　② 37.4
③ 42.5　　　　④ 48.7

2017

정답　49. ①　50. ②　51. ③　52. ②　53. ②

해설 ㉠ $20 = \frac{20000}{x}$

$\therefore x = 1000\text{m}^2$

㉡ $50 = \frac{2.75 \times 20000}{x}$

$\therefore x = 1100\text{m}^2$

㉢ 최대면적이 설계면적이 된다.

$\therefore 1100 = \frac{\pi \times x^2}{4}$

$\therefore x = 37.4\text{m}$

참고 1. 평균표면부하율 $= \frac{\text{평균유량}(Q)}{A}$

2. 최대표면부하율 $= \frac{\text{최대유량}}{A}$

54. 하수 내 질소 및 인을 생물학적으로 처리하는 UCT 공법의 경우 다른 공법과는 달리 침전지에서 반송되는 슬러지를 혐기조로 반송하지 않고 무산소조로 반송하는데 그 이유로 가장 적합한 것은?

① 혐기조에 질산염의 부하를 감소시킴으로써 인의 방출을 증대시키기 위해
② 호기조에서 질산화된 질소의 일부를 잔류 유기물을 이용하여 탈질시키기 위해
③ 무산소조에 유입되는 유기물 부하를 감소시켜 탈질을 증대시키기 위해
④ 후속되는 호기조의 질산화를 증대시키기 위해

해설 UCT(University of Cape Town) 공법은 반송된 슬러지를 무산소지역으로 반송한 후 혐기조로 재반송해서 혐기조로 반송슬러지 내의 NO_3^-의 유입을 방지하여 인의 방출을 증대시킨다.

55. 활성슬러지 공정의 2차침전지에서 나타나는 일반적인 고형물 농도와 침전속도의 관계를 바르게 나타낸 그래프는?

①
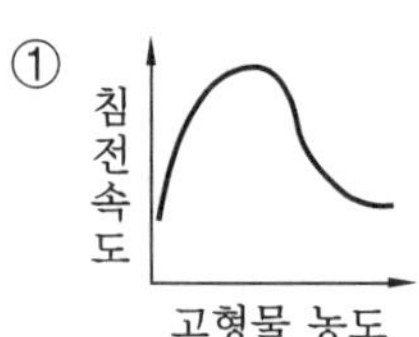

②
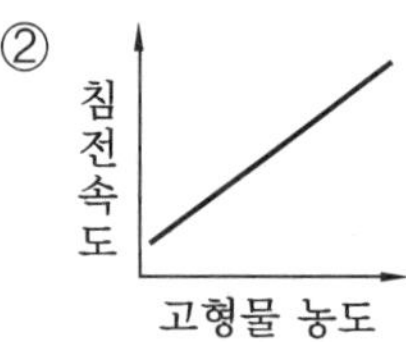

③
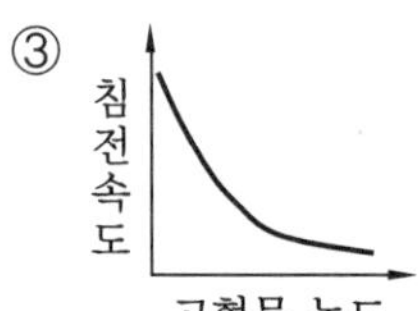

④
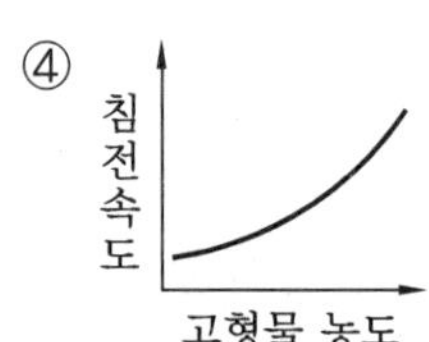

해설 활성슬러지 공정의 2차침전지에서 현탁 고형물의 농도가 큰 경우 가까이 위치한 입자들의 침전에 서로 방해를 받으므로 침전속도는 점차 감소하게 되며 침전하는 부유물과 상등수 간에 뚜렷한 경계면이 생기는 침전형태가 나타난다.

56. 탈질소 공정에서 폐수에 첨가하는 약품은?

① 응집제 ② 질산
③ 소석회 ④ 메탄올

해설 유기물은 탈질화 반응조의 유입부에 직접 주입되며 메탄올(CH_3OH)을 일반적으로 사용한다.

참고 탈질산화세균은 종속영양계미생물이므로 에너지원인 전자공여체로서 그리고 세포물질합성을 위한 탄소원으로 용존유기물이 필요하다. 이러한 유기물질은 다음과 같이 공급된다.

1. 외부로부터의 첨가물질(메탄올, 에탄올, 아세트산염이 사용된다.)
2. 유입생폐수 중의 유기물질
3. 세포가 사멸하여 분해될 때 생성되는 유기물

57. 폐수처리 후 나머지 BOD 25kg과 인 1.5kg을 호수로 방류하였다. 1mg의 인은 0.1g의 algae를 합성하고 1g의 algae가 부패하면 140mg의 DO를 소비한다. 이 처리로 인한 호수의 DO 소비량(kg)은? (단, BOD 1kg = O_2

정답 54. ① 55. ③ 56. ④ 57. ③

1kg임)

① 21　　② 25
③ 46　　④ 55

해설 $\dfrac{1kg\,O_2}{kg\,BOD} \times 25kg\,BOD + \dfrac{140mg\,O_2}{1g\,algae} \times \dfrac{10^{-6}kg}{mg} \times \dfrac{0.1g\,algae}{1mg\,인} \times 1.5kg\,인 \times \dfrac{10^6mg}{kg} = 46kg$

58. 유기물의 감소반응이 2차반응($V_c = -KC^2$)이라 할 때 반응 후 초기농도($C_0 = 1$)에 대하여 유출농도($C_e = 0.2$)가 80% 감소되도록 하는 데 필요한 CFSTR(완전혼합반응기)와 PFR(플럭흐름반응기)의 부피비는? [단, (CFSTR의 물질수지식 : $0 = QC_0 - QC_e - VKC_e^2$ (정상상태), PFR은 정상상태에서 $V = \dfrac{Q}{K}\left(\dfrac{1}{C_e} - \dfrac{1}{C_0}\right)$의 식으로 표현]

① CFSTR : PFR = 5 : 1
② CFSTR : PFR = 7 : 1
③ CFSTR : PFR = 10 : 1
④ CFSTR : PFR = 15 : 1

해설 ㉠ $V_c = \dfrac{Q \times (100-20)}{K \times 20^2} = \dfrac{0.2Q}{K}$

㉡ $V_p = \dfrac{Q}{K} \times \left(\dfrac{1}{20} - \dfrac{1}{100}\right) = \dfrac{0.04Q}{K}$

㉢ $\dfrac{V_c}{V_p} = \dfrac{0.2}{0.04} = 5$

59. 음용수 중 철과 망간의 기준 농도에 맞추기 위한 그 제거 공정으로 알맞지 않은 것은?

① 포기에 의한 침전
② 생물학적 여과
③ 제올라이트 수착
④ 인산염에 의한 산화

해설 철과 망간의 처리공정으로는 공기포기+급속모래여과, 산화제(염소, 오존, $KMnO_4$ 등), 산화 코팅 또는 촉매 여재를 이용한 여과, 포기+생물여과(완속여과) 등이 있다.

60. 농축슬러지를 혐기성소화로 안정화시키고자 할 때 메탄 생성량(kg/d)은? [단, 농축슬러지에 포함된 유기성분은 모두 글루코오스($C_6H_{12}O_6$)이며 미생물에 의해 100% 분해, 소화조에서 모두 메탄과 이산화탄소로 전환된다고 가정, 농축슬러지 BOD = 480mg/L, 유입유량 = 200m^3/d]

① 18　　② 24
③ 32　　④ 41

해설 ㉠ $C_6H_{12}O_6 + 6O_2 \rightarrow 6CO_2 + 6H_2O$

㉡ $C_6H_{12}O_6 \rightarrow 3CO_2 + 3CH_4$

㉢ $(480 \times 200 \times 10^{-3})kg/d \times \dfrac{180g}{6 \times 32g} \times \dfrac{3 \times 16g}{180g} = 24kg/d$

제4과목 수질오염공정시험기준

61. 배출허용기준 적합여부를 판정하기 위해 자동시료채취기로 시료를 채취하는 방법의 기준은?

① 6시간 이내에 30분 이상 간격으로 2회 이상 채취하여 일정량의 단일 시료로 한다.
② 6시간 이내에 1시간 이상 간격으로 2회 이상 채취하여 일정량의 단일 시료로 한다.
③ 8시간 이내에 1시간 이상 간격으로 2회 이상 채취하여 일정량의 단일 시료로 한다.
④ 8시간 이내에 2시간 이상 간격으로 2

회 이상 채취하여 일정량의 단일 시료로 한다.

62. 수질분석용 시료채취 시 유의사항과 가장 거리가 먼 것은?

① 시료채취 용기는 시료를 채우기 전에 깨끗한 물로 3회 이상 씻은 다음 사용한다.
② 유류 또는 부유물질 등이 함유된 시료는 시료의 균일성이 유지될 수 있도록 채취하여야 하며 침전물 등이 부상하여 혼입되어서는 안 된다.
③ 용존가스, 환원성 물질, 휘발성유기화합물, 냄새, 유류 및 수소이온 등을 측정하는 시료는 시료 용기에 가득 채워야 한다.
④ 시료채취량은 보통 3~5L 정도이어야 한다.

해설 시료채취 용기는 시료를 채우기 전에 깨끗한 시료로 3회 이상 씻은 다음 사용한다.

63. 원자흡수분광광도법의 용어에 관한 설명으로 틀린 것은?

① 공명선 : 원자가 외부로부터 빛을 흡수했다가 다시 처음 상태로 돌아갈 때 방사하는 스펙트럼선
② 역화 : 불꽃의 연소속도가 크고 혼합기체의 분출속도가 작을 때 연소현상이 내부로 옮겨지는 것
③ 다음극 중공음극램프 : 두 개 이상의 중공음극을 갖는 중공음극램프
④ 선프로파일 : 파장에 대한 스펙트럼선의 근접도를 나타내는 곡선

해설 선프로파일 : 파장에 대한 스펙트럼선의 강도를 나타내는 곡선

참고 원자흡수분광광도법의 용어

1. 역화(flame back) : 불꽃의 연소속도가 크고 혼합기체의 분출속도가 작을 때 연소현상이 내부로 옮겨지는 것
2. 공명선(resonance line) : 원자가 외부로부터 빛을 흡수했다가 다시 먼저 상태로 돌아갈 때 방사하는 스펙트럼선
3. 근접선(neighbouring line) : 목적하는 스펙트럼에 가까운 파장을 갖는 다른 스펙트럼선
4. 중공음극램프(hollow cathode lamp) : 원자흡광 분석의 광원이 되는 것으로 목적원소를 함유하는 중공음극 한 개 또는 그 이상을 저압의 네온과 함께 채운 방전관
5. 분무기(nebulizer atomizer) : 시료를 미세한 입자로 만들어 주기 위하여 분무하는 장치
6. 분무실(nebulizer-chamber, atomizer-chamber) : 분무기와 병용하여 분무된 시료용액의 미립자를 더욱 미세하게 해주는 한편 큰 입자와 분리시키는 작용을 갖는 장치
7. 슬롯버너(slot burner, fish tail burner) : 가스의 분출구가 세극상으로 된 버너
8. 전체분무버너(total consumption burner, atomizer burner) : 시료 용액을 빨아 올려 미립자로 되게 하여 직접 불꽃 중으로 분무하여 원자증기화하는 방식의 버너
9. 예혼합 버너(premix type burner) : 가연성가스, 조연성가스 및 시료를 분무실에서 혼합시켜 불꽃 중에 넣어 주는 방식의 버너
10. 선폭(line width) : 스펙트럼선의 폭

64. 알킬수은 화합물의 분석 방법으로 옳은 것은? (단, 수질오염공정시험기준 기준)

① 기체크로마토그래피법
② 자외선/가시선 분광법
③ 이온크로마토그래피법
④ 유도결합플라스마-원자발광분광법

해설 적용 가능한 시험방법

알킬수은	정량한계(mg/L)
기체크로마토그래피	0.0005mg/L
원자흡수분광광도법	0.0005mg/L

65. **시험관법으로 분원성대장균군을 측정하는 방법으로 ( )에 옳은 내용은?**

> 물속에 존재하는 분원성대장균군을 측정하기 위하여 ( )을 이용하는 추정시험과 백금이를 이용하는 확정시험으로 나뉘며 추정시험이 양성일 경우 확정시험을 시행하는 방법이다.

① 배양시험관 ② 다람시험관
③ 페트리시험관 ④ 멸균시험관

66. **수질오염공정시험기준상 질산성 질소의 측정법으로 가장 적절한 것은?**

① 자외선/가시선 분광법(디아조화법)
② 이온크로마토그래피법
③ 이온전극법
④ 카드뮴 환원법

해설 적용 가능한 시험방법

질산성 질소	정량한계(mg/L)
이온크로마토그래피	0.1mg/L
자외선/가시선 분광법 (부루신법)	0.1mg/L
자외선/가시선 분광법 (활성탄흡착법)	0.3mg/L
데발다합금 환원증류법	중화적정법 : 0.5mg/L 분광법 : 0.1mg/L

67. **크롬을 원자흡수분광광도법으로 분석할 때 0.02M − $KMnO_4$(MW=158.03) 용액을 조제하는 방법은?**

① $KMnO_4$ 8.1g을 정제수에 녹여 전량을 100mL로 한다.
② $KMnO_4$ 3.4g을 정제수에 녹여 전량을 100mL로 한다.
③ $KMnO_4$ 1.8g을 정제수에 녹여 전량을 100mL로 한다.
④ $KMnO_4$ 0.32g을 정제수에 녹여 전량을 100mL로 한다.

해설 $\frac{0.02\text{mol}}{\text{L}} \times \frac{158.03\text{g}}{\text{mol}} \times 0.1\text{L} = 0.316\text{g}$

68. **물벼룩을 이용한 급성 독성 시험법에 관한 내용으로 틀린 것은?**

① 물벼룩은 배양 상태가 좋을 때 7~10일 사이에 첫 부화된 건강한 새끼를 시험에 사용한다.
② 시험하기 2시간 전에 먹이를 충분히 공급하여 시험 중 먹이가 주는 영향을 최소화 한다.
③ 시험생물은 물벼룩인 daphnia magna straus를 사용하며, 출처가 명확하고 건강한 개체를 사용한다.
④ 보조먹이로 YCT(Yeast, Chlorophyll, Trout chow)를 첨가하여 사용할 수 있다.

해설 물벼룩은 배양 상태가 좋을 때 7~10일 사이에 첫 새끼를 부화하게 되는데 이때 부화된 새끼는 시험에 사용하지 않고 같은 어미가 약 네 번째 부화한 새끼부터 시험에 사용한다.

69. **수질오염공정시험기준상 시료의 보존방법이 다른 항목은?**

① 클로로필
② 색도
③ 부유물질
④ 음이온계면활성제

2017

정답 65. ② 66. ② 67. ④ 68. ① 69. ①

해설 ㉠ 클로로필 : -20℃
㉡ 색도, 부유물질, 음이온계면활성제 : 4℃

70. 기준전극과 비교전극으로 구성된 pH 측정기를 사용하여 수소이온농도를 측정할 때 간섭물질에 관한 내용으로 옳지 않은 것은?

① pH는 온도변화에 따라 영향을 받는다.
② pH 10 이상에서 나트륨에 의한 오차가 발생할 수 있는데 이는 낮은 나트륨 오차 전극을 사용하여 줄일 수 있다.
③ 일반적으로 유리전극은 산화 및 환원성 물질, 염도에 의해 간섭을 받는다.
④ 기름층이나 작은 입자상이 전극을 피복하여 pH 측정을 방해할 수 있다.

해설 일반적으로 유리전극은 용액의 색도, 탁도, 콜로이드성 물질들, 산화 및 환원성 물질들 그리고 염도에 의해 간섭을 받지 않는다.

71. 유기물 함량이 비교적 높지 않고 금속의 수산화물, 산화물, 인산염 및 황화물을 함유하는 시료의 전처리(산분해법) 방법으로 가장 적합한 것은?

① 질산법　② 황산법
③ 질산-황산법　④ 질산-염산법

72. 불소화합물 측정에 적용 가능한 시험방법과 가장 거리가 먼 것은? (단, 수질오염공정시험기준 기준)

① 자외선/가시선 분광법
② 원자흡수분광광도법
③ 이온전극법
④ 이온크로마토그래피

해설 적용 가능한 시험방법

불소	정량한계(mg/L)
자외선/가시선 분광법	0.15mg/L
이온전극법	0.1mg/L
이온크로마토그래피	0.05mg/L

73. 용매추출/기체크로마토그래피를 이용한 휘발성유기화합물 측정에 관한 내용으로 틀린 것은?

① 채수한 시료를 헥산으로 추출하여 기체크로마토그래프를 이용하여 분석하는 방법이다.
② 검출기는 전자포획검출기를 선택하여 측정한다.
③ 운반기체는 질소로 유량은 20~40 mL/min이다.
④ 컬럼온도는 35~250℃이다.

해설 운반기체는 순도 99.999% 이상의 질소로 유량은 0.5~2mL/min이다.

74. 유량산출의 기초가 되는 수두측정치는 영점 수위측정치에서 무엇을 뺀 값인가?

① 흐름의 수위측정치
② 웨어의 수두
③ 유속측정치
④ 수로의 폭

해설 유량산출의 기초가 되는 수두측정장치는 $a-b$, 즉 영점수위 측정치(mm) - 흐름의 수위측정치(mm)=측정수두(mm)로 한다.

75. 시험과 관련된 총칙에 관한 설명으로 옳지 않은 것은?

① "방울수"라 함은 0℃에서 정제수 20방울을 적하할 때 그 부피가 약 10mL 되는 것을 뜻한다.
② "찬 곳"은 따로 규정이 없는 한 0~15℃

정답 70. ③ 71. ④ 72. ② 73. ③ 74. ① 75. ①

의 곳을 뜻한다.

③ "감압 또는 진공"이라 함은 따로 규정이 없는 한 15mmHg 이하를 말한다.

④ "약"이라 함은 기재된 양에 대하여 ±10% 이상의 차가 있어서는 안 된다.

해설 "방울수"라 함은 20℃에서 정제수 20방울을 적하할 때 그 부피가 약 1mL 되는 것을 뜻한다.

76. 용존산소를 적정법으로 측정하고자 한다. Fe(Ⅲ) (100~200mg/L)이 함유되어 있는 시료의 전처리방법으로 적절한 것은?

① 황산의 첨가 후 플루오린화칼륨용액(100g/L) 1mL를 가한다.

② 황산의 첨가 후 플루오린화칼륨용액(300g/L) 1mL를 가한다.

③ 황산의 첨가 전 플루오린화칼륨용액(100g/L) 1mL를 가한다.

④ 황산의 첨가 전 플루오린화칼륨용액(300g/L) 1mL를 가한다.

77. 자외선/가시선 분광법으로 시안을 정량할 때 시료에 포함되어 분석에 영향을 미치는 물질과 이를 제거하기 위해 사용되는 시약을 틀리게 연결한 것은?

① 유지류 : 클로로폼

② 황화합물 : 아세트산아연용액

③ 잔류염소 : 아비산나트륨용액

④ 질산염 : L-아스코르빈산

해설 잔류염소 : L-아스코르빈산 용액을 첨가

78. 기체크로마토그래피로 측정되지 않는 것은?

① 염소이온

② 알킬수은

③ PCB

④ 휘발성저급염소화탄화수소류

해설 염소이온 적용 가능한 시험방법

염소이온	정량한계(mg/L)
이온크로마토그래피	0.1mg/L
적정법	0.7mg/L
이온전극법	5mg/L

79. 자외선/가시선 분광법으로 하는 크롬 측정에 관한 내용으로 틀린 것은?

① 3가크롬은 과망간산칼륨을 첨가하여 6가크롬으로 산화시킨다.

② 정량한계는 0.04mg/L이다.

③ 적자색 착화물의 흡광도를 620nm에서 측정한다.

④ 몰리브덴, 수은, 바나듐, 철, 구리 이온이 과량 함유되어 있는 경우, 방해 영향이 나타날 수 있다.

해설 적자색 착화물의 흡광도를 540nm에서 측정한다.

80. 유속 면적법을 이용하여 하천유량을 측정할 때 적용 적합지점에 관한 내용으로 틀린 것은?

① 가능하면 하상이 안정되어 있고 식생의 성장이 없는 지점

② 합류나 분류가 없는 지점

③ 교량 등 구조물 근처에서 측정할 경우 교량의 상류지점

④ 대규모 하천을 제외하고 가능한 부자(浮子)로 측정할 수 있는 지점

해설 대규모 하천을 제외하고 가능하면 도섭으로 측정할 수 있는 지점

2017

정답 76. ④ 77. ④ 78. ① 79. ③ 80. ④

제5과목 수질환경관계법규

81. 5년 이하의 징역 또는 5천만원 이하의 벌금형에 처하는 경우가 아닌 것은?

① 공공수역에 특정수질유해물질 등을 누출·유출시키거나 버린 자
② 배출시설에서 배출되는 수질오염물질을 방지시설에 유입하지 않고 배출한 자
③ 배출시설의 조업정지 또는 폐쇄명령을 위반한 자
④ 신고를 하지 아니하거나 거짓으로 신고를 하고 배출시설을 설치하거나 그 배출시설을 이용하여 조업한 자

해설 공공수역에 특정수질유해물질 등을 누출·유출시키거나 버린 자는 3년 이하의 징역 또는 3천만원 이하의 벌금형에 처한다.

참고 법 제76조 참조

82. 배출부과금 부과 시 고려사항이 아닌 것은?

① 배출허용기준 초과 여부
② 배출되는 수질오염물질의 종류
③ 수질오염물질의 배출기간
④ 수질오염물질의 위해성

참고 법 제41조 ②항 참조

83. 산업폐수의 배출규제에 관한 설명으로 옳은 것은?

① 폐수배출시설에서 배출되는 수질오염물질의 배출허용기준은 대통령이 정한다.
② 시·도 또는 인구 50만 이상의 시는 지역환경기준을 유지하기가 곤란하다고 인정할 때에는 시·도지사가 특별배출허용기준을 정할 수 있다.
③ 특별대책지역의 수질오염방지를 위해 필요하다고 인정할 때는 엄격한 배출허용기준을 정할 수 있다.
④ 시·도 안에 설치되어 있는 폐수무방류배출시설은 조례에 의해 배출허용기준을 적용한다.

해설 ① 폐수배출시설에서 배출되는 수질오염물질의 배출허용기준은 환경부령으로 정한다.
② 시·도 또는 인구 50만 이상의 시는 지역환경기준을 유지하기가 곤란하다고 인정할 때에는 시·도지사가 엄격한 배출허용기준을 정할 수 있다.
④ 시·도 안에 설치되어 있는 폐수무방류배출시설은 배출허용기준을 적용하지 아니한다.

참고 제32조 참조

84. 공공폐수처리시설의 유지·관리기준에 따라 처리시설의 관리·운영자가 실시하여야 하는 방류수 수질검사의 주기는? (단, 시설의 규모는 1일당 2000m^3이며, 방류수 수질이 현저하게 악화되지 않은 상황임)

① 월 2회 이상 ② 주 2회 이상
③ 월 1회 이상 ④ 주 1회 이상

참고 법 제50조 시행규칙 별표 15 참조

85. 발생폐수를 공공폐수처리시설로 유입하고자 하는 배출시설 설치자는 배수관거 등 배수설비를 기준에 맞게 설치하여야 한다. 배수설비의 설치방법 및 구조기준으로 틀린 것은?

① 배수관의 관경은 내경 150mm 이상으로 하여야 한다.
② 배수관은 우수관과 분리하여 빗물이 혼입되지 아니하도록 설치하여야 한다.
③ 배수관 입구에는 유효간격 10mm 이하의 스크린을 설치하여야 한다.
④ 배수관의 기점·종점·합류점·굴곡점과 관경·관종이 달라지는 지점에는 유출구를 설치하여야 하며, 직선인 부분

정답 81. ① 82. ④ 83. ③ 84. ④ 85. ④

에는 내경의 200배 이하의 간격으로 맨홀을 설치하여야 한다.

해설 배수관의 기점·종점·합류점·굴곡점과 관경·관종이 달라지는 지점에는 유출구를 설치하여야 하며, 직선인 부분에는 내경의 120배 이하의 간격으로 맨홀을 설치하여야 한다.

참고 법 제51조 시행규칙 별표 16 참조

86. 사업장별 환경기술인의 자격기준에 관한 설명으로 ( )에 맞는 것은?

> 환경산업기사 이상의 자격이 있는 자를 임명하여야 하는 사업장에서 환경기술인을 바꾸어 임명하는 경우로서 자격이 있는 구직자를 찾기 어려운 경우 등 부득이한 사유가 있는 경우에는 잠정적으로 ( ) 이내의 범위에서는 제4종사업장·제5종사업장의 환경기술인 자격에 준하는 자를 그 자격을 갖춘 자로 보아 신고를 할 수 있다.

① 6월 ② 90일
③ 60일 ④ 30일

참고 법 제47조 시행령 별표 17 참조

87. 환경정책기본법에서 지하·지표 및 지상의 모든 생물과 이를 둘러싸고 있는 비생물적인 것을 포함한 자연의 상태를 의미하는 것은?

① 생활환경 ② 대자연
③ 자연환경 ④ 환경보전

해설 "자연환경"이라 함은 지하·지표(해양을 포함한다) 및 지상의 모든 생물과 이들을 둘러싸고 있는 비생물적인 것을 포함한 자연의 상태(생태계 및 자연 경관을 포함한다)를 말한다.

참고 환경정책기본법 제3조(정의) 참조

1. "생활환경"이라 함은 대기, 물, 폐기물, 소음·진동, 악취, 일조 등 사람의 일상생활과 관계되는 환경을 말한다.
2. "환경보전"이라 함은 환경오염 및 환경훼손으로부터 환경을 보호하고 오염되거나 훼손된 환경을 개선함과 동시에 쾌적한 환경의 상태를 유지·조성하기 위한 행위를 말한다.

88. 초과배출부과금의 부과 대상이 되는 수질오염물질이 아닌 것은?

① 유기인화합물 ② 시안화합물
③ 대장균 ④ 유기물질

참고 법 제41조 참조

89. 수질오염방지시설 중 생물화학적 처리시설이 아닌 것은?

① 살균시설 ② 접촉조
③ 안정조 ④ 포기시설

참고 법 제2조 시행규칙 별표 5 참조

90. 시·도지사 등이 환경부장관에게 보고할 사항 중 보고 횟수가 연 1회에 해당되는 것은? (단, 위임업무 보고사항)

① 기타 수질오염원 현황
② 폐수위탁·사업장 내 처리현황 및 처리실적
③ 골프장 맹·고독성 농약 사용 여부 확인 결과
④ 비점오염원의 설치신고 및 현황

참고 법 제74조 시행규칙 별표 23 참조

91. 폐수처리업의 업종구분을 가장 알맞게 짝지은 것은?

① 폐수위탁처리업 – 폐수재활용업
② 폐수수탁처리업 – 측정대행업

2017

정답 86. ④ 87. ③ 88. ③ 89. ① 90. ② 91. ④

③ 폐수위탁처리업 – 방지시설업
④ 폐수수탁처리업 – 폐수재이용업

참고 법 제62조 참조

92. 다음에 해당되는 수질오염 감시경보 단계는?

> 생물감시 측정값이 생물감시 경보기준 농도를 30분 이상 지속적으로 초과하고, 전기전도도, 휘발성유기화합물, 페놀, 중금속(구리, 납, 아연, 카드뮴 등) 항목 중 1개 이상의 항목이 측정항목별 경보기준을 3배 이상 초과하는 경우

① 주의 단계　② 경계 단계
③ 심각 단계　④ 발생 단계

참고 법 제21조 ④항 시행령 별표 4 참조

93. 공공수역의 전국적인 수질 현황을 파악하기 위해 국립환경과학원장이 설치할 수 있는 측정망의 종류로 틀린 것은?

① 생물 측정망
② 토질 측정망
③ 공공수역 유해물질 측정망
④ 비점오염원에서 배출되는 비점오염물질 측정망

참고 법 제9조 참조

94. 환경부장관이 지정할 수 있는 비점오염원 관리지역의 지정기준에 관한 내용으로 ( ) 에 옳은 것은?

> 인구 ( ) 이상인 도시로서 비점오염원 관리가 필요한 지역

① 10만 명　② 30만 명
③ 50만 명　④ 100만 명

참고 법 제54조 ④항 참조

95. 오염총량관리 기본방침에 포함되어야 하는 사항으로 틀린 것은?

① 오염총량관리 대상지역
② 오염원의 조사 및 오염부하량 산정방법
③ 오염총량관리의 대상 수질오염물질 종류
④ 오염총량관리의 목표

참고 법 제4조의2 ②항 참조

96. 배출시설에 대한 일일기준초과배출량 산정 시 적용되는 일일유량의 산정 방법으로 ( ) 에 맞는 것은?

> 일일조업시간은 측정하기 전 최근 조업한 (㉮)간의 배출시설의 조업시간의 평균치로서 (㉯)으로 표시한다.

① ㉮ 3월, ㉯ 분
② ㉮ 3월, ㉯ 시간
③ ㉮ 30일, ㉯ 분
④ ㉮ 30일, ㉯ 시간

참고 법 제41조 시행령 별표 15 참조

97. 방지시설을 설치하지 아니한 자에 대한 1차 행정처분기준 중 개선명령에 해당되는 것은? (단, 항상 배출허용기준 이하로 배출된다는 사유 및 위탁처리한다는 사유로 방지시설을 설치하지 아니한 경우)

① 폐수를 위탁하지 아니하고 그냥 배출한 경우
② 폐수 성상별 저장시설을 설치하지 아니한 경우
③ 개선계획서를 제출하지 아니하고 배출허용기준을 초과하여 수질오염물질을 배출한 경우

정답 92. ② 93. ② 94. ④ 95. ① 96. ③ 97. ③

④ 폐수위탁처리 시 실적을 기간 내에 보고하지 아니한 경우

해설 ① 폐수를 위탁하지 아니하고 그냥 배출한 경우 : 조업정지
② 폐수 성상별 저장시설을 설치하지 아니한 경우 : 경고
④ 폐수위탁처리 시 실적을 기간 내에 보고하지 아니한 경우 : 경고

참고 제71조 시행규칙 별표 22 참조

98. 대권역 물환경 보전계획의 수립 시 포함되어야 하는 사항으로 틀린 것은?

① 물환경 변화 추이 및 목표기준
② 수질오염원 발생원 대책
③ 수질오염 예방 및 저감 대책
④ 상수원 및 물 이용현황

참고 법 제24조 참조

99. 특별시장 · 광역시장 · 특별자치시장 · 특별자치도지사가 오염총량관리시행계획을 수립할 때 포함되어야 하는 사항으로 틀린 것은?

① 해당 지역 개발계획의 내용
② 수질예측 산정자료 및 이행 모니터링 계획
③ 연차별 오염부하량 삭감 목표 및 구체적 삭감 방안
④ 오염원 현황 및 예측

참고 법 제4조의4 참조

100. 비점오염저감시설 중 장치형 시설이 아닌 것은?

① 생물학적 처리형 시설
② 응집·침전 처리형 시설
③ 와류형 시설
④ 침투형 시설

참고 법 제2조 시행규칙 별표 6 참조

2017

정답 98. ② 99. ① 100. ④

2018년도 출제문제

2018년 3월 4일 시행

자격종목 및 등급(선택분야)	종목코드	시험시간	문제지형별	수검번호	성 명
수질환경기사	2572	2시간	A		

제1과목 수질오염개론

1. 수자원의 순환에서 가장 큰 비중을 차지하는 것은?

① 해양으로의 강우 ② 증발
③ 증산 ④ 육지로의 강우

해설 증발(evaporation)은 수표면, 토양표면의 물 분자가 열에너지에 의해 액체에서 기체로 변환하는 과정으로 수자원의 순환에서 가장 큰 비중을 차지한다.

2. C_2H_6 15g이 완전 산화하는 데 필요한 이론적 산소량(g)은?

① 약 46 ② 약 56
③ 약 66 ④ 약 76

해설 $C_2H_6 + \frac{7}{2}O_2 \rightarrow 2CO_2 + 3H_2O$

$$\therefore 15g \times \frac{\frac{7}{2} \times 32g}{30g} = 56g$$

3. $PbSO_4$가 25℃ 수용액 내에서 용해도가 0.075g/L이라면 용해도적은? (단, Pb 원자량=207)

① 3.4×10^{-9} ② 4.7×10^{-9}
③ 5.8×10^{-8} ④ 6.1×10^{-8}

해설 $K_{sp} = (0.075 \div 303)^2 = 6.13 \times 10^{-8}$

참고 1. $K_{sp} = [Pb^{+2}][SO_4^{-2}]$

2. $\frac{mol}{L} = \frac{g}{L} \times \frac{mol}{g분자량}$

4. 하천의 자정계수(f)에 관한 설명으로 맞는 것은? (단, 기타 조건은 같다고 가정함)

① 수온이 상승할수록 자정계수는 작아진다.
② 수온이 상승할수록 자정계수는 커진다.
③ 수온이 상승하여도 자정계수는 변화가 없이 일정하다.
④ 수온이 20℃인 경우, 자정계수는 가장 크며 그 이상의 수온에서는 점차로 낮아진다.

해설 수온이 상승할수록 탈산소계수가 재포기계수보다 더 많이 커지므로 자정계수는 작아진다.

참고 자정계수란 재포기계수를 탈산소계수로 나눈 값을 말한다.

$$f = \frac{K_2}{K_1}$$

여기서, f : 자정계수(무차원 상수)
K_1 : 탈산소계수(1/d)
K_2 : 재포기계수(1/d)

5. 하천수의 수온은 10℃이다. 20℃의 탈산소계수 K(상용대수)가 $0.1d^{-1}$일 때 최종 BOD에 대한 BOD_6의 비는? [단, $K_T = K_{20} \times 1.047^{(T-20)}$]

① 0.42 ② 0.58
③ 0.63 ④ 0.83

정답 1. ② 2. ② 3. ④ 4. ① 5. ②

해설 ㉠ $K_{10} = 0.1 \times 1.047^{10-20} = 0.063\text{d}^{-1}$

㉡ $\dfrac{\text{BOD}_6}{\text{BOD}_u} = 1 - 10^{-0.063 \times 6} = 0.58$

참고 $\text{BOD}_t = \text{BOD}_u \times (1 - 10^{-K_1 t})$

6. 피부점막, 호흡기로 흡입되어 국소 및 전신 마비, 피부염, 색소 침착을 일으키며 안료, 색소, 유리공업 등이 주요 발생원인 중금속은?

① 비소 ② 납
③ 크롬 ④ 구리

7. 연못의 수면에 용존산소 농도가 11.3mg/L 이고 수온이 20℃인 경우, 가장 적절한 판단이라 볼 수 있는 것은?

① 수면의 난류로 계속 포기가 일어나 DO가 계속 높아질 가능성이 있다.
② 연못에 산화제가 유입되었을 가능성이 있다.
③ 조류가 번식하여 DO가 과포화되었을 가능성이 있다.
④ 물속에 수산화물과 (중)탄산염을 포함하여 완충능력이 클 가능성이 있다.

해설 조류들이 광합성작용을 하면 DO가 과포화되어 있을 수 있다.

8. 효소 및 기질이 효소-기질을 형성하는 가역 반응과 생성물 P를 이탈시키는 착화합물의 비가역 분해과정인 다음의 식에서 Michaelis 상수 K_m은? (단, $k_1 = 1.0 \times 10^7 \text{M}^{-1}\text{s}^{-1}$, $k_{-1} = 1.0 \times 10^2 \text{s}^{-1}$, $k_2 = 3.0 \times 10^2 \text{s}^{-1}$)

$$\text{E} + \text{S} \underset{k_{-1}}{\overset{k_1}{\leftrightarrow}} \text{ES} \overset{k_2}{\rightarrow} \text{E} + \text{S}$$

① 1.0×10^{-5}M ② 2.0×10^{-5}M
③ 3.0×10^{-5}M ④ 4.0×10^{-5}M

해설 $K_m = \dfrac{1 \times 10^2 + 3 \times 10^2}{1 \times 10^7} = 4 \times 10^{-5}\text{M}$

9. 다음 설명과 가장 관계있는 것은?

> 유리산소가 존재해야만 생장하며, 최적 온도는 20~30℃, 최적 pH는 4.5~6.0이다. 유기산과 암모니아를 생성해 pH를 상승 또는 하강시킬 때도 있다.

① 박테리아 ② 균류
③ 조류 ④ 원생동물

10. Formaldehyde(CH_2O)의 COD/TOC 비는?

① 1.37 ② 1.67
③ 2.37 ④ 2.67

해설 $CH_2O + O_2 \rightarrow CO_2 + H_2O$

$\therefore$ COD/TOC 비 $= \dfrac{32\text{g}}{12\text{g}} = 2.67$

11. 0.2N CH_3COOH 100mL를 NaOH로 적정하고자 하여 0.2N NaOH 97.5mL를 가했을 때 이 용액의 pH는? (단, CH_3COOH의 해리상수 $K_a = 1.8 \times 10^{-5}$)

① 3.67 ② 5.56
③ 6.34 ④ 6.87

해설 ㉠ 우선 혼합 후의 N농도를 구한다.

$0.2 \times 100 - 0.2 \times 97.5 = x \times (100 + 97.5)$

$\therefore x = 2.53 \times 10^{-3}$

㉡ $K = \dfrac{[CH_3COO^-][H^+]}{[CH_3COOH]}$

$= \dfrac{x^2}{2.13 \times 10^{-3} - x} = 1.8 \times 10^{-5}$

$\therefore x = \sqrt{(2.53 \times 10^{-3} \times 1.8 \times 10^{-5})}$

$= 2.13 \times 10^{-4}$

(여기서, $2.13 \times 10^{-3} - x = 2.13 \times 10^{-3}$)

2018

정답 6. ① 7. ③ 8. ④ 9. ② 10. ④ 11. ①

㉢ $pH = -\log[H^+] = -\log(2.13 \times 10^{-4})$
$= 3.67$

12. 수질오염물질 중 중금속에 관한 설명으로 틀린 것은?

① 카드뮴 : 인체 내에서 투과성이 높고 이동성이 있는 독성 메틸 유도체로 전환된다.
② 비소 : 인산염 광물에 존재해서 인 화합물 형태로 환경 중에 유입된다.
③ 납 : 급속독성은 신장, 생식계통, 간 그리고 뇌와 중추신경계에 심각한 장애를 유발한다.
④ 수은 : 수은 중독은 BAL, Ca_2EDTA로 치료할 수 있다.

해설 수은 : 인체 내에서 투과성이 높고 이동성이 있는 독성 메틸 유도체로 전환된다.

참고 카드뮴은 칼슘 대신 뼈 속으로 흡수되고 뼈 속의 칼슘, 인산 등의 염류가 유출되어 뼈가 약해지고 쉽게 부서질 수 있어 관절이 손상되는 이타이이타이병의 증세를 나타낸다.

13. 분뇨를 퇴비화 처리할 때 초기의 최적 환경조건으로 가장 거리가 먼 것은?

① 축분에 수분조정을 위해 부자재를 혼합할 때 퇴비재료의 적정 C/N비는 25~30이 좋다.
② 부자재를 혼합하여 수분함량이 20~30% 되도록 한다.
③ 퇴비화는 호기성미생물을 활용하는 기술이므로 산소공급을 충분히 한다.
④ 초기 재료의 pH는 6.0~8.0으로 조정한다.

해설 부자재를 혼합하여 수분함량이 60~70% 되도록 한다.

14. 부영양화 현상을 억제하는 방법으로 가장 거리가 먼 것은?

① 비료나 합성세제의 사용을 줄인다.
② 축산폐수의 유입을 막는다.
③ 과잉 번식된 조류(algae)는 황산망간($MnSO_4$)을 살포하여 제거 또는 억제할 수 있다.
④ 하수처리장에서 질소와 인을 제거하기 위해 고도처리공정을 도입하여 질소, 인의 호소 유입을 막는다.

해설 과잉 번식된 조류(algae)는 황산구리($CuSO_4$)를 살포하여 제거 또는 억제할 수 있다.

15. 보통 농업용수의 수질평가 시 SAR로 정의하는데 이에 대한 설명으로 틀린 것은?

① SAR값이 20 정도이면 Na^+가 토양에 미치는 영향이 적다.
② SAR의 값은 Na^+, Ca^{2+}, Mg^{2+} 농도와 관계가 있다.
③ 경수가 연수보다 토양에 더 좋은 영향을 미친다고 볼 수 있다.
④ SAR의 값 계산식에 사용되는 이온의 농도는 meq/L를 사용한다.

해설 SAR값이 0~10 정도이면 Na^+가 토양에 미치는 영향이 적은 편이다.

16. 팔당호와 의암호와 같이 짧은 체류시간, 호수 수질의 수평적 균일성의 특성을 가지는 호소의 형태는?

① 하천형 호수 ② 가지형 호수
③ 저수지형 호수 ④ 하구형 호수

해설 하천형(河川形) 호수는 수지형 호수와 마찬가지로 하천이 댐으로 인해 형성된 호수이지만 호수의 폭 방향보다 길이방향(흐름방향)이 긴 형태를 가진 호수를 말한다.

정답 12. ① 13. ② 14. ③ 15. ① 16. ①

참고 1. 수지형(樹枝形) 호수는 주로 산간지역의 하천을 댐으로 막아서 만든 것으로, 계곡에 물이 채워지기 때문에 나뭇가지 모양의 형태를 나타내는 호수를 말한다.
2. 저수지형(貯水池形) 호수는 주로 농업용으로 이용되기 때문에, 평지의 농경지 주위에 형성된 호수를 말한다.
3. 하구형(河口形) 호수는 해수의 역류를 방지하여 담수화하기 위한 호수로 하구에 건설된 호수를 말한다.

17. 분체증식을 하는 미생물을 회분 배양하는 경우 미생물은 시간에 따라 5단계를 거치게 된다. 5단계 중 생존한 미생물의 중량보다 미생물의 원형질의 전체 중량이 더 크게 되며, 미생물 수가 최대가 되는 단계로 가장 적합한 것은?

① 증식단계 ② 대수성장단계
③ 감소성장단계 ④ 내생성장단계

18. 공장의 COD가 5000mg/L, BOD_5가 2100mg/L이었다면 이 공장의 NBDCOD(mg/L)는? (단, $K=\dfrac{BOD_5}{BOD_u}=1.5$)

① 1850 ② 1550
③ 1450 ④ 1250

해설 $NBDCOD = 5000 - 1.5 \times 2100 = 1850mg/L$

참고 $NBDCOD = COD - K \times BOD_5$

19. 일차 반응에서 반응물질의 반감기가 5일이라고 한다면 물질의 90%가 소모되는 데 소요되는 시간(일)은?

① 약 14 ② 약 17
③ 약 19 ④ 약 22

해설 ㉠ $\ln\dfrac{50}{100} = -x \times 5 \quad \therefore x = 0.139d^{-1}$

㉡ $\ln\dfrac{10}{100} = -0.139 \times x \quad \therefore x = 16.57d$

참고 $\ln\dfrac{C_t}{C_0} = -K \times t$

20. 공장폐수의 BOD를 측정하였을 때 초기 DO는 8.4mg/L이고, 20℃에서 5일간 보관한 후 측정한 DO는 3.6mg/L이었다. BOD 제거율이 90%가 되는 활성슬러지 처리시설에서 처리하였을 경우 방류수의 BOD[mg/L]는? (단, BOD 측정 시의 희석배율=50배)

① 12 ② 16
③ 21 ④ 24

해설 $BOD = (8.4 - 3.6) \times 50 \times (1 - 0.9) = 24mg/L$

참고 $BOD[mg/L] = (D_1 - D_2) \times P$

제2과목 상하수도계획

21. 펌프의 회전수 N=2400rpm, 최고 효율점의 토출량 Q=162m^3/h, 전양정 H=90m인 원심펌프의 비회전도는?

① 약 115 ② 약 125
③ 약 135 ④ 약 145

해설 $N_s = \dfrac{2400 \times (162/60)^{1/2}}{90^{3/4}} = 134.96$

참고 $N_s = N\dfrac{Q^{1/2}}{H^{3/4}}$

22. 펌프의 공동현상(cavitation)에 관한 설명 중 틀린 것은?

① 공동현상이 생기면 소음이 발생한다.
② 공동 속의 압력은 절대로 0이 되지는

정답 17. ③ 18. ① 19. ② 20. ④ 21. ③ 22. ④

않는다.

③ 장시간이 경과하면 재료의 침식이 생기게 한다.

④ 펌프의 흡입양정이 작아질수록 공동현상이 발생하기 쉽다.

해설 펌프의 흡입양정이 커질수록 공동현상이 발생하기 쉽다.

23. 펌프의 토출유량은 1800m^3/h, 흡입구의 유속은 4m/s일 때 펌프의 흡입구경(mm)은?

① 약 350 ② 약 400
③ 약 450 ④ 약 500

해설 $\frac{1800}{3600} = \frac{\pi \times x^2}{4} \times 4$

$\therefore x = 0.399\text{m} = 399\text{mm}$

참고 $Q = AV = \frac{\pi \times D^2}{4} \times V$

24. 하수관거 개·보수계획 수립 시 포함되어야 할 사항이 아닌 것은?

① 불명수량 조사
② 개·보수 우선순위의 결정
③ 개·보수공사 범위의 설정
④ 주변 인근 신설관거 현황 조사

해설 하수관거 개·보수계획은 관거의 중요도, 계획의 시급성, 환경성 및 기존관거 현황 등을 고려하여 수립하되 다음과 같은 사항을 포함하여야 한다.

㉠ 기초자료 분석 및 조사우선순위 결정
㉡ 불명수량 조사
㉢ 기존관거 현황 조사
㉣ 개·보수 우선순위의 결정
㉤ 개·보수공사 범위의 설정
㉥ 개·보수공법의 선정

25. 단면 Ⓐ(지름 0.5m)에서 유속이 2m/s일 때, 단면 Ⓑ(지름 0.2m)에서의 유속(m/s)은? (단, 만관 기준이며 유량의 변화는 없음)

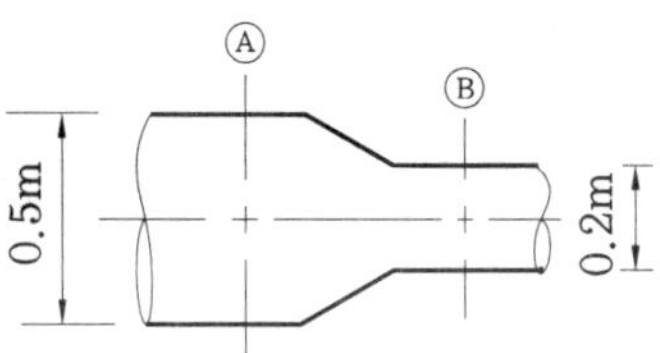

① 약 5.5 ② 약 8.5
③ 약 9.5 ④ 약 12.5

해설 $\frac{\pi \times 0.5^2}{4} \times 2 = \frac{\pi \times 0.2^2}{4} \times x$

$\therefore x = 12.5\text{m/s}$

26. 상수도 취수시설 중 취수틀에 관한 설명으로 옳지 않은 것은?

① 구조가 간단하고 시공도 비교적 용이하다.
② 수중에 설치되므로 호소표면수는 취수할 수 없다.
③ 단기간에 완성하고 안정된 취수가 가능하다.
④ 보통 대형취수에 사용되며 수위변화에 영향이 적다.

해설 보통 소형취수에 사용되며 수위변화에 영향이 많다.

27. 다음 하수관로에서 평균유속이 2.5m/s일 때 흐르는 유량(m^3/s)은?

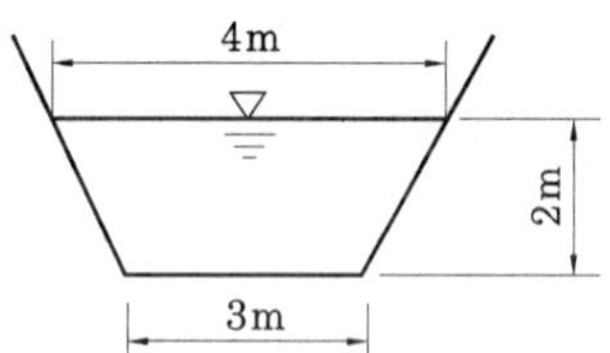

① 7.8 ② 12.3
③ 17.5 ④ 23.3

해설 $Q = \frac{1}{2} \times (4+3) \times 2 \times 2.5$

정답 23. ② 24. ④ 25. ④ 26. ④ 27. ③

$= 17.5 m^3/s$

참고 $Q = AV = \frac{1}{2} \times (a+b) \times h \times V$

28. 관경 1100mm, 역사이펀 관거 내의 동수경사 2.4‰, 유속 2.15m/s, 역사이펀 관거의 길이 $L = 76$m일 때, 역사이펀의 손실수두(m)는? (단, $\beta = 1.5$, $\alpha = 0.05$m임)

① 0.29　② 0.39
③ 0.49　④ 0.59

해설 $H = I \cdot L + 1.5 \cdot \frac{V^2}{2g} + \alpha$

$= 0.0024 \times 76 + 1.5 \times \frac{2.15^2}{2 \times 9.8} + 0.05$

$= 0.586 m$

29. 24시간 이상 장시간의 강우강도에 대해 가까운 저류시설 등을 계획할 경우에 적용하는 강우강도식은?

① Cleveland형　② Japanese형
③ Talbot형　④ Sherman형

해설 24시간 우량 등의 장시간 강우강도에 대해서는 Cleveland형이 가깝다. 저류시설 등을 계획하는 경우에도 Cleveland형을 채용하는 것이 좋다.

참고 Talbot형은 지속시간 5~120분 사이에서 Sherman형 및 Hisano · Ishiguro형보다 약간 안전한 값을 얻을 수 있다. 여기서 유달시간이 짧은 관거 등의 유하시설을 계획할 경우에는 원칙적으로 Talbot형을 채용하는 것이 좋다.

30. 하수배제방식이 합류식인 경우 중계펌프장의 계획 하수량으로 가장 옳은 것은?

① 우천시 계획오수량
② 계획우수량
③ 계획시간최대오수량
④ 계획1일최대오수량

해설 하수배제방식이 합류식인 경우 중계펌프장의 계획 하수량은 우천시 계획오수량이다.

참고 계획 하수량

하수배제방식	펌프장의 종류	계획하수량
분류식	중계펌프장 처리장 내의 펌프장	계획시간최대오수량
	빗물펌프장	계획우수량
합류식	중계펌프장 처리장 내의 펌프장	강우시 계획오수량
	빗물펌프장	계획하수량-강우시 계획오수량

31. 우물의 양수량 결정 시 적용되는 "적정양수량"의 정의로 옳은 것은?

① 최대양수량의 70% 이하
② 최대양수량의 80% 이하
③ 한계양수량의 70% 이하
④ 한계양수량의 80% 이하

32. 우리나라 대규모 상수도의 수원으로 가장 많이 이용되며 오염물질에 노출을 주의해야 하는 수원은?

① 지표수　② 지하수
③ 용천수　④ 복류수

해설 하천, 강, 호수, 저수지 등에 존재하는 물로서 공업용수와 농업용수는 물론 음료수도 지표수로 대부분 충당하고 있다. 지표수의 특징은 아래와 같다.

㉠ 유량, 유역의 특성, 계절 등에 따라 크게 다르며 가장 오염되기 쉽다.
㉡ 지하수에 비하여 알칼리도 및 경도가 낮은 편이다.
㉢ 수질의 변동이 크고 유기물의 함량이 높다.

2018

정답 28. ④ 29. ① 30. ① 31. ③ 32. ①

33. **계획송수량과 계획도수량의 기준이 되는 수량은?**

① 계획송수량 : 계획1일최대급수량, 계획도수량 : 계획시간최대급수량
② 계획송수량 : 계획시간최대급수량, 계획도수량 : 계획1일최대급수량
③ 계획송수량 : 계획취수량, 계획도수량 : 계획1일최대급수량
④ 계획송수량 : 계획1일최대급수량, 계획도수량 : 계획취수량

해설 계획도수량은 계획취수량을 기준으로 하고 계획송수량은 계획1일최대급수량을 기준으로 한다.

34. **정수처리시설인 응집지 내의 플록형성지에 관한 설명 중 틀린 것은?**

① 플록형성지는 혼화지와 침전지 사이에 위치하고 침전지에 붙여서 설치한다.
② 플록형성은 응집된 미소플록을 크게 성장시키기 위해 적당한 기계식교반이나 우류식교반이 필요하다.
③ 플록형성지 내의 교반강도는 하류로 갈수록 점차 증가시키는 것이 바람직하다.
④ 플록형성지는 단락류나 정체부가 생기지 않으면서 충분하게 교반될 수 있는 구조로 한다.

해설 플록형성지 내의 교반강도는 하류로 갈수록 점차 감소시키는 것이 바람직하다.

35. **상수도 기본계획 수립 시 기본적 사항인 계획1일최대급수량에 관한 내용으로 적절한 것은?**

① $\dfrac{\text{계획1일평균사용수량}}{\text{계획유효율}}$

② $\dfrac{\text{계획1일평균사용수량}}{\text{계획부하량}}$

③ $\dfrac{\text{계획1일평균급수량}}{\text{계획유효율}}$

④ $\dfrac{\text{계획1일평균급수량}}{\text{계획부하율}}$

해설 $\text{계획1일최대급수량} = \dfrac{\text{계획1일평균급수량}}{\text{계획부하율}}$

참고 계획1일평균급수량

$= \dfrac{\text{계획1일평균사용수량}}{\text{계획유효율}}$

36. **취수시설 중 취수보의 위치 및 구조에 대한 고려사항으로 옳지 않은 것은?**

① 유심이 취수구에 가까우며 안정되고 홍수에 의한 하상변화가 적은 지점으로 한다.
② 원칙적으로 철근콘크리트 구조로 한다.
③ 침수 및 홍수 시 수면상승으로 인하여 상류에 위치한 하천공작물 등에 미치는 영향이 적은 지점에 설치한다.
④ 원칙적으로 홍수의 유심방향과 평형인 직선형으로 가능한 한 하천의 곡선부에 설치한다.

해설 원칙적으로 홍수의 유심방향과 직각의 직선형으로 가능한 한 하천의 직선부에 설치한다.

37. **길이 1.2km의 하수관이 2‰의 경사로 매설되어 있을 경우, 이 하수관 양 끝단 간의 고저차(m)는? (단, 기타 사항은 고려하지 않음)**

① 0.24 ② 2.4 ③ 0.6 ④ 6.0

해설 $h = \dfrac{2}{1000} \times 1200\text{m} = 2.4\text{m}$

참고 $I = \dfrac{h}{L}$

38. **도수관을 설계할 때 평균유속 기준으로 옳은 것은?**

정답 33. ④ 34. ③ 35. ④ 36. ④ 37. ② 38. ③

자연유하식인 경우에는 허용최대한도를 (㉮)로 하고 도수관의 평균유속의 최소한도는 (㉯)로 한다.

① ㉮ 1.5m/s, ㉯ 0.3m/s
② ㉮ 1.5m/s, ㉯ 0.6m/s
③ ㉮ 3.0m/s, ㉯ 0.3m/s
④ ㉮ 3.0m/s, ㉯ 0.6m/s

해설 ㉮ 자연유하식의 경우에는 허용최대한도를 3.0m/s로 하고 펌프가압식의 경우에는 경제적인 관경에 대한 유속으로 한다.
㉯ 송수관에서는 부유물이 침전할 우려가 없으므로 최소유속에 대한 제한이 없으나 도수관에서는 침전방지를 위하여 최저 0.3m/s로 한다.

39. 하수 관거시설인 빗물받이의 설치에 관한 설명으로 틀린 것은?

① 협잡물 및 토사의 유입을 저감할 수 있는 방안을 고려하여야 한다.
② 설치위치는 보·차도 구분이 없는 경우에는 도로와 사유지의 경계에 설치한다.
③ 도로 옆의 물이 모이기 쉬운 장소나 L형 측구의 유하 방향 하단부에 설치한다.
④ 우수침수방지를 위하여 횡단보도 및 가옥의 출입구 앞에 설치함을 원칙으로 한다.

해설 횡단보도 및 가옥의 출입구 앞에는 가급적 설치하지 않는 것이 좋다.

40. 상수처리를 위한 약품침전지의 구성과 구조로 틀린 것은?

① 슬러지의 퇴적심도로서 30cm 이상을 고려한다.
② 유효수심은 3~5.5m로 한다.
③ 침전지 바닥에는 슬러지 배제에 편리하도록 배수구를 향하여 경사지게 한다.
④ 고수위에서 침전지 벽체 상단까지의 여유고는 10cm 정도로 한다.

해설 고수위에서 침전지 벽체 상단까지의 여유고는 30cm 이상으로 한다.

제3과목 수질오염방지기술

41. 정수장 응집 공정에 사용되는 화학 약품 중 나머지 셋과 그 용도가 다른 하나는?

① 오존 ② 명반
③ 폴리비닐아민 ④ 황산제일철

해설 오존은 소독설비에서 사용되는 화학 약품이다.

42. 처리유량이 200m^3/h이고 염소요구량이 9.5mg/L, 잔류염소 농도가 0.5mg/L일 때 하루에 주입되는 염소의 양(kg/d)은?

① 2 ② 12
③ 22 ④ 48

해설 $(9.5+0.5)\times200\times24\times10^{-3}$
$=48\text{kg/d}$

참고 1. 염소주입량=염소요구량+잔류염소량
2. $\frac{\text{kg}}{\text{d}}=\frac{\text{g}}{\text{m}^3}\times\frac{\text{m}^3}{\text{h}}\times\frac{24\text{h}}{\text{d}}\times\frac{10^{-3}\text{kg}}{\text{g}}$

43. 폐수를 처리하기 위해 시료 200mL를 취하여 Jar-test하여 응집제와 응집보조제의 최적 주입농도를 구한 결과, $Al_2(SO_4)_3$ 200mg/L, $Ca(OH)_2$: 500mg/L였다. 폐수량 500m^3/d을 처리하는 데 필요한 $Al_2(SO_4)_3$의 양(kg/일)은?

① 50 ② 100
③ 150 ④ 200

해설 $200\times500\times10^{-3}=100\text{kg/d}$

2018

정답 39. ④ 40. ④ 41. ① 42. ④ 43. ②

44. 분뇨 소화슬러지 발생량은 1일 분뇨투입량의 10%이다. 발생된 소화슬러지의 탈수 전 함수율이 96%라고 하면 탈수된 소화슬러지의 1일 발생량(m^3)은? (단, 분뇨투입량=360kL/d, 탈수된 소화슬러지의 함수율=72%, 분뇨 비중=1.0)

① 2.47 ② 3.78
③ 4.21 ④ 5.14

해설 $\frac{360\text{m}^3/\text{d}\times 0.1\times 0.04}{0.28}$

$= 5.14\text{m}^3/\text{d}$

참고 $V_1\times \text{순도}_1 = V_2\times \text{순도}_2$

45. 유기물을 포함하는 유체가 완전혼합연속반응조를 통과할 때 유기물의 농도가 200mg/L에서 20mg/L로 감소한다. 반응조 내의 반응이 일차반응이고 반응조 체적이 $20m^3$이며 반응속도상수가 $0.2d^{-1}$이라면 유체의 유량(m^3/d)은?

① 0.11 ② 0.22
③ 0.33 ④ 0.44

해설 ㉠ $Q\,C_0 = Q\,C + V\frac{dC}{dt} + VKC$

정상상태에서 $\frac{dC}{dt} = 0$

$\therefore\ Q = \frac{VKC}{C_0 - C}$

㉡ $Q = \frac{20\times 0.2\times 20}{(200-20)} = 0.444\text{m}^3/\text{day}$

46. BOD 400mg/L, 폐수량 $1500m^3/d$의 공장폐수를 활성슬러지법으로 처리하고자 한다. BOD-MLLS 부하를 0.25kg/kg·d, MLSS 2500mg/L로 운전한다면 포기조의 크기(m^3)는?

① 2000 ② 1500
③ 1250 ④ 960

해설 $\frac{400\times 1500}{2500\times x} = 0.25 \quad \therefore x = 960\text{m}^3$

참고 $\text{F/M비} = \frac{\text{유입BOD 농도}\times\text{유량}}{\text{MLSS 농도}\times\text{부피}}$

$= \frac{S_0\times Q}{X\times V}$

47. 다음 중 고농도의 액상 PCB 처리방법과 가장 거리가 먼 것은?

① 방사선조사(Vo-25에 의한 δ선 조사)
② 연소법
③ 자외선조사
④ 고온고압 알칼리분해

해설 PCB함유 폐수처리법에는 응집침전법, 흡착법, 용제 추출법, 자외선 조사법, 방사선 조사법, 연소법, 고온고압 알칼리분해법, 생물학적 처리법 등이 있고 이 중에서 저농도 PCB처리법으로 방사선조사법, 응집침전법, 생물학적 처리법을 사용한다.

48. 일반적으로 염소계 산화제를 사용하여 무해한 물질로 산화 분해시키는 처리방법을 사용하는 폐수의 종류는?

① 납을 함유한 폐수
② 시안을 함유한 폐수
③ 유기인을 함유한 폐수
④ 수은을 함유한 폐수

해설 유량균등조를 거쳐 유입되는 폐수를 1단계 산화조에서 시안 화합물을 시안 산화물로 변환시키고 2단계 산화조에서 시안산화물을 CO_2와 N_2로 분해시킨 후 여과한 후 유출시킨다.

참고 1. 수산화 침전법 : 납, 카드뮴, 6가크롬 등
2. 황화물 침전법 : 수은, 카드뮴, 납 등
3. 아말감(amalgam)법 : 수은
4. 수산화물 공침법 : 비소
5. 흡착법 : 카드뮴, 수은, 비소, 유기인 등

정답 44. ④ 45. ④ 46. ④ 47. ① 48. ②

49. SS가 55mg/L, 유량이 13500m^3/d인 흐름에 황산제이철[$Fe_2(SO_4)_3$]을 응집제로 사용하여 50mg/L가 되도록 투입한다. 응집제를 투입하는 흐름에 알칼리도가 없는 경우, 황산제이철과 반응시키기 위해 투입하여야 하는 이론적인 석회[$Ca(OH)_2$]의 양(kg/d)은? (단, Fe=55.8, S=32, O=16, Ca=40, H=1)

① 285 ② 375
③ 465 ④ 545

해설 ㉠ 우선 황산제이철과 소석회의 반응식을 만든다.

$Fe_2(SO_4)_3 + 3Ca(OH)_2 \rightarrow 2Fe(OH)_3 + 3CaSO_4$

㉡ 399.6g : 3×74g = 50mg/L×13500m³/d ×10^{-3} : x[kg/d]

∴ x = 374.63kg/d

50. 바퀴모양의 극미동물이며, 상당히 양호한 생물학적 처리에 대한 지표미생물은?

① Psychodidae ② Rotifera
③ Vorticella ④ Sphaerotillus

51. 시공계획의 수립 시 준비단계에서 고려할 사항 중 가장 거리가 먼 것은?

① 계약조건, 설계도, 시방서 및 공사조건을 충분히 검토한 후 시공할 작업의 범위를 결정
② 이용 가능한 자원을 최대로 활용할 수 있도록 현장의 각종 제약조건을 분석
③ 계획, 실시, 검토, 통제의 단계를 거쳐 작성
④ 예정공기를 벗어나지 않는 범위 내에서 가장 경제적인 시공이 될 수 있는 공법과 공정계획 수립

52. MLSS의 농도가 1500mg/L인 슬러지를 부상법(flotation)에 의해 농축시키고자 한다. 압축탱크의 유효전달압력이 4기압이며 공기의 밀도를 1.3g/L, 공기의 용해량이 18.7mL/L일 때 Air/Solid(A/S)비는? (단, 유량=300m^3/d, f=0.5, 처리수의 반송은 없음)

① 0.008 ② 0.010
③ 0.016 ④ 0.020

해설 $A/S비 = \dfrac{1.3 \times 18.7 \times (0.5 \times 4 - 1)}{1500}$

$= 0.016$

참고 1. 잘못 출제된 문제이다. 유효전달압력으로 주어졌기 때문에 유효전달계수는 고려를 하지 않아야 한다.

$A/S비 = \dfrac{1.3 \times 18.7 \times (4-1)}{1500} = 0.049$

2. 유효전달압력=실제전달압력×유효전달계수(f)

53. 연속회분식 활성슬러지법(SBR, Sequencing Batch Reactor)에 대한 설명으로 잘못된 것은?

① 단일 반응조에서 1주기(cycle) 중에 호기-무산소-혐기 등의 조건을 설정하여 질산화와 탈질화를 도모할 수 있다.
② 충격부하 또는 첨두유량에 대한 대응성이 약하다.
③ 처리용량이 큰 처리장에 적용하기 어렵다.
④ 질소(N)와 인(P)의 동시 제거 시 운전의 유연성이 크다.

해설 침전지에서 고액분리가 완벽하여 인발 슬러지량을 조정하면 F/M비를 원하는 대로 조정할 수 있어 충격부하 또는 첨두유량에 대한 대응성이 강하다.

54. 혐기성 처리와 호기성 처리의 비교 설명으로 가장 거리가 먼 것은?

2018

정답 49. ② 50. ② 51. ③ 52. ③ 53. ② 54. ④

① 호기성 처리가 혐기성 처리보다 유출수의 수질이 더 좋다.
② 혐기성 처리가 호기성 처리보다 슬러지 발생량이 더 적다.
③ 호기성 처리에서는 1차침전지가 필요하지만 혐기성 처리에서는 1차침전지가 필요 없다.
④ 주어진 기질량에 대한 영양물질의 필요성은 호기성 처리보다 혐기성 처리에서 더 크다.

해설 주어진 기질량에 대한 영양물질의 필요성은 호기성 처리보다 혐기성 처리에서 더 작다.

55. 부피가 2649m^{3}인 탱크에서 G값을 50/s로 유지하기 위해 필요한 이론적 소요동력과 패들 면적은? (단, 유체 점성 계수 1.139×10^{-3} N·s/m^2, 밀도 1000kg/m^3, 직사각형 패들의 항력계수 1.8, 패들 주변속도 0.6m/s, 패들 상대속도는 패들 주변속도×0.75로 가정하며, 패들 면적은 $A = \dfrac{2P}{C \cdot \rho \cdot V^3}$ 식을 적용함)

① 8543W, 104m^2
② 8543W, 92m^2
③ 7543W, 104m^2
④ 7543W, 92m^2

해설 ㉠ 소요동력$= 1.139 \times 10^{-3} \times 2649 \times 50^2$
$= 7543.03\text{W}$

㉡ 패들 면적$= \dfrac{2 \times 7543.03}{1.8 \times 1000 \times (0.75 \times 0.6)^3}$
$= 91.97\text{m}^2$

참고 $G = \sqrt{\dfrac{P}{\mu V}}$

56. 생물학적 질소 및 인 동시 제거공정으로서 혐기조, 무산소조, 호기조로 구성되며, 혐기조에서 인 방출, 무산소조에서 탈질화, 호기조에서 질산화 및 인 섭취가 일어나는 공정은?

① A_2/O 공정
② Phostrip 공정
③ Modified Bardenpho 공정
④ Modified UCT 공정

57. 혐기성 공법 중 혐기성 유동상의 장점이라 볼 수 없는 것은?

① 짧은 수리학적 체류시간과 높은 부하율로 운전이 가능하다.
② 유출수의 재순환이 필요 없으므로 공정이 간단하다.
③ 매질의 첨가나 제거가 쉽다.
④ 독성물질에 대한 완충능력이 좋다.

해설 유출수 재순환의 필요로 공정이 복잡하다.

참고 혐기성 유동 생물막 공법
1. 장점
(1) 짧은 수리학적 체류시간과 높은 부하율로 운전 가능하다.
(2) 미생물 체류시간을 적절히 조절하여 저농도 유기성 폐수도 처리 가능하다.
(3) 매질의 첨가나 제거가 용이하다.
(4) 고농도의 미생물과 긴 SRT가 가능하다.
(5) 다른 혐기성 처리법보다 처리수질이 양호하다.
(6) SS 농도가 낮은 폐수에 적합하다.
(7) 기계적인 혼합이 필요 없다.
2. 단점
(1) 유출수 재순환의 필요로 공정이 복잡하다.
(2) 이동매질(carrier medium)의 가격이 비싸다.
(3) 편류발생을 방지하기 위해 유입수 분산장치가 필요하다.
(4) 초기 가동시간(start up)이 길다.
(5) 상의 팽창과 유동을 위한 전력요구량이 많다.

58. 하·폐수를 통하여 배출되는 계면활성제에 대한 설명 중 잘못된 것은?

① 계면활성제는 메틸렌블루 활성물질이라고도 한다.
② 계면활성제는 주로 합성세제로부터 배출되는 것이다.
③ 물에 약간 녹으며 폐수처리 플랜트에서 거품을 만들게 된다.
④ ABS는 생물학적으로 분해가 매우 쉬우나 LAS는 생물학적으로 분해가 어려운 난분해성 물질이다.

해설 LAS는 생물학적으로 분해가 매우 쉬우나 ABS는 생물학적으로 분해가 어려운 난분해성 물질이다.

59. 오존소독에 관한 설명으로 맞지 않는 것은?

① 오존은 화학적으로 불안정하여 현장에서 직접 제조하여 사용해야 한다.
② 오존은 산소의 동소체로서 HOCl보다 더 강력한 산화제이다.
③ 오존은 20℃ 증류수에서 반감기가 20~30분이고 용액 속에 산화제를 요구하는 물질이 존재하면 반감기는 더욱 짧아진다.
④ 잔류성이 강하여 2차 오염을 방지하며 냄새제거에 매우 효과적이다.

해설 잔류성이 없어 살균 후 미생물 증식에 의한 2차 오염위험이 있다.

60. pH=3.0인 산성폐수 $1000m^3/d$를 도시하수 시스템으로 방출하는 공장이 있다. 도시하수의 유량은 $10000m^3/d$이고 pH=8.0이다. 하수와 폐수의 온도는 20℃이고 완충작용이 없다면 산성폐수 첨가 후 수의 pH는?

① 3.2 ② 3.5
③ 3.8 ④ 4.0

해설 $10^{-3}\times 1000 - 10^{-6}\times 10000$
$= x\times(1000+10000)$
$\therefore x = 9\times 10^{-5}$
$\therefore \mathrm{pH} = -\log(9\times 10^{-5}) = 4.05$

참고 1. $NV - N'V' = N''(V+V')$
2. $\mathrm{pH} = -\log[H^+]$

제4과목 수질오염공정시험기준

61. 알칼리성 $KMnO_4$법으로 COD를 측정하기 위하여 사용하는 표준적정액은?

① NaOH ② $KMnO_4$
③ $Na_2S_2O_3$ ④ $Na_2C_2O_4$

해설 아자이드화나트륨(4%) 한 방울을 가하고 황산(2+1) 5mL를 넣어 유리된 요오드를 지시약으로 전분용액 2mL를 넣고 티오황산나트륨용액(0.025M)으로 무색이 될 때까지 적정한다.

62. 수질오염공정시험기준상 탁도 측정에 관한 설명으로 틀린 것은?

① 파편과 입자가 큰 침전이 존재하는 시료를 빠르게 침전시킬 경우, 탁도값이 낮게 측정된다.
② 물에 색깔이 있는 시료는 잠재적으로 측정값이 높게 분석된다.
③ 시료 속의 거품은 빛을 산란시키고, 높은 측정값을 나타낸다.
④ 탁도를 측정하기 위해서는 탁도계를 이용하여 물의 흐림 정도를 측정한다.

해설 물에 색깔이 있는 시료는 색이 빛을 흡수하기 때문에 잠재적으로 측정값이 낮게 분석된다.

63. pH 미터의 유지관리에 대한 설명으로 틀린

2018

정답 58. ④ 59. ④ 60. ④ 61. ③ 62. ② 63. ④

것은?

① 전극이 더러워졌을 때는 유리전극을 묽은 염산에 잠시 담갔다가 증류수에 담가둔다.
② 유리전극을 사용하지 않을 때는 증류수에 담가둔다.
③ 유지, 그리스 등이 전극 표면에 부착되면 유기용매로 적신 부드러운 종이로 전극을 닦고 증류수로 씻는다.
④ 전극에 발생하는 조류나 미생물은 전극을 보호하는 작용이므로 떨어지지 않게 주의한다.

해설 전극에 발생하는 조류나 미생물은 전극을 피복하여 pH 측정을 방해할 수 있는데, 이 피복물을 부드럽게 문질러 닦아 내거나 세척제로 닦아 낸 후 증류수로 세척하여 부드러운 천으로 물기를 제거하여 사용한다.

64. 분원성 대장균군-막여과법에서 배양온도 유지 기준은?

① 25±0.2℃　② 30±0.5℃
③ 35±0.5℃　④ 44.5±0.2℃

해설 배양기 내부 전체가 항상 균일하게 44.5±0.2℃로 유지될 수 있는 정밀배양기에 넣어 24±2시간 동안 배양한다.

65. 35% HCl(비중 1.19)을 10% HCl으로 만들려면 35% HCl과 물의 용량비는?

① 1 : 1.5　② 3 : 1
③ 1 : 3　④ 1.5 : 1

해설 ㉠ 희석 전, 후의 양은 같다.

$35\% \times 1\text{kg} = 10\% \times (1+x)\text{kg}$

$\therefore x = 2.5\text{kg}$(물의 무게)

㉡ $1\text{kg} \times \dfrac{\text{L}}{1.19\text{kg}} : 2.5\text{kg} \times \dfrac{\text{L}}{1\text{kg}}$

$= 0.84\text{L} : 2.5\text{L} = 1 : 2.98$

66. 채취된 시료를 즉시 실험할 수 없을 때 4℃에서 NaOH로 pH 12 이상으로 보존해야 하는 항목은?

① 시안　② 클로로필a
③ 페놀류　④ 노말헥산추출물질

67. 다음은 퇴적물 완전연소가능량 측정에 관한 내용으로 (　)에 옳은 것은?

> 110℃에서 건조시킨 시료를 도가니에 담고 무게를 측정한 다음 (㉮)℃에서 (㉯) 시간 가열한 후 다시 무게를 측정한다.

① ㉮ 400, ㉯ 1　② ㉮ 400, ㉯ 2
③ ㉮ 550, ㉯ 1　④ ㉮ 550, ㉯ 2

해설 퇴적물 측정망의 완전연소가능량을 측정하기 위한 방법으로, 110℃에서 건조시킨 시료를 도가니에 담고 무게를 측정한 다음 550℃에서 2시간 가열한 후 다시 무게를 측정한다.

68. 폐수 20mL를 취하여 산성 과망간산칼륨법으로 분석하였더니 0.005M-$KMnO_4$ 용액의 적정량이 4mL이었다. 이 폐수의 COD(mg/L)는? (단, 공시험값=0mL, 0.005M-$KMnO_4$ 용액의 f=1.00)

① 16　② 40
③ 60　④ 80

해설 $\text{COD} = (4-0) \times 1.00 \times \dfrac{1000}{20} \times 0.2$

$= 40\text{mg/L}$

참고 화학적산소요구량(mg/L)

$= (b-a) \times f \times \dfrac{1000}{V} \times 0.2$

여기서,

a : 바탕시험 적정에 소비된 과망간산칼륨용액(0.005M)의 양(mL)

b : 시료의 적정에 소비된 과망간산칼륨

정답　64. ④　65. ③　66. ①　67. ④　68. ②

용액(0.005M)의 양(mL)

f : 과망간산칼륨용액(0.005M) 농도계수 (factor)

V : 시료의 양(mL)

69. 총유기탄소 분석기기 내 산화부에서 유기탄소를 이산화탄소로 산화하는 방법으로 옳게 짝지은 것은?

① 고온연소 산화법, 저온연소 산화법
② 고온연소 산화법, 전기전도도 산화법
③ 고온연소 산화법, 과황산염 산화법
④ 고온연소 산화법, 비분산적외선 산화법

70. "정확히 취하여"라고 하는 것은 규정한 양의 액체를 무엇으로 눈금까지 취하는 것을 말하는가?

① 메스실린더 ② 뷰렛
③ 부피피펫 ④ 눈금 비커

71. ppm을 설명한 것으로 틀린 것은?

① ppb농도의 1000배이다.
② 백만분율이라고 한다.
③ mg/kg이다.
④ %농도의 1/1000이다.

해설 %농도의 1/10000이다.

72. BOD 측정 시 산성 또는 알칼리성 시료에 대하여 전처리를 할 때 중화를 위해 넣어 주는 산 또는 알칼리의 양은 시료량의 몇 %가 넘지 않도록 하여야 하는가?

① 0.5 ② 1.0
③ 2.0 ④ 3.0

73. 수질오염공정시험기준에서 기체크로마토그래피로 측정하지 않는 항목은?

① 유기인
② 음이온계면활성제
③ 폴리클로로네이티드비페닐
④ 알킬수은

해설 음이온계면활성제는 자외선/가시선 분광법, 연속흐름법으로 측정한다.

74. 총질소-연속흐름법 측정에 관한 내용이다. ( )에 옳은 것은?

> 시료 중 모든 질소화합물을 산화분해하여 질산성 질소 형태로 변화시킨 다음, ( )을 통과시켜 아질산성 질소의 양을 550nm 또는 기기에서 정해진 파장에서 측정하는 방법이다.

① 수산화나트륨(0.025N)용액 칼럼
② 무수황산나트륨 환원 칼럼
③ 환원증류·킬달 칼럼
④ 카드뮴-구리환원 칼럼

75. 공장, 하수 및 폐수 종말처리장 등의 원수, 공정수, 배출수 등의 개수로 유량을 측정하는데 사용하는 위어의 정확도 기준은? (단, 실제유량에 대한 %)

① ± 5% ② ± 10%
③ ± 15% ④ ± 25%

해설 유량계에 따른 정밀/정확도 및 최대유속과 최소유속의 비율

유량계	범위 (최대유량 : 최소유량)	정확도 (실제유량에 대한, %)
웨어(weir)	500 : 1	± 5
파샬수로 (flume)	10 : 1 ~ 75 : 1	± 5

76. 시료의 전처리 방법 중 유기물을 다량 함유

정답 69. ③ 70. ③ 71. ④ 72. ① 73. ② 74. ④ 75. ① 76. ③

하고 있으면서 산분해가 어려운 시료에 적용하는 방법은?

① 질산-염산 산분해법
② 질산 산분해법
③ 마이크로파 산분해법
④ 질산-황산 산분해법

해설 마이크로파 산분해법은 밀폐 용기를 이용한 마이크로파 장치에 의한 방법에 적용되는 방법이다. 깨끗한 용기에 잘 혼합된 시료 적당량을 옮긴 후 적당량의 질산을 가한다. 이 방법은 유기물을 다량 함유하고 있으면서 산분해가 어려운 시료에 적용된다.

77. **일반적으로 기체크로마토그래피의 열전도도 검출기에서 사용하는 운반기체의 종류는?**

① 헬륨 ② 질소
③ 산소 ④ 이산화탄소

해설 일반적으로 열전도도형 검출기(TCD)에서는 순도 99.9% 이상의 수소나 헬륨을 사용한다.

참고 불꽃이온화 검출기(FID)에서는 순도 99.9% 이상의 질소 또는 헬륨을 사용하며 기타 검출기에서는 각각 규정하는 가스를 사용한다. 단, 전자포획형 검출기(ECD)의 경우에는 순도 99.99% 이상의 질소 또는 헬륨을 사용하여야 한다.

78. **카드뮴을 자외선/가시선 분광법으로 측정할 때 사용되는 시약으로 가장 거리가 먼 것은?**

① 수산화나트륨용액
② 요오드화칼륨용액
③ 시안화칼륨용액
④ 타타르산용액

해설 물속에 존재하는 카드뮴이온을 시안화칼륨이 존재하는 알칼리성에서 디티존과 반응시켜 생성하는 카드뮴착염을 사염화탄소로 추출하고, 추출한 카드뮴착염을 타타르산용액으로 역추출한 다음, 다시 수산화나트륨과 시안화칼륨을 넣어 디티존과 반응하여 생성하는 적색의 카드뮴착염을 사염화탄소로 추출하고 그 흡광도를 530nm에서 측정한다.

79. **전기전도도 측정에 관한 설명으로 틀린 것은?**

① 용액이 전류를 운반할 수 있는 정도를 말한다.
② 온도차에 의한 영향이 적어 폭넓게 적용된다.
③ 용액에 담겨 있는 2개의 전극에 일정한 전압을 가해 주면 가한 전압이 전류를 흐르게 하며, 이때 흐르는 전류의 크기는 용액의 전도도에 의존한다는 사실을 이용한다.
④ 용액 중의 이온세기를 신속하게 평가할 수 있는 항목으로 국제적으로 S (Siemens) 단위가 통용되고 있다.

해설 전기전도도는 온도차에 의한 영향(약 2%/℃)이 크므로 측정결과 값의 통일을 기하기 위하여 25℃에서의 값으로 환산하여 기록한다.

80. **자외선/가시선 분광법으로 아연을 정량하는 방법으로 ( )에 옳은 내용은?**

물속에 존재하는 아연을 측정하기 위하여 아연이온이 pH 약 ( )에서 진콘과 반응하여 생성하는 청색 킬레이트 화합물의 흡광도를 측정한다.

① 4 ② 9
③ 10 ④ 12

해설 물속에 존재하는 아연을 측정하기 위하여 아연이온이 pH 약 9에서 진콘과 반응하여 생성하는 청색 킬레이트 화합물의 흡광도를 620nm에서 측정한다.

정답 77. ① 78. ② 79. ② 80. ②

제5과목 수질환경관계법규

81. 사업장의 규모별 구분에 관한 내용으로 ( )에 맞는 내용은?

> 최초 배출시설 설치허가 시의 폐수배출량은 사업계획에 따른 ( )을 기준으로 산정한다.

① 예상용수사용량
② 예상폐수배출량
③ 예상하수배출량
④ 예상희석수사용량

참고 법 제41조 시행령 별표 13 참조

82. 환경정책기본법령에 의한 수질 및 수생태계 상태를 등급으로 나타내는 경우 '좋음' 등급에 대해 설명한 것은? (단, 수질 및 수생태계 하천의 생활 환경기준)

① 용존산소가 풍부하고 오염물질이 거의 없는 청정 상태에 근접한 생태계로 침전 등 간단한 정수처리 후 생활용수로 사용할 수 있음
② 용존산소가 풍부하고 오염물질이 거의 없는 청정 상태에 근접한 생태계로 여과·침전 등 간단한 정수처리 후 생활용수로 사용할 수 있음
③ 용존산소가 많은 편이고 오염물질이 거의 없는 청정 상태에 근접한 생태계로 여과·침전·살균 등 일반적인 정수처리 후 생활용수로 사용할 수 있음
④ 용존산소가 많은 편이고 오염물질이 거의 없는 청정 상태에 근접한 생태계로 활성탄 투입 등 일반적인 정수처리 후 생활용수로 사용할 수 있음

참고 환경정책기본법 시행령 별표 1 참조

83. 조치명령 또는 개선명령을 받지 아니한 사업자가 배출허용기준을 초과하여 오염물질을 배출하게 될 때 환경부장관에게 제출하는 개선계획서에 기재할 사항이 아닌 것은?

① 개선사유
② 개선내용
③ 개선기간 중의 수질오염물질 예상배출량 및 배출농도
④ 개선 후 배출시설의 오염물질 저감량 및 저감효과

해설 개선명령을 받지 아니한 사업자는 측정기기를 정상적으로 운영하기 어렵거나 배출허용기준을 초과할 우려가 있다고 인정하여 측정기기·배출시설 또는 방지시설(이하 이 조에서 "배출시설 등"이라 한다)을 개선하려는 경우에는 개선계획서에 개선사유, 개선기간, 개선내용, 개선기간 중의 수질오염물질 예상배출량 및 배출농도 등을 적어 환경부장관에게 제출하고 그 배출시설 등을 개선할 수 있다.

참고 법 제38조의4 참조

84. 공공폐수처리시설 배수설비의 설치방법 및 구조기준에 관한 내용으로 ( )에 맞는 것은?

> 시간최대폐수량이 일평균폐수량의 (㉮) 이상인 사업자와 순간수질과 일평균수질과의 격차가 (㉯)mg/L 이상인 사업자는 자체적으로 유량조정조를 설치하여 처리장 가동에 지장이 없도록 폐수배출량 및 수질을 조정한 후 배수하여야 한다.

① ㉮ 2배, ㉯ 100
② ㉮ 2배, ㉯ 200
③ ㉮ 3배, ㉯ 100
④ ㉮ 3배, ㉯ 200

참고 법 제51조 시행규칙 별표 16 참조

2018

정답 81. ① 82. ③ 83. ④ 84. ①

85. 수질오염방지시설 중 화학적 처리시설이 아닌 것은?

① 농축시설 ② 살균시설
③ 흡착시설 ③ 소각시설

참고 법 제2조 시행규칙 별표 5 참조

86. 총량관리 단위유역의 수질 측정방법 중 측정수질에 관한 내용으로 ( )에 맞는 것은?

> 산정 시점으로부터 과거 ( ) 측정한 것으로 하며, 그 단위는 리터당 밀리그램(mg/L)으로 표시한다.

① 1년간 ② 2년간
③ 3년간 ④ 5년간

참고 법 제4조 시행규칙 별표 7 참조

87. 폐수무방류배출시설의 세부 설치기준으로 틀린 것은?

① 특별대책지역에 설치되는 경우 폐수배출량이 $200m^3/d$ 이상이면 실시간 확인 가능한 원격유량감시장치를 설치하여야 한다.
② 폐수는 고정된 관로를 통하여 수집·이송·처리·저장되어야 한다.
③ 특별대책지역에 설치되는 시설이 1일 24시간 연속하여 처리할 수 있는 예비방지시설을 설치하여야 한다.
④ 폐수를 고체 상태의 폐기물로 처리하기 위하여 증발·농축·건조·탈수 또는 소각시설을 설치하여야 하며, 탈수 등 방지시설에서 발생하는 폐수가 방지시설에 재유입되지 않도록 하여야 한다.

해설 폐수를 고체 상태의 폐기물로 처리하기 위하여 증발·농축·건조·탈수 또는 소각시설을 설치하여야 하며, 탈수 등 방지시설에서 발생하는 폐수가 방지시설에 재유입하도록 하여야 한다.

참고 법 제33조 시행령 별표 6 참조

88. 수계영향권별 물환경 보전에 관한 설명으로 옳은 것은?

① 환경부장관은 공공수역의 관리·보전을 위하여 국가 물환경관리기본계획을 10년마다 수립하여야 한다.
② 시·도지사는 수계영향권별로 오염원의 종류, 수질오염물질 발생량 등을 정기적으로 조사하여야 한다.
③ 환경부장관은 국가 물환경기본계획에 따라 중권역의 물환경관리계획을 수립하여야 한다.
④ 수생태계 복원계획의 내용 및 수립 절차 등에 필요한 사항은 환경부령으로 정한다.

해설 ② 환경부장관은 환경부령이 정하는 바에 따라 수계영향권별로 오염원의 종류, 수질오염물질 발생량 등을 정기적으로 조사하여야 한다.
③ 지방환경관서의 장은 대권역계획에 따라 중권역별로 중권역 물환경관리계획을 수립하여야 한다.
④ 수생태계 복원계획의 내용 및 수립 절차 등에 필요한 사항은 대통령령으로 정한다.

참고 법 제23조, 제23조의2, 제25조, 제27조의2 참조

89. 중점관리저수지의 관리자와 그 저수지의 소재지를 관할하는 시·도지사가 수립하는 중점관리저수지의 수질오염방지 및 수질개선에 관한 대책에 포함되어야 하는 사항으로 ( )에 옳은 것은?

> 중점관리저수지의 경계로부터 반경 ( )의 거주인구 등 일반현황

정답 85. ① 86. ③ 87. ④ 88. ① 89. ③

① 500m 이내 ② 1km 이내
③ 2km 이내 ④ 5km 이내

해설 중점관리저수지의 관리자와 그 저수지의 소재지를 관할하는 시·도지사는 중점관리저수지의 지정을 통보받은 날부터 1년 이내에 다음 각 호의 사항이 포함된 중점관리저수지의 수질 오염 방지 및 수질 개선에 관한 대책을 수립하여 환경부장관에게 제출하여야 한다.

1. 중점관리저수지의 설치목적, 이용현황 및 오염현황
2. 중점관리저수지의 경계로부터 반경 2킬로미터 이내의 거주인구 등 일반현황
3. 중점관리저수지의 수질 관리목표
4. 중점관리저수지의 수질 오염 예방 및 수질 개선방안
5. 그 밖에 중점관리저수지의 적정관리를 위하여 필요한 사항

참고 법 제31조의3 참조

90. 대권역 물환경관리계획의 수립 시 포함되어야 할 사항으로 틀린 것은?

① 상수원 및 물 이용현황
② 물환경의 변화 추이 및 물환경목표기준
③ 물환경 보전조치의 추진방향
④ 물환경 관리 우선순위 및 대책

참고 법 제24조 참조

91. 시·도지사가 측정망을 이용하여 수질오염도를 상시측정하거나 수생태계 현황을 조사한 경우, 결과를 며칠 이내에 환경부장관에게 보고하여야 하는지 ( )에 맞은 것은?

- 수질오염도 : 측정일이 속하는 달의 다음 달 (㉮) 이내
- 수생태계 현황 : 조사 종료일부터 (㉯) 이내

① ㉮ 5일, ㉯ 1개월
② ㉮ 5일, ㉯ 3개월
③ ㉮ 10일, ㉯ 1개월
④ ㉮ 10일, ㉯ 3개월

참고 법 제9조 ③항 참조

92. 특별자치시장·특별자치도지사·시장·군수·구청장이 하천·호소의 이용목적 및 수질상황 등을 고려하여 대통령령이 정하는 바에 따라 낚시금지구역 또는 낚시제한구역을 지정할 경우 누구와 협의하여야 하는가?

① 수면관리자 ② 지방의회
③ 해양수산부장관 ④ 지방환경청장

참고 법 제20조 ①항 참조

93. 시·도지사는 오염총량관리기본계획을 수립하거나 오염총량관리기본계획 중 대통령령이 정하는 중요한 사항을 변경하는 경우 환경부장관의 승인을 얻어야 한다. 중요한 사항에 해당되지 않는 것은?

① 해당 지역 개발계획의 내용
② 지방자치단체별·수계구간별 오염부하량의 할당
③ 관할 지역에서 배출되는 오염부하량의 총량 및 저감계획
④ 최종방류구별·단위기간별 오염부하량 할당 및 배출량 지정

참고 법 제4조의3 참조

94. 특정수질유해물질로만 구성된 것은?

① 시안화합물, 셀레늄과 그 화합물, 벤젠
② 시안화합물, 바륨화합물, 페놀류
③ 벤젠, 바륨화합물, 구리와 그 화합물
④ 6가크롬 화합물, 페놀류, 니켈과 그 화합물

참고 법 제2조 시행규칙 별표 3 참조

2018

정답 90. ④ 91. ④ 92. ① 93. ④ 94. ①

95. **공공수역에 분뇨·가축분뇨 등을 버린 자에 대한 벌칙기준은?**

① 5년 이하의 징역 또는 5천만원 이하의 벌금
② 3년 이하의 징역 또는 3천만원 이하의 벌금
③ 2년 이하의 징역 또는 2천만원 이하의 벌금
④ 1년 이하의 징역 또는 1천만원 이하의 벌금

참고 법 제78조 참조

96. **위임업무 보고사항 중 업무내용에 따른 보고횟수가 연 1회에 해당되는 것은?**

① 기타수질오염원 현황
② 환경기술인의 자격별·업종별 현황
③ 폐수무방류배출시설의 설치허가 현황
④ 폐수처리업에 대한 등록·지도단속실적 및 처리실적 현황

참고 법 제74조 시행규칙 별표 23 참조

97. **물환경보전법에서 사용하는 용어의 정의로 틀린 것은?**

① 비점오염원 : 도시, 도로, 농지, 산지, 공사장 등으로서 불특정 장소에서 불특정하게 수질오염물질을 배출하는 배출원을 말한다.
② 기타수질오염원 : 점오염원 및 비점오염원으로 관리되지 아니하는 수질오염물질 배출원으로서 대통령령으로 정하는 것을 말한다.
③ 폐수 : 물에 액체성 또는 고체성의 수질오염물질이 혼입되어 그대로 사용할 수 없는 물을 말한다.
④ 강우유출수 : 비점오염원의 수질오염물질이 섞여 유출되는 빗물 또는 눈 녹은 물 등을 말한다.

해설 기타수질오염원 : 점오염원 및 비점오염원으로 관리되지 아니하는 수질오염물질 배출원으로서 환경부령으로 정하는 것을 말한다.

참고 법 제2조 참조

98. **오염총량초과부과금 산정 방법 및 기준에서 적용되는 측정유량(일일유량 산정 시 적용) 단위로 옳은 것은?**

① m^3/min ② L/min
③ m^3/s ④ L/s

해설 2018년 1월부터 오염총량초과과징금으로 개정되었다.

참고 법 제4조의7 시행령 별표 1 참조

99. **수질오염물질의 배출허용기준에서 나지역의 화학적 산소요구량(COD)의 기준(mg/L 이하)은? (단, 1일 폐수배출량이 2000m^3 미만인 경우)**

① 150 ② 130
③ 120 ④ 90

참고 법 제32조 시행규칙 별표 13 참조

100. **수질오염경보의 종류별·경보단계별 조치사항 중 상수원 구간에서 조류경보 '경계' 단계 발령 시 조치사항이 아닌 것은?**

① 정수의 독소분석 실시
② 황토 등 흡착제 살포 등을 이용한 조류제거 조치 실시
③ 주변오염원에 대한 단속 강화
④ 어패류 어획·식용, 가축 방목 등의 자제 권고

참고 법 제21조 ④항 시행령 별표 4 참조

정답 95. ④ 96. ② 97. ② 98. ② 99. ② 100. ②

2018년 4월 28일 시행

자격종목 및 등급(선택분야)	종목코드	시험시간	문제지형별	수검번호	성 명
수질환경기사	**2572**	**2시간**	**A**		

제1과목 수질오염개론

1. 유기화합물에 대한 설명으로 옳지 않은 것은?

① 유기화합물들은 일반적으로 녹는점과 끓는점이 낮다.
② 유기화합물들은 하나의 분자식에 대하여 여러 종류의 화합물이 존재할 수 있다.
③ 유기화합물들은 대체로 이온반응보다는 분자반응을 하므로 반응속도가 빠르다.
④ 대부분의 유기화합물은 박테리아의 먹이가 될 수 있다.

해설 유기화합물들은 대체로 이온반응보다는 분자반응을 하므로 반응속도가 느리다.

2. 도시에서 DO 0mg/L, BOD_u 200mg/L, 유량 1.0m^3/s, 온도 20℃의 하수를 유량 6m^3/s인 하천에 방류하고자 한다. 방류지점에서 몇 km 하류에서 DO 농도가 가장 낮아지겠는가? (단, 하천의 온도 20℃, BOD_u 1mg/L, DO 9.2mg/L, 유속 3.6km/h이며 혼합수의 K_1=0.1/d, K_2=0.2/d, 20℃에서 산소포화 농도는 9.mg/L이다. 상용대수 기준)

① 약 243 ② 약 258
③ 약 273 ④ 약 292

해설 ㉠ 우선 임계시간을 구한다.

$$t_c = \frac{1}{K_1(f-1)}\log\left[f\left(1-(f-1)\frac{D_0}{L_0}\right)\right]$$

• $f = \frac{K_2}{K_1} = \frac{0.2}{0.1} = 2$

• 혼합지점의 $BOD_u = \frac{6\times1+1\times200}{6+1}$
$= 29.429\text{mg/L}$

• 혼합지점의 $DO = \frac{6\times9.2+1\times0}{6+1}$
$= 7.886\text{mg/L}$

• 최초의 DO 부족농도=9.2−7.886
$= 1.314\text{mg/L}$

㉡ t_c

$$= \frac{1}{0.1(2-1)}\log\left[2\left(1-(2-1)\frac{1.314}{29.429}\right)\right]$$
$= 2.811\text{d}$

㉢ $L = V\cdot t$
$= 3.6\text{km/h}\times2.811\text{d}\times24\text{h/d}$
$= 242.95\text{km}$

3. 직경 3mm인 모세관의 표면장력이 0.0037 kgf/m이라면 물기둥의 상승높이(cm)는? (단, $h=\frac{4r\cos\beta}{w\cdot d}$, 접촉각 β=5°)

① 0.26 ② 0.38
③ 0.49 ④ 0.57

해설 $h = \frac{4\times0.037\text{gf/cm}\times\cos5^\circ}{1\text{gf/cm}^3\times0.3\text{cm}}$
$=0.49\text{cm}$

4. 산화-환원에 대한 설명으로 알맞지 않은 것은?

① 산화는 전자를 받아들이는 현상을 말하며, 환원은 전자를 잃는 현상을 말한다.
② 이온 원자가나 공유원자가에 (+)나 (−) 부호를 붙인 것을 산화수라 한다.

2018

정답 1. ③ 2. ① 3. ③ 4. ①

③ 산화는 산화수의 증가를 말하며, 환원은 산화수의 감소를 말한다.
④ 산화는 수소화합물에서 수소를 잃는 현상이며 환원은 수소와 화합하는 현상을 말한다.

해설 산화는 전자를 잃는 현상을 말하며, 환원은 전자를 받아들이는 현상을 말한다.

5. **해수의 특성으로 틀린 것은?**

① 해수는 HCO_3^-를 포화시킨 상태로 되어 있다.
② 해수의 밀도는 염분비 일정법칙에 따라 항상 균일하게 유지된다.
③ 해수 내 전체 질소 중 약 35% 정도는 암모니아성 질소와 유기 질소의 형태이다.
④ 해수의 Mg/Ca 비는 3~4 정도로 담수에 비하여 크다.

해설 해수의 밀도는 염분농도, 수온, 수압의 함수로 염분과 수압에 비례하고 수온에 반비례한다.

6. **배양기의 제한기질농도(S)가 100mg/L, 세포비증식계수(μ_{max})가 0.35h^{-1}일 때, Monod 식에 의한 세포의 비증식계수(μ, h^{-1})는? [단, 제한기질 반포화농도(K_s)=30mg/L]**

① 약 0.27 ② 약 0.34
③ 약 0.42 ④ 약 0.54

해설 $\mu = \dfrac{0.35 \times 100}{30+100} = 0.269 = 0.27\text{hr}^{-1}$

참고 세포의 증식 속도식(Monod 식)

$$\mu = \mu_m \frac{S}{K_s + S}$$

7. **유리산소가 존재하는 상태에서 발육하기 어려운 미생물은?**

① 호기성 미생물
② 통성혐기성 미생물
③ 편성혐기성 미생물
④ 미호기성 미생물

해설 편성혐기성균(obligate anaerobes)은 산소 존재 시 사멸, 즉 산소가 유해성분으로 작용(H_2O_2의 축적)한다.

8. **자체의 염분농도가 평균 20mg/L인 폐수에 시간당 4kg의 소금을 첨가시킨 후 하류에서 측정한 염분의 농도가 55mg/L이었을 때 유량(m^3/s)은?**

① 0.0317 ② 0.317
③ 0.0634 ④ 0.634

해설 $\dfrac{4}{3600} = (55-20) \times x \times 10^{-3}$

$\therefore x = 0.0317\text{m}^3/\text{s}$

참고 양(kg/s)
$= $농도(mg/L) × 유량(m^3/s) × 10^{-3}

9. **방사선 물질인 스트론튬(Sr^{90})의 반감기가 29년이라면 주어진 양의 스트론튬(Sr^{90})이 99% 감소하는 데 걸리는 시간(년)은?**

① 143 ② 193
③ 233 ④ 273

해설 ㉠ $K = \dfrac{\ln(50/100)}{-29\text{y}} = 0.0239\text{y}^{-1}$

㉡ $t = \dfrac{\ln(1/100)}{-0.0239} = 192.68$년

참고 $\ln \dfrac{C_t}{C_0} = -K \times t$

10. **우리나라 호수들의 형태에 따른 분류와 그 특성을 나타낸 것으로 가장 거리가 먼 것은?**

① 하천형 : 긴 체류시간
② 가지형 : 복잡한 연안구조

정답 5. ② 6. ① 7. ③ 8. ① 9. ② 10. ①

③ 가지형 : 호수 내 만의 발달
④ 하구형 : 높은 오염부하량

해설 하천형 : 짧은 체류시간

11. **일반적으로 처리조 설계에 있어서 수리모형으로 plug flow형과 완전혼합형이 있다. 다음의 혼합 정도를 나타내는 표시항 중 이상적인 plug flow형일 때 얻어지는 값은?**

① 분산수 : 0
② 통계학적 분산 : 1
③ Morrill 지수 : 1보다 크다.
④ 지체시간 : 0

해설 혼합의 정도를 표시하는 용어

구 분	이상적 완전혼합	이상적 plug flow
분산(variance)	1	0
morrill 지수	값이 클수록	1
분산수(dispersion number)	∞ (무한대)	0
지체시간	0	이론적 체류시간과 동일

12. **수산화칼슘[$Ca(OH)_2$]은 중탄산칼슘[$Ca(HCO_3)_2$]과 반응하여 탄산칼슘($CaCO_3$)의 침전을 형성한다고 할 때 10g의 $Ca(OH)_2$에 대하여 몇 g의 $CaCO_3$가 생성되는가? (단, 원자량 Ca : 40)**

① 37　　② 27
③ 17　　④ 7

해설 $10 \times \frac{2 \times 100}{74} = 27.03g$

참고 $Ca(HCO_3)_2 + Ca(OH)_2 \rightarrow 2CaCO_3 \downarrow + 2H_2O$

13. **수온이 20℃인 저수지의 용존산소 농도가 12.4mg/L이었을 때 저수지의 상태를 가장 적절하게 평가한 것은?**

① 물이 깨끗하다.
② 대기로부터의 산소 재포기가 활발히 일어나고 있다.
③ 조류가 많이 번성하고 있다.
④ 수생동물이 많다.

해설 조류들이 광합성작용을 하면 DO가 과포화되어 있을 수 있다.

14. **호소의 부영양화를 방지하기 위해서 호소로 유입되는 영양염의 저감과 성장조류를 제거하는 수면관리 대책을 동시에 수립하여야 하는데, 유입저감 대책으로 바르지 않은 것은?**

① 배출허용기준의 강화
② 약품에 의한 영양염류의 침전 및 황산동 살포
③ 하·폐수의 고도처리
④ 수변구역의 설정 및 유입배수의 우회

해설 약품에 의한 영양염류의 침전 및 황산동 살포는 성장조류를 제거하는 수면관리 대책이다.

15. **생물학적 질화 중 아질산화에 관한 설명으로 옳지 않은 것은?**

① 반응속도가 매우 빠르다.
② 관련 미생물은 독립영양성 세균이다.
③ 에너지원은 화학에너지이다.
④ 산소가 필요하다.

해설 반응속도가 매우 느리다.

16. **일반적으로 적용되는 부영양화모델의 방정식 $\frac{\partial X}{\partial t} = f(X, u, a, p)$의 설명으로 틀린 것은?**

2018

정답　11. ①　12. ②　13. ③　14. ②　15. ①　16. ③

① a : 호수생태계의 특색을 나타내는 상수 vector
② f : 유입, 유출, 호수 내에서의 이류, 확산 등 상태 변수의 변화속도
③ p : 수량부하, 일사량 등에 관련되는 입력함수
④ X : 호수 및 저니 속의 어떤 지점에서의 물리적, 화학적, 생물학적인 상태량

17. 미생물에 의한 산화·환원 반응에 있어 전자수용체에 속하지 않는 것은?

① O_2　② CO_2
③ NH_3　④ 유기물

해설 전자수용체는 발효에서는 더 산화된 내인성 유기분자, 산소호흡에서는 O_2, 무산소호흡에서는 O_2 이외의 산화된 외인성 분자이다. 대부분의 유기물과 NH_3는 전자공여체에 속한다.

참고 1. 전자(e^-)를 받아들이는 역할을 하는 산소(O_2)나 NO_3^-와 같은 물질을 전자수용체라고 한다.
2. 전자공여체(electron donor)는 다른 화합물에게 전자를 주는 화학물질이다.
3. 전자수용체(electron acceptor)는 다른 화합물로부터 전자를 받아들이는 화학물질이다. 전자수용체는 전자를 받아들이는 특성으로 인해 반응 과정에서 자신은 환원되고, 상대 물질을 산화시키는 산화제이다.
4. 산화-환원 작용에서 전자수용체로 사용되는 물질은 다양한데, 산소, 질산염, 망간, 철, 황산염, 유기탄소 등이 전자수용체로 사용되어 환원된다.
5. 발효는 전자전달계가 없는 미생물이 에너지를 얻기 위해 유기물을 최종 전자수용체로 이용한다.

18. 바다에서 발생되는 적조현상에 관한 설명과 가장 거리가 먼 것은?

① 적조 조류의 독소에 의한 어패류의 피해가 발생한다.
② 해수 중 용존산소의 결핍에 의한 어패류의 피해가 발생한다.
③ 갈수기 해수 내 염소량이 높아질 때 발생된다.
④ 플랑크톤의 번식과 충분한 광량과 영양염류가 공급될 때 발생된다.

해설 적조현상은 여름철, 강수로 인한 염도가 감소된 정체된 해역에서 주로 발생된다.

19. 물의 특성을 설명한 것으로 적절치 못한 것은?

① 상온에서 알칼리금속, 알칼리토금속, 철과 반응하여 수소를 발생시킨다.
② 표면장력은 불순물의 농도가 낮을수록 감소한다.
③ 표면장력은 수온이 증가하면 감소한다.
④ 점도는 수온과 불순물의 농도에 따라 달라지는데 수온이 증가할수록 점도는 낮아진다.

해설 표면장력은 불순물의 농도가 낮을수록 증가한다.

20. 시료의 BOD_5가 200mg/L이고 탈산소계수 값이 $0.15d^{-1}$일 때 최종 BOD(mg/L)는?

① 약 213　② 약 223
③ 약 233　④ 약 243

해설 $BOD_u = \dfrac{200}{1-10^{-0.15\times5}} = 243.26\text{mg/L}$

제2과목 상하수도계획

21. 배수지의 고수위와 저수지와의 수위차, 즉 배수지의 유효수심의 표준으로 적절한 것은?

정답 17. ③ 18. ③ 19. ② 20. ④ 21. ③

① 1~2m ② 2~4m
③ 3~6m ④ 5~8m

해설 배수지의 유효수심은 3~6m를 표준으로 한다.

22. 오수관로의 유속 범위로 알맞은 것은? (단, 계획시간최대오수량 기준)

① 최소 0.2m/s, 최대 2.0m/s
② 최소 0.3m/s, 최대 2.0m/s
③ 최소 0.6m/s, 최대 3.0m/s
④ 최소 0.8m/s, 최대 3.0m/s

해설 오수관거 : 시간최대오수량에 대하여 유속을 최소 0.6m/s, 최대 3.0m/s로 한다.

참고 우수관거 및 합류관거 : 계획우수량에 대하여 유속을 최소 0.8m/s, 최대 3.0m/s로 한다.

23. 정수시설 중 응집을 위한 시설인 플록형성지의 플록형성시간은 계획정수량에 대하여 몇 분을 표준으로 하는가?

① 0.5~1분 ② 1~3분
③ 5~10분 ④ 20~40분

해설 플록형성지의 플록형성시간은 계획정수량에 대하여 20~40분간을 표준으로 한다.

24. 응집시설 중 완속교반시설에 관한 설명으로 틀린 것은?

① 완속교반기는 패들형과 터빈형이 사용된다.
② 완속교반 시 속도경사는 40~100초$^{-1}$ 정도로 낮게 유지한다.
③ 조의 형태는 폭 : 길이 : 깊이=1 : 1 : 1~1.2가 적당하다.
④ 체류시간은 5~10분이 적당하고 3~4개의 실로 분리하는 것이 좋다.

해설 체류시간은 20~30분이 적당하고 3~4개의 실로 분리하는 것이 좋다.

참고 1. 조의 형태는 폭 : 길이 : 깊이가 1 : 1 : 1~1.2가 적당하며, 입출구는 대각선에 위치하도록 한다.
2. 체류시간은 약품의 혼합과 응결이 충분히 이루어지도록 통상 20~30분의 범위로 설정하는 것이 적당하고, 조의 형태는 일반적으로 폭과 길이 및 깊이를 비슷하게 설계하는 것이 바람직하다.

25. 비교회전도가 700~1200인 경우에 사용되는 하수도용 펌프 형식으로 옳은 것은?

① 터빈펌프 ② 벌류트펌프
③ 축류펌프 ④ 사류펌프

해설 펌프형식과 비교회전도 값

pump 형식	비교회전도(Ns)의 범위
고양정 와권 pump	100~250
중양정 와권 pump	250~450
저양정 와권 pump	450~750
사류 pump	700~1200
축류 pump	1200~2000

26. 하수관로의 유속과 경사는 하류로 갈수록 어떻게 되도록 설계하여야 하는가?

① 유속 : 증가, 경사 : 감소
② 유속 : 증가, 경사 : 증가
③ 유속 : 감소, 경사 : 증가
④ 유속 : 감소, 경사 : 감소

해설 일반적으로 하류로 갈수록 유량이 증대되고 관경이 커지기 때문에 유속은 하류로 흐름에 따라 점차로 커지며 구배는 하류로 갈수록 점차로 감소시켜야 한다.

27. 원형 원심력 철근콘트리트관에 만수된 상태로 송수된다고 할 때 Manning 공식에 의한 유속(m/s)은? (단, 조도계수=0.013, 동수경사=0.002, 관지름 d=250mm)

① 0.24 ② 0.54

정답 22. ③ 23. ④ 24. ④ 25. ④ 26. ① 27. ②

③ 0.72　　④ 1.03

해설 $V=\frac{1}{0.013}\times\left(\frac{0.25}{4}\right)^{2/3}\times 0.002^{1/2}$
$=0.54\text{m/s}$

참고 Manning 공식

$V=\frac{1}{n}R^{2/3}I^{1/2}$

여기서, n : 조도계수

28. **취수탑의 위치에 관한 내용으로 ( )에 옳은 것은?**

연간을 통하여 최소수심이 ( ) 이상으로 하천에 설치하는 경우에는 유심이 제방에 되도록 근접한 지점으로 한다.

① 1m　　② 2m
③ 3m　　④ 4m

29. **상향류식 경사판 침전지의 표준 설계요소에 관한 설명으로 잘못된 것은?**

① 표면부하율은 4~9mm/min로 한다.
② 침강장치는 1단으로 한다.
③ 경사각은 55~60°로 한다.
④ 침전지 내의 평균상승유속은 250mm/min 이하로 한다.

해설 표면부하율은 12~28mm/min로 한다.

참고 횡류식 경사판침전지는 다음 각 호를 표준으로 한다.
1. 표면부하율은 4~9mm/min로 한다.
2. 경사판의 경사각은 60°로 한다.
3. 침전지 내의 평균유속은 0.6m/min 이하로 하고, 경사판 내의 체류시간은 경사판의 간격 100mm인 경우에 20~40분으로 한다.
4. 장치의 하단과 바닥과의 간격은 1.5m 이상으로 한다.
5. 장치와 침전지의 유입부벽 및 유출부벽과의 간격은 1.5m 이상으로 한다.

30. **지하수(복류수 포함)의 취수 시설 중 집수매거에 관한 설명으로 옳지 않은 것은?**

① 복류수의 유황이 좋으면 안정된 취수가 가능하다.
② 하천의 대소에 영향을 받으며 주로 소하천에 이용된다.
③ 침투된 물을 취수하므로 토사유입은 거의 없고 대개는 수질이 좋다.
④ 하천바닥의 변동이나 강바닥의 저하가 큰 지점은 노출될 우려가 크므로 적당하지 않다.

해설 하천의 대소에 관계없이 이용된다.

31. **저수댐의 위치에 관한 설명으로 틀린 것은?**

① 댐 지점 및 저수지의 지질이 양호하여야 한다.
② 가장 작은 댐의 크기로서 필요한 양의 물을 저수할 수 있어야 한다.
③ 유역면적이 작고 수원보호상 유리한 지형이어야 한다.
④ 저수지 용지 내에 보상해야 할 대상물이 적어야 한다.

해설 유역면적이 넓고 수원보호상 유리한 지형이어야 한다.

참고 저수지의 위치를 선정할 때 고려사항
1. 가능한 한 작은 댐으로 필요한 저수량을 얻을 수 있어야 한다.
2. 댐의 설치지점과 저수지 바닥의 지질이 좋아야 한다.
3. 저수지 축조로 인한, 토지 내의 보상대상이 적어야 한다.
4. 집수면적(集水面積)이 넓고, 수원보호가 유리하여야 한다.
5. 댐의 건설재료를 얻기 쉬운 장소로 한다.
6. 도시로부터 가까울수록 좋으며 가급적 자연유하식으로 도수할 수 있도록 한다.
7. 수심이 비교적 깊은 곳이 좋다.

정답　28. ②　29. ①　30. ②　31. ③

8. 다목적 댐일 경우 타 개발 사업을 검토할 수 있도록 한다.

32. **계획우수량을 정할 때 고려하여야 할 사항 중 틀린 것은?**

① 하수관거의 확률연수는 원칙적으로 10~30년으로 한다.
② 유입시간은 최소단위배수구의 지표면 특성을 고려하여 구한다.
③ 유출계수는 지형도를 기초로 답사를 통하여 충분히 조사하고 장래 개발계획을 고려하여 구한다.
④ 유하시간은 최상류관거의 끝으로부터 하류관거의 어떤 지점까지의 거리를 계획유량에 대응한 유속으로 나누어 구하는 것을 원칙으로 한다.

해설 유출계수는 토지이용도별 기초 유출계수로부터 총괄유출계수를 구하는 것을 원칙으로 한다.

참고 배수면적은 지형도를 기초로 도로, 철도 및 기존하천의 배치 등을 답사에 의해 충분히 조사하고 장래의 개발계획도 고려하여 정확히 구한다.

33. **$I=\dfrac{3660}{t+15}$ mm/h, 면적 2.0km², 유입시간 6분, 유출계수 C=0.65, 관내유속이 1m/s인 경우, 관 길이 600m인 하수관에서 흘러나오는 우수량(m³/s)은? (단, 합리식 적용)**

① 약 31 ② 약 38
③ 약 43 ④ 약 52

해설 ㉠ 유달시간

$$=6+\frac{600\text{m}}{1\text{m/s}\times 60\text{s/min}}=16\text{min}$$

㉡ $I=\dfrac{3,660}{16+15}=118.065\ \text{mm/h}$

㉢ $A[\text{ha}]=2.0\text{km}^2\times\dfrac{10^6\text{m}^2}{\text{km}^2}\times\dfrac{\text{ha}}{10^4}$

$=200\text{ha}$

㉣ $Q=\dfrac{1}{360}\times 0.65\times 118.065\times 200$

$=42.63\text{m}^3/\text{s}$

34. **하수의 배제방식에 대한 설명으로 잘못된 것은?**

① 하수의 배제방식에는 분류식과 합류식이 있다.
② 하수의 배제방식의 결정은 지역의 특성이나 방류수역의 여건을 고려해야 한다.
③ 제반 여건상 분류식이 어려운 경우 합류식으로 설치할 수 있다.
④ 분류식 중 오수관로는 소구경관로로 폐쇄 염려가 있고, 청소가 어렵고, 시간이 많이 소요된다.

해설 분류식의 경우 오수관거에서는 소구경관거에 의한 폐쇄의 우려가 있으나 청소는 비교적 용이하다. 측구가 있는 경우는 관리에 시간이 걸리고 불충분한 경우가 많다.

35. **1분당 300m³의 물을 150m 양정(전양정)할 때 최고효율점에 달하는 펌프가 있다. 이때의 회전수가 1500rpm이라면, 이 펌프의 비속도(비교회전도)는?**

① 약 512 ② 약 554
③ 약 606 ④ 약 658

해설 $N_s=\dfrac{1500\times 300^{1/2}}{150^{3/4}}=606.15$

참고 $N_s=N\dfrac{Q^{1/2}}{H^{3/4}}$

36. **계획오수량에 관한 내용으로 틀린 것은?**

① 지하수 유입량은 토질, 지하수위, 공법에 따라 다르지만 1인1일평균오수량의 10~20% 정도로 본다.

2018

정답 32. ③ 33. ③ 34. ④ 35. ③ 36. ①

② 계획1일최대오수량은 1인1일최대오수량에 계획인구를 곱한 후 여기에 공장폐수량, 지하수량 및 기타배수량을 가산한 것으로 한다.
③ 계획1일평균오수량은 계획1일최대오수량의 70~80%를 표준으로 한다.
④ 계획시간최대오수량은 계획1일최대오수량의 1시간당의 수량의 1.3~1.8배를 표준으로 한다.

해설 지하수 유입량은 토질, 지하수위, 공법에 따라 다르지만 1인1일최대오수량의 10~20% 정도로 본다.

37. 상수도시설의 등급별 내진설계 목표에 대한 내용이다. ( ) 안에 옳은 내용은 어느 것인가?

> 상수도시설물의 내진성능 목표에 따른 설계지진강도는 붕괴방지수준에서 시설물의 내진등급이 I등급인 경우에는 재현주기 (㉮), II등급인 경우에는 (㉯)에 해당되는 지진지반운동으로 한다.

① ㉮ 100년, ㉯ 50년
② ㉮ 200년, ㉯ 100년
③ ㉮ 500년, ㉯ 200년
④ ㉮ 1000년, ㉯ 500년

참고 내진등급별 시설분류

내진등급	상수도시설
내진 I 등급	대체시설이 없는 송·배수 간설시설, 중요시설과 연결된 급수공급관로, 복구난이도가 높은 환경에 놓이는 시설, 지진재해시 긴급대처 거점시설, 중대한 2차 재해를 유발시킬 가능성이 있는 시설 등
내진 II 등급	내진 I 등급 이외의 시설

38. 하수처리시설의 계획유입수질 산정방식으로 옳은 것은?

① 계획오염부하량을 계획1일평균오수량으로 나누어 산정한다.
② 계획오염부하량을 계획시간평균오수량으로 나누어 산정한다.
③ 계획오염부하량을 계획1일최대오수량으로 나누어 산정한다.
④ 계획오염부하량을 계획시간최대오수량으로 나누어 산정한다.

39. 정수시설인 급속여과지의 표준 여과속도(m/d)는?

① 120~150
② 150~180
③ 180~250
④ 250~300

40. 지하수의 취수지점 선정에 관련한 설명 중 틀린 것은?

① 연해부의 경우에는 해수의 영향을 받지 않아야 한다.
② 얕은 우물인 경우에는 오염원으로부터 5m 이상 떨어져서 장래에도 오염의 영향을 받지 않는 지점이어야 한다.
③ 기존 우물 또는 집수매거의 취수에 영향을 주지 않아야 한다.
④ 복류수인 경우에 장래에 일어날 수 있는 유로변화 또는 하상저하 등을 고려하고 하천개수계획에 지장이 없는 지점을 선정한다.

해설 얕은 우물이나 복류수인 경우에는 오염원으로부터 15m 이상 떨어져서 장래에도 오염의 영향을 받지 않는 지점이어야 한다.

정답 37. ④ 38. ① 39. ① 40. ②

제3과목 수질오염방지기술

41. 하수처리방식 회전원판법에 관한 설명으로 가장 거리가 먼 것은?

① 활성슬러지법에 비해 2차침전지에서 미세한 SS가 유출되기 쉽고, 처리수의 투명도가 나쁘다.
② 운전관리상 조작이 간단한 편이다.
③ 질산화가 거의 발생하지 않으며, pH 저하도 거의 없다.
④ 소비 전력량이 소규모 처리시설에서는 표준활성슬러지법에 비하여 적은 편이다.

해설 질산화가 일어나기 쉬우며 이로 인하여 처리수의 BOD가 높아질 수 있고 pH가 내려가는 경우도 있다.

42. 무기물이 0.30g/g VSS로 구성된 생물성 VSS를 나타내는 폐수의 경우, 혼합액 중의 TSS와 VSS 농도가 각각 2000mg/L, 1480 mg/L라 하면 유입수로부터 기인된 불활성 고형물에 대한 혼합액 중의 농도(mg/L)는? (단, 유입된 불활성 부유 고형물의 용해는 전혀 없다고 가정)

① 76 ② 86
③ 96 ④ 116

해설 $(2000-1480)-1480\times0.3=76\text{mg/L}$

참고 유입수 중의 FSS=혼합액 중의 FSS−폐수 중의 FSS

43. 반지름이 8cm인 원형 관로에서 유체의 유속이 20m/s일 때 반지름이 40cm인 곳에서의 유속(m/s)은? (단, 유량 동일, 기타 조건은 고려하지 않음)

① 0.8 ② 1.6
③ 2.2 ④ 3.4

해설 $\dfrac{\pi\times0.16^2}{4}\times20=\dfrac{\pi\times0.8^2}{4}\times x$

$\therefore x=0.8\text{m/s}$

참고 $Q=AV=\dfrac{\pi\times d^2}{4}\times V$

44. 포기조 부피가 $1000m^3$이고 MLSS 농도가 3500mg/L일 때, MLSS 농도를 2500mg/L로 운전하기 위해 추가로 폐기시켜야 할 잉여슬러지량(m^3)은? (단, 반송슬러지 농도=8000mg/L)

① 65 ② 85
③ 105 ④ 125

해설 $\dfrac{(3500-2500)\times1000}{8000}=125\text{m}^3$

참고 1. 슬러지 습량$=\dfrac{\text{슬러지 건량}}{\text{순도}\times\text{비중}}$
2. 반송슬러지 농도=순도
3. 슬러지 건량=MLSS 제거량

45. 활성슬러지 공정에서 포기조 유입 BOD가 180mg/L, SS가 180mg/L, BOD-슬러지 부하가 0.6kg BOD/kg MLSS·d일 때 MLSS 농도(mg/L)는? (단, 포기조 수리학적 체류시간=6시간)

① 1100 ② 1200
③ 1300 ④ 1400

해설 $0.6=\dfrac{180}{x\times\dfrac{6}{24}}\quad\therefore x=1200\text{mg/L}$

참고 $\text{F/M비}=\dfrac{\text{유입 BOD 농도}\times\text{유량}}{\text{MLSS 농도}\times\text{부피}}=\dfrac{S_0}{X\times t}$

46. 폐수로부터 암모니아를 제거하는 방법의 하나로 천연 제올라이트를 사용하기로 한다.

정답 41. ③ 42. ① 43. ① 44. ④ 45. ② 46. ③

천연 제올라이트로 암모니아를 제거할 경우 재생방법을 가장 적절하게 나타낸 것은?

① 깨끗한 증류수로 세척한다.
② 황산이나 질산 등 산성 용액으로 재생한다.
③ NaOH나 석회수 등 알칼리성 용액으로 재생한다.
④ LAS 등 세제로 세척한 후 가열하여 재생한다.

해설 고농도 암모니아를 함유한 폐수가 칼슘, 마그네슘, 나트륨 이온의 존재하에서 암모늄 이온에 대해 특이한 선택성을 보이는 천연 제올라이트 중에서 자연비석(自然沸石 : clinopholite)을 이용하는 이온교환기로 처리될 수 있다. 다른 형태의 무기질소는 제올라이트에 의해 제거되지 않으며 제올라이트는 중성의 NaCl과 수산화칼슘 또는 수산화나트륨과 같은 알칼리성 시약으로 재생시킨다.

47. 폐수의 고도 처리에 관한 다음의 기술 중 옳지 않은 것은?

① Cl^-, SO_4^{2-} 등의 무기염류의 제거에는 전기 투석법이 이용된다.
② 활성탄 흡착법에서 폐수 중의 인산은 제거되지 않는다.
③ 모래여과법은 고도처리 중에서 흡착법이나 전기투석법의 전처리로서 이용된다.
④ 폐수 중의 무기성질소 화합물은 철염에 의한 응집침전으로 완전히 제거된다.

해설 폐수 중의 무기성질소 화합물은 철염에 의한 응집침전으로 거의 제거되지 않는다.

48. 총잔류염소 농도를 3.05mg/L에서 1.00 mg/L로 탈염시키기 위해 유량 4350m³/d인 물에 가해 주는 아황산염(SO_3^{2-})의 양(kg/d)은? (단, 원자량 : Cl=35.5, S=32.1)

① 약 6 ② 약 8
③ 약 10 ④ 약 12

해설 ㉠ $Cl_2+H_2O \rightarrow HOCl+HCl$
㉡ $HOCl+Na_2SO_3 \rightarrow HCl+Na_2SO_4$
㉢ $Cl_2+Na_2SO_3+H_2O \rightarrow Na_2SO_4+2HCl$
㉣ $(3.05-1.00)\times 4350\times 10^{-3}\times \frac{80.1}{71}$
$=10.06\text{kg/d}$

49. 슬러지의 열처리에 대해 기술한 것으로 옳지 않은 것은?

① 슬러지의 열처리는 탈수의 전처리로서 한다.
② 슬러지의 열처리에 의해, 슬러지의 탈수성과 침강성이 좋아진다.
③ 슬러지의 열처리에 의해, 슬러지 중의 유기물이 가수분해되어 가용화된다.
④ 슬러지의 열처리에 의한 분리액은 BOD가 낮으므로 그대로 방류할 수 있다.

해설 슬러지의 열처리는 슬러지를 140℃까지 가열한 후 냉각하든가 또는 −20℃까지 동결시킨 후 녹임으로써 슬러지의 탈수성이 개선된다. 이때 발생되는 분리액은 BOD가 상당히 높으므로 폐수처리시설인 유입부로 보내어 다시 처리 후에 방류시킨다.

50. 길이 : 폭의 비가 3 : 1인 장방형 침전조에 유량 850m³/d의 흐름이 도입된다. 깊이는 4.0m이고 체류 시간은 1.92h이라면 표면부하율(m³/m²·d)은? (단, 흐름은 침전조 단면적에 균일하게 분배)

① 20 ② 30
③ 40 ④ 50

해설 표면부하율 $=\frac{4}{1.92}\times 24=50\text{m/d}$

참고 표면부하율 $=\frac{Q}{A}=\frac{h}{t}$

정답 47. ④ 48. ③ 49. ④ 50. ④

51. 수질 성분이 부식에 미치는 영향으로 틀린 것은?

① 높은 알칼리도는 구리와 납의 부식을 증가시킨다.
② 암모니아는 착화합물 형성을 통해 구리, 납 등의 금속용해도를 증가시킬 수 있다.
③ 잔류염소는 Ca와 반응하여 금속의 부식을 감소시킨다.
④ 구리는 갈바닉 전지를 이룬 배관상에 흠집(구멍)을 야기한다.

해설 잔류염소는 금속의 부식을 증대시키며 특히 구리, 철, 강철에 더욱 심하다.

52. 잔류염소 농도 0.6mg/L에서 3분간에 90%의 세균이 사멸되었다면 같은 농도에서 95% 살균을 위해서 필요한 시간(분)은? (단, 염소 소독에 의한 세균의 사멸이 1차반응속도식을 따른다고 가정)

① 2.6　　② 3.2
③ 3.9　　④ 4.5

해설 ㉠ $\ln\frac{10}{100} = -x \times 3 \quad \therefore x = 0.768\text{d}^{-1}$

㉡ $\ln\frac{5}{100} = -0.768 \times x \quad \therefore x = 3.9\text{d}$

참고 $\ln\frac{C_t}{C_0} = -K \times t$

53. 1차 처리결과 슬러지의 함수율이 80%, 고형물 중 무기성 고형물질이 30%, 유기성 고형물질이 70%, 유기성 고형물질의 비중 1.1, 무기성 고형물질의 비중이 2.2일 때 슬러지의 비중은?

① 1.017　　② 1.023
③ 1.032　　④ 1.047

해설 $\frac{1}{S} = \frac{0.2 \times 0.7}{1.1} + \frac{0.2 \times 0.3}{2.2} + \frac{0.8}{1}$

$= 0.9545 \quad \therefore \text{S} = 1.048$

참고 슬러지 비중 구하는 방법

$$\frac{1}{S} = \frac{W_{TS}}{S_{TS}} + \frac{W_W}{S_W} = \frac{W_{VS}}{S_{VS}} + \frac{W_{FS}}{S_{FS}} + \frac{W_W}{S_W}$$

54. 생물학적 3차 처리를 위한 A/O 공정을 나타낸 것으로 각 반응조 역할을 가장 적절하게 설명한 것은?

유입 하·폐수 → 혐기조 → 포기조 → 침전지 → 방류
(침전지 → 유입: 반송 슬러지)

① 혐기조에서는 유기물 제거와 인의 방출이 일어나고 포기조에서는 인의 과잉섭취가 일어난다.
② 포기조에서는 유기물 제거가 일어나고 혐기조에서는 질산화 및 탈질이 동시에 일어난다.
③ 제거율을 높이기 위해서는 외부탄소원인 메탄올 등을 포기조에 주입한다.
④ 혐기조에서는 인의 과잉섭취가 일어나며 포기조에서는 질산화가 일어난다

해설 혐기성조건에서 유입폐수와 반송된 미생물 내의 인이 용해성 인으로 방출되고 호기성지역에서 흡수된다. 인 제거 성능이 우천 시에 저하되는 경향이 있다.

55. 여섯 개의 납작한 날개를 가진 터빈 임펠러로 탱크의 내용물을 교반하려 한다. 교반은 난류영역에서 일어나며 임펠러의 직경은 3m이고 깊이 20m, 바닥에서 4m 위에 설치되어 있다. 30rpm으로 임펠러가 회전할 때 소요되는 동력(kg·m/s)은? (단, $P = \frac{k\rho n^3 D^5}{g_c}$ 식 적용, 소요 동력을 나타내는 계수 $k = 3.3$)

정답 51. ③　52. ③　53. ④　54. ①　55. ②

① 9356 ② 10228
③ 12350 ④ 15421

해설 ㉠ 임펠러의 회전속도를 rps(초당회전수)로 환산한다.
30/min×min/60s=0.5/s

㉡ $P = \dfrac{3.3 \times 1000 \times 0.5^3 \times 3^5}{9.8}$
$= 10228.32\text{kg} \cdot \text{m/s}$

56. 하수로부터 인 제거를 위한 화학제의 선택에 영향을 미치는 인자가 아닌 것은?

① 유입수의 인 농도
② 슬러지 처리시설
③ 알칼리도
④ 다른 처리공정과의 차별성

해설 다른 처리공정과의 조화성

참고 하수의 부유성물질, 응집제 가격, 응집제 공급의 안정성, 궁극적인 처리방법 등이 있다.

57. 무기수은계 화합물을 함유한 폐수의 처리방법으로 가장 거리가 먼 것은?

① 황화물 침전법
② 활성탄 흡착법
③ 산화분해법
④ 이온교환법

해설 무기수은계 화합물을 함유한 폐수의 처리방법에는 황화물 침전법, 흡착법, 이온교환법 등이 있고 아말감(amalgam)은 수은과 다른 금속과의 합금을 의미하는데 이 방법은 조작은 간단하지만 수은의 완전한 처리를 기대할 수 없고 백금, 망간, 크롬, 철, 니켈은 아말감을 형성하지 못한다.

58. 하수처리과정에서 소독 방법 중 염소와 자외선 소독의 장·단점을 비교할 때 염소소독의 장·단점으로 틀린 것은?

① 암모니아의 첨가에 의해 결합잔류염소가 형성된다.
② 염소접촉조로부터 휘발성유기물이 생성된다.
③ 처리수의 총용존고형물이 감소한다.
④ 처리수의 잔류독성이 탈염소과정에 의해 제거되어야 한다.

해설 처리수의 총용존고형물이 증가한다.

59. 질소 제거를 위한 파괴점 염소 주입법에 관한 설명과 가장 거리가 먼 것은?

① 적절한 운전으로 모든 암모니아성 질소의 산화가 가능하다.
② 시설비가 낮고 기존 시설에 적용이 용이하다.
③ 수생생물에 독성을 끼치는 잔류염소농도가 높아진다.
④ 독성물질과 온도에 민감하다.

해설 질소를 생물학적으로 처리하는 질산화, 탈질화 처리방법이 독성물질과 온도에 민감하다.

참고 파괴점 염소 주입법

1. 암모니아 농도를 거의 0에 가깝게 낮출 수 있는 장점이 있으나 운전비용이 과다하고 방류수 염소 독성의 제거를 위해 탈염소화가 필요하다.
2. 반응은 매우 급하게 진행되며 pH 7, 수온 20℃에서 5분 만에 약 90%의 반응이 일어나므로 큰 반응조는 필요 없다.

60. CFSTR에서 물질을 분해하여 효율 95%로 처리하고자 한다. 이 물질은 0.5차 반응으로 분해되며 속도상수는 $0.05(\text{mg/L})^{1/2}/\text{h}$이다. 유량은 500L/h이고 유입농도는 250mg/L로서 일정하다면 CFSTR의 필요 부피(m^3)는? (단, 정상상태 가정)

정답 56. ④ 57. ③ 58. ③ 59. ④ 60. ④

① 약 520　　② 약 570
③ 약 620　　④ 약 670

해설 ㉠ 0.5차 반응에 대한 물질수지식을 만든다.

$$Q\ C_0 = Q\ C + V\frac{dC}{dt} + VKC^{1/2}$$

㉡ 정상상태에서 $\frac{dC}{dt} = 0$

$$\therefore V = \frac{Q(C_0 - C)}{KC^{1/2}} = \frac{0.5 \times 250 \times 0.95}{0.05 \times (250 \times 0.05)^{1/2}} = 671.75\text{m}^3$$

제4과목 수질오염공정시험기준

61. 수질분석용 시료의 보존 방법에 관한 설명 중 틀린 것은?

① 6가크롬 분석용 시료는 C-HNO_3 1mL/L를 넣어 보관한다.
② 페놀분석용 시료는 인산을 넣어 pH 4 이하로 조정한 후, 황산구리(1g/L)를 첨가하여 4℃에서 보관한다.
③ 시안 분석용 시료는 수산화나트륨으로 pH 12 이상으로 하여 4℃에서 보관한다.
④ 화학적산소요구량 분석용 시료는 황산으로 pH 2 이하로 하여 4℃에서 보관한다.

해설 6가크롬 측정용 시료는 4℃로 보관하며 24시간 내 측정한다.

62. BOD측정 시 표준 글루코오스 및 글루타민산 용액의 적정 BOD값(mg/L)이 아닌 것은? (단, 글루코오스 및 글루타민산을 각 150mg씩 물에 녹여 1000mL로 함)

① 200　　② 215
③ 230　　④ 260

해설 글루코오스 및 글루타민산 각 150mg씩을 취하여 물에 녹여 1000mL로 한 액 5~10mL를 3개의 300mL BOD병에 넣고 BOD용 희석수를 완전히 채운 다음 이하 BOD시험방법에 따라 시험할 때에 측정하여 얻은 BOD 값은 200±30mg/L의 범위 안에 있어야 한다.

63. 0.1mgN/mL 농도의 NH_3-N 표준원액을 1L 조제하고자 할 때 요구되는 NH_4Cl의 양(mg/L)은? (단, NH_4Cl의 MW=53.5)

① 227　　② 382
③ 476　　④ 591

해설 $\frac{0.1\text{mg}}{\text{mL}} \times \frac{1000\text{mL}}{\text{L}} \times \frac{53.5\text{g}}{14\text{g}} = 382.14\text{mg/L}$

64. 불소 측정시험 시 수증기 증류법으로 전처리하지 않아도 되는 것은?

① 색도가 30도인 시료
② PO_4^{3-}의 농도가 4mg/L인 시료
③ Al^{3+}의 농도가 2mg/L인 시료
④ Fe^{2+}의 농도가 7mg/L인 시료

65. 전기전도도의 정밀도 기준으로 (　)에 옳은 것은?

측정값의 상대표준편차(RSD)로 계산하며 측정값이 (　) 이내이어야 한다.

① 15%　　② 20%
③ 25%　　④ 30%

66. pH 표준액의 온도보정은 온도별 표준액의 pH값을 표에서 구하고 또한 표에 없는 온도의 pH값은 내삽법으로 구한다. 다음 중 20℃

2018

정답　61. ①　62. ④　63. ②　64. ④　65. ②　66. ②

에서 가장 낮은 pH값을 나타내는 표준액은?

① 붕산염 표준액 ② 프탈산염 표준액
③ 탄산염 표준액 ④ 인산염 표준액

67. 20℃ 이하에서 BOD 측정 시료의 용존산소가 과포화되어 있을 때 처리하는 방법은?

① 시료의 산소가 과포화되어 있어도 배양 전 용존산소 값으로 측정되므로 상관이 없다.
② 시료의 수온을 23~25℃로 하여 15분간 통기하고 방랭한 후 수온을 20℃로 한다.
③ 아황산나트륨을 적당량 넣어 산소를 소모시킨다.
④ 5℃ 이하로 냉각시켜 냉암소에서 15분간 잘 저어 준다.

68. 자외선/가시선 분광법을 적용하여 페놀류를 측정할 때 사용되는 시약은?

① 4-아미노안티피린
② 인도 페놀
③ O-페난트로린
④ 디티존

69. 시료 중 구리, 아연, 납, 카드뮴, 니켈, 철, 망간, 6가크롬, 코발트 및 은 등 측정에 적용되고 이들을 암모니아수로 색을 변화시킨 후 다시 산으로 처리하는 전처리 방법은?

① DDTC – MIBK법
② 디티존 – MIBK법
③ 디티존 – 사염화탄소법
④ APDC – MIBK법

해설 피로리딘 다이티오카르바민산 암모늄(1-pyrrolidinecarbodithioicacid, ammonuim salt) 추출법은 시료 중 구리, 아연, 납, 카드뮴, 니켈, 철, 망간, 6가크롬, 코발트 및 은 등의 측정에 적용된다. 다만 망간은 착화합물 상태에서 매우 불안정하므로 추출 즉시 측정하여야 하며, 크롬은 6가크롬 상태로 존재할 경우에만 추출된다.

70. 수질오염공정시험기준상 기체크로마토그래피법으로 정량하는 물질은?

① 불소 ② 유기인
③ 수은 ④ 비소

71. '항량으로 될 때까지 강열한다.'는 의미에 해당하는 것은?

① 강열할 때 전후무게의 차가 g당 0.1mg 이하일 때
② 강열할 때 전후무게의 차가 g당 0.3mg 이하일 때
③ 강열할 때 전후무게의 차가 g당 0.5mg 이하일 때
④ 강열할 때 전후무게의 차가 없을 때

72. 온도에 관한 내용으로 옳지 않은 것은?

① 찬 곳은 따로 규정이 없는 한 0~15°C의 곳을 뜻한다.
② 냉수는 15℃ 이하를 말한다.
③ 온수는 70~90℃를 말한다.
④ 상온은 15~25℃를 말한다.

해설 온수는 60~70℃를 말한다.

73. 흡광 광도 측정에서 입사광의 60%가 흡수되었을 때의 흡광도는?

① 약 0.6 ② 약 0.5
③ 약 0.4 ④ 약 0.3

해설 $E=\log\frac{100}{40}=0.398$

정답 67. ② 68. ① 69. ④ 70. ② 71. ② 72. ③ 73. ③

참고 $E = \log \frac{I_0}{I_t}$

74. 자외선/가시선 분광법을 이용한 철의 정량에 관한 내용으로 틀린 것은?

① 등적색 철착염의 흡광도를 측정하여 정량한다.
② 측정파장은 510nm이다.
③ 염산 히드록실아민에 의해 산화제이철로 산화된다.
④ 철이온을 암모니아 알칼리성으로 하여 수산화제이철로 침전 분리한다.

해설 염산 히드록실아민에 의해 염화제일철로 환원된다.

참고 물속에 존재하는 철 이온을 수산화제이철로 침전 분리하고 염산하이드록실아민으로 제일철로 환원한 다음, o-페난트로린을 넣어 약산성에서 나타나는 등적색 철착염의 흡광도를 510nm에서 측정하는 방법이다.

75. 시료를 채취해 얻은 결과가 다음과 같고, 시료량이 50mL이었을 때 부유고형물의 농도(mg/L)와 휘발성부유고형물의 농도(mg/L)는?

- Whatman GF/C 여과지무게=1.5433g
- 105℃ 건조 후 Whatman GF/C 여과지의 잔여무게=1.5553g
- 550℃ 소각 후 Whatman GF/C 여과지의 잔여무게=1.5531g

① 44, 240 ② 240, 44
③ 24, 4.4 ④ 4.4, 24

해설 ㉠ TSS 농도

$= \frac{(1.5553 - 1.5433) \times 10^3 \text{mg}}{0.05\text{L}} = 240\text{mg/L}$

㉡ FSS 농도

$= \frac{(1.5531 - 1.5433) \times 10^3 \text{mg}}{0.05\text{L}}$

$= 196\text{mg/L}$

㉢ $\text{VSS} = 240 - 196 = 44\text{mg/L}$

76. 다음 중 용량분석법으로 측정하지 않는 항목은?

① 용존산소
② 부유물질
③ 화학적산소요구량
④ 염소이온

해설 부유물질은 중량법으로 측정한다.

참고 미리 무게를 단 유리섬유여과지(GF/C)를 여과장치에 부착하여 일정량의 시료를 여과시킨 다음 항량으로 건조하여 무게를 달아 여과 전·후의 유리섬유 여과지의 무게차를 산출하여 부유물질의 양을 구하는 방법이다.

77. 시료 채취 시 유의사항으로 틀린 것은?

① 채취 용기는 시료를 채우기 전에 시료로 3회 이상 씻은 다음 사용한다.
② 시료 채취 용기에 시료를 채울 때에는 어떠한 경우에도 시료의 교란이 일어나서는 안 된다.
③ 지하수 시료는 취수정 내에 고여 있는 물과 원래 지하수의 성상이 달라질 수 있으므로 고여 있는 물을 충분히 퍼낸 다음 새로 나온 물을 채취한다.
④ 시료 채취량은 시험항목 및 시험횟수의 필요량의 3~5배 채취를 원칙으로 한다.

해설 시료채취량은 시험항목 및 시험횟수에 따라 차이가 있으나 보통 3~5L 정도이어야 한다.

78. COD 측정에서 최초 첨가한 $KMnO_4$량의 1/2 이상이 남도록 첨가하는 이유는?

① $KMnO_4$ 잔류량이 1/2 이하로 되면 유기물의 분해온도가 저하한다.

2018

정답 74. ③ 75. ② 76. ② 77. ④ 78. ④

② $KMnO_4$ 잔류량이 1/2 이상이면 모든 유기물의 산화가 완료한다.
③ $KMnO_4$ 잔류량이 많을 경우 유기물의 산화속도가 저하한다.
④ $KMnO_4$ 농도가 저하되면 유기물의 산화율이 저하한다.

해설 $KMnO_4$ 농도가 저하되면 유기물의 산화율이 저하되기 때문에 시료의 양은 과망간산칼륨용액(0.005M)이 처음 첨가한 양의 50~70%가 남도록 채취한다.

79. 원자흡수분광광도법을 적용하여 비소를 분석할 때 수소화비소를 직접적으로 발생시키기 위해 사용하는 시약은?

① 염화제일주석　② 아연
③ 요오드화칼륨　④ 과망간산칼륨

해설 아연 또는 나트륨붕소수화물($NaBH_4$)을 넣어 수소화비소로 포집하여 아르곤(또는 질소)-수소 불꽃에서 원자화시켜 193.7 nm에서 흡광도를 측정하고 비소를 정량하는 방법이다.

80. 0.1N $Na_2S_2O_3$ 용액 100mL에 증류수를 가해 500mL로 한 다음, 여기서 250mL을 취하여 다시 증류수로 전량 500mL로 하면 용액의 규정농도(N)는?

① 0.01　② 0.02
③ 0.04　④ 0.05

해설 ㉠ $0.1 \times 100 = x \times 500 \quad \therefore x = 0.02N$
㉡ $0.02 \times 250 = x \times 500 \quad \therefore x = 0.01N$

제5과목 수질환경관계법규

81. 사업자가 환경기술인을 바꾸어 임명하는 경우는 그 사유가 발생한 날부터 며칠 이내에 신고하여야 하는가?

① 3일　② 5일
③ 7일　④ 10일

해설 사업자가 환경기술인을 임명하려는 경우에는 다음 각 호의 구분에 따라 임명하여야 한다.
1. 최초로 배출시설을 설치한 경우 : 가동시작 신고와 동시
2. 환경기술인을 바꾸어 임명하는 경우 : 그 사유가 발생한 날부터 5일 이내

참고 법 제47조 참조

82. 공공수역에 정당한 사유 없이 특정수질유해물질 등을 누출·유출시키거나 버린 자에 대한 처벌기준은?

① 1년 이하의 징역 또는 1천만원 이하의 벌금
② 2년 이하의 징역 또는 2천만원 이하의 벌금
③ 3년 이하의 징역 또는 3천만원 이하의 벌금
④ 5년 이하의 징역 또는 5천만원 이하의 벌금

참고 법 제77조 참조

83. 공공폐수처리시설의 유지·관리기준에 관한 내용으로 (　)에 맞는 것은?

> 처리시설의 관리·운영자는 처리시설의 적정 운영 여부를 확인하기 위한 방류수 수질검사를 (㉮) 실시하되 2000m^3/일 이상 규모의 시설은 (㉯) 실시하여야 한다.

① ㉮ 분기 1회 이상, ㉯ 월 1회 이상
② ㉮ 월 1회 이상, ㉯ 월 2회 이상
③ ㉮ 월 2회 이상, ㉯ 주 1회 이상
④ ㉮ 주 1회 이상, ㉯ 수시

정답　79. ②　80. ①　81. ②　82. ③　83. ③

참고 법 제50조 시행규칙 별표 15 참조

84. 물환경보전법상 용어의 정의 중 틀린 것은?

① 폐수라 함은 물에 액체성 또는 고체성의 수질오염물질이 혼입되어 그대로 사용할 수 없는 물을 말한다.
② 수질오염물질이라 함은 수질오염의 요인이 되는 물질로서 환경부령으로 정하는 것을 말한다.
③ 폐수배출시설이라 함은 수질오염물질을 공공수역에 배출하는 시설물·기계·기구·장소 기타 물체로서 환경부령으로 정하는 것을 말한다.
④ 수질오염방지시설이라 함은 폐수배출시설로부터 배출되는 수질오염물질을 제거하거나 감소시키는 시설로서 환경부령으로 정하는 것을 말한다.

해설 ㉠ "폐수배출시설"이라 함은 수질오염물질을 배출하는 시설물·기계·기구 그 밖의 물체로서 환경부령이 정하는 것을 말한다. 다만, 선박 및 해양시설을 제외한다.
㉡ "수질오염방지시설"이라 함은 점오염원, 비점오염원 및 기타 수질오염원으로부터 배출되는 수질오염물질을 제거하거나 감소하게 하는 시설로서 환경부령이 정하는 것을 말한다.
※ 수질오염방지시설에 대한 정의도 틀렸지만 ③으로 정답 처리되었다.

참고 법 제2조 참조

85. 기본배출부과금 산정에 필요한 지역별 부과계수로 옳은 것은?

① 청정지역 및 가지역 : 1.5
② 청정지역 및 가지역 : 1.2
③ 나지역 및 특례지역 : 1.5
④ 나지역 및 특례지역 : 1.2

참고 법 제41조 시행령 별표 10 참조

86. 오염총량관리기본방침에 포함되어야 할 사항으로 틀린 것은?

① 오염원의 조사 및 오염부하량 산정 방법
② 오담총량관리사행 대상 유역 현황
③ 오염총량관리의 대상 수질오염물질 종류
④ 오염총량관리의 목표

참고 법 제4조의2 ②항 참조

87. 다음은 배출시설의 설치허가를 받은 자가 배출시설의 변경허가를 받아야 하는 경우에 대한 기준이다. ( )에 들어갈 내용으로 옳은 것은?

폐수배출량이 허가 당시보다 100분의 50(특정수질유해물질이 배출되는 시설의 경우에는 100분의 30) 이상 또는 ( ) 이상 증가하는 경우

① 1일 500세제곱미터
② 1일 600세제곱미터
③ 1일 700세제곱미터
④ 1일 800세제곱미터

참고 법 제33조 ②항 참조

88. 폐수수탁처리업에서 사용하는 폐수운반차량에 관한 설명으로 틀린 것은?

① 청색으로 도색한다.
② 차량 양쪽 옆면과 뒷면에 폐수운반차량, 회사명, 등록번호, 전화번호 및 용량을 표시하여야 한다.
③ 차량에 표시는 흰색 바탕에 황색 글씨

2018

정답 84. ③ 85. ① 86. ② 87. ③ 88. ③

로 한다.

④ 운송 시 안전을 위한 보호구, 중화제 및 소화기를 갖추어 두어야 한다.

해설 폐수운반차량은 청색[색번호 10B5-12(1016)]으로 도색하고, 양쪽 옆면과 뒷면에 가로 50센티미터, 세로 20센티미터 이상 크기의 노란색 바탕에 검은색 글씨로 폐수운반차량, 회사명, 등록번호, 전화번호 및 용량을 지워지지 아니하도록 표시하여야 한다.

참고 법 제62조 시행규칙 별표 20 참조

89. 위임업무 보고사항 중 "골프장 맹·고독성 농약 사용 여부 확인 결과"의 보고횟수 기준은?

① 수시 ② 연 4회
③ 연 2회 ④ 연 1회

참고 법 제74조 시행규칙 별표 23 참조

90. 대권역 물환경관리계획에 포함되지 않는 것은?

① 상수원 및 물 이용 현황
② 수질오염 예방 및 저감 대책
③ 기후변화에 대한 적응 대책
④ 폐수배출시설의 설치 제한 계획

해설 대권역 계획에는 다음 각 호의 사항이 포함되어야 한다.

1. 물환경의 변화 추이 및 물환경목표기준
2. 상수원 및 물 이용현황
3. 점오염원, 비점오염원 및 기타수질오염원의 분포현황
4. 점오염원, 비점오염원 및 기타수질오염원에서 배출되는 수질오염물질의 양
5. 수질오염 예방 및 저감 대책
6. 물환경 보전조치의 추진방향
7. 「저탄소 녹색성장 기본법」 제2조 제12호에 따른 기후변화에 대한 적응대책
8. 그 밖에 환경부령으로 정하는 사항

참고 법 제24조 참조

91. 수질오염 방지시설 중 화학적 처리시설에 해당되는 것은?

① 침전물 개량시설 ② 혼합시설
③ 응집시설 ④ 증류시설

참고 법 제2조 시행규칙 별표 5 참조

92. 시·도지사는 공공수역의 수질보전을 위하여 환경부령이 정하는 해발고도 이상에 위치한 농경지 중 환경부령이 정하는 경사도 이상의 농경지를 경작하는 자에 대하여 경작방식의 변경, 농약·비료의 사용량 저감, 휴경 등을 권고할 수 있다. 위에서 언급한 환경부령이 정하는 해발고도와 경사도 기준은?

① 400미터, 15퍼센트
② 400미터, 25퍼센트
③ 600미터, 15퍼센트
④ 600미터, 25퍼센트

해설 2017년 시·도지사에서 특별자치도지사·시장·군수·구청장으로 개정되었는데 시·도지사로 잘못 출제되었다.

참고 법 제59조 참조

93. 현장에서 배출허용기준 또는 방류수 수질기준의 초과 여부를 판정할 수 있는 수질오염물질 항목으로 나열한 것은?

① 수소이온농도, 화학적산소요구량, 총질소, 부유물질량
② 수소이온농도, 화학적산소요구량, 용존산소, 총인
③ 총유기탄소, 화학적산소요구량, 용존산소, 총인
④ 총유기탄소, 생물학적산소요구량, 총질소, 부유물질량

참고 법 제12조 시행규칙 별표 10, 제32조 시행규칙 별표 13 참조

정답 89. ③ 90. ④ 91. ① 92. ① 93. ①

94. 초과부과금 산정 시 적용되는 위반횟수별 부과계수에 관한 내용으로 ( )에 맞는 것은? (단, 폐수무방류배출시설의 경우)

처음 위반의 경우 (㉮), 다음 위반부터는 그 위반직전의 부과계수에 (㉯)를 곱한 것으로 한다.

① ㉮ 1.5, ㉯ 1.3 ② ㉮ 1.5, ㉯ 1.5
③ ㉮ 1.8, ㉯ 1.3 ④ ㉮ 1.8, ㉯ 1.5

참고 법 제41조 시행령 별표 16 참조

95. 1일 200톤 이상으로 특정수질유해물질을 배출하는 산업단지에서 설치하여야 할 시설은?

① 무방류배출시설
② 완충저류시설
③ 폐수고도처리시설
④ 비점오염저감시설

해설 ① 법 제21조의4(완충저류시설의 설치·관리)
「국토의 계획 및 이용에 관한 법률」 제36조 제1항에 따른 공업지역 중 환경부령으로 정하는 지역 또는 「산업입지 및 개발에 관한 법률」 제2조 제8호에 따른 산업단지 중 환경부령으로 정하는 단지의 소재지를 관할하는 특별시장·광역시장·특별자치시장·특별자치도지사·시장·군수(광역시의 군수는 제외한다)는 그 공업지역 또는 산업단지에서 배출되는 오수·폐수 등을 일시적으로 담아둘 수 있는 완충저류시설(緩衝貯留施設)을 설치·운영하여야 한다.
② 법 제21조의4 제1항에서 "환경부령으로 정하는 지역"과 "환경부령으로 정하는 단지"란 다음 각 호의 공업지역(「국토의 계획 및 이용에 관한 법률」 제36조 제1항에 따른 공업지역을 말한다. 이하 같다) 또는 산업단지(「산업입지 및 개발에 관한 법률」 제2조 제8호에 따른 산업단지를 말한다. 이하 같다)를 말한다.
1. 면적이 150만 제곱미터 이상인 공업지역 또는 산업단지
2. 특정수질유해물질이 포함된 폐수를 1일 200톤 이상 배출하는 공업지역 또는 산업단지
3. 폐수배출량이 1일 5천톤 이상인 경우로서 다음 각 목의 어느 하나에 해당하는 지역에 위치한 공업지역 또는 산업단지
① 영 제32조 각 호의 어느 하나에 해당하는 배출시설의 설치제한 지역
② 한강, 낙동강, 금강, 영산강·섬진강·탐진강 본류(本流)의 경계(「하천법」 제2조 제2호의 하천구역의 경계를 말한다)로부터 1킬로미터 이내에 해당하는 지역
③ 한강, 낙동강, 금강, 영산강·섬진강·탐진강 본류에 직접 유입되는 지류(支流)(「하천법」 제7조 제1항에 따른 국가하천 또는 지방하천에 한정한다)의 경계(「하천법」 제2조 제2호의 하천구역의 경계를 말한다)로부터 500미터 이내에 해당하는 지역
4. 「화학물질관리법」 제2조 제7호의 유해화학물질의 연간 제조·보관·저장·사용량이 1천톤 이상이거나 면적 1제곱미터당 2킬로그램 이상인 공업지역 또는 산업단지

96. 환경정책기본법령에 따른 수질 및 수생태계 환경기준 중 하천의 생활환경 기준으로 옳지 않은 것은? (단, 등급은 매우 좋음 기준)

① 수소이온 농도(pH) : 6.5~8.5
② 용존산소량 DO(mg/L) : 7.5 이상
③ 부유물질량(mg/L) : 25 이하
④ 총인(mg/L) : 0.1 이하

해설 총인(mg/L) : 0.02 이하

참고 환경정책기본법 시행령 별표 1 참조

정답 94. ④ 95. ② 96. ④

97. 오염총량관리기본계획 수립 시 포함되지 않는 내용은?

① 해당 지역 개발계획의 내용
② 지방자치단체별·수계구간별 오염부하량의 할당
③ 관할 지역에서 배출되는 오염부하량의 총량 및 저감계획
④ 오염총량초과부과금의 산정방법과 산정기준

참고 법 제4조의3 참조

98. 비점오염저감시설의 설치와 관련된 사항으로 틀린 것은?

① 도시의 개발, 산업단지의 조성 등 사업을 하는 자는 환경부령이 정하는 기간 내에 비점오염저감시설을 설치하여야 한다.
② 강우유출수의 오염도가 항상 배출허용기준 이내로 배출되는 사업장은 비점오염저감시설을 설치하지 아니할 수 있다.
③ 한강대권역의 완충저류시설에 유입하여 강우유출수를 처리할 경우 비점오염저감 시설을 설치하지 아니할 수 있다.
④ 대통령령으로 정하는 규모 이상의 사업장에 제철시설, 섬유염색시설, 그 밖에 대통령령으로 정하는 폐수배출시설을 설치하는 자는 비점오염저감시설을 설치하여야 한다.

해설 완충저류시설에 유입하여 강우유출수를 처리하는 경우 비점오염저감시설을 설치하지 아니할 수 있다.

참고 법 제53조(비점오염원의 설치신고·준수사항·개선명령 등) ③항 참조
비점오염원설치신고사업자는 환경부령으로 정하는 시점까지 환경부령으로 정하는 기준에 따라 비점오염저감시설을 설치하여야 한다. 다만, 다음 각 호의 어느 하나에 해당하는 경우 비점오염저감시설을 설치하지 아니할 수 있다.
1. 사업장의 강우유출수의 오염도가 항상 배출허용기준 이하인 경우로서 대통령령으로 정하는 바에 따라 환경부장관이 인정하는 경우
2. 제21조의4에 따른 완충저류시설에 유입하여 강우유출수를 처리하는 경우
3. 하나의 부지에 제1항 각 호에 해당하는 자가 둘 이상인 경우로서 환경부령으로 정하는 바에 따라 비점오염원을 적정하게 관리할 수 있다고 환경부장관이 인정하는 경우

99. 폐수처리방법이 생물화학적 처리방법인 경우 시운전기간 기준은? (단, 가동시작일은 2월 3일임)

① 가동시작일부터 50일로 한다.
② 가동시작일부터 60일로 한다.
③ 가동시작일부터 70일로 한다.
④ 가동시작일부터 90일로 한다.

참고 법 제37조 ②항 참조

100. 환경부장관이 수질 등의 측정자료를 관리·분석하기 위하여 측정기기 부착사업자 등이 부착한 측정기기와 연결, 그 측정결과를 전산처리할 수 있는 전산망 운영을 위한 수질원격감시체계 관제 센터를 설치·운영할 수 있는 곳은?

① 국립환경과학원
② 유역환경청
③ 한국환경공단
④ 시·도 보건환경연구원

참고 법 제38조의5 참조

정답 97. ④ 98. ③ 99. ① 100. ③

2018년 8월 19일 시행

자격종목 및 등급(선택분야)	종목코드	시험시간	문제지형별	수검번호	성 명
수질환경기사	**2572**	**2시간**	**A**		

제1과목 수질오염개론

1. 알칼리도가 수질환경에 미치는 영향에 관한 설명으로 가장 거리가 먼 것은?

① 높은 알칼리도를 갖는 물은 쓴맛을 낸다.

② 알칼리도가 높은 물은 다른 이온과 반응성이 좋아 관내에 scale을 형성할 수 있다.

③ 알칼리도는 물속에서 수중생물의 성장에 중요한 역할을 함으로써 물의 생산력을 추정하는 변수로 활용한다.

④ 자연수 중 알칼리도의 형태는 대부분 수산화물의 형태이다.

해설 자연수의 알칼리도는 주로 중탄산염의 형태로 존재하며 탄산염이나 수산화물 형태는 적다. 이것은 수중의 CO_2가 탄산염과 수산물을 중탄산염으로 변화시키기 때문이다.

2. 성층현상에 관한 설명으로 틀린 것은?

① 수심에 따른 온도변화로 발생되는 물의 밀도차에 의해 발생된다.

② 봄, 가을에는 저수지의 수직혼합이 활발하여 분명한 층의 구별이 없어진다.

③ 여름에는 수심에 따른 연직온도경사와 산소구배가 반대 모양을 나타내는 것이 특징이다.

④ 겨울과 여름에는 수직운동이 없어 정체현상이 생기며 수심에 따라 온도와 용존산소농도의 차이가 크다.

해설 여름에는 수심에 따른 연직온도경사와 산소구배가 같은 모양을 나타내는 것이 특징이다.

3. 다음 물질 중 이온화도가 가장 큰 것은?

① CH_3COOH ② H_2CO_3

③ HNO_3 ④ NH_3

해설 같은 농도의 산이나 염기의 수용액에서 이온화도가 큰 물질일수록 이온화 평형 상태에서 H^+나 OH^-의 농도가 크다. 따라서 이온화도가 큰 물질일수록 산과 염기의 세기가 강하다.

참고 25℃ 0.1M 기준 이온화도

1. CH_3COOH : 0.013
2. H_2CO_3 : 0.017
3. HNO_3 : 0.92
4. NH_3 : 0.013

4. 수산화칼슘[$Ca(OH)_2$]이 중탄산칼슘[$Ca(HCO_3)_2$]과 반응하여 탄산칼슘($CaCO_3$)의 침전이 형성될 때 10g의 $Ca(OH)_2$에 대하여 생성되는 $CaCO_3$의 양(g)은? (단, 칼슘 원자량=40)

① 17 ② 27

③ 37 ④ 47

해설 $Ca(OH)_2 + Ca(HCO_3)_2 \rightarrow 2CaCO_3 + 2H_2O$

$$\therefore CaCO_3\text{의 양} = 10g \times \frac{2 \times 100g}{74g} = 27.03g$$

5. 2000mg/L $Ca(OH)_2$ 용액의 pH는? [단, $Ca(OH)_2$는 완전 해리, Ca 원자량=40]

① 12.13 ② 12.43

③ 12.73 ④ 12.93

정답 1. ④ 2. ③ 3. ③ 4. ② 5. ③

해설 $pH = 14 + \log(2 \div 37) = 12.73$

참고 1. $Ca(OH)_2$의 N농도

$$= \frac{2000\text{mg}}{\text{L}} \times \frac{10^{-3}\text{g}}{\text{mg}} \times \frac{\text{당량}}{37}$$

2. $pH = 14 + \log[OH^-]$

6. 다음 반응식 중 환원상태가 되면 가장 나중에 일어나는 반응은? (단, ORP값 기준)

① $SO_4^{2-} \rightarrow S^{2-}$ ② $NO_2^- \rightarrow NH_3$
③ $Fe^{3+} \rightarrow Fe^{2+}$ ④ $NO_3^- \rightarrow NO_2^-$

해설 환원상태가 되면 ORP값에 따라 먼저 $NO_3^- \rightarrow NO_2^-$의 반응이 일어나고 $NO_2^- \rightarrow NH_3$의 반응에 이어 $Fe^{3+} \rightarrow Fe^{2+}$ 그리고 $SO_4^{2-} \rightarrow S^{2-}$로 되는 반응이 일어난다.

참고 1. $NO_3^- \rightarrow NO_2^-$: 0.45~0.4V
2. $NO_2^- \rightarrow NH_3$: 0.4~0.35V
3. $Fe^{3+} \rightarrow Fe^{2+}$: 0.3~0.2V
4. $SO_4^{2-} \rightarrow S^{2-}$: 0.1~0.06V

7. 부영양호의 수면관리 대책으로 틀린 것은?

① 수생식물의 이용
② 준설
③ 약품에 의한 영양염류의 침전 및 황산동 살포
④ N, P 유입량의 증대

해설 N, P 유입량의 감소

8. 카드뮴이 인체에 미치는 영향으로 가장 거리가 먼 것은?

① 칼슘 대사기능 장애
② Hunter-Russel 장애
③ 골연화증
④ Fanconi씨 증후군

해설 Hunter-Russel 장애는 수은이 인체에 미치는 영향이다.

9. 알칼리도에 관한 다음 반응 중 가장 부적절한 것은?

① $CO_2 + H_2O \rightarrow H_2CO_3 \rightarrow HCO_3^- + H^+$
② $HCO_3^- \rightarrow CO_3^{-2} + H^+$
③ $CO_3^{-2} + H_2O \rightarrow HCO_3^- + OH^-$
④ $HCO_3^- + H_2O \rightarrow H_2CO_3 + OH^-$

해설 중탄산염은 수중에 OH^-를 거의 내놓지 않으므로 pH가 증가되지 않으며 용해된 CO_2가 많을수록 이러한 현상이 뚜렷하다. 그러나 중탄산염을 많이 포함한 물을 가열하면 CO_2가 나오면서 대기 중으로 방출되어 중탄산염은 탄산염으로 되어 물속에 OH^-를 내어 pH가 증가한다.

10. BOD 1kg의 제거에 보통 1kg의 산소가 필요하다면 1.45ton의 BOD가 유입된 하천에서 BOD를 완전히 제거하고자 할 때 요구되는 공기량(m^3)은? [단, 물의 공기 흡수율은 7%(부피기준)이며, 공기 $1m^3$은 0.236kg의 O_2를 함유한다고 하고 하천의 BOD는 고려하지 않음]

① 약 84773 ② 약 85773
③ 약 86773 ④ 약 87773

해설 $$\frac{1\text{m}^3}{0.236\text{kg}\,O_2} \times \frac{1\text{kg}\,O_2}{\text{kg}\,\text{BOD 제거}} \times 1450\text{kg} \times \frac{1}{0.07} = 87772.4\text{m}^3$$

11. 소수성 콜로이드의 특성으로 틀린 것은?

① 물속에서 에멀션으로 존재함
② 염에 아주 민감함
③ 물에 반발하는 성질이 있음
④ 소량의 염을 첨가하여 고응결 침전됨

해설 물속에서 서스펜션(suspention)으로 존재한다.

정답 6. ① 7. ④ 8. ② 9. ④ 10. ④ 11. ①

12. 하수나 기타 물질에 의해서 수원이 오염되었을 때에 물은 일련의 변화과정을 거친다. fungi와 같은 정도로 청록색 내지 녹색 조류가 번식하고, 하류로 내려갈수록 규조류가 성장하는 지대는?

① 분해지대 ② 활발한 분해지대
③ 회복지대 ④ 정수지대

13. 25℃, 4atm의 압력에 있는 메탄가스 15kg을 저장하는 데 필요한 탱크의 부피(m^3)는? (단, 이상기체의 법칙 적용, 표준상태 기준, R=0.082 L·atm/mol·K)

① 4.42 ② 5.73
③ 6.54 ④ 7.45

해설 탱크의 부피

$$=\frac{15\times0.082\times(273+25)}{4\times16}=5.73\text{m}^3$$

참고 1. $PV=nRT$

2. $$\text{m}^3=\frac{\text{L}\cdot\text{atm}}{\text{mol}\cdot\text{K}}\times\frac{10^{-3}\text{m}^3}{\text{L}}\times\frac{\text{mol}}{\text{g분자량}}\times\frac{10^3\text{g}}{\text{kg}}\times\frac{\text{분자량}}{16}\times\frac{\text{kg}}{1}\times\frac{1}{\text{atm}}\times\frac{\text{K}}{1}$$

14. 수원의 종류 중 지하수에 관한 설명으로 틀린 것은?

① 수온 변동이 적고 탁도가 낮다.
② 미생물이 거의 없고 오염물이 적다.
③ 유속이 빠르고, 광역적인 환경조건의 영향을 받아 정화하는 데 오랜 기간이 소요된다.
④ 무기염류의 농도와 경도가 높다.

해설 지하수는 유속이 느리고 국지적인 환경조건의 영향을 크게 받는다.

참고 ①의 내용이 "수온 변동이 적고 탁도가 높다."로 출제되어 중복 답안으로 처리되었다.

15. Fungi(균류, 곰팡이류)에 관한 설명으로 틀린 것은?

① 원시적 탄소동화작용을 통하여 유기물질을 섭취하는 독립영양계 생물이다.
② 폐수 내의 질소와 용존산소가 부족한 경우에도 잘 성장하며 pH가 낮은 경우에도 잘 성장한다.
③ 구성물질의 75~80%가 물이며 $C_{10}H_{17}O_6N$을 화학구조식으로 사용한다.
④ 폭이 약 5~10μm로서 현미경으로 쉽게 식별되며 슬러지팽화의 원인이 된다.

해설 Fungi는 탄소동화작용을 하지 않고 유기물질을 섭취하는 종속영양계 생물이다.

16. 내경 5mm인 유리관을 정수 중에 연직으로 세울 때 유리관 내의 모세관 높이(cm)는? (단, 물의 수온=15℃, 이때의 표면장력=0.076g/cm, 물과 유리의 접촉각=8°)

① 0.5 ② 0.6
③ 0.7 ④ 0.8

해설 $h=\dfrac{4\times0.076\times\cos8}{1\times0.5}=0.6\text{cm}$

참고 $h=\dfrac{4\sigma\times\cos\theta}{\gamma\times d}$

17. 미생물 세포의 비증식 속도를 나타내는 식에 대한 설명이 잘못된 것은?

$$\mu=\mu_m\frac{S}{K_s+S}$$

① μ_{max}는 최대 비증식 속도로 시간$^{-1}$단위이다.
② K_s는 반속도상수로서 최대성장률이 1/2일 때의 기질의 농도이다.
③ $\mu=\mu_{max}$인 경우 반응속도가 기질농도에 비례하는 1차 반응을 의미한다.

2018

정답 12. ③ 13. ② 14. ③ 15. ① 16. ② 17. ③

④ S는 제한기질 농도이고 단위는 mg/L이다.

해설 $\mu=\mu_{max}$인 경우 반응속도가 기질농도와 무관한 0차 반응을 의미한다.

18. 세균(bacteria)의 경험적 분자식으로 옳은 것은?

① $C_5H_7O_2N$ ② $C_5H_8O_2N$
③ $C_7H_8O_5N$ ④ $C_8H_9O_5N$

19. 수은(Hg)에 관한 설명으로 옳지 않은 것은?

① 아연정련업, 도금공장, 도자기제조업에서 주로 발생한다.
② 대표적 만성질환으로는 미나마타병, 헌터-루셀 증후군 등이 있다.
③ 유기수은은 금속상태의 수은보다 생물체내에 흡수력이 강하다.
④ 상온에서 액체상태로 존재하며 인체에 노출 시 중추신경계에 피해를 준다.

해설 수은의 배출원은 전해소다공장(NaOH 제조를 위한 전해 수은법과정), 농약공장, 금속광산, 정련공장, 도료, 의약공장 등이다.

20. pH 2.5인 용액을 pH 6.0의 용액으로 희석할 때 용량비를 1 : 9로 혼합하면 혼합액의 pH는?

① 3.1 ② 3.3
③ 3.5 ④ 3.7

해설 $10^{-2.5}\times 1+10^{-6}\times 9=x\times(1+9)$

$\therefore x=3.17\times 10^{-4}$

$\therefore \text{pH}=-\log(3.17\times 10^{-4})=3.5$

참고 1. $NV+N'V'=N''(V+V')$

2. $\text{pH}=-\log[\text{H}^+]$

제2과목 상하수도계획

21. 용해성성분으로 무기물인 불소(처리대상물질)를 제거하기 위해 유효한 고도정수처리방법과 가장 거리가 먼 것은?

① 응집침전 ② 골탄
③ 이온교환 ④ 전기분해

해설 원수 중에 불소가 과량으로 포함된 경우에는 불소를 감소시키기 위하여 응집침전, 활성알루미나, 골탄, 전해 등의 처리를 한다.

22. 하수도계획의 목표연도는 원칙적으로 몇 년으로 설정하는가?

① 15년 ② 20년
③ 25년 ④ 30년

해설 하수도계획의 목표연도는 원칙적으로 20년 정도로 한다.

참고 상수도 기본계획을 수립할 때에는 계획목표연도를 계획수립 시부터 15~20년간을 표준으로 하며, 가능한 한 장기간으로 설정하는 것이 기본이다.

23. 길이가 100m, 직경이 40cm인 하수관로의 하수유속을 1m/s로 유지하기 위한 하수관로의 동수경사는? (단, 만관 기준, Manning 식의 조도계수 $n=0.012$)

① 1.2×10^{-3} ② 2.3×10^{-3}
③ 3.1×10^{-3} ④ 4.6×10^{-3}

해설 $1=\dfrac{1}{0.012}\times\left(\dfrac{0.4}{4}\right)^{2/3}\times x^{1/2}$

$\therefore x=3.1\times10^{-3}$

참고 Manning 공식

$V=\dfrac{1}{n}R^{2/3}I^{1/2}$

여기서, n : 조도계수

정답 18. ① 19. ① 20. ③ 21. ③ 22. ② 23. ③

24. 복류수나 자유수면을 갖는 지하수를 취수하는 시설인 집수매거에 관한 설명으로 틀린 것은?

① 집수매거의 길이는 시험우물 등에 의한 양수시험 결과에 따라 정한다.
② 집수매거의 매설 깊이는 1.0m 이하로 한다.
③ 집수매거는 수평 또는 흐름방향으로 향하여 완경사로 하고 집수매거의 유출단에서 매거 내의 평균유속은 1.0m/s 이하로 한다.
④ 세굴의 우려가 있는 제외지에 설치할 경우에는 철근콘크리트틀 등으로 방호한다.

해설 집수매거의 부설 깊이는 지하 3~5m까지가 가장 적당하다.

25. 계획오수량에 관한 설명으로 틀린 것은?

① 지하수량은 1인1일최대오수량의 20% 이하로 한다.
② 계획시간최대오수량은 계획1일최대오수량의 1시간당 수량의 1.3~1.8배를 표준으로 한다.
③ 합류식의 우천 시 계획오수량은 원칙적으로 계획시간최대오수량의 3배 이상으로 한다.
④ 계획1일평균오수량은 계획1일최대오수량의 50~60%를 표준으로 한다.

해설 계획1일평균오수량은 계획1일최대오수량의 70~80%를 표준으로 한다.

26. 표준맨홀의 형상별 용도에서 내경 1500mm 원형에 해당하는 것은?

① 1호맨홀 ② 2호맨홀
③ 3호맨홀 ④ 4호맨홀

해설 표준맨홀의 형상별 용도

명 칭	치수 및 형상	용 도
1호 맨홀	내경 900mm 원형	관거의 기점 및 600mm 이하의 관거 중간지점 또는 내경 400mm까지의 관거
2호 맨홀	내경 1200mm 원형	내경 900mm 이하의 관거 중간지점 및 내경 600mm 이하의 관거 합류지점
3호 맨홀	내경 1500mm 원형	내경 1200mm 이하의 관거 중간지점 및 내경 800mm 이하의 관거 합류지점
4호 맨홀	내경 1800mm 원형	내경 1500mm 이하의 관거 중간지점 및 내경 900mm 이하의 관거 합류지점
5호 맨홀	내경 2100mm 원형	내경 1,800mm 이하의 관거 중간지점

27. 비교회전도(N_s)에 대한 설명으로 틀린 것은?

① 펌프는 N_s의 값에 따라 그 형식이 변한다.
② N_s가 같으면 펌프의 크기에 관계없이 같은 형식의 펌프로 하고 특성도 대체로 같게 된다.
③ 수량과 전양정이 같다면 회전수가 많을수록 N_s 값이 커진다.
④ 일반적으로 N_s 값이 적으면 유량이 큰 저양정의 펌프가 된다.

해설 일반적으로 N_s 값이 적으면 유량이 작은 고양정의 펌프가 된다.

28. 하수관이 부식하기 쉬운 곳은?

① 바닥 부분 ② 양 옆 부분
③ 하수관 전체 ④ 관정부(crown)

해설 하수관의 윗부분에서 주로 부식이 발생한다.

참고 관정부식(crown corrosion) : 관거 내

정답 24. ② 25. ④ 26. ③ 27. ④ 28. ④

가 혐기성 상태가 될 때 혐기성균이 하수에 포함된 황을 환원시켜 황화수소를 발생시키고 이 황화수소가 관거의 천장 부근에서 황산 산화균에 의하여 황산이 되면서 콘크리트관에 함유된 철, 칼슘, 알루미늄 등과 반응하여 황산염이 되면서 부식된다.

29. 상수도 취수보의 취수구에 관한 설명으로 틀린 것은?

① 높이는 배사문의 바닥높이보다 0.5~1m 이상 낮게 한다.
② 유입속도는 0.4~0.8m/s를 표준으로 한다.
③ 제수문의 전면에는 스크린을 설치한다.
④ 계획취수위는 취수구로부터 도수기점까지의 손실수두를 계산하여 결정한다.

해설 높이는 배사문의 바닥높이보다 0.5~1m 이상 높게 한다.

참고 "취수관거의 취수구로" 출제되어 모두 정답 처리되었다.

30. 우수배제 계획에서 계획우수량을 산정할 때 고려할 사항이 아닌 것은?

① 유출계수 ② 유속계수
③ 배수면적 ④ 유달시간

해설 우수유출량을 계산하기 위한 공식에는 합리식과 경험식이 있으나 합리식이 널리 사용된다.

참고 1. 합리식

$$Q = \frac{1}{360} C I A$$

여기서, Q : 우수량(m^3/s)
C : 유출계수(run off coefficient)
A : 배수면적(ha)
I : 강우강도(mm/h)

2. 유입시간과 유하시간의 합을 유달시간이라 하는데 강우강도식을 사용할 때 강우지속시간으로 유달시간을 사용한다.

31. 상수도 급수배관에 관한 설명으로 틀린 것은?

① 급수관을 공공도로에 부설할 경우에는 도로관리자가 정한 점용위치와 깊이에 따라 배관해야 하며 다른 매설물과의 간격을 30cm 이상 확보한다.
② 급수관을 부설하고 되메우기를 할 때에는 양질토 또는 모래를 사용하여 적절하게 다짐하여 관을 보호한다.
③ 급수관이 개거를 횡단하는 경우에는 가능한 한 개거의 위로 부설한다.
④ 동결이나 결로의 우려가 있는 급수장치의 노출부분에 대해서는 적절한 방한 조치나 결로방지 조치를 강구한다.

해설 급수관이 개거를 횡단하는 경우에는 가능한 한 개거의 밑으로 부설한다.

32. 상수도시설인 완속여과지에 관한 설명으로 틀린 것은?

① 여과지 깊이는 하부집수장치의 높이에 자갈층 두께와 모래층 두께까지 2.5~3.5m를 표준으로 한다.
② 완속여과지의 여과속도는 4~5m/d를 표준으로 한다.
③ 모래층의 두께는 70~90cm를 표준으로 한다.
④ 여과지의 모래면 위의 수심은 90~120cm를 표준으로 한다.

해설 완속여과지의 깊이는 하부집수장치의 높이에 자갈층 두께, 모래층 두께, 모래면 위의 수심과 여유고를 더하여 2.5~3.5m를 표준으로 한다.

33. 전양정에 대한 펌프의 형식 중 틀린 것은?

① 전양정 5m 이하는 펌프구경 400mm 이상의 축류펌프를 사용한다.

정답 29. ① 30. ② 31. ③ 32. ① 33. ②

② 전양정 3~12m는 펌프구경 400mm 이상의 원심펌프를 사용한다.
③ 전양정 5~20m는 펌프구경 300mm 이상의 원심 사류펌프를 사용한다.
④ 전양정 4m 이상은 펌프구경 80mm 이상의 원심펌프를 사용한다.

해설 전양정 3~12m는 펌프구경 400mm 이상의 사류펌프를 사용한다.

참고 전양정에 대한 펌프의 형식

전양정(m)	형 식	펌프의 구경(mm)
5 이하	축류펌프	400 이상
3~12	사류펌프	400 이상
5~20	원심 사류펌프	300 이상
4 이상	원심펌프	80 이상

34. 펌프의 규정회전수는 10회/s, 규정토출량은 $0.3m^3/s$, 펌프의 규정양정이 5m일 때 비교회전도는?

① 642 ② 761
③ 836 ④ 935

해설 ㉠ 우선 단위부터 정리한다.

$$Q = 0.3\text{m}^3/\text{s} \times 60\text{s}/\text{min} = 18\text{m}^3/\text{min}$$

$$\text{rpm} = 10\text{회}/\text{s} \times 60\text{s}/\text{min} = 600$$

㉡ $$N_s = \frac{600 \times 18^{1/2}}{5^{3/4}} = 761.3$$

참고 $N_s = N\dfrac{Q^{1/2}}{H^{3/4}}$

35. 계획우수량 산정 시 고려하는 하수관로의 설계강우로 알맞은 것은?

① 30~50년 빈도 ② 10~30년 빈도
③ 10~15년 빈도 ④ 5~10년 빈도

해설 하수관거의 확률연수는 10~30년, 빗물펌프장의 확률연수는 30~50년을 원칙으로 하며, 지역의 특성 또는 방재상 필요성에 따라 이보다 크게 또는 작게 정할 수 있다.

36. 상수도 송수시설의 계획송수량 산정에 기준이 되는 수량은?

① 계획1일최대급수량
② 계획1일평균급수량
③ 계획1일시간최대급수량
④ 계획1일시간평균급수량

해설 계획송수량은 계획1일최대급수량을 기준으로 한다.

참고 계획도수량은 계획취수량을 기준으로 한다.

37. 정수처리를 위해 완속여과방식(불용해성 성분의 처리방식)만을 선택하였을 때 거의 처리할 수 없는 항목(물질)은?

① 탁도 ② 철분, 망간
③ ABS ④ 농약

해설 완속여과법은 모래층의 내부와 모래층의 표면에 증식하는 미생물군으로 수중의 부유물질이나 용해성물질 등 불순물을 포착하여 산화하고 분해하는 방법에 의존하는 정수방법이다. 그러므로 이 정수방법은 비교적 양호한 원수에 알맞은 방법으로 생물기능을 저해하지 않는다면 완속 여과지에서는 수중의 현탁물질이나 세균뿐만 아니라 어느 한도 내에서는 암모니아성 질소, 냄새, 철, 망간, 합성세제, 페놀 등도 제거할 수 있다.

38. 관로의 접합과 관련된 고려사항으로 틀린 것은?

① 접합의 종류에는 관정접합, 관중심접합, 수면접합, 관저접합 등이 있다.
② 관거의 관경이 변화하는 경우의 접합방법은 원칙적으로 수면접합 또는 관정접합으로 한다.
③ 2개의 관로가 합류하는 경우 중심교각은 되도록 60° 이상으로 한다.

2018

정답 34. ② 35. ② 36. ① 37. ④ 38. ③

④ 지표의 경사가 급한 경우에는 관경변화에 대한 유무에 관계없이 원칙적으로 단차접합 또는 계단접합을 한다.

해설 2개의 관로가 합류하는 경우의 중심교각은 되도록 60° 이하로 하고 곡선을 갖고 합류하는 경우의 곡률반경은 내경의 5배 이상으로 한다.

39. 정수시설의 착수정 구조와 형상에 관한 설계기준으로 틀린 것은?

① 착수정은 분할을 원칙으로 하며 고수위 이상으로 유지되도록 월류관이나 월류위어를 설치한다.
② 형상은 일반적으로 직사각형 또는 원형으로 하고 유입구에는 제수밸브를 설치한다.
③ 착수정의 고수위와 주변 벽체 상단 간에는 60cm 이상의 여유를 두어야 한다.
④ 부유물이나 조류 등을 제거할 필요가 있는 장소에는 스크린을 설치한다.

해설 수위가 고수위 이상으로 올라가지 않도록 월류관이나 월류위어를 설치한다.

40. 펌프를 선정할 때 고려사항으로 적당치 않는 것은?

① 펌프를 최대효율점 부근에서 운전하도록 용량 및 대수를 결정한다.
② 펌프의 설치대수는 유지관리상 가능한 적게 하고 동일용량의 것으로 한다.
③ 펌프는 저용량일수록 효율이 높으므로 가능한 저용량으로 한다.
④ 내부에서 막힘이 없고, 부식 및 마모가 적어야 한다.

해설 펌프의 효율은 대용량일수록 크기 때문에 될 수 있으면 대용량을 사용한다.

제3과목 수질오염방지기술

41. 활성슬러지법의 변법인 접촉안정화법에 대한 설명으로 가장 거리가 먼 것은?

① 활성슬러지를 하수와 약 5~20분간 비교적 짧은 시간 동안 접촉조에서 포기, 혼합한다.
② 활성슬러지를 안정조에서 3~6시간 포기하여 흡수, 흡착된 유기물질을 산화시킨다.
③ 침전지에서는 접촉조에서 유기물을 흡수, 흡착한 슬러지를 분리한다.
④ 유기물의 상당량이 콜로이드 상태로 존재하는 도시하수 처리에 적합하다.

해설 접촉안정법은 활성슬러지를 하수와 약 20~60분간 접촉조에서 포기·혼입하여 활성 슬러지에 의해 유기영양물질을 흡수, 흡착, 제거시킨다.

42. 소독제로서 오존(O_3)의 효율성에 대한 설명으로 가장 거리가 먼 것은?

① 오존은 대단히 반응성이 큰 산화제이다.
② 오존은 매우 효과적인 바이러스 사멸제이다.
③ 오존처리는 용존 고형물을 증가시키지 않는다.
④ pH가 높을 때 소독효과가 좋다.

해설 오존은 pH 변화에 상관없이 강력한 살균력을 발휘한다.

43. 호기성 미생물에 의하여 발생되는 반응은?

① 포도당 → 알코올
② 초산 → 메탄
③ 아질산염 → 질산염
④ 포도당 → 초산

정답 39. ① 40. ③ 41. ① 42. ④ 43. ③

해설 알코올이나 초산은 혐기성분해의 중간 생성물이며 메탄은 최종생성물이다.

참고 혐기성 소화단계

1. 산성 발효기(pH 5 이하)
   탄수화물이 분해되어 저분자 지방산인 초산, 낙산이 되어 pH를 저하시키고 특유한 냄새를 유발한다.
2. 산성 감퇴기(pH 6.5 정도)
   유기산과 질소 화합물이 산화·분해하여 NH_3, Amine 이외에 스카톨, 인돌, 메르캅탄, CO_2, CH_4 등을 생성한다.
3. 알칼리성 발효기(pH 7.5 정도)
   탄수화물과 질소화합물이 완전히 분해되어 CH_4, CO_2, H_2O, NH_3, H_2S 등으로 분해되어 BOD를 크게 감소시킨다.

44. 난분해성 폐수처리에 이용되는 펜톤 시약은?

① H_2O_2+철염
② 알루미늄염+철염
③ H_2O_2+알루미늄염
④ 철염+고분자응집제

해설 펜톤 산화방법은 펜톤시약인 과산화수소 및 철염을 이용하여 OH 라디칼(radical)을 발생시킴으로써 펜톤시약의 강력한 산화력으로 유기물을 분해시키는 것이다.

45. BOD 250mg/L인 폐수를 살수여상법으로 처리할 때 처리수의 BOD는 80mg/L, 온도가 20℃였다. 만일 온도가 23℃로 된다면 처리수의 BOD 농도(mg/L)는? (단, 온도 이외의 처리조건은 같음, $E_t = E_{20} \times C_i^{T-20}$, E : 처리효율, $C_i = 1.035$)

① 약 46 ② 약 53
③ 약 62 ④ 약 71

해설 ㉠ $E_{20} = \dfrac{250-80}{250} = 0.68$

㉡ $E_{23} = 0.68 \times 1.035^{23-20} = 0.754$

㉢ 처리수의 BOD 농도
$= 250 \times (1-0.754) = 61.5\text{mg/L}$

참고 1. BOD 제거율
$= \dfrac{\text{유입 BOD 농도} - \text{유출 BOD 농도}}{\text{유입 BOD 농도}}$

2. 유출 BOD 농도
=유입 BOD 농도×(1−제거율)

46. 흡착장치 중 고정상 흡착장치의 역세척에 관한 설명으로 가장 알맞은 것은?

> (㉮) 동안 먼저 표면세척을 한 다음 (㉯)$m^3/m^2 \cdot h$의 속도로 역세척수를 사용하여 층을 (㉰) 정도 부상시켜 실시한다.

① ㉮ 24시간, ㉯ 14~48, ㉰ 25~30%
② ㉮ 24시간, ㉯ 24~28, ㉰ 10~50%
③ ㉮ 짧은 시간, ㉯ 14~28, ㉰ 25~30%
④ ㉮ 짧은 시간, ㉯ 24~48, ㉰ 10~50%

47. 정수장의 침전조 설계 시 어려운 점은 물의 흐름은 수평방향이고 입자 침강방향은 중력방향이어서 두 방향의 운동을 해석해야 한다는 점이다. 이상적인 수평 흐름 장방형 침전지(제Ⅰ형 침전) 설계를 위한 기본 가정 중 틀린 것은?

① 유입부의 깊이에 따라 SS 농도는 선형으로 높아진다.
② 슬러지 영역에서는 유체이동이 전혀 없다.
③ 슬러지 영역 상부에 사영역이나 단락류가 없다.
④ 플러그 흐름이다.

해설 유입부에서 유동은 조용하며 이 지역 내의 모든 지역에서 수심에 따른 입자의 분포는 균일한 것으로 가정한다.

정답 44. ① 45. ③ 46. ④ 47. ①

2018

48. 아래의 공정은 A^2/O 공정을 나타낸 것이다. 각 반응조의 주요 기능에 대하여 옳은 것은?

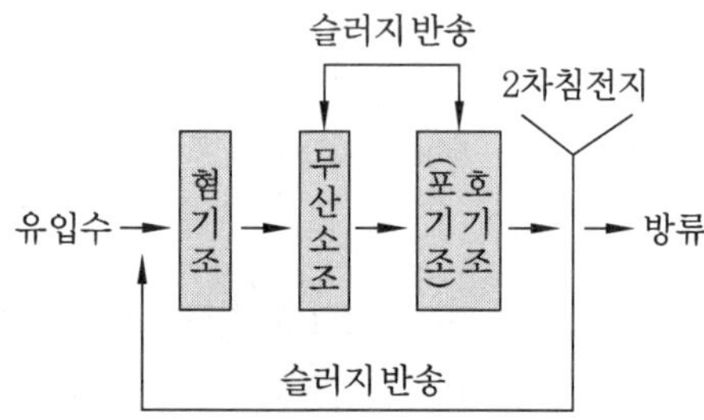

① 혐기조 : 인 방출, 무산소조 : 질산화, 포기조 : 탈질, 인 과잉 섭취
② 혐기조 : 인 방출, 무산소조 : 탈질, 포기조 : 인 과잉 섭취, 질산화
③ 혐기조 : 탈질, 무산소조 : 질산화, 포기조 : 인 방출 및 과잉 섭취
④ 혐기조 : 탈질, 무산소조 : 인 과잉 섭취, 포기조 : 질산화, 인 방출

49. 폐수의 고도처리에 관한 설명으로 가장 거리가 먼 것은?

① 염수 등 무기염류의 제거에는 전기투석, 역삼투 등을 사용한다.
② 질소 제거는 소석회 등을 사용하여 pH 10.8~11.5에서 암모니아 스트리핑을 한다.
③ 인산이온은 수산화나트륨 등으로 중화하여 침전 처리한다.
④ 잔류 COD는 급속사여과 후 활성탄 흡착 처리한다.

해설 인산이온은 명반, 철염 등의 응집제를 사용하여 응집침전 처리한다.

50. Bar rack의 설계조건이 다음과 같을 때 손실수두(m)는? $\left[\text{단, } h_L = 1.79\left(\frac{W}{b}\right)^{4/3} \cdot \frac{V^2}{2g}\sin\theta,\right.$ 원형봉의 지름=20mm, bar의 유효간격=25mm, 수평설치각도=50°, 접근유속=1.0m/s$\left.\right]$

① 0.0427 ② 0.0482
③ 0.0519 ④ 0.0599

해설 $h_L = 1.79 \times \left(\frac{20}{25}\right)^{4/3} \times \frac{1^2}{2 \times 9.8} \times \sin 50$
$= 0.05196\text{m}$

51. 화학적 인 제거 방법으로 정석탈인법에 사용되는 것은?

① Al ② Fe
③ Ca ④ Mg

해설 정석탈인법의 인 제거 원리는 정인산이온이 칼슘이온과 난용해성의 염인 하이드록시 아타이트[$Ca_{10}(OH)_2(PO_4)_6$]를 생성하는 반응에 기초를 둔다.
$10Ca^{2+} + 6PO_4^{3-} + 2OH^- \rightarrow Ca_{10}(OH)_2(PO_4)_6$

52. 특정의 반응물을 포함하는 폐수가 연속혼합반응조를 통과할 때 반응물의 농고가 250mg/L에서 25mg/L로 감소하였다. 반응조 내의 반응은 일차반응이고, 폐수의 유량이 1일 5000m^3이면 반응조의 체적(m^3)은? (단, 반응속도상수(K)=0.2d^{-1})

① 45000 ② 90000
③ 225000 ④ 214286

해설 $\frac{x}{5000} = \frac{250-25}{0.2 \times 25}$ $\quad \therefore x = 225000\text{m}^3$

참고 1. $t = \frac{V}{Q} = \frac{C_0 - C}{KC}$
2. 선지에 정답이 없어 모두 정답 처리된 문제이다. ③을 112500에서 225000으로 수정하였다.

53. 상수여상처리공정에서 생성되는 슬러지의 농도는 4.5%이며 하루에 생성되는 고형물의

정답 48. ② 49. ③ 50. ③ 51. ③ 52. ③ 53. ④

양은 1000kg이다. 중력을 이용하여 농축할 때 중력농축조의 직경(m)은? (단, 농축조의 형태는 원형, 깊이=3m, 중력농축조의 고형물 부하량=25kg/m^2·d, 비중=1.0)

① 3.55 ② 5.10
③ 6.72 ④ 7.14

해설 $25 = \frac{1000}{\frac{\pi \times x^2}{4}} \quad \therefore x = 7.136\text{m}$

참고 고형물 부하량 $= \frac{\text{고형물의 양}}{\text{면적}(A)}$

54. 혐기성 소화조 내의 pH가 낮아지는 원인이 아닌 것은?

① 유기물 과부하
② 과도한 교반
③ 중금속 등 유해물질 유입
④ 온도 저하

해설 교반 부족으로 혐기성 소화조 내의 pH가 낮아진다.

55. 정수장에 적용되는 완속여과의 장점이라 볼 수 없는 것은?

① 여과시스템의 신뢰성이 높고 양질의 음용수를 얻을 수 있다.
② 수량과 탁질의 급격한 부하변동에 대응할 수 있다.
③ 고도의 지식이나 기술을 가진 운전자를 필요로 하지 않고 최소한의 전력만 필요로 한다.
④ 여과지를 간헐적으로 사용하여도 양질의 여과수를 얻을 수 있다.

해설 여과지를 간헐적으로 사용하면 공극이 폐색되어 양질의 여과수를 얻을 수 없다.

56. 막공법에 대한 설명으로 가장 거리가 먼 것은?

① 투석은 선택적 투과막을 통해 용액 중에 다른 이온 혹은 분자의 크기가 다른 용질을 분리시키는 것이다.
② 투석에 대한 추진력은 막을 기준으로 한 용질의 농도차이다.
③ 한외여과 및 미여과의 물리는 주로 여과작용에 의한 것으로 역삼투현상에 의한 것이 아니다.
④ 역삼투는 반투막으로 용매를 통과시키기 위해 동수압을 이용한다.

해설 역삼투는 반투막으로 용매를 통과시키기 위해 정수압을 이용한다.

57. 수질성분이 금속 하수도관의 부식에 미치는 영향으로 가장 거리가 먼 것은?

① 잔류염소는 용존산소와 반응하여 금속부식을 억제시킨다.
② 용존산소는 여러 부식 반응속도를 증가시킨다.
③ 고농도의 염화물이나 황산염은 철, 구리, 납의 부식을 증가시킨다.
④ 암모니아는 착화물의 형성을 통하여 구리, 납 등의 용해도를 증가시킬 수 있다.

해설 잔류염소는 금속의 부식을 증대시키며 특히 구리, 철, 강철에 더욱 심하다.

58. 포기조의 MLSS 농도가 3000mg/L이고, 1L 실린더에 30분 동안 침전시킨 후 슬러지 부피가 150mL이면 슬러지의 SVI는?

① 20 ② 50
③ 100 ④ 150

해설 $\text{SVI} = \frac{150 \times 1000}{3000} = 50$

참고 $\text{SVI} = \frac{\text{SV(mL/L)} \times 1000}{\text{MLSS(mg/L)}} = \frac{\text{SV(\%)} \times 10^4}{\text{MLSS(mg/L)}}$

2018

정답 54. ② 55. ④ 56. ④ 57. ① 58. ②

59. 인구가 10000명인 마을에서 발생되는 하수를 활성슬러지법으로 처리하는 처리장에 저율 혐기성 소화조를 설계하려고 한다. 생슬러지(건조고형물 기준) 발생량은 0.11kg/인·일이며, 휘발성고형물은 건조고형물의 70%이다. 가스 발생량은 $0.94m^3$/VSS kg이고 휘발성고형물의 65%가 소화된다면 일일 가스 발생량(m^3/d)은?

① 약 345 ② 약 471
③ 약 563 ④ 약 644

해설 $\frac{0.94m^3}{kg\,VSS제거} \times (0.11 \times 10000 \times 0.7 \times 0.65)kg/d = 470.47m^3/d$

60. 폐수로부터 질소물질을 제거하는 주요 물리·화학적 방법이 아닌 것은?

① Phostrip법
② 암모니아 스트리핑법
③ 파괴점염소처리법
④ 이온교환법

해설 Phostrip공정은 측류(side stream)공정의 대표적인 공법으로 주로 인의 제거만을 목적으로 개발되었다.

제4과목 수질오염공정시험기준

61. 원자흡수분광광도법에서 일어나는 간섭의 설명으로 틀린 것은?

① 광학적 간섭 : 분석하고자 하는 원소의 흡수파장과 비슷한 다른 원소의 파장이 서로 겹쳐 비이상적으로 높게 측정되는 경우
② 물리적 간섭 : 표준용액과 시료 또는 시료와 시료 간의 물리적 성질(점도, 밀도, 표면장력 등)의 차이 또는 표준물질과 시료의 매질(matrix) 차이에 의해 발생
③ 화학적 간섭 : 불꽃의 온도가 분자를 들뜬 상태로 만들기에 충분히 높지 않아서, 해당 파장을 흡수하지 못하여 발생
④ 이온화 간섭 : 불꽃온도가 너무 낮을 경우 중성원자에서 전자를 빼앗아 이온이 생성될 수 있으며 이 경우 양(+)의 오차가 발생

해설 불꽃온도가 너무 높을 경우 중성원자에서 전자를 빼앗아 이온이 생성될 수 있으며 이 경우 음(−)의 오차가 발생하게 된다. 이러한 간섭은 시료와 표준물질에 보다 쉽게 이온화되는 물질을 과량 첨가하면 감소시킬 수 있다.

62. 자외선/가시선분광법을 이용하여 아연을 측정하는 원리로 ( )에 옳은 내용은?

> 아연이온이 ( )에서 진콘과 반응하여 생성하는 청색의 킬레이트 화합물의 흡광도를 620nm에서 측정하는 방법이다.

① pH 약 2 ② pH 약 4
③ pH 약 9 ④ pH 약 11

63. 하천수의 시료 채취 지점에 관한 내용으로 ( )에 공통으로 들어갈 내용은?

> 하천의 단면에서 수심이 가장 깊은 수면의 지점과 그 지점을 중심으로 좌우로 수면폭을 2등분한 각각의 지점의 수면으로부터 수심 ( ) 미만일 때에는 수심의 1/3에서 수심 ( ) 이상일 때에는 수심의 1/3 및 2/3에서 각각 채수한다.

① 2m ② 3m
③ 5m ④ 6m

정답 59. ② 60. ① 61. ④ 62. ③ 63. ①

64. **다음의 불꽃 원자흡수분광광도법 분석절차 중 가장 먼저 수행되는 것은?**

① 최적의 에너지 값을 얻도록 선택파장을 최적화한다.
② 버너헤드를 설치하고 위치를 조정한다.
③ 바탕시료를 주입하여 영점조정을 한다.
④ 공기와 아세틸렌을 공급하면서 불꽃을 발생시키고 최대 감도를 얻도록 유량을 조절한다.

해설 불꽃 원자흡수분광광도법 분석절차

1. 분석하고자 하는 원소의 속빈음극램프를 설치하고 프로그램상에서 분석파장을 선택한 후 슬릿 나비를 설정한다.
2. 기기를 가동하여 속빈 음극램프에 전류가 흐르게 하고 에너지 레벨이 안정될 때까지 10~20분간 예열한다.
3. 최적 에너지 값(gain)을 얻도록 선택파장을 최적화한다.
4. 버너헤드를 설치하고 위치를 조정한다.
5. 공기와 아세틸렌을 공급하면서 불꽃을 발생시키고, 최대 감도를 얻도록 유량을 조절한다.
6. 바탕시료를 주입하여 영점조정을 하고, 시료 분석을 수행한다.

65. **기기분석법에 관한 설명으로 틀린 것은?**

① 유도결합플라스마(ICP)는 시료도입부, 고주파전원부, 광원부, 분광부, 연산처리부 및 기록부로 구성되어 있다.
② 원자흡수분광광도법은 시료 중의 유해중금속 및 기타 원소의 분석에 적용한다.
③ 흡광광도법은 파장 200~900nm에서의 액체의 흡광도를 측정한다.
④ 기체크로마토그래피법의 검출기 중 열전도도검출기는 인 또는 유황화합물의 선택적 검출에 주로 이용한다.

해설 기체크로마토그래피법의 검출기 중 불꽃광도형 검출기(Flame Photometric Detector, FPD)는 인 또는 유황화합물의 선택적 검출에 주로 이용한다.

66. **기체크로마토그래피법의 전자포획형검출기에 관한 설명으로 ( )에 알맞은 것은?**

> 방사선 동위원소로부터 방출되는 ( )이 운반기체를 전리하여 미소전류를 흘려보낼 때 시료 중의 할로겐이나 산소와 같이 전자포획력이 강한 화합물에 의하여 전자가 포획되어 전류가 감소하는 것을 이용하는 방법이다.

① α(알파)선 ② β(베타)선
③ γ(감마)선 ④ 중성자선

67. **시료 중 분석대상물의 농도가 낮거나 복잡한 매질 중에서 분석대상물만을 선택적으로 추출하여 분석하고자 할 때 사용되는 전처리 방법으로 가장 적당한 것은?**

① 마이크로파 산분해법
② 전기회화로법
③ 산분해법
④ 용매추출법

68. **분석물질의 농도변화에 대한 지시값을 나타내는 검정곡선방법에 대한 설명으로 옳은 것은?**

① 검정곡선법은 시료의 농도와 지시값과의 상관성을 검정곡선 식에 대입하여 작성하는 방법으로, 직선성이 유지되는 농도범위 내에서 제조농도 3~5개를 사용한다.
② 표준물첨가법은 시료와 동일한 매질에 일정량의 표준물질을 첨가하여 검정곡선을 작성하는 것으로, 시험분석 절차, 기기 또는 시스템의 변동으로 발생하는

2018

정답 64. ① 65. ④ 66. ② 67. ④ 68. ①

오차를 보정하기 위해 사용한다.

③ 내부표준법은 표준용액과 시료에 동일한 양의 내부표준물질을 첨가하여 검정곡선을 작성하는 것으로, 매질효과가 큰 시험분석방법에서 분석 대상 시료와 동일한 매질의 시료를 확보하지 못한 경우에 매질효과를 보정하기 위해 사용한다.

④ 검정곡선의 검증은 방법검출한계의 2~5배 또는 검정곡선의 중간 농도에 해당하는 표준용액에 대한 측정값이 검정곡선 작성 시의 지시값과 10% 이내에서 일치하여야 한다.

해설 ② 표준물첨가법(standard addition method)은 시료와 동일한 매질에 일정량의 표준물질을 첨가하여 검정곡선을 작성하는 방법으로서, 매질효과가 큰 시험 분석 방법에서 분석 대상 시료와 동일한 매질의 표준시료를 확보하지 못한 경우에 매질효과를 보정하여 분석할 수 있는 방법이다.

③ 내부표준법(internal standard calibration)은 검정곡선 작성용 표준용액과 시료에 동일한 양의 내부표준물질을 첨가하여 시험분석 절차, 기기 또는 시스템의 변동으로 발생하는 오차를 보정하기 위해 사용하는 방법이다.

④ 검정곡선의 검증은 방법검출한계의 5~50배 또는 검정곡선의 중간 농도에 해당하는 표준용액에 대한 측정값이 검정곡선 작성 시의 지시값과 10% 이내에서 일치하여야 한다.

69. **막여과법에 의한 총대장균군 측정방법에 대한 설명으로 틀린 것은?**

① 페트리접시에 배지를 올려놓은 다음 배양 후 금속성 광택을 띠는 적색이나 진한 적색계통의 집락을 계수하는 방법이다.

② 총대장균군은 그람음성, 무아포성의 간균으로서 락토스를 분해하여 가스 또는 산을 발생하는 모든 호기성 또는 통성 혐기성균을 말한다.

③ 양성대조군은 E·Coli 표준균주를 사용하고 음성대조군은 멸균 희석수를 사용하도록 한다.

④ 고체배지는 에탄올(90%) 20mL를 포함한 정제수 1L에 배지를 정해진 고체배지 조성대로 넣고 완전히 녹을 때까지 저어 주면서 끓인다. 이때 고압증기는 멸균한다.

해설 고체배지는 에탄올(95%) 20mL를 포함한 정제수 1L에 배지를 정해진 고체배지 조성대로 넣고 pH(7.2 ± 0.2)를 확인한 다음 완전히 녹을 때까지 저어 주면서 끓인다. 이때 고압증기는 멸균하지 않는다.

70. **위어의 수두가 0.25m, 수로의 폭이 0.8m, 수로의 밑면에서 하부점까지의 높이가 0.7m인 직각 3각위어의 유량(m^3/min)은? [단, 유량계수$(K) = 81.2 + \frac{0.24}{h} + \left(8.4 + \frac{12}{\sqrt{D}}\right) \times \left(\frac{h}{B} - 0.09\right)^2$]**

① 1.4　　② 2.1

③ 2.6　　④ 2.9

해설 ㉠ 유량계수(K)

$$= 81.2 + \frac{0.24}{0.25} + \left(8.4 + \frac{12}{\sqrt{0.7}}\right) \times \left(\frac{0.25}{0.8} - 0.09\right)^2 = 83.286$$

㉡ $Q = K \cdot h^{5/2} = 83.286 \times 0.25^{5/2} = 2.603\text{m}^3/\text{min}$

71. **원자흡수분광광도법에 의한 크롬측정에 관한 설명으로 (　)에 맞는 것은?**

정답　69. ④　70. ③　71. ①

공기－아세틸렌 불꽃에 주입하여 분석하며 정량한계는 (　)nm에서의 산처리법은 (　)mg/L, 용매추출법은 (　)mg/L이다.

① 357.9, 0.01, 0.001
② 357.9, 0.001, 0.01
③ 715.8, 0.01, 0.001
④ 715.8, 0.001, 0.01

72. 유기물 함량이 낮은 깨끗한 하천수나 호소수 등의 시료 전처리 방법으로 이용되는 것은?

① 질산에 의한 분해
② 염산에 의한 분해
③ 황산에 의한 분해
④ 아세트산에 의한 분배

73. 수질오염공정시험기준 총칙에서 용어의 정의가 틀린 것은?

① 무게를 "정확히 단다"라 함은 규정된 수치의 무게를 0.1mg까지 다는 것을 말한다.
② 시험조작 중 "즉시"란 30초 이내에 표시된 조작을 하는 것을 뜻한다.
③ "바탕시험을 하여 보정한다"라 함은 시료를 사용하여 같은 방법으로 조작한 측정치를 보정하는 것을 말한다.
④ "정확히 취하여"라 하는 것은 규정한 양의 액체를 부피피펫으로 눈금까지 취하는 것을 말한다.

해설 "바탕시험을 하여 보정한다"라 함은 시료에 대한 처리 및 측정을 할 때, 시료를 사용하지 않고 같은 방법으로 조작한 측정치를 빼는 것을 뜻한다.

74. 유도결합플라스마－원자발광분광법에 의해 측정할 수 있는 항목이 아닌 것은?

① 6가크롬　② 비소
③ 불소　④ 망간

해설 유도결합플라스마－원자발광분광법은 물속에 존재하는 중금속을 정량하는 방법이다.

참고 유도결합플라스마－원자발광분광법은 물속에 존재하는 중금속을 정량하기 위하여 시료를 고주파유도코일에 의하여 형성된 아르곤 플라스마에 주입하여 6000～8000K에서 들뜬 상태의 원자가 바닥상태로 전이할 때 방출하는 발광선 및 발광강도를 측정하여 원소의 정성 및 정량 분석에 이용하는 방법으로 분석이 가능한 원소는 구리, 납, 니켈, 망간, 비소, 아연, 안티몬, 철, 카드뮴, 크롬, 6가크롬, 바륨, 주석 등이다.

75. 총대장균군 측정 시에 사용하는 배양기의 배양온도기준으로 옳은 것은?

① 20±1℃　② 25±0.5℃
③ 30±1℃　④ 35±0.5℃

76. 산화성물질이 함유된 시료나 착색된 시료에 적합하며 특히 윙클러－아자이드화나트륨변법에 사용할 수 없는 폐하수의 용존산소 측정에 유용하게 사용할 수 있는 측정법은?

① 이온크로마토그래피법
② 기체크로마토그래피법
③ 알칼리비색법
④ 전극법

77. 자외선/가시선 분광법을 적용한 페놀류 측정에 관한 내용으로 옳은 것은?

① 정량한계는 클로로폼 측정법일 때 0.025 mg/L이다.
② 정량범위는 직접측정법일 때 0.025

2018

정답　72. ①　73. ③　74. ③　75. ④　76. ④　77. ③

~0.05mg/L이다.

③ 증류한 시료에 염화암모늄-암모니아 완충액을 넣어 pH 10으로 조절한다.

④ 4-아미노안티피린과 페리시안 칼륨을 넣어 생성된 청색의 안티피린계 색소의 흡광도를 측정하는 방법이다.

해설 ① 정량한계는 클로로폼 추출법일 때 0.005mg/L, 직접측정법일 때 0.05mg/L 이다.

④ 4-아미노안티피린과 헥사시안화철(Ⅱ)산칼륨을 넣어 생성된 붉은색의 안티피린계 색소의 흡광도를 측정하는 방법이다.

78. 환원제인 $FeSO_4$용액 25mL를 H_2SO_4 산성에서 0.1N-$K_2Cr_2O_7$으로 산화시키는 데 31.25mL 소비되었다. $FeSO_4$용액 200mL를 0.05N 용액으로 만들려고 할 때 가하는 물의 양(mL)은?

① 200　　② 300
④ 400　　④ 500

해설 ㉠ $x \times 25 = 0.1 \times 31.25$　$\therefore x = 0.125N$

㉡ $0.125 \times 200 = 0.05 \times (200 + x)$

$\therefore x = 300\text{mL}$

79. 용기에 의한 유량 측정방법 중 최대유량 1m^3/분 이상인 경우에 관한 내용으로 ( )에 맞는 것은?

> 수조가 큰 경우는 유입시간에 있어서 유수의 부피는 상승한 수위와 상승 수면의 평균 표면적의 계측에 의하여 유량을 산출한다. 이 경우 측정시간은 (㉮) 정도, 수위의 상승속도는 적어도 (㉯) 이상이어야 한다.

① ㉮ 1분, ㉯ 매분 1cm
② ㉮ 1분, ㉯ 매분 3cm
③ ㉮ 5분, ㉯ 매분 1cm
④ ㉮ 5분, ㉯ 매분 3cm

80. 자외선/가시선 분광법(인도페놀법)으로 암모니아성 질소를 측정할 때 암모늄 이온이 차아염소산의 공존 아래에서 페놀과 반응하여 생성하는 인도페놀의 색깔과 파장은?

① 적자색, 510mm　　② 적색, 540mm
③ 청색, 630mm　　④ 황갈색, 610mm

해설 물속에 존재하는 암모니아성 질소를 측정하기 위하여 암모늄이온이 하이포염소산의 존재하에서 페놀과 반응하여 생성하는 인도페놀의 청색을 630nm에서 측정하는 방법이다.

제5과목 수질환경관계법규

81. 환경정책기본법에 따른 환경기준에서 하천의 생활환경기준에 포함되지 않는 검사항목은?

① TP　　② TN
③ DO　　④ TOC

참고 환경정책기본법 시행령 별표 1 참조

82. 거짓이나 그 밖의 부정한 방법으로 폐수배출 시설 설치허가를 받았을 때의 행정처분 기준은?

① 개선명령
② 허가취소 또는 폐쇄명령
③ 조업정지 5일
④ 조업정지 30일

참고 법 제42조 참조

83. 규정에 의한 관계공무원의 출입·검사를 거부·방해 또는 기피한 폐수무방류배출시설을

정답　78. ②　79. ③　80. ③　81. ②　82. ②　83. ③

설치·운영하는 사업자에게 처하는 벌칙 기준은?

① 3년 이하의 징역 또는 3천만원 이하의 벌금
② 2년 이하의 징역 또는 2천만원 이하의 벌금
③ 1년 이하의 징역 또는 1천만원 이하의 벌금
④ 500만원 이하의 벌금

참고 법 제78조 참조

84. 환경부령으로 정하는 폐수무방류배출시설의 설치가 가능한 특정수질유해물질이 아닌 것은?

① 디클로로메탄
② 구리 및 그 화합물
③ 카드뮴 및 그 화합물
④ 1,1－디클로로에틸렌

참고 법 제33조 ⑦항 참조

85. 사업장별 환경기술인의 자격기준 중 제2종 사업장에 해당하는 환경기술인의 기준은?

① 수질환경기사 1명 이상
② 수질환경산업기사 1명 이상
③ 환경기능사 1명 이상
④ 2년 이상 수질분야에 근무한 자 1명 이상

참고 법 제47조 시행령 별표 17 참조

86. 비점오염저감시설 중 자연형 시설인 인공습지 설치기준으로 틀린 것은?

① 인공습지의 유입구에서 유출구까지의 유로는 최대한 길게 하고 길이 대 폭의 비율은 2 : 1 이상으로 한다.
② 유입부에서 유출부까지의 경사는 0.5% 이상 1.0% 이하의 범위를 초과하지 아니하도록 한다.
③ 침전물로 인하여 토양의 공극이 막히지 아니하는 구조로 설계한다.
④ 생물의 서식 공간을 창출하기 위하여 5종부터 7종까지의 다양한 식물을 심어 생물다양성을 증가시킨다.

해설 "침전물로 인하여 토양의 공극이 막히지 아니하는 구조로 설계한다."는 침투시설의 설치기준이다.

참고 법 제53조 시행규칙 별표 17 참조

87. 수질오염방지시설 중 물리적 처리시설에 해당되지 않는 것은?

① 혼합시설 ② 흡착시설
③ 응집시설 ④ 유수분리시설

참고 법 제2조 시행규칙 별표 5 참조

88. 공공폐수처리시설의 유지·관리기준에 따라 처리시설의 관리·운영자가 실시하여야 하는 방류수 수질검사의 횟수 기준은? (단, 시설의 규모는 1500m^3/d, 처리시설의 적정 운영을 확인하기 위한 검사임)

① 2월 1회 이상 ② 월 1회 이상
③ 월 2회 이상 ④ 주 1회 이상

참고 법 제50조 시행규칙 별표 15 참조

89. 공공폐수처리시설의 유지·관리기준에 관한 내용으로 ( )에 맞는 것은?

> 처리시설의 가동시간, 폐수방류량, 약품투입량, 관리·운영자, 그 밖에 처리시설의 운영에 관한 주요사항을 사실대로 매일 기록하고 이를 최종 기록한 날부터 ( ) 보존하여야 한다.

2018

정답 84. ③ 85. ② 86. ③ 87. ② 88. ③ 89. ①

① 1년간 ② 2년간
③ 3년간 ④ 5년간

참고 법 제50조 시행규칙 별표 15 참조

90. 수질오염방지시설 중 생물화학적 처리시설이 아닌 것은?

① 접촉조
② 살균시설
③ 돈사톱밥발효시설
④ 포기시설

참고 법 제2조 시행규칙 별표 5 참조

91. 폐수배출시설을 설치하려고 할 때 수질오염 물질의 배출허용기준을 적용받지 않는 시설은?

① 폐수무방류배출시설
② 일 50톤 미만의 폐수처리시설
③ 일 10톤 미만의 폐수처리시설
④ 공공폐수처리시설로 유입되는 폐수처리시설

참고 법 제32조 ⑦항 참조

92. 폐수배출시설 외에 수질오염물질을 배출하는 시설 또는 장소로서 환경부령이 정하는 것(기타수질 오염원)의 대상시설과 규모기준에 관한 내용으로 틀린 것은?

① 자동차폐차장시설 : 면적 1000m^2 이상
② 수조식 육상양식어업시설 : 수조면적 합계 500m^2 이상
③ 골프장 : 면적 3만m^2 이상
④ 무인자동식 현상, 인화, 정착시설 : 1대 이상

참고 법 제2조 시행규칙 별표 1 참조

93. 특정수질유해물질이 아닌 것은?

① 구리 및 그 화합물
② 셀레늄 및 그 화합물
③ 플루오르 화합물
④ 테트라클로로에틸렌

참고 법 제2조 시행규칙 별표 3 참조

94. 수질오염경보 중 수질오염감시경보 대상 항목이 아닌 것은?

① 용존산소 ② 전기전도도
③ 부유물질 ④ 총유기탄소

참고 법 제21조 시행령 별표 2 참조

95. 물환경보전법상 폐수에 대한 정의로 ( ) 에 맞는 것은?

"폐수"란 물에 ( )의 수질오염물질이 섞여 있어 그대로는 사용할 수 없는 물을 말한다.

① 액체성 또는 고체성
② 기체성, 액체성 또는 고체성
③ 기체성 또는 가연성
④ 고체성

참고 법 제2조 참조

96. 폐수처리방법이 물리적 또는 화학적 처리방법인 경우 적정 시운전 기간은?

① 가동개시일부터 70일
② 가동개시일부터 50일
③ 가동개시일부터 30일
④ 가동개시일부터 15일

참고 법 제37조 ②항 참조

97. 할당오염부하량 등을 초과하여 배출한 자로부터 부과·징수하는 오염총량초과과징금 산정방법으로 ( )에 들어갈 내용은?

정답 90. ② 91. ① 92. ① 93. ③ 94. ③ 95. ① 96. ③ 97. ④

오염총량초과과징금＝초과배출이익×(　　) －감액 대상 배출부과금 및 과징금

① 초과율별 부과계수
② 초과율별 부과계수×지역별 부과계수
③ 지역별 부과계수×위반횟수별 부과계수
④ 초과율별 부과계수×지역별 부과계수×위반횟수별 부과계수

해설 오염총량초과부과금으로 출제되어 오염총량초과과징금으로 수정하였다.

참고 법 제4조의7 시행령 별표 1 참조

98. 국립환경과학원장이 설치할 수 있는 측정망이 아닌 것은?

① 도심하천 측정망
② 공공수역 유해물질 측정망
③ 퇴적물 측정망
④ 생물 측정망

해설 2018년 6월부터 환경부장관에서 국립환경과학원장으로 개정 시행되어 국립환경과학원장으로 출제된 첫 문제이다.

참고 법 제9조 참조

99. 초과부과금 산정기준에서 수질오염물질 1킬로그램당 부과 금액이 가장 적은 것은?

① 카드뮴 및 그 화합물
② 수은 및 그 화합물
③ 유기인 화합물
④ 비소 및 그 화합물

참고 법 제41조 시행령 별표 14 참조

100. 정당한 사유 없이 공공수역에 분뇨, 가축분뇨, 동물의 사체, 폐기물(지정폐기물 제외) 또는 오니를 버리는 행위를 하여서는 아니 된다. 이를 위반하여 분뇨·가축분뇨 등을 버린 자에 대한 벌칙 기준은?

① 6월 이하의 징역 또는 5백만원 이하의 벌금
② 1년 이하의 징역 또는 1천만원 이하의 벌금
③ 2년 이하의 징역 또는 2천만원 이하의 벌금
④ 3년 이하의 징역 또는 3천만원 이하의 벌금

참고 법 제78조 참조

2018

정답 98. ① 99. ④ 100. ②

수질환경 기사 필기

2019년 2월 10일 인쇄
2019년 2월 15일 발행

저　자 : 손기수
펴낸이 : 이정일

펴낸곳 : 도서출판 **일진사**
www.iljinsa.com
(우) 04317 서울시 용산구 효창원로 64길 6
전화 : 704-1616 / 팩스 : 715-3536
등록 : 제1979-000009호 (1979.4.2)

값 32,000원

ISBN : 978-89-429-1576-7